Arbeitsbuch zur Theoretischen Physik

Torsten Fließbach • Hans Walliser

Arbeitsbuch zur Theoretischen Physik

Repetitorium und Übungsbuch

3. Auflage

Spektrum
AKADEMISCHER VERLAG

Autoren
Prof. Dr. Torsten Fließbach
Universität Siegen
57068 Siegen
E-Mail: fliessbach@physik.uni-siegen.de

Priv.-Doz. Dr. Hans Walliser
Universität Siegen
57068 Siegen
E-Mail: walliser@physik.uni-siegen.de

Weitere Informationen zum Buch finden Sie unter www.spektrum-verlag.de/978-3-8274-2832-5

Bibliografische Information der Deutschen Nationalbibliothek
Die Deutsche Nationalbibliothek verzeichnet diese Publikation in der Deutschen Nationalbibliografie; detaillierte bibliografische Daten sind im Internet über http://dnb.d-nb.de abrufbar.

Springer ist ein Unternehmen von Springer Science+Business Media
springer.de

3. Auflage 2012

Spektrum Akademischer Verlag ist ein Imprint von Springer

12 13 14 15 16 5 4 3 2 1

Planung und Lektorat: Dr. Andreas Rüdinger, Barbara Lühker
Herstellung: Crest Premedia Solutions (P) Ltd, Pune, Maharashtra, India
Umschlaggestaltung: SpieszDesign, Neu–Ulm
Satz: Autorensatz

ISBN 978-3-8274-2832-5

Vorwort

Das vorliegende Buch bezieht sich auf die vier Lehrbücher [1, 2, 3, 4] zur Theoretischen Physik von T. Fließbach. Wir folgen einem häufig geäußerten Wunsch der Leser und präsentieren hier die Lösungen zu den in den Lehrbüchern aufgeführten Übungsaufgaben. Das Buch besteht aus den vier Teilen Mechanik, Elektrodynamik, Quantenmechanik und Statistische Physik, die jeweils einem Lehrbuch entsprechen. Jeder Teil in einem der Lehrbücher (mit mehreren Kapiteln) wird hier auf ein Kapitel reduziert.

In jedem Kapitel wird der relevante Stoff zunächst in der Form eines knappen Repetitoriums zusammengestellt. Er wird dabei soweit erklärt, dass die Zusammenhänge von dem Leser verstanden werden, der die Lehrbücher schon einmal durchgearbeitet hat. Dieser Repetitoriumsteil enthält in der Regel alle Formeln, die für die nachfolgenden Aufgaben benötigt werden. Das Repetitorium sollte insbesondere auch bei Prüfungsvorbereitungen nützlich sein. Auf die Zusammenfassung des Stoffs folgen die zugehörigen Übungsaufgaben und ihre Lösungen. Die Lösungen werden ausführlich dargestellt und diskutiert.

Der Sinn von Aufgaben liegt darin, dass sie vom Studenten möglichst eigenständig bearbeitet werden. Diese Arbeit muss natürlich vor der Lektüre der hier angebotenen Lösungen liegen! Unsere Musterlösungen dienen dann zur Kontrolle der selbst erarbeiteten Lösung. Außerdem dürfte die Diskussion des Lösungswegs und der Lösung zu einem vertieften Verständnis führen.

Die Übungsaufgaben sind weitgehend deckungsgleich mit denen der aktuellen Auflagen [1, 2, 3, 4] der Lehrbücher. Dieses Arbeitsbuch ist aber so gestaltet, dass es unabhängig von diesen Lehrbüchern benutzt werden kann; dazu trägt nicht zuletzt der Repetitoriumsteil bei. Die Auswahl der Aufgaben orientiert sich an dem Bezug zum Stoff der Lehrbücher; insofern haben wir keine umfassende Aufgabensammlung angestrebt. Eine Liste der Aufgaben steht am Ende des Inhaltsverzeichnisses. Aus diesem Aufgabenverzeichnis ergibt sich auch die Zuordnung zu den Aufgaben in den Lehrbüchern.

Für die vorliegende dritte Auflage wurden ein Reihe von Korrekturen vorgenommen. Bei Herbert Weigel (Universität Stellenbosch), Christoph Gayer, Gerhard Schäfer (Universität Jena) und weiteren Lesern früherer Auflagen bedanken wir uns für wertvolle Hinweise. Fehlermeldungen oder andere Anmerkungen sind jederzeit willkommen (vorzugsweise an `walliser@physik.uni-siegen.de` oder `fliessbach@physik.uni-siegen.de`). Eventuelle Korrekturen sind auf der Homepage `www2.uni-siegen.de/~flieba/` zu finden.

Siegen, August 2011

Torsten Fließbach
Hans Walliser

Literaturangaben

[1] T. Fließbach, *Mechanik*, 6. Auflage, Spektrum Akademischer Verlag, Heidelberg 2009

[2] T. Fließbach, *Elektrodynamik*, 5. Auflage, Spektrum Akademischer Verlag, Heidelberg 2008

[3] T. Fließbach, *Quantenmechanik*, 5. Auflage, Spektrum Akademischer Verlag, Heidelberg 2008

[4] T. Fließbach, *Statistische Physik*, 5. Auflage, Spektrum Akademischer Verlag, Heidelberg 2010

Inhaltsverzeichnis

Aufgabenverzeichnis

In der ersten Spalte ist die laufende Nummer der Aufgabe in diesem Buch angegeben. Die zweite Spalte gibt die Nummer der Aufgabe in einem der Lehrbücher [1, 2, 3, 4] an; so bezeichnet ed7.3 die Aufgabe 7.3 in der Elektrodynamik [2]. Die dritte Spalte gibt den Titel der Aufgabe an. Jeweils am Beginn eines Aufgabenblocks ist schließlich noch die Seitenzahl angegeben.

Quantenmechanik

Statistische Physik

I Mechanik

1 Elementare Newtonsche Mechanik

Die Newtonschen Axiome sind die Grundlage für die Messung der Masse und der Kraft. Darüber hinaus bestimmen sie die Dynamik (Zeitabhängigkeit) der Bewegung eines Massenpunkts. Aus Newtons 2. Axiom folgen die Bilanzgleichungen für den Impuls, den Drehimpuls und die Energie. Die Bewegungsgleichungen können für ein System aus N Massenpunkten verallgemeinert werden.

Die Physiker benutzen bevorzugt Inertialsysteme als Bezugssysteme. Die Newtonschen Axiome (ebenso wie andere Grundgleichungen der Physik, etwa die Maxwellgleichungen oder die Schrödingergleichung) gelten nur in Inertialsystemen. Im Rahmen der Newtonschen Mechanik vermitteln die Galileitransformationen zwischen verschiedenen Inertialsystemen. In Nicht-Inertialsystemen haben die Bewegungsgleichungen eine kompliziertere Form.

Ein *Massenpunkt* ist ein Körper, für dessen Bewegung nur sein Ort relevant oder von Interesse ist; Beispiele sind die Erde im Keplerproblem oder ein Alphateilchen bei der Rutherfordstreuung. Die Bewegung des Massenpunkts wird durch eine *Bahnkurve*

$$\boldsymbol{r}(t) = x(t)\,\boldsymbol{e}_x + y(t)\,\boldsymbol{e}_y + z(t)\,\boldsymbol{e}_z \tag{1.1}$$

beschrieben. Als Bezugssystem wurde hier ein kartesisches Koordinatensystem verwendet. Den Koordinaten x, y und z entsprechen Längen; eine geeignete Uhr definiert die Zeitkoordinate t. Aus der Bahnkurve folgen die *Geschwindigkeit* $\boldsymbol{v} = d\boldsymbol{r}/dt = \dot{\boldsymbol{r}}$ und die *Beschleunigung* $\boldsymbol{a} = d^2\boldsymbol{r}/dt^2 = \ddot{\boldsymbol{r}}$.

Newtons 1. Axiom (auch lex prima genannt) bezieht sich auf die Bezugssysteme (BS):

1. Axiom: Es gibt BS, in denen die kräftefreie Bewegung durch $\dot{\boldsymbol{r}}(t) = \boldsymbol{v} = \text{const.}$ beschrieben wird. (1.2)

Die so spezifizierten, bevorzugten BS heißen *Inertialsysteme* (IS). Experimentell zeichnen sich die IS durch das Fehlen von Trägheitskräften (zum Beispiel Zentrifugalkraft) aus. Inertialsysteme sind Bezugssysteme, die gegenüber dem Fixsternhimmel ruhen, oder die sich relativ zu den Fixsternen mit konstanter Geschwindigkeit bewegen. Eine Begründung für diesen Zusammenhang wird aber weder in der Newtonschen noch in der relativistischen Mechanik (Kapitel 9) gegeben.

Newtons 2. Axiom (auch lex secunda genannt) beschreibt die Bewegung unter dem Einfluss einer Kraft:

$$m\,\ddot{\boldsymbol{r}} = \boldsymbol{F} \qquad \text{(2. Axiom)} \tag{1.3}$$

Hierdurch wird die Masse als eine dem betrachteten Körper zugeordnete Eigenschaft eingeführt. Die linke Seite kann alternativ als $m\,\boldsymbol{a}$ oder als $d\boldsymbol{p}/dt$ mit dem Impuls $\boldsymbol{p} = m\,\boldsymbol{v}$ geschrieben werden. Newtons 2. Axiom beinhaltet (i) die Definition der Masse, (ii) die Definition der Kraft und (iii) eine physikalische Aussage über die Bewegung.

Wir erläutern die Definition der Masse und der Kraft als Messgrößen. Eine bestimmte, in ihrer Größe unbekannte Kraft wirke auf zwei Körper 1 und 2. Wir messen die Beschleunigungen a_1 und a_2, die durch die Kraft hervorgerufen werden. Nach (1.3) ist das Verhältnis m_1/m_2 durch a_2/a_1 gegeben; damit ist m_1/m_2 als Messgröße festgelegt. Wir definieren nun willkürlich die Masse eines bestimmten Körpers als 1 Masseneinheit, konkret das Kilogramm (kg). Aus (1.3) folgen dann die Messung der Kraft, und ihre Einheit, $1\,\text{Newton} = 1\,\text{N} = 1\,\text{kg m/s}^2$.

Die Masse im 2. Axiom ist die *träge Masse*. Ein anderer Massenbegriff ist die *schwere Masse*, die proportional zur Stärke der Gravitationskraft auf einen Körper ist. Experimentell stellt sich aber heraus, dass das Verhältnis von träger zu schwerer Masse immer gleich groß ist (mit einer relativen Genauigkeit bis zu 10^{-12}). Daher verzichtet man in den Gleichungen zumeist auf eine solche Unterscheidung.

Das 2. Axiom ist nicht nur eine Definitionsgleichung für die Masse und die Kraft. Vielmehr ist es auch ein physikalisches Gesetz über die Dynamik. Dieses Gesetz kann auch falsch sein, dies ist zum Beispiel für hohe Geschwindigkeiten (nahe Lichtgeschwindigkeit) der Fall.

Newtons 3. Axiom (auch lex tertia genannt) lautet: Der Kraft, mit der die Umgebung auf einen Massenpunkt wirkt, entspricht stets eine gleich große, entgegengesetzte Kraft, mit der der Massenpunkt auf seine Umgebung wirkt. Für die Kräfte, die zwei Massenpunkte aufeinander ausüben, bedeutet das

$$\boldsymbol{F}_{12} = -\boldsymbol{F}_{21} \qquad \text{(3. Axiom)} \tag{1.4}$$

Hierbei ist $\boldsymbol{F}_{12}$ die Kraft, die auf den Körper 1 wirkt.

Für einige Ableitungen schränken wir die möglichen Kräfte durch zwei zusätzliche Bedingungen ein. Die erste Einschränkung verlangt, dass die Kräfte zwischen zwei Körpern parallel oder antiparallel zur Verbindungslinie sind:

$$(\boldsymbol{r}_1 - \boldsymbol{r}_2) \times \boldsymbol{F}_{12} = 0 \qquad \text{(1. Zusatz)} \tag{1.5}$$

Dies gilt zum Beispiel nicht für die magnetischen Kräfte zwischen geladenen, bewegten Teilchen. Der 2. Zusatz beinhaltet das Superpositionsprinzip der Kräfte:

$$\boldsymbol{F} = \textstyle\sum_i \boldsymbol{F}_i \qquad \text{(2. Zusatz)} \tag{1.6}$$

Der 2. Zusatz könnte für elektrische Kräfte in einem polarisierbaren Medium verletzt sein. Beide Zusätze sind zum Beispiel erfüllt für (Newtonsche) Gravitationskräfte im Sonnensystem.

Wenn wir uns auf Kräfte beschränken, die nur von dem Ort und der Geschwindigkeit des Teilchens und von der Zeit abhängen, dann lautet die Bewegungsgleichung

$$m\,\ddot{\boldsymbol{r}}(t) = \boldsymbol{F}(\boldsymbol{r}(t),\ \dot{\boldsymbol{r}}(t),\ t) \tag{1.7}$$

Dies ist eine Differenzialgleichung 2. Ordnung. Ihre Lösung enthält daher für jede Koordinate zwei Integrationskonstanten. Die Integrationskonstanten können durch Anfangsbedingungen (etwa für $\boldsymbol{r}(t)$ und $\dot{\boldsymbol{r}}(t)$) festgelegt werden.

Der eindimensionale Spezialfall

$$m\,\ddot{x}(t) = F(x(t)) \tag{1.8}$$

lässt sich leicht integrieren:

$$t - t_0 = \int_{x_0}^{x} \frac{dx'}{\sqrt{2[E - U(x')]/m}} \tag{1.9}$$

Hierbei wurde das *Potenzial* $U(x) = -\int dx\ F(x) + \text{const.}$ eingeführt. Die Integrationskonstanten sind x_0 und E.

Drehimpuls, Arbeit, Potenzial

Wenn man Newtons 2. Axiom vektoriell mit $\boldsymbol{r}(t)$ multipliziert, erhält man die Bewegungsgleichung

$$\frac{d\boldsymbol{\ell}}{dt} = \boldsymbol{M} \tag{1.10}$$

für den *Drehimpuls* $\boldsymbol{\ell} = \boldsymbol{r}(t) \times \boldsymbol{p}(t) = \boldsymbol{r} \times (m\dot{\boldsymbol{r}})$ des Teilchens. Auf der rechten Seite steht das auf das Teilchen wirkende *Drehmoment* $\boldsymbol{M} = \boldsymbol{r} \times \boldsymbol{F}$. Der Drehimpuls und das Drehmoment beziehen sich beide auf den Ursprung des gewählten Inertialsystems.

Für eine *Zentralkraft* $\boldsymbol{F} \parallel \pm\boldsymbol{r}$ ist $\boldsymbol{\ell}$ konstant. Daher können wir die z-Achse des Inertialsystems in Richtung von $\boldsymbol{\ell}$ legen. Die Bewegung verläuft dann in der x-y-Ebene, und wir können den Betrag des Drehimpulses in Polarkoordinaten ausdrücken:

$$\frac{\ell}{m} = \rho^2\,\dot{\varphi} = 2\,\frac{dA}{dt} = \text{const.} \qquad \text{für Zentralkraft} \tag{1.11}$$

Dies ist der sogenannte *Flächensatz*: Die vom Fahrstrahl pro Zeitintervall dt überstrichene Fläche $dA = \rho^2\,d\varphi/2$ ist konstant.

Wenn ein Teilchen sich auf dem Weg C von $\boldsymbol{r}_1$ nach $\boldsymbol{r}_2$ unter dem Einfluss einer Kraft $\boldsymbol{F}$ bewegt, dann wird an ihm die *Arbeit*

$$W = \int_C dW = \int_{\boldsymbol{r}_1,\,C}^{\boldsymbol{r}_2} d\boldsymbol{r} \cdot \boldsymbol{F}(\boldsymbol{r}) \tag{1.12}$$

geleistet. Die Arbeit wird in Joule (J = N m) gemessen. Die Leistung $P = dW/dt$ wird in Watt (W = J/s) gemessen.

Kräfte, die sich in der Form

$$\boldsymbol{F}_{\text{kons}} \cdot \dot{\boldsymbol{r}} = -\frac{dU(\boldsymbol{r})}{dt} \tag{1.13}$$

schreiben lassen, heißen *konservativ*. Kräfte, die sich nicht so schreiben lassen, heißen *dissipativ*. Damit können wir jede Kraft so aufteilen, $\boldsymbol{F} = \boldsymbol{F}_{\text{kons}} + \boldsymbol{F}_{\text{diss}}$. Wir setzen diese Aufteilung in das 2. Newtonsche Axiom ein und multiplizieren die Gleichung skalar mit $\dot{\boldsymbol{r}}$. Damit erhalten wir

$$\frac{d}{dt}\left(\frac{m\,\dot{\boldsymbol{r}}^2}{2} + U(\boldsymbol{r})\right) = \boldsymbol{F}_{\text{diss}} \cdot \dot{\boldsymbol{r}} \tag{1.14}$$

Dies ist eine Energiebilanzgleichung mit der *kinetischen Energie* $T = m\,\dot{\boldsymbol{r}}^2/2$ und der potenziellen Energie $U(\boldsymbol{r})$. Das Standardbeispiel für die dissipative Kraft ist die Reibungskraft $F_{\text{diss}} = -\gamma\,\dot{\boldsymbol{r}}$. Sie führt zu einer Abnahme der Energie $E = T + U$ des Teilchens.

Für eine konservative Kraft der Form $\boldsymbol{F}(\boldsymbol{r}) = -\operatorname{grad} U(\boldsymbol{r})$ kann das Potenzial $U(\boldsymbol{r})$ aus

$$U(\boldsymbol{r}) - U(\boldsymbol{r}_0) = -W = -\int_{\boldsymbol{r}_0}^{\boldsymbol{r}} d\boldsymbol{r}' \cdot \boldsymbol{F}(\boldsymbol{r}') \tag{1.15}$$

berechnet werden. Der Ausgangs- oder Bezugspunkt $\boldsymbol{r}_0$ ist dabei beliebig; das Potenzial ist nur bis auf eine Konstante (hier $U(\boldsymbol{r}_0)$) festgelegt. Der Wert des Integrals ist unabhängig vom Weg zwischen $\boldsymbol{r}_0$ und $\boldsymbol{r}$.

System von Massenpunkten

Wir betrachten ein System aus N Massenpunkten (zum Beispiel unser Sonnensystem). Für jeden Massenpunkt gilt Newtons 2. Axiom,

$$m_\nu\,\ddot{\boldsymbol{r}}_\nu(t) = \boldsymbol{F}_\nu = \boldsymbol{F}_\nu^{(a)} + \sum_{\mu=1,\,\mu\neq\nu}^{N} \boldsymbol{F}_{\nu\mu} \tag{1.16}$$

Im letzten Schritt wurden die Kräfte in *innere* und *äußere* Kräfte aufgeteilt. Die inneren Kräfte sind diejenigen, die die Massenpunkte des Systems aufeinander ausüben (etwa die Gravitationskräfte zwischen den Körpern im Sonnensystem). Die äußeren Kräfte $\boldsymbol{F}_\nu^{(a)}$ sind diejenigen Kräfte, die von außen auf das System wirken (etwa die Gravitationskräfte, die die Milchstraße auf das Sonnensystem ausübt).

Der Vektor $\boldsymbol{R} = \sum_\nu m_\nu\,\boldsymbol{r}_\nu/M$ gibt die Lage des *Schwerpunkts* an. Aus (1.16) folgt

$$M\ddot{\boldsymbol{R}} = \sum_{\nu=1}^{N} \boldsymbol{F}_\nu^{(a)} = \boldsymbol{F} \tag{1.17}$$

Die inneren Kräfte sind also ohne Einfluss auf die Bewegung des Schwerpunkts; dies liegt am 3. Axiom. Für ein abgeschlossenes System gilt Impulserhaltung, $\boldsymbol{P} = M\dot{\boldsymbol{R}} = \text{const.}$

Für den Drehimpuls $\boldsymbol{L} = \sum_\nu m_\nu\,(\boldsymbol{r}_\nu \times \dot{\boldsymbol{r}}_\nu) = \sum_\nu \boldsymbol{\ell}_\nu$ erhalten wir aus (1.16)

$$\frac{d\boldsymbol{L}}{dt} = \sum_{\nu=1}^{N} \boldsymbol{r}_\nu \times \boldsymbol{F}_\nu^{(a)} = \boldsymbol{M} \tag{1.18}$$

Die zeitliche Änderung des Gesamtdrehimpulses ist also gleich dem Gesamtdrehmoment der äußeren Kräfte. Für ein abgeschlossenes System gilt Drehimpulserhaltung, $\boldsymbol{L} = \text{const.}$

In der Ableitung von (1.18) wurde der 1. Zusatz (1.5) verwendet. Dieser Zusatz gilt nicht für bewegte, geladene Teilchen. In diesem Fall muss der Drehimpuls des elektromagnetischen Felds in der Drehimpulsbilanz berücksichtigt werden.

Für die Energiebilanz teilen wir die Kräfte wieder in konservative und dissipative Anteile auf. Wir beschränken uns auf konservative Kräfte der Form

$$\boldsymbol{F}_{\nu,\,\text{kons}} = -\,\frac{\partial U(\boldsymbol{r}_1, \boldsymbol{r}_2, \ldots, \boldsymbol{r}_N)}{\partial \boldsymbol{r}_\nu} \tag{1.19}$$

Dann lautet die Energiebilanzgleichung

$$\frac{d}{dt}\big(T + U\big) = \sum_{\nu=1}^{N} \boldsymbol{F}_{\nu,\,\text{diss}} \cdot \dot{\boldsymbol{r}}_\nu \tag{1.20}$$

Hierbei ist $T = \sum_\nu m\,\dot{\boldsymbol{r}}_\nu^2/2$ die gesamte kinetische Energie. Wenn es keine dissipativen Kräfte gibt, dann ist die Energie erhalten, $E = T + U = \text{const.}$.

Für konservative Kräfte, die sich durch $\boldsymbol{F}_\nu = -\operatorname{grad}_\nu U$ ausdrücken lassen, ist eine potenzielle Energie von der Form

$$U(\boldsymbol{r}_1, \boldsymbol{r}_2, \ldots, \boldsymbol{r}_N) = \sum_{\nu=1}^{N} U_\nu(\boldsymbol{r}_\nu) + \sum_{\nu=2}^{N}\sum_{\mu=1}^{\nu-1} U_{\nu\mu}(|\boldsymbol{r}_\nu - \boldsymbol{r}_\mu|) \tag{1.21}$$

Galileitransformation

Newtons Axiome gelten nur in Inertialsystemen (IS). Dies sind Systeme, die gegenüber dem Fixsternhimmel nichtbeschleunigt sind. Von einem IS kommt man zu einem anderen IS′ durch (konstante) räumliche oder zeitliche Verschiebung, durch Drehung oder durch eine Verschiebung mit einer konstanten Geschwindigkeit. Alle möglichen Inertialsysteme sind gleichwertig; dies ist die Aussage des Relativitätsprinzips.

Gleichwertigkeit heißt dabei, dass grundlegende Gesetze in allen Inertialsystemen dieselbe Form haben. In der nichtrelativistischen Mechanik geht man davon aus, dass Newtons Axiome solche grundlegenden Gesetze sind. Hieraus folgt dann die Form der Transformation zwischen verschiedenen IS. Diese so bestimmten Transformationen heißen *Galileitransformationen*.

Die allgemeine Galileitransformation zwischen IS (Koordinaten x_i und t) und IS′ (Koordinaten x_i' und t') lautet:

$$x_i' = \sum_{j=1}^{3} \alpha_{ij}\, x_j - v_i\, t - a_i\,, \qquad t' = t - t_0 \tag{1.22}$$

Eine solche Transformation bezieht sich auf ein *Ereignis*, das in IS die Koordinaten x_1, x_2, x_3, t hat, und in IS′ die Koordinaten x_1', x_2', x_3', t'. *Ein* bestimmtes Ereignis (etwa Zusammenstoß von zwei Teilchen) wird von *zwei* verschiedenen Standpunkten betrachtet (etwa zwei Beobachtern).

Die allgemeine Galileitransformation beinhaltet: (i) räumliche Verschiebung um $v_i\, t$, (ii) räumliche Verschiebung um a_i, (iii) Drehung (α_{ij}) und (iv) zeitliche Verschiebung um t_0. Die Galileitransformation hängt damit von 10 Parametern ab. Die Galileitransformationen bilden eine Gruppe.

Bei der Diskussion der Galileitransformation steht meist die Relativbewegung zwischen IS und IS′ im Vordergrund und man kann sich dann auf spezielle Galileitransformation beschränken:

$$x' = x - v\,t, \quad y' = y, \quad z' = z, \quad t' = t \tag{1.23}$$

Wir haben hier *ein* Ereignis und *zwei* Inertialsysteme betrachtet (passive Transformation). Im Gegensatz dazu kann man auch *ein* Inertialsystem betrachten und *zwei* Ereignisse, deren Koordinaten durch eine Galileitransformation verbunden sind (*aktive Transformation*).

Unterwirft man ein ganzes physikalisches System einer aktiven Transformation, so laufen die Vorgänge im ursprünglichen und im transformierten System im Allgemeinen verschieden ab. Speziell für abgeschlossene Systeme lässt die aktive Galileitransformation aber die Bewegungsgleichungen invariant. Als Beispiel betrachte etwa (1.21) ohne äußere Kräfte ($U_\nu = 0$). Mit den Abständen $|\boldsymbol{r}_\nu - \boldsymbol{r}_\mu|$ ist das Potenzial U dann invariant unter einer aktiven Transformation. Abgeschlossene Systeme sind invariant unter aktiven Galileitransformationen. Da dies für beliebige Systeme gilt, sind diese Invarianzen Symmetrien unserer Raum-Zeit.

Experimentell stellt man fest, dass Licht sich in allen Inertialsystemen mit derselben Geschwindigkeit ausbreitet. Dies steht im Widerspruch zur Galileitransformation. Aus (1.23) folgt nämlich $\dot{x}' = \dot{x} - v$ für die Transformation der Geschwindigkeit. Ein Objekt, das sich in IS mit der Geschwindigkeit c bewegt, müsste danach in IS′ die Geschwindigkeit $c - v$ haben.

Rotierendes Bezugssystem

Die Gültigkeit der Newtonschen Axiome ist auf Inertialsysteme (IS) beschränkt. Zu den abweichenden Bewegungsgesetzen in einem beschleunigten Koordinatensystem KS′ gelangt man, wenn man die Transformation zwischen dem IS und KS′ in die Newtonschen Gesetze einsetzt. Die Abweichungen bestehen in zusätzlichen Trägheitskräften. Diese Kräfte heißen auch Scheinkräfte; in KS′ sind dies aber durchaus reale Kräfte.

Die Transformation $\boldsymbol{r} = \boldsymbol{r}' + \boldsymbol{a}_0\, t^2/2$ mit $t' = t$ (und $\boldsymbol{a}_0 = \text{const.}$) führt zu einem linear beschleunigten System; denn der Ursprung von KS′ ($\boldsymbol{r}' = 0$) bewegt sich in IS gemäß $\boldsymbol{r} = \boldsymbol{a}_0\, t^2/2$. In IS wird eine kräftefreie Bewegung durch $\ddot{\boldsymbol{r}} = 0$ beschrieben. Hieraus wird in KS′ $\ddot{\boldsymbol{r}}' = -\boldsymbol{a}_0$. Im Gegensatz zu Newton tritt auf der rechten Seite die Trägheits- oder Scheinkraft $\boldsymbol{F}_{\text{tr}} = -m\, \boldsymbol{a}_0$ auf.

Ein interessanter Aspekt ist die Möglichkeit, Gravitationskräfte durch Trägheitskräfte zu kompensieren. So verlaufen in einem Satellitenlabor die Vorgänge wie ohne Gravitation; von der Erde aus gesehen heben sich Gravitations- und Beschleunigungskräfte gerade auf. Voraussetzung für diese Kompensation ist die Gleichheit von schwerer und träger Masse. Dieser Aspekt ist der Ausgangspunkt, den die Allgemeine Relativitätstheorie zur Aufstellung relativistischer Gesetze mit Gravitation verwendet.

Von besonderer Bedeutung sind rotierende Bezugssysteme, weil ein Labor auf der Erdoberfläche ja mit der Erde rotiert. Die weitere Diskussion beschränkt sich auf solche rotierenden Bezugssysteme.

Das Bezugssystem KS′ rotiere relativ zu IS mit einer konstanten Winkelgeschwindigkeit $\boldsymbol{\omega} = d\boldsymbol{\varphi}/dt$. Bei einer Rotation um den Winkel $d\boldsymbol{\varphi}$ ändert sich ein in KS′ konstanter Vektor $\boldsymbol{G}$ um $d\boldsymbol{G}_{\text{rot}} = d\boldsymbol{\varphi} \times \boldsymbol{G}$. Die gesamte Änderung von $\boldsymbol{G}$ in IS ist dann $d\boldsymbol{G}_{\text{IS}} = d\boldsymbol{G}_{\text{KS}'} + d\boldsymbol{G}_{\text{rot}}$, wobei $d\boldsymbol{G}_{\text{KS}'}$ die Änderung relativ zu KS′ ist. Hieraus folgt

$$\left(\frac{d\boldsymbol{G}}{dt}\right)_{\text{IS}} = \left(\frac{d\boldsymbol{G}}{dt}\right)_{\text{KS}'} + \boldsymbol{\omega} \times \boldsymbol{G} \tag{1.24}$$

Für den Ortsvektor $\boldsymbol{r} = \boldsymbol{r}'$ wird dies zu

$$\dot{\boldsymbol{r}} = \frac{d\boldsymbol{r}}{dt} = \sum_{i=1}^{3} \frac{dx_i'}{dt}\, \boldsymbol{e}_i' + \sum_{i=1}^{3} x_i' \,\frac{d\boldsymbol{e}_i'}{dt} = \dot{\boldsymbol{r}}' + \boldsymbol{\omega} \times \boldsymbol{r}' \tag{1.25}$$

Hierfür wurde der Ortsvektor nach den Basisvektoren von KS′ entwickelt, also $\boldsymbol{r}' = \sum_{i=1}^{3} x_i'(t)\; \boldsymbol{e}_i'(t)$. Der erste Term ist die Änderung des Ortsvektors relativ zu KS′, also gleich $(d\boldsymbol{r}/dt)_{\text{KS}'}$. Im zweiten Term wurde $(d\boldsymbol{e}_i'/dt) = \boldsymbol{\omega} \times \boldsymbol{e}_i'$ verwendet.

Wir wenden (1.24) nunmehr auf die Geschwindigkeit an und erhalten damit $\ddot{\boldsymbol{r}} = \ddot{\boldsymbol{r}}' + 2\,(\boldsymbol{\omega}\times\dot{\boldsymbol{r}}') + \boldsymbol{\omega}\times(\boldsymbol{\omega}\times\boldsymbol{r}')$. Für ein kräftefreies Teilchen gilt im IS das 1. Axiom $m\,\ddot{\boldsymbol{r}} = 0$. Hieraus folgt für ein kräftefreies Teilchen im rotierenden System:

$$m\,\ddot{\boldsymbol{r}}' = -2m\,\big(\boldsymbol{\omega} \times \dot{\boldsymbol{r}}'\big) - m\,\boldsymbol{\omega} \times \big(\boldsymbol{\omega} \times \boldsymbol{r}'\big) \tag{1.26}$$

Die Trägheitskräfte auf der rechten Seite werden als *Corioliskraft* und *Zentrifugalkraft* bezeichnet. Die Corioliskraft ist proportional zu ω und zur Geschwindigkeit des betrachteten Massenpunkts. Sie steht senkrecht zur Bewegungsrichtung; auf einem Karussell ist es schwierig, geradeaus zu gehen. Die Zentrifugalkraft ist proportional zu ω^2 und zum Abstand des Massenpunkts von der Drehachse. Sie zeigt von der Drehachse weg; auf einem schnell rotierenden Karussell muss man sich festhalten, um nicht nach außen wegzugleiten.

Aufgaben

1.1 Beschleunigung in Kugelkoordinaten

In Kugelkoordinaten (r, θ, ϕ) ist die Bahnkurve eines Massenpunkts von der Form $\boldsymbol{r}(t) = r(t)\,\boldsymbol{e}_r(t)$. Geben Sie die Geschwindigkeit und die Beschleunigung ebenfalls in Kugelkoordinaten an.

Lösung: Die Einheitsvektoren $\boldsymbol{e}_r$, $\boldsymbol{e}_\theta$ und $\boldsymbol{e}_\phi$ geben die Richtungen der Änderung von $\boldsymbol{r}$ bei der Änderung $r \to r + dr$, $\theta \to \theta + d\theta$ oder $\phi \to \phi + d\phi$ an. Wir drücken sie durch die kartesischen Einheitsvektoren aus:

$$\begin{aligned} \boldsymbol{e}_r &= \sin\theta\,\cos\phi\;\boldsymbol{e}_x + \sin\theta\,\sin\phi\;\boldsymbol{e}_y + \cos\theta\;\boldsymbol{e}_z \\ \boldsymbol{e}_\theta &= \cos\theta\,\cos\phi\;\boldsymbol{e}_x + \cos\theta\,\sin\phi\;\boldsymbol{e}_y - \sin\theta\;\boldsymbol{e}_z \\ \boldsymbol{e}_\phi &= -\sin\phi\;\boldsymbol{e}_x + \cos\phi\;\boldsymbol{e}_y \end{aligned}$$

Die kartesischen Basisvektoren sind zeitunabhängig. Daher wirken die Zeitableitungen nur auf die Vorfaktoren. In der Darstellung als Spaltenvektoren erhalten wir

$$\boldsymbol{e}_r := \begin{pmatrix} \sin\theta\,\cos\phi \\ \sin\theta\,\sin\phi \\ \cos\theta \end{pmatrix} \quad\longrightarrow\quad \dot{\boldsymbol{e}}_r = \frac{d\boldsymbol{e}_r}{dt} := \begin{pmatrix} \cos\theta\,\cos\phi\;\dot\theta - \sin\theta\,\sin\phi\;\dot\phi \\ \cos\theta\,\sin\phi\;\dot\theta + \sin\theta\,\cos\phi\;\dot\phi \\ -\sin\theta\;\dot\theta \end{pmatrix}$$

Das Ergebnis kann durch die Basisvektoren $\boldsymbol{e}_r$, $\boldsymbol{e}_\theta$ und $\boldsymbol{e}_\phi$ ausgedrückt werden. Mit den analogen Ausdrücken für $\dot{\boldsymbol{e}}_\theta$ und $\dot{\boldsymbol{e}}_\phi$ erhalten wir so

$$\dot{\boldsymbol{e}}_r = \dot\theta\;\boldsymbol{e}_\theta + \sin\theta\,\dot\phi\;\boldsymbol{e}_\phi, \qquad \dot{\boldsymbol{e}}_\theta = -\dot\theta\;\boldsymbol{e}_r + \cos\theta\,\dot\phi\;\boldsymbol{e}_\phi, \qquad \dot{\boldsymbol{e}}_\phi = -\sin\theta\,\dot\phi\;\boldsymbol{e}_r - \cos\theta\,\dot\phi\;\boldsymbol{e}_\theta$$

Wir leiten nun die Bahnkurve $\boldsymbol{r}(t) = r(t)\,\boldsymbol{e}_r(t)$ nach der Zeit ab:

$$\boldsymbol{v}(t) = \frac{d\boldsymbol{r}}{dt} = \dot r\;\boldsymbol{e}_r + r\;\dot{\boldsymbol{e}}_r = \dot r\;\boldsymbol{e}_r + r\,\dot\theta\;\boldsymbol{e}_\theta + r\,\sin\theta\,\dot\phi\;\boldsymbol{e}_\phi$$

Dies erhält man auch, wenn man das Wegelement $d\boldsymbol{r} = dr\;\boldsymbol{e}_r + r\,d\theta\;\boldsymbol{e}_\theta + r\,\sin\theta\,d\phi\;\boldsymbol{e}_\phi$ in $\boldsymbol{v} = d\boldsymbol{r}/dt$ einsetzt. Spätestens im nächsten Schritt benötigt man aber die Zeitableitungen der Basisvektoren.

Die Differenziation der Geschwindigkeit ergibt die Beschleunigung

$$\begin{aligned} \boldsymbol{a}(t) = \ddot{\boldsymbol{r}} = \frac{d\boldsymbol{v}}{dt} &= \left(\ddot r - r\,\dot\theta^2 - r\,\sin^2\!\theta\,\dot\phi^2\right)\boldsymbol{e}_r + \left(r\,\ddot\theta + 2\,\dot r\,\dot\theta - r\,\sin\theta\,\cos\theta\,\dot\phi^2\right)\boldsymbol{e}_\theta \\ &\quad + \left(r\,\sin\theta\,\ddot\phi + 2\,\sin\theta\,\dot r\,\dot\phi + 2\,r\,\cos\theta\,\dot\theta\,\dot\phi\right)\boldsymbol{e}_\phi \end{aligned}$$

Mit den Lagrangegleichungen 2. Art (Kapitel 2) kann man diese Ergebnisse *wesentlich* einfacher erhalten.

1.2 Abstürzender Satellit

Ein Erdsatellit (Masse m) bewegt sich unter dem Einfluss der Gravitationskraft und einer Reibungskraft:

$$\boldsymbol{F} = \boldsymbol{F}_{\text{grav}} + \boldsymbol{F}_{\text{diss}} = -m\,\frac{\alpha}{r^2}\,\boldsymbol{e}_r - m\,\gamma(r)\,\boldsymbol{v}$$

Dabei ist r der Abstand zum Erdmittelpunkt, $\alpha = GM$ mit der Erdmasse M und $\gamma(r) > 0$. Stellen Sie mit Hilfe der Ergebnisse aus Aufgabe 1.1 die Bewegungsgleichungen in Kugelkoordinaten (r, θ, ϕ) auf. Wie müssen $\gamma(r)$, β und ϵ gewählt werden, damit

$$r(t) = r_0 \left(1 - \beta t\right)^{2/3}, \quad \theta(t) = -\frac{1}{\epsilon} \ln\left(1 - \beta t\right)^{2/3}, \quad \phi(t) = \text{const.} \tag{1.27}$$

die Bewegungsgleichungen löst? Welche Form hat die Bahnkurve? Bestimmen Sie den Betrag der Geschwindigkeit $|\boldsymbol{v}|$ als Funktion von r.

Lösung: In Aufgabe 1.1 wurden die Beschleunigung $\boldsymbol{a}$ und die Geschwindigkeit $\boldsymbol{v}$ in Kugelkoordinaten angegeben. Hiermit wird $m\boldsymbol{a} = \boldsymbol{F}$ zu

$$\begin{aligned}
\ddot{r} - r\,\dot{\theta}^2 - r\,\dot{\phi}^2 \sin^2\theta &= -\frac{\alpha}{r^2} - \gamma(r)\,\dot{r} \\
r\,\ddot{\theta} + 2\,\dot{r}\,\dot{\theta} - r\,\dot{\phi}^2 \sin\theta\,\cos\theta &= -\gamma(r)\,r\,\dot{\theta} \\
r\,\ddot{\phi}\,\sin\theta + 2\,\dot{r}\,\dot{\phi}\,\sin\theta + 2\,r\,\dot{\theta}\,\dot{\phi}\,\cos\theta &= -\gamma(r)\,r\,\dot{\phi}\,\sin\theta
\end{aligned}$$

Für (1.27) ist die dritte Gleichung trivialerweise erfüllt, und in den anderen Gleichungen fallen die $\dot{\phi}^2$-Terme weg. Wir berechnen nun die Zeitableitungen von r und θ für (1.27):

$$\begin{aligned}
\dot{r} &= -\frac{2\beta}{3}\,r_0\,(1-\beta t)^{-1/3} = -\frac{2\beta}{3}\,r_0\sqrt{\frac{r_0}{r}}, &\qquad \dot{\theta} &= \frac{2\beta}{3\epsilon}(1-\beta t)^{-1} = \frac{2\beta}{3\epsilon}\left(\frac{r_0}{r}\right)^{3/2} \\
\ddot{r} &= -\frac{2\beta^2}{9}\,r_0\,(1-\beta t)^{-4/3} = -\frac{2\beta^2}{9}\,\frac{r_0^3}{r^2}, &\qquad \ddot{\theta} &= \frac{2\beta^2}{3\epsilon}(1-\beta t)^{-2} = \frac{2\beta^2}{3\epsilon}\left(\frac{r_0}{r}\right)^{3}
\end{aligned}$$

und setzen sie in die ersten beiden Gleichungen ein. Die resultierenden Gleichungen können nach γ und β aufgelöst werden:

$$\gamma(r) = \frac{\beta}{3}\left(\frac{r_0}{r}\right)^{3/2}, \qquad \beta = \frac{3\epsilon}{2\,r_0}\sqrt{\frac{\alpha}{r_0\,(1+\epsilon^2)}}$$

Der Ansatz für $\boldsymbol{F}_{\text{diss}}$ macht nur für $\gamma(r) > 0$ Sinn, also für $\beta > 0$ und $\epsilon > 0$. Es gibt einen freien, positiven Parameter ϵ, der β, $\gamma(r)$ und damit die Lösung festlegt. Die Bahnkurve (1.27) ist eine *logarithmische Spirale*

$$r(\theta) = r_0\,\exp(-\epsilon\,\theta)$$

Für das Quadrat der Geschwindigkeit gilt

$$v^2 = \dot{r}^2 + r^2\,\dot{\theta}^2 = \frac{4\beta^2}{9}\left(1 + \frac{1}{\epsilon^2}\right)\frac{r_0^3}{r} = \frac{\alpha}{r}$$

Trotz Reibung nimmt die Geschwindigkeit $v = \sqrt{\alpha/r}$ bei Annäherung an die Erdoberfläche immer weiter zu. Anstelle der hier verwendeten Reibungskraft wäre $F_{\text{diss}} \propto \varrho\,\boldsymbol{v}^2$ mit der Luftdichte $\varrho(r)$ ein realistischerer Ansatz.

1.3 Regentropfen im Schwerefeld

Ein kugelförmiger Wassertropfen (Radius R, Volumen V, Masse m) fällt in der mit Wasserdampf gesättigten Atmosphäre senkrecht nach unten. Auf ihn wirken die Schwerkraft und eine Reibungskraft,

$$F = F_{\text{grav}} + F_{\text{diss}} = m\,g - \lambda\,R^2\,v \qquad (\lambda > 0)$$

Der Wassertropfen startet mit der Geschwindigkeit $v(0) = 0$. Durch Kondensation wächst das Volumen des Wassertropfens proportional zu seiner Oberfläche an; Radius und Masse des Tropfens sind also zeitabhängig. Stellen Sie die Bewegungsgleichung auf, und integrieren Sie sie, indem Sie R anstelle der Zeit t als unabhängige Variable einführen.

Lösung: Die Volumenänderung dV/dt soll proportional zur Oberfläche $4\pi R^2$ sein:

$$\frac{dV(t)}{dt} = 4\pi\,R(t)^2\,\dot{R}(t) = \alpha\left(4\pi\,R(t)^2\right) \quad\Longrightarrow\quad R(t) = R_0 + \alpha\,t$$

Hierbei ist α die Proportionalitätskonstante zwischen der Volumenänderung und der Oberfläche, und $R_0 = R(0)$. Die Dichte ϱ von Wasser ist (unter den gegebenen Bedingungen) konstant. Für die Änderung der Masse des Regentropfens gilt dann

$$\dot{m} = 4\pi\,\varrho\,R^2\,\dot{R} = \frac{3\,m}{R}\,\dot{R} = \frac{3\,m\,\alpha}{R(t)}$$

In der Bewegungsgleichung ist zu berücksichtigen, dass die Masse zeitabhängig ist:

$$\frac{d}{dt}\left[m(t)\,v(t)\right] = m\,\dot{v} + \dot{m}\,v = F_{\text{grav}} + F_{\text{diss}} = m\,g - \lambda\,R^2\,v$$

Mit der Abkürzung $\gamma = 3\lambda/(4\pi\,\varrho\alpha)$ ergeben die letzten beiden Gleichungen

$$\dot{v}(t) + \frac{3\alpha}{R(t)}\,v(t) = g - \frac{\alpha\,\gamma}{R(t)}\,v(t)$$

Wir betrachten nun R als unabhängige Variable. Dann gilt $\dot{v}(t) = v'(R)\,\dot{R}(t) = \alpha\,v'(R)$ und die Differenzialgleichung wird zu

$$v'(R) + \frac{3+\gamma}{R}\,v(R) = \frac{g}{\alpha} \tag{1.28}$$

Die allgemeine Lösung dieser linearen Differenzialgleichung setzt sich zusammen aus der allgemeine Lösung der homogenen Gleichung

$$v'_{\text{hom}}(R) + \frac{3+\gamma}{R}\,v_{\text{hom}}(R) = 0$$

und irgendeiner speziellen (partikulären) Lösung der inhomogenen Differenzialgleichung (1.28). Die allgemeine Lösung der homogenen Gleichung lautet $v_{\text{hom}}(R) = c/R^{3+\gamma}$ mit der Integrationskonstanten c. Für eine partikuläre Lösung führt der Ansatz $v_{\text{part}}(R) = a\,R$ mit $a = (g/\alpha)/(4+\gamma)$ zum Ziel. Damit lautet die allgemeine Lösung:

$$v(R) = v_{\text{hom}}(R) + v_{\text{part}}(R) = \frac{c}{R^{3+\gamma}} + \frac{g}{\alpha\,(4+\gamma)}\,R$$

Die Anfangsbedingung $v(R_0) = 0$ legt die Integrationskonstante $c = -(g/\alpha)\, R_0^{4+\gamma}/(4+\gamma)$ fest. In diese Lösung setzen wir noch $R(t) = \alpha t + R_0$ ein:

$$v = \frac{g\,R_0}{\alpha\,(4+\gamma)} \left[\frac{R}{R_0} - \left(\frac{R_0}{R}\right)^{3+\gamma}\right] = \frac{g\,R_0}{\alpha\,(4+\gamma)} \left[\left(1 + \frac{\alpha\,t}{R_0}\right) - \left(1 + \frac{\alpha\,t}{R_0}\right)^{-(3+\gamma)}\right]$$

Wir diskutieren die Grenzfälle

$$v(t) = \begin{cases} g\,t & (\alpha\,t \ll R_0) \\ g\,t/(4+\gamma) & (\alpha\,t \gg R_0) \end{cases}$$

Anfangs fällt der Wassertropfen praktisch frei; die Geschwindigkeit ist noch so klein, dass die Impulsänderung aufgrund der Massenzunahme und die Reibungskraft wenig Einfluss haben. Für große Zeiten wird die Beschleunigung durch die beiden Effekte von g auf $g/(4+\gamma)$ reduziert. Im Gegensatz dazu geht die Beschleunigung bei *konstanter* Masse gegen null, und es wird eine Grenzgeschwindigkeit $v_\infty = m\,g/(\lambda\,R^2)$ erreicht (Aufgabe 1.8). Aus der berechneten Lösung kann dieser Fall im Limes $\alpha \to 0$ gewonnen werden. Dabei sind die Darstellungen der Exponentialfunktion $\exp(x) = \lim_{a\to\infty}(1 + x/a)^a$ oder $\exp(-x) = \lim_{a\to\infty}(1 + x/a)^{-a}$ zu verwenden.

1.4 Schwingungsperiode eines anharmonischen Oszillators

Ein Körper der Masse m bewege sich im Potenzial

$$U(x) = \frac{f}{2}\,x^2 + \alpha\,x^4$$

Berechnen Sie die Periode T der Schwingung für den leicht anharmonischen Fall (für $\alpha\,E \ll f^2$, wobei E die Energie ist).

Anleitung: Verwenden Sie die Substitution $\sin^2\varphi = U(x)/E$ und drücken Sie x und dx in Abhängigkeit von φ bis zur 1. Ordnung in α aus.

Lösung: Aus (1.9) folgt für die Schwingungsdauer

$$T = 2\int_{x_1}^{x_2} \frac{dx}{\sqrt{2[E - U(x)]/m}} = \sqrt{\frac{2m}{E}} \int_{x_1}^{x_2} \frac{dx}{\sqrt{1 - U(x)/E}} \qquad (1.29)$$

Hierbei sind x_1 und x_2 die Umkehrpunkte, bei denen $E = U(x_i)$ gilt. Die Substitution $\sin^2\varphi = U(x)/E$ bedeutet

$$\alpha\,x^4 + f\,x^2/2 - E\,\sin^2\varphi = 0 \qquad (1.30)$$

Dies ist eine quadratische Gleichung für x^2 mit der Lösung

$$x^2 = \frac{f}{4\alpha}\left(-1 \pm \sqrt{(1 + 16\alpha\,E\,\sin^2\varphi/f^2)}\right) \approx \frac{2E}{f}\,\sin^2\varphi\left(1 - \frac{4\alpha\,E}{f^2}\,\sin^2\varphi\right)$$

Wegen $x^2 \geq 0$ macht nur das Pluszeichen vor der Wurzel Sinn. Im letzten Ausdruck wurde die Bedingung $\alpha\,E \ll f^2$ benutzt. Für die Variable x erhalten wir damit die Substitutionsgleichungen

$$x \approx \sqrt{\frac{2E}{f}}\,\sin\varphi\left(1 - \frac{2\alpha\,E}{f^2}\,\sin^2\varphi\right) \quad \text{und} \quad dx \approx \sqrt{\frac{2E}{f}}\,\cos\varphi\,d\varphi\left(1 - \frac{6\alpha\,E}{f^2}\,\sin^2\varphi\right)$$

Der Cosinus in dx kürzt sich im Integral (1.29) gegen $\sqrt{1 - U/E}$. Die Umkehrpunkte x_i sind durch $E = U(x_i)$ oder $\sin^2\varphi_i = 1$ gegeben; sie liegen demnach bei $\varphi_i = \pm\pi/2$. Damit erhalten wir

$$T = 2\sqrt{\frac{m}{f}} \int_{-\pi/2}^{\pi/2} d\varphi \left(1 - \frac{6\alpha E}{f^2}\sin^2\varphi\right) = 2\pi\sqrt{\frac{m}{f}}\left(1 - \frac{3\alpha E}{f^2}\right)$$

Für $\alpha = 0$ ist dies das bekannte Ergebnis des harmonischen Oszillators. Für $\alpha > 0$ ist das Potenzial steiler, und T ist kleiner. Für $\alpha < 0$ ist das Potenzial flacher, und T ist größer. Wegen $E \approx f x_1^2/2$ kann der Korrekturterm auch durch die Amplitude x_1 ausgedrückt werden. Die Bedingung $\alpha E \ll f^2$ bedeutet daher eine Beschränkung auf *kleine* Auslenkungen.

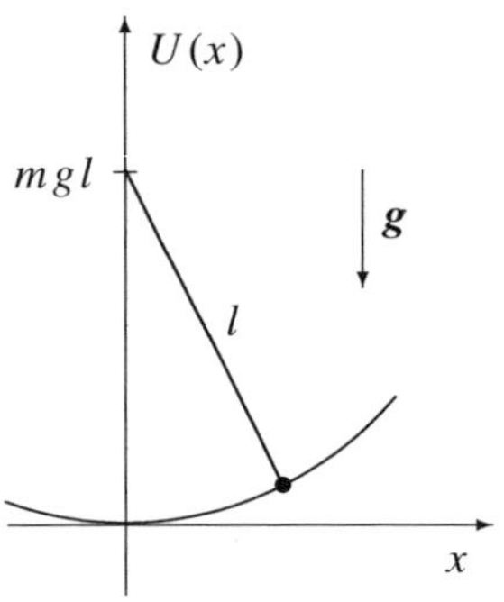

Als Beispiel für anharmonische Korrekturen betrachten wir ein Fadenpendel. Für die potenzielle Energie gilt

$$U(x) = mgl\left(1 - \sqrt{1 - \frac{x^2}{l^2}}\right) \approx \frac{mg}{2l}\,x^2 + \frac{mg}{8l^3}\,x^4$$

Mit $f = mg/l$ und $\alpha = mg/(8l^3)$ führt das zur Aufgabenstellung. Damit ist die Schwingungsperiode

$$T = 2\pi\sqrt{\frac{l}{g}}\left(1 - \frac{3x_1^2}{16\,l^2}\right)$$

Für $l = 1\,\mathrm{m}$ führt die relativ große maximale Auslenkung $x_1 = 0.5\,\mathrm{m}$ zu einer Korrektur von 4.7 %.

1.5 Einfluss der Zeitdefinition auf die Bewegungsgleichung

In einem Inertialsystem werde durch eine ungenaue Uhr die Zeit T definiert; für T setze man einen bestimmten Zusammenhang $T = T(t)$ zur (wahren) IS-Zeit t an. Mit dieser Uhr misst man für die kräftefreie, eindimensionale Bewegung eines Körpers $d^2x/dT^2 = a_0 = F/m$ im Gegensatz zu Newtons Axiomen. Dies demonstriert die Abhängigkeit physikalischer Gesetze von der Zeitdefinition.

Bestimmen Sie die scheinbare Kraft F. Für eine konkrete Uhr mit schwächer werdender Feder gelte speziell $T(t) = \lambda^{-1}\,\ln(1 + \lambda t)$. Was ergibt sich dann für die scheinbare Kraft F?

Lösung: Aus der (tatsächlichen) Geschwindigkeit

$$v = \frac{dx}{dt} = \frac{dx}{dT}\,\frac{dT}{dt}$$

folgt die (tatsächliche) Beschleunigung, die im kräftefreien Fall verschwindet:

$$\frac{d^2x}{dt^2} = \frac{d^2x}{dT^2}\left(\frac{dT}{dt}\right)^2 + \frac{dx}{dT}\,\frac{d^2T}{dt^2} = \frac{d^2x}{dT^2}\left(\frac{dT}{dt}\right)^2 + \frac{v\,d^2T/dt^2}{dT/dt} = 0$$

Hieraus folgt die (scheinbare) Kraft

$$F = m\,\frac{d^2x}{dT^2} = -\frac{m\,v\,d^2T/dt^2}{(dT/dt)^3}$$

Für $T(t) = \lambda^{-1}\,\ln(1+\lambda t)$ gelten dann $dT/dt = 1/(1+\lambda t)$, $d^2T/dt^2 = -\lambda/(1+\lambda t)^2$ und

$$F = m\,v\,\lambda\,(1+\lambda t)$$

1.6 Erzwungene Schwingungen

Bestimmen Sie die allgemeine Lösung des angetriebenen, gedämpften Oszillators

$$\ddot{x} + \omega_0^2\,x + 2\lambda\,\dot{x} = f\,\cos(\omega t) \tag{1.31}$$

mit $0 < \lambda < \omega_0$. Betrachten Sie die Lösung speziell für große Zeiten, und berechnen Sie die zeitlich gemittelte Leistung P, die durch die Reibung verloren geht. Drücken Sie P im Fall $\epsilon = \omega - \omega_0 \ll \omega_0$ und $\lambda \ll \omega_0$ durch f, ϵ und λ aus.

Lösung: Alle Größen in (1.31) sind reell. Daher ist der Realteil (Re) von

$$\ddot{X} + 2\lambda\,\dot{X} + \omega_0^2\,X = f\,\exp(\mathrm{i}\omega t) \tag{1.32}$$

identisch mit (1.31), wenn wir $x(t) = \mathrm{Re}\big(X(t)\big)$ setzen. Der Weg über (1.32) ist etwas bequemer.

Die allgemeine Lösung einer linearen Differenzialgleichung setzt sich zusammen aus der allgemeinen Lösung $X_{\mathrm{hom}}(t)$ der homogenen Gleichung

$$\ddot{X}_{\mathrm{hom}} + 2\lambda\,\dot{X}_{\mathrm{hom}} + \omega_0^2\,X_{\mathrm{hom}} = 0 \tag{1.33}$$

und irgendeiner speziellen (partikulären) Lösung $X_{\mathrm{part}}(t)$ der vollen (inhomogenen) Differenzialgleichung. Wir setzen $X_{\mathrm{hom}}(t) = C\,\exp(-\mathrm{i}\nu t)$ mit einer komplexen Amplitude C in (1.33) ein und erhalten

$$-\nu^2 - 2\,\mathrm{i}\lambda\,\nu + \omega_0^2 = 0, \qquad \nu_{1,2} = \pm\sqrt{\omega_0^2 - \lambda^2} - \mathrm{i}\lambda = \pm w_0 - \mathrm{i}\lambda$$

Dabei haben wir $w_0 = (\omega_0^2 - \lambda^2)^{1/2}$ eingeführt. Für $\omega_0 > \lambda$ ist w_0 reell, und die Lösung $x(t)$ lautet $x_{\mathrm{hom}}(t) = \mathrm{Re}\,(C\,\exp(-\lambda t \mp \mathrm{i}w_0 t))$. Mit reellen Konstanten A_1 und A_2 in $C = A_1 + \mathrm{i}A_2$ wird dies zu

$$x_{\mathrm{hom}}(t) = A_1\,\cos(w_0 t)\,\exp(-\lambda t) + A_2\,\sin(w_0 t)\,\exp(-\lambda t)$$

Das Vorzeichen in $\sin(\pm w_0 t) = \pm\sin(w_0 t)$ wird in die Konstante A_2 absorbiert. Anstelle der Konstanten A_1 und A_2 können wir auch eine Amplitude A und eine Phase δ_0 verwenden:

$$x_{\mathrm{hom}}(t) = A_0\,\exp(-\lambda t)\,\cos(w_0 t + \delta_0)$$

Diese Lösung beschreibt eine gedämpfte, periodische Bewegung.

Für die partikuläre Lösung setzt man $X_{\mathrm{part}}(t) \propto \exp(\mathrm{i}\omega t)$ an und erhält aus (1.32)

$$X_{\mathrm{part}}(t) = \frac{f\,\exp(\mathrm{i}\omega t)}{\omega_0^2 - \omega^2 + 2\,\mathrm{i}\lambda\,\omega} \tag{1.34}$$

Wir führen die Realteilbildung aus und schreiben

$$x_{\text{part}}(t) = A(\omega)\,\cos\big(\omega t + \delta(\omega)\big) \tag{1.35}$$

mit der reellen *Amplitude* $A(\omega)$ und der reellen *Phase* $\delta(\omega)$

$$A(\omega) = \frac{f}{\sqrt{\left(\omega_0^2 - \omega^2\right)^2 + 4\lambda^2\omega^2}}\,, \qquad \tan\delta(\omega) = \frac{2\lambda\,\omega}{\omega^2 - \omega_0^2} \tag{1.36}$$

Die allgemeine Lösung

$$x(t) = x_{\text{hom}} + x_{\text{part}} = A_0\,\exp(-\lambda t)\,\cos(w_0 t + \delta_0) + A(\omega)\,\cos\big(\omega t + \delta(\omega)\big) \tag{1.37}$$

enthält zwei Integrationskonstanten, A_0 und δ_0.

Für große Zeiten bleibt nur die partikuläre Lösung übrig, $x(t) = x_{\text{part}}(t)$. Diese *erzwungene Schwingung* wird durch die Frequenzabhängigkeit der Amplitude $A(\omega)$ und der Phase $\delta(\omega)$ bestimmt:

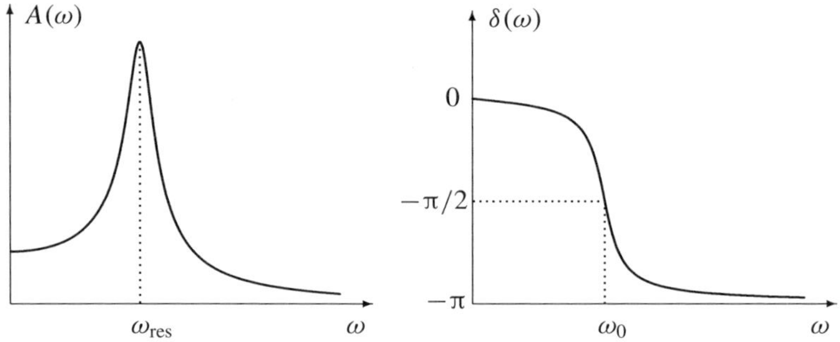

Das Maximum der Amplitude $A(\omega)$ liegt bei

$$\omega_{\text{res}} = \sqrt{\omega_0^2 - 2\lambda^2} \tag{1.38}$$

Für $\lambda \ll \omega_0$ liegt diese *Resonanzfrequenz* dicht unterhalb der Eigenfrequenz, $\omega_{\text{res}} \approx \omega_0 - \lambda^2/\omega_0$. Die Breite der Resonanzkurve ist proportional zu λ, die Höhe des Maximums proportional zu $1/\lambda$.

Je schwächer die Dämpfung ist, desto höher und schmaler ist die Resonanzkurve; für die Abbildung wurde $\omega_0/\lambda = 10$ gewählt. Für kleine Frequenzen schwingt der Oszillator in Phase mit der anregenden Kraft ($\delta \approx 0$), für große Frequenzen gegenläufig ($\delta \approx -\pi$); der Übergang erfolgt im Bereich $\omega \sim \omega_0 \pm \lambda$.

Im statischen Fall ($\omega = 0$) ist die Auslenkung $A(0) = f/\omega_0^2$. Die Auslenkung erfolgt in Richtung der Kraft; die Phase ist null. Für $\omega > 0$ ist die Phase immer negativ, das heißt die Auslenkung bleibt hinter der auslenkenden Kraft zurück.

Die durch die Reibung absorbierte Leistung (Energie/Zeit) ist

$$P(\omega) = -\overline{F_{\text{diss}}\,\dot{x}} = 2\lambda\,m\,\overline{\dot{x}^2} = 2\lambda\,m\,A(\omega)^2\omega^2\;\overline{\sin^2(\omega t + \delta)} = \lambda\,m\,A(\omega)^2\omega^2$$

Die Mittelung wurde durch einen Balken über der zu mittelnden Größe angezeigt; das gemittelte Quadrat einer Sinusfunktion ergibt den Faktor 1/2. Die Energieabsorption erfolgt vorwiegend im Frequenzbereich $\omega \approx \omega_0 \pm \lambda$. Das Ergebnis für P ist leicht zu verstehen:

$1/\lambda$ ist die Zeit, in der die Amplitude des freien Oszillators wesentlich gedämpft wird, und $E = m\omega^2 A^2/2$ ist die Energie eines ungedämpften Oszillators, der mit der Amplitude A schwingt.

Wir setzen nun (1.36) in $P(\omega)$ ein und verwenden $\epsilon = \omega - \omega_0$; dann ist $\omega^2 - \omega_0^2 = \epsilon\,(\omega + \omega_0) \approx 2\epsilon\omega$. Für $\lambda \ll \omega_0$ gilt $\omega = \omega_0 + \mathcal{O}(\lambda)$ für die effektiv relevanten Frequenzen. In der führenden Ordnung in den kleinen Größen ϵ und λ erhalten wir so

$$P(\epsilon) = \frac{f^2}{4}\,\frac{\lambda\, m}{\epsilon^2 + \lambda^2}$$

1.7 Weg(un)abhängigkeit der Arbeit

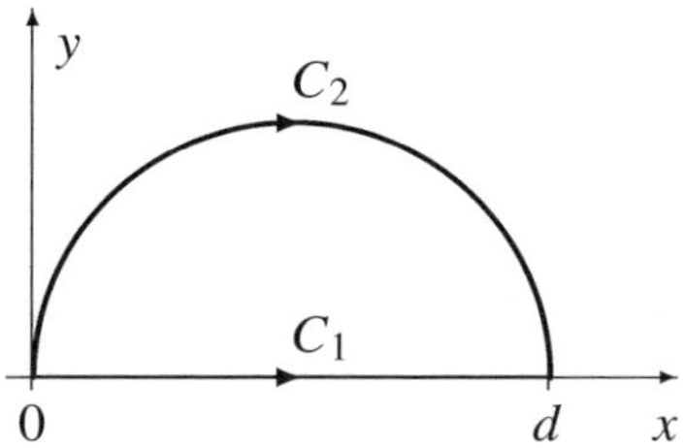

Das Wegintegral

$$W = \int_C dW = \int_{\boldsymbol{r}_1,\,C}^{\boldsymbol{r}_2} d\boldsymbol{r} \cdot \boldsymbol{F}(\boldsymbol{r})$$

soll für die Federkraft $\boldsymbol{F} = -k\,\boldsymbol{r}$ und verschiedene Wege berechnet werden.

Als Wege sollen eine Gerade C_1 und ein Halbkreis C_2 (Radius $d/2$) betrachtet werden, und zwar mit dem Anfangspunkt $(x, y, z) = (0, 0, 0)$ und dem Endpunkt $(d, 0, 0)$. Das Wegintegral gibt die Arbeit an, die geleistet werden muss, um ein Teilchen längs des Wegs zu verschieben.

Lösung: Für den Weg C_1 gilt $d\boldsymbol{r} = \boldsymbol{e}_x\, dx$, wobei x von 0 bis d läuft. Damit wird (1.12) zu

$$W = \int_{\boldsymbol{r}_1,\,C_1}^{\boldsymbol{r}_2} d\boldsymbol{r} \cdot \boldsymbol{F} = -k \int_0^d dx\; \boldsymbol{r} \cdot \boldsymbol{e}_x = -k \int_0^d dx\; x = -\frac{k\,d^2}{2}$$

Der Halbkreis C_2 kann durch

$$\boldsymbol{r} := \frac{d}{2}\begin{pmatrix} 1 - \cos\varphi \\ \sin\varphi \\ 0 \end{pmatrix}, \qquad d\boldsymbol{r} := \frac{d}{2}\begin{pmatrix} \sin\varphi \\ \cos\varphi \\ 0 \end{pmatrix} d\varphi$$

beschrieben werden, wobei φ von 0 bis π läuft. Damit erhalten wir

$$W = \int_{\boldsymbol{r}_1,\,C_2}^{\boldsymbol{r}_2} d\boldsymbol{r} \cdot \boldsymbol{F} = -\frac{k\,d^2}{4}\int_0^\pi d\varphi\;\sin\varphi = -\frac{k\,d^2}{2}$$

Alternativ kann man C_2 durch die Funktion $y(x) = \sqrt{x\,(d-x)}$ beschreiben. Mit $\boldsymbol{r} = x\,\boldsymbol{e}_x + y\,\boldsymbol{e}_y$, $d\boldsymbol{r} = dx\,\boldsymbol{e}_x + dy\,\boldsymbol{e}_y$ und $dy = y'(x)\,dx$ erhalten wir

$$W = -k\int_0^d dx\,\big(x + y(x)\,y'(x)\big) = -k\int_0^d dx\left(x + \frac{d}{2} - x\right) = -\frac{k\,d^2}{2}$$

Die Kraft $\boldsymbol{F} = -k\,\boldsymbol{r}$ kann in der Form $\boldsymbol{F} = -\operatorname{grad} U(r)$ mit dem (Oszillator-)Potenzial $U(\boldsymbol{r}) = -kr^2/2$ geschrieben werden. Die Arbeit $W = U(\boldsymbol{r}_1) - U(\boldsymbol{r}_2)$ ist damit vom Weg unabhängig.

1.8 Freier Fall mit Reibung

Für eine Kugel, die sich in einer zähen Flüssigkeit im Schwerefeld bewegt, gelte die Bewegungsgleichung

$$m\ddot{z} = -mg - \gamma\dot{z} \tag{1.39}$$

Lösen Sie diese Gleichung für eine anfangs bei $z = 0$ ruhende Kugel. Überprüfen Sie mit dieser Lösung die Energiebilanzgleichung (1.14).

Lösung: Wir schreiben die Bewegungsgleichung zunächst in der Form

$$\ddot{z} + \alpha\dot{z} = -g \tag{1.40}$$

mit $\alpha = \gamma/m$. Die allgemeine Lösung einer linearen Differenzialgleichung setzt sich zusammen aus der allgemeinen Lösung $z_{\text{hom}}(t)$ der homogenen Gleichung

$$\ddot{z}_{\text{hom}} + \alpha\,\dot{z}_{\text{hom}} = 0 \tag{1.41}$$

und irgendeiner speziellen (partikulären) Lösung $z_{\text{part}}(t)$ der inhomogenen Differenzialgleichung (1.40). Der Standardansatz für eine lineare homogene Differenzialgleichung lautet $z(t) = \exp(\lambda t)$. Einsetzen in (1.41) ergibt $\lambda^2 + \alpha\lambda = 0$ mit den Lösungen $\lambda_1 = 0$ und $\lambda_2 = -\alpha$. Die allgemeine homogene Lösung ist eine Linearkombination der beiden Elementarlösungen, also $z_{\text{hom}}(t) = c_1 \exp(\lambda_1 t) + c_2 \exp(\lambda_2 t) = c_1 + c_2 \exp(-\alpha t)$.

Der Ansatz $\dot{z} = \text{const.}$ löst (1.40) mit $\dot{z} = -g/\alpha$. Damit ist $z_{\text{part}} = -gt/\alpha$ eine partikuläre Lösung . Die *allgemeine Lösung* lautet

$$z(t) = z_{\text{hom}}(t) + z_{\text{part}}(t) = c_1 + c_2 \exp(-\alpha t) - gt/\alpha$$

Die Anfangsbedingungen $z(0) = 0$ und $\dot{z}(0) = 0$ legen die Konstanten fest:

$$z(t) = -\frac{g}{\alpha}\left(t + \frac{\exp(-\alpha t) - 1}{\alpha}\right) \tag{1.42}$$

Der Leser überprüfe $z \to -gt^2/2$ für $\alpha \to 0$. Wir berechnen noch die (positiv gewählte) Geschwindigkeit v der Kugel:

$$v(t) = -\dot{z}(t) = \frac{g}{\alpha}\big[1 - \exp(-\alpha t)\big] \tag{1.43}$$

Die Geschwindigkeit $v(t)$ wächst zunächst linear an (wie beim freien Fall), und nähert sich dann asymptotisch dem Wert $v(\infty) = g/\alpha = mg/\gamma$. Bei dieser Grenzgeschwindigkeit halten sich Schwer- und Reibungskraft die Waage.

Wir berechnen die Energie E des Teilchens:

$$E = T + U = \frac{m\dot{z}^2}{2} + mgz = \frac{mg^2}{2\alpha^2}\Big(\exp(-2\alpha t) - 4\exp(-\alpha t) - 2\alpha t + 3\Big)$$

Hieraus erhält man die linke Seite von (1.14):

$$\frac{dE}{dt} = \frac{mg^2}{2\alpha^2}\Big(-2\alpha\exp(-2\alpha t) + 4\alpha\exp(-\alpha t) - 2\alpha\Big) = -\frac{mg^2}{\alpha}\big[1 - \exp(-\alpha t)\big]^2$$

Dies stimmt mit der rechten Seite von (1.14) überein:

$$\boldsymbol{F}_{\text{diss}} \cdot \boldsymbol{v} = -\gamma v^2 = -\frac{mg^2}{\alpha}\big[1 - \exp(-\alpha t)\big]^2$$

Für große Zeiten sind die beiden Seiten von (1.14) gleich einer Konstanten. Dies entspricht einer konstanten Umwandlungsrate von potenzieller Energie in Reibungswärme bei erreichter Endgeschwindigkeit.

Alternative Lösung: Die Gleichung (1.40) wird als $\dot{v} = g - \alpha v$ geschrieben und gemäß $\int_0^v dv'/(g - \alpha v') = t$ integriert. Dies führt direkt zu (1.43). Dieser Weg ist deutlich kürzer, entspricht aber nicht dem Standardverfahren zur Lösung linearer Differenzialgleichungen.

1.9 Förderband – Energiebilanz

Auf ein horizontales Förderband, das sich mit der konstanten Geschwindigkeit v_0 bewegt, fällt aus einem Trichter Materie mit der Rate $R = dm/dt =$ Masse/Zeit. Die Materie kommt auf dem Förderband zur Ruhe und wird mit v_0 weitertransportiert. Mit welcher Kraft F muss das Förderband angetrieben werden, um die Impulsänderung der aufgenommenen Materie zu bewirken? Vergleichen Sie die Leistung P des Förderbands mit der Rate dT/dt, mit der kinetische Energie T auf die Materie übertragen wird. Sind die auftretenden Kräfte konservativ?

Lösung: Wenn die Masse dm von null auf die Geschwindigkeit v_0 gebracht wird, bedeutet das eine Impulsänderung $dp = dm\, v_0$. Um diese Impulsänderung in Zeitintervall dt zu bewirken, ist die Kraft

$$F = \frac{dp}{dt} = \frac{dm\, v_0}{dt} = R\, v_0$$

erforderlich; mit dieser Kraft F muss das Förderband angetrieben werden. Der Antrieb des Förderbands benötigt dann die Leistung

$$P = F\, v_0 = R\, v_0^2$$

Aus

$$\frac{dT}{dt} = \frac{dm\, v_0^2/2}{dt} = \frac{R\, v_0^2}{2}$$

folgt, dass nur die Hälfte der aufgebrachten Leistung P zur Erhöhung der kinetischen Energie der Materie dient (konservativer Anteil). Die andere Hälfte wird in Wärme umgewandelt (dissipativ); denn wenn Materie auf das Band fällt und schließlich mitgenommen wird, kommt es zu Reibungsvorgängen.

Die Kräfte auf einzelne Materiestücke Δm sind zeitabhängig (jeweils vom Zeitpunkt des Auftreffens auf das Band bis zum Erreichen der Geschwindigkeit v_0). Diese Kräfte sind im Einzelnen nicht bekannt.

1.10 Potenzial für Coulombkraft

Wir betrachten Teilchen mit den Ladungen q_ν. Die Kraft, die das Teilchen μ auf das Teilchen ν ausübt, ist

$$\boldsymbol{F}_{\nu\mu} = \frac{q_\nu\, q_\mu\, (\boldsymbol{r}_\nu - \boldsymbol{r}_\mu)}{|\boldsymbol{r}_\nu - \boldsymbol{r}_\mu|^3}$$

Zeigen Sie $\operatorname{rot}_\nu \boldsymbol{F}_{\nu\mu} = 0$. Bestimmen Sie den zugehörigen Potenzialbeitrag $U_{\nu\mu}$.

Lösung: Wir setzen zunächst $\boldsymbol{F} = \boldsymbol{F}_{\nu\mu}$, $\alpha = q_\nu q_\mu$ und $\boldsymbol{r} = \boldsymbol{r}_\nu - \boldsymbol{r}_\mu$, so dass der Ausgangspunkt zu

$$\boldsymbol{F} = \alpha \, \frac{\boldsymbol{r}}{r^3}$$

wird. Dann ist $\text{rot}_\nu \, \boldsymbol{F}_{\nu\mu} = \text{rot}\, \boldsymbol{F}(\boldsymbol{r})$. Wir berechnen die x-Komponente von rot $\boldsymbol{F}$:

$$\left(\text{rot}\, \boldsymbol{F}\right)_x = \frac{\partial F_z}{\partial y} - \frac{\partial F_y}{\partial z} = \alpha \left(\frac{\partial}{\partial y} \frac{z}{r^3} - \frac{\partial}{\partial z} \frac{y}{r^3} \right) = -\frac{3\alpha}{r^5} \left(y z - z y \right) = 0$$

Dies gilt analog für die anderen Komponenten. Damit ist die Wirbelfreiheit gezeigt. Die Kraft besitzt also ein Potenzial, das wir auf einem beliebigen Weg berechnen können:

$$\frac{U(x,y,z) - U(x_0,y_0,z_0)}{\alpha} =$$

$$- \int_{x_0}^{x} \frac{x'\,dx'}{(x'^2 + y_0^2 + z_0^2)^{3/2}} - \int_{y_0}^{y} \frac{y'\,dy'}{(x^2 + y'^2 + z_0^2)^{3/2}} - \int_{z_0}^{z} \frac{z'\,dz'}{(x^2 + y^2 + z'^2)^{3/2}}$$

$$= \left. \frac{1}{(x'^2 + y_0^2 + z_0^2)^{1/2}} \right|_{x_0}^{x} + \left. \frac{1}{(x^2 + y'^2 + z_0^2)^{1/2}} \right|_{y_0}^{y} + \left. \frac{1}{(x^2 + y^2 + z'^2)^{1/2}} \right|_{z_0}^{z}$$

$$= -\frac{1}{\sqrt{{x_0}^2 + {y_0}^2 + {z_0}^2}} + \frac{1}{\sqrt{x^2 + y^2 + z^2}} = \frac{1}{|\boldsymbol{r}|} - \frac{1}{|\boldsymbol{r}_0|}$$

Damit erhalten wir $U = \alpha/|\boldsymbol{r}|$ oder in den ursprünglichen Bezeichnungen

$$U_{\nu\mu} = \frac{q_\nu \, q_\mu}{|\boldsymbol{r}_\nu - \boldsymbol{r}_\mu|} \qquad \text{ergibt} \qquad \boldsymbol{F}_{\nu\mu} = -\,\text{grad}_\nu \, U_{\nu\mu}$$

1.11 Corioliskraft beim freien Fall

Auf einem Platz in Mitteleuropa (mit der geographischen Breite $\varphi_0 = 50°$) steht ein Turm der Höhe $H = 200$ m. Der ebene Platz stelle die x'-y'-Ebene, der Turm die z'-Achse von KS′ dar. Wegen der Erddrehung ist KS′ ein rotierendes System (in dem die ω^2-Terme vernachlässigbar klein sind). Berechnen Sie in KS′, wieweit ein vom Turm frei fallender Körper (Anfangsgeschwindigkeit null) neben der Lotrechten aufschlägt. Verifizieren Sie das Ergebnis, indem Sie den freien Fall in einem Inertialsystem behandeln.

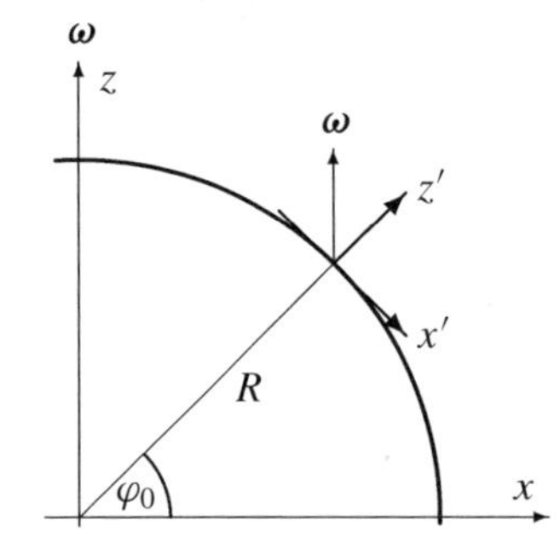

Lösung: Ein Laborsystem auf der Erdoberfläche ist ein beschleunigtes Bezugssystem KS′ mit den Koordinaten x', y', z'. Der Ursprung von KS′ bewegt sich aufgrund der Drehung momentan senkrecht in die Bildebene hinein; dies ist auch die Richtung der nicht gezeigten y'-Achse. In KS′ wird die Winkelgeschwindigkeit zu

$$\boldsymbol{\omega} := \omega \begin{pmatrix} -\cos\varphi_0 \\ 0 \\ \sin\varphi_0 \end{pmatrix}$$

Ohne die Zentrifugalkraft lautet die Bewegungsgleichung in KS′

$$m\,\ddot{\boldsymbol{r}}' = -2m\left(\boldsymbol{\omega}\times\dot{\boldsymbol{r}}'\right) - m\,\boldsymbol{g} \tag{1.44}$$

Wir schreiben dies in Komponenten an:

$$\begin{aligned}\ddot{x}' &= 2\omega\,\dot{y}'\,\sin\varphi_0\\ \ddot{y}' &= -2\omega\left(\dot{z}'\,\cos\varphi_0 + \dot{x}'\,\sin\varphi_0\right)\\ \ddot{z}' &= 2\omega\,\dot{y}'\,\cos\varphi_0 - g\end{aligned}$$

Die Anfangsbedingungen lauten

$$(x', y', z') = (0, 0, H) \qquad \text{und} \qquad (\dot{x}', \dot{y}', \dot{z}') = (0, 0, 0)$$

Damit sind $\dot{x}$ und $\dot{y}$ von der Ordnung ω. Unter Vernachlässigung der ω^2-Terme werden die Bewegungsgleichungen zu

$$\ddot{x}' = 0\,, \qquad \ddot{y}' = -2\,\omega\,\dot{z}'\,\cos\varphi_0\,, \qquad \ddot{z}' = -\,g$$

Die Integration ergibt unter Berücksichtigung der Anfangsbedingungen:

$$x' = 0\,, \qquad y' = \frac{1}{3}\,\omega\,g\,t^3\,\cos\varphi_0\,, \qquad z' = H - \frac{g}{2}\,t^2$$

Aus der letzten Gleichung folgt die Fallzeit $t_0 = \sqrt{2H/g}$. Damit erhalten wir für die Abweichung aus der Lotrechten

$$y'(t_0) = \frac{2}{3}\,H\,\omega\,\sqrt{\frac{2H}{g}}\,\cos\varphi_0 \approx 4\,\text{cm} \tag{1.45}$$

Alternative Lösung: Die Basis des Turms bewegt sich mit der Geschwindigkeit

$$V_{\text{B}} = \omega\,R\,\cos\varphi_0$$

in y-Richtung (entlang eines Breitenkreises). Parallel dazu bewegt sich die Spitze des Turms mit

$$\dot{y}(0) = \omega\,(R + H)\,\cos\varphi_0$$

Dies ist zugleich die Anfangsgeschwindigkeit des fallenden Körpers. Die Differenz dieser Geschwindigkeiten führt während der Fallzeit $t_0 = \sqrt{2\,H/g}$ zu einer seitlichen Abweichung $[\dot{y}(0) - V_{\text{B}}]\,t_0$. Diese Abweichung hat dieselbe Form wie (1.45), aber ohne den Faktor 2/3. Warum führt diese einfache Überlegung zu einem falschen Ergebnis?

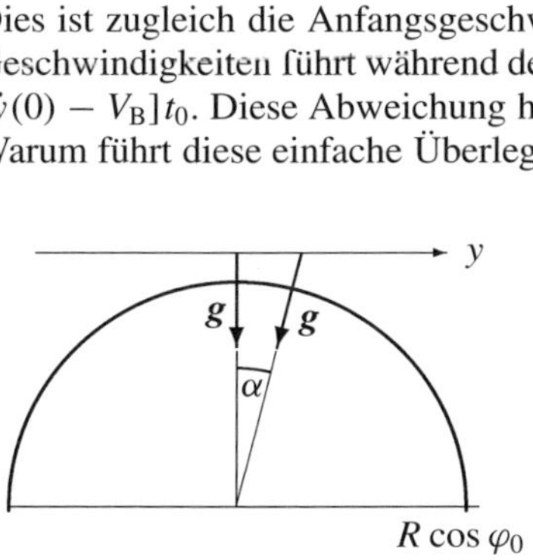

In der nebenstehenden Abbildung sind der betrachtete Breitenkreis und die y-Richtung eingezeichnet. Sobald die Bewegung in y-Richtung beginnt, bekommt die Erdbeschleunigung eine Komponente in y-Richtung. (Im Gegensatz dazu gilt $\boldsymbol{g} \perp \boldsymbol{e}_{y'}$ im mitbewegten KS′). Der Winkel α ergibt sich aus $\sin\alpha \approx V_{\text{B}}\,t/R \approx \omega t\,\cos\varphi_0$.

Damit gilt für die y-Bewegung

$$\ddot{y}(t) = -\,g\,\sin\alpha = -g\,\omega\,t\,\cos\varphi_0 + \mathcal{O}(\omega^2)$$

Für die gesuchte seitliche Abweichung ergibt sich daraus

$$\Delta y = -\frac{1}{6}\,g\,\omega\,t_0^3\,\cos\varphi_0 + \left[\,\dot{y}(0) - V_{\mathrm{B}}\,\right]t_0 = \frac{2}{3}\,H\,\omega\sqrt{\frac{2H}{g}}\,\cos\varphi_0$$

in Übereinstimmung mit (1.45).

2 Lagrangeformalismus

Der Lagrangeformalismus ist eine elegante und einfache Methode zur Lösung mechanischer Probleme. Wir führen zunächst die Lagrangegleichungen 1. Art ein und geben das Verfahren zur Lösung der Bewegungsgleichungen und zur Bestimmung der Zwangskräfte an. Wenn man Zwangskräfte eliminiert, erhält man die Lagrangegleichungen 2. Art. Dies ist der Königsweg für die Behandlung zahlreicher Probleme der Mechanik; denn der Weg über die Lagrangefunktion ist viel einfacher als das direkte Aufstellen der Bewegungsgleichungen. Die allgemeinen Symmetrien des Raums und der Zeit eines Inertialsystems führen zu Erhaltungssätzen.

Lagrangegleichungen 1. Art

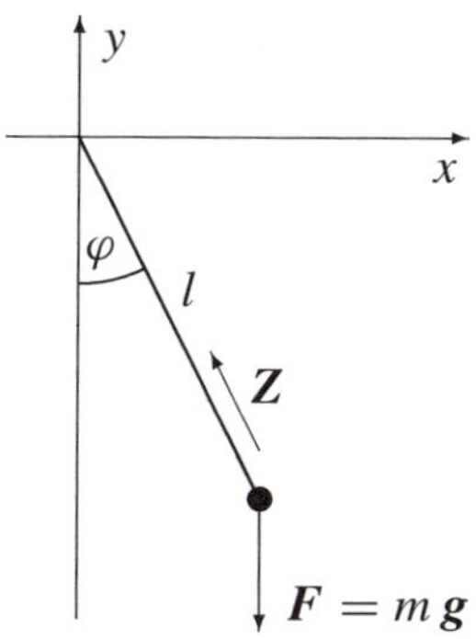

Auf die Masse des Pendels wirkt die Schwerkraft $\boldsymbol{F}$ und eine durch den Faden ausgeübte Zwangskraft $\boldsymbol{Z}$. Newtons 2. Axiom ergibt also

$$m\,\ddot{\boldsymbol{r}} = \boldsymbol{F} + \boldsymbol{Z} \tag{2.1}$$

Diese Gleichung kann nicht direkt gelöst werden, weil die Zwangskraft $\boldsymbol{Z}$ unbekannt ist. Die Zwangskraft hängt im Allgemeinen (wie auch im gezeigten Pendel) von der tatsächlichen Bewegung ab.

Die Bewegung des ebenen Pendels unterliegt den beiden *Zwangsbedingungen* $g_1 = z = 0$ und $g_2 = x^2 + y^2 - l^2 = 0$. Geometrisch definiert $g(\boldsymbol{r}, t) = 0$ eine Fläche. Der Beschränkung auf eine Fläche entspricht eine Zwangskraft *senkrecht* zur Fläche, also $\boldsymbol{Z} = \lambda(t)\,\text{grad}\,g$; die Stärke der Kraft ist im Allgemeinen zeitabhängig, also $\lambda = \lambda(t)$. Damit wird (2.1) zu

$$m\,\ddot{\boldsymbol{r}} = \boldsymbol{F} + \lambda_1(t)\,\text{grad}\,g_1(\boldsymbol{r}, t) + \lambda_1(t)\,\text{grad}\,g_1(\boldsymbol{r}, t)\,, \tag{2.2}$$

Wir betrachten nun ein System von N Massenpunkten. Es gebe R *Zwangsbedingungen* der Form

$$g_\alpha(\boldsymbol{r}_1, \boldsymbol{r}_2, \ldots, \boldsymbol{r}_N, t) = g_\alpha(x_1, \ldots, x_{3N}, t) = 0 \qquad (\alpha = 1, 2, \ldots, R) \tag{2.3}$$

Zwangsbedingungen dieser Art heißen *holonom*. Eine nichtholonome Bedingung ist zum Beispiel eine, die sich nur mit Hilfe der Geschwindigkeiten ausdrücken lässt. In (2.3) haben wir die kartesischen Koordinaten $(x_1, x_2, x_3 .., x_{3N})$ verwendet.

Für das System von N Massenpunkten ergeben sich die *Lagrangegleichungen 1. Art* als Verallgemeinerung von (2.2):

$$m_n \ddot{x}_n = F_n + \sum_{\alpha=1}^{R} \lambda_\alpha \frac{\partial g_\alpha(x_1,..., x_{3N}, t)}{\partial x_n} \qquad (n = 1, 2,..., 3N) \qquad (2.4)$$

Hier wurde $m_1 = m_2 = m_3$ für die Masse des 1. Teilchens gesetzt, $m_4 = m_5 = m_6$ für die Masse des 2. Teilchens, und so weiter. Mit (2.4) und (2.3) haben wir $3N + R$ Gleichungen ($3N$ Differenzialgleichungen 2. Ordnung und R algebraische Gleichungen) für $3N + R$ unbekannte Funktionen $x_n(t)$ und $\lambda_\alpha(t)$. Die Kräfte F_n werden wie in Newtons 2. Axiom als gegeben angenommen.

Energieerhaltung

Wir multiplizieren die Bewegungsgleichung (2.4) mit $\dot{x}_n$ und summieren über n. Dann wird die linke Seite zu dT/dt, wobei $T = \sum_n m_n \dot{x}_n^2/2$ die kinetische Energie ist. Den ersten Term auf der rechten Seite schreiben wir als $\sum_n F_n \dot{x}_n = -\sum_n(\partial U/\partial x_n)\, \dot{x}_n = -dU(x_1,..., x_{3N})/dt$; damit setzen wir konservative Kräfte voraus. Der letzte Term in (2.4) kann vereinfacht werden, wenn wir $dg_\alpha/dt = \sum_n(\partial g_\alpha/\partial x_n)\dot{x}_n + \partial g_\alpha/\partial t = 0$ berücksichtigen. Damit erhalten wir

$$\frac{d}{dt}\big(T + U\big) = -\sum_{\alpha=1}^{R} \lambda_\alpha \frac{\partial g_\alpha}{\partial t} \qquad (2.5)$$

Die Energie ist erhalten, wenn die Kräfte konservativ *und* die Zwangsbedingungen zeitunabhängig sind.

Lösung mit Lagrangegleichungen 1. Art

Die Behandlung eines Problems mit den Lagrangegleichungen 1. Art erfolgt in folgenden Schritten:

1. Formulierung der Zwangsbedingungen
2. Aufstellen der Lagrangegleichungen 1. Art
3. Elimination der λ_α
4. Lösung der Bewegungsgleichungen
5. Bestimmung der Integrationskonstanten
6. Bestimmung der Zwangskräfte.

Hieran schließt sich eine Diskussion der Lösung (graphische Darstellung der Lösung, physikalische Bedeutung der Zwangskräfte, Erhaltungsgrößen) an.

Die ersten beiden Schritte wurden oben erläutert. Für den zentralen dritten Schritt leitet man die Zwangsbedingungen zweimal total nach der Zeit ab. Dies ergibt eine Gleichung, in der die zweiten Ableitungen $\ddot{x}_n$ linear vorkommen:

$$\frac{d^2 g_\alpha}{dt^2} = 0 \quad \longrightarrow \quad \sum_{n=1}^{3N} \frac{\partial g_\alpha}{\partial x_n}\, \ddot{x}_n = G_\alpha(x, \dot{x}, t) \qquad (\alpha = 1,\ldots, R) \tag{2.6}$$

Alle anderen Terme werden zu $G_\alpha(x, \dot{x}, t)$ zusammengefasst; dabei ist x die Kurznotation für $(x_1,\ldots, x_{3N})$. Wir setzen nun die $\ddot{x}_n$ aus (2.4) in (2.6) ein:

$$\sum_{n=1}^{3N} \frac{\partial g_\alpha(x, t)}{\partial x_n}\, \frac{1}{m_n} \left(F_n(x, \dot{x}, t) + \sum_{\beta=1}^{R} \lambda_\beta\, \frac{\partial g_\beta}{\partial x_n} \right) = G_\alpha(x, \dot{x}, t) \tag{2.7}$$

Dies sind R lineare Gleichungen für die Unbekannten $\lambda_1, \ldots, \lambda_R$. Hieraus erhalten wir die Unbekannten und die Zwangskräfte als Funktion der Größen x, $\dot{x}$ und t. In den Bewegungsgleichungen

$$m\, \ddot{x}_n = F_n(x, \dot{x}, t) + Z_n(x, \dot{x}, t) = F_n + \sum_{\alpha=1}^{R} \lambda_\alpha(x, \dot{x}, t)\, \frac{\partial g_\alpha(x, t)}{\partial x_n} \tag{2.8}$$

stehen damit auf der rechten Seite *bekannte* Funktionen von x, $\dot{x}$ und t. Die nächsten Schritte 4 und 5 sind damit von der selben Art wie bei Problemen ohne Zwangsbedingungen (Kapitel 1). Im letzten Schritt werden die Zwangskräfte bestimmt, indem die Lösung in $Z_n = Z_n(x, \dot{x}, t)$ eingesetzt wird.

Lagrangegleichungen 2. Art

Oft ist man nur an den Bahnkurven $x_n(t)$, nicht aber an den Zwangskräften selbst interessiert. Man eliminiert dann die Zwangskräfte aus den Bewegungsgleichungen und erhält die einfacheren Lagrangegleichungen 2. Art.

Bei R Zwangsbedingungen hat das System aus N Massenpunkten $f = 3N - R$ Freiheitsgrade. Man wählt nun genau f geeignete *verallgemeinerte Koordinaten* $q_1, q_2, \ldots, q_f$. Die Koordinaten q_i sind so zu wählen, dass die q_i die Lage aller Massenpunkte festlegen,

$$x_n = x_n(q_1, q_2,\ldots, q_f, t) \qquad (n = 1, 2, \ldots, 3N) \tag{2.9}$$

und dass die Zwangsbedingungen für *beliebige Werte der* q_i erfüllt sind:

$$g_\alpha(x_1(q_1,\ldots, q_f, t), \ldots, x_{3N}(q_1,\ldots, q_f, t), t) \equiv 0 \qquad \text{für beliebige } q_i \tag{2.10}$$

Für das ebene Pendel gilt $f = 1$ und der Winkel φ ist eine geeignete verallgemeinerte Koordinate. Die Transformation (2.9) lautet in diesem Fall $x(\varphi) = l \cos\varphi$, $y(\varphi) = -l \sin\varphi$ und $z(\varphi) = 0$. Es ist offensichtlich, dass damit die Zwangsbedingungen identisch erfüllt sind.

Aus (2.10) folgt $dg_\alpha/dq_k = 0$, oder ausgeschrieben $\sum_n (\partial g_\alpha/\partial x_n)(\partial x_n/\partial q_k) = 0$. Wenn wir nun (2.4) mit $\partial x_n/\partial q_k$ multiplizieren und über n summieren, fallen die Terme mit den Zwangsbedingungen weg:

$$\sum_{n=1}^{3N} m_n \ddot{x}_n \frac{\partial x_n}{\partial q_k} = \sum_{n=1}^{3N} F_n \frac{\partial x_n}{\partial q_k} \qquad (k = 1, 2, \ldots, f) \tag{2.11}$$

In diesen Gleichungen steht x_n für $x_n(q_1, q_2, .., q_f, t)$. Diese Gleichungen stellen daher f Bewegungsgleichungen für die f Funktionen $q_k(t)$ dar. Nach einigen Rechenschritten kann man diese Gleichungen in die Form der *Lagrangegleichungen 2. Art* bringen:

$$\boxed{\frac{d}{dt}\frac{\partial \mathcal{L}(q, \dot{q}, t)}{\partial \dot{q}_k} = \frac{\partial \mathcal{L}(q, \dot{q}, t)}{\partial q_k} \qquad (k = 1, \ldots, f)} \tag{2.12}$$

Dabei ist die *Lagrangefunktion* $\mathcal{L}$ durch die Differenz aus kinetischer und potenzieller Energie gegeben:

$$\mathcal{L}(q, \dot{q}, t) = T(q, \dot{q}, t) - U(q, \dot{q}, t) \tag{2.13}$$

Für komplexe Systeme ist die Aufstellung der Lagrangefunktion *viel einfacher* als diejenige der Bewegungsgleichungen selbst. Die kinetische Energie $T(q, \dot{q}, t)$ erhält man, indem man in $T = \sum_n m_n \dot{x}_n^2/2$ die Transformation (2.9) einsetzt. Die potenzielle Energie wird so bestimmt, dass

$$Q_k = \sum_{n=1}^{3N} F_n \frac{\partial x_n}{\partial q_k} = -\frac{\partial U(q, \dot{q}, t)}{\partial q_k} + \frac{d}{dt}\frac{\partial U(q, \dot{q}, t)}{\partial \dot{q}_k} \tag{2.14}$$

Meistens ist das Potenzial geschwindigkeitsunabhängig, $U = U(q, t)$. Dann ergeben sich die verallgemeinerten Kräfte wie gewohnt aus $Q_k = -\partial U/\partial q_k$.

Erhaltungssätze

Unter Verwendung der Bewegungsgleichungen zeigt man

$$\frac{d}{dt}\left(\sum_{k=1}^{f} \frac{\partial \mathcal{L}}{\partial \dot{q}_k}\,\dot{q}_k - \mathcal{L}\right) = -\frac{\partial \mathcal{L}}{\partial t} \tag{2.15}$$

Wenn die Transformation (2.9) nicht explizit von der Zeit und das Potenzial nicht von den Geschwindigkeiten abhängen, dann gilt $\sum_k (\partial \mathcal{L}/\partial \dot{q}_k)\dot{q}_k = 2T$. Wenn außerdem das Potenzial auch nicht explizit von der Zeit abhängt, erhalten wir den *Energieerhaltungssatz*

$$\frac{\partial \mathcal{L}}{\partial t} = 0 \qquad \xrightarrow[U = U(q)]{x_n = x_n(q)} \qquad E = T + U = \text{const.} \tag{2.16}$$

Falls eine verallgemeinerte Koordinate q_k nicht explizit in der Lagrangefunktion vorkommt, heißt sie *zyklisch*. Aus den Lagrangegleichungen folgt dann sofort, dass der zugehörige *verallgemeinerte Impuls* p_k erhalten ist:

$$\frac{\partial \mathcal{L}}{\partial q_k} = 0 \quad \longrightarrow \quad p_k = \frac{\partial \mathcal{L}}{\partial \dot{q}_k} = \text{const.} \tag{2.17}$$

Erhaltungssätze sind immer von der Form $Q(\dot{x}, x, t) = \text{const.}$ Sie stellen damit Differenzialgleichungen 1. Ordnung dar, also *erste Integrale* der Bewegung (oder der Bewegungsgleichungen). Sie können die Lösung eines Problems wesentlich erleichtern.

Krummlinige Koordinaten

Wenn man von kartesischen Koordinaten zu anderen Koordinaten übergeht, dann können diese als verallgemeinerte Koordinaten aufgefasst werden (ohne dass eine Zwangsbedingung vorliegt). Konkret betrachten wir die freie Bewegung eines Teilchens in krummlinigen Koordinaten. Eine beliebige Koordinatentransformation $x_n = x_n(q_1, q_2, q_3)$ bedeutet für das Wegelement

$$ds^2 = \sum_{n=1}^{3} \big(dx_n\big)^2 = \sum_{i,k=1}^{3} g_{ik}(q)\, dq_i\, dq_k = \left\{ \begin{array}{l} d\rho^2 + \rho^2\, d\varphi^2 + dz^2 \\ dr^2 + r^2\, d\theta^2 + r^2\, \sin^2\!\theta\, d\phi^2 \end{array} \right. \tag{2.18}$$

Das Ergebnis wurde speziell für Zylinder- und für Kugelkoordinaten angegeben. Die Lagrangefunktion $\mathcal{L}$ des freien Teilchens ist dann

$$\mathcal{L} = T = \frac{m}{2} \sum_{n} \dot{x}_n^{\,2} = \frac{m}{2} \sum_{i,k=1}^{3} g_{ik}(q)\, \dot{q}_i\, \dot{q}_k = \frac{m}{2} \left\{ \begin{array}{l} \dot{\rho}^2 + \rho^2\, \dot{\varphi}^2 + \dot{z}^2 \\ \dot{r}^2 + r^2\, \dot{\theta}^2 + r^2\, \sin^2\!\theta\; \dot{\phi}^2 \end{array} \right. \tag{2.19}$$

Anstelle der mühsamen direkten Berechnung der Beschleunigung in Kugelkoordinaten (siehe Aufgabe 1.1) tritt nun die sehr einfache Auswertung der Lagrangegleichungen.

Elektromagnetische Kräfte

Die Lagrangefunktion für ein Teilchen (Masse m und Ladung q) in einem elektromagnetischen Feld lautet

$$\mathcal{L}(\boldsymbol{r}, \dot{\boldsymbol{r}}, t) = \frac{m}{2}\, \dot{\boldsymbol{r}}^2 - q\, \Phi(\boldsymbol{r}, t) + \frac{q}{c}\, \dot{\boldsymbol{r}} \cdot \boldsymbol{A}(\boldsymbol{r}, t) \tag{2.20}$$

Dies führt zur Bewegungsgleichung $m\ddot{\boldsymbol{r}} = q\,(\boldsymbol{E} + (\dot{\boldsymbol{r}}/c) \times \boldsymbol{B})$, wobei die elektromagnetischen Felder durch $\boldsymbol{E} = -\text{grad}\, \Phi - \dot{\boldsymbol{A}}/c$ und $\boldsymbol{B} = \text{rot}\, \boldsymbol{A}$ gegeben sind.

Reibungskräfte

Reibungskräfte können durch die modifizierten Lagrangegleichungen

$$\frac{d}{dt}\frac{\partial \mathcal{L}}{\partial \dot{q}_i} - \frac{\partial \mathcal{L}}{\partial q_i} + \frac{\partial D}{\partial \dot{q}_i} = 0 \quad \text{mit} \quad D = \sum_{n=1}^{3N} \frac{\gamma_n}{2}\, \dot{x}_n^{\,2} \tag{2.21}$$

berücksichtigt werden. Dabei ist die *Rayleighsche Dissipationsfunktion* D mit Hilfe von (2.9) als Funktion der verallgemeinerten Koordinaten auszudrücken.

Lösung mit Lagrangegleichungen 2. Art

Die Behandlung eines Problems mit den Lagrangegleichungen 2. Art erfolgt in folgenden Schritten:

1. Wahl der verallgemeinerten Koordinaten $q = (q_1, ..., q_f)$ und Angabe der Transformation $x_n = x_n(q, t)$
2. Bestimmung der Lagrangefunktion $\mathcal{L}(q, \dot{q}, t)$
3. Aufstellung der Lagrangegleichungen
4. Bestimmung der Erhaltungsgrößen
5. Lösung der Bewegungsgleichungen, eventuell unter Verwendung von Erhaltungsgrößen
6. Bestimmung der Integrationskonstanten
7. Diskussion der Lösung.

Diese Schritte werden in den Lösungen einiger Aufgaben am Ende des Kapitels vorgeführt.

Raum-Zeit-Symmetrien

Ein System ist abgeschlossen, wenn es keine Wechselwirkungen mit der Umgebung hat. Für ein abgeschlossenes System aus N Punktmassen gelte

$$\mathcal{L}_0(\boldsymbol{r}_1, ..., \boldsymbol{r}_N, \dot{\boldsymbol{r}}_1, ..., \dot{\boldsymbol{r}}_N) = \frac{1}{2}\sum_{\nu=1}^{N} m_\nu\, \dot{\boldsymbol{r}}_\nu^{\,2} - \sum_{\nu=2}^{N}\sum_{\mu=1}^{\nu-1} U_{\nu\mu}(|\boldsymbol{r}_\nu - \boldsymbol{r}_\mu|) \tag{2.22}$$

Die Form des Potenzials wurde aus (1.21) übernommen (hier ohne äußere Kräfte). Das System werde folgenden Transformationen unterworfen:

1. Zeitliche Verschiebung um einen konstanten Betrag t_0
2. Räumliche Verschiebung um einen konstanten Vektor a_i
3. Räumliche Drehung um drei konstante Winkel (in α_{ij} enthalten)
4. Räumliche Verschiebung um den zeitabhängigen Vektor $v_i\, t$.

Alle Erfahrungstatsachen sind mit der Annahme verträglich, dass das transformierte System in gleicher Weise funktioniert wie das nichttransformierte. „In gleicher Weise funktionieren" bedeutet dabei „nach den gleichen Gesetzen ablaufen". In diesem Sinn sind abgeschlossene Systeme invariant unter den betrachteten Operationen. Da diese Symmetrien für *alle* abgeschlossenen Systeme gelten, stellen sie Eigenschaften des Raums und der Zeit dar. Die Symmetrien heißen:

1. Homogenität der Zeit
2. Homogenität des Raums
3. Isotropie des Raums
4. Relativität der Raum-Zeit.

Aus den Symmetrien folgen Erhaltungssätze. Zu ihrer Ableitung geht man folgendermaßen vor: Man schreibt die jeweils betrachtete Transformation (die von der Form (1.22) ist) als infinitesimale Transformation an. Die transformierte Lagrangefunktion $\mathcal{L}^*$ hängt dann von dem zugehörigen infinitesimalen Parameter ϵ ab. Nach dem Schema

$$0 = \left(\frac{d\mathcal{L}^*}{d\epsilon}\right)_{\epsilon=0} = \frac{dQ(\boldsymbol{r}_i, \dot{\boldsymbol{r}}_i)}{dt} \tag{2.23}$$

erhält man eine Erhaltungsgröße $Q = \text{const.}$ Für die aufgeführten vier Transformationen ergeben sich die Erhaltungsgrößen

1. $E = T + U = \text{const.}$ Energie E
2. $\boldsymbol{P} = \text{const.}$ Schwerpunktimpuls $\boldsymbol{P}$
3. $\boldsymbol{L} = \text{const.}$ Drehimpuls $\boldsymbol{L}$
4. $\dot{\boldsymbol{R}}t - \boldsymbol{R} = \text{const.}$ Schwerpunktkoordinate $\boldsymbol{R}$

Der letzte Fall weicht von dem Schema (2.23) ab. Die Symmetrie besteht hier darin, dass $\mathcal{L}$ bei der Transformation einen Zusatzterm erhält, der ohne Einfluss auf die Bewegungsgleichungen ist (Aufgabe 2.10).

Die aufgeführten Erhaltungssätze gelten für alle Bereiche der Physik, also auch für nichtmechanische Systeme.

Aufgaben

2.1 Massenpunkt auf Kurve im Schwerefeld

In der vertikalen z-x-Ebene gleitet ein Massenpunkt reibungsfrei auf der Kurve $z = f(x)$. Auf den Massenpunkt wirkt die Schwerkraft $\boldsymbol{F} = -m\,g\,\boldsymbol{e}_z$. Stellen Sie die Lagrangegleichungen 1. Art auf.

Lösung: Die Zwangsbedingung lautet

$$g(x, z) = z - f(x) = 0$$

Wir schreiben die Lagrangegleichung $m\,\ddot{\boldsymbol{r}} = m\,\boldsymbol{g} + \lambda\,\mathrm{grad}\,g$ in der x- und der z-Komponente an:

$$m\,\ddot{x} = -\lambda\, f'(x)\,, \qquad m\,\ddot{z} = -\,m\,g + \lambda$$

Die zweimalige Differenziation der Zwangsbedingung ergibt

$$\ddot{z} = f''(x)\,\dot{x}^2 + f'(x)\,\ddot{x}$$

Hierin setzen wir $\ddot{x}$ und $\ddot{z}$ aus den Bewegungsgleichungen ein und lösen nach λ auf:

$$\lambda = m\,\frac{g + f''(x)\,\dot{x}^2}{1 + f'(x)^2}$$

Wir setzen dieses λ in die Bewegungsgleichungen ein:

$$\ddot{x} = -\,f'(x)\,\frac{g + f''(x)\,\dot{x}^2}{1 + f'(x)^2}\,, \qquad \ddot{z} = \frac{f''(x)\,\dot{x}^2 - g\,f'(x)^2}{1 + f'(x)^2}$$

2.2 Massenpunkt auf Kugeloberfläche

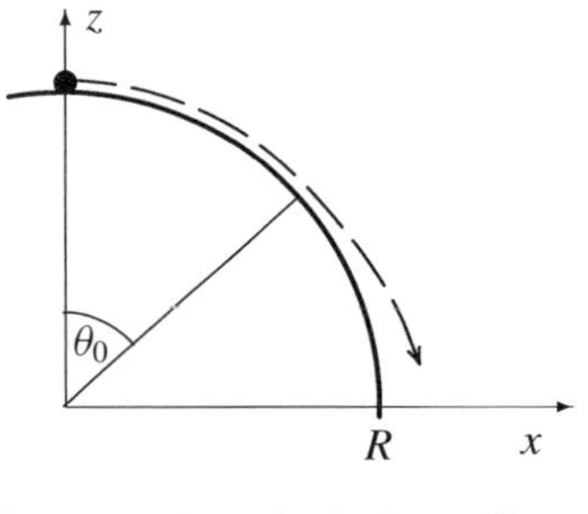

Ein Massenpunkt liegt im Schwerefeld auf dem obersten Punkt einer Kugel. Er beginnt dort reibungsfrei herunter zu gleiten. An welcher Stelle hebt er von der Kugel ab? Verwenden Sie den Energieerhaltungssatz.

Lösung: Im Prinzip kann diese Aufgabe als Fortsetzung der vorherigen betrachtet werden (mit einer Spezifikation der Funktion $f(x)$). Es ist aber einfacher, mit $x = r\,\sin\theta$ und $z = r\,\cos\theta$ zu den Koordinaten r und θ überzugehen (Kugelkoordinaten, aber mit $\phi \equiv 0$ für die ebene Bewegung).

Die Zwangsbedingung lautet

$$g(r) = r - R = 0$$

Dabei ist R der Radius der Kugel. Bei einer solchen Zwangsbedingung kann man von vornherein $r \equiv R$ setzen, und sich auf die Berechnung von $\theta(t)$ beschränken. Wir gehen hier aber den Standardweg, um die Zwangskraft zu bestimmen.

Die Lagrangegleichungen $m\,\ddot{\boldsymbol{r}} = m\,\boldsymbol{g} + \lambda$ grad g schreiben wir in der r- und der θ-Komponente an:

$$m\left(\ddot{r} - r\,\dot{\theta}^2\right) = -\,m\,g\,\cos\theta + \lambda\,, \qquad m\left(r\,\ddot{\theta} + 2\dot{r}\,\dot{\theta}\right) = m\,g\,\sin\theta$$

Die Beschleunigung in Kugelkoordinaten kann Aufgabe 1.1 entnommen werden oder über die Lagrangefunktion (2.19) berechnet werden. Die zweimalige Differenziation der Zwangsbedingung ergibt $\ddot{r} = 0$. Zusammen mit der Bewegungsgleichung für $r(t)$ ergibt dies

$$\lambda = m\,g\,\cos\theta - m\,r\,\dot{\theta}^2 = m\,g\,\cos\theta - m\,R\,\dot{\theta}^2$$

Mit Hilfe des Energieerhaltungssatzes

$$E = T + V = \frac{m}{2}\,R^2\,\dot{\theta}^2 + m\,g\,R\left(\cos\theta - 1\right) = 0$$

eliminieren wir $\dot{\theta}$ aus dem Ausdruck für λ und erhalten so die Zwangskraft:

$$\boldsymbol{Z} = \lambda\,\text{grad}\,g = \lambda\,\boldsymbol{e}_r = m\,g\left(3\,\cos\theta - 2\right)\boldsymbol{e}_r$$

Anfangs ($\theta \approx 0$) muss die Zwangskraft $m\,g\,\boldsymbol{e}_r$ das volle Gewicht kompensieren. Mit wachsendem θ nimmt zum einen die Gewichtskomponente auf die Oberfläche ab, zum anderen verringert die Zentrifugalkraft die Auflagekraft. Dadurch kommt es schließlich bei

$$\text{Abhebepunkt:} \qquad \boldsymbol{Z} = 0 \qquad \Longrightarrow \qquad \cos\theta_0 = \frac{2}{3}$$

zum Abheben.

2.3 Hantel auf konzentrischen Kreisen

Zwei Massenpunkte ($m_1 = m_2 = m$) können sich reibungsfrei auf zwei konzentrischen Kreisen (Radien r und R) bewegen. Die beiden Massenpunkte sind durch eine masselose Stange der Länge L verbunden; es gelte $R - r < L < R + r$. Auf die Massen wirke die Erdbeschleunigung $\boldsymbol{g} = -g\,\boldsymbol{e}_y$.

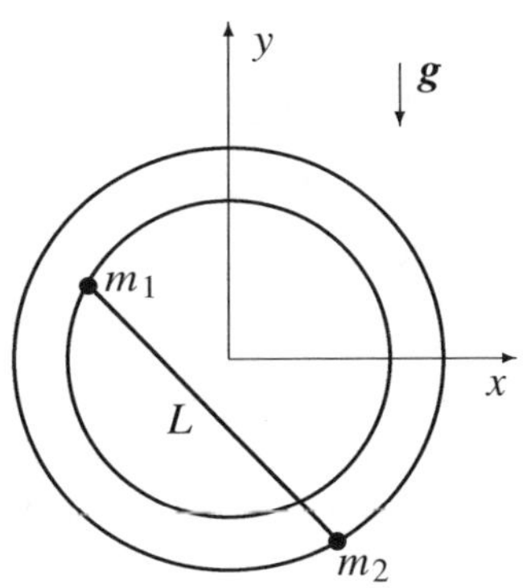

Stellen Sie die Lagrangegleichungen 1. Art auf. Bestimmen Sie die Gleichgewichtslage der Massen zum einen aus den Lagrangegleichungen und zum anderen aus der Bedingung $U_{\text{pot}} = m\,(y_1 + y_2) =$ minimal.

Lösung: Die Zwangsbedingungen sind

$$g_1 = x_1^2 + y_1^2 - r^2 = 0\,, \quad g_2 = x_2^2 + y_2^2 - R^2 = 0\,, \quad g_3 = (x_1 - x_2)^2 + (y_1 - y_2)^2 - L^2 = 0$$

Damit lauten die Lagrangegleichungen 1. Art

$$\begin{aligned}
m\,\ddot{x}_1 &= 2\lambda_1 x_1 + 2\lambda_3 (x_1 - x_2) \\
m\,\ddot{y}_1 &= 2\lambda_1 y_1 + 2\lambda_3 (y_1 - y_2) - m\,g \\
m\,\ddot{x}_2 &= 2\lambda_2 x_2 - 2\lambda_3 (x_1 - x_2) \\
m\,\ddot{y}_2 &= 2\lambda_2 y_2 - 2\lambda_3 (y_1 - y_2) - m\,g
\end{aligned}$$

Im statischen Fall verschwinden alle Zeitableitungen:

$$\begin{aligned}
0 &= \lambda_1 x_1 + \lambda_3 (x_1 - x_2)\\
0 &= \lambda_1 y_1 + \lambda_3 (y_1 - y_2) - m g/2\\
0 &= \lambda_2 x_2 - \lambda_3 (x_1 - x_2)\\
0 &= \lambda_2 y_2 - \lambda_3 (y_1 - y_2) - m g/2
\end{aligned}$$

Aus den ersten beiden Gleichungen eliminiert man λ_1 und erhält dadurch einen Ausdruck $\lambda_3 = \ldots$. Aus den letzten beiden Gleichungen eliminiert man λ_2 und erhält dadurch einen anderen Ausdruck $\lambda_3 = \ldots$. Man setzt beide Ausdrücke gleich und erhält so

$$\big(x_1 + x_2\big)\big(x_1 y_2 - y_1 x_2\big) = 0$$

Wir betrachten zunächst den Fall, dass die zweite Klammer verschwindet. Dann ist $y_1/x_1 = y_2/x_2$. Die beiden Strahlen, die vom Ursprung zu den Massen zeigen, haben den gleichen Tangens des Steigungswinkels. Dann muss die Gerade, auf der die Stange liegt, durch den Ursprung gehen. Dies geht nur in den Grenzfällen $L = R + r$ und $L = R - r$, die wir ausschließen. Damit muss die erste Klammer verschwinden, also

$$x_1 = -x_2\,, \qquad y_1 = \pm\sqrt{r^2 - x_1^2}\,, \qquad y_2 = \pm\sqrt{R^2 - x_1^2}$$

Die potenzielle Energie ist $U = m g\,(y_1 + y_2)$. Sie ist minimal, falls

$$\begin{aligned}
(y_1 + y_2)^2 &= 2y_1^2 + 2y_2^2 - (y_1 - y_2)^2 = 2y_1^2 + 2y_2^2 + (x_1 - x_2)^2 - L^2 = 2y_1^2 + 2y_2^2 +\\
&\quad 2x_1^2 + 2x_2^2 - (x_1 + x_2)^2 - L^2 = 2r^2 + 2R^2 - (x_1 + x_2)^2 - L^2 = \text{minimal}
\end{aligned}$$

Hierbei wurden die Zwangsbedingungen verwendet. Die potenzielle Energie ist also für $x_1 + x_2 = 0$ minimal.

2.4 Beschleunigte schiefe Ebene

Ein Massenpunkt gleitet reibungsfrei auf einer schiefen Ebene, die in x-Richtung beschleunigt wird, $s(t) = a\,t^2/2$. Die Neigung α der schiefen Ebene ist konstant. Stellen Sie die Zwangsbedingung und die Lagrangegleichungen 1. Art auf. Lösen Sie die Bewegungsgleichungen und bestimmen Sie die Zwangskräfte.

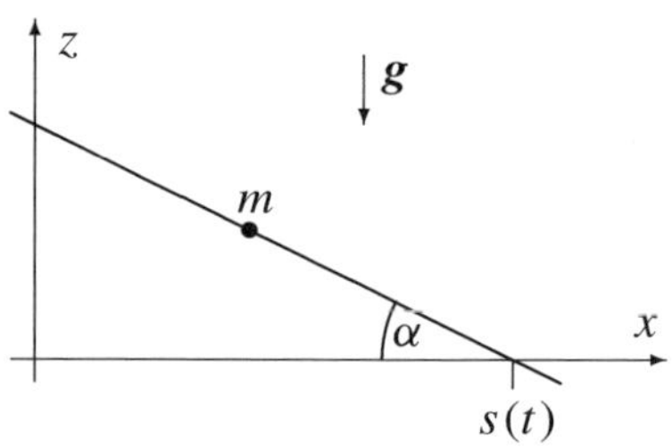

Lösung: Die Zwangsbedingung lautet

$$g(x, z, t) = \big(s(t) - x\big)\sin\alpha - z\cos\alpha = 0$$

Wir schreiben die Lagrangegleichung $m\,\ddot{\boldsymbol r} = m\,\boldsymbol g + \lambda\,\mathrm{grad}\,g$ in der x- und der z-Komponente an:

$$m\,\ddot x = -\lambda\,\sin\alpha\,, \qquad m\,\ddot z = -m g - \lambda\cos\alpha$$

Die zweimalige Differenziation der Zwangsbedingung ergibt

$$\big(a - \ddot x\big)\sin\alpha - \ddot z\cos\alpha = 0$$

Dabei wurde $\ddot{s} = a$ verwendet. Wir setzen $\ddot{x}$ und $\ddot{z}$ aus den Bewegungsgleichungen ein und lösen nach λ auf:

$$\lambda = -\,m\big(g\,\cos\alpha + a\,\sin\alpha\big)$$

Wir setzen dieses λ in die Bewegungsgleichungen ein:

$$\ddot{x} = \sin\alpha\,\big(g\,\cos\alpha + a\,\sin\alpha\big)\,, \qquad \ddot{z} = -\,g + \cos\alpha\,\big(g\,\cos\alpha + a\,\sin\alpha\big)$$

Die Lösung der ersten Gleichung ist $x(t) = \sin\alpha\,(g\,\cos\alpha + a\,\sin\alpha)\,t^2/2 + v_0\,t + x_0$. Man kann die zweite Gleichung analog lösen und dann noch die Zwangsbedingung berücksichtigen. Einfacher ist es, keine weiteren Integrationskonstanten einzuführen und die Lösung $z(t)$ direkt aus der Zwangsbedingung zu nehmen, $z(t) = [s(t) - x(t)]\tan\alpha$.

Wir bestimmen noch die Zwangskraft

$$\boldsymbol{Z} = \lambda\,\mathrm{grad}\,g = m\,\big(g\,\cos\alpha + a\,\sin\alpha\big)\big(\boldsymbol{e}_x\,\sin\alpha + \boldsymbol{e}_y\,\cos\alpha\big)$$

Für $a = 0$ kompensiert die Zwangskraft die Schwerkraft. Für $a > 0$ wird der Andruck auf die schiefe Ebene verstärkt, für $a < 0$ vermindert. Bei $a = -\,g\cot\alpha$ wird $\lambda = 0$, und ein nur aufliegender Massenpunkt hebt ab.

2.5 Bewegung in kugelsymmetrischem Potenzial

Die Bewegung eines Teilchens in einem kugelsymmetrischen Potenzial U soll mit Kugelkoordinaten beschrieben werden, also $q_1 = r$, $q_2 = \theta$, $q_3 = \phi$ und $U = U(r, t)$. Stellen Sie die Lagrangefunktion auf, und geben Sie eventuell vorhandene zyklische Koordinaten und die zugehörigen Erhaltungsgrößen an.

Lösung: Mit (2.19) wird die Lagrangefunktion zu

$$\mathcal{L}(\dot{r}, \dot{\theta}, \dot{\phi}, r, \theta, t) = T - U = \frac{m}{2}\,\big(\dot{r}^2 + r^2\,\dot{\theta}^2 + r^2\,\sin^2\!\theta\;\dot{\phi}^2\big) - U(r, t)$$

Es gibt eine zyklische Koordinate, und zwar ϕ. Aus $\partial\mathcal{L}/\partial\phi = 0$ folgt

$$\ell_z = \frac{\partial\mathcal{L}}{\partial\dot{\phi}} = m\,\dot{\phi}\,r^2\,\sin^2\theta = \text{const.}$$

Dies ist die z-Komponente des Drehimpulses. Wegen der sphärischen Symmetrie des Problems kann die z-Achse in eine beliebige Richtung gelegt werden, ohne dass sich die Form von $\mathcal{L}$ ändert. Daher ist jede Komponente des Drehimpulses erhalten:

$$\boldsymbol{\ell} = m\,\boldsymbol{r} \times \dot{\boldsymbol{r}} = \text{const.}$$

2.6 Form der kinetischen Energie

Die kinetische Energie sei von der Form $T = T(q, \dot{q}) = \frac{1}{2}\sum_{i,k} m_{ik}(q)\,\dot{q}_i\,\dot{q}_k$ mit $m_{ik} = m_{ki}$. Zeigen Sie $\sum_n \dot{q}_n\,(\partial T/\partial\dot{q}_n) = 2T$.

Lösung: Die Summationsindizes i und k durchlaufen alle Werte von 1 bis f und nehmen dabei einmal den Wert n an:

$$\frac{\partial T}{\partial\dot{q}_n} = \frac{1}{2}\frac{\partial}{\partial\dot{q}_n}\sum_{i=1}^{f}\sum_{k=1}^{f} m_{ik}(q)\,\dot{q}_i\,\dot{q}_k = \frac{1}{2}\sum_{k=1}^{f} m_{nk}(q)\,\dot{q}_k + \frac{1}{2}\sum_{i=1}^{f} m_{in}(q)\,\dot{q}_i = \sum_{k=1}^{f} m_{nk}(q)\,\dot{q}_k$$

In der vorletzten Summe wurde der Summationsindex von i in k umbenannt, und dann wurde m_{kn} durch m_{nk} ersetzt. Die Multiplikation des resultierenden Ausdrucks mit $\dot{q}_n$ und Summation über n ergibt $2T$.

2.7 Teilchen im elektromagnetischen Feld

Stellen Sie die Lagrangegleichungen für die Lagrangefunktion

$$\mathcal{L}(\boldsymbol{r}, \dot{\boldsymbol{r}}, t) = \frac{m}{2}\, \dot{\boldsymbol{r}}^2 - q\, \Phi(\boldsymbol{r}, t) + \frac{q}{c}\, \dot{\boldsymbol{r}} \cdot \boldsymbol{A}(\boldsymbol{r}, t)$$

auf. Bringen Sie diese Gleichungen in die Form $m\,\ddot{\boldsymbol{r}} = \boldsymbol{F}$ und zeigen Sie

$$\boldsymbol{F} = q\Big(\boldsymbol{E} + \frac{\dot{\boldsymbol{r}}}{c} \times \boldsymbol{B}\Big) \tag{2.24}$$

Verwenden Sie dabei $\boldsymbol{E} = -\mathrm{grad}\, \Phi - (\partial \boldsymbol{A}/\partial t)/c$ und $\boldsymbol{B} = \mathrm{rot}\, \boldsymbol{A}$.

Durch $\boldsymbol{E} = E_0\, \boldsymbol{e}_z$ und $\boldsymbol{B} = B_0\, \boldsymbol{e}_z$ ist ein homogenes, konstantes elektromagnetisches Feld gegeben. Berechnen und diskutieren Sie die Bahnkurve eines Teilchens (Masse m, Ladung q) für die Anfangsbedingungen $\boldsymbol{r}(0) = 0$ und $\dot{\boldsymbol{r}}(0) = v_0\, \boldsymbol{e}_x$.

Lösung: Wir schreiben die Lagrangegleichungen $d(\partial\mathcal{L}/\partial\dot{\boldsymbol{r}})/dt = \partial\mathcal{L}/\partial\boldsymbol{r}$ an:

$$m\,\ddot{\boldsymbol{r}} + \frac{q}{c}\frac{d}{dt}\boldsymbol{A} = -q\,\nabla\Phi + \frac{q}{c}\,\nabla\big(\dot{\boldsymbol{r}} \cdot \boldsymbol{A}\big)$$

Mit der totalen Zeitableitung

$$\frac{d}{dt}\boldsymbol{A}(\boldsymbol{r}, t) = \big(\dot{\boldsymbol{r}} \cdot \nabla\big)\, \boldsymbol{A}(\boldsymbol{r}, t) + \frac{\partial}{\partial t}\boldsymbol{A}(\boldsymbol{r}, t)$$

wird dies zu

$$\begin{aligned} m\,\ddot{\boldsymbol{r}} &= -q\,\nabla\Phi - \frac{q}{c}\frac{\partial \boldsymbol{A}}{\partial t} + \frac{q}{c}\Big(\nabla\big(\dot{\boldsymbol{r}} \cdot \boldsymbol{A}\big) - \big(\dot{\boldsymbol{r}} \cdot \nabla\big)\boldsymbol{A}\Big) \\ &= -q\Big(\nabla\Phi + \frac{1}{c}\frac{\partial \boldsymbol{A}}{\partial t}\Big) + \frac{q}{c}\,\dot{\boldsymbol{r}} \times \big(\nabla \times \boldsymbol{A}\big) = q\Big(\boldsymbol{E} + \frac{\dot{\boldsymbol{r}}}{c} \times \boldsymbol{B}\Big) \end{aligned} \tag{2.25}$$

Damit ist (2.24) gezeigt.
Wir werten diese Gleichung für $\boldsymbol{E} = E_0\, \boldsymbol{e}_z$, $\boldsymbol{B} = B_0\, \boldsymbol{e}_z$ und kartesische Koordinaten aus:

$$\ddot{x} = \omega\, \dot{y}\,, \qquad \ddot{y} = -\omega\, \dot{x}\,, \qquad \ddot{z} = q\, E_0/m$$

Dabei haben wir die Abkürzung $\omega = q\, B_0/m c$ eingeführt. Die z-Bewegung ist entkoppelt und kann unmittelbar integriert werden (unter Berücksichtigung von $z(0) = 0$ und $\dot{z}(0) = 0$):

$$\dot{z} = \frac{q}{m}\, E_0\, t \quad \text{und} \quad z = \frac{q}{2m}\, E_0\, t^2$$

Wir betrachten nun die gekoppelte Bewegung in x und y. Wir integrieren die Bewegungsgleichung für y zu $\dot{y} = -\omega\, x$ und setzen dies in die Gleichung für $\ddot{x}$ ein:

$$\ddot{x} = -\omega^2\, x\,, \qquad \ddot{y} = -\omega^2\, y$$

Die zweite Gleichung erhalten wir analog. Die allgemeine Lösung ist $a\cos(\omega t) + b\sin(\omega t)$. Unter Berücksichtigung der Anfangsbedingungen wird dies zu

$$x(t) = \frac{v_0}{\omega}\, \sin(\omega t)\,, \qquad y(t) = \frac{v_0}{\omega}\, \cos(\omega t) - \frac{v_0}{\omega}$$

Hieraus folgt $x^2 + (y + v_0/\omega)^2 = (v_0/\omega)^2$. Die Projektion der Bahnbewegung auf die x-y-Ebene ist ein Kreis, der von dem Teilchen mit der Winkelfrequenz ω umrundet wird. Zugleich führt das Teilchen eine beschleunigte Bewegung in z-Richtung aus. Damit ergibt sich eine Spirale auf einem Kreiszylinder, die immer steiler wird.

2.8 Kleine Schwingungen des Doppelpendels

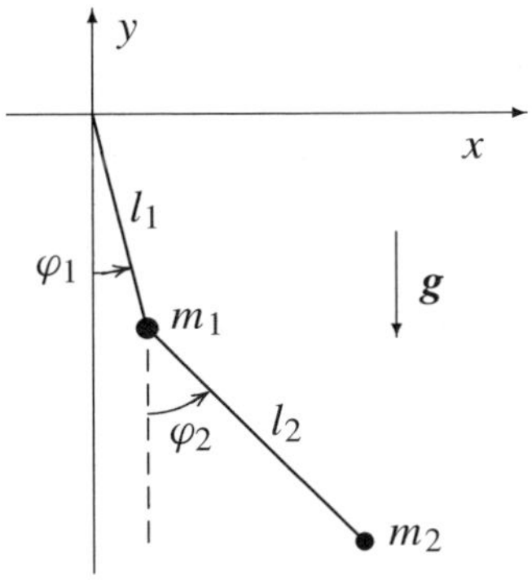

Formulieren Sie die Zwangsbedingungen für das ebene Doppelpendel, und führen Sie die Winkel φ_1 und φ_2 als generalisierte Koordinaten ein. Stellen Sie die Lagrangegleichungen auf. Beschränken Sie sich auf kleine Schwingungen und lösen Sie die Gleichungen mit dem Ansatz

$$\begin{pmatrix} \varphi_1(t) \\ \varphi_2(t) \end{pmatrix} = \begin{pmatrix} a_1 \\ a_2 \end{pmatrix} \exp(\mathrm{i}\omega t)$$

Diskutieren Sie die Lösung für die folgenden drei Fälle: (i) $m_1 \ll m_2$, (ii) $m_1 \gg m_2$ und (iii) $m_1 = m_2 = m$, $l_1 = l_2 = l$.

Lösung: Die Koordinaten z_1 und z_2 werden von vornherein null gesetzt. Die verbleibenden Zwangsbedingungen lauten

$$\begin{aligned} x_1 &= l_1 \sin\varphi_1\,, & y_1 &= -l_1 \cos\varphi_1 \\ x_2 &= l_1 \sin\varphi_1 + l_2 \sin\varphi_2\,, & y_2 &= -l_1 \cos\varphi_1 - l_2 \cos\varphi_2 \end{aligned}$$

Damit berechnet man die kinetischen und potenziellen Energien der beiden Massen. Dabei tritt zum Beispiel ein in $\dot{x}_2 = l_1 \dot{\varphi}_1 \cos\varphi_1 + l_2 \dot{\varphi}_2 \cos\varphi_2$ quadratischer Term auf; er führt zu Termen mit $\dot{\varphi}_1 \dot{\varphi}_2$. Insgesamt lautet die Lagrangefunktion

$$\begin{aligned} \mathcal{L} \;=\; & \frac{m_1+m_2}{2}\, l_1^2\, \dot{\varphi}_1^{\,2} + \frac{m_2}{2}\, l_2^2\, \dot{\varphi}_2^{\,2} + m_2\, l_1\, l_2\, \dot{\varphi}_1\, \dot{\varphi}_2 \cos(\varphi_1 - \varphi_2) \\ & + (m_1+m_2)\, g\, l_1 \cos\varphi_1 + m_2\, g\, l_2 \cos\varphi_2 \end{aligned} \tag{2.26}$$

Daraus erhalten wir die Bewegungsgleichungen

$$\begin{aligned} (m_1+m_2)\, l_1^2\, \ddot{\varphi}_1 \;&+\; m_2\, l_1\, l_2 \left(\ddot{\varphi}_2 \cos(\varphi_1-\varphi_2) - \dot{\varphi}_2\, (\dot{\varphi}_1 - \dot{\varphi}_2) \sin(\varphi_1-\varphi_2) \right) \\ &=\; -\, m_2\, l_1\, l_2\, \dot{\varphi}_1 \dot{\varphi}_2 \sin(\varphi_1-\varphi_2) - (m_1+m_2)\, g\, l_1 \sin\varphi_1 \\ m_2\, l_2^2\, \ddot{\varphi}_2 \;&+\; m_2\, l_1\, l_2 \left(\ddot{\varphi}_1 \cos(\varphi_1-\varphi_2) - \dot{\varphi}_1\, (\dot{\varphi}_1 - \dot{\varphi}_2) \sin(\varphi_1-\varphi_2) \right) \\ &=\; m_2\, l_1\, l_2\, \dot{\varphi}_1 \dot{\varphi}_2 \sin(\varphi_1-\varphi_2) - m_2\, g\, l_2 \sin\varphi_2 \end{aligned}$$

Das Doppelpendel kann auch mit den Lagrangegleichungen 1. Art behandelt werden. Es wäre aber sehr schwierig, die verschiedenen Kopplungsterme im Rahmen der Newtonschen Bewegungsgleichungen aufzustellen.

Für kleine Schwingungen gilt $\sin(\varphi_1 - \varphi_2) \approx \varphi_1 - \varphi_2$ und $\cos(\varphi_1 - \varphi_2) \approx 1$. Auch sonst lassen wir alle in φ_i quadratischen (oder höheren) Terme weg:

$$\begin{aligned} (m_1+m_2)\, l_1\, \ddot{\varphi}_1 + m_2\, l_2\, \ddot{\varphi}_2 + (m_1+m_2)\, g\, \varphi_1 &= 0 \\ m_2\, l_2\, \ddot{\varphi}_2 + m_2\, l_1\, \ddot{\varphi}_1 + m_2\, g\, \varphi_2 &= 0 \end{aligned}$$

Der in der Aufgabenstellung angegebene Ansatz führt zu

$$\begin{pmatrix} (m_1+m_2)\,(g - l_1\,\omega^2) & -m_2\, l_2\, \omega^2 \\ -m_2\, l_1\, \omega^2 & m_2\,(g - l_2\,\omega^2) \end{pmatrix} \begin{pmatrix} a_1 \\ a_2 \end{pmatrix} = 0$$

Dieses lineare Gleichungssystem hat nur dann eine nichttriviale Lösung, wenn die Determinante verschwindet. Diese Bedingung

$$\big(m_1 + m_2\big)\big(g - l_1\,\omega^2\big)\big(g - l_2\,\omega^2\big) - m_2 l_1 l_2\,\omega^4 = 0 \tag{2.27}$$

ist eine quadratische Gleichung für ω^2. Sie hat die Lösungen ω_+^2 und ω_-^2,

$$\omega_\pm^2 = \frac{g}{2}\,\frac{m_1+m_2}{m_1}\,\frac{l_1+l_2}{l_1 l_2}\left(1 \pm \sqrt{1 - 4\,\frac{m_1}{m_1+m_2}\,\frac{l_1 l_2}{(l_1+l_2)^2}}\right)$$

Im Fall (i), $m_1 \ll m_2$, erhalten wir

$$\omega_+^2 \approx g\,\frac{m_2}{m_1}\,\frac{l_1+l_2}{l_1 l_2} \quad \text{mit} \quad a_1 \approx -\frac{l_2}{l_1}\,a_2$$

$$\omega_-^2 \approx \frac{g}{l_1+l_2} \quad \text{mit} \quad a_1 \approx a_2$$

Im ersten Fall schwingen die Massen gegenläufig. Im zweiten Fall bilden die beiden Stangen l_1 und l_2 eine gerade Linie.

Im Fall (ii), $m_1 \gg m_2$, erhalten wir

$$\omega_+^2 \approx \frac{g}{l_2} \quad \text{und} \quad \omega_-^2 \approx \frac{g}{l_1}$$

Dies sind die Frequenzen der einzelnen Pendel. In diesem Fall schwingen die Pendel praktisch unabhängig voneinander. Weil m_1 so groß ist, wird seine Schwingung durch das „Anhängsel" m_2 praktisch nicht gestört.

Im Fall (iii), $m_1 = m_2 = m$ und $l_1 = l_2 = l$, erhalten wir

$$\omega_\pm^2 = \frac{g}{l}\left(2 \pm \sqrt{2}\right) \quad \text{mit} \quad a_1 = \mp\,\frac{a_2}{\sqrt{2}}$$

Dies ist entweder eine schnellere gegenläufige oder eine langsamere gleichläufige Schwingung. In jedem Fall ist die Winkelamplitude der unteren Masse um den Faktor $\sqrt{2}$ größer.

2.9 Hantel mit Reibungskraft

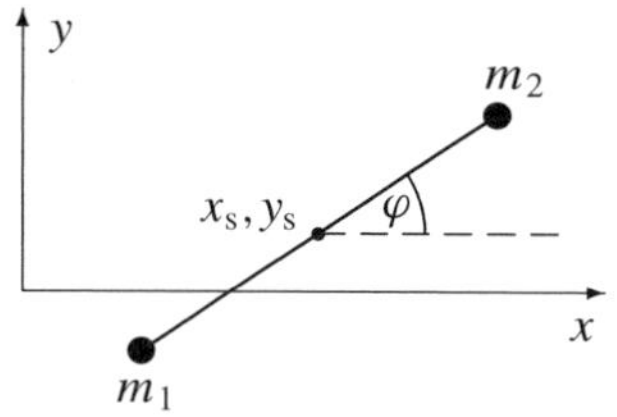

Zwei Punktmassen sind durch eine masselose Stange der Länge L starr zu einer Hantel verbunden und können sich in der x-y-Ebene bewegen. Beide Massen unterliegen einer Reibungskraft, die proportional zu ihrer Geschwindigkeit ist.

Stellen Sie die Lagrangefunktion auf. Verwenden Sie als verallgemeinerte Koordinaten q_k die Schwerpunktkoordinaten x_s, y_s der Hantel und den Winkel φ zwischen der Hantel und der x-Achse. Berechnen Sie die verallgemeinerten Reibungskräfte Q_k. Geben Sie die allgemeine Lösung der Bewegungsgleichungen an.

Lösung: Die kartesischen Koordinaten $(\xi_\nu) = (x_1, y_1, x_2, y_2)$ der beiden Massen können durch die verallgemeinerten Koordinaten x_s,y_s und φ festgelegt werden:

$$\xi_1 = x_1 = \big(x_s - l\ \cos\varphi\big), \qquad \xi_2 = y_1 = \big(y_s - l\ \sin\varphi\big)$$

$$\xi_3 = x_2 = \big(x_s + l\ \cos\varphi\big), \qquad \xi_4 = y_2 = \big(y_s + l\ \sin\varphi\big)$$

Die Lagrangefunktion besteht aus der kinetischen Energie der beiden Massen:

$$\mathcal{L}(\dot{x}_s, \dot{y}_s, \dot{\varphi}) = T = \sum_{\nu=1}^{4} \frac{m}{2}\, \dot{\xi}_\nu{}^2 = m\left(\dot{x}_s{}^2 + \dot{y}_s{}^2\right) + m\, l^2\, \dot{\varphi}^2 \qquad \text{(wobei } l = L/2\text{)}$$

Die Reibungskräfte $F_\nu^{\rm diss}$ sollen proportional zu den Geschwindigkeiten $\dot{\xi}_\nu$ sein:

$$F_1^{\rm diss} = -\alpha\, \dot{\xi}_1 = -\alpha\left(\dot{x}_s + l\,\dot{\varphi}\,\sin\varphi\right), \qquad F_2^{\rm diss} = -\alpha\, \dot{\xi}_2 = -\alpha\left(\dot{y}_s - l\,\dot{\varphi}\,\cos\varphi\right)$$

$$F_3^{\rm diss} = -\alpha\, \dot{\xi}_3 = -\alpha\left(\dot{x}_s - l\,\dot{\varphi}\,\sin\varphi\right), \qquad F_4^{\rm diss} = -\alpha\, \dot{\xi}_4 = -\alpha\left(\dot{y}_s + l\,\dot{\varphi}\,\cos\varphi\right)$$

Wir berechnen nun die verallgemeinerten Reibungskräfte:

$$Q_{x_s} = \sum_{\nu=1}^{4} F_\nu^{\rm diss}\, \frac{\partial \xi_\nu}{\partial x_s} = -2\,\alpha\,\dot{x}_s\,, \qquad Q_{y_s} = -2\,\alpha\,\dot{y}_s\,, \qquad Q_\varphi = \sum_{\nu=1}^{4} F_\nu^{\rm diss}\, \frac{\partial \xi_\nu}{\partial \varphi} = -2\,\alpha\, l^2\,\dot{\varphi}$$

Wir fügen diese Kräfte in den Lagrangegleichungen hinzu:

$$m\,\ddot{x}_s = -\alpha\,\dot{x}_s\,, \qquad m\,\ddot{y}_s = -\alpha\,\dot{y}_s\,, \qquad m\,\ddot{\varphi} = -\alpha\,\dot{\varphi}$$

Die allgemeinen Lösungen $(q_i(t)) = (x_s, y_s, \varphi)$ sind von der Form

$$q_i(t) = a_i + b_i\, \exp(-\alpha\, t/m)$$

Die Integrationskonstanten $a_i = q_i(0)$ und $b_i = -(m/\alpha)\,\dot{q}_i(0)$ folgen aus den Anfangsbedingungen $q_i(0)$ und $\dot{q}_i(0)$.

2.10 Totale Zeitableitung in der Lagrangefunktion

Zwei Lagrangefunktionen unterscheiden sich durch die totale Zeitableitung einer beliebigen Funktion $f(q, t)$ der Koordinaten und der Zeit:

$$\mathcal{L}^*(q, \dot{q}, t) = \mathcal{L}(q, \dot{q}, t) + \frac{d}{dt}\, f(q, t) \tag{2.28}$$

Zeigen Sie, dass die Lagrangefunktionen $\mathcal{L}^*$ und $\mathcal{L}$ dieselben Bewegungsgleichungen ergeben.

Lösung: Die Lagrangefunktion ist als Funktion der verallgemeinerten Koordinaten, Geschwindigkeiten und der Zeit zu schreiben:

$$\mathcal{L}^*(q, \dot{q}, t) = \mathcal{L}(q, \dot{q}, t) + \dot{q}\, \frac{\partial f(q, t)}{\partial q} + \frac{\partial f(q, t)}{\partial t}$$

Hierfür berechnen wir die beiden Seiten der Lagrangegleichung:

$$\frac{d}{dt}\frac{\partial \mathcal{L}^*}{\partial \dot{q}} = \frac{d}{dt}\frac{\partial \mathcal{L}}{\partial \dot{q}} + \frac{d}{dt}\frac{\partial f(q,t)}{\partial q}, \qquad \frac{\partial \mathcal{L}^*}{\partial q} = \frac{\partial \mathcal{L}}{\partial q} + \frac{\partial}{\partial q}\frac{d}{dt} f(q,t)$$

Im zweiten Ausdruck haben wir die ursprüngliche Form des Zusatzterms verwendet. Die totale Zeitableitung reduziert sich auf partielle Ableitungen nach den Koordinaten und der Zeit. Wenn die Funktion $f(q,t)$ zweimal differenzierbar ist, dann können die partiellen Ableitungen und damit auch $\partial/\partial q$ und d/dt vertauscht werden. Dann heben sich die Zusatzterme auf beiden Seiten der Lagrangegleichung auf. Also führen $\mathcal{L}^*$ und $\mathcal{L}$ zur selben Bewegungsgleichung.

Wenn q im Argument von $\mathcal{L}$ und f für $q_1,\ldots,q_f$ steht, dann lauten die beiden Seiten der Lagrangegleichung

$$\frac{d}{dt}\frac{\partial \mathcal{L}^*}{\partial \dot{q}_i} = \frac{d}{dt}\frac{\partial \mathcal{L}}{\partial \dot{q}_i} + \frac{d}{dt}\frac{\partial f(q,t)}{\partial q_i}, \qquad \frac{\partial \mathcal{L}^*}{\partial q_i} = \frac{\partial \mathcal{L}}{\partial q_i} + \frac{\partial}{\partial q_i}\frac{d}{dt} f(q,t)$$

Auch jetzt heben sich die zusätzlichen Terme auf.

3 Variationsprinzipien

Die Grundlagen der Variationsrechnung werden skizziert. Die Euler-Lagrange-Gleichungen werden für die Variation ohne und mit Nebenbedingungen angegeben. Danach werden die Grundgesetze der Mechanik als Variationsprinzip (Hamiltonsches Prinzip) formuliert. Dies ist die Grundlage für eine allgemeine Behandlung des Zusammenhangs zwischen Symmetrien und Erhaltungsgrößen (Noethertheorem).

Euler-Lagrange-Gleichung

Die grundlegende Problemstellung der Variationsrechnung lautet: Welche Funktion $y(x)$ macht das Funktional J minimal:

$$J = J[y] = \int_{x_1}^{x_2} dx \; F(y, y', x) = \text{minimal} \tag{3.1}$$

Dabei werden die Funktion $F(y, y', x)$ und die Randwerte $y(x_1)$ und $y(x_2)$ als gegeben vorausgesetzt.

Zur Lösung des Problems betrachtet man eine infinitesimale Variation $\delta y(x)$ der Funktion $y(x)$. Wenn die zugehörige Änderung δJ negativ (positiv) wäre, dann ergäbe $y + \delta y$ (beziehungsweise $y - \delta y$) einen niedrigeren Wert von J. Also muss δJ verschwinden:

$$\delta J = J[y + \delta y] - J[y] = \int_{x_1}^{x_2} dx \left(F_y \, \delta y + F_{y'} \, \delta y' \right) = \int_{x_1}^{x_2} dx \left(F_y - \frac{dF_{y'}}{dx} \right) \delta y \stackrel{!}{=} 0 \tag{3.2}$$

Aus der Beliebigkeit von δy folgt nun die *Euler-Lagrange-Gleichung* der Variation:

$$\frac{d}{dx} \frac{\partial F(y, y', x)}{\partial y'} = \frac{\partial F(y, y', x)}{\partial y} \tag{3.3}$$

Die Euler-Lagrange-Gleichung ist gleichbedeutend mit der Stationarität des Funktionals $J[y]$. Sie ist damit eine notwendige Bedingung für ein Extremum; eine genauere Untersuchung kann zeigen, ob im konkreten Fall tatsächlich ein Minimum oder Maximum vorliegt.

Eine Verallgemeinerung des Problems (3.1) ist

$$J = J[y_1, ..., y_N] = \int_{x_1}^{x_2} dx \; F(y_1, ..., y_N, y_1', ..., y_N', x) = \text{minimal} \tag{3.4}$$

Dabei seien die Randwerte wieder fest. Die Funktionen $y_i(x)$, für die J stationär wird, genügen N Euler-Lagrange-Gleichungen

$$\frac{d}{dx}\,\frac{\partial F(y,y',x)}{\partial y_i'} - \frac{\partial F(y,y',x)}{\partial y_i} = 0 \qquad (i = 1,\ldots, N) \tag{3.5}$$

Hierbei stehen y und y' im Argument für $y_1,\ldots, y_N$ und $y_1',\ldots, y'_N$.

Variation mit Nebenbedingung

Isoperimetrische Nebenbedingung

Das Problem (3.1) soll nun unter der *Nebenbedingung*

$$K = K[y] = \int_{x_1}^{x_2} dx\; G(y,y',x) = C \tag{3.6}$$

gelöst werden; dabei seien die Randwerte fest, $y(x_1) = y_1$ und $y(x_2) = y_2$. Dies führt zu dem neuen Variationsproblem

$$J^*[y] = \int_{x_1}^{x_2} dx\; F^*(y,y',x) = \text{minimal}\,, \qquad \text{wobei } F^* = F - \lambda\, G \tag{3.7}$$

Hierfür lautet die Euler-Lagrange-Gleichung

$$\frac{d}{dx}\,\frac{\partial F^*(y,y',x)}{\partial y'} = \frac{\partial F^*(y,y',x)}{\partial y} \tag{3.8}$$

Die Lösung enthält nun den (Lagrange-)Parameter λ, der so zu bestimmen ist, dass die Nebenbedingung (3.6) erfüllt ist.

Holonome Nebenbedingung

Wir betrachten das Variationsproblem

$$J[y_1,y_2] = \int_{x_1}^{x_2} dx\; F(y_1,y_2,y_1',y_2',x) = \text{minimal, wobei} \quad g(y_1,y_2,x) = 0 \tag{3.9}$$

Die *holonome* Nebenbedingung $g(y_1, y_2, x) = 0$ kann als eine Fläche interpretiert werden in einem dreidimensionalen Raum, der von x, y_1 und y_2 aufgespannt wird. Das Variationsproblem könnte darin bestehen, eine kürzeste Verbindung (geodätische Linie) zwischen zwei Punkten zu finden.

In diesem Fall ist die Nebenbedingung über einen x-abhängigen Lagrangeparameter $\lambda(x)$ anzukoppeln. Das heißt F ist durch $F^* = F - \lambda(x)\, g$ zu ersetzen, Damit lauten die Euler-Lagrange-Gleichungen

$$\frac{d}{dx}\,\frac{\partial F}{\partial y_i'} = \frac{\partial F}{\partial y_i} - \lambda(x)\,\frac{\partial g}{\partial y_i} \qquad (i = 1,2) \tag{3.10}$$

Diese beiden Differenzialgleichungen und die Bedingung $g(y_1, y_2, x) = 0$ bestimmen die drei Funktionen $y_1(x)$, $y_2(x)$ und $\lambda(x)$.

Als Verallgemeinerung betrachten wir N Funktionen $y_1(x),\ldots, y_N(x)$ und $R < N$ holonome Nebenbedingungen $g_\alpha(y_1,\ldots, y_N, x) = 0$. Die N Euler-Lagrange-Gleichungen für

$$F^*(y_1,.., y_N, y_1',.., y_N', x) = F - \sum_\alpha \lambda_\alpha(x)\, g_\alpha(y_1,.., y_N, x) \tag{3.11}$$

bestimmen zusammen mit den R Nebenbedingungen die $N + R$ Funktionen $y_i(x)$ und $\lambda_\alpha(x)$.

Hamiltonsches Prinzip

Die Euler-Lagrangegleichungen (3.5) der Variation haben dieselbe Struktur wie die Lagrangegleichungen 2. Art. Daher können wir ein Variationsprinzip angeben, das äquivalent zu den Lagrangegleichungen ist:

$$\delta S[q] = \delta \int_{t_1}^{t_2} dt\ \mathcal{L}(q, \dot{q}, t) = 0 \qquad \longleftrightarrow \qquad \frac{d}{dt}\frac{\partial \mathcal{L}}{\partial \dot{q}_i} = \frac{\partial \mathcal{L}}{\partial q_i} \tag{3.12}$$

Das Funktional S heißt *Wirkungsfunktional*. Die Aussage $\delta S[q] = 0$ wird *Hamiltonsches Prinzip* (oder auch Prinzip der kleinsten Wirkung) genannt.

Die Lagrangegleichungen 1. Art erhält man, wenn man im Hamiltonschen Prinzip $\mathcal{L}^*$,

$$\mathcal{L}^*(x, \dot{x}, t) = \mathcal{L}(x, \dot{x}, t) + \sum_{\alpha=1}^{R} \lambda_\alpha(t)\ g_\alpha(x, t) \tag{3.13}$$

anstelle von $\mathcal{L}$ einsetzt. Dies folgt aus dem Vergleich von (2.4) und (3.10).

Eichtransformation

Die Lagrangefunktion selbst ist keine physikalische (Mess-)Größe. Sie ist eine Hilfsgröße, aus der die Bewegungsgleichungen folgen. Ihr entscheidender Vorteil liegt darin, dass sie besonders einfach aufzustellen ist. Die Lagrangefunktion ist eine einzige skalare Größe, während die Bewegungsgleichungen im Allgemeinen aus vielen Differenzialgleichungen bestehen.

Es kann verschiedene Lagrangefunktionen geben, die zu denselben Bewegungsgleichungen führen. Eine wichtige Klasse von gleichwertigen Lagrangefunktionen ergibt sich aus den sogenannten *Eichtransformationen*:

$$\mathcal{L}(q, \dot{q}, t) \quad \longrightarrow \quad \mathcal{L}^*(q, \dot{q}, t) = \mathcal{L}(q, \dot{q}, t) + \frac{d}{dt}\, f(q, t) \tag{3.14}$$

In Aufgabe 2.10 wurde bereits gezeigt, dass $\mathcal{L}$ und $\mathcal{L}^*$ zu denselben Bewegungsgleichungen führen.

Elektromagnetische Felder sind invariant unter folgender *Eichtransformation* der Potenziale:

$$\boldsymbol{A} \;\to\; \boldsymbol{A} + \operatorname{grad} \Lambda(\boldsymbol{r}, t)\,, \qquad \Phi \;\to\; \Phi - \frac{1}{c}\,\frac{\partial \Lambda(\boldsymbol{r}, t)}{\partial t} \tag{3.15}$$

Wenn man dies in die Lagrangefunktion (2.20) einsetzt, erhält man einen Zusatzterm wie in (3.14), und zwar mit $f = q\,\Lambda/c$.

Noethertheorem

Das Noethertheorem gibt in allgemeiner Weise an, welche Erhaltungsgröße zu einer bestimmten Symmetrie (hier: Invarianz gegenüber kontinuierlichen Transformationen) gehört. Wir betrachten Transformationen der Koordinaten, der Geschwindigkeiten und der Zeit, die von einem kontinuierlichen Parameter ϵ abhängen:

$$\begin{aligned} q_i \;&\to\; q_i^* = q_i + \epsilon\, \psi_i(q, \dot q, t) \\ t \;&\to\; t^* = t + \epsilon\, \varphi(q, \dot q, t) \end{aligned} \tag{3.16}$$

Die $q_i(t)$ können kartesische Koordinaten oder auch beliebige verallgemeinerte Koordinaten sein.

Falls

$$\int_{t_1^*}^{t_2^*} dt^*\; \mathcal{L}\Big(q^*, \frac{dq^*}{dt^*}, t^*\Big) = \int_{t_1}^{t_2} dt\; \mathcal{L}\Big(q, \frac{dq}{dt}, t\Big) \tag{3.17}$$

gilt, dann ist die Wirkung *invariant* unter der Transformation (3.16). Da das Wirkungsfunktional die Bewegungsgleichungen festlegt, ist die Invarianz $S^* = S$ der mathematische Ausdruck für die Symmetrie des durch $\mathcal{L}$ beschriebenen Systems gegenüber der betrachteten Transformation. Notwendig und hinreichend für (3.17) ist daher

$$\frac{d}{d\epsilon}\left[\, \mathcal{L}\Big(q^*, \frac{dq^*}{dt^*}, t^*\Big)\, \frac{dt^*}{dt} \,\right]_{\epsilon=0} = 0 \qquad \text{(Invarianzbedingung)} \tag{3.18}$$

In einer Reihe von Schritten wird die linke Seite in die Form $dQ/dt = 0$ gebracht. Aus diesem Verfahren erhält man die Erhaltungsgröße

$$Q = Q(q, \dot q, t) = \sum_{i=1}^{N} \frac{\partial \mathcal{L}}{\partial \dot q_i}\, \psi_i + \left(\mathcal{L} - \sum_{i=1}^{N} \frac{\partial \mathcal{L}}{\partial \dot q_i}\, \dot q_i\right) \varphi = \text{const.} \tag{3.19}$$

Dies ist eine Differenzialgleichung 1. Ordnung. Sie gilt für die tatsächlichen Bahnen und ist damit ein erstes Integral der Bewegungsgleichungen.

Das Vorgehen bei der Anwendung des Noethertheorems ist folgendes: Zunächst schreibt man die Funktionen ψ_i und φ in (3.16) für die ins Auge gefasste Transformation auf. Dann überprüft man, ob die Symmetriebedingung (3.18) erfüllt ist.

Dies hängt von $\mathcal{L}$ und damit von dem zu untersuchenden System ab. Wenn die Invarianzbedingung erfüllt ist, bestimmt man aus $\mathcal{L}$, ψ_i und φ die Erhaltungsgröße (3.19).

Für die Invarianz der Bewegungsgleichungen genügt tatsächlich die schwächere Bedingung $\delta S^* = \delta S$ anstelle von $S^* = S$. Diese Bedingung ist auch erfüllt, wenn etwa $\mathcal{L}^*$ gegenüber $\mathcal{L}$ einen Zusatzterm der Form $df(q,t)/dt$ bekommt. Dabei kann $f(q_1, ..., q_f, t)$ eine beliebige Funktion sein. In diesem Fall lauten die Invarianzbedingung und die Erhaltungsgröße:

$$\frac{d}{d\epsilon}\left[\mathcal{L}\Big(q^*, \frac{dq^*}{dt^*}, t^*\Big)\frac{dt^*}{dt}\right]_{\epsilon=0} = \frac{df(q,t)}{dt} \qquad \text{(Invarianzbedingung)}$$

$$Q = \sum_{i=1}^{N} \frac{\partial \mathcal{L}}{\partial \dot{q}_i}\,\psi_i + \left(\mathcal{L} - \sum_{i=1}^{N} \frac{\partial \mathcal{L}}{\partial \dot{q}_i}\,\dot{q}_i\right)\varphi - f(q,t) = \text{const.} \qquad (3.20)$$

Aufgaben

3.1 Brachistochrone

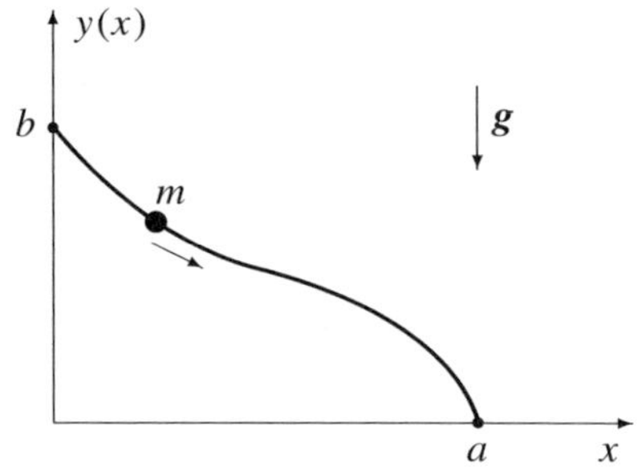

Auf welcher Kurve kommt ein reibungsfrei gleitender Körper im Schwerefeld am schnellsten von einem Punkt zu einem anderen? Der Körper ruht anfangs. Der vertikale Abstand der beiden Punkte ist b, der horizontale a. Skizzieren Sie die Lösung jeweils für die Fälle $a/b < \pi/2$, $a/b = \pi/2$ und $a/b > \pi/2$. Die Lösungskurve heißt *Brachistochrone*.

Hinweise: Bestimmen Sie ein erstes Integral der Euler-Lagrange-Gleichung. Zeigen Sie, dass die *Zykloide* mit der Parameterdarstellung $x(\tau) = A\,(\tau - \sin\tau)$ und $y(\tau) = b - A\,(1 - \cos\tau)$ die Differenzialgleichung erfüllt.

Lösung: Die für den Weg von $(x_1, y_1) = (0, b)$ nach $(x_2, y_2) = (a, 0)$ benötigte Zeit T ist ein Funktional der Funktion $y(x)$. Ein Element der Wegstrecke ist $ds = (1 + y'^2)^{1/2} dx$. Aus der Energieerhaltung $m v^2/2 = m g\,(b - y)$ folgt die Geschwindigkeit $v = ds/dt$. Damit erhalten wir

$$J[y] = T = \int_1^2 \frac{ds}{v} = \frac{1}{\sqrt{2g}} \int_0^a dx\, \sqrt{\frac{1 + y'(x)^2}{b - y(x)}}$$

Dieses Funktional ist von der Form

$$J[y] = \frac{1}{\sqrt{2g}} \int_{x_1}^{x_2} dx\; F(y, y') \quad \text{mit} \quad F(y, y') = \sqrt{\frac{1 + y'^2}{b - y}}$$

Aus $F_x = \partial F/\partial x = 0$ und der Euler-Lagrange-Gleichung folgt

$$F_{y'}(y, y')\, y' - F(y, y') = \text{const.}$$

Dies ergibt sich analog zu (2.15) mit F anstelle von $\mathcal{L}$, und mit x anstelle von t. Für unser F wird $F_{y'}\, y' - F = \text{const.}$ zu

$$\big(b - y\big)\big(1 + y'^2\big) = \text{const.} \tag{3.21}$$

Für

$$x(\tau) = A\,(\tau - \sin\tau) \quad \text{und} \quad y(\tau) = b - A\,(1 - \cos\tau) \tag{3.22}$$

gilt

$$\frac{dx}{d\tau} = A\big(1 - \cos\tau\big), \qquad \frac{dy}{d\tau} = -A\sin\tau$$

und damit

$$y' = \frac{dy}{dx} = \frac{dy}{d\tau}\,\frac{d\tau}{dx} = \frac{-\sin\tau}{1 - \cos\tau}$$

Hiermit erhalten wir

$$1 + y'^2 = 1 + \frac{\sin^2 \tau}{(1 - \cos \tau)^2} = \frac{2}{1 - \cos \tau} = \frac{2A}{b - y}$$

Damit ist (3.21) mit const. $= 2A$ erfüllt. Die Lösungskurve wurde so angesetzt, dass der Anfangspunkt $(x_1, y_1) = (0, b)$ auf der Lösungskurve liegt. Die Integrationskonstante A ist so zu wählen, dass auch der Endpunkt $(x_2, y_2) = (a, 0)$ auf der Kurve liegt.

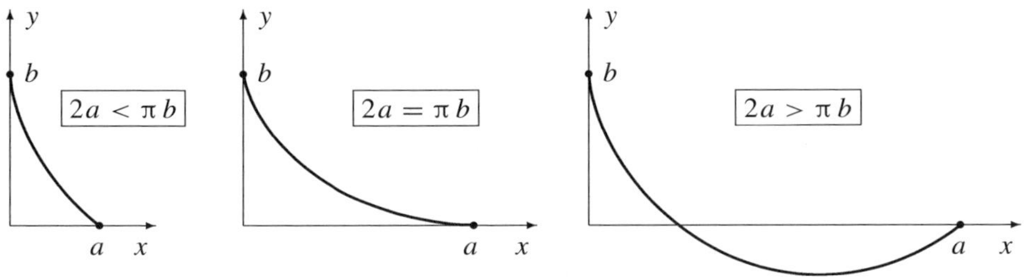

Die Abbildung zeigt die Lösungskurven für die drei verschiedenen Verhältnisse a/b. Die Masse fällt zunächst senkrecht nach unten und erreicht dadurch möglichst schnell eine hohe Geschwindigkeit. Wenn der horizontale Abstand a größer als $\pi\, b/2$ ist, dann taucht die optimale Kurve unter das schließlich zu erreichende Höhenniveau; der längere Weg wird durch eine höhere Geschwindigkeit kompensiert. Für $2a = \pi\, b$ (mittleres Bild) lautet die Lösung $x = b(\tau - \sin \tau)/2$ und $y = b(1 + \cos \tau)/2$, und τ läuft vom Anfangspunkt $\tau = 0$ bis zum Endpunkt $\tau = \pi$.

Zur Zykloide: Die Beiträge $x(\tau) = \ldots \sin(\tau)$ und $y(\tau) = \ldots \cos(\tau)$ entsprechen einer Kreisbewegung. Dieser Kreisbewegung ist eine gleichförmige Bewegung $x(\tau) = \ldots \tau$ überlagert. Solche Kurven beschreibt etwa auch ein Punkt auf einem rollenden Rad.

3.2 Seifenhaut

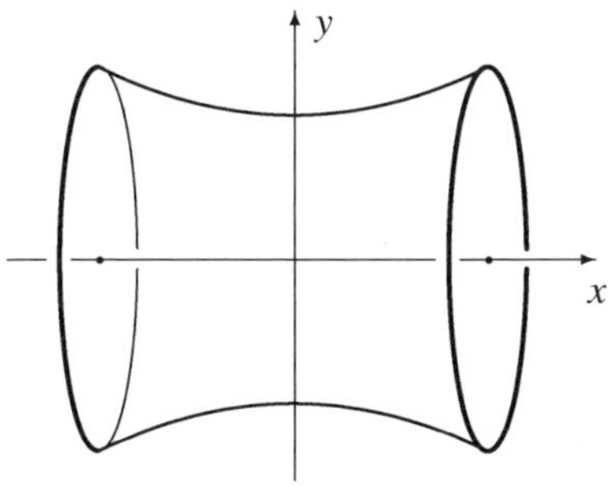

Zwischen zwei parallelen Drahtkreisen (Radius R) spannt sich eine Seifenhaut. Die beiden Kreise stehen im Abstand D senkrecht auf der Verbindungslinie zwischen den Mittelpunkten. Bestimmen Sie die Form der Seifenhaut. Wie verhält sich die Haut beim langsamen Auseinanderziehen der Drahtringe?

Lösung: Die Seifenhaut stellt eine Fläche dar, die durch die Rotation einer Kurve $y = y(x)$ um die x-Achse erzeugt werden kann. Die Lage der Seifenhaut wird also durch die Funktion $y(x)$ definiert. Wegen der Oberflächenspannung stellt sich die Seifenhaut so ein, dass ihre Fläche minimal wird (die Schwerkraft wird nicht berücksichtigt).

Ein Wegelement der Kurve hat die Länge $ds = \sqrt{1 + y'^2}\, dx$. Durch Rotation um die x-Achse entsteht eine zylindrische Teilfläche der Größe $2\pi\, y\, ds$. Die Fläche A der Seifenhaut soll minimal sein:

$$J[y] = A = 2\pi \int_{x_1}^{x_2} dx\; y\, \sqrt{1 + y'^2} = \text{minimal} \tag{3.23}$$

Dieses Funktional ist von der Form

$$J[y] = 2\pi \int_{x_1}^{x_2} dx\; F(y, y') \quad \text{mit} \quad F(y, y') = y\, \sqrt{1 + y'^2}$$

Die Randwerte sind

$$(x_1, y_1) = (-D/2, R)\,, \qquad (x_2, y_2) = (D/2, R)$$

Aus $F_x = \partial F/\partial x = 0$ und der Euler-Lagrange-Gleichung folgt

$$F_{y'}(y, y')\, y' - F(y, y') = \text{const.}$$

Dies ergibt sich analog zu (2.15) mit F anstelle von $\mathcal{L}$, und mit x anstelle von t. Für unser F wird $F_{y'}\, y' - F = \text{const.}$ zu

$$\frac{y}{\sqrt{1 + y'^2}} = c \quad \text{oder} \quad y'(x) = \frac{dy}{dx} = \pm \sqrt{\frac{y^2}{c^2} - 1}$$

Dies können wir integrieren:

$$x = \pm \int \frac{dy}{\sqrt{(y/c)^2 - 1}} = \pm\, c\, \text{arcosh}\,(y/c) + \text{const.}$$

Wegen der Symmetrie ($x \leftrightarrow -x$) des Problems ist die Konstante null, und wir erhalten

$$y(x) = c \cosh\left(\frac{x}{c}\right) \tag{3.24}$$

Die Randbedingung $y(\pm D/2) = R$ verlangt

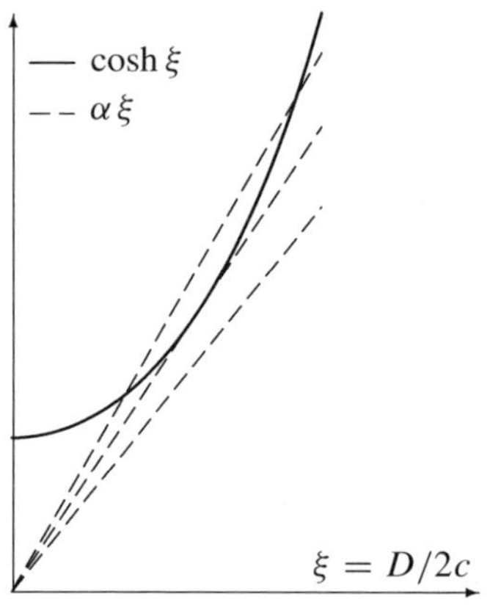

$$\frac{R}{c} = \cosh\left(\frac{D}{2c}\right)$$

Anstelle der Konstanten c können wir $\xi = D/2c$ verwenden:

$$\alpha\xi = \cosh\,(\xi) \quad \text{mit} \quad \alpha = 2R/D \tag{3.25}$$

Diese Gleichung kann graphisch (Abbildung) oder numerisch gelöst werden. Für $\alpha \approx 1.509$ gibt es genau eine Lösung, für größeres α zwei und für kleineres α keine Lösung. Das Auseinanderziehen der Ringe bedeutet eine Verkleinerung von α, also den Übergang von zwei zu null Lösungen. Wir bezeichnen die Lösungen mit ξ_i.

Für die Diskussion der Lösungen betrachten wir die Kurvenschar

$$y(x) = R \, \frac{\cosh(2\beta\, x/D)}{\cosh\beta} \tag{3.26}$$

Diese Schar hängt von einem Parameter β ab. Für $\beta = \xi = D/2c$ fallen diese Kurven mit der Lösungskurven (3.24) zusammen.

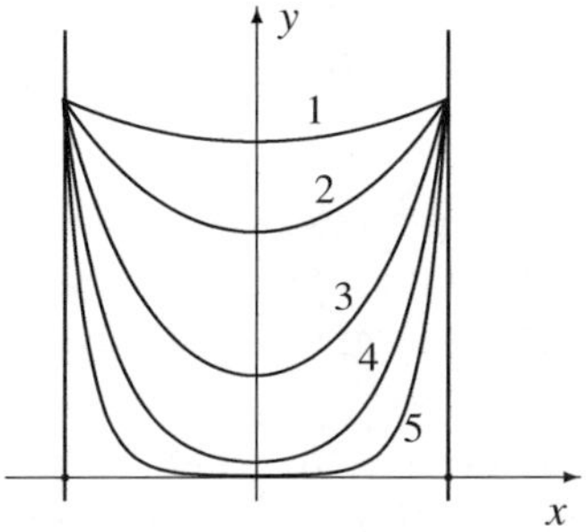

Alle Kurven der Schar (3.26) gehen durch die Randpunkte $(\pm D/2,\, R)$. Die möglichen Lösungskurven (3.24) sind in der Schar enthalten, und zwar für $\beta = \xi_i$ mit den ξ_i aus (3.25). Für $\beta = 0$ ergibt sich $y = R$ und damit eine ebene Zylinderfläche. In der Reihenfolge 1 bis 5 nimmt β zu. Für $\beta \to \infty$ schnappt die Fläche auf der Mittellinie zusammen und es verbleiben nur die Ringflächen. Für diese Skizze wurde $D = R$ angenommen.

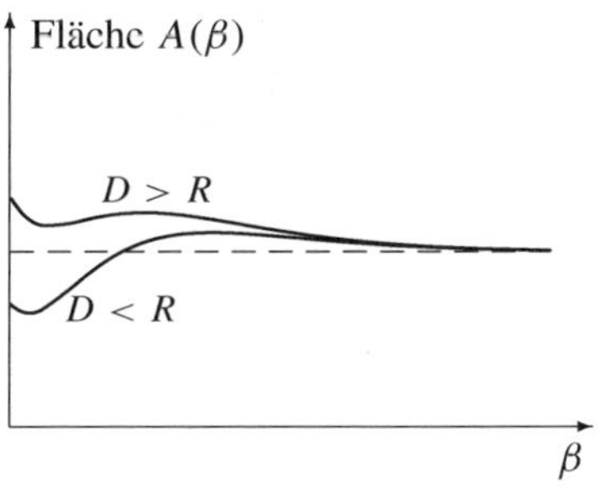

Die Rotationsfläche $A(\beta)$ für die Kurven (3.26) als Funktion von β. Es gilt $A(0) = 2\pi R D$ und $A(\infty) = 2\pi R^2$. Die untere Kurve gilt für $D < R$, die obere für $D > R$. Sofern (3.25) zwei Lösungen hat, muss A in Abhängigkeit von β ein Minimum und ein Maximum haben. Wenn man von der Zylinderfläche ($\beta = 0$) weggeht, nimmt die Fläche zunächst ab. Daher kommt man mit wachsendem β zunächst zum Minimum.

Für die Abbildung wurde angenommen, dass (3.25) zwei Lösungen hat, ξ_1 und ξ_2. Dann ist eine davon ein Minimum; dies ist die gesuchte Lösung. Diese Lösung ist dann nicht nur ein Minimum bezüglich der Variation des Parameters β wie in der Abbildung, sondern ein Minimum bezüglich aller möglichen (kleinen) Änderungen der Kurve. Die andere Lösung von (3.25) ist ein Maximum und damit eine instabile Lösung.

In der Abbildung nach (3.26) könnte die Kurve 1 das Minimum darstellen, und 3 das Maximum. Von den beiden Lösungen (3.25) entspricht diejenige mit dem größeren c-Wert dem gesuchten Minimum.

Solange $D \lesssim 1.325\, R$ gilt, hat (3.25) zwei Lösungen, und die Situation wird qualitativ richtig durch die Abbildung wiedergegeben. Wenn D sich aber dem Wert nähert, an dem (3.25) nur noch eine Lösung hat, dann rücken das Minimum und Maximum in der obigen Abbildung zusammen. Am Grenzwert selbst hat die Kurve dann einen waagerechten Wendepunkt, der über der gestrichelten Linie liegt. Dann ist eine kontinuierliche Verformung zum Randminimum $A(\infty)$ möglich. Beim langsamen Auseinanderziehen der Drahtringe nimmt die Seifenhaut zunächst die hier berechneten Minimakonfigurationen an. Wenn der Abstand den Wert $D \approx 1.325\, R$ erreicht, dann wird das System instabil und die Seifenhaut verformt sich dynamisch. Dieser zeitabhängige (schnelle) Prozess liegt außerhalb der hier gegebenen Beschreibung; er könnte in einer Abfolge der Kurven $3 \to 4 \to 5$ bestehen und im Randminimum $A(\infty)$ enden.

3.3 Besetzungszahlen aus maximaler Entropie

Bestimmen Sie die Zahlen $n_1, n_2, n_3, \ldots$ so, dass die Größe

$$S(n_1, n_2, \ldots) = \sum_{i=1}^{\infty} \Big((1 + n_i) \ln(1 + n_i) - n_i \ln(n_i) \Big)$$

extremal wird. Die möglichen Werte von n_i sollen durch die Nebenbedingungen

$$E = \textstyle\sum_i \varepsilon_i \, n_i = \text{const.}, \qquad N = \sum_i n_i = \text{const.}$$

eingeschränkt sein. Die ε_i sind vorgegebene Konstanten.

Diese Problemstellung ergibt sich bei der Behandlung eines idealen Gases aus Boseteilchen. Hierfür sind die ε_i die Energien der diskreten Einteilchenniveaus und die n_i die Anzahl der Teilchen in diesen Niveaus. Das thermische Gleichgewicht ist durch die Bedingung festgelegt, dass die Entropie S maximal ist; dabei sind für das abgeschlossene System die Gesamtenergie E und die Teilchenzahl N als Konstanten vorgegeben. Die n_i, die die Extremalbedingung erfüllen, sind die mittleren Besetzungszahlen.

Lösung: Die Aufgabe bezieht sich auf die Methode der Lagrangeparameter, nicht aber auf die Variationsrechnung. Die Nebenbedingungen können über zwei Lagrangeparameter λ_1 und λ_2 berücksichtigt werden:

$$S(n_1, n_2, \ldots) - \lambda_1 \, E(n_1, n_2, \ldots) - \lambda_2 \, N(n_1, n_2, \ldots) = \text{maximal}$$

Notwendige Bedingung für das Vorliegen eines lokalen Maximums ist

$$\frac{\partial}{\partial n_k} \Big(S(n_1, n_2, \ldots) - \lambda_1 \, E(n_1, n_2, \ldots) - \lambda_2 \, N(n_1, n_2, \ldots) \Big) = 0$$

Wir werten dies für die gegebenen Funktionen S, E und N aus, und benennen zugleich die Parameter gemäß $\lambda_1 = \beta$ und $\lambda_2 = -\beta\,\mu$ um:

$$\ln(1 + n_k) + 1 - \ln(n_k) - 1 - \beta\,\varepsilon_k + \beta\,\mu = 0$$

Dies kann nach n_k aufgelöst werden. Die Lösung n_k bezeichnen wir mit $\overline{n}_k$:

$$\overline{n}_k = \frac{1}{\exp[\beta\,(\varepsilon_k - \mu)] - 1}$$

Die Lagrangeparameter β und μ können nunmehr durch die Energie $E = \sum_k \varepsilon_k \, \overline{n}_k$ und die Teilchenzahl $N = \sum_k \overline{n}_k$ festgelegt werden. Bedeutung und Konsequenzen der mittleren Besetzungszahlen des Bosegases werden in Kapitel 29 behandelt.

3.4 Isoperimetrisches Problem

Die Enden eines Seils (Länge L) sind bei $(x_1, y_1) = (-d, 0)$ und $(x_2, y_2) = (d, 0)$ befestigt. Für welche Lage des Seils (in der x-y-Ebene) wird die Fläche zwischen dem Seil und der x-Achse maximal?

Lösung: Wir beschreiben die Lage des Seils durch eine Funktion $y(x)$. Die eingeschlossene Fläche ist $A = \int dx\, y$, die Seillänge $L = \int dx\, (1 + y'^2)^{1/2}$. Wir berücksichtigen die vorgegebene Länge über einen Lagrangeparameter:

$$J[y] = \int_{-d}^{d} dx \left(y(x) - \lambda \sqrt{1 + y'(x)^2} \right) = \int_{-d}^{d} dx\ F(y, y') = \text{maximal}$$

Aus $F_x = \partial F/\partial x = 0$ und der Euler-Lagrange-Gleichung folgt $F_{y'}\, y' - F = \text{const.}$, also

$$F_{y'}(y, y')\, y' - F(y, y') = -\, y + \frac{\lambda}{\sqrt{1 + y'^2}} = -\, b$$

Wir lösen nach y'^2 auf:

$$y'^2 = \frac{\lambda^2}{(y-b)^2} - 1 \quad \text{oder} \quad \frac{(y-b)\, dy}{\sqrt{\lambda^2 - (y-b)^2}} = \pm dx$$

Wir integrieren dies zu $-\sqrt{\lambda^2 - (y-b)^2} = \pm(x - a)$. Damit erhalten wir Kreise

$$(x-a)^2 + (y-b)^2 = \lambda^2$$

mit dem Radius λ. Die Größen a, b und λ sind nunmehr durch die Randpunkte und die Nebenbedingung festzulegen. Das Einsetzen der Randpunkte $(-d, 0)$ und $(d, 0)$ ergibt

$$a = 0\,, \qquad b = \sqrt{\lambda^2 - d^2}$$

Wir setzen nun $(y-b)^2 = \lambda^2 - x^2$ in den obigen Ausdruck für y'^2 ein, $y'^2 = \lambda^2/(\lambda^2 - x^2) - 1$. Hiermit berechnen wir die Seillänge

$$L = \int_{-d}^{d} dx\ \sqrt{1 + y'(x)^2} = \lambda \int_{-d}^{d} \frac{dx}{\sqrt{\lambda^2 - x^2}} = 2\lambda \arcsin \frac{d}{\lambda}$$

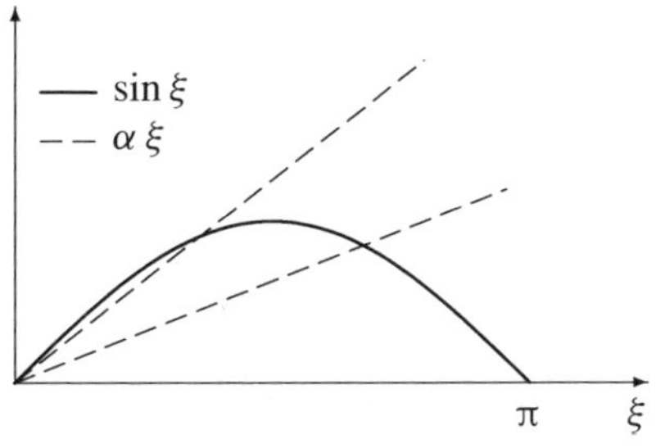

In $d/\lambda = \sin(L/2\lambda)$ setzen wir $\xi = L/2\lambda$ und erhalten

$$\alpha\, \xi = \sin \xi \quad \text{mit} \quad \alpha = \frac{2d}{L}$$

Diese Gleichung kann graphisch (siehe Abbildung) oder numerisch gelöst werden. Aus $2d < L < 2\pi\lambda$ folgen $\alpha < 1$ und $\xi < \pi$. Daher gibt es genau eine Lösung.

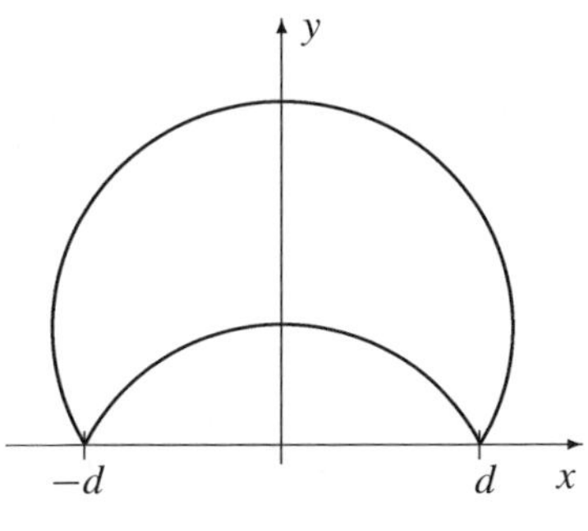

Die Skizze zeigt zwei Lösungen für verschiedene Seillängen L bei festem d. Zur Lösung der Aufgabe hatten wir angenommen, dass die Lage des Seils durch eine *Funktion* $y(x)$ beschrieben werden kann, die ja jedem x eindeutig ein y zuordnet. Daher müssen wir die Lösungen eigentlich auf $L < \pi d$ beschränken. Tatsächlich gelten die gefundenen Lösungen auch für $L \geq \pi d$ (großer Kreis).

3.5 Geodätische Linien auf Kreiszylinder

Bestimmen Sie die geodätischen Linien auf der Oberfläche eines Kreiszylinders, indem Sie die Nebenbedingung „Kreiszylinder" über Lagrangeparameter ankoppeln. Lösen Sie die Aufgabe anschließend noch einmal, indem Sie die Nebenbedingung durch die Wahl geeigneter Koordinaten von vornherein berücksichtigen.

Lösung: Eine dreidimensionale Bahnkurve lässt sich ohne Auszeichnung einer Koordinate durch $x(t)$, $y(t)$, $z(t)$ darstellen; dabei ist t ein Bahnparameter. Eine minimale Wegstrecke unter Vorgabe einer Nebenbedingung $g(x, y, z) = 0$ berechnet man dann über

$$J[x, y, z] = \int_{t_1}^{t_2} dt \left(\sqrt{\dot{x}^2 + \dot{x}^2 + \dot{z}^2} - \lambda(t)\, g(x, y, z) \right) = \text{minimal}$$

Die Euler-Lagrange-Gleichungen sind dann $d(\partial F/\partial \dot{x})/dt = \partial F/\partial x$ und so weiter, wobei F der Integrand ist. Wir schreiben sie mit der Abkürzung $v^2 = \dot{x}^2 + \dot{y}^2 + \dot{z}^2$ an:

$$\frac{d}{dt}\frac{\dot{x}}{v} = -\lambda\, g_x$$

$$\frac{d}{dt}\frac{\dot{y}}{v} = -\lambda\, g_y$$

$$\frac{d}{dt}\frac{\dot{z}}{v} = -\lambda\, g_z$$

Anstelle von t können wir die Weglänge $s = s(t)$ als Bahnparameter verwenden. Mit $ds = v\, dt$ erhalten wir $\dot{x} = v\, dx/ds = v\, x'(s)$ und $d(\dot{x}/v)/dt = v\, x''$. Damit werden die Euler-Lagrange-Gleichungen zu

$$x'' = \mu\, g_x\,, \quad y'' = \mu\, g_y\,, \quad z'' = \mu\, g_z\,, \quad \text{wobei } \mu(s) = -\frac{\lambda}{v}$$

Die bisherigen Betrachtungen gelten für eine beliebige Fläche. Wir betrachten nun den Kreiszylinder

$$g(x, y, z) = x^2 + y^2 - R^2 = 0$$

Hierfür ergibt sich

$$x'' = 2\mu x\,, \quad y'' = 2\mu\, y\,, \quad z'' = 0$$

Wir differenzieren nun die Nebenbedingung $g(x(s), y(s), z(s)) = 0$ zweimal nach s,

$$0 = x'^2 + y'^2 + x\, x'' + y\, y''$$

Hierin setzen wir x'', y'' und z'' aus den Euler-Lagrange-Gleichungen ein. Mit $g = 0$ und $x'^2 + y'^2 = (dx^2 + dy^2)/ds^2 = 1$ erhalten wir dann $\mu = -1/(2R^2)$. Damit werden die Euler-Lagrange-Gleichungen zu

$$x'' = -\frac{x}{R^2}\,, \quad y'' = -\frac{y}{R^2}\,, \quad z'' = 0$$

Die ersten beiden Differenzialgleichungen haben die Lösung $A\, \sin(s/R) + B\, \cos(s/R)$; die dritte $z = a\, s/R + b$. Die Konstanten sind aus der Nebenbedingung und den (eventuell) vorgegebenen Randpunkten zu bestimmen.

Wir wählen eine etwas speziellere Lösungskurve:

$$x(s) = R \sin \frac{s}{R} = R \sin\varphi\,, \quad y(s) = R \cos \frac{s}{R} = R \cos\varphi\,, \quad z = a\,\varphi + b \tag{3.27}$$

Dabei haben wir den Winkel $\varphi = s/R$ eingeführt. Die geodätische Linie ist eine Schraubenlinie.

Die Lösung gestaltet sich wesentlich einfacher, wenn wir die Nebenbedingung von vornherein durch die Wahl geeigneter Koordinaten erfüllen. Für den Kreiszylinder sind das etwa die Variablen z und φ, die die Bahnkurve

$$x(\varphi) = R \sin\varphi\,, \qquad y(\varphi) = R \cos\varphi\,, \qquad z = z(\varphi)$$

eindeutig festlegen. Damit entfällt die Nebenbedingung. Die Bedingung für die geodätische Linie

$$J[z] = \int_1^2 \sqrt{dx^2 + dy^2 + dz^2} = \int_{\varphi_1}^{\varphi_2} d\varphi\,\sqrt{R^2 + z'^2} = \int_{\varphi_1}^{\varphi_2} d\varphi\, F(z') = \text{minimal}$$

ist jetzt nur noch ein Funktional einer Funktion, nämlich $z(\varphi)$. Die Euler-Lagrange-Gleichung lautet

$$\frac{d}{dt}\frac{\partial F}{\partial z'} = \frac{d}{dt}\frac{z'}{\sqrt{R^2 + z'^2}} = \frac{\partial F}{\partial z} = 0$$

Hieraus folgt $z'(\varphi) = a = \text{const}$. Wir integrieren dies zu $z = a\,\varphi + b$ und erhalten damit insgesamt

$$x(\varphi) = R \sin\varphi\,, \qquad y(\varphi) = R\cos\varphi\,, \qquad z(\varphi) = a\,\varphi + b \tag{3.28}$$

Dies stimmt mit der Lösung (3.27) überein. Die erste Methode (Lagrange-Multiplikatoren) entspricht den Lagrangegleichungen 1. Art, die zweite denen 2. Art.
Als Anfangs- und Endpunkt wählen wir

$$\mathrm{P}_1 := (x_1, y_1, z_1) = (0, R, 0) \quad \text{und} \quad \mathrm{P}_2 := (0, R, h)$$

Aus (3.27) folgen $\varphi_1 = 2\pi m$ und $\varphi_2 = 2\pi n$ mit ganzzahligem m und n. Aus $z_1 = 0$ folgt $b = 0$. Es kommt nur auf die Differenz $n - m$ an; daher setzen wir $m = 0$. Dann erhalten wir die Lösung

$$z(\varphi) = h\,\frac{\varphi}{2\pi n}\,, \qquad n = (0), 1, 2, \ldots$$

Für $n = 0$ ist die Lösung eine vertikale Gerade, die bei festem $x = 0$ und $y = R$ von $z = 0$ zu $z = h$ geht (unendliche Steigung von $z(\varphi)$). Für $n = 1$ windet sich die geodätische Linie einmal um den Zylinder. Es gibt unendlich viele verschiedene Lösungen $n = 0, 1, 2, 3, \ldots$. Dabei ist n die *Windungszahl*, die angibt. ob sich die geodätische Linie einmal, zweimal oder mehrmals um den Zylinder windet. Alle Lösungen sind lokale Minima, das heißt kleine Variationen machen die Wegstrecke größer. Die Lösung für $n = 0$ ist das absolute Minimum. Die verschiedenen Lösungen lassen sich nicht durch kontinuierliche Verformungen ineinander überführen; sie sind *topologisch* verschieden.

Wenn man die Zylinderfläche längs einer vertikalen Linie aufschneidet und auf eine Ebene legt, dann werden die geodätischen Linien zu Geraden (Abbildung). Ein solches Aufschneiden ist nur für Flächen möglich, deren innere Krümmung null ist.

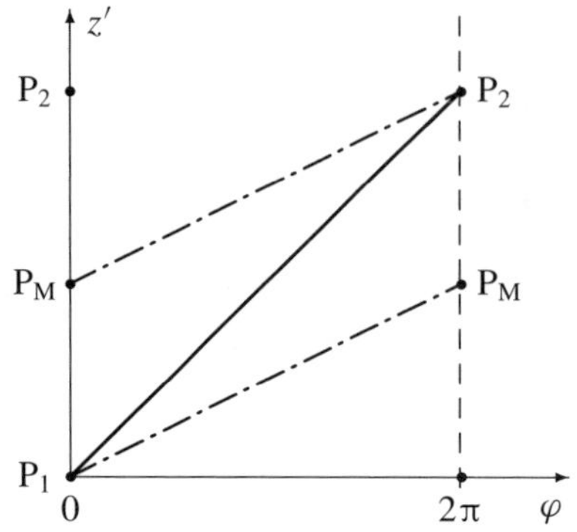

Die aufgeschnittene und in die Ebene gelegte Kreiszylinderfläche. Die jeweils zweimal eingezeichneten Punkte fallen zusammen, wenn die Fläche wieder zu einem Zylinder gebogen wird. Die geodätischen Linien von $P_1 := (0, R, 0)$ nach $P_2 := (0, R, h)$ erscheinen jetzt als Geraden. Sie sind für die Windungszahlen 1 und 2 (über P_M) eingezeichnet. Wenn man das gezeigte Flächenstück wieder zu einem Kreiszylinder biegt, werden die Geraden zu Schraubenlinien. Die geodätische Linie mit $n = 0$ fällt mit der eingezeichneten z'-Achse (parallel zur z-Achse) zusammen.

3.6 Minimale Wirkung für Teilchen im Schwerefeld

Die Lagrangefunktion $\mathcal{L}(z, \dot{z}) = (m/2)\,\dot{z}^2 - m g z$ beschreibt ein Teilchen im Schwerefeld. Berechnen Sie das Wirkungsintegral

$$S = \int_0^{t_0} dt\ \mathcal{L}(z, \dot{z}) \qquad \text{für} \qquad z(t) = -\frac{g}{2}\,t^2 + f(t)$$

Die Abweichung $f(t)$ von der tatsächlichen Bewegung sei eine stetig differenzierbare Funktion, die am Rand verschwindet, $f(0) = f(t_0) = 0$. Zeigen Sie, dass die Wirkung $S[f]$ für $f(t) = 0$ ihren minimalen Wert annimmt.

Lösung: Für die angegebene Lösung ist $\dot{z} = -gt + \dot{f}$. Wir setzen $z(t)$ und $\dot{z}(t)$ in das Wirkungsintegral ein

$$S = m\int_0^{t_0} dt\left(\frac{\dot{z}^2}{2} - g z\right) = m\int_0^{t_0} dt\left(\frac{g^2 t^2}{2} - g\,t\,\dot{f}(t) + \frac{\dot{f}(t)^2}{2} + \frac{g^2 t^2}{2} - g\,f(t)\right)$$

Im zweiten Term auf der rechten Seite führen wir eine partielle Integration durch:

$$\int_0^{t_0} dt\ g\,t\,\dot{f}(t) = \Big[g\,t\,f(t)\Big]_0^{t_0} - \int_0^{t_0} dt\ g\,f(t)$$

Der erste Term auf der rechten Seite verschwindet wegen $f(0) = f(t_0) = 0$. Der zweite Term hebt sich mit dem letzten Term in S auf. Damit verbleibt

$$S = m g^2 \int_0^{t_0} dt\ t^2 + \frac{m}{2}\int_0^{t_0} dt\ \dot{f}(t)^2$$

Der erste Term ist unabhängig von $f(t)$. Der zweite Term ist minimal genau dann, wenn $df/dt = 0$, also $f(t) = \text{const}$. Wegen $f(0) = f(t_0) = 0$ ist dann $f(t) \equiv 0$. Die Wirkung ist also für die tatsächliche Lösung minimal.

3.7 Äquivalenz von Lagrangefunktionen

Welche der Lagrangefunktionen

$$\mathcal{L}_1 = \frac{m}{2}\,\dot{\boldsymbol{r}}^2 + q\,\boldsymbol{E}_0 \cdot \boldsymbol{r} \quad \text{oder} \quad \mathcal{L}_2 = \frac{m}{2}\,\dot{\boldsymbol{r}}^2 - q\,\boldsymbol{E}_0 \cdot \dot{\boldsymbol{r}}\,t \tag{3.29}$$

beschreibt ein geladenes Teilchen in einem konstanten, homogenen elektrischen Feld $\boldsymbol{E}_0$?

Lösung: Wir stellen die Lagrangegleichungen $d/dt\,(\partial\mathcal{L}/\partial\dot{\boldsymbol{r}}) = (\partial\mathcal{L}/\partial\boldsymbol{r})$ für $\mathcal{L}_1$ und $\mathcal{L}_2$ auf:

$$\mathcal{L}_1:\quad m\,\ddot{\boldsymbol{r}} = q\,\boldsymbol{E}_0\,, \qquad \mathcal{L}_2:\quad m\,\ddot{\boldsymbol{r}} - \frac{d\,(q\,\boldsymbol{E}_0 t)}{dt} = m\,\ddot{\boldsymbol{r}} - q\,\boldsymbol{E}_0 = 0$$

Beide Lagrangefunktionen führen zur Bewegungsgleichung

$$m\,\ddot{\boldsymbol{r}} = q\,\boldsymbol{E}_0$$

Beide Lagrangefunktionen beschreiben also die Bewegung des Teilchens im konstanten, homogenen elektrischen Feld $\boldsymbol{E}_0$. Der Unterschied zwischen den Lagrangefunktionen kann als Zeitableitung einer Funktion geschrieben werden, die von den Koordinaten und der Zeit abhängt:

$$\mathcal{L}_1 = \mathcal{L}_2 + \frac{d}{dt}\Big(q\,\boldsymbol{E}_0 \cdot \boldsymbol{r}\,t\Big) = \mathcal{L}_2 + \frac{df(\boldsymbol{r},t)}{dt}$$

In diesem Fall sind, wie in Aufgabe 2.10 allgemein gezeigt, beide Lagrangefunktionen äquivalent.

3.8 Symmetrie des Potenzials $U = \alpha/r^2$

Zeigen Sie, dass die Wirkung für ein Teilchen im Potenzial $U(\boldsymbol{r}) = \alpha/r^2$ invariant ist unter der einparametrigen Transformation

$$\boldsymbol{r}^* = \lambda\,\boldsymbol{r}\,, \qquad t^* = \lambda^2\,t$$

Geben Sie die zugehörige Erhaltungsgröße an und vereinfachen Sie diese mit Hilfe des Energieerhaltungssatzes.

Lösung: Die Lagrangefunktion lautet

$$\mathcal{L}\big(\boldsymbol{r}, d\boldsymbol{r}/dt\big) = \frac{m}{2}\,\dot{\boldsymbol{r}}^2 - \frac{\alpha}{r^2}$$

Wir untersuchen zunächst den Effekt der Transformation in

$$\mathcal{L}\big(\boldsymbol{r}^*, d\boldsymbol{r}^*/dt^*\big)\,\frac{dt^*}{dt} = \left(\frac{m}{2}\left(\frac{d\boldsymbol{r}^*}{dt^*}\right)^2 - \frac{\alpha}{r^{*2}}\right)\lambda^2 = \left(\frac{m}{2}\,\frac{\dot{\boldsymbol{r}}^2}{\lambda^2} - \frac{\alpha}{\lambda^2 r^2}\right)\lambda^2 = \mathcal{L}\big(\boldsymbol{r}, d\boldsymbol{r}/dt\big)$$

Damit sind $\mathcal{L}^*\,dt^* = \mathcal{L}\,dt$ und die Invarianz der Wirkung gezeigt.

Zur Ableitung der Erhaltungsgrößen schreibt man zunächst die infinitesimale Transformation der Koordinaten und der Zeit an. Mit $\lambda = 1 + \epsilon$ wird die Transformation (ohne die Terme der Ordnung ϵ^2) zu

$$\boldsymbol{r}^* = \boldsymbol{r} + \epsilon\,\boldsymbol{r} = \boldsymbol{r} + \epsilon\,\boldsymbol{\psi} \quad \text{mit} \quad \boldsymbol{\psi} = \boldsymbol{r}$$
$$t^* = t + 2\epsilon\,t = t + \epsilon\,\varphi \quad \text{mit} \quad \varphi = 2t$$

Nach dem Noethertheorem lautet die Erhaltungsgröße

$$Q = \frac{\partial \mathcal{L}}{\partial \dot{\boldsymbol{r}}} \cdot \boldsymbol{\psi} + \left(\mathcal{L} - \frac{\partial \mathcal{L}}{\partial \dot{\boldsymbol{r}}} \cdot \dot{\boldsymbol{r}} \right) \varphi = \text{const.}$$

Wir werten dies aus:

$$Q = m\,\dot{\boldsymbol{r}} \cdot \boldsymbol{r} + \left(\frac{m\,\dot{\boldsymbol{r}}^2}{2} - \frac{\alpha}{r^2} - m\,\dot{\boldsymbol{r}}^2 \right) 2t = m\,\dot{\boldsymbol{r}} \cdot \boldsymbol{r} - 2 \left(\frac{m\,\dot{\boldsymbol{r}}^2}{2} + \frac{\alpha}{r^2} \right) t = \text{const.}$$

Da die Energie $E = m\,\dot{\boldsymbol{r}}^2/2 + \alpha/r^2$ erhalten ist, können wir das Ergebnis auch in der Form

$$Q = m\,\dot{\boldsymbol{r}} \cdot \boldsymbol{r} - 2\,E\,t = \text{const.} \tag{3.30}$$

schreiben. Wegen $d\boldsymbol{r}^2/dt = 2\,\dot{\boldsymbol{r}} \cdot \boldsymbol{r}$ kann man dies leicht integrieren:

$$r^2 = r_0^2 + \frac{2\,E\,t^2}{m} + c\,t$$

Für $E > 0$ läuft das Teilchen ins Unendliche (schließlich mit $\dot{r}(\infty)^2 = 2\,E/m$). Für $E < 0$ erreicht das Teilchen nach endlicher Zeit den (singulären) Punkt $r = 0$. Für $E = 0$ kommt es auf das Vorzeichen der Konstanten c an. Speziell für eine Kreisbewegung ist $E = 0$ und $c = 0$. (Aus dem Kraftgleichgewicht $m\,v^2/r = \alpha/r^3$ folgt $E = 0$. Aus $\dot{\boldsymbol{r}} \perp \boldsymbol{r}$ und $E = 0$ folgt $Q = 0$ und damit $c = 0$).

3.9 Teilchen im homogenen elektrischen Feld

Ein geladenes Teilchen im konstanten, homogenen elektrischen Feld kann durch die Lagrangefunktion

$$\mathcal{L}(\boldsymbol{r}, \dot{\boldsymbol{r}}) = \frac{m}{2}\,\dot{\boldsymbol{r}}^2 + q\,\boldsymbol{E}_0 \cdot \boldsymbol{r}$$

beschrieben werden. Das System ist invariant unter räumlichen Translationen. Leiten Sie die zu dieser Symmetrie gehörende Erhaltungsgröße ab.

Lösung: Die Lagrangefunktion ist offensichtlich nicht invariant unter einer räumlichen Translation. Man könnte zu der in Aufgabe 3.7 angegebenen äquivalenten Lagrangefunktion $\mathcal{L}_2$ übergehen, die translationsinvariant ist. In dieser Aufgabe soll aber gerade der Fall behandelt werden, dass nur die Variation der Wirkung, nicht aber die Wirkung selbst die betrachtete Symmetrie besitzt.

Wir schreiben zunächst die betrachtete Transformation an:

$$\boldsymbol{r}^* = \boldsymbol{r} + \epsilon\,\boldsymbol{n} = \boldsymbol{r} + \epsilon\,\boldsymbol{\psi} \quad \text{mit} \quad \boldsymbol{\psi} = \boldsymbol{n}$$

$$t^* = t = t + \epsilon\,\varphi \quad \text{mit} \quad \varphi = 0$$

Dabei ist $\boldsymbol{n}$ ein beliebiger Einheitsvektor. Wir werten die Invarianzbedingung aus:

$$\frac{d}{d\epsilon} \left[\mathcal{L}(\boldsymbol{r}^*, \dot{\boldsymbol{r}}^*) \,\frac{dt^*}{dt} \right]_{\epsilon=0} = \frac{d}{d\epsilon} \left[\frac{m}{2}\,\dot{\boldsymbol{r}}^{*2} + q\,\boldsymbol{E}_0 \cdot \boldsymbol{r}^* \right]_{\epsilon=0} = q\,\boldsymbol{E}_0 \cdot \boldsymbol{n} = \frac{d}{dt} \left(q\,\boldsymbol{E}_0 \cdot \boldsymbol{n}\,t \right) = \frac{df}{dt}$$

Der Zusatzterm ist die totale Zeitableitung der Funktion $f(\boldsymbol{r}, t) = q\,\boldsymbol{E}_0 \cdot \boldsymbol{n}\,t$. Das erweiterte Noethertheorem (3.20) liefert hierfür die Erhaltungsgröße

$$Q = \frac{\partial \mathcal{L}}{\partial \dot{\boldsymbol{r}}} \cdot \boldsymbol{\psi} + \left(\mathcal{L} - \frac{\partial \mathcal{L}}{\partial \dot{\boldsymbol{r}}} \cdot \dot{\boldsymbol{r}} \right) \varphi - f(\boldsymbol{r}, t) = \text{const.}$$

Wir setzen $\boldsymbol{\psi}$, φ und f ein:

$$Q = \frac{\partial \mathcal{L}}{\partial \dot{\boldsymbol{r}}} \cdot \boldsymbol{n} - f(\boldsymbol{r}, t) = \left(m\,\dot{\boldsymbol{r}} - q\,\boldsymbol{E}_0\,t\right) \cdot \boldsymbol{n} = \text{const.}$$

Da $\boldsymbol{n}$ in eine beliebige Richtung zeigt, gilt

$$m\,\dot{\boldsymbol{r}} = q\,\boldsymbol{E}_0\,t + m\,\boldsymbol{v}_0$$

mit einem konstanten Vektor $m\,\boldsymbol{v}_0$. Dies beschreibt eine beschleunigte Bewegung im homogenen Feld.

3.10 Translationsinvarianz im Vielteilchensystem

Die Lagrangefunktion eines abgeschlossenen Systems aus N Massenpunkten sei

$$\mathcal{L} = \frac{1}{2}\sum_{\nu=1}^{N} m_\nu\,\dot{\boldsymbol{r}}_\nu^2 - \sum_{\nu=1}^{N}\sum_{\mu=\nu+1}^{N} U_{\nu\mu}(|\boldsymbol{r}_\nu - \boldsymbol{r}_\mu|) \tag{3.31}$$

Zeigen Sie die Invarianz unter der Translation $\boldsymbol{r}_\nu^* = \boldsymbol{r}_\nu + \boldsymbol{\epsilon}$, und geben Sie die zugehörige Erhaltungsgröße an.

Lösung: Wir schreiben zunächst die betrachtete Transformation an:

$$\boldsymbol{r}_\nu^* = \boldsymbol{r}_\nu + \epsilon\,\boldsymbol{n} = \boldsymbol{r} + \epsilon\,\boldsymbol{\psi} \quad \text{mit} \quad \boldsymbol{\psi} = \boldsymbol{n}$$
$$t^* = t = t + \epsilon\,\varphi \quad \text{mit} \quad \varphi = 0$$

Dabei ist $\boldsymbol{n}$ ein beliebiger Einheitsvektor. Die Invarianz der Lagrangefunktion folgt unmittelbar aus

$$\dot{\boldsymbol{r}}_\nu^* = \frac{d\boldsymbol{r}_\nu^*}{dt^*} = \frac{d\boldsymbol{r}_\nu}{dt} = \dot{\boldsymbol{r}}_\nu \quad \text{und} \quad |\boldsymbol{r}_\nu^* - \boldsymbol{r}_\mu^*| = |\boldsymbol{r}_\nu - \boldsymbol{r}_\mu|$$

Nach dem Noethertheorem lautet die Erhaltungsgröße

$$Q = \sum_{\nu=1}^{N} \frac{\partial \mathcal{L}}{\partial \dot{\boldsymbol{r}}_\nu} \cdot \boldsymbol{\psi} + \left(\mathcal{L} - \sum_{\nu=1}^{N} \frac{\partial \mathcal{L}}{\partial \dot{\boldsymbol{r}}_\nu} \cdot \dot{\boldsymbol{r}}_\nu\right)\varphi = \text{const.}$$

Wir werten dies aus:

$$Q = \sum_{\nu=1}^{N} m_\nu\,\dot{\boldsymbol{r}}_\nu \cdot \boldsymbol{n} = \boldsymbol{P} \cdot \boldsymbol{n} = \text{const.}$$

Da $\boldsymbol{n}$ beliebig ist, folgt hieraus die Erhaltung des Schwerpunktimpulses

$$\boldsymbol{P} = \sum_{\nu=1}^{N} m_\nu\,\dot{\boldsymbol{r}}_\nu = \text{const.}$$

3.11 Erhaltungsgrößen des sphärischen Oszillators

In geeigneten Einheiten lautet die Lagrangefunktion des sphärischen harmonischen Oszillators

$$\mathcal{L} = \frac{1}{2} \sum_{i=1}^{3} \left(\dot{x}_i^2 - x_i^2\right)$$

Zeigen Sie, dass die Transformationen

$$x_i^* = x_i + \frac{\epsilon}{2} \left(\delta_{ik}\, \dot{x}_l + \delta_{il}\, \dot{x}_k\right), \qquad t^* = t \tag{3.32}$$

die Variation der Wirkung (und damit die Bewegungsgleichungen) invariant lassen.

In (3.32) können k und l die Werte 1, 2 und 3 annehmen; es handelt sich also um 9 mögliche Transformationen. Bestimmen Sie die zugehörigen 9 Erhaltungsgrößen Q_{kl}. Zeigen Sie, dass dies die Energie- und Drehimpulserhaltung impliziert. Hinweis zum Drehimpuls: Zeigen Sie, dass

$$\ell_i^2 = \frac{1}{2} \sum_{k,l=1}^{3} \epsilon_{ikl}^2 \left(Q_{kk}\, Q_{ll} - Q_{kl}^2\right)$$

für die Drehimpulskomponenten ℓ_i gilt. Dabei ist ϵ_{ikl} das Levi-Cività-Symbol (hat nichts mit dem ϵ in (3.32) zu tun).

Lösung: Für die angegebene Transformation gilt

$$\begin{aligned} x_i^* &= x_i + \epsilon\, \psi_{i,kl} \quad \text{mit} \quad \psi_{i,kl} = \left(\delta_{ik}\, \dot{x}_l + \delta_{il}\, \dot{x}_k\right)/2 \\ t^* &= t + \epsilon\, \varphi \quad \text{mit} \quad \varphi = 0 \end{aligned}$$

Dies gilt für jedes kl-Paar. Für die Geschwindigkeiten folgt aus (3.32)

$$\dot{x}_i^* = \frac{dx_i^*}{dt^*} = \dot{x}_i + \frac{\epsilon}{2} \left(\delta_{ik}\, \ddot{x}_l + \delta_{il}\, \ddot{x}_k\right)$$

Wir werten die Invarianzbedingung aus:

$$\begin{aligned} \frac{d}{d\epsilon} \left[\mathcal{L}(x^*, \dot{x}^*)\, \frac{dt^*}{dt} \right]_{\epsilon=0} &= \frac{1}{2} \frac{d}{d\epsilon} \sum_{i=1}^{3} \left(\dot{x}_i^{*2} - x_i^{*2}\right)\Big|_{\epsilon=0} \\ = \frac{1}{2} \sum_{i=1}^{3} \Big(\dot{x}_i \left(\delta_{ik}\, \ddot{x}_l + \delta_{il}\, \ddot{x}_k\right) - x_i \left(\delta_{ik}\, \dot{x}_l + \delta_{il}\, \dot{x}_k\right)\Big) &= \frac{\dot{x}_k\, \ddot{x}_l + \dot{x}_l\, \ddot{x}_k}{2} - \frac{x_k\, \dot{x}_l + x_l\, \dot{x}_k}{2} \\ = -\frac{\dot{x}_k\, x_l + \dot{x}_l\, x_k}{2} - \frac{x_k\, \dot{x}_l + x_l\, \dot{x}_k}{2} &= -\frac{d}{dt} \left(x_k\, x_l\right) = \frac{df_{kl}(x)}{dt} \end{aligned}$$

Beim Schritt zur letzten Zeile haben wir die Bewegungsgleichung $\ddot{x}_j = -x_j$ verwendet.

Die Wirkung $S = \int dt\, \mathcal{L}$ ist invariant, wenn der berechnete Ausdruck null ist. Wenn er wie hier eine totale Zeitableitung ist, dann ist lediglich die Variation der Wirkung δS invariant. Da die Bewegungsgleichungen aus $\delta S = 0$ folgen, sind sie invariant unter den betrachteten Transformation.

Die Funktion $f_{kl} = -x_k\, x_l$ taucht in der Erhaltungsgröße des erweiterten Noethertheorems (3.20) auf:

$$Q_{kl} = \sum_{i=1}^{N} \frac{\partial \mathcal{L}}{\partial \dot{x}_i}\, \psi_{i,kl} + \left(\mathcal{L} - \sum_{i=1}^{N} \frac{\partial \mathcal{L}}{\partial \dot{x}_i}\, \dot{x}_i \right) \varphi - f_{kl}(x,t) = \text{const.}$$

Wir betrachten 9 Transformationen (9 Werte für k und l in (3.32)). Die 9 Erhaltungsgrößen wurden jetzt mit diesen Indizes gekennzeichnet. Wir setzen nun die bekannten Größen $\psi_{i,kl}$, φ, f_{kl} und $\partial\mathcal{L}/\partial\dot{x}_i = \dot{x}_i$ ein:

$$Q_{kl} = \sum_{i=1}^{N} \dot{x}_i\, \frac{1}{2} \big(\delta_{ik}\, \dot{x}_l + \delta_{il}\, \dot{x}_k \big) + x_k\, x_l = \dot{x}_k\, \dot{x}_l + x_k\, x_l = \text{const.}$$

Die Energie E kann durch diese Größen ausgedrückt werden:

$$E = \frac{1}{2} \sum_{k=1}^{3} Q_{kk} = \frac{1}{2} \sum_{k=1}^{3} \big(\dot{x}_k^2 + x_k^2 \big) = \text{const.}$$

Dies gilt auch für den Drehimpuls:

$$\begin{aligned} \ell_i^2 &= \frac{1}{2} \sum_{k,l=1}^{3} \epsilon_{ikl}^2 \big(Q_{kk}\, Q_{ll} - Q_{kl}^2 \big) = \sum_{k,l=1}^{3} \epsilon_{ikl}^2\, \frac{\big(\dot{x}_k^2 + x_k^2\big)\big(\dot{x}_l^2 + x_l^2\big) - \big(\dot{x}_k\, \dot{x}_l + x_k\, x_l\big)^2}{2} \\ &= \frac{1}{2} \sum_{k,l=1}^{3} \epsilon_{ikl}^2 \big(\dot{x}_k\, x_l - x_k\, \dot{x}_l \big)^2 = \text{const.} \end{aligned}$$

Für $i = 1$ ergibt sich $\ell_1^2 = \big(\dot{x}_2\, x_3 - x_2\, \dot{x}_3\big)^2$, und damit der erwartete Ausdruck. Mit den Q_{kl} sind also auch die Komponenten ℓ_i und damit der Drehimpuls $\boldsymbol{\ell}$ konstant.

4 Zentralpotenzial

Wir untersuchen die Bewegung von zwei Körpern in einem abgeschlossenen System unter dem Einfluss einer Zentralkraft. Hierzu gehören das Keplerproblem, die klassische Behandlung des Wasserstoffatoms, die Rutherfordstreuung und die Dynamik eines zweiatomigen Moleküls (Vibrationen, Rotationen). Die Lösung des Zweikörperproblems bestimmt den Wirkungsquerschnitt in einem Streuexperiment. Für die Streuung von zwei geladenen Teilchen erhalten wir den Rutherfordschen Wirkungsquerschnitt.

Zweikörperproblem

Wir betrachten das Zweikörperproblem mit Zentralpotenzial:

$$\mathcal{L}(\boldsymbol{r}_1, \boldsymbol{r}_2, \dot{\boldsymbol{r}}_1, \dot{\boldsymbol{r}}_2) = \frac{m_1}{2}\, \dot{\boldsymbol{r}}_1^{\,2} + \frac{m_2}{2}\, \dot{\boldsymbol{r}}_2^{\,2} - U(|\boldsymbol{r}_1 - \boldsymbol{r}_2|) \tag{4.1}$$

Die Symmetrien dieses Problems

1. Symmetrie gegenüber Translationen
2. Symmetrie gegenüber Rotationen
3. Symmetrie gegenüber Zeittranslationen

führen zur Erhaltung des Schwerpunktimpulses, des Drehimpulses und der Energie. Sie ermöglichen damit die sukzessive Vereinfachung in folgenden Schritten:

1. Reduktion zum Einteilchenproblem
2. Reduktion zur Radialgleichung
3. Reduktion zu einer Differenzialgleichung 1. Ordnung.

Zunächst wird die Schwerpunktbewegung $\boldsymbol{R}(t) = (m_1\boldsymbol{r}_1 + m_2\boldsymbol{r}_2)/M = \boldsymbol{A}\,t + \boldsymbol{B}$ abgetrennt. Für die Relativkoordinate $\boldsymbol{r} = \boldsymbol{r}_1 - \boldsymbol{r}_2$ erhalten wir das *Einteilchenproblem*

$$\mathcal{L}(\boldsymbol{r}, \dot{\boldsymbol{r}}) = \frac{\mu}{2}\, \dot{\boldsymbol{r}}^2 - U(r) \qquad (r = |\boldsymbol{r}|) \tag{4.2}$$

Hierbei ist $\mu = m_1 m_2/M$ die reduzierte Masse, und $M = m_1 + m_2$ ist die Gesamtmasse.

Wegen der Rotationssymmetrie ist der Drehimpuls $\boldsymbol{\ell}$ konstant. Daher können wir die z-Achse des IS in Richtung des Drehimpulses $\boldsymbol{\ell} = \mu\,\boldsymbol{r} \times \dot{\boldsymbol{r}} = \ell\,\boldsymbol{e}_z$ legen. Dann verläuft die gesamte Bewegung in der x-y-Ebene. In Zylinderkoordinaten bedeutet das

$$z(t) = 0 \qquad \text{und} \qquad \mu\,\rho(t)^2\,\dot{\varphi}(t) = \ell = \text{const.} \tag{4.3}$$

Wenn man dies in die Bewegungsgleichung des Einteilchenproblems einsetzt, erhält man die Radialgleichung

$$\mu\,\ddot{\rho} = \frac{\ell^2}{\mu\,\rho^3} - \frac{dU(\rho)}{d\rho} \tag{4.4}$$

Im dritten und letzten Schritt verwendet man die Energieerhaltung und erhält

$$E = \frac{\mu}{2}\,\dot{\rho}^2 + \frac{\ell^2}{2\mu\,\rho^2} + U(\rho) \tag{4.5}$$

Dies ist eine Differenzialgleichung 1. Ordnung für $\rho(t)$. Sie kann nach $dt/d\rho = f(\rho)$ aufgelöst werden. Damit erhält man die Lösung in der Form $t = \int d\rho\, f(\rho)$. Wir schreiben (4.5) noch mit einem effektiven Potenzial U_{eff} an:

$$E = \frac{\mu}{2}\,\dot{\rho}^2 + U_{\text{eff}}(\rho) \quad \text{mit} \quad U_{\text{eff}}(\rho) = U(\rho) + \frac{\ell^2}{2\mu\,\rho^2} \tag{4.6}$$

Eine graphische Diskussion dieser Gleichung gibt eine qualitative Vorstellung des Lösungsverlaufs $\rho(t)$.

Um die Bahnkurve zu erhalten, geht man von $d\varphi/d\rho = (d\varphi/dt)(dt/d\rho)$ mit (4.3) und (4.5) aus und integriert dies zu

$$\varphi = \varphi_0 + \int_{\rho_0}^{\rho} d\rho' \frac{\ell/\rho'^2}{\sqrt{2\mu\big(E - U(\rho')\big) - \ell^2/\rho'^2}} \tag{4.7}$$

Keplerproblem

Wir betrachten ein Potenzial der Form $U(r) = -\alpha/r$. Dies könnte die Gravitation zwischen zwei Massen beschreiben ($\alpha = G\,m_1 m_2$), oder die Coulombkräfte zwischen zwei geladenen Körpern ($\alpha = -q_1 q_2$). Jedenfalls kann man hierfür das Integral (4.7) elementar lösen:

$$\varphi = \int d\rho\, \frac{\ell/\rho^2}{\sqrt{2\mu E + 2\mu\alpha/\rho - \ell^2/\rho^2}} = \arccos \frac{\ell/\rho - \mu\alpha/\ell}{\sqrt{2\mu E + \mu^2\alpha^2/\ell^2}} \tag{4.8}$$

Mit dem *Parameter* $p = \ell^2/(\mu\alpha)$ und der *Exzentrizität* $\varepsilon^2 = 1 + 2E\,\ell^2/(\mu\alpha^2)$ erhält (4.8) die vertraute Form eines Kegelschnitts:

$$\frac{p}{\rho} = 1 + \varepsilon\,\cos\varphi \qquad \begin{pmatrix} \varepsilon > 1 & E > 0 & \text{Hyperbel} \\ \varepsilon = 1 & E = 0 & \text{Parabel} \\ \varepsilon < 1 & E < 0 & \text{Ellipse} \end{pmatrix} \tag{4.9}$$

Für das System Sonne-Planet gilt $E < 0$ und wir erhalten eine Ellipsenbahn. Ein ungebundener Komet bewegt sich dagegen auf einer Hyperbelbahn ($E > 0$). Auch die Bahn eines α-Teilchens im Feld eines Atomkerns ist eine Hyperbel.

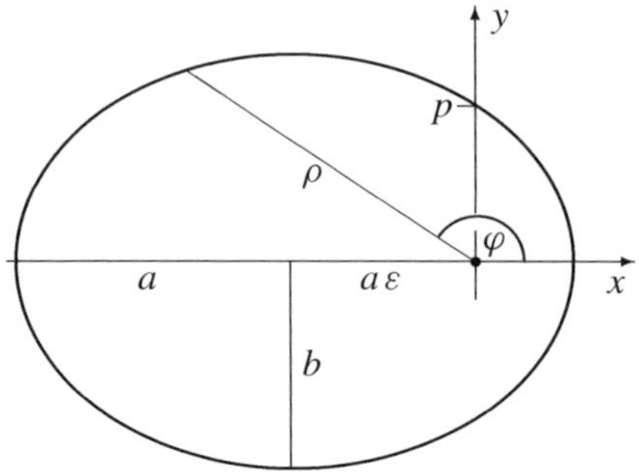

Für das System Planet–Sonne ergibt sich eine Ellipse; der Schwerpunkt des Systems ist der Brennpunkt der Ellipse. Sonne und Planet laufen auf gegenläufigen Ellipsen um den Schwerpunkt herum. Für $M_{\text{Sonne}} \gg M_{\text{Planet}}$ ruht die Sonne näherungsweise im Brennpunkt, und der Planet beschreibt die gezeigte Ellipsenbahn. In dieser Näherung ergeben sich auch die drei Keplerschen Gesetze.

Für die Anwendung auf unser Sonnensystem sei auf folgende drei Punkte hingewiesen:

1. Da die Masse der Sonne viel größer als die der Planeten ist, ist die Betrachtung als Zweikörperproblem (Sonne und ein ausgewählter Planet) eine gute Näherung. Tatsächlich führen aber die Gravitationskräfte der Planeten (und Monde) untereinander zu Abweichungen. Eine besonders gut beobachtbare Abweichung ist die Periheldrehung: Der sonnennächste Punkt (das Perihel) liegt nach einem Umlauf an einer etwas anderen Stelle; die Ellipsenbahn ist nicht ganz geschlossen (Aufgabe 4.7). Für den Merkur beträgt die Periheldrehung etwa 10 Bogenminuten pro Jahrhundert. Etwa $1/10$ dieses Effekts wird durch relativistische Effekte verursacht.

2. Die Bewegungsgleichungen für N Massenpunkte (Sonne, Planeten, Monde) lauten

$$m_\nu \, \ddot{\boldsymbol{r}}_\nu(t) = \operatorname{grad}_\nu \sum_{\mu \neq \nu}^{N} \frac{G \, m_\nu m_\mu}{|\boldsymbol{r}_\nu - \boldsymbol{r}_\mu|} \tag{4.10}$$

   Die Methode der Wahl zur Lösung eines solchen Problems ist heute der Computer: Man spezifiziert zunächst die Anfangsbedingungen ($\boldsymbol{r}_\nu(t_0)$ und $\dot{\boldsymbol{r}}_\nu(t_0)$). Aus (4.10) folgen dann die Beschleunigungen $\ddot{\boldsymbol{r}}_\nu(t_0)$. Hieraus werden die Orte $\boldsymbol{r}_\nu(t_0 + \Delta t)$ und Geschwindigkeiten $\dot{\boldsymbol{r}}_\nu(t_0 + \Delta t)$ zur Zeit $t_0 + \Delta t$ bestimmt. Der nächste Schritt führt dann zu $t_0 + 2\,\Delta t$, und so weiter.

3. Nach (4.10) legen die Anfangsbedingungen den weiteren Verlauf *deterministisch* fest. Allerdings ist auch die Lottomaschine mit 49 Kugeln ein solches deterministisches Vielteilchensystem (gegebene äußere Kräfte wären hinzuzufügen, sie ändern aber nichts an der Aufintegrierbarkeit der Bewegung). Dieses deterministische System verhält sich *chaotisch*; sein Bewegungsablauf ist bekanntlich nicht vorhersagbar. Es gibt also so etwas wie *deterministisches Chaos*. Der Grund ist folgender: Sehr kleine Änderungen in den Anfangsbedingungen (oder auch sehr kleine äußere Störungen) führen nach wenigen Stößen zu einem ganz anderen Verlauf.

Es hängt vom jeweiligen System ab, auf welcher Zeitskala kleine Störungen zu einem ganz anderen Verlauf führen können. Insofern wissen wir nicht, ob unser Sonnensystem nicht vielleicht in 10^8 Jahren einen wesentlich anderen Bewegungsablauf zeigt. Im Kleinen verläuft die Bewegung auch im heutigen Sonnensystem chaotisch: Die Punkte, zu denen ein Planet nach jeweils 1 Umlauf kommt, zeigen ein chaotisches Muster (Poincaré-Schnitt).

Streuung

Ein Teilchenstrom wird auf Materie gerichtet und die gestreuten Teilchen werden in einem Detektor nachgewiesen. Das Verhältnis des gestreuten Teilchenstroms zur einfallenden Stromdichte j definiert den (differenziellen) Wirkungsquerschnitt:

$$\frac{d\sigma}{d\Omega} = \frac{\Delta N(\theta)}{j\ d\Omega\ \Delta t} = \frac{\text{Anzahl gestreuter Teilchen pro Zeit und pro } d\Omega}{\text{Anzahl einfallender Teilchen pro Zeit und Fläche}} \tag{4.11}$$

Der Detektor nimmt vom Streuzentrum aus gesehen den Raumwinkel $d\Omega$ ein und misst die Teilchenrate $\Delta N/\Delta t$. Diese Größen sind auf ein einziges Streuzentrum (Targetteilchen) bezogen.

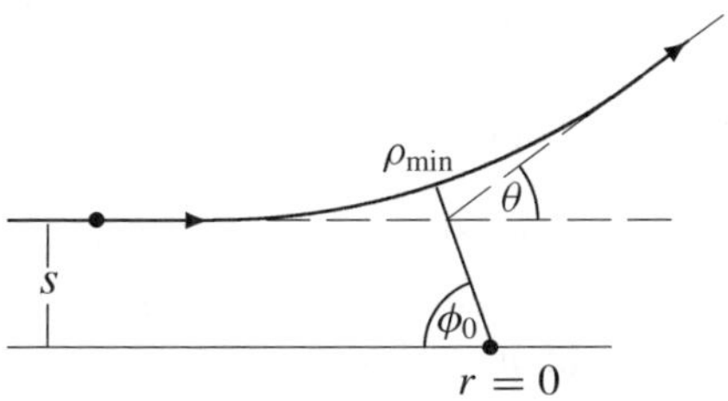

Ein Projektil, das mit dem *Stoßparameter* s auf das Streuzentrum zuläuft, wird um den Winkel θ abgelenkt. Der Zusammenhang $s = s(\theta)$ folgt aus der im Zweikörperproblem berechneten Bahnkurve (4.7).

Die in der Abbildung eingezeichneten Winkel θ und ϕ_0 ergeben sich aus

$$\theta(s) = \pi - 2\,\phi_0(s) = \pi - 2\int_{\rho_{\min}}^{\infty} d\rho\ \frac{s/\rho^2}{\sqrt{1 - s^2/\rho^2 - U(\rho)/E}} \tag{4.12}$$

Dabei wurde $\ell = \mu\, v_\infty\, s = \sqrt{2\mu E}\, s$ eingesetzt. Der minimale Abstand folgt aus $1 = s^2/\rho_{\min}^2 + U(\rho_{\min})/E$.

Aus $s = s(\theta)$ kann nunmehr der Wirkungsquerschnitt berechnet werden:

$$\frac{d\sigma}{d\Omega} = \frac{s(\theta)}{\sin\theta}\left|\frac{ds(\theta)}{d\theta}\right| \tag{4.13}$$

Rutherfordscher Wirkungsquerschnitt

Wir betrachten die Streuung von zwei Atomkernen, deren Wechselwirkung durch das Coulombpotenzial gegeben ist, $U(r) = -\alpha/r$ mit $\alpha = -Z_1 Z_2 e^2$. Dabei sind Z_1 und Z_2 die Kernladungszahlen.

Die Bahnkurve folgt aus (4.9) für $E > 0$. Hierin setzen wir $p = -|p| = -\ell^2/\mu\,|\alpha|$ ein:

$$\frac{|p|}{\rho} = -1 - \varepsilon\cos\varphi \tag{4.14}$$

Die Exzentrizität ist durch $\varepsilon^2 = 1 + 2E\,\ell^2/(\mu\,\alpha^2) = 1 + (2Es/\alpha)^2 > 1$ gegeben.

Für den minimalen Abstand ρ_{min} folgt aus (4.14) $\varphi_{\mathrm{min}} = \pi$, während $\rho = \infty$ zu $\cos\varphi_\infty = -1/\varepsilon$ führt. Wir benötigen die (positive) Winkeldifferenz ϕ_0 aus der Abbildung, also $\phi_0 = |\varphi_{\mathrm{min}} - \varphi_\infty| = |\pi - \varphi_\infty|$. Aus

$$\cos\phi_0 = \cos(\pi - \varphi_\infty) = -\cos\varphi_\infty = \frac{1}{\varepsilon} = \frac{1}{\sqrt{1 + (2Es/\alpha)^2}} \tag{4.15}$$

folgt $\tan\phi_0 = 2Es/|\alpha|$. Nach (4.12) gilt $\phi_0 = (\pi - \theta)/2$. Damit erhalten wir

$$s = s(\theta) = \frac{|\alpha|}{2E}\,\cot\frac{\theta}{2} \tag{4.16}$$

Wir setzen dies in (4.13) ein und erhalten den berühmten *Rutherfordschen Wirkungsquerschnitt*

$$\frac{d\sigma}{d\Omega} = \left(\frac{Z_1 Z_2 e^2}{4E}\right)^2 \frac{1}{\sin^4(\theta/2)} \tag{4.17}$$

Rutherford konnte 1913 diese Winkelabhängigkeit experimentell verifizieren und damit zeigen, dass sich im Zentrum eines Atoms ein sehr kleiner Atomkern befindet.

Der Wirkungsquerschnitt (4.17) divergiert bei $\theta = 0$. Dies rührt daher, dass auch Teilchen mit großem Stoßparameter gestreut werden, wenn auch um einen immer kleineren Winkel. In diesem Sinn hat das Coulombpotenzial eine unendliche Reichweite. Im tatsächlichen Experiment ist das Coulombpotenzial effektiv durch die Atomhülle abgeschirmt. Daher erfahren Teilchen mit einem Stoßparameter größer als der Atomradius keine Ablenkung mehr. Im Übrigen kann bei $\theta = 0$ auch kein Detektor aufgestellt werden, da dies die Strahlrichtung ist.

Transformation ins Laborsystem

Nach der Reduktion vom Zwei- zum Einkörperproblem wird die Relativbewegung $\boldsymbol{r}(t)$ so diskutiert, als ob sich ein Teilchen der Masse μ im Potenzial $U(r)$ bewegt. Der damit bestimmte Streuwinkel ist der Streuwinkel θ im Schwerpunktsystem, in dem der Schwerpunkt der beiden Teilchen (Massen m_1 und m_2) ruht.

Ein Streuexperiment findet aber in der Regel im *Laborsystem* statt, in dem das Targetteilchen (m_2) vor dem Stoß ruht. In diesem System ergibt sich ein anderer Streuwinkel θ':

$$\tan\theta' = \frac{\sin\theta}{\cos\theta\, +\, m_1/m_2} \tag{4.18}$$

Für $m_1 \ll m_2$ erhalten wir $\theta' \approx \theta$; denn dann bleibt das Target bei der Streuung näherungsweise in Ruhe. Für $m_1 = m_2$ gilt $\theta' = \theta/2$; die stoßende Kugel beim

Billard wird maximal um $\theta' = \pi$ abgelenkt (ohne Effet). Der Zusammenhang zwischen den Wirkungsquerschnitten ergibt sich zu

$$\frac{d\sigma'}{d\Omega'} = \frac{d\sigma}{d\Omega} \frac{\sin\theta}{\sin\theta'} \frac{d\theta}{d\theta'} = \frac{d\sigma}{d\Omega} \frac{d\cos\theta}{d\cos\theta'} \tag{4.19}$$

Energieverlust

Bei der betrachteten elastischen Streuung ist die Summe der kinetischen Energien von Projektil und Target eine Erhaltungsgröße. Nicht erhalten ist dagegen im Allgemeinen die Energie E_1' des Projektils. Im Laborsystem erhalten wir für dessen Energieänderung $\Delta E_1'$

$$\frac{\Delta E_1'}{E_1'} = \begin{cases} -\sin^2\theta' & (m_1 = m_2) \\ \mathcal{O}(m_1/m_2) & (m_1 \ll m_2) \\ \mathcal{O}(m_2/m_1) & (m_1 \gg m_2) \end{cases} \tag{4.20}$$

Der Energieverlust ist maximal bei gleich schweren Teilchen. Daher wird ein Moderator zur Verlangsamung von Neutronen in einem Reaktor aus möglichst leichten Elementen gebaut.

Aufgaben

4.1 Zur Wahl der verallgemeinerten Koordinaten

Führen Sie in der Lagrangefunktion für zwei Teilchen (Massen m_1 und m_2) mit dem Potenzial $U(|\boldsymbol{r}_1 - \boldsymbol{r}_2|)$ die verallgemeinerten Koordinaten $\boldsymbol{\varrho} = \boldsymbol{r}_1 + \boldsymbol{r}_2$ und $\boldsymbol{r} = \boldsymbol{r}_1 - \boldsymbol{r}_2$ ein. Zeigen Sie, dass $\boldsymbol{\varrho}$ eine zyklische Koordinate ist. Warum ist diese Wahl der Koordinaten ungünstiger als die Wahl $\boldsymbol{R} = (m_1\boldsymbol{r}_1 + m_2\boldsymbol{r}_2)/M$ mit $M = m_1 + m_2$ und $\boldsymbol{r} = \boldsymbol{r}_1 - \boldsymbol{r}_2$?

Lösung: Die Lagrangefunktion hat die Form (4.1). Wir setzen hierin die verallgemeinerten Koordinaten ein und erhalten

$$\begin{aligned} \mathcal{L}' &= \frac{m_1}{8}\left(\dot{\boldsymbol{\varrho}} + \dot{\boldsymbol{r}}\right)^2 + \frac{m_2}{8}\left(\dot{\boldsymbol{\varrho}} - \dot{\boldsymbol{r}}\right)^2 - U(|\boldsymbol{r}|) \\ &= \frac{M}{8}\left(\dot{\boldsymbol{\varrho}}^2 + \dot{\boldsymbol{r}}^2\right) + \frac{m_1 - m_2}{4}\,\dot{\boldsymbol{\varrho}}\cdot\dot{\boldsymbol{r}} - U(r) \end{aligned}$$

Die Koordinate $\boldsymbol{\varrho}$ tritt in der Lagrangefunktion nicht auf; sie ist daher eine zyklische Koordinate. Für $\mathcal{L}'$ sind die Lagrangegleichungen wegen des Terms mit $\dot{\boldsymbol{\varrho}}\cdot\dot{\boldsymbol{r}}$ gekoppelt. Im Gegensatz dazu entkoppeln die Bewegungsgleichungen für die Schwerpunkt- und die Relativkoordinate, $\boldsymbol{R}$ und $\boldsymbol{r}$; diese Wahl ist deshalb vorzuziehen. Aus den gekoppelten Bewegungsgleichungen für $\mathcal{L}'$ kann man allerdings die $\boldsymbol{\varrho}$-Terme leicht eliminieren und erhält dann dieselbe Gleichung für die Relativbewegung.

4.2 Einsetzen von Erhaltungsgrößen in die Lagrangefunktion

Die Lagrangefunktion

$$\mathcal{L}(\dot{\rho}, \dot{\varphi}, \rho) = \frac{\mu}{2}\left(\dot{\rho}^2 + \rho^2\dot{\varphi}^2\right) - U(\rho)$$

beschreibt die Bewegung im Zentralpotenzial. Wenn man in $\mathcal{L}$ mit Hilfe von $\ell = \mu\,\rho^2\dot{\varphi}$ die Größe $\dot{\varphi}$ eliminiert, erhält man eine Funktion $\mathcal{L}'(\dot{\rho}, \rho)$. Ist $\mathcal{L}'$ eine korrekte Lagrangefunktion?

Lösung: Wenn man (unzulässigerweise) $\dot{\varphi}$ mit Hilfe von ℓ eliminiert, erhält man die „Lagrangefunktion"

$$\mathcal{L}'(\dot{\rho}, \rho) = \frac{\mu}{2}\,\dot{\rho}^2 + \frac{\ell^2}{2\mu\,\rho^2} - U(\rho)$$

Die dazugehörige „Lagrangegleichung"

$$\mu\,\ddot{\rho} = -\frac{\ell^2}{\mu\,\rho^3} - \frac{dU(\rho)}{d\rho} \qquad \text{(falsch)}$$

unterscheidet sich von der korrekten Bewegungsgleichung (4.4) durch das Vorzeichen vor dem Zentrifugalterm. Dieses Vorgehen liefert also ein falsches Resultat; es ist unzulässig, Erhaltungsgrößen in die Lagrangefunktion einzusetzen. Die Lagrangefunktion ist keine physikalische (Mess-)Größe; sie ist vielmehr eine mathematische Funktion, deren Aufgabe es ist, die richtigen Bewegungsgleichungen zu liefern. Immer erlaubt ist dagegen das Einsetzen von Erhaltungsgrößen in die Bewegungsgleichungen und auch in andere Erhaltungsgrößen.

4.3 Bahnkurven im sphärischen Oszillatorpotenzial

Ein Teilchen bewegt sich im Oszillatorpotenzial

$$U(r) = \alpha\, r^2 \qquad \text{mit} \quad \alpha = \mu\,\omega^2/2 > 0 \tag{4.21}$$

Diskutieren Sie die Bewegung zunächst qualitativ anhand einer Skizze des effektiven Potenzials. Berechnen Sie dann die Bahnkurven $\rho = \rho(\varphi)$. Welche Form haben die Bahnkurven? Bestimmen Sie $\rho_{\rm min}$ und $\rho_{\rm max}$ und skizzieren Sie eine Bahnkurve. Vergleichen Sie diese Ergebnisse mit der Lösung der Bewegungsgleichungen $\mu\,\ddot{\boldsymbol r} = -\,\text{grad}\, U(r)$ in kartesischen Koordinaten.

Lösung: Der Energieerhaltungssatz $E = \mu\,\dot\rho^{\,2}/2 + U_{\rm eff}(\rho) = \text{const.}$ ist die Grundlage einer qualitativen Diskussion. Dabei ist $U_{\rm eff}$ das effektive Potenzial

$$U_{\rm eff}(\rho) = \frac{\ell^2}{2\mu\,\rho^2} + \alpha\,\rho^2 = \frac{\ell^2}{2\mu\,\rho^2} + \frac{\mu}{2}\,\omega^2\rho^2 \tag{4.22}$$

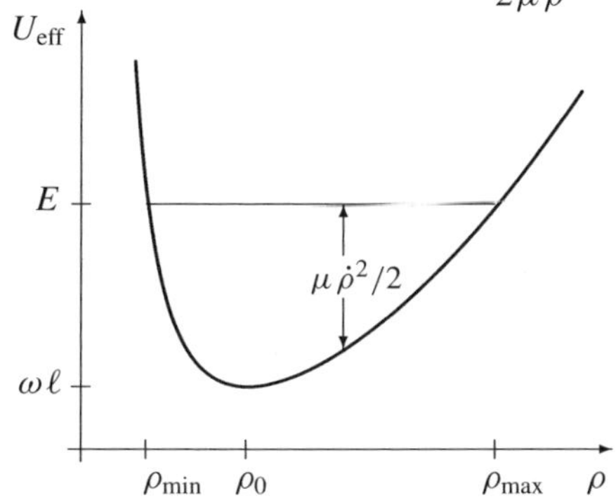

Das effektive Potenzial $U_{\rm eff}(\rho)$ hat ein Minimum bei

$$\rho_0 = \sqrt{\ell/(\mu\,\omega)} = \sqrt{\ell^2/(\mu\,E)}$$

Dies ist der Radius einer Kreisbahn mit der Energie $E = U_{\rm eff}(\rho_0) = \omega\ell$. Für $E \ge U_{\rm eff}(\rho_0)$ verläuft die Bahn zwischen den Umkehrpunkten $\rho_{\rm min}$ und $\rho_{\rm max}$; die Bewegung ist auf einen endlichen Bereich beschränkt. Es gibt demnach nur gebundene Lösungen und keine Streulösungen.

Wir setzen nun das Oszillatorpotenzial in das Integral (4.7) ein und führen die Substitution $y = \ell^2/(\mu\,E\,\rho^2)$ durch:

$$\begin{aligned}\varphi - \varphi_0 &= \int_{\rho_0}^{\rho} d\rho'\, \frac{\ell/\rho'^2}{\sqrt{2\mu\big(E - \alpha\,\rho'^2\big) - \ell^2/\rho'^2}} = -\frac{1}{2}\int_{y_0}^{y} dy'\,\frac{1}{\sqrt{2y' - \gamma^2 - y'^2}}\\ &= \frac{1}{2}\,\arcsin\left(\frac{1-y'}{\sqrt{1-\gamma^2}}\right)\bigg|_{y_0}^{y} = \frac{1}{2}\,\arcsin\left(\frac{1-y}{\sqrt{1-\gamma^2}}\right)\end{aligned} \tag{4.23}$$

Hierbei ist $\gamma^2 = 2\,\alpha\,\ell^2/(\mu\,E^2) = \omega^2\ell^2/E^2 \le 1$; die Ungleichung folgt aus $E \ge \omega\ell$. Im letzten Schritt wurde die untere Integrationsgrenze $y_0 = 1$ gesetzt; eine andere Wahl liefert eine Integrationskonstante, die in φ_0 aufgenommen werden kann. Wir lösen (4.23) nach y oder ρ^2 auf:

$$\rho^2 = \frac{\rho_0^2}{1 - \sqrt{1-\gamma^2}\,\sin\big(2(\varphi - \varphi_0)\big)} \qquad \text{mit} \quad \rho_0 = \sqrt{\ell^2/(\mu\,E)} \tag{4.24}$$

Die extremalen Abstände ergeben sich, wenn der Sinus die Werte ± 1 annimmt:

$$\rho_{\rm max}^2 = a^2 = \frac{\rho_0^2}{1 - \sqrt{1-\gamma^2}}\,, \qquad \rho_{\rm min}^2 = b^2 = \frac{\rho_0^2}{1 + \sqrt{1-\gamma^2}} \tag{4.25}$$

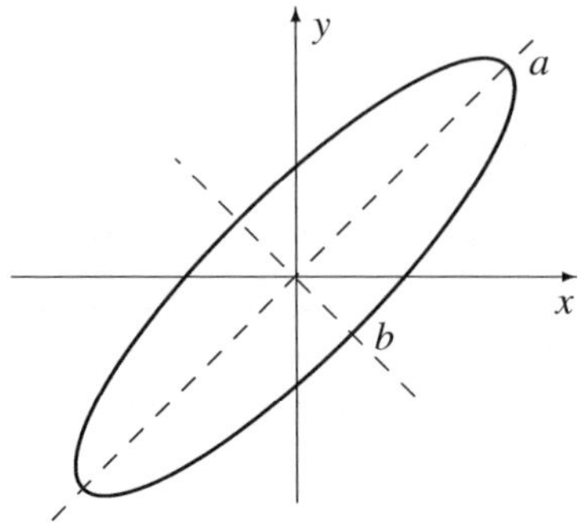

Wenn man (4.24) mit dem Nenner der rechten Seite multipliziert, erhält man eine quadratische Gleichung in $x = \rho \cos\varphi$ und $y = \rho \sin\varphi$, also einen Kegelschnitt. Wegen $\rho \le \rho_{\max}$ handelt es sich um Ellipsen. Wenn φ in (4.24) um 2π wächst, dann nimmt ρ zweimal die Werte $\rho_{\max}$ und $\rho_{\min}$ an. Damit ergibt sich zum Beispiel die links dargestellte Ellipse. Die Lage ihrer Hauptachsen relativ zu den Koordinatenachsen hängt von φ_0 ab. Speziell für $\gamma = 1$ wird die Ellipse zum Kreis.

Der Mittelpunkt der Ellipsen (4.24) fällt mit dem Zentrum des Potenzials bei $\rho = 0$ zusammen; bei Keplerellipsen liegt dagegen ein Brennpunkt im Zentrum des Potenzials.

In **kartesischen Koordinaten** lauten die Bewegungsgleichungen

$$\ddot{x}(t) = -\omega^2 x(t)\,, \qquad \ddot{y}(t) = -\omega^2 y(t)\,, \qquad \ddot{z}(t) = -\omega^2 z(t)$$

Wir betrachten die Bewegung in der x-y-Ebene, also $z(t) \equiv 0$. Die allgemeine Lösung ist

$$\begin{aligned} x(t) &= A \cos(\omega t + \beta) \\ y(t) &= B \cos(\omega t + \delta) = B\big(\cos\delta \cos(\omega t) - \sin\delta \sin(\omega t)\big) \end{aligned} \tag{4.26}$$

Eine Verschiebung des Zeitnullpunkts ($t \to t - t_0$) verändert die Phasen um die Konstante ωt_0. Daher können wir ohne Einschränkung der Allgemeinheit eine Phase null setzen und $A > 0$ und $B > 0$ annehmen. Für $\beta = 0$ eliminieren wir die Zeit aus (4.26),

$$\frac{x^2}{A^2} + \frac{y^2}{B^2} - 2\cos\delta\, \frac{x}{A}\, \frac{y}{B} = \sin^2\delta \tag{4.27}$$

Dies sind Kurven zweiter Ordnung, also Kegelschnitte. Wegen $|x| \le A$ und $|y| \le B$ kommen nur Ellipsen in Frage. Wegen der Symmetrie der Bahnkurven unter der Transformation $\boldsymbol{r} \to -\boldsymbol{r}$ liegt deren Mittelpunkt im Ursprung. Es handelt sich also um gedrehte Ellipsen mit dem Mittelpunkt im Ursprung. Für $\delta = 0$ degeneriert die Ellipse zu einem Stück ($|x| \le A$) der Geraden $y = Bx/A$. Für $\delta = \pm\pi/2$ ergibt sich die Ellipse $x^2/A^2 + y^2/B^2 = 1$ in Normalform.

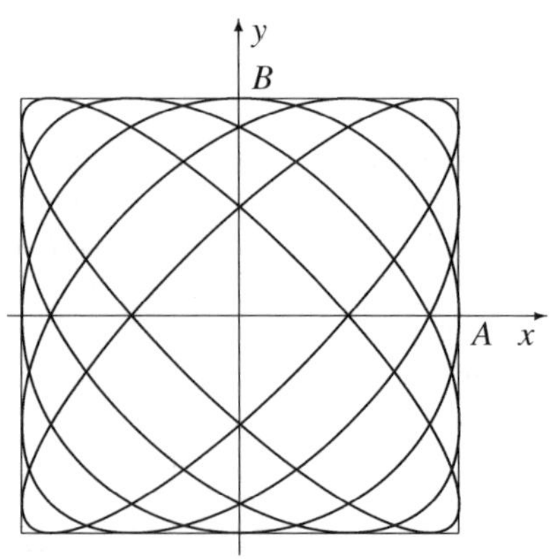

Anmerkung: Eine kleine äußere Störung wird in der Regel dazu führen, dass die Frequenzen für die x- und y-Bewegung in (4.26) nicht mehr exakt übereinstimmen. Um den Effekt einer solchen Störung zu studieren, ersetzen wir in der y-Bewegung ω durch $\omega + \Delta\omega$ (mit $\Delta\omega \ll \omega$). Wir schlagen den Zusatzterm mit $\Delta\omega$ zur Phase, die damit zu $\delta(t) = \delta_0 + \Delta\omega t$ wird. Für die verschiedenen δ-Werte stellt (4.27) eine Schar von Ellipsen dar, von denen einige links skizziert sind. Die Kurven dieser Schar werden nun aufgrund der langsam veränderlichen Phase $\delta(t)$ nacheinander angenommen. Dadurch entstehen die sogenannten *Lissajousschen Figuren.*

4.4 Lenzscher Vektor

Für die Bahn $\boldsymbol{r}(t)$ im Potenzial $U = -\alpha/r$ definieren wir den *Lenzschen Vektor* $\boldsymbol{\Lambda}$:

$$\boldsymbol{\Lambda} = \frac{\mu}{\alpha}\,\dot{\boldsymbol{r}} \times (\boldsymbol{r} \times \dot{\boldsymbol{r}}) - \frac{\boldsymbol{r}}{r} = \frac{\boldsymbol{p} \times \boldsymbol{\ell}}{\alpha\,\mu} - \frac{\boldsymbol{r}}{r} \tag{4.28}$$

Zeigen Sie:

(a) $\boldsymbol{\Lambda}$ ist eine Erhaltungsgröße, $d\boldsymbol{\Lambda}/dt = 0$.
(b) $|\boldsymbol{\Lambda}|$ ist gleich der Exzentrizität ε.
(c) $\boldsymbol{\Lambda}$ zeigt zu dem zentrumnächsten Bahnpunkt (Perihel), also $\boldsymbol{\Lambda} \parallel \boldsymbol{r}_{\text{min}}$.
(d) Die Auswertung von $\boldsymbol{\Lambda} \cdot \boldsymbol{r}$ ergibt die Bahnkurve $p/\rho = 1 + \varepsilon \cos\varphi$.

Lösung: (a) Wir leiten $\boldsymbol{p} \times \boldsymbol{\ell}$ nach der Zeit ab, wobei wir $\boldsymbol{\ell} = \text{const.}$ berücksichtigen:

$$\frac{d}{dt}\frac{\boldsymbol{p} \times \boldsymbol{\ell}}{\alpha\,\mu} = \frac{(d\boldsymbol{p}/dt) \times \boldsymbol{\ell}}{\alpha\,\mu} = \frac{-\nabla U(r) \times \boldsymbol{\ell}}{\alpha\,\mu} = \frac{-\boldsymbol{r} \times (\boldsymbol{r} \times \dot{\boldsymbol{r}})}{r^3} = \frac{\dot{\boldsymbol{r}}\,r^2 - \boldsymbol{r}(\boldsymbol{r} \cdot \dot{\boldsymbol{r}})}{r^3} = \frac{d}{dt}\frac{\boldsymbol{r}}{r}$$

Hieraus folgt dann $d\boldsymbol{\Lambda}/dt = 0$.

(b) In $\boldsymbol{\Lambda}^2$ treten die Produkte $(\boldsymbol{p} \times \boldsymbol{\ell})^2 = p^2\ell^2$, $\boldsymbol{r} \cdot (\boldsymbol{p} \times \boldsymbol{\ell}) = (\boldsymbol{r} \times \boldsymbol{p}) \cdot \boldsymbol{\ell} = \ell^2$ und $(\boldsymbol{r}/r)^2 = 1$ auf. Damit erhalten wir

$$\boldsymbol{\Lambda}^2 = \frac{2\ell^2}{\mu\alpha^2}\left(\frac{p^2}{2\mu} - \frac{\alpha}{r}\right) + 1 = \frac{2E\ell^2}{\mu\alpha^2} + 1 = \varepsilon^2 \tag{4.29}$$

(c) Da $\boldsymbol{\Lambda}$ konstant ist, können wir (4.28) für das Perihel $\boldsymbol{r} = \boldsymbol{r}_{\text{min}}$ mit $\boldsymbol{p} = \boldsymbol{p}_{\text{max}}$ berechnen. Mit $\boldsymbol{r}_{\text{min}} \perp \boldsymbol{p}_{\text{max}}$ und $\boldsymbol{r}_{\text{min}} \perp \boldsymbol{\ell}$ erhalten wir $\boldsymbol{r}_{\text{min}} \parallel \boldsymbol{p}_{\text{max}} \times \boldsymbol{\ell}$. Hieraus folgt $\boldsymbol{\Lambda} \parallel \pm\boldsymbol{r}_{\text{min}}$.

(d) In Polarkoordinaten ρ und φ wird das Skalarprodukt $\boldsymbol{\Lambda} \cdot \boldsymbol{r}$ zu

$$\boldsymbol{\Lambda} \cdot \boldsymbol{r} = |\boldsymbol{\Lambda}|\,|\boldsymbol{r}|\,\cos\varphi = \varepsilon\,\rho\cos\varphi \tag{4.30}$$

Dabei legt $\boldsymbol{\Lambda}$ die Richtung $\varphi = 0$ fest. Alternativ berechnen wir $\boldsymbol{\Lambda} \cdot \boldsymbol{r}$ aus (4.28) mit $\boldsymbol{r} \cdot (\boldsymbol{p} \times \boldsymbol{\ell}) = \ell^2$,

$$\boldsymbol{\Lambda} \cdot \boldsymbol{r} = \frac{(\boldsymbol{p} \times \boldsymbol{\ell}) \cdot \boldsymbol{r}}{\mu\alpha} - r = \frac{\ell^2}{\mu\alpha} - \rho = p - \rho \tag{4.31}$$

Aus (4.30) und (4.31) folgt die Bahnkurve. Die Argumentation unter (c) ergab $\boldsymbol{\Lambda} \parallel \pm\boldsymbol{r}_{\text{min}}$. Aus (4.31) erhalten wir noch $\boldsymbol{\Lambda} \cdot \boldsymbol{r}_{\text{min}} = p - \rho_{\text{min}} > 0$, also $\boldsymbol{\Lambda} \parallel +\boldsymbol{r}_{\text{min}}$.

4.5 Keplerbahnen in kartesischen Koordinaten

Betrachten Sie das Keplerproblem $U = -\alpha/r$ in kartesischen Koordinaten mit den Anfangsbedingungen $\boldsymbol{r}(0) := (s, 0, 0)$ und $\dot{\boldsymbol{r}}(0) := (0, v_0, 0)$. Leiten Sie die Bahnkurven

$$y^2 = \lambda(\lambda - 2)\,x^2 - 2\lambda(\lambda - 1)\,s\,x + \lambda^2 s^2\,, \qquad \lambda = \frac{\mu\,s\,v_0^2}{\alpha} \tag{4.32}$$

aus der Drehimpulserhaltung und der Erhaltung des Lenzschen Vektors (Aufgabe 4.4) ab. Für welche Parameterwerte ergeben sich Parabel, Kreis, Gerade, Ellipse und Hyperbel?

Lösung: Der Drehimpuls und der Lenzsche Vektor sind durch die Anfangsbedingungen festgelegt, $\boldsymbol{\ell} := (0,\, 0,\, \mu s v_0)$ und $\boldsymbol{\Lambda} := (\mu s v_0^2/\alpha - 1,\, 0,\, 0)$. Wir setzen diese konstanten Werte gleich mit ihren allgemeinen Definitionen, $\boldsymbol{\ell} = \boldsymbol{r} \times \boldsymbol{p}$ und (4.28):

$$\ell_z: \qquad \mu\big(x\dot{y} - y\dot{x}\big) = \mu s v_0$$

$$\Lambda_x: \qquad \frac{\mu s v_0 \dot{y}}{\alpha} - \frac{x}{\sqrt{x^2+y^2}} = \frac{\mu s v_0^2}{\alpha} - 1$$

$$\Lambda_y: \qquad -\frac{\mu s v_0 \dot{x}}{\alpha} - \frac{y}{\sqrt{x^2+y^2}} = 0$$

Dabei wurde verwendet, dass die Bewegung in der x-y-Ebene verläuft. Wir multiplizieren die erste Gleichung mit $s v_0/\alpha$, die zweite mit $-x$ und die dritte mit $-y$. Dann ergibt die Addition der Gleichungen

$$\sqrt{x^2+y^2} = \frac{\mu s^2 v_0^2}{\alpha} - \left(\frac{\mu s v_0^2}{\alpha} - 1\right) x = \lambda s - (\lambda - 1)\, x$$

Durch Quadrieren erhalten wir die Bahnkurven (4.32), die wir auch in Normalform schreiben können

$$\frac{\big[x - s(1-\lambda)/(2-\lambda)\big]^2}{s^2/(2-\lambda)^2} + \frac{y^2}{s^2\lambda/(2-\lambda)} = 1$$

Hieraus lesen wir ab:

$\lambda < 0$	Hyperbel	Potenzial repulsiv ($\alpha < 0$), Rutherfordstreuung
$\lambda = 0$	Gerade	Ellipse entartet zum Geradenstück
$0 < \lambda < 2$	Ellipse	Planetenbahnen
$\lambda = 1$	Kreis	Spezialfall der Ellipse
$\lambda = 2$	Parabel	Grenzfall zwischen Ellipse und Hyperbel
$\lambda > 2$	Hyperbel	ungebundene Kometenbahn

4.6 Erdsatellit auf Kreisbahn

Wie lautet das effektive Potenzial $U_{\text{eff}}(\rho)$ für die Bahn eines Erdsatelliten mit der Masse m? Gehen Sie vom Energieerhaltungssatz $E = m\dot{\rho}^2/2 + U_{\text{eff}}(\rho)$ mit diesem Potenzial aus. Bestimmen Sie den Radius ρ_0 der Kreisbahn als Funktion der Umlauffrequenz ω des Satelliten. Welcher Radius ergibt sich für eine geostationäre Bahn?

Lösung: Das effektive Potenzial für eine Satellitenbahn im Gravitationsfeld der Erde ist

$$U_{\text{eff}}(\rho) = -\frac{\alpha}{\rho} + \frac{\ell^2}{2m\rho^2}\,, \qquad \alpha = G m M_{\text{E}} = m g R^2 \tag{4.33}$$

Das Produkt $G M_{\text{E}}$ aus der Gravitationskonstanten und der Masse der Erde kann durch die Erdbeschleunigung $g \approx 9.81\,\text{m/s}^2$ und den Erdradius $R \approx 6370\,\text{km}$ ausgedrückt werden. Diesen Zusammenhang erhält man, wenn man das Gewicht mg eines Körpers durch das Gravitationsgesetz ausdrückt, $mg = G m M_{\text{E}}/R^2$.

Für eine Kreisbahn darf es keine Kräfte in ρ-Richtung geben, also

$$\frac{dU_{\text{eff}}(\rho)}{d\rho} = \frac{\alpha}{\rho^2} - \frac{\ell^2}{m\,\rho^3} = 0 \quad \Longrightarrow \quad \rho_0 = \frac{\ell^2}{m\,\alpha}$$

Wir setzen $\ell = m\omega\rho_0^2$ und $\alpha = m\,g\,R^2$ ein und lösen nach ρ_0 auf:

$$\rho_0 = \left(\frac{g\,R^2}{\omega^2}\right)^{1/3}$$

Wie man aus dem Graphen von $U_{\text{eff}}(\rho)$ sofort sieht, hat das effektive Potenzial bei ρ_0 ein Minimum. Für eine geostationäre Bahn ist die Frequenz durch

$$\omega_0 = \frac{2\pi}{24\,\text{h}} \approx 7.29 \cdot 10^{-5}\ \frac{1}{\text{s}}$$

gegeben. Ein geostationärer Satellit hat damit den Bahnradius

$$\rho_0 = \left(\frac{g\,R^2}{\omega_0^2}\right)^{1/3} \approx 4.22 \cdot 10^7\ \text{m} \approx 6.6\,R$$

Zu diesem Ergebnis kann man auch kommen, indem man die Zentripedalkraft gleich der Gravitationskraft setzt.

4.7 Periheldrehung

Im Gravitationspotenzial $U_0(\rho) = -\alpha/\rho$ der Sonne bewegt sich ein Planet auf einer Ellipsenbahn ($\alpha = -G\,m_\odot m_{\text{P}}$, $\mu \approx m_{\text{P}}$). Kleine Störungen δU im Potenzial $U = U_0 + \delta U$ führen in der Regel zu einer *Periheldrehung*: Nach jedem Umlauf ändert sich die Richtung des Perihels (sonnennächster Punkt) um den Winkel $\delta\varphi$.

Auf dem Weg von Perihel zu Perihel ändert sich der Winkel um

$$\Delta\varphi = -2\sqrt{2\mu}\,\frac{d}{d\ell}\int_{\rho_{\min}(\ell)}^{\rho_{\max}(\ell)} d\rho\,\sqrt{E - U(\rho) - \ell^2/\big(2\mu\rho^2\big)} \tag{4.34}$$

Überprüfen Sie zunächst die Gültigkeit dieser Beziehung. Zeigen Sie $\Delta\varphi = 2\pi$ für $\delta U = 0$ (geschlossene Ellipsenbahn). Berechnen Sie nun die Periheldrehung $\delta\varphi$ in erster Ordnung in δU. Das Ergebnis lautet

$$\delta\varphi = \Delta\varphi - 2\pi = 2\mu\,\frac{d}{d\ell}\left[\frac{1}{\ell}\int_0^{\pi} d\varphi\;\rho^2\,\delta U(\rho)\right] \tag{4.35}$$

wobei für $\rho = \rho(\varphi)$ die ungestörte Lösung einzusetzen ist. Werten Sie das Ergebnis für die Störpotenziale $\delta U = \gamma/\rho^3$ und $\delta U = \beta/\rho^2$ aus.

Lösung: Die Ausführung der Differenziation in (4.34) liefert

$$\Delta\varphi = 2\int_{\rho_{\min}}^{\rho_{\max}} d\rho\;\frac{\ell/\rho^2}{\sqrt{2\mu\big(E - U(\rho)\big) - \ell^2/\rho^2}} \tag{4.36}$$

$$-2\sqrt{2\mu}\left[\sqrt{E - U(\rho_{\max}) - \frac{\ell^2}{2\mu\rho_{\max}^2}}\;\frac{d\rho_{\max}(\ell)}{d\ell} - \sqrt{E - U(\rho_{\min}) - \frac{\ell^2}{2\mu\rho_{\min}^2}}\;\frac{d\rho_{\min}(\ell)}{d\ell}\right]$$

Die letzten beiden Terme kommen von der Differenziation nach den Grenzen. Sie ergeben null, weil die Wurzeln an den extremalen Abständen verschwinden (dies folgt aus $E = \mu\dot{\rho}^2/2 + U_{\rm eff}$ mit $\dot{\rho} = 0$). Das verbleibende Integral gibt nach (4.7) den Winkel an, der zwischen $\rho_{\rm min}$ und $\rho_{\rm max}$ überstrichen wird. Damit ist $\Delta\varphi$ der resultierende Winkel, um den sich die Position des Perihels bei einem Umlauf ändert.

Wir werten (4.34) zunächst für das ungestörte Potenzial $U_0 = -\alpha/\rho$ mit den Grenzen $\rho^0_{\rm min} = (\alpha/2|E|)(1-\varepsilon)$ und $\rho^0_{\rm max} = (\alpha/2|E|)(1+\varepsilon)$ aus:

$$\begin{aligned}
\Delta\varphi(U_0) &= -2\sqrt{2\mu}\,\frac{d}{d\ell}\int_{\rho^0_{\rm min}}^{\rho^0_{\rm max}} d\rho\,\sqrt{E+\frac{\alpha}{\rho}-\frac{\ell^2}{2\mu\rho^2}}\\
&= -2\sqrt{2\mu|E|}\,\frac{d}{d\ell}\int_{\rho^0_{\rm min}}^{\rho^0_{\rm max}} d\rho\,\frac{1}{\rho}\,\sqrt{\big(\rho-\rho^0_{\rm min}\big)\big(\rho^0_{\rm max}-\rho\big)}\\
&= -\pi\sqrt{2\mu|E|}\,\frac{d}{d\ell}\Big(\sqrt{\rho^0_{\rm max}}-\sqrt{\rho^0_{\rm min}}\,\Big)^2\\
&= -\pi\sqrt{2\mu|E|}\,\frac{d}{d\ell}\left[\frac{\alpha}{|E|}-\frac{2\ell}{\sqrt{2\mu|E|}}\right] = 2\pi
\end{aligned}\tag{4.37}$$

Dieses Ergebnis erhält man auch aus dem ersten Term in (4.36).

Wir betrachten nun eine kleine Störung δU im Potenzial $U = U_0 + \delta U$. Dies führt zu einer kleinen Verschiebung der Umkehrpunkte, $\rho_{\rm min} = \rho^0_{\rm min} + \delta\rho_{\rm min}$ und $\rho_{\rm max} = \rho^0_{\rm max} + \delta\rho_{\rm max}$. Wir setzen dies in (4.34) ein und entwickeln bis zur ersten Ordnung in δU:

$$\begin{aligned}
\Delta\varphi(U) &= -2\sqrt{2\mu}\,\frac{d}{d\ell}\int_{\rho^0_{\rm min}+\delta\rho_{\rm min}}^{\rho^0_{\rm max}+\delta\rho_{\rm max}} d\rho\,\sqrt{E+\frac{\alpha}{\rho}-\delta U(\rho)-\frac{\ell^2}{2\mu\rho^2}}\\
&= 2\pi - 2\sqrt{2\mu}\,\frac{d}{d\ell}\sqrt{E+\frac{\alpha}{\rho^0_{\rm max}}-\frac{\ell^2}{2\mu(\rho^0_{\rm max})^2}}\;\delta\rho_{\rm max}\\
&\quad + 2\sqrt{2\mu}\,\frac{d}{d\ell}\sqrt{E+\frac{\alpha}{\rho^0_{\rm min}}-\frac{\ell^2}{2\mu(\rho^0_{\rm min})^2}}\;\delta\rho_{\rm min}\\
&\quad + \sqrt{2\mu}\,\frac{d}{d\ell}\int_{\rho^0_{\rm min}}^{\rho^0_{\rm max}} d\rho\,\frac{\delta U(\rho)}{\sqrt{E+\alpha/\rho-\ell^2/(2\mu\rho^2)}}\\
&= 2\pi + 2\,\frac{d}{d\ell}\int_{\rho^0_{\rm min}}^{\rho^0_{\rm max}} d\rho\,\frac{\delta U(\rho)}{\dot{\rho}(E,\ell,\rho)}
\end{aligned}\tag{4.38}$$

Der Beitrag 2π ist das Ergebnis (4.37) des ungestörten Falls. Die Wurzelausdrücke in der zweiten und dritten Zeile verschwinden. Im Integral in der vierten Zeile konnten wir $E = \mu\dot{\rho}^2/2 - \alpha/\rho + \ell^2/(2\mu\rho^2)$ für den ungestörten Fall einsetzen; denn der Integrand ist ja bereits von der Ordnung δU. Mit $d\rho/\dot{\rho} = d\varphi/\dot{\varphi}$ und $\dot{\varphi} = \ell/(\mu\rho^2)$ substituieren wir die Integralvariable; die neuen Integralgrenzen sind dann $\varphi^0_{\rm min} = 0$ und $\varphi^0_{\rm max} = \pi$. In erster Ordnung δU erhalten wir damit die Periheldrehung

$$\delta\varphi(U) = \Delta\varphi - 2\pi = 2\,\frac{d}{d\ell}\int_0^{\pi} d\varphi\,\frac{\delta U(\rho)}{\dot{\varphi}} = 2\mu\,\frac{d}{d\ell}\left[\frac{1}{\ell}\int_0^{\pi} d\varphi\;\rho^2\,\delta U(\rho)\right]$$

Dies ist das gesuchte Ergebnis (4.35).

In (4.35) ist die ungestörte Ellipsenbahn $p/\rho = 1 + \varepsilon\cos\varphi$ mit dem Parameter $p = \ell^2/(\mu\alpha)$ und der Exzentrizität $\varepsilon < 0$ einzusetzen. Für das Störpotenzial $\delta U = \gamma/\rho^3$ ergibt dies

$$\delta\varphi = 2\gamma\mu\,\frac{d}{d\ell}\,\frac{1}{\ell}\int_0^{\pi} d\varphi\,\frac{1}{\rho} = 2\gamma\mu\,\frac{d}{d\ell}\,\frac{1}{\ell p}\int_0^{\pi} d\varphi\,\big(1+\varepsilon\cos\varphi\big)$$

$$= 2\pi\gamma\mu\,\frac{d}{d\ell}\,\frac{1}{\ell p} = -\,\frac{6\pi\gamma\mu}{\ell^2 p} = -\,\frac{6\pi\gamma}{\alpha\, p^2}$$

Für das Störpotenzial $\delta U = \beta/\rho^2$ erhalten wir

$$\delta\varphi = 2\beta\mu\,\frac{d}{d\ell}\left[\frac{1}{\ell}\int_0^{\pi} d\varphi\right] = 2\pi\beta\mu\,\frac{d}{d\ell}\,\frac{1}{\ell} = -\,\frac{2\pi\beta\mu}{\ell^2} \qquad (4.39)$$

Speziell für $\delta U = \beta/\rho^2$ kann man auch anders vorgehen: Die Ersetzungen $\ell^2 \to \widetilde{\ell^2} = \ell^2 + 2\mu\beta$ und $\varphi \to \widetilde{\varphi} = (\widetilde{\ell}/\ell)\varphi$ führen wieder zum ungestörten Keplerproblem. Die Bahnkurve

$$\frac{p}{\rho} = 1 + \varepsilon\cos(\gamma\varphi)\,, \qquad \gamma = \frac{\widetilde{\ell}}{\ell} = \sqrt{1 + \frac{2\mu\beta}{\ell^2}} \neq 1$$

ist dann eine präzedierende Ellipse. Das Perihel ρ_{min} wird für $\cos(\gamma\varphi) = 0, 2\pi, 4\pi, \ldots$ erreicht. Die Periheldrehung (pro Umlauf) ist also

$$\delta\varphi = \frac{2\pi}{\gamma} - 2\pi = 2\pi\left[\frac{1}{\sqrt{1 + 2\mu\beta/\ell^2}} - 1\right]$$

Dieses Ergebnis gilt für ein beliebig starkes Störpotenzial der Form $\delta U = \beta/\rho^2$. Für eine schwache Störung, $\mu\beta \ll \ell^2$, erhält man wieder (4.38).

Für Störungen des reinen Keplerproblems gibt es im Sonnensystem verschiedene Ursachen: Wechselwirkungen der Planeten untereinander, relativistische Korrekturen, Quadrupolmoment der Sonne. Die beiden letzten Effekte führen zu einem Störpotenzial der Form $\delta U = \gamma/\rho^3$.

4.8 Rutherfordstreuung

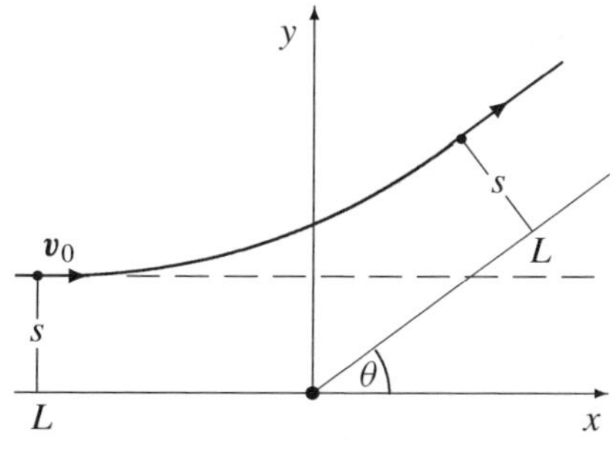

Berechnen Sie den Stoßparameter $s(\theta)$ als Funktion des Streuwinkels θ für die Rutherfordstreuung (Potenzial $U(r) = -\alpha/r$). Berechnen Sie dazu den Lenzschen Vektor (Aufgabe 4.4) für die Zeiten $t \to -\infty$ und $t \to +\infty$, und verwenden Sie die Konstanz dieses Vektors.

Lösung: Für $t \to \pm\infty$ gelten

$$\boldsymbol{r}(-\infty) := (-L, s, 0)\,, \qquad \boldsymbol{r}(+\infty) := (L\cos\theta - s\sin\theta,\, L\sin\theta + s\cos\theta,\, 0)$$
$$\dot{\boldsymbol{r}}(-\infty) := (v_0, 0, 0) \qquad \text{und} \qquad \dot{\boldsymbol{r}}(+\infty) := (v_0\cos\theta,\, v_0\sin\theta,\, 0)$$

mit $L \to \infty$. Hiermit und mit dem konstanten Drehimpuls $\boldsymbol{\ell} = \boldsymbol{\ell}(-\infty) := (0, 0, -\mu\, v_0\, s)$ werten wir den Lenzschen Vektor (4.28) bei $t = -\infty$ und $t = +\infty$ aus:

$$\boldsymbol{\Lambda}(-\infty) := \big(1\,,\ \mu\, v_0^2 s/\alpha\,,\ 0\big)$$
$$\boldsymbol{\Lambda}(+\infty) := \big(-(\mu\, v_0^2 s/\alpha)\,\sin\theta - \cos\theta\,,\ (\mu\, v_0^2 s/\alpha)\,\cos\theta - \sin\theta\,,\ 0\big)$$

Der Limes $L \to \infty$ wurde bereits ausgeführt. Da der Lenzsche Vektor eine Erhaltungsgröße ist, gilt $\boldsymbol{\Lambda}(-\infty) = \boldsymbol{\Lambda}(+\infty)$. Dies ergibt für die beiden nichtverschwindenden Komponenten

$$-(\mu\, v_0^2\, s/\alpha)\,\sin\theta - \cos\theta \;=\; 1$$
$$(\mu\, v_0^2\, s/\alpha)\,\cos\theta - \sin\theta \;=\; \mu\, v_0^2\, s/\alpha$$

Beide Gleichungen führen zu $\cot(\theta/2) = -\mu\, v_0^2\, s/\alpha$. Der Streuwinkel wird wie üblich positiv gewählt. Anstelle von v_0 verwenden wir noch die Energie $E = E(-\infty) = \mu\, v_0^2/2$ und erhalten so das gesuchte Ergebnis

$$s(\theta) = \frac{|\alpha|}{\mu\, v_0^2}\,\cot\frac{\theta}{2} = \frac{|\alpha|}{2E}\,\cot\frac{\theta}{2}$$

Dieses Ergebnis wurde bereits in (4.16) auf anderem Weg abgeleitet.

4.9 Streuquerschnitt für $U(r) = \alpha/r^2$

Berechnen Sie den differenziellen Wirkungsquerschnitt $d\sigma/d\Omega$ für das repulsive Potenzial $U(r) = \alpha/r^2$ mit $\alpha > 0$. Existiert der totale Streuquerschnitt σ?

Lösung: Wir werten (4.12) für das Potenzial $U(r) = \alpha/r^2$ aus:

$$\phi_0(s) \;=\; s\int_{\sqrt{s^2+\alpha/E}}^{\infty} \frac{d\rho}{\rho\,\sqrt{\rho^2 - (s^2 + \alpha/E)}}$$
$$=\; \frac{s}{\sqrt{s^2+\alpha/E}}\,\arccos\frac{\sqrt{s^2+\alpha/E}}{\rho}\,\Bigg|_{\sqrt{s^2+\alpha/E}}^{\infty} \;=\; \frac{\pi\, s/2}{\sqrt{s^2+\alpha/E}}$$

Dabei wurde der Zusammenhang $\rho_{\min} = \sqrt{s^2+\alpha/E}$ zwischen dem minimalen Abstand und dem Stoßparameter verwendet. Hieraus folgt der Streuwinkel

$$\theta(s) = \pi - 2\,\phi_0(s) = \pi\left[1 - \frac{s}{\sqrt{s^2+\alpha/E}}\right]$$

Wir lösen dies nach s^2 auf:

$$s^2(\theta) = \frac{\alpha}{E}\,\frac{(1-\theta/\pi)^2}{(\theta/\pi)\,(2-\theta/\pi)}$$

Die Differenziation von s^2 nach θ ergibt

$$s(\theta)\left|\frac{ds(\theta)}{d\theta}\right| = \pi\,\frac{\alpha}{E}\,\frac{1-\theta/\pi}{\theta^2(2-\theta/\pi)^2} \qquad (\theta \le \pi)$$

Hiermit bestimmen wir den differenziellen Streuquerschnitt (4.13):

$$\frac{d\sigma}{d\Omega} = \frac{s(\theta)}{\sin\theta}\left|\frac{ds(\theta)}{d\theta}\right| = \pi\,\frac{\alpha}{E}\,\frac{1-\theta/\pi}{\theta^2(2-\theta/\pi)^2\sin\theta}$$

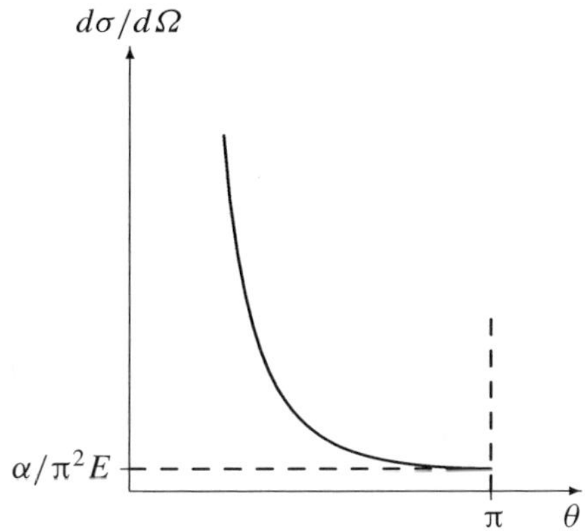

Die Abbildung zeigt die berechnete Winkelabhängigkeit des differenziellen Wirkungsquerschnitts. Für Rückwärtsstreuung, nimmt der Streuquerschnitt einen endlichen Wert an:

$$\frac{d\sigma}{d\Omega} = \frac{\alpha}{\pi^2 E} \qquad \text{für } \theta = \pi$$

Der Wirkungsquerschnitt divergiert für kleine Streuwinkel,

$$\frac{d\sigma}{d\Omega} \approx \frac{\pi\,\alpha}{4E\theta^3} \qquad \text{für } \theta \ll 1$$

Wegen der Divergenz in Vorwärtsrichtung existiert der totale Streuquerschnitt σ nicht. Die vorgestellte Streurechnung gilt für das repulsive Potenzial, $\alpha > 0$. Für ein attraktives Potenzial ($\alpha < 0$) wird das Projektil bei kleinen Stoßparametern $s < \sqrt{|\alpha|/E}$ eingefangen.

4.10 Streuung harter Kugeln

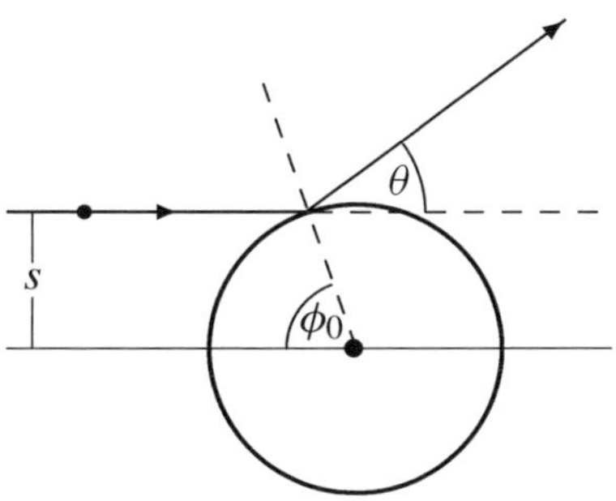

Ein Teilchen streut am Potenzial

$$U(r) = \begin{cases} \infty & (r \le R) \\ 0 & (r > R) \end{cases} \tag{4.40}$$

Bestimmen Sie den Streuwinkel $\theta(s)$ als Funktion des Stoßparameters s. Überprüfen Sie das Ergebnis durch eine geometrische Überlegung. Berechnen Sie $d\sigma/d\Omega$ und σ.

Die Wechselwirkung zwischen zwei Billardkugeln (Masse m, Radius a) kann durch das Potenzial (4.40) mit $R = 2a$ beschrieben werden. Geben Sie den Streuquerschnitt $d\sigma'/d\Omega'$ für die Streuung von zwei Billardkugeln im Laborsystem an.

Lösung: Wir werten (4.12) für das Potenzial (4.40) aus:

$$\phi_0(s) = s\int_R^\infty \frac{d\rho}{\rho\sqrt{\rho^2-s^2}} = \arccos\frac{s}{\rho}\bigg|_R^\infty = \frac{\pi}{2} - \arccos\frac{s}{R}$$

Damit gilt für den Ablenkwinkel

$$\theta(s) = \pi - 2\,\phi_0(s) = 2 \arccos(s/R)\,, \qquad s(\theta) = R \cos(\theta/2)$$

Geometrische Überlegung: An der Oberfläche $r = R$ ist der Ausfallswinkel gleich dem Einfallswinkel θ (Abbildung oben). Daraus folgt $\theta = \pi - 2\phi_0$. Außerdem kann $s = R \sin\phi_0$ aus der Abbildung abgelesen werden.

Wir setzen den Zusammenhang $s(\theta)$ in den Ausdruck (4.13) für den differenziellen Streuquerschnitt ein:

$$\frac{d\sigma}{d\Omega} = \frac{s(\theta)}{\sin\theta} \left| \frac{ds(\theta)}{d\theta} \right| = \frac{R \cos(\theta/2)}{\sin\theta} \, \frac{R \sin(\theta/2)}{2} = \frac{R^2}{4}$$

Der differenzielle Streuquerschnitt hängt nicht vom Streuwinkel ab, er ist isotrop. Der totale Streuquerschnitt

$$\sigma = \int d\Omega \, \frac{d\sigma}{d\Omega} = \int d\Omega \, \frac{R^2}{4} = \pi R^2$$

ist gleich dem geometrischen Streuquerschnitt.

Für zwei gleiche Billiardkugeln mit Masse m gilt (4.18) für den Streuwinkel im Laborsystem

$$\tan\theta\,' = \frac{\sin\theta}{\cos\theta + 1} = \tan\frac{\theta}{2}$$

also $\theta\,' = \theta/2$. Nach (4.19) ist der differenzielle Streuquerschnitt im Laborsystem dann

$$\frac{d\sigma'}{d\Omega'} = 2\,\frac{\sin(2\theta')}{\sin\theta'}\,\frac{d\sigma}{d\Omega} = 4\cos\theta'\,\frac{R^2}{4} = R^2\cos\theta'$$

5 Starrer Körper

Als verallgemeinerte Koordinaten für die Drehbewegung eines starren Körpers werden die Eulerschen Winkel eingeführt. Die Trägheit des Körpers bei der Drehbewegung wird durch den Trägheitstensor beschrieben. In diesem Zusammenhang definieren wir den Tensorbegriff. Die Bewegungsgleichungen selbst werden als Eulersche Gleichungen oder als Lagrangegleichungen aufgestellt.

Eulerwinkel

Ein *starrer Körper* ist ein System von Massenpunkten m_ν, deren Abstände $|\boldsymbol{r}_{\nu\mu}| = |\boldsymbol{r}_\nu - \boldsymbol{r}_\mu|$ konstant sind. Der starre Körper kann als Modell für ein Stück gewöhnlicher, fester Materie verwendet werden; die inneren Freiheitsgrade (wie etwa Vibrationen) werden vernachlässigt. Ein starrer Körper hat $f = 6$ Freiheitsgrade, 3 der Translation und 3 der Rotation.

Zur Beschreibung der Bewegung betrachten wir parallel ein Inertialsystem (in dem Newtons Axiome gelten) und ein körperfestes System (in dem wir etwa den Trägheitstensor berechnen):

$$\begin{array}{llll} \text{Raumfestes IS} & : \; x,\, y,\, z & \text{und} & \boldsymbol{e}_x,\, \boldsymbol{e}_y,\, \boldsymbol{e}_z \\ \text{Körperfestes KS} & : \; x_1,\, x_2,\, x_3 & \text{und} & \boldsymbol{e}_1,\, \boldsymbol{e}_2,\, \boldsymbol{e}_3 \end{array} \qquad (5.1)$$

Das körperfeste KS möge sich mit der (im Allgemeinen zeitabhängigen) *Winkelgeschwindigkeit*

$$\boldsymbol{\omega}(t) = \frac{d\boldsymbol{\varphi}}{dt} \qquad (5.2)$$

relativ zum IS drehen. Dabei bezeichnet $d\boldsymbol{\varphi}$ eine Drehung um den Winkel $|d\boldsymbol{\varphi}|$ um eine Achse in Richtung von $d\boldsymbol{\varphi}$. Winkelgeschwindigkeiten können addiert werden, weil infinitesimale Drehungen (etwa mit $d\boldsymbol{\varphi}_1$ und $d\boldsymbol{\varphi}_2$) kommutativ sind.

Mit $\boldsymbol{r}_{\nu,\,\text{IS}} = \boldsymbol{r}_0 + \boldsymbol{r}_\nu$ bezeichnen wir den (IS-)Ortsvektor zum ν-ten Massenpunkt. Dabei ist $\boldsymbol{r}_0$ der (IS-)Ortsvektor des Ursprungs von KS, und $\boldsymbol{r}_\nu$ ist der Vektor vom Ursprung von KS zum Massenpunkt. In KS gilt $\boldsymbol{r}_\nu = \text{const.}$ Wir verwenden (1.24) und erhalten für die (IS-)Geschwindigkeit des Massenpunkts

$$\boldsymbol{v}_{\nu,\,\text{IS}} = \boldsymbol{v}_0 + \boldsymbol{\omega} \times \boldsymbol{r}_\nu \qquad (5.3)$$

wobei $\boldsymbol{v}_0 = d\boldsymbol{r}_0/dt$. Die Winkelgeschwindigkeit $\boldsymbol{\omega}$ ändert sich nicht, wenn man einen anderen Ursprung für KS wählt.

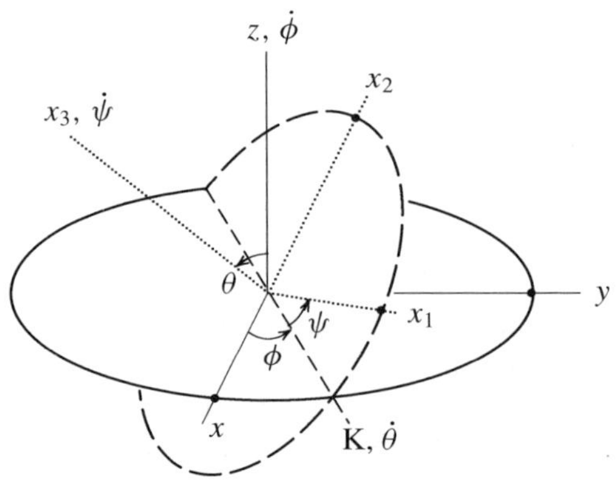

Die Lage des körperfesten Systems relativ zum IS wird durch folgende drei Eulerwinkel festgelegt:

$$\begin{aligned} \phi &= \sphericalangle(x, \mathrm{K}) \\ \psi &= \sphericalangle(\mathrm{K}, x_1) \\ \theta &= \sphericalangle(z, x_3) \end{aligned}$$

Diese Eulerwinkel können als verallgemeinerte Koordinaten gewählt werden.

Wenn sich jeweils nur einer der drei Winkel ändert, führt dies zu den Winkelgeschwindigkeiten $\boldsymbol{\omega}_\theta = \dot\theta\, \boldsymbol{e}_\mathrm{K}$, $\boldsymbol{\omega}_\phi = \dot\phi\, \boldsymbol{e}_z$ und $\boldsymbol{\omega}_\psi = \dot\psi\, \boldsymbol{e}_3$. Wir drücken die Winkelgeschwindigkeit $\boldsymbol{\omega} = \boldsymbol{\omega}_\theta + \boldsymbol{\omega}_\phi + \boldsymbol{\omega}_\psi$ einer allgemeinen Drehung in Komponenten des körperfesten Systems aus:

$$\begin{aligned} \omega_1 &= \boldsymbol{\omega} \cdot \boldsymbol{e}_1 = \dot\phi\ \sin\theta\ \sin\psi + \dot\theta\ \cos\psi \\ \omega_2 &= \boldsymbol{\omega} \cdot \boldsymbol{e}_2 = \dot\phi\ \sin\theta\ \cos\psi - \dot\theta\ \sin\psi \\ \omega_3 &= \boldsymbol{\omega} \cdot \boldsymbol{e}_3 = \dot\phi\ \cos\theta + \dot\psi \end{aligned} \tag{5.4}$$

Trägheitstensor

Mit (5.3) berechnen wir die kinetische Energie T des starren Körpers:

$$T = \sum_{\nu=1}^{N} \frac{m_\nu}{2} \Big(\boldsymbol{v}_0 + \boldsymbol{\omega} \times \boldsymbol{r}_\nu\Big)^2 = \frac{M}{2}\, \boldsymbol{v}_0^2 + \sum_{\nu=1}^{N} \frac{m_\nu}{2}\, (\boldsymbol{\omega} \times \boldsymbol{r}_\nu)^2 = T_\mathrm{trans} + T_\mathrm{rot} \tag{5.5}$$

Die gemischten Terme mit $\boldsymbol{v}_0$ und $\boldsymbol{\omega}$ fallen hierbei weg, weil wir den Schwerpunkt als Ursprung von KS wählen. Damit zerfällt die kinetische Energie in einen Translations- und einen Rotationsanteil. Sofern es sich um einen Kreisel mit einem Unterstützungspunkt handelt, wählen wir diesen Unterstützungspunkt als Ursprung (dann gilt $\boldsymbol{v}_0 = 0$); dann gibt es nur den Rotationsanteil.

Im Rotationsanteil verwenden wir die Darstellung in den Komponenten von KS, $\boldsymbol{\omega} := (\omega_1, \omega_2, \omega_3) = \omega^\mathrm{T}$ und $\boldsymbol{r}_\nu := (x_1^\nu, x_2^\nu, x_3^\nu)$. Dies führt zu

$$T_\mathrm{rot} = \frac{1}{2} \sum_{i,k=1}^{3} \Theta_{ik}\ \omega_i\ \omega_k = \frac{1}{2}\, \boldsymbol{\omega} \cdot \big(\widehat{\Theta} \cdot \boldsymbol{\omega}\big) = \frac{1}{2}\, \omega^\mathrm{T}\, \Theta\, \omega \tag{5.6}$$

mit dem *Trägheitstensor*

$$\Theta_{ik} = \sum_{\nu=1}^{N} m_\nu \left(r_\nu^2\, \delta_{ik} - x_i^\nu\, x_k^\nu\right) = \int d^3r\ \varrho(\boldsymbol{r})\ \left(r^2\, \delta_{ik} - x_i\, x_k\right) \tag{5.7}$$

Der letzte Ausdruck ergibt sich, wenn wir anstelle von Massenpunkten eine kontinuierliche Massendichte $\varrho((r) = \Delta m/\Delta V$ betrachten. Wesentlich ist, dass die Größen Θ_{ik} unabhängig von der Bewegung des starren Körpers sind; denn ihre Berechnung erfolgt ja in KS.

Wir erläutern kurz den Begriff *Tensor*. Bei Drehungen eines kartesischen KS ändern sich die Komponenten des Ortsvektors $\boldsymbol{r} = \sum_n x_n \boldsymbol{e}_n = \sum_j x'_j \boldsymbol{e}'_j$ gemäß $x'_i = \sum_n \alpha_{in} x_n$. Die Transformationsmatrix $\alpha = (\alpha_{in})$ ist orthogonal, $\alpha\alpha^{\mathrm{T}} = 1$. Wir definieren nun: Ein *Tensor N-ter Stufe* ist eine N-fach indizierte Größe, die sich komponentenweise wie die x_n transformiert:

$$T'_{i_1 i_2 \ldots i_N} = \sum_{n_1=1}^{3} \sum_{n_2=1}^{3} \ldots \sum_{n_N=1}^{3} \alpha_{i_1 n_1} \alpha_{i_2 n_2} \cdot \ldots \cdot \alpha_{i_N n_N} T_{n_1 n_2 \ldots n_N} \tag{5.8}$$

Man überzeugt sich leicht davon, dass Θ_{ik} ein Tensor 2. Stufe ist.

Der erste Ausdruck in (5.6) ist die Komponentenschreibweise. Alternativ dazu verwendet man auch die Matrixschreibweise (mit dem Spaltenvektor aus x_1, x_2 und x_3 für $\boldsymbol{r}$), oder die Vektorschreibweise mit $\boldsymbol{r} = x_1 \boldsymbol{e}_1 + x_2 \boldsymbol{e}_2 + x_3 \boldsymbol{e}_3$. In den letztgenannten beiden Schreibweisen wird der Trägheitstensor zu

$$\Theta = \begin{pmatrix} \Theta_{11} & \Theta_{12} & \Theta_{13} \\ \Theta_{21} & \Theta_{22} & \Theta_{23} \\ \Theta_{31} & \Theta_{32} & \Theta_{33} \end{pmatrix} \quad \text{und} \quad \widehat{\Theta} = \sum_{i,k=1}^{3} \Theta_{ik}\, \boldsymbol{e}_i \circ \boldsymbol{e}_k \tag{5.9}$$

Das dyadische Produkt „$\circ$" ist so definiert, dass die skalare Multiplikation von $\boldsymbol{e}_i \circ \boldsymbol{e}_k$ mit einem beliebigen Vektor $\boldsymbol{a}$ den Vektor $\boldsymbol{e}_i\,(\boldsymbol{e}_k \cdot \boldsymbol{a})$ ergibt. Alle drei Schreibweisen wurden in (5.6) verwendet. Welche man nimmt, ist eine Frage der Zweckmäßigkeit.

Wir führen noch den Drehimpuls $\boldsymbol{L}$ ein. Bezogen auf den Ursprung von KS gilt

$$\boldsymbol{L} = \sum_{\nu=1}^{N} m_\nu\, \boldsymbol{r}_\nu \times (\boldsymbol{\omega} \times \boldsymbol{r}_\nu) = \sum_{i=1}^{3} \sum_{k=1}^{3} \Theta_{ik}\, \omega_k\, \boldsymbol{e}_i \tag{5.10}$$

Diese Beziehung zwischen Drehimpuls und Winkelgeschwindigkeit kann alternativ in Komponenten-, Vektor- und Matrixschreibweise angegeben werden:

$$L_i = \sum_{k=1}^{3} \Theta_{ik}\, \omega_k\,, \qquad \boldsymbol{L} = \widehat{\Theta} \cdot \boldsymbol{\omega}\,, \qquad L = \begin{pmatrix} L_1 \\ L_2 \\ L_3 \end{pmatrix} = \Theta\, \omega \tag{5.11}$$

Dem Vektor $\boldsymbol{\omega}$ wird durch die Dyade $\widehat{\Theta}$ ein anderer Vektor $\boldsymbol{L}$ zugeordnet; entsprechend wird dem Spaltenvektor ω durch die Matrix Θ der Spaltenvektor L zugeordnet. Die Richtungen von $\boldsymbol{L}$ und $\boldsymbol{\omega}$ sind im Allgemeinen verschieden.

Hauptachsentransformation

Wir betrachten zwei verschiedene körperfeste kartesische Systeme, KS und KS$'$, die gegeneinander verdreht sind; sie sollen aber denselben Ursprung haben. Die Größen in KS und KS$'$ sind dann gemäß (5.8) durch eine orthogonale Transformation verbunden. Wir betrachten diese Transformation für den Trägheitstensor, wobei wir die Matrixschreibweise verwenden:

$$\Theta' = \left(\Theta'_{ik}\right) = \alpha\,\Theta\,\alpha^{\mathrm{T}} = \begin{pmatrix} \Theta_1 & 0 & 0 \\ 0 & \Theta_2 & 0 \\ 0 & 0 & \Theta_3 \end{pmatrix} \tag{5.12}$$

Nun kann eine symmetrische Matrix durch eine orthogonale Transformation diagonalisiert werden; im letzten Ausdruck wurde eine solche Diagonalform für Θ' angenommen. Das System KS′, in dem Θ' diagonal ist, heißt *Hauptachsensystem*. Die Diagonalelemente Θ'_{ii}, die wir mit Θ_i bezeichnen, sind die Trägheitsmomente bezüglich der Rotation um die Achsen von KS′. Die *Hauptträgheitsmomente* Θ_i sind positiv.

Wir setzen $\alpha^{\mathrm{T}} = (\omega^{(1)}, \omega^{(2)}, \omega^{(3)})$ mit drei zunächst unbekannten Spaltenvektoren $\omega^{(k)}$. Dann multiplizieren wir $\Theta' = \alpha\,\Theta\,\alpha^{\mathrm{T}}$ von links mit α^{T} und erhalten

$$\Theta\,\omega^{(k)} = \Theta_k\,\omega^{(k)} \tag{5.13}$$

Dies ist die *Eigenwertgleichung* der Matrix Θ. Man kann nun Eigenwerte Θ_k aus der Bedingung $\det(\Theta - \Theta_k I) = 0$ bestimmen (I ist die Einheitsmatrix). Anschließend bestimmt man aus (5.13) die Eigenvektoren $\omega^{(k)}$. Die Eigenvektoren sind orthogonal (für verschiedene Eigenwerte) oder können orthogonalisiert werden (für gleiche Eigenwerte). Die orthonormierten Eigenvektoren bilden die orthogonale Matrix α, die zum Hauptachsensystem führt.

Eulersche Gleichungen

In (1.18) hatten wir die Bewegungsgleichung $d\boldsymbol{L}/dt = \boldsymbol{M}$ für den Drehimpuls $\boldsymbol{L} = \widehat{\Theta} \cdot \boldsymbol{\omega}$ eines Systems von Massenpunkten angegeben. Mit Hilfe von (1.24) schreiben wir diese Gleichung jetzt im körperfesten System des starren Körpers an:

$$\left(\frac{d\,(\widehat{\Theta}\cdot\boldsymbol{\omega})}{dt}\right)_{\mathrm{KS}} + \boldsymbol{\omega} \times \left(\widehat{\Theta}\cdot\boldsymbol{\omega}\right) = \boldsymbol{M} \tag{5.14}$$

Das körperfeste System KS sei nun speziell das Hauptachsensystem mit $\Theta = \operatorname{diag}(\Theta_1, \Theta_1, \Theta_3)$. Hiermit schreiben wir (5.14) komponentenweise an:

$$\begin{aligned} \Theta_1\,\dot\omega_1 + \left(\Theta_3 - \Theta_2\right)\omega_2\,\omega_3 &= M_1 \\ \Theta_2\,\dot\omega_2 + \left(\Theta_1 - \Theta_3\right)\omega_1\,\omega_3 &= M_2 \\ \Theta_3\,\dot\omega_3 + \left(\Theta_2 - \Theta_1\right)\omega_1\,\omega_2 &= M_3 \end{aligned} \tag{5.15}$$

In diese *Eulerschen Gleichungen* können wir (5.4) einsetzen; dies ergibt drei gekoppelte Differenzialgleichungen 2. Ordnung für die Eulerwinkel $\phi(t)$, $\psi(t)$ und $\theta(t)$.

Die Eulerschen Gleichungen haben den Nachteil, dass die Komponenten M_i des Drehmoments auf das körperfeste KS bezogen sind. Die Komponenten $M_i(t)$ sind daher im Allgemeinen zeitabhängig, und diese Zeitabhängigkeit hängt von der Bewegung des Körpers ab. Im Folgenden beschränken wir uns auf den kräftefreien Fall $M_i = 0$.

Freie Rotation um Hauptachse

Für $M_i = 0$ ist $\omega_1 = \omega_0 = \text{const.}$ mit $\omega_2 = \omega_3 = 0$ eine Lösung. Sie stellt eine gleichförmige Rotation um die 1-Achse dar. Wegen $\boldsymbol{L} = \Theta_1 \omega_0 \boldsymbol{e}_1 = \text{const.}$ hat dabei die Hauptachse $\boldsymbol{e}_1$ eine konstante Richtung (in IS).

Offensichtlich gibt es für jede der drei Hauptachsen eine solche besonders einfache Lösung. Man kann nun kleine Abweichungen von einer solchen Lösung betrachten. Aus den Eulerschen Gleichungen folgt dann, dass nur die Rotationen um die Hauptachsen mit dem größten und mit dem kleinsten Trägheitsmoment stabil sind. Für das mittlere Trägheitsmoment wachsen kleine Störungen dagegen exponentiell an.

Kräftefreier symmetrischer Kreisel

Wir betrachten die Eulerschen Gleichungen für einen kräftefreien ($M_i = 0$), symmetrischen ($\Theta_2 = \Theta_1$ und $\Theta_3 \neq \Theta_1$) Kreisel. Aus der dritten Eulerschen Gleichung folgt sofort $\omega_3 = \omega_0 = \text{const.}$ Dies wird in die anderen beiden Gleichungen eingesetzt und ergibt die Lösung

$$\omega_1(t) = a\,\sin(\Omega\, t + \psi_0)\,, \qquad \omega_2(t) = a\,\cos(\Omega\, t + \psi_0)\,, \qquad \omega_3 = \omega_0 \tag{5.16}$$

wobei a, ψ_0 und ω_0 Integrationskonstanten sind. Diese Lösung bedeutet: Der Vektor $\boldsymbol{\omega}$ bewegt sich im körperfesten System auf einem *Polkegel* mit dem Öffnungswinkel $\gamma = \arctan(a/\omega_0)$. Aus (5.16) folgt für die Eulerwinkel

$$\phi(t) = \frac{a\,t}{\sin\theta_0} + \phi_0, \qquad \psi(t) = \Omega\, t + \psi_0, \qquad \theta = \theta_0 \tag{5.17}$$

Damit stellt sich die Bewegung eines kräftefreien symmetrischen Kreisels so dar:

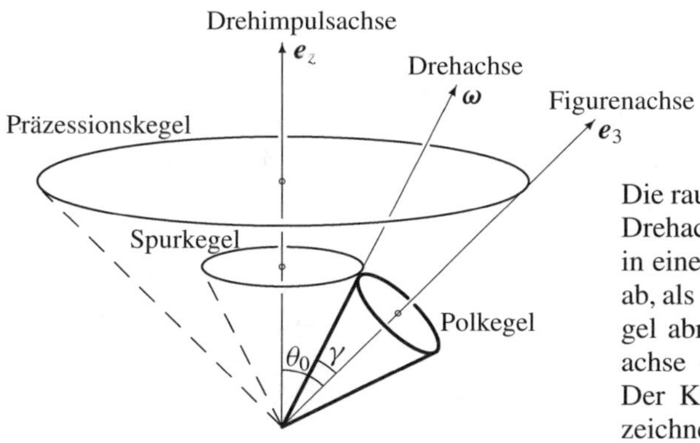

Die raumfeste Drehimpulsrichtung, die Drehachse und die Figurenachse liegen in einer Ebene. Die Bewegung läuft so ab, als ob der Polkegel auf dem Spurkegel abrollt; dadurch läuft die Figurenachse auf dem Präzessionskegel um. Der Kreisel könnte aus dem fett gezeichneten Polkegel bestehen.

Schwerer symmetrischer Kreisel

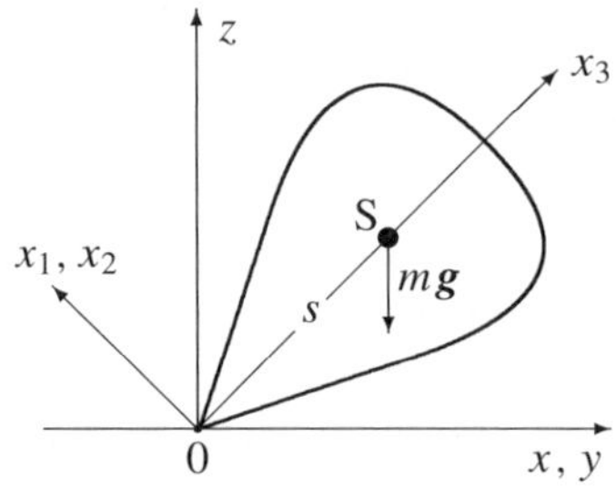

Ein symmetrischer Kreisel ($\Theta_1 = \Theta_2$) mit der Figurenachse x_3 hat den festen Unterstützungspunkt 0. Im Schwerpunkt S greift die Schwerkraft $\boldsymbol{F} = m\boldsymbol{g}$ an. Die potenzielle Energie ist $U = m\,g\,s\cos\theta$ (Masse m, Erdbeschleunigung g). In die kinetische Energie $T_{\text{rot}} = \sum \Theta_i\,\omega_i^2/2$ setzen wir (5.4) ein. Damit erhalten wir die Lagrangefunktion:

$$\mathcal{L}(\theta, \dot\phi, \dot\psi, \dot\theta) = \frac{\Theta_1}{2}\left(\dot\theta^2 + \dot\phi^2\,\sin^2\theta\right) + \frac{\Theta_3}{2}\left(\dot\psi + \dot\phi\,\cos\theta\right)^2 - m\,g\,s\cos\theta \qquad (5.18)$$

Diese Lagrangefunktion hat folgende Symmetrien:

$$\frac{\partial\mathcal{L}}{\partial t} = 0\,, \qquad \frac{\partial\mathcal{L}}{\partial\phi} = 0\,, \qquad \frac{\partial\mathcal{L}}{\partial\psi} = 0 \qquad (5.19)$$

Die zugehörigen drei Erhaltungsgrößen sind: Die Energie E, die Drehimpulsprojektion $L_z = \boldsymbol{L}\cdot\boldsymbol{e}_z$ und die Drehimpulsprojektion $L_3 = \boldsymbol{L}\cdot\boldsymbol{e}_3$. Die drei Erhaltungsgrößen stellen drei Differenzialgleichungen 1. Ordnung dar; sie können die Bewegungsgleichungen vollständig ersetzen.

Von besonderem Interesse ist die Energie

$$E = \frac{\Theta_1}{2}\,\dot\theta^2 + \frac{(L_z - L_3\,\cos\theta)^2}{2\,\Theta_1\sin^2\theta} + \frac{L_3^2}{2\,\Theta_3} + m\,g\,s\cos\theta \;=\; \text{const.} \qquad (5.20)$$

oder $E = \Theta_1\dot\theta^2/2 + U_{\text{eff}}(\theta)$. Der Winkel θ gibt die Lage der Figurenachse (Symmetrieachse x_3) relativ zur raumfesten z-Achse an. Das effektive Potenzial U_{eff} geht für $\theta \to 0$ und für $\theta \to \pi$ gegen unendlich, und hat dazwischen ein Minimum. Daher oszilliert $\theta(t)$ im Allgemeinen zwischen zwei Umkehrpunkten. Dies bezeichnet man als *Nutation*; im Gegensatz dazu steht die reguläre Präzession ($\theta = \theta_0 = \text{const.}$) des kräftefreien Kreisels (Abbildung oben).

Präzession der Erdachse

Ein Beispiel für einen symmetrischen Kreisel ist die Erde. Aufgrund der Abplattung der Erde bewirkt das Gravitationsfeld der Sonne (und des Monds) ein Drehmoment. Die Figurenachse (Erdachse, Verbindung zwischen Nord- und Südpol) fällt näherungsweise mit der Drehachse zusammen ($\boldsymbol{L} = L\,\boldsymbol{e}_3$). Dies führt zu einer regulären Präzession. Die Figurenachse präzediert dabei mit dem Winkel $\theta_0 \approx 23.5^\circ$ um eine Achse, die senkrecht zur Bahnebene der Erde steht. Da das Drehmoment auf die Erde klein ist, ist die Präzessionszeit relativ groß, und zwar $T_{\text{präz}} \approx 25\,700$ Jahre; dieser Zeitraum wird auch Platonisches Jahr genannt. Die Präzession der Erdachse bedeutet, dass im Laufe der Zeit unterschiedliche Sterne die Rolle des „Polarsterns" als Drehpunkt des Sternhimmels und Wegweiser nach Norden übernehmen.

Aufgaben

5.1 Steinerscher Satz

Ein starrer Körper hat den Trägheitstensor Θ_{ik}. Dieser Tensor bezieht sich auf ein körperfestes Koordinatensystem KS, dessen Ursprung gleich dem Schwerpunkt ist. Berechnen Sie den Trägheitstensor Θ'_{ik} in einem Koordinatensystem KS′, das um den Vektor $\boldsymbol{a}$ relativ zu KS verschoben ist und dessen Achsen parallel zu KS liegen. Dieser Zusammenhang heißt *Steinerscher Satz*.

Lösung: Die Ortsvektoren der Massenpunkte in KS und KS′ sind durch $\boldsymbol{r}'_\nu = \boldsymbol{r}_\nu + \boldsymbol{a}$ verknüpft. Der Trägheitstensor in KS′ lässt sich deshalb folgendermaßen schreiben

$$
\begin{aligned}
\Theta'_{ik} &= \sum_{\nu=1}^{N} m_\nu \left(\boldsymbol{r}'^{2}_\nu \, \delta_{ik} - x_i'^{\nu} x_k'^{\nu} \right) = \sum_{\nu=1}^{N} m_\nu \left[(\boldsymbol{r}_\nu + \boldsymbol{a})^2 \, \delta_{ik} - \left(x_i^\nu + a_i \right) \left(x_k^\nu + a_k \right) \right] \\
&= \sum_{\nu=1}^{N} m_\nu \left(\boldsymbol{r}_\nu^{2} \, \delta_{ik} - x_i^\nu x_k^\nu \right) + \sum_{\nu=1}^{N} m_\nu \left(\boldsymbol{a}^2 \, \delta_{ik} - a_i \, a_k \right) \\
&= \Theta_{ik} + M \left(\boldsymbol{a}^2 \, \delta_{ik} - a_i \, a_k \right)
\end{aligned}
\tag{5.21}
$$

Die in a_k und x_k^ν linearen Terme fallen weg, weil der Schwerpunkt im Ursprung von KS liegt, $\sum_\nu m_\nu \, \boldsymbol{r}_\nu = 0$. Im letzten Schritt wurde die Gesamtmasse $M = \sum_\nu m_\nu$ eingeführt.

5.2 Trägheitstensor des homogenen Würfels

Ein homogener Würfel (mit der Dichte ϱ_0 und der Kantenlänge a) rotiert um eine Achse, die durch den Mittelpunkt und durch eine Ecke geht. Wie groß ist das Trägheitsmoment bezüglich dieser Achse?

Lösung: Wir betrachten zunächst das Hauptachsensystem KS, dessen Ursprung im Würfelmittelpunkt liegt und dessen Achsen parallel zu den Würfelkanten sind. Hierfür berechnen wir

$$
\begin{aligned}
\Theta_{33} &= \int_{\text{Würfel}} d^3r \; \varrho(\boldsymbol{r}) \left(r^2 - z^2 \right) = \varrho_0 \int_{-a/2}^{a/2} dx \int_{-a/2}^{a/2} dy \int_{-a/2}^{a/2} dz \; \left(x^2 + y^2 \right) \\
&= 4 \, \varrho_0 \, a^2 \int_0^{a/2} dx \; x^2 = \frac{\varrho_0 \, a^5}{6} = \frac{M \, a^2}{6}
\end{aligned}
\tag{5.22}
$$

Dabei ist $M = \varrho_0 \, a^3$ die Masse des Würfels. Die nichtdiagonalen Elemente verschwinden. Die Diagonalelemente (Hauptträgheitsmomente) sind alle gleich groß. Wir fassen die Komponenten zur Trägheitsmatrix Θ zusammen:

$$
\Theta = \frac{M \, a^2}{6} \begin{pmatrix} 1 & 0 & 0 \\ 0 & 1 & 0 \\ 0 & 0 & 1 \end{pmatrix}
$$

Eine beliebige Drehung erfolgt mit einer orthogonalen Matrix α, (5.12). Im vorliegenden Fall ist das Ergebnis unabhängig von der durchgeführten Drehung:

$$\Theta' = \alpha\,\Theta\,\alpha^{\mathrm{T}} = \frac{M a^2}{6}\,\alpha\,\alpha^{\mathrm{T}} = \frac{M a^2}{6}\begin{pmatrix} 1 & 0 & 0 \\ 0 & 1 & 0 \\ 0 & 0 & 1 \end{pmatrix}$$

Als gedrehtes Koordinatensystem KS′ betrachten wir ein System, dessen z'-Achse durch die Ecken des Würfels geht. Das gesuchte Trägheitsmoment bezüglich einer Drehung um diese Achse kann dann aus der letzten Gleichung abgelesen werden:

$$\Theta'_{33} = M\,\frac{a^2}{6}$$

Der Trägheitstensor des homogenen Würfels hat dieselbe Form (proportional zur Einheitsmatrix) wie derjenige einer homogenen Kugel. Daher sind die Trägheitsmomente bezüglich beliebiger Achsen durch den Mittelpunkt gleich.

5.3 Trägheitstensor des homogenen Quaders

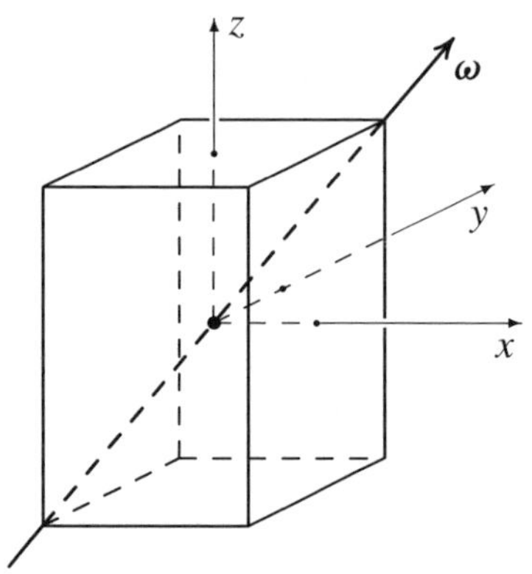

Bestimmen Sie die Hauptträgheitsmomente Θ_i eines Quaders mit konstanter Massendichte ϱ_0 und den Seitenlängen a, b und c. Der Quader rotiert mit der Winkelgeschwindigkeit $\omega = |\boldsymbol{\omega}|$ um eine Achse, die mit einer Raumdiagonalen des Quaders zusammenfällt. Wie groß ist das Trägheitsmoment Θ_0 bezüglich dieser Achse? Drücken Sie die kinetische Energie der Rotation alternativ durch die Θ_i oder durch Θ_0 aus.

Lösung: Wir verwenden zunächst das Hauptachsensystem KS, dessen Ursprung im Quadermittelpunkt liegt und dessen Achsen parallel zu den Kanten sind. Wir berechnen speziell das Hauptträgheitsmoment

$$\begin{aligned} \Theta_{33} &= \int_{\text{Quader}} d^3r\;\varrho(\boldsymbol{r})\left(r^2 - z^2\right) = \varrho_0 \int_{-a/2}^{a/2} dx \int_{-b/2}^{b/2} dy \int_{-c/2}^{c/2} dz\,\left(x^2 + y^2\right) \\ &= 4\,\varrho_0\,c \int_0^{a/2} dx \int_0^{b/2} dy\,\left(x^2 + y^2\right) = 4\,\varrho_0\,c \int_0^{a/2} dx \left(\frac{b}{2}\,x^2 + \frac{b^3}{24}\right) \\ &= \frac{1}{12}\,\varrho_0\,a\,b\,c\left(a^2 + b^2\right) = \frac{M}{12}\left(a^2 + b^2\right) \end{aligned}$$

Zuletzt wurde die Masse $M = \varrho_0\,a\,b\,c$ des Quaders eingesetzt. Für die anderen Hauptträgheitsmomente ersetzen wir einfach a oder b durch c, also

$$\Theta_1 = \frac{M}{12}\left(b^2 + c^2\right), \qquad \Theta_2 = \frac{M}{12}\left(a^2 + c^2\right), \qquad \Theta_3 = \frac{M}{12}\left(a^2 + b^2\right) \tag{5.23}$$

Damit ist die Trägheitsmatrix im Hauptachsensystem bestimmt:

$$\Theta = \big(\Theta_{ik}\big) = \frac{M}{12} \begin{pmatrix} b^2 + c^2 & 0 & 0 \\ 0 & a^2 + c^2 & 0 \\ 0 & 0 & a^2 + b^2 \end{pmatrix}$$

Der Quader rotiert nun mit der Winkelgeschwindigkeit $\omega = |\boldsymbol{\omega}|$ um die in der Abbildung gezeigte Raumdiagonale

$$\boldsymbol{\omega} = \omega\, \boldsymbol{n} \quad \text{mit} \quad \boldsymbol{n} := \frac{1}{\sqrt{a^2 + b^2 + c^2}} \begin{pmatrix} a \\ b \\ c \end{pmatrix} = n \tag{5.24}$$

Das Trägheitsmoment für diese Achse ist

$$\Theta_0 = n^{\mathrm{T}}\, \Theta\, n = \frac{\Theta_1\, a^2 + \Theta_2\, b^2 + \Theta_3\, c^2}{a^2 + b^2 + c^2} = \frac{M}{6}\, \frac{a^2 b^2 + a^2 c^2 + b^2 c^2}{a^2 + b^2 + c^2}$$

Da das Resultat symmetrisch unter Vertauschung der Größen a, b und c ist, gilt es für jede der vier Raumdiagonalen. Die zugehörige Rotationsenergie ist

$$T_{\mathrm{rot}} = \frac{\Theta_0}{2}\, \omega^2$$

Die Rotationsenergie kann auch direkt im Hauptachsensystem berechnet werden:

$$T_{\mathrm{rot}} = \frac{1}{2} \sum_{i,k=1}^{3} \omega_i\, \Theta_{ik}\, \omega_k = \frac{\omega^2}{2}\, n^{\mathrm{T}}\, \Theta\, n = \frac{\Theta_0}{2}\, \omega^2$$

Dabei wurden die Komponenten ω_i von $\boldsymbol{\omega}$ aus (5.24) verwendet.

5.4 Trägheitstensor des homogenen Ellipsoids

Bestimmen Sie die Hauptträgheitsmomente Θ_i eines homogenen Ellipsoids (Masse M_{E}) mit den Halbachsen a, b und c.

Die Massenverteilung der Erde kann durch ein homogenes Rotationsellipsoid ($a = b$) angenähert werden. Die Abplattung der Erde ist durch $(a - c)/a \approx 1/300$ gegeben. Wie groß ist dann $\Delta\Theta/\Theta = (\Theta_3 - \Theta_1)/\Theta_3$?

Bestimmen Sie den Trägheitstensor einer homogenen Kugel (Radius R, Masse M_{K}), auf deren Äquator vier zusätzliche Punktmassen m gleichabständig (bei $\phi = 0,\ \pi/2,\ \pi$ und $3\pi/2$) angebracht sind. Wählen Sie die Parameter R und m so, dass der Trägheitstensor gleich dem eines homogenen Rotationsellipsoids mit der Masse $M_{\mathrm{E}} = M_{\mathrm{K}} + 4m$ ist.

Lösung: Wir verwenden das Hauptachsensystem KS, dessen Ursprung im Mittelpunkt des Ellipsoids E liegt und dessen Achsen parallel zu den Hauptachsen von E sind. Wir berechnen speziell das Hauptträgheitsmoment

$$\Theta_3 = \Theta_{33} = \int_{\mathrm{E}} d^3r\ \varrho(\boldsymbol{r})\, \big(r^2 - z^2\big) = \varrho_0 \int_{\mathrm{E}} d^3r\ \big(x^2 + y^2\big)$$

Mit den Variablensubstitutionen $x = a\bar{x}$, $y = b\bar{y}$ und $z = c\bar{z}$ ergibt sich eine Integration über eine Kugel mit Radius 1:

$$\begin{aligned}\Theta_3 &= \varrho_0\, abc \int_{r\le 1} d^3\bar{r}\,\left(a^2\bar{x}^2 + b^2\bar{y}^2\right) = \frac{1}{3}\,\varrho_0\, abc\,\left(a^2+b^2\right)\int_{r\le 1} d^3\bar{r}\;\bar{r}^2 \\ &= \frac{4\pi}{15}\,\varrho_0\, abc\,\left(a^2+b^2\right) = \frac{M_\mathrm{E}}{5}\,\left(a^2+b^2\right)\end{aligned}$$

Im Integral über die Einheitskugel wurden die Integranden $\bar{x}^2$ und $\bar{y}^2$ jeweils durch $\bar{r}^2/3$ ersetzt. Zuletzt wurde noch die Masse $M_\mathrm{E} = (4\pi/3)\,\varrho_0\, abc$ des Ellipsoids eingesetzt. Für die anderen Hauptträgheitsmomente ersetzen wir einfach a oder b durch c, also

$$\Theta_1 = \frac{M_\mathrm{E}}{5}\,\left(b^2+c^2\right), \qquad \Theta_2 = \frac{M_\mathrm{E}}{5}\,\left(a^2+c^2\right), \qquad \Theta_3 = \frac{M_\mathrm{E}}{5}\,\left(a^2+b^2\right)$$

Für ein Rotationsellipsoid mit $a = b$ vereinfacht sich dies zu

$$\Theta_1 = \Theta_2 = \frac{M_\mathrm{E}}{5}\,\left(a^2+c^2\right), \qquad \Theta_3 = \frac{2\,M_\mathrm{E}}{5}\,a^2 \tag{5.25}$$

Für eine Kugel $a = b = c = R$ erhalten wir

$$\Theta_1 = \Theta_2 = \Theta_3 = \frac{2\,M_\mathrm{K}}{5}\,R^2 \tag{5.26}$$

Die Erde ist in guter Näherung ein Rotationsellipsoid mit einer Abplattung $(a-c)/a \approx 1/300$. Das entsprechende Verhältnis der Trägheitsmomente ist dann

$$\frac{\Delta\Theta}{\Theta} = \frac{\Theta_3 - \Theta_1}{\Theta_3} = \frac{a^2-c^2}{2\,a^2} \approx \frac{a-c}{a} \approx \frac{1}{300}$$

Der Trägheitstensor des Rotationsellipsoids kann durch den einer homogenen Kugel (Radius R, Masse M_K) simuliert werden, auf deren Äquator vier zusätzliche Punktmassen m angebracht sind. Die Positionen der Zusatzmassen sind:

$$\boldsymbol{r}_1 := \begin{pmatrix} R\\0\\0\end{pmatrix}, \qquad \boldsymbol{r}_2 := \begin{pmatrix} 0\\R\\0\end{pmatrix}, \qquad \boldsymbol{r}_3 := \begin{pmatrix} -R\\0\\0\end{pmatrix}, \qquad \boldsymbol{r}_4 := \begin{pmatrix} 0\\-R\\0\end{pmatrix}$$

Die Zusatzmassen tragen nur zu den Diagonalelementen des Trägheitstensors bei. Zusammen mit dem Trägheitsmoment der homogenen Kugel (5.26) ergeben sich die Hauptträgheitsmomente dieser Massenverteilung mit $M_\mathrm{E} = M_\mathrm{K} + 4m$ zu

$$\begin{aligned}\Theta_1 &= \Theta_2 = \frac{2}{5}\,M_\mathrm{K}\,R^2 + 2\,m\,R^2 = \frac{2}{5}\,\left(M_\mathrm{E} + m\right)R^2 \\ \Theta_3 &= \frac{2}{5}\,M_\mathrm{K}\,R^2 + 4\,m\,R^2 = \frac{2}{5}\,\left(M_\mathrm{E} + 6\,m\right)R^2\end{aligned}$$

Der Vergleich mit den Hauptträgheitsmomenten (5.25) des homogenen Rotationsellipsoids ergibt $10\,m\,R^2 = M_\mathrm{E}(a^2-c^2)$ und $5\,M_\mathrm{E}\,R^2 = M_\mathrm{E}(2\,a^2 + 3\,c^2)$. Wir lösen dies nach R und m auf:

$$R = \sqrt{\frac{2\,a^2+3\,c^2}{5}} \approx a\left[1 - \frac{3}{5}\,\frac{a-c}{a}\right], \qquad m = M_\mathrm{E}\,\frac{a^2-c^2}{4\,a^2+6\,c^2} \approx M_\mathrm{E}\,\frac{a-c}{5\,a} \approx \frac{M_\mathrm{E}}{1\,500}$$

Die Zusatzmassen betragen zusammen knapp ein Fünftel der Mondmasse. Die vorgestellte Massenverteilung hat dieselbe Gesamtmasse und auch denselben Trägheitstensor wie das homogene Rotationsellipsoid. Die höheren Multipole sind jedoch verschieden.

5.5 Abplattung der Erde

Die Erde ist in guter Näherung ein abgeplattetes Rotationsellipsoid mit den Halbachsen $a = b > c$. Die Gravitationsenergie $W_{\rm grav}$ und die Masse M eines Rotationsellipsoids mit homogener Massendichte ϱ_0 sind (siehe auch Aufgabe 11.29)

$$W_{\rm grav} = -\frac{3\,GM^2}{5\,a}\,\frac{\arcsin\varepsilon}{\varepsilon} \qquad \text{und} \qquad M = \frac{4\pi}{3}\,\varrho_0\,a^2 c = \frac{4\pi}{3}\,\varrho_0\,R^3$$

Dabei wurden die Exzentrizität $\varepsilon = (1 - c^2/a^2)^{1/2}$ und der mittlere Radius $R = (a^2 c)^{1/3}$ verwendet. Das Rotationsellipsoid rotiert im körperfesten System mit dem Drehimpuls $L_3 = \Theta_3\,\omega_3$ um die Figurenachse. Dann ist seine Gesamtenergie

$$W_{\rm total}(\varepsilon) = T_{\rm rot} + W_{\rm grav} = \frac{L_3^2}{2\,\Theta_3(\varepsilon)} + W_{\rm grav}(\varepsilon)$$

Die deformierbare Erde stellt sich nun so ein, dass $W_{\rm total}$ als Funktion der Exzentrizität ε minimal wird; dabei sind der Drehimpuls L_3 und die Masse M fest vorgegeben. Berechnen Sie hieraus die Erdabplattung $(a-c)/a$. Entwickeln Sie dazu $W_{\rm grav}$ und das Trägheitsmoment Θ_3 bis zur ersten nichtverschwindenden Ordnung in ε.

Lösung: Aus $R^3 = a^2 c$ und $\varepsilon = \sqrt{1 - c^2/a^2}$ folgen also

$$a = R\big(1-\varepsilon^2\big)^{-1/6} \qquad \text{und} \qquad c = R\big(1-\varepsilon^2\big)^{1/3}$$

Das Trägheitsmoment und die Gravitationsenergie werden damit zu

$$\Theta_3(\varepsilon) = \frac{2}{5}\,Ma^2 = \frac{2}{5}\,MR^2\big(1-\varepsilon^2\big)^{-1/3} \approx \frac{2}{5}\,MR^2\Big(1 + \frac{\varepsilon^2}{3}\Big) \tag{5.27}$$

$$W_{\rm grav}(\varepsilon) = -\frac{3\,GM^2}{5\,R}\big(1-\varepsilon^2\big)^{1/6}\,\frac{\arcsin\varepsilon}{\varepsilon} \approx -\frac{3}{5}\,\frac{GM^2}{R}\Big(1 - \frac{\varepsilon^4}{45}\Big) \tag{5.28}$$

Die notwendige Bedingung für das Minimum von $W_{\rm total}(\varepsilon)$ ist

$$\frac{dW_{\rm total}}{d\varepsilon} = -\frac{L_3^2}{2\,\Theta_3^2}\,\frac{d\Theta_3}{d\varepsilon} + \frac{dW_{\rm grav}}{d\varepsilon} = -\frac{1}{2}\,\omega_3^2\,\frac{d\Theta_3}{d\varepsilon} + \frac{dW_{\rm grav}}{d\varepsilon} = 0$$

Hierin setzen wir (5.27) und (5.28) ein. Die Ableitungen geben jeweils einen Term proportional zu ε und zu ε^3. Wir lösen diese Bedingung nach ε^2 auf:

$$\varepsilon^2 = \frac{5}{2}\,\frac{\omega_3^2 R^3}{GM} = \frac{5}{2}\,\frac{\omega_3^2 R}{g} \approx 0.0086$$

Hierbei haben wir $\omega_3 = 2\pi/(24\,\text{h}) \approx 7.29 \cdot 10^{-5}\,\text{s}^{-1}$ und $MG = gR^2$ mit $g \approx 9.81\,\text{m/s}^2$ und $R \approx 6371\,\text{km}$ eingesetzt. Für die Erdabplattung erhalten wir daraus

$$\frac{a-c}{a} \approx \frac{\varepsilon^2}{2} \approx \frac{5}{4}\,\frac{\omega_3^2 R}{g} \approx \frac{1}{230}$$

Wegen $\varepsilon \ll 1$ ist die Entwicklung nach ε gerechtfertigt; ohne diese Näherung ändert sich das Resultat nur geringfügig.

Hinweise: Tatsächlich ist die Dichte der Erde inhomogen und nimmt zum Erdmittelpunkt hin zu (Eisenkern). Ein Modell aus konzentrischen Ellipsoidschalen unterschiedlicher Dichte liefert daher bessere Ergebnisse.

Das der Erde am besten angepasste Rotationsellipsoid heißt *Referenzellipsoid*. Es hat die Halbachsen $a = 6378.137\,\text{km}$, $c = 6356.753\,\text{km}$ und die Abplattung $(a-c)/a = 1/298.26$. Die reale Gestalt der Erde, die durch die Oberfläche der Ozeane (im hypothetischen statischen Gleichgewicht) gegeben ist, wird *Geoid* genannt. Dabei denkt man sich die Ozeane unter den Kontinenten fortgesetzt.

Die Abweichungen des Geoids vom Referenzellipsoid werden in der Geodätik vermessen und betragen bis zu etwa 100 Meter. Sie rühren daher, dass das Geoid zu einer niedrigeren Energie $T_{\text{rot}} + W_{\text{grav}}$ führt als ein Rotationsellipsoid. Daneben spielen auch lokale Inhomogenitäten eine Rolle, die im Geoid berücksichtigt werden.

5.6 Kontraktion eines Tensors

Gegeben ist der Tensor N-ter Stufe $T_{i_1,i_2,\ldots,i_N}$. Beweisen Sie, dass dann

$$\sum_{k=1}^{3} T_{i_1,\ldots,k,\ldots,k,\ldots,i_N}$$

ein Tensor der Stufe $N-2$ ist.

Lösung: Wir verwenden die Transformationseigenschaften des Tensors $T_{i_1,\ldots,i_N}$,

$$\begin{aligned}
\sum_{k=1}^{3} T'_{i_1,\ldots,k,\ldots,k,\ldots,i_N} &= \sum_{k=1}^{3} \sum_{n_1,\ldots,n_N=1}^{3} \alpha_{i_1 n_1} \ldots \alpha_{k n_k} \ldots \alpha_{k n_l} \ldots \alpha_{i_N n_N}\, T_{n_1,\ldots,n_N} \\
&= \sum_{n_1,\ldots,n_N=1}^{3} \alpha_{i_1 n_1} \ldots \delta_{n_k n_l} \ldots \alpha_{i_N n_N}\, T_{n_1,\ldots,n_N} \\
&= \sum_{\substack{n_1,\ldots,n_N=1 \\ (\text{ohne } n_k \text{ und } n_l)}}^{3} \alpha_{i_1 n_1} \ldots \alpha_{i_N n_N} \left(\sum_{n_k=1}^{3} T_{n_1,\ldots,n_k,\ldots,n_k,\ldots,n_N} \right)
\end{aligned}$$

Für die orthogonale Matrix α wurde $\sum_k \alpha_{k n_k} \alpha_{k n_l} = \delta_{n_k n_l}$ ausgenutzt. Damit wird die Summe über n_l ausgeführt; die Summe über n_k bleibt, wirkt aber nur noch auf die Tensorkomponenten. In der letzten Zeile treten $N-2$ Matrizen α auf, die mit den $N-2$ Indizes des Klammerausdrucks verknüpft sind. Damit ist gezeigt, dass die betrachtete Größe sich wie ein Tensor der Stufe $N-2$ transformiert.

5.7 Symmetrischer Kreisel mit konstantem Drehmoment

Auf einen symmetrischen Kreisel wirkt das konstante Drehmoment $\boldsymbol{M} = M_0\, \boldsymbol{e}_z$. Lösen Sie die Bewegungsgleichungen für die Anfangsbedingungen $\boldsymbol{\omega}(0) = 0$ und $\boldsymbol{e}_3(0) = \boldsymbol{e}_z$. Geben Sie die Zeitabhängigkeit der Eulerwinkel an.

Lösung: Für den symmetrischen Kreisel sind zwei der drei Hauptträgheitsmomente gleich

$$\Theta_2 = \Theta_1\,, \qquad \Theta_3 \neq \Theta_1$$

Aus der Bewegungsgleichung

$$\frac{d}{dt}\,\boldsymbol{L} = \boldsymbol{M} = M_0\,\boldsymbol{e}_z$$

folgt mit den Anfangsbedingungen $\boldsymbol{\omega}(0) = 0$ oder $\boldsymbol{L}(0) = 0$ die Lösung

$$\boldsymbol{L}(t) = \sum_{i=1}^{3} \Theta_i\,\omega_i(t)\,\boldsymbol{e}_i(t) = M_0\,t\,\boldsymbol{e}_z$$

Dies bedeutet für die Komponenten im körperfesten System:

$$\big(L_1, L_2, L_3\big) = \big(\Theta_1\omega_1(t),\,\Theta_1\omega_2(t),\,\Theta_3\omega_3(t)\big) = M_0\,t\,\big(\sin\theta\,\sin\psi,\ \sin\theta\,\cos\psi,\ \cos\theta\big)$$

Dabei haben wir die Komponenten von $\boldsymbol{e}_z$ mit Hilfe der Eulerwinkel angegeben. Wir drücken nun die Winkelgeschwindigkeiten (5.4) durch die Eulerwinkel aus und erhalten so ein System von drei gekoppelten Differenzialgleichungen

$$\begin{aligned}
\Theta_1\,\dot\omega_1(t) &= \Theta_1\big(\dot\phi\,\sin\theta\,\sin\psi + \dot\theta\,\cos\psi\big) &&= M_0\,t\,\sin\theta\,\sin\psi\\
\Theta_1\,\dot\omega_2(t) &= \Theta_1\big(\dot\phi\,\sin\theta\,\cos\psi - \dot\theta\,\sin\psi\big) &&= M_0\,t\,\sin\theta\,\cos\psi\\
\Theta_3\,\dot\omega_3(t) &= \Theta_3\big(\dot\phi\,\cos\theta + \dot\psi\big) &&= M_0\,t\,\cos\theta
\end{aligned}$$

Aus den ersten beiden Gleichungen erhält man $\dot\theta = 0$. Mit der Anfangsbedingung $\boldsymbol{e}_3(0) = \boldsymbol{e}_z$ oder $\theta(0) = 0$ wird dies zu $\theta(t) = 0$. Dann sind die ersten beiden Gleichungen identisch erfüllt. Zu lösen ist noch die dritte Gleichung:

$$\Theta_3\big(\dot\phi + \dot\psi\big) = M_0\,t$$

Hierin können wir ohne Einschränkung der Allgemeinheit $\psi(t) = 0$ setzen, denn wegen $\theta(t) = 0$ beschreiben beide Winkel, $\phi(t)$ und $\psi(t)$, Drehungen um dieselbe Achse (die z-Achse und die Figurenachse fallen zusammen). Damit erhalten wir insgesamt

$$\phi(t) = \frac{1}{2}\,\frac{M_0}{\Theta_3}\,t^2 + \phi_0\,, \qquad \psi(t) = 0\,, \qquad \theta(t) = 0$$

Das konstante Drehmoment erzeugt eine beschleunigte Rotation um die Drehachse. Diese Bewegung ist vergleichbar mit der konstanten Beschleunigung eines Massenpunkts.

5.8 Drehmoment senkrecht zum Drehimpuls

Auf einen starren Körper wirke das Drehmoment $\boldsymbol{M} = M_0\,\boldsymbol{e}_z \times (\boldsymbol{L}/L)$. Zeigen Sie $|\boldsymbol{L}| = \text{const.}$ und $L_z = \text{const.}$ Leiten Sie für die Richtung $\boldsymbol{\ell} = \boldsymbol{L}/L$ des Drehimpulses die Gleichung

$$\frac{d\boldsymbol{\ell}}{dt} = \boldsymbol{\omega}_{\text{präz}} \times \boldsymbol{\ell}$$

ab und geben Sie die Präzessionsfrequenz $\boldsymbol{\omega}_{\text{präz}}$ an. Beschreiben Sie die zeitliche Änderung von $\boldsymbol{\ell}$ mit Worten.

Lösung: Wir schreiben die Bewegungsgleichung mit $\boldsymbol{L} = L\boldsymbol{\ell}$ an:

$$\frac{d\boldsymbol{L}}{dt} = \frac{dL}{dt}\boldsymbol{\ell} + L\frac{d\boldsymbol{\ell}}{dt} = \boldsymbol{M} = M_0\,\boldsymbol{e}_z \times \boldsymbol{\ell} \tag{5.29}$$

Wir multiplizieren dies skalar mit $\boldsymbol{e}_z$, wobei wir $d\boldsymbol{e}_z/dt = 0$ berücksichtigen:

$$\boldsymbol{e}_z \cdot \frac{d\boldsymbol{L}}{dt} = \frac{d(\boldsymbol{e}_z \cdot \boldsymbol{L})}{dt} = 0 \quad\Longrightarrow\quad L_z = \boldsymbol{e}_z \cdot \boldsymbol{L} = \text{const.}$$

Wir multiplizieren (5.29) skalar mit $\boldsymbol{\ell} = \boldsymbol{L}/L$, wobei wir $\boldsymbol{\ell}^2 = 1$ berücksichtigen:

$$\frac{dL}{dt}\boldsymbol{\ell}^2 + L\,\boldsymbol{\ell}\cdot\frac{d\boldsymbol{\ell}}{dt} = \frac{dL}{dt} + \frac{L}{2}\frac{d\boldsymbol{\ell}^2}{dt} = \frac{dL}{dt} = 0 \quad\Longrightarrow\quad L = \text{const.}$$

Damit wird (5.29) zu

$$\frac{d\boldsymbol{\ell}}{dt} = \frac{M_0}{L}\,\boldsymbol{e}_z \times \boldsymbol{\ell} = \boldsymbol{\omega}_{\text{präz}} \times \boldsymbol{\ell}$$

mit $\boldsymbol{\omega}_{\text{präz}} = (M_0/L)\,\boldsymbol{e}_z$. Der Drehimpuls präzediert mit der Winkelgeschwindigkeit $\omega_{\text{präz}} = M_0/L$ um die z-Achse; dabei ist sein Betrag konstant.

5.9 Zylinder mit Unwucht

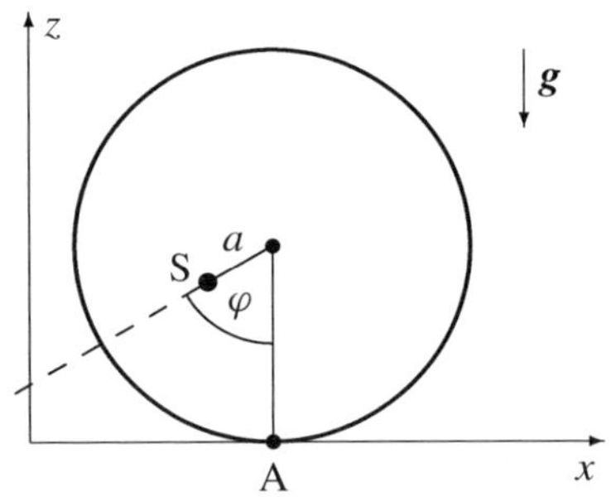

Die Masse M eines *nicht* homogenen zylindrischen Rads mit Radius R ist so verteilt, dass eine der Hauptträgheitsachsen im Abstand a parallel zur Zylinderachse verläuft. Das Trägheitsmoment bezüglich dieser Achse ist Θ_{S}. Der Zylinder rollt unter dem Einfluss der Schwerkraft auf einer horizontalen Ebene. Die Anfangsbedingungen sind $\varphi(0) = 0$ und $\dot\varphi(0) = \omega_0$.

Stellen Sie die Lagrangefunktion in der Koordinate φ auf. Wie lautet die dazugehörige Bewegungsgleichung? Geben Sie die Lösung $\varphi_{a=0}(t)$ im Spezialfall $a = 0$ an. Setzen Sie nun $\varphi(t) = \varphi_{a=0}(t) + a\,\xi(t)$ und entwickeln Sie die Bewegungsgleichung für eine kleine *Unwucht a* bis zur ersten Ordnung. Berechnen Sie $\xi(t)$. Skizzieren Sie die Winkelgeschwindigkeit $\omega(t) = \dot\varphi(t)$ als Funktion der Zeit.

Lösung: Die Hauptträgheitsachse im Abstand a parallel zur Zylinderachse geht durch den Schwerpunkt S. Wir berechnen zunächst die Koordinaten des Schwerpunkts in der x-z-Ebene ($y_{\text{S}} = 0$),

$$\begin{aligned} x_{\text{S}} &= R\,\varphi - a\,\sin\varphi\,, & \dot x_{\text{S}} &= \big(R - a\,\cos\varphi\big)\dot\varphi \\ z_{\text{S}} &= R - a\,\cos\varphi\,, & \dot z_{\text{S}} &= a\,\dot\varphi\,\sin\varphi \end{aligned}$$

Die Translationsenergie,

$$T_{\text{trans}} = \frac{M}{2}\left(\dot x_{\text{S}}^2 + \dot z_{\text{S}}^2\right) = \frac{M}{2}\left(R^2 - 2\,a\,R\,\cos\varphi + a^2\right)\dot\varphi^2$$

die Rotationsenergie,

$$T_{\text{rot}} = \frac{\Theta_S}{2}\,\dot{\varphi}^2$$

und die potenzielle Energie,

$$V = M g\, z_S = M g\big(R - a\,\cos\varphi\big)$$

führen auf die Lagrangefunktion:

$$\mathcal{L} = T_{\text{trans}} + T_{\text{rot}} - V = \frac{M}{2}\,\big(R^2 - 2\,a\,R\,\cos\varphi + a^2\big)\,\dot{\varphi}^2 + \frac{\Theta_S}{2}\,\dot{\varphi}^2 - M g\big(R - a\,\cos\varphi\big)$$

Die dazugehörige Euler-Lagrange-Gleichung lautet

$$\Big[M\big(R^2 - 2\,a\,R\,\cos\varphi + a^2\big) + \Theta_S\Big]\,\ddot{\varphi} + M a\big(g + R\,\dot{\varphi}^2\big)\,\sin\varphi = 0 \tag{5.30}$$

Im Spezialfall $a = 0$ vereinfacht sich dies zu

$$\big(M R^2 + \Theta_S\big)\,\ddot{\varphi}_{a=0} = 0 \quad\Longrightarrow\quad \varphi_{a=0}(t) = \omega_0\, t$$

Diese Lösung befriedigt die gegebenen Anfangsbedingungen $\varphi(0) = 0$ und $\dot{\varphi}(0) = \omega_0$. Sie beschreibt eine gleichförmige Rotationsbewegung (ohne Unwucht). Wir setzen nun

$$\varphi(t) = \omega_0\, t + a\,\xi(t)$$

in die Bewegungsgleichung ein und betrachten die in a linearen Terme:

$$\big(M R^2 + \Theta_S\big)\,\ddot{\xi}(t) = -M\big(g + \omega_0^2\, R\big)\,\sin(\omega_0\, t)$$

Diese Gleichung wird zweimal integriert:

$$\dot{\xi}(t) = -\frac{M\,(g + \omega_0^2\, R)}{M R^2 + \Theta_S}\int_0^t dt'\,\sin(\omega_0\, t') = \frac{M\,(g + \omega_0^2\, R)}{\omega_0\,(M R^2 + \Theta_S)}\,\big(\cos(\omega_0\, t) - 1\big)$$

$$\xi(t) = \frac{M\,(g + \omega_0^2\, R)}{\omega_0\,(M R^2 + \Theta_S)}\int_0^t dt'\,\big(\cos(\omega_0\, t') - 1\big) = \frac{M\,(R + g/\omega_0^2)}{M R^2 + \Theta_S}\,\big(\sin(\omega_0\, t) - \omega_0\, t\big)$$

Nachdem $\varphi_{a=0}(t)$ die Anfangsbedingungen erfüllt, müssen $\xi(0) = 0$ und $\dot{\xi}(0) = 0$ gelten; dies wurde in den Integralgrenzen berücksichtigt. Für die Winkelgeschwindigkeit erhalten wir

$$\omega(t) = \dot{\varphi}(t) = \omega_0 + a\,\dot{\xi}(t) = \omega_0\left[1 - \frac{2 M a\big(R + g/\omega_0^2\big)}{M R^2 + \Theta_S}\,\Big(\sin\frac{\omega_0\, t}{2}\Big)^2\right]$$

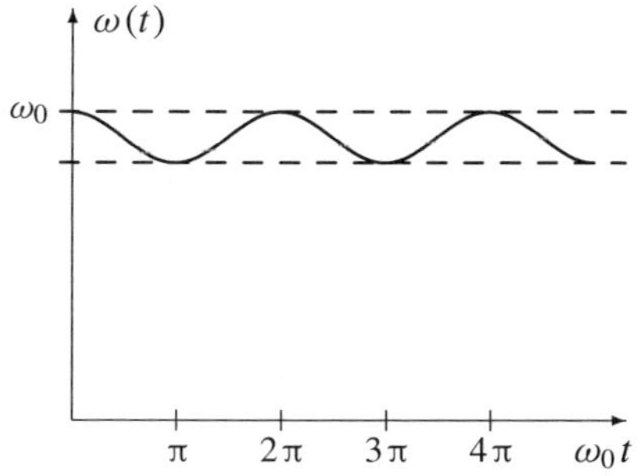

Die Winkelfrequenz $\omega(t)$ schwankt periodisch um einen Mittelwert. Für große $\omega_0^2 \gg g/R$, also zum Beispiel für typische Reisegeschwindigkeiten eines Autorads, ist die relative Amplitude der Störung unabhängig von der Schwerkraft und nur durch die Geometrie der Massenverteilung festgelegt. Bei kleinen Winkelgeschwindigkeiten $\omega_0^2 \lesssim g/R$ wird die Amplitude der Störung durch die Schwerkraft verstärkt.

Die Unwucht kann durch Anbringen einer kleinen Zusatzmasse $m = (a/R)\,M$ an dem zu S genau gegenüberliegenden Radrand beseitigt werden. Der Schwerpunkt liegt dann auf der Zylinderachse und die Rotationsbewegung verläuft gleichförmig. Dieser Effekt liegt dem Auswuchten von Autorädern zugrunde.

5.10 Schaukelbewegung einer Halbkugel

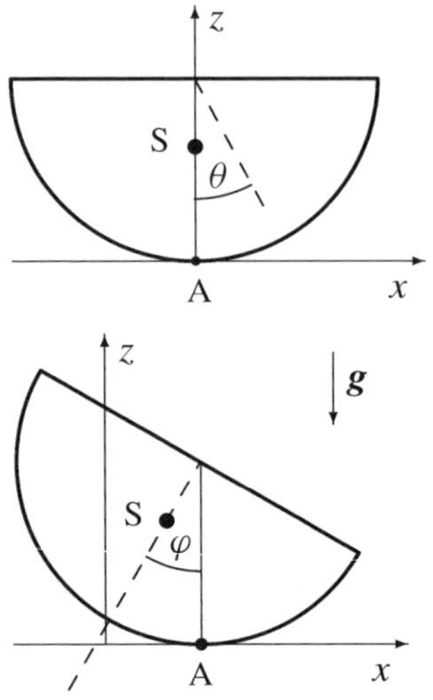

Eine starre Halbkugel mit Radius R und konstanter Massendichte ϱ_0 führt im Schwerefeld eine Schaukelbewegung auf einer horizontalen Ebene aus; die Kugel rollt dabei auf der Ebene ab. Links oben ist die Ruhelage der Halbkugel gezeigt, links unten eine Auslenkung.

Berechnen Sie das Trägheitsmoment der Halbkugel bezüglich einer Achse durch den Schwerpunkt, die senkrecht zur Symmetrieachse steht. Geben Sie die Lage des Schwerpunkts S in Abhängigkeit vom Winkel φ an. Stellen Sie die Lagrangefunktion für kleine Auslenkungen aus der Gleichgewichtslage auf. Geben Sie die allgemeine Lösung an.

Lösung: Wir betrachten zunächst die im oberen Teil der Abbildung gezeigte Ruhelage. Aus Symmetriegründen gelten $x_\mathrm{S} = 0$ und $y_\mathrm{S} = 0$ für die Koordinaten des Schwerpunkts. Die Koordinate z_S kann mit Kugelkoordinaten (θ wie eingezeichnet) berechnet werden:

$$\begin{aligned} z_\mathrm{S} &= \frac{\varrho_0}{M} \int_{\text{Halbkugel}} d^3r \; z = \frac{2\pi\,\varrho_0}{M} \int_0^R dr\; r^2 \int_0^1 d\cos\theta\; \big(R - r\cos\theta\big) \\ &= R - \frac{3}{R^3} \int_0^R dr\; r^3 \int_0^1 d\cos\theta\; \cos\theta = R - \frac{3R}{8} = \frac{5R}{8} \end{aligned}$$

Die konstante Massendichte konnte vor das Integral gesetzt werden. Der Integrand wird mit der Massendichte gemittelt, daher gibt das Integral über R einfach R. Für die Masse der Halbkugel wurde $M = (2\pi/3)\,\varrho_0 R^3$ eingesetzt. Im gegebenen Koordinatensystem könnte man die Integration (aufwändiger) mit Zylinderkoordinaten ausführen.

Das Trägheitsmoment bezüglich einer zur y-Achse parallelen Achse durch den Schwerpunkt ist nach dem Steinerschen Satz (Aufgabe 5.1)

$$\Theta_\mathrm{S} = \Theta_\mathrm{K} - M\left(\frac{3R}{8}\right)^2 = \left(\frac{2}{5} - \frac{9}{64}\right) M R^2$$

Dabei wurde das Trägheitsmoment (5.26) einer homogenen Vollkugel für eine Achse durch den Mittelpunkt verwendet. Diese Formel ist auch für die homogene Halbkugel richtig, denn Trägheitsmoment und Masse halbieren sich gleichermaßen.

Wir nehmen nun an, dass die Halbkugel in x-Richtung schaukelt (Abbildung unten, $y_\mathrm{S} = 0$). Die Schwerpunktkoordinaten können durch den Winkel φ ausgedrückt werden:

$$\begin{aligned} x_\mathrm{S} &= R\Big(\varphi - \frac{3}{8}\sin\varphi\Big), \qquad & \dot{x}_\mathrm{S} &= R\Big(1 - \frac{3}{8}\cos\varphi\Big)\dot{\varphi} \\ z_\mathrm{S} &= R\Big(1 - \frac{3}{8}\cos\varphi\Big), \qquad & \dot{z}_\mathrm{S} &= \frac{3}{8}\,R\,\dot{\varphi}\,\sin\varphi \end{aligned}$$

Damit lauten die kinetische Energie des Schwerpunkts,

$$T_{\text{trans}} = \frac{M}{2}\left(\dot{x}_S^2 + \dot{z}_S^2\right) = \frac{1}{2}\left[\left(1 - \frac{3}{8}\cos\varphi\right)^2 + \left(\frac{3}{8}\sin\varphi\right)^2\right] M R^2 \dot{\varphi}^2$$
$$= \frac{1}{2}\left[1 + \frac{9}{64} - \frac{3}{4}\cos\varphi\right] M R^2 \dot{\varphi}^2$$

die Rotationsenergie,

$$T_{\text{rot}} = \frac{\Theta_S}{2}\dot{\varphi}^2 = \frac{1}{2}\left[\frac{2}{5} - \frac{9}{64}\right] M R^2 \dot{\varphi}^2$$

und die potenzielle Energie,

$$V = M g z_S = \left[1 - \frac{3}{8}\cos\varphi\right] M g R$$

Alternativ kann man mit dem Steinerschen Satz auch das Trägheitsmoment bezüglich einer Achse durch den Abrollpunkt A berechnen; es tritt dann nur Rotationsenergie um diese Achse und keine Translationsenergie auf; das Ergebnis ist natürlich dasselbe. Mit den berechneten Energien stellen wir die Lagrangefunktion auf:

$$\mathcal{L} = T_{\text{trans}} + T_{\text{rot}} - V = \frac{1}{2}\left(\frac{7}{5} - \frac{3}{4}\cos\varphi\right) M R^2 \dot{\varphi}^2 - \left(1 - \frac{3}{8}\cos\varphi\right) M g R$$

Im Fall kleiner Auslenkungen aus der Ruhelage, $\varphi \ll 1$, vereinfacht sich die Lagrangefunktion zu der des harmonischen Oszillators

$$\mathcal{L} = \frac{1}{2}\left(\frac{13}{20} M R^2\right)\dot{\varphi}^2 - \frac{1}{2}\left(\frac{3}{8} M g R\right)\varphi^2 - \frac{5}{8} M g R$$

Der letzte Term ist die (konstante) potenzielle Energie der Halbkugel in der Ruhelage; er fällt in den Bewegungsgleichungen weg. Für diese Oszillator-Lagrangefunktion kann die Winkelgeschwindigkeit sofort abgelesen werden:

$$\omega^2 = \frac{(3/8)\, M g R}{(13/20)\, M R^2} = \frac{15\, g}{26\, R}, \qquad \omega = \sqrt{\frac{15\, g}{26\, R}}$$

Die allgemeine Lösung ist eine ungedämpfte harmonische Schwingung,

$$\varphi(t) = A\cos(\omega t + \alpha)$$

Die Amplitude A und die Phase α werden durch die Anfangsbedingungen festgelegt.

6 Kleine Schwingungen

Viele Systeme können Schwingungen um eine Gleichgewichtslage ausführen. Wir untersuchen solche Schwingungen im Fall kleiner Amplituden. Ausgehend von einer allgemeinen Form der Lagrangefunktion bestimmen wir die Eigenfrequenzen und Eigenschwingungen eines Systems mit vielen Freiheitsgraden.

Eindimensionaler Fall

Wir betrachten zunächst ein System mit einem Freiheitsgrad, der durch die generalisierte Koordinate q beschrieben wird. Wir entwickeln die potenzielle Energie $U(q)$ an der Stelle einer stabilen Gleichgewichtslage q_0,

$$U(q) = U(q_0) + \left(\frac{dU}{dq}\right)_0 (q - q_0) + \frac{1}{2} \left(\frac{d^2U}{dq^2}\right)_0 (q - q_0)^2 + \ldots \approx U(q_0) + \frac{k}{2}\, x^2 \tag{6.1}$$

Wir setzen eine stabile Gleichgewichtslage voraus, also $(dU/dq)_0 = 0$ und $k = (d^2U/dq^2)_0 > 0$. Die Auslenkungen $x = q - q_0$ sollen so klein sein, dass die Entwicklung beim quadratischen Term abgebrochen werden kann.

Für die kinetische Energie $T = a(q)\, \dot{q}^2/2$ ergibt die Entwicklung $T \approx m\dot{x}^2/2$ mit $m = a(q_0)$. Wenn wir eine äußere Kraft zulassen, dann lautet die Lagrangefunktion für *kleine* Auslenkungen

$$\mathcal{L}(x, \dot{x}, t) = \frac{m}{2}\, \dot{x}^2 - \frac{k}{2}\, x^2 + F(t)\, x \tag{6.2}$$

Hierfür stellen wir die Bewegungsgleichung auf, die wir durch einen zusätzlichen Reibungsterm verallgemeinern:

$$\ddot{x} + 2\lambda\, \dot{x} + \omega_0^2\, x = f(t) \tag{6.3}$$

Dabei ist $\omega_0^2 = k/m$ und $f(t) = F(t)/m$. Die allgemeine Lösung setzt sich aus einer allgemeinen homogenen Lösung x_{hom} und einer partikulären Lösung zusammen. Für $\lambda < \omega_0$ und eine periodische Kraft wurde die allgemeine Lösung in Aufgabe 1.4 gefunden. Wir geben hier zunächst die allgemeine homogene Lösung für eine periodische Kraft ohne die Einschränkung $\lambda < \omega_0$ an:

$$\begin{aligned}
x_{\text{hom}}(t) &= A\, \exp(-\lambda t)\, \cos(w_0 t + \alpha) && (\lambda < \omega_0)\\
x_{\text{hom}}(t) &= A\, \exp(-\lambda_1 t) + B\, \exp(-\lambda_2 t) && (\lambda > \omega_0)\\
x_{\text{hom}}(t) &= (A + Bt)\, \exp(-\lambda t) && (\lambda = \omega_0)
\end{aligned} \tag{6.4}$$

Hierbei ist $w_0 = \sqrt{\omega_0^2 - \lambda^2}$ und $\lambda_{1,2} = \lambda \pm \sqrt{\lambda^2 - \omega_0^2}$.

Eine allgemeine Kraft $f(t) = \int_{-\infty}^{\infty} d\omega\, f_\omega \exp(\mathrm{i}\omega t)$ kann in periodische Anteile zerlegt werden (Fouriertransformation). Da die Bewegungsgleichung (6.3) linear ist, ist die partikuläre Lösung dann einfach eine Überlagerung der Lösung (1.32) für eine periodische Kraft:

$$x_{\text{part}}(t) = \text{Re} \int_{-\infty}^{\infty} d\omega\, \frac{f_\omega \exp(\mathrm{i}\omega t)}{\omega_0^2 - \omega^2 + 2\mathrm{i}\lambda\,\omega} \tag{6.5}$$

Die allgemeine Lösung ist $x(t) = x_{\text{hom}}(t) + x_{\text{part}}(t)$.

System mit vielen Freiheitsgraden

Wir betrachten nun ein System mit f Freiheitsgraden und den verallgemeinerten Koordinaten $q_1, \ldots, q_f$. Die Lagrangefunktion sei von der Form

$$\mathcal{L}_0 = \frac{1}{2} \sum_{i,\,j=1}^{f} m_{ij}(q_1, \ldots, q_f)\, \dot{q}_i\, \dot{q}_j - U(q_1, \ldots, q_f) \approx \frac{1}{2} \sum_{i,\,j=1}^{f} \big(T_{ij}\, \dot{x}_i\, \dot{x}_j - V_{ij}\, x_i\, x_j \big) \tag{6.6}$$

Die Näherung ergibt sich, wenn wir um die Gleichgewichtslage q_i^0 herum entwickeln. Für kleine Auslenkungen $x_i = q_i - q_i^0$ ergibt sich dann die Form (6.6). Sie führt zu den Bewegungsgleichungen

$$T\,\ddot{x} + V x = 0 \tag{6.7}$$

Hierbei sind $T = (T_{ij})$ und $V = (V_{ij})$ symmetrische Matrizen mit f Zeilen und Spalten, und x ist der Spaltenvektor aus den Komponenten $x_1, \ldots, x_f$. Wesentlich ist, dass die Eigenwerte von V und von T positiv sind; dies liegt an der Stabilität der Gleichgewichtslage und an der Positivität der kinetischen Energie.

Der Ansatz $x(t) = A\, \exp(-\mathrm{i}\omega t)$ führt zu

$$\big(V - \omega^2\, T \big)\, A = 0 \tag{6.8}$$

Dies ist ein lineares, homogenes Gleichungssystem für die Größen $A_1, \ldots, A_f$. Für eine nichttriviale Lösung muss $\det(V - \omega^2\, T) = 0$ gelten. Hieraus erhält man f reelle Lösungen ω_k^2 (cine imaginäre Lösung stünde im Widerspruch zur Stabilitätsannahme). Man kann sich auf die positiven Wurzeln $\omega_k > 0$ beschränken. Zu jeder Eigenfrequenz ω_k findet man aus (6.8) einen zugehörigen Eigenvektor $A^{(k)}$. Die allgemeine Lösung kann damit in der Form

$$x(t) = \sum_{k=1}^{f} A^{(k)}\, B_k\, \cos(\omega_k t + \alpha_k) \tag{6.9}$$

angegeben werden. Diese Lösung ist eine Überlagerung aus den *Eigenmoden* oder *Eigenschwingungen* des Systems. Die Amplituden B_k und die Phasen α_k stellen die $2f$ Integrationskonstanten für (6.7) dar.

Normalkoordinaten

Da wir in (6.9) Amplituden B_k vorgesehen haben, können wir die Eigenvektoren $A^{(k)}$ beliebig normieren; durch (6.8) wird die Normierung ja auch nicht festgelegt. Man stellt zunächst fest, dass $A^{(l)\,\mathrm{T}}\,T\,A^{(k)}$ für verschiedene Eigenvektoren null ist; dies folgt aus (6.8) und daraus, dass die Matrizen T und V symmetrisch sind. Daher kann man

$$A^{(l)\,\mathrm{T}}\,T\,A^{(k)} = \sum_{i,\,j=1}^{f} T_{ij}\,a_{il}\,a_{jk} = \delta_{lk} \qquad \text{oder} \qquad a^{\mathrm{T}}\,T\,a = 1 \tag{6.10}$$

verlangen. Hierbei haben wir aus den f Vektoren $A^{(k)}$ die quadratische Matrix a gebildet. Man kann nun über $x = a\,Q$ (Matrixmultiplikation) neue Koordinaten einführen, für die

$$\mathcal{L}_0 = \frac{1}{2}\sum_{k=1}^{f}\left(\dot{Q}_k^2 - \omega_k^2\,Q_k^2\right) \tag{6.11}$$

Für die *Normalkoordinaten* $Q_1(t), \ldots, Q_f(t)$ *entkoppeln* die Bewegungsgleichungen zu $\ddot{Q}_k + \omega_k^2\,Q_k = 0$. In diesen Bewegungsgleichungen kann man so wie oben im eindimensionalen Fall äußere Kräfte oder auch Reibungskräfte einführen.

Aufgaben

6.1 Kraftstoß auf Oszillator

Ein gedämpfter Oszillator hat die Bewegungsgleichung $\ddot{x} + 2\lambda\dot{x} + \omega_0^2 x = f(t)$ mit $\lambda < \omega_0$. Der Oszillator ruht in seiner Gleichgewichtslage. Dann bekommt er einen Kraftstoß

$$f(t) = \begin{cases} v_0/T & 0 \le t \le T \\ 0 & \text{sonst} \end{cases}$$

Bestimmen Sie die Auslenkung $x(t)$. Diskutieren Sie die Grenzfälle $T \to 0$ und $T \gg 1/\lambda$, und skizzieren Sie hierfür die Lösungen.

Lösung: Im Zeitintervall $0 \le t \le T$ lösen wir die inhomogene Schwingungsgleichung

$$\ddot{x} + 2\lambda\,\dot{x} + \omega_0^2\, x = \frac{v_0}{T}$$

Diese Gleichung hat die partikuläre Lösung $x_{\text{part}} = v_0/(T\omega_0^2)$. Mit der homogenen Lösung aus Aufgabe 1.6 wird die allgemeine Lösung $x = x_{\text{hom}} + x_{\text{part}}$ zu

$$x(t) = \Big(A_1\cos(w_0 t) + A_2\sin(w_0 t)\Big)\exp(-\lambda t) + \frac{v_0}{T\omega_0^2} \qquad (0 \le t \le T) \tag{6.12}$$

Dabei ist $w_0 = \sqrt{{\omega_0}^2 - \lambda^2}$. Die Anfangsbedingungen lauten $x(0) = A_1 + v_0/(T\omega_0^2) = 0$ und $\dot{x}(0) = w_0 A_2 - \lambda A_1 = 0$. Damit erhalten wir

$$x(t) = \frac{v_0}{\omega_0^2 T}\left(1 - \Big[\cos(w_0 t) + \frac{\lambda}{w_0}\sin(w_0 t)\Big]\exp(-\lambda t)\right) \qquad (0 \le t \le T) \tag{6.13}$$

Diese Lösung beginnt mit einer waagerechten Tangente, schwingt über die neue Gleichgewichtslage bei $v_0/(\omega_0^2 T)$ hinaus und wird dann gedämpft. Für $t > T$ verschwindet die äußere Kraft

$$\ddot{x} + 2\lambda\,\dot{x} + \omega_0^2\, x = 0 \qquad (t > T)$$

Hierfür gilt die homogene Lösung

$$x(t) = \big[B_1\cos(w_0 t) + B_2\sin(w_0 t)\big]\exp(-\lambda t) \qquad (t \ge T) \tag{6.14}$$

Mit der Kraft macht $\ddot{x}$ bei $t = T$ einen Sprung. Damit sind $\dot{x}(t)$ und $x(t)$ bei $t = T$ stetig. Diese beiden Bedingungen legen die Konstanten fest

$$B_1 = \frac{v_0}{\omega_0^2 T}\left(\Big[\cos(w_0 T) - \frac{\lambda}{w_0}\sin(w_0 T)\Big]\exp(\lambda T) - 1\right)$$

$$B_2 = \frac{v_0}{\omega_0^2 T}\left(\Big[\sin(w_0 T) + \frac{\lambda}{w_0}\cos(w_0 T)\Big]\exp(\lambda T) - \frac{\lambda}{w_0}\right) \tag{6.15}$$

Damit ist die Lösung für $t \ge T$ festgelegt:

$$x(t) = \frac{v_0}{\omega_0^2 T}\left(\Big[\cos w_0(t-T) + \frac{\lambda}{w_0}\sin w_0(t-T)\Big]\exp\big(-\lambda(t-T)\big]\right. \tag{6.16}$$

$$\left. - \Big[\cos w_0 t + \frac{\lambda}{w_0}\sin w_0 t\Big]\exp(-\lambda t)\right) \qquad (t \ge T)$$

Dies ist eine gedämpfte Schwingung, die für große Zeiten wieder in die ursprüngliche Ruhelage zurückkehrt. Das Ergebnis (6.13) und (6.16) ist die exakte Lösung für einen Kraftstoß von beliebiger Dauer T. Wir diskutieren jetzt noch die Spezialfälle $T \to 0$ und $T \gg 1/\lambda$.

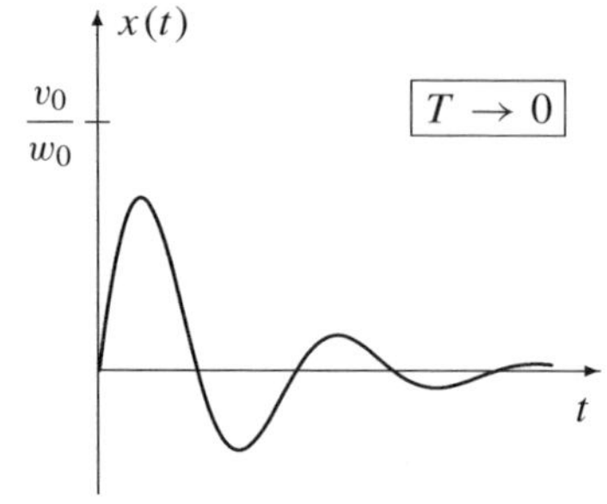

Für einen extrem kurzen Kraftstoß, $T \to 0$, geht das Zeitintervall $0 \leq t \leq T$ gegen null, und die Lösung (6.13) spielt keine Rolle. Wir bekommen die Lösung im Grenzfall $T \to 0$ aus (6.16). Mit den Konstanten $B_1 \to 0$ und $B_2 \to v_0/w_0$ aus (6.15) erhalten wir dann

$$x(t) = \frac{v_0}{w_0}\,\sin(w_0 t)\,\exp(-\lambda t)$$

Diese Lösung ist links skizziert.

Alternative Betrachtung zum Grenzfall $T \to 0$: Der kurze Kraftstoß überträgt den endlichen Impuls $m v_0 = m \int dt\, f(t)$. Man kann daher die kräftefreie Bewegungsgleichung mit den Anfangsbedingungen $x(0) = 0$ und $\dot{x}(0) = v_0$ (nach dem Stoß!) lösen.

Während eines lange andauernden ($T \gg 1/\lambda$) Kraftstoßes gilt zunächst die Lösung (6.13). Nach (6.13) konvergiert die Auslenkung gegen die neue Gleichgewichtslage bei $v_0/(\omega_0^2 T)$. Für $t > T$ gilt (6.16), wobei der zweite Term in (6.16) wegen $T \gg 1/\lambda$ wegfällt:

$$x(t) = \frac{v_0}{\omega_0^2 T}\left(\Big[\cos w_0(t-T) + \frac{\lambda}{w_0}\sin w_0(t-T)\Big]\exp\big[-\lambda(t-T)\big]\right) \qquad (t > T)$$

Dieser Teil der Lösung startet bei $t = T$ in der neuen Gleichgewichtslage mit einer waagerechten Tangente und wird dann rasch gedämpft; der Oszillator kehrt in seine ursprüngliche Ruhelage zurück. Für den Grenzfall $T \gg 1/\lambda$ ist die gesamte Bewegung in der folgenden Abbildung skizziert:

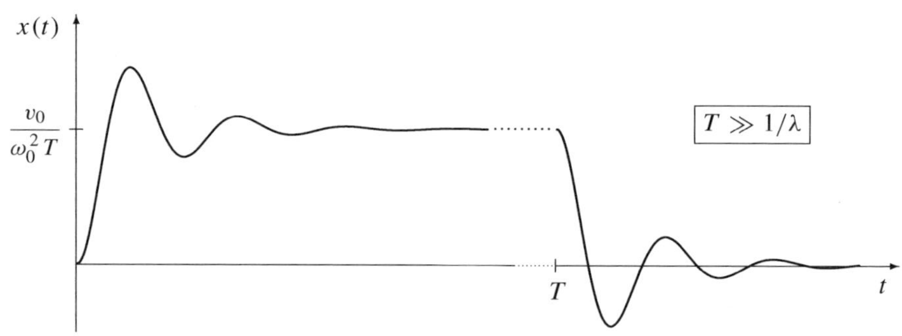

Alternative Lösung: Wir skizzieren hier noch eine formalere Lösung des Problems mit Hilfe von (6.5). Zunächst berechnen wir die Fouriertransformierte der Kraft

$$f_\omega = \frac{1}{2\pi}\int_{-\infty}^{\infty} dt\; f(t)\,\exp(-\mathrm{i}\omega t) = \frac{v_0}{2\pi T}\int_0^T dt\;\exp(-\mathrm{i}\omega t) = \frac{v_0\big(1-\exp(-\mathrm{i}\omega T)\big)}{2\mathrm{i}\pi\omega T}$$

Wir setzen dies in (6.5) ein:

$$x_{\text{part}} = \mathrm{Re}\int_{-\infty}^{\infty} d\omega\;\frac{f_\omega \exp(\mathrm{i}\omega t)}{\omega_0^2 - \omega^2 + 2\mathrm{i}\lambda\omega} = \frac{v_0}{T}\,\mathrm{Re}\,\frac{1}{2\pi\mathrm{i}}\int_{-\infty}^{\infty} d\omega\;\frac{\exp(\mathrm{i}\omega t) - \exp(\mathrm{i}\omega(t-T))}{\omega\big(\omega_0^2 - \omega^2 + 2\mathrm{i}\lambda\omega\big)}$$

Mit dem Integral

$$J(\tau) = \frac{1}{2\pi \mathrm{i}} \int_{-\infty}^{\infty} d\omega \, \frac{1 - \exp(\mathrm{i}\omega\tau)}{\omega(\omega - w_0 - \mathrm{i}\lambda)(\omega + w_0 - \mathrm{i}\lambda)}$$

schreiben wir die Lösung als

$$x_{\text{part}}(t) = \frac{v_0}{T} \, \mathrm{Re}\big[J(t) - J(t - T)\big] \tag{6.17}$$

Diese partikuläre Lösung ist bereits die gesuchte Auslenkung $x(t)$. Es gibt hier keinen Beitrag von der homogenen Lösung, weil der Oszillator vor dem Kraftstoß ruht.

Im Ausdruck für $J(\tau)$ wurde die Eins im Zähler addiert, damit der Integrand bei $\omega = 0$ regulär bleibt; in der Differenz (6.17) fallen diese Beiträge weg. Das Integral wird mit dem Residuensatz berechnet. Für $\tau > 0$ schließen wir den Integrationsweg über einen Halbkreis mit unendlichem Radius in der oberen Halbebene, der keinen Beitrag zum Integral liefert. Das Resultat ist durch die Residuen der beiden Pole bei $\omega = \pm w_0 + \mathrm{i}\lambda$ gegeben

$$\begin{aligned} J(\tau > 0) &= \frac{1 - \exp\big((\mathrm{i}w_0 - \lambda)\tau\big)}{2w_0(\mathrm{i}\lambda + w_0)} - \frac{1 - \exp\big((-\mathrm{i}w_0 - \lambda)\tau\big)}{2w_0(\mathrm{i}\lambda - w_0)} \\ &= \frac{1}{\omega_0^2}\Big(1 - \big[\cos w_0\tau + \frac{\lambda}{w_0}\sin w_0\tau\big]\exp(-\lambda\tau)\Big) \end{aligned}$$

Für $\tau < 0$ schließen wir den Integrationsweg in der unteren Halbebene; da dort keine Pole liegen, verschwindet das Integral in diesem Fall, $J(\tau < 0) = 0$. Aus (6.17) erhalten wir sofort die vorherigen Lösungen (6.13) und (6.16).

6.2 Transformation zu Normalkoordinaten

Die Auslenkungen x_i bei kleinen Schwingungen können durch die Normalkoordinaten Q_k ausgedrückt werden:

$$x_i = x_i(Q_1, \ldots, Q_f) = \sum_{j=1}^{f} a_{ij}\, Q_j \tag{6.18}$$

Wie lautet die Rücktransformation $Q_k = Q_k(x_1, .., x_f)$?

Lösung: Wir schreiben die Transformation (6.18) in Matrixform $x = a\,Q$ an. Dann multiplizieren wir diese Gleichung von links mit $a^{\mathrm{T}}\,T$, wobei $T = (T_{ik})$ die kinetische Energiematrix aus (6.6) ist:

$$x = a\,Q \quad \Longrightarrow \quad a^{\mathrm{T}}\,T\,x = a^{\mathrm{T}}\,T\,a\,Q = Q$$

Die quadratische Matrix a wird aus den Eigenvektoren gebildet und ist gemäß (6.10), $a^{\mathrm{T}}\,T\,a = 1$, normiert. Hieraus folgt der soeben angeschriebene letzte Schritt. Die gesuchte Rücktransformation lautet also

$$Q = a^{\mathrm{T}}\,T\,x \qquad \text{oder} \qquad Q_k = \sum_{l,i=1}^{f} a_{lk}\,T_{li}\,x_i \tag{6.19}$$

6.3 Standardverfahren für Doppelpendel

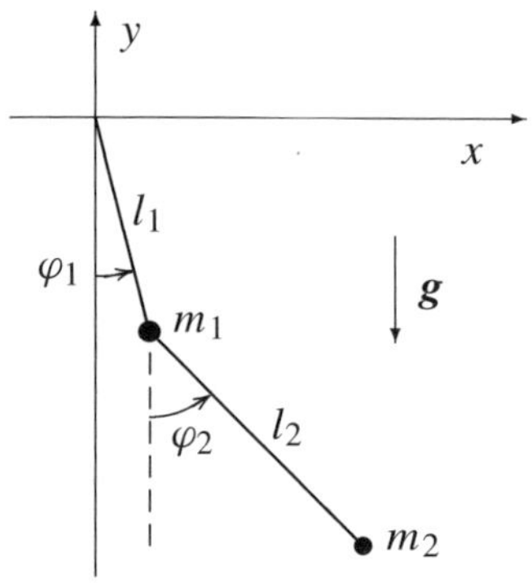

Für das bereits in Aufgabe 2.8 gelöste Doppelpendel: Geben Sie die Matrizen T und V des allgemeinen Verfahrens für kleine Schwingungen an. Stellen Sie die Eigenwertgleichung

$$\big(V - \omega^2 T\big)\, A = 0$$

auf. Bestimmen Sie die Eigenwerte und Eigenvektoren für den Fall $m_1 = m_2 = m$ und $l_1 = l_2 = l$.

Lösung: Als Koordinaten wählen wir $x_1 = l_1\,\varphi_1$ und $x_2 = l_2\,\varphi_2$ (auch $x_i = \varphi_i$ ist eine mögliche Wahl). Wir entwickeln die Lagrangefunktion (2.26) bis zur quadratischen Ordnung in den kleinen Auslenkungen:

$$\mathcal{L} = \frac{m_1 + m_2}{2}\,\dot{x}_1^2 + \frac{m_2}{2}\,\dot{x}_2^2 + m_2\,\dot{x}_1\,\dot{x}_2 - \frac{m_1 + m_2}{2}\,\frac{g}{l_1}\,x_1^2 - \frac{m_2}{2}\,\frac{g}{l_2}\,x_2^2 + \text{const.}$$

Wir schreiben dies als $\mathcal{L} = (\dot{x}^{\mathrm{T}}\,T\,\dot{x} - x^{\mathrm{T}}\,V\,x)/2 + \text{const.}$ und lesen die Matrizen T und V ab:

$$T = \begin{pmatrix} m_1 + m_2 & m_2 \\ m_2 & m_2 \end{pmatrix} \quad \text{und} \quad V = \begin{pmatrix} (m_1 + m_2)\,g/l_1 & 0 \\ 0 & m_2\,g/l_2 \end{pmatrix}$$

Damit schreiben wir die Eigenwertgleichung $(V - \omega^2 T)\,A = 0$ explizit an:

$$\begin{pmatrix} (m_1 + m_2)\big(g/l_1 - \omega^2\big) & -m_2\,\omega^2 \\ -m_2\,\omega^2 & m_2\big(g/l_2 - \omega^2\big) \end{pmatrix} \begin{pmatrix} A_1 \\ A_2 \end{pmatrix} = 0 \qquad (6.20)$$

Die Eigenwertbedingung $\det(V - \omega^2 T) = 0$ ist identisch mit (2.27); sie wurde in Aufgabe 2.8 ausgewertet. Für $m_1 = m_2 = m$ und $l_1 = l_2 = l$ wird die Eigenwertbedingung zu

$$2\big(g/l - \omega^2\big)^2 - \omega^4 = 0 \quad\Longrightarrow\quad \omega_1^2 = \frac{g}{l}\big(2 + \sqrt{2}\big), \quad \omega_2^2 = \frac{g}{l}\big(2 - \sqrt{2}\big)$$

Wir setzen die Frequenz ω_1 in die Eigenwertgleichung (6.20) ein. Nach dem Kürzen eines Faktors mg/l erhalten wir das folgende Gleichungssystem für den Eigenvektor $A^{(1)}$,

$$\begin{pmatrix} -2 - 2\sqrt{2} & -2 - \sqrt{2} \\ -2 - \sqrt{2} & -1 - \sqrt{2} \end{pmatrix} \begin{pmatrix} A_1^{(1)} \\ A_2^{(1)} \end{pmatrix} = 0$$

Wir setzen nun willkürlich $A_1^{(1)} = 1$ und erhalten $A_2^{(1)} = -\sqrt{2}$. Für die Frequenz ω_2 gehen wir analog vor. Damit lauten die (nichtnormierten) Eigenvektoren:

$$A^{(1)} = \begin{pmatrix} 1 \\ -\sqrt{2} \end{pmatrix} \quad \text{und} \quad A^{(2)} = \begin{pmatrix} 1 \\ \sqrt{2} \end{pmatrix}$$

6.4 Normalkoordinaten für Molekülschwingung

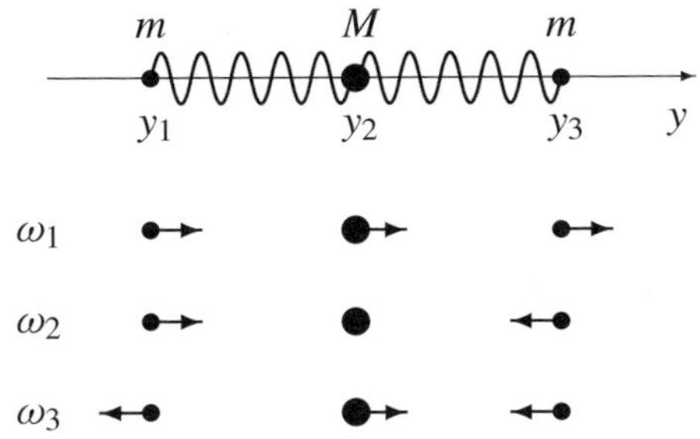

Die Atome (Massen m, M und m) eines dreiatomiges Moleküls können eindimensionale Schwingungen ausführen. Die sich ergebenden Schwingungstypen sind in der Abbildung skizziert. Die erste Lösung besteht in der Translation des gesamten Moleküls.

Die zu den Schwingungen gehörigen Eigenvektoren sind

$$A^{(1)} = c_1 \begin{pmatrix} 1 \\ 1 \\ 1 \end{pmatrix}, \qquad A^{(2)} = c_2 \begin{pmatrix} 1 \\ 0 \\ -1 \end{pmatrix}, \qquad A^{(3)} = c_3 \begin{pmatrix} 1 \\ -2m/M \\ 1 \end{pmatrix}$$

(Diese Eigenvektoren werden ohne Angabe der c_i in Kapitel 26 von [1] abgeleitet). Aus den Eigenvektoren wird die quadratische Matrix

$$a = (a_{ik}) = \left(A_i^{(1)}, A_i^{(2)}, A_i^{(3)} \right)$$

gebildet. Bestimmen Sie die Koeffizienten c_i aus der Normierung $a^{\mathrm{T}} \, T \, a = 1$ mit $T = \mathrm{diag}\,(m, M, m)$, und geben Sie die Normalkoordinaten $Q_k = Q_k(x)$ an.

Lösung: Die Matrix T in der Lagrangefunktion $\mathcal{L} = (\dot{x}^{\mathrm{T}} T \dot{x} - x^{\mathrm{T}} V x)/2$ ist

$$T = \left(T_{ij}\right) = \begin{pmatrix} m & 0 & 0 \\ 0 & M & 0 \\ 0 & 0 & m \end{pmatrix}$$

Die Normierung gemäß (6.10), $A^{(k)\,T} \, T \, A^{(k)} = 1$, ergibt dann

$$\begin{aligned} c_1^2 \left(m + M + m\right) &= 1\,, \qquad & c_1 &= \frac{1}{\sqrt{M + 2m}} \\ c_2^2 \, (m + m) &= 1\,, \qquad & c_2 &= \frac{1}{\sqrt{2m}} \\ c_3^2 \left(m + 4\,\frac{m^2}{M} + m\right) &= 1\,, \qquad & c_3 &= \frac{1}{\sqrt{2m\,(1 + 2m/M)}} \end{aligned}$$

Mit der Rücktransformation (6.19) ergeben sich daraus die Normalkoordinaten:

$$\begin{aligned} Q_1 &= \frac{1}{\sqrt{M + 2m}} \left[m x_1 + M x_2 + m x_3\right] \\ Q_2 &= \frac{1}{\sqrt{2m}} \left[m x_1 - m x_3\right] \\ Q_3 &= \frac{1}{\sqrt{2m\,(1 + 2m/M)}} \left[m x_1 - 2 m x_2 + m x_3\right] \end{aligned}$$

6.5 Lineare Kette mit festen Randbedingungen

Drei gleiche Massen m sind über vier gleiche Federn (Federkonstante k) zwischen zwei Wänden verbunden und können in y-Richtung schwingen. Die Auslenkungen aus den Gleichgewichtslagen y_n^0 werden mit $x_n(t) = y_n(t) - y_n^0$ bezeichnet.

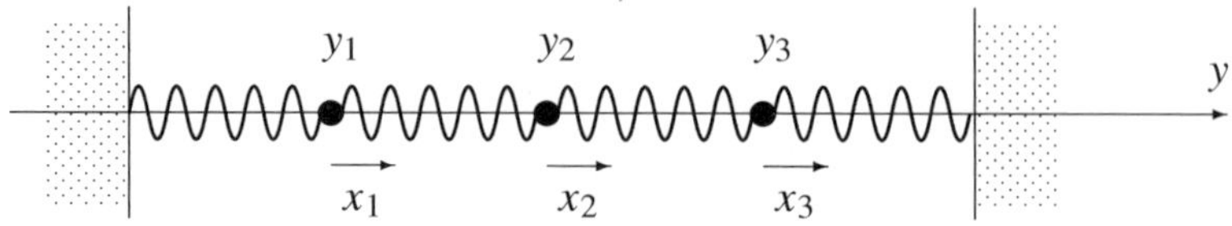

Geben Sie die Lagrangefunktion für dieses Problem an, und lesen Sie die Matrizen T und V ab. Bestimmen Sie die Eigenfrequenzen und die Eigenvektoren. Skizzieren Sie die verschiedenen Schwingungstypen.

Lösung: Das System hat $f = 3$ Freiheitsgrade. Die Lagrangefunktion lautet

$$\begin{aligned}\mathcal{L}(x, \dot{x}) &= \frac{m}{2}\left(\dot{x}_1^2 + \dot{x}_2^2 + \dot{x}_3^2\right) - \frac{k}{2}\left[x_1^2 + (x_2 - x_1)^2 + (x_3 - x_2)^2 + x_3^2\right] \\ &= \frac{1}{2}\sum_{i,j=1}^{3}\left(T_{ij}\,\dot{x}_i\,\dot{x}_j - V_{ij}\,x_i\,x_j\right)\end{aligned}$$

Die Matrizen T und V sind also

$$T = \left(T_{ij}\right) = \begin{pmatrix} m & 0 & 0 \\ 0 & m & 0 \\ 0 & 0 & m \end{pmatrix} \quad \text{und} \quad V = \left(V_{ij}\right) = \begin{pmatrix} 2k & -k & 0 \\ -k & 2k & -k \\ 0 & -k & 2k \end{pmatrix}$$

Die Bedingung für die Eigenfrequenzen lautet damit:

$$\det\left(V - \omega^2 T\right) = \begin{vmatrix} 2k - m\omega^2 & -k & 0 \\ -k & 2k - m\omega^2 & -k \\ 0 & -k & 2k - m\omega^2 \end{vmatrix} = 0$$

Dies ergibt eine kubische Gleichung für ω^2

$$\left(2k - m\omega^2\right)\left[\left(2k - m\omega^2\right)^2 - 2k^2\right] = 0$$

mit den Lösungen

$$\omega_1 = \sqrt{\left(2 - \sqrt{2}\right)\frac{k}{m}}, \qquad \omega_2 = \sqrt{2\,\frac{k}{m}}, \qquad \omega_3 = \sqrt{\left(2 + \sqrt{2}\right)\frac{k}{m}} \tag{6.21}$$

Aus $(V - \omega_\nu^2 T)\,A^{(\nu)} = 0$ folgen die dazugehörigen Eigenvektoren:

$$A^{(1)} = \frac{1}{\sqrt{2m}}\begin{pmatrix} 1/\sqrt{2} \\ 1 \\ 1/\sqrt{2} \end{pmatrix}$$

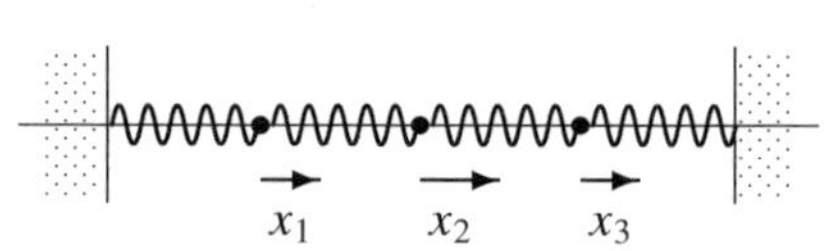

$$A^{(2)} = \frac{1}{\sqrt{2m}} \begin{pmatrix} 1 \\ 0 \\ -1 \end{pmatrix}$$

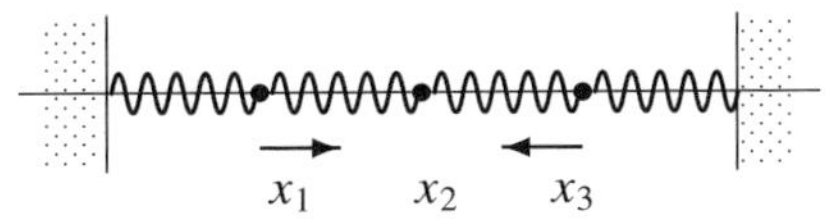

$$A^{(3)} = \frac{1}{\sqrt{2m}} \begin{pmatrix} 1/\sqrt{2} \\ -1 \\ 1/\sqrt{2} \end{pmatrix}$$

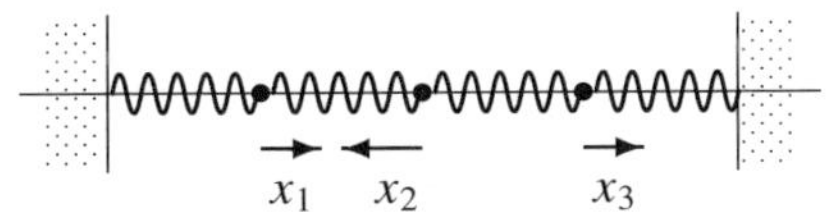

Die Schwingungstypen sind jeweils neben den Eigenvektoren skizziert. Die Vorfaktoren der Eigenvektoren wurden gemäß der Normierung (6.10) gewählt, also $A^{(\nu)\mathrm{T}}\, T\, A^{(\mu)} = \delta_{\nu\mu}$.

Kette mit N Massen: Wir verallgemeinern die hier gegebene Lösung für N gleiche Massen m, die über $N+1$ Federn zwischen zwei Wänden verbunden sind; dies geht über die Aufgabenstellung hinaus. Das System hat $f = N$ Freiheitsgrade und die Lagrangefunktion lautet

$$\mathcal{L}(x,\dot{x}) = \frac{m}{2}\left(\dot{x}_1^2 + \dot{x}_2^2 + \ldots + \dot{x}_N^2\right) - \frac{k}{2}\left[x_1^2 + (x_2 - x_1)^2 + \ldots + (x_N - x_{N-1})^2 + x_N^2\right]$$

Die Matrizen T und V können wieder abgelesen werden. Wir schreiben die Bedingung $D_N = \det(V - \omega^2 T) = 0$ für die Eigenfrequenzen ausführlich an:

$$D_N = \begin{vmatrix} 2k - m\omega^2 & -k & 0 & \ldots & 0 & 0 \\ -k & 2k - m\omega^2 & -k & \ldots & 0 & 0 \\ \cdots & & & & & \\ \cdots & & & & & \\ 0 & 0 & 0 & \ldots & -k & 2k - m\omega^2 \end{vmatrix} = 0$$

Wir entwickeln diese Determinante nach der ersten Zeile und bekommen die Rekursionsformel

$$D_N = \left(2k - m\omega^2\right) D_{N-1} - k^2 D_{N-2}$$

mit $D_0 = 1$, $D_1 = 2k - m\omega^2$ und so weiter. Der Ansatz $D_N = \beta^N$ mit $\beta \neq 0$ ($\beta = 0$ ist die uninteressante triviale Lösung) führt auf die quadratische Gleichung

$$\beta^2 - \left(2k - m\omega^2\right)\beta + k^2 = 0 \quad\Longrightarrow\quad \beta_1 + \beta_2 = 2k - m\omega^2\,, \quad \beta_1\beta_2 = k^2 \tag{6.22}$$

Damit haben wir zwei Lösungen, $D_N = \beta_1^N$ und $D_N = \beta_2^N$, der Rekursionsformel gefunden. Da die Rekursionsformel linear ist, hat sie die allgemeinere Lösung

$$D_N = c_1\beta_1^N + c_2\beta_2^N = \left[\beta_1^{N+1} - \beta_2^{N+1}\right]/(\beta_1 - \beta_2) = 0 \tag{6.23}$$

Über $D_0 = c_1 + c_2 = 1$ und $D_1 = c_1\beta_1 + c_2\beta_2 = 2k - m\omega^2$ wurden die Konstanten $c_1 = \beta_1/(\beta_1 - \beta_2)$ und $c_2 = -\beta_2/(\beta_1 - \beta_2)$ festgelegt und eingesetzt. Die charakteristische Gleichung $D_N = 0$ mit D_N aus (6.23) wird durch $(\beta_1/\beta_2)^{N+1} = 1$ gelöst, also durch

$$\frac{\beta_1}{\beta_2} = \exp\left(\frac{2\mathrm{i}\,\nu\,\pi}{N+1}\right), \qquad \nu = 1, 2, \ldots, N$$

Für $\nu = 0$ ergibt sich keine Lösung von (6.23). Es gibt damit genau N Lösungen. Mit $\beta_1 + \beta_2 = 2k - m\omega^2$ und $\beta_1\beta_2 = k^2$ aus (6.22) erhalten wir

$$\begin{aligned} \omega^2 &= 2\,\frac{k}{m}\left[1 - \frac{1}{2}\,\frac{\beta_1+\beta_2}{\sqrt{\beta_1\beta_2}}\right] = 2\,\frac{k}{m}\left[1 - \frac{\sqrt{\beta_1/\beta_2}+\sqrt{\beta_2/\beta_1}}{2}\right] \\ &= 2\,\frac{k}{m}\left[1-\cos\left(\frac{\nu\,\pi}{N+1}\right)\right] = 4\,\frac{k}{m}\left[\sin\left(\frac{\nu\,\pi}{2(N+1)}\right)\right]^2 \end{aligned}$$

Die N Eigenfrequenzen

$$\omega_\nu = 2\sqrt{\frac{k}{m}}\,\left|\sin\left(\frac{\nu\,\pi}{2(N+1)}\right)\right|, \qquad \nu = 1, 2, \ldots., N \tag{6.24}$$

liegen im Intervall $0 < \omega_\nu < 2\sqrt{k/m}$. Für $N = 3$ erhält man das Resultat (6.21). Aus $(V - \omega_\nu^2 T)\,A^{(\nu)} = 0$ oder

$$\begin{aligned} \big(2k - m\,\omega_\nu^2\big)\,A_1^{(\nu)} - k\,A_2^{(\nu)} &= 0 \\ -k\,A_{n-1}^{(\nu)} + \big(2k - m\,\omega_\nu^2\big)\,A_n^{(\nu)} - k\,A_{n+1}^{(\nu)} &= 0 \qquad n = 2, 3, \ldots., (N-1) \\ -\,k\,A_{N-1}^{(\nu)} + \big(2k - m\,\omega_\nu^2\big)\,A_N^{(\nu)} &= 0 \end{aligned}$$

folgen die dazugehörigen Eigenvektoren. Durch Einsetzen überprüft man, dass

$$A_n^{(\nu)} = \sqrt{\frac{2/m}{N+1}}\,\sin\left(\frac{n\,\nu\,\pi}{N+1}\right)$$

diese Gleichungen löst; dies gilt auch für die beiden Massen 1 und N direkt an den Wänden. Die Eigenvektoren sind wieder gemäß $A^{(\nu)\mathrm{T}}\,T\,A^{(\mu)} = \delta_{\nu\mu}$ normiert. Bei den niedrigen Frequenzen, $\nu \ll N$, schwingen benachbarte Massen in Phase. Bei hohen Frequenzen $\nu \lesssim N$ oder $\omega_\nu \lesssim 2\sqrt{k/m}$ schwingen benachbarte Massen gegeneinander.

6.6 Eindimensionales Kristallmodell I

Die Massen $m_n = m$ mit $n = 0, \pm 1, \pm 2, \ldots$ können sich längs der y-Achse bewegen. Harmonische Federn (Federkonstante k) zwischen benachbarten Massen führen zu den Gleichgewichtslagen $y_n^0 = a\,n$; die Länge a ist die Gitterkonstante dieses eindimensionalen Kristallmodells. Die Auslenkungen aus dem Gleichgewicht werden mit $x_n(t) = y_n(t) - y_n^0$ bezeichnet:

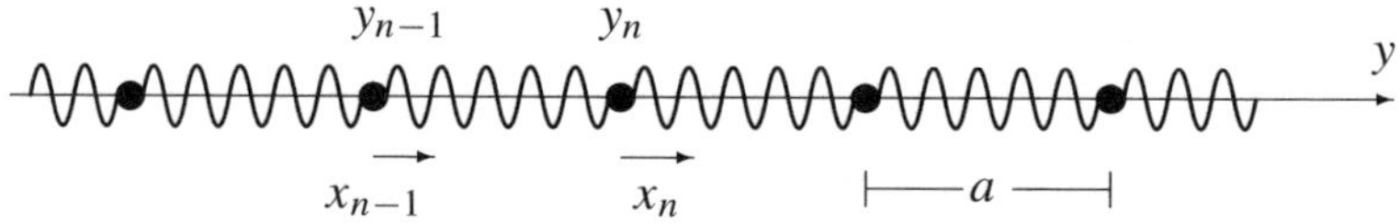

Geben Sie die Lagrangefunktion und die Bewegungsgleichungen für diese unendliche lineare Kette an. Lösen Sie die Bewegungsgleichungen mit dem Ansatz $x_n(t) = Q_q(t)\,\exp(\mathrm{i}\,q\,n\,a)$ und $Q_q(t) = A_q\,\exp(-\mathrm{i}\,\omega_q\,t)$.

Diese Lösung wird durch die reelle Wellenzahl q charakterisiert. Begründen Sie, dass q auf den Bereich $-\pi/a \leq q < \pi/a$ beschränkt werden kann. Skizzieren Sie die Eigenfrequenzen $\omega_q = \omega(q)$ als Funktion von q. Diese Beziehung wird *Dispersionsrelation* genannt.

Die physikalische Randbedingung einer *endlichen* Kette aus N Massen kann durch die periodische Randbedingung $x_n(t) = x_{n+N}(t)$ simuliert werden. Zu welchen diskreten Werten von q führt diese Randbedingung?

Lösung: Die Lagrangefunktion für die unendliche lineare Kette lautet

$$\mathcal{L}(x, \dot{x}) = \frac{m}{2} \sum_{n=-\infty}^{\infty} \dot{x}_n^2 - \frac{k}{2} \sum_{n=-\infty}^{\infty} \left(x_{n+1} - x_n\right)^2$$

Hieraus erhalten wir die Euler-Lagrange-Gleichungen

$$m\,\ddot{x}_n = k\left(x_{n+1} - 2x_n + x_{n-1}\right)$$

Der Ansatz $x_n(t) = Q_q(t)\,\exp(\mathrm{i}qna)$ ergibt

$$m\,\ddot{Q}_q(t)\,\exp(\mathrm{i}qna) = k\,Q_q(t)\big[\exp(\mathrm{i}qa) - 2 + \exp(-\mathrm{i}qa)\big]\,\exp(\mathrm{i}qna)$$

Damit sind die Bewegungsgleichungen entkoppelt:

$$m\,\ddot{Q}_q(t) = -2k\big[1 - \cos(qa)\big]\,Q_q(t)$$

Die $Q_q(t)$ sind also Normalkoordinaten. Die Differenzialgleichung wird durch $Q_q(t) = A_q\,\exp(\mathrm{i}\omega_q t)$ gelöst und führt auf die Eigenfrequenzen

$$\omega_q^2 = 2\,\frac{k}{m}\,\big[1 - \cos(qa)\big] \qquad \text{oder} \qquad \omega_q = \omega(q) = 2\sqrt{\frac{k}{m}}\,\left|\sin\frac{qa}{2}\right| \tag{6.25}$$

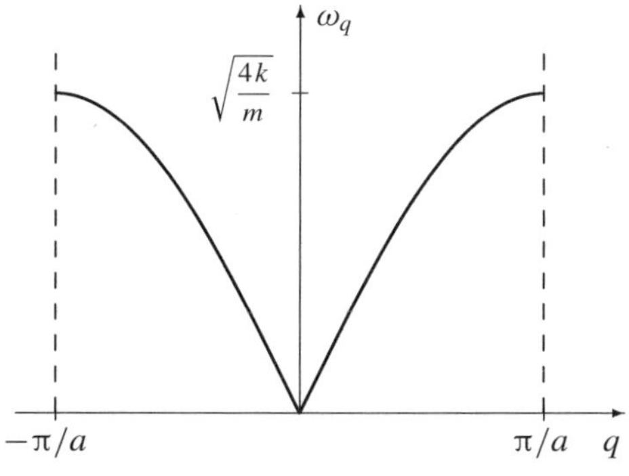

Die Funktion ω_q ist periodisch in $2\pi/a$. Um Doppelzählungen zu vermeiden, müssen wir daher q auf ein $(2\pi/a)$-Intervall beschränken; wir wählen das zu $q = 0$ symmetrische Intervall $-\pi/a < q \leq \pi/a$ (1. *Brillouinzone*). Die Interpretation von q als Wellenzahl ergibt sich aus dem Ansatz $x_n(t) = Q_q(t)\,\exp(\mathrm{i}qna)$. Physikalisch bedeutet die Einschränkung $|q| \leq \pi/a$, dass die Wellenlänge $\lambda = 2\pi/|q|$ größer als der doppelte Gitterabstand ist.

Für Wellenlängen, die sehr groß gegenüber dem Teilchenabstand sind, $\lambda = 2\pi/|q| \gg a$, vereinfacht sich die Dispersionsrelation

$$\omega_q \approx \sqrt{\frac{k}{m}}\,a\,|q| = c_S\,|q|$$

Diese lineare Relation beschreibt longitudinale Schallwellen, die mit der Schallgeschwindigkeit $c_S = a\sqrt{k/m}$ propagieren.

Wir untersuchen nun die periodischen Randbedingungen $x_n(t) = x_{n+N}(t)$ für eine endliche Kette mit N Massen. Aus dem Ansatz $x_n(t) = Q_q(t)\, \exp(\mathrm{i} q n a)$ folgt dann

$$Q_q(t)\, \exp\big(\mathrm{i}\, q\,(n+N)a\big) = Q_q(t)\, \exp(\mathrm{i}\, q\, n\, a) \qquad \text{oder} \qquad \exp(\mathrm{i}\, q\, N\, a) = 1$$

Diese Bedingung liefert diskrete Wellenzahlen

$$q_\nu = \frac{2\,\nu\,\pi}{N\,a}\,, \qquad \nu = 0, 1, ..., N-1$$

Damit ergeben sich N Eigenschwingungen mit den diskreten Eigenfrequenzen ω_ν; dies entspricht den $f = N$ Freiheitsgraden der linearen Kette. Die Nummerierung $\nu = 0, 1, ..., N-1$ ergibt q_ν-Werte im Intervall $0 \leq q_\nu < 2\pi/a$. Die Festlegung auf die 1. Brillouinzone $-\pi/a < q_\nu \leq \pi/a$ kann durch eine etwas andere Nummerierung erfolgen, und zwar durch $\nu = 0, \pm 1, \pm 2, ..., \pm (N-2)/2,\ N/2$ für gerades N und $\nu = 0, \pm 1, ..., \pm (N-1)/2$ für ungerades N.

Für $N \to \infty$ stimmen die Eigenfrequenzen, (6.25) mit q_ν, mit denen aus (6.24) überein; die unterschiedliche Nummerierung führt zu einem Faktor 2. Das Ergebnis (6.24) hatten wir für feste Randbedingungen erhalten.

Für endliches N tritt wegen der Translationssymmetrie bei periodischen Randbedingungen die Eigenfrequenz null auf; die festen Randbedingungen in Aufgabe 6.5 brechen diese Symmetrie und die entsprechende Eigenfrequenz ist auch für große N nicht exakt null. Im Kontinuumslimes $N \to \infty$ erhält man in beiden Fällen die hier diskutierten Ergebnisse der unendlichen linearen Kette.

6.7 Eindimensionales Kristallmodell II

Die Massen $m_{2n} = m$ und $m_{2n+1} = M$ mit $n = 0, \pm 1, \pm 2, ...$ können sich längs der y-Achse bewegen. Harmonische Federn (Federkonstante k) zwischen benachbarten Massen führen zu den Gleichgewichtslagen $y_\nu^0 = a \cdot \nu$; die Länge a ist die Gitterkonstante dieses eindimensionalen Kristallmodells aus zwei Atomsorten. Die Auslenkungen aus dem Gleichgewicht werden mit $x_\nu(t) = y_\nu(t) - y_\nu^0$ bezeichnet:

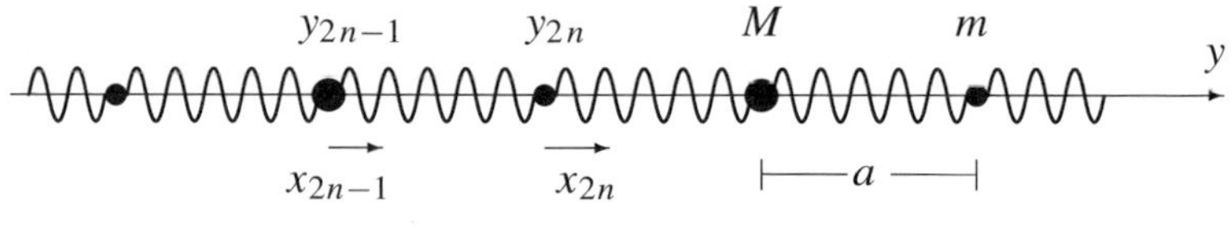

Geben Sie die Lagrangefunktion und die Bewegungsgleichungen an. Reduzieren Sie die Bewegungsgleichungen mit dem Ansatz

$$x_{2n}(t) = Q_q(t)\, \exp\big(\mathrm{i}\, q\,(2n)a\big)\,, \qquad x_{2n+1}(t) = P_q(t)\, \exp\big(\mathrm{i}\, q\,(2n+1)a\big)$$

mit $Q_q(t) = A_q\, \exp(-\mathrm{i}\,\omega_q\, t)$ und $P_q(t) = B_q\, \exp(-\mathrm{i}\,\omega_q\, t)$ auf zwei gekoppelte Gleichungen für A_q und B_q. Lösen Sie diese Gleichungen. Berechnen und skizzieren Sie die Dispersionsrelation $\omega_q = \omega(q)$ als Funktion von q. Wählen Sie dazu einen geeigneten Bereich für die Wellenzahl q.

Lösung: Die Lagrangefunktion für die unendliche lineare Kette mit alternierenden Massen m und M lautet

$$\mathcal{L}(x,\dot{x}) = \frac{1}{2}\sum_{n=-\infty}^{\infty}\left(m\,\dot{x}_{2n}^2 + M\,\dot{x}_{2n+1}^2\right) - \frac{k}{2}\sum_{n=-\infty}^{\infty}\left[\left(x_{2n+1}-x_{2n}\right)^2 + \left(x_{2n}-x_{2n-1}\right)^2\right]$$

Die dazugehörigen Euler-Lagrange-Gleichungen

$$\begin{aligned} m\,\ddot{x}_{2n} &= k\left(x_{2n+1} - 2x_{2n} + x_{2n-1}\right) \\ M\,\ddot{x}_{2n+1} &= k\left(x_{2n+2} - 2x_{2n+1} + x_{2n}\right) \end{aligned}$$

lassen sich mit dem angegebenen Ansatz vereinfachen

$$\begin{aligned} m\,\ddot{Q}_q(t) &= k\left[P_q(t)\exp(\mathrm{i}\,q\,a) - 2\,Q_q(t) + P_q(t)\exp(-\mathrm{i}\,q\,a)\right] \\ M\,\ddot{P}_q(t) &= k\left[Q_q(t)\exp(\mathrm{i}\,q\,a) - 2\,P_q(t) + Q_q(t)\exp(-\mathrm{i}\,q\,a)\right] \end{aligned}$$

Mit $Q_q(t) = A_q\,\exp(-\mathrm{i}\,\omega_q\,t)$ und $P_q(t) = B_q\,\exp(-\mathrm{i}\,\omega_q\,t)$ erhalten wir das gesuchte gekoppelte lineare Gleichungssystem:

$$\begin{aligned} \left(2k - m\omega^2\right)A_q - 2k\cos(q\,a)\,B_q &= 0 \\ -2k\cos(q\,a)\,A_q + \left(2k - M\omega^2\right)B_q &= 0 \end{aligned} \tag{6.26}$$

Für eine nichttriviale Lösung muss die Koeffizientendeterminante verschwinden, also

$$\left(2k - m\omega^2\right)\left(2k - M\omega^2\right) = 4k^2\cos^2(q\,a) \tag{6.27}$$

Diese quadratische Gleichung in ω^2 hat die beiden Lösungen

$$\omega_q^2 = \frac{k}{\mu}\left[1 \mp \sqrt{1 - \frac{4\mu^2}{m\,M}\sin^2(q\,a)}\right]$$

Dabei haben wir die reduzierte Masse $\mu = m\,M/(m+M)$ verwendet. Die Funktion $\omega_q = \omega(q)$ ist periodisch in π/a (im Gegensatz zu $2\pi/a$ für die unendliche lineare Kette mit *gleichen* Massen aus Aufgabe 6.6). Zur Vermeidung von Doppelzählungen müssen wir q auf ein π/a-Intervall beschränken, also zum Beispiel (zunächst) auf die 1. Brillouinzone mit $|q| \le \pi/(2a)$. Die beiden Zweige der Dispersionsrelation ω_q sind in diesem Intervall für das Massenverhältnis $M/m = 3/2$ skizziert:

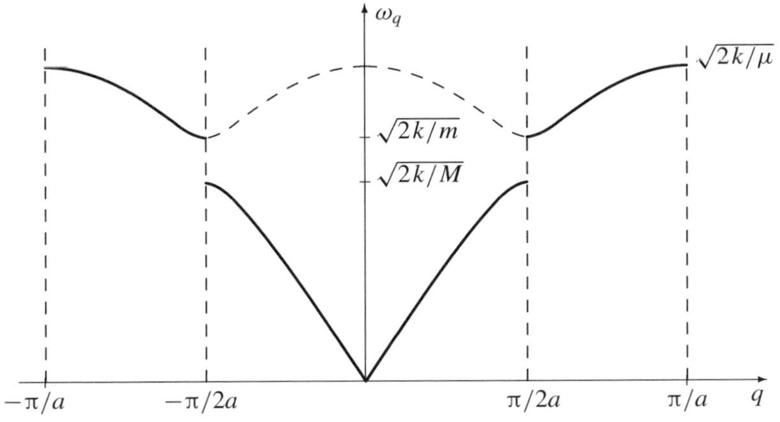

Der niederfrequente *akustische Zweig* $\omega(q)^2 \leq 2k/M$ (durchgezogen) ist vom hochfrequenten *optischen Zweig* $\omega(q)^2 \geq 2k/m$ (gestrichelt) durch ein sogenanntes Stoppband getrennt. Die Bezeichnungen „akustisch" und „optisch" beziehen sich darauf, wie diese Schwingungen im Kristall angeregt werden können. In einem realistischen dreidimensionalen Kristall gibt es im Allgemeinen mehrere akustische und optische Zweige, die zu longitudinalen und zu transversalen Schwingungen gehören. Longitudinal bedeutet, dass die Auslenkung in Richtung des Wellenvektors erfolgt (wie in unserem eindimensionalen Modell); bei transversalen Schwingungen ist die Auslenkung dagegen senkrecht zum Wellenvektor.

In der Abbildung haben wir den für $|q| < \pi/(2a)$ gestrichelt eingezeichneten optischen Zweig als durchgezogene Linie in das Intervall $\pi/(2a) < |q| \leq \pi/a$ verlegt; wegen $\sin^2(qa) = \sin^2(\pi - qa)$ ist das zulässig. Dann ist $\omega_q = \omega(q)$ eine Funktion im eigentlichen Sinn. Im Grenzfall gleicher Massen $M \to m$ schließt sich die Lücke zwischen den beiden Zweigen und wir erhalten die in der vorherigen Aufgabe abgebildete Dispersionsrelation zurück.

Wir berechnen noch das Amplitudenverhältnis aus einer der beiden (linear abhängigen) gekoppelten Gleichungen (6.26)

$$\frac{A_q}{B_q} = \frac{2k\cos(qa)}{2k - m\,\omega_q^2} = \frac{\sqrt{\left(2k - m\,\omega_q^2\right)\left(2k - M\,\omega_q^2\right)}}{2k - m\,\omega_q^2} = \pm\sqrt{\frac{\left|2k - M\,\omega_q^2\right|}{\left|2k - m\,\omega_q^2\right|}}$$

Dabei haben wir zuerst den $\cos(qa)$ mit Hilfe von (6.27) eliminiert und dann die Vorzeichen der einzelnen Faktoren für die beiden Zweige untersucht (Vorsicht beim Kürzen!). Das Pluszeichen gilt für den akustischen und das Minuszeichen für den optischen Zweig. Demnach schwingen im niederfrequenten akustischen Zweig benachbarte Atome in Phase, während im hochfrequenten optischen Zweig benachbarte Atome gegenphasig schwingen.

7 Hamiltonformalismus

Im Hamiltonformalismus werden die kanonischen Gleichungen (anstelle der Lagrangegleichungen) als Grundgesetze der Mechanik aufgestellt. Dabei werden die für andere Teile der Physik wichtigen Begriffe der Hamiltonfunktion und des Phasenraums eingeführt. Weitere Konzepte und Entwicklungen des Hamiltonformalismus (Poissonklammern, kanonische Transformationen, Hamilton-Jacobi-Gleichung) werden kurz vorgestellt.

Für die praktische Lösung von Problemen bietet der Hamiltonformalismus im Allgemeinen keine Vorteile gegenüber dem Lagrangeformalismus. Der Hamiltonformalismus ist aber der Ausgangspunkt für die Untersuchung der Relationen zwischen der Mechanik und der Quantenmechanik.

Kanonische Gleichungen

Wir definieren zunächst die *Hamiltonfunktion*

$$H(q, p, t) = \sum_{i=1}^{f} \dot{q}_i(q, p, t)\, p_i - \mathcal{L}\,(q,\, \dot{q}(q, p, t),\, t) \tag{7.1}$$

Wesentlich ist, dass H als eine Funktion der Argumente $q_1,\dots, q_f,\ p_1,\dots,p_f$ und t definiert wird. Dazu löst man die verallgemeinerten Impulse $p_i = \partial\mathcal{L}(q, \dot{q}, t)/\partial\dot{q}_i$ nach den Geschwindigkeiten $\dot{q}_k = \dot{q}_k(q, p, t)$ auf und setzt diese $\dot{q}_k(q, p, t)$ im Argument von $\mathcal{L}$ ein.

Wenn die kinetische Energie T quadratisch von den Geschwindigkeiten $\dot{q}_i$ abhängt und die Lagrangefunktion von der Form $\mathcal{L} = T - U(q, t)$ ist, dann gilt $\sum(\partial\mathcal{L}/\partial\dot{q}_i)\,\dot{q}_i = 2T$. Dann ist die Hamiltonfunktion von der Form

$$H(q, p, t) = T + U \tag{7.2}$$

Dies gilt insbesondere, wenn die Koordinaten kartesisch sind und wenn das Potenzial nicht von den Geschwindigkeiten abhängt. In Aufgabe 7.3 wird ein Gegenbeispiel betrachtet, in dem $H \neq T + U$.

Ausgehend von der Definition (7.1) zeigt man $dH/dt = \partial H/\partial t$. Das bedeutet

$$\frac{\partial H}{\partial t} = 0 \quad \longrightarrow \quad H = \text{const.} \tag{7.3}$$

Im Fall (7.2) ist dies der Energieerhaltungssatz.

Ausgehend von der Definition (7.1) bestimmt man die partiellen Ableitungen $\partial H/\partial q_k$ und $\partial H/\partial p_k$ und erhält dadurch die *kanonischen* oder *Hamiltonschen Gleichungen*:

$$\dot{p}_k = -\frac{\partial H(q,\,p,\,t)}{\partial q_k}\,, \qquad \dot{q}_k = \frac{\partial H(q,\,p,\,t)}{\partial p_k} \tag{7.4}$$

Diese $2f$ Differenzialgleichungen 1. Ordnung sind äquivalent zu den Lagrangegleichungen (f Differenzialgleichungen 2. Ordnung). Äquivalent zu diesen Gleichungen ist auch das *Hamiltonsche Prinzip* (3.12):

$$\delta S[q] = \delta \int_{t_1}^{t_2} dt\ \mathcal{L} = \delta \int_{t_1}^{t_2} dt\ \left(\sum_{i=1}^{f} p_i\,\dot{q}_i - H(q,\,p,\,t) \right) = 0 \tag{7.5}$$

Phasenraum

Die Angabe der $2f$ Werte $q_1, ..., q_f$ und $p_1, ..., p_f$ legt den *Zustand* des betrachteten Systems fest. Wir ordnen nun jedem Zustand einen Punkt in einem abstrakten, $2f$-dimensionalen Raum zu, der durch $2f$ kartesische Koordinatenachsen für die Größen q_i und p_i aufgespannt wird. Dieser Raum wird *Phasenraum* genannt. Die zeitliche Entwicklung des Systems wird durch eine Trajektorie im Phasenraum beschrieben. Durch

$$V_{\text{PR}}(E) = \underset{H(q,\,p)\,<\,E}{\int \ldots \int} dp_1 \ldots dp_f\ dq_1 \ldots dq_f \tag{7.6}$$

definieren wir das *Phasenraumvolumen*. Es umfasst alle Zustände mit einer Energie kleiner als E.

In einem Phasenraumvolumen gibt es zwar unendlich viele Punkte (klassische Zustände) aber nur

$$N_E = \frac{V_{\text{PR}}(E)}{(2\pi\hbar)^f} \qquad (N_E \gg 1) \tag{7.7}$$

quantenmechanische Zustände. Nach der Unschärferelation können die Koordinate q_k und der Impuls p_k nur gemäß $\Delta q_k\ \Delta p_k \geq \hbar/2$ festgelegt werden. Dementsprechend nimmt ein quantenmechanischer Zustand ein Volumen der Größe $\hbar$ im q_k-p_k-Unterraum ein. Der Phasenraum wird in der Statistischen Mechanik zum Abzählen von Zuständen verwendet.

Kanonische Transformationen

Wir betrachten Transformationen von den Variablen $(q,\,p)$ zu neuen Variablen

$$Q_k = Q_k(q,\,p,\,t), \qquad P_k = P_k(q,\,p,\,t) \tag{7.8}$$

Eine *kanonische* Transformation ist dadurch definiert, dass sie die kanonischen Gleichungen invariant lässt. Man kann eine solche Transformation durch eine frei zu wählende *erzeugende* Funktion $G(q, Q, t)$ erhalten; alternativ kommen als Argumente dieser Funktion auch (q, P), (p, Q) und (p, P) in Frage. Dann schreibt man folgende Verbindung zwischen der alten Hamiltonfunktion $H(q, p, t)$ und der neuen Hamiltonfunktion $H'(Q, P, t)$ an:

$$\sum_{i=1}^{f} p_i\,\dot{q}_i - H(q, p, t) = \sum_{i=1}^{f} P_i\,\dot{Q}_i - H'(Q, P, t) + \frac{d}{dt}\,G(q, Q, t) \qquad (7.9)$$

Eine totale Zeitableitung dieser Form ändert die Bewegungsgleichungen nicht (analog zu (3.14)). Wenn man nun $dG/dt = \sum(\partial G/\partial q_i)\,\dot{q}_i + \sum(\partial G/\partial Q_i)\,\dot{Q}_i + \partial G/\partial t$ in (7.9) einsetzt und beide Seiten vergleicht, erhält man

$$p_k(q, Q, t) = \frac{\partial G(q, Q, t)}{\partial q_k}\,, \qquad P_k(q, Q, t) = -\frac{\partial G(q, Q, t)}{\partial Q_k} \qquad (7.10)$$

$$H'(Q, P, t) = H(q, p, t) + \frac{\partial G(q, Q, t)}{\partial t} \qquad (7.11)$$

Man kann nun (7.10) nach $q = q(Q, P, t)$ und $p = p(Q, P, t)$ auflösen. Wenn man diese Größen auf der rechten Seite von (7.11) einsetzt, erhält man die neue Hamiltonfunktion $H'(Q, P, t)$. Für die neue Hamiltonfunktion gelten wieder die kanonischen Gleichungen:

$$\dot{Q}_k = \frac{\partial H'}{\partial P_k}\,, \qquad \dot{P}_k = -\frac{\partial H'}{\partial Q_k} \qquad (7.12)$$

Poissonklammer

Für zwei (System-)Größen $F = F(q, p, t)$ und $K = K(q, p, t)$ definieren wir die sogenannte *Poissonklammer*:

$$\{F, K\} \equiv \sum_{i=1}^{f} \left(\frac{\partial F}{\partial q_i}\,\frac{\partial K}{\partial p_i} - \frac{\partial F}{\partial p_i}\,\frac{\partial K}{\partial q_i} \right) \qquad (7.13)$$

Wenn man die Zeitableitung $dF(q, p, t)/dt$ bildet und die kanonischen Gleichungen berücksichtigt, erhält man

$$\frac{dF}{dt} = \{F, H\} + \frac{\partial F}{\partial t} \qquad (7.14)$$

Die Poissonklammer ist das Pendant zum quantenmechanischen Kommutator.

Hamilton-Jacobi-Gleichung

Man kann die kanonische Transformation suchen, für die die neue Hamiltonfunktion (7.11) verschwindet:

$$H'(Q, P, t) = H(q, p, t) + \frac{\partial W(q, Q, t)}{\partial t} \stackrel{!}{=} 0 \tag{7.15}$$

Die Erzeugende der Transformation wird hier mit $G = W(q, Q, t)$ bezeichnet. Für $H' = 0$ lauten die neuen kanonischen Gleichungen $\dot{Q}_i = 0$ und $\dot{P}_i = 0$, also $Q_i = a_i = \text{const.}$ und $P_i = b_i = \text{const.}$ Wenn man hierfür (7.10) berücksichtigt, dann wird (7.15) zu

$$H\left(q_1,..., q_f, \frac{\partial W(q, a, t)}{\partial q_1}, \ldots, \frac{\partial W(q, a, t)}{\partial q_f}, t\right) + \frac{\partial W(q, a, t)}{\partial t} = 0 \tag{7.16}$$

Diese *Hamilton-Jacobi-Gleichung* ist eine partielle Differenzialgleichung 1. Ordnung für die Funktion $W(q_1, \ldots, q_f, t)$. Wir benötigen eine spezielle Lösung $W(q, t) = W(q, a, t)$, die neben den Variablen q und t von f unabhängigen Konstanten a_1,..., a_f abhängt; eine solche Lösung ist meist viel einfacher zu erhalten als die allgemeine Lösung. Häufig findet man eine solche spezielle Lösung mit einem Separationsansatz $W = W_0(t) + W_1(q_1) + W_2(q_2) + \ldots + W_f(q_f)$.

Wenn man eine solche spezielle Lösung gefunden hat, dann bekommt man die gesuchte Bahnbewegung aus dem Schema

$$\left.\begin{aligned} p_i &= \partial W(q, a, t)/\partial q_i \\ b_i &= -\partial W(q, a, t)/\partial a_i \end{aligned}\right\} \quad \overset{\text{Auflösen}}{\longrightarrow} \quad \left\{\begin{aligned} q_i &= q_i(a, b, t) \\ p_i &= p_i(a, b, t) \end{aligned}\right. \tag{7.17}$$

Die linken Gleichungen stellen $2f$ algebraische Gleichungen für die $2f$ Funktionen $q_i(t)$ und $p_i(t)$ dar. Die Lösungen $q_i(t)$ und $p_i(t)$ dieses Gleichungssystems hängen von $2f$ Konstanten a_i und b_i ab; sie stellen daher die allgemeine Lösung der kanonischen Gleichungen dar.

Aufgaben

7.1 Hamiltonfunktion für Massenpunkt auf Kreiskegel

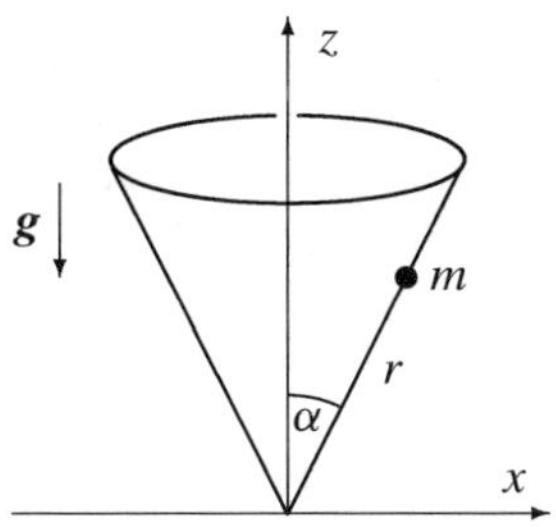

Ein Massenpunkt gleitet reibungsfrei im Schwerefeld auf einem Kreiskegel. Das System wird durch die Lagrangefunktion

$$\mathcal{L}(r, \dot{r}, \dot{\phi}) = \frac{m}{2}\left(\dot{r}^2 + r^2\dot{\phi}^2\sin^2\alpha\right) - m\,g\,r\,\cos\alpha$$

beschrieben. Stellen Sie die Hamiltonfunktion und die Hamiltonschen Gleichungen auf.

Lösung: Das System hat zwei Freiheitsgrade. Die verallgemeinerten Impulse sind

$$p_r = \frac{\partial\mathcal{L}}{\partial\dot{r}} = m\,\dot{r}\,, \qquad p_\phi = \frac{\partial\mathcal{L}}{\partial\dot{\phi}} = m\,r^2\dot{\phi}\,\sin^2\alpha$$

Damit stellen wir die Hamiltonfunktion (7.1) auf:

$$\begin{aligned} H(r, p_r, p_\phi) &= p_r\,\dot{r} + p_\phi\,\dot{\phi} - \mathcal{L} = \frac{m}{2}\left(\dot{r}^2 + r^2\dot{\phi}^2\sin^2\alpha\right) + m\,g\,r\,\cos\alpha \\ &= \frac{p_r^2}{2m} + \frac{p_\phi^2}{2m\,r^2\sin^2\alpha} + m\,g\,r\,\cos\alpha \end{aligned}$$

Da die Hamiltonfunktion nicht explizit von der Zeit abhängt, ist die Energie $E = H$ eine Erhaltungsgröße. Die Hamiltonschen Gleichungen lauten:

$$\dot{p}_r = -\frac{\partial H}{\partial r} = \frac{p_\phi^2}{m\,r^3\sin^2\alpha} + m\,g\,\cos\alpha \qquad \dot{r} = \frac{\partial H}{\partial p_r} = \frac{p_r}{m}$$

$$\dot{p}_\phi = -\frac{\partial H}{\partial\phi} = 0 \qquad \dot{\phi} = \frac{\partial H}{\partial p_\phi} = \frac{p_\phi}{m\,r^2\sin^2\alpha}$$

Wegen der Invarianz des Problems gegenüber Drehungen um die z-Achse, ist ϕ eine zyklische Koordinate. Die zugehörige Erhaltungsgröße $p_\phi = \ell = \text{const.}$ ist die z-Komponente ℓ des Drehimpulses. Die Lösung der Bewegungsgleichungen ist in Kapitel 10 von [1] angegeben.

7.2 Hamiltonfunktion für Teilchen im elektromagnetischen Feld

Für ein geladenes Teilchen im elektromagnetischen Feld lautet die Lagrangefunktion

$$\mathcal{L}(\dot{\boldsymbol{r}}, \boldsymbol{r}, t) = \frac{m}{2}\,\dot{\boldsymbol{r}}^2 - q\,\Phi(\boldsymbol{r}, t) + \frac{q}{c}\,\dot{\boldsymbol{r}}\cdot\boldsymbol{A}(\boldsymbol{r}, t)$$

Stellen Sie die zugehörige Hamiltonfunktion auf.

Lösung: Der verallgemeinerte Impuls ist

$$\boldsymbol{p} = \frac{\partial \mathcal{L}}{\partial \dot{\boldsymbol{r}}} = m\,\dot{\boldsymbol{r}} + \frac{q}{c}\,\boldsymbol{A}(\boldsymbol{r},t)$$

Damit stellen wir die Hamiltonfunktion (7.1) auf:

$$H(\boldsymbol{r},\boldsymbol{p},t) = \boldsymbol{p}\cdot\dot{\boldsymbol{r}} - \mathcal{L} = \frac{m}{2}\,\dot{\boldsymbol{r}}^2 + q\,\Phi(\boldsymbol{r},t) = \frac{1}{2m}\left(\boldsymbol{p} - \frac{q}{c}\,\boldsymbol{A}(\boldsymbol{r},t)\right)^2 + q\,\Phi(\boldsymbol{r},t)$$

7.3 Massenpunkt auf rotierender Stange

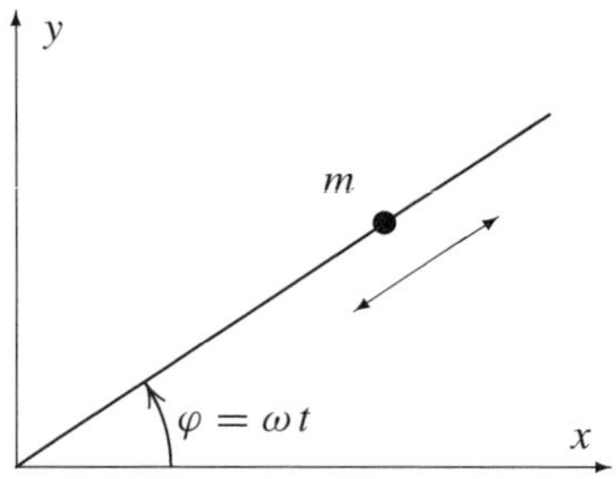

Ein Massenpunkt auf der rotierenden Stange wird durch die Lagrangefunktion

$$\mathcal{L}(\rho,\dot{\rho}) = \frac{m}{2}\left(\dot{\rho}^2 + \omega^2\rho^2\right)$$

beschrieben. Stellen Sie die Hamiltonfunktion auf. Gilt $\partial H/\partial t = 0$? Gilt $H = \text{const.}$? Ist H gleich der Energie des Massenpunkts? Ist die Energie erhalten?

Lösung: Das System besitzt einen Freiheitsgrad. Der verallgemeinerte Impuls ist

$$p_\rho = \frac{\partial \mathcal{L}}{\partial \dot{\rho}} = m\,\dot{\rho}$$

Damit stellen wir die Hamiltonfunktion (7.1) auf:

$$H(\rho, p_\rho) = p_\rho\,\dot{\rho} - \mathcal{L} = \frac{m}{2}\left(\dot{\rho}^2 - \omega^2\rho^2\right) = \frac{p_\rho^2}{2m} - \frac{m}{2}\,\omega^2\rho^2$$

Die Hamiltonschen Gleichungen lauten:

$$\dot{p}_\rho = -\frac{\partial H}{\partial \rho} = m\,\omega^2\rho \qquad \text{und} \qquad \dot{\rho} = \frac{\partial H}{\partial p_\rho} = \frac{p_\rho}{m}$$

Aus diesen Gleichungen folgt $\ddot{\rho} = \omega^2\rho$ und die allgemeine Lösung

$$\rho(t) = A\,\exp(\omega t) + B\,\exp(-\omega t) \tag{7.18}$$

Diese Lösung wird in den Kapiteln 8 und 10 von [1] diskutiert. Die Hamiltonfunktion hängt nicht explizit von der Zeit ab, $\partial H/\partial t = 0$. Damit ist $H = \text{const.}$ eine Erhaltungsgröße. Allerdings ist H in diesem speziellen Fall *nicht* gleich der Energie des Massenpunkts; dies liegt an der expliziten Zeitabhängigkeit der Zwangsbedingung. Die Energie

$$E(t) = \frac{m}{2}\left(\dot{\rho}^2 + \omega^2\rho^2\right) = \frac{p_\rho^2}{2m} + \frac{m}{2}\,\omega^2\rho^2$$

ist nicht erhalten, wie man leicht durch Einsetzen einer Lösung sehen kann.

Ergänzende Anmerkung: Die Energieänderung kann mit den Hamiltonschen Gleichungen in folgender Form geschrieben werden:

$$\frac{dE(t)}{dt} = \frac{p_\rho \dot{p}_\rho}{m} + m\omega^2 \rho\, \dot{\rho} = \omega^2 p_\rho \rho + \omega^2 p_\rho \rho = 2\omega^2 p_\rho\, \rho$$

Für $p_\rho = m\,\dot{\rho} > 0$ nimmt die Energie zu, für $p_\rho = m\,\dot{\rho} < 0$ nimmt sie ab (wir setzen $\rho \neq 0$ voraus). Im Allgemeinen wird die Integrationskonstante A in (7.18) nicht verschwinden. Dann bewegt sich die Masse für große Zeiten exponentiell beschleunigt nach außen, und die Energie steigt exponentiell an. Dabei werden die Zwangskräfte schließlich so groß, dass eine reale Stange bricht.

7.4 Ebenes Pendel im Phasenraum

Ein ebenes Pendel besteht aus einer Masse m am Ende einer masselosen Stange der Länge ℓ. Im Schwerefeld hat das Pendel die potenzielle Energie

$$U(q) = m\,g\,\ell\,(1 - \cos q)$$

Dabei ist $q = \varphi$ der Auslenkwinkel des Pendels. Skizzieren Sie mögliche Bahnkurven für Energien $E \geq 0$ im zweidimensionalen p-q-Phasenraum.

Lösung: Aus $\mathcal{L} = m\,\ell^2\,\dot{q}^2/2 - U$ folgt der verallgemeinerte Impuls

$$p = \frac{\partial \mathcal{L}}{\partial \dot{q}} = m\,\ell^2\,\dot{q}$$

Damit stellen wir die Hamiltonfunktion (7.1) auf:

$$H(q, p) = p\dot{q} - \mathcal{L} = \frac{p^2}{2m\ell^2} + m\,g\,\ell\,(1 - \cos q)$$

Die Zwangsbedingung ist zeitunabhängig, und es gilt $\partial H/\partial t = 0$. Damit ist $E = H(q, p)$ eine Erhaltungsgröße:

$$E = \frac{p^2}{2m\ell^2} + m\,g\,\ell\,(1 - \cos q) \tag{7.19}$$

Diese Bedingung definiert Kurven im Phasenraum, die wir im Folgenden in Abhängigkeit von E diskutieren. Jeder Punkt einer solchen Kurve ist ein Systemzustand. Im Laufe der Zeit werden die verschiedenen Punkte der Kurve durchlaufen; man spricht daher auch von den Bahnkurven oder Trajektorien im Phasenraum.

Für $E = 0$ sind q und p gleich null. Das Pendel befindet sich in seiner Ruhelage. Die Bahnkurve oder Trajektorie im Phasenraum besteht aus einem einzelnen Punkt.

Im Fall kleiner Energien $E \ll m\,g\,\ell$ gilt $q \ll 1$ und (7.19) wird zu

$$\frac{p^2}{2m\,\ell^2\,E} + \frac{m\,g\,\ell}{2E}\,q^2 = 1 \qquad (E \ll m\,g\,\ell) \tag{7.20}$$

Die Bahnkurven sind Ellipsen. Das Pendel durchläuft alle Punkte der Ellipse. Eine Schwingungsperiode des Pendels entspricht einem vollen Durchlauf der Ellipse im Phasenraum.

Für (7.20) haben wir die Entwicklung $1 - \cos q = q^2/2 - q^4/24 \pm \ldots$ beim quadratischen Term abgebrochen. Mit wachsender Energie kommt es zu größeren Auslenkungen und die nächsten Terme in dieser Entwicklung gewinnen an Einfluss; die Anharmonizitäten nehmen zu. Für $E < 2m\,g\,\ell$ sind die Bahnkurven geschlossen. Sie beschreiben periodische Schwingungen mit Umkehrpunkten am maximalen und minimalen q-Wert oder Winkel. Diese Bewegungen werden *Librationen* genannt.

Für $E > 2m\,g\,\ell$ sind die Bahnkurven nicht mehr geschlossen. Die Koordinate wächst mit der Zeit unbeschränkt an; das System kehrt allerdings bei Zunahme des Winkels $q = \varphi$ um 2π in seinen ursprünglichen Zustand zurück. Es gibt keine Umkehrpunkte. Diese Bewegungen sind *Rotationen.*

Wir betrachten nun den Grenzfall $E = 2m\,g\,\ell$, der die beiden diskutierten Bereiche (Librationen und Rotationen) voneinander trennt. Die zugehörige Trajektorie

$$p = \pm 2m\,\ell^2 \sqrt{\frac{g}{\ell}}\,\cos\frac{q}{2} \quad \text{mit} \qquad E = 2m\,g\,\ell$$

wird *Separatrix* genannt (fette Kurve in der folgenden Abbildung). Der Punkt $q = \pm\pi$ bei $E = 2m\,g\,\ell$ ist ein instabiler Gleichgewichtspunkt (Schiffschaukel am oberen Scheitelpunkt). Die Zeit zum Durchlaufen der Separatrix ist unendlich groß (wegen der Verweildauer in der Umgebung des oberen Totpunkts).

Bei sehr großen Energien $E \gg 2m\,g\,\ell$ ist die potenzielle Energie gegenüber der kinetischen Energie vernachlässigbar, und das Pendel geht in einen freien Rotator über. Die Trajektorie

$$p = \sqrt{2m\,\ell^2 E} \qquad\qquad (E \gg 2m\,g\,\ell)$$

beschreibt dann eine gleichförmige Rotation.

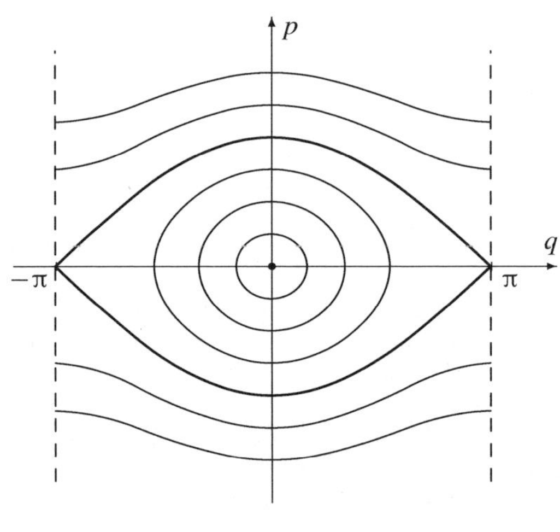

Trajektorien für das ebene Pendel. Für $E = 0$ ruht das Pendel (zentraler Punkt). Für etwas höhere Energie schwingt es harmonisch (Ellipsen). Mit wachsender Energie gibt es Abweichungen von der Ellipsenform; die Librationen haben zunehmend anharmonische Anteile. Für $E = 2m\,g\,\ell$ ergibt sich die fett eingezeichnete Separatrix, die die Librationen von den Rotationen bei höheren Energien trennt. Für die Rotationen muss man sich jeweils den Endpunkt einer Trajektorie bei $q = \pi$ mit dem (gleichen) Punkt bei $q = -\pi$ verbunden vorstellen.

Anmerkung: Das behandelte Beispiel des Pendels hat große Bedeutung als Näherungslösung für nichtintegrable Systeme mit mehreren Freiheitsgraden in der Nähe einer Beinaheresonanz. Für Trajektorien ganz in der Nähe der Separatrix kann dann Chaos auftreten. Das vorgestellte Phasenraumdiagramm spielt eine universelle Rolle beim Übergang von regulärer zu chaotischer Bewegung.

7.5 Liouvillescher Satz

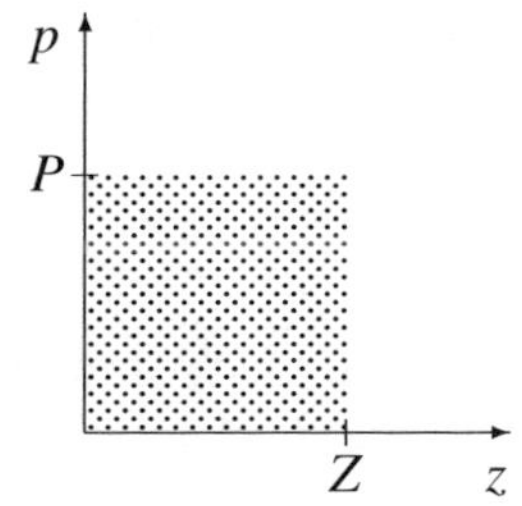

Es wird die eindimensionale Bewegung (längs der z-Achse) von $N \gg 1$ gleichartigen Teilchen betrachtet. Der Zustand (Ort z und Impuls $p = m\,\dot{z}$) eines herausgegriffenen Teilchens wird durch einen Punkt im Phasenraum dargestellt. Zur Zeit $t = 0$ sei die Dichte dieser Punkte konstant im Bereich $0 \le z \le Z$ und $0 \le p \le P$, und null außerhalb.

Berechnen und skizzieren Sie, wie sich die Grenzen des besetzten Phasenraumbereichs im Laufe der Zeit verschieben, und zwar für (i) kräftefreie Bewegung und (ii) Bewegung im Schwerefeld $\boldsymbol{g} = g\,\boldsymbol{e}_z$. Begründen Sie, dass das Volumen dieses Phasenraumbereichs und die Dichte der Punkte konstant ist.

Das Ergebnis kann zum *Liouvilleschen Satz* verallgemeinert werden: Die Dichte der Systempunkte im Phasenraum ist zeitlich konstant.

Lösung: (i) Für die kräftefreie Bewegung gilt

$$p_i(t) = p_i(0)\,, \qquad z_i(t) = \frac{p_i(0)}{m}\,t + z_i(0)$$

Jeder einzelne Punkt im Phasenraum verschiebt sich gemäß dieser Lösung:

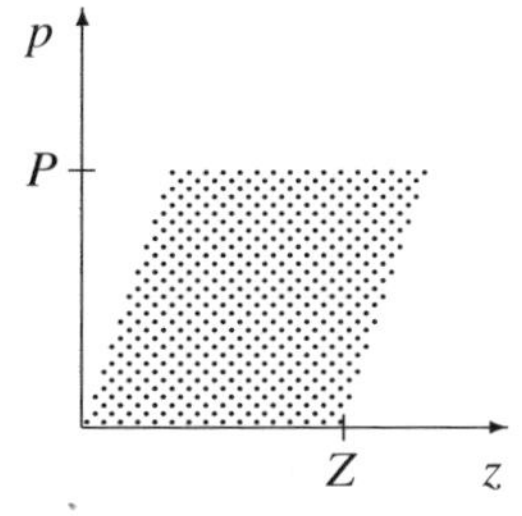

Das Rechteck im Phasenraum wird in ein Parallelogramm gleicher Fläche abgebildet. Das Phasenraumvolumen bleibt also konstant. Dies gilt offensichtlich auch für Rechtecke beliebiger Größe. Daher gilt die Flächenerhaltung für beliebige Flächen, die wir uns in lauter kleine Rechtecke aufgeteilt denken können. Dies bedeutet auch, dass die Dichte (der eingezeichneten Punkte oder Systemzustände) im Phasenraum konstant ist.

(ii) Für die Bewegung im Schwerefeld gilt

$$p_i(t) = m\,g\,t + p_i(0)\,, \qquad z_i(t) = \frac{g}{2}\,t^2 + \frac{p_i(0)}{m}\,t + z_i(0)$$

Wir skizzieren wieder die Entwicklung der Systemzustände (Punkte) im Phasenraum:

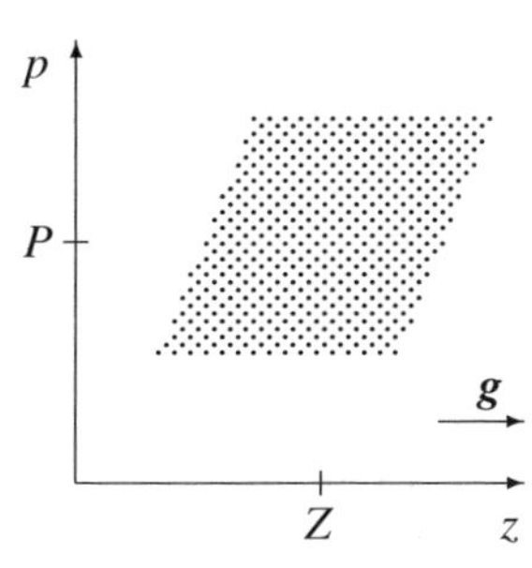

Auch unter dem Einfluss einer äußeren Kraft wird das ursprüngliche Rechteck in ein Parallelogramm gleicher Fläche abgebildet. Die Dichte im Phasenraum ist damit konstant. Für diese und die vorhergehende Abbildung wurde die Zeit $t = 2m\,Z/(3\,P)$ gewählt. Außerdem wurde $g = 3\,P^2/(2\,m^2\,Z)$ gesetzt.

7.6 Beispiel für kanonische Transformation

Gegeben ist die Hamiltonfunktion $H(q, p) = \sum p_i^2/2m + U(q_1, .., q_f)$. Gehen Sie mit der Erzeugenden

$$G(q, Q) = \sum_{i=1}^{f} q_i\, Q_i$$

zu einer neuen Hamiltonfunktion $H'(Q, P, t)$ über, und vergleichen Sie H' mit H. Welche Bedeutung haben die neuen Koordinaten Q_i und Impulse P_i?

Lösung: Die Hamiltonfunktion und die Erzeugende hängen beide nicht explizit von der Zeit t ab. Die Gleichungen (7.10) lauten

$$p_k(q, Q) = \frac{\partial G(q, Q)}{\partial q_k} = Q_k\,, \qquad P_k(q, Q) = -\frac{\partial G(q, Q)}{\partial Q_k} = -q_k$$

Die alten Variablen können damit durch die neuen ersetzt werden. Die neue Hamiltonfunktion ist dann

$$H'(Q, P) = H(q, p) = \sum_{i=1}^{f} \frac{Q_i^2}{2m} + U(-P_1, -P_2, \ldots, -P_f)$$

H und H' haben dieselbe funktionale Gestalt; lediglich die Rolle von Koordinaten und Impulsen wurde (abgesehen von einem zusätzlichen Minuszeichen) vertauscht.

7.7 Erzeugende für kanonische Transformation

Gegeben ist die Hamiltonfunktion $H(q, p)$ für ein System mit einem Freiheitsgrad. Für welche Parameter α, β, γ, δ sind die Transformationen

$$Q = q^{\alpha}\, p^{\beta}\,, \qquad P = q^{\gamma}\, p^{\delta}$$

kanonisch? Die notwendige und hinreichende Bedingung hierfür ist, dass die Poissonklammer gleich 1 ist, $\{\,Q, P\,\} = 1$. Bestimmen Sie für diesen Fall die Erzeugende $G(q, Q)$.

Lösung: Wir berechnen zuerst die Poissonklammer

$$\{\,Q, P\,\} = \frac{\partial Q}{\partial q}\frac{\partial P}{\partial p} - \frac{\partial Q}{\partial p}\frac{\partial P}{\partial q} = \big(\alpha\delta - \beta\gamma\big)\, q^{\alpha+\gamma-1}\, p^{\beta+\delta-1} \stackrel{!}{=} 1$$

Aus den drei Bedingungen

$$\alpha + \gamma = 1\,, \qquad \beta + \delta = 1\,, \qquad \alpha\delta - \beta\gamma = 1$$

folgen

$$\alpha = 1 - \gamma\,, \qquad \beta = -\gamma\,, \qquad \delta = 1 + \gamma$$

Damit ist die einparametrige Schar von Transformationen

$$Q = q^{1-\gamma}\, p^{-\gamma} = q\,(q\,p)^{-\gamma}\,, \qquad P = q^{\gamma}\, p^{1+\gamma} = p\,(q\,p)^{\gamma} \tag{7.21}$$

kanonisch. Für $\gamma = 0$ erhalten wir die identische Transformation $Q = q$ und $P = p$. Wir konstruieren nun die Erzeugende $G(q, Q)$. Wegen

$$p(q, Q) = \frac{\partial G(q, Q)}{\partial q}, \qquad P(q, Q) = -\frac{\partial G(q, Q)}{\partial Q} \tag{7.22}$$

benötigen wir p und P als Funktionen von q und Q. Wir lösen (7.21) entsprechend auf:

$$p(q, Q) = \frac{1}{q}\left(\frac{q}{Q}\right)^{1/\gamma}, \qquad P(q, Q) = \frac{1}{Q}\left(\frac{q}{Q}\right)^{1/\gamma}$$

Wir setzen dies in (7.22) ein und bestimmen daraus die erzeugende Funktion:

$$G(q, Q) = \gamma \left(\frac{q}{Q}\right)^{1/\gamma}$$

8 Kontinuumsmechanik

Die Kontinuumsmechanik befasst sich mit der Dynamik von elastischen Körpern, von Flüssigkeiten und von Gasen. Mathematisch betrachtet handelt es sich um Feldtheorien; an die Stelle der Bahnen für Massenpunkte treten Felder für kontinuierliche Massenverteilungen.

Als exemplarische Anwendungen behandeln wir die Saitenschwingung, die statische Balkenbiegung und die Grundgleichungen der Hydrodynamik. Ein kurzer Ausblick auf andere Feldtheorien beendet das Kapitel.

Saitenschwingung

Eine Saite sei im Intervall $[0, l]$ der x-Achse mit der Kraft P eingespannt. Das Feld

$$u = u(x, t) = \text{Auslenkung der Saite} \tag{8.1}$$

beschreibt die Bewegung der Saite. Die Lagrangefunktion $\mathcal{L}$ dieses mechanischen Systems ist ein Integral über alle Teile der Saite:

$$\mathcal{L}(\dot{u}, u') = T - U = \int_0^l dx \underbrace{\left[\frac{\varrho}{2} \left(\frac{\partial u(x,t)}{\partial t} \right)^2 - \frac{P}{2} \left(\frac{\partial u(x,t)}{\partial x} \right)^2 \right]}_{= \mathcal{L}_0(\dot{u}, u')} \tag{8.2}$$

Den Integranden bezeichnen wir als *Lagrangedichte* $\mathcal{L}_0$. Die partiellen Ableitungen werden mit $\dot{u}$ und u' abgekürzt. Da die Saite als Grenzfall eines Systems aus vielen Massenpunkten betrachtet werden kann, gilt das Hamiltonsche Prinzip:

$$\delta S = \delta \int_{t_1}^{t_2} dt \int_0^l dx \;\; \mathcal{L}(u, \dot{u}, u', x, t) = 0 \tag{8.3}$$

Wir lassen hier auch allgemeinere Lagrangedichten zu, neben $\mathcal{L} = \mathcal{L}_0$ etwa auch $\mathcal{L} = \mathcal{L}_0 + u\, f(x, t)$; dabei ist f eine äußere Kraftdichte (zum Beispiel $\boldsymbol{f} = \varrho\, \boldsymbol{g}$ im homogenen Schwerefeld der Erde). Die Euler-Lagrange-Gleichungen für (8.3) lauten

$$\frac{\partial}{\partial t} \frac{\partial \mathcal{L}}{\partial \dot{u}} + \frac{\partial}{\partial x} \frac{\partial \mathcal{L}}{\partial u'} - \frac{\partial \mathcal{L}}{\partial u} = 0 \tag{8.4}$$

Für $\mathcal{L} = \mathcal{L}_0$ erhalten wir hieraus eine homogene Wellengleichung mit $c = \sqrt{P/\varrho}$. Die Wellengleichung wird durch die Rand- und Anfangsbedingungen ergänzt:

$$\begin{array}{ll} \text{Wellengleichung:} & u''(x,t) - \ddot{u}(x,t)/c^2 = 0 \\ \text{Randbedingung:} & u(0,t) = u(l,t) = 0 \\ \text{Anfangsbedingung:} & u(x,0) = F(x)\,, \quad \dot{u}(x,0) = G(x) \end{array} \tag{8.5}$$

Ein Separationsansatz $u(x,t) = v(x)\,g(t)$ liefert Elementarlösungen (Eigenschwingungen) der Form $u = \sin(k_n x)\,[a\,\cos(\omega_n t) + b\,\sin(\omega_n t)]$, wobei die Randbedingungen diskrete Wellenzahlen und Frequenzen erzwingen:

$$k_n = \frac{n\,\pi}{l}\,, \qquad \omega_n = c\,k_n\,, \qquad n = 1,\,2,\,\ldots \tag{8.6}$$

Die Überlagerung der Eigenschwingungen (oder Eigenmoden) ergibt die allgemeine Lösung

$$u(x,t) = \sum_{n=1}^{\infty} \sin(k_n x)\,\Big(a_n\,\cos(\omega_n t) + b_n\,\sin(\omega_n t)\Big) \tag{8.7}$$

Die Anfangsbedingungen bestimmen die Amplituden a_n und b_n. Die Eigenschwingungen stellen stehende Wellen dar.

Balkenbiegung

Die Auslenkung eines Balkens oder Stabs aus der Ruhelage (x-Achse) sei $u(x,t)$. Der erste und dritte Term in der Lagrangedichte

$$\mathcal{L}(u,\dot{u},u'',x,t) = \frac{\varrho}{2}\,\dot{u}^2 - \frac{k}{2}\,u''^2 + u\,f(x,t) \tag{8.8}$$

kann wie bei der Saite begründet werden. Von einer Zugspannung (wie bei der Saite) sehen wir ab. Die elastischen Kräfte des Balkens wirken einer Krümmung entgegen und führen zu dem Beitrag $k\,u''^2/2$ der potenziellen Energiedichte.

Wir betrachten speziell die statische ($\dot{u} = 0$) Durchbiegung des Balkens im Schwerefeld ($f = -g\,\varrho$). Dann wird das Hamiltonsche Prinzip zu

$$U = \int_0^l dx\,\left(\frac{k}{2}\,u''^2 + \varrho\,g\,u\right) = \text{minimal} \tag{8.9}$$

zur Bedingung minimaler potenzieller Energie. Die Euler-Lagrange-Gleichung (wird unten noch abgeleitet) lautet $u''''(x) = -\varrho\,g/k$. Dies hat die Lösung

$$u(x) = -\alpha\,x^4 + C_3\,x^3 + C_2\,x^2 + C_1\,x + C_0 \tag{8.10}$$

mit $\alpha = \varrho\,g/(24\,k) > 0$. Die Integrationskonstanten C_i sind durch die Randbedingungen des Balkens festzulegen.

Der Balken könnte beidseitig eingespannt sein. Dann legen die Randbedingungen $u(0) = u'(0) = 0$ und $u(l) = u'(l) = 0$ die Konstanten fest. Wie sieht es aber aus, wenn zum Beispiel das eine Ende des Balkens frei ist? Dann ist die Position an diesem Ende mit zu variieren. Da dies anders ist als bei den bisher untersuchten Variationsproblemen, betrachten wir noch einmal die Ableitung der Euler-Lagrange-Gleichungen für ein Funktional der Form $J[u] = \int dx\, F(u'', u)$. Notwendige Voraussetzung für $J =$ minimal ist

$$\delta J = J[u + \delta u] - J[u] = \int_0^l dx \left(F_{u''}\, \delta u'' + F_u\, \delta u\right) \stackrel{\text{p.I.}}{=} \left(F_{u''}\, \delta u'\right)_l - \left(F_{u''}\, \delta u'\right)_0$$

$$- \left(\frac{dF_{u''}}{dx}\, \delta u\right)_l + \left(\frac{dF_{u''}}{dx}\, \delta u\right)_0 + \int_0^l dx \left(\frac{d^2 F_{u''}}{dx^2} + F_u\right) \delta u(x) = 0 \qquad (8.11)$$

Der Term $F_{u''}\, \delta u''$ wurde zweimal partiell integriert. Aus der Beliebigkeit von $\delta u(x)$ folgt zunächst die Differenzialgleichung $d^2 F_{u''}/dx^2 + F_u = 0$, und für (8.9) damit $u''''(x) = -\varrho\, g/k$. Neben dem Integral müssen aber auch die Randterme verschwinden. Wenn der rechte Rand des Balkens frei ist, dann sind $\delta u(l)$ und $\delta u'(l)$ beliebig, und es müssen $F_{u''}(l) = 0$ und $(dF_{u''}/dx)_l = 0$ gelten, also $u''(l) = 0$ und $u'''(l) = 0$. Damit erhalten wir für jede Seite des Balkens zwei Bedingungen, so dass die vier Integrationskonstanten in (8.10) festgelegt werden können.

Hydrodynamik

Wir betrachten *ideale* Flüssigkeiten. Dies sind Systeme, die durch die 5 Felder Massendichte $\varrho(\boldsymbol{r}, t) = \Delta m/\Delta V$, Geschwindigkeitsfeld $\boldsymbol{v}(\boldsymbol{r}, t)$ und Druck $P(\boldsymbol{r}, t)$ beschrieben werden. Das Volumen ΔV in $\varrho = \Delta m/\Delta V$ wird so groß gewählt, dass es viele Teilchen (zum Beispiel 10^8 Moleküle) enthält; Geschwindigkeit und Druck sind die über solche Bereiche gemittelten Größen. Die 5 Felder $\varrho(\boldsymbol{r}, t)$, $\boldsymbol{v}(\boldsymbol{r}, t)$ und $P(\boldsymbol{r}, t)$ genügen folgenden Gleichungen:

$$\text{Kontinuitätsgleichung:} \quad \dot{\varrho} + \nabla(\varrho\, \boldsymbol{v}) = 0 \qquad (8.12)$$

$$\text{Eulergleichung:} \quad \varrho\, \dot{\boldsymbol{v}} + \varrho\, (\boldsymbol{v} \cdot \nabla)\, \boldsymbol{v} = -\nabla P + \boldsymbol{f} \qquad (8.13)$$

$$\text{Zustandsgleichung:} \quad P = P(\varrho) \qquad (8.14)$$

Die Kontinuitätsgleichung garantiert die Massenerhaltung. Die Zustandsgleichung hängt von der Art der Materie ab (zum Beispiel $P \propto \varrho$ für ein ideales Gas bei fester Temperatur). Die Eulergleichung ist die Verallgemeinerung des 2. Newtonschen Axioms $\Delta m\, d\boldsymbol{v}/dt = \Delta \boldsymbol{F}$. Die Kraftdichte $\Delta \boldsymbol{F}/\Delta V$ besteht aus dem Druckanteil $-\nabla P$ und sonstigen Kräften $\boldsymbol{f}$. Für $d\boldsymbol{v}$ ist $d\boldsymbol{v} = dt\, \partial_t \boldsymbol{v} + dx\, \partial_x \boldsymbol{v} + dy\, \partial_y \boldsymbol{v} + dz\, \partial_z \boldsymbol{v} = [\partial_t \boldsymbol{v} + (\boldsymbol{v} \cdot \nabla)\, \boldsymbol{v}]\, dt$ einzusetzen. Die partiellen Differenzialgleichungen (8.12) und (8.13) sind durch Rand- und Anfangsbedingungen zu ergänzen.

Bernoulli-Gleichung

Für die kräftefreie, stationäre Strömung einer inkompressiblen Flüssigkeit gelten $\boldsymbol{f} = 0$, $\varrho = \varrho_0$, $\boldsymbol{v} = \boldsymbol{v}(\boldsymbol{r})$ und $P = P(\boldsymbol{r})$. Damit wird die Eulergleichung zu

$$\varrho_0\,(\boldsymbol{v}\cdot\nabla)\,\boldsymbol{v} = -\,\mathrm{grad}\,P \tag{8.15}$$

Wir multiplizieren dies skalar mit $\boldsymbol{v}$ und erhalten $(\boldsymbol{v}\cdot\nabla)\,(\varrho_0\,\boldsymbol{v}^2/2 + P) = 0$ oder

$$\frac{\varrho_0}{2}\,\boldsymbol{v}(\boldsymbol{r})^2 + P(\boldsymbol{r}) = \begin{cases}\text{konstant entlang}\\ \text{einer Stromlinie}\end{cases} \tag{8.16}$$

Diese *Bernoulli-Gleichung* besagt, dass die Summe aus dem (gewöhnlichen) Druck $P(\boldsymbol{r})$ und dem sogenannten Staudruck $\varrho_0\,\boldsymbol{v}^2/2$ entlang einer Stromlinie konstant ist.

Die obere Auswölbung eines Flugzeugflügels führt zu einer höheren Strömungsgeschwindigkeit und damit zu einem niedrigeren Druck. Daraus ergibt sich eine nach oben gerichtete Kraft auf den Flügel, die die Schwerkraft ausbalancieren kann.

Schallwellen

Ein allgemeines Verfahren zur Lösung von nichtlinearen Gleichungen ist die *Linearisierung*. Dazu geht man von einer bekannten Lösung ϱ_0, $\boldsymbol{v}_0$, P_0 aus, betrachtet kleine Abweichungen und linearisiert die Gleichungen in diesen kleinen Größen. Zur Ableitung von Schallwellen gehen wir von der trivialen Gleichgewichtslösung $\varrho = \varrho_0$, $\boldsymbol{v} = \boldsymbol{v}_0 = 0$ und $P = P_0$ aus und betrachten Abweichungen der Form

$$\begin{aligned}\varrho(\boldsymbol{r},t) &= \varrho_0 + \Delta\varrho\ \exp\big(\mathrm{i}\,(\boldsymbol{k}\cdot\boldsymbol{r} - \omega t)\big)\\ \boldsymbol{v}(\boldsymbol{r},t) &= \boldsymbol{v}_0 + \Delta\boldsymbol{v}\ \exp\big(\mathrm{i}\,(\boldsymbol{k}\cdot\boldsymbol{r} - \omega t)\big)\end{aligned} \tag{8.17}$$

Der Druck folgt mit der adiabatischen Kompressibilität κ_S aus der Dichte:

$$\Delta P = \left(\frac{\partial\varrho}{\partial P}\right)_S \Delta\varrho = \frac{\Delta\varrho}{\varrho_0\,\kappa_S} \tag{8.18}$$

Wir setzen (8.17) in die Euler- und Kontinuitätsgleichung ein und erhalten

$$\begin{pmatrix} -\omega & \varrho_0\,\boldsymbol{k} \\ \dfrac{\boldsymbol{k}}{\varrho_0\,\kappa_S} & -\omega\,\varrho_0 \end{pmatrix} \begin{pmatrix} \Delta\varrho \\ \Delta\boldsymbol{v} \end{pmatrix} = 0 \tag{8.19}$$

Eine nichttriviale Lösung erhält man für $\Delta\boldsymbol{v} \parallel \boldsymbol{k}$ und für

$$\omega^2 = \frac{k^2}{\varrho_0\,\kappa_S} = c_\mathrm{S}^2\,k^2 \tag{8.20}$$

Hierbei ist $c_\mathrm{S} = (\varrho_0\,\kappa_S)^{-1/2}$ die *Schallgeschwindigkeit*.

Die Lösung beschreibt longitudinale Wellen, die wir als Schallwellen kennen. Für $\boldsymbol{k} = k\,\boldsymbol{e}_z$ ist die Orts- und Zeitabhängigkeit der Lösung durch den Faktor $\exp[\mathrm{i}\,(k\,z - \omega t)]$ gegeben, dabei ist $\omega = c_\mathrm{S}\,k$.

Feldtheorien

Als Ausblick auf andere Gebiete der Physik stellen wir einige weitere Lagrangedichten zusammen. Felder hängen vom Ort und von der Zeit ab. Es ist praktisch, diese Abhängigkeit in der indizierten Größe x^α zusammenzufassen, $(x^\alpha) = (x^0, x^1, x^2, x^3) = (ct, x, y, z)$. In Kapitel 9 wird x^α als 4- oder Lorentzvektor klassifiziert und durch $(x_\alpha) = (ct, -x, -y, -z)$ ergänzt. Wir verwenden die Summenkonvention.

Die betrachteten Felder mögen n Komponenten haben:

$$u_r = u_r(x_\alpha) = u_r(x_0, x_1, x_2, x_3) \qquad (r = 1, \ldots, n) \tag{8.21}$$

Das Argument x_α steht hier für die Gesamtheit der Variablen x_0, x_1, x_2 und x_3. Die Ableitungen der Felder kürzen wir durch einen senkrechten Strich im Index ab, $u_{r|\alpha} \equiv \partial u_r / \partial x^\alpha$. Wir beschränken uns auf Lagrangedichten der Form

$$\mathcal{L} = \mathcal{L}(u_r,\, u_{r|\alpha},\, x_\beta) \tag{8.22}$$

Das Hamiltonsche Prinzip lautet $\delta \int d^4x \ \mathcal{L} = 0$ und führt zu den Feldgleichungen

$$\frac{\partial}{\partial x^\alpha} \frac{\partial \mathcal{L}}{\partial u_{r|\alpha}} - \frac{\partial \mathcal{L}}{\partial u_r} = 0 \qquad (r = 1, \ldots, n) \tag{8.23}$$

Wir führen kurz einige Beispiele für Feldtheorien dieser Form an. Das erste Beispiel ist die Saitenschwingung mit der Lagrangedichte

$$\mathcal{L}(u, \dot{u}, u', x, t) = \frac{\varrho}{2}\, \dot{u}^2 - \frac{P}{2}\, u'^2 + u\, f(x, t) \tag{8.24}$$

Hier ist die Zahl der Felder $n = 1$, und $(x^\alpha) = (t, x)$ hat nur zwei Komponenten. Gleichung (8.23) ergibt die inhomogene Wellengleichung $u'' - \ddot{u}/c^2 = -f/P$ mit $c = (P/\varrho)^{1/2}$.

Als zweites Beispiel betrachten wir die Quantenmechanik (Teil III). Die Wellenfunktion $\psi(x) = \psi(\boldsymbol{r}, t)$ ist komplex. Wir betrachten daher $u_1 = \psi$ und $u_2 = \psi^*$ als unabhängige Felder. Mit der Lagrangedichte

$$\mathcal{L}(\psi, \psi^*, \dot{\psi}, \dot{\psi}^*, \nabla\psi, \nabla\psi^*, \boldsymbol{r}, t) = -\frac{\hbar^2}{2m}\, \nabla\psi^* \cdot \nabla\psi - V(\boldsymbol{r}, t)\, \psi^*\psi + \mathrm{i}\hbar\, \psi^*\, \dot{\psi} \tag{8.25}$$

ergibt (8.23) die *Schrödingergleichung*.

Als drittes Beispiel führen wir das elektromagnetische Feld an (Teil II). Die grundlegenden Felder u_r sind die vier Felder des 4-Potenzials $A_\alpha(x)$, die physikalischen Felder sind $F_{\alpha\beta} = A_{\beta|\alpha} - A_{\alpha|\beta}$. Mit der Lagrangedichte

$$\mathcal{L}(A_\beta, A_{\beta|\alpha}, x_\gamma) = -\frac{1}{16\,\pi}\, F^{\alpha\beta} F_{\alpha\beta} - \frac{1}{c}\, j^\beta(x_\gamma)\, A_\beta \tag{8.26}$$

ergibt (8.23) die *Maxwellgleichungen*. Hierbei ist $(j^\alpha) = (c\varrho, \boldsymbol{j})$ durch die Ladungsdichte ϱ und die Stromdichte $\boldsymbol{j}$ gegeben.

Aufgaben

8.1 Saitenschwingung für gegebene Anfangsbedingungen

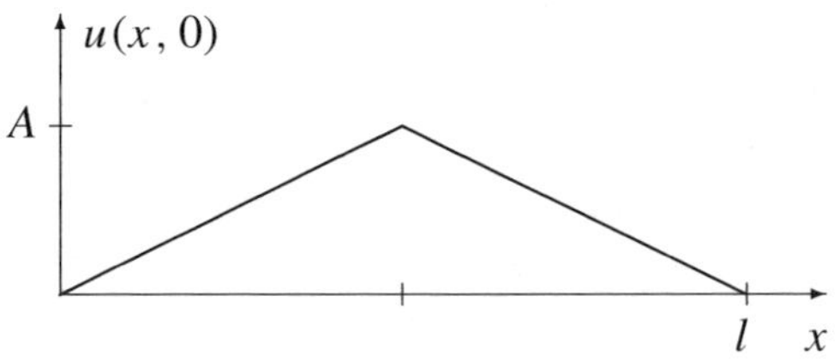

Die Auslenkung $u(x, t)$ einer Saite genügt der Wellengleichung und den Randbedingungen

$$u''(x,t) - \ddot{u}(x,t)/c^2 = 0$$

$$u(0,t) = u(l,t) = 0$$

Bestimmen Sie die Lösung $u(x, t)$ für die Anfangsbedingungen

$$u(x,0) = A\left(1 - \left|1 - \frac{2x}{l}\right|\right), \qquad \dot{u}(x,0) = 0 \tag{8.27}$$

Lösung: Aus der allgemeinen Lösung (8.7) folgt für die Anfangsbedingungen bei $t = 0$

$$u(x,0) = \sum_{n=1}^{\infty} a_n \sin(k_n x) = A\left(1 - \left|1 - \frac{2x}{l}\right|\right), \qquad \dot{u}(x,0) = \sum_{n=1}^{\infty} b_n\, \omega_n \sin(k_n x) = 0 \tag{8.28}$$

mit $k_n = n\pi/l$ und $\omega_n = c\, k_n$. Wegen $\omega_n \neq 0$ müssen alle Koeffizienten b_n verschwinden, also $b_n = 0$. Die Fourierkoeffizienten a_n erhält man aus der Rücktransformation

$$a_n = \frac{2}{l}\int_0^l dx\; u(x,0)\, \sin(k_n x) = \frac{4A}{l}\left[\int_0^{l/2} dx\, \frac{x}{l}\, \sin(k_n x) + \int_{l/2}^{l} dx \left(1 - \frac{x}{l}\right) \sin(k_n x)\right]$$

$$= \frac{8A}{(n\pi)^2} \sin\frac{n\pi}{2} = \begin{cases} (-)^m \dfrac{8A}{(2m+1)^2\,\pi^2} & \text{für} \quad n = 2m+1 \quad \text{ungerade} \\[2ex] 0 & \text{für} \quad n = 2m \qquad\quad \text{gerade} \end{cases}$$

Es tragen nur die ungeraden n bei; dies folgt aus der Symmetrie der Anfangsbedingung $u(x, 0) = u(l - x, 0)$. Bei unsymmetrischen Anfangsbedingungen tragen alle n bei. Die Amplituden $(a_1, a_3, a_5 \ldots) = (8A)/\pi^2\, (1, -1/9, 1/25 \ldots)$ fallen rasch ab. Die Summe

$$\begin{aligned} u(x,t) &= \sum_{m=0}^{\infty} a_{2m+1} \sin(k_{2m+1}x)\, \cos(\omega_{2m+1}t) \\ &= \frac{8A}{\pi^2} \sum_{m=0}^{\infty} \frac{(-)^m}{(2m+1)^2} \sin\left[(2m+1)\,\frac{\pi x}{l}\right] \cos\left[(2m+1)\,\frac{\pi c t}{l}\right] \end{aligned}$$

könnte daher durch wenige Terme angenähert werden. Die niedrigste Eigenfrequenz ist $\omega_1 = \pi c/l$ (Grundton). Die Eigenfrequenzen der Obertöne sind ungerade Vielfache der Grundtonfrequenz. Die gesamte Schwingung ist damit periodisch $u(x, t + T) = u(x, t)$ mit $T = 2l/c$. Außerdem gilt $u(x, t + T/2) = -u(x, t)$ und insbesondere $u(x, T/4) = u(x, 3T/4) = 0$ wie bei einer reinen Sinus-Schwingung.

8.2 Lösungsmethode nach d'Alembert

Zeigen Sie, dass die Wellengleichung $u''(x,t) - \ddot{u}(x,t)/c^2 = 0$ durch

$$u(x,t) = f(x - ct) + g(x + ct) \tag{8.29}$$

gelöst wird. Dabei sind f und g zunächst beliebige Funktionen einer Variablen. Wie hängen f und g mit den Anfangsbedingungen zusammen?

Wenden Sie diese *Lösungsmethode nach d'Alembert* auf die Saitenschwingung aus Aufgabe 8.1 an. Welchen Relationen müssen die Funktionen f und g genügen, damit die Randbedingungen für alle Zeiten erfüllt sind? Zeigen Sie dazu: Außerhalb des Definitionsbereichs $[0, l]$ müssen die Randbedingungen antisymmetrisch und periodisch (mit der Periode $2l$) fortgesetzt werden.

Berechnen Sie $u(x,t)$ für $0 \le t \le T/4$ mit $T = 2l/c$. Das Ergebnis für die volle Zeitperiode folgt dann aus Symmetrieüberlegungen.

Lösung: Die Ableitungen von $u(x,t) = f(x - ct) + g(x + ct)$ sind

$$\begin{aligned} u''(x,t) &= f''(x - ct) + g''(x + ct) \\ \ddot{u}(x,t) &= c^2 f''(x - ct) + c^2 g''(x + ct) \end{aligned}$$

Damit ist offensichtlich, dass die Wellengleichung $u'' - \ddot{u}/c^2 = 0$ erfüllt ist. Für gegebene Anfangsbedingungen sind die Funktionen f und g so zu wählen, dass

$$u(x,0) = f(x) + g(x)\,, \qquad \dot{u}(x,0) = -c f'(x) + c g'(x) \tag{8.30}$$

Hieraus folgt

$$f(x) = \frac{u(x,0)}{2} - \frac{1}{2c}\int dx\; \dot{u}(x,0)\,, \qquad g(x) = \frac{u(x,0)}{2} + \frac{1}{2c}\int dx\; \dot{u}(x,0)$$

Die beliebige Integrationskonstante ist für beide Ausdrücke gleich zu wählen; dann fällt sie in (8.30) weg. In dieser Weise kann für beliebige Anfangsbedingungen eine Lösung der Form (8.29) angegeben werden. Damit ist (8.29) eine *allgemeine Lösung* der Wellengleichung.

Die Randbedingungen für die eingespannte Saite aus Aufgabe 8.1 verlangen

$$u(0,t) = f(-ct) + g(ct) = 0\,, \qquad u(l,t) = f(l - ct) + g(l + ct) = 0$$

Dies gilt für beliebige Zeiten oder Argumentwerte. Daher müssen die Funktionen f und g folgenden Eigenschaften (Symmetrien) haben:

$$f(x) = -g(x)\,, \qquad f(x + 2l) = f(x)\,, \qquad g(x + 2l) = g(x) \tag{8.31}$$

Aus (8.30) folgt dann, dass die Anfangsbedingungen antisymmetrisch und periodisch sein müssen:

$$\begin{aligned} u(-x,0) &= -u(x,0), \qquad & u(x + 2l, 0) &= u(x,0) \\ \dot{u}(-x,0) &= -\dot{u}(x,0), \qquad & \dot{u}(x + 2l, 0) &= \dot{u}(x,0) \end{aligned}$$

Hierdurch werden die Anfangsbedingungen über den Definitionsbereich $[0, l]$ hinaus eindeutig fortgesetzt, und zwar für beliebige Argumentwerte.

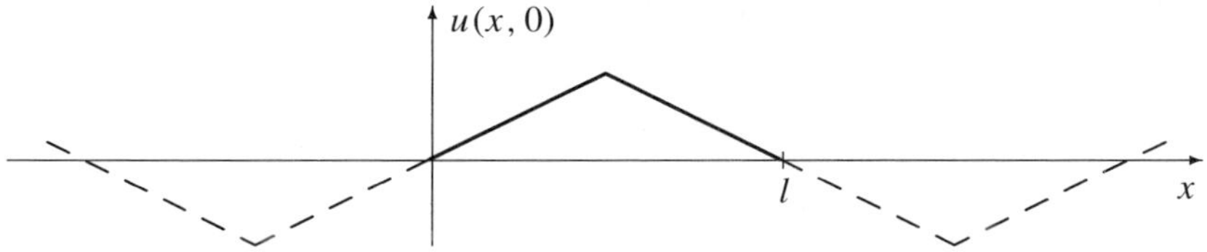

Die physikalische Anfangsbedingung $u(x, 0)$ bezieht sich auf die Saite, also auf das Intervall $[0, l]$ (durchgezogene Linie). Für die Lösungsmethode nach d'Alembert setzen wir sie antisymmetrisch und periodisch fort (gestrichelte Linie). Die in (8.28) als Fourierreihen dargestellten Anfangsbedingungen ergeben ebenfalls die hier gezeigte Fortsetzung.

Die in (8.27) angegebene Form der Anfangsbedingungen ergibt die richtige Fortsetzung nur im Intervall $[-l/2, 3l/2]$, also

$$f(x) = g(x) = \frac{A}{2}\left(1 - \left|1 - \frac{2x}{l}\right|\right) \qquad \text{für } -l/2 \le x \le 3l/2$$

Damit lautet die Lösung für $t \le l/(2c) = T/4$,

$$u(x,t) = \frac{A}{2}\left(1 - \left|1 - \frac{2(x-ct)}{l}\right|\right) + \frac{A}{2}\left(1 - \left|1 - \frac{2(x+ct)}{l}\right|\right) \qquad (t \le T/4) \tag{8.32}$$

Die Lösung für spätere Zeiten erhält man aus der Periodizität $u(x, t+T) = u(x, t)$ und der Transformation $u(x, t + T/2) = -u(l - x, t) = -u(x, t)$. Dies erhält man aus den Eigenschaften (8.31) der Funktionen f und g, und – für das letzte Gleichheitszeichen – aus der Symmetrie der Anfangsbedingungen (und damit der Lösung) bezüglich des Mittelpunkts $x = l/2$ der Saite.

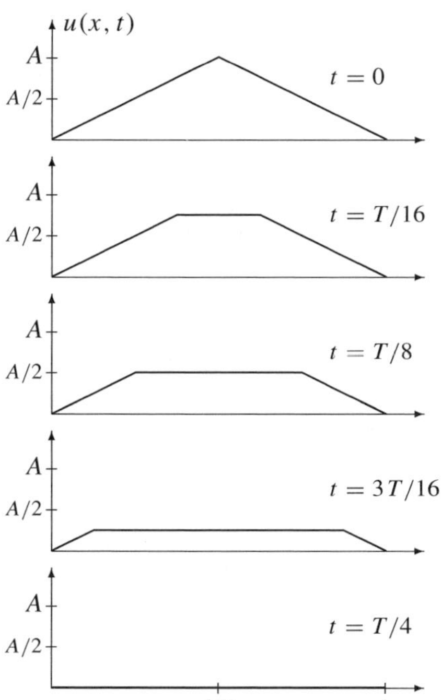

Auslenkungen der Saite, $u(x, t)$ aus (8.32), für verschiedene Zeiten im Bereich $0 \le t \le T/4$. Im Intervall $T/4 \le t \le T/2$ ergeben sich dann die entsprechenden an der x-Achse gespiegelten Auslenkungen. Im folgenden Zeitraum $T/2 \le t \le T$ läuft die Bewegung rückwärts bis zur Anfangskonfiguration. Damit ist eine volle Periode T der Schwingung abgelaufen.

Für eine realistische Saite endlicher Dicke ist der Knick in den Anfangsbedingungen energetisch ungünstig. Dieser Knick wird dann schon beim Einschwingen geglättet und bereits nach einer Periode nicht mehr reproduziert.

8.3 Verallgemeinerung der Bernoulli-Gleichung

Wiederholen Sie die Ableitung der Bernoulli-Gleichung (8.16) für den Fall, dass eine äußere Kraftdichte $\boldsymbol{f} = -\operatorname{grad} u(\boldsymbol{r})$ auf die Flüssigkeit wirkt.

Lösung: Für die stationäre Strömung einer inkompressiblen Flüssigkeit $\varrho = \varrho_0$ wird die Eulergleichung zu

$$\varrho_0 \big(\boldsymbol{v} \cdot \nabla\big)\, \boldsymbol{v} = -\operatorname{grad} P + \boldsymbol{f}$$

Im Unterschied zu (8.15) lassen wir hier eine äußere Kraftdichte $\boldsymbol{f} = -\operatorname{grad} u(\boldsymbol{r})$ zu (zum Beispiel die Schwerkraft $\boldsymbol{f} = \varrho_0\, \boldsymbol{g}$). Wir multiplizieren die Eulergleichung skalar mit $\boldsymbol{v}$ und erhalten

$$\big(\boldsymbol{v}(\boldsymbol{r}) \cdot \nabla\big) \Big(\frac{\varrho_0}{2}\, \boldsymbol{v}(\boldsymbol{r})^2 + P(\boldsymbol{r}) + u(\boldsymbol{r}) \Big) = 0$$

Diese *Bernoulligleichung* besagt, dass die Summe aus dem Staudruck $\varrho_0\, \boldsymbol{v}^2/2$, dem gewöhnlichen Druck $P(\boldsymbol{r})$ und der potenziellen Energiedichte $u(\boldsymbol{r})$ entlang einer Stromlinie konstant ist:

$$\frac{\varrho_0}{2}\, \boldsymbol{v}(\boldsymbol{r})^2 + P(\boldsymbol{r}) + u(\boldsymbol{r}) = \left\{ \begin{array}{l} \text{konstant entlang} \\ \text{einer Stromlinie} \end{array} \right. \tag{8.33}$$

Die Bernoulligleichung gilt sowohl für wirbelfreie als auch für wirbelhafte Strömungen. Darüber hinaus gilt für wirbelfreie Strömungen, dass die Konstanten entlang der verschiedenen Stromlinien alle gleich sind; Gleichung (8.33) gilt dann mit ein und derselben Konstante im ganzen Strömungsgebiet.

8.4 Lagrangedichte für inkompressible Flüssigkeit

Die Lagrangedichte einer inkompressiblen Flüssigkeit ist durch

$$\mathcal{L}(\Phi, \operatorname{grad} \Phi) = \frac{\varrho_0}{2}\, \boldsymbol{v}^2 = \frac{\varrho_0}{2}\, \big(\operatorname{grad} \Phi\big)^2 \tag{8.34}$$

gegeben. Bestimmen Sie aus dem Hamiltonschen Prinzip die Feldgleichung.

Lösung: Das Hamiltonsche Prinzip lautet $\delta \int d^3r\, \mathcal{L} = 0$. Zur Variation setzen wir eine kleine, auf dem Rand verschwindende Abweichung $\delta\Phi(\boldsymbol{r})$ des Geschwindigkeitspotenzials an:

$$\delta \int d^3r\, \mathcal{L} = \frac{\varrho_0}{2}\, \delta \int d^3r\, \big(\nabla\, \Phi\big)^2 = \varrho_0 \int d^3r\, \big(\nabla\, \delta\Phi\big)\big(\nabla\, \Phi\big) = -\varrho_0 \int d^3r\, \delta\Phi\, \Delta\Phi = 0$$

Im letzten Schritt wurde partiell integriert; die Randterme fallen weg, da dort $\delta\Phi = 0$ gilt. Wegen der Beliebigkeit von $\delta\Phi(\boldsymbol{r})$ folgt hieraus die Laplacegleichung

$$\Delta\Phi(\boldsymbol{r}) = 0$$

Dies ist die gesuchte Feldgleichung. Ihre Lösung bestimmt das Geschwindigkeitsfeld $\boldsymbol{v}(\boldsymbol{r}) = \operatorname{grad} \Phi(\boldsymbol{r})$. Es handelt sich um eine Potenzialströmung, also um eine stationäre, inkompressible ($\operatorname{div} \boldsymbol{v} = 0$) und wirbelfreie ($\operatorname{rot} \boldsymbol{v} = 0$) Strömung.

9 Relativistische Mechanik

Die bisher behandelte Newtonsche Mechanik gilt nur für Geschwindigkeiten, die klein gegenüber der Lichtgeschwindigkeit sind. In diesem Kapitel stellen wir die relativistische Mechanik (auch Einsteinsche Mechanik genannt) vor.

Zunächst ersetzen wir die Galileitransformationen durch die Lorentztransformationen. Danach gehen wir auf die Messung von Längen und Zeiten ein. Schließlich stellen wir die relativistische Verallgemeinerung des 2. Newtonschen Axioms auf und geben einige Konsequenzen an.

Lorentztransformationen

Newtons Axiome sind nur in Inertialsystemen (IS) gültig. Unter den möglichen IS ist keines ausgezeichnet, es gilt das von Galilei aufgestellte

RELATIVITÄTSPRINZIP: „Alle Inertialsysteme sind gleichwertig.“

Im Rahmen der Newtonschen Mechanik vermitteln die *Galileitransformationen* zwischen verschiedenen IS. Überraschenderweise stellt man jedoch experimentell fest (Michelsonversuch), dass Licht sich in IS und IS′ mit der gleichen Geschwindigkeit $c \approx 3 \cdot 10^8$ m/s bewegt. Dies steht im Widerspruch zur Galileitransformation, denn

$$\frac{dx'}{dt'} = c \qquad \xrightarrow[\text{Galileitransformation}]{x' = x - vt, \;\; t' = t} \qquad \frac{dx}{dt} = c + v \tag{9.1}$$

Einstein ergänzt das Relativitätsprinzip „Alle Inertialsysteme sind gleichwertig“ durch die Forderung, dass Licht sich in allen IS mit derselben Geschwindigkeit c bewegt. Dies erfordert eine andere Transformation zwischen den IS:

$$\frac{dx'}{dt'} = c \qquad \xrightarrow[\text{Lorentztransformation}]{c^2dt'^2 - dx'^2 = c^2dt^2 - dx^2} \qquad \frac{dx}{dt} = c \tag{9.2}$$

Die Bedingung $c^2dt'^2 - dx'^2 = c^2dt^2 - dx^2$ garantiert die Konstanz der Lichtgeschwindigkeit. Die gesuchte Lorentztransformation (LT) wird nun so bestimmt, dass sie das Wegelement $ds^2 = c^2dt^2 - dx^2$ oder allgemeiner

$$ds^2 = c^2dt^2 - dx^2 - dy^2 - dz^2 = \eta_{\alpha\beta}\, dx^\alpha\, dx^\beta \tag{9.3}$$

invariant lässt. Wir verwenden die Summenkonvention, das heißt über gleiche Indizes wird summiert, ohne dass die Summe explizit angeschrieben wird. Außerdem ist $(x^\alpha) = (ct, x, y, z)$ und $\eta = (\eta_{\alpha\beta}) = \text{diag}\,(1, -1, -1, -1)$. Im folgenden verwenden wir auch untenstehende Indizes $(x_\alpha) = (\eta_{\alpha\beta}\, x^\beta) = (ct, -x, -y, -z)$.

Die gesuchte LT wird als *lineare* Transformation der Koordinaten angesetzt:

$$x'^\alpha = \Lambda^\alpha_\beta\, x^\beta + b^\alpha \qquad \text{(Lorentztransformation)} \tag{9.4}$$

Die Größen Λ^α_β und b^α hängen von der Relation zwischen IS und IS$'$ ab, nicht aber von den Koordinaten.

Aus der Invarianzforderung ($ds^2 = ds'^2$) folgt eine spezielle LT (mit $y' = y$ und $z' = z$)

$$\begin{pmatrix} c\,t' \\ x' \end{pmatrix} = \begin{pmatrix} \cosh\psi & -\sinh\psi \\ -\sinh\psi & \cosh\psi \end{pmatrix} \begin{pmatrix} c\,t \\ x \end{pmatrix} = \begin{pmatrix} \gamma & -\gamma\, v/c \\ -\gamma\, v/c & \gamma \end{pmatrix} \begin{pmatrix} c\,t \\ x \end{pmatrix} \tag{9.5}$$

mit der *Rapidität* $\psi = \text{artanh}\,(v/c)$ und $\gamma = (1 - v^2/c^2)^{-1/2}$.

Wenn die Relativgeschwindigkeit $\boldsymbol{v}$ zwischen IS und IS$'$ eine beliebige Richtung hat, dann lautet die LT (in Matrixschreibweise)

$$\Lambda(\boldsymbol{v}) = \begin{pmatrix} \gamma & -\gamma\, v_1/c \quad -\gamma\, v_2/c \quad -\gamma\, v_3/c \\ -\gamma\, v_1/c & \\ -\gamma\, v_2/c & \delta_{ij} + \dfrac{v_i\, v_j\,(\gamma - 1)}{v^2} \\ -\gamma\, v_3/c & \end{pmatrix} \tag{9.6}$$

Eine allgemeine LT mit $\boldsymbol{v}$, mit Drehung ($\Lambda_{ij} = \alpha_{ij}$ mit einer orthogonalen Matrix α) und mit einer Raum-Zeit-Verschiebung um b lautet dann

$$x' = \Lambda(\alpha)\, \Lambda(\boldsymbol{v})\, x + b \tag{9.7}$$

Diese LT bilden eine Gruppe, die von 10 Parametern (drei Komponenten v_i, drei Winkel für die Drehung und vier Parameter in b) abhängt.

Die Addition zweier Geschwindigkeiten ergibt sich aus

$$\Lambda(\boldsymbol{V}) = \Lambda(\boldsymbol{v}_2)\, \Lambda(\boldsymbol{v}_1) \quad \longrightarrow \quad \boldsymbol{V} = \boldsymbol{V}(\boldsymbol{v}_1, \boldsymbol{v}_2) \tag{9.8}$$

Für $\boldsymbol{v}_1 \parallel \boldsymbol{v}_2$ multiplizieren wir die beiden Λ-Matrizen

$$\begin{pmatrix} \cosh\psi_2 & -\sinh\psi_2 \\ -\sinh\psi_2 & \cosh\psi_2 \end{pmatrix} \begin{pmatrix} \cosh\psi_1 & -\sinh\psi_1 \\ -\sinh\psi_1 & \cosh\psi_1 \end{pmatrix} = \begin{pmatrix} \cosh\psi & -\sinh\psi \\ -\sinh\psi & \cosh\psi \end{pmatrix} \tag{9.9}$$

und erhalten so $\psi = \psi_1 + \psi_2$. Mit dem Additionstheorem für den tangens hyperbolicus wird $\psi = \psi_1 + \psi_2$ zum *Additionstheorem* der Geschwindigkeiten

$$V = \frac{v_1 + v_2}{1 + v_1\, v_2/c^2} \qquad \text{für } \boldsymbol{v}_1 \parallel \boldsymbol{v}_2 \tag{9.10}$$

Für nichtparallele Geschwindigkeiten ist das Additionstheorem komplizierter und nichtkommutativ.

Längen- und Zeitmessung

Die IS-Koordinaten x, y und z werden durch ruhende Maßstäbe als Längen definiert. Synchronisierte, ruhende Uhren können überall in IS die IS-Zeit t anzeigen.

Bewegter Maßstab

In IS′ ruhe ein Maßstab entlang der x'-Achse; er hat dann die *Eigenlänge* $l_0 = x'_2 - x'_1$. IS′ bewege sich mit $\boldsymbol{v} = v\,\boldsymbol{e}_x$ relativ zu IS; die x- und die x'-Achse seien parallel. Um die Länge l des Stabs in IS zu bestimmen, müssen zwei Beobachter im IS zur gleichen IS-Zeit t die Position von Stabanfang und -ende auf der x-Achse markieren; dann gilt $l = x_2 - x_1$. Die spezielle LT ist auf die beiden Ereignisse

1: Stabende passiert einen Beobachter in IS bei $x_1 = 0$ zur Zeit $t_1 = 0$.

2: Stabanfang passiert einen Beobachter in IS bei x_2 zur Zeit $t_2 = 0$.

anzuwenden. Dadurch erhält man $l = l_0\,\sqrt{1 - v^2/c^2}$, also $l < l_0$. Senkrecht zur Relativgeschwindigkeit tritt keine Längenkontraktion ein. Daher gilt im allgemeinen Fall

$$l_{\|} = l_{0\|}\,\sqrt{1 - \frac{\boldsymbol{v}^2}{c^2}}\,, \qquad l_{\perp} = l_{0\perp} \qquad \text{(Längenkontraktion)} \tag{9.11}$$

Die Formulierung „Bewegte Stäbe sind kürzer“ stellt das Resultat nur unvollständig dar und lädt zu Missdeutungen ein. Es müssen immer die zu einer Messung gehörenden Ereignisse definiert werden; hierauf kann dann die Lorentztransformation angewendet werden.

Bewegte Uhr

Eine in IS′ ruhende Uhr zeigt die Zeit t' an. Um dies mit der IS-Zeit t zu vergleichen, muss die IS′-Uhr mit zwei IS-Uhren verglichen werden:

1: IS′-Uhr passiert Beobachter in IS bei $x_1 = 0$ zur Zeit $t_1 = 0$.

2: IS′-Uhr passiert Beobachter in IS bei $x_2 = v\,t_2$ zur Zeit t_2.

Vergleicht man jetzt die Zeitintervalle $t = t_2 - t_1$ und $t' = t'_2 - t'_1$, so stellt man eine Zeitdilatation fest:

$$t = \frac{t'}{\sqrt{1 - \boldsymbol{v}^2/c^2}} \qquad \text{Zeitdilatation} \tag{9.12}$$

Die Formulierung „Eine bewegte Uhr geht langsamer“ ist problematisch. Ohne den hier gegebenen Hintergrund könnte man daraus folgern „die IS′-Uhr geht langsamer als die IS-Uhr“ und (da vom IS′ aus gesehen IS bewegt ist) „die IS-Uhr geht langsamer als die IS′-Uhr“; damit hätte man einen Widerspruch konstruiert. Für die hier betrachtete Messung sind zwei Uhren in IS nötig, an denen sich die IS′-Uhr vorbeibewegt; insofern ist die Symmetrie zwischen IS und IS′ verletzt.

Wir geben noch an, welche Zeit τ eine mit beliebiger Geschwindigkeit $\boldsymbol{v}(t)$ bewegte Uhr anzeigt. Dazu betrachtet man zu einem bestimmten Zeitpunkt t_0 ein IS$'$, das sich relativ zu IS mit der (konstanten) Geschwindigkeit $\boldsymbol{v}(t_0)$ bewegt. Dann gilt für das nächste Zeitintervall $d\tau = dt' = dt/\gamma$. Wenn man die endliche Zeitspanne zwischen zwei Ereignissen 1 und 2 in infinitesimale Intervalle teilt, so erhält man die angezeigte *Eigenzeit* der bewegten Uhr:

$$\tau = \int_{t_1}^{t_2} dt \, \sqrt{1 - \frac{v(t)^2}{c^2}} \tag{9.13}$$

Als Anzeige einer konkreten Uhr ist τ unabhängig vom Beobachter (also vom IS). Formal folgt das aus $d\tau = ds_{\text{Uhr}}/c$ und der Invarianz von ds unter LT.

Gleichzeitigkeit

Das Abstandsquadrat s_{12}^2 zweier Ereignisse ist invariant unter LT. Daher hängt die Klassifizierung

$$s_{12}^2 = c^2 t^2 - x^2 = c^2 t'^2 - x'^2 \begin{cases} = 0 & \text{lichtartig} \\ < 0 & \text{raumartig} \\ > 0 & \text{zeitartig} \end{cases} \tag{9.14}$$

nicht vom Beobachter ab. Lichtartige Ereignisse können durch ein Lichtsignal miteinander verbunden sein; sie könnten sich kausal beeinflusst haben. Zeitartige Ereignisse können durch ein Objekt mit $V < c$ miteinander verbunden sein; auch sie könnten sich kausal beeinflusst haben. In diesen beiden Fällen liegt die zeitliche Reihenfolge der beiden Ereignisse fest.

Raumartige Ereignisse können nur durch ein Objekt mit $V > c$ verbunden werden; sie können sich kausal nicht beeinflusst haben. Ihre zeitliche Reihenfolge hängt vom Beobachter ab. Insofern ist der Begriff „gleichzeitig" relativ.

Bewegungsgleichung

Die relativistische Verallgemeinerung des 2. Newtonschen Axioms lautet

$$m \, \frac{du^\alpha}{d\tau} = F^\alpha \tag{9.15}$$

Dabei ist $(u^\alpha) = \gamma(c, \boldsymbol{v})$ die Vierergeschwindigkeit und m ist die Ruhmasse. Die Minkowskikraft F^α wird so gewählt, dass sie im momentanen Ruhsystem zur Newtonschen Kraft $\boldsymbol{F}_{\text{N}}$ wird, also $(F'^\alpha) = (0, \boldsymbol{F}_{\text{N}})$. Durch eine Lorentztransformation erhalten wir hieraus den Zusammenhang

$$\left(F^\alpha\right) = \left(\gamma \, \frac{v \, F_{\text{N}\parallel}}{c} \, , \; \gamma \, \boldsymbol{F}_{\text{N}\parallel} + \boldsymbol{F}_{\text{N}\perp}\right) \tag{9.16}$$

Die Gültigkeit von (9.15) ergibt sich aus: (i) Die Gleichung ist kovariant und (ii) sie reduziert sich im momentanen Ruhsystem IS′ auf das 2. Axiom. Wir setzen voraus, dass Newtons 2. Axiom in IS′ relativistisch gültig ist. Dann ist auch (9.15) in IS′ gültig. Da (9.15) kovariant (forminvariant unter LT) ist, erübrigt sich eine LT in ein anderes IS.

Für ein Teilchen (Masse m, Ladung q) in einem elektromagnetischen Feld wird (9.15) zu

$$\frac{d}{dt}\,\frac{m\,c^2}{\sqrt{1-v(t)^2/c^2}} = q\,\boldsymbol{v}\cdot\boldsymbol{E}(\boldsymbol{r},t) \tag{9.17}$$

$$\frac{d}{dt}\,\frac{m\,\boldsymbol{v}(t)}{\sqrt{1-v(t)^2/c^2}} = q\,\left(\boldsymbol{E}(\boldsymbol{r},t)+\frac{\boldsymbol{v}}{c}\times\boldsymbol{B}(\boldsymbol{r},t)\right) \tag{9.18}$$

Für ein elektrostatisches Feld $\boldsymbol{E}(\boldsymbol{r}) = -\operatorname{grad}\Phi(\boldsymbol{r})$ können wir (9.17) in die Form

$$\frac{d}{dt}\left(\frac{m\,c^2}{\sqrt{1-v(t)^2/c^2}} + q\,\Phi(\boldsymbol{r}(t))\right) = 0 \tag{9.19}$$

bringen. Der Klammerausdruck ist eine Energie; insbesondere ist $q\,\Phi$ als elektrostatische Energie bekannt. Diese Gleichung beschreibt also die Energieerhaltung. Daher ist

$$E = \frac{m\,c^2}{\sqrt{1-v^2/c^2}} = \text{relativistische Energie} \tag{9.20}$$

die *relativistische Energie* eines freien Teilchens. Sie kann in die Ruhenergie $m\,c^2$ und die kinetische Energie $mc^2(\gamma-1)$ aufgespalten werden. Die Identifizierung der Ruhenergie ist die Grundlage der *Äquivalenz von Masse und Energie.* .

Anwendung

Im Laborsystem (LS) laufe ein Teilchen (Masse m) mit der Geschwindigkeit V auf ein zweites ruhendes Teilchen gleicher Art zu. Durch eine LT kann man in das Schwerpunktsystem (SS) gehen, in dem die Teilchen die Geschwindigkeiten v und $-v$ haben. Für die kinetischen Energien, die jeweils aufgebracht werden müssen, gilt

$$K_{\rm LS} = \frac{m\,c^2}{\sqrt{1-V^2/c^2}} - m\,c^2\,, \qquad K_{\rm SS} = \frac{2m\,c^2}{\sqrt{1-v^2/c^2}} - 2m\,c^2 \tag{9.21}$$

Die Geschwindigkeiten hängen über $\psi(V) = 2\,\psi(v)$ zusammen. Im hochrelativistischen Fall erhalten wir hieraus

$$K_{\rm LS} \approx \frac{(K_{\rm SS})^2}{2m\,c^2} \qquad \big(\psi(v)\gg 1\big) \tag{9.22}$$

Um ein Teilchen der Masse $100\,\mathrm{GeV}/c^2$ (etwa ein Z_0) zu erzeugen, benötigt man mindestens eine Energie $K_{\mathrm{SS}} = 100\,\mathrm{GeV}$. Dieses Experiment ist realisierbar, indem Elektronen mit 50 GeV und Positronen mit 50 GeV aufeinander geschossen werden (colliding beam). Aus (9.22) mit $mc^2 \approx 0.5\,\mathrm{MeV}$ folgt hierfür aber $K_{\mathrm{LS}} = 10^7\,\mathrm{GeV}$; das Experiment ist daher im Laborsystem undurchführbar.

Lagrangefunktion

In (2.20) wurde die nichtrelativistische Lagrangefunktion für ein Teilchen in einem elektromagnetischen Feld angegeben. Die zugehörige relativistische Lagrangefunktion ist

$$\mathcal{L}(\boldsymbol{r}, \boldsymbol{v}, t) = -mc^2 \sqrt{1 - \frac{\boldsymbol{v}^2}{c^2}} - q\,\Phi(\boldsymbol{r}, t) + \frac{q}{c}\,\boldsymbol{v} \cdot \boldsymbol{A}(\boldsymbol{r}, t) \tag{9.23}$$

Hieraus folgen die Bewegungsgleichungen (9.18).

Wir setzen den verallgemeinerten Impuls $\boldsymbol{p} = \partial\mathcal{L}/\partial\boldsymbol{v} = \gamma\, m\, \boldsymbol{v} + (q/c)\,\boldsymbol{A}$ in die Hamiltonfunktion $H = \boldsymbol{p} \cdot \boldsymbol{v} - \mathcal{L}$ ein und erhalten

$$H(\boldsymbol{r}, \boldsymbol{p}, t) = c\,\sqrt{m^2c^2 + \Big(\boldsymbol{p} - \frac{q}{c}\,\boldsymbol{A}(\boldsymbol{r}, t)\Big)^2} + q\,\Phi(\boldsymbol{r}, t) \tag{9.24}$$

Aufgaben

9.1 Inverse Lorentztransformation

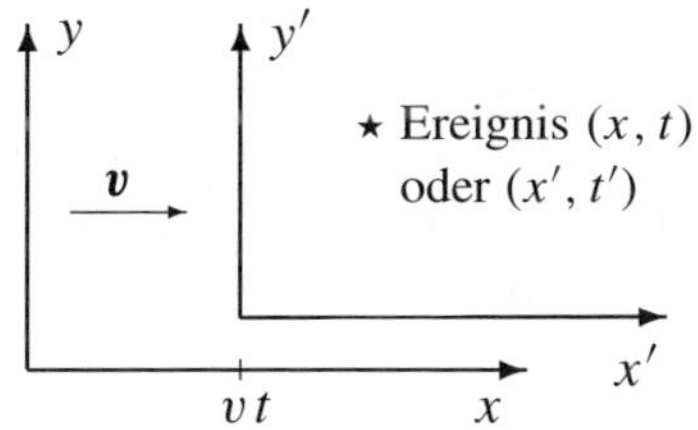

Die spezielle Lorentztransformation $x' = x'(x, t)$ und $t' = t'(x, t)$ zwischen zwei Inertialsystemen wird als bekannt vorausgesetzt. Wie lautet die zugehörige Rücktransformation? Drücken Sie das Ergebnis alternativ durch die Geschwindigkeit v oder die Rapidität ψ aus.

Lösung: Die spezielle Lorentztransformation $x' = x'(x, t)$ und $t' = t'(x, t)$ ist durch (9.5) gegeben. Die Rücktransformation erhält man daraus durch die Ersetzungen $\psi \to -\psi$ oder $v \to -v$, also

$$\begin{pmatrix} c\,t \\ x \end{pmatrix} = \begin{pmatrix} \cosh\psi & \sinh\psi \\ \sinh\psi & \cosh\psi \end{pmatrix} \begin{pmatrix} c\,t' \\ x' \end{pmatrix} = \begin{pmatrix} \gamma & \gamma\,v/c \\ \gamma\,v/c & \gamma \end{pmatrix} \begin{pmatrix} c\,t' \\ x' \end{pmatrix}$$

Dabei ist $\psi = \operatorname{artanh}(v/c)$ und $\gamma = (1 - v^2/c^2)^{-1/2}$.

9.2 Matrixschreibweise für Wegelement

Schreiben Sie die Lorentztransformation

$$dx'^{\alpha} = \Lambda^{\alpha}_{\ \beta}\, dx^{\beta}$$

in Matrixschreibweise an. Werten Sie in dieser Schreibweise die Bedingung $ds^2 = ds'^2$ für das Minkowski-Wegelement aus.

Lösung: Die Lorentztransformation für die Koordinatendifferenziale lautet in Matrixform:

$$\begin{pmatrix} dx'^0 \\ dx'^1 \\ dx'^2 \\ dx'^3 \end{pmatrix} = \begin{pmatrix} \Lambda^0_{\ 0} & \Lambda^0_{\ 1} & \Lambda^0_{\ 2} & \Lambda^0_{\ 3} \\ \Lambda^1_{\ 0} & \Lambda^1_{\ 1} & \Lambda^1_{\ 2} & \Lambda^1_{\ 3} \\ \Lambda^2_{\ 0} & \Lambda^2_{\ 1} & \Lambda^2_{\ 2} & \Lambda^2_{\ 3} \\ \Lambda^3_{\ 0} & \Lambda^3_{\ 1} & \Lambda^3_{\ 2} & \Lambda^3_{\ 3} \end{pmatrix} \begin{pmatrix} dx^0 \\ dx^1 \\ dx^2 \\ dx^3 \end{pmatrix} \qquad \text{oder} \qquad dx' = \Lambda\, dx$$

Wir berechnen zunächst das Wegelement ds^2 im Inertialsystem IS,

$$ds^2 = c^2\,dt^2 - d\boldsymbol{r}^2 = dx^{\mathrm{T}}\,\eta\,dx \quad \text{mit der Matrix} \quad \eta = \operatorname{diag}\big(1, -1, -1, -1\big)$$

Wir berechnen nun ds'^2 im Inertialsystem IS′, wobei wir $dx'^{\mathrm{T}} = (\Lambda\, dx)^{\mathrm{T}} = dx^{\mathrm{T}}\Lambda^{\mathrm{T}}$ verwenden:

$$ds'^2 = dx'^{\mathrm{T}}\eta\,dx' = dx^{\mathrm{T}}\,\Lambda^{\mathrm{T}}\eta\,\Lambda\,dx \overset{!}{=} dx^{\mathrm{T}}\,\eta\,dx = ds^2$$

Die Invarianz $ds^2 = ds'^2$ setzt voraus, dass die Transformationsmatrix Λ die Bedingung

$$\Lambda^{\mathrm{T}}\eta\,\Lambda = \eta$$

erfüllt. Bei orthogonalen Transformationen lautet die analoge Bedingung $\alpha^{\mathrm{T}}\alpha = 1$.

9.3 Lebensdauer von Myonen

Myonen werden in einer Höhe von etwa $h \approx 30\,\text{km}$ durch kosmische Strahlung erzeugt. In ihrem Ruhsystem haben die Myonen eine Lebensdauer $\tau \approx 2 \cdot 10^{-6}\,\text{s}$. Trotz dieser Höhe und ihrer kurzen Lebensdauer ($c\tau \approx 600\,\text{m}$) erreichen sie noch zum größten Teil die Erdoberfläche.

Wie klein darf die Abweichung $\varepsilon = (c - v)/c \ll 1$ der Geschwindigkeit der Myonen von der Lichtgeschwindigkeit höchstens sein, damit sie auf der Erdoberfläche beobachtet werden können? Was misst ein Beobachter im Ruhsystem des Myons für die Höhe h?

Lösung: Der Beobachter auf der Erdoberfläche befindet sich näherungsweise in einem Inertialsystem (IS). Relativ hierzu stellt das Myon eine mit Geschwindigkeit v bewegte Uhr dar. Eine von der Uhr angezeigte Zeitspanne t_0 ergibt die in IS gemessene Zeitspanne t. Nach (9.12) gilt hierfür

$$t = \frac{t_0}{\sqrt{1 - v^2/c^2}}$$

Im Ruhsystem IS' hat das Myon die Lebensdauer $t_0 = \tau \approx 2 \cdot 10^{-6}\,\text{s}$. Mit $\varepsilon = (c - v)/c$ erhalten wir dann für die in IS gemessene Lebensdauer

$$t_\mu = \frac{\tau}{\sqrt{1 - v^2/c^2}} \approx \frac{\tau}{\sqrt{2\epsilon}} \geq \frac{h}{v}$$

Damit die Beobachtung auf der Erde möglich ist, muss die Lebensdauer t_μ größer als h/v sein (letzte Bedingung). Damit erhalten wir

$$\epsilon \leq \frac{1}{2}\left(\frac{\tau v}{h}\right)^2 \lesssim \frac{1}{2}\left(\frac{\tau c}{h}\right)^2 \approx 2 \cdot 10^{-4}$$

Vom Myon aus gesehen beträgt die Höhe der Atmosphäre

$$h' = \sqrt{1 - v^2/c^2}\, h \approx \sqrt{2\epsilon}\, h \lesssim 600\,\text{m}$$

9.4 Momentaufnahme einer vorbeifliegenden Kugel

Ein Körper stellt in seinem Ruhsystem IS′ eine Kugel mit dem Durchmesser D dar. Der Körper bewegt sich mit der relativistischen Geschwindigkeit $\boldsymbol{v} = v\,\boldsymbol{e}_x$ in einem Inertialsystem IS. Ein IS-Beobachter fotografiert das Objekt. Der Beobachter ist so weit entfernt ($L \to \infty$), dass die ihn erreichenden Lichtstrahlen parallel zur y-Achse (Abbildung unten) sind. Welche Gestalt (Kugel? Ellipsoid?) erscheint auf dem Foto? Welche Teile der Kugel werden abgebildet?

Hinweise: Damit ein Lichtstrahl in IS in $-\boldsymbol{e}_y$-Richtung läuft, muss er im bewegten System IS′ unter einem Aberrationswinkel φ_A relativ zur Richtung $-\boldsymbol{e}_{y'} = -\boldsymbol{e}_y$ ausgesandt werden. Nach (14.20) gilt für diesen Winkel:

$$\tan\varphi_\text{A} = \frac{v/c}{\sqrt{1 - v^2/c^2}} \overset{!}{=} \frac{dx'}{dy'} \tag{9.25}$$

In IS′ muss dieser Lichtstrahl also die Steigung dy'/dx' haben.

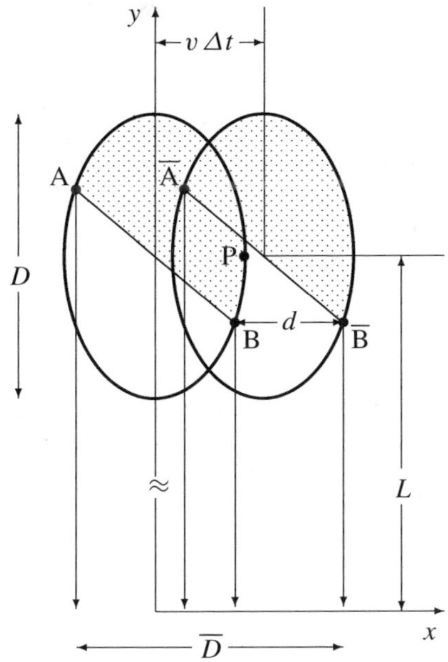

Ein Äquator der mit v bewegten Kugel erscheint wegen der Längenkontraktion in IS als Ellipse. Für die ruhende Kugel wäre P ein gerade noch sichtbarer Punkt des Äquators. Aufgrund der Aberration müsste der Lichtstrahl in IS′ aber ins Kugelinnere gerichtet sein, damit er in IS in die Richtung $-\boldsymbol{e}_y$ geht. Der P gegenüberliegende Punkt ist dagegen ohne Weiteres zu sehen. Auf dieser Seite kann man noch weiter sehen: Ein von A tangential nach unten ausgehender Strahl schließt einen bestimmten Winkel mit $-\boldsymbol{e}_{y'}$ ein. Wenn dieser Winkel gleich φ_{A} ist, dann ist A gerade noch sichtbar. Der durch A und B markierte Großkreis trennt die für den IS-Beobachter sichtbaren und unsichtbaren (schraffiert) Teile der Kugel voneinander.

Man berechne die Koordinaten von A und B aus der Ellipsengleichung und aus der Bedingung, dass die Ellipsentangente den Winkel φ_{A} relativ zu $-\boldsymbol{e}_y$ hat.

Der Fotoapparat registriert zu einem bestimmten Zeitpunkt t das Licht von A und B. Wegen der unterschiedlichen Lichtlaufzeiten muss dieses Licht von B zu einer um Δt späteren Zeit abgesandt werden als von A. In dieser Zeit Δt ist die linke Ellipse zur Position der rechten gewandert, und B hat sich nach $\overline{\text{B}}$ bewegt. Auf dem Foto markieren dann A und $\overline{\text{B}}$ den Durchmesser $\overline{D}$ des Objekts.

Lösung: Die Diskussion kann auf den Schnitt mit der Ebene $z = 0$ beschränkt werden (Abbildung), da in z-Richtung keine Längenkontraktion auftritt. Diese Ebene schneidet die Kugel im Äquator $x'^2 + y'^2 = D^2/4$. Durch Längenkontraktion in $\boldsymbol{v}$-Richtung wird dieser Kreis in IS zu der Ellipse

$$\frac{x^2}{1 - v^2/c^2} + \big(y - L\big)^2 = \frac{D^2}{4} \tag{9.26}$$

Diese Ellipse ist in der Abbildung gezeigt. Zur Berechnung der Koordinaten von A und B leiten wir die Ellipsengleichung nach x ab:

$$\frac{x}{1 - v^2/c^2} + \frac{dy}{dx}\big(y - L\big) = \frac{x}{1 - v^2/c^2} + \frac{y - L}{v/c} = 0$$

Dabei haben wir $dx/dy = (dx'/dy')/\gamma = v/c$ eingesetzt. Wir lösen nach y auf und verwenden die Ellipsengleichung:

$$x_{\text{A,B}} = \mp\Big(1 - \frac{v^2}{c^2}\Big)\,\frac{D}{2}\,, \qquad y_{\text{A,B}} = L \pm \frac{v}{c}\,\frac{D}{2}$$

Das obere Vorzeichen gilt für A, mit dem unteren erhält man den entgegengesetzten Punkt B (siehe Abbildung). Beide Punkte markieren den Äquator, von dem gerade noch Licht in Richtung zum Beobachter gesandt werden kann.

Das von B abgesandte Licht hat gegenüber dem von A einen um $\Delta y = (v/c)\,D$ kürzeren Weg. Damit es gleichzeitig beim Beobachter ankommt, muss das Licht von B zu einer um $\Delta t = v\,D/c^2$ späteren Zeit abgesandt werden. Während dieser Zeit rückt B um $d = v\,\Delta t = (v^2/c^2)\,D$ nach $\overline{\mathrm{B}}$, dies ergibt die rechte oben abgebildete Ellipse. Die auf dem Foto registrierte Objektausdehnung in x-Richtung ist demnach

$$\overline{D} = 2\,|x_{\mathrm{A,B}}| + d = \left(1 - \frac{v^2}{c^2}\right) D + \frac{v^2}{c^2}\,D = D$$

In z-Richtung sieht der Beobachter ebenfalls die Ausdehnung D, da hier weder eine Längenkontraktion noch ein Laufzeitunterschied auftreten. Damit erscheint der sichtbare Rand der Kugel auf dem Foto als Kreis. In diesem Sinn kompensieren sich die Effekte von Längenkontraktion und Aberration, und die Kugel erscheint als Kugel. Der fotografierte Rand ist ein Großkreis der Kugel. Dieser Großkreis aber liegt so, dass der Beobachter einen Teil der Hinterseite der Kugel sieht (und einen Teil der Vorderseite nicht).

9.5 Zeitverschiebung für Satelliten

Ein Satellit (Masse m) bewegt sich auf einer Kreisbahn (Radius r_0) im Gravitationspotenzial

$$V(r) = -\frac{G\,M_{\mathrm{E}}\,m}{r} = m\,\Phi(r) \tag{9.27}$$

Hierbei ist G die Gravitationskonstante und M_{E} die Masse der Erde. Eine Uhr im Satelliten zeigt die Zeit t_{S} an. Eine Uhr, die bei $r = \infty$ ruht, zeigt die Zeit t_∞ an. Bestimmen Sie den Zeitunterschied aufgrund der relativistischen Zeitdilatation in der Form $t_{\mathrm{S}}/t_\infty = 1 + \delta$ in niedrigster, nichtverschwindender Ordnung in v/c. Drücken Sie δ durch $\Phi(r_0)$ aus.

Zusätzlich beeinflusst das Gravitationsfeld den Gang der Uhr:

$$\frac{t_{\mathrm{S}}}{t_\infty} = 1 + \delta + \frac{\Phi(r_0)}{c^2} \tag{9.28}$$

Eine Uhr im Labor auf der Erdoberfläche zeigt die Zeit $t_{\mathrm{L}} \approx t_\infty\,(1 + \Phi(R)/c^2)$ an; die Geschwindigkeit aufgrund der Erddrehung wird vernachlässigt. Bestimmen Sie die relative Zeitverschiebung $(t_{\mathrm{L}} - t_{\mathrm{S}})/t_{\mathrm{L}}$ zwischen Labor und Satellit als Funktion von r_0/R für $\Phi/c^2 \ll 1$. Welche Größenordnung und welches Vorzeichen hat dieser Effekt für einen erdnahen und für einen geostationären (siehe Aufgabe 4.6) Satelliten?

Lösung: Das Produkt $G M_{\mathrm{E}}$ aus der Gravitationskonstanten und der Masse der Erde kann durch die Erdbeschleunigung $g \approx 9.81\,\mathrm{m/s^2}$ und den Erdradius $R \approx 6370\,\mathrm{km}$ ausgedrückt werden. Diesen Zusammenhang erhält man, wenn man das Gewicht $m g$ eines Körpers durch das Gravitationsgesetz ausdrückt, $m g = G m M_{\mathrm{E}}/R^2$. Dies ergibt $G M_{\mathrm{E}} = g R^2$ oder $\Phi(r_0) = -\,g R^2/r_0$.

Die Zeitdilatation für die bewegte Satellitenuhrzeit folgt aus (9.12),

$$\frac{t_{\rm S}}{t_\infty} = \sqrt{1-\frac{v^2}{c^2}} \approx 1-\frac{1}{2}\frac{v^2}{c^2} = 1+\frac{\Phi(r_0)}{2\,c^2} \quad\Longrightarrow\quad \delta = \frac{\Phi(r_0)}{2\,c^2}$$

Für die Kreisbahn wurde $v^2 = GM_{\rm E}/r_0 = -\Phi(r_0)$ verwendet. Mit dem Einfluss des Gravitationsfelds wird dies zu

$$\frac{t_{\rm S}}{t_\infty} \approx 1+\frac{\Phi(r_0)}{2\,c^2}+\frac{\Phi(r_0)}{c^2} = 1+\frac{3\,\Phi(r_0)}{2\,c^2} = 1-\frac{3\,g\,R^2}{2\,r_0\,c^2}$$

Für die Erdlaborzeit gilt

$$\frac{t_{\rm L}}{t_\infty} \approx 1+\frac{\Phi(R)}{c^2} = 1-\frac{g\,R}{c^2}$$

Die Geschwindigkeit der Erdrotation ($u_{\rm rot} \approx 460\,{\rm m/s}$) wird vernachlässigt, denn die Satellitengeschwindigkeit ist mehr als zehnmal so groß. Die relative Zeitverschiebung zwischen Labor und Satellit ist somit

$$\frac{t_{\rm L}-t_{\rm S}}{t_{\rm L}} = 1-\frac{t_{\rm S}}{t_{\rm L}} \approx \frac{g\,R}{c^2}\left(\frac{3\,R}{2\,r_0}-1\right)$$

Die Skala des Effekts ist durch $g\,R/c^2 \approx 7\cdot 10^{-7}$ gegeben. Für den erdnahen Satelliten ist $r_0 \approx R$ und $t_{\rm S} < t_{\rm L}$; die Uhr des erdnahen Satelliten geht also langsamer. Für den geostationären Satelliten gilt nach Aufgabe 4.6 $r_0 \approx 6.6\,R$. Dann ist $t_{\rm S} > t_{\rm L}$; die Uhr des geostationären Satelliten geht schneller. Die Satellitennavigation (GPS, global positioning system) kann nur funktionieren, wenn diese Effekte berücksichtigt werden.

9.6 Levi-Civita-Tensor im Minkowskiraum

Zeigen Sie, dass der Levi-Civita-Tensor ein Pseudotensor 4-ter Stufe ist, also dass

$$\epsilon'^{\alpha\beta\gamma\delta} = (\det\Lambda)\,\Lambda^{\alpha}_{\ \alpha'}\,\Lambda^{\beta}_{\ \beta'}\,\Lambda^{\gamma}_{\ \gamma'}\,\Lambda^{\delta}_{\ \delta'}\,\epsilon^{\alpha'\beta'\gamma'\delta'} \tag{9.29}$$

gleich $\epsilon^{\alpha\beta\gamma\delta}$ ist.

Lösung: Die Definition der Determinante lautet

$$(\det\Lambda) = \Lambda^{0}_{\ \alpha}\,\Lambda^{1}_{\ \beta}\,\Lambda^{2}_{\ \gamma}\,\Lambda^{3}_{\ \delta}\,\epsilon^{\alpha\beta\gamma\delta}$$

Damit werten wir (9.29) aus:

$$\begin{aligned}\epsilon'^{\alpha\beta\gamma\delta} &= (\det\Lambda)\,\Lambda^{\alpha}_{\ \alpha'}\,\Lambda^{\beta}_{\ \beta'}\,\Lambda^{\gamma}_{\ \gamma'}\,\Lambda^{\delta}_{\ \delta'}\,\epsilon^{\alpha'\beta'\gamma'\delta'} = (\det\Lambda)\begin{vmatrix}\Lambda^{\alpha}_{\ 0} & \Lambda^{\alpha}_{\ 1} & \Lambda^{\alpha}_{\ 2} & \Lambda^{\alpha}_{\ 3}\\ \Lambda^{\beta}_{\ 0} & \Lambda^{\beta}_{\ 1} & \Lambda^{\beta}_{\ 2} & \Lambda^{\beta}_{\ 3}\\ \Lambda^{\gamma}_{\ 0} & \Lambda^{\gamma}_{\ 1} & \Lambda^{\gamma}_{\ 2} & \Lambda^{\gamma}_{\ 3}\\ \Lambda^{\delta}_{\ 0} & \Lambda^{\delta}_{\ 1} & \Lambda^{\delta}_{\ 2} & \Lambda^{\delta}_{\ 3}\end{vmatrix}\\ &= (\det\Lambda)^2\,\epsilon^{\alpha\beta\gamma\delta} = \epsilon^{\alpha\beta\gamma\delta}\end{aligned}$$

Die Lorentztransformation genügt der Bedingung $\Lambda^{\rm T}\eta\,\Lambda = \eta$. Wenn man hiervon die Determinante nimmt, erhält man $\det\Lambda = \pm 1$. Dies wurde im letzten Schritt verwendet.

Die Größe $\epsilon^{\alpha\beta\gamma\delta}$ wird zunächst unabhängig von einem Bezugssystem durch konkrete Zahlenzuweisungen definiert. Bei einer Transformation als Pseudotensor erhält man ein damit konsistentes Ergebnis. Daher kann $\epsilon^{\alpha\beta\gamma\delta}$ auch als Pseudotensor aufgefasst werden.

9.7 Konstanz von $u^\alpha u_\alpha$

Die Anfangsbedingung für $u^\alpha(0)$ erfüllt die Bedingung $u^\alpha u_\alpha = c^2$. Zeigen Sie, dass dann die Lösung $u^\alpha(\tau)$ der Bewegungsgleichung $m\, du^\alpha/d\tau = F^\alpha$ diese Bedingung ebenfalls erfüllt. Dabei ist die Minkowskikraft

$$\big(F^\alpha\big) = \Big(\gamma\,\frac{v\,F_{\mathrm{N}\|}}{c},\ \gamma\,\boldsymbol{F}_{\mathrm{N}\|} + \boldsymbol{F}_{\mathrm{N}\perp}\Big), \qquad \gamma = \frac{1}{\sqrt{1-v^2/c^2}} \tag{9.30}$$

durch die Newtonsche Kraft $\boldsymbol{F}_{\mathrm{N}}$ gegeben.

Lösung: Wir leiten $u^\alpha u_\alpha$ nach der Eigenzeit τ ab und verwenden die Bewegungsgleichung:

$$m\,\frac{d}{d\tau}\big(u^\alpha u_\alpha\big) = F^\alpha u_\alpha + u^\alpha F_\alpha = 2\,F^\alpha u_\alpha$$

Hierin setzen wir den Ausdruck für die Minkowskikraft und $(u_\alpha) = \gamma\,(c, -\boldsymbol{v})$ ein:

$$F^\alpha u_\alpha = \gamma^2\, v\, F_{\mathrm{N}\|} - \gamma^2\, \boldsymbol{v}\cdot \boldsymbol{F}_{\mathrm{N}\|} = 0$$

Wir stellen zusammenfassend fest:

$$\frac{d}{d\tau}\big(u^\alpha u_\alpha\big) = 0 \qquad \Longrightarrow \qquad u^\alpha(\tau)\, u_\alpha(\tau) = \text{const.}$$

Damit ist gezeigt, dass $u^\alpha(\tau) u_\alpha(\tau)$ eine Erhaltungsgröße ist.

Ergänzende Anmerkung: Im elektromagnetischen Feld lautet die relativistische Bewegungsgleichung $m\, du^\alpha/d\tau = (q/c)\, F^{\alpha\beta} u_\beta$, (13.27). Dabei ist $F^{\alpha\beta}$ der Feldstärketensor (der Buchstabe F wird sowohl für die Minkowskikraft wie für den Feldstärketensor verwendet; die Größen sind jedoch aufgrund der Indizes zu unterscheiden). Wir multiplizieren die Bewegungsgleichung auf beiden Seiten mit u_α (dies impliziert eine Summation über α):

$$m\,\frac{du^\alpha}{d\tau}\, u_\alpha = \frac{q}{c}\, F^{\alpha\beta} u_\beta\, u_\alpha = 0$$

Dann verschwindet die rechte Seite aufgrund der Antisymmetrie von $F^{\alpha\beta} = -F^{\beta\alpha}$. Hieraus folgt für die linke Seite $(du^\alpha/d\tau) u_\alpha = 0$ und damit die Konstanz von $u^\alpha u_\alpha$.

9.8 Kinetische Energie im Schwerpunkt- und Laborsystem

Die Kollision zweier gleicher Teilchen wird im Laborsystem (LS) und im Schwerpunktsystem (SS) betrachtet:

$$\begin{array}{lll} \text{LS:} & v_1 = V, & v_2 = 0 \\ \text{SS:} & v_1 = v, & v_2 = -v \end{array}$$

Berechnen Sie den exakten Zusammenhang zwischen den beiden zugehörigen kinetischen Energien,

$$K_{\mathrm{LS}} = \frac{m\,c^2}{\sqrt{1-V^2/c^2}} - m\,c^2\,, \qquad K_{\mathrm{SS}} = \frac{2\,m\,c^2}{\sqrt{1-v^2/c^2}} - 2\,m\,c^2$$

Lösung: Die Geschwindigkeiten V und v hängen über das Additionstheorem zusammen:

$$V = \frac{v + v}{1 + v^2/c^2} \qquad \text{oder} \qquad \sqrt{1 - V^2/c^2} = \frac{1 - v^2/c^2}{1 + v^2/c^2}$$

Damit formen wir den Ausdruck für die kinetische Energie im Laborsystem um:

$$K_{\rm LS} = mc^2 \left[\frac{1}{\sqrt{1 - V^2/c^2}} - 1 \right] = 2mc^2 \, \frac{v^2/c^2}{1 - v^2/c^2}$$

Aus dem gegebenen Ausdruck für $K_{\rm SS}$ folgt

$$\frac{v^2}{c^2} = \frac{K_{\rm SS}\,(K_{\rm SS} + 4mc^2)}{(K_{\rm SS} + 2mc^2)^2}$$

Aus den letzten beiden Gleichungen eliminieren wir v^2/c^2,

$$K_{\rm LS} = \frac{K_{\rm SS}\,(K_{\rm SS} + 4mc^2)}{2mc^2} \approx \begin{cases} 2\,K_{\rm SS} & (K_{\rm SS} \ll mc^2) \\[1ex] \dfrac{(K_{\rm SS})^2}{2mc^2} & (K_{\rm SS} \gg mc^2) \end{cases} \tag{9.31}$$

9.9 Relativistische Bewegung im elektrischen Feld

Ein Teilchen mit der Ladung q bewegt sich in einem homogenen, konstanten elektrischen Feld $\boldsymbol{E} = E_0 \boldsymbol{e}_x$. Lösen Sie die relativistischen Bewegungsgleichungen (9.18) für die Anfangsbedingungen $\boldsymbol{r}(0) = 0$ und $\boldsymbol{v}(0) = v_0\, \boldsymbol{e}_y$. Welche Bahnkurve ergibt sich in der x-y-Ebene?

Lösung: Wir schreiben die relativistischen Bewegungsgleichungen (9.18) an:

$$\frac{d}{dt} \frac{m\,v_x}{\sqrt{1 - v^2/c^2}} = q\,E_0\,, \qquad \frac{d}{dt} \frac{m\,v_y}{\sqrt{1 - v^2/c^2}} = 0\,, \qquad \frac{d}{dt} \frac{m\,v_z}{\sqrt{1 - v^2/c^2}} = 0$$

Wegen der Anfangsbedingung $v_z(0) = 0$ wird die dritte Gleichung durch $v_z(t) = 0$ gelöst. (Eine solche Lösung ist für die zweite Gleichung wegen $v_y(0) \neq 0$ nicht möglich; man beachte, dass der Wurzelfaktor zeitabhängig ist). Die Lösung $v_z(t) = 0$ führt mit der Anfangsbedingung $z(0) = 0$ zur Lösung $z(t) = 0$. Die Bewegung ist also auf die x-y-Ebene beschränkt.

Mit der Anfangsbedingung $\boldsymbol{v}(0) = v_0\, \boldsymbol{e}_y$ erhalten wir dann aus den ersten beiden Bewegungsgleichungen

$$\frac{v_x}{\sqrt{1 - v^2/c^2}} = \frac{q\,E_0}{m}\,t = a\,t\,, \qquad \frac{v_y}{\sqrt{1 - v^2/c^2}} = \frac{v_0}{\sqrt{1 - v_0{}^2/c^2}}$$

Hierbei haben wir die konstante Beschleunigung mit $a = q\,E_0/m$ abgekürzt. Zur Bestimmung von v werden die beiden Gleichungen quadriert, addiert und aufgelöst:

$$1 - \frac{v^2}{c^2} = \frac{1}{\gamma_0^2 + (at/c)^2}\,, \qquad \gamma_0 = \frac{1}{\sqrt{1 - v_0{}^2/c^2}}$$

Die Komponenten der Geschwindigkeit sind

$$v_x(t) = \frac{a\,t}{\sqrt{{\gamma_0}^2 + (a\,t/c)^2}} \qquad \text{und} \qquad v_y(t) = \frac{\gamma_0\, v_0}{\sqrt{{\gamma_0}^2 + (a\,t/c)^2}}$$

Für große Zeiten erhalten wir $v_x \to c$ und $v_y \to 0$. Eine weitere Integration mit der Anfangsbedingung $\boldsymbol{r}(0) = 0$ ergibt

$$x(t) = \frac{c^2}{a}\left[\sqrt{\gamma_0^2 + \frac{a^2 t^2}{c^2}} - \gamma_0\right], \qquad y(t) = \frac{\gamma_0\, v_0\, c}{a}\,\text{arcsinh}\Big(\frac{a\,t}{\gamma_0\, c}\Big)$$

Wir lösen die zweite Gleichung nach t auf und setzen dies in die erste Gleichung ein:

$$x = \frac{\gamma_0\, m\, c^2}{q\,E_0}\left[\cosh\Big(\frac{q\,E_0\, y}{\gamma_0\, m\, v_0\, c}\Big) - 1\right] \tag{9.32}$$

Dies ist die gesuchte Bahnkurve in der x-y-Ebene; für a wurde wieder $q\,E_0/m$ eingesetzt. Für $q\,E_0\, y \ll \gamma_0\, m\, v_0\, c$ reduziert sich die Bahnkurve auf die (Wurf-)Parabel $x = q\,E_0\, y^2/(2\,\gamma_0\, m\, v_0^2)$.

9.10 Uhrzeit in beschleunigtem System

In einem Inertialsystem IS (mit den Koordinaten t, x, y, z) oszilliert die Position einer Uhr gemäß $\boldsymbol{r}_{\text{Uhr}} = \boldsymbol{e}_x\, a\, \sin(\omega t)$; es gilt $a\,\omega \ll c$. Zur Zeit $t = 0$ wird die Uhr mit einer IS-Uhr (etwa einer Uhr, die bei $\boldsymbol{r} = 0$ ruht) synchronisiert.

Nach einer halben Schwingung ($t = t_0 = \pi/\omega$) ist die bewegte Uhr wieder bei $\boldsymbol{r} = 0$ und wird mit der dort ruhenden Uhr verglichen. Welche Zeitspannen Δt und $\Delta t'$ zeigen die IS-Uhr und die bewegte Uhr an? Berechnen Sie diese Zeitspannen zunächst im IS. Setzen Sie dann eine geeignete Transformation ins Ruhsystem KS$'$ der bewegten Uhr an, und berechnen Sie die Uhrzeiten in diesem System. Die relativistischen Effekte sollen jeweils in führender Ordnung angegeben werden.

Lösung: Die Zeit einer Uhr ist allgemein durch $d\tau = ds_{\text{Uhr}}/c$ gegeben. Dieser Ausdruck ist zunächst im IS und dann in KS$'$ auszuwerten.

Rechnung in IS: In IS folgt aus $d\tau = ds_{\text{Uhr}}/c$ die Uhranzeige

$$\tau = \int_0^{t_0} dt\,\sqrt{1 - v_{\text{Uhr}}^2/c^2}$$

Für die IS-Uhr gilt $v = 0$, also

$$\Delta t = \int_0^{t_0} dt = t_0 = \frac{\pi}{\omega}$$

Für die KS$'$-Uhr gilt $v = a\,\omega\,\cos(\omega t)$, also

$$\Delta t' = \int_0^{t_0} dt\,\sqrt{1 - \frac{a^2\omega^2}{c^2}\,\cos^2(\omega t)} \;\approx\; \left(1 - \frac{a^2\omega^2}{4\,c^2}\right)\frac{\pi}{\omega}$$

Bei der Auswertung des Integrals wurde $a\,\omega \ll c$ verwendet.

Rechnung in KS′: Um $d\tau = ds_{\text{Uhr}}/c$ auszuwerten, muss zunächst das Wegelement in KS′ bestimmt werden. Wir bezeichnen die Koordinaten in KS′ mit t', x', y', z'. Eine mögliche Transformation zwischen IS und KS′ ist

$$t = t', \quad x = x' + a\,\sin(\omega t'), \quad y = y', \quad z = z'$$

Damit erhalten wir für das Wegelement (ohne die dy^2- und dz^2-Terme):

$$ds^2 = c^2\,dt^2 - dx^2 = \left(1 - \frac{a^2\omega^2}{c^2}\cos^2(\omega t')\right)c^2\,dt'^2 - dx'^2 - 2a\,\omega\,\cos(\omega t')\,dx'\,dt' \tag{9.33}$$

Die KS′-Uhr ruht in KS′, also $dx' = 0$ und

$$\Delta t' = \frac{1}{c}\int_0^{t_0} dt'\,\sqrt{g_{00}(\boldsymbol{r}_{\text{Uhr}})} = \int_0^{t_0} dt'\,\sqrt{1 - \frac{a^2\omega^2}{c^2}\cos^2(\omega t')} \approx \left(1 - \frac{a^2\omega^2}{4\,c^2}\right)\frac{\pi}{\omega}$$

Für die IS-Uhr gilt $dx' = -a\omega\,\cos(\omega t')\,dt'$ (folgt aus $dx = 0$). Dies ist in (9.33) einzusetzen und liefert $ds^2 = c^2\,dt'^2$, also

$$\Delta t = \int_0^{t_0} dt' = t_0 = \frac{\pi}{\omega}$$

Die richtig berechneten Uhrzeiten hängen natürlich nicht davon ab, in welchem Bezugssystem sie berechnet werden.

9.11 Erhaltungsgrößen der relativistischen Lagrangefunktion

Bestimmen Sie die Erhaltungsgrößen, die aus der Invarianz von

$$\mathcal{L} = -\,m\,c^2\sqrt{1 - v^2/c^2}$$

gegenüber räumlichen und zeitlichen Verschiebungen folgen.

Lösung: Die Lagrangefunktion $\mathcal{L}$ beschreibt ein freies relativistisches Teilchen. Sie ist invariant gegenüber räumlichen Verschiebungen:

$$\boldsymbol{r} \to \boldsymbol{r}^* = \boldsymbol{r} + \epsilon\,\boldsymbol{\psi} \quad \text{mit} \quad \boldsymbol{\psi} = \boldsymbol{n}\,, \qquad t \to t^* = t + \epsilon\,\varphi \quad \text{mit} \quad \varphi = 0$$

Dabei ist $\boldsymbol{n}$ ein beliebiger Einheitsvektor. Nach dem Noethertheorem ist die dazugehörige Erhaltungsgröße

$$Q_{\text{raum}} = \frac{\partial\mathcal{L}}{\partial\boldsymbol{v}}\cdot\boldsymbol{\psi} = \frac{m\,\boldsymbol{v}}{\sqrt{1 - v^2/c^2}}\cdot\boldsymbol{n}$$

Da $\boldsymbol{n}$ beliebig ist, folgt hieraus die Impulserhaltung

$$\boldsymbol{p} = \frac{m\,\boldsymbol{v}}{\sqrt{1 - v^2/c^2}} = \text{const.}$$

Die Lagrangefunktion ist auch invariant gegenüber Zeitverschiebungen:

$$\boldsymbol{r} \to \boldsymbol{r}^* = \boldsymbol{r} + \epsilon\,\boldsymbol{\psi} \quad \text{mit} \quad \boldsymbol{\psi} = 0\,, \qquad t \to t^* = t + \epsilon\,\varphi \quad \text{mit} \quad \varphi = 1$$

Die Erhaltungsgröße ist laut Noethertheorem

$$Q_{\text{zeit}} = \mathcal{L} - \frac{\partial \mathcal{L}}{\partial \boldsymbol{v}} \cdot \boldsymbol{v} = -m c^2 \sqrt{1 - v^2/c^2} - \frac{m v^2}{\sqrt{1 - v^2/c^2}} = - \frac{m c^2}{\sqrt{1 - v^2/c^2}}$$

Dies bedeutet Energieerhaltung:

$$E = \frac{m c^2}{\sqrt{1 - v^2/c^2}} = \text{const.}$$

9.12 Relativistische Lagrangefunktion für Teilchen im Feld

Stellen Sie die Euler-Lagrange-Gleichung für die relativistische Lagrangefunktion

$$\mathcal{L}(\boldsymbol{r}, \boldsymbol{v}, t) = -m c^2 \sqrt{1 - \frac{\boldsymbol{v}^2}{c^2}} - q\, \Phi(\boldsymbol{r}, t) + \frac{q}{c}\, \boldsymbol{v} \cdot \boldsymbol{A}(\boldsymbol{r}, t) \qquad (9.34)$$

eines geladenen Teilchens im elektromagnetischen Feld auf.

Lösung: Aus der Lagrangefunktion folgt der verallgemeinerte Impuls

$$\boldsymbol{p} = \frac{\partial \mathcal{L}}{\partial \boldsymbol{v}} = \frac{m \boldsymbol{v}}{\sqrt{1 - v^2/c^2}} + \frac{q}{c} \boldsymbol{A}(\boldsymbol{r}, t) \qquad (9.35)$$

Die Euler-Lagrange-Gleichung lautet damit

$$\frac{d\boldsymbol{p}}{dt} = \frac{d}{dt}\left[\frac{m \boldsymbol{v}}{\sqrt{1 - v^2/c^2}} + \frac{q}{c} \boldsymbol{A}(\boldsymbol{r}, t)\right] = -q\, \nabla \Phi(\boldsymbol{r}, t) + \frac{q}{c}\, \nabla\big(\boldsymbol{v} \cdot \boldsymbol{A}(\boldsymbol{r}, t)\big) \qquad (9.36)$$

Die totale Zeitableitung des Vektorpotenzials $\boldsymbol{A}$ wird ausgeführt und mit den Termen auf der rechten Seite zusammengefasst:

$$\begin{aligned} \frac{d}{dt}\left[\frac{m \boldsymbol{v}}{\sqrt{1 - v^2/c^2}}\right] &= -q\left[\nabla \Phi(\boldsymbol{r}, t) + \frac{1}{c} \frac{\partial \boldsymbol{A}(\boldsymbol{r}, t)}{\partial t}\right] + \frac{q}{c}\, \boldsymbol{v} \times \big(\nabla \times \boldsymbol{A}(\boldsymbol{r}, t)\big) \\ &= q\left[\boldsymbol{E}(\boldsymbol{r}, t) + \frac{\boldsymbol{v}}{c} \times \boldsymbol{B}(\boldsymbol{r}, t)\right] \qquad (9.37) \end{aligned}$$

Zuletzt wurden die elektromagnetischen Felder $\boldsymbol{E} = -\nabla \Phi - \partial \boldsymbol{A}/\partial(ct)$ und $\boldsymbol{B} = \nabla \times \boldsymbol{A}$ eingesetzt. Die rechte Seite der Bewegungsgleichung ist die Lorentzkraft.

9.13 Relativistische Hamiltonfunktion für Teilchen im Feld

Leiten Sie die relativistische Hamiltonfunktion $H = \boldsymbol{p} \cdot \boldsymbol{v} - \mathcal{L}$ aus der Lagrangefunktion (9.34) ab, und geben Sie die Hamiltonschen Bewegungsgleichungen an.

Lösung: Aus der Lagrangefunktion (9.34) folgen der verallgemeinerte Impuls (9.35) und

$$\boldsymbol{p} \cdot \boldsymbol{v} = \frac{m v^2}{\sqrt{1 - v^2/c^2}} + \frac{q}{c}\, \boldsymbol{v} \cdot \boldsymbol{A}(\boldsymbol{r}, t)$$

Damit bestimmen wir die Hamiltonfunktion:

$$
\begin{aligned}
H &= \boldsymbol{p}\cdot\boldsymbol{v} - \mathscr{L} = \frac{m\,v^2}{\sqrt{1-v^2/c^2}} + m\,c^2\,\sqrt{1-\frac{\boldsymbol{v}^2}{c^2}} + q\,\Phi(\boldsymbol{r},t) \\
&= \frac{m\,c^2}{\sqrt{1-v^2/c^2}} + q\,\Phi(\boldsymbol{r},t) = c\,\sqrt{m^2c^2 + \left(\boldsymbol{p} - \frac{q}{c}\,\boldsymbol{A}(\boldsymbol{r},t)\right)^2} + q\,\Phi(\boldsymbol{r},t)
\end{aligned}
$$

Die dazugehörigen Hamiltonschen Bewegungsgleichungen lauten

$$
\dot{\boldsymbol{r}} = \frac{\partial H}{\partial \boldsymbol{p}} = \frac{\boldsymbol{p}\,c - q\,\boldsymbol{A}}{\sqrt{m^2c^2 + (\boldsymbol{p} - q\,\boldsymbol{A}/c)^2}}
$$

$$
\begin{aligned}
\dot{\boldsymbol{p}} &= -\frac{\partial H}{\partial \boldsymbol{r}} = q\,\frac{(\boldsymbol{p} - q\,\boldsymbol{A}/c)\times(\nabla\times\boldsymbol{A}) + \big((\boldsymbol{p} - q\,\boldsymbol{A}/c)\cdot\nabla\big)\boldsymbol{A}}{\sqrt{m^2c^2 + (\boldsymbol{p} - q\,\boldsymbol{A}/c)^2}} - q\,\nabla\Phi \\
&= \frac{q}{c}\left[\boldsymbol{v}\times(\nabla\times\boldsymbol{A}) + (\boldsymbol{v}\cdot\nabla)\,\boldsymbol{A}\right] - q\,\nabla\Phi = -\,q\,\nabla\Phi + \frac{q}{c}\,\nabla\,(\boldsymbol{v}\cdot\boldsymbol{A})
\end{aligned}
$$

Die erste Gleichung gibt den Zusammenhang zwischen Impuls und Geschwindigkeit an; man erhält wieder (9.35). Mit diesem Impuls ist die zweite Gleichung dann äquivalent zur Euler-Lagrange-Gleichung (9.36) oder (9.37).

II Elektrodynamik

10 Tensoranalysis

In diesem Kapitel werden einige mathematische Voraussetzungen für die Elektrodynamik zusammengestellt. In der Elektrodynamik sind Felder (insbesondere Vektor- und Tensorfelder) die zentralen Größen. Die Tensoranalysis behandelt die Differenziation und Integration von Tensorfeldern. Wir gehen auf die Definition von 3- und 4-Tensoren ein. Außerdem diskutieren wir die bei der Differenziation bestimmter Felder auftretenden Distributionen.

Für ein skalares Feld $\Phi(\boldsymbol{r})$ und ein Vektorfeld $\boldsymbol{V}(\boldsymbol{r})$ definieren wir die Operationen Gradient, Divergenz und Rotation:

$$\boldsymbol{n} \cdot \operatorname{grad} \Phi(\boldsymbol{r}) = \lim_{\Delta r \to 0} \frac{\Phi(\boldsymbol{r} + \boldsymbol{n}\,\Delta r) - \Phi(\boldsymbol{r})}{\Delta r} \tag{10.1}$$

$$\operatorname{div} \boldsymbol{V}(\boldsymbol{r}) = \lim_{\Delta \mathcal{V} \to 0} \frac{1}{\Delta \mathcal{V}} \oint_{\Delta A} d\boldsymbol{A} \cdot \boldsymbol{V} \tag{10.2}$$

$$\boldsymbol{n} \cdot \operatorname{rot} \boldsymbol{V}(\boldsymbol{r}) = \lim_{\Delta A \to 0} \frac{1}{\Delta A} \oint_{\Delta C} d\boldsymbol{r} \cdot \boldsymbol{V}\,, \qquad \boldsymbol{n} = \frac{\Delta \boldsymbol{A}}{\Delta A} \tag{10.3}$$

Diese Definitionen haben drei wichtige Vorteile: (i) Sie machen die Bedeutung der Differenzialoperationen für physikalische Felder deutlich. (ii) Sie sind unabhängig von der Koordinatenwahl. (iii) Aus ihnen folgen sofort wichtige Integralsätze.

Die Differenzierbarkeit der Felder wurde vorausgesetzt. In (10.1) zeigt das Wegelement $\boldsymbol{n}\,\Delta r$ in Richtung des Einheitsvektors $\boldsymbol{n}$. Für (10.2) wurde ein Volumenelement $\Delta \mathcal{V}$ bei $\boldsymbol{r}$ mit der Oberfläche ΔA betrachtet. In (10.3) hat das Flächenelement $\Delta \boldsymbol{A} \parallel \boldsymbol{n}$ bei $\boldsymbol{r}$ den Rand ΔC.

Der Differenzialoperator beim Gradienten wird auch als Nabla-Operator ∇ bezeichnet. Mit ihm lassen sich alle angeführten Differenzialoperationen ausdrücken:

$$\operatorname{grad} \Phi = \nabla\, \Phi\,, \qquad \operatorname{div} \boldsymbol{V} = \nabla \cdot \boldsymbol{V}\,, \qquad \operatorname{rot} \boldsymbol{V} = \nabla \times \boldsymbol{V} \tag{10.4}$$

Für orthogonale (im Allgemeinen krummlinige) Koordinaten

$$d\boldsymbol{r} = \sum_{i=1}^{3} h_i\, dq_i\, \boldsymbol{e}_i = \begin{cases} dx\ \boldsymbol{e}_x + dy\ \boldsymbol{e}_y + dz\ \boldsymbol{e}_z \\ d\rho\ \boldsymbol{e}_\rho + \rho\ d\varphi\ \boldsymbol{e}_\varphi + dz\ \boldsymbol{e}_z \\ dr\ \boldsymbol{e}_r + r\ d\theta\ \boldsymbol{e}_\theta + r\ \sin\theta\ d\phi\ \boldsymbol{e}_\phi \end{cases} \tag{10.5}$$

sind die Basisvektoren $\boldsymbol{e}_i$ orthogonal, so dass das Quadrat des Wegelements zu $d\boldsymbol{r}^2 = \sum(h_i\, dq_i)^2$ wird. Beispiele für orthogonale Koordinaten sind die kartesischen $(x,\, y,\, z)$, die Zylinder- $(\rho,\, \varphi,\, z)$ und die Kugelkoordinaten $(r,\, \theta,\, \phi)$; hierauf beziehen sich die letzten Ausdrücke in (10.5).

Für orthogonale Koordinaten lautet der Nabla-Operator

$$\nabla = \sum_{i=1}^{3} \boldsymbol{e}_i\, \frac{1}{h_i}\, \frac{\partial}{\partial q_i} \tag{10.6}$$

Bei der Anwendung auf Vektorfelder (wie in (10.4)) ist zu beachten, dass die partiellen Ableitungen $\partial/\partial q_i$ auch auf die Basisvektoren in $\boldsymbol{V}$ wirken; für nichtkartesische Koordinaten gilt im Allgemeinen $\partial \boldsymbol{e}_i/\partial q_j \neq 0$.

Durch $\Delta = \text{div}\,\text{grad}$ definieren wir den *Laplace-Operator*,

$$\Delta = \text{div}\,\text{grad} = \frac{1}{h_1 h_2 h_3}\left[\frac{\partial}{\partial q_1}\left(\frac{h_2 h_3}{h_1}\,\frac{\partial}{\partial q_1}\right) + \text{zyklisch}\right] \tag{10.7}$$

Für ein Vektorfeld gilt

$$\Delta \boldsymbol{V} = \text{grad}\,(\text{div}\,\boldsymbol{V}) - \text{rot}\,(\text{rot}\,\boldsymbol{V}) \tag{10.8}$$

Aus den Definitionen (10.2) und (10.3) folgen die Integralsätze:

$$\int_{\mathcal{V}} d\mathcal{V}\; \text{div}\,\boldsymbol{V} = \oint_A d\boldsymbol{A}\cdot\boldsymbol{V} \qquad \text{(Gaußscher Satz)} \tag{10.9}$$

$$\int_A d\boldsymbol{A}\cdot \text{rot}\,\boldsymbol{V} = \oint_C d\boldsymbol{r}\cdot\boldsymbol{V} \qquad \text{(Stokesscher Satz)} \tag{10.10}$$

Dabei ist $A = A(\mathcal{V})$ der (glatte) Rand des Volumens $\mathcal{V}$, und $C = C(A)$ der (glatte) Rand der Fläche A.

Wir kommen zur formalen Definition der Eigenschaft *Tensor* (Vektor, Skalar). Wir beziehen uns dazu auf kartesische Koordinaten. Bei einer Drehung des kartesischen Koordinatensystems ändern sich die Komponenten des Ortsvektors $\boldsymbol{r} = \sum x_i\, \boldsymbol{e}_i = \sum x_i'\, \boldsymbol{e}_i'$ gemäß $x_j' = \sum_i \alpha_{ji}\, x_i$. Dies ist eine orthogonale Transformation. Für die Matrix $\alpha = (\alpha_{ji})$ gilt $\alpha^{\mathrm{T}}\alpha = 1$. Wir definieren nun ein *Tensorfeld* als eine indizierte, koordinatenabhängige Größe $T_{i_1,\ldots,i_N}$, die sich gemäß

$$T'_{i_1,\ldots,i_N}(x') = \sum_{j_1=1}^{3} \ldots \sum_{j_N=1}^{3} \alpha_{i_1 j_1} \ldots \alpha_{i_N j_N}\, T_{j_1,\ldots,j_N}(x) \qquad \text{(Tensorfeld)} \tag{10.11}$$

transformiert. Das Argument $x = (x_1,\, x_2,\, x_3)$ wird mittransformiert. Für ein skalares Feld und ein Vektorfeld wird (10.11) zu

$$\Phi'(x') = \Phi(x), \qquad V_i'(x') = \sum_{j=1}^{3} \alpha_{ij}\, V_j(x) \tag{10.12}$$

Zu den für Tensoren bekannten Möglichkeiten (Addition, Multiplikation, Kontraktion) zur Konstruktion neuer Tensoren kommt bei Tensorfeldern noch die Differenziation hinzu. Dabei verhält sich $\partial_i = \partial/\partial x_i$ wie ein Vektor, denn

$$\partial_i' = \frac{\partial}{\partial x_i'} = \sum_{j=1}^{3} \frac{\partial x_j}{\partial x_i'} \frac{\partial}{\partial x_j} = \sum_{j=1}^{3} \alpha_{ij}\, \partial_j \tag{10.13}$$

Daher ist $\operatorname{grad} \boldsymbol{\Phi}(\boldsymbol{r})$ ein Vektorfeld, $\operatorname{div} \boldsymbol{V}(\boldsymbol{r})$ ist ein Skalarfeld und $\operatorname{rot} \boldsymbol{V}(\boldsymbol{r})$ ist wieder ein Vektorfeld.

Ein Vektorprodukt wie $\boldsymbol{V} \times \boldsymbol{W}$ oder $\nabla \times \boldsymbol{V}(\boldsymbol{r})$ wird in kartesischen Koordinaten durch

$$\big(\boldsymbol{V} \times \boldsymbol{W}\big)_i = \sum_{k=1}^{3} \sum_{l=1}^{3} \epsilon_{ikl}\, V_k\, W_l \tag{10.14}$$

definiert. Die total antisymmetrische Größe ϵ_{ikl} (mit $\epsilon_{123} = 1$ und den Werten 1 bei gerader, -1 bei ungerader Permutation der Indizes, und 0 sonst) ist ein Pseudotensor. Ein Pseudotensor transformiert sich wie (10.11), jedoch mit einem zusätzlichen Faktor $\det \alpha$ auf der rechten Seite.

Distributionen

Wir definieren die sogenannte δ-Funktion durch

$$\int_{-\infty}^{\infty} dx\ \delta(x - x_0)\, f(x) = f(x_0)\,, \qquad \int d^3r\ \delta(\boldsymbol{r} - \boldsymbol{r}_0)\, f(\boldsymbol{r}) = f(\boldsymbol{r}_0) \tag{10.15}$$

Beliebigen (aber stetigen und integrablen) Testfunktionen $f(x)$ oder $f(\boldsymbol{r})$ wird auf diese Weise der Wert an einer bestimmten Stelle zugeordnet. Zugelassen sind auch Ableitungen wie $\delta'(x - x_0)$; speziell $\delta'(x - x_0)$ ordnet der Testfunktion $f(x)$ den Wert $-f'(x_0)$ zu. Die δ-Funktion und ihre Ableitungen sind im mathematischen Sinn Distributionen und keine Funktionen.

Mit δ-Funktionen kann die Ladungsdichte $\varrho(\boldsymbol{r})$ von N Punktladungen q_i bei $\boldsymbol{r}_i$ dargestellt werden:

$$\varrho(\boldsymbol{r}) = \sum_{i=1}^{N} q_i\ \delta(\boldsymbol{r} - \boldsymbol{r}_i) \tag{10.16}$$

Von zentraler Bedeutung in der Elektrodynamik sind die Beziehungen

$$\Delta\, \frac{1}{|\boldsymbol{r} - \boldsymbol{r}_0|} = -4\pi\, \delta(\boldsymbol{r} - \boldsymbol{r}_0) \tag{10.17}$$

$$\big(\Delta + k^2\big)\, \frac{\exp(\pm \mathrm{i} k |\boldsymbol{r} - \boldsymbol{r}_0|)}{|\boldsymbol{r} - \boldsymbol{r}_0|} = -4\pi\, \delta(\boldsymbol{r} - \boldsymbol{r}_0) \tag{10.18}$$

Wenn man für ein Vektorfeld $\boldsymbol{V}(\boldsymbol{r}_0) = \int d^3r\ \boldsymbol{V}(\boldsymbol{r})\, \delta(\boldsymbol{r} - \boldsymbol{r}_0)$ schreibt, die δ-Funktion durch $\Delta\, (|\boldsymbol{r} - \boldsymbol{r}_0|)^{-1}$ ersetzt, den Laplaceoperator durch partielle Integration auf

$\boldsymbol{V}(\boldsymbol{r})$ umwälzt und (10.4) verwendet, erhält man den *Zerlegungssatz* für Vektorfelder

$$\boldsymbol{V}(\boldsymbol{r}) = \frac{1}{4\pi}\,\mathrm{rot}\int d^3r'\,\frac{\mathrm{rot}\,\boldsymbol{V}(\boldsymbol{r}')}{|\boldsymbol{r}-\boldsymbol{r}'|} - \frac{1}{4\pi}\,\mathrm{grad}\int d^3r'\,\frac{\mathrm{div}\,\boldsymbol{V}(\boldsymbol{r}')}{|\boldsymbol{r}-\boldsymbol{r}'|} \qquad (10.19)$$

Dies bedeutet, dass ein Vektorfeld durch seine *Quellen* $\mathrm{div}\,\boldsymbol{V}$ und seine *Wirbel* $\mathrm{rot}\,\boldsymbol{V}$ dargestellt werden kann. Vorausgesetzt wird dabei $|\boldsymbol{V}| \le \mathrm{const.}/r^2$ für $r \to \infty$. Die Operatoren vor den Integralen in (10.19) wirken auf $\boldsymbol{r}$.

Aus (10.19) folgen die Schlüsse von links nach rechts in

$$\mathrm{rot}\,\boldsymbol{V}(\boldsymbol{r}) = 0 \quad \longleftrightarrow \quad \boldsymbol{V}(\boldsymbol{r}) = \mathrm{grad}\,\Phi(\boldsymbol{r}) \qquad (10.20)$$

$$\mathrm{div}\,\boldsymbol{V}(\boldsymbol{r}) = 0 \quad \longleftrightarrow \quad \boldsymbol{V}(\boldsymbol{r}) = \mathrm{rot}\,\boldsymbol{W}(\boldsymbol{r}) \qquad (10.21)$$

Die Schlüsse in der anderen Richtung folgen aus der direkten Berechnung.

Lorentztensoren

Die Lorentztransformationen wurden in Kapitel 9 eingeführt. Aus (9.4) folgt für die Koordinatendifferenziale

$$dx'^{\alpha} = \Lambda^{\alpha}_{\ \beta}\, dx^{\beta} \qquad (10.22)$$

Dabei verwenden wir die Summenkonvention (automatische Summe von 0 bis 3 über zwei gleiche Indizes, von denen einer oben, der andere unten steht.)

Ein Lorentztensor N-ter Stufe ist eine N-fach indizierte Größe, die sich komponentenweise wie die Koordinatendifferenziale transformiert. Für *Lorentztensorfelder* N-ter Stufe gilt

$$T'^{\alpha_1\ldots\alpha_N}(x') = \Lambda^{\alpha_1}_{\ \beta_1}\ldots\,\Lambda^{\alpha_N}_{\ \beta_N}\; T^{\beta_1\ldots\beta_N}(x) \qquad (10.23)$$

wobei die Argumente $x = (x^{\alpha})$ mittransformiert werden. Üblich sind auch die Bezeichnungen 4-Tensor (im Gegensatz zu 3-Tensoren, die durch ihr Verhalten unter orthogonalen Transformationen definiert werden).

Das Hochstellen der Indizes in dx^{α} und anderen Tensoren ist eine willkürliche Festsetzung. Wir ordnen jedem Vektor V^{α} durch

$$V_{\beta} = \eta_{\beta\alpha}\, V^{\alpha} \qquad (10.24)$$

einen Vektor zu, bei dem die Indizes unten stehen. Dabei sind $(\eta_{\beta\alpha})$ und $(\eta^{\beta\alpha})$ durch $\mathrm{diag}\,(+1, -1, -1, -1)$ gegeben. Hieraus folgt $V^{\beta} = \eta^{\beta\alpha}\, V_{\alpha}$. Damit können wir zum Beispiel $ds^2 = dx_{\alpha}\, dx^{\alpha}$ schreiben, wobei $(dx^{\alpha}) = (c\,dt, dx, dy, dz)$ und $(dx_{\alpha}) = (c\,dt, -dx, -dy, -dz)$. Die hochgestellten Indizes heißen kontravariant, die untenstehenden kovariant (kovariant hat daneben noch die Bedeutung von forminvariant). Bei mehr als einem Index kann es auch gemischte Größen geben, zum Beispiel $T^{\alpha}_{\ \ \beta} = \eta_{\beta\beta'}\, T^{\alpha\beta'}$.

Die durch Zahlen definierte Größe $\eta_{\alpha\beta}$ erfüllt die Tensordefinition und wird daher auch Minkowskitensor genannt. Die durch Zahlen definierte total antisymmetrische Größe $\epsilon_{\alpha\beta\gamma\delta}$ erfüllt die (Pseudo-)Tensordefinition und wird daher auch Levi-Civita Tensor genannt.

Die Transformation eines kovarianten Vektor ergibt sich aus

$$V'_\alpha = \eta_{\alpha\beta}\, V'^\beta = \eta_{\alpha\beta}\, \Lambda^\beta_\gamma\, V^\gamma = \eta_{\alpha\beta}\, \Lambda^\beta_\gamma\, \eta^{\gamma\delta}\, V_\delta = \overline{\Lambda}^{\,\delta}_\alpha\, V_\delta \tag{10.25}$$

Dabei haben wir eine Matrix $\overline{\Lambda}$ mit $\overline{\Lambda}^{\,\delta}_\alpha = \eta_{\alpha\beta}\, \Lambda^\beta_\gamma\, \eta^{\gamma\delta}$ eingeführt. Die Rücktransformation für Lorentzvektoren folgt aus

$$V^\gamma = \overline{\Lambda}^{\,\gamma}_\alpha\, V'^\alpha\,, \qquad V_\gamma = \Lambda^\alpha_\gamma\, V'_\alpha \tag{10.26}$$

Wir fassen zusammen: Kontravariante Vektoren werden mit Λ^α_β, kovariante mit $\overline{\Lambda}^{\,\alpha}_\beta$ transformiert. Die jeweils andere Größe vermittelt die Rücktransformation.

Zu den für Tensoren bekannten Möglichkeiten (Addition, Multiplikation, Kontraktion) zur Konstruktion neuer Tensoren kommt bei Tensorfeldern noch die Differenziation hinzu. Aus

$$\frac{\partial}{\partial x'^\alpha} = \frac{\partial x^\beta}{\partial x'^\alpha}\,\frac{\partial}{\partial x^\beta} = \overline{\Lambda}^{\,\beta}_\alpha\,\frac{\partial}{\partial x^\beta} \tag{10.27}$$

folgt, dass sich $\partial/\partial x^\alpha$ wie ein kovarianter 4-Vektor transformiert. Analog dazu zeigt man, dass $\partial/\partial x_\alpha$ ein kontravarianter Vektor ist, also

$$\partial_\alpha = \frac{\partial}{\partial x^\alpha}\,, \qquad \partial^\alpha = \frac{\partial}{\partial x_\alpha} \tag{10.28}$$

Die Ableitung eines Lorentztensorfelds ist daher ein Lorentztensorfeld einer um 1 höheren Stufe. Außerdem ist der d'Alembert-Operator

$$\Box = \partial^\alpha \partial_\alpha = \eta^{\alpha\beta}\,\partial_\alpha \partial_\beta = \frac{1}{c^2}\,\frac{\partial^2}{\partial t^2} - \Delta \tag{10.29}$$

ein Lorentzskalar.

Aufgaben

10.1 Verifikation des Stokesschen Satzes

Verifizieren Sie den Stokesschen Satz für das Vektorfeld

$$\boldsymbol{V} = (4x/3 - 2y)\,\boldsymbol{e}_x + (3y - x)\,\boldsymbol{e}_y$$

und die Fläche

$$A = \left\{\boldsymbol{r} : (x/3)^2 + (y/2)^2 \le 1,\ z = 0\right\}$$

Lösung: Zunächst berechnet man rot $\boldsymbol{V} = (\partial V_y/\partial x - \partial V_x/\partial y)\,\boldsymbol{e}_z = \boldsymbol{e}_z$. Die Fläche ist eine Ellipse mit den Halbachsen $a = 3$ und $b = 2$. Damit wird die linke Seite des Stokesschen Satzes (10.10) zu

$$\int_A d\boldsymbol{A} \cdot \operatorname{rot} \boldsymbol{V} = \int_A dA = \pi a b = 6\pi$$

Um das Wegintegral auf der rechten Seite von (10.10) zu berechnen, parametrisieren wir den Weg:

$$\boldsymbol{r} = 3\cos\alpha\,\boldsymbol{e}_x + 2\sin\alpha\,\boldsymbol{e}_y\,, \qquad d\boldsymbol{r} = \big(-3\sin\alpha\,\boldsymbol{e}_x + 2\cos\alpha\,\boldsymbol{e}_y\big)\,d\alpha$$

Der Weg (Ellipse) wird durchlaufen, wenn α die Werte von 0 bis 2π annimmt. Längs des Wegs ist das Vektorfeld $\boldsymbol{V} = (4\cos\alpha - 4\sin\alpha)\,\boldsymbol{e}_x + (6\sin\alpha - 3\cos\alpha)\,\boldsymbol{e}_y$. Damit wird das Wegintegral zu

$$\oint_C d\boldsymbol{r} \cdot \boldsymbol{V} = \int_0^{2\pi} d\alpha\,\big(12\sin^2\alpha - 6\cos^2\alpha\big) = 6\pi$$

Beide Integrale sind gleich. Damit haben wir den Stokesschen Satz in diesem speziellen Fall verifiziert.

10.2 Verifikation des Gaußschen Satzes

Verifizieren Sie den Gaußschen Satz für das Vektorfeld

$$\boldsymbol{V} = a\,x\,\boldsymbol{e}_x + b\,y\,\boldsymbol{e}_y + c\,z\,\boldsymbol{e}_z$$

und die Kugel $x^2 + y^2 + z^2 \le R^2$.

Lösung: Zunächst berechnet man div $\boldsymbol{V} = \partial V_x/\partial x + \partial V_y/\partial y + \partial V_z/\partial z = a + b + c$. Damit wird die linke Seite des Gaußschen Satzes (10.9) zu

$$\int_{\mathcal{V}} d\mathcal{V}\ \operatorname{div} \boldsymbol{V} = \big(a + b + c\big)\int_{r \le R} d^3r = \frac{4\pi}{3}\,R^3\,\big(a + b + c\big)$$

Für das Flächenintegral auf der rechten Seite verwenden wir Kugelkoordinaten,

$$d\boldsymbol{A} = R^2\,d\cos\theta\,d\phi\,\boldsymbol{e}_r\,, \qquad \boldsymbol{e}_r \cdot \boldsymbol{V} = R\,\big(a\,\sin^2\theta\,\cos^2\phi + b\,\sin^2\theta\,\sin^2\phi + c\,\cos^2\theta\big)$$

Die ϕ-Integration über $\cos^2\phi$ und $\sin^2\phi$ liefert π. Damit wird das Flächenintegral zu

$$\oint_A d\boldsymbol{A} \cdot \boldsymbol{V} = 2\pi R^3 \int_{-1}^{1} d\cos\theta \left[\frac{a+b}{2}\,\big(1 - \cos^2\theta\big) + c\,\cos^2\theta\right] = \frac{4\pi}{3}\,R^3\,\big(a + b + c\big)$$

Beide Integrale sind gleich. Damit haben wir den Gaußschen Satz in diesem speziellen Fall verifiziert.

10.3 Elliptische Zylinderkoordinaten

Durch die Transformation

$$x = q_1 q_2\,, \qquad y = \sqrt{\left(q_1^2 - \ell^2\right)\left(1 - q_2^2\right)}\,, \qquad z = q_3 \tag{10.30}$$

sind die elliptischen Zylinderkoordinaten q_i definiert. Die Transformation hängt von einem Parameter ℓ ab; die Koordinatenwerte sind durch $q_1 \geq \ell > 0$, $|q_2| \leq 1$, $|q_3| < \infty$ eingeschränkt.

Skizzieren Sie die Koordinatenlinien $q_1 = \text{const.}$ und $q_2 = \text{const.}$ in der x-y-Ebene. Zeigen Sie, dass es sich um orthogonale Koordinaten handelt. Geben Sie h_1, h_2, h_3 an, und drücken Sie die Einheitsvektoren $\boldsymbol{e}_1$, $\boldsymbol{e}_2$, $\boldsymbol{e}_3$ durch $\boldsymbol{e}_x$, $\boldsymbol{e}_y$, $\boldsymbol{e}_z$ aus.

Lösung: Wir setzen $q_1 = c_1$ mit $c_1 \geq \ell$ und $q_2 = x/c_1$ in den Ausdruck für y ein und erhalten

$$\frac{x^2}{c_1^2} + \frac{y^2}{c_1^2 - \ell^2} = 1 \qquad \text{(Ellipsen)}$$

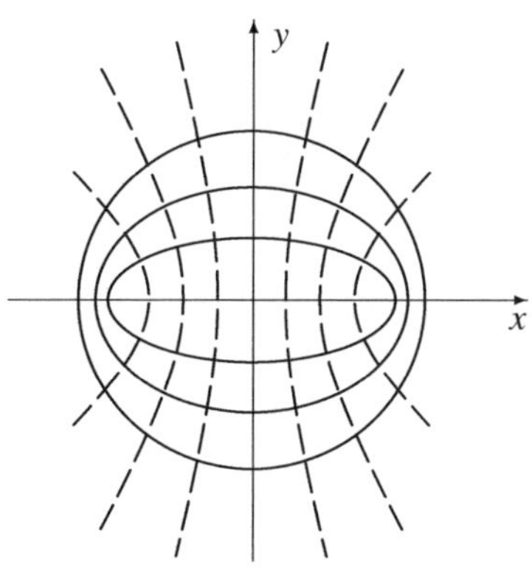

Analog dazu setzen wir $q_2 = c_2$ mit $c_2 \leq 1$ und $q_1 = x/c_2$ in den Ausdruck für y ein:

$$\frac{x^2}{c_2^2} - \frac{y^2}{1 - c_2^2} = \ell^2 \qquad \text{(Hyperbeln)}$$

Die Koordinatenlinien $q_1 = \text{const.}$ (durchgezogene Linien) sind Ellipsen, und die Koordinatenlinien $q_2 = \text{const.}$ (gestrichelte Linien) sind Hyperbeln. Für die Skizze wurde $\ell = 1$ gewählt. Die Koordinatenlinien schneiden sich in rechten Winkeln; die Koordinaten sind daher lokal orthogonal. Für alle Ebenen $z = \text{const.}$ ergibt sich dasselbe Bild.

Koordinaten sind orthogonal (oder krummlinig orthogonal), wenn das Wegelement von der Form (10.5) ist:

$$d\boldsymbol{r} = \sum_{i=1}^{3} h_i(q_1, q_2, q_3)\, dq_i\, \boldsymbol{e}_i \qquad \text{mit} \qquad \boldsymbol{e}_i \cdot \boldsymbol{e}_k = \delta_{ik}$$

Das Wegelement kann aus der Transformation (10.30) über

$$d\boldsymbol{r} = \sum_{i=1}^{3} \frac{\partial \boldsymbol{r}}{\partial q_i}\, dq_i = \sum_{i=1}^{3} \frac{\partial\,(x\,\boldsymbol{e}_x + y\,\boldsymbol{e}_y + z\,\boldsymbol{e}_z)}{\partial q_i}\, dq_i$$

berechnet werden. Die benötigten partiellen Ableitungen ergeben:

$$\frac{\partial \boldsymbol{r}}{\partial q_1} = q_2\,\boldsymbol{e}_x + q_1\sqrt{\frac{1 - q_2^2}{q_1^2 - \ell^2}}\;\boldsymbol{e}_y\,, \qquad \frac{\partial \boldsymbol{r}}{\partial q_2} = q_1\,\boldsymbol{e}_x - q_2\sqrt{\frac{q_1^2 - \ell^2}{1 - q_2^2}}\;\boldsymbol{e}_y\,, \qquad \frac{\partial \boldsymbol{r}}{\partial q_3} = \boldsymbol{e}_z$$

Hiermit wird die (lokale) Orthogonalität gezeigt

$$\frac{\partial \boldsymbol{r}}{\partial q_i} \cdot \frac{\partial \boldsymbol{r}}{\partial q_j} = 0 \quad \text{für } i \neq j, \text{ zum Beispiel} \quad \frac{\partial \boldsymbol{r}}{\partial q_1} \cdot \frac{\partial \boldsymbol{r}}{\partial q_2} = q_2\, q_1 - q_1\, q_2 = 0$$

Aus $d\boldsymbol{r} = \sum h_i\, dq_i\, \boldsymbol{e}_i = \sum (\partial \boldsymbol{r}/\partial q_i)\; dq_i$ erhalten wir die h_i und die Einheitsvektoren $\boldsymbol{e}_i$,

$$h_i = \left| \frac{\partial \boldsymbol{r}}{\partial q_i} \right|, \qquad \boldsymbol{e}_i = \frac{1}{h_i} \left(\frac{\partial \boldsymbol{r}}{\partial q_i} \right)$$

Die Auswertung ergibt

$$h_1 = \sqrt{\frac{q_1 - \ell^2 q_2^2}{q_1^2 - \ell^2}}, \qquad \boldsymbol{e}_1 = q_2 \sqrt{\frac{q_1^2 - \ell^2}{q_1^2 - \ell^2 q_2^2}}\; \boldsymbol{e}_x + q_1 \sqrt{\frac{1 - q_2^2}{q_1^2 - \ell^2 q_2^2}}\; \boldsymbol{e}_y$$

$$h_2 = \sqrt{\frac{q_1^2 - \ell^2 q_2^2}{1 - q_2^2}}, \qquad \boldsymbol{e}_2 = q_1 \sqrt{\frac{1 - q_2^2}{q_1^2 - \ell^2 q_2^2}}\; \boldsymbol{e}_x - q_2 \sqrt{\frac{q_1^2 - \ell^2}{q_1^2 - \ell^2 q_2^2}}\; \boldsymbol{e}_y$$

$$h_3 = 1\,, \qquad \boldsymbol{e}_3 = \boldsymbol{e}_z$$

10.4 Rotation für orthogonale Koordinaten

Gehen Sie von der Definition (10.3) der Rotation aus. Zeigen Sie für orthogonale Koordinaten

$$\operatorname{rot} \boldsymbol{V} = \frac{1}{h_2 h_3} \left[\frac{\partial (h_3 V_3)}{\partial q_2} - \frac{\partial (h_2 V_2)}{\partial q_3} \right] \boldsymbol{e}_1 \;+\; \text{zyklisch}$$

Lösung: In der Definition (10.3) setzen wir $\boldsymbol{n} = \boldsymbol{e}_1$ ein:

$$\big(\operatorname{rot} \boldsymbol{V}\big)_1 = \lim_{\Delta A \to 0} \frac{1}{\Delta A} \oint_{\Delta C} d\boldsymbol{r} \cdot \boldsymbol{V}\,, \qquad \Delta \boldsymbol{A} = \Delta A\, \boldsymbol{e}_1 \tag{10.31}$$

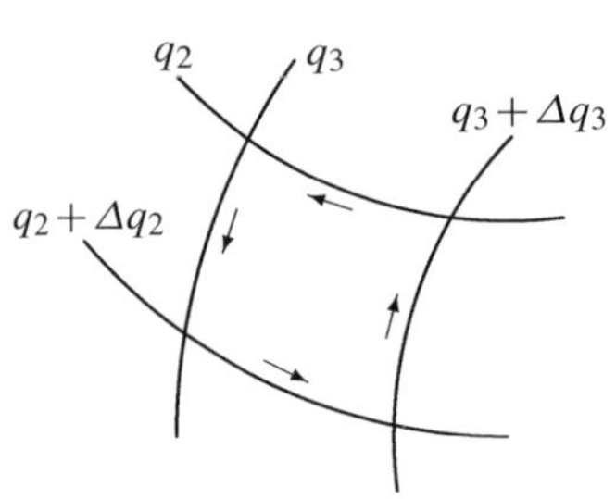

Es wird ein kleines Flächenelement $\Delta \boldsymbol{A}$ auf der Fläche q_1 = const. betrachtet, das von Koordinatenlinien q_2 = const. und q_3 = const. begrenzt ist. Für Kugelkoordinaten könnte dies ein von Breiten- und Längengraden eingeschlossenes Flächenelement auf der Kugeloberfläche sein. Der Vektor $\Delta \boldsymbol{A}$ steht senkrecht auf der Bildebene.

Die Größe des Flächenelements ist

$$\begin{aligned} \Delta A \;&=\; \int_{q_2}^{q_2+\Delta q_2} dq_2' \int_{q_3}^{q_3+\Delta q_3} dq_3'\; h_1(q_1, q_2', q_3')\; h_2(q_1, q_2', q_3') \\ &=\; h_1(q_1, \bar{q}_2, \bar{q}_3)\; h_2(q_1, \bar{q}_2, \bar{q}_3)\; \Delta q_2\, \Delta q_3 \end{aligned}$$

Im letzten Schritt wurde der Integrand an einer geeigneten Stelle $\bar{q}_2 \in [q_2, q_2 + \Delta q_2]$, $\bar{q}_3 \in [q_3, q_3 + \Delta q_3]$ genommen (Mittelwertsatz der Integralrechnung). Wir berechnen nun das Linienintegral

$$\begin{aligned}
&\oint_{\Delta C} d\boldsymbol{r} \cdot \boldsymbol{V} \\
&= \int_{q_2}^{q_2+\Delta q_2} dq_2' \left[h_2(q_1, q_2', q_3)\, V_2(q_1, q_2', q_3) - h_2(q_1, q_2', q_3 + \Delta q_3)\, V_2(q_1, q_2', q_3 + \Delta q_3) \right] \\
&- \int_{q_3}^{q_3+\Delta q_3} dq_3' \left[h_3(q_1, q_2, q_3')\, V_3(q_1, q_2, q_3') - h_3(q_1, q_2 + \Delta q_2, q_3')\, V_3(q_1, q_2 + \Delta q_2, q_3') \right] \\
&= \left[h_2(q_1, \tilde{q}_2, q_3)\, V_2(q_1, \tilde{q}_2, q_3) - h_2(q_1, \tilde{q}_2, q_3 + \Delta q_3)\, V_2(q_1, \tilde{q}_2, q_3 + \Delta q_3) \right] \Delta q_2 \\
&\quad - \left[h_3(q_1, q_2, \tilde{q}_3)\, V_3(q_1, q_2, \tilde{q}_3) - h_3(q_1, q_2 + \Delta q_2, \tilde{q}_3)\, V_3(q_1, q_2 + \Delta q_2, \tilde{q}_3) \right] \Delta q_3
\end{aligned}$$

Dabei wurde der Integrand wieder an einer geeigneten (anderen) Stelle $\tilde{q}_2, \tilde{q}_3$ genommen. Im Grenzfall $\Delta A \to 0$ gehen die Argumente $\bar{q}_2, \bar{q}_3$ und $\tilde{q}_2, \tilde{q}_3$ gegen q_2, q_3. Damit wird (10.31) zu

$$(\operatorname{rot} \boldsymbol{V})_1 = \frac{1}{h_2 h_3} \left[\frac{\partial (h_3 V_3)}{\partial q_2} - \frac{\partial (h_2 V_2)}{\partial q_3} \right]$$

Die anderen Komponenten erhält man analog.

10.5 Divergenz für orthogonale Koordinaten

Gehen Sie von der Definition (10.2) der Divergenz aus. Zeigen Sie für orthogonale Koordinaten

$$\operatorname{div} \boldsymbol{V} = \frac{1}{h_1 h_2 h_3} \left[\frac{\partial (h_2 h_3 V_1)}{\partial q_1} + \frac{\partial (h_3 h_1 V_2)}{\partial q_2} + \frac{\partial (h_1 h_2 V_3)}{\partial q_3} \right]$$

Lösung: In der Definition (10.2),

$$\operatorname{div} \boldsymbol{V}(\boldsymbol{r}) = \lim_{\Delta V \to 0} \frac{1}{\Delta V} \oint_{\Delta A} d\boldsymbol{A} \cdot \boldsymbol{V} \tag{10.32}$$

wird ein kleines Volumenelement an der Stelle $\boldsymbol{r}$ betrachtet,

$$\Delta V = h_1(\bar{q}_1, \bar{q}_2, \bar{q}_3)\; h_2(\bar{q}_1, \bar{q}_2, \bar{q}_3)\; h_3(\bar{q}_1, \bar{q}_2, \bar{q}_3)\, \Delta q_1\, \Delta q_2\, \Delta q_3$$

Hier und im folgenden Integral wird der Integrand an einer geeigneten Stelle innerhalb des Volumens genommen (Mittelwertsatz der Integralrechnung):

$$\begin{aligned}
\oint_{\Delta A} d\boldsymbol{A} \cdot \boldsymbol{V} \;=\; & \left[V_1(q_1 + \Delta q_1, \tilde{q}_2, \tilde{q}_3)\, h_2(q_1 + \Delta q_1, \tilde{q}_2, \tilde{q}_3)\, h_3(q_1 + \Delta q_1, \tilde{q}_2, \tilde{q}_3) \right. \\
& \left. - V_1(q_1, \tilde{q}_2, \tilde{q}_3)\, h_2(q_1, \tilde{q}_2, \tilde{q}_3)\, h_3(q_1, \tilde{q}_2, \tilde{q}_3) \right] \Delta q_2\, \Delta q_3 \\
& + \ldots \quad \text{(Beiträge der anderen Seiten)}
\end{aligned}$$

Im Grenzfall $\Delta V \to 0$ gehen die $\bar{q}_1, \bar{q}_2, \bar{q}_3$ und $\tilde{q}_1, \tilde{q}_2, \tilde{q}_3$ gegen q_1, q_2, q_3. Damit erhalten wir

$$\operatorname{div} \boldsymbol{V} = \frac{1}{h_1 h_2 h_3} \left[\frac{\partial (h_2 h_3 V_1)}{\partial q_1} + \ldots \right]$$

10.6 Rechnen mit Gradient, Divergenz und Rotation

Zeigen Sie $\operatorname{div}(\boldsymbol{V} \times \boldsymbol{W}) = \boldsymbol{W} \cdot \operatorname{rot} \boldsymbol{V} - \boldsymbol{V} \cdot \operatorname{rot} \boldsymbol{W}$ durch Auswertung in kartesischen Komponenten. Werten Sie analog dazu die Ausdrücke $\operatorname{rot}(\Phi \boldsymbol{V})$, $\operatorname{rot}(\boldsymbol{V} \times \boldsymbol{W})$ und $\operatorname{grad}(\boldsymbol{V} \cdot \boldsymbol{W})$ aus.

Lösung: Vektorprodukte können wie in (10.14) geschrieben werden. In kartesischen Komponenten erhalten wir dann

$$\begin{aligned}\operatorname{div}\big(\boldsymbol{V} \times \boldsymbol{W}\big) &= \sum_{i,j,k} \partial_i \big(\epsilon_{ijk}\, V_j\, W_k\big) = \sum_{i,j,k} \epsilon_{ijk} \big(W_k\, \partial_i V_j + V_j\, \partial_i W_k\big) \\ &= \boldsymbol{W} \cdot \big(\nabla \times \boldsymbol{V}\big) - \boldsymbol{V} \cdot \big(\nabla \times \boldsymbol{W}\big) = \boldsymbol{W} \cdot \operatorname{rot} \boldsymbol{V} - \boldsymbol{V} \cdot \operatorname{rot} \boldsymbol{W}\end{aligned}$$

Dabei ist $\partial_i = \partial/\partial x_i$. Analog dazu berechnen wir

$$\begin{aligned}\big(\operatorname{rot}(\Phi \boldsymbol{V})\big)_i &= \sum_{j,k} \epsilon_{ijk}\, \partial_j (\Phi\, V_k) = \sum_{j,k} \epsilon_{ijk} \big(\Phi\, \partial_j V_k + V_k\, \partial_j \Phi\big) \\ &= \Phi \big(\operatorname{rot} \boldsymbol{V}\big)_i - \big(\boldsymbol{V} \times \operatorname{grad} \Phi\big)_i\end{aligned}$$

In der folgenden Umformung wird die Kontraktion zweier total antisymmetrischer Tensoren (Aufgabe 10.11) verwendet:

$$\begin{aligned}\big(\operatorname{rot}(\boldsymbol{V} \times \boldsymbol{W})\big)_i &= \sum_{j,k,l,m} \epsilon_{ijk}\, \epsilon_{klm}\, \partial_j \big(V_l\, W_m\big) = \sum_{j,k,l,m} \big(\delta_{il}\, \delta_{jm} - \delta_{im}\, \delta_{jl}\big)\big(W_m\, \partial_j V_l + V_l\, \partial_j W_m\big) \\ &= \sum_j \big(W_j\, \partial_j V_i + V_i\, \partial_j W_j - W_i\, \partial_j V_j - V_j\, \partial_j W_i\big) \\ &= \big[(\boldsymbol{W} \cdot \nabla)\, \boldsymbol{V} - \boldsymbol{W}\, (\nabla \cdot \boldsymbol{V}) + \boldsymbol{V}\, (\nabla \cdot \boldsymbol{W}) - (\boldsymbol{V} \cdot \nabla)\, \boldsymbol{W}\big]_i\end{aligned}$$

Die Auswertung von $\operatorname{grad}(\boldsymbol{V} \cdot \boldsymbol{W})$ erfolgt nach der Produktregel

$$\big(\operatorname{grad}(\boldsymbol{V} \cdot \boldsymbol{W})\big)_i = \sum_j \partial_i\, (V_j\, W_j) = \sum_j \big[V_j\, (\partial_i W_j) + W_j\, (\partial_i V_j)\big]$$

10.7 Tensor zweiter Stufe

Die Gleichung $V_i = \sum_j S_{ij}\, W_j$ gelte in jedem kartesischen Koordinatensystem. Es sei bekannt, dass V_i und W_j Vektoren sind. Zeigen Sie, dass S_{ij} ein Tensor 2-ter Stufe ist.

Lösung: Laut Voraussetzung gilt $V_i = \sum_j S_{ij}\, W_j$ in jedem Koordinatensystem, also auch in KS$'$: $V_i' = \sum_j S_{ij}'\, W_j'$. Hierin setzen wir die bekannten Transformationen $V_i' = \sum_j \alpha_{ij}\, V_j$ und $W_i' = \sum_j \alpha_{ij}\, W_j$ der Vektoren ein:

$$\sum_j \alpha_{ij}\, V_j = \sum_{j,k} S_{ij}'\, \alpha_{jk}\, W_k$$

Beide Seiten werden nun mit α_{il} multipliziert und über i summiert. Mit $\sum_i \alpha_{il}\, \alpha_{ij} = \delta_{lj}$ ergibt dies

$$V_l = \sum_{i,j,k} \alpha_{il}\, S_{ij}'\, \alpha_{jk}\, W_k = \sum_k S_{lk}\, W_k$$

Hieraus folgt $\sum_{i,j} \alpha_{il}\alpha_{jk} S'_{ij} = S_{lk}$, oder nach Multiplikation mit α_{nl} und α_{mk} und Summation über l und k

$$S'_{nm} = \sum_{l,k=1}^{3} \alpha_{nl}\, \alpha_{mk}\, S_{lk}$$

Damit ist gezeigt, dass S_{ij} sich wie ein Tensor 2-ter Stufe transformiert.

10.8 Levi-Civita-Tensor

Zeigen Sie, dass der Levi-Civita-Tensor ein Pseudotensor 2-ter Stufe ist, d.h.

$$\epsilon'_{ijk} = \det\alpha \sum_{l,m,n} \alpha_{il}\,\alpha_{jm}\,\alpha_{kn}\,\epsilon_{lmn} = \epsilon_{ijk}$$

Lösung: Mit der Definition der Determinante ergibt sich

$$\epsilon'_{ijk} = \det\alpha \sum_{l,m,n} \alpha_{il}\,\alpha_{jm}\,\alpha_{kn}\,\epsilon_{lmn} = \det\alpha \begin{vmatrix} \alpha_{i1} & \alpha_{i2} & \alpha_{i3} \\ \alpha_{j1} & \alpha_{j2} & \alpha_{j3} \\ \alpha_{k1} & \alpha_{k2} & \alpha_{k3} \end{vmatrix} = (\det\alpha)^2\,\epsilon_{ijk} = \epsilon_{ijk}$$

Für eine orthogonale Matrix gilt $\alpha^{\mathrm{T}}\alpha = 1$ und damit $\det(\alpha^{\mathrm{T}}\alpha) = (\det\alpha)^2 = 1$.

10.9 Produktregel für den Nabla-Operator

Zeigen Sie $\nabla \cdot (\boldsymbol{r}\,\Phi) = 3\,\Phi + \boldsymbol{r} \cdot \operatorname{grad}\Phi$.

Lösung: Auswertung in kartesischen Komponenten:

$$\nabla \cdot (\boldsymbol{r}\,\Phi) = \sum_i \partial_i \big(x_i\,\Phi\big) = \sum_i \big(\delta_{ii}\,\Phi + x_i\,\partial_i\,\Phi\big) = 3\,\Phi + \boldsymbol{r} \cdot \nabla\,\Phi = 3\,\Phi + \boldsymbol{r} \cdot \operatorname{grad}\Phi$$

Dabei wurde $\partial_i = \partial/\partial x_i$ verwendet.

10.10 Rotation des Gradienten

Beweisen Sie $\operatorname{rot}\operatorname{grad}\Phi = 0$ in kartesischen Komponenten; Kreuzprodukte sollen dabei mit dem Levi-Civita-Tensor geschrieben werden.

Lösung: In kartesischen Koordinaten lautet die i-te Komponente

$$\begin{aligned} \big(\operatorname{rot}\operatorname{grad}\Phi\big)_i &= \sum_{j,k} \epsilon_{ijk}\,\partial_j\,\partial_k\,\Phi \overset{\text{(i)}}{=} \sum_{j,k} \epsilon_{ijk}\,\partial_k\,\partial_j\,\Phi \\ &\overset{\text{(ii)}}{=} \sum_{k,j} \epsilon_{ikj}\,\partial_j\,\partial_k\,\Phi \overset{\text{(iii)}}{=} -\sum_{j,k} \epsilon_{ijk}\,\partial_j\,\partial_k\,\Phi = 0 \end{aligned}$$

Die folgenden Schritte wurden durchgeführt: (i) die partiellen Ableitungen ∂_j und ∂_k wurden vertauscht, (ii) die Summationsindizes j, k wurden in k, j umbenannt, (iii) die Antisymmetrie $\epsilon_{ikj} = -\epsilon_{ijk}$ wurde ausgenutzt. Das Resultat unterscheidet sich nur durch ein Minuszeichen vom ursprünglichen Ausdruck, also ist es null.

10.11 Kontraktion zweier Levi-Civita-Tensoren

Überprüfen Sie die Relation

$$\sum_l \epsilon_{ikl}\,\epsilon_{lmn} = \sum_l \epsilon_{ikl}\,\epsilon_{mnl} = \delta_{im}\,\delta_{kn} - \delta_{in}\,\delta_{km}$$

Lösung: Die Relation wird zunächst für $i, k = 1, 2$ überprüft. Die Summe auf der linken Seite trägt nur für $l = 3$ bei, und deshalb kommen für m, n nur die Werte $1, 2$ mit dem Ergebnis $+1$ und $2, 1$ mit dem Ergebnis -1 in Frage. Das ist genau das Resultat der rechten Seite. Die Überprüfung für $i, k = 2, 1$ geht entsprechend. Alle anderen Möglichkeiten ergeben sich durch zyklisches Vertauschen.

10.12 δ-Funktion als Funktionenfolge

Zeigen Sie

$$\lim_{\ell\to 0}\int_{-\infty}^{\infty} dx\; d_\ell^{(1)}(x-x_0)\, f(x) = f(x_0) \quad \text{mit} \quad d_\ell^{(1)}(x) = \frac{1}{\sqrt{2\pi\,\ell}}\,\exp\left(-\frac{x^2}{2\ell^2}\right)$$

Nehmen Sie dazu an, dass $f(x)$ bei x_0 in eine Taylorreihe entwickelt werden kann. Zeigen Sie ebenfalls

$$\lim_{\ell\to 0}\int_{-\infty}^{\infty} dx\; d_\ell^{(2)}(x-x_0)\, f(x) = f(x_0) \quad \text{mit} \quad d_\ell^{(2)}(x) = \frac{\sin(\pi x/\ell)}{2\,\sin(\pi x/2)}$$

Führen Sie hier eine geeignete Integrationsvariable ein.

Lösung: Die Taylorreihe von $f(x)$ wird in das Integral eingesetzt:

$$\begin{aligned}\int_{-\infty}^{\infty} dx\; d_\ell^{(1)}(x-x_0)\, f(x) &= \sum_{\nu=0}^{\infty}\int_{-\infty}^{\infty} dx\; d_\ell^{(1)}(x-x_0)\,\frac{f^{(\nu)}(x_0)}{\nu!}\,\big(x-x_0\big)^\nu \\ &\overset{\text{(i)}}{=} \sum_{\nu=0}^{\infty}\frac{f^{(\nu)}(x_0)}{\nu!}\int_{-\infty}^{\infty} du\; d_\ell^{(1)}(u)\, u^\nu \overset{\text{(ii)}}{=} \sum_{n=0}^{\infty}\frac{f^{(2n)}(x_0)}{(2n)!}\int_{-\infty}^{\infty} du\; d_\ell^{(1)}(u)\, u^{2n} \\ &\overset{\text{(iii)}}{=} \sum_{n=0}^{\infty}\frac{(2n+1)!!}{(2n)!}\, f^{(2n)}(x_0)\,\ell^{2n} \;\overset{\ell\to 0}{\longrightarrow}\; f(x_0)\end{aligned}$$

Die folgenden Schritte wurden durchgeführt: (i) die Integrationsvariable wurde durch $u = x - x_0$ ersetzt, und (ii) da $d_\ell^{(1)}(u)$ eine gerade Funktion ist, wurden die ungeraden Potenzen von u weggelassen. Schließlich (iii) wurde das bestimmte Integral

$$\int_{-\infty}^{\infty} dx\; x^{2n}\exp\left(-\alpha x^2\right) = \left(-\frac{\partial}{\partial\alpha}\right)^n\sqrt{\frac{\pi}{\alpha}} = \sqrt{\frac{\pi}{\alpha}}\;\frac{(2n+1)!!}{(2\alpha)^n}$$

mit $\alpha = 1/(2\ell^2)$ verwendet; zur die Auswertung des Integrals wurden Faktoren x^2 in Integranden durch Ableitungen $-\partial/\partial\alpha$ ersetzt. Im Limes $\ell \to 0$ überlebt nur der Term $n = 0$ mit dem gewünschten Ergebnis.

Wir betrachten nun die zweite Darstellung der δ-Funktion. Zur Auswertung des Integrals führen wir die Variable $u = (x - x_0)/\ell$ ein:

$$\lim_{\ell\to 0}\int_{-\infty}^{\infty} dx\, d_\ell^{(2)}(x)\, f(x) = \lim_{\ell\to 0}\int_{-\infty}^{\infty} dx\, \frac{\sin(\pi\,(x-x_0)/\ell)}{2\,\sin(\pi\,(x-x_0)/2)}\, f(x)$$

$$= \lim_{\ell\to 0}\int_{-\infty}^{\infty} du\, \frac{(\ell/2)\cdot\sin(\pi u)}{\sin(\ell\pi u/2)}\, f(x_0+\ell u) = \int_{-\infty}^{\infty} du\, \frac{\sin(\pi u)}{\pi u}\, f(x_0) = f(x_0)$$

Für $\ell \to 0$ konnte die Sinusfunktion im Nenner durch ihr Argument ersetzt werden. Es wurde das bestimmte Integral $\int_{-\infty}^{\infty} dx\,(\sin x)/x = \pi$ verwendet.

10.13 Integraldarstellung der δ-Funktion

Vergleichen Sie die Funktion

$$g(x) = \int_{-\infty}^{\infty} dk\, \exp\left(-\frac{\ell^2 k^2}{2}\right)\exp(\mathrm{i}kx)$$

mit $d_\ell^{(1)}(x)$ aus Aufgabe 10.12. Leiten Sie daraus eine Integraldarstellung für die δ-Funktion her.

Lösung: Das Integral

$$g(x) = \int_{-\infty}^{\infty} dk\, \exp\left[-\frac{\ell^2}{2}\left(k-\mathrm{i}\,\frac{x}{\ell^2}\right)^2\right]\exp\left(-\frac{x^2}{2\ell^2}\right)$$

$$= \int_{-\infty}^{\infty} dq\, \exp\left(-\frac{\ell^2 q^2}{2}\right)\exp\left(-\frac{x^2}{2\ell^2}\right) = \frac{\sqrt{2\pi}}{\ell}\exp\left(-\frac{x^2}{2\ell^2}\right) = 2\pi\, d_\ell^{(1)}(x)$$

wird durch quadratisches Ergänzen des Exponenten und Substitution $q = k - \mathrm{i}\,x/\ell^2$ berechnet. Mit der Darstellung $d_\ell^{(1)}(x)$ aus Aufgabe 10.12 folgt für die δ-Funktion

$$\delta(x-x_0) = \lim_{\ell\to 0} d_\ell^{(1)}(x-x_0) = \frac{1}{2\pi}\lim_{\ell\to 0} g(x-x_0)$$

$$= \frac{1}{2\pi}\lim_{\ell\to 0}\int_{-\infty}^{\infty} dk\, \exp\left(-\frac{\ell^2 k^2}{2}\right)\exp\left[\mathrm{i}k(x-x_0)\right]$$

$$= \frac{1}{2\pi}\int_{-\infty}^{\infty} dk\, \exp\left[\mathrm{i}k(x-x_0)\right]$$

10.14 Darstellung der δ-Funktion als Summe

Begründen Sie, dass die δ-Funktion im Intervall $[-1, 1]$ durch die Summe

$$\delta(x) = \frac{1}{2}\lim_{N\to\infty}\sum_{n=-N}^{N}\exp(\mathrm{i}\pi n x) = \frac{1}{2}\sum_{n=-\infty}^{\infty}\exp(\mathrm{i}\pi n x) \tag{10.33}$$

dargestellt werden kann. Bringen Sie die endliche Summe auf die Form $d_\ell^{(2)}(x)$ aus Aufgabe 10.12 und führen Sie den Limes $N \to \infty$ aus.

Lösung: Die Summe wird als geometrische Reihe aufsummiert und trigonometrisch umgeformt:

$$\begin{aligned}
\sum_{n=-N}^{N} \exp(\mathrm{i}\pi n x) &= \sum_{n=0}^{N} \big[\exp(\mathrm{i}\pi n x) + \exp(-\mathrm{i}\pi n x)\big] - 1 \\
&= \frac{1-\exp[\mathrm{i}\pi(N+1)x]}{1-\exp(\mathrm{i}\pi x)} + \frac{1-\exp[-\mathrm{i}\pi(N+1)x]}{1-\exp(-\mathrm{i}\pi x)} - 1 \\
&= \frac{\cos(N\pi x) - \cos[(N+1)\pi x]}{1-\cos(\pi x)} \\
&= \frac{\sin[(2N+1)\pi x/2]}{\sin(\pi x/2)} \\
&= 2\, d_\ell^{(2)}(x) \quad \text{für } \ell = 2/(2N+1)
\end{aligned}$$

Die Ausführung des Limes $N \to \infty$ ist gleichbedeutend mit $\ell \to 0$ und führt auf die gewünschte Relation. Da die Ausdrücke periodisch gegenüber der Transformation $x \to x + 2\nu$ mit $\nu = \pm 1, \pm 2, \ldots$ sind, erhält man entsprechende δ-Funktionen in den anderen Intervallen.

10.15 δ-Funktion einer Funktion

Die Funktion $h(x)$ habe eine einzige einfache Nullstelle bei x_0. Begründen Sie die Relation

$$\delta\big(h(x)\big) = \frac{1}{|h'(x_0)|}\, \delta(x - x_0) \tag{10.34}$$

Lösung: Die Funktion $h(x)$ wird in eine Taylorreihe um x_0 entwickelt. Da die δ-Funktion nur bei $x = x_0$ von null verschieden ist, genügt es, den führenden nichtverschwindenden Term $h(x) \approx h'(x_0)\,(x - x_0)$ mit $h'(x_0) \neq 0$ zu betrachten. Dies wird in die Definition für die Distribution eingesetzt:

$$\begin{aligned}
\int_{-\infty}^{\infty} dx\; \delta\big(h(x)\big)\, f(x) &= \int_{-\infty}^{\infty} dx\; \delta\big(h'(x_0)(x - x_0)\big) \\
&= \frac{\operatorname{sign}(h'(x_0))}{h'(x_0)} \int_{-\infty}^{\infty} du\; \delta\big(u - h'(x_0)\, x_0\big)\, f\Big(\frac{u}{h'(x_0)}\Big) \\
&= \frac{f(x_0)}{|h'(x_0)|} = \frac{1}{|h'(x_0)|} \int_{-\infty}^{\infty} dx\; \delta(x - x_0)\, f(x)
\end{aligned}$$

Es wurde die Integrationsvariable $u = h'(x_0)\, x$ eingeführt. Das Vorzeichen tritt auf, weil sich für negatives $h'(x_0)$ die Integrationsgrenzen austauschen. Der Vergleich zwischen dem ersten und dem letzten Ausdruck liefert die zu begründende Relation. Für mehrere einfache Nullstellen x_i gilt entsprechend

$$\delta\big(h(x)\big) = \sum_i \frac{1}{|h'(x_i)|}\, \delta(x - x_i)$$

Alternative Lösung: Wir substituieren $u = h(x)$ und $du = h'(x)dx$, und führen die Umkehrfunktion $x = h^{-1}(u)$ (insbesondere $x_0 = h^{-1}(0)$) ein. Damit wird

$$\int_{-\infty}^{\infty} dx\ \delta\big(h(x)\big)\, f(x) = \int_{h(-\infty)}^{h(\infty)} du\ \delta(u)\ \frac{f\big(h^{-1}(u)\big)}{h'\big(h^{-1}(u)\big)} = \frac{f\big(h^{-1}(0)\big)}{\big|h'\big(h^{-1}(0)\big)\big|} = \frac{f(x_0)}{|h'(x_0)|}$$

Die Ausführung der Integration über $\delta(u)$ ergibt den Integranden an der Stelle $u = 0$, falls $h(-\infty) < h(\infty)$. Für $h(-\infty) > h(\infty)$ erhält man das negative Ergebnis. Im ersten Fall ist $h'(x_0) > 0$, im zweiten $h'(x_0) < 0$. Dies erklärt die Betragsstriche im Ergebnis.

10.16 Lorentztensor zweiter Stufe

Die Beziehung $V^\alpha = T^{\alpha\beta}\, W_\beta$ gelte in jedem Inertialsystem. Es sei bekannt, dass V^α und W^α Lorentzvektoren sind. Beweisen Sie, dass dann $T^{\alpha\beta}$ ein Lorentztensor ist.

Lösung: Laut Voraussetzung gilt $V^\alpha = T^{\alpha\beta}\, W_\beta$ in jedem Inertialsystem, also auch in IS′: $V'^\alpha = T'^{\alpha\beta}\, W'_\beta$. Hierin setzen wir die bekannten Transformationen

$$V'^\alpha = \Lambda^\alpha_{\ \gamma}\, V^\gamma\,, \qquad W'_\beta = \overline{\Lambda}^\delta_{\ \beta}\, W_\delta$$

der Lorentzvektoren ein:

$$\Lambda^\alpha_{\ \gamma}\, V^\gamma = T'^{\alpha\beta}\, \overline{\Lambda}^\delta_{\ \beta}\, W_\delta$$

Beide Seiten der Gleichung werden mit $\overline{\Lambda}^\mu_{\ \alpha}$ multipliziert und $\overline{\Lambda}^\mu_{\ \alpha}\, \Lambda^\alpha_{\ \gamma} = \delta^\mu_\gamma$ ausgenützt

$$V^\mu = \overline{\Lambda}^\mu_{\ \alpha}\, T'^{\alpha\beta}\, \overline{\Lambda}^\delta_{\ \beta}\, W_\delta = T^{\mu\delta}\, W_\delta$$

Es folgt $\overline{\Lambda}^\mu_{\ \alpha}\, T'^{\alpha\beta}\, \overline{\Lambda}^\delta_{\ \beta} = T^{\mu\delta}$, oder nach Kontraktion mit $\Lambda^\nu_{\ \mu}$ und $\Lambda^\gamma_{\ \delta}$

$$T'^{\nu\gamma} = \Lambda^\nu_{\ \mu}\, \Lambda^\gamma_{\ \delta}\, T^{\mu\delta}$$

Also transformiert sich $T^{\alpha\beta}$ wie ein Lorentztensor 2-ter Stufe. Der analoge Beweis wurde für orthogonale Transformationen in Aufgabe 10.7 geführt.

11 Elektrostatik

Ausgehend von der Coulombkraft werden die Feldgleichungen der Elektrostatik aufgestellt. Mögliche Lösungswege für elektrostatische Randwertprobleme werden vorgestellt.

Die Lösung der Laplacegleichung in Kugelkoordinaten führt zu den Legendrepolynomen und den Kugelfunktionen. Das elektrostatische Potenzial $\Phi(\boldsymbol{r}) = \Phi(r, \theta, \phi)$ kann nach diesen Funktionen entwickelt werden. Außerhalb einer Ladungsverteilung führt dies zur Multipolentwicklung.

Die Ladung q eines Körpers ist eine physikalische Größe, die im Folgenden sukzessive präzisiert wird. Im abgeschlossenen System ist die Ladung erhalten. Die Ladung ist eine unveränderliche Eigenschaft elementarer Teilchen. Ein makroskopischer Körper kann durch geeignete Präparation aufgeladen werden; dies könnte durch einen Überschuss aus Elektronen bewirkt werden.

Wir betrachten zwei bei $\boldsymbol{r}_1$ und $\boldsymbol{r}_2$ ruhende Ladungen, q_1 und q_2. Für die Kraft auf die erste Ladung stellt man experimentell fest

$$\boldsymbol{F}_1 = k\, q_1 q_2 \, \frac{\boldsymbol{r}_1 - \boldsymbol{r}_2}{|\boldsymbol{r}_1 - \boldsymbol{r}_2|^3} \tag{11.1}$$

Die Kraft auf die andere Ladung ist dann $\boldsymbol{F}_2 = -\boldsymbol{F}_1$. Die Konstante k hängt von der Definition der Ladung als Messgröße ab. Die Abstoßung gleichnamiger Ladungen impliziert eine positive Konstante.

Die Kraft- und Längenmessung wird vorausgesetzt. Zur Definition der Ladung als Messgröße betrachten wir folgende Möglichkeiten:

1. Historisch wurde die Einheit Coulomb durch ein von (11.1) unabhängiges Experiment festgelegt (über die Menge des abgeschiedenen Silbers in einer Elektrolytlösung). Dann ist k eine experimentell zu bestimmende Konstante.

2. MKSA-System (oder SI): Man definiert die Einheit *Ampere* des Stroms über die Kraftwirkung zwischen zwei parallelen, stromdurchflossenen Drähten; diese Kraft ist ebenfalls proportional zu k. Die Einheit der Ladung ist dann eine Amperesekunde und wird Coulomb genannt (C = As). Man setzt nun k (und damit die Größe Ampere) so fest, dass eine Amperesekunde nahezu gleich der historischen Einheit Coulomb aus Punkt 1 ist.

3. Gauß-System: Man setzt $k = 1$ und verwendet damit (11.1) zur Definition der Ladungseinheit. Eine Einheitsladung ist dann die Ladung, die auf eine gleich große Ladung im Abstand von 1 cm eine Kraft von 1 dyn $= 10^{-5}$ N hervorruft; sie wird ESE (elektrostatische Einheit) genannt.

Die beiden letzten Möglichkeiten entsprechen den Definitionen

$$k \stackrel{\text{def}}{=} \begin{cases} 10^{-7}\,\mathrm{N}c^2/\mathrm{A}^2 & \text{(MKSA-System)} \\ 1 & \text{(Gauß-System)} \end{cases} \tag{11.2}$$

Die obere Zeile impliziert die Ladungseinheit 1 C (Coulomb oder Amperesekunde), die untere 1 ESE. In theoretischen Entwicklungen verwenden wir das Gauß-System; es hat den Vorteil, dass relativistische Effekte am Faktor v/c zu erkennen sind. Bei praktischen Anwendungen benutzen wir aber auch das MKSA-System.

Die Coulombkraft $\boldsymbol{F}$ auf eine bei $\boldsymbol{r}$ ruhende Probeladung q definiert das *elektrische Feld* $\boldsymbol{E}(\boldsymbol{r})$ (auch *elektrische Feldstärke* genannt) als Messgröße:

$$\boldsymbol{E}(\boldsymbol{r}) = \frac{\boldsymbol{F}(\boldsymbol{r})}{q} \tag{11.3}$$

Für Coulombkräfte gilt das Superpositionsprinzip. Damit erhalten wir

$$\boldsymbol{E}(\boldsymbol{r}) = \sum_{i=1}^{N} q_i \,\frac{\boldsymbol{r} - \boldsymbol{r}_i}{|\boldsymbol{r} - \boldsymbol{r}_i|^3} = \int d^3r'\; \varrho(\boldsymbol{r}')\, \frac{\boldsymbol{r} - \boldsymbol{r}'}{|\boldsymbol{r} - \boldsymbol{r}'|^3} \tag{11.4}$$

Eine kontinuierliche Ladungsdichte kann in kleine Elemente $\Delta q_i = \varrho(\boldsymbol{r}_i)\,\Delta V_i$ aufteilt werden. Dies führt zum letzten Ausdruck in (11.4).

Wir setzen $(\boldsymbol{r} - \boldsymbol{r}')/|\boldsymbol{r} - \boldsymbol{r}'|^3 = -\mathrm{grad}\,|\boldsymbol{r} - \boldsymbol{r}'|^{-1}$ in (11.4) ein. Dann können wir das Feld $\boldsymbol{E} = -\mathrm{grad}\,\Phi$ durch das *elektrostatische* oder *skalare* Potenzial ausdrücken. Das Potenzial ergibt sich aus der Integralformel

$$\Phi(\boldsymbol{r}) = \int d^3r'\; \frac{\varrho(\boldsymbol{r}')}{|\boldsymbol{r} - \boldsymbol{r}'|} \tag{11.5}$$

Eine mögliche Konstante in Φ verschwindet bei Berechnung der Messgröße $\boldsymbol{E}$ und wird üblicherweise gleich null gesetzt.

Wir wenden den Laplaceoperator auf beide Seiten von (11.5) an. Unter Berücksichtigung von (10.17) erhalten wir dann die *Feldgleichungen* der Elektrostatik:

$$\Delta\,\Phi(\boldsymbol{r}) = -4\pi\,\varrho(\boldsymbol{r})\,, \qquad \boldsymbol{E}(\boldsymbol{r}) = -\mathrm{grad}\,\Phi(\boldsymbol{r}) \tag{11.6}$$

Die erste Gleichung wird auch *Poissongleichung* genannt. Die Feldgleichungen können alternativ für das elektrische Feld selbst angegeben werden:

$$\mathrm{div}\,\boldsymbol{E}(\boldsymbol{r}) = 4\pi\,\varrho(\boldsymbol{r})\,, \qquad \mathrm{rot}\,\boldsymbol{E}(\boldsymbol{r}) = 0 \tag{11.7}$$

Wenn man den Gaußschen Satz auf $\mathrm{div}\,\boldsymbol{E} = 4\pi\,\varrho$ anwendet, erhält man das *Gaußsche Gesetz*

$$\oint_A d\boldsymbol{A}\cdot\boldsymbol{E} = 4\pi\, Q_V \qquad \text{(Gaußsches Gesetz)} \tag{11.8}$$

Dabei ist $A = A(V)$ die Fläche, die das Volumen V begrenzt. Das Oberflächenintegral über $\boldsymbol{E}$ ist gleich 4π mal der eingeschlossenen Ladung Q_V.

Zur Illustration einer Feldkonfiguration skizziert man häufig die *Äquipotenzialflächen* $\Phi(\boldsymbol{r}) = \text{const.}$ und die Feldlinien. Die *Feldlinien* stehen an jedem Punkt senkrecht auf den Äquipotenzialflächen. Feldlinien starten bei positiven und enden bei negativen Ladungen; nach dem Gaußschen Gesetz laufen für $Q_V > 0$ mehr Feldlinien aus dem Volumen V heraus als hinein. Als Beispiel skizzieren wir die Feldkonfiguration für zwei Punktladungen:

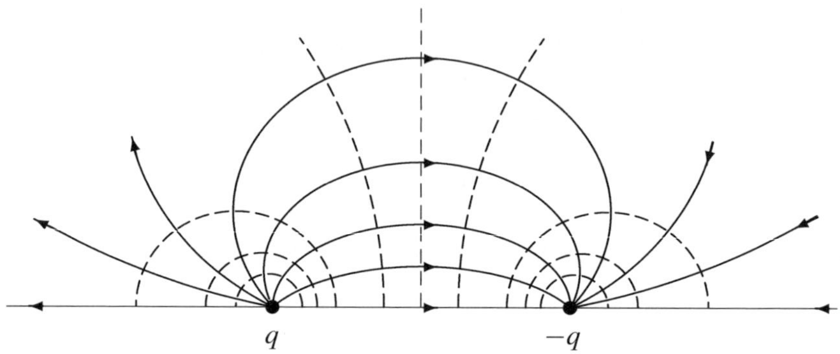

Die Feldlinien sind durchgezogene Linien, die Äquipotenzialflächen sind durch gestrichelte Linien dargestellt.

Die Anwendung des Stokesschen Satzes auf $\operatorname{rot} \boldsymbol{E} = 0$ ergibt $\oint_C d\boldsymbol{r} \cdot \boldsymbol{E} = 0$. Dies bedeutet, dass es in der Elektrostatik *keine geschlossenen Feldlinien* gibt.

Aus $\boldsymbol{F} = -q \operatorname{grad} \Phi(\boldsymbol{r}) = -\operatorname{grad} W(\boldsymbol{r})$ folgt die *potenzielle Energie* $W(\boldsymbol{r}) = q\, \Phi(\boldsymbol{r})$ eines Teilchens in einem elektrostatischen Feld. Dies kann zu

$$W = \int d^3r\; \varrho(\boldsymbol{r})\; \Phi_{\text{ext}}(\boldsymbol{r}) \tag{11.9}$$

verallgemeinert werden. Der Index „ext" zeigt an, dass es sich *nicht* um das durch ϱ hervorgerufene Potenzial handelt. Die Energie einer Ladungsverteilung in ihrem eigenen Feld ist

$$W = \frac{1}{2} \int d^3r\, \varrho\, \Phi = \frac{1}{8\pi} \int d^3r\, \boldsymbol{E}^2 \tag{11.10}$$

Wenn (11.9) für zwei Ladungen im Abstand r ausgewertet und der Index „ext" ignoriert wird, dann ergibt sich zweimal der Beitrag $q_1 q_2 / r$, also eine Doppelzählung. Dies wird durch den Faktor $1/2$ in (11.10) korrigiert. Für den letzten Schritt in (11.10) wurde die Feldgleichung verwendet und eine partielle Integration vorgenommen. Hieraus folgt die Energiedichte w des elektrischen Felds:

$$w(\boldsymbol{r}) = \frac{1}{8\pi} \left| \boldsymbol{E}(\boldsymbol{r}) \right|^2 \tag{11.11}$$

Die elektrostatische Energie einer homogen geladenen Kugel (Ladung Q, Radius R) ist $W = (3/5)\, Q^2/R$.

Randwertprobleme

Wir betrachten elektrostatische Randwertprobleme der folgenden Art: Ein Volumen V ist durch Metallflächen begrenzt und in V gebe es die Ladungsdichte $\varrho(\boldsymbol{r})$. Gesucht ist das elektrostatische Potenzial Φ in V.

Im Prinzip kann das Potenzial aus (11.5) bestimmt werden. Dazu müsste man aber neben der Ladungsdichte ϱ in V auch die Ladungen auf dem Metall kennen. Das ist meist nicht der Fall.

In einem Metall gibt es frei verschiebbare Elektronen. Im statischen Fall verschwindet daher das (mittlere) elektrische Feld im Metall. Andernfalls käme es ja zu Verschiebungen, die die Voraussetzung „statisch" verletzen. Speziell an der Oberfläche verschwinden sowohl die Normal- wie die Tangentialkomponente des Felds im Metall. Wir wenden $\int_C d\boldsymbol{r} \cdot (\nabla \times \boldsymbol{E})$ auf eine Kontur an, die jeweils ein Stück auf jeder Seite der Oberfläche verläuft. Hieraus folgt, dass auch die Tangentialkomponente des Felds im Volumen V verschwindet. Damit erhält man die Randbedingung $\Phi|_R = \text{const.}$ (R bezeichnet den Rand des Volumens V). Es könnte auch mehrere getrennte Metallstücke mit verschiedenen Potenzialwerten geben. Mit $\Phi|_R = \Phi_0(\boldsymbol{r})$ setzen wir die Randbedingung etwas allgemeiner an:

$$\Delta\Phi(\boldsymbol{r}) = -4\pi\varrho(\boldsymbol{r}) \ \text{ in } V, \qquad \Phi\big|_R = \Phi_0(\boldsymbol{r}) \tag{11.12}$$

Dieses *Randwertproblem* hat eine eindeutige Lösung, wie im Weiteren gezeigt wird.

Die freien Ladungen können nicht durch die Oberfläche in das Volumen V gelangen (jedenfalls nicht ohne erheblichen Energieaufwand). Daher kann es zu Oberflächenladungen kommen. Wir wenden das Gaußsche Gesetz auf ein kleines Volumenelement an, das ein Flächenelement des Rands einschließt. Damit erhalten wir für die Oberflächenladung (Ladung pro Fläche)

$$\sigma(\boldsymbol{r}) = -\frac{1}{4\pi}\,\frac{\partial\Phi}{\partial n}\bigg|_R \qquad \text{(Oberflächenladung)} \tag{11.13}$$

Hierbei ist $E_{\text{normal}} = -\partial\Phi/\partial n$ die Normalkomponente des Felds im Volumen V.

Eindeutigkeit

Wir zeigen, dass das Randwertproblem (11.12) eindeutig lösbar ist. Die Felder $\Phi_1(\boldsymbol{r})$ und $\Phi_2(\boldsymbol{r})$ seien Lösungen dieses Randwertproblems. Für ihre Differenz $\Psi = \Phi_1(\boldsymbol{r}) - \Phi_2(\boldsymbol{r})$ folgt aus (11.12)

$$\Delta\Psi = 0 \ \text{ in } V \qquad \text{und} \qquad \Psi\big|_R = 0 \tag{11.14}$$

Wir schreiben nun den Gaußschen Satz (10.9) für das Vektorfeld $\boldsymbol{W} = \Psi(\nabla\Psi)$ an:

$$\int_V d^3r\,\big(\Psi\,\Delta\Psi + \nabla\Psi \cdot \nabla\Psi\big) = \oint_R d\boldsymbol{A} \cdot \Psi\,\nabla\Psi \tag{11.15}$$

Dies gilt für beliebiges Ψ, also auch für das Ψ aus (11.14). Die rechte Seite verschwindet wegen $\Psi\big|_R = 0$. Mit $\Delta\Psi = 0$ erhält man $\int_V d^3r\,(\nabla\Psi)^2 = 0$, was nur $\Psi(\boldsymbol{r}) = \text{const.}$ zulässt. Mit $\Psi\big|_R = 0$ folgt dann $\Psi = 0$, also die Eindeutigkeit $\Phi_1(\boldsymbol{r}) \equiv \Phi_2(\boldsymbol{r})$.

Faradayscher Käfig

Unter einem Faradayschen Käfig versteht man ein ladungsfreies Volumen V, das von einer Metallfläche eingeschlossen wird. Für das Potenzial gelten dann $\Delta\Phi = 0$ in V und $\Phi|_{\mathrm{R}} = \Phi_0$. Nun ist $\Phi(\boldsymbol{r}) \equiv \Phi_0 = \text{const.}$ eine Lösung. Da die Lösung eindeutig ist, ist dies auch schon die gesuchte Lösung. Hieraus folgt

$$\boldsymbol{E} = 0 \quad \text{im Faradayschen Käfig} \tag{11.16}$$

Beliebige äußere elektrische Felder können also durch einen geschlossenen Metallkäfig abgeschirmt werden.

Bildladung

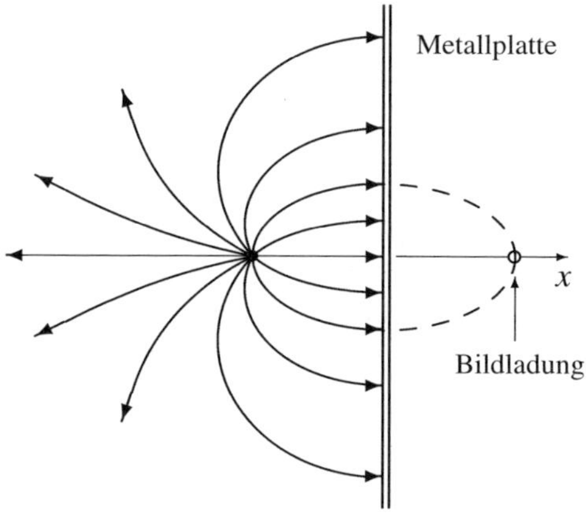

Eine Punktladung befinde sich vor einer geladenen Metallplatte. Das Randwertproblem lautet

$$\Delta\Phi = -4\pi q\, \delta(\boldsymbol{r} - \boldsymbol{r}_0) \quad \text{in } V$$
$$\Phi(x = 0, y, z) = 0 \tag{11.17}$$

Das Volumen V ist der linke Halbraum mit $x < 0$. Für die Lösung setzt man neben der Ladung q bei $\boldsymbol{r}_0$ eine Bildladung $-q$ bei $-\boldsymbol{r}_0$ an. Das sich dafür ergebende Potenzial

$$\Phi(\boldsymbol{r}) = q\left(\frac{1}{|\boldsymbol{r} + a\,\boldsymbol{e}_x|} - \frac{1}{|\boldsymbol{r} - a\,\boldsymbol{e}_x|}\right) = \Phi_{\mathrm{part}} + \Phi_{\mathrm{hom}} \tag{11.18}$$

löst das Randwertproblem (11.17), wobei $\boldsymbol{r}_0 = -a\,\boldsymbol{e}_x$ gesetzt wurde. Die allgemeine Lösung der Poissongleichung $\Delta\Phi = -4\pi\varrho$ setzt sich aus einer partikulären (speziellen) Lösung und der allgemeinen homogenen Lösung $\Delta\Phi_{\mathrm{hom}} = 0$ zusammen. Die partikuläre Lösung ist von der Form (11.5). Das Potenzial der Bildladung ist im Volumen V eine homogene Lösung. In (11.18) wurde gerade die homogene Lösung angesetzt, die zusammen mit dem partikulären Anteil die Randbedingung erfüllt.

Die Influenzladungsdichte kann aus (11.18) berechnet werden. Die Influenzladungen bewirken eine Kraft zwischen Ladung und Metallplatte. Sie ist genauso groß, wie die Kraft zwischen Ladung und Bildladung.

Die Methode der Bildladung lässt sich auch auf andere einfache Geometrien (etwa Ladung und Metallkugel) anwenden.

Numerische Lösung

Ein allgemeines Lösungsverfahren ist die numerische Lösung von (11.12). Dazu wird das Volumen V mit diskreten Gitterpunkten überdeckt, zum Beispiel $\boldsymbol{r}_{n_1 n_2 n_3} = \sum_1^3 d\, n_i\, \boldsymbol{e}_i$, wobei d der Abstand benachbarter Punkte ist. Die Werte von n_i sind ganzzahlig. Eine Annäherung der Ableitungen durch Differenzenquotienten führt zu

$$\begin{aligned}\Delta\Phi \;\approx\; & \frac{1}{d^2}\Big(\Phi(n_1+1,n_2,n_3)+\Phi(n_1-1,n_2,n_3)+\Phi(n_1,n_2+1,n_3)\\ &+\Phi(n_1,n_2-1,n_3)+\Phi(n_1,n_2,n_3+1)+\Phi(n_1,n_2,n_3-1)\\ &-6\,\Phi(n_1,n_2,n_3)\Big) \;=\; -4\pi\,\varrho(n_1,n_2,n_3)\end{aligned} \qquad (11.19)$$

Für $d \to 0$ geht der Fehler dieser Näherung gegen null. Zugleich lässt sich der Rand immer besser durch Punkte auf dem Gitter approximieren. Gleichung (11.19) ist nun für alle Gitterpunkte (n_1, n_2, n_3) *im Inneren* von V aufzustellen. Die Anzahl dieser Punkte sei N. Damit ist (11.19) ein lineares, inhomogenes Gleichungssystem aus N Gleichungen für N Unbekannte $\Phi(n_1, n_2, n_3)$. Als Inhomogenitäten treten das Potenzial an den Randpunkten und die Ladungsdichte im Inneren von V auf. Dieses Gleichungssystem hat im Allgemeinen eine eindeutige Lösung.

Kondensator

Es gebe einen oder mehrere getrennte Metallkörper (zum Beispiel drei Metallkugeln), und das Volumen V dazwischen sei ladungsfrei. Eine solche Kondensatoranordnung ist ein spezielles Randwertproblem. Die einzelnen Metallkörper ($i = 1, 2, \ldots, N$) haben konstante Potenziale Φ_i und tragen Gesamtladungen Q_i. Zwischen diesen Größen besteht ein linearer Zusammenhang, $Q_i = \sum_{j=1}^N C_{ij}\, \Phi_j$. Die Koeffizienten C_{ij} hängen nur von der Geometrie des Kondensatorproblems ab.

Unter einem *Kondensator* im engeren Sinn (zum Beispiel Plattenkondensator) versteht man eine Anordnung aus zwei Metallkörpern, die entgegengesetzt gleich große Ladungen tragen, also $Q_1 = -Q_2 = Q$. Da eine Konstante im Potenzial willkürlich gewählt werden kann, ist die Ladung Q durch die Spannung $U = \Phi_1 - \Phi_2$ festgelegt, also

$$Q = C\,U \qquad \text{oder} \qquad C = \frac{Q}{U} \qquad (11.20)$$

Die Größe C heißt *Kapazität* des Kondensators. Im Gaußsystem hat die Kapazität die Dimension einer Länge. Im technischen Bereich wird die Kapazität von Kondensatoren im MKSA-System angegeben, $[C] = [Q]/[U] =$ Coulomb/Volt $=$ Farad $=$ F. Eine Kapazität von 1 cm im Gaußsystem entspricht etwa einem Picofarad (pF $= 10^{-12}$ F) im MKSA-System.

Die potenzielle Energie (11.10) des aufgeladenen Kondensators ist

$$W = \frac{1}{2}\Big(Q_1\Phi_1 + Q_2\Phi_2\Big) = \frac{Q^2}{2\,C} = \frac{C\,U^2}{2} \qquad (11.21)$$

Differenzierbare komplexe Funktionen

In diesem Abschnitt beschränken wir uns auf zweidimensionale Probleme, bei denen das Potenzial Φ von nur zwei kartesischen Koordinaten abhängt:

$$\Phi(\boldsymbol{r}) = \Phi(x, y) \tag{11.22}$$

Eine Reihe solcher Probleme lässt sich mit Hilfe von differenzierbaren komplexen Funktionen lösen.

Eine *komplexe* Funktion $f(z)$ kann in der Form $f(z) = f(x + \mathrm{i}\, y) = u(x, y) + \mathrm{i}\, v(x, y)$ geschrieben werden; in diesem Abschnitt steht z für $x + \mathrm{i}\, y$. Eine Funktion $f(z)$ ist nur dann differenzierbar, wenn der Limes $f' = \lim\,[\,f(z + \Delta z) - f(z)]/\Delta z$ sowohl für $\Delta z = \Delta x \to 0$ wie für $\Delta z = \mathrm{i}\,\Delta y \to 0$ existiert und übereinstimmt. Dies impliziert die *Cauchy-Riemannschen Differenzialgleichungen* $u_x = v_y$ und $u_y = -v_x$. Aus ihnen folgen

$$\Delta u = u_{xx} + u_{yy} = 0 \quad \text{und} \quad \Delta v = v_{xx} + v_{yy} = 0 \tag{11.23}$$

Damit liefert jede (zweimal) differenzierbare komplexe Funktion $f(z)$ eine Lösung der zweidimensionalen Laplacegleichung. Die Bedingungen $u = \text{const.}$ und $v = \text{const.}$ bestimmen die Äquipotenzial- und Feldlinien (je nachdem, ob man u oder v mit dem Potenzial $\Phi(x, y)$ identifiziert.)

Man kann nun elementare Funktionen (wie z^n, e^z, $\ln z$, $\sin z$) und Kombinationen bilden; sie sind im Allgemeinen mit Ausnahme einzelner Punkte differenzierbar. Dann kann man die Äquipotenziallinien studieren und bestimmten Randwertproblemen zuordnen.

Kugelfunktionen

Die Laplacegleichung $\Delta\Phi = 0$ lautet in Kugelkoordinaten

$$\frac{1}{r}\,\frac{\partial^2}{\partial r^2}\left(r\,\Phi\right) + \frac{1}{r^2\,\sin\theta}\,\frac{\partial}{\partial\theta}\left(\sin\theta\,\frac{\partial\Phi}{\partial\theta}\right) + \frac{1}{r^2\,\sin^2\theta}\,\frac{\partial^2\Phi}{\partial\phi^2} = 0 \tag{11.24}$$

Der Separationsansatz

$$\Phi(r, \theta, \phi) = \frac{U(r)}{r}\,P(\cos\theta)\,Q(\phi) \tag{11.25}$$

führt zu drei gewöhnlichen Differenzialgleichungen:

$$\frac{d^2U}{dr^2} - \frac{l(l+1)}{r^2}\,U(r) = 0 \tag{11.26}$$

$$\frac{d}{dx}\left(\left(1 - x^2\right)\frac{dP}{dx}\right) + \left(l(l+1) - \frac{m^2}{1 - x^2}\right)P(x) = 0 \tag{11.27}$$

$$\frac{d^2Q}{d\phi^2} + m^2\,Q = 0 \tag{11.28}$$

Dabei ist $x = \cos\theta$. Physikalisch akzeptable Lösungen ergeben sich nur für die Separationskonstanten $l = 0, 1, 2, \ldots$ und $m = 0, \pm 1, \ldots, \pm l$. Die Lösungen von (11.28) sind $Q_m(\phi) = \exp(\mathrm{i}m\phi)$. Die Lösungen von (11.27) sind die zugeordneten Legendrepolynome $P_l^m(x)$, die in der Form

$$P_l^m(x) = \frac{(-)^m}{2^l\, l!}\,\left(1 - x^2\right)^{m/2}\,\frac{d^{\,l+m}}{dx^{l+m}}\,\left(x^2 - 1\right)^l \tag{11.29}$$

dargestellt werden können. Die $P_l^m(x)$ und $Q_m(\phi)$ werden zu den *Kugelfunktionen* Y_{lm} zusammengefasst:

$$Y_{lm}(\theta, \phi) = \sqrt{\frac{2l+1}{4\pi}\,\frac{(l-m)!}{(l+m)!}}\; P_l^m(\cos\theta)\;\exp(\mathrm{i}m\phi) \tag{11.30}$$

Eigenschaften

Die zugeordneten Legendrepolynome sind Polynome in $\sin\theta$ und $\cos\theta$:

$$P_l^m(x) = (\sin\theta)^{|m|}\cdot \text{Polynom}^{(l-|m|)}\big(\cos\theta\big) \tag{11.31}$$

Zusammen mit $Q_m(\phi) = \exp(\mathrm{i}m\phi)$ legt dies die funktionale Form der Kugelfunktionen als $Y_{lm} \propto P_l^m(x)\exp(\mathrm{i}m\phi)$ fest. Der Vorfaktor der Y_{lm} wird so gewählt, dass diese Funktionen normiert sind (unten).

Die niedrigsten zugeordneten Legendrepolynome sind

$$P_0^0 = 1\,, \quad P_1^0 = x\,, \quad P_1^1 = -\sqrt{1-x^2}\,, \quad P_1^{-1} = \frac{1}{2}\,\sqrt{1-x^2} \tag{11.32}$$

Die Kugelfunktionen für $l = 0$ und $l = 1$ sind

$$Y_{00} = \frac{1}{\sqrt{4\pi}}\,, \quad Y_{10} = \sqrt{\frac{3}{4\pi}}\,\cos\theta\,, \quad Y_{1,\pm 1} = \mp\sqrt{\frac{3}{8\pi}}\,\sin\theta\,\exp(\pm\mathrm{i}\phi) \tag{11.33}$$

Wir definierten das Skalarprodukt für Funktionen durch

$$(g, h) = (h, g)^* = \int_a^b dx\; g^*(x)\; h(x) \tag{11.34}$$

Die zugeordneten Legendrepolynome sind orthogonal (aber nicht normiert):

$$\left(P_l^m,\, P_{l'}^m\right) = \int_{-1}^{1} dx\; P_l^m(x)\, P_{l'}^m(x) \;=\; \frac{2}{2l+1}\,\frac{(l+m)!}{(l-m)!}\;\delta_{ll'} \tag{11.35}$$

Die Kugelfunktionen sind orthonormiert:

$$\big(Y_{l'm'},\, Y_{lm}\big) = \int_0^{2\pi} d\phi \int_{-1}^{1} d(\cos\theta)\;\; Y_{l'm'}^*(\theta,\phi)\;\, Y_{lm}(\theta,\phi) = \delta_{ll'}\,\delta_{mm'} \tag{11.36}$$

Jede stetige Funktion $f(\theta, \phi)$ kann nach den Kugelfunktionen entwickelt werden (Vollständigkeit). Damit bilden die Y_{lm} ein vollständiges orthonormiertes System von Funktionen.

Im zylindersymmetrischen Fall hängen die auftretenden Funktionen nicht vom Winkel ϕ ab. Dann ist $Q_{m=0} = 1$ und die zugeordneten Legendrepolynome $P_l^m(x)$ reduzieren sich zu den Legendrepolynomen $P_l(x)$,

$$P_l(x) = P_l^0(x) = \frac{1}{2^l\, l!}\, \frac{d^l}{dx^l}\, \left(x^2 - 1\right)^l \tag{11.37}$$

Jede stetige Funktion $f(\theta)$ kann nach den Legendrepolynomen entwickelt werden. Die Funktionen $\sqrt{(2l+1)/2}\; P_l(x)$ bilden ein vollständiges orthonormiertes System von Funktionen.

Allgemeine Form der Lösung

Der Winkelanteil des Potenzials kann ohne Einschränkung der Allgemeinheit nach Kugelfunktionen entwickelt werden, $\Phi(r, \theta, \phi) = \sum_{l,m} C_{lm}(r)\, Y_{lm}(\theta, \phi)$. Eingesetzt in (11.24) erhält man für $r\, C_{lm}$ die Differenzialgleichung (11.26) mit der allgemeinen Lösung $C_{lm} = a_{lm}\, r^l + b_{lm}/r^{l+1}$. Damit lautet die *allgemeine Lösung* der Laplacegleichung

$$\Phi(r, \theta, \phi) = \sum_{l=0}^{\infty} \sum_{m=-l}^{m=+l} \left(a_{lm}\, r^l + \frac{b_{lm}}{r^{l+1}} \right) Y_{lm}(\theta, \phi) \tag{11.38}$$

Die Laplacegleichung $\Delta\Phi = 0$ soll in einem Volumen V gelten. Wenn V der ganze Raum ist, dann ist $\Phi = \text{const.}$ die eindeutige und uninteressante Lösung. Die Koeffizienten a_{lm} mit $l \geq 1$ sind nur dann ungleich null, wenn sich das Volumen nicht bis unendlich erstreckt. Die Koeffizienten b_{lm} sind nur dann ungleich null, wenn das Volumen nicht die Umgebung von $r = 0$ enthält.

Die Spezialisierung auf Zylindersymmetrie lautet

$$\Phi(r, \theta) = \sum_{l=0}^{\infty} \left(a_l\, r^l + \frac{b_l}{r^{l+1}} \right) P_l(\cos\theta) \tag{11.39}$$

Wegen $P_l(1) = 1$ gilt

$$\Phi(r, 0) = \sum_{l=0}^{\infty} \left(a_l\, r^l + \frac{b_l}{r^{l+1}} \right) = \sum_{l=0}^{\infty} \left(a_l\, z^l + \frac{b_l}{z^{l+1}} \right) \tag{11.40}$$

Das Potenzial auf der z-Achse legt bereits alle Koeffizienten fest.

Für eine leitende Kugel (Oberfläche $r = R$, Potenzial Φ_0) im homogenen Feld ($\Phi \to -E_0\, r \cos\theta + \Phi_0$ für $r \to \infty$) werden die Koeffizienten durch die Randbedingungen (bei $r = R$ und $r \to \infty$) festgelegt. Das Ergebnis ist

$$\Phi(r, \theta) = \Phi_0 - E_0\, r \cos\theta \, + \, E_0\, \frac{R^3}{r^2} \cos\theta \qquad (r > R) \tag{11.41}$$

Der erste Term ist eine unwesentliche Konstante. Der zweite Term beschreibt das homogene elektrische Feld. Der dritte Term wird durch die influenzierten Ladungen auf der Kugeloberfläche hervorgerufen. Er stellt das Feld eines elektrischen Dipols dar:

$$\Phi_{\text{dip}} = E_0\, \frac{R^3}{r^2} \cos\theta = \frac{\boldsymbol{p}\cdot\boldsymbol{r}}{r^3} \tag{11.42}$$

Das *Dipolmoment* $\boldsymbol{p}$ der Kugel ist proportional zum angelegten Feld: $\boldsymbol{p} = E_0\, R^3\, \boldsymbol{e}_z$. Das Verhältnis $\alpha_{\text{e}} = p/E_0$ wird als (elektrische) *Polarisierbarkeit* bezeichnet:

$$\alpha_{\text{e}} = R^3 \qquad \text{(leitende Kugel)} \tag{11.43}$$

Multipolentwicklung

Wir betrachten eine räumlich begrenzte Ladungsverteilung, $\varrho(\boldsymbol{r}) = 0$ für $r > R$. Wir gehen von (11.5) aus und wollen das Potenzial außerhalb ($r > R > r'$) der Ladungsverteilung berechnen. Dazu verwenden wir alternativ eine der beiden Entwicklungen nach Potenzen von $(r'/r)^n$,

$$\frac{1}{|\boldsymbol{r}-\boldsymbol{r}'|} = \begin{cases} \displaystyle \frac{1}{r} - \sum_{i=1}^{3} x_i' \,\frac{\partial}{\partial x_i}\frac{1}{r} + \frac{1}{2}\sum_{i,j=1}^{3} x_i' x_j' \,\frac{\partial}{\partial x_i}\frac{\partial}{\partial x_j}\frac{1}{r} + \ldots \\[2ex] \displaystyle 4\pi \sum_{l=0}^{\infty}\sum_{m=-l}^{+l} \frac{1}{2l+1}\, \frac{r_<^l}{r_>^{l+1}}\, Y_{lm}^*(\theta',\phi')\, Y_{lm}(\theta,\phi) \end{cases} \tag{11.44}$$

In der oberen Zeile können wir $x_i' x_j'$ durch $x_i' x_j' - r'^2 \delta_{ij}/3$ ersetzen; denn der Zusatzterm ergibt wegen $\Delta(1/r) = 0$ (für $r > r'$) keinen Beitrag. Die Ersetzung dient der späteren Vereinfachung. Eingesetzt in (11.5) ergeben diese Entwicklungen das Potenzial:

$$\Phi(\boldsymbol{r}) = \begin{cases} \displaystyle \frac{q}{r} + \frac{\boldsymbol{p}\cdot\boldsymbol{r}}{r^3} + \frac{1}{2}\sum_{i,j=1}^{3} Q_{ij}\, \frac{x_i\, x_j}{r^5} + \ldots \\[2ex] \displaystyle \sum_{l=0}^{\infty}\sum_{m=-l}^{+l} \sqrt{\frac{4\pi}{2l+1}}\; \frac{q_{lm}}{r^{l+1}}\; Y_{lm}(\theta,\phi) \end{cases} \tag{11.45}$$

In der oberen Zeile stehen die *kartesischen Multipolmomente*, insbesondere die Ladung q, das Dipolmoment $\boldsymbol{p}$ und der Quadrupoltensor Q_{ij}:

$$q = \int d^3r'\, \varrho(\boldsymbol{r}')\,, \qquad \boldsymbol{p} = \int d^3r'\, \boldsymbol{r}'\, \varrho(\boldsymbol{r}')\,, \qquad Q_{ij} = \int d^3r'\, \left(3x_i' x_j' - r'^2\,\delta_{ij}\right) \varrho(\boldsymbol{r}') \tag{11.46}$$

In der unteren Zeile stehen die *sphärischen Multipolmomente*

$$q_{lm} = \sqrt{\frac{4\pi}{2l+1}} \int d^3r' \, \varrho(\boldsymbol{r}') \, r'^l \, Y^*_{lm}(\theta', \phi') \qquad \text{Multipolmoment} \qquad (11.47)$$

Die Terme einer bestimmten Potenz von $(r'/r)^n$ müssen insgesamt jeweils übereinstimmen. Daher hängen die kartesischen und die sphärischen Multipolmomente miteinander zusammen, zum Beispiel

$$q_{00} = q\,, \quad q_{10} = p_3\,, \quad q_{1,\pm 1} = \frac{\pm p_1 + \mathrm{i}\, p_2}{\sqrt{2}}\,, \quad q_{20} = \frac{Q_{33}}{2} \qquad (11.48)$$

Die kartesische Form ist nur bis einschließlich des Quadrupolmoments üblich und praktikabel. Die neun Elemente Q_{ij} reduzieren sich wegen $Q_{ij} = Q_{ji}$ auf sechs, und wegen der Spurfreiheit $\sum Q_{ii} = 0$ auf fünf unabhängige Größen; dies sind auf der anderen Seite die fünf q_{2m}. Beim Oktupolmoment O_{ijk} sind nur sieben der 27 Elemente voneinander unabhängig.

Das niedrigste nichtverschwindende Multipolmoment hängt nicht von der Wahl des Koordinatensystems ab, das für $\varrho(\boldsymbol{r}')$ verwendet wird. Der Quadrupoltensor kann durch eine orthogonale Transformation auf Diagonalform gebracht werden. Da er spurfrei ist, sind nur zwei der drei Diagonalelemente unabhängig. Im zylindersymmetrischen Fall gibt es dann nur noch eine unabhängige Größe, *das Quadrupolmoment*. So wird für Atomkerne meist nur dieses eine Quadrupolmoment angegeben; je nach Art der Deformation des Kerns (zigarren- oder scheibenförmig) kann das Quadrupolmoment positiv oder negativ sein.

Energie im externen Feld

Für eine begrenzte Ladungsverteilung $\varrho(\boldsymbol{r}) = \varrho(\boldsymbol{r}_0 + \boldsymbol{r}') = \widetilde{\varrho}(\boldsymbol{r}')$ wählen wir einen zentral gelegenen Aufpunkt $\boldsymbol{r}_0$, so dass $\widetilde{\varrho}(\boldsymbol{r}')$ nur für relativ kleine r' ungleich null ist. Mit (11.9) berechnen wir die Energie W in einem äußeren Feld. Dazu entwickeln wir $\Phi_{\text{ext}}(\boldsymbol{r}) = \Phi_{\text{ext}}(\boldsymbol{r}_0 + \boldsymbol{r}')$ in eine Taylorreihe nach Potenzen von x_i'. Dies führt zu

$$W = q\, \Phi_{\text{ext}}(\boldsymbol{r}_0) - \boldsymbol{p} \cdot \boldsymbol{E}_{\text{ext}}(\boldsymbol{r}_0) - \frac{1}{6} \sum_{i,j=1}^{3} Q_{ij} \, \frac{\partial E_{\text{ext},j}(\boldsymbol{r}_0)}{\partial x_i} + \ldots \qquad (11.49)$$

Dabei sind q, p_i und Q_{ij} die mit $\widetilde{\varrho}$ berechneten Multipolmomente; also die Multipolmomente bezüglich eines KS mit dem Ursprung bei $\boldsymbol{r}_0$. Die potenzielle Energie eines Dipols

$$W = -\boldsymbol{p} \cdot \boldsymbol{E}_{\text{ext}} = -p\, E_{\text{ext}} \cos\theta \qquad (11.50)$$

ist minimal für $\boldsymbol{p} \parallel \boldsymbol{E}$. Das Drehmoment

$$\boldsymbol{M} = \boldsymbol{p} \times \boldsymbol{E}_{\text{ext}} \qquad (11.51)$$

versucht, den Dipolvektor in die energetisch bevorzugte Lage zu drehen.

Aufgaben

11.1 Ladungsdichte für Kugelschale und Kreisscheibe

Eine Kugelschale und eine Kreisscheibe (beide infinitesimal dünn, und mit dem Radius R) sind homogen geladen (Gesamtladung q). Geben Sie für beide Fälle die Ladungsdichte an (mit Hilfe von δ- und Θ-Funktionen).

Lösung: Für die Kugelschale verwenden wir Kugelkoordinaten, $\varrho(\boldsymbol{r}) = \varrho(r, \theta, \phi)$. Eine homogene Ladungsverteilung impliziert sphärische Symmetrie, also $\varrho(r)$. Die Vorgabe „infinitesimal dünn" bedeutet dann $\varrho(\boldsymbol{r}) = c_1\, \delta(r - R)$. Die Konstante c_1 folgt aus

$$q = \int d^3r\ \varrho(\boldsymbol{r}) = 4\pi\, c_1 \int_0^\infty dr\ r^2\, \delta(r - R) = 4\pi\, c_1\, R^2$$

Damit ist die Ladungsdichte der Kugelschale

$$\varrho(\boldsymbol{r}) = \frac{q}{4\pi\, R^2}\ \delta(r - R)$$

Für die Kreisscheibe verwenden wir Zylinderkoordinaten, $\varrho(\boldsymbol{r}) = \varrho(\rho, \varphi, z)$. Eine homogene Ladungsverteilung impliziert, dass ϱ nicht von φ und im Inneren der Scheibe nicht von ρ abhängt. Die Begrenzung auf $\rho \le R$ wird durch den Faktor $\Theta(R - \rho)$, die Vorgabe „infinitesimal dünn" durch den Faktor $\delta(z)$ berücksichtigt, also $\varrho = c_2\, \Theta(R - \rho)\, \delta(z)$. Die Konstante c_2 folgt aus

$$q = \int d^3r\ \varrho(\boldsymbol{r}) = 2\pi\, c_2 \int_0^\infty d\rho\ \rho \int_0^\infty dz\ \Theta(R - \rho)\, \delta(z) = \pi\, c_2\, R^2$$

Damit ist die Ladungsdichte der Kreisscheibe

$$\varrho(\boldsymbol{r}) = \frac{q}{\pi\, R^2}\ \Theta(R - \rho)\, \delta(z)$$

11.2 Gaußsches Gesetz: Punktladung in einer Kugel

Überprüfen Sie das Gaußsche Gesetz für eine Punktladung im Innern einer Kugel. Die Kugel hat den Radius R, die Punktladung hat den Abstand a vom Zentrum. Verwenden Sie Kugelkoordinaten.

Lösung: Wir wählen den Kugelmittelpunkt bei $z = 0$ und setzen die Punktladung auf die z-Achse bei $\boldsymbol{r}_0 = a\, \boldsymbol{e}_z$. Das elektrische Feld der Ladung und das Flächenelement der Kugel sind

$$\boldsymbol{E}(\boldsymbol{r}) = q\ \frac{\boldsymbol{r} - \boldsymbol{r}_0}{|\boldsymbol{r} - \boldsymbol{r}_0|^3}\,, \qquad d\boldsymbol{A} = R^2\, d\cos\theta\ d\phi\ \boldsymbol{e}_r$$

Damit berechnen wir das Oberflächenintegral:

$$\oint_A d\boldsymbol{A} \cdot \boldsymbol{E} = q R^2 \int_{-1}^{1} d\cos\theta \int_0^{2\pi} d\phi\ \frac{R - a\cos\theta}{(R^2 + a^2 - 2Ra\,\cos\theta)^{3/2}}$$

$$= 2\pi q\ \frac{R\cos\theta - a}{\sqrt{R^2 + a^2 - 2Ra\,\cos\theta}}\,\Bigg|_{-1}^{1} = 2\pi q \left[\frac{R - a}{|R - a|} + \frac{R + a}{|R + a|}\right] = 4\pi q$$

Im letzten Schritt wurde $a < R$ verwendet (Ladung im Inneren der Kugel). Für $a > R$ (Ladung außerhalb) wäre das Integral null.

11.3 Homogen geladene Kugel

Bestimmen Sie das elektrostatische Potenzial

$$\Phi(\boldsymbol{r}) = \int d^3r' \, \frac{\varrho(\boldsymbol{r}')}{|\boldsymbol{r} - \boldsymbol{r}'|}$$

für eine homogen geladene Kugel (Ladung q, Radius R). Legen Sie dazu $\boldsymbol{r}$ in z-Richtung und führen Sie die Integration in Kugelkoordinaten aus. Berechnen Sie das elektrische Feld $\boldsymbol{E}(\boldsymbol{r})$.

Lösung: Mit $\boldsymbol{r} = r\,\boldsymbol{e}_z$ und der homogenen Ladungsdichte $\varrho_0 = q/V$ mit $V = (4\pi/3)\,R^3$ erhalten wir

$$\begin{aligned} \Phi(\boldsymbol{r}) &= 2\pi\,\varrho_0 \int_0^R dr'\, r'^2 \int_{-1}^1 d\cos\theta \, \frac{1}{\sqrt{r^2 + r'^2 - 2r\,r'\cos\theta}} \\ &= \frac{2\pi\,\varrho_0}{r} \int_0^R dr'\, r' \big(|r + r'| - |r - r'| \big) \end{aligned}$$

Die Fälle $r > R$ und $r \leq R$ werden getrennt ausgewertet:

$$\Phi(\boldsymbol{r}) = \begin{cases} \dfrac{4\pi\,\varrho_0}{r} \left[\displaystyle\int_0^r dr'\, r'^2 + r \int_r^R dr'\, r' \right] = 4\pi\,\varrho_0 \left(\dfrac{R^2}{2} - \dfrac{r^2}{6} \right) & (r \leq R) \\ \dfrac{4\pi\,\varrho_0}{r} \displaystyle\int_0^R dr'\, r'^2 = \dfrac{4\pi\,\varrho_0}{r}\, \dfrac{R^3}{3} & (r > R) \end{cases}$$

Damit lautet das Potenzial der homogen geladenen Kugel

$$\Phi(\boldsymbol{r}) = \begin{cases} \dfrac{q}{R} \left(\dfrac{3}{2} - \dfrac{r^2}{2R^2} \right) & (r \leq R) \\ \dfrac{q}{r} & (r > R) \end{cases}$$

Das dazugehörige elektrische Feld ist

$$\boldsymbol{E}(\boldsymbol{r}) = -\nabla\Phi(\boldsymbol{r}) = \begin{cases} \dfrac{q\,r}{R^3}\, \boldsymbol{e}_r & (r \leq R) \\ \dfrac{q}{r^2}\, \boldsymbol{e}_r & (r > R) \end{cases}$$

11.4 Homogen geladener Kreiszylinder

Bestimmen Sie das elektrische Feld eines homogen geladenen unendlich langen Kreiszylinders (Radius R, Länge L, Ladung/Länge $= q/L$, $L \to \infty$). Lösen Sie das Problem (i) mit Hilfe des Gaußschen Gesetzes, und (ii) über die Poissongleichung. Beachten Sie, dass das Potenzial im Unendlichen nicht verschwindet.

Lösung: Wir verwenden Zylinderkoordinaten ρ, φ und z. Die homogene Ladungsdichte im Bereich des Zylinders ist $\varrho_0 = q/(\pi R^2 L)$. Wegen der Symmetrie des Problems kann das Potenzial nur vom Abstand ρ von der Zylinderachse abhängen, also $\Phi = \Phi(\rho)$. Dann ist das elektrische Feld von der Form $\boldsymbol{E} = E(\rho)\, \boldsymbol{e}_\rho$.

Das Gaußsche Gesetz (11.8) wenden wir auf einen Zylinder mit dem Radius ρ und der Länge L an. Die Zylinderoberfläche besteht zum einen aus der Boden- und Deckfläche, und zum anderen aus der Mantelfläche. Im Bereich der Boden- und Deckfläche ist das Flächenelement $d\boldsymbol{A} \propto \pm \boldsymbol{e}_z$, so dass $\boldsymbol{E} \cdot d\boldsymbol{A} = 0$. Auf der Mantelfläche ist $d\boldsymbol{A} = \rho\, d\varphi\, dz\, \boldsymbol{e}_\rho$. Damit erhalten wir

$$\oint_A d\boldsymbol{A} \cdot \boldsymbol{E} = 2\pi\, \rho\, L\, E(\rho) = 4\pi\, Q_V = 4\pi\, \varrho_0 \begin{cases} \pi\, \rho^2 L & (\rho \le R) \\ \pi\, R^2 L & (\rho > R) \end{cases}$$

Daraus ergibt sich das gesuchte elektrische Feld

$$E(\rho) = \frac{2q}{L} \begin{cases} \dfrac{\rho}{R^2} & (\rho \le R) \\[2ex] \dfrac{1}{\rho} & (\rho > R) \end{cases} \tag{11.52}$$

Als Alternative gehen wir von der Poissongleichung (11.6) aus. Für $\Phi(\rho)$ wird die Poissongleichung zu der gewöhnlichen Differenzialgleichung:

$$\frac{1}{\rho}\, \big(\rho\, \Phi'(\rho)\big)' = \begin{cases} -4\pi\, \varrho_0 & (\rho \le R) \\ 0 & (\rho > R) \end{cases}$$

Die zweimalige Integration ergibt

$$\Phi(\rho) = \begin{cases} -\pi\, \varrho_0\, \rho^2 + c_1 \ln \dfrac{\rho}{R} + d_1 & (\rho \le R) \\[2ex] c_2 \ln \dfrac{\rho}{R} + d_2 & (\rho > R) \end{cases}$$

Für $\rho > R$ liefert die Integration zunächst $\ln(\rho) + \text{const.}$ Dies kann durch $\ln(\rho/R) + \text{const.} + \ln(R)$ ersetzt werden, also durch $\ln(\rho/R)$ und eine andere Integrationskonstante. Für eine homogene Ladungsdichte darf das Potenzial bei $\rho = 0$ nicht singulär werden. Daher gilt $c_1 = 0$. Da das Potenzial nur bis auf eine Konstante festliegt, kann $d_2 = 0$ gewählt werden.

Die Ladungsdichte hat bei $\rho = R$ einen Sprung. Damit hat auch die zweite Ableitung $\Phi''(\rho)$ einen Sprung; nur so kann die Poissongleichung erfüllt werden. Damit sind aber $\Phi'(\rho)$ und $\Phi(\rho)$ an dieser Stelle stetig. Diese Bedingungen ergeben $d_1 = \pi\, \varrho_0 R^2 = q/L$ und $c_2 = -2\pi\, \varrho_0 R^2 = -2q/L$. Damit erhalten wir für das Potenzial des unendlich langen homogen geladenen Zylinders:

$$\Phi(\rho) = \begin{cases} \dfrac{q}{L}\left(1 - \dfrac{\rho^2}{R^2}\right) & (\rho \le R) \\[2ex] -\dfrac{2q}{L} \ln \dfrac{\rho}{R} & (\rho > R) \end{cases}$$

Das elektrische Feld

$$\boldsymbol{E} = -\nabla\Phi(\rho) = -\Phi'(\rho)\, \boldsymbol{e}_\rho = E(\rho)\, \boldsymbol{e}_\rho$$

stimmt mit (11.52) überein.

11.5 Elektrostatisches Potenzial des Wasserstoffatoms

Das elektrostatische Potenzial in einem Wasserstoffatom im Grundzustand ist von der Form

$$\Phi = \frac{e}{r}\left(1 + \frac{r}{a_{\rm B}}\right)\exp\left(-\frac{2r}{a_{\rm B}}\right)$$

Dabei ist e die Elementarladung und $a_{\rm B} = 0.53$ Å der Bohrsche Radius.

Bestimmen Sie das elektrische Feld $\boldsymbol{E}(\boldsymbol{r})$ und die Ladungsdichte $\varrho(\boldsymbol{r})$. Berechnen Sie mit Hilfe des Gaußschen Gesetzes die Ladung $q(R)$, die sich innerhalb einer Kugel mit Radius R befindet. Skizzieren Sie $q(R)$ und interpretieren Sie das Resultat.

Lösung: Für das sphärische Potenzial ist das elektrische Feld $\boldsymbol{E}(\boldsymbol{r}) = -\nabla\Phi(r) = E(r)\,\boldsymbol{e}_r$ mit

$$E(r) = -\frac{d\Phi(r)}{dr} = \frac{e}{r^2}\left(1 + \frac{2r}{a_{\rm B}} + \frac{2r^2}{a_{\rm B}^2}\right)\exp\left(-\frac{2r}{a_{\rm B}}\right) \qquad (11.53)$$

Wenn man die Ladungsdichte über

$$\nabla\cdot\boldsymbol{E} = \frac{1}{r^2}\frac{d}{dr}\left(r^2 E(r)\right) = -\frac{4e}{a_{\rm B}^3}\exp\left(-\frac{2r}{a_{\rm B}}\right) = 4\pi\,\varrho_{\rm e}(r) \qquad (r > 0)$$

berechnet, dann gilt das Ergebnis nur für $r \neq 0$. Das Potenzial $\Phi = e/r$ und das Feld $\boldsymbol{E} = (e/r^2)\,\boldsymbol{e}_r$ rühren von einer Punktladung $q = e$ bei $r = 0$ her. Dies ist bei der Berechnung von $\Delta\Phi$ oder div $\boldsymbol{E}$ zu berücksichtigen. Dazu teilen wir das Potenzial auf:

$$\Phi = \Phi_{\rm p} + \Phi_{\rm e}\,, \qquad \Phi_{\rm p} = \frac{e}{r}\,, \qquad \Phi_{\rm e} = -\frac{e}{r}\left[1 - \left(1 + \frac{r}{a_{\rm B}}\right)\exp\left(-\frac{2r}{a_{\rm B}}\right)\right]$$

Da die Poissongleichung linear ist, können wir sie für beide Teile getrennt auswerten:

$$\Delta\Phi_{\rm p} = -4\pi e\,\delta(\boldsymbol{r}) = -4\pi\,\varrho_{\rm p}\,, \qquad \Delta\Phi_{\rm e} = \frac{4e}{a_{\rm B}^3}\exp\left(-\frac{2r}{a_{\rm B}}\right) = -4\pi\,\varrho_{\rm e}$$

Hieraus erhalten wir die Gesamtladungsdichte

$$\varrho(\boldsymbol{r}) = \varrho_{\rm p}(\boldsymbol{r}) + \varrho_{\rm e}(\boldsymbol{r}) = e\left[\delta(\boldsymbol{r}) - \frac{e}{\pi\,a_{\rm B}^3}\exp\left(-\frac{2r}{a_{\rm B}}\right)\right]$$

Die δ-Funktion beschreibt das positiv geladene Proton, der andere Teil die negativ geladene Elektronenwolke. Die Gesamtladung ist null.

Wir wenden nun das Gaußsche Gesetz (11.8) auf eine Kugel mit dem Radius $R > 0$ an. Für das Feld (11.53) erhalten wir

$$\oint_A d\boldsymbol{A}\cdot\boldsymbol{E} = 4\pi R^2 E(R) = 4\pi\,q(R)$$

mit der von der Kugel eingeschlossenen Ladung

$$q(R) = R^2 E(R) = e\left(1 + \frac{2R}{a_{\rm B}} + \frac{2R^2}{a_{\rm B}^2}\right)\exp\left(-\frac{2R}{a_{\rm B}}\right)$$

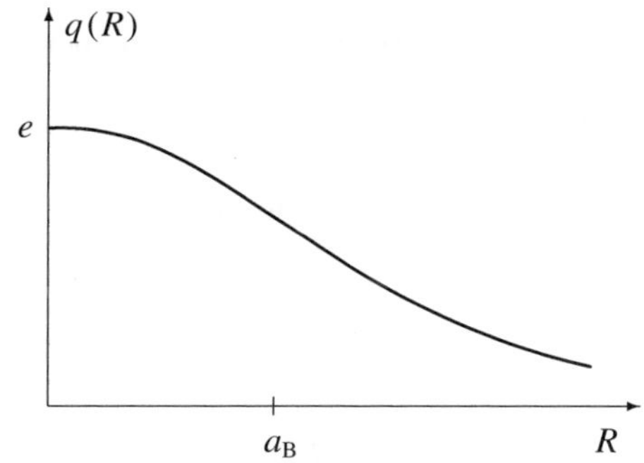

Die in einer Kugel mit dem Radius R eingeschlossene Ladung $q(R)$. Für $R \to 0$ gilt $q \to e$. Dies entspricht der Ladung des hier als punktförmig angenommenen Protons. Das reale Proton hat dagegen eine Ausdehnung der Größe $r_\mathrm{p} \approx 1\,\mathrm{fm} \sim 10^{-5}\,a_\mathrm{B}$. Wenn man dies im Potenzial berücksichtigen würde, dann ginge $q(R)$ im Bereich $R \lesssim 1\,\mathrm{fm}$ (im Bild nicht von der Ordinatenachse zu unterscheiden) gegen null.

11.6 NaCl-Kristall

Berechnen Sie die elektrostatische Wechselwirkungsenergie eines Gitterions in einem eindimensionalen NaCl-Kristall.

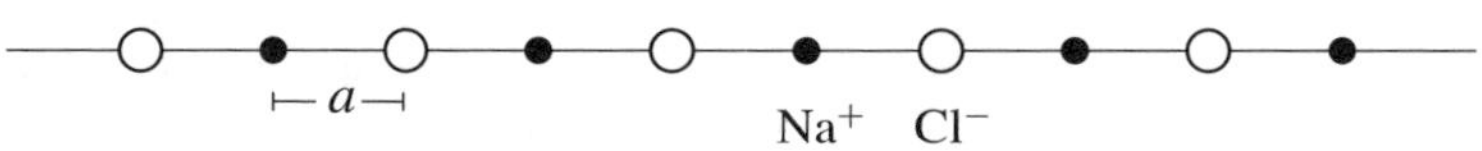

Lösung: Die elektrostatische Wechselwirkungsenergie eines herausgegriffenen Na^+-Ions mit seinen beiden Nachbarn ist $w = -2e^2/a$. Für die beiden übernächsten Nachbarn ist hierin $a \to 2a$ zu setzen und das Vorzeichen zu ändern, und so weiter. Damit erhalten wir für die potenzielle Energie eines Na^+-Ions (und auch eines Cl^--Ions) mit den anderen Ionen

$$W = -\frac{2e^2}{a}\left[1 - \frac{1}{2} + \frac{1}{3} - \frac{1}{4} + \ldots\right]\frac{e^2}{a} = -2\ln(2)\,\frac{e^2}{a} \approx -1.39\,\frac{e^2}{a}$$

Anmerkung: Für einen realen dreidimensionalen Kristall, dessen Gitterpunkte bei $\boldsymbol{n}a$ mit $\boldsymbol{n} := (n_1, n_2, n_3)$ liegen, kann dies zu

$$W = \sum_{N=1}^{\infty} \frac{(-)^N}{\sqrt{N}}\, g_N\, \frac{e^2}{a} \approx -1.75\,\frac{e^2}{a}$$

verallgemeinert werden. Dabei ist g_N die Anzahl der Ionen im Abstand $\sqrt{N}a$, also gleich der Anzahl der Möglichkeiten, die Relation $N = n_1^2 + n_2^2 + n_3^2$ für festes N zu erfüllen. Für $N = 1$ gibt es die 6 nächsten Nachbarn, für $N = 2$ die 12 übernächsten Nachbarn, für $N = 3$ die 8 überübernächsten Nachbarn und so fort. Die numerische Aufsummation ergibt die für den Kristall typische Madelung-Konstante.

11.7 Parallele geladene Drähte

Berechnen und skizzieren Sie die Äquipotenzialflächen und Feldlinien von zwei parallelen, unendlich langen, dünnen Drähten im Abstand $2a$, deren Ladung pro Länge gleich q/L beziehungsweise $-q/L$ ist. Betrachten Sie zunächst einen einzelnen Draht, und berechnen Sie dessen elektrisches Feld mit dem Gaußschen Gesetz. Superponieren Sie anschließend die Potenziale und Felder der beiden Drähte.

Hinweis: Die Differenzialgleichung für die Feldlinien können Sie mit Hilfe eines integrierenden Faktors lösen. Es ergibt sich ein orthogonales Kreisnetz.

Lösung: Wir betrachten zunächst einen einzelnen Draht mit der z-Achse als Symmetrieachse und verwenden Zylinderkoordinaten ρ, φ und z. Wegen der Symmetrie des Problems hängt das Potenzial nicht von φ oder z ab, also $\Phi = \Phi(\rho)$. Das elektrische Feld ist dann von der Form $\boldsymbol{E} = E(\rho)\, \boldsymbol{e}_\rho$.

Wir wenden das Gaußsche Gesetz (11.8) auf einen Zylinder mit dem Radius ρ und der Länge L an. Die Zylinderoberfläche besteht zum einen aus der Boden- und Deckfläche, und zum anderen aus der Mantelfläche. Im Bereich der Boden- und Deckfläche ist das Flächenelement $d\boldsymbol{A} \propto \pm \boldsymbol{e}_z$, so dass $\boldsymbol{E} \cdot d\boldsymbol{A} = 0$. Auf der Mantelfläche ist $d\boldsymbol{A} = \rho\, d\phi\, dz\, \boldsymbol{e}_\rho$. Damit erhalten wir für jeweils einen Draht

$$\oint_A d\boldsymbol{A} \cdot \boldsymbol{E} = 2\pi L \rho\, E(\rho) = \pm 4\pi q\,, \qquad E(\rho) = \frac{2q}{L}\,\frac{1}{\rho} = -\,\frac{d\Phi(\rho)}{d\rho} \qquad (\rho > R)$$

Dabei ist R der Radius des Drahtes (wobei $R \ll a$). Eine Integration ergibt das elektrostatische Potenzial

$$\Phi(\rho) = \mp\, \frac{2q}{L}\, \ln\left(\frac{\rho}{R}\right) \qquad (\rho > R) \tag{11.54}$$

Die Integration ergibt zunächst $\Phi \propto \ln \rho + \text{const.}$ Die Integrationskonstante kann so gewählt werden, dass $\Phi \propto \ln(\rho/R) = \ln \rho - \ln R$; dies ist ohne Einfluss auf das Feld $\boldsymbol{E}$.

Wir verwenden jetzt (11.54) für jeden der beiden Drähte, deren Zentren bei $\boldsymbol{r}_{1,2} = \pm\, a\, \boldsymbol{e}_x$ liegen, und superponieren die Potenziale der beiden Drähte:

$$\begin{aligned} \Phi(\boldsymbol{r}) &= -\,\frac{2q}{L}\left[\ln\left(\frac{\rho_1}{R}\right) - \ln\left(\frac{\rho_2}{R}\right)\right] = -\,\frac{q}{L}\, \ln\left[\frac{\rho_1^2}{\rho_2^2}\right] \\ &= -\,\frac{q}{L}\, \ln\left[\frac{(x-a)^2 + y^2}{(x+a)^2 + y^2}\right] \end{aligned} \tag{11.55}$$

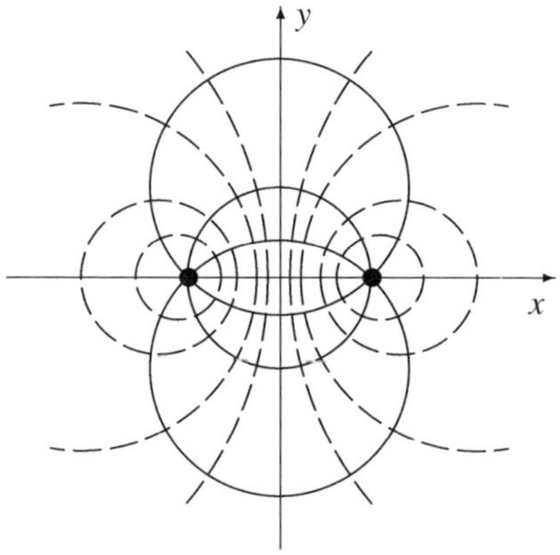

Hierbei sind ρ_1 und ρ_2 die Abstände des betrachteten Punkts $\boldsymbol{r}$ von den beiden Drähten. Die Äquipotenzialflächen ergeben sich aus $\Phi = \text{const.}$, also

$$\frac{(x-a)^2 + y^2}{(x+a)^2 + y^2} = \text{const.} = c \geq 0$$

Es handelt sich um Kreiszylinder (gestrichelte Linien):

$$\left(x - \frac{1+c}{1-c}\, a\right)^2 + y^2 = \left(\frac{2\sqrt{c}}{1-c}\, a\right)^2$$

Das zum Potenzial (11.55) gehörige elektrische Feld hat die Komponenten

$$\begin{aligned} E_x &= \frac{2q}{L}\left[\frac{(x-a)}{(x-a)^2 + y^2} - \frac{(x+a)}{(x+a)^2 + y^2}\right] \\ E_y &= \frac{2q}{L}\left[\frac{y}{(x-a)^2 + y^2} - \frac{y}{(x+a)^2 + y^2}\right] \\ E_z &= 0 \end{aligned}$$

Wegen $E_z = 0$ verlaufen die Feldlinien in der x-y-Ebene. Eine Kurve $y = y(x)$ hat einen Tangentenvektor, der parallel zu (dx, dy) ist. Dieser Tangentenvektor muss parallel zur Feldrichtung sein, also $(dx, dy) \parallel (E_x, E_y)$. Dies ergibt

$$\frac{dy}{dx} = \frac{E_y}{E_x} = \frac{4axy}{2x(2ax) - 2a(x^2 + y^2 + a^2)} = \frac{2xy}{x^2 - y^2 - a^2}$$

oder

$$2xy\,dx + \left(y^2 - x^2 + a^2\right)dy = 0 \tag{11.56}$$

Wenn dieser Ausdruck $A\,dx + B\,dy = 0$ ein vollständiges Differenzial $dF = F_x\,dx + F_y\,dy = 0$ wäre, dann könnte man zu $F(x, y) = \text{const.}$ aufintegrieren und erhielte so die gesuchten Feldlinien. Wegen $\partial A/\partial y \neq \partial B/\partial x$ ist dies aber nicht der Fall. Man kann nun einen solchen Ausdruck mit einer Funktion $g(x, y)$ multiplizieren, die dann so bestimmt wird, dass sich ein vollständiges Differenzial ergibt (*Methode des integrierenden Faktors*). In unserem Fall führt bereits die Multiplikation mit einer Funktion $g(y)$, also

$$2xy\,g(y)\,dx + \left(y^2 - x^2 + a^2\right)g(y)\,dy = 0 \tag{11.57}$$

zum Erfolg. Dies ist ein vollständiges Differenzial $dF = F_x\,dx + F_y\,dy = 0$, wenn sich für

$$\frac{\partial F}{\partial y} = \left(y^2 - x^2 + a^2\right)g(y)\,, \qquad \frac{\partial F}{\partial x} = 2xy\,g(y) \tag{11.58}$$

jeweils dieselbe zweite partielle Ableitung ergibt:

$$\frac{\partial^2 F}{\partial x\,\partial y} = -2x\,g(y) = 2x\left[g(y) + y\,g'(y)\right]$$

Damit haben wir eine gewöhnliche Differenzialgleichung für die unbekannte Funktion $g(y)$ erhalten. Sie wird durch $g(y) = 1/y^2$ gelöst; für unsere Zwecke reicht eine spezielle Lösung. Für $g(y) = 1/y^2$ wird (11.58) zu $\partial F/\partial y = 1 - (x^2 - a^2)/y^2$ und $\partial F/\partial x = 2x/y$. Daraus erhalten wir die Stammfunktion

$$F(x, y) = y + \frac{x^2 - a^2}{y} = \text{const.} = 2d$$

oder

$$\left(y - d\right)^2 + x^2 = a^2 + d^2 \tag{11.59}$$

Wir sind von Kurven $y = y(x)$ und ihrem Tangentenvektor ausgegangen. Für die gesuchten Feldlinien ergab sich hieraus (11.56). Die Integration ergibt dann die Feldlinien in der Form (11.59).

Damit haben wir nicht nur für die Äquipotenzialflächen (gestrichelte Linien in der Abbildung oben), sondern auch für die Feldlinien (durchgezogene Linien) Kreise erhalten. Insgesamt ergibt sich das skizzierte orthogonale Kreisnetz.

Anmerkung: Damit die Potenziale der einzelnen Drähte die Form (11.54) haben, muss man annehmen, dass die Ladungsverteilungen der Drähte Zylindersymmetrie haben. Das gilt zum Beispiel, wenn man die Drähte als homogen geladene (dünne) Zylinder betrachtet, oder auch für einen einzelnen Metalldraht, bei dem die Ladung auf der Oberfläche sitzt. Für zwei Metalldrähte ist die Situation aber komplizierter, weil die gegenseitige Beeinflussung zu Influenzladungen und damit zu Abweichungen von der Zylindersymmetrie führt. In diesem Fall müsste man von der Bedingung eines konstanten Potenzials auf dem Draht ausgehen; dies führt praktisch dazu, dass in (11.55) a durch $(a^2 - R^2)^{1/2}$ ersetzt wird. Für die hier angenommenen dünnen Drähte ($R \ll a$) kann man auf diese Unterscheidung verzichten; dies wurde durch die Anleitung in der Aufgabenstellung vorweggenommen.

11.8 Homogen geladener dünner Stab

Die Ladungsdichte eines dünnen, homogen geladenen Stabs (Ladung q, Länge $2a$) ist

$$\varrho(\boldsymbol{r}) = \frac{q}{2a}\, \delta(x)\, \delta(y)\, \Theta(a - |z|)$$

Werten Sie die Integralformel für das Potenzial in Zylinderkoordinaten aus. Berechnen und skizzieren Sie die Äquipotenzialflächen und Feldlinien. Die Differenzialgleichung für die Feldlinien kann mit Hilfe eines integrierenden Faktors gelöst werden.

Lösung: Die Ladungsdichte wird in (11.5) eingesetzt:

$$\begin{aligned}\Phi(\rho, z) &= \frac{q}{2a} \int_{-a}^{a} dz' \, \frac{1}{\sqrt{x^2 + y^2 + (z - z')^2}} = \frac{q}{2a} \ln\left[\frac{z + a + \sqrt{\rho^2 + (z+a)^2}}{z - a + \sqrt{\rho^2 + (z-a)^2}}\right] \\ &= \frac{q}{2a}\left[\operatorname{arsinh}\left(\frac{z+a}{\rho}\right) - \operatorname{arsinh}\left(\frac{z-a}{\rho}\right)\right] \qquad (11.60)\end{aligned}$$

Wegen der δ-Funktionen konnten die x- und y-Integrationen unmittelbar ausgeführt werden. Das resultierende Potenzial ist rotationssymmetrisch bezüglich der z-Achse. Die Äquipotenzialflächen $\Phi = \text{const.}$ sind

$$\frac{z + a + \sqrt{\rho^2 + (z+a)^2}}{z - a + \sqrt{\rho^2 + (z-a)^2}} = \text{const.} = c$$

Es handelt sich um Rotationsellipsoide (gestrichelte Linien in der Abbildung unten):

$$\left(\frac{(1-c)\,\rho}{2\sqrt{c}\,a}\right)^2 + \left(\frac{(1-c)\,z}{(1+c)\,a}\right)^2 = 1$$

Das elektrische Feld hat die Komponenten $E_\varphi = 0$ und

$$\begin{aligned}E_\rho &= -\frac{\partial \Phi}{\partial \rho} = \frac{q}{2a\rho}\left[\frac{z+a}{\sqrt{\rho^2 + (z+a)^2}} - \frac{z-a}{\sqrt{\rho^2 + (z-a)^2}}\right] \\ E_z &= -\frac{\partial \Phi}{\partial z} = -\frac{q}{2a}\left[\frac{1}{\sqrt{\rho^2 + (z+a)^2}} - \frac{1}{\sqrt{\rho^2 + (z-a)^2}}\right]\end{aligned}$$

Wegen $E_\varphi = 0$ verlaufen die Feldlinien in der ρ-z-Ebene. Eine Kurve $z = z(\rho)$ hat einen Tangentenvektor, der parallel zu $(d\rho, dz)$ ist. Dieser Tangentenvektor muss parallel zur Feldrichtung sein, also $(d\rho, dz) \parallel (E_\rho, E_z)$, oder

$$E_z\, d\rho - E_\rho\, dz = 0 \qquad (11.61)$$

Wenn dieser Ausdruck ein vollständiges Differenzial $dF = F_\rho\, d\rho + F_z\, dz = 0$ wäre, dann könnte man zu $F(\rho, z) = \text{const.}$ aufintegrieren und erhielte so die gesuchten Feldlinien. Wegen $\partial E_z/\partial z \neq -\partial E_\rho/\partial \rho$ liegt aber kein vollständiges Differenzial vor. Man kann nun (11.61) mit einer Funktion $g(\rho, z)$ multiplizieren, die so bestimmt wird, dass sich ein vollständiges Differenzial ergibt (*Methode des integrierenden Faktors*).

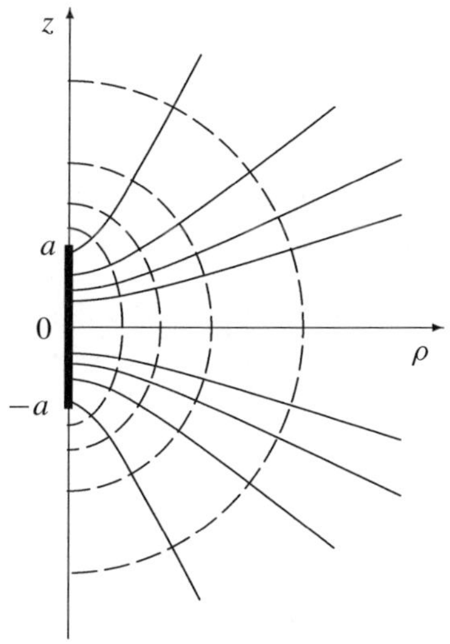

In unserem Fall führt bereits die Multiplikation mit einer Funktion $g(\rho)$, also

$$dF = g(\rho)\, E_z\, d\rho - g(\rho)\, E_\rho\, dz = 0$$

zum Erfolg. Damit dies ein vollständiges Differenzial $dF = F_\rho\, d\rho + F_z\, dz = 0$ ist, muss die partielle Ableitung des ersten Koeffizienten nach z gleich der des zweiten Koeffizienten nach ρ sein:

$$\begin{aligned} g(\rho)\, \frac{\partial E_z}{\partial z} + \Big(g(\rho)\, \frac{\partial E_\rho}{\partial \rho} + \frac{dg(\rho)}{d\rho}\, E_\rho \Big) \\ = \Big(\frac{dg(\rho)}{d\rho} - \frac{g(\rho)}{\rho} \Big) E_\rho = 0 \qquad (11.62) \end{aligned}$$

Für den letzten Schritt wurde $\operatorname{div} \boldsymbol{E} = \partial E_\rho/\partial\rho + E_\rho/\rho + \partial E_z/\partial z = 0$ verwendet.

Die Differenzialgleichung (11.62) hat die Lösung $g(\rho) = \rho$. Damit werden die Koeffizienten des vollständigen Differenzials zu

$$\frac{\partial F}{\partial \rho} = -\frac{q}{2a} \left[\frac{\rho}{\sqrt{\rho^2 + (z+a)^2}} - \frac{\rho}{\sqrt{\rho^2 + (z-a)^2}} \right]$$

$$\frac{\partial F}{\partial z} = -\frac{q}{2a} \left[\frac{z+a}{\sqrt{\rho^2 + (z+a)^2}} - \frac{z-a}{\sqrt{\rho^2 + (z-a)^2}} \right]$$

Hieraus erhalten wir die Stammfunktion

$$F(\rho, z) = -\frac{q}{2a} \left[\sqrt{\rho^2 + (z+a)^2} - \sqrt{\rho^2 + (z-a)^2} \right] = \text{const.} = -q\,d$$

wobei d eine Integrationskonstante ist. Damit sind die Feldlinien Hyperbeln (durchgezogene Linien in der Abbildung oben):

$$\frac{z^2}{d^2 a^2} - \frac{\rho^2}{(1-d^2)\, a^2} = 1$$

11.9 Poissongleichung auf ein- und zweidimensionalem Gitter

Formulieren Sie die Poissongleichung für $\Phi(x)$ auf einem eindimensionalen und für $\Phi(x, y)$ auf einem zweidimensionalen äquidistanten Gitter mit Gitterabstand d.

Lösung: Im eindimensionalen Fall lautet die Poissongleichung $d^2\Phi(x)/dx^2 = -4\pi\,\varrho(x)$. Gesucht ist das Potenzial $\Phi_n = \Phi(nd)$ an den Gitterpunkten bei $x = nd$. Wir nähern die zweite Ableitung durch den Differenzenquotienten an:

$$\frac{d^2\Phi}{dx^2} \approx \frac{(\Phi_{n+1} - 2\Phi_n + \Phi_{n-1})}{d^2}$$

Damit wird die Poissongleichung auf einem eindimensionalen Gitter zu

$$\frac{\Phi_{n+1} - 2\Phi_n + \Phi_{n-1}}{d^2} = -4\pi\,\varrho_n$$

In zwei Dimensionen lautet die Poissongleichung $\partial^2\Phi/\partial x^2 + \partial^2\Phi/\partial y^2 = -4\pi\,\varrho$. Gesucht sind die Potenzialwerte $\Phi_{n_1,n_2} = \Phi(n_1 d, n_2 d)$. Mit den Näherungen

$$\frac{\partial^2\Phi}{\partial x^2} \approx \frac{\Phi_{n_1+1,n_2} - 2\Phi_{n_1,n_2} + \Phi_{n_1-1,n_2}}{d^2}\,, \qquad \frac{\partial^2\Phi}{\partial y^2} \approx \frac{\Phi_{n_1,n_2+1} - 2\Phi_{n_1,n_2} + \Phi_{n_1,n_2-1}}{d^2}$$

erhalten wir für das zweidimensionale Gitter:

$$\frac{\Phi_{n_1+1,n_2} + \Phi_{n_1-1,n_2} + \Phi_{n_1,n_2+1} + \Phi_{n_1,n_2-1} - 4\Phi_{n_1,n_2}}{d^2} = -4\pi\,\varrho_{n_1,n_2}$$

11.10 Poissongleichung auf dem Gitter: Hohler Metallwürfel

Ein würfelförmiger Hohlraum (Kantenlänge L) sei durch Metallwände begrenzt. Der Würfel werde nun in der Mitte parallel zu zwei Seitenflächen durchgeschnitten. An der einen Hälfte wird das Potenzial $\Phi = \Phi_0$ angelegt, an der anderen gelte $\Phi = 0$; die beiden Metallkörper seien voneinander isoliert.

Berechnen Sie das Potenzial im Inneren dieser Anordnung numerisch. Verwenden Sie dazu einen Gitterabstand $d = L/3$. In welchem Bereich der Anordnung wird die numerische Lösung auch bei kleinerem Gitterabstand (zum Beispiel $d = L/100$) deutlich von der wahren Lösung abweichen?

Lösung: Der Würfel wird durch die 64 Gitterpunkte

$$\boldsymbol{r}(n_1, n_2, n_3) = \boldsymbol{r}_{n_1,n_2,n_3} = d\left(n_1\,\boldsymbol{e}_x + n_2\,\boldsymbol{e}_y + n_3\,\boldsymbol{e}_z\right) \quad \text{mit } n_i = 0, 1, 2, 4$$

abgedeckt. Als Schnittfläche wählen wir die Ebene $z = L/2$. Dann haben die Randpunkte mit $z(n_1, n_3, n_3) < L/2$ das Potenzial 0, die Randpunkte mit $z(n_1, n_3, n_3) > L/2$ das Potenzial Φ_0.

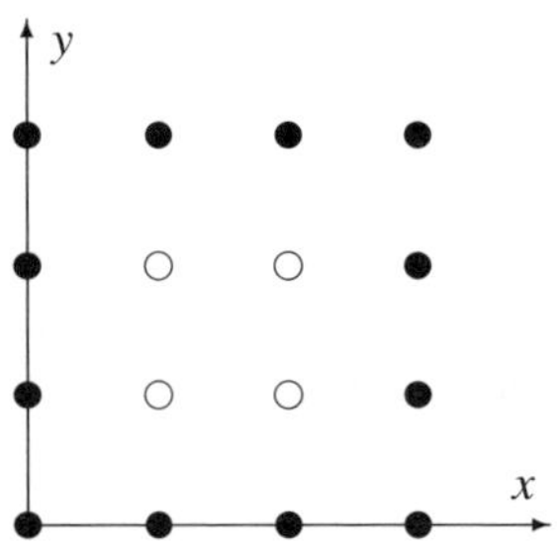

Blick von oben auf das Gitter. Die 16 Bodenpunkte bei $z = 0$ liegen auf dem Potenzial $\Phi = 0$; dies gilt auch für die 12 Randpunkte (gefüllte Kreise in der Skizze) der Ebene $z = d$. Die 16 Dachpunkte bei $z = 3d$ liegen auf dem Potenzial Φ_0; dies gilt auch für die 12 Randpunkte der Ebene $z = 2d$.
Gesucht ist das Potenzial auf den verbleibenden inneren Punkten (offene Kreise), dies sind jeweils 4 in den Ebenen $z = d$ und $z = 2d$.

In jeweils einer Ebene haben die 4 Innenpunkte aus Symmetriegründen dasselbe Potenzial,

$$\Phi_{1,1,1} = \Phi_{2,1,1} = \Phi_{1,2,1} = \Phi_{2,2,1} \quad \text{und} \quad \Phi_{1,1,2} = \Phi_{2,1,2} = \Phi_{1,2,2} = \Phi_{2,2,2}$$

Es genügt daher, die Potenziale $\Phi_{1,1,1}$ und $\Phi_{1,1,2}$ zu bestimmen. Wir setzen die Laplacegleichung, deren Form aus (11.19) folgt, für diese beiden ausgewählten Punkte an:

$$\begin{aligned}
d^2\left(\Delta\Phi\right)_{1,1,1} &= \Phi_{2,1,1}+\Phi_{0,1,1}+\Phi_{1,2,1}+\Phi_{1,0,1}+\Phi_{1,1,2}+\Phi_{1,1,0}-6\,\Phi_{1,1,1}\\
&= \Phi_{1,1,2}-4\,\Phi_{1,1,1}=0\\
d^2\left(\Delta\Phi\right)_{1,1,2} &= \Phi_{2,1,2}+\Phi_{0,1,2}+\Phi_{1,2,2}+\Phi_{1,0,2}+\Phi_{1,1,3}+\Phi_{1,1,1}-6\Phi_{1,1,2}\\
&= 3\,\Phi_0+\Phi_{1,1,1}-4\,\Phi_{1,1,2}=0
\end{aligned}$$

Aus der ersten Gleichung folgt $\Phi_{1,1,2} = 4\,\Phi_{1,1,1}$ und aus der zweiten $5\,\Phi_{1,1,1} = \Phi_0$. Damit sind die Potenziale im Innenraum

$$\Phi_{1,1,1} = \frac{1}{5}\,\Phi_0\,, \qquad \Phi_{1,1,2} = \frac{4}{5}\,\Phi_0$$

An den Schnittkanten $z = L/2$ springt das Potenzial von 0 auf Φ_0. Dies impliziert starke räumliche Variationen des Potenzials, die durch eine numerische Lösung auf dem Gitter möglicherweise nur unzureichend beschrieben werden.

11.11 Durch Metallplatten begrenztes Volumen I

Das Volumen

$$V_\mathrm{I} = \left\{\boldsymbol{r} : 0 \le x \le a,\ 0 \le y \le b,\ -\infty \le z \le \infty\right\}$$

ist durch Metallplatten begrenzt. Die beiden Platten bei $x = 0$ und $x = a$ sind geerdet, die beiden anderen bei $y = 0$ und $y = b$ haben das Potenzial Φ_0. Wegen der Translationssymmetrie in z-Richtung reduziert sich das Problem auf zwei Dimensionen, $\Phi(\boldsymbol{r}) = \Phi(x, y)$. Lösen Sie die Laplacegleichung im Inneren des Volumens mit dem Separationsansatz und geben Sie die allgemeine Lösung an. Bestimmen Sie die Konstanten dieser Lösung so, dass die Randbedingungen erfüllt sind.

Lösung: Mit dem Separationsansatz $\Phi(x, y) = X(x)\,Y(y)$ wird die Laplacegleichung zu

$$\Delta\Phi = X''(x)\,Y(y) + X(x)\,Y''(y) = 0$$

Hieraus folgt

$$\frac{X''(x)}{X(x)} = -\,\frac{Y''(y)}{Y(y)} = -\alpha^2 \tag{11.63}$$

Da der erste Ausdruck nicht von y und der zweite nicht von x abhängt, müssen beide Ausdrücke gleich einer Konstanten sein, die wir mit $-\alpha^2$ bezeichnen. Damit erhalten wir die gewöhnlichen Differenzialgleichungen

$$X''(x) + \alpha^2\,X(x) = 0\,, \qquad Y''(y) - \alpha^2\,Y(y) = 0$$

Für $X(x)$ sind die Lösungen $\cos(\alpha\,x)$ und $\sin(\alpha\,x)$. Die Konstante auf der rechten Seite von (11.63) ist zunächst einmal reell, da wir hier nur mit reellen Größen arbeiten. Hätten wir hier $+\alpha^2$ anstelle von $-\alpha^2$ angesetzt, dann wären die Lösungen $X(x) \propto \exp(\pm\alpha\,x)$. Damit könnten die Randbedingungen $X(0) = X(a) = 0$ nicht erfüllt werden (außer für $X(0) \equiv 0$, was $\Phi \equiv 0$ impliziert und auszuschließen ist).

Wegen $\Phi(0, y) = 0$ oder $X(0) = 0$ kommt nur die Lösung $X(x) \propto \sin(\alpha x)$ in Frage. Die Bedingung $\Phi(a, y) = 0$ oder $X(a) = 0$ impliziert dann $\sin(\alpha_n x) = 0$ mit $\alpha_n = n\pi/a$. Die Lösungen für $Y(y)$ sind von der Form $\{\cosh(\alpha_n y), \sinh(\alpha_n y)\}$. Damit erhalten wir

$$\Phi(x, y) = \sum_{n=1}^{\infty} \sin(\alpha_n x) \big[A_n \cosh(\alpha_n y) + B_n \sinh(\alpha_n y)\big] \quad \text{mit } \alpha_n = \frac{n\pi}{a} \tag{11.64}$$

Es sind jetzt noch die Randbedingungen in y-Richtung zu erfüllen:

$$\Phi(x, 0) = \sum_{n=1}^{\infty} A_n \sin(\alpha_n x) = \Phi_0 \tag{11.65}$$

$$\Phi(x, b) = \sum_{n=1}^{\infty} \big[A_n \cosh(\alpha_n b) + B_n \sinh(\alpha_n b)\big] \sin(\alpha_n x) = \Phi_0 \tag{11.66}$$

Wir multiplizieren die Gleichung (11.65) mit $\sin(\alpha_m x)$ und integrieren über x. Die Funktionen $\{(2/a)^{1/2} \sin(\alpha_n x)\}$ bilden im Intervall $[0, a]$ ein vollständiges, orthonormiertes Funktionensystem (Fourierreihe, Aufgabe 11.21), also $(2/a) \int dx \; \sin(\alpha_n x) \sin(\alpha_m x) = \delta_{mn}$. Daher erhalten wir

$$A_m = \frac{2\Phi_0}{a} \int_0^a dx \; \sin(\alpha_m x) = \begin{cases} 0 & (m \text{ gerade}) \\ 4\Phi_0/(m\pi) & (m \text{ ungerade}) \end{cases}$$

Dieselbe Prozedur (Multiplikation mit $\sin(\alpha_m x)$ und Integration) wird nun auf die Gleichung (11.66) angewendet. Dann erhalten wir ganz analog

$$A_m \cosh(\alpha_m b) + B_m \sinh(\alpha_m b) = A_m \quad \text{oder} \quad B_m = \frac{1 - \cosh(\alpha_m b)}{\sinh(\alpha_m b)} A_m$$

Wir setzen die nunmehr bekannten Koeffizienten in (11.64) ein:

$$\begin{aligned} \Phi(x, y) &= \frac{4\Phi_0}{\pi} \sum_{n \text{ ungerade}} \frac{\sin(\alpha_n x)}{n} \left[\cosh(\alpha_n y) + \big(1 - \cosh(\alpha_n b)\big) \frac{\sinh(\alpha_n y)}{\sinh(\alpha_n b)} \right] \\ &= \frac{4\Phi_0}{\pi} \sum_{n \text{ ungerade}} \frac{\sin(\alpha_n x)}{n} \left[\frac{\sinh(\alpha_n y) + \sinh\big(\alpha_n (b - y)\big)}{\sinh(\alpha_n b)} \right] \end{aligned}$$

Die letzte Umformung macht die Spiegelsymmetrie bezüglich der Ebene $y = b/2$ sichtbar.

11.12 Durch Metallplatten begrenztes Volumen II

Das Volumen

$$V_{\text{II}} = \big\{ \boldsymbol{r} : \; 0 \le x \le a, \; 0 \le y \le \infty, \; -\infty \le z \le \infty \big\}$$

ist durch Metallplatten begrenzt. Die beiden Seitenplatten bei $x = 0$ und $x = a$ sind geerdet; die Bodenplatte bei $y = 0$ hat das Potenzial Φ_0. Wegen der Translationssymmetrie in z-Richtung reduziert sich das Problem auf zwei Dimensionen, $\Phi(\boldsymbol{r}) = X(x)\, Y(y)$. Lösen Sie die Laplacegleichung im Inneren des Volumens mit dem Separationsansatz und geben Sie die allgemeine Lösung an. Bestimmen Sie die Konstanten dieser Lösung so, dass die Randbedingungen erfüllt sind.

Zeigen Sie, dass das Potenzial auch in der Form

$$\Phi(x, y) = \frac{2\,\Phi_0}{\pi} \arctan\left[\frac{\sin(\pi\, x/a)}{\sinh(\pi\, y/a)}\right] \tag{11.67}$$

geschrieben werden kann. (Es genügt zu zeigen, dass dieses Potenzial das gestellte Randwertproblem löst; denn die Lösung des Problems ist ja eindeutig). Berechnen und skizzieren Sie die Äquipotenzialflächen und Feldlinien.

Lösung: Mit dem Separationsansatz $\Phi(x, y) = X(x)\,Y(y)$ wird die Laplacegleichung zu

$$\Delta\Phi = X''(x)\,Y(y) + X(x)\,Y''(y) = 0$$

Hieraus folgt

$$\frac{X''(x)}{X(x)} = -\,\frac{Y''(y)}{Y(y)} = -\alpha^2 \tag{11.68}$$

Da der erste Ausdruck nicht von y und der zweite nicht von x abhängt, müssen beide Ausdrücke gleich einer Konstanten sein, die wir mit $-\alpha^2$ bezeichnen. Damit erhalten wir die gewöhnlichen Differenzialgleichungen

$$X''(x) + \alpha^2\,X(x) = 0\,, \qquad Y''(y) - \alpha^2\,Y(y) = 0$$

Für $X(x)$ sind die Lösungen $\cos(\alpha\,x)$ und $\sin(\alpha\,x)$. Die Konstante auf der rechten Seite von (11.68) ist zunächst einmal reell, da wir hier nur mit reellen Größen arbeiten. Hätten wir hier $+\alpha^2$ anstelle von $-\alpha^2$ angesetzt, dann wären die Lösungen $X(x) \propto \exp(\pm\alpha\,x)$. Damit könnten die Randbedingungen $X(0) = X(a) = 0$ nicht erfüllt werden (außer für $X(0) \equiv 0$, was $\Phi \equiv 0$ impliziert und auszuschließen ist).

Wegen $\Phi(0, y) = 0$ oder $X(0) = 0$ kommt nur die Lösung $X(x) \propto \sin(\alpha\,x)$ in Frage. Die Bedingung $\Phi(a, y) = 0$ oder $X(a) = 0$ impliziert dann $\sin(\alpha_n\,x) = 0$ mit $\alpha_n = n\pi/a$. Für $Y(y)$ erhalten wir Lösungen der Form $\exp(\alpha\,y)$ und $\exp(-\alpha\,y)$, oder $\cosh(\alpha_n\,y)$ und $\sinh(\alpha_n\,y)$; wir verwenden die Exponentialfunktionen, die etwas schneller zur Lösung führen. Wegen $\Phi(x, \infty) = 0$ kommt nur die Lösung $Y(y) \propto \exp(-\alpha\,y)$ in Frage. Damit erhalten wir

$$\Phi(x, y) = \sum_{n=1}^{\infty} A_n\,\sin(\alpha_n\,x)\,\exp(-\alpha_n\,y) \qquad \text{mit } \alpha_n = \frac{n\,\pi}{a} \tag{11.69}$$

Es sind jetzt noch die Randbedingungen bei $y = 0$ zu erfüllen:

$$\Phi(x, 0) = \sum_{n=1}^{\infty} A_n\,\sin(\alpha_n\,x) = \Phi_0$$

Wir multiplizieren beide Seiten mit $\sin(\alpha_m\,x)$ und integrieren von $x = 0$ bis a. Die Funktionen $\{(2/a)^{1/2}\sin(\alpha_n\,x)\}$ bilden im Intervall $[0, a]$ ein vollständiges, orthonormiertes Funktionensystem (Fourierreihe, Aufgabe 11.21), also $(2/a)\int dx\;\sin(\alpha_n\,x)\,\sin(\alpha_m\,x) = \delta_{mn}$. Damit erhalten wir

$$A_m = \frac{2\,\Phi_0}{a}\int_0^a dx\;\sin(\alpha_m\,x) = \begin{cases} 0 & (m \text{ gerade}) \\ 4\,\Phi_0/(m\,\pi) & (m \text{ ungerade}) \end{cases}$$

und

$$\Phi(x, y) = \frac{4\,\Phi_0}{\pi}\sum_{n \text{ ungerade}} \frac{\sin(\alpha_n\,x)}{n}\,\exp(-\alpha_n\,y) \tag{11.70}$$

Die analytische Aufsummation zu (11.67) ist kompliziert (numerisch könnte die Reihe dagegen leicht aufsummiert werden). Es genügt aber zu zeigen, dass (11.67) das Randwertproblem löst; denn dessen Lösung ist ja eindeutig. Man überprüft zunächst, dass (11.67) die Randbedingungen erfüllt. Dann ist nur noch zu zeigen, dass (11.67) auch Lösung der Laplacegleichung ist. Dazu verwenden wir die Notation

$$\Phi \propto \arctan\left(\frac{u(x)}{v(y)}\right) \quad \text{mit} \quad u(x) = \sin\frac{\pi x}{a}, \quad v(y) = \sinh\frac{\pi y}{a} \tag{11.71}$$

und lassen den Vorfaktor weg. Wir bestimmen die relevanten partiellen Ableitungen:

$$\frac{\partial \Phi(x,y)}{\partial x} = -E_x \propto \frac{u' v}{u^2+v^2}, \qquad \frac{\partial \Phi(x,y)}{\partial y} = -E_y \propto -\frac{u v'}{u^2+v^2}$$

$$\frac{\partial^2 \Phi(x,y)}{\partial x^2} \propto \frac{u'' v\,(u^2+v^2) - 2u'^2 u v}{(u^2+v^2)^2}, \qquad \frac{\partial^2 \Phi(x,y)}{\partial y^2} \propto -\frac{u v''\,(u^2+v^2) - 2u v'^2 v}{(u^2+v^2)^2}$$

Damit lautet die Laplacegleichung

$$\Delta\Phi \propto \frac{(u'' v - u v'')(u^2+v^2) - 2uv\,(u'^2 - v'^2)}{(u^2+v^2)^2} = 0$$

Für die in (11.71) gegebenen Funktionen $u(x)$ und $v(y)$ verschwindet der Zähler. Damit haben wir gezeigt, dass (11.67) und (11.70) das gestellte Randwertproblem lösen. Wegen der Eindeutigkeit sind beide Lösungen identisch.

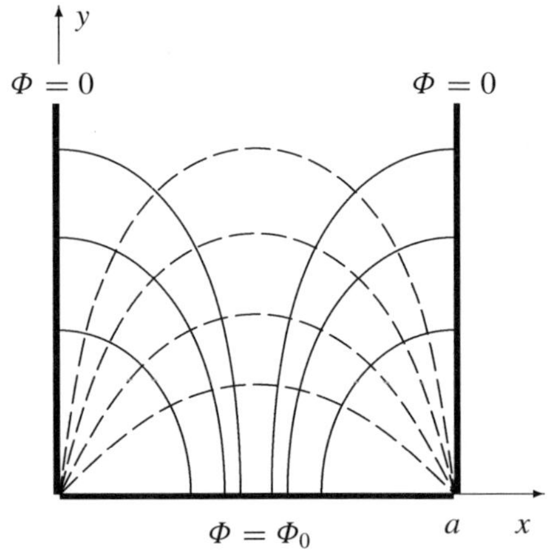

Mit den in (11.71) definierten Funktionen sind die Äquipotenzialflächen (gestrichelt) durch $v(y)/u(x) = \text{const.} = c$ oder

$$y = \frac{a}{\pi}\,\text{arsinh}\left(c \sin\frac{\pi x}{a}\right)$$

gegeben. Für die Feldlinien $y(x)$ (durchgezogene Linien) gilt $(dx, dy) \parallel (E_x, E_y)$. Mit den Funktionen aus (11.71) erhalten wir hierfür

$$\frac{dy}{dx} = \frac{E_y}{E_x} = -\frac{u v'}{u' v} = -\frac{\tan(\pi x/a)}{\tanh(\pi y/a)}$$

Für alle Ebenen $z = \text{const.}$ ergibt sich dasselbe Bild. Die Konfiguration ist spiegelsymmetrisch bezüglich der Ebene $x = a/2$.

Die letzte Gleichung lässt sich in der Form $\tanh(\pi y/a)\,dy = -\tan(\pi x/a)\,dx$ schreiben und aufintegrieren:

$$\frac{a}{\pi}\ln\cosh\frac{\pi y}{a} = \frac{a}{\pi}\ln\left|\cos\frac{\pi x}{a}\right| + \text{const.}, \qquad \cosh\frac{\pi y}{a} = \ell\left|\cos\frac{\pi x}{a}\right|$$

Hieraus erhalten wir die in der Abbildung skizzierten Feldlinien:

$$y = \frac{a}{\pi}\,\text{arcosh}\left(\ell\left|\cos\frac{\pi x}{a}\right|\right)$$

11.13 Variationsprinzip für die Feldenergie

Am Rand R des Volumens V ist das Potenzial $\Phi(\boldsymbol{r})$ vorgegeben. In V genügt das Feld dem Variationsprinzip

$$W[\Phi] = \frac{1}{8\pi}\int_V d^3r\,\big(\operatorname{grad}\Phi(\boldsymbol{r})\big)^2 = \text{minimal}$$

Leiten Sie hieraus eine Differenzialgleichung für $\Phi(\boldsymbol{r})$ ab.

Erläuterung: Das elektrostatische Feld stellt sich so ein, dass die Feldenergie minimal ist. Die Feldenergie $W[\Phi]$ ist ein Funktional von Φ. Die Minimalitätsbedingung impliziert $\delta W = W[\Phi + \delta\Phi] - W[\Phi] = 0$, wobei $\delta\Phi(\boldsymbol{r})$ eine kleine Variation ist, die am Rand verschwindet.

Lösung: Die Feldenergie wird für das Potenzial $\Phi + \delta\Phi$ mit der kleinen Variation berechnet:

$$\begin{aligned} W[\Phi+\delta\Phi] &= \frac{1}{8\pi}\int_V d^3r\,\Big[\nabla\big(\Phi+\delta\Phi\big)\Big]^2 \\ &= \frac{1}{8\pi}\int_V d^3r\,\Big[\big(\nabla\Phi\big)^2 + 2\nabla\Phi\cdot\nabla\delta\Phi\Big] + \mathcal{O}\big((\delta\Phi)^2\big) \\ &= W[\Phi] - \frac{1}{4\pi}\int_V d^3r\;\Delta\Phi\,\delta\Phi\; + \mathcal{O}\big((\delta\Phi)^2\big) \end{aligned}$$

Im letzten Schritt wurde der zweite Term partiell integriert; die Randbeiträge fallen weg, da am Rand $\delta\Phi = 0$. Damit erhalten wir

$$\delta W = W[\Phi+\delta\Phi] - W[\Phi] = -\frac{1}{4\pi}\int_V d^3r\;\Delta\Phi(\boldsymbol{r})\;\delta\Phi(\boldsymbol{r}) = 0$$

Wegen der Beliebigkeit von $\delta\Phi(\boldsymbol{r})$ im ganzen Volumen V folgt hieraus $\Delta\Phi(\boldsymbol{r}) = 0$ überall in V. Umgekehrt folgt aus der Laplacegleichung $\Delta\Phi = 0$, dass die Feldenergie minimal wird.

11.14 Punktladung vor geerdeten Metallplatten

Das Volumen

$$V = \big\{\boldsymbol{r} : 0 \le x \le \infty,\;\; 0 \le y \le \infty,\;\; -\infty \le z \le \infty\big\}$$

ist bei $x = 0$ und $y = 0$ durch geerdete Metallplatten begrenzt. Innerhalb von V befindet sich eine Punktladung q.

Bestimmen Sie das Potenzial $\Phi(\boldsymbol{r})$ in V (mit Hilfe von Bildladungen). Berechnen Sie die Flächenladungsdichte und die Gesamtladung auf den Platten. Welche Kraft wirkt auf die Punktladung?

Lösung: Es handelt sich um ein zweidimensionales Problem, $\Phi(\boldsymbol{r}) = \Phi(x, y)$. Die Punktladung $q_0 = q$ kann ohne Einschränkung der Allgemeinheit an die Position $\boldsymbol{r}_0 := (a, b, 0)$ gesetzt werden. Mit einer ersten Bildladung $q_1 = -q$ bei $(-a, b, 0)$ könnte man die Bedingung $\Phi(0, y) = 0$ erfüllen, mit einer zweiten Bildladung $q_2 = -q$ bei $(a, -b, 0)$ die Bedingung $\Phi(x, 0) = 0$. Diese Bildladungen verletzen jedoch die jeweils andere Randbedingung. Dies kann durch eine dritte Bildladung q_3 kompensiert werden.

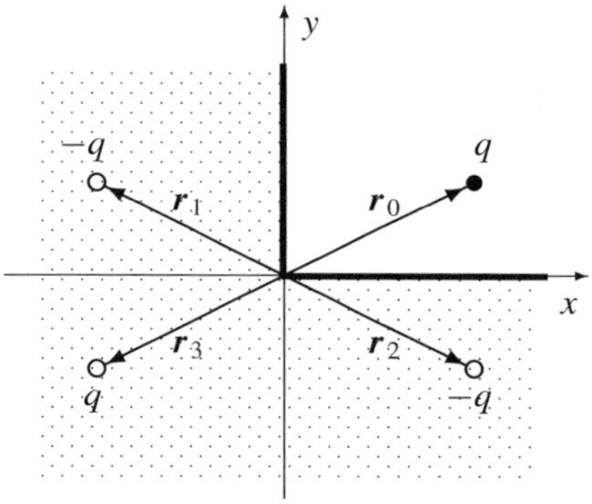

Zu der gegebenen Punktladung wählen wir drei Bildladungen:

$$\begin{array}{lll} q_0 = q & \text{bei} & \boldsymbol{r}_0 := (a, b, 0) \\ q_1 = -q & \text{bei} & \boldsymbol{r}_1 := (-a, b, 0) \\ q_2 = -q & \text{bei} & \boldsymbol{r}_2 := (a, -b, 0) \\ q_3 = q & \text{bei} & \boldsymbol{r}_3 := (-a, -b, 0) \end{array}$$

Die vier Punktladungen ergeben das Potenzial null auf den Ebenen $x = 0$ und $y = 0$. Das Potenzial aller Ladungen ist

$$\Phi(\boldsymbol{r}) = \sum_{k=0}^{3} \frac{q_k}{|\boldsymbol{r} - \boldsymbol{r}_k|}$$

Dieses Potenzial löst das Randwertproblem

$$\Delta\Phi(\boldsymbol{r}) = -4\pi\, q\, \delta(\boldsymbol{r} - \boldsymbol{r}_0) \quad \text{in} \quad V\,, \qquad \Phi(\boldsymbol{r})|_R = 0$$

Die Flächenladungsdichte σ auf den Platten berechnet sich aus der Normalkomponente des elektrischen Felds:

$$4\pi\,\sigma(\boldsymbol{r})\big|_R = \boldsymbol{n}\cdot\boldsymbol{E}(\boldsymbol{r})\big|_R \quad \text{mit} \quad \boldsymbol{E}(\boldsymbol{r}) = \boldsymbol{E}(x, y, z) = \sum_{k=0}^{3} q_k\, \frac{\boldsymbol{r} - \boldsymbol{r}_k}{|\boldsymbol{r} - \boldsymbol{r}_k|^3}$$

Für die Flächenladungsdichten $\sigma_y(x, z) = E_y(x, 0, z)$ und $\sigma_x(y, z) = E_x(0, y, z)$ erhalten wir

$$\sigma_y(x, z) = -\frac{qb}{2\pi}\left[\frac{1}{\big((x-a)^2 + b^2 + z^2\big)^{3/2}} - \frac{1}{\big((x+a)^2 + b^2 + z^2\big)^{3/2}}\right] \qquad (x > 0)$$

$$\sigma_x(y, z) = -\frac{qa}{2\pi}\left[\frac{1}{\big(a^2 + (y-b)^2 + z^2\big)^{3/2}} - \frac{1}{\big(a^2 + (y+b)^2 + z^2\big)^{3/2}}\right] \qquad (y > 0)$$

Die Ladungsdichten gelten auf den Metallplatten, also in der x-z-Ebene für $x > 0$, und in der y-z-Ebene für $y > 0$. Wir berechnen die Influenzladung auf der Platte in der x-z-Ebene:

$$\begin{aligned} q^{\text{infl}}_{y=0} &= \int_0^\infty dx \int_{-\infty}^\infty dz\, \sigma_y(x, z) = -\frac{qb}{\pi}\int_0^\infty dx \left[\frac{1}{(x-a)^2 + b^2} - \frac{1}{(x+a)^2 + b^2}\right] \\ &= -\frac{qb}{\pi}\int_{-a}^{a} dx\, \frac{1}{x^2 + b^2} = -\frac{2q}{\pi}\,\arctan\frac{a}{b} \end{aligned}$$

Mit dem entsprechenden Resultat für die y-z-Ebene erhalten wir für die Gesamtladung auf beiden Metallplatten:

$$q_{\text{infl}} = q^{\text{infl}}_{y=0} + q^{\text{infl}}_{x=0} = -\,\frac{2q}{\pi}\left[\arctan\frac{a}{b} + \arctan\frac{b}{a}\right] = -\,q$$

Die Kraft auf die Punktladung q bei $\boldsymbol{r}_0$ ist durch das elektrische Feld gegeben, das nicht von dieser Ladung selbst stammt, also durch das Feld der drei Bildladungen:

$$\boldsymbol{F} = q\sum_{k=1}^{3} q_k\, \frac{\boldsymbol{r}_0 - \boldsymbol{r}_k}{|\boldsymbol{r}_0 - \boldsymbol{r}_k|^3} = -\frac{q^2}{4}\left[\left(\frac{1}{a^2} - \frac{a}{(a^2+b^2)^{3/2}}\right)\boldsymbol{e}_x + \left(\frac{1}{b^2} - \frac{b}{(a^2+b^2)^{3/2}}\right)\boldsymbol{e}_y\right]$$

11.15 Punktladung vor Metallkugel

Außerhalb einer geerdeten, leitenden Hohlkugel (Radius R, Zentrum $\boldsymbol{r} = 0$) befindet sich eine Punktladung q_1 bei $\boldsymbol{r}_1$. Berechnen Sie das Potenzial im Innen- und Außenraum der Kugel. Verwenden Sie hierzu eine geeignete Bildladung q_2 bei $\boldsymbol{r}_2$. Berechnen Sie die Ladungsdichte und die Gesamtladung auf der Kugeloberfläche. Welche Kraft wirkt zwischen Punktladung und Kugel? Was ändert sich, wenn die Ladung innerhalb der Kugel ist?

Welche Lösung ergibt sich, wenn das Potenzial auf der Kugeloberfläche einen endlichen Wert $\Phi_0 = \Phi(R) - \Phi(\infty) \neq 0$ hat?

Lösung: Das Randwertproblem lautet

$$\Delta\Phi(\boldsymbol{r}) = -4\pi\, q_1\, \delta(\boldsymbol{r} - \boldsymbol{r}_1) \quad \text{für } |\boldsymbol{r}| > R\,, \qquad \text{und} \qquad \Phi(R) = 0$$

Wir setzen eine Bildladung q_2 bei $\boldsymbol{r}_2$ (mit $r_2 < R$) an:

$$\Phi(\boldsymbol{r}) = \frac{q_1}{|\boldsymbol{r} - \boldsymbol{r}_1|} + \frac{q_2}{|\boldsymbol{r} - \boldsymbol{r}_2|} \tag{11.72}$$

Die Bildladung ist so zu wählen, dass die Randbedingung

$$\Phi(R) = \frac{q_1}{|R\,\boldsymbol{e}_r - \boldsymbol{r}_1|} + \frac{q_2}{|R\,\boldsymbol{e}_r - \boldsymbol{r}_2|} = 0 \tag{11.73}$$

erfüllt ist; dabei ist $\boldsymbol{R} = R\,\boldsymbol{e}_r$ ein Vektor zu einem Punkt der Kugeloberfläche. Hieraus folgt

$$\left(q_1^2 - q_2^2\right) R^2 - 2\,R \left(q_1^2\, \boldsymbol{r}_2 - q_2^2\, \boldsymbol{r}_1\right) \cdot \boldsymbol{e}_r = q_2^2\, r_1^2 - q_1^2\, r_2^2$$

Da dies für alle Richtungen $\boldsymbol{e}_r$ gilt, muss der Koeffizient von $\boldsymbol{e}_r$ verschwinden, also

$$q_1^2\, \boldsymbol{r}_2 = q_2^2\, \boldsymbol{r}_1 \quad \text{und} \quad \left(q_1^2 - q_2^2\right) R^2 = q_2^2\, r_1^2 - q_1^2\, r_2^2$$

Damit ist die Bildladung wie folgt zu wählen:

$$q_2 = -\frac{R}{r_1}\, q_1 \quad \text{bei} \quad \boldsymbol{r}_2 = \frac{R^2}{r_1^2}\, \boldsymbol{r}_1$$

Das Vorzeichen von q_2 folgt aus (11.73). Wie vorausgesetzt, gilt $r_2 < R$. Damit wird das Potenzial (11.72) zu

$$\Phi(\boldsymbol{r}) = q_1 \left[\frac{1}{|\boldsymbol{r} - \boldsymbol{r}_1|} - \frac{R}{r_1}\, \frac{1}{\left|\boldsymbol{r} - \left(R^2/r_1^2\right) \boldsymbol{r}_1\right|}\right] \qquad (r > R) \tag{11.74}$$

Gelegentlich formuliert man zunächst das Randwertproblem für eine *Greensche Funktion* $G(\boldsymbol{r}, \boldsymbol{r}')$. Die Bedingungen für die Greensche Funktion (Kapitel 8 in [2]) sind

$$\Delta G(\boldsymbol{r}, \boldsymbol{r}') = -4\pi\, \delta(\boldsymbol{r} - \boldsymbol{r}') \quad \text{in } V \quad \text{und} \quad G(\boldsymbol{r}, \boldsymbol{r}')\big|_{\boldsymbol{r}\,\in\,\mathrm{R}} = 0$$

Die Greensche Funktion ist also das Potenzial an der Stelle $\boldsymbol{r}$, das sich für eine Punktladung der Stärke 1 bei $\boldsymbol{r}'$ ergibt. Im vorliegenden Problem ist $G(\boldsymbol{r}, \boldsymbol{r}_1) = \Phi(\boldsymbol{r})/q_1$. Die Greensche Funktion ist symmetrisch, $G(\boldsymbol{r}, \boldsymbol{r}') = G(\boldsymbol{r}', \boldsymbol{r})$. Aus (11.74) folgt diese Symmetrie, wenn man $|\boldsymbol{r} - (R^2/r_1^2)\,\boldsymbol{r}_1| = (R/r_1)(R^2 - 2\boldsymbol{r} \cdot \boldsymbol{r}_1 + r^2 r_1^2/R^2)^{1/2}$ berücksichtigt.

An der Kugeloberfläche bei $\boldsymbol{R} = R\,\boldsymbol{e}_r$ ist das elektrische Feld

$$\boldsymbol{E}(\boldsymbol{R}) = -q_1\,\frac{\boldsymbol{R}-\boldsymbol{r}_1}{|\boldsymbol{R}-\boldsymbol{r}_1|^3} + q_1\,\frac{R}{r_1}\,\frac{\boldsymbol{R}-(R^2/r_1^2)\,\boldsymbol{r}_1}{|\boldsymbol{R}-(R^2/r_1^2)\,\boldsymbol{r}_1|^3} = \frac{q_1}{R}\,\frac{r_1^2-R^2}{|\boldsymbol{r}_1-\boldsymbol{R}|^3}\,\boldsymbol{e}_r$$

Dabei wurde $|\,\boldsymbol{R}-(R^2/r_1^2)\,\boldsymbol{r}_1| = (R/r_1)\,|\,\boldsymbol{R}-\boldsymbol{r}_1|$ verwendet. Die Normalkomponente des Felds bestimmt die induzierte Oberflächenladung:

$$\sigma(\boldsymbol{R}) = \frac{1}{4\pi}\,\boldsymbol{e}_r\cdot\boldsymbol{E}(\boldsymbol{R}) = \frac{q_1}{4\pi R}\,\frac{r_1^2-R^2}{|\boldsymbol{r}_1-\boldsymbol{R}|^3} \tag{11.75}$$

Die gesamte Influenzladung auf der Kugeloberfläche ist gleich der negativen Bildladung:

$$\begin{aligned} q_{\text{infl}} &= R^2\int_{-1}^{1} d\cos\theta\int_0^{2\pi} d\phi\;\sigma(\boldsymbol{R}) = \frac{q_1 R}{2}\int_{-1}^{1} d\cos\theta\;\frac{r_1^2-R^2}{(r_1^2+R^2-2r_1R\cos\theta)^{3/2}} \\ &= \frac{q_1\,(r_1^2-R^2)}{2r_1}\left[\frac{1}{|r_1-R|}-\frac{1}{|r_1+R|}\right] = \frac{R}{r_1}\,q_1 = -q_2 \end{aligned}$$

Die Kraft auf die Punktladung q_1 ist durch das elektrische Feld gegeben, das nicht von dieser Ladung selbst stammt, also durch das Feld der Bildladung:

$$\boldsymbol{F} = q_1 q_2\,\frac{\boldsymbol{r}_1-\boldsymbol{r}_2}{|\boldsymbol{r}_1-\boldsymbol{r}_2|^3} = -q_1^2\,\frac{R}{r_1}\,\frac{1}{\left(1-R^2/r_1^2\right)^2}\,\frac{\boldsymbol{r}_1}{r_1^3} = -\frac{q_1^2\,R}{\left(R^2-r_1^2\right)^2}\,\boldsymbol{r}_1$$

Es wurde $q_2 = -(R/r_1)\,q_1$ und $\boldsymbol{r}_1-\boldsymbol{r}_2 = (1-R^2/r_1^2)\,\boldsymbol{r}_1$ eingesetzt. Die Kraft zwischen Punktladung und Metallkugel ist attraktiv.

Das Potenzial (11.74) löst auch das andere Randwertproblem

$$\Delta\Phi(\boldsymbol{r}) = -4\pi\,q_2\,\delta(\boldsymbol{r}-\boldsymbol{r}_2)\quad\text{für } |\boldsymbol{r}|<R\,,\quad\text{und}\quad \Phi(R)=0$$

In diesem Fall ist eine Ladung q_2 innerhalb der Kugel gegeben, und gesucht ist das Feld innerhalb der Kugel; die Lösung des Problems erfolgt durch eine Bildladung q_1 bei $\boldsymbol{r_1}$ (mit $r_1 > R$). Die Oberflächenladung $\sigma = \boldsymbol{n}\cdot\boldsymbol{E}|_{\text{R}}/4\pi$ ändert (relativ zu (11.75)) das Vorzeichen, weil der Normalenvektor $\boldsymbol{n} = -\boldsymbol{e}_r$ jetzt nach innen zeigt.

Um einen endlichen Potenzialwert $\Phi_0 = \Phi(R) - \Phi(\infty)$ auf der Kugel zu erreichen, wird zusätzlich die Punktladung q_3 bei $\boldsymbol{r}_3 = 0$ eingeführt. Diese erzeugt das Potenzial $q_3/R = \Phi_0$ auf der Kugel; es muss also $q_3 = R\,\Phi_0$ gewählt werden.

11.16 Kugelkondensator

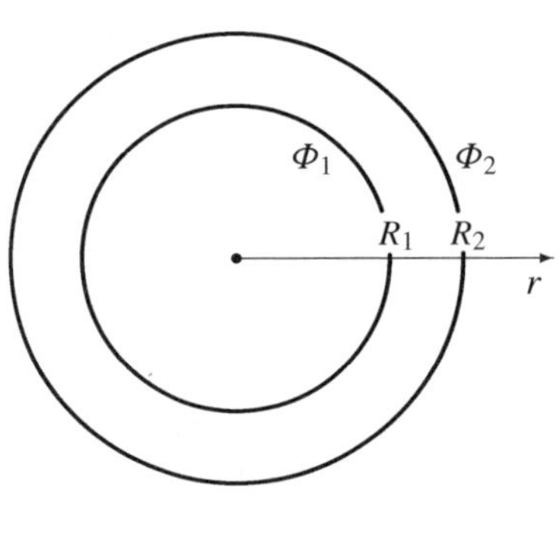

Zwei konzentrische Metallkugelschalen mit den Radien R_1 und R_2 haben die Potenzialwerte Φ_1 und Φ_2 (es gelte $\Phi(\infty) = 0$). Bestimmen Sie das Potenzial $\Phi(r)$ im gesamten Raum. Welche Ladungen Q_1 und Q_2 befinden sich auf den Kugeln?

Spezialisieren Sie das Ergebnis auf einen Kugelkondensator mit $Q_1 = -Q_2 = Q$ und $U = \Phi_1 - \Phi_2$, und geben Sie dessen Kapazität $C = Q/U$ an.

Welche Kapazität erhält man für eine einzelne Metallkugel?

Betrachten Sie den Spezialfall $d = R_2 - R_1 \ll R_1$ und vergleichen Sie die Kapazität mit der eines Plattenkondensators ($C_{\text{Platte}} = A_{\text{C}}/(4\pi d)$ ohne Randeffekte).

Zeigen Sie, dass die Kapazität von 1 cm im Gaußsystem ungefähr einem Picofarad im MKSA-System entspricht.

Lösung: Wegen der Kugelsymmetrie ist das Potenzial sphärisch, $\Phi(\boldsymbol{r}) = \Phi(r)$. Die Lösung der Laplacegleichung $\Delta\Phi(r) = 0$ ist dann $\Phi(r) = a/r + b$. Wir setzen diese Lösung in den einzelnen Bereichen an, in denen $\Delta\Phi = 0$ gilt:

$$\Phi(r) = \begin{cases} a_1/r + b_1 = \Phi_1 & (r < R_1) \\ a_2/r + b_2 & (R_1 < r < R_2)\,, \\ a_3/r + b_3 = \Phi_2\, R_2/r & (r > R_2) \end{cases}$$

Für $r < R_1$ haben wir die Regularität am Ursprung ($\Phi(0)$ endlich) und die Randbedingung $\Phi(R_1) = \Phi_1$ verwendet. Für $r > R_2$ haben wir $\Phi(r \to \infty) = 0$ und die Randbedingung $\Phi(R_2) = \Phi_2$ verwendet. Für die mittlere Lösung $a_2/r + b_2$ schreiben wir die Randbedingungen explizit an:

$$a_2/R_1 + b_2 = \Phi_1\,, \qquad a_2/R_2 + b_2 = \Phi_2$$

Hieraus können die beiden Integrationskonstanten a_2 und b_2 bestimmt werden. Damit lautet die Lösung

$$\Phi(r) = \begin{cases} \Phi_1 & (r < R_1) \\ \dfrac{(\Phi_1 - \Phi_2)\, R_1 R_2}{(R_2 - R_1)}\, \dfrac{1}{r} + \dfrac{R_2\Phi_2 - R_1\Phi_1}{R_2 - R_1} & (R_1 < r < R_2) \\ \Phi_2\, \dfrac{R_2}{r} & (r > R_2) \end{cases} \qquad (11.76)$$

Als nächstes sollen die Ladungen Q_1 und Q_2 auf den Metallkugeln bestimmt werden. Man könnte (11.13), $\sigma = -(d\Phi/dr)/4\pi$, für die Oberflächenladungen auf den Fall verallgemeinern, dass es auf beiden Seiten ein elektrisches Feld gibt. Dies führt zu dem Ergebnis, dass in dieser Formel der Sprung im elektrischen Feld einzusetzen ist. Um dies genauer zu diskutieren, gehen wir von der Poissongleichung mit zunächst unbekannten (aber sphärisch verteilten) Ladungen Q_1 und Q_2 auf den Kugeln aus:

$$\frac{1}{r^2}\,\frac{d}{dr}\left(r^2\,\frac{\Phi(r)}{dr}\right) = -\,\frac{Q_1}{R_1^2}\,\delta(r - R_1) - \frac{Q_2}{R_2^2}\,\delta(r - R_2)$$

Die Form der Ladungsdichte wurde bereits in Aufgabe 11.1 verwendet. Wir multiplizieren diese Gleichung mit r^2 und integrieren über das infinitesimale Intervall $[R_i - \epsilon, R_i + \epsilon]$, wobei $i = 1$ oder 2. Wir berechnen die Ableitungen mit (11.76) und erhalten

$$\left.\frac{d\Phi}{dr}\right|_{R_i+\epsilon} - \left.\frac{d\Phi}{dr}\right|_{R_i-\epsilon} = -\,\frac{Q_i}{R_i^2} \qquad (i = 1, 2) \qquad (11.77)$$

Wenn die erste Ableitung einen Sprung hat, dann ist das Potenzial selbst stetig; diese Stetigkeit wurde implizit bei der Auswertung der Randbedingungen für (11.76) verwendet. Mit (11.76) berechnen wir die Ableitungen und erhalten:

$$Q_1 = \frac{R_1 R_2}{R_2 - R_1}\,(\Phi_1 - \Phi_2)\,, \qquad Q_2 = \frac{R_2}{R_2 - R_1}\,(R_2\Phi_2 - R_1\Phi_1)$$

Bei vorgegebenen Ladungen folgen hieraus die Potenzialwerte

$$\Phi_1 = \frac{Q_1}{R_1} + \frac{Q_2}{R_2}, \qquad \Phi_2 = \frac{Q_1}{R_2} + \frac{Q_2}{R_2}$$

Im Bereich $R_1 < r < R_2$ lässt sich das Potenzial $\Phi = Q_1/r + Q_2/R_2$ einfacher durch die Ladungen ausdrücken.

Für einen Kugelkondensator mit $Q_1 = -Q_2 = Q$ und $U = \Phi_1 - \Phi_2$ erhalten wir die Kapazität

$$C = \frac{Q}{U} = \frac{Q_1}{\Phi_1 - \Phi_2} = \frac{R_1 R_2}{R_2 - R_1} \tag{11.78}$$

Wenn man $Q_1 = 0$ setzt, dann folgt $\Phi_1 = \Phi_2$, und das Potenzial ist im gesamten Bereich $r < R_2$ konstant; die Kugel 1 ist praktisch eliminiert. Aus der Lösung im Außenraum, $\Phi = \Phi_2 R_2/r = Q_2/r$, folgt dann die Kapazität einer einzelnen Kugel mit dem Radius $R = R_2$,

$$C = \frac{Q_2}{\Phi_2} = R_2 = R \qquad \text{(1 Kugel)}$$

Alternativ dazu kann man die Kugel 2 effektiv durch $R_2 \to \infty$ und $\Phi_2 \to 0$ eliminieren. Aus (11.78) mit $R_2 \to \infty$ folgt dann $C = R_1 = R$.

Für $R_2 \to R_1$ hat man effektiv einen Plattenkondensator mit der Fläche $A_C = 4\pi R_1^2$, dem Abstand $d = R_2 - R_1$ und ohne störende Randeffekte; auf der Skala d spielt die Krümmung keine Rolle mehr. Wir setzen $d = R_2 - R_1$ und $d \ll R_1$ in (11.78) ein:

$$C = \frac{R_1\,(R_1 + d)}{d} \overset{d \ll R_1}{\approx} \frac{R_1^2}{d} = \frac{A_C}{4\pi d} = C_{\text{Platte}}$$

Es gilt $C_{\text{SI}} = 4\pi\varepsilon_0\, C$; so ist zum Beispiel für einen Plattenkondensator $C = A_C/4\pi d$ und $C_{\text{SI}} = \varepsilon_0\, A_C/d$. Mit $1/(4\pi\varepsilon_0) \approx 8.988 \cdot 10^9\,\text{Nm}^2/\text{C}^2$ und $C = 1\,\text{cm}$ erhalten wir

$$C_{\text{SI}}(1\,\text{cm}) = 4\pi\varepsilon_0\, C \approx \frac{1\,\text{cm}}{8.988 \cdot 10^9\,\text{Nm}^2/\text{C}^2} \approx 1.113 \cdot 10^{-12}\,\frac{\text{C}^2}{\text{Nm}} \approx 1.113\,\text{pF}$$

11.17 Plattenkondensator auf dem Gitter

Bestimmen Sie das Feld eines Plattenkondensators numerisch auf dem Gitter:

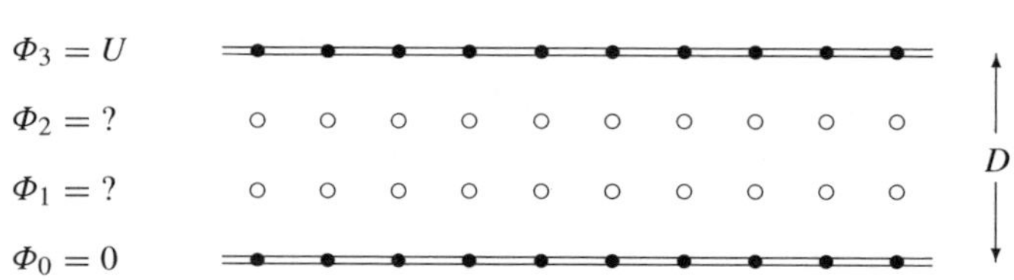

Parallel zu den Platten sei der Kondensator unendlich weit ausgedehnt. Auf den Randpunkten (•) des Gitters sind die Potenzialwerte vorgegeben, an den inneren Punkten (∘) soll das Potenzial bestimmt werden. Bestimmen Sie die numerische Lösung für ein Gitter mit dem Gitterabstand $d = D/N$ (in der Abbildung ist $d = D/3$ gezeigt), und vergleichen Sie sie mit der exakten Lösung.

Lösung: Die Translationsinvarianz parallel zu den Platten (x- und y-Richtung) reduziert das Problem auf eine Dimension, $\Phi(\boldsymbol{r}) = \Phi(z)$. Wir verwenden die Bezeichnung $\Phi_n = \Phi(z_n)$ für das Potenzial bei $z_n = d\,n$. Die Ableitungen werden durch die Differenzenquotienten ersetzt:

$$\Delta\Phi(z) = \frac{d^2\Phi}{dz^2} \overset{z=d\,n}{\approx} \frac{\Phi_{n+1} - 2\,\Phi_n + \Phi_{n-1}}{d^2}$$

Aus $\Delta\Phi = 0$ und $\Phi_0 = 0$ folgt dann

$$\begin{aligned}
d^2\,(\Delta\Phi)_1 &= \Phi_2 - 2\,\Phi_1 + \Phi_0 &\Longrightarrow&\quad \Phi_2 = 2\,\Phi_1\\
d^2\,(\Delta\Phi)_2 &= \Phi_3 - 2\,\Phi_2 + \Phi_1 &\Longrightarrow&\quad \Phi_3 = 3\,\Phi_1\\
d^2\,(\Delta\Phi)_3 &= \Phi_4 - 2\,\Phi_3 + \Phi_2 &\Longrightarrow&\quad \Phi_4 = 4\,\Phi_1\\
&\vdots & \vdots\quad & \quad\vdots\\
d^2\,(\Delta\Phi)_{n-1} &= \Phi_n - 2\,\Phi_{n-1} + \Phi_{n-2} &\Longrightarrow&\quad \Phi_n = n\,\Phi_1
\end{aligned}$$

Dies führt schließlich zu $\Phi_N = N\,\Phi_1 = U$. Damit ist $\Phi_1 = U/N$ und

$$\Phi_n = \frac{U}{N}\,n$$

Für $z = z_n = d\,n$ stimmt dies mit dem exakten Ergebnis $\Phi(z) = (U/D)\,z$ überein.

11.18 Komplexes Potenzial

Berechnen und skizzieren Sie die Äquipotenzial- und Feldlinien des komplexen Potenzials

$$f(z) = \ln\frac{z-a}{z+a}$$

Geben Sie eine physikalische Interpretation an.

Lösung: Wir drücken die komplexen Zahlen $z + a$ und $z - a$ durch ihren Betrag und ihre Phase aus:

$$z \pm a = r_\pm\,\exp(\mathrm{i}\,\phi_\pm)\,, \qquad r_\pm = \sqrt{(x \pm a)^2 + y^2}\,, \qquad \tan\phi_\pm = \frac{y}{x \pm a}$$

Damit wird das komplexe Potenzial zu

$$f(z) = \ln\frac{r_-\,\exp(\mathrm{i}\,\phi_-)}{r_+\,\exp(\mathrm{i}\,\phi_+)} = \ln\frac{r_-}{r_+} + \mathrm{i}\big(\phi_- - \phi_+\big) = u(x,y) + \mathrm{i}\,v(x,y)$$

Dies definiert die reellen Funktionen

$$\begin{aligned}
u(x,y) &= \ln\frac{r_-}{r_+} = \frac{1}{2}\ln\frac{(x-a)^2+y^2}{(x+a)^2+y^2}\\
v(x,y) &= \phi_- - \phi_+ = \arctan\frac{2a\,y}{x^2+y^2-a^2}
\end{aligned}$$

Im letzten Schritt wurde eine trigonometrische Additionsformel verwendet:

$$\tan(\phi_- - \phi_+) = \frac{\tan\phi_- - \tan\phi_+}{1 + \tan\phi_-\,\tan\phi_+} = \frac{y(x+a) - y(x-a)}{x^2 - a^2 + y^2} = \frac{2a\,y}{x^2+y^2-a^2}$$

Die Äquipotenziallinien $u(x, y) = \text{const.} = (\ln c)/2$ und die Feldlinien $v(x, y) = \text{const.} = \arctan(a/d)$ stimmen mit den in Aufgabe 11.7 berechneten und den dort definierten Konstanten c und d überein. Äquipotenzial- und Feldlinien bilden ein orthogonales Kreisnetz (Skizze in der Lösung von Aufgabe 11.7). Das komplexe Potenzial beschreibt also das physikalische Problem von zwei unendlich langen, entgegengesetzt geladenen, dünnen Drähten im Abstand $2a$.

Man kann das elektrische Feld $\boldsymbol{E}(\boldsymbol{r})$ dieses Problems als Geschwindigkeitsfeld $\boldsymbol{v}(\boldsymbol{r})$ einer Flüssigkeit interpretieren. Dann beschreibt das komplexe Potenzial das wirbelfreie Strömungsfeld einer inkompressiblen Flüssigkeit. Der eine Draht wird zur Quelle der Strömung, der andere zu einer gleichstarken Senke.

11.19 Potenzialströmung um eine bewegte Kugel

Eine Kugel (Masse M, Radius R) bewegt sich mit der konstanten Geschwindigkeit $\boldsymbol{v}_0$ durch eine inkompressible Flüssigkeit (Dichte ϱ_0). Der Vektor $\boldsymbol{r}_0 = \boldsymbol{v}_0\, t$ gibt den Mittelpunkt der Kugel an. Eine wirbelfreie Strömung kann durch ein Geschwindigkeitsfeld $\boldsymbol{v}(\boldsymbol{r}) = \operatorname{grad} \Phi(\boldsymbol{r})$ beschrieben werden. Zeigen Sie, dass der Ansatz

$$\Phi(\boldsymbol{r}, t) = \boldsymbol{c} \cdot \nabla \, \frac{1}{r'} \qquad \text{mit } \boldsymbol{r}' = \boldsymbol{r} - \boldsymbol{v}_0\, t$$

folgende Bedingungen erfüllt:

$$\Delta \Phi(\boldsymbol{r}, t) = 0 \quad \text{in } V \qquad \text{und} \qquad \boldsymbol{v}' \cdot \boldsymbol{e}_{r'} = 0 \quad \text{auf R}$$

Dabei ist V das Volumen außerhalb der Kugel, und R ist die Kugeloberfläche. Die zweite Bedingung bezieht sich auf das Ruhsystem der Kugel (durch die Striche angezeigt). Von der Kugel aus gesehen muss die Normalkomponente der Geschwindigkeit auf dem Rand verschwinden; dies legt auch den konstanten Vektor $\boldsymbol{c}$ fest.

Die mit der Bewegung verknüpfte kinetische Energie ist von der Form $E = E_{\text{Kugel}} + E_{\text{Flüss}} = M_{\text{eff}}\, \boldsymbol{v}_0^2/2$ und besteht aus den Beiträgen der Kugel $E_{\text{Kugel}} = M\, \boldsymbol{v}_0^2/2$ *und* der Flüssigkeit. Berechnen Sie die effektive Masse M_{eff} der Kugel.

Lösung: Wir überprüfen zunächst die Laplacegleichung:

$$\Delta\Phi = -\boldsymbol{c} \cdot \nabla \, \Delta \, \frac{1}{r'} = 4\pi \, \boldsymbol{c} \cdot \nabla \, \delta(\boldsymbol{r}') \overset{r' \geq R}{=} 0$$

Wir bestimmen das Geschwindigkeitsfeld (außerhalb der Kugel):

$$\boldsymbol{v} = \operatorname{grad} \Phi = -\, \boldsymbol{c} \cdot \nabla \, \frac{\boldsymbol{r}'}{r'^3} = -\, \frac{\boldsymbol{c} - 3\, \boldsymbol{e}_{r'} (\boldsymbol{e}_{r'} \cdot \boldsymbol{c})}{r'^3} \qquad (r' \geq R) \tag{11.79}$$

Im Ruhsystem der Kugel ist das Geschwindigkeitsfeld der Flüssigkeit $\boldsymbol{v}' = \boldsymbol{v} - \boldsymbol{v}_0$. Wir berechnen die Normalkomponente auf der Kugeloberfläche:

$$\boldsymbol{e}_{r'} \cdot \boldsymbol{v}' \Big|_{\text{R}} = \boldsymbol{e}_{r'} \cdot \left(\boldsymbol{c} \, \frac{2}{R^3} - \boldsymbol{v}_0 \right) \overset{!}{=} 0$$

Diese Normalkomponente muss verschwinden, also

$$\boldsymbol{c} = \frac{R^3}{2} \, \boldsymbol{v}_0$$

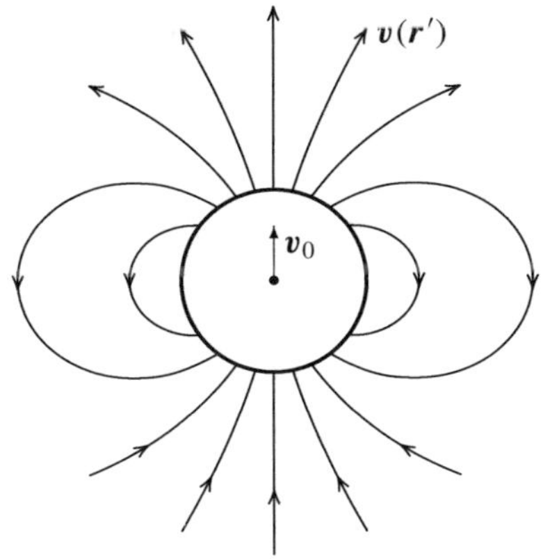

Das Geschwindigkeitsfeld (11.79) hat dieselbe mathematische Form wie das elektrische oder magnetische Feld eines Punktdipols. Vor der Kugel strömt die Flüssigkeit in Bewegungsrichtung weg (sie muss Platz machen), an den Seiten der Kugel strömt sie dann zurück, um schließlich hinter der Kugel den Raum wieder aufzufüllen. Unmittelbar an der Stirnseite ist $\boldsymbol{v} = \boldsymbol{v}_0$.

Mit $\boldsymbol{v}^2 = [\boldsymbol{c}^2 + 3\,(\boldsymbol{e}_{r'} \cdot \boldsymbol{c})^2]/r'^6$ berechnen wir die kinetische Energie der Flüssigkeit:

$$\begin{aligned} E_{\text{Flüss}} &= \frac{\varrho_0}{2} \int_{r \geq R} d^3r \; \boldsymbol{v}^2 = \frac{\varrho_0}{2} \int_{r' \geq R} d^3r' \; \frac{\boldsymbol{c}^2 + 3\,(\boldsymbol{e}_{r'} \cdot \boldsymbol{c})^2}{r'^6} \\ &= 4\pi\,\varrho_0 \int_R^\infty dr' \; \frac{\boldsymbol{c}^2}{r'^4} = \frac{4\pi\,\varrho_0}{3}\,\frac{\boldsymbol{c}^2}{R^3} = \frac{1}{4}\left(\frac{4\pi}{3}\,\varrho_0\,R^3\right)\boldsymbol{v}_0^2 \end{aligned}$$

Es wurden (i) die Integrationsvariable $\boldsymbol{r}$ durch $\boldsymbol{r}'$ ersetzt, (ii) der Vektor $\boldsymbol{c}$ in z-Richtung gelegt und die Winkelintegration ausgeführt, (iii) das verbleibende Radialintegral gelöst und (iv) schließlich $\boldsymbol{c}$ eingesetzt. Die effektive Masse der Kugel ist damit

$$M_{\text{eff}} = M + \frac{1}{2}\left(\frac{4\pi}{3}\,\varrho_0\,R^3\right)$$

Hieraus folgt $M_{\text{eff}} = 3\,M/2$, wenn die Kugel und die Flüssigkeit dieselbe Dichte haben.

Anmerkung: Das ideale Bosegas (Kapitel 29) hat einen Phasenübergang (Bose-Einstein-Kondensation), der Ähnlichkeiten mit dem λ-Übergang in flüssigem Helium hat. Wenn man die Parameter von flüssigem Helium in die theoretische Übergangstemperatur einsetzt, erhält man $T_{\text{c}} \approx 3.1\,\text{K}$. Für den λ-Übergang gilt dagegen $T_\lambda \approx 2.2\,\text{K}$. Wegen $T_{\text{c}} \propto 1/m$ erhält man eine wesentlich bessere Übereinstimmung, wenn man die Masse m eines Heliumatoms durch $m_{\text{eff}} = 3m/2$ ersetzt.

11.20 Wärmeleitungsgleichung

Für das Temperaturfeld $T(\boldsymbol{r}, t)$ gilt die Wärmeleitungsgleichung (Kapitel 31)

$$\frac{\partial T(\boldsymbol{r}, t)}{\partial t} = \kappa'\,\Delta T(\boldsymbol{r}, t)$$

mit einer materialabhängigen Konstanten κ'. Im statischen Fall reduziert sich dies auf die Laplacegleichung $\Delta T(\boldsymbol{r}) = 0$.

Auf zwei parallelen, unendlich ausgedehnten Platten im Abstand D seien die Temperaturen T_1 und T_2 vorgegeben. Das Medium zwischen den Platten sei homogen. Geben Sie den Temperaturverlauf zwischen den Platten an, der sich im statischen Fall durch Wärmeleitung einstellt.

Lösung: Wegen der Translationssymmetrie (in einer Ebene parallel zu den Platten) reduziert sich das Problem auf eine Dimension, $T(\boldsymbol{r}) = T(z)$. Die Laplacegleichung lässt sich sofort integrieren:

$$\Delta T(z) = \frac{d^2 T(z)}{dz^2} = 0 \qquad \Longrightarrow \qquad T(z) = c\,z + d$$

Die Randbedingungen bestimmen die Integrationskonstanten $d = T_1$ und $c = (T_2 - T_1)/D$. Damit ergibt sich das lineare Temperaturprofil

$$T(z) = \big(T_2 - T_1\big)\,\frac{z}{D} + T_1$$

Dieses Problem ist mathematisch äquivalent zu dem eines unendlich ausgedehnten Plattenkondensators.

11.21 Vollständigkeitsrelation für Sinusfunktionen

Betrachten Sie das orthonormierte Funktionensystem

$$\left\{\sqrt{\frac{2}{L}}\,\sin\left(\frac{n\,\pi\,x}{L}\right)\right\}, \qquad n = 1, 2, 3\ldots \quad \text{und} \quad x \in [0, L]$$

Überprüfen Sie mit Hilfe von (10.33) die Vollständigkeitsrelation

$$\frac{2}{L}\sum_{n=0}^{\infty}\sin\left(\frac{n\,\pi\,x}{L}\right)\,\sin\left(\frac{n\,\pi\,x'}{L}\right) = \delta(x - x')$$

Lösung: Wir formen die Summe um und verwenden die Darstellung (10.33) der δ-Funktion:

$$\frac{2}{L}\sum_{n=0}^{\infty}\sin\left(\frac{n\,\pi\,x}{L}\right)\sin\left(\frac{n\,\pi\,x'}{L}\right) = \frac{1}{2L}\sum_{n=-\infty}^{\infty}\left[\exp\left(\mathrm{i}\,\pi\,n\,\frac{x - x'}{L}\right) - \exp\left(\mathrm{i}\,\pi\,n\,\frac{x + x'}{L}\right)\right]$$

$$= \frac{1}{L}\left[\delta\Big(\frac{x - x'}{L}\Big) - \delta\Big(\frac{x + x'}{L}\Big)\right] = \delta(x - x') - \delta(x + x') \overset{x+x'>0}{=} \delta(x - x')$$

Im vorletzten Schritt wurde (10.34) verwendet.

11.22 Legendrepolynome aus der Rekursionsformel

Bestimmen Sie die Legendrepolynome $P_4(x)$ und $P_5(x)$ aus der Rekursionsformel

$$a_{k+2} = \frac{k(k+1) - l\,(l+1)}{(k+1)(k+2)}\,a_k$$

und aus der Normierung $P_l(1) = 1$.

Lösung: Für $P_4(x)$ starten wir mit $a_0 \neq 0$ und $a_1 = 0$. Aus der Rekursionsformel folgen dann $a_3 = a_5 = ... = 0$ und

$$a_2 = -10\, a_0\,, \quad a_4 = -\frac{7}{6}\, a_2 = \frac{35}{3}\, a_0\,, \quad a_6 = 0\,, \quad a_8 = a_{10} = \ldots = 0$$

Dies ergibt

$$P_4(x) = a_0 \Big(1 - 10\, x^2 + \frac{35}{3}\, x^4 \Big) = \frac{3}{8} \Big(1 - 10\, x^2 + \frac{35}{3}\, x^4 \Big)$$

Der letzte Schritt folgt aus $P_4(1) = 1$. Für $P_5(x)$ starten wir mit $a_0 = 0$ und $a_1 \neq 0$. Aus der Rekursionsformel folgen dann $a_2 = a_4 = ... = 0$, $a_3 = -(14/3)\, a_1$, $a_5 = (21/5)\, a_1$ und $a_7 = a_9 = ... = 0$. Die Normierung $P_5(1) = 1$ ergibt $a_1 = 15/8$. Damit erhalten wir

$$P_5(x) = \frac{15}{8} \Big(x - \frac{14}{3}\, x^3 + \frac{21}{5}\, x^5 \Big)$$

11.23 Legendresche Differenzialgleichung

Zeigen Sie, dass die Legendrepolynome

$$P_l\,(x) = \frac{1}{2^l\, l!}\, \frac{d^l}{dx^l} \left(x^2 - 1\right)^l \qquad (11.80)$$

die Legendresche Differenzialgleichung $(x^2 - 1)\, P_l'' + 2\, x\, P_l' - l\,(l + 1)\, P_l = 0$ erfüllen. Differenzieren Sie dazu $(l + 1)$-mal die Gleichung

$$\left(x^2 - 1\right) \frac{d}{dx} \left(x^2 - 1\right)^l = 2\, l\, x \left(x^2 - 1\right)^l$$

Lösung: Wir differenzieren zunächst die linke Seite $(l + 1)$-mal:

$$\frac{d^{l+1}}{dx^{l+1}} \left[\left(x^2 - 1\right) \frac{d}{dx} \left(x^2 - 1\right)^l \right] = \sum_{k=0}^{l+1} \binom{l+1}{k} \left[\frac{d^k}{dx^k} \left(x^2 - 1\right) \right] \left[\frac{d^{l+2-k}}{dx^{l+2-k}} \left(x^2 - 1\right)^l \right]$$

$$= \left(x^2 - 1\right) \frac{d^{l+2}}{dx^{l+2}} \left(x^2 - 1\right)^l + 2\,(l + 1)\, x\, \frac{d^{l+1}}{dx^{l+1}} \left(x^2 - 1\right)^l + l\,(l + 1)\, \frac{d^l}{dx^l} \left(x^2 - 1\right)^l$$

$$= 2^l\, l! \left[\left(x^2 - 1\right) P_l'' + 2\,(l + 1) x\, P_l' + l\,(l + 1)\, P_l \right]$$

Dann differenzieren wir die rechte Seite $(l + 1)$-mal:

$$\frac{d^{l+1}}{dx^{l+1}} \left[2\, l\, x \left(x^2 - 1\right)^l \right] = 2\, l\, x\, \frac{d^{l+1}}{dx^{l+1}} \left(x^2 - 1\right)^l + 2\, l\,(l + 1)\, \frac{d^l}{dx^l} \left(x^2 - 1\right)^l$$

$$= 2^l\, l! \left[2\, l\, x\, P_l' + 2\, l\,(l + 1)\, P_l \right]$$

Wir setzen die Ergebnisse der $(l + 1)$-maligen Differenziation der beiden Seiten gleich:

$$\left(x^2 - 1\right) P_l'' + 2\, x\, P_l' = l\,(l + 1)\, P_l$$

Dies ist die Legendresche Differenzialgleichung.

11.24 Normierung der Legendrepolynome

Zeigen Sie $(P_l, P_l) = 2/(2l+1)$ mit Hilfe von (11.37) und partieller Integration. Hinweis: Es gilt $\int_{-1}^{1} dx\,(1-x^2)^l = 2(2^l l!)^2/(2l+1)!$

Lösung: Wir setzen (11.37) in das Normierungsintegral ein und integrieren l-mal partiell:

$$\int_{-1}^{1} dx\,\big[P_l(x)\big]^2 = \frac{1}{(2^l l!)^2}\int_{-1}^{1} dx\,\frac{d^l}{dx^l}\big(x^2-1\big)^l\,\frac{d^l}{dx^l}\big(x^2-1\big)^l$$
$$= \frac{(-)^l}{(2^l l!)^2}\int_{-1}^{1} dx\,\big(x^2-1\big)^l\,\frac{d^{2l}}{dx^{2l}}\big(x^2-1\big)^l = \frac{(-)^l\,(2l)!}{(2^l l!)^2}\int_{-1}^{1} dx\,\big(x^2-1\big)^l = \frac{2}{2l+1}$$

Dabei fallen die Randterme weg. Für den letzten Schritt benötigt man den in der Aufgabe angegebenen Hinweis. Diese Aussage lässt sich durch l-malige partielle Integration beweisen:

$$\int_{-1}^{1} dx\,\big(1-x^2\big)^l = \int_{-1}^{1} dx\,(1-x)^l(1+x)^l = \frac{(l!)^2}{(2l)!}\int_{-1}^{1} dx\,(1+x)^{2l}$$
$$= \frac{(l!)^2}{(2l)!}\int_{0}^{2} d\bar{x}\,\bar{x}^{2l} = \frac{2(2^l l!)^2}{(2l+1)!}$$

Hierbei wurde $\bar{x} = 1 + x$ substituiert.

11.25 Laplacegleichung in kartesischen und Zylinderkoordinaten

Betrachten Sie einen Separationsansatz für die Laplacegleichung $\Delta\Phi = 0$ in kartesischen und in Zylinderkoordinaten. Geben Sie die Separationskonstanten und die Elementarlösungen der resultierenden gewöhnlichen Differenzialgleichungen an.

Lösung: In kartesischen Koordinaten lautet der Separationsansatz $\Phi = X(x)\,Y(y)\,Z(z)$. Wenn man dies in die Laplacegleichung einsetzt, und die Gleichung durch Φ teilt, erhält man

$$\frac{X''(x)}{X(x)} + \frac{Y''(y)}{Y(y)} + \frac{Z''(z)}{Z(z)} = 0$$

Der erste Term X''/X kann nur von x abhängen. Andererseits muss er gleich $-Y''/Y - Z''/Z$ sein, was nicht von x abhängt. Also muss er gleich einer Konstanten c_1 sein. Diese Argumentation gilt gleichermaßen für die anderen Anteile:

$$\frac{X''(x)}{X(x)} = c_1\,, \qquad \frac{Y''(y)}{Y(y)} = c_2\,, \qquad \frac{Z''(z)}{Z(z)} = c_3$$

Die Laplacegleichung ist nun genau dann erfüllt, wenn

$$c_1 + c_2 + c_3 = 0$$

Das Vorzeichen der Separationskonstanten $c_i = \pm\alpha_i^2$ ist zunächst offen. Je nach Vorzeichen sind die Elementarlösungen entweder trigonometrisch, also $\cos(\alpha_i x_i)$ und $\sin(\alpha_i x_i)$, oder hyperbolisch, also $\cosh(\alpha_i x_i)$ und $\sinh(\alpha_i x_i)$. Anstelle der hyperbolischen Form kann auch die exponentielle gewählt werden, also $\exp(\pm\alpha_i x_i)$.

Wegen $c_1+c_2+c_3 = 0$ können nicht alle Konstanten positiv oder negativ sein. Daher gibt es in der Gesamtlösung mindestens einen trigonometrischen und mindestens einen hyperbolischen Anteil. Eine der Konstanten könnte auch null sein, etwa $c_1 = 0$ mit $X(x) = a_1 + b_1 x$. Wenn zwei Konstanten null sind, dann ist es auch die dritte, und es ergibt sich die Lösung $\Phi = (a_1 + b_1 x)(a_2 + b_2 y)(a_3 + b_3 z)$.

In Zylinderkoordinaten lautet der Separationsansatz $\Phi(\boldsymbol{r}) = R(\rho)\, Q(\varphi)\, Z(z)$. Wenn man dies in die Laplacegleichung einsetzt, und die Gleichung durch Φ teilt, erhält man

$$\frac{\big(\rho R'(\rho)\big)'}{\rho R(\rho)} + \frac{1}{\rho^2}\frac{Q''(\varphi)}{Q(\varphi)} + \frac{Z''(z)}{Z(z)} = 0 \tag{11.81}$$

Das oben angeführte Separationsargument gilt zunächst für Z''/Z (kann nur von z abhängen, ist aber gleich Termen, die nicht von z abhängen) und für Q''/Q. Damit erhalten wir hierfür die gewöhnlichen Differenzialgleichungen

$$\frac{Z''(z)}{Z(z)} = \text{const.} = \pm\alpha^2\,, \qquad \frac{Q''(\varphi)}{Q(\varphi)} = \text{const.} = -m^2 \tag{11.82}$$

Die Elementarlösungen für $Z(z)$ sind entweder trigonometrisch, also $\cos(\alpha z)$ und $\sin(\alpha z)$, oder hyperbolisch, also $\cosh(\alpha z)$ und $\sinh(\alpha z)$. Anstelle der hyperbolischen Form kann auch wieder die exponentielle gewählt werden, also $\exp(\pm\alpha z)$.

Für $Q(\varphi)$ gilt wegen der Bedeutung des Winkels φ die Bedingung $Q(\varphi + 2\pi) = Q(\varphi)$. Dies lässt nur die Lösungen $Q(\varphi) \propto \exp(\mathrm{i} m\varphi)$ mit $m = 0, \pm 1, \pm 2, \ldots$ zu.

Wir setzen (11.82) in (11.81) ein und erhalten

$$\frac{d^2 R(\rho)}{d\rho^2} + \frac{1}{\rho}\frac{dR(\rho)}{d\rho} + \left(\pm\alpha^2 - \frac{m^2}{\rho^2}\right) R(\rho) = 0$$

Für das Pluszeichen wird diese Differenzialgleichung durch die regulären und irregulären Besselfunktionen, $J_m(\alpha\rho)$ und $Y_m(\alpha\rho)$, gelöst. Sie haben das asymptotische Verhalten

$$J_m(\alpha\rho) \overset{\rho\to\infty}{\longrightarrow} \sqrt{2/(\pi\alpha\rho)}\, \cos\big(\alpha\rho - \pi(m+1/2)/2\big)$$

$$Y_m(\alpha\rho) \overset{\rho\to\infty}{\longrightarrow} \sqrt{2/(\pi\alpha\rho)}\, \sin\big(\alpha\rho - \pi(m+1/2)/2\big)$$

und entsprechen insofern den trigonometrischen Lösungen. Für das Minuszeichen ergeben sich die modifizierten Besselfunktionen, $I_m(\alpha\rho)$ und $K_m(\alpha\rho)$, mit asymptotischem Exponentialverhalten. Für Darstellungen und Eigenschaften dieser Funktionen sei auf mathematische Formelsammlungen (Bronstein, Abramowitz) verwiesen.

11.26 Homogen geladener Kreisring

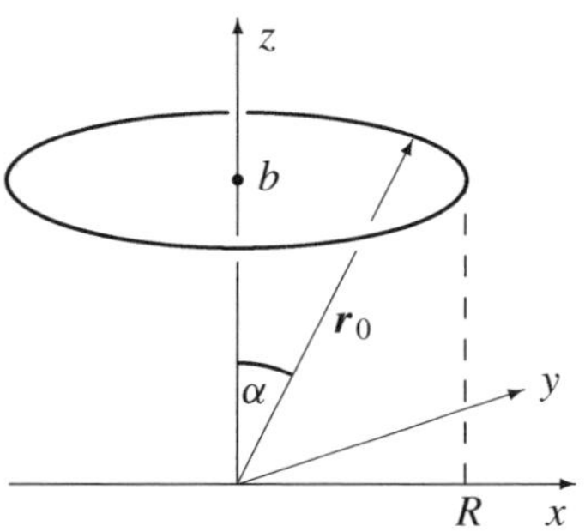

Die Ladungsdichte eines Kreisrings (Radius R, Ladung q) lautet in Zylinderkoordinaten

$$\varrho(\boldsymbol{r}) = \frac{q}{2\pi R}\,\delta(\rho - R)\,\delta(z - b)$$

Berechnen Sie das Potenzial Φ auf der z-Achse mit der Integralformel. Drücken Sie das Ergebnis durch den Abstand $|z\boldsymbol{e}_z - \boldsymbol{r}_0|$ aus. Geben Sie das volle Potenzial $\Phi(r, \theta)$ in der allgemeinen zylindersymmetrischen Form an.

Lösung: In (11.5) verwenden wir $\boldsymbol{r} = z\,\boldsymbol{e}_z$ und den allgemeinen Ortsvektor $\boldsymbol{r}' = \rho'\,\boldsymbol{e}'_\rho + z'\,\boldsymbol{e}_z$. Der Basisvektor $\boldsymbol{e}'_\rho$ hat einen Strich, weil er von ϕ' abhängt (käme auch $\boldsymbol{e}_\rho$ in $\boldsymbol{r}$ vor, dann würde die folgende Rechnung komplizierter). Der Abstand der beiden Vektoren ist $|\boldsymbol{r} - \boldsymbol{r}'| = [\rho'^2 + (z - z')^2]^{1/2}$. Damit erhalten wir

$$\Phi(\rho = 0, z) = 2\pi \int_0^\infty d\rho'\,\rho' \int_{-\infty}^\infty dz'\,\frac{\varrho(\rho', z')}{\sqrt{\rho'^2 + (z - z')^2}} = \frac{q}{\sqrt{R^2 + (z - b)^2}}$$

Der Faktor 2π kommt von der φ-Integration. Wegen der δ-Funktionen in der Ladungsdichte können die Integrationen sofort ausgeführt werden.

Die Länge $\sqrt{R^2 + (z - b)^2}$ ist der Abstand von einem Punkt des Kreisrings zum Aufpunkt auf der positiven z-Achse. Diese Länge ist aber auch die dritte Seite eines Dreiecks, das von den Vektoren $\boldsymbol{r}_0$ und $\boldsymbol{r} = z\,\boldsymbol{e}_z$ aufgespannt wird. Daher kann das Ergebnis alternativ in der Form

$$\Phi(\rho = 0, z) = \frac{q}{|\boldsymbol{r} - \boldsymbol{r}_0|} \tag{11.83}$$

geschrieben werden. In Kugelkoordinaten ist das Potenzial von der Form $\Phi(r, \theta)$, oder $\Phi(r, 0)$ mit $r = z$ für die Werte auf der z-Achse. Wir werten (11.83) zunächst mit dem Cosinussatz für das von $\boldsymbol{r}_0$ und $\boldsymbol{r} = r\,\boldsymbol{e}_z$ aufgespannte Dreieck aus:

$$\Phi(r, 0) = \frac{q}{\sqrt{r^2 + r_0{}^2 - 2\,r\,r_0\,\cos\alpha}} = q \sum_{l=0}^{\infty} \frac{r_<^{\,l}}{r_>^{\,l+1}}\,P_l(\cos\alpha) \tag{11.84}$$

Dabei sind $r_0 = \sqrt{b^2 + R^2}$ und $\cos\alpha = b/r_0$. Die Entwicklung des Wurzelausdrucks mit $\cos\alpha$ nach den Legendrepolynomen $P_l(\cos\alpha)$ wird in Kapitel 10 in [2] abgeleitet; dabei ist $r_> = \max(r, r_0)$ und $r_< = \min(r, r_0)$. Es handelt sich um zwei getrennte Entwicklungen; die eine gilt im Bereich $r > r_0$, die andere im Bereich $r < r_0$.

Nach (11.40) legt das Potenzial $\Phi(r, 0)$ auf der positiven z-Achse das gesamte Potenzial $\Phi(r, \theta)$, (11.39), fest. Wir übertragen diesen Schritt auf (11.84):

$$\Phi(r, \theta) = q \sum_{l=0}^{\infty} \frac{r_<^{\,l}}{r_>^{\,l+1}}\,P_l(\cos\alpha)\,P_l(\cos\theta)$$

11.27 Zwei parallele Kreisringe

Zwei parallele Kreisringe (beide mit dem Radius R) sind homogen mit q und $-q$ geladen. Die Kreise sind parallel zur x-y-Ebene und haben ihre Mittelpunkte bei $(x, y, z) = (0, 0, b)$ und $(0, 0, -b)$. Berechnen Sie das elektrostatische Potenzial. Zeigen Sie, dass der für $r \to \infty$ führende Beitrag die Form eines Dipolfelds hat.

Lösung: Nach (11.40) legt das Potenzial $\Phi(r, 0)$ auf der z-Achse das gesamte Potenzial $\Phi(r, \theta)$, (11.39), fest. Für den oberen Drahtring gilt nach (11.84)

$$\Phi(r, 0) = q \sum_{l=0}^{\infty} \frac{r_<^{\,l}}{r_>^{\,l+1}}\,P_l(\cos\alpha) \qquad \text{(Ring bei } z = b\text{)}$$

wobei $r_> = \max(r, r_0)$ und $r_< = \min(r, r_0)$. Zum Potenzial des zweiten Kreisrings gelangt man durch die Ersetzungen

$$\alpha \to \pi - \alpha\,, \quad \cos\alpha \to -\cos\alpha\,, \quad P_l(\cos\alpha) \to (-)^l\,P_l(\cos\alpha) \quad \text{und} \quad q \to -q$$

Für ungerades l sind die Beiträge zum Potenzial gleich, für gerades l entgegengesetzt gleich. Daher fallen in der Summe der Potenziale die geraden Beiträge weg, und die ungeraden Beiträge addieren sich:

$$\Phi(r, 0) = 2q \sum_{l=1,3,5,\ldots} \frac{r_<^{\,l}}{r_>^{\,l+1}} \, P_l(\cos\alpha)$$

Aus dem Vergleich mit (11.40) folgt die vollständige Lösung (11.39):

$$\Phi(r, \theta) = 2q \sum_{l=1,3,5,\ldots} \frac{r_<^{\,l}}{r_>^{\,l+1}} \, P_l(\cos\alpha) \, P_l(\cos\theta)$$

Im Grenzfall $r \to \infty$ ist $r_> = r$ und $r_< = r_0$, und $l = 1$ ist der führende Term:

$$\Phi(r, \theta) \overset{r\to\infty}{=} \frac{2q\,r_0}{r^2} \, P_1(\cos\alpha) \, P_1(\cos\theta) = \frac{2q\,r_0}{r^2} \cos\alpha \, \cos\theta = \frac{2q\,b}{r^2} \cos\theta = \frac{\boldsymbol{p}\cdot\boldsymbol{r}}{r^3}$$

Dies ist das Feld eines Dipols mit dem Dipolmoment $\boldsymbol{p} = 2q\,b\,\boldsymbol{e}_z$.

11.28 Homogen geladene Kreisscheibe

Eine Kreisscheibe (infinitesimal dünn, Radius R) ist homogen geladen (Gesamtladung q). Geben Sie die Ladungsdichte an, und berechnen Sie damit das Potenzial auf der Symmetrieachse. Geben Sie dann das volle elektrostatische Potenzial für folgende Fälle an:

(i) $r \ll R$ bis zur Ordnung r^2 und (ii) $r \gg R$ bis zur Ordnung $1/r^3$

Lösung: Wir verwenden Zylinderkoordinaten mit der z-Achse als Symmetrieachse. Die Ladungsdichte $\varrho = (q/\pi R^2)\,\Theta(R-\rho)\,\delta(z)$ ist aus Aufgabe 11.1 bekannt. Wir setzen sie in die Integralform für das Potenzial ein und berechnen das Ergebnis auf der z-Achse:

$$\Phi(\rho = 0, z) = \frac{2q}{R^2} \int_0^R \frac{d\rho'\,\rho'}{\sqrt{\rho'^2 + z^2}} = \frac{2q}{R^2} \left[\sqrt{R^2 + z^2} - |z| \right] \tag{11.85}$$

Dabei war $\sqrt{z^2} = |z|$ zu beachten. Das Problem ist symmetrisch zur x-y-Ebene. Die Entwicklung des Potenzials für $|z| \ll R$ ergibt

$$\Phi(\rho = 0, z) = \frac{2q}{R} \left[1 - \frac{|z|}{R} + \frac{1}{2}\frac{z^2}{R^2} \ldots \right] = \sum_{l=0}^{\infty} a_l \, z^l \qquad (|z| \ll R)$$

Damit sind die Koeffizienten in (11.40) bekannt. Der Übergang von (11.40) zur allgemeinen Lösung (11.39) erfolgt durch die Ersetzung $z^l \to r^l \, P_l(\cos\theta)$, wobei r und θ Kugelkoordinaten sind. Dies ergibt

$$\Phi(r, \theta) = \frac{2q}{R} \left[1 - \frac{r}{R} \,|\cos\theta| + \frac{1}{4}\frac{r^2}{R^2} \left(3\cos^2\theta - 1 \right) \pm \ldots \right] \qquad (r \ll R)$$

Dabei wurden die Legendrepolynome $P_1(\cos\theta) = \cos\theta$ und $P_2(\cos\theta) = (3\cos^2\theta - 1)/2$ eingesetzt. Die Entwicklung von (11.85) für $|z| \gg R$ ergibt

$$\Phi(\rho = 0, z) \;=\; \frac{q}{z}\left[1 - \frac{R^2}{4\,z^2} \pm \ldots\right] = \sum_{l=0}^{\infty} \frac{b_l}{z^{l+1}} \qquad (z \gg R)$$

Damit sind die Koeffizienten in (11.40) bekannt. Der Übergang zur allgemeinen Lösung (11.39) erfolgt durch die Ersetzung $1/z^{l+1} \to P_l(\cos\theta)/r^{l+1}$, also

$$\Phi(r,\theta) = \frac{q}{r} - \frac{q\,R^2}{8\,r^3}\left(3\cos^2\theta - 1\right) \pm \ldots = \frac{q}{r} - \frac{q\,R^2}{8}\,\frac{2\,z^2 - x^2 - y^2}{8r^5} \pm \ldots \qquad (r \gg R)$$

Die Quadrupolmomente können auch direkt aus der Ladungsdichte berechnet werden:

$$Q_{33} \;=\; \int d^3r\,\left(2\,z^2 - \rho^2\right)\varrho(\boldsymbol{r}) = -\frac{2q}{R^2}\int_0^R d\rho\;\rho^3 = -\frac{q}{2}\,R^2$$

$$Q_{11} \;=\; Q_{22} \;=\; -\frac{1}{2}\,Q_{33} \;=\; \frac{q}{4}\,R^2$$

11.29 Homogen geladenes Rotationsellipsoid

Ein homogen geladenes Rotationsellipsoid mit den Halbachsen $a = b > c$ trägt die Gesamtladung q. Verwenden Sie Zylinderkoordinaten (c-Achse gleich z-Achse), und berechnen Sie das Potenzial $\Phi(\rho, z)$ zunächst auf der z-Achse. Bestimmen Sie daraus die ersten beiden führenden Terme des Potenzials für große Abstände. Zeigen Sie, dass das Potenzial im Innenraum von der Form

$$\Phi(\rho, z) = A + B\,z^2 + C\,\rho^2 \qquad \text{(Innenraum)} \qquad (11.86)$$

ist, und bestimmen Sie die Konstanten A, B und C. Gehen Sie hierfür von dem zuvor bestimmten Potenzial $\Phi(0, z)$ und von der Poissongleichung aus. Berechnen Sie die Feldenergie der Ladungsverteilung.

Lösung: Aus der Ladung $q = (4\pi/3)\,\varrho_0 a^2 c$ folgt die homogene Ladungsdichte ϱ_0. In Zylinderkoordinaten gilt $\boldsymbol{r} := (0, 0, z)$ für einen Punkt auf der z-Achse und $\boldsymbol{r}' := (\rho'\cos\varphi', \rho'\sin\varphi', z')$ für einen beliebigen Punkt. Dies setzen wir in die Integralformel (11.5) ein:

$$\Phi(\rho = 0, z) \;=\; 2\pi\,\varrho_0 \int_{-c}^{c} dz' \int_0^{a\sqrt{1-z'^2/c^2}} d\rho'\;\rho'\;\frac{1}{\sqrt{\rho'^2 + (z - z')^2}} \qquad (11.87)$$

$$\;=\; 2\pi\,\varrho_0 \int_{-c}^{c} dz' \left[\sqrt{(1 - a^2/c^2)\,z'^2 - 2\,z\,z' + a^2 + z^2} - \left|z - z'\right|\right]$$

Wir werten dieses Integral für $|z| > c$ und $|z| < c$ getrennt voneinander aus; dabei verwenden wir jeweils das Additionstheorem für den Arcussinus. Für $|z| > c$ erhalten wir

$$\Phi(0, z) \;=\; 2\pi\,\varrho_0\left[-\frac{c\,|z|}{\varepsilon^2} + \frac{a\,c}{\varepsilon}\left(1 + \frac{z^2}{a^2\,\varepsilon^2}\right)\arcsin\left(\frac{\varepsilon}{\sqrt{z^2/a^2 + \varepsilon^2}}\right)\right] \qquad (|z| > c)$$

Dabei ist $\varepsilon = \sqrt{1 - c^2/a^2}$ die Exzentrizität. Wir entwickeln das Potenzial auf der positiven z-Achse:

$$\Phi(0, z) = \frac{4\pi}{3}\,\varrho_0\,\frac{a^2 c}{z}\left[1 - \frac{1}{5}\,\frac{\varepsilon^2 a^2}{z^2} + \ldots\right] = \sum_{l=0}^{\infty} \frac{b_l}{z^{l+1}} \qquad (z > c)$$

Es tragen nur die Koeffizienten b_l mit geradem l bei. Die niedrigsten Koeffizienten sind:

$$b_0 = \frac{4\pi}{3}\,\varrho_0\,a^2 c = q\,, \qquad b_2 = -\frac{1}{5}\,q\,(a^2 - c^2) = \frac{Q_{33}}{2}$$

Dabei ist $Q_{33} = 2\,b_2$ das Quadrupolmoment des Ellipsoids (Aufgabe 11.36). Die Lösung außerhalb der z-Achse erhalten wir durch die Ersetzung $z^{-l-1} \to r^{-l-1}\,P_l(\cos\theta)$. Die führenden Terme des Potenzials sind dann

$$\Phi(\rho, z) = \frac{q}{r} + \frac{Q_{33}}{r^3}\,\frac{3\cos^2\theta - 1}{4} + \ldots \qquad (r > c)$$

Diese Entwicklung konvergiert im Bereich $r > c$.
Wir werten nun (11.87) für $|z| < c$ aus:

$$\Phi(0, z) = 2\pi\varrho_0\left[a\,c\,\frac{\arcsin\varepsilon}{\varepsilon} - \frac{1}{\varepsilon^2}\left(1 - \frac{c}{a}\,\frac{\arcsin\varepsilon}{\varepsilon}\right)z^2\right] \qquad (|z| < c) \qquad (11.88)$$

Im Innenraum des Ellipsoids gilt die Poissongleichung $\Delta\Phi = -4\pi\varrho_0$. Ihre Lösung ist von der Form $\Phi = \Phi_{\rm hom} + \Phi_{\rm part}$. Für die allgemeine homogene Lösung setzen wir (11.39) mit $b_l = 0$ an. Als partikuläre Lösung wählen wir $\Phi_{\rm part} = -\pi\varrho_0\,(x^2 + y^2)$. Damit erhalten wir

$$\Phi(r, \theta) = \Phi_{\rm hom} + \Phi_{\rm part} = \sum_{l=0}^{\infty} a_l\,r^l\,P_l(\cos\theta) - \pi\varrho_0\,r^2\sin^2\theta \qquad \text{(Innenraum)} \qquad (11.89)$$

Für $\theta = 0$ und $r = z$ muss dies mit (11.88) übereinstimmen. Dieser Vergleich bestimmt die Koeffizienten a_l (nur a_0 und a_2 tragen bei). Damit wird das Potenzial (11.89) zu

$$\begin{aligned}\Phi(r, \theta) &= 2\pi\varrho_0\left[a\,c\,\frac{\arcsin\varepsilon}{\varepsilon} - \frac{1}{\varepsilon^2}\left(1 - \frac{c}{a}\,\frac{\arcsin\varepsilon}{\varepsilon}\right)r^2\,P_2(\cos\theta)\right] - \pi\varrho_0\,r^2\sin^2\theta \\ &\qquad\qquad \text{(Innenraum)} \\ &= 2\pi\varrho_0\left[a\,c\,\frac{\arcsin\varepsilon}{\varepsilon} - \frac{1}{\varepsilon^2}\left(1 - \frac{c}{a}\,\frac{\arcsin\varepsilon}{\varepsilon}\right)\frac{3\,z^2 - (\rho^2 + z^2)}{2}\right] - \pi\varrho_0\,\rho^2\end{aligned}$$

In der zweiten Zeile sind wir zu Zylinderkoordinaten übergegangen. Damit ergibt sich die Form $\Phi(\rho, z) = A + B\,z^2 + C\,\rho^2$ mit den Koeffizienten

$$\begin{aligned}A &= 2\pi\varrho_0\,a\,c\,\frac{\arcsin\varepsilon}{\varepsilon} \\ B &= -\frac{2\pi\varrho_0}{\varepsilon^2}\left(1 - \frac{c}{a}\,\frac{\arcsin\varepsilon}{\varepsilon}\right) \\ C &= \pi\varrho_0\left[-1 + \frac{1}{\varepsilon^2}\left(1 - \frac{c}{a}\,\frac{\arcsin\varepsilon}{\varepsilon}\right)\right]\end{aligned}$$

Die elektrostatische Feldenergie des homogen geladenen Rotationsellipsoids ist

$$\begin{aligned} W_{\text{em}} &= \frac{1}{2}\int_{\text{Ellipsoid}} d^3r\ \varrho_0\ \Phi(\rho, z) = \pi\,\varrho_0 \int_{-c}^{c} dz \int_0^{a\sqrt{1-z^2/c^2}} d\rho\ \rho\left[A + B\,z^2 + C\,\rho^2\right] \\ &= \frac{\pi}{4}\,\varrho_0 \int_{-c}^{c} dz \left[2a^2\left(A + B\,z^2\right)\left(1 - \frac{z^2}{c^2}\right) + C\,a^4\left(1 - \frac{z^2}{c^2}\right)^2\right] \\ &= \frac{2\pi}{3}\,\varrho_0\,a^2 c\left[A + \frac{1}{5}\,B\,c^2 + \frac{2}{5}\,C\,a^2\right] = \frac{3\,q^2}{5\,a}\,\frac{\arcsin\varepsilon}{\varepsilon} \end{aligned} \tag{11.90}$$

Für die homogen geladene Kugel, $a = c = R$ mit $\varepsilon \to 0$, erhält man die elektrostatische Energie $W_{\text{em}} = 3\,q^2/(5R)$ aus Aufgabe 14.8.

Alternativ kann das Potenzial für das homogen geladene Rotationsellipsoid mit Hilfe von angepassten elliptischen Koordinaten berechnet werden. Man erhält dann auch im Außenraum einen geschlossenen Ausdruck (S. Flügge, *Rechenmethoden der Elektrodynamik*, Springer 1986).

11.30 Zugeordnete Legendrepolynome

Verwenden Sie den Ansatz $P(x) = (1 - x^2)^{m/2}\,T(x)$ in der Differenzialgleichung

$$\Big(\big(1 - x^2\big)\,P'(x)\Big)' + \left[\lambda - \frac{m^2}{1 - x^2}\right]P(x) = 0$$

für die zugeordneten Legendrepolynome. Wie lautet die resultierende Differenzialgleichung für $T(x)$? Lösen Sie diese Gleichung mit einem Potenzreihenansatz.

Lösung: Wir setzen $P(x) = (1 - x^2)^{m/2}\,T(x)$ in die Differenzialgleichung ein und erhalten

$$\big(1 - x^2\big)\,T''(x) - 2\,(m+1)\,x\,T'(x) + \big[\lambda - m\,(m+1)\big]\,T(x) = 0$$

Die Argumente sind auf $|x| \le 1$ beschränkt. Der Potenzreihenansatz $T(x) = \sum_{k=0}^{\infty} a_k x^k$ führt zu

$$\sum_{k=0}^{\infty}\Big[(k+1)(k+2)\,a_{k+2} + \big(\lambda - (k+m)(k+m+1)\big)\,a_k\Big]\,x^k = 0$$

Der Koeffizient jeder Potenz x^k muss für sich verschwinden, also

$$a_{k+2} = \frac{(k+m)(k+m+1) - \lambda}{(k+1)(k+2)}\,a_k$$

Diese Rekursionsformel bestimmt bei Vorgabe von a_0 oder a_1 alle anderen Koeffizienten. Beide Folgen, $a_0 \to a_2 \to a_4 \to \ldots$ und $a_1 \to a_3 \to a_5 \to \ldots$ müssen abbrechen, damit die Potenzreihe konvergiert. Eine Folge wird durch Nullsetzen des Anfangskoeffizienten (a_0 oder a_1) insgesamt zu null, die andere bricht bei geeigneter Wahl von λ ab. Dies funktioniert nur für $\lambda = l\,(l+1)$ mit

$$l = 0,\ 1,\ 2,\ 3,\ \ldots \qquad \text{und} \qquad m = 0,\ \pm 1,\ \pm 2,\ \ldots,\ \pm l$$

11.31 Entwicklung des Skalarprodukts nach Kugelfunktionen

Stellen Sie die kartesischen Komponenten der beiden Ortsvektoren $\boldsymbol{r}$ und $\boldsymbol{r}'$ durch Kugelfunktionen dar. Berechnen Sie damit das Skalarprodukt $\boldsymbol{r}\cdot\boldsymbol{r}'$. Überprüfen Sie das Ergebnis mit Hilfe des Additionstheorems für Kugelfunktionen.

Lösung: Wir drücken die kartesischen Komponenten der Ortsvektoren durch Kugelkoordinaten aus:

$$\begin{aligned}\boldsymbol{r} &:= r\left(\sin\theta\cos\phi,\, \sin\theta\sin\phi,\, \cos\theta\right)\\ &= \sqrt{\frac{4\pi}{3}}\, r\left(\frac{Y_{1,1}(\theta,\phi)-Y_{1,-1}(\theta,\phi)}{-\sqrt{2}},\, \frac{Y_{1,1}(\theta,\phi)+Y_{1,-1}(\theta,\phi)}{-\mathrm{i}\sqrt{2}},\, Y_{1,0}(\theta,\phi)\right)\end{aligned}$$

Wir schreiben den analogen Ausdruck für den Vektor $\boldsymbol{r}'$ an. Da $\boldsymbol{r}'$ reell ist, können wir dabei auf der rechten Seite auch das konjugiert Komplexe wählen:

$$\boldsymbol{r}' := \sqrt{\frac{4\pi}{3}}\, r'\left(\frac{Y^*_{1,1}(\theta',\phi')-Y^*_{1,-1}(\theta',\phi')}{-\sqrt{2}},\, \frac{Y^*_{1,1}(\theta',\phi')+Y^*_{1,-1}(\theta',\phi')}{\mathrm{i}\sqrt{2}},\, Y^*_{1,0}(\theta',\phi')\right)$$

Damit bilden wir das gesuchte Skalarprodukt:

$$\begin{aligned}\boldsymbol{r}\cdot\boldsymbol{r}' &= \frac{4\pi}{3}\, r\, r'\left(Y^*_{1,1}(\theta',\phi')\, Y_{1,1}(\theta,\phi)+Y^*_{1,0}(\theta',\phi')\, Y_{1,0}(\theta,\phi)+Y^*_{1,-1}(\theta',\phi')\, Y_{1,-1}(\theta,\phi)\right)\\ &= \frac{4\pi}{3}\, r\, r' \sum_{m=-1,0,+1} Y^*_{1,m}(\theta',\phi')\, Y_{1,m}(\theta,\phi)\end{aligned}$$

Wir überprüfen nun das Ergebnis mit dem Additionstheorem für Kugelfunktionen (Kapitel 11 in [2]),

$$P_l(\cos\varphi) = \frac{4\pi}{2l+1}\sum_{m=-l}^{+l} Y^*_{lm}(\theta',\phi')\, Y_{lm}(\theta,\phi)$$

Wir identifizieren φ mit dem Winkel zwischen den beiden Vektoren $\boldsymbol{r}$ und $\boldsymbol{r}'$. Dann verwenden wir das Additionstheorem für $P_1(\cos\varphi)$:

$$\boldsymbol{r}\cdot\boldsymbol{r}' = r\, r'\cos\varphi = r\, r'\, P_1(\cos\varphi) = \frac{4\pi}{3}\, r\, r'\sum_{m=-1}^{+1} Y^*_{1m}(\theta',\phi')\, Y_{1m}(\theta,\phi)$$

11.32 Kugelschale mit vorgegebenem Potenzial

Auf einer Kugelschale (Radius R) ist das Potenzial gegeben:

$$\Phi(R,\theta,\phi) = \Phi_0\sin\theta\cos\phi$$

In den Bereichen $r > R$ und $r < R$ gibt es keine Ladungen. Für $r\to\infty$ ist das elektrische Feld $\boldsymbol{E} = E_0\,\boldsymbol{e}_z$. Bestimmen Sie das Potenzial $\Phi(r,\theta,\phi)$ im Inneren und Äußeren der Kugel.

Lösung: Ausgangspunkt ist die allgemeine Lösung (11.38) der Laplacegleichung:

$$\Phi(r,\theta,\phi) = \sum_{lm} \left[a_{lm}\, r^l + \frac{b_{lm}}{r^{l+1}} \right] Y_{lm}(\theta,\phi) \tag{11.91}$$

Die Laplacegleichung gilt für $r < R$ und für $r > R$. In diesen Bereichen ist jeweils unabhängig voneinander die Form (11.91) anzusetzen.

Wir betrachten zunächst den Bereich $r < R$. Die Terme mit b_{lm} entsprechen punktförmigen Ladungen (Punktladung, Punktdipol) bei $r = 0$. Da es keine solche Ladungen gibt, muss $b_{lm} = 0$ sein. Die Randbedingung auf der Kugeloberfläche kann in der Form

$$\Phi(R,\theta,\phi) = -\Phi_0 \sqrt{\frac{2\pi}{3}} \left[Y_{1,1}(\theta,\phi) - Y_{1,-1}(\theta,\phi) \right]$$

geschrieben werden. Der Vergleich mit der allgemeinen Lösung ergibt folgende Bedingungen: $a_{1,\pm 1}\, R = \mp \Phi_0 \sqrt{2\pi/3}$ und $a_{lm} = 0$ für $(l,m) \neq (1,\pm 1)$. Wir setzen diese Koeffizienten in (11.91) ein:

$$\Phi(r,\theta,\phi) = \Phi_0\, \frac{r}{2R}\, \sin\theta \Big(\exp(\mathrm{i}\,\phi) + \exp(-\mathrm{i}\,\phi) \Big) = \Phi_0\, \frac{r}{R}\, \sin\theta\, \cos\phi \qquad (r < R)$$

Wir wenden uns jetzt dem Bereich $r > R$ zu. Wir drücken die Vorgabe des Felds $\boldsymbol{E} = E_0\, \boldsymbol{e}_z$ für $r \to \infty$ durch das Potenzial aus

$$\Phi(r \to \infty, \theta, \phi) = -E_0\, z = -\, E_0\, r \sqrt{\frac{4\pi}{3}}\, Y_{10}(\theta,\phi)$$

Der Vergleich mit (11.91) impliziert $a_{10} = -\sqrt{4\pi/3}\, E_0$ und $a_{lm} = 0$ für $(l,m) \neq (1,0)$. Die Randbedingung ist dann durch die Koeffizienten b_{lm} zu erfüllen:

$$b_{1,\pm 1} = \mp \sqrt{\frac{2\pi}{3}}\, \Phi_0\, R^2\,, \qquad a_{10}\, R + \frac{b_{10}}{R^2} = 0\,, \qquad b_{l\neq 1,m} = 0$$

Daraus folgt das Potenzial im Außenbereich:

$$\Phi(r,\theta,\phi) = E_0 \left(\frac{R^3}{r^3} - 1 \right) r\, \cos\theta + \Phi_0\, \frac{R^2}{r^2}\, \sin\theta\, \cos\phi \qquad (r > R)$$

11.33 Multipole des homogen geladenen Stabs

Das elektrostatische Potenzial eines homogen geladenen Stabs ist aus Aufgabe 11.8 bekannt. Bestimmen Sie hieraus die beiden führenden Multipolfelder des Stabs. Überprüfen Sie das Ergebnis, indem Sie die Quadrupolmomente direkt aus der Ladungsdichte berechnen.

Lösung: Wir entwickeln die im Potenzial (11.60) auftretenden inversen Hyperbelfunktionen nach Potenzen von a,

$$\operatorname{arsinh}\left(\frac{z \pm a}{\rho}\right) = \operatorname{arsinh}\left(\frac{z}{\rho}\right) \pm \frac{a}{\sqrt{\rho^2 + z^2}} - \frac{1}{2}\, \frac{z\, a^2}{\left(\rho^2 + z^2\right)^{3/2}} \pm \frac{1}{6}\, \frac{\left(2\, z^2 - \rho^2\right) a^3}{\left(\rho^2 + z^2\right)^{5/2}} + \ldots$$

Damit hat das Potenzial in großer Entfernung vom Stab ein Monopol- und ein Quadrupolfeld:

$$\Phi(\boldsymbol{r}) = \frac{q}{2a}\left[\operatorname{arsinh}\left(\frac{z+a}{\rho}\right) - \operatorname{arsinh}\left(\frac{z-a}{\rho}\right)\right]$$

$$\stackrel{r\to\infty}{=} \frac{q}{a}\left[\frac{a}{\sqrt{\rho^2+z^2}} + \frac{1}{6}\,\frac{\left(2z^2-\rho^2\right)a^3}{\left(\rho^2+z^2\right)^{5/2}} + \ldots\right] = \frac{q}{r} + \frac{q\,a^2}{6}\,\frac{\left(2z^2-x^2-y^2\right)}{r^5} + \ldots$$

Das Dipolfeld verschwindet für zum Ursprung spiegelsymmetrische Ladungsanordnungen. Wir berechnen die Quadrupolmomente noch direkt:

$$Q_{33} = \frac{q}{2a}\int_{-a}^{a} dz\,\left(2z^2\right) = \frac{2}{3}\,q a^2\,, \qquad Q_{11} = Q_{22} = -\,\frac{1}{2}\,Q_{33} = -\,\frac{1}{3}\,q a^2$$

Dies stimmt mit den Momenten überein, die aus dem Potenzial abgelesen werden können.

11.34 Singularität des Punktdipolfelds

Ein elektrischer Punktdipol hat das Potenzial $\Phi(\boldsymbol{r}) = \boldsymbol{p}\cdot\boldsymbol{r}/r^3$. Berechnen Sie hieraus die Ladungsdichte $\varrho(\boldsymbol{r})$. Zeigen Sie, dass das elektrische Feld von der Form

$$\boldsymbol{E}(\boldsymbol{r}) = \mathrm{P}\,\frac{3\,\boldsymbol{r}\,(\boldsymbol{p}\cdot\boldsymbol{r}) - \boldsymbol{p}\,r^2}{r^5} - \frac{4\pi}{3}\,\boldsymbol{p}\,\delta(\boldsymbol{r}) \tag{11.92}$$

ist. Hierbei bezeichnet P den Hauptwert (principal value), der eine sphärische Umgebung $r \le \epsilon$ bei einer Integration ausschließt; nach der Integration ist der Limes $\epsilon \to 0$ zu nehmen. Distributionen sind über die Integrale mit beliebigen differenzierbaren Funktion $f(\boldsymbol{r})$ definiert. Daher ist (11.92) äquivalent zu

$$\int d^3r\; f(\boldsymbol{r})\left[\boldsymbol{E}(\boldsymbol{r}) - \mathrm{P}\,\frac{3\,\boldsymbol{r}\,(\boldsymbol{p}\cdot\boldsymbol{r}) - \boldsymbol{p}\,r^2}{r^5}\right] = -\,\frac{4\pi}{3}\,f(0)\,\boldsymbol{p} \tag{11.93}$$

Berechnen Sie aus dem Potenzial $\Phi(\boldsymbol{r}) = \boldsymbol{p}\cdot\boldsymbol{r}/r^3$ zunächst das elektrische Feld für $r \neq 0$. Aus dem Ergebnis folgt, dass die Integration in (11.93) auf eine Kugel mit einem (beliebig) kleinen Radius ϵ beschränkt werden kann.

Lösung: Für gegebenes Potenzial liefert die Poissongleichung $\Delta\Phi = -4\pi\,\varrho$ die Ladungsdichte:

$$\Delta\,\Phi(\boldsymbol{r}) = \Delta\,\frac{\boldsymbol{p}\cdot\boldsymbol{r}}{r^3} = -\Delta\left(\boldsymbol{p}\cdot\nabla\right)\frac{1}{r} = -\left(\boldsymbol{p}\cdot\nabla\right)\Delta\,\frac{1}{r} = 4\pi\left(\boldsymbol{p}\cdot\nabla\right)\delta(\boldsymbol{r}) = -4\pi\,\varrho(\boldsymbol{r})$$

Im ersten Schritt wurde $\boldsymbol{r}/r^3$ durch $-\nabla\,(1/r)$ ersetzt. Dann wurde der Laplaceoperator mit dem Differenzialoperator $\boldsymbol{p}\cdot\nabla$ vertauscht. Danach wurde $\Delta\,(1/r) = -4\pi\,\delta(\boldsymbol{r})$ verwendet. Aus dem Ergebnis können wir die Ladungsdichte ablesen:

$$\varrho(\boldsymbol{r}) = -\left(\boldsymbol{p}\cdot\nabla\right)\delta(\boldsymbol{r})$$

Die Berechnung des elektrischen Felds aus dem Potenzial ergibt zunächst

$$\boldsymbol{E}(\boldsymbol{r}) = -\,\nabla\,\frac{\boldsymbol{p}\cdot\boldsymbol{r}}{r^3} = -\,\frac{\boldsymbol{p}}{r^3} - (\boldsymbol{p}\cdot\boldsymbol{r})\,\nabla\,\frac{1}{r^3} = \frac{3\,\boldsymbol{r}\,(\boldsymbol{p}\cdot\boldsymbol{r}) - \boldsymbol{p}\,r^2}{r^5} \qquad (r \neq 0)$$

Im ersten Schritt wurde $\nabla\,(\boldsymbol{p}\cdot\boldsymbol{r}) = \boldsymbol{p}$ verwendet. Im zweiten Schritt wurde die Differenziation gemäß $\nabla\,(1/r^3) = -3\,\boldsymbol{r}/r^5$ ausgeführt. Dies ist so nur für $r \neq 0$ zulässig; denn an singulären Stellen können solche Ableitungen zu Distributionen führen. Wir setzen das so bestimmte Feld $\boldsymbol{E}$ in den Integranden (11.93) ein:

$$\left[\,\boldsymbol{E}(\boldsymbol{r}) - \mathrm{P}\,\frac{3\,\boldsymbol{r}\,(\boldsymbol{p}\cdot\boldsymbol{r}) - \boldsymbol{p}\,r^2}{r^5}\,\right] = \begin{cases} 0 & (r > \epsilon) \\ \boldsymbol{E}(\boldsymbol{r}) & (r \le \epsilon) \end{cases}$$

Für $r > \epsilon$ heben sich die beiden Terme auf der linken Seite auf. Für $r \le \epsilon$ verschwindet der zweite Term auf der linken Seite wegen der Hauptwertvorschrift. Damit werten wir die linke Seite von (11.93) aus:

$$\int d^3r\; f(\boldsymbol{r})\left[\,\boldsymbol{E}(\boldsymbol{r}) - \mathrm{P}\,\frac{3\,\boldsymbol{r}\,(\boldsymbol{p}\cdot\boldsymbol{r}) - \boldsymbol{p}\,r^2}{r^5}\,\right] = \int_{r\le\epsilon} d^3r\; f(\boldsymbol{r})\,\boldsymbol{E}(\boldsymbol{r})$$

$$= -\int_{r\le\epsilon} d^3r\; f(\boldsymbol{r})\,\nabla\,\frac{\boldsymbol{p}\cdot\boldsymbol{r}}{r^3} = -\int_{r=\epsilon} d\boldsymbol{A}\; f(\boldsymbol{r})\,\frac{\boldsymbol{p}\cdot\boldsymbol{e}_r}{\epsilon^2} + \int_{r\le\epsilon} d^3r\,\big(\nabla f(\boldsymbol{r})\big)\,\frac{\boldsymbol{p}\cdot\boldsymbol{e}_r}{r^2}$$

$$= -\,f(\tilde{\boldsymbol{\epsilon}})\int_{r=\epsilon} d\Omega\;(\boldsymbol{p}\cdot\boldsymbol{e}_r)\,\boldsymbol{e}_r + \mathcal{O}(\epsilon^2) = -\,\frac{4\pi}{3}\;\boldsymbol{p}\,f(0) \qquad (11.94)$$

Für das elektrische Feld wurde $\boldsymbol{E} = -\nabla\Phi$ eingesetzt und partiell integriert. Bei der partiellen Integration entsteht ein Oberflächen- und ein Volumenintegral (zweite Zeile). Im Oberflächenintegral (mit dem Flächenelement $d\boldsymbol{A} = \epsilon^2\,d\Omega\;\boldsymbol{e}_r$) kann $f(\boldsymbol{r})$ nach dem Mittelwertsatz der Integralrechnung als $f(\tilde{\boldsymbol{\epsilon}})$ vor das Integral gezogen werden; dabei ist $\tilde{\boldsymbol{\epsilon}}$ ein unbekannter Vektor zu einem Punkt der Oberfläche ($|\tilde{\boldsymbol{\epsilon}}| = \epsilon$). Danach kann das Integral ausgeführt werden und ergibt $4\pi\,\boldsymbol{p}/3$. Im Volumenintegral ist $d^3r = r^2\,d\Omega$, so dass sich der Faktor r^2 kürzt. Zur Auswertung setzen wir die Taylorentwicklung $\nabla f(\boldsymbol{r}) = \boldsymbol{a} + \mathcal{O}(r)$ ein. Der führende Term verschwindet bei der Winkelintegration; das Integral ist daher mindestens von der Ordnung ϵ^2. Im letzten Schritt wurde dann der Limes $\epsilon \to 0$ genommen.

Hinweis: Punktsingularitäten sind theoretische Konstrukte, die endliche (eng begrenzte) Verteilungen idealisieren. Als Beispiel betrachten wir das Feld der homogen polarisierten Kugel (Radius R) aus der späteren Aufgabe 15.3. Mit einer Θ-Funktion (mit dem Wert 1 für positives Argument, und null sonst) kann dieses Feld in folgender Form geschrieben werden:

$$\boldsymbol{E}(\boldsymbol{r}) = \frac{3\,\boldsymbol{r}\,(\boldsymbol{p}\cdot\boldsymbol{r}) - \boldsymbol{p}\,r^2}{r^5}\;\Theta(r-R) - \frac{\boldsymbol{p}}{R^3}\;\Theta(R-r)$$

Die Funktionenfolge $\delta_R(\boldsymbol{r}) = (3/4\pi R^3)\,\Theta(R-r)$ ist für $R \to 0$ eine Darstellung der δ-Funktion. Der Faktor $\Theta(r-R)$ ist für $R \to 0$ eine Darstellung der Hauptwertvorschrift. Damit führt die polarisierte Kugel im Grenzfall für $R \to 0$ zu (11.92).

Anmerkungen zum Hauptwert: Die hier diskutierten Fragen sind im Allgemeinen ohne besondere Bedeutung in den physikalischen Anwendungen. So ist das elektrische Feld durch seine Kraftwirkung definiert. Die Frage, welche Kraft ein Punktmultipol ausübt, stellt sich nur für $r \neq 0$. Vom physikalischen Standpunkt aus ist es insofern völlig ausreichend (und korrekt), das Feld mit

$$\boldsymbol{E}(\boldsymbol{r}) = \frac{3\,\boldsymbol{r}\,(\boldsymbol{p}\cdot\boldsymbol{r}) - \boldsymbol{p}\,r^2}{r^5} \qquad (r \neq 0)$$

anzugeben. Wenn man jedoch die δ-Funktion in (11.92) hinzufügt, dann ist der Hauptwert in dem anderen Term formal zwingend: Würde man zum Beispiel einen Hauptwert P′ definieren, der anstelle einer sphärischen Umgebung eine elliptische ausschließt, dann ergäbe das Oberflächenintegral in (11.94) einen anderen Faktor bei $f(0)$. Die Hauptwertvorschrift ist also mit dem Koeffizienten der δ-Funktion verknüpft.

Ohne den Hauptwert ist der erste Term auf der rechten Seite von (11.92) keine Distribution (und natürlich auch keine Funktion). Im Gegensatz dazu kann das Feld $\boldsymbol{E} = q\,\boldsymbol{r}/r^3$ einer Punktladung als Distribution aufgefasst werden; denn das Integral mit einer Testfunktion ist wohldefiniert.

11.35 Kartesische und sphärische Quadrupolkomponenten

Drücken Sie die neun kartesischen Komponenten Q_{ij} des Quadrupoltensors explizit durch die fünf sphärischen Komponenten q_{2m} aus.

Lösung: Die fünf sphärischen Komponenten des Quadrupoltensors werden entsprechend ihrer Definition (11.47)

$$q_{2m} = \sqrt{\frac{4\pi}{5}} \int d^3r\ \varrho(\boldsymbol{r})\ r^2\ Y^*_{2m}(\theta, \phi)\,, \qquad m = 0,\ \pm 1,\ \pm 2$$

berechnet. Daraus können die kartesischen Komponenten (11.46) abgelesen werden:

$$\begin{aligned}
q_{20} &= \frac{1}{2}\int d^3r\ \varrho(\boldsymbol{r})\left(3z^2 - r^2\right) &&= \frac{1}{2}\,Q_{33} \\
q_{2,\pm 1} &= \mp\sqrt{\frac{3}{2}}\int d^3r\ \varrho(\boldsymbol{r})\ z\left(x \mp \mathrm{i}\,y\right) &&= \mp\frac{1}{\sqrt{6}}\left(Q_{31} \mp \mathrm{i}\,Q_{32}\right) \\
q_{2,\pm 2} &= \sqrt{\frac{3}{8}}\int d^3r\ \varrho(\boldsymbol{r})\left(x \mp \mathrm{i}\,y\right)^2 &&= \frac{1}{2\sqrt{6}}\left(Q_{11} - Q_{22} \mp 2\,\mathrm{i}\,Q_{21}\right)
\end{aligned}$$

Man kann dies nach den kartesischen Komponenten auflösen:

$$\begin{aligned}
Q_{11} &= -q_{20} + \sqrt{\frac{3}{2}}\left(q_{22} + q_{2,-2}\right), &\qquad Q_{21} &= \mathrm{i}\sqrt{\frac{3}{2}}\left(q_{22} - q_{2,-2}\right) \\
Q_{22} &= -q_{20} - \sqrt{\frac{3}{2}}\left(q_{22} + q_{2,-2}\right), &\qquad Q_{31} &= -\sqrt{\frac{3}{2}}\left(q_{21} - q_{2,-1}\right) \\
Q_{33} &= 2\,q_{20}\,, &\qquad Q_{32} &= -\mathrm{i}\sqrt{\frac{3}{2}}\left(q_{21} + q_{2,-1}\right)
\end{aligned}$$

Dabei wurde $Q_{11} + Q_{22} + Q_{33} = 0$ verwendet.

11.36 Quadrupoltensor von Rotationsellipsoid und Kreiszylinder

Bestimmen Sie den Quadrupoltensor folgender, homogen geladener Körper:

(i) Rotationsellipsoid mit den Halbachsen $a = b$ und c.

(ii) Kreiszylinder mit der Länge L und dem Radius R.

Wählen Sie jeweils ein geeignetes Koordinatensystem.

Lösung: Das Rotationsellipsoid hat die Ladung $q = (4\pi/3)\varrho_0 a^2 c$, wobei ϱ_0 die homogene Ladungsdichte ist. Der Mittelpunkt des Rotationsellipsoids wird in den Koordinatenursprung gelegt; die Koordinatenachsen sollen mit den Hauptachsen des Ellipsoids zusammenfallen. Dann verschwinden alle Nichtdiagonalelemente (Integration einer ungeraden Funktion über einen geraden Bereich). Wir berechnen

$$\begin{aligned} Q_{11} &= \varrho_0 \int_{\text{Ellipsoid}} d^3r \left(2x^2 - y^2 - z^2\right) = \varrho_0\, a^2 c \int_{\text{Kugel}} d^3\bar{r} \left(2a^2\bar{x}^2 - a^2\bar{y}^2 - c^2\bar{z}^2\right) \\ &= \frac{4\pi}{15}\,\varrho_0\, a^2 c \left(2a^2 - a^2 - c^2\right) = \frac{1}{5}\, q \left(a^2 - c^2\right) \end{aligned}$$

Es wurden $x = a\bar{x}$, $y = a\,\bar{y}$ und $z = c\,\bar{z}$ substituiert. Danach ist nur noch über eine Kugel mit Radius 1 zu integrieren. Wegen der Symmetrie des Ellipsoids gilt $Q_{22} = Q_{11}$. Aus der Spurfreiheit folgt dann $Q_{33} = -(Q_{11} + Q_{22}) = -2\,Q_{11}$, also insgesamt

$$\left(Q_{ij}\right) = \begin{pmatrix} Q_{11} & 0 & 0 \\ 0 & Q_{11} & 0 \\ 0 & 0 & -2\,Q_{11} \end{pmatrix} = \begin{pmatrix} -\,Q_{33}/2 & 0 & 0 \\ 0 & -\,Q_{33}/2 & 0 \\ 0 & 0 & Q_{33} \end{pmatrix} \tag{11.95}$$

Diese Form gilt generell im Hauptachsensystem, falls $Q_{11} = Q_{22}$, also insbesondere bei Zylindersymmetrie.

Der Mittelpunkt des Kreiszylinders mit der Gesamtladung $q = \varrho_0\,\pi R^2 L$ wird in den Koordinatenursprung gelegt; die z-Achse wird als Symmetrieachse gewählt. Dann verschwinden alle Nichtdiagonalelemente. Wir berechnen

$$\begin{aligned} Q_{33} &= \varrho_0 \int_{\text{Zylinder}} d^3r \left(2z^2 - x^2 - y^2\right) = 2\pi\varrho_0 \int_{-L/2}^{L/2} dz \int_0^R d\rho\; \rho \left(2z^2 - \rho^2\right) \\ &= \pi\,\varrho_0\, R^2 \left(\frac{L^3}{6} - \frac{R^2 L}{2}\right) = q \left(\frac{L^2}{6} - \frac{R^2}{2}\right) \end{aligned}$$

Wegen der Symmetrie und der Spurfreiheit gilt $Q_{11} = Q_{22} = -Q_{33}/2$. Der Quadrupoltensor ist damit wieder von der Form (11.95).

12 Magnetostatik

Zwischen ruhenden Ladungen wirkt die Coulombkraft. Für bewegte Ladungen kommt es zu zusätzlichen, magnetischen Kräften. Bewegte Ladungen implizieren im Allgemeinen, dass das Problem zeitabhängig ist. In diesem Kapitel studieren wir zunächst den einfacheren Fall von stationären Strömen. Wir definieren das magnetische Feld und stellen das Kraftgesetz auf. Hieraus werden die Feldgleichungen der Magnetostatik abgeleitet. Schließlich behandeln wir das magnetische Dipolmoment einer begrenzten Stromverteilung.

Der *Strom* $I = dq/dt$ durch einen Draht ist gleich der Ladung pro Zeit. Die *Stromdichte* $\boldsymbol{j}$ zeigt in Richtung des Stroms und hat den Betrag $j = I/\Delta a$, wobei Δa die Querschnittsfläche des Drahts ist. In einer kontinuierlichen Stromverteilung $\boldsymbol{j}(\boldsymbol{r}, t)$ ist der Effekt eines Volumenelements d^3r gleich dem eines stromdurchflossenen Drahtelements:

$$\boldsymbol{j}\, d^3r = I\, d\boldsymbol{\ell} \tag{12.1}$$

Analog hierzu wurde in der Elektrostatik eine ausgedehnte Ladungsverteilung in einzelne Elemente $\varrho\, d^3r = dq$ zerlegt. In der Magnetostatik beschränken wir uns auf zeitunabhängige Stromdichten, $\boldsymbol{j} = \boldsymbol{j}(\boldsymbol{r})$.

Der mikroskopischen Ladungsdichte $\varrho_{\text{at}} = \sum_i q_i\, \delta(\boldsymbol{r} - \boldsymbol{r}_i(t))$ entspricht die Stromdichte $\boldsymbol{j}_{\text{at}} = \sum_i q_i\, \boldsymbol{v}_i\, \delta(\boldsymbol{r} - \boldsymbol{r}_i(t))$. Die Punktladungen könnten etwa Elektronen sein. Meist betrachten wir die über geeignete Volumina gemittelten Größen, $\varrho = \langle \varrho_{\text{at}} \rangle$ und $\boldsymbol{j} = \langle \boldsymbol{j}_{\text{at}} \rangle$. Wenn es sich um lauter gleiche Ladungsträger handelt (also etwa nur Elektronen), dann gilt

$$\boldsymbol{j}(\boldsymbol{r}, t) = \varrho(\boldsymbol{r}, t)\, \boldsymbol{v}(\boldsymbol{r}, t) \tag{12.2}$$

Dabei ist $\boldsymbol{v}$ die mittlere Geschwindigkeit der Ladungsträger. Sie ist im Allgemeinen viel kleiner als die individuellen Geschwindigkeiten.

Die Ladungserhaltung wird durch die *Kontinuitätsgleichung*

$$\frac{\partial \varrho(\boldsymbol{r}, t)}{\partial t} + \operatorname{div} \boldsymbol{j}(\boldsymbol{r}, t) = 0 \tag{12.3}$$

beschrieben. Im statischen Fall reduziert sich dies auf $\operatorname{div} \boldsymbol{j}(\boldsymbol{r}) = 0$.

Das magnetische Feld (auch magnetische Induktion oder Flussdichte genannt) wird durch seine Kraftwirkung auf ein stromdurchflossenes Drahtelement definiert:

$$d\boldsymbol{F}(\boldsymbol{r}) = \frac{I}{c}\, d\boldsymbol{\ell} \times \boldsymbol{B}(\boldsymbol{r}) \tag{12.4}$$

Nachdem $\boldsymbol{B}$ damit als Messgröße definiert ist, kann man nun das Magnetfeld bestimmen, das durch ein Stromelement $I\,d\boldsymbol{\ell}$ hervorgerufen wird. Dieses Kraftgesetz ist in der Tabelle unten angegeben. Aufsummiert über eine ganze Ladungsverteilung liest es sich als

$$\boldsymbol{B}(\boldsymbol{r}) = \frac{1}{c}\int d^3r' \;\; \boldsymbol{j}(\boldsymbol{r}') \times \frac{\boldsymbol{r}-\boldsymbol{r}'}{|\boldsymbol{r}-\boldsymbol{r}'|^3} \tag{12.5}$$

Für das Feld eines unendlich langen Drahts (entlang der z-Achse) erhält man hieraus $\boldsymbol{B} = \boldsymbol{e}_\phi\,(2I/c)/\rho$. Zwei parallele Drähte üben die Kraft/Länge $= 2\,I_1\,I_2/(c^2 d)$ aufeinander aus.

In der Definition (12.4) taucht die Lichtgeschwindigkeit $c \approx 3 \cdot 10^8\,\mathrm{m/s}$ auf. Diese Festlegung impliziert, dass $\boldsymbol{E}$ und $\boldsymbol{B}$ in gleichen Einheiten gemessen werden (wegen $[I\,d\ell/c] = [q]$), und dass sie in einer elektromagnetischen Welle den gleichen Betrag haben. Dies ist aus relativistischer Sicht sinnvoll.

Aus (12.4) und (12.1) erhält man die Kraftdichte $\boldsymbol{f} = \boldsymbol{j} \times \boldsymbol{B}/c$. Setzt man hier die Stromdichte $\boldsymbol{j}(\boldsymbol{r}) = q\,\boldsymbol{v}\,\delta(\boldsymbol{r}-\boldsymbol{r}_0)$ einer bewegten Punktladung ein, dann erhält man die Kraft

$$\boldsymbol{F} = q\;\frac{\boldsymbol{v}}{c} \times \boldsymbol{B}(\boldsymbol{r}_0) \tag{12.6}$$

auf eine bewegte Ladung im Magnetfeld.

In der folgenden Tabelle werden die zentralen Begriffe und Beziehungen der Magnetostatik jeweils denen der Elektrostatik gegenüber gestellt. Bisher haben wir die ersten drei Einträge (Ladungs-/Stromelement, Felddefinition und Kraftgesetz) behandelt.

Elektrostatik	Relation	Magnetostatik
$dq = \varrho\, d^3r$	Ladungs-/Stromelement	$I\,d\boldsymbol{\ell} = \boldsymbol{j}\,d^3r$
$d\boldsymbol{F} = dq\,\boldsymbol{E}$ $\boldsymbol{F} = q\,\boldsymbol{E}$	Felddefinition	$d\boldsymbol{F} = (I/c)\,d\boldsymbol{\ell} \times \boldsymbol{B}$ $\boldsymbol{F} = q\,(\boldsymbol{v}/c) \times \boldsymbol{B}$
$d\boldsymbol{E}(\boldsymbol{r}) = dq\,\dfrac{\boldsymbol{r}-\boldsymbol{r}'}{\lvert\boldsymbol{r}-\boldsymbol{r}'\rvert^3}$	Kraftgesetz	$d\boldsymbol{B}(\boldsymbol{r}) = \dfrac{I}{c}\,d\boldsymbol{\ell} \times \dfrac{\boldsymbol{r}-\boldsymbol{r}'}{\lvert\boldsymbol{r}-\boldsymbol{r}'\rvert^3}$
$\operatorname{div}\boldsymbol{E} = 4\pi\varrho$ $\operatorname{rot}\boldsymbol{E} = 0$	Feldgleichungen	$\operatorname{rot}\boldsymbol{B} = 4\pi\,\boldsymbol{j}/c$ $\operatorname{div}\boldsymbol{B} = 0$
$\boldsymbol{E} = -\operatorname{grad}\Phi$	Potenziale Φ, $\boldsymbol{A}$	$\boldsymbol{B} = \operatorname{rot}\boldsymbol{A}$
$\Delta\Phi = -4\pi\varrho$	Feldgleichung	$\Delta\boldsymbol{A} = -(4\pi/c)\,\boldsymbol{j}$
$\Phi(\boldsymbol{r}) = \displaystyle\int d^3r'\,\frac{\varrho(\boldsymbol{r}')}{\lvert\boldsymbol{r}-\boldsymbol{r}'\rvert}$	Potenzial aus Quelldichte	$\boldsymbol{A}(\boldsymbol{r}) = \dfrac{1}{c}\displaystyle\int d^3r'\,\frac{\boldsymbol{j}(\boldsymbol{r}')}{\lvert\boldsymbol{r}-\boldsymbol{r}'\rvert}$

Wir setzen $(\boldsymbol{r}-\boldsymbol{r}')/|\boldsymbol{r}-\boldsymbol{r}'|^3 = -\text{grad}\,|\boldsymbol{r}-\boldsymbol{r}'|^{-1}$ in (12.5) ein. Dann erhalten wir $\boldsymbol{B} = \text{rot}\,\boldsymbol{A}$ mit dem *Vektorpotenzial*

$$\boldsymbol{A}(\boldsymbol{r}) = \frac{1}{c}\int d^3r'\,\frac{\boldsymbol{j}(\boldsymbol{r}')}{|\boldsymbol{r}-\boldsymbol{r}'|} \tag{12.7}$$

Wir könnten hierzu den Gradienten eines beliebigen Feldes addieren, ohne das physikalische $\boldsymbol{B}$-Feld zu ändern. Die Festlegung (12.7) impliziert $\text{div}\,\boldsymbol{A}(\boldsymbol{r}) = 0$; sie wird Coulombeichung genannt.

Wir wenden den Laplaceoperator auf beide Seiten von (12.7) an. Unter Berücksichtigung von (10.8), (10.17) und $\text{div}\,\boldsymbol{A} = 0$ erhalten wir dann die *Feldgleichungen* der Magnetostatik:

$$\Delta\boldsymbol{A}(\boldsymbol{r}) = -\frac{4\pi}{c}\,\boldsymbol{j}(\boldsymbol{r})\,, \qquad \boldsymbol{B}(\boldsymbol{r}) = \text{rot}\,\boldsymbol{A}(\boldsymbol{r}) \tag{12.8}$$

Die Feldgleichungen können alternativ für das magnetische Feld selbst angegeben werden:

$$\text{rot}\,\boldsymbol{B}(\boldsymbol{r}) = \frac{4\pi}{c}\,\boldsymbol{j}(\boldsymbol{r})\,, \qquad \text{div}\,\boldsymbol{B}(\boldsymbol{r}) = 0 \tag{12.9}$$

Wir betrachten eine beliebige, zusammenhängende Fläche a mit der Randkurve C und wenden den Stokesschen Satz auf die Feldgleichung $\text{rot}\,\boldsymbol{B} = 4\pi\,\boldsymbol{j}/c$ an:

$$\oint_C d\boldsymbol{r}\cdot\boldsymbol{B} = \frac{4\pi}{c}\int_a d\boldsymbol{a}\cdot\boldsymbol{j} = \frac{4\pi}{c}\,I_a \qquad \text{(Ampère-Gesetz)} \tag{12.10}$$

Dieses *Ampère-Gesetz* besagt, dass das Linienintegral $\oint_C d\boldsymbol{r}\cdot\boldsymbol{B}$ über den Rand der Fläche den Strom I durch die Fläche ergibt (multipliziert mit $4\pi/c$).

Magnetisches Dipolmoment

Für eine begrenzte Stromverteilung $\boldsymbol{j}(\boldsymbol{r})$ setzen wir die kartesische Entwicklung (11.44) in das Integral (12.7) ein. Der führende Term ist dann das magnetische Dipolfeld

$$\boldsymbol{A}(\boldsymbol{r}) = \frac{\boldsymbol{\mu}\times\boldsymbol{r}}{r^3} \qquad \text{mit} \qquad \boldsymbol{\mu} = \frac{1}{2c}\int d^3r\;\boldsymbol{r}\times\boldsymbol{j}(\boldsymbol{r}) \tag{12.11}$$

Wenn man eine starre Ladungs- und Massenverteilung hat, die um eine Symmetrieachse rotiert, dann erhält man einen Zusammenhang zwischen dem *magnetischen Dipolmoment* $\boldsymbol{\mu}$ und dem Drehimpuls $\boldsymbol{L}$. Wenn beide Verteilungen dieselbe Ortsabhängigkeit haben, folgt

$$\boldsymbol{\mu} = g\,\frac{q}{2mc}\,\boldsymbol{L} \tag{12.12}$$

mit $g = 1$. Abweichungen von dem *gyromagnetischen Verhältnis* $\mu/L = q/(2mc)$ werden durch den g-Faktor parametrisiert ($g \approx 2$ für ein Elektron). Die Energie W des magnetischen Dipols in einem äußeren Feld und das auf ihn wirkende Drehmoment $\boldsymbol{M}$ sind:

$$W = -\boldsymbol{\mu}\cdot\boldsymbol{B}_{\text{ext}}\,, \qquad \boldsymbol{M} = \boldsymbol{\mu}\times\boldsymbol{B}_{\text{ext}} \tag{12.13}$$

Aufgaben

12.1 Geschwindigkeit der Metallelektronen

Die kinetische Energie von freien Metallelektronen ist von der Größenordnung $E_{\text{kin}} \approx 10\,\text{eV}$. Berechnen Sie hieraus ihre mittlere Geschwindigkeit $\overline{v} = \langle \boldsymbol{v}^2 \rangle^{1/2}$.

Pro Gitterzelle (mit Volumen $\Delta V = 1\,\text{Å}^3$) gibt es (ungefähr) ein freies Elektron. In einem Draht mit dem Querschnitt $a = 1\,\text{mm}^2$ fließe der Strom $I = 1\,\text{A}$. Berechnen Sie die zugehörige mittlere Driftgeschwindigkeit v_{drift} der Elektronen.

Lösung: Wegen $E_{\text{kin}} \ll mc^2 \approx 0.5\,\text{MeV}$ ist die Bewegung nichtrelativistisch. Daher gilt $E_{\text{kin}} \approx m\,\langle \boldsymbol{v}^2 \rangle/2$. (Der Mittelwert $\langle \boldsymbol{v} \rangle$ der Geschwindigkeit selbst verschwindet, weil keine Richtung ausgezeichnet ist.) Hieraus erhalten wir

$$\frac{\overline{v}^{\,2}}{c^2} \approx \frac{2\,E_{\text{kin}}}{mc^2} \approx \frac{20\,\text{eV}}{0.5\,\text{MeV}} = 4 \cdot 10^{-5}$$

Mit $c = 3 \cdot 10^8\,\text{m/s}$ ergibt dies

$$\overline{v} \approx 2 \cdot 10^6\,\frac{\text{m}}{\text{s}}$$

Die mittlere Geschwindigkeit ist von der Größenordnung eines Prozents der Lichtgeschwindigkeit. Sie ist durch das Pauliprinzip und die Unschärferelation bedingt; der Beitrag der endlichen Temperatur ist unter Normalbedingungen sehr klein.

Die Ladungsdichte der Leitungselektronen im Draht ist

$$\varrho = \frac{\Delta q}{\Delta V} = \frac{-e}{1\,\text{Å}^3} \approx -1.6 \cdot 10^{11}\,\frac{\text{C}}{\text{m}^3}$$

Eine mittlere Driftgeschwindigkeit v_{drift} führt zur Stromdichte $|\varrho|\,v_{\text{drift}}$ (wir beschränken uns auf die Beträge). Multipliziert mit der Querschnittsfläche a ergibt dies den Strom $I = |\varrho|\,v_{\text{drift}}\,a$. Wir lösen dies nach der gesuchten Driftgeschwindigkeit auf::

$$v_{\text{drift}} = \frac{I}{|\varrho|\,a} \approx 6 \cdot 10^{-6}\,\frac{\text{m}}{\text{s}}$$

Die Driftgeschwindigkeit der Elektronen ist also sehr klein, $v_{\text{drift}}/\overline{v} \approx 3 \cdot 10^{-12}$.

Die angegebenen Werte stellen nur eine grobe Abschätzung dar. Die Wechselwirkung der Leitungselektronen mit dem Kristallgitter wird näherungsweise durch eine effektive Masse beschrieben, die erheblich von der freien Elektronmasse abweichen kann.

12.2 Stromdurchflossener Hohlzylinder

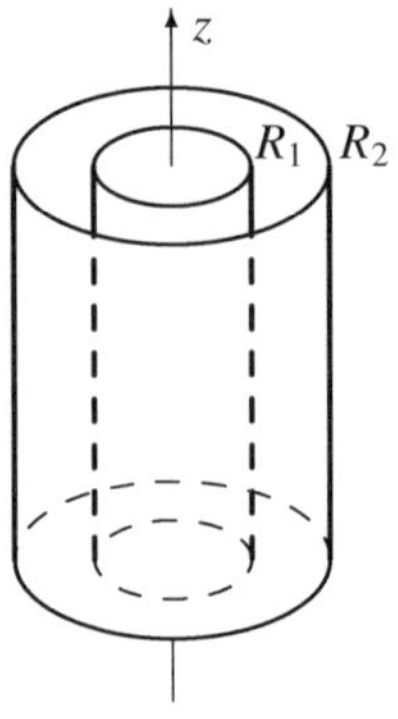

Ein unendlich langer Hohlzylinder (Innenradius R_1, Außenradius R_2) wird homogen vom Strom I durchflossen. Berechnen Sie das Magnetfeld $\boldsymbol{B}$ mit dem Ampère-Gesetz im Innen- und Außenraum und im Zylindermantel. Skizzieren Sie $|\boldsymbol{B}|$ als Funktion des Abstands von der Symmetrieachse.

Lösung: Wir verwenden Zylinderkoordinaten ρ, φ und z. Wegen $\boldsymbol{j} = j\,\boldsymbol{e}_z$ ist das Vektorpotenzial parallel zur z-Richtung, $\boldsymbol{A} = A(\rho,\varphi,z)\,\boldsymbol{e}_z$. Wegen der Translations- und Rotationssymmetrie gilt dann $\boldsymbol{A} = A(\rho)\,\boldsymbol{e}_z$. Hieraus folgt $\boldsymbol{B} = \operatorname{rot}\boldsymbol{A} = B(\rho)\,\boldsymbol{e}_\varphi$. Das Ampère-Gesetz (12.10) wird für einen Kreis mit Radius ρ und dem Wegelement $d\boldsymbol{r} = \rho\, d\varphi\, \boldsymbol{e}_\varphi$ ausgewertet:

$$\oint d\boldsymbol{r}\cdot\boldsymbol{B} = 2\pi\rho\,B(\rho) = \frac{4\pi}{c}\,I\begin{cases} 0 & (\rho \le R_1) \\ \dfrac{\rho^2 - R_1^2}{R_2^2 - R_1^2} & (R_1 < \rho \le R_2) \\ 1 & (\rho > R_2) \end{cases}$$

Hieraus erhalten wir für das Magnetfeld

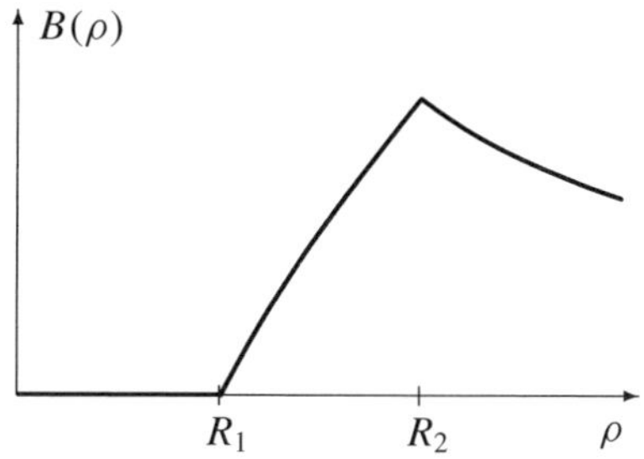

$$B(\rho) = \frac{2I}{c}\begin{cases} 0 & (\rho \le R_1) \\ \dfrac{\rho - R_1^2/\rho}{R_2^2 - R_1^2} & (R_1 < \rho \le R_2) \\ 1/\rho & (\rho > R_2) \end{cases}$$

Im Inneren des Hohlzylinders verschwindet das Feld. Im Außenbereich erhält man das Feld des stromdurchflossenen Drahts aus Aufgabe 12.3.

12.3 Stromdurchflossener Draht

Lösen Sie die Feldgleichung $\Delta\boldsymbol{A} = -4\pi\,\boldsymbol{j}/c$ für einen unendlich langen, zylindrischen Draht (Radius R), der homogen vom Strom I durchflossen wird. Geben Sie das dazugehörige $\boldsymbol{B}$-Feld an.

Lösung: Wir wählen Zylinderkoordinaten mit der z-Achse als Symmetrieachse des Drahts. Die Stromdichte ist dann

$$\boldsymbol{j}(\boldsymbol{r}) = \boldsymbol{e}_z\cdot\begin{cases} \dfrac{I}{\pi R^2} & (\rho \le R) \\ 0 & (\rho > R) \end{cases} \tag{12.14}$$

Wegen $\boldsymbol{j} = j(\rho)\,\boldsymbol{e}_z$ ist das Vektorpotenzial parallel zur z-Richtung, $\boldsymbol{A} = A(\rho,\varphi,z)\,\boldsymbol{e}_z$. Wegen der Translations- und Rotationssymmetrie gilt dann $\boldsymbol{A} = A(\rho)\,\boldsymbol{e}_z$. Da der Vektor $\boldsymbol{e}_z$ konstant ist, kann er auf beiden Seiten von $\Delta\boldsymbol{A} = -4\pi\,\boldsymbol{j}/c$ gekürzt werden (das ginge zum Beispiel nicht für $\boldsymbol{e}_\rho$). Der Laplaceoperator reduziert sich auf Ableitungen nach ρ, also

$$\frac{1}{\rho}\frac{d}{d\rho}\left(\rho\,\frac{dA(\rho)}{d\rho}\right) = \begin{cases} -\dfrac{4I}{cR^2} & (\rho \le R) \\ 0 & (\rho > R) \end{cases} \tag{12.15}$$

Dies wird zunächst unabhängig voneinander in den beiden Bereichen integriert:

$$\frac{dA(\rho)}{d\rho} = \begin{cases} -\dfrac{2I\rho}{cR^2} + \dfrac{c_1}{\rho} \\ \dfrac{c_2}{\rho} \end{cases} \qquad A(\rho) = \begin{cases} -\dfrac{I}{c}\dfrac{\rho^2}{R^2} + c_1 \ln\dfrac{\rho}{R} + d_1 & (\rho \le R) \\ c_2 \ln\dfrac{\rho}{R} + d_2 & (\rho > R) \end{cases}$$

Wegen $\ln(\rho/R) = \ln\rho - \ln R$ entspricht der Faktor R im Logarithmus einer Änderung der Integrationskonstanten. Wegen der Regularität bei $\rho = 0$ ist $c_1 = 0$. Eine Konstante kann willkürlich gewählt werden; wir setzen $d_2 = 0$. Dann verschwindet das Vektorpotenzial auf der Zylinderoberfläche, $A(R) = 0$.

Die Stromdichte hat einen Sprung bei $\rho = R$. Damit (12.15) erfüllt ist, muss die zweite Ableitung von $A(\rho)$ ebenfalls einen Sprung haben. Daher sind die erste Ableitung $A'(\rho)$ und die Funktion $A(\rho)$ selbst stetig. Die Stetigkeit von $A(\rho)$ bei R ergibt $d_1 = I/c$; die Stetigkeit von $A'(\rho)$ führt zu $c_2 = -2I/c$. Damit erhalten wir

$$A(\rho) = \frac{I}{c} \begin{cases} 1 - \dfrac{\rho^2}{R^2} & (\rho \le R) \\ -2\ln\dfrac{\rho}{R} & (\rho > R) \end{cases}$$

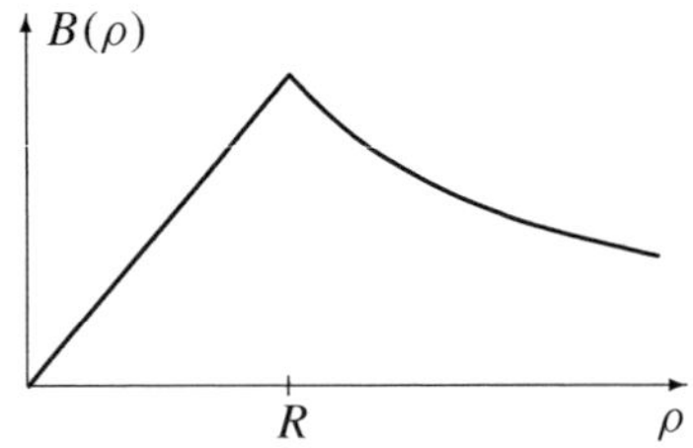

Hiermit berechnen wir noch das Magnetfeld $\boldsymbol{B} = \operatorname{rot}\boldsymbol{A}$,

$$\boldsymbol{B} = -A'(\rho)\,\boldsymbol{e}_\varphi = \frac{2I}{c}\,\boldsymbol{e}_\varphi \begin{cases} \dfrac{\rho}{R^2} & (\rho \le R) \\ \dfrac{1}{\rho} & (\rho > R) \end{cases}$$

12.4 Zylinderspule

Für eine unendlich lange Spule mit N Windungen pro Länge L ist die Stromdichte in Zylinderkoordinaten gegeben:

$$\boldsymbol{j}(\boldsymbol{r}) = j(\rho)\,\boldsymbol{e}_\rho = \frac{NI}{L}\,\delta(\rho - R)\,\boldsymbol{e}_\rho$$

Berechnen Sie das Vektorpotenzial aus der Integralformel (12.7). Berücksichtigen Sie dabei die Symmetrie des Problems. Verwenden Sie partielle Integration und

$$J = \int_0^{2\pi} d\varphi\, \frac{\cos(n\varphi)}{1 - 2a\cos\varphi + a^2} = \frac{2\pi a^n}{1 - a^2} \qquad (|a| < 1,\ \ n = 0, 1, 2, \ldots)$$

Lösung: Die Zylindersymmetrie impliziert $\boldsymbol{A} = A(\rho, z)\,\boldsymbol{e}_\varphi$. Wegen der Translationssymmetrie in z-Richtung wird das zu $\boldsymbol{A} = A(\rho)\,\boldsymbol{e}_\varphi$. Die Integralformel (12.7) kann für eine einzelne kartesische Komponente angesetzt werden:

$$A_y = A(\rho)\cos\varphi = \frac{1}{c}\int d^3r'\, \frac{j(\rho')\cos\varphi'}{|\boldsymbol{r} - \boldsymbol{r}'|}$$

Wegen der Symmetrien genügt es, diese Gleichung für $\boldsymbol{r} := (x, y, z) = (\rho, 0, 0)$ auszuwerten. Zusammen mit $\boldsymbol{r}' := (x', y', z') = (\rho'\cos\varphi', \rho'\sin\varphi', z')$ ergibt sich der Abstand $|\boldsymbol{r} - \boldsymbol{r}'| = [\rho^2 + \rho'^2 - 2\rho\rho'\cos\varphi' + z'^2]^{1/2}$ und damit

$$A(\rho) = \frac{1}{c}\int_0^\infty d\rho'\,\rho' \int_0^{2\pi} d\varphi' \int_{-L/2}^{L/2} dz'\, \frac{j(\rho')\cos\varphi'}{\sqrt{\rho^2 + \rho'^2 - 2\rho\rho'\cos\varphi' + z'^2}}$$

$$= \frac{N I R}{c L} \int_0^{2\pi} d\varphi' \int_{-L/2}^{L/2} dz' \, \frac{\cos\varphi'}{\sqrt{\rho^2 + R^2 - 2\rho R \cos\varphi' + z'^2}}$$

$$= \frac{N I R}{c L} \int_0^{2\pi} d\varphi' \, \cos\varphi' \Big[\ln(L^2) - \ln\big(\rho^2 + R^2 - 2\rho R \cos\varphi'\big) \Big]$$

Im letzten Schritt wurde für die unendlich lange Spule der Limes

$$\lim_{L\to\infty} \int_{-L/2}^{L/2} \frac{dz'}{\sqrt{b^2 + z'^2}} = \lim_{L\to\infty} \ln \left[\frac{\sqrt{L^2/4 + b^2} + L/2}{\sqrt{L^2/4 + b^2} - L/2} \right] = \ln \frac{L^2}{b^2}$$

verwendet, wobei $b^2 = \rho^2 + R^2 - 2\rho R \cos\varphi'$. Der Term $\ln(L^2)$ ist koordinatenunabhängig und wird als Konstante weggelassen. Der verbleibende Term wird partiell integriert:

$$\begin{aligned} A(\rho) &= -\frac{N I R}{c L} \int_0^{2\pi} d\varphi \, \cos\varphi \, \ln\big(\rho^2 + R^2 - 2\rho R \cos\varphi\big) \\ &= \frac{2 N I R^2}{c L} \, \rho \int_0^{2\pi} d\varphi \, \frac{\sin^2\varphi}{\rho^2 + R^2 - 2\rho R \cos\varphi} \\ &= \frac{N I \rho}{c L} \int_0^{2\pi} d\varphi \, \frac{1 - \cos(2\varphi)}{1 - 2\rho/R \cos\varphi + \rho^2/R^2} \;=\; 2\pi \, \frac{N I}{c L} \begin{cases} \rho & (\rho \le R) \\ \dfrac{R^2}{\rho} & (\rho > R) \end{cases} \end{aligned}$$

Im letzten Schritt wurde das oben angegebene Integral J mit $a = \rho/R < 1$ beziehungsweise mit $a = \rho/R > 1$ für die jeweiligen Bereiche verwendet.

Wir geben noch an, wie man das in der Aufgabenstellung angegebene Resultat für das Integral J erhalten kann. Die Substitutionen $z = \exp(\mathrm{i}\varphi)$, $dz = \mathrm{i}\, z \, d\varphi$ und $2\cos\varphi = z + 1/z$ ergeben

$$J = \mathrm{Re} \int_0^{2\pi} d\varphi \, \frac{\exp(\mathrm{i}\, n \varphi)}{1 - 2a\cos\varphi + a^2} = \mathrm{Re}\, \frac{\mathrm{i}}{a} \oint dz \, \frac{z^n}{(z-a)(z-1/a)} = \frac{2\pi a^n}{1 - a^2}$$

Die z-Integration erfolgt entlang des Einheitskreises der komplexen Zahlenebene. Nach der Cauchy-Formel trägt für $|a| < 1$ nur der Pol $z = a$ bei. Damit erhält man das angegebene Resultat.

12.5 Lokalisierte Stromverteilung

Die Stromverteilung $\boldsymbol{j}(\boldsymbol{r})$ sei räumlich begrenzt. Leiten Sie

$$\int d^3r \; \boldsymbol{j}(\boldsymbol{r}) = 0$$

aus $\operatorname{div} \boldsymbol{j}(\boldsymbol{r}) = 0$ ab. Verwenden Sie dazu $\boldsymbol{j} = (\boldsymbol{j} \cdot \nabla)\, \boldsymbol{r}$.

Lösung: Wir setzen $\boldsymbol{j}(\boldsymbol{r}) = (\boldsymbol{j} \cdot \nabla)\, \boldsymbol{r}$ ein und integrieren partiell:

$$\int d^3r \; \boldsymbol{j}(\boldsymbol{r}) = \int d^3r \; \big(\boldsymbol{j}(\boldsymbol{r}) \cdot \nabla\big)\, \boldsymbol{r} = -\int d^3r \; \boldsymbol{r}\, \big(\nabla \cdot \boldsymbol{j}(\boldsymbol{r})\big) = 0$$

Die Randterme fallen weg, da die Stromverteilung lokalisiert ist.

12.6 Zylindersymmetrische Stromverteilung

Gegeben ist eine zylindersymmetrische Stromverteilung in Kugelkoordinaten:

$$\boldsymbol{j} = j(r,\theta)\,\boldsymbol{e}_\phi \tag{12.16}$$

Zeigen Sie, dass das Vektorpotenzial auch von dieser Form ist, und geben Sie einen Ausdruck für $A(r,\theta)$ an. Welche skalare Differenzialgleichung für $A(r,\theta)$ folgt aus $\Delta \boldsymbol{A} = -4\pi\,\boldsymbol{j}/c$?
Hinweise: Betrachten Sie die Kombination $A_x + \mathrm{i}\,A_y$. Entwickeln Sie $1/|\boldsymbol{r}-\boldsymbol{r}'|$ in der Integralformel für das Vektorpotenzial nach Kugelfunktionen.

Lösung: Aus $\boldsymbol{e}_\phi = -\boldsymbol{e}_x \sin\phi + \boldsymbol{e}_y \cos\phi$ folgt

$$j_x + \mathrm{i}\,j_y = \mathrm{i}\,j(r,\theta)\,\exp(\mathrm{i}\,\phi) \tag{12.17}$$

Aus der Integralformel (12.7) für das Vektorpotenzial folgen $A_z = 0$ und

$$A_x + \mathrm{i}\,A_y = \frac{1}{c}\int d^3r'\;\frac{j_x(\boldsymbol{r}') + \mathrm{i}\,j_y(\boldsymbol{r}')}{|\boldsymbol{r}-\boldsymbol{r}'|} = \frac{\mathrm{i}}{c}\int d^3r'\;\frac{j(r',\theta')\,\exp(\mathrm{i}\,\phi')}{|\boldsymbol{r}-\boldsymbol{r}'|}$$

Für $1/|\boldsymbol{r}-\boldsymbol{r}'|$ setzen wir die Entwicklung (11.44) nach Kugelfunktionen ein. Wegen der Integration $\int d\phi'\;Y_{lm}^*(\theta',\phi')\,\exp(\mathrm{i}\,\phi')\ldots$ überleben nur die Terme mit $m = 1$, also

$$\begin{aligned}
A_x + \mathrm{i}\,A_y &= \frac{\mathrm{i}}{c}\int d^3r'\;j(r',\theta')\sum_{l=1}^{\infty}\frac{4\pi}{2l+1}\,\frac{r_<^l}{r_>^{l+1}}\;Y_{l,1}^*(\theta',\phi')\;Y_{l,1}(\theta,\phi)\,\exp(\mathrm{i}\,\phi') \\
&= \mathrm{i}\,A(r,\theta)\,\exp(\mathrm{i}\phi)
\end{aligned}$$

Die ϕ-Abhängigkeit ergibt sich aus $Y_{l,1}(\theta,\phi) \propto \exp(\mathrm{i}\phi)$. Der Vergleich mit (12.17) und (12.16) ergibt

$$\boldsymbol{A} = A(r,\theta)\,\boldsymbol{e}_\phi$$

Im Ausdruck für $A(r,\theta)$ verwenden wir (11.30),

$$A(r,\theta) = \frac{1}{c}\int d^3r'\;j(r',\theta')\sum_{l=1}^{\infty}\frac{(l-1)!}{(l+1)!}\,\frac{r_<^l}{r_>^{l+1}}\;P_l^1(\cos\theta')\,P_l^1(\cos\theta)$$

Die Gleichung $\Delta\boldsymbol{A} = -4\pi\,\boldsymbol{j}/c$ gilt auch für die einzelnen kartesischen Komponenten (weil $\boldsymbol{e}_x$ und $\boldsymbol{e}_y$ konstante Vektoren sind). Damit können wir schreiben:

$$\Delta\big(A_x + \mathrm{i}A_y\big) = -\frac{4\pi}{c}\,\big(j_x + \mathrm{i}\,j_y\big)$$

Wir verwenden für beide Seiten die Form (12.17). Dann können wir die imaginäre Einheit kürzen und erhalten

$$\Delta\big(A(r,\theta)\,\exp(\mathrm{i}\,\phi)\big) = -\frac{4\pi}{c}\,j(r,\theta)\,\exp(\mathrm{i}\,\phi)$$

Wir führen die ϕ-Differenziation aus. Danach kann der Faktor $\exp(\mathrm{i}\,\phi)$ gekürzt werden:

$$\left(\Delta - \frac{1}{r^2\sin^2\theta}\right)A(r,\theta) = -\frac{4\pi}{c}\,j(r,\theta)$$

Würde man in $\Delta(A(r,\theta)\,\boldsymbol{e}_\phi) = -(4\pi/c)\,j(r,\theta)\,\boldsymbol{e}_\phi$ den Vektor $\boldsymbol{e}_\phi$ einfach kürzen (unzulässig), so erhielte man ein anderes (falsches) Resultat.

12.7 Stromdurchflossene Leiterschleife

In einer kreisförmigen Leiterschleife ist die Stromdichte in Zylinderkoordinaten durch

$$\boldsymbol{j} = I\,\delta(\rho - R)\,\delta(z)\,\boldsymbol{e}_\varphi$$

gegeben. Berechnen Sie das Vektorpotenzial für die Fälle $\rho \ll R$ und $\rho \gg R$. Zeigen Sie, dass sich für große Abstände ein Dipolfeld $\boldsymbol{A} = (\boldsymbol{\mu} \times \boldsymbol{r})/r^3$ ergibt. Hinweise: Nach Aufgabe 12.6 impliziert die zylindersymmetrische Stromdichte ein Potenzial mit derselben Symmetrie, also $\boldsymbol{A}(\boldsymbol{r}) = A(\rho, z)\,\boldsymbol{e}_\varphi$. Um $A(\rho, z)$ zu bestimmen, genügt es, die Integralformel für A_y und $\varphi = 0$ anzusetzen. Das resultierende Integral soll nur für die angegebenen Grenzfälle gelöst werden.

Lösung: Wir betrachten die Integralformel (12.7) für

$$A_y = A(\rho, z)\,\cos\varphi = \frac{I}{c}\int d^3r'\;\frac{\delta(\rho' - R)\,\delta(z')\,\cos\varphi'}{|\boldsymbol{r} - \boldsymbol{r}'|}$$

Um $A(\rho, z)$ zu bestimmen, genügt es offensichtlich, diese Gleichung für $\varphi = 0$ auszuwerten. Mit $\boldsymbol{r} := (x, y, z) = (\rho, 0, z)$ und $\boldsymbol{r}' := (x', y', z') = (\rho'\cos\varphi', \rho'\sin\varphi', z')$ ergibt sich der Abstand zu $|\boldsymbol{r} - \boldsymbol{r}'| = [\rho^2 + \rho'^2 - 2\rho\,\rho'\cos\varphi' + z'^2]^{1/2}$. Die ρ'- und z'-Integrationen können unmittelbar ausgeführt werden:

$$A(\rho, z) = \frac{I\,R}{c}\int_0^{2\pi} d\varphi'\;\frac{\cos\varphi'}{\sqrt{\rho^2 + R^2 + z^2 - 2\rho\,R\cos\varphi'}} \tag{12.18}$$

Dies ist ein elliptisches Integral, das nicht elementar gelöst werden kann.

Für $\rho \ll R$ wird die Wurzel im Integrand entwickelt:

$$\begin{aligned} A(\rho, z) &\approx \frac{I\,R}{c}\,\frac{1}{\sqrt{R^2 + z^2}}\int_0^{2\pi} d\varphi'\;\cos\varphi'\left[1 + \frac{\rho\,R\cos\varphi'}{R^2 + z^2} + \ldots\right] \\ &\approx \frac{I\,\pi\,R^2}{c}\,\frac{\rho}{(R^2 + z^2)^{3/2}} \end{aligned}$$

Die Komponenten des dazugehörigen Magnetfelds sind $B_\varphi = 0$ und

$$\begin{aligned} B_\rho &= -\frac{\partial A(\rho, z)}{\partial z} = \frac{I\,\pi\,R^2}{c}\,\frac{3\rho\,z}{(R^2 + z^2)^{5/2}} \\ B_z &= \frac{1}{\rho}\,\frac{\partial}{\partial\rho}\big(\rho\,A(\rho, z)\big) = \frac{I\,\pi\,R^2}{c}\,\frac{2}{(R^2 + z^2)^{3/2}} \end{aligned}$$

Wir entwickeln nun den Integranden in (12.18) für große Abstände $\rho \gg R$,

$$A(\rho, z) \approx \frac{I\,R}{c}\,\frac{1}{\sqrt{\rho^2 + z^2}}\int_0^{2\pi} d\varphi'\;\cos\varphi'\left[1 + \frac{\rho\,R\cos\varphi'}{\rho^2 + z^2} + \ldots\right] \approx \frac{I\,\pi\,R^2}{c}\,\frac{\rho}{(\rho^2 + z^2)^{3/2}}$$

Das Vektorpotenzial $\boldsymbol{A} = A(\rho, z)\,\boldsymbol{e}_\varphi$ lässt sich in der Form $\boldsymbol{A} = (\boldsymbol{\mu} \times \boldsymbol{r})/r^3$ mit dem magnetischen Dipolmoment

$$\boldsymbol{\mu} = \frac{I\,\pi\,R^2}{c}\,\boldsymbol{e}_z$$

schreiben. Das Magnetfeld ist dann von der bekannten Dipolform

$$\boldsymbol{B} = \operatorname{rot} \boldsymbol{A} = \frac{3\,\boldsymbol{r}\,(\boldsymbol{r}\cdot\boldsymbol{\mu}) - \boldsymbol{\mu}\,r^2}{r^5}$$

mit den Komponenten $B_\varphi = 0$ und

$$\begin{aligned} B_\rho &= -\frac{\partial A(\rho, z)}{\partial z} = \frac{I\,\pi R^2}{c}\,\frac{3\rho z}{(\rho^2+z^2)^{5/2}} \\ B_z &= \frac{1}{\rho}\frac{\partial}{\partial\rho}\big(\rho\,A(\rho,z)\big) = \frac{I\,\pi R^2}{c}\,\frac{2z^2-\rho^2}{(\rho^2+z^2)^{5/2}} \end{aligned}$$

Alternative Lösung für große Abstände: Für $r \gg R$ kann man auch die Entwicklung $1/|\boldsymbol{r}-\boldsymbol{r}'| \approx 1/r + (\boldsymbol{r}\cdot\boldsymbol{r}')/r^3$ direkt in das Integral für $\boldsymbol{A}$ einsetzen:

$$\boldsymbol{A}(\boldsymbol{r}) = \frac{1}{c}\int d^3r'\,\frac{\boldsymbol{j}(\boldsymbol{r}')}{|\boldsymbol{r}-\boldsymbol{r}'|} = \frac{1}{c\,r}\int d^3r'\,\boldsymbol{j}(\boldsymbol{r}') + \frac{1}{c\,r^3}\int d^3r'\,(\boldsymbol{r}\cdot\boldsymbol{r}')\,\boldsymbol{j}(\boldsymbol{r}') + \ldots$$

Der erste Term verschwindet für die lokalisierte Stromverteilung (Aufgabe 12.5). Wir setzen die Stromdichte in den zweiten Term ein und integrieren über die beiden δ-Funktionen,

$$\boldsymbol{A}(\boldsymbol{r}) := \frac{I\,R^2}{c\,r^3}\int_0^{2\pi} d\varphi'\,\big[x\cos\varphi' + y\sin\varphi'\big]\begin{pmatrix} -\sin\varphi' \\ \cos\varphi' \\ 0\end{pmatrix} = I\,\frac{\pi R^2}{c\,r^3}\begin{pmatrix} -y \\ x \\ 0\end{pmatrix}$$

Dies kann wieder als $\boldsymbol{A} = (\boldsymbol{\mu}\times\boldsymbol{r})/r^3$ mit dem Dipolmoment $\boldsymbol{\mu} = \boldsymbol{e}_z\,I\,\pi R^2/c$ geschrieben werden.

12.8 Helmholtz-Spulen

Zwei parallele kreisförmige Leiterschleifen werden beide vom Strom I in gleicher Richtung durchflossen. Die Kreise liegen parallel zur x-y-Ebene, sie haben beide den Radius R und ihre Mittelpunkte liegen bei $(x, y, z) = (0, 0, b)$ und $(0, 0, -b)$.

Bestimmen Sie das Vektorpotenzial dieser Anordnung als Superposition der Vektorpotenziale (12.18) der einzelnen Leiterschleifen. Entwickeln Sie das Vektorpotenzial in der Nähe des Koordinatenursprungs bis zur Ordnung $\mathcal{O}(\rho^3, \rho z^2)$. Welche Beziehung muss zwischen dem Radius R und dem Abstand $D = 2b$ der Kreise gelten, damit das Magnetfeld in diesem Bereich möglichst homogen ist?

Lösung: Wir schreiben (12.18) für jede der beiden Leiterschleifen an und superponieren die Potenziale:

$$\begin{aligned} A(\rho, z) = \frac{I R}{c}\int_0^{2\pi} d\varphi' \Bigg[&\frac{\cos\varphi'}{\sqrt{\rho^2 + R^2 + (z-b)^2 - 2\rho R\cos\varphi'}} \\ &+ \frac{\cos\varphi'}{\sqrt{\rho^2 + R^2 + (z+b)^2 - 2\rho R\cos\varphi'}}\Bigg] \end{aligned}$$

Für $\rho \ll R$ und $z \ll b$ wird der Integrand bis zur geforderten Ordnung entwickelt. In der anschließenden Winkelintegration

$$\int_0^{2\pi} d\varphi' \, \cos^n \varphi' = \frac{2\pi}{2^n} \binom{n}{n/2}$$

überleben nur die geraden Potenzen des Cosinus. Damit erhalten wir

$$\begin{aligned} A(\rho, z) &= 2\pi \, \frac{I R}{c} \, \frac{\rho R}{(R^2+b^2)^{3/2}} \left[1 - \frac{3}{2} \, \frac{\rho^2 + z^2}{R^2+b^2} + \frac{15}{8} \, \frac{\rho^2 R^2 + 4 b^2 z^2}{(R^2+b^2)^2} + \mathcal{O}\big(\rho^4, z^4\big) \right] \\ &= 2\pi \, \frac{I R^2}{c} \, \frac{\rho}{(R^2+b^2)^{3/2}} \left[1 + \frac{3}{8} \, \frac{R^2 - 4 b^2}{(R^2+b^2)^2} \, (\rho^2 + 4 z^2) + \mathcal{O}\big(\rho^4, z^4\big) \right] \end{aligned}$$

Mit der Wahl $R = D = 2b$ fällt der zweite Term in der Klammer weg und das Vektorpotenzial vereinfacht sich zu

$$A(\rho, z) \approx \frac{16\pi \, I}{5\sqrt{5}\, c R} \, \rho$$

Das Magnetfeld ist dann weitgehend homogen:

$$\boldsymbol{B} \approx B_z \boldsymbol{e}_z \,, \qquad B_z = \frac{1}{\rho} \frac{d}{d\rho} \big(\rho A\big) \approx \frac{32\pi \, I}{5\sqrt{5}\, c R}$$

Die Anordnung der beiden Leiterschleifen (oder Spulen) mit $R = D$ ist als *Helmholtz-Spulen* bekannt. Die Größe der Anordnung ist dem jeweiligen Zweck anzupassen: Zum einen darf R nicht zu groß gewählt werden, damit das Magnetfeld nicht zu schwach wird. Zum anderen darf R auch nicht zu klein sein, damit der homogene Bereich ($\rho \ll R$) nicht zu klein ist.

12.9 Rotierende, homogen geladene Kugel

Eine homogen geladene Kugel (Radius R, Ladung q) rotiert mit der Winkelgeschwindigkeit $\boldsymbol{\omega}$ um eine Achse durch ihren Mittelpunkt. Welche Stromdichte $\boldsymbol{j}$ ergibt sich? Bestimmen Sie das Vektorpotenzial $\boldsymbol{A}$ aus der Integralformel. Geben Sie die Komponenten des Magnetfelds in Kugelkoordinaten an.

Hinweise: Legen Sie $\boldsymbol{\omega}$ in z-Richtung und berechnen Sie $A_x + \mathrm{i}\, A_y$ mit der Integralformel (12.7). Drücken Sie $j_x + \mathrm{i}\, j_y$ durch Y_{11} aus, und entwickeln Sie $1/|\boldsymbol{r} - \boldsymbol{r}'|$ nach Kugelfunktionen.

Lösung: Die Ladungs- und Stromdichte der rotierenden ($\boldsymbol{\omega} = \omega\, \boldsymbol{e}_z$), homogen geladenen Kugel sind in Kugelkoordinaten

$$\varrho(\boldsymbol{r}) = \frac{3q}{4\pi R^3} \, \Theta(R - r) \,, \qquad \boldsymbol{j}(\boldsymbol{r}) = \frac{3 q \omega}{4\pi R^3} \, r \sin\theta \; \Theta(R - r) \; \boldsymbol{e}_\phi$$

Damit ist $j_z(\boldsymbol{r}) = 0$ und

$$j_x(\boldsymbol{r}) + \mathrm{i}\, j_y(\boldsymbol{r}) = -\mathrm{i} \sqrt{\frac{3}{2\pi}} \, \frac{q \omega}{R^3} \, r \, \Theta(R - r) \; Y_{11}(\theta, \phi)$$

Die Integralformel (12.7) kann getrennt für die kartesischen Komponenten von $\boldsymbol{A}$ und $\boldsymbol{j}$ angesetzt werden, weil die kartesischen Basisvektoren konstant sind. Aus $j_z = 0$ folgt $A_z = 0$. Für die x- und y-Komponenten betrachten wir die Kombination $A_x + \mathrm{i}\,A_y$ und setzen die Entwicklung (11.44) von $1/|\boldsymbol{r} - \boldsymbol{r}'|$ nach Kugelfunktionen ein:

$$\begin{aligned}
&A_x(\boldsymbol{r}) + \mathrm{i}\,A_y(\boldsymbol{r})\\
&= -\mathrm{i}\sqrt{\frac{3}{2\pi}}\,\frac{q\,\omega}{c\,R^3}\sum_{lm}\frac{4\pi}{2l+1}\int d^3r'\; r'\,\Theta(R-r')\,\frac{r_<^l}{r_>^{l+1}}\,Y_{11}(\theta',\phi')\;Y_{lm}^*(\theta',\phi')\;Y_{lm}(\theta,\phi)\\
&= -\mathrm{i}\sqrt{\frac{3}{2\pi}}\,\frac{q\,\omega}{c\,R^3}\,\frac{4\pi}{3}\int_0^R dr'\; r'^3\,\frac{r_<}{r_>^2}\,Y_{11}(\theta,\phi) = \mathrm{i}\,\frac{q\,\omega}{c\,R^3}\int_0^R dr'\; r'^3\,\frac{r_<}{r_>^2}\,\sin\theta\,\exp(\mathrm{i}\phi)
\end{aligned}$$

Dabei haben wir die Orthogonalität der Kugelfunktionen ausgenützt. Das Ergebnis lässt sich als $A_x + \mathrm{i}\,A_y = \mathrm{i}\,A\,\exp(\mathrm{i}\phi)$ schreiben. Damit gelten $A_x = -A\,\sin\phi$ und $A_y = A\,\cos\phi$ und das Vektorpotenzial ist von der Form

$$\boldsymbol{A}(\boldsymbol{r}) = A(r,\theta)\,\boldsymbol{e}_\phi = A(r,\theta)\,\big(-\,\boldsymbol{e}_x\,\sin\phi + \boldsymbol{e}_y\,\cos\phi\big)$$

mit

$$A(r,\theta) = \frac{q\,\omega\,\sin\theta}{c\,R^3}\int_0^R dr'\; r'^3\,\frac{r_<}{r_>^2}$$

Wir werten dies getrennt für die Bereiche $r \le R$ und $r > R$ aus:

$$A(r,\theta) = \frac{q\,\omega\,\sin\theta}{c\,R^3}\left[\frac{1}{r^2}\int_0^r dr'\; r'^4 + r\int_r^R dr'\; r'\right] = \frac{q\,\omega\,r\,\sin\theta}{2\,c\,R}\left(1 - \frac{3\,r^2}{5\,R^2}\right) \qquad (r \le R)$$

$$A(r,\theta) = \frac{q\,\omega\,\sin\theta}{c\,R^3}\,\frac{1}{r^2}\int_0^R dr'\; r'^4 = \frac{q\,\omega\,R^2}{5\,c\,r^2}\,\sin\theta \qquad (r > R)$$

Aus $\boldsymbol{B} = \mathrm{rot}\,\boldsymbol{A}$ folgen die Komponenten des Magnetfelds $B_\phi = 0$ und

$$B_r = \frac{1}{r\sin\theta}\,\frac{\partial}{\partial\theta}\big(\sin\theta\,A(r,\theta)\big) = \frac{q\,\omega\,\cos\theta}{c\,R}\begin{cases}\left(1 - \dfrac{3\,r^2}{5\,R^2}\right) & (r \le R)\\[2ex] \dfrac{2\,R^3}{5\,r^3} & (r > R)\end{cases}$$

$$B_\theta = -\frac{1}{r}\,\frac{\partial}{\partial r}\big(r\,A(r,\theta)\big) = \frac{q\,\omega\,\sin\theta}{c\,R}\begin{cases}-\left(1 - \dfrac{6\,r^2}{5\,R^2}\right) & (r \le R)\\[2ex] \dfrac{R^3}{5\,r^3} & (r > R)\end{cases}$$

Nahe dem Zentrum der Kugel, also für $r^2/R^2 \ll 1$, erhält man hieraus $\boldsymbol{B} \approx \boldsymbol{e}_z\,q\,\omega/(c\,R)$. Außerhalb der Kugel kann man das Feld in der bekannten Dipolform schreiben:

$$\boldsymbol{B} = \frac{3\,\boldsymbol{r}\,(\boldsymbol{r}\cdot\boldsymbol{\mu}) - \boldsymbol{\mu}\,r^2}{r^5} \qquad \text{mit} \qquad \boldsymbol{\mu} = \frac{q\,\omega\,R^2}{5c}\,\boldsymbol{e}_z \qquad (r > R)$$

Das Erdmagnetfeld ist in guter Näherung ein solches Dipolfeld. Seine Feldstärke beträgt an den Polen $|\boldsymbol{B}| \approx 6\cdot 10^{-5}$ T, in mittleren Breiten (Schweiz) etwa $4.7\cdot 10^{-5}$ T und am Äquator $3\cdot 10^{-5}$ T. Die Ursachen für das Erdmagnetfeld sind aber komplizierter; die Stromverteilung in der Erde entspricht auch nicht näherungsweise der einer homogen geladenen, rotierenden Kugel.

12.10 Oberflächenströme der homogen magnetisierten Kugel

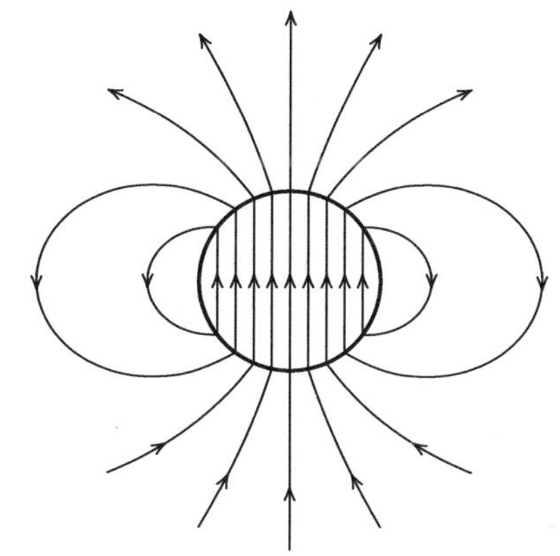

Das Magnetfeld

$$B = \begin{cases} B_0 \boldsymbol{e}_z & (r < R) \\ \dfrac{3\,\boldsymbol{r}\,(\boldsymbol{r}\cdot\boldsymbol{\mu}) - \boldsymbol{\mu}\, r^2}{r^5} & (r > R) \end{cases}$$

gehört zu einer homogen magnetisierten Kugel mit dem Dipolmoment $\boldsymbol{\mu} = \mu\, \boldsymbol{e}_z$. In den Bereichen $r < R$ und $r > R$ gelten jeweils $\operatorname{div} \boldsymbol{B} = 0$ und $\operatorname{rot} \boldsymbol{B} = 0$. Als Quellen des Feldes kommen daher nur Ströme auf der Oberfläche in Frage.

Wegen der Zylindersymmetrie sind die Oberflächenströme von der Form

$$\boldsymbol{j} = \frac{I(\theta)}{\pi R}\, \delta(r - R)\, \boldsymbol{e}_\phi$$

Bestimmen Sie den Strom $I(\theta)$ und das magnetische Moment μ. Leiten Sie dazu aus den Feldgleichungen folgende Bedingungen ab:

$$B_r(R + \epsilon) - B_r(R - \epsilon) \;=\; 0 \qquad (12.19)$$

$$B_\theta(R + \epsilon) - B_\theta(R - \epsilon) \;=\; \frac{4\pi}{c}\,\frac{I(\theta)}{\pi R} \qquad (12.20)$$

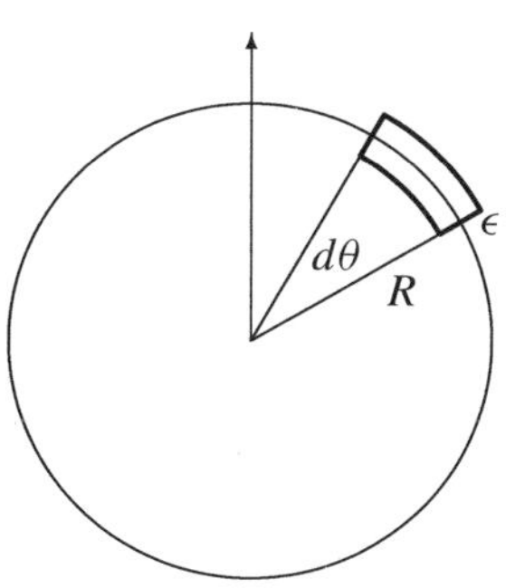

Lösung: Wir betrachten ein kleines Volumenelement an der Kugeloberfläche, das von den Flächenelementen $d\boldsymbol{A} = (R + \epsilon)^2 \sin\theta\, d\theta\, d\phi\, \boldsymbol{e}_r$ und $-(R - \epsilon)^2 \sin\theta\, d\theta\, d\phi\, \boldsymbol{e}_r$ begrenzt ist (mit $\epsilon \to 0$). Aus $\operatorname{div} \boldsymbol{B} = 0$ (gilt überall, auch bei $r \approx R$) folgt $\oint_A d\boldsymbol{A} \cdot \boldsymbol{B} = 0$. Hieraus ergibt sich sofort $B_r(R + \epsilon) - B_r(R - \epsilon) = 0$, also (12.19).

Das skizzierte viereckige Element sei nun ein kleines Flächenelement. Seine Kontur C besteht (abgesehen von infinitesimalen Zwischenstücken) aus den Wegelementen $d\boldsymbol{r} = (R + \epsilon)\, d\theta\, \boldsymbol{e}_\theta$ und $-(R - \epsilon)\, d\theta\, \boldsymbol{e}_\theta$. Hierauf wenden wir das Ampère-Gesetz (12.10) an:

$$\Big(B_\theta(R + \epsilon) - B_\theta(R - \epsilon)\Big)\, R\, d\theta = \frac{4\pi}{c}\,\frac{I(\theta)}{\pi R} \int_{R-\epsilon}^{R+\epsilon} dr\; r\, d\theta\; \delta(r - R) = \frac{4\, I(\theta)}{c}\, d\theta$$

Hieraus folgt (12.20). Die sphärischen Komponenten des gegebenen Magnetfelds sind:

$$B_r = B_0 \cos\theta\,, \qquad B_\theta = -B_0 \sin\theta\,, \qquad B_\phi = 0 \qquad (r \le R)$$

$$B_r = 2\,\mu \cos\theta / r^3\,, \qquad B_\theta = \mu\, \sin\theta / r^3\,, \qquad B_\phi = 0 \qquad (r > R)$$

Wenn wir dies in (12.19) und (12.20) einsetzen, erhalten wir das magnetische Moment und den Oberflächenstrom:

$$\mu = \frac{1}{2}\, B_0\, R^3\,, \qquad I(\theta) = \frac{c\,R}{4}\left(\frac{\mu}{R^3} + B_0\right)\sin\theta = \frac{3\,c\,\mu}{4\,R^2}\,\sin\theta$$

12.11 Kleiner Permanentmagnet

Ein kleiner Permanentmagnet (Dipolmoment $\boldsymbol{\mu}$) ist bei $\boldsymbol{d} = d\,\boldsymbol{e}_x$ so gelagert, dass er sich innerhalb der x-y-Ebene frei drehen kann. Auf den Magnet wirkt ein homogenes Magnetfeld $\boldsymbol{B}_0 = B_0\,\boldsymbol{e}_x$.

In welche Richtung zeigt $\boldsymbol{\mu}$ im Gleichgewicht? In welche Richtung zeigt $\boldsymbol{\mu}$ im Gleichgewicht, wenn es zusätzlich noch einen Draht mit der Stromdichte $\boldsymbol{j} = I\,\delta(x)\,\delta(y)\,\boldsymbol{e}_z$ gibt?

Lösung: Die potenzielle Energie eines magnetischen Dipols $\boldsymbol{\mu}$ im äußeren magnetischen Feld $\boldsymbol{B}$ ist $W = -\boldsymbol{\mu}\cdot\boldsymbol{B}$. Ein drehbar gelagerter magnetischer Dipol stellt sich im Gleichgewicht so ein, dass W minimal wird. Dies ist der Fall, wenn $\boldsymbol{\mu}$ in die Richtung von $\boldsymbol{B}$ zeigt. Für $\boldsymbol{B} = \boldsymbol{B}_0 = B_0\,\boldsymbol{e}_x$ zeigt $\boldsymbol{\mu}$ (oder die Kompassnadel) also in x-Richtung.
Der stromdurchflossene Draht bewirkt das zusätzliche Magnetfeld

$$\boldsymbol{B}_1(\boldsymbol{r}) = \frac{2I}{c\rho}\,\boldsymbol{e}_\phi := \frac{2I}{c\,\rho}\begin{pmatrix}-\sin\varphi\\ \cos\varphi\\ 0\end{pmatrix} = \frac{2I}{c}\,\frac{1}{x^2+y^2}\begin{pmatrix}-y\\ x\\ 0\end{pmatrix}$$

Am Ort $\boldsymbol{d} := (d, 0, 0)$ des Dipols ist das wirksame Magnetfeld dann

$$\boldsymbol{B} = \boldsymbol{B}_0 + \boldsymbol{B}_1(\boldsymbol{d}) = B_0\,\boldsymbol{e}_x + \frac{2I}{c\,d}\,\boldsymbol{e}_y$$

Der Magnet stellt sich parallel zu $\boldsymbol{B}$ ein. Er bildet damit den Winkel

$$\alpha = \arctan\frac{2I}{c\,d\,B_0} \overset{\alpha\ll 1}{\approx} \frac{2I}{c\,d\,B_0}$$

zur x-Achse. Für kleine Winkel ist die Ablenkung proportional zur Stromstärke. Die Anordnung eignet sich als Strommessgerät (Amperemeter).

13 Maxwellgleichungen: Grundlagen

Die Feldgleichungen der Elektrostatik (Kapitel 11) und der Magnetostatik (Kapitel 12) werden zu den Maxwellschen Gleichungen verallgemeinert. Neben einer Zeitabhängigkeit treten dabei zusätzliche Terme auf, die als „Faradaysches Gesetz" und als „Maxwellscher Verschiebungsstrom" charakterisiert werden. Wir geben die allgemeine Lösung der Maxwellschen Gleichungen an; sie besteht aus einer Wellenlösung und aus den retardierten Potenzialen. Die kovariante Formulierung der Maxwellgleichungen macht ihre relativistische Struktur deutlich. Abschließend wird noch die Lagrangedichte der Elektrodynamik vorgestellt.

Wir schreiben die Feldgleichungen der Elektrostatik (11.7) und die der Magnetostatik (12.9) an, wobei wir die Zeit t als Argument der Felder zulassen und zwei zusätzliche Zeitableitungen einfügen:

$$\begin{aligned} &\operatorname{div} \boldsymbol{E}(\boldsymbol{r},t) = 4\pi\varrho(\boldsymbol{r},t)\,, \qquad \operatorname{rot} \boldsymbol{E}(\boldsymbol{r},t) + \underbrace{\frac{1}{c}\frac{\partial \boldsymbol{B}(\boldsymbol{r},t)}{\partial t}}_{\text{Induktion}} = 0 \\ &\operatorname{rot} \boldsymbol{B}(\boldsymbol{r},t) - \underbrace{\frac{1}{c}\frac{\partial \boldsymbol{E}(\boldsymbol{r},t)}{\partial t}}_{\text{Verschiebungsstrom}} = \frac{4\pi}{c}\,\boldsymbol{j}(\boldsymbol{r},t)\,, \qquad \operatorname{div} \boldsymbol{B}(\boldsymbol{r},t) = 0 \end{aligned} \tag{13.1}$$

Diese *Maxwellgleichungen* wurden 1864 von Maxwell aufgestellt. Die zusätzlichen Terme wurden durch die Bezeichnungen *Induktion* und *Verschiebungsstrom* charakterisiert. Die Kräfte (11.3) und (12.6) werden zur *Lorentzkraft* $\boldsymbol{F}_{\mathrm{L}}$ zusammengefasst:

$$\boldsymbol{F}_{\mathrm{L}} = q\left(\boldsymbol{E}(\boldsymbol{r}_0,t) + \frac{\boldsymbol{v}}{c}\times\boldsymbol{B}(\boldsymbol{r}_0,t)\right) \tag{13.2}$$

Die Gleichungen (13.1) und (13.2) sind die Grundgleichungen der Elektrodynamik. Aus ihnen werden alle relevanten Aussagen abgeleitet.

Wenn sich der magnetische Fluss Φ_{m} durch eine Drahtschleife ändert, dann erhält man eine Spannung U an den Enden (der an einer Stelle aufgeschnittenen Schleife). Dieser experimentelle Befund wird durch das *Faradaysche Gesetz* oder *Induktionsgesetz* beschrieben

$$U = \oint_C d\boldsymbol{r}\cdot\boldsymbol{E}' = -\frac{1}{c}\frac{d}{dt}\int_{a(t)} d\boldsymbol{a}\cdot\boldsymbol{B}(\boldsymbol{r},t) = -\frac{1}{c}\frac{d\Phi_{\mathrm{m}}}{dt} \tag{13.3}$$

Hierbei ist $\boldsymbol{E}'$ das elektrische Feld im momentanen Ruhsystem des Drahtschleife (mit der Fläche $\boldsymbol{a}$ und mit der Kontur C). Für die ruhende Drahtschleife folgt dies aus $\operatorname{rot}\boldsymbol{E} + \dot{\boldsymbol{B}}/c = 0$ in (13.1). Für eine bewegte Schleife ergeben sich demgegenüber zwei Effekte: Zum einen gibt es den Unterschied zwischen $\boldsymbol{E}$ und $\boldsymbol{E}'$, zum anderen ändert sich der magnetische Fluss aufgrund der Bewegung der Drahtschleife. Beide Effekte zusammen führen zur Konsistenz von $\operatorname{rot}\boldsymbol{E}+\dot{\boldsymbol{B}}/c = 0$ mit (13.3).

Wir setzen $4\pi\varrho = \operatorname{div}\boldsymbol{E}$ in die Kontinuitätsgleichung ein:

$$\frac{\partial\varrho}{\partial t} + \operatorname{div}\boldsymbol{j} = \operatorname{div}\left(\frac{1}{4\pi}\,\frac{\partial\boldsymbol{E}}{\partial t} + \boldsymbol{j}\right) = 0 \tag{13.4}$$

Dies ist nicht kompatibel mit der durch die Magnetostatik nahegelegten Gleichung $\operatorname{rot}\boldsymbol{B}(\boldsymbol{r},t) = 4\pi\,\boldsymbol{j}(\boldsymbol{r},t)/c$; denn sie impliziert ja $\operatorname{div}\boldsymbol{j} = 0$. Wenn man dagegen in der inhomogenen magnetischen Feldgleichung den *Maxwellschen Verschiebungsstrom* $\dot{\boldsymbol{E}}/4\pi$ zu $\boldsymbol{j}$ hinzugefügt, dann folgt die Kontinuitätsgleichung aus den Maxwellschen Gleichungen.

Physikalisch hat ein Verschiebungsstrom ähnliche Auswirkung wie eine Stromdichte. Schließt man etwa einen Plattenkondensator kurz ($\dot{\boldsymbol{E}} \neq 0$), dann ergeben sich kreisförmige Magnetfeldlinien, die zum Beispiel durch den Ausschlag einer Kompassnadel nachgewiesen werden können.

Energiebilanz

Wenn man in $\boldsymbol{j}\cdot\boldsymbol{E}$ für $\boldsymbol{j}$ die Feldgleichung einsetzt, erhält man nach wenigen Umformungen das *Poynting-Theorem*

$$\frac{\partial w_{\text{em}}}{\partial t} + \operatorname{div}\boldsymbol{S} = -\boldsymbol{j}\cdot\boldsymbol{E} \tag{13.5}$$

mit der *Energiedichte* w_{em} und der *Energiestromdichte* (oder *Poyntingvektor*)

$$w_{\text{em}} = w_{\text{em}}(\boldsymbol{r},t) = \frac{1}{8\pi}\left(\boldsymbol{E}^2 + \boldsymbol{B}^2\right), \qquad \boldsymbol{S} = \boldsymbol{S}(\boldsymbol{r},t) = \frac{c}{4\pi}\left(\boldsymbol{E}\times\boldsymbol{B}\right) \tag{13.6}$$

Die Interpretation dieser Größen ergibt sich aus folgender Überlegung: Wir betrachten ein System aus geladenen Teilchen und elektromagnetischen Feldern. Die auf das i-te Teilchen während dt übertragene Energie ist $\boldsymbol{F}_{\text{L},i}\cdot d\boldsymbol{r}_i = q_i\,\boldsymbol{v}_i\cdot\boldsymbol{E}(\boldsymbol{r}_i)\,dt$. Wir summieren dies über alle Teilchen und verwenden $\boldsymbol{j} = \sum q_i\,\boldsymbol{v}_i\,\delta(\boldsymbol{r}-\boldsymbol{r}_i)$. Dann erhalten wir für die Änderung der Energie E_{mat} der Teilchen $dE_{\text{mat}}/dt = \int d^3r\;\boldsymbol{j}\cdot\boldsymbol{E}$. Dies ist gleich der rechten Seite von (13.5), wenn man (13.5) über ein zeitunabhängiges Volumen integriert. Mit $E_{\text{em}} = \int_V d^3r\;w_{\text{em}}$ wird (13.5) dann zu

$$\frac{dE_{\text{em}}}{dt} + \frac{dE_{\text{mat}}}{dt} = -\oint_{a(V)} d\boldsymbol{a}\cdot\boldsymbol{S}(\boldsymbol{r},t) \tag{13.7}$$

Wir betrachten nun ein abgeschlossenes System und wählen das Volumen V so, dass das System innerhalb von V liegt. Dann verschwindet das Integral über die Oberfläche $a(V)$ des Volumens, und (13.7) wird zu

$$E = E_{\text{mat}} + E_{\text{em}} = \text{const.} \qquad \text{(abgeschlossenes System)} \tag{13.8}$$

Aus der bekannten Bedeutung von E_{mat} folgt, dass E_{em} die Energie und w_{em} die Energiedichte des elektromagnetischen Felds ist. Wir betrachten (13.7) jetzt für ein endliches Volumen V. Die Energie E_{em} der elektromagnetischen Felder kann sich dadurch ändern, dass Energie auf die materiellen Teilchen übertragen wird, oder dass elektromagnetische Energie die Oberfläche $a(V)$ des Volumens V passiert. Damit ist der Poyntingvektor $\boldsymbol{S}$ die *Energiestromdichte* des elektromagnetischen Felds. Unsere Ableitung setzt implizit voraus, dass keine Teilchen das betrachtete Volumen verlassen.

Eine analoge Überlegung zur Impulsbilanz führt zur *Impulsdichte* $\boldsymbol{g}_{\text{em}} = \boldsymbol{S}/c^2$ des elektromagnetischen Felds.

Allgemeine Lösung

Wenn wir die physikalischen Felder durch die Potenziale Φ und $\boldsymbol{A}$ ausdrücken,

$$\boldsymbol{E}(\boldsymbol{r},t) = -\operatorname{grad}\Phi(\boldsymbol{r},t) - \frac{1}{c}\frac{\partial \boldsymbol{A}(\boldsymbol{r},t)}{\partial t} \quad \text{und} \quad \boldsymbol{B}(\boldsymbol{r},t) = \operatorname{rot}\boldsymbol{A}(\boldsymbol{r},t) \qquad (13.9)$$

dann sind die homogenen Maxwellgleichungen automatisch erfüllt. Wir setzen dies nun in die inhomogenen Maxwellgleichungen ein und erhalten

$$\Delta\Phi(\boldsymbol{r},t) - \frac{1}{c^2}\frac{\partial^2\Phi(\boldsymbol{r},t)}{\partial t^2} = -4\pi\varrho(\boldsymbol{r},t) \qquad (13.10)$$

$$\Delta\boldsymbol{A}(\boldsymbol{r},t) - \frac{1}{c^2}\frac{\partial^2\boldsymbol{A}(\boldsymbol{r},t)}{\partial t^2} = -\frac{4\pi}{c}\,\boldsymbol{j}(\boldsymbol{r},t) \qquad (13.11)$$

Dabei haben wir die sogenannte *Lorenzeichung*

$$\operatorname{div}\boldsymbol{A} + \frac{1}{c}\frac{\partial\Phi}{\partial t} = 0 \qquad (13.12)$$

der Potenziale vorausgesetzt. Die Eichtransformation $\Phi \to \Phi - c^{-1}\partial\Lambda/\partial t$ und $\boldsymbol{A} \to \boldsymbol{A} + \operatorname{grad}\Lambda$ lässt die physikalischen Felder in (13.9) unverändert. Damit ist eine skalare Funktion Λ frei wählbar, und es darf die skalare Bedingung (13.12) gestellt werden.

Mathematisch ist jede Komponente von (13.11) identisch mit (13.10). Es genügt daher die allgemeine Lösung von (13.10) anzugeben. Diese allgemeine Lösung ist von der Form $\Phi = \Phi_{\text{hom}} + \Phi_{\text{part}}$. Dabei ist Φ_{hom} die allgemeine Lösung der homogenen Gleichung, und Φ_{part} ist eine spezielle Lösung von (13.10).

Lösung der homogenen Gleichung

Wir suchen die allgemeine Lösung der homogenen Gleichung

$$\Delta\Phi_{\text{hom}} - \frac{1}{c^2}\frac{\partial^2\Phi_{\text{hom}}}{\partial t^2} = 0 \qquad (13.13)$$

Der Separationsansatz $\Phi_{\text{hom}} = X(x)\,Y(y)\,Z(z)\,T(t)$ führt zu den Elementarlösungen

$$\Phi_{k_x k_y k_z} = \exp\Big(\mathrm{i}\big[\boldsymbol{k}\cdot\boldsymbol{r} \pm \omega(\boldsymbol{k})\,t\big]\Big) \qquad \text{mit } \omega = c\,|\boldsymbol{k}| \tag{13.14}$$

Die reellen Werte für k_x, k_y und k_z können beliebig gewählt werden. Die Überlagerung

$$\Phi_{\text{hom}}(\boldsymbol{r},t) = \text{Re}\int d^3k\,\Big(a_1(\boldsymbol{k}) + \mathrm{i}\,a_2(\boldsymbol{k})\Big)\,\exp\big[\,\mathrm{i}(\boldsymbol{k}\cdot\boldsymbol{r} - \omega t)\big] \tag{13.15}$$

ist die allgemeine Lösung; denn mit den reellen Funktionen $a_1(\boldsymbol{k})$ und $a_2(\boldsymbol{k})$ lassen sich beliebige Anfangsbedingungen $\Phi(\boldsymbol{r},0) = G(\boldsymbol{r})$ und $\dot{\Phi}(\boldsymbol{r},0) = H(\boldsymbol{r})$ erfüllen. Es handelt sich um Wellenlösungen, auf die wir im nächsten Kapitel noch näher eingehen.

Retardierte Potenziale

Die Fouriertransformationen $\Phi(\boldsymbol{r},t) \to \Phi_\omega(\boldsymbol{r})$ und $\varrho(\boldsymbol{r},t) \to \varrho_\omega(\boldsymbol{r})$ in der Zeit führen von (13.10) zu

$$\big(\Delta + k^2\big)\,\Phi_\omega(\boldsymbol{r}) \;=\; -4\pi\,\varrho_\omega(\boldsymbol{r}) \tag{13.16}$$

wobei $k = \omega/c$. Mit Hilfe von (10.18) überprüft man leicht, dass

$$\Phi_\omega(\boldsymbol{r}) = \int d^3r'\;\varrho_\omega(\boldsymbol{r}')\;\frac{\exp(\pm\mathrm{i}\omega|\boldsymbol{r}-\boldsymbol{r}'|/c)}{|\boldsymbol{r}-\boldsymbol{r}'|} \tag{13.17}$$

Lösung von (13.16) ist. Für das Pluszeichen im Exponenten ergibt die Fourierrücktransformation

$$\Phi_{\text{part}} = \Phi_{\text{ret}}(\boldsymbol{r},t) \;=\; \int d^3r'\;\frac{\varrho(\boldsymbol{r}', t - |\boldsymbol{r}-\boldsymbol{r}'|/c)}{|\boldsymbol{r}-\boldsymbol{r}'|} \tag{13.18}$$

Eine analoge Form erhält man für das *retardierte* Vektorpotenzial $\boldsymbol{A}_{\text{ret}}$. Das Zeitargument im retardierten Potenzial ist später (also retardiert) als im Integranden. Das andere Vorzeichen in der Exponentialfunktion in (13.17) führt zu den avancierten Potenzialen, die ebenfalls partikuläre Lösungen sind.

Von einer Antenne (bei $\boldsymbol{r}$) abgestrahlte Wellen kommen nach der Zeit $\delta t = |\boldsymbol{r}-\boldsymbol{r}'|/c$ beim Radiohörer (mit einer Empfangsantenne bei $\boldsymbol{r}'$) an. Die abgestrahlte Welle wird gerade durch das retardierte Potenzial der oszillierenden Ladungsverteilung der Sendeantenne beschrieben.

Kovarianz der Maxwellgleichungen

Die Maxwellgleichungen gelten in allen Inertialsystemen. Formal bedeutet dies, dass sich ihre Form unter Lorentztransformationen nicht ändert; sie sind forminvariant oder kovariant. Dies wird im Folgenden durch eine kovariante Schreibweise explizit gemacht.

Aus den Maxwellgleichungen (13.1) folgt die Kontinuitätsgleichung $\dot{\varrho}+\text{div}\,\boldsymbol{j} = 0$. Mit $(x^\alpha) = (ct, x, y, z)$ und $(\partial_\alpha) = (\partial/\partial x^\alpha)$ wird die Kontinuitätsgleichung zu $\partial_\alpha\, j^\alpha = 0$. Dabei haben wir die vierfach indizierte Größe $(j^\alpha) = (c\varrho, j_x, j_y, j_z)$ eingeführt. Mit (13.1) gilt die Kontinuitätsgleichung in jedem Inertialsystem, also

$$\partial_\alpha\, j^\alpha(x) = \partial'_\alpha\, j'^\alpha(x') = 0 \tag{13.19}$$

Hieraus folgt, dass $\partial_\alpha\, j^\alpha$ ein Lorentzskalar ist. Da ∂_α ein 4-Vektor ist (10.28), ist die *Viererstromdichte* j^α ein 4-Vektorfeld. Sie transformiert sich also gemäß (10.23).

In IS gebe es nur eine Ladungs-, aber keine Stromdichte, also $(j^\alpha) = (c\varrho, 0)$. In einem relativ mit $\boldsymbol{v}$ bewegten IS$'$ folgt dann aus der Lorentztransformation

$$\varrho' = \frac{dq'}{dV'} = \gamma\,\varrho = \gamma\,\frac{dq}{dV} \tag{13.20}$$

wobei $\gamma = \sqrt{1 - v^2/c^2}$. Das Volumenelement erleidet bei der Transformation eine Längenkontraktion, $dV' = dV/\gamma$. Daraus folgt $dq = dq'$ oder

$$q = \frac{1}{c}\int d^3r\; j^0(x) = \text{Lorentzskalar} \tag{13.21}$$

In Aufgabe 13.12 wird dieses Ergebnis formaler abgeleitet. Physikalisch wird die Geschwindigkeitsunabhängigkeit der Ladung mit hoher Genauigkeit durch die Neutralität des Wasserstoffatoms verifiziert.

Wir führen die vierfach indizierte Größe $(A^\alpha) = (\Phi, A_x, A_y, A_z)$ ein. Damit und mit (10.29) werden (13.10) und (13.11) zu

$$\Box\, A^\alpha(x) = \frac{4\pi}{c}\, j^\alpha(x) \tag{13.22}$$

Mit j^α muss auch die linke Seite ein Lorentzvektor sein. Da der d'Alembert-Operator ein Lorentzskalar ist, muss $A^\alpha(x)$ ein Lorentzvektor sein. Insgesamt stellen wir für j^α und für das *Viererpotenzial* A^α fest:

$$j^\alpha(x) \;\text{ und }\; A^\alpha(x) \;\text{ sind 4-Vektorfelder} \tag{13.23}$$

Die Lorenzeichung (13.12) wird zu $\partial_\alpha\, A^\alpha(x) = 0$ und gilt in jedem IS. Die Gleichungen (13.22) sind kovariant, das heißt sie ändern nicht ihre Form bei einer Lorentztransformation.

Wir führen den antisymmetrischen *Feldstärketensor* $F^{\alpha\beta}$ ein:

$$\left(F^{\alpha\beta}\right) = \left(\partial^\alpha A^\beta - \partial^\beta A^\alpha\right) = \begin{pmatrix} 0 & -E_x & -E_y & -E_z \\ E_x & 0 & -B_z & B_y \\ E_y & B_z & 0 & -B_x \\ E_z & -B_y & B_x & 0 \end{pmatrix} \tag{13.24}$$

Seine Tensoreigenschaft folgt aus der Vektoreigenschaft von ∂^α und A^β. Er transformiert sich also gemäß (10.23); hieraus folgen dann auch die (nicht so einfachen) Transformationseigenschaften von $\boldsymbol{E}$ und $\boldsymbol{B}$.

Mit dem Feldstärketensor werden die inhomogenen Maxwellgleichungen zu

$$\partial_\beta \, F^{\beta\alpha} = \frac{4\pi}{c} \, j^\alpha \tag{13.25}$$

Die homogenen Maxwellgleichungen können ebenfalls in kovarianten Form geschrieben werden:

$$\partial_\beta \, \widetilde{F}^{\beta\alpha} = 0 \quad \text{mit} \quad \widetilde{F}^{\alpha\beta} = \frac{1}{2} \, \varepsilon^{\alpha\beta\gamma\delta} \, F_{\gamma\delta} \tag{13.26}$$

Dabei ist $\widetilde{F}^{\alpha\beta}$ der *duale* Feldstärketensor, und $\varepsilon^{\alpha\beta\gamma\delta}$ ist der total antisymmetrische (Pseudo-)Tensor.

Die Formulierungen (13.22) und (13.25, 13.26) sind äquivalente kovariante Formen der Maxwellgleichungen. In (13.25) kommen die physikalischen Felder vor; dagegen ist (13.22) von einfacherer Struktur.

Die kovariante Formulierung der Feldgleichung wird durch die kovariante Bewegungsgleichung eines Teilchens im elektromagnetischen Feld ergänzt:

$$m \, \frac{du^\alpha}{d\tau} = \frac{q}{c} \, F^{\alpha\beta} \, u_\beta \tag{13.27}$$

Die relativistische Bewegungsgleichung ist im Allgemeinen von der Form (9.15), $m \, du^\alpha / d\tau = f^\alpha$ mit einer noch zu bestimmenden relativistischen Kraft f^α. Nach (13.2) muss die Kraft linear in der Ladung q, im Feld $F^{\alpha\beta}$ und in der Geschwindigkeit u^γ sein. Aus $q \, F^{\alpha\beta} \, u^\gamma$ muss daher ein Lorentzvektor gebildet werden. Wegen $F^\alpha{}_\alpha = 0$ bleibt nur die in (13.27) angegebene Wahl.

In Kapitel 9 wurde die Bewegungsgleichung (13.27) eingehender diskutiert.

Lagrangefunktion

Wir gehen noch kurz auf den Lagrangeformalismus der Elektrodynamik ein. Für die Lagrangedichte

$$L\big(\partial^\alpha A^\beta, A^\beta, x\big) = -\frac{1}{16\,\pi} \, F^{\alpha\beta} \, F_{\alpha\beta} - \frac{1}{c} \, A^\alpha \, j_\alpha(x) \tag{13.28}$$

ergibt das Hamiltonsche Prinzip $\delta \int d^4x \, L = 0$ die Euler-Lagrange-Gleichungen

$$\frac{\partial}{\partial x_\alpha} \, \frac{\partial L}{\partial(\partial^\alpha A^\beta)} = \frac{\partial L}{\partial A^\beta} \tag{13.29}$$

Dabei wurde nach den Potenzialen variiert. Aus (13.29) erhält man wieder (13.25). Die Lagrangefunktion eines Teilchens im elektromagnetischen Feld wurde in (9.22) angegeben.

Aufgaben

13.1 Induktion in bewegter rechteckiger Leiterschleife

Eine rechteckige Leiterschleife (Seitenlängen b_1 und b_2) liegt in der x-y-Ebene und bewegt sich mit konstanter, nichtrelativistischer Geschwindigkeit $\boldsymbol{v} = v\, \boldsymbol{e}_x$.

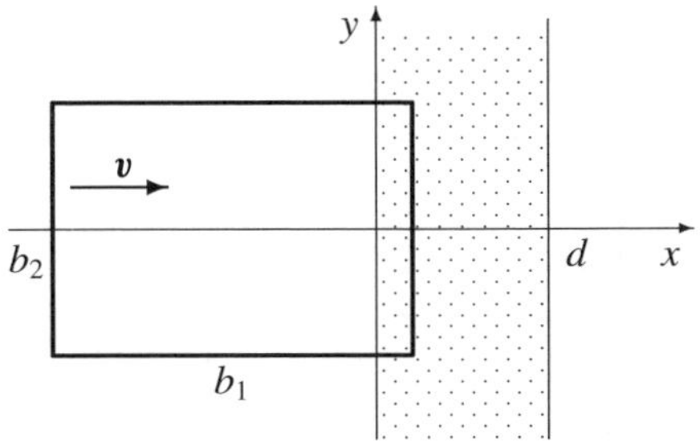

Im Bereich $0 \le x \le d < b_1$ wirkt ein konstantes homogenes Magnetfeld $\boldsymbol{B} = B_0\, \boldsymbol{e}_z$, das in der Skizze durch Punkte markiert ist.

Berechnen Sie die in der Leiterschleife induzierte Ringspannung $U(t)$ mit dem Faradayschen Gesetz. Skizzieren Sie die Funktion $U(t)$.

Lösung: Das Magnetfeld überdeckt die Fläche

$$a(t) = \begin{cases} b_2\, v\, t & (0 \le v t < d) \\ b_2\, d & (d \le v t < b_1) \\ b_2 \big(b_1 + d - v t\big) & (b_1 \le v t < b_1 + d) \end{cases}$$

Diese Fläche bestimmt den magnetischen Fluss durch die Leiterschleife:

$$\Phi_{\mathrm{m}}(t) = \int_{a(t)} d\boldsymbol{a} \cdot \boldsymbol{B} = B_0\, a(t)$$

Aus dem Faradayschen Gesetz folgt die induzierte Ringspannung:

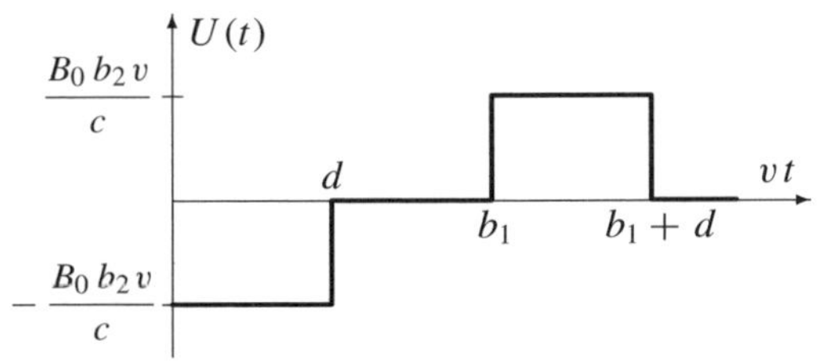

$$U(t) = -\frac{1}{c}\frac{d\Phi_m}{dt} = -\frac{B_0}{c}\frac{da(t)}{dt}$$

$$= \frac{B_0\, b_2\, v}{c} \cdot \begin{cases} -1 & (0 \le v t < d) \\ 0 & (d \le v t < b_1) \\ 1 & (b_1 \le v t < b_1 + d) \end{cases}$$

Alternative Lösung: Im betrachteten Inertialsystem IS sind die Felder $\boldsymbol{E} = 0$ und $\boldsymbol{B} = B_0\, \boldsymbol{e}_z$. Da die Geschwindigkeit konstant ist, ist das Ruhsystem der Leiterschleife ebenfalls ein Inertialsystem IS′. Hierfür liefert die Lorentztransformation das elektrische Feld

$$\boldsymbol{E}' = \boldsymbol{E} + \frac{\boldsymbol{v}}{c} \times \boldsymbol{B} = -\frac{v}{c}\, B_0\, \boldsymbol{e}_y \qquad (v \ll c)$$

Hieraus ergibt sich eine Spannung in dem Teil der Leiterschleife, der parallel zur y-Achse ist. Wenn sich die rechte (oder linke) Seite durch das Magnetfeld bewegt, erhält man die Spannung $U = \oint_C d\boldsymbol{r}' \cdot \boldsymbol{E}' = -B_0\, b_2\, v/c$ (oder $U = +B_0\, b_2\, v/c$).

13.2 Induktion in bewegter kreisförmiger Leiterschleife

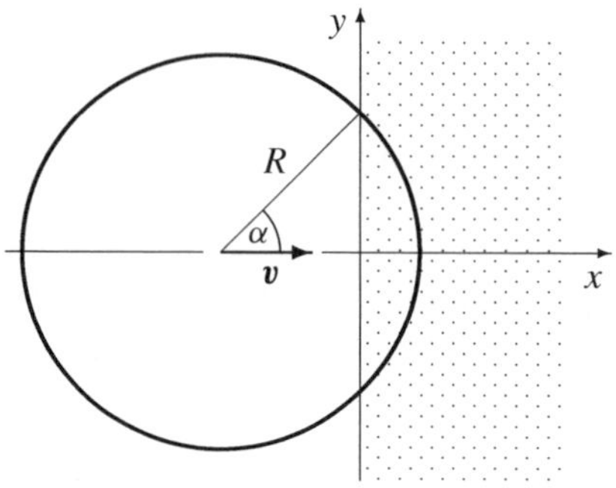

Eine kreisförmige Leiterschleife bewegt sich innerhalb der x-y-Ebene mit konstanter, nichtrelativistischer Geschwindigkeit $\boldsymbol{v} = v\,\boldsymbol{e}_x$. Im Bereich $x > 0$ wirkt ein homogenes Magnetfeld $B_0\,\boldsymbol{e}_z$, das durch Punkte markiert ist.

Berechnen Sie die in der Leiterschleife induzierte Ringspannung $U(t)$. Skizzieren Sie die Funktion $U(t)$.

Lösung: Die Fläche der Leiterschleife, die vom Magnetfeld überdeckt wird, ist die Differenz eines Kreissegments und eines Dreiecks (Skizze):

$$a(\alpha) = R^2\alpha - R^2 \sin\alpha\,\cos\alpha = R^2\big(\alpha - \sin\alpha\,\cos\alpha\big)$$

Aufgrund der Bewegung der Leiterschleife hängt der Winkel α von der Zeit ab:

$$\cos\alpha(t) = \frac{R - vt}{R} \qquad \text{und} \qquad \dot\alpha(t)\,\sin\alpha(t) = \frac{v}{R}$$

Hieraus folgt

$$\frac{da(\alpha)}{dt} = \frac{da(\alpha)}{d\alpha}\,\frac{d\alpha}{dt} = 2\,R^2\,\dot\alpha\,\sin^2\alpha(t) = 2\,v\,R\sqrt{\frac{vt}{R}\Big(2 - \frac{vt}{R}\Big)}$$

Mit dem magnetischen Fluss $\Phi_{\rm m}(t) = \int d\boldsymbol{a}\cdot\boldsymbol{B} = B_0\,a(\alpha)$ bestimmen wir die induzierte Ringspannung:

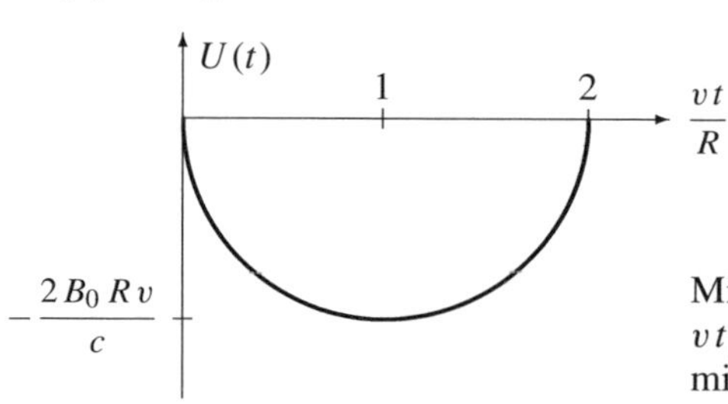

$$U = -\frac{1}{c}\,\frac{d\Phi_m}{dt} = -\frac{B_0}{c}\,\frac{da(\alpha)}{dt}$$

$$= -2\,B_0\,R\,\frac{v}{c}\sqrt{\frac{vt}{R}\Big(2 - \frac{vt}{R}\Big)}$$

Mit den Variablen $\eta = c\,U/(2\,B_0\,R\,v)$ und $\xi = vt/R$ ergibt dies $\eta^2 = 2\xi - \xi^2$, also einen Kreis mit dem Mittelpunkt bei $(\xi, \eta) = (1, 0)$.

13.3 Induktion im rotierenden Kreisring

Ein leitender Kreisring ($z = 0$ und $x^2 + y^2 = r_0^2$) rotiert mit konstanter Winkelgeschwindigkeit ω um die x-Achse. Es wirkt das homogene Magnetfeld $\boldsymbol{B} = B\,\boldsymbol{e}_z$.

Welche Spannung $U(t)$ wird in dem Ring induziert? Im Ring sei ein Lämpchen (Widerstand R) angebracht. In dem Lämpchen wird dann die elektrische Leistung $P = U^2/R$ verbraucht. Welches Drehmoment M muss im zeitlichen Mittel auf den Ring ausgeübt werden, damit die Winkelgeschwindigkeit konstant bleibt (die mechanische Reibung soll vernachlässigt werden)?

Lösung: Wegen der Drehung des Kreisrings ist die vom Magnetfeld durchdrungene Fläche zeitabhängig, $a(t) = \pi\, r_0^2 \cos(\omega t)$. Dies führt zur induzierten Spannung

$$U(t) = -\frac{B_0}{c}\,\frac{da(t)}{dt} = \frac{B_0\,\omega}{c}\,\pi\, r_0^2\,\sin(\omega t)$$

Die elektrische Leistung

$$P(t) = \frac{U(t)^2}{R} = \frac{B_0^2\,\omega^2\,\pi^2\, r_0^4}{c^2 R}\,\sin^2(\omega t)$$

wird im Lämpchen (Widerstand R) in Wärme (und etwas Licht) umgewandelt. Sie muss dem Ring mechanisch zugeführt werden. Aus $P = \omega\, M(t)$ ergibt sich das gesuchte Drehmoment $M(t)$. Im zeitlichen Mittel gelten $\langle\, \sin^2(\omega t)\rangle = 1/2$ und

$$\langle M\rangle = \frac{B_0^2\,\pi^2\, r_0^4}{2\,c^2 R}\,\omega$$

Die Anordnung kann als Modell eines Dynamos am Fahrrad aufgefasst werden.

13.4 Magnetfeld im sich entladenden Plattenkondensator

Ein Plattenkondensator aus zwei parallelen Kreisscheiben (Radius r_0, Abstand d, $d \ll r_0$, Randeffekte werden vernachlässigt) wird langsam über einen Widerstand R entladen. Die Anfangsladungen auf den Platten sind Q_0 und $-\,Q_0$.

Bestimmen Sie die Ladungen $\pm Q(t)$ auf den Platten und die Felder $\boldsymbol{E}(\boldsymbol{r}, t)$ und $\boldsymbol{B}(\boldsymbol{r}, t)$ im Bereich zwischen den Platten.

Lösung: Die „langsame" Entladung bedeutet, dass die Formeln der Elektrostatik verwendet werden können, wobei die Zeit t als Parameter auftritt. Dann ist die Spannung $U_C(t) = Q(t)/C$ am Kondensator, wobei $C = r_0^2/(4d)$ die aus der Elektrostatik bekannte Kapazität ist. Dieser *quasistatische* Grenzfall wird am Ende von Kapitel 14 noch umfassender diskutiert.

Die Spannung am Widerstand R ist $U_R(t) = R\,I(t) = R\,\dot{Q}(t)$. Im geschlossenen Stromkreis addieren sich die Spannungen zu null:

$$U_C(t) + U_R(t) = \frac{Q(t)}{C} + R\,\frac{dQ(t)}{dt} = 0$$

Die Lösung ist

$$Q(t) = Q_0 \exp\Big(-\frac{t}{RC}\Big) \qquad (t > 0)$$

Im Folgenden verwenden wir Zylinderkoordinaten ρ, φ und z mit der z-Achse als Symmetrieachse der Platten. Da die Anordnung zylindersymmetrisch ist, können die Felder nicht von φ abhängen.

Im quasistatischen Fall ist die Ladungsdichte auf den Platten homogen (lokale Überschüsse würden sich sofort ausgleichen). Damit ist auch das elektrische Feld (zwischen den Platten) homogen und zeigt in z-Richtung. Seine Stärke kann etwa mit dem Gaußschen Gesetz berechnet werden:

$$\boldsymbol{E}(t) = E(t)\,\boldsymbol{e}_z = \frac{Q(t)}{C\,d}\,\boldsymbol{e}_z = \frac{Q_0}{C\,d}\,\exp\Big(-\frac{t}{RC}\Big)\,\boldsymbol{e}_z \qquad (t > 0)$$

Hier wurde angenommen, dass die untere Platte die Ladung $Q(t)$ und die obere $-Q(t)$ hat. Für $Q(t) > 0$ zeigen die Feldlinien von der unteren, positiv geladenen Platte zur oberen, negativ geladenen Platte.

Das Magnetfeld ist mit dem elektrischen Feld durch die Maxwellgleichung $\operatorname{rot} \boldsymbol{B} = -\dot{\boldsymbol{E}}/c$ verknüpft (die Stromdichte $\boldsymbol{j}$ verschwindet zwischen den Platten). Wegen $\boldsymbol{E} = E(t)\, \boldsymbol{e}_z$ gilt $\operatorname{rot} \boldsymbol{B} \parallel \boldsymbol{e}_z$; wegen der Zylindersymmetrie kann $\boldsymbol{B}$ zwischen den Platten nur von ρ und t abhängen. Daher muss das Magnetfeld von der Form $\boldsymbol{B} = B(\rho, t)\, \boldsymbol{e}_\varphi$ sein. Die betrachtete Maxwellgleichung wird damit zu

$$\operatorname{rot} \boldsymbol{B}(\rho, t) = \frac{1}{\rho} \frac{\partial}{\partial \rho} \big(\rho\, B(\rho, t)\big)\, \boldsymbol{e}_z = \frac{1}{c}\, \dot{\boldsymbol{E}}(t) = \frac{1}{c} \frac{dE(t)}{dt}\, \boldsymbol{e}_z$$

Da der Ausdruck insgesamt nicht von ρ abhängt, gilt $B(\rho, t) \propto \rho$ für die reguläre Lösung. Damit erhalten wir

$$\frac{1}{\rho} \frac{\partial}{\partial \rho} \big(\rho\, B(\rho, t)\big) = \frac{2B(\rho, t)}{\rho} = \frac{1}{c} \frac{dE(t)}{dt} \tag{13.30}$$

Hierin setzen wir das bekannte Feld $E(t)$ ein und erhalten

$$\boldsymbol{B}(\rho, t) = -\frac{1}{2c} \frac{Q_0}{RC^2} \frac{\rho}{d} \exp\Big(-\frac{t}{RC}\Big)\, \boldsymbol{e}_\varphi$$

Das Magnetfeld ist proportional zum Strom dQ/dt. Es wird aber nicht direkt durch den Strom hervorgerufen, sondern durch den Verschiebungsstrom. Das Vorzeichen ist mit der Wahl der Ladungen $\pm Q_0$ auf den beiden Platten korreliert.

Alternative Lösung: Man schreibt die Maxwellgleichung $\operatorname{rot} \boldsymbol{B} = -\dot{\boldsymbol{E}}/c$ (für $\boldsymbol{j} = 0$) unter Verwendung des Stokesschen Satzes in der folgenden integralen Form an:

$$\oint_C d\boldsymbol{r} \cdot \boldsymbol{B} = \frac{1}{c} \frac{\partial}{\partial t} \int_a d\boldsymbol{a} \cdot \boldsymbol{E} \qquad (\boldsymbol{j} = 0) \tag{13.31}$$

Das Integral auf der rechten Seite ist der sogenannte elektrische Fluss. Zur Auswertung wählen wir eine Kreisfläche $\boldsymbol{a}$, die konzentrisch und parallel zu den Platten liegt, also $\boldsymbol{a} = a\, \boldsymbol{e}_z = \pi \rho^2 \boldsymbol{e}_z$ mit $\rho < r_0$. Die Form der Felder, $\boldsymbol{E} = E(t)\, \boldsymbol{e}_z$ und $\boldsymbol{B} = B(\rho, t)\, \boldsymbol{e}_\varphi$, wird wie oben durch die Symmetrie der Anordnung begründet. Damit werten wir (13.31) aus:

$$2\pi \rho\, B(\rho, t) = \frac{\pi \rho^2}{c} \frac{d}{dt} E(t)$$

Dies stimmt mit (13.30) überein.

13.5 Felddrehimpuls der rotierenden geladenen Kugel

Eine homogen geladene Kugel (Ladung q, Radius R) rotiert mit der konstanten Winkelgeschwindigkeit $\boldsymbol{\omega}$ um eine Achse durch den Mittelpunkt. Berechnen Sie den Drehimpuls $\boldsymbol{L}_{\rm em} = \int d^3r\, \boldsymbol{l}_{\rm em}$ des elektromagnetischen Felds.

Lösung: Mit dem elektrischen Feld der homogen geladenen Kugel aus Aufgabe 11.3 und dem magnetischen Feld der rotierenden homogen geladenen Kugel aus Aufgabe 12.9 wird die Drehimpulsdichte der elektromagnetischen Felder in Kugelkoordinaten zu

$$\boldsymbol{l}_{\text{em}} = \frac{1}{4\pi c}\, \boldsymbol{r} \times \big(\boldsymbol{E} \times \boldsymbol{B}\big) = -\frac{r\, E_r\, B_\theta}{4\pi c}\, \boldsymbol{e}_\theta = \frac{q^2\, \omega \sin\theta}{4\pi\, c^2 R^2}\, \boldsymbol{e}_\theta \cdot \begin{cases} \dfrac{r^2}{R^2}\left(1 - \dfrac{6\,r^2}{5\,R^2}\right) & (r \le R) \\[2ex] -\dfrac{R^4}{5\,r^4} & (r > R) \end{cases}$$

Die räumliche Integration ergibt $\boldsymbol{L}_{\text{em}} = L_z^{\text{em}}\, \boldsymbol{e}_z$ mit

$$\begin{aligned} L_z^{\text{em}} &= \frac{q^2\omega}{2\,c^2 R^2} \int_{-1}^{1} d\cos\theta\ \sin^2\theta \left[-\int_0^R dr\ r^2\, \frac{r^2}{R^2}\left(1 - \frac{6\,r^2}{5\,R^2}\right) + \int_R^\infty dr\ r^2\, \frac{R^4}{5r^4} \right] \\ &= \frac{2\,q^2\,\omega R}{3\,c^2} \left[-\int_0^1 dx\ x^4 \left(1 - \frac{6}{5}\,x^2\right) + \int_1^\infty \frac{dx}{5x^2} \right] = \frac{2\,q^2\,\omega R}{3\,c^2} \left(-\frac{1}{35} + \frac{1}{5} \right) \end{aligned}$$

Dabei wurde die Variable $x = r/R$ substituiert. Der resultierende Drehimpuls

$$\boldsymbol{L}_{\text{em}} = \frac{4}{35}\, \frac{q^2 R}{c^2}\, \boldsymbol{\omega}$$

zeigt in Richtung der Winkelgeschwindigkeit. Der Hauptbeitrag kommt vom Außenbereich der Kugel.

Anmerkung: Man kann die rotierende Kugel als (unrealistisches) Modell für ein Elektron betrachten (mit $q = -e$). Als Rotationsfrequenz nehmen wir die obere Grenze $\omega R = c$ an. Dann ist der elektromagnetische Drehimpuls

$$L_{\text{em}} = \frac{4}{35}\, \frac{e^2}{c} = \frac{4}{35}\, \frac{e^2}{\hbar c}\, \hbar \approx \frac{4}{35}\, \frac{1}{137}\, \hbar \ll \frac{\hbar}{2}$$

viel kleiner als der Elektronspin $\hbar/2$; hierbei wurde die Feinstrukturkonstante $e^2/\hbar c \approx 1/137$ eingesetzt. Das Modell einer starren Rotation würde eigentlich $\omega R \ll c$ erfordern, was zu einem noch kleineren Wert für L_{em} führt. Vermutlich ist der Spin des Elektrons nicht (oder nur zu einem geringen Teil) elektromagnetischen Ursprungs.

13.6 Fouriertransformation der Wellengleichung

Lösen Sie die homogene Wellengleichung

$$\left(\Delta - \frac{1}{c^2}\, \frac{\partial^2}{\partial t^2} \right) \Phi(\boldsymbol{r}, t) = 0$$

durch eine Fouriertransformation in den Variablen x, y, z und t.

Lösung: Wir setzen die Fouriertransformierte (Vorfaktoren sind hier irrelevant)

$$\Phi(\boldsymbol{r}, t) = \int_{-\infty}^{\infty} d\omega \int d^3k\ \Phi_{\omega,\boldsymbol{k}}\, \exp\big(\mathrm{i}\,(\boldsymbol{k} \cdot \boldsymbol{r} - \omega t)\big) \tag{13.32}$$

in die Wellengleichung ein:

$$\left(\boldsymbol{k}^2 - \frac{\omega^2}{c^2}\right) \Phi_{\omega,\boldsymbol{k}} = 0 \tag{13.33}$$

Sofern der erste Faktor auf der linken Seite ungleich null ist, erhalten wir nur die triviale und uninteressante Lösung $\Phi \equiv 0$. Für eine nichttriviale Lösung muss dieser Faktor verschwinden:

$$\omega = \pm c\,|\boldsymbol{k}| = \pm c\,k$$

Die Lösung der algebraischen Gleichung (13.33) ist dann von der Form

$$\Phi_{\omega,\boldsymbol{k}} = 2\,\omega\, a(\omega,\boldsymbol{k})\;\delta(\omega^2 - c^2\boldsymbol{k}^2) = a_+(\boldsymbol{k})\,\delta(\omega - ck) + a_-(\boldsymbol{k})\,\delta(\omega + ck)$$

mit einer beliebigen Amplitude $a(\omega, \boldsymbol{k})$. Die Umformung der δ-Funktion erfolgte wie in Aufgabe 10.15 angegeben; dabei wird der willkürliche Vorfaktor 2ω absorbiert; außerdem wurde $a_\pm(\boldsymbol{k}) = a(\pm ck, \boldsymbol{k})$ gesetzt. Damit wird (13.32) zu

$$\Phi(\boldsymbol{r},t) = \int d^3k \left[a_+(\boldsymbol{k}) \exp\big(\mathrm{i}(\boldsymbol{k}\cdot\boldsymbol{r} - ckt)\big) + a_-(\boldsymbol{k}) \exp\big(\mathrm{i}(\boldsymbol{k}\cdot\boldsymbol{r} + ckt)\big)\right]$$

Wenn wir den zweiten Term komplex konjugieren und im Integral $\boldsymbol{k} \to -\boldsymbol{k}$ substituieren, erhalten wir die Form des ersten Terms. Daher können wir ohne Einschränkung der Allgemeinheit $a_-(\boldsymbol{k}) = 0$ setzen. Damit beschränken wir uns (wie allgemein üblich) auf positive Frequenzen,

$$\omega = c\,|\boldsymbol{k}| = ck$$

Das physikalische Potenzial ist reell. Daher nehmen wir den Realteil der nunmehr gefundenen Lösung, wobei wir $a(\boldsymbol{k}) = a_+(\boldsymbol{k})$ setzen:

$$\Phi(\boldsymbol{r},t) = \mathrm{Re} \int d^3k\; a(\boldsymbol{k}) \exp\big(\mathrm{i}(\boldsymbol{k}\cdot\boldsymbol{r} - \omega t)\big)$$

Dies ist die allgemeine Lösung der homogenen Wellengleichung. Die Funktion $a(\boldsymbol{k}) = a_1(\boldsymbol{k}) + \mathrm{i}\,a_2(\boldsymbol{k})$ enthält zwei reelle Funktionen, $a_1(\boldsymbol{k})$ und $a_2(\boldsymbol{k})$. Sie können durch die Anfangsbedingungen $\Phi(\boldsymbol{r}, 0)$ und $\dot{\Phi}(\boldsymbol{r}, 0)$ festgelegt werden.

13.7 Lösung der eindimensionalen Wellengleichung

Zeigen Sie, dass die homogene Lösung

$$\Phi(x,t) = \mathrm{Re} \int_{-\infty}^{\infty} dk\; a(k)\, \exp\big(\mathrm{i}\,(kx - \omega t)\big)\,, \qquad (\omega = c\,|k|) \tag{13.34}$$

der eindimensionalen Wellengleichung $(\partial_x^2 - \partial_t^2/c^2)\,\Phi = 0$ von folgender Form ist:

$$\Phi_{\mathrm{hom}}(x,t) = f(x - ct) + g(x + ct) \tag{13.35}$$

Dabei ist $a(k)$ eine komplexe Funktion, f und g sind beliebige, reelle Funktionen. Überprüfen Sie auch durch direktes Einsetzen in die Wellengleichung, dass (13.35) eine homogene Lösung ist. Welche Zeitabhängigkeit hat eine solche Welle für $f(x) = f_0 \exp(-\gamma x^2)$ und $g = 0$?

Lösung: Wir formen die Lösung (13.34) um:

$$\begin{aligned}
\Phi(x,t) &= \frac{1}{2}\int_{-\infty}^{\infty} dk \Big[a(k)\exp\big(\mathrm{i}\,(kx-\omega t)\big) + a^*(k)\exp\big(-\mathrm{i}\,(kx-\omega t)\big)\Big] \\
&= \frac{1}{2}\int_{-\infty}^{\infty} dk \Big[a(k)\exp\big(\mathrm{i}\,(kx-\omega t)\big) + a^*(-k)\exp\big(\mathrm{i}\,(kx+\omega t)\big)\Big] \\
&= \frac{1}{2}\int_{0}^{\infty} dk \Big[a(k)\exp\big(\mathrm{i}\,k(x-ct)\big) + a^*(-k)\exp\big(\mathrm{i}\,k(x+ct)\big)\Big] \\
&\qquad + \frac{1}{2}\int_{-\infty}^{0} dk \Big[a^*(-k)\exp\big(\mathrm{i}\,k(x-ct)\big) + a(k)\exp\big(\mathrm{i}\,k(x+ct)\big)\Big] \\
&= \frac{1}{\sqrt{2\pi}}\int_{-\infty}^{\infty} dk \Big[f_k\exp\big(\mathrm{i}\,k(x-ct)\big) + g_k\exp\big(\mathrm{i}\,k(x+ct)\big)\Big] \\
&= f(x-ct) + g(x+ct)
\end{aligned}$$

Es wurden (i) $\mathrm{Re}\,z = (z+z^*)/2$ verwendet, (ii) im zweiten Term $k \to -k$ substituiert, (iii) das Integral in die Bereiche $k > 0$ und $k < 0$ aufgespalten. In diesen Bereichen ist $\omega = ck$ für $k > 0$ und $\omega = -ck$ für $k < 0$ zu setzen. Schließlich wurden (iv) die Fourierkomponenten

$$f_k = \sqrt{\frac{\pi}{2}}\cdot\begin{cases} a(k) \\ a^*(-k) \end{cases} \qquad \text{und} \qquad g_k = \sqrt{\frac{\pi}{2}}\cdot\begin{cases} a^*(-k) & (k > 0) \\ a(k) & (k < 0) \end{cases}$$

definiert, und im letzten Schritt (v) wurde die Fourierrücktransformation zu den Funktionen $f(x-ct)$ und $g(x+ct)$ ausgeführt. Wegen $f_k^* = f_{-k}$ und $g_k^* = g_{-k}$ sind diese Funktionen reell.

Wir überprüfen noch, dass eine beliebige Funktion $f(x-ct)$ die homogene Wellengleichung löst:

$$\left[\frac{\partial^2}{\partial x^2} - \frac{1}{c^2}\frac{\partial^2}{\partial t^2}\right] f(x-ct) = f''(x-ct) - \frac{1}{c^2}\, f''(x-ct)\,(-c)^2 = 0$$

Dies gilt analog für eine Funktion der Form $g(x+ct)$.

Für $f(x) = f_0\exp(-\gamma x^2)$ und $g = 0$ lautet die zeitabhängige Lösung

$$\Phi(x,t) = f(x-ct) = f_0\,\exp\big(-\gamma(x-ct)^2\big)$$

Dies ist ein gaußförmiges Wellenpaket, das sich unter Beibehaltung seiner Form mit Lichtgeschwindigkeit in positiver x-Richtung bewegt.

13.8 Relativistische Bewegungsgleichungen

Die räumlichen Komponenten der relativistischen Bewegungsgleichung im elektromagnetischen Feld sind

$$\frac{d}{dt}\,\frac{m\,\boldsymbol{v}}{\sqrt{1-v^2/c^2}} = q\left(\boldsymbol{E} + \frac{\boldsymbol{v}}{c}\times\boldsymbol{B}\right)$$

Zeigen Sie, dass hieraus

$$\frac{d}{dt}\,\frac{m\,c^2}{\sqrt{1-v^2/c^2}} = q\,\boldsymbol{E}\cdot\boldsymbol{v}$$

folgt.

Lösung: Die erste Gleichung wird skalar von links mit $\boldsymbol{v}$ multipliziert:

$$\begin{aligned}
\boldsymbol{v}\cdot\frac{d}{dt}\,\frac{m\,\boldsymbol{v}}{\sqrt{1-v^2/c^2}} &= m\,v^2\,\frac{d}{dt}\,\frac{1}{\sqrt{1-v^2/c^2}} + \frac{m}{2}\,\frac{1}{\sqrt{1-v^2/c^2}}\,\frac{d}{dt}\,v^2 \\
&= \frac{m\,v^2}{2}\,\frac{1}{\left(1-v^2/c^2\right)^{3/2}}\,\frac{d}{dt}\,\frac{v^2}{c^2} + \frac{m}{2}\,\frac{1}{\sqrt{1-v^2/c^2}}\,\frac{d}{dt}\,v^2 \\
&= \frac{m}{2}\,\frac{1}{\left(1-v^2/c^2\right)^{3/2}}\,\frac{d}{dt}\,v^2 = \frac{d}{dt}\,\frac{m\,c^2}{\sqrt{1-v^2/c^2}} = q\,\boldsymbol{E}\cdot\boldsymbol{v}
\end{aligned}$$

Von den vier Komponenten der Vierergeschwindigkeit $(u^\alpha) = \gamma\,(c,\,\boldsymbol{v})$ sind nur drei unabhängig voneinander. Daher sind auch nur drei der vier Bewegungsgleichungen $m\,du^\alpha/d\tau = (q/c)\,F^{\alpha\beta}\,u_\beta$ voneinander unabhängig.

13.9 Teilchen im konstanten elektrischen Feld

Ein Teilchen (Masse m, Ladung q) hat die Anfangsgeschwindigkeit $v_0\,\boldsymbol{e}_x$. Es durchquert das homogene, konstante Feld $\boldsymbol{E} = E\,\boldsymbol{e}_z$ eines Kondensators, das auf den Bereich $0 \le x \le L$ beschränkt ist. Integrieren Sie die relativistische Bewegungsgleichung und berechnen Sie den Ablenkwinkel α für den Fall $q\,E\,L/(m\,c) \ll \gamma_0\,v_0$, wobei $1/\gamma_0^2 = 1 - v_0^2/c^2$.

Lösung: Die kovarianten Bewegungsgleichungen (13.27) lauten

$$m\left(\frac{du^\alpha(\tau)}{d\tau}\right) = \left(\frac{q}{c}\,E\,u^3\,,0\,,0\,,\frac{q}{c}\,E\,u^0\right)$$

Mit den Anfangsbedingungen $\big(u^\alpha(\tau=0)\big) = (\gamma_0\,c\,,\,\gamma_0\,v_0\,,\,0\,,\,0\,)$ erhalten wir die Lösung

$$\big(u^\alpha(\tau)\big) = \Big(\gamma_0\,c\,\cosh(a\tau/c),\,\gamma_0\,v_0,\,0\,,\,\gamma_0\,c\,\sinh(a\tau/c)\Big)\,,\qquad a = q\,E/m$$

Eine weitere Integration mit den Anfangsbedingungen $\big(x^\alpha(\tau=0)\big) = (0,0,0,0)$ ergibt

$$\big(x^\alpha(\tau)\big) = \Big((\gamma_0\,c^2/a)\,\sinh(a\tau/c),\,\gamma_0\,v_0\,\tau,\,0,\,\gamma_0\,c^2\,[\,\cosh(a\tau/c)-1]/a\Big)$$

Wir setzen $\tau = x^1/(\gamma_0\,v_0)$ in den Ausdruck für x^3 ein:

$$x^3 = \frac{\gamma_0\,c^2}{a}\left[\cosh\left(\frac{a\,x^1}{\gamma_0\,v_0\,c}\right) - 1\right] = \frac{2\,\gamma_0\,c^2}{a}\,\sinh^2\left(\frac{a\,x^1}{2\,\gamma_0\,v_0\,c}\right) \tag{13.36}$$

Dies ist die Bahnkurve $x^3 = x^3(x^1)$ oder $z = z(x)$. Das Ende der Beschleunigungsstrecke bei $x^1 = L$ wird zur Eigenzeit $\tau_L = L/(\gamma_0\, v_0)$ erreicht. Die weitere Bahnkurve ist eine Gerade. Die Richtung der Geschwindigkeit zu diesem Zeitpunkt bestimmt den Ablenkwinkel aus

$$\tan\alpha = \frac{u^3(\tau_L)}{u^1(\tau_L)} = \frac{c}{v_0}\,\sinh\left(\frac{a\,L}{\gamma_0\, v_0\, c}\right)$$

Hieraus ergibt sich der exakte Ablenkwinkel. Laut Voraussetzung soll $a\,L \ll \gamma_0\, v_0\, c$ gelten. Dann erhalten wir

$$\alpha \approx \arctan \frac{q\,E\,L}{m\,\gamma_0\, v_0^2}$$

Im Zähler steht die Arbeit $\Delta W = q\,E\,L$, die das elektrische Feld am Teilchen geleistet hat. Der Nenner ist im nichtrelativistischen Fall gleich der doppelten kinetischen Anfangsenergie, und im hochrelativistischen Fall gleich der relativistischen Anfangsenergie. Die Voraussetzung $\alpha \ll 1$ ist erfüllt, wenn entweder das Feld hinreichend schwach ist, oder die Energie des Teilchens hinreichend groß ist.

Alternative Lösung: Die relativistischen Bewegungsgleichungen

$$\frac{d}{dt}\,\frac{m\,\boldsymbol{v}}{\sqrt{1 - v^2/c^2}} := \big(0, 0, q\,E\big)$$

werden mit den Anfangsbedingungen $\boldsymbol{v}(t = 0) := (v_0\,, 0, 0)$ integriert:

$$\frac{m\,v_x}{\sqrt{1 - v^2/c^2}} = m\,\gamma_0\, v_0\,, \qquad v_y = 0\,, \qquad \frac{m\,v_z}{\sqrt{1 - v^2/c^2}} = q\,E\,t = m\,a\,t$$

Hieraus folgt $1 - v^2/c^2 = 1/({\gamma_0}^2 + a^2 t^2/c^2)$ und die Geschwindigkeit

$$\boldsymbol{v}(t) := \left(\frac{\gamma_0\, v_0}{\sqrt{{\gamma_0}^2 + a^2 t^2/c^2}}\,,\ 0\,,\ \frac{a\,t}{\sqrt{{\gamma_0}^2 + a^2 t^2/c^2}}\right)$$

Eine weitere Integration mit den Anfangsbedingungen $\boldsymbol{r}(t = 0) := (0, 0, 0)$ ergibt

$$\boldsymbol{r}(t) := \left(\frac{\gamma_0\, v_0\, c}{a}\,\operatorname{arsinh}\frac{a\,t}{\gamma_0\, c}\,, 0,\ \frac{c^2}{a}\left(\sqrt{\gamma_0^2 + a^2 t^2/c^2} - \gamma_0\right)\right)$$

Wir setzen $t = (\gamma_0\, c/a)\,\sinh(a\,x/(\gamma_0\, v_0\, c))$ in den Ausdruck für $z(t)$ ein:

$$z = \frac{\gamma_0\, c^2}{a}\left[\cosh\left(\frac{a\,x}{\gamma_0\, v_0\, c}\right) - 1\right]$$

Diese Bahnkurve $z = z(x)$ stimmt mit (13.36) überein. Der Ablenkwinkel folgt aus $\tan\alpha = v_z(t_L)/v_x(t_L)$; dies führt wieder zu dem oben angegebenen Resultat.

13.10 Teilchen im konstanten magnetischen Feld

Ein Teilchen (Masse m, Ladung q) bewegt sich in einem konstanten, homogenen Magnetfeld $\boldsymbol{B} = B\,\boldsymbol{e}_z$. Lösen Sie die kovarianten Bewegungsgleichungen mit den Anfangsbedingungen

$$\big(u^\alpha(\tau=0)\big) = \big(\gamma_0\, c,\, \gamma_0\, v_0,\, 0,\, 0\big), \qquad \gamma_0 = \frac{1}{\sqrt{1 - {v_0}^2/c^2}}$$

Lösung: Die kovarianten Bewegungsgleichungen (13.27) sind

$$m\left(\frac{du^\alpha(\tau)}{d\tau}\right) = \left(0,\, \frac{q}{c}\, B\, u^2,\, -\frac{q}{c}\, B\, u^1,\, 0\right)$$

Mit den angegebenen Anfangsbedingungen lautet die Lösung

$$\big(u^\alpha(\tau)\big) = \big(\gamma_0 c,\, \gamma_0 v_0\, \cos(\omega\tau),\, -\gamma_0 v_0\, \sin(\omega\tau),\, 0\big)$$

Dabei ist

$$\omega = \frac{q\,B}{m\,c}$$

die sogenannte Zyklotronfrequenz. Eine nochmalige Integration mit den Anfangsbedingungen $\big(x^\alpha(\tau=0)\big) = (0, 0, 0, 0)$ liefert

$$\big(x^\alpha(\tau)\big) = \left(\gamma_0\, c\,\tau,\, \frac{\gamma_0\, v_0}{\omega}\, \sin(\omega\tau),\, \frac{\gamma_0\, v_0}{\omega}\big[\cos(\omega\tau) - 1\big],\, 0\right)$$

Für die Bahnkurve wird die Eigenzeit τ aus $x^1(\tau)$ und $x^3(\tau)$ eliminiert:

$$\big(x^1\big)^2 + \left(x^2 + \frac{\gamma_0\, v_0}{\omega}\right)^2 = \left(\frac{\gamma_0\, v_0}{\omega}\right)^2$$

Das Teilchen umrundet diesen Kreis mit der Zyklotronfrequenz.

13.11 Homogene Maxwellgleichungen

Zeigen Sie, dass die homogenen Maxwellgleichungen (13.26), $\partial_\beta\, \widetilde{F}^{\beta\alpha} = 0$, aus den Definitionen $\widetilde{F}^{\alpha\beta} = \varepsilon^{\alpha\beta\gamma\delta}\, F_{\gamma\delta}/2$ und $F^{\alpha\beta} = \partial^\alpha A^\beta - \partial^\beta A^\alpha$ folgen.

Lösung: Die Definitionen werden eingesetzt:

$$\partial_\beta\, \widetilde{F}^{\beta\alpha} = \frac{1}{2}\, \partial_\beta\, \varepsilon^{\alpha\beta\gamma\delta}\, F_{\gamma\delta} = \frac{1}{2}\, \varepsilon^{\alpha\beta\gamma\delta}\, \partial_\beta\big(\partial_\gamma A_\delta - \partial_\delta A_\gamma\big) = \varepsilon^{\alpha\beta\gamma\delta}\, \partial_\beta\, \partial_\gamma\, A_\delta = 0 \qquad (13.37)$$

Der letzte Ausdruck verschwindet, weil $\varepsilon^{\alpha\beta\gamma\delta}$ antisymmetrisch gegenüber Vertauschung von β und γ ist.

13.12 Ladung als Lorentzskalar

Für den Lorentzvektor $j^\alpha(x)$ gilt $\partial_\alpha j^\alpha = 0$. Zeigen Sie, dass dann die Größe $q = \int d^3r\; j^0/c$ ein Lorentzskalar ist. Überzeugen Sie sich zunächst davon, dass q in der Form

$$q = \frac{1}{c} \int_{x^0=\text{const.}} da_\alpha\; j^\alpha \tag{13.38}$$

geschrieben werden kann. Dabei ist

$$da_\alpha = \frac{1}{6}\, \varepsilon_{\alpha\beta\gamma\delta}\, da^{\beta\gamma\delta}$$

ein Lorentzvektor und $da^{\beta\gamma\delta}$ ein antisymmetrischer Tensor, der durch die Zuweisungen

$$da^{012} = dx^0 dx^1 dx^2, \qquad da^{102} = -dx^0 dx^1 dx^2, \quad \text{und so weiter}$$

festgelegt wird. Damit stellen die $da^{\beta\gamma\delta}$ dreidimensionale „Flächenelemente" des vierdimensionalen Minkowskiraums dar.

Lösung: Aus der Definition von da^α folgt

$$\big(da_\alpha\big) = \big(dx^1 dx^2 dx^3, dx^0 dx^2 dx^3, dx^0 dx^1 dx^3, dx^0 dx^1 dx^2\big)$$

Für den Rand $x^0 = $ const. wird dieses „Flächenelement" zu $(da^\alpha) = (dx^1 dx^2 dx^3, 0, 0, 0)$. Damit wird (13.38) zu $q = \int d^3r\; j^0/c$. Wir werten nun die Differenz zwischen q' im Inertialsystem IS$'$ und q in IS aus:

$$c\,(q'-q) = \int_{x'^0=\text{const.}} da_\alpha\; j^\alpha - \int_{x^0=\text{const.}} da_\alpha\; j^\alpha = \oint da_\alpha\; j^\alpha = \int d^4x\; \partial_\alpha j^\alpha = 0$$

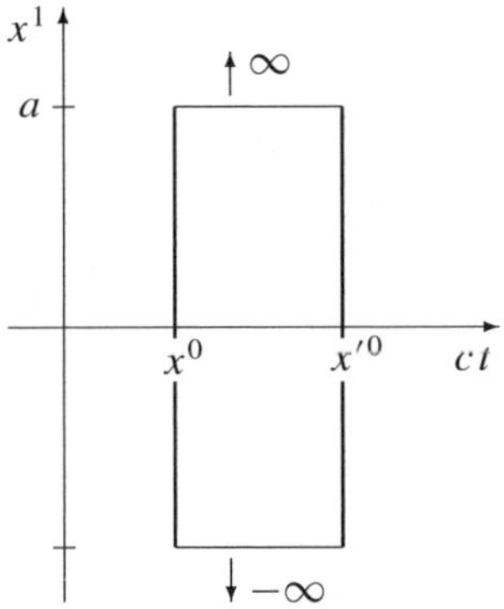

Im ersten Integral wurde der Lorentzskalar $da'_\alpha\, j'^\alpha$ durch $da_\alpha\, j^\alpha$ ersetzt. Danach besteht der Unterschied der beiden Integrale nur noch in den „Flächen" $x^0 =$ const. und $x'^0 =$ const., über die sie laufen.

Im nebenstehenden x-t- oder x^0-x^1-Diagramm sind diese (dreidimensionalen) „Flächen" als vertikale Linien dargestellt. Sie können durch die horizontalen Linien (bei $x^1 = \pm a$) zu einer geschlossenen Fläche gemacht werden. Die hinzugefügten Ränder geben für $a \to \infty$ keine Beiträge, weil die Stromverteilung begrenzt ist (und damit im Unendlichen verschwinden muss).

Das nunmehr geschlossene (dreidimensionale) „Flächenintegral" wird dann mit dem Gaußschen Satz im Minkowskiraum in ein vierdimensionales Integral umgewandelt. Im letzten Schritt wird schließlich die Voraussetzung $\partial_\alpha j^\alpha = 0$ benutzt.

Das Ergebnis bedeutet insbesondere, dass die Ladung eine Eigenschaft ist, die von der Geschwindigkeit unabhängig ist. Experimentell wird dies etwa durch die Neutralität des Wasserstoffatoms nachgewiesen.

13.13 Eichtransformation

Welchen Zusatzterm erhält die Lagrangedichte

$$L = -\frac{1}{16\pi}\, F^{\alpha\beta} F_{\alpha\beta} - \frac{1}{c}\, A^{\alpha}\, j_{\alpha}$$

durch eine Eichtransformation $A^{\alpha} \to A^{\alpha} - \partial^{\alpha}\Lambda$? Zeigen Sie, dass sich dieser Term als Divergenz $\partial^{\alpha} V_{\alpha}$ schreiben lässt. Welchen Beitrag liefert dieser Term dann in der Wirkung?

Lösung: Die Eichtransformation $A^{\alpha} \to A^{\alpha} - \partial^{\alpha}\Lambda$ ist ohne Einfluss auf $F^{\alpha\beta} = \partial^{\alpha} A^{\beta} - \partial^{\beta} A^{\alpha}$ und führt in der Lagrangedichte zu der Ersetzung

$$L \longrightarrow L + \frac{1}{c}\left(\partial^{\alpha}\Lambda\right) j_{\alpha} = L + \frac{1}{c}\, \partial^{\alpha}\left(\Lambda\, j_{\alpha}\right)$$

Für die letzte Umformung wurde die Kontinuitätsgleichung $\partial^{\alpha} j_{\alpha} = 0$ verwendet. Nach dem Gaußschen Satz führt der Divergenzterm in der Wirkung $S = \int d^4x\, L$ auf ein Oberflächenintegral, das für begrenzte Stromverteilungen verschwindet. Damit ergibt die Eichtransformation keinen Beitrag zur Wirkung, und die Bewegungsgleichungen ändern sich nicht.

13.14 Erhaltung des Viererimpulses

Die Lagrangedichte $L(A^{\alpha}, \partial^{\alpha}A^{\beta}, x^{\gamma}) = -F^{\alpha\beta} F_{\alpha\beta}/16\pi$ des freien elektromagnetischen Felds hängt nicht explizit von x^{γ} ab; eine solche Abhängigkeit ergäbe sich nur für äußere Quellen $j^{\alpha}(x^{\gamma}) \neq 0$. Formal wird diese zeitliche und räumliche Translationsinvarianz durch $\partial_{\alpha} L = 0$ ausgedrückt. Zeigen Sie, dass hieraus der Erhaltungssatz

$$\partial_{\alpha} T^{\alpha\beta} = 0 \quad \text{für} \quad T^{\alpha\beta} = \frac{1}{4\pi}\left[F^{\alpha\gamma} F_{\gamma}^{\ \beta} + \frac{1}{4}\, \eta^{\alpha\beta} F^{\gamma\delta} F_{\gamma\delta}\right]$$

folgt. Die Größe $T^{\alpha\beta}$ ist der Energie-Impuls-Tensor. Aus $\partial_{\alpha} T^{\alpha\beta} = 0$ folgt die Erhaltung des Viererimpulses für ein abgeschlossenes System.

Lösung: Wegen $\partial_{\alpha} L = 0$ fällt der zweite Term im Energie-Impuls-Tensor bei der Differenziation weg. Der erste Term wird umgeformt

$$\begin{aligned}
\partial_{\alpha}\left(F^{\alpha\gamma} F_{\gamma}^{\ \beta}\right) &= \left(\partial_{\alpha} F^{\alpha\gamma}\right) F_{\gamma}^{\ \beta} + F^{\alpha\gamma}\, \partial_{\alpha} F_{\gamma}^{\ \beta} = F^{\alpha\gamma}\, \partial_{\alpha}\left(\partial_{\gamma} A^{\beta} - \partial^{\beta} A_{\gamma}\right) \\
&= -F^{\alpha\gamma}\, \partial_{\alpha}\partial^{\beta} A_{\gamma} = -F^{\alpha\gamma}\, \partial^{\beta}\partial_{\alpha} A_{\gamma} = -\frac{1}{2}\, F^{\alpha\gamma}\, \partial^{\beta}\left(\partial_{\alpha} A_{\gamma} - \partial_{\gamma} A_{\alpha}\right) \\
&= -\frac{1}{2}\, F^{\alpha\gamma}\, \partial^{\beta} F_{\alpha\gamma} = -\frac{1}{4}\, \partial^{\beta}\left(F^{\alpha\gamma} F_{\alpha\gamma}\right) = 0
\end{aligned}$$

Es wurde (i) die Produktregel angewendet, (ii) die Feldgleichung $\partial_{\alpha} F^{\alpha\gamma} = 0$ verwendet, (iii) die Definition von $F_{\gamma}^{\ \beta}$ eingesetzt, (iv) die Antisymmetrie von $F^{\alpha\gamma}$ ausgenützt, (v) die Ableitung ∂^{β} mit ∂_{α} vertauscht, (vi) $\partial_{\alpha} A_{\gamma}$ durch den Feldstärketensor ersetzt und schließlich (vii) der Ausdruck auf die Form $\partial^{\beta} L = 0$ gebracht.

Wenn man $\partial_\alpha T^{\alpha\beta} = 0$ über ein Volumen V integriert, erhält man

$$0 = \int_V d^3r \; \partial_\alpha \, T^{\alpha\beta} = \frac{1}{c} \; \partial_t \int_V d^3r \; T^{0\beta} + \int_V d^3r \; \partial_i \; T^{i\beta}$$

Das letzte Integral kann mit dem Gaußschen Satz in ein Oberflächenintegral umgewandelt werden. Für das abgeschlossene System verschwinden die Felder an der Oberfläche, so dass

$$P_{\text{em}}^{\beta} = \frac{1}{c} \int_V d^3r \; T^{0\beta} = \text{const.} \qquad \begin{array}{c}\text{(abgeschlossenes}\\ \text{System, } j^\alpha = 0)\end{array} \tag{13.39}$$

Der Viererimpuls $(P_{\text{em}}^{\alpha}) = (E_{\text{em}}/c, \boldsymbol{P}_{\text{em}})$ enthält die Energie und den Impuls des elektromagnetischen Felds. Im abgeschlossenen System ohne Ströme sind dies Erhaltungsgrößen.

14 Maxwellgleichungen: Anwendungen

In diesem Kapitel werden die wichtigsten Anwendungen der Maxwellgleichungen behandelt. Dazu gehören insbesondere elektromagnetische Wellen, die Felder bewegter Ladungen, die Abstrahlung beschleunigter Ladungen, die Streuung von Licht an Materie und der Schwingkreis.

Ebene Wellen

Im quellfreien Fall, $j^\alpha = 0$, lauten die Maxwellgleichungen (13.10) bis (13.12):

$$\Box\, A^\alpha = 0\,, \qquad \partial_\alpha A^\alpha = 0 \tag{14.1}$$

In diesem Fall kann man eine Eichtransformation $A^\alpha \to A^{*\alpha} = A^\alpha + \partial^\alpha \Lambda_{\text{hom}}$ vornehmen (mit $\Box\, \Lambda_{\text{hom}} = 0$), ohne die schon vorhandene Eichbedingung $\partial_\alpha A^\alpha = 0$ zu verletzen. Man wählt die Funktion Λ_{hom} so, dass $\Phi = 0$. Dann wird (14.1) zu

$$\left(\Delta - \frac{1}{c^2}\frac{\partial^2}{\partial t^2}\right)\boldsymbol{A}(\boldsymbol{r},t) = 0\,, \quad \operatorname{div}\boldsymbol{A}(\boldsymbol{r},t) = 0\,, \quad \Phi(\boldsymbol{r},t) = 0 \tag{14.2}$$

Damit sind nur 2 der 4 Felder $(A^\alpha) = (\Phi, \boldsymbol{A})$ voneinander unabhängig; dies entspricht 2 Polarisationsrichtungen der Welle. Die allgemeine Wellenlösung ist aus (13.15) bekannt. Wir untersuchen hier speziell eine *ebene, monochromatische* Welle

$$\boldsymbol{A}(\boldsymbol{r},t) = \operatorname{Re}\, \boldsymbol{A}_0 \exp\big[\mathrm{i}(\boldsymbol{k}\cdot\boldsymbol{r} - \omega t)\big] \quad \text{mit } \omega = c\,|\boldsymbol{k}| \text{ und } \boldsymbol{A}_0 \perp \boldsymbol{k} \tag{14.3}$$

Man überprüft leicht, dass dies für beliebige reelle Werte von k_x, k_y und k_z Lösung ist. Die Amplitude $\boldsymbol{A}_0$ kann komplex sein. Die Welle (14.3) ist *eben*, weil sie nur in einer Richtung (der von $\boldsymbol{k}$) vom Ort abhängt. Sie ist *monochromatisch*, weil sie nur eine bestimmte Frequenz enthält.

Aus $\boldsymbol{E} = -\nabla\Phi - \dot{\boldsymbol{A}}/c$ und $\boldsymbol{B} = \nabla \times \boldsymbol{A}$ folgt, dass die Felder $\boldsymbol{E}$ und $\boldsymbol{B}$ ebenfalls von der Form (14.3) sind, und zwar mit den komplexen Amplituden

$$\boldsymbol{E}_0 = \mathrm{i}\,k\,\boldsymbol{A}_0\,, \qquad \boldsymbol{B}_0 = \mathrm{i}\,\boldsymbol{k} \times \boldsymbol{A}_0 \tag{14.4}$$

Die Vektoren $\boldsymbol{k}$, $\boldsymbol{B}$ und $\boldsymbol{E}$ bilden ein orthogonales Dreibein. Damit handelt es sich um eine transversale Welle, bei der Amplitude und Wellenvektor senkrecht zueinander sind. Das elektrische und magnetische Feld sind gleich stark, $|\boldsymbol{E}(\boldsymbol{r},t)| = |\boldsymbol{B}(\boldsymbol{r},t)|$.

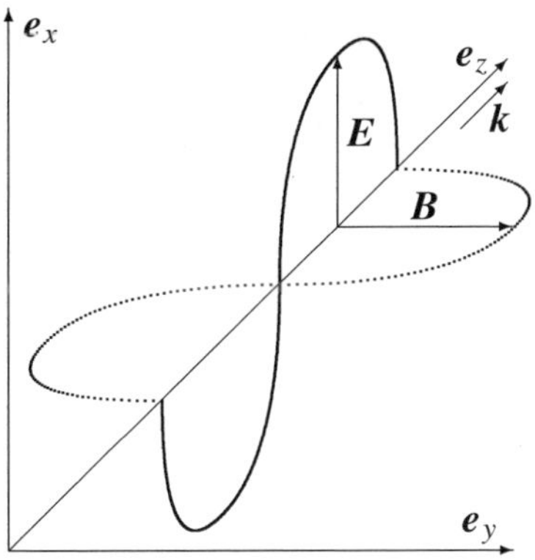

Die elektromagnetischen Felder $\boldsymbol{E}$ und $\boldsymbol{B}$ der linear polarisierten Welle, wie sie sich aus (14.3) mit $\boldsymbol{k} = k\,\boldsymbol{e}_z$, $\boldsymbol{A}_0 = -A_0\,\boldsymbol{e}_x$ und der reellen Amplitude A_0 ergibt. Die nichtverschwindenden Komponenten sind $E_x = B_y = k\,A_0 \sin(kz - \omega t)$. An einem festen Ort oszillieren die Felder zwischen den Werten $\pm k\,A_0$. Effektiv verschieben sich die skizzierten Felder mit der Geschwindigkeit c in Richtung des Wellenvektors $\boldsymbol{k} = k\,\boldsymbol{e}_z$. In dieser Richtung wurde der Bereich einer Wellenlänge $\lambda = 2\pi/k$ skizziert.

Die zeitgemittelte Energiestromdichte

$$\langle \boldsymbol{S} \rangle = \frac{c}{4\pi} \big\langle \boldsymbol{E} \times \boldsymbol{B} \big\rangle = \frac{c}{8\pi}\, \mathrm{Re}\big(\boldsymbol{E}_0 \times \boldsymbol{B}_0^*\big) = \langle w_{\mathrm{em}} \rangle\, c\, \frac{\boldsymbol{k}}{k} \tag{14.5}$$

zeigt, dass der Wellenvektor $\boldsymbol{k}$ die Ausbreitungsrichtung der Welle angibt. Die Welle transportiert Energie ($w_{\mathrm{em}} = (\boldsymbol{E}^2 + \boldsymbol{B}^2)/8\pi$) mit der Geschwindigkeit c.

Für eine allgemeine komplexe Amplitude $\boldsymbol{E}_0$ kann man das reelle elektrische Feld in der Form

$$\boldsymbol{E}(\boldsymbol{r}, t) = \boldsymbol{e}_1\, b_1 \cos(\boldsymbol{k}\cdot\boldsymbol{r} - \omega t - \alpha) \pm \boldsymbol{e}_2\, b_2 \sin(\boldsymbol{k}\cdot\boldsymbol{r} - \omega t - \alpha) \tag{14.6}$$

schreiben, wobei $\boldsymbol{e}_1$, $\boldsymbol{e}_2$ und $\boldsymbol{e}_3 = \boldsymbol{k}/k$ ein orthonormiertes Dreibein bilden. Die Komponenten $E_1 = b_1 \cos(...)$ und $E_2 = b_2 \sin(...)$ des Feldvektors $\boldsymbol{E} := (E_1, E_2)$ erfüllen die Bedingung $E_1^2/b_1^2 + E_2^2/b_2^2 = 1$. Der Vektor $\boldsymbol{E}$ macht während der Zeit $T = 2\pi/\omega$ einen Umlauf auf dieser Ellipsenbahn; die Welle ist *elliptisch* polarisiert. Falls b_1 oder b_2 verschwindet, ist die Welle linear polarisiert; für $b_1 = b_2$ ist sie zirkular polarisiert.

Die ebene Welle (14.3) ist eine Näherung für ein Wellenpaket, dessen Ausdehnung l viel größer als die Wellenlänge $\lambda = 2\pi/k$ ist. Die Frequenz eines solchen Wellenpakets hat die Unschärfe $\Delta\nu/\nu \gtrsim \lambda/l$.

Neben der (Kreis-)Frequenz ω benutzt man auch die Frequenz (im engeren Sinn) $\nu = \omega/2\pi = c/\lambda$. Den verschiedenen Frequenzen $\nu > 0$ entsprechen bekannte Erscheinungsformen, die von Niederfrequenz, über Radio- und Mikrowellen, sichtbarem Licht, zu Röntgen- und Gammastrahlung gehen. Für $\nu \to \infty$ wird der Teilchencharakter der elektromagnetischen Strahlung dominierend.

Elektromagnetische Wellen sind Schwingungen, die in der Natur quantisiert sind. Die Quanten des Felds heißen *Photonen*. Einem Photon kann eine Energie E, ein Impuls $\boldsymbol{p}$ und ein Spin $\boldsymbol{s}$ zugeordnet werden:

$$E = \hbar\omega\,, \qquad \boldsymbol{p} = \hbar\boldsymbol{k}\,, \qquad \frac{\boldsymbol{k}}{k}\cdot\boldsymbol{s} = \pm\,\hbar \qquad \text{(Photon)} \tag{14.7}$$

Die Energie-Impulsbeziehung $E = c\,|\boldsymbol{p}|$ folgt aus (14.5) und der Impulsdichte $\boldsymbol{g}_{\mathrm{em}} = \boldsymbol{S}/c^2$ des Felds. Sie impliziert, dass die Photonen masselos sind.

Durch $(A^\alpha) \propto (0, 1, \pm\mathrm{i}, 0)\, \exp[\mathrm{i}(kz - \omega t - \alpha)]$ wird eine zirkular polarisierte Welle beschrieben. Eine Drehung um die z-Achse um den Winkel ϕ_0 ergibt $A'^\alpha = \exp(\pm\mathrm{i}\,\phi_0)\, A^\alpha$. In einer quantisierten Theorie wird A^α zur Wellenfunktion der Photonen. Eine Wellenfunktion, die sich so transformiert, beschreibt ein Teilchen mit der l_z-Quantenzahl $m = \pm 1$. Daher ist einem Photon ein Spin $\boldsymbol{s}$ zuzuordnen, der in z- oder Impulsrichtung die Projektion $\pm\hbar$ hat. Diese beiden Spineinstellungen entsprechen den beiden möglichen zirkularen Polarisationen der Welle.

Hohlraumwellen

Wir untersuchen Wellenlösungen in einem Volumen, das durch Metallwände begrenzt wird. Innerhalb des Volumens gelten die freien Maxwellgleichungen. Die freie Beweglichkeit von Ladungen im Metall führt zu den Bedingungen

$$\boldsymbol{t} \cdot \boldsymbol{E}(\boldsymbol{r}, t)\big|_{\mathrm{R}} = 0\,, \qquad \boldsymbol{n} \cdot \boldsymbol{B}(\boldsymbol{r}, t)\big|_{\mathrm{R}} = 0 \tag{14.8}$$

auf dem Rand R. Die erste Bedingung wurde bereits in der Elektrostatik diskutiert; sie gilt auch für zeitabhängige Felder mit nicht zu hohen Frequenzen. Ein zeitabhängiges Magnetfeld senkrecht zum Rand würde tangentiale elektrische Felder hervorrufen. Die betrachteten Frequenzen sind zum Beispiel Radiofrequenzen.

Die quellfreien Maxwellgleichungen lauten

$$\left(\Delta - \frac{1}{c^2}\frac{\partial^2}{\partial t^2}\right)\boldsymbol{E}(\boldsymbol{r}, t) = 0\,, \qquad \left(\Delta - \frac{1}{c^2}\frac{\partial^2}{\partial t^2}\right)\boldsymbol{B}(\boldsymbol{r}, t) = 0 \tag{14.9}$$

Wir betrachten zunächst einen quaderförmigen Hohlraum mit dem Volumen $V = L_1\, L_2\, L_3$. Hierfür bietet sich ein Separationsansatz in kartesischen Koordinaten an: $E_1(x, y, z, t) = X(x)\, Y(y)\, Z(z)\, T(t)$. Eingesetzt in (14.9) ergibt sich die Lösung

$$E_1 = \mathrm{Re}\left[C_1\, \sin(k_1 x + \alpha_1)\, \sin(k_2 y + \alpha_2)\, \sin(k_3 z + \alpha_3)\, \exp(-\mathrm{i}\omega t)\right] \tag{14.10}$$

mit $\omega^2 = c^2\,(k_1^2 + k_2^2 + k_3^2)$. Für die anderen Komponenten E_2, E_3, B_1, B_2 und B_3 erhält man analoge Lösungen. Die ursprünglichen Maxwellgleichungen ($\mathrm{div}\,\boldsymbol{E} = 0$, $\mathrm{rot}\,\boldsymbol{E} = -\dot{\boldsymbol{B}}/c$, $\mathrm{rot}\,\boldsymbol{B} = \dot{\boldsymbol{E}}/c$ und $\mathrm{div}\,\boldsymbol{B} = 0$) sind nur zu erfüllen, wenn alle Komponenten denselben Wellenvektor (k_1, k_2, k_3) haben. Die Randbedingungen lassen dann nur diskrete Frequenzen zu:

$$\omega^2 = \left(\omega_{lmn}\right)^2 = c^2\,\pi^2 \left(\frac{l^2}{L_1^2} + \frac{m^2}{L_2^2} + \frac{n^2}{L_3^2}\right) \qquad (l, m, n = 0, 1, 2, \ldots) \tag{14.11}$$

In der statistischen Physik muss man über alle möglichen Hohlraummoden summieren. Aus den diskreten Wellenzahlen folgt $\sum_{l,m,n} \ldots = V/(2\pi)^3 \int d^3k\, \ldots$.

Als nächstes betrachten wir einen *Wellenleiter*, der in x-y-Richtung den Querschnitt L_1 mal L_2 hat, und in z-Richtung unbegrenzt ist. Dann sind nur die Wellenzahlen in x- und y-Richtung diskret, die in z-Richtung ist kontinuierlich:

$$\omega^2 = c^2\,\pi^2 \left(\frac{l^2}{L_1^2} + \frac{m^2}{L_2^2} + \frac{k^2}{\pi^2}\right) \tag{14.12}$$

Die möglichen Lösungen lassen sich einteilen in

$$\text{Transversale elektrische Welle (TE):} \qquad E_3 = 0, \quad \boldsymbol{E} \perp k\,\boldsymbol{e}_z$$
$$\text{Transversale magnetische Welle (TM):} \qquad B_3 = 0, \quad \boldsymbol{B} \perp k\,\boldsymbol{e}_z$$

Die Bezeichnungen geben an, welches Feld senkrecht auf der Fortpflanzungsrichtung $\boldsymbol{e}_z$ der Hohlraumwellen steht. Speziell für eine transversale elektrische Welle gilt für die niedrigste Lösung ($l = 1, m = 0$)

$$\omega = c\,\sqrt{\frac{\pi^2}{L_1^2} + k^2} \tag{14.13}$$

Wegen $\omega > \omega_{\text{kr}} = c\,\pi/L_1$ kann sich eine Welle nur oberhalb einer kritischen Frequenz ausbreiten. Der Wellenleiter kann daher als Hochpassfilter dienen.

Das weitverbreitete Koaxialkabel (etwa das Antennenkabel für UKW) ist ein Wellenleiter mit einer anderen Geometrie. Die dominierenden Moden sind in diesem Fall transversale elektromagnetische Wellen (TEM). Diese Wellen haben nur transversale Komponenten (also $E_3 = B_3 = 0$), und es gilt $\boldsymbol{B} = \pm\,\boldsymbol{e}_3 \times \boldsymbol{E}$ wie für eine freie Welle. Dabei gibt es keine Untergrenze für die Frequenz.

Transformation der Felder

Der Feldstärketensor $F^{\alpha\beta}$, (13.24), transformiert sich gemäß (10.23), also $F'^{\alpha\beta} = \Lambda^{\alpha}_{\ \gamma}\,\Lambda^{\beta}_{\ \delta}\,F^{\gamma\delta}$. Für die spezielle Lorentztransformation (9.5) ergibt dies für die Felder $\boldsymbol{E}$ und $\boldsymbol{B}$:

$$\begin{aligned} \boldsymbol{E}'_{\parallel} &= \boldsymbol{E}_{\parallel}\,, \qquad & \boldsymbol{E}'_{\perp} &= \gamma\left(\boldsymbol{E}_{\perp} + \frac{\boldsymbol{v}}{c} \times \boldsymbol{B}\right) \\ \boldsymbol{B}'_{\parallel} &= \boldsymbol{B}_{\parallel}\,, \qquad & \boldsymbol{B}'_{\perp} &= \gamma\left(\boldsymbol{B}_{\perp} - \frac{\boldsymbol{v}}{c} \times \boldsymbol{E}\right) \end{aligned} \tag{14.14}$$

Die Indizes $\parallel$ und $\perp$ kennzeichnen die zu $\boldsymbol{v}$ parallelen und senkrechten Anteile.

Feld einer gleichförmig bewegten Ladung

Im Ruhsystem IS$'$ der Ladung gilt $\boldsymbol{E}' = q\,\boldsymbol{r}'/r'^3$ und $\boldsymbol{B}' = 0$. Durch eine Transformation in das IS, in dem sich die Ladung mit der konstanten Geschwindigkeit $\boldsymbol{v}$ bewegt, erhält man die gesuchten Felder $\boldsymbol{E}$ und $\boldsymbol{B}$. Hierfür braucht man die Rücktransformation von $\boldsymbol{E}'$, $\boldsymbol{B}'$ zu $\boldsymbol{E}$, $\boldsymbol{B}$, die sich aus (14.14) durch die Ersetzung $\boldsymbol{v} \to -\boldsymbol{v}$ ergibt.

Für kleine Geschwindigkeiten erhält man

$$\boldsymbol{E} = q\,\frac{\boldsymbol{r}}{r^3}\left(1 + \mathcal{O}\big(v^2/c^2\big)\right), \qquad \boldsymbol{B} = \frac{q}{c}\,\frac{\boldsymbol{v} \times \boldsymbol{r}}{r^3}\left(1 + \mathcal{O}\big(v^2/c^2\big)\right) \tag{14.15}$$

In der Ordnung v/c ist das elektrische Feld dasselbe wie für die ruhende Ladung. Das zusätzliche magnetische Feld $\boldsymbol{B} \approx (\boldsymbol{v}/c) \times \boldsymbol{E}$ kann als relativistischer Effekt in erster Ordnung in v/c aufgefasst werden. Für die Kräfte zwischen zwei Ladungen mit den Geschwindigkeiten v_1 und v_2 gilt $|\boldsymbol{F}_{\text{magn}}|/|\boldsymbol{F}_{\text{Coulomb}}| \sim v_1 v_2/c^2$.

Ohne Näherungen ergibt sich für das elektrische Feld einer gleichförmig bewegten Ladung

$$\boldsymbol{E} = \frac{q\,\boldsymbol{r}}{r^3}\,\frac{1-\dfrac{v^2}{c^2}}{\left(1-\dfrac{v^2}{c^2}\,\sin^2\varphi\right)^{3/2}} \tag{14.16}$$

Dabei ist φ der Winkel zwischen $\boldsymbol{v}$ und $\boldsymbol{r}$. Verglichen mit dem einer ruhenden Ladung ist das Feld parallel zu $\boldsymbol{v}$ schwächer (Faktor $1 - v^2/c^2$) und senkrecht dazu stärker (Faktor γ).

Dopplereffekt

Die Phase $\boldsymbol{k}\cdot\boldsymbol{r} - \omega t$ einer ebenen Welle ist ein Lorentzskalar, denn die Anzahl der Wellenberge und -täler kann sich bei einer Lorentztransformation nicht ändern. Wir schreiben die Phase als $\boldsymbol{k}\cdot\boldsymbol{r} - \omega t = -k^\alpha x_\alpha$, wobei wir die 4-fach indizierte Größe $(k^\alpha) = (\omega/c, k_x, k_y, k_z)$ eingeführt haben. Da $k^\alpha x_\alpha$ ein Lorentzskalar ist, muss k^α ein Lorentzvektor sein,

$$k'^\alpha = \Lambda^\alpha_\beta\, k^\beta \tag{14.17}$$

Eine mit der Geschwindigkeit $\boldsymbol{v}$ bewegte Quelle sende eine Welle aus. Im (momentanen) Ruhsystem RS der Quelle habe die Welle die Frequenz $\omega' = \omega_{\text{RS}}$. Die Lorentztransformation ergibt für die Nullkomponente

$$k'^0 = \frac{k^0 - v k^1/c}{\sqrt{1-v^2/c^2}} \qquad \text{oder} \qquad \omega_{\text{RS}} = \gamma\,(\omega - v k^1) \tag{14.18}$$

Dabei ist $c k^0 = \omega$ die Frequenz in IS, also die Frequenz, die ein in IS ruhender Beobachter misst. Wir lösen dies (unter Verwendung von $v k^1 = \boldsymbol{v}\cdot\boldsymbol{k} = v\,(\omega/c)\cos\phi$) nach der beobachteten Frequenz auf:

$$\omega = \omega_{\text{RS}}\,\frac{\sqrt{1-v^2/c^2}}{1-(v/c)\,\cos\phi} \qquad \text{Dopplereffekt} \tag{14.19}$$

Der Dopplereffekt ist die Änderung $\omega_{\text{RS}} \to \omega$ aufgrund der Bewegung der Quelle. Der Faktor $1-(v/c)\cos\phi$ ist ein kinematischer Effekt, der bereits aus der Galileitransformation folgt. Der Faktor $(1 - v^2/c^2)^{1/2}$ ist dagegen ein relativistischer Effekt, der der Zeitdilatation entspricht.

Die Frequenzverschiebung wird häufig durch die dimensionslose *Rotverschiebung* $z = \omega_{\text{RS}}/\omega - 1$ ausgedrückt. Die periodischen Dopplerverschiebungen von charakteristischen Linien im Licht eines Sterns lassen Rückschlüsse zu auf die Bewegung des Sterns in einem Doppelsternsystem. Eine irdische Anwendung des Dopplereffekts ist die Radarfalle der Polizei. Hierbei wird ein Radarstrahl am bewegten Auto reflektiert, und die Frequenzverschiebung wird gemessen.

Dopplerverschiebungen gibt es auch bei Schallwellen. Die Analogie zwischen Schall- und Lichtwellen gilt aber nur bedingt. Insbesondere breitet sich Licht im leeren Raum aus, während Schall ein wellentragendes Medium (etwa Luft) benötigt. Beim Schall ist daher das IS, in dem das Medium ruht, ausgezeichnet.

Aberration

In IS gebe es eine Welle, die entlang der z-Achse einfällt, also $(k^\alpha) = (k, 0, 0, -k)$ mit $k = \omega/c$. Die Welle werde in einem IS$'$ beobachtet und hat hier den Wellenvektor $(k'^\alpha) = (k'^0, -\gamma k v/c, 0, -k)$, sie erscheint also unter einem Winkel φ_A relativ zur z'-Achse:

$$\tan\varphi_A = \frac{k'^1}{k'^3} = \frac{v/c}{\sqrt{1 - v^2/c^2}} \tag{14.20}$$

Dies erklärt die *Aberration*: Die Bahnbewegung der Erde um die Sonne führt dazu, dass sich ein bestimmter Stern auf einem kleinen Kreis zu bewegen scheint. Hierfür ist der in v/c lineare Term verantwortlich, der sich bereits aus einer Galileitransformation ergibt.

Dipolstrahlung

Wir berechnen die Strahlung, die von einer oszillierenden Ladungs- und Stromverteilung

$$j^\alpha(\boldsymbol{r}', t) = \text{Re}\,\big(j^\alpha(\boldsymbol{r}')\,\exp(-\text{i}\omega t)\big) \tag{14.21}$$

ausgeht. Alle Größen in diesem Abschnitt variieren mit $\exp(-\text{i}\omega t)$; die komplexen Amplituden werden mit demselben Buchstaben wie die zeitabhängige Größe selbst bezeichnet. Wir setzen (14.21) in das retardierte Vektorpotenzial ein:

$$\begin{aligned} \boldsymbol{A}_{\text{ret}}(\boldsymbol{r}, t) &= \frac{1}{c}\int d^3r'\;\frac{\boldsymbol{j}(\boldsymbol{r}', t - |\boldsymbol{r} - \boldsymbol{r}'|/c)}{|\boldsymbol{r} - \boldsymbol{r}'|} \qquad (14.22)\\ &= \frac{1}{c}\,\exp(-\text{i}\omega t)\int d^3r'\;\boldsymbol{j}(\boldsymbol{r}')\;\frac{\exp(\text{i}k|\boldsymbol{r} - \boldsymbol{r}'|)}{|\boldsymbol{r} - \boldsymbol{r}'|} = \boldsymbol{A}(\boldsymbol{r})\,\exp(-\text{i}\omega t) \end{aligned}$$

Hierbei ist $k = \omega/c$. Für die folgenden Rechnungen setzen wir

$$R_0 \ll \lambda \ll r \qquad \text{(Voraussetzungen)} \tag{14.23}$$

voraus: Die Reichweite R_0 der Quellverteilung soll klein gegenüber der Wellenlänge $\lambda = 2\pi/k = 2\pi c/\omega$ sein. Die Felder sollen in großem Abstand $r \gg \lambda$ von der Quelle berechnet werden.

Im Integranden von (14.22) verwenden wir die Näherung

$$\frac{\exp(\text{i}k|\boldsymbol{r} - \boldsymbol{r}'|)}{|\boldsymbol{r} - \boldsymbol{r}'|} \approx \frac{\exp(\text{i}kr)}{r}\,\exp\big(-\text{i}k\,\boldsymbol{e}_r\cdot\boldsymbol{r}'\big)\Big(1 + \mathcal{O}(r'/r)\Big) \tag{14.24}$$

In führender Ordnung in r'/r erhalten wir dann (nach einigen Zwischenrechnungen) für den Ortsanteil $\boldsymbol{A}(\boldsymbol{r})$ des Vektorpotenzials:

$$\boldsymbol{A}(\boldsymbol{r}) = -\mathrm{i}\,k\,\boldsymbol{p}\;\frac{\exp(\mathrm{i}kr)}{r} \quad \text{mit} \quad \boldsymbol{p} = \int d^3r\;\boldsymbol{r}\;\varrho(\boldsymbol{r}) \tag{14.25}$$

Hierbei ist $\boldsymbol{p}$ die komplexe Amplitude in $\boldsymbol{p}(t) = \mathrm{Re}\,(\boldsymbol{p}\exp(-\mathrm{i}\omega t))$. Außerhalb der Ladungsverteilung gelten $\boldsymbol{B} = \nabla\times\boldsymbol{A}$ und $\boldsymbol{E} = (\mathrm{i}/k)\,\nabla\times\boldsymbol{B}$. Damit erhalten wir

$$\boldsymbol{B}(\boldsymbol{r}) = k^2\,(\boldsymbol{e}_r\times\boldsymbol{p})\;\frac{\exp(\mathrm{i}kr)}{r}\,, \qquad \boldsymbol{E}(\boldsymbol{r}) = k^2\,(\boldsymbol{e}_r\times\boldsymbol{p})\times\boldsymbol{e}_r\;\frac{\exp(\mathrm{i}kr)}{r} \tag{14.26}$$

Diese Lösung beschreibt eine *auslaufende Kugelwelle*. Die Energiestromdichte (Energie pro Zeit und Fläche) $\boldsymbol{S} = c\,\boldsymbol{E}\times\boldsymbol{B}/4\pi$ zeigt in Richtung von $\boldsymbol{e}_r = \boldsymbol{r}/r$. Die in den Raumwinkel $d\Omega = d\cos\theta\;d\phi$ gehende Leistung (Energie pro Zeit) ist dann $dP = \langle\boldsymbol{S}\rangle\,\boldsymbol{e}_r\,r^2 d\Omega$ oder

$$\frac{dP}{d\Omega} = \frac{\omega^4}{8\pi c^3}\,|\boldsymbol{p}|^2\,\sin^2\theta\,, \qquad P = \frac{\omega^4}{3c^3}\,|\boldsymbol{p}|^2 \tag{14.27}$$

Hierbei wurde für die Dipolamplitude $\boldsymbol{p} = \boldsymbol{p}_{\mathrm{r}}\,\exp(\mathrm{i}\delta)$ mit einem reellen Vektor $\boldsymbol{p}_{\mathrm{r}}$ angenommen; θ ist der Winkel zwischen $\boldsymbol{p}_{\mathrm{r}}$ und der Ausbreitungsrichtung. Wesentlich an der Dipolstrahlung ist die Proportionalität zu ω^4 und zu $|\boldsymbol{p}|^2$, und die Winkelabhängigkeit mit $\sin^2\theta$. Die Polarisation der Strahlung folgt aus (14.26): Es gilt $\boldsymbol{E}\perp\boldsymbol{e}_r$, $\boldsymbol{B}\perp\boldsymbol{e}_r$ und $\boldsymbol{E}\perp\boldsymbol{B}$.

Eine Berücksichtigung des nächsten Terms in der Entwicklung (14.24) führt zu einem magnetischen Dipol und einem elektrischen Quadrupol (Aufgabe 14.14). Die Strahlungsfelder werden auch mit E1 (elektrisches Dipolfeld), E2 (elektrisches Quadrupolfeld), M1 (magnetisches Dipolfeld) undsoweiter bezeichnet.

Für eine oszillierende Punktladung bei $\boldsymbol{r}(t) = \boldsymbol{r}_0\,\cos(\omega t)$ erhält man aus der Dipolformel

$$P = \frac{\omega^4 q^2 r_0^2}{3\,c^3} = \frac{2\,q^2}{3\,c^3}\,\langle\dot{\boldsymbol{v}}^2\rangle \tag{14.28}$$

Für eine Ladung, die sich mit der Winkelgeschwindigkeit ω auf einem Kreis (Radius R) bewegt, gilt $|\dot{\boldsymbol{v}}| = \omega^2 R$. Damit wird (14.28) zu $P = (2\,\omega^4/3\,c^3)\,q^2 R^2$. Wenn man dies auf ein halbklassisches Atommodell anwendet, dann erhält man Lebensdauern von der Größe $\tau \sim \hbar\,\omega_{\mathrm{at}}/P \approx \alpha^{-3}/\omega_{\mathrm{at}}$. Hierbei wurden die atomare Frequenz $\omega_{\mathrm{at}} = m_{\mathrm{e}}e^4/\hbar^3$ und die Feinstrukturkonstante $\alpha = e^2/\hbar c \approx 1/137$ benutzt.

Die Bewegungsgleichung $m\,\dot{\boldsymbol{v}} = \boldsymbol{F}_{\mathrm{L}} = q\,(\boldsymbol{v}/c)\times\boldsymbol{B}$ für ein geladenes Teilchen ($v \ll c$) in einem homogenen Magnetfeld hat eine Kreisbahn als Lösung. Tatsächlich ist ein solches Teilchen beschleunigt und strahlt Wellen ab. Um die Energiebilanz im Mittel zu erfüllen, muss man die *Strahlungskraft*

$$\boldsymbol{F}_{\mathrm{str}} = \frac{2q^2}{3c^3}\,\ddot{\boldsymbol{v}} \tag{14.29}$$

in der Bewegungsgleichung hinzufügen, also $m\,\dot{\boldsymbol{v}} = \boldsymbol{F}_{\mathrm{L}} + \boldsymbol{F}_{\mathrm{str}}$.

Beschleunigte Ladung

Im Rahmen der Dipolstrahlung können wir die Abstrahlung einer oszillierenden Ladung im Fall $v \ll c$ (entspricht $R_0 \ll \lambda$) aus (14.28) berechnen. Wir verallgemeinern dies auf eine beliebig beschleunigte Ladung. Im momentanen Ruhsystem ist $\boldsymbol{A}' = 0$ und in das retardierte Potenzial (13.18) ist $\varrho(\boldsymbol{r}, t) = q\ \delta(\boldsymbol{r} - \boldsymbol{r}_0(t))$ einzusetzen. Dies ergibt

$$\Phi'_{\rm ret}(\boldsymbol{r}', t') = \frac{q}{|\boldsymbol{r}' - \boldsymbol{r}'_0(t'_{\rm ret})|} = \frac{q}{R'(t'_{\rm ret})}\,, \qquad \boldsymbol{A}'(\boldsymbol{r}', t') = 0 \tag{14.30}$$

Dabei haben wir den 4-Vektor $(R^\alpha) = \big(c\,(t - t_{\rm ret}),\ \boldsymbol{r} - \boldsymbol{r}_0(t_{\rm ret})\big) = (R, \boldsymbol{R})$ eingeführt. Aus $t_{\rm ret} = t - |\boldsymbol{r} - \boldsymbol{r}_0(t_{\rm ret})|/c$ folgen $R^\alpha R_\alpha = 0$ und der letzte Schritt für $\Phi'_{\rm ret}$ in (14.30).

In einem beliebigen IS sind die Potenziale durch

$$A^\alpha(\boldsymbol{r}, t) = \frac{q\, u^\alpha}{u^\beta R_\beta}\bigg|_{\rm ret} \qquad \text{(Liénard-Wiechert-Potenziale)} \tag{14.31}$$

gegeben, denn: (i) Dieser Ausdruck ist kovariant. (ii) Im momentanen Ruhsystem ist er richtig; denn mit $(u'^\alpha) = (c, 0)$ reduziert er sich auf (14.30).

Nach einigen Zwischenrechnungen erhält man die Strahlungsfelder $\boldsymbol{E}$ und $\boldsymbol{B}$. Für den Fall, dass die Beschleunigung parallel zur Geschwindigkeit ist, ergibt sich daraus die Strahlungsleistung

$$\frac{dP}{d\Omega} = \frac{q^2}{4\pi c^3}\,\dot{\boldsymbol{v}}^2\,\frac{\sin^2\theta}{(1 - (v/c)\cos\theta)^6} \qquad (\boldsymbol{v} \parallel \dot{\boldsymbol{v}}) \tag{14.32}$$

Dabei ist θ der Winkel zwischen $\boldsymbol{v} \parallel \dot{\boldsymbol{v}}$ und der Abstrahlungsrichtung. Diese Winkelverteilung bedeutet, dass sich der Strahlungskegel mit zunehmender (relativistischer) Geschwindigkeit in Vorwärtsrichtung verschiebt. Zugleich nimmt die Strahlungsleistung stark zu.

Für die gesamte Strahlungsleistung erhält man

$$P = -\,\frac{2q^2}{3\,c^3}\,\frac{du^\alpha}{d\tau}\,\frac{du_\alpha}{d\tau} \ \stackrel{v \ll c}{\approx}\ \frac{2q^2}{3c^3}\,\dot{\boldsymbol{v}}^2 \tag{14.33}$$

Der Näherungsausdruck ist aus (14.28) bekannt (hier allerdings ohne Mittelungsklammern); er folgt auch sofort aus (14.32). Aus dem Näherungsausdruck kann man den exakten Ausdruck ableiten (ohne etwa die Winkelintegration über (14.32) ausführen zu müssen): Die Leistung $P = dE/dt$ ist ein Lorentzskalar, weil $dE = c\,dp^0$ und $dt = dx^0/c$ beide Nullkomponenten von 4-Vektoren sind. Gesucht ist daher ein Lorentzskalar, der sich für $v/c \to 0$ auf den Näherungsausdruck reduziert. Dies ist der erste Ausdruck in (14.33).

Die Auswertung von (14.33) für ein Teilchen in einem Linear- und in einem Kreisbeschleuniger ergibt

$$P = \frac{2q^2}{3m^2c^3}\left(\frac{d\boldsymbol{p}}{dt}\right)^2 = \begin{cases} 1 & (\boldsymbol{v} \parallel \dot{\boldsymbol{v}}) \\ \gamma^2 & (\boldsymbol{v} \perp \dot{\boldsymbol{v}}) \end{cases} \tag{14.34}$$

wobei $\boldsymbol{p} = \gamma m \boldsymbol{v}$ der relativistische Impuls ist. Der Faktor γ^2 bedeutet, dass im hochrelativistischen Fall ($\gamma \gg 1$) die Abstrahlung in einem Kreisbeschleuniger (oder Speicherring) viel größer ist als in einem Linearbeschleuniger. Tatsächlich spielt die Abstrahlung beim Linearbeschleuniger nur eine untergeordnete Rolle. Für den Kreisbeschleuniger erhält man $P \approx (2cq^2/3)\gamma^4/R_\mathrm{o}$. Dies bedeutet, dass bei einer bestimmten gewünschten Energie (also für bestimmtes γ) der Radius R_o der einzige Parameter ist, mit dem man P beeinflussen kann. Die Entwicklung von Kreisbeschleunigern (oder Speicherringen) hat mit der jetzigen Generation (etwa LEP mit $R_\mathrm{o} \approx 4.3\,\mathrm{km}$ und Teilchenenergien von $100\,\mathrm{GeV}$) die Grenze der Praktikabilität erreicht. Die kommende Beschleunigergeneration im TeV-Bereich wird daher aus Linearbeschleunigern bestehen.

Streuung von Licht

Wenn eine elektromagnetische Welle auf Materie einfällt, dann induziert sie Oszillationen der geladenen Teilchen. Von diesen oszillierenden Teilchen geht Strahlung in alle Richtungen. Dadurch wird das einfallende Licht gestreut.

Angeregt werden vor allem die Elektronen in den Atomen. Als Modell für ein Atom betrachten wir ein harmonisch gebundenes Elektron. Im Feld einer einfallenden ebenen Welle genügt die Bahn $\boldsymbol{r}_0(t)$ des Elektrons der Bewegungsgleichung

$$m_\mathrm{e}\,\ddot{\boldsymbol{r}}_0 + m_\mathrm{e}\,\Gamma\,\dot{\boldsymbol{r}}_0 + m_\mathrm{e}\,\omega_0^2\,\boldsymbol{r}_0 = -e\,\boldsymbol{E}_0\,\exp\big[\,\mathrm{i}(\boldsymbol{k}\cdot\boldsymbol{r}_0 - \omega t)\big] + \mathcal{O}(v/c) \qquad (14.35)$$

Der Reibungsterm steht für mögliche Energieverluste des Elektrons; in jedem Fall erfolgt ein Energieverlust durch Abstrahlung. Wir betrachten nichtrelativistische Geschwindigkeiten, $v \ll c$. Dann können die magnetischen Kräfte vernachlässigt werden, und $\exp(\mathrm{i}\boldsymbol{k}\cdot\boldsymbol{r}_0) = 1 + \mathcal{O}(r_0/\lambda) \approx 1$. Damit wird (14.35) zu

$$m_\mathrm{e}\,\ddot{\boldsymbol{r}}_0 + m_\mathrm{e}\,\Gamma\,\dot{\boldsymbol{r}}_0 + m_\mathrm{e}\,\omega_0^2\,\boldsymbol{r}_0 = -\,e\,\boldsymbol{E}_0\,\exp(-\mathrm{i}\omega t) \qquad (14.36)$$

Dies ist das wohlbekannte Problem eines angetriebenen Oszillators (Aufgabe 1.6). Im eingeschwungenen Zustand ist die Lösung (1.34), die wir hier in der Form $\boldsymbol{p}(t) = -e\,\boldsymbol{r}_0(t) = \alpha_\mathrm{e}(\omega)\,\boldsymbol{E}_0\exp(-\mathrm{i}\omega t)$ mit der elektrischen *Polarisierbarkeit*

$$\alpha_\mathrm{e}(\omega) = \frac{e^2/m_\mathrm{e}}{\omega_0^2 - \omega^2 - \mathrm{i}\,\Gamma\omega} \qquad (14.37)$$

anschreiben. Das induzierte Dipolmoment $\boldsymbol{p}(t)$ führt gemäß (14.27) zur Abstrahlung der Leistung P. Das Verhältnis zur einfallenden Energiestromdichte $\langle|\boldsymbol{S}|\rangle$ definiert den Wirkungsquerschnitt:

$$\sigma(\omega) = \frac{P}{\langle|\boldsymbol{S}|\rangle} = \frac{8\pi}{3}\left(\frac{e^2}{m_\mathrm{e}c^2}\right)^2 \frac{\omega^4}{(\omega_0^2 - \omega^2)^2 + \omega^2\Gamma^2} \qquad (14.38)$$

Wir diskutieren eine Reihe von physikalischen Effekten, die sich hieraus ergeben.

Thomsonstreuung

Für hohe Frequenzen ergibt sich der Grenzfall

$$\sigma_{\text{Th}} = \frac{8\pi}{3}\left(\frac{e^2}{m_{\text{e}}c^2}\right)^2 = 0.665 \cdot 10^{-24}\,\text{cm}^2 \qquad (\omega \gg \omega_0) \tag{14.39}$$

Die Bedingung $\omega \gg \omega_0$ ist insbesondere für freie Elektronen erfüllt. In dem hier vorausgesetzten nichtrelativistischen Fall stimmt der experimentelle Wirkungsquerschnitt mit (14.39) überein.

Rayleighstreuung

Für kleine Frequenzen ergibt (14.38) den Grenzfall

$$\sigma = \sigma_{\text{Th}}\,\frac{\omega^4}{\omega_0^4} \qquad (\omega \ll \omega_0) \tag{14.40}$$

Dies bedeutet zum Beispiel, dass in der Atmosphäre blaues Licht stärker gestreut wird als rotes ($\omega_{\text{blau}}/\omega_{\text{rot}} \sim 2$). Daher erscheint der Himmel blau.

Resonanzfluoreszenz

Bei $\omega = \omega_0$ hat der Wirkungsquerschnitt (14.38) ein Resonanzmaximum:

$$\sigma_{\text{res}} = \frac{8\pi}{3}\left(\frac{e^2}{m_{\text{e}}c^2}\right)^2 \frac{\omega_0^2}{\Gamma^2} \qquad (\omega = \omega_0) \tag{14.41}$$

Zur Resonanzfluoreszenz kann es kommen, wenn Strahlung eines bestimmten Übergangs von einem Atomkern (oder Atom) derselben Sorte wieder absorbiert wird. Die Erfüllung der Resonanzbedingung wird durch die Dopplerverbreiterung aufgrund des Rückstoßes behindert, den der Atomkern bei der Emission (Absorption) erleidet. Im *Mößbauer-Effekt* wird dieser Rückstoß durch den Kristall aufgenommen, in dem der betrachtete Atomkern eingebunden ist. Dadurch kommt es hier zur *rückstoßfreien Resonanzfluoreszenz*.

Kohärente und inkohärente Streuung

Bei der Streuung an N Streuzentren in einem Bereich der Größe R gibt es zwei Grenzfälle: Für $R \gg \lambda$ streuen die einzelnen Zentren inkohärent; der Gesamtwirkungsquerschnitt ist proportional zu N. Für $R \ll \lambda$ addieren sich die Amplituden des Felds kohärent, und der Gesamtwirkungsquerschnitt ist proportional zu N^2.

Luft mit Wasserdampf ist relativ durchsichtig (inkohärente Streuung). Wenn der Wasserdampf jedoch zu Nebel kondensiert, dann streuen die Moleküle innerhalb eines Wassertröpfchens (etwa mit dem Radius $d/2 = 200\,\text{Å}$ und mit $N \approx 10^6$ Molekülen) kohärent. Unter geeigneten Bedingungen kann Luft daher durch Nebelbildung plötzlich undurchsichtig werden (ohne dass sich die Konzentration des Wassers nennenswert ändert).

Schwingkreis

Wir betrachten einen Parallelschwingkreis aus einer Spule (Induktivität L) und einem Kondensator (Kapazität C). In der *quasistatischen Näherung* werden die Beziehungen aus der Elektro- und Magnetostatik übernommen, wobei die Zeit als Parameter zugelassen wird:

$$Q(t) \approx C\,U(t)\,, \qquad I(t) \approx \frac{N_\mathrm{S}}{c\,L}\,\Phi_\mathrm{m}(t) \qquad \text{(quasistatisch)} \tag{14.42}$$

Hierbei ist Q die Ladung und U die Spannung am Kondensator. Der Strom durch die Spule ist I, N_S ist die Anzahl der Windungen, $\Phi_\mathrm{m} = B\,A_\mathrm{S}$ der magnetische Fluss, und A_S ist die von den einzelnen Windungen eingeschlossene Fläche. Nach dem Faradayschen Gesetz (13.3) führt die zeitliche Veränderung des magnetischen Flusses Φ_m zu einer Spannung $U = -(N_\mathrm{S}/c)\,d\Phi_\mathrm{m}/dt = -L\,\dot{I} = -L\,\ddot{Q}$ an den Enden der Spule. Zusammen mit $U = Q/C$ ergibt dies $U = -L\,C\,\ddot{U}$ und damit die Eigenfrequenz $\omega_0 = 1/\sqrt{L\,C}$ des Schwingkreises.

Die quasistatische Näherung (14.42) besteht aus zwei Teilen:

- Für den Kondensator: Um $Q(t) \approx C\,U(t)$ abzuleiten, muss der Term „Induktion" in (13.1) vernachlässigt werden.
- Für die Spule: Um $I(t) \approx (N_\mathrm{S}/c\,L)\,\Phi_\mathrm{m}(t)$ abzuleiten, muss der Term „Verschiebungsstrom" in (13.1) vernachlässigt werden.

In der Literatur wird vielfach die Vernachlässigung des Verschiebungsstroms als *die* quasistatische Näherung bezeichnet. Dies liegt an der überragenden praktischen Bedeutung des Faradayschen Gesetzes. Im Schwingkreis sind die beiden angeführten Näherungen jedoch komplementär zueinander.

Die Gleichungen (14.42) erhält man auch, wenn man die Retardierung vernachlässigt:

$$A^{\alpha}_{\mathrm{ret}}(\boldsymbol{r},t) = \frac{1}{c}\int d^3r'\;\frac{j^{\alpha}(\boldsymbol{r}',t-|\boldsymbol{r}-\boldsymbol{r}'|/c)}{|\boldsymbol{r}-\boldsymbol{r}'|} \approx \frac{1}{c}\int d^3r'\;\frac{j^{\alpha}(\boldsymbol{r}',t)}{|\boldsymbol{r}-\boldsymbol{r}'|} \tag{14.43}$$

Mit dieser Näherung können die Zusammenhänge $\varrho \leftrightarrow \Phi$ (also $Q \leftrightarrow U$) und $\boldsymbol{j} \leftrightarrow \boldsymbol{A}$ (also $I \leftrightarrow \Phi_\mathrm{m}$) wie in der statischen Theorie berechnet werden.

Die Näherung (14.43) ist möglich für $\delta t = |\boldsymbol{r}-\boldsymbol{r}'|/c \ll 1/\omega$. Der Kondensator und die Spule mögen Abmessungen haben, die durch die Länge ℓ charakterisiert sind. Dann sind Felder und Ladungsverteilungen im Wesentlichen auf einen Bereich dieser Größe beschränkt. Damit wird $\delta t \ll 1/\omega$ zu

$$\frac{\omega\ell}{c} \ll 1 \qquad \text{Bedingung für quasistatische Näherung} \tag{14.44}$$

Für den Schwingkreis ergibt sich $\omega_0 \sim 1/N_\mathrm{S}$; notwendige Bedingung für die quasistatische Näherung ist daher $N_\mathrm{S} \gg 1$. Für die Abstrahlung erhält man dann aus der Dipolformel $P \sim \omega_0/N_\mathrm{S}^3$. In der quasistatischen Näherung wird die Rückwirkung der Abstrahlung auf den Schwingkreis vernachlässigt.

Aufgaben

14.1 Ebene elektromagnetische Welle

Durch $\boldsymbol{A} = A(x - ct)\,\boldsymbol{e}_z$ und $\Phi = 0$ ist eine ebene elektromagnetische Welle definiert. Bestimmen Sie das $\boldsymbol{E}$- und $\boldsymbol{B}$-Feld, die Energiedichte w_{em} und den Poyntingvektor $\boldsymbol{S}$.

Lösung: Die elektromagnetischen Felder sind

$$\boldsymbol{E} = -\frac{1}{c}\,\frac{\partial \boldsymbol{A}}{\partial t} = A'(x-ct)\,\boldsymbol{e}_z \quad \text{und} \quad \boldsymbol{B} = \operatorname{rot}\boldsymbol{A} = -A'(x-ct)\,\boldsymbol{e}_y$$

Daraus ergibt sich die Energiedichte

$$w_{\text{em}} = \frac{1}{8\pi}\left(\boldsymbol{E}^2 + \boldsymbol{B}^2\right) = \frac{1}{4\pi}\left|A'(x-ct)\right|^2$$

und der Poyntingvektor

$$\boldsymbol{S} = \frac{c}{4\pi}\,\boldsymbol{E}\times\boldsymbol{B} = \frac{c}{4\pi}\left|A'(x-ct)\right|^2\boldsymbol{e}_x = c\,w_{\text{em}}\,\boldsymbol{e}_x$$

14.2 Eindimensionales Wellenpaket

Die Potenziale eines elektromagnetischen Wellenpakets sind:

$$\boldsymbol{A} = A(x-ct)\,\boldsymbol{e}_z\,, \qquad A(x) = \int_{-\infty}^{\infty} dk\, f(k)\,\exp(\mathrm{i}kx)\,, \qquad \Phi = 0$$

Betrachten Sie die folgenden Fälle:

(i) $f(k) = f_0\,\exp(-\gamma k^2/2)$

(ii) $f(k) = f_0\,\exp(\,-\alpha\,|k|)$

(iii) $f(k) = f_0\,\Theta(\kappa - |k|)$

Skizzieren Sie jeweils die Form des Wellenpakets $A(x-ct)$ im Ortsraum, und geben Sie sein Zentrum $\overline{x}$ und seine Breite Δx an.

Lösung: Es wird die Abkürzung $u = x - ct$ verwendet. (i) Im Integranden wird der Exponent quadratisch ergänzt:

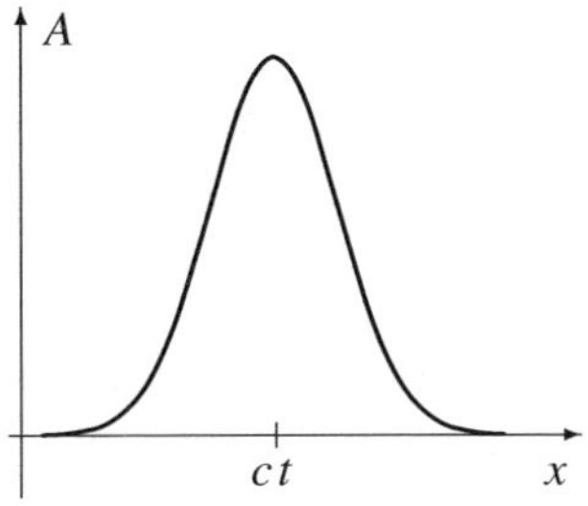

$$\begin{aligned} A(u) &= f_0 \int_{-\infty}^{\infty} dk\, \exp\Big(-\frac{\gamma}{2}\,k^2 + \mathrm{i}\,k\,u\Big) \\ &= f_0 \int_{-\infty}^{\infty} dk\, \exp\Big[-\frac{\gamma}{2}\Big(k - \frac{\mathrm{i}\,u}{\gamma}\Big)^2\Big]\exp\Big(-\frac{u^2}{2\gamma}\Big) \\ &= f_0\sqrt{\frac{2\pi}{\gamma}}\,\exp\Big(-\frac{u^2}{2\gamma}\Big) \end{aligned}$$

Dieses bei $\overline{x} = ct$ lokalisierte Wellenpaket hat die Breite $\Delta x \approx \sqrt{\gamma}$.

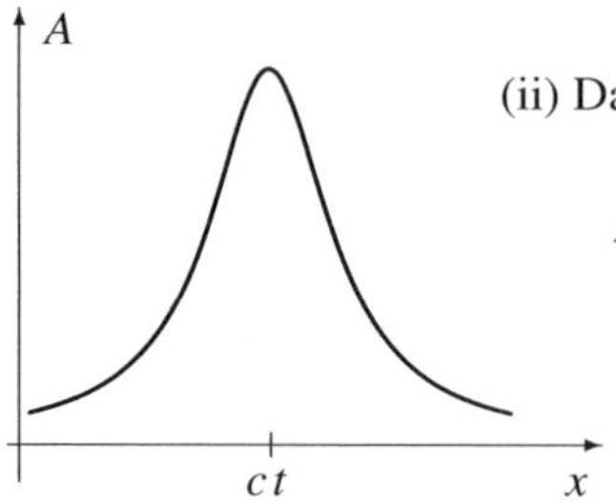

(ii) Das Integral wird für die Exponentialfunktion ausgewertet:

$$A(u) = f_0 \int_{-\infty}^{\infty} dk \, \exp\big(-\alpha\,|k| + \mathrm{i}\,k\,u\big)$$
$$= 2\,f_0 \int_0^{\infty} dk \, \exp(-\alpha\,k)\,\cos(k\,u) = f_0\,\frac{2\alpha}{\alpha^2+u^2}$$

Dieses bei $\overline{x} = c\,t$ lokalisierte Wellenpaket hat die Breite $\Delta x \approx \alpha$.

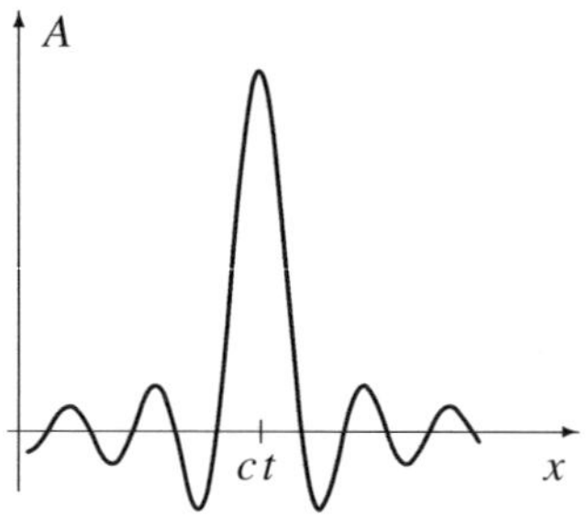

(iii) Das Integral wird für die Thetafunktion ausgewertet:

$$A(u) = f_0 \int_{-\kappa}^{\kappa} dk \, \exp(\mathrm{i}\,k\,u) = f_0\,\frac{2\,\sin(\kappa\,u)}{u}$$

Das bei $\overline{x} = c\,t$ lokalisierte Wellenpaket hat die Breite $\Delta x \approx 2\pi/\kappa$; für Δx wurde der Abstand der beiden zentralen Nullstellen genommen.

Eine exakte Definition der Breiten von Wellenpaketen erfolgt in der Quantenmechanik. Die hier angegebenen Breiten sind nur bis auf numerische Faktoren richtig. Die funktionale Abhängigkeit von den Parametern γ, α und κ ist jedoch korrekt wiedergegeben.

14.3 Zirkular polarisiertes Wellenpaket

Eine zirkular polarisierte Welle mit den Komponenten

$$E_x = E_0(x,y)\,\exp\big[\mathrm{i}\,(k\,z - \omega t)\big]$$
$$E_y = \pm\mathrm{i}\,E_0(x,y)\,\exp\big[\mathrm{i}\,(k\,z - \omega t)\big]$$

ist in x- und y-Richtung begrenzt; die Amplitude $E_0(x,y)$ ist eine reelle und in den Variablen x und y gerade Funktion. Das Wellenpaket soll sich in diesen Richtungen über viele Wellenlängen erstrecken, so dass

$$\left|\frac{\partial E_0}{\partial x}\right| \ll \frac{E_0}{\lambda} \qquad \text{und} \qquad \left|\frac{\partial E_0}{\partial y}\right| \ll \frac{E_0}{\lambda}$$

Eine noch schwächere z-Abhängigkeit in $E_0(x,y,z)$ soll das Wellenpaket letztlich auch in z-Richtung begrenzen; diese Abhängigkeit soll aber in den folgenden Rechnungen nicht explizit berücksichtigt werden.

Lesen Sie E_z und $\boldsymbol{B}$ aus den Maxwellgleichungen ab (jeweils nur die führenden Terme). Berechnen Sie die zeitgemittelten Größen: Energiedichte $\langle w_{\mathrm{em}}\rangle$, Poyntingvektor $\langle \boldsymbol{S}\rangle$ und Drehimpulsdichte $\boldsymbol{r} \times \langle \boldsymbol{S}\rangle/c^2$. Setzen Sie die Gesamtenergie W gleich $\hbar\omega$, also der Energie eines Photons. Welchen Drehimpuls hat dieses Photon dann?

Lösung: Die Maxwellgleichungen können nur erfüllt werden, wenn E_z und $\boldsymbol{B}$ dieselbe dominierende Orts- und Zeitabhängigkeit wie E_x und E_y haben, also

$$E_z = E_{z,0}(x,y)\exp[\mathrm{i}(kz-\omega t)]\,, \qquad \boldsymbol{B} = \boldsymbol{B}_0(x,y)\exp[\mathrm{i}(kz-\omega t)]$$

Für die Amplituden wird wieder nur eine schwache Ortsabhängigkeit zugelassen. Zunächst werten wir die Maxwellgleichung $\operatorname{div}\boldsymbol{E}=0$ aus:

$$\operatorname{div}\boldsymbol{E} = \left(\frac{\partial E_0}{\partial x} \pm \mathrm{i}\,\frac{\partial E_0}{\partial y} + \mathrm{i}\,k\,E_{z,0}\right)\exp[\mathrm{i}(kz-\omega t)] = 0 \tag{14.45}$$

Eine eventuelle schwache z-Abhängigkeit von $E_{z,0}(x,y,z)$ würde hieran nichts ändern, da $\partial E_{z,0}/\partial z$ gegenüber $k\,E_{0,z}$ zu vernachlässigen ist. Wegen $kE_0 \gg |\partial E_0/\partial x|$ werden auch im Folgenden jeweils nur die führenden Terme mitgenommen. Aus (14.45) folgt $E_{z,0}(x,y)$. Damit können wir das gesamte elektrische Feld angeben:

$$\boldsymbol{E} := \left(E_0\,,\ \pm\mathrm{i}\,E_0\,,\ \frac{\mathrm{i}}{k}\frac{\partial E_0}{\partial x} \mp \frac{1}{k}\frac{\partial E_0}{\partial y}\right)\exp[\mathrm{i}(kz-\omega t)]$$

Aus der Maxwellgleichung $\operatorname{rot}\boldsymbol{E} + \dot{\boldsymbol{B}}/c = 0$ folgt

$$\boldsymbol{B} = -\frac{\mathrm{i}}{k}\operatorname{rot}\boldsymbol{E} := \left(\mp\mathrm{i}\,E_0,\ E_0,\ \pm\frac{1}{k}\frac{\partial E_0}{\partial x} + \frac{\mathrm{i}}{k}\frac{\partial E_0}{\partial y}\right)\exp[\mathrm{i}(kz-\omega t)]$$

Wegen $\boldsymbol{B} = \mp\mathrm{i}\,\boldsymbol{E}$ sind $\boldsymbol{E}$- und $\boldsymbol{B}$-Feld um $\pi/2$ phasenverschoben (Realteilbildung!). Die zeitgemittelte Energiedichte und der zeitgemittelte Poyntingvektor sind:

$$\begin{aligned}\langle w_{\rm em}\rangle &= \frac{1}{16\pi}\big\langle\boldsymbol{E}\cdot\boldsymbol{E}^* + \boldsymbol{B}\cdot\boldsymbol{B}^*\big\rangle = \frac{1}{8\pi}\big\langle\boldsymbol{E}\cdot\boldsymbol{E}^*\big\rangle = \frac{1}{4\pi}\,E_0^2\\ \big\langle\boldsymbol{S}\big\rangle &= \frac{c}{8\pi}\big\langle\boldsymbol{E}\times\boldsymbol{B}^*\big\rangle = \pm\frac{c}{8\pi}\big\langle\mathrm{i}\,\boldsymbol{E}\times\boldsymbol{E}^*\big\rangle := \frac{c}{8\pi}\left(\pm\frac{1}{k}\frac{\partial E_0^2}{\partial y}\,,\ \mp\frac{1}{k}\frac{\partial E_0^2}{\partial x}\,,\ 2E_0^2\right)\end{aligned}$$

Die führenden Terme in der Drehimpulsdichte sind

$$\boldsymbol{l}_{\rm em} = \frac{\boldsymbol{r}\times\langle\boldsymbol{S}\rangle}{c^2} := \frac{1}{8\pi\,\omega}\left(2ky\,E_0^2\,,\ -2kx\,E_0^2\,,\ \mp x\,\frac{\partial E_0^2}{\partial x} \mp y\,\frac{\partial E_0^2}{\partial y}\right)$$

Wir berechnen nun die Gesamtenergie:

$$W = \int d^3r\,\langle w_{\rm em}\rangle = \frac{1}{4\pi}\int d^3r\,\big[E_0(x,y)\big]^2 \overset{!}{=} \hbar\,\omega$$

Damit das Integral existiert, müssen wir implizit auch eine Begrenzung in z-Richtung annehmen. Wir betrachten das Wellenpaket als Modell eines Photons und setzen daher $W = \hbar\,\omega$. Als nächstes integrieren wir über $\boldsymbol{l}_{\rm em}$, um den Felddrehimpuls $\boldsymbol{L}$ zu erhalten. Die Integrale über die x- und y-Komponente verschwinden, weil $E_0(x,y)$ eine gerade Funktion der Variablen ist. Es bleibt also die z-Komponente:

$$L_z = \mp\,\frac{1}{8\pi\omega}\int d^3r\left(x\,\frac{\partial E_0^2}{\partial x} + y\,\frac{\partial E_0^2}{\partial y}\right) = \pm\,\frac{1}{4\pi\omega}\int d^3r\,\big[E_0(x,y)\big]^2 = \pm\,\frac{W}{\omega}$$

Mit $W = \hbar\omega$ erhalten wir

$$\boldsymbol{L} = \pm\,\hbar\,\boldsymbol{e}_z$$

Dies entspricht den Eigenschaften eines realen Photons: Das Photon hat den Drehimpuls $\hbar$ (man sagt auch, den Spin 1), der sich in Richtung des Impulses $\boldsymbol{p} = \hbar\,k\,\boldsymbol{e}_z$ oder entgegengesetzt dazu einstellen kann.

14.4 Invarianten des elektromagnetischen Felds

Wie transformieren sich $\boldsymbol{E}^2 - \boldsymbol{B}^2$ und $\boldsymbol{E} \cdot \boldsymbol{B}$ unter Lorentztransformationen? Drücken Sie dazu die beiden Ausdrücke durch den Feldstärketensor und den dualen Feldstärketensor aus, oder transformieren Sie die elektromagnetischen Felder.

Lösung: Nach (13.24) gelten $F^{\alpha\beta} F_{\alpha\beta} = -2\big(\boldsymbol{E}^2 - \boldsymbol{B}^2\big)$ und $\widetilde{F}^{\alpha\beta} F_{\alpha\beta} = -4\boldsymbol{E} \cdot \boldsymbol{B}$, wobei $\widetilde{F}^{\alpha\beta} = \epsilon^{\alpha\beta\gamma\delta} F_{\gamma\delta}/2$. Damit sind beide Ausdrücke Lorentzskalare, also

$$\boldsymbol{E}'^2 - \boldsymbol{B}'^2 = \boldsymbol{E}^2 - \boldsymbol{B}^2 \quad \text{und} \quad \boldsymbol{E}' \cdot \boldsymbol{B}' = \boldsymbol{E} \cdot \boldsymbol{B}$$

Alternativ kann man die Transformation (14.14) der Felder verwenden:

$$\begin{aligned}
\boldsymbol{E}'^2 - \boldsymbol{B}'^2 &= \boldsymbol{E}_\parallel'^2 + \boldsymbol{E}_\perp'^2 - \boldsymbol{B}_\parallel'^2 - \boldsymbol{B}_\perp'^2 = \boldsymbol{E}_\parallel^2 - \boldsymbol{B}_\parallel^2 + \gamma^2\big[\boldsymbol{E}_\perp^2 + 2\boldsymbol{E}_\perp \cdot (\boldsymbol{v} \times \boldsymbol{B})/c \\
&\quad + (v^2/c^2)\,\boldsymbol{B}_\perp^2 - \boldsymbol{B}_\perp^2 + 2\boldsymbol{B}_\perp \cdot (\boldsymbol{v} \times \boldsymbol{E})/c - (v^2/c^2)\,\boldsymbol{E}_\perp^2\big] = \boldsymbol{E}^2 - \boldsymbol{B}^2 \\
\boldsymbol{E}' \cdot \boldsymbol{B}' &= \boldsymbol{E}_\parallel' \cdot \boldsymbol{B}_\parallel' + \boldsymbol{E}_\perp' \cdot \boldsymbol{B}_\perp' = \boldsymbol{E}_\parallel \cdot \boldsymbol{B}_\parallel + \gamma^2\big[\boldsymbol{E}_\perp \cdot \boldsymbol{B}_\perp - (v^2/c^2)\,\boldsymbol{E}_\perp \cdot \boldsymbol{B}_\perp\big] \\
&= \boldsymbol{E} \cdot \boldsymbol{B}
\end{aligned}$$

14.5 Felder einer vorbeifliegenden Ladung

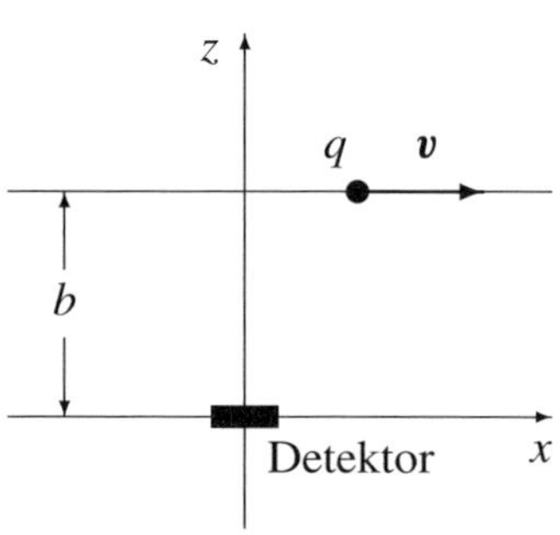

Eine relativistisch bewegte Ladung q hat die Bahnkurve $\boldsymbol{r}(t) = v\,t\,\boldsymbol{e}_x + b\,\boldsymbol{e}_z$. Berechnen Sie die integrierten Felder

$$\int_{-\infty}^{\infty} dt\,\boldsymbol{E} \qquad \text{und} \qquad \int_{-\infty}^{\infty} dt\,\boldsymbol{B}$$

die ein Detektor bei $\boldsymbol{r} = 0$ misst. Spalten Sie dazu die Felder in zu $\boldsymbol{v}$ parallele und senkrechte Anteile auf.

Lösung: Im Inertialsystem IS′, in dessen Ursprung die Ladung q ruht, sind die elektromagnetischen Felder am Ort $\boldsymbol{r}' := (-v\,t', 0, -b)$ des Detektors

$$\boldsymbol{E}' = \frac{q}{r'^3}\,\boldsymbol{r}' := -q\,\frac{(v\,t', 0, b)}{\big(b^2 + v^2 t'^2\big)^{3/2}}\,, \qquad \boldsymbol{B}' = 0$$

Dabei ist $t' = \gamma\,t$ mit $\gamma = 1/\sqrt{1 - v^2/c^2}$. Wir transformieren diese Felder in das Ruhsystem IS des Detektors. Die Transformation ist durch (14.14) mit $\boldsymbol{v} \to -\boldsymbol{v}$ gegeben:

$$\boldsymbol{E}_\parallel = \boldsymbol{E}_\parallel' = -\frac{q\,\gamma\,v\,t}{\big(b^2 + v^2\gamma^2 t^2\big)^{3/2}}\,\boldsymbol{e}_x\,, \qquad \boldsymbol{B}_\parallel = \boldsymbol{B}_\parallel' = 0$$

$$\boldsymbol{E}_\perp = \gamma\,\boldsymbol{E}_\perp' = -\frac{q\,\gamma\,b}{\big(b^2 + v^2\gamma^2 t^2\big)^{3/2}}\,\boldsymbol{e}_z\,, \qquad \boldsymbol{B}_\perp = \gamma\,\frac{\boldsymbol{v}}{c} \times \boldsymbol{E}_\perp' = \frac{q\,\gamma\,b\,v/c}{\big(b^2 + v^2\gamma^2 t^2\big)^{3/2}}\,\boldsymbol{e}_y$$

Das Ergebnis kann als

$$\boldsymbol{E} := -q\,\frac{(\gamma v t\,,\;0\,,\;\gamma b)}{\big(b^2+v^2\gamma^2t^2\big)^{3/2}}\,,\qquad \boldsymbol{B} := q\,\frac{(0\,,\;\gamma b v/c\,,\;0)}{\big(b^2+v^2\gamma^2t^2\big)^{3/2}} \tag{14.46}$$

geschrieben werden. Die gesuchten Zeitintegrale sind:

$$\int_{-\infty}^{\infty} dt\;\boldsymbol{E} \;=\; -q\gamma b\int_{-\infty}^{\infty} dt\;\frac{1}{\big(b^2+v^2\gamma^2t^2\big)^{3/2}}\;\boldsymbol{e}_z = -\,\frac{2q}{bv}\;\boldsymbol{e}_z$$

$$\int_{-\infty}^{\infty} dt\;\boldsymbol{B} \;=\; q\gamma bv/c\int_{-\infty}^{\infty} dt\;\frac{1}{\big(b^2+v^2\gamma^2t^2\big)^{3/2}}\;\boldsymbol{e}_y = \frac{2q}{bc}\;\boldsymbol{e}_y$$

Hieraus kann man (bei bekannter Ladung) auf den Abstand und die Geschwindigkeit des vorbeifliegenden Teilchens schließen.

Alternative Lösung: In Aufgabe 14.10 werden die retardierten Felder einer gleichförmig bewegten Punktladung abgeleitet. Hieraus kann man ebenfalls die Felder (14.46) erhalten.

14.6 Energiestrom einer gleichförmig bewegten Ladung

Eine Punktladung q bewegt sich mit konstanter nichtrelativistischer Geschwindigkeit $\boldsymbol{v}$. Berechnen Sie die Energiedichte w_{em} und den Poyntingvektor $\boldsymbol{S}$. Wie groß ist der Energiestrom $\oint d\boldsymbol{A}\cdot\boldsymbol{S}$ durch eine Kugeloberfläche A, in deren Zentrum sich momentan die Ladung befindet?

Lösung: Die Felder sind durch (14.15) gegeben, wobei wir die Terme $\mathcal{O}(v^2/c^2)$ weglassen:

$$\boldsymbol{E} = q\,\frac{\boldsymbol{r}-\boldsymbol{v}t}{|\boldsymbol{r}-\boldsymbol{v}t|^3}\qquad\text{und}\qquad \boldsymbol{B} = \frac{\boldsymbol{v}}{c}\times\boldsymbol{E}$$

Zur Vereinfachung der Schreibweise führen wir den Vektor $\boldsymbol{x} = \boldsymbol{r}-\boldsymbol{v}t$ ein. Damit werden die Energiedichte und der Poyntingvektor zu

$$w_{\text{em}} \;=\; \frac{1}{8\pi}\,\boldsymbol{E}^2 = \frac{q^2}{8\pi x^4}$$

$$\boldsymbol{S} \;=\; \frac{c}{4\pi}\,\boldsymbol{E}\times\boldsymbol{B} = \frac{1}{4\pi}\,\boldsymbol{E}\times\big(\boldsymbol{v}\times\boldsymbol{E}\big) = \frac{q^2}{4\pi x^6}\Big(x^2\,\boldsymbol{v}-(\boldsymbol{x}\cdot\boldsymbol{v})\,\boldsymbol{x}\Big)$$

Es soll der Energiestrom durch eine Kugeloberfläche bestimmt werden. Wegen der zeitlichen Translationsinvarianz des Problems können wir die Kugeloberfläche für $t = 0$ wählen, also $\boldsymbol{x} = \boldsymbol{R} = R\,\boldsymbol{e}_r$, wobei $\boldsymbol{R}$ ein Vektor vom Ursprung zur Kugeloberfläche ist. Wegen $\boldsymbol{e}_r\cdot\boldsymbol{S} = 0$ verschwindet dieser Energiestrom:

$$\oint d\boldsymbol{A}\cdot\boldsymbol{S} = \frac{q^2}{4\pi R^6}\oint dA\;\boldsymbol{e}_r\cdot\big(R^2\,\boldsymbol{v}-(\boldsymbol{R}\cdot\boldsymbol{v})\,\boldsymbol{R}\big) = 0$$

Dies bedeutet, dass eine gleichförmig bewegte Ladung nicht abstrahlt. Dies folgt auch aus der $1/r^2$-Abhängigkeit der Felder; denn mit $S\propto 1/r^4$ verhält sich das Oberflächenintegral wie $1/R^2$ und verschwindet für $R\to\infty$. Eine Abstrahlung kann man nur für $\boldsymbol{E}$- und $\boldsymbol{B}$-Felder erhalten, die wie $1/r$ abfallen.

Ergänzung: Zur genaueren Untersuchung des Energiestroms kann man noch das Poynting-Theorem (13.5) betrachten:

$$\frac{\partial w_{\text{em}}}{\partial t} + \text{div}\, \boldsymbol{S} = -\boldsymbol{j} \cdot \boldsymbol{E} = -q^2\, \frac{\boldsymbol{x} \cdot \boldsymbol{v}}{x^3}\, \delta(\boldsymbol{x}) \tag{14.47}$$

Hier haben wir auf der rechten Seite $\boldsymbol{j} = q\, \boldsymbol{v}\, \delta(\boldsymbol{x})$ und $\boldsymbol{E} = q\, \boldsymbol{x}/x^3$ eingesetzt. Wir berechnen die Terme auf der linken Seite:

$$\frac{\partial w_{\text{em}}}{\partial t} = -\boldsymbol{v} \cdot \nabla\, w_{\text{em}} = \frac{q^2}{2\pi}\, \frac{\boldsymbol{x} \cdot \boldsymbol{v}}{x^6}\,, \qquad \text{div}\, \boldsymbol{S} = -\frac{q^2}{2\pi}\, \frac{\boldsymbol{x} \cdot \boldsymbol{v}}{x^6} \qquad (x \neq 0)$$

Damit verschwindet die linke Seite von (14.47) für $x \neq 0$. Bei der Ableitung können die singulären Stellen aber zu Distributionen führen (vergleiche Aufgabe 11.34). Die singuläre Stelle muss dann gesondert untersucht werden.

14.7 Ladung ist unabhängig von der Geschwindigkeit

Eine Punktladung q bewegt sich mit konstanter relativistischer Geschwindigkeit $\boldsymbol{v}$. Berechnen Sie das Integral $\oint_A d\boldsymbol{A} \cdot \boldsymbol{E}$ über das elektrische Feld $\boldsymbol{E}$ und eine ruhende, geschlossene Fläche A, die die Ladung einschließt. Betrachten Sie zunächst eine Kugeloberfläche mit dem Teilchen im Zentrum. Zeigen Sie dann, dass das Ergebnis nicht von der Form der Fläche abhängt. Das Ergebnis $\oint_A d\boldsymbol{A} \cdot \boldsymbol{E} = 4\pi\, q$ impliziert, dass die Ladung unabhängig von der Geschwindigkeit ist.

Lösung: Für $\boldsymbol{v} = v\, \boldsymbol{e}_z$ ist das elektrische Feld (14.16) einer gleichförmig bewegten Ladung in Kugelkoordinaten

$$\boldsymbol{E} = \frac{q\, \boldsymbol{r}}{\gamma^2 r^3} \left(1 - \frac{v^2}{c^2}\, \sin^2\theta\right)^{-3/2}, \qquad \gamma = \frac{1}{\sqrt{1 - v^2/c^2}}$$

Mit dem Flächenelement $d\boldsymbol{A} = \boldsymbol{e}_r\, R^2\, d\cos\theta\, d\phi$ wird das Oberflächenintegral zu

$$\oint_{\text{Kugel}} d\boldsymbol{A} \cdot \boldsymbol{E} = \frac{2\pi\, q}{\gamma^2} \int_{-1}^{1} d\cos\theta \left(1 - \frac{v^2}{c^2}\, \sin^2\theta\right)^{-3/2} = \frac{4\pi\, q}{\gamma^2\left(1 - v^2/c^2\right)} = 4\pi\, q$$

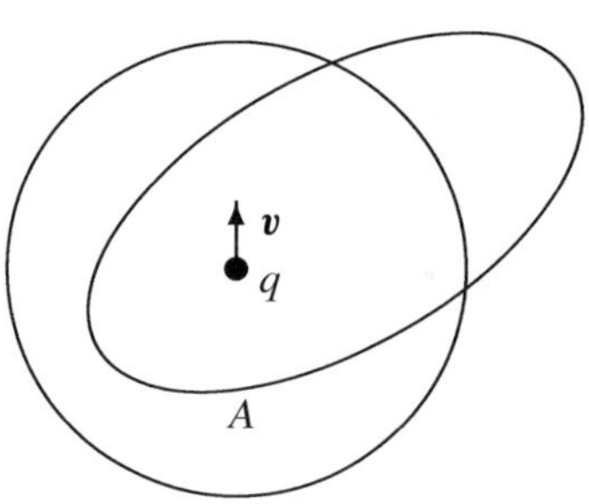

Wir betrachten nun eine beliebige Oberfläche A, zum Beispiel ein Ellipsoid wie in der Abbildung. Wegen

$$\oint_A d\boldsymbol{A} \cdot \boldsymbol{E} - \oint_{\text{Kugel}} d\boldsymbol{A} \cdot \boldsymbol{E} = \oint_{A'} d\boldsymbol{A} \cdot \boldsymbol{E} = 0$$

schließt die Differenzfläche A' *keine* Ladung ein. Nach dem Gaußschen Gesetz ist daher das Oberflächenintegral über A' null. Damit ist das Integral über eine beliebige Fläche gleich dem über die Kugeloberfläche. Das Gaußsche Gesetz folgt aus $\text{div}\, \boldsymbol{E} = 4\pi\, \varrho$ und gilt auch für zeitabhängige Ladungsverteilungen.

Alternativ kann man so vorgehen: Man berechnet zunächst die Divergenz des Felds

$$\operatorname{div}\boldsymbol{E} = \frac{4\pi q}{\gamma^2}\,\delta(\boldsymbol{r})\left(1-\frac{v^2}{c^2}\sin^2\theta\right)^{-3/2} = \frac{4\pi q}{\gamma^2}\,\frac{\delta(r)}{4\pi r^2}\left(1-\frac{v^2}{c^2}\sin^2\theta\right)^{-3/2}$$

Hierbei ergab $\operatorname{div}(\boldsymbol{r}/r^3) = 4\pi\,\delta(\boldsymbol{r})$. Der Differenzialoperator $\boldsymbol{r}\cdot\nabla \propto \partial/\partial r$ ergibt keinen Beitrag für die Klammer. Im letzten Schritt haben wir die δ-Funktion in Kugelkoordinaten ausgedrückt; dies muss vor einer Volumenintegration geschehen, da sonst der Winkelfaktor unbestimmt bleibt. Das Volumenintegral über die Divergenz ist nach dem Gaußschen Satz gleich dem gesuchten Oberflächenintegral:

$$\oint_A d\boldsymbol{A}\cdot\boldsymbol{E} = \int_V d^3r\,\operatorname{div}\boldsymbol{E} = \frac{2\pi q}{\gamma^2}\int_0^\infty dr\,r^2\,\frac{\delta(r)}{r^2}\int_{-1}^{1} d\cos\theta\left(1-\frac{v^2}{c^2}\sin^2\theta\right)^{-3/2} = 4\pi q$$

In dieser Ableitung wurde keine Einschränkung über die Form der Fläche A gemacht.

14.8 Elektromagnetische Massen der bewegten geladenen Kugel

Eine homogen geladene Kugel (Radius R, Ladung q) wird als Modell eines Teilchens betrachtet. Geben Sie die Energie W_{em} der elektromagnetischen Felder der ruhenden Kugel an. Durch $W_{\text{em}} = m_0\,c^2$ wird eine Ruhmasse m_0 definiert.

Die Kugel bewegt sich nun mit konstanter, nichtrelativistischer Geschwindigkeit $\boldsymbol{v}$. Berechnen Sie den Impuls $\boldsymbol{P}_{\text{em}}$ des elektromagnetischen Felds der bewegten Kugel (vernachlässigen Sie Terme der relativen Größe v^2/c^2). Durch $\boldsymbol{P}_{\text{em}} = \overline{m}\,\boldsymbol{v}$ wird eine andere Masse $\overline{m}$ definiert. Vergleichen Sie $\overline{m}$ mit m_0.

Lösung: Das elektrische Feld der homogen geladenen Kugel wurde in Aufgabe 11.3 angegeben. Damit wird die Energiedichte zu

$$w_{\text{em}}(\boldsymbol{r}) = \frac{\boldsymbol{E}^2}{8\pi} = \frac{q^2}{8\pi}\begin{cases} r^2/R^6 & (r\le R)\\ 1/r^4 & (r>R)\end{cases}$$

Die gesamte Feldenergie ist dann

$$\begin{aligned} W_{\text{em}} &= \int d^3r\; w_{\text{em}}(\boldsymbol{r}) = 4\pi\int_0^\infty dr\; r^2\, w_{\text{em}}(r)\\ &= \frac{q^2}{2}\left(\int_0^R dr\,\frac{r^4}{R^6} + \int_R^\infty dr\,\frac{1}{r^2}\right) = \frac{q^2}{2R}\left(\frac{1}{5}+1\right) = \frac{3}{5}\,\frac{q^2}{R} = m_0\,c^2\end{aligned}$$

Dies definiert die Ruhmasse $m_0 = 3q^2/(5Rc^2)$. Die Kugel bewegt sich nun mit der Geschwindigkeit $\boldsymbol{v}$. In den Feldern (14.15) vernachlässigen wir die Terme $\mathcal{O}(v^2/c^2)$ und erhalten damit die Impulsdichte

$$\boldsymbol{g}_{\text{em}}(\boldsymbol{r}) = \frac{1}{4\pi c}\,\boldsymbol{E}\times\boldsymbol{B} = \frac{1}{4\pi c^2}\,E(r)^2\,\boldsymbol{e}_r\times(\boldsymbol{v}\times\boldsymbol{e}_r)$$

Hieraus folgt der Gesamtimpuls

$$\begin{aligned} \boldsymbol{P}_{\text{em}} &= \int d^3r\;\boldsymbol{g}_{\text{em}}(\boldsymbol{r}) = \frac{1}{4\pi c^2}\int d^3r\; E(r)^2\left[\boldsymbol{v}-\boldsymbol{e}_r\,(\boldsymbol{e}_r\cdot\boldsymbol{v})\right]\\ &= \frac{4\,\boldsymbol{v}}{3\,c^2}\int d^3r\; w_{\text{em}}(r) = \frac{4}{3}\,m_0\,\boldsymbol{v} = \overline{m}\,\boldsymbol{v}\end{aligned}$$

Die so definierten Massen stimmen nicht überein:

$$\frac{\overline{m}}{m_0} = \frac{4}{3}$$

Eine Übereinstimmung kann man nur in einem konsistenten Modell erhalten, in dem sich die betrachtete Lösung als stabiles Gleichgewicht ergibt, also aus der Minimierung der Energie. Dazu fehlen im betrachteten Modell aber die nicht-elektromagnetischen Kräfte (Poincaré-Stress), die die Ladungsansammlung zusammenhalten. Für eine weiterführende Diskussion sei auf Feynmans Band II, Abschnitt 28.3, verwiesen.

14.9 Zur Aberration

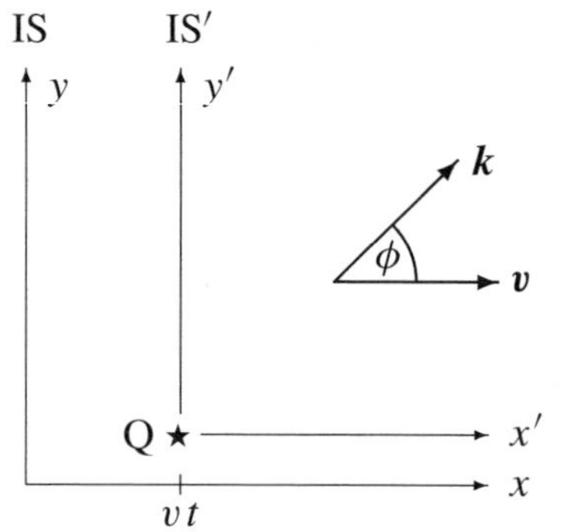

Eine im Inertialsystem IS′ ruhende Quelle sendet eine ebene Welle mit der Frequenz $\omega' = \omega_{\mathrm{RS}}$ und mit dem Wellenvektor

$$\boldsymbol{k}' = k' \cos\phi' \, \boldsymbol{e}_x + k' \sin\phi' \, \boldsymbol{e}_y$$

aus. Die Quelle und IS′ bewegen sich relativ zu einem Beobachter in IS mit der Geschwindigkeit $\boldsymbol{v} = v\, \boldsymbol{e}_x$. Unter welchem Winkel ϕ zur x-Achse sieht der Beobachter die Welle? Geben Sie die Beziehung zwischen ϕ und ϕ' an.

Lösung: Die Wellenvektoren in IS und IS′ sind durch die spezielle Lorentztransformation verknüpft:

$$\left(k'^{\alpha}\right) = \left(\gamma\,(k^0 - v\,k^1/c),\, \gamma\,(k^1 - v\,k^0/c), k^2, k^3\right)$$

mit $\gamma = 1/\sqrt{1 - v^2/c^2}$. Für die Komponenten $\alpha = 0$, 1 und 2 schreiben wir dies explizit an:

$$\omega_{\mathrm{RS}} = \gamma\,\omega \left(1 - \frac{v}{c}\cos\phi\right), \qquad k' \cos\phi' = \gamma\, k \left(\cos\phi - \frac{v}{c}\right), \qquad k' \sin\phi' = k \sin\phi$$

Die erste Gleichung beschreibt die Frequenzänderung aufgrund der Bewegung der Quelle (Dopplereffekt). Der Quotient aus der dritten und zweiten Gleichung ergibt

$$\frac{\sin\phi'}{\cos\phi'} = \frac{\sin\phi}{\gamma\,(\cos\phi - v/c)}$$

Dies kann nach dem Beobachtungswinkel ϕ aufgelöst werden:

$$\tan\phi = \frac{\sin\phi'}{\gamma\,(\cos\phi' + v/c)} \qquad \text{oder} \qquad \cos\phi = \frac{\cos\phi' + v/c}{1 + (v/c)\cos\phi'}$$

Bei transversaler Beobachtung, $\phi = \pi/2$, sendet die Quelle tatsächlich in einem Winkel $\cos\phi' = -v/c$ relativ zur x-Achse. Für $v/c \ll 1$ bedeutet das $\phi' \approx \pi/2 + v/c$, also eine kleine Abweichung von der Senkrechten. Der Unterschied zwischen ϕ und ϕ' wird Aberration genannt.

14.10 Retardierte Potenziale der gleichförmig bewegten Ladung

Bestimmen Sie die retardierten Potenziale $\Phi_{\rm ret}$ und $\boldsymbol{A}_{\rm ret}$ einer gleichförmig bewegten Punktladung. Geben Sie auch die elektromagnetischen Felder an.

Lösung: Die Ladungs- und Stromdichte der bewegten Ladung sind:

$$\varrho(\boldsymbol{r},t) = q\,\delta(\boldsymbol{r}-\boldsymbol{v}\,t) = q\,\delta(x-v\,t)\,\delta(y)\,\delta(z) \quad \text{und} \quad \boldsymbol{j}(\boldsymbol{r},t) = \boldsymbol{v}\,\varrho(\boldsymbol{r},t)$$

Dabei wurde ohne Einschränkung der Allgemeinheit $\boldsymbol{v} = v\,\boldsymbol{e}_x$ gewählt. Wir setzen die Ladungsdichte in das retardierte Potenzial (13.18) ein. Die y'- und z'-Integration können sofort ausgeführt werden:

$$\Phi_{\rm ret}(\boldsymbol{r},t) = q\int_{-\infty}^{\infty} dx'\,\delta\Big(x'-v\big(t-\frac{1}{c}\sqrt{r^2-2x\,x'+x'^2}\,\big)\Big)\,\frac{1}{\sqrt{r^2-2x\,x'+x'^2}}$$

Für die x-Integration verwenden wir (10.34),

$$\int_{-\infty}^{\infty} dx'\,\delta\big(f(x')\big)\,g(x') = \frac{g(x_0)}{|f'(x_0)|}$$

Dabei ist x_0 die Nullstelle aus $f(x_0)=0$, also $x_0 = v\,t-(v/c)\big[r^2-2x\,x_0+x_0^2\big]^{1/2}$. Wir lösen dies nach x_0 auf:

$$x_0 = x-\gamma^2(x-v\,t)+\frac{v}{c}\,\gamma\,\sqrt{\gamma^2(x-v\,t)^2+y^2+z^2}\,, \qquad \gamma = 1/\sqrt{1-(v^2/c^2)}$$

Damit erhalten wir

$$\begin{aligned}\Phi_{\rm ret}(\boldsymbol{r},t) &= \frac{q\,g(x_0)}{\big|f'(x_0)\big|} = \frac{q}{\big|\sqrt{(x-x_0)^2+y^2+z^2}-(v/c)\,(x-x_0)\big|}\\ &= \frac{q}{\big|c\,t-(v/c)\,x-c\,x_0/(v\,\gamma^2)\big|} = \frac{q\,\gamma}{\sqrt{\gamma^2(x-v\,t)^2+y^2+z^2}}\end{aligned}$$

Wegen $\boldsymbol{j}(\boldsymbol{r},t) = \boldsymbol{v}\,\varrho(\boldsymbol{r},t)$ ist das retardierte Vektorpotenzial

$$\boldsymbol{A}_{\rm ret}(\boldsymbol{r},t) = \frac{\boldsymbol{v}}{c}\,\Phi_{\rm ret}(\boldsymbol{r},t) = \frac{v}{c}\,\Phi_{\rm ret}(\boldsymbol{r},t)\,\boldsymbol{e}_x$$

Damit können die elektromagnetischen Felder durch Ableitungen des retardierten Potenzials $\Phi_{\rm ret}(\boldsymbol{r},t)$ ausgedrückt werden:

$$\begin{aligned}\boldsymbol{E}_{\rm ret}(\boldsymbol{r},t) &= -\nabla\Phi_{\rm ret}(\boldsymbol{r},t)-\frac{1}{c}\,\frac{\partial\boldsymbol{A}_{\rm ret}}{\partial t} := \left(\frac{1}{\gamma^2}\,\frac{\partial\Phi_{\rm ret}}{\partial x},\,\frac{\partial\Phi_{\rm ret}}{\partial y},\,\frac{\partial\Phi_{\rm ret}}{\partial z}\right)\\ \boldsymbol{B}_{\rm ret}(\boldsymbol{r},t) &= \operatorname{rot}\boldsymbol{A}_{\rm ret}(\boldsymbol{r},t) := \left(0,\,\frac{v}{c}\,\frac{\partial\Phi_{\rm ret}}{\partial z},\,-\frac{v}{c}\,\frac{\partial\Phi_{\rm ret}}{\partial y}\right)\end{aligned}$$

Explizit erhalten wir hieraus

$$\begin{aligned}\boldsymbol{E}_{\rm ret}(\boldsymbol{r},t) &:= \frac{q\,\gamma}{\big[\gamma^2(x-v\,t)^2+y^2+z^2\big]^{3/2}}\,\big(x-v\,t\,,\,y\,,\,z\big)\\ \boldsymbol{B}_{\rm ret}(\boldsymbol{r},t) &:= \frac{q\,(v/c)\,\gamma}{\big[\gamma^2(x-v\,t)^2+y^2+z^2\big]^{3/2}}\,\big(0\,,\,-z\,,\,y\big)\end{aligned}$$

14.11 Periodische Ladungsdichte

Für eine periodische Ladungsdichte gilt $\varrho(\boldsymbol{r}, t+T) = \varrho(\boldsymbol{r}, t)$. Schreiben Sie die Ladungsdichte in der Form $\varrho(\boldsymbol{r}, t) = \text{Re} \sum_n \varrho_n(\boldsymbol{r}) \exp(-\mathrm{i}\,\omega_n t)$, und geben Sie die Größen $\varrho_n(\boldsymbol{r})$ und ω_n an.

Lösung: Die periodische Ladungsdichte wird in eine Fourierreihe entwickelt:

$$\begin{aligned}
\varrho(\boldsymbol{r}, t) &= \frac{a_0(\boldsymbol{r})}{2} + \sum_{n=1}^{\infty} \left[a_n(\boldsymbol{r}) \cos\left(\frac{2\pi n}{T} t\right) + b_n(\boldsymbol{r}) \sin\left(\frac{2\pi n}{T} t\right) \right] \\
&= \frac{a_0(\boldsymbol{r})}{2} + \text{Re} \sum_{n=1}^{\infty} \left[\big(a_n(\boldsymbol{r}) + \mathrm{i}\, b_n(\boldsymbol{r})\big) \exp\left(-\mathrm{i}\,\frac{2\pi n}{T} t\right) \right] \\
&= \text{Re} \sum_{n=0}^{\infty} \varrho_n(\boldsymbol{r}) \exp(-\mathrm{i}\,\omega_n t)\,, \qquad\qquad \omega_n = \frac{2\pi n}{T}
\end{aligned}$$

Die $\varrho_n(\boldsymbol{r})$ ergeben sich als Fourierkoeffizienten:

$$\begin{aligned}
\varrho_0(\boldsymbol{r}) &= \frac{a_0(\boldsymbol{r})}{2} = \frac{1}{T} \int_0^T dt\ \varrho(\boldsymbol{r}, t) \\
\varrho_n(\boldsymbol{r}) &= a_n(\boldsymbol{r}) + \mathrm{i}\, b_n(\boldsymbol{r}) = \frac{2}{T} \int_0^T dt\ \varrho(\boldsymbol{r}, t) \exp(\mathrm{i}\,\omega_n t) \qquad (n \geq 1)
\end{aligned}$$

14.12 Geladenes Teilchen auf Kreisbahn

Ein Teilchen mit der Ladung q bewegt sich mit der Winkelgeschwindigkeit ω auf einem Kreis (Radius $R \ll c/\omega$) und erzeugt die Ladungsdichte

$$\varrho(\boldsymbol{r}, t) = q\, \delta\big(x - R\cos(\omega t + \alpha)\big)\, \delta\big(y - R\sin(\omega t + \alpha)\big)\, \delta(z) \tag{14.48}$$

Berechnen Sie das Dipolmoment $\boldsymbol{p}(t)$ dieser Ladungsverteilung und geben Sie die komplexe Amplitude $\boldsymbol{p}$ von $\boldsymbol{p}(t) = \text{Re}\big[\boldsymbol{p} \exp(-\mathrm{i}\,\omega t)\big]$ an. Berechnen Sie die Strahlungsleistung $dP/d\Omega$ und P.

Lösung: Laut Definition errechnet sich das Dipolmoment der Ladungsverteilung zu

$$\begin{aligned}
\boldsymbol{p}(t) &= \int d^3r\ \boldsymbol{r}\ \varrho(\boldsymbol{r}, t) = q\,R\big[\cos(\omega t + \alpha)\, \boldsymbol{e}_x + \sin(\omega t + \alpha)\, \boldsymbol{e}_y\big] \\
&= q\,R\ \text{Re}\Big[(\boldsymbol{e}_x + \mathrm{i}\,\boldsymbol{e}_y) \exp[-\mathrm{i}(\omega t + \alpha)]\Big] = \text{Re}\Big[\boldsymbol{p} \exp(-\mathrm{i}\,\omega t)\Big]
\end{aligned}$$

Hieraus können wir die komplexe Amplitude $\boldsymbol{p}$ ablesen:

$$\boldsymbol{p} = q\,R\,(\boldsymbol{e}_x + \mathrm{i}\,\boldsymbol{e}_y) \exp(-\mathrm{i}\,\alpha) \tag{14.49}$$

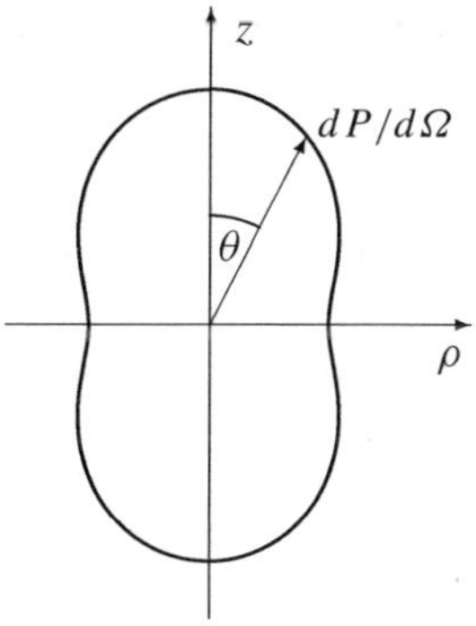

Die Kreisbahn liegt in der x-y- oder ρ-φ-Ebene. Die Anordnung ist symmetrisch bezüglich Rotationen um die z-Achse. Der Abstand zwischen dem Ursprung und der Kurve (Pfeil) ist proportional zur zeitgemittelten Strahlungsleistung $dP/d\Omega$,

$$\frac{dP}{d\Omega} = \frac{\omega^4}{8\pi c^3}\,\big|\boldsymbol{e}_r \times \boldsymbol{p}\big|^2 = \frac{\omega^4}{8\pi c^3}\, q^2 R^2 \big[2 - (\boldsymbol{e}_r\cdot\boldsymbol{e}_\rho)^2\big]$$

$$= \frac{\omega^4}{8\pi c^3}\, q^2 R^2 \big[2 - \sin^2\theta\big] \qquad (14.50)$$

Die Integration über den Raumwinkel ergibt

$$P = \frac{2\,\omega^4}{3\,c^3}\, q^2 R^2$$

Alternative Lösung: Aus den Liénard-Wiechert-Potenzialen erhält man für eine beschleunigte Ladung im nichtrelativistischen Grenzfall

$$\frac{dP}{d\Omega} = \frac{q^2}{4\pi c}\,\big[\dot{\boldsymbol{\beta}}^2 - (\boldsymbol{e}_r\cdot\dot{\boldsymbol{\beta}})^2\big]$$

Für ein Teilchen mit Winkelgeschwindigkeit ω auf einer Kreisbahn mit Radius R setzen wir die Beschleunigung $c\,\dot{\boldsymbol{\beta}} := -\omega^2 R\,\big(\cos(\omega t+\alpha), \sin(\omega t+\alpha), 0\big)$ ein:

$$\frac{dP}{d\Omega} = \frac{q^2}{4\pi c^3}\,\omega^4 R^2 \Big[1 - \sin^2\theta\,\cos^2(\omega t + \alpha - \phi)\Big]$$

Die Zeitmittelung, $\langle\cos^2(\omega t+\alpha-\phi)\rangle = 1/2$, führt dann wieder zu (14.50).

14.13 Mehrere geladene Teilchen auf Kreisbahn

Auf der Kreisbahn (Radius $R \ll c/\omega$) laufen N äquidistant verteilte Ladungen q um. Hierfür ist die Ladungsdichte

$$\varrho(\boldsymbol{r}, t) = q \sum_{\nu=0}^{N-1} \Big[\delta\big(x - R\cos(\omega t+\alpha_\nu)\big)\,\delta\big(y - R\sin(\omega t+\alpha_\nu)\big)\Big]\,\delta(z)$$

wobei $\alpha_\nu = 2\pi\nu/N$ ($\nu = 0, 1, \ldots N-1$ mit $N \geq 2$). Zeigen Sie, dass diese Konfiguration keine Dipolstrahlung aussendet. Verwenden Sie dazu die Ergebnisse von Aufgabe 14.12 und das Superpositionsprinzip.

Lösung: Eine Superposition der Felder ist gleichbedeutend mit einer Superposition der komplexen Dipolamplituden (14.49) der einzelnen Ladungen:

$$\boldsymbol{p}_N = \sum_{\nu=0}^{N-1} q\,R\,(\boldsymbol{e}_x + \mathrm{i}\,\boldsymbol{e}_y)\,\exp(-\mathrm{i}\,\alpha_\nu) = q\,R\,(\boldsymbol{e}_x + \mathrm{i}\,\boldsymbol{e}_y)\sum_{\nu=0}^{N-1}\big[\exp(-2\pi\mathrm{i}/N)\big]^\nu$$

$$= q\,R\,(\boldsymbol{e}_x + \mathrm{i}\,\boldsymbol{e}_y)\,\frac{1-\exp(-2\pi\,\mathrm{i})}{1-\exp(-2\pi\,\mathrm{i}/N)} = 0 \qquad (N \geq 2)$$

Der Ausdruck wurde als geometrische Reihe aufsummiert. Wegen $\boldsymbol{p}_N = 0$ sendet die Anordnung keine Dipolstrahlung aus. Voraussetzung für die verwendete Dipolformel waren dabei nichtrelativistische Geschwindigkeiten der Ladungen ($R\,\omega \ll c$).

Anmerkungen:

(i) Für $N = 2$ erhält man die um den Faktor $(R\,\omega/c)^2$ unterdrückte Quadrupolstrahlung, siehe auch Aufgabe 14.14.

(ii) Ein gleichförmiger Ringstrom ist stationär und erzeugt keine Strahlung.

(iii) In einem Synchrotron oder Speicherring ist die Bewegung relativistisch ($R\,\omega \sim c$), und die vorgestellte Rechnung ist ungültig. Im Synchrotron oder Speicherring laufen einzelne Teilchengruppen um, die relativ zueinander keine festen Phasenbeziehungen haben. Daher können die Felder der einzelnen Gruppen nicht addiert werden. Vielmehr strahlen die einzelnen Gruppen inkohärent zueinander, und ihre Beiträge zu $dP/d\Omega$ addieren sich.

14.14 Magnetische Dipol- und elektrische Quadrupolstrahlung

Betrachten Sie die Abstrahlung einer oszillierenden Ladungsverteilung $\varrho(\boldsymbol{r}, t) = \varrho(\boldsymbol{r})\,\exp(-\mathrm{i}\,\omega t)$, deren elektrisches Dipolmoment verschwindet. Berechnen Sie die führenden Beiträge zum Vektorpotenzial

$$\boldsymbol{A}(\boldsymbol{r}) = \frac{1}{c}\,\frac{\exp(\mathrm{i}\,k r)}{r}\int d^3r'\;\boldsymbol{j}(\boldsymbol{r}')\,\exp(-\mathrm{i}\,k\,\boldsymbol{e}_r\cdot\boldsymbol{r}')$$

in der Fernzone. Mit der Relation

$$\frac{1}{c}\,(\boldsymbol{e}_r\cdot\boldsymbol{r}')\,\boldsymbol{j}(\boldsymbol{r}') = \frac{1}{2c}\Big[(\boldsymbol{e}_r\cdot\boldsymbol{r}')\,\boldsymbol{j}(\boldsymbol{r}') + \big(\boldsymbol{e}_r\cdot\boldsymbol{j}(\boldsymbol{r}')\big)\,\boldsymbol{r}'\Big] + \frac{1}{2c}\big(\boldsymbol{r}'\times\boldsymbol{j}(\boldsymbol{r}')\big)\times\boldsymbol{e}_r \tag{14.51}$$

ergeben sich zwei Beiträge, $\boldsymbol{A}(\boldsymbol{r}) = \boldsymbol{A}_{\rm el}(\boldsymbol{r}) + \boldsymbol{A}_{\rm mag}(\boldsymbol{r})$. Überprüfen Sie die Beziehung

$$\frac{1}{2c}\int d^3r'\Big[(\boldsymbol{e}_r\cdot\boldsymbol{r}')\,\boldsymbol{j}(\boldsymbol{r}') + \big(\boldsymbol{e}_r\cdot\boldsymbol{j}(\boldsymbol{r}')\big)\,\boldsymbol{r}'\Big] = -\frac{\mathrm{i}\,k}{2}\int d^3r'\;\varrho(\boldsymbol{r}')\,(\boldsymbol{e}_r\cdot\boldsymbol{r}')\,\boldsymbol{r}' \tag{14.52}$$

und vereinfachen Sie damit den elektrischen Anteil. Berechnen Sie die elektromagnetischen Strahlungsfelder und die abgestrahlte Leistung.

Lösung: In der Langwellennäherung ist das Vektorpotenzial

$$\boldsymbol{A}(\boldsymbol{r}) = \frac{1}{c}\,\frac{\exp(\mathrm{i}\,k r)}{r}\int d^3r'\;\boldsymbol{j}(\boldsymbol{r}')\big[1 - \mathrm{i}\,k\,\boldsymbol{e}_r\cdot\boldsymbol{r}'\big] = -\frac{\mathrm{i}\,k}{c}\,\frac{\exp(\mathrm{i}\,k r)}{r}\int d^3r'\;(\boldsymbol{e}_r\cdot\boldsymbol{r}')\,\boldsymbol{j}(\boldsymbol{r}')$$

Der erste Term ist proportional zu $\int d^3r'\,\boldsymbol{j}(\boldsymbol{r}') = -\mathrm{i}\,\omega\int d^3r'\,\boldsymbol{r}'\,\varrho(\boldsymbol{r}') = -\mathrm{i}\,\omega\,\boldsymbol{p} = 0$ und verschwindet nach Voraussetzung. Mit der Zerlegung (14.51) und der Umformung (14.52) erhalten wir $\boldsymbol{A} = \boldsymbol{A}_{\rm mag} + \boldsymbol{A}_{\rm el}$ mit

$$\boldsymbol{A}_{\rm mag}(\boldsymbol{r}) = \frac{\mathrm{i}\,k}{2c}\,\frac{\exp(\mathrm{i}\,k r)}{r}\,\boldsymbol{e}_r\times\int d^3r'\,\big(\boldsymbol{r}'\times\boldsymbol{j}(\boldsymbol{r}')\big) = \mathrm{i}\,k\,\frac{\exp(\mathrm{i}\,k r)}{r}\,\boldsymbol{e}_r\times\boldsymbol{\mu} \tag{14.53}$$

$$\begin{aligned}\boldsymbol{A}_{\rm el}(\boldsymbol{r}) &= -\frac{\mathrm{i}\,k}{2c}\,\frac{\exp(\mathrm{i}\,k r)}{r}\int d^3r'\Big[(\boldsymbol{e}_r\cdot\boldsymbol{r}')\,\boldsymbol{j}(\boldsymbol{r}') + \big(\boldsymbol{e}_r\cdot\boldsymbol{j}(\boldsymbol{r}')\big)\,\boldsymbol{r}'\Big]\\ &= -\frac{k^2}{2}\,\frac{\exp(\mathrm{i}\,k r)}{r}\int d^3r'\;\varrho(\boldsymbol{r}')\,(\boldsymbol{e}_r\cdot\boldsymbol{r}')\,\boldsymbol{r}'\end{aligned} \tag{14.54}$$

Im Ausdruck für $\boldsymbol{A}_{\rm mag}$ haben wir das magnetische Dipolmoment $\boldsymbol{\mu}$ der oszillierenden Stromverteilung eingeführt. Im Ausdruck für $\boldsymbol{A}_{\rm el}$ haben wir die Umformung (14.52) verwendet, die wir an dieser Stelle ableiten:

$$
\begin{aligned}
-\frac{\mathrm{i}k}{2}\int d^3r'\,\varrho(\boldsymbol{r}',t)\,(\boldsymbol{e}_r\cdot\boldsymbol{r}')\,\boldsymbol{r}' &= \frac{1}{2c}\int d^3r'\,\frac{\partial\varrho(\boldsymbol{r}',t)}{\partial t}\,(\boldsymbol{e}_r\cdot\boldsymbol{r}')\,\boldsymbol{r}'\\
= -\frac{1}{2c}\int d^3r'\big[\nabla'\cdot\boldsymbol{j}(\boldsymbol{r}',t)\big](\boldsymbol{e}_r\cdot\boldsymbol{r}')\,\boldsymbol{r}' &= \frac{1}{2c}\int d^3r'\,\boldsymbol{j}(\boldsymbol{r}',t)\cdot\nabla'\big((\boldsymbol{e}_r\cdot\boldsymbol{r}')\,\boldsymbol{r}'\big)\\
= \frac{1}{2c}\int d^3r'\Big[(\boldsymbol{e}_r\cdot\boldsymbol{r}')\,\boldsymbol{j}(\boldsymbol{r}',t)+\big(\boldsymbol{e}_r\cdot\boldsymbol{j}(\boldsymbol{r}',t)\big)\,\boldsymbol{r}'\Big]
\end{aligned}
$$

Hierbei wurde (i) $\dot{\varrho}=-\mathrm{i}\,\omega\,\varrho$ benutzt, (ii) die Kontinuitätsgleichung verwendet, (iii) partiell integriert und (iv) der resultierende Ausdruck ausdifferenziert.

Als Ergebnis haben wir das Vektorpotenzial einer magnetischen Dipolstrahlung (14.53) und einer elektrischen Quadrupolstrahlung (14.54) erhalten. Die Fernfelder der magnetischen Dipolstrahlung sind

$$
\begin{aligned}
\boldsymbol{B}_{\rm mag}(\boldsymbol{r}) &= \mathrm{rot}\,\boldsymbol{A}_{\rm mag}(\boldsymbol{r}) = k^2\,\frac{\exp(\mathrm{i}kr)}{r}\,(\boldsymbol{e}_r\times\boldsymbol{\mu})\times\boldsymbol{e}_r\\
\boldsymbol{E}_{\rm mag}(\boldsymbol{r}) &= \frac{\mathrm{i}}{k}\,\mathrm{rot}\,\boldsymbol{B}_{\rm mag}(\boldsymbol{r}) = k^2\,\frac{\exp(\mathrm{i}kr)}{r}\,\boldsymbol{\mu}\times\boldsymbol{e}_r
\end{aligned}
$$

Dieses Ergebnis erhält man aus der elektrischen Dipolstrahlung durch die Ersetzungen $\boldsymbol{E}\to\boldsymbol{B}$, $\boldsymbol{B}\to-\boldsymbol{E}$ und $\boldsymbol{p}\to\boldsymbol{\mu}$. Während bei der elektrischen Dipolstrahlung das elektrische Feld in der von $\boldsymbol{e}_r$ und $\boldsymbol{p}$ aufgespannten Ebene liegt, steht bei der magnetischen Dipolstrahlung das elektrische Feld senkrecht auf der von $\boldsymbol{e}_r$ und $\boldsymbol{\mu}$ aufgespannten Ebene. Die Berechnung von $dP/d\Omega$ und P verläuft analog zum bekannten Vorgehen bei der elektrischen Dipolstrahlung:

$$
\frac{dP}{d\Omega}=\frac{\omega^4}{8\pi c^3}\,\big|\boldsymbol{e}_r\times\boldsymbol{\mu}\big|^2,\qquad P=\frac{\omega^4}{3c^3}\,|\boldsymbol{\mu}|^2\qquad\text{(magnetische Dipolstrahlung)}
$$

Die Fernfelder der elektrischen Quadrupolstrahlung sind

$$
\begin{aligned}
\boldsymbol{B}_{\rm el}(\boldsymbol{r}) &= \mathrm{i}k\,\boldsymbol{e}_r\times\boldsymbol{A}_{\rm el}(\boldsymbol{r}) = -\,\frac{\mathrm{i}k^3}{6}\,\frac{\exp(\mathrm{i}kr)}{r}\,\boldsymbol{e}_r\times\boldsymbol{Q}(\theta,\phi)\\
\boldsymbol{E}_{\rm el}(\boldsymbol{r}) &= \mathrm{i}k\big(\boldsymbol{e}_r\times\boldsymbol{A}_{\rm el}(\boldsymbol{r})\big)\times\boldsymbol{e}_r = \boldsymbol{B}_{\rm el}(\boldsymbol{r})\times\boldsymbol{e}_r
\end{aligned}
$$

Der hierbei eingeführte, winkelabhängige Vektor $\boldsymbol{Q}(\theta,\phi)$ kann durch die Komponenten $Q_{ij}=\int d^3r'\,\varrho(\boldsymbol{r}')\,(3x_i'x_j'-r'^2\delta_{ij})$ des Quadrupoltensors ausgedrückt werden:

$$
Q_i(\theta,\phi)=3\int d^3r'\,\varrho(\boldsymbol{r}')\,x_i'\,\big(\boldsymbol{r}'\cdot\boldsymbol{e}_r(\theta,\phi)\big)=\sum_{j=1}^{3}\big(Q_{ij}+\langle r^2\rangle\,\delta_{ij}\big)\big(\boldsymbol{e}_r(\theta,\phi)\big)_j
$$

Der Anteil proportional zum mittleren quadratischen Radius $\langle r^2\rangle=\int d^3r'\,\varrho(\boldsymbol{r}')\,r'^2$ trägt wegen des Kroneckersymbols nicht zu den Feldern bei. Es ergibt sich eine im Allgemeinen komplizierte Winkelabhängigkeit der abgestrahlten Leistung:

$$
\frac{dP}{d\Omega}=\frac{c\,r^2}{8\pi}\,\boldsymbol{e}_r\cdot\Big[\mathrm{Re}\big(\boldsymbol{E}_{\rm el}(\boldsymbol{r})\times\boldsymbol{B}^*_{\rm el}(\boldsymbol{r})\big)\Big]=\frac{c\,r^2}{8\pi}\,|\boldsymbol{B}_{\rm el}(\boldsymbol{r})|^2=\frac{\omega^6}{288\,\pi\,c^5}\,\big|\boldsymbol{e}_r\times\boldsymbol{Q}(\theta,\phi)\big|^2
$$

Die totale abgestrahlte Leistung erhält man durch Integration über den Raumwinkel (dabei ist die Spurfreiheit $\sum_i Q_{ii} = 0$ des Quadrupoltensors zu berücksichtigen):

$$P = \frac{\omega^6}{288\,\pi\,c^5} \int d\Omega\; \big|\boldsymbol{e}_r \times \boldsymbol{Q}(\theta,\phi)\big|^2 = \frac{\omega^6}{360\,c^5} \sum_{i,j=1}^{3} \big|Q_{ij}\big|^2 \qquad \text{(Quadrupolstrahlung)}$$

Die Quadrupolstrahlung ist proportional zu ω^6; gegenüber der elektrischen Dipolstrahlung ist sie also um den Faktor $(\omega R_0/c)^2$ unterdrückt (R_0 charakterisiert die Ausdehnung der Ladungsverteilung).

Für rotationssymmetrische Probleme kann das Koordinatensystem so gewählt werden, dass nur die Elemente $Q_{11} = Q_{22} = -Q_{33}/2$ des Quadrupoltensors nicht verschwinden (Aufgabe 11.36). Die Formeln für die abgestrahlte Leistung vereinfachen sich dann erheblich:

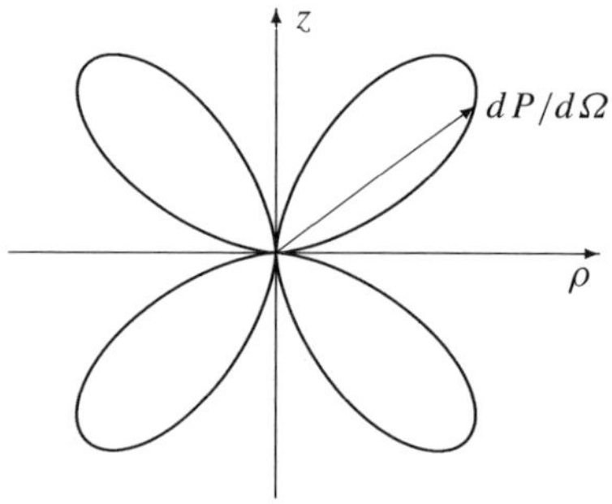

$$\frac{dP}{d\Omega} = \frac{\omega^6}{128\,\pi\,c^5}\,\big|Q_{33}\big|^2\,\sin^2\theta\,\cos^2\theta \qquad (14.55)$$

Die Abbildung zeigt die Stärke der Abstrahlung. Der Abstand zwischen dem Ursprung und der Kurve (also die Länge des eingezeichneten Pfeils) gibt die zeitgemittelte Strahlungsleistung $dP/d\Omega$ an. Zwischen Pfeil und ρ-Achse liegt der Winkel θ. Die räumliche Darstellung der Abstrahlung ergibt sich durch Rotation um die z-Achse.

Die gesamte abgestrahlte Leistung ist

$$P = \int d\Omega\, \frac{dP}{d\Omega} = \frac{\omega^6}{240\,c^5}\,\big|Q_{33}\big|^2 \qquad (14.56)$$

14.15 Antenne mit angelegter Wechselspannung

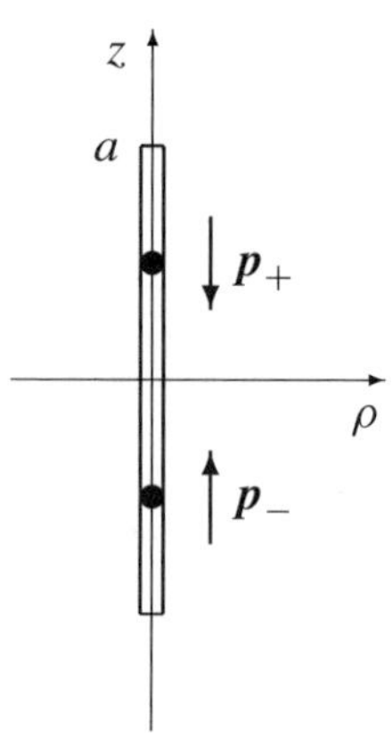

In cinem Draht der Länge $2a$ wird durch eine Wechselspannung die oszillierende Ladungsverteilung

$$\varrho(\boldsymbol{r},t) = \varrho(\boldsymbol{r})\exp(-\mathrm{i}\,\omega t)$$
$$\varrho(\boldsymbol{r}) = \frac{q}{2a}\,\delta(x)\,\delta(y)\,\cos(\pi z/a)\,\Theta\big(a-|z|\big)$$

erzeugt. Es gilt $a \ll c/\omega$.

Wie groß ist das Dipolmoment der Ladungsverteilung? Ersetzen Sie die Ladungsverteilung durch zwei Dipole und überlagern Sie die beiden Dipolstrahlungsfelder für $r \gg \lambda$. Bestimmen Sie $\boldsymbol{E}$, $\boldsymbol{B}$ und die abgestrahlte Leistung $dP/d\Omega$ und P.

Lösung: Das Dipolmoment der gesamten Ladungsverteilung verschwindet:

$$\boldsymbol{p} = \int d^3r \, \boldsymbol{r} \, \varrho(\boldsymbol{r}, t) = \frac{q}{2a} \int_{-a}^{a} dz \, z \, \cos(\pi z/a) \, \boldsymbol{e}_z = 0$$

Wir teilen die Ladungsdichte in die Bereiche $z > 0$ und $z < 0$, die wir getrennt behandeln. Der obere Bereich hat das Dipolmoment

$$\boldsymbol{p}_+ = \frac{q}{2a} \int_0^a dz \, z \, \cos(\pi z/a) \, \boldsymbol{e}_z = -\frac{q a}{\pi^2} \, \boldsymbol{e}_z$$

und der untere das Dipolmoment $\boldsymbol{p}_- = -\boldsymbol{p}_+$. Beide Dipolmomente sind (als niedrigste nichtverschwindende Multipolmomente) unabhängig vom Ursprung des gewählten Koordinatensystems. An welchen Punkten sind diese Dipolmomente dann zu platzieren?

Die Ladungsverteilung ist auf die z-Achse beschränkt. Daher werden wir den Aufpunkt oder Ursprung des Koordinatensystems einer Teilladungsdichte auf der z-Achse wählen, also bei $\boldsymbol{r}_\pm = \pm z_0 \, \boldsymbol{e}_z$. Wir wählen z_0 nun so, dass die Ladungsverteilung kein Quadrupolmoment hat. Für den oberen Teil bedeutet das

$$Q_{33} = \frac{q}{a} \int_0^a dz \, (z - z_0)^2 \cos(\pi z/a) \stackrel{!}{=} 0 \qquad \Longrightarrow \qquad z_0 = \frac{a}{2}$$

Die Überlagerung der beiden Dipole führt zu einem Quadrupol. Würden wir $z_0 \neq a/2$ wählen, dann wären auch die Quadrupole der beiden Verteilungen zu berücksichtigen. Dann wäre es viel einfacher, von vornherein die Strahlung mit der Quadrupolformel zu berechnen (siehe alternative Lösung unten).

Die Ladungsverteilung kann also effektiv durch zwei Dipole $\boldsymbol{p}_\pm$ bei $\boldsymbol{r}_\pm = \pm(a/2) \, \boldsymbol{e}_z$ ersetzt werden:

$$\varrho(\boldsymbol{r}) = \boldsymbol{p}_+ \, \delta(\boldsymbol{r} - a \, \boldsymbol{e}_z/2) + \boldsymbol{p}_- \, \delta(\boldsymbol{r} + a \, \boldsymbol{e}_z/2)$$

Die elektromagnetischen Felder ergeben sich durch Superposition der Beiträge der beiden Dipole

$$\begin{aligned}
\boldsymbol{B}(\boldsymbol{r}) &= k^2 \left[\boldsymbol{e}_r \times \boldsymbol{p}_+ \frac{\exp(-\mathrm{i}\, k |\boldsymbol{r} - a \, \boldsymbol{e}_z/2|)}{r} + \boldsymbol{e}_r \times \boldsymbol{p}_- \frac{\exp(-\mathrm{i}\, k |\boldsymbol{r} + a \, \boldsymbol{e}_z/2|)}{r} \right] \\
&\approx -\frac{q a k^2}{\pi^2} \boldsymbol{e}_r \times \boldsymbol{e}_z \, \frac{\exp(-\mathrm{i}\, k r)}{r} \left[\exp(\mathrm{i}\, k a \cos\theta/2) - \exp(-\mathrm{i}\, k a \cos\theta/2) \right] \\
&\approx -\mathrm{i} \, \frac{q a^2 k^3}{\pi^2} \frac{\exp(-\mathrm{i}\, k r)}{r} \cos\theta \; \boldsymbol{e}_r \times \boldsymbol{e}_z \\
\boldsymbol{E}(\boldsymbol{r}) &\approx \boldsymbol{B}(\boldsymbol{r}) \times \boldsymbol{e}_r
\end{aligned}$$

In der Fernzone $r \gg a$ wurde $|\boldsymbol{r} \mp a \boldsymbol{e}_z/2| \approx r \mp (a/2) \cos\theta$ entwickelt und die Langwellennäherung $k a \ll 1$ ausgenutzt. Damit wird die in den Raumwinkel $d\Omega$ abgestrahlte Leistung

$$\frac{dP}{d\Omega} = \frac{c r^2}{8\pi} \, \boldsymbol{e}_r \cdot \mathrm{Re}\big(\boldsymbol{E}(\boldsymbol{r}) \times \boldsymbol{B}^*(\boldsymbol{r})\big) = \frac{c r^2}{8\pi} \, \big|\boldsymbol{B}(\boldsymbol{r})\big|^2 = \frac{\omega^6}{8\pi c^5} \frac{q^2 a^4}{\pi^4} \sin^2\theta \, \cos^2\theta$$

Es handelt sich um Quadrupolstrahlung. Die Winkelverteilung ist in der Lösung zu Aufgabe 14.14 abgebildet. Die totale abgestrahlte Leistung ist

$$P = \frac{\omega^6}{4 c^5} \frac{q^2 a^4}{\pi^4} \int_{-1}^{1} d\cos\theta \, \sin^2\theta \, \cos^2\theta = \frac{\omega^6 q^2 a^4}{15 \, \pi^4 c^5}$$

Alternative Lösung: Das Problem ist rotationssymmetrisch um die z-Achse. Der Quadrupoltensor ist diagonal und hat die Elemente $Q_{11} = Q_{22} = -Q_{33}/2$. Daher ist

$$Q_{33} = \int d^3r\,(2z^2 - x^2 - y^2)\,\varrho(\boldsymbol{r}) = \frac{q}{a}\int_{-a}^{a} dz\, z^2 \cos(\pi z/a) = -\frac{4qa^2}{\pi^2}$$

in die Formeln (14.55) und (14.56) für Quadrupolstrahlung einzusetzen.

14.16 Antennengitter

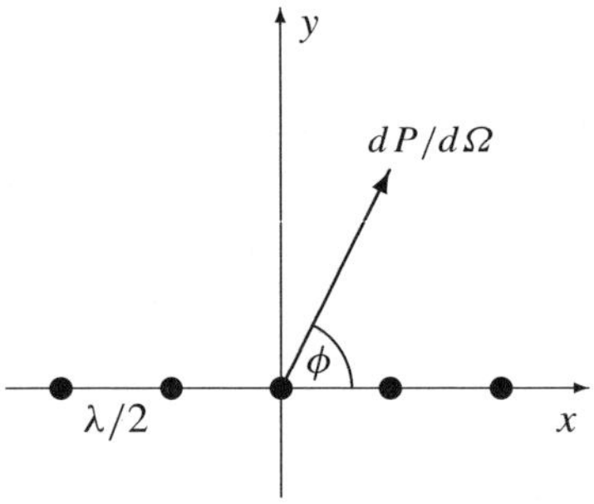

Entlang der x-Achse sind $(2N+1)$ Antennen jeweils im Abstand $\lambda/2$ angeordnet. Sie strahlen als in z-Richtung ausgerichtete Dipole phasengleich mit der Frequenz $\omega = 2\pi/\lambda$. Berechnen Sie die abgestrahlte Leistung $dP/d\Omega$ für große Entfernungen $|\boldsymbol{r}| \gg \lambda$ als Funktion der Winkel θ und ϕ. Vergleichen Sie die Leistung $dP/d\Omega$ mit derjenigen von $(2N+1)$ Antennen im Ursprung.

Lösung: Die Ortsanteile der Magnetfelder der $(2N+1)$ Dipole in der Fernzone $r \gg \lambda$ werden superponiert

$$\begin{aligned}
\boldsymbol{B} &\approx k^2\, \boldsymbol{e}_r \times \boldsymbol{p} \sum_{n=-N}^{N} \frac{\exp(\mathrm{i}k|\boldsymbol{r} - n\lambda \boldsymbol{e}_x/2|)}{|\boldsymbol{r} - n\lambda\boldsymbol{e}_x/2|} \approx \boldsymbol{B}_1 \sum_{n=-N}^{N} \exp(-\mathrm{i}\,n\pi\,\sin\theta\cos\phi) \\
&= \boldsymbol{B}_1 \left[1 + \sum_{n=1}^{N}\big(\exp(\mathrm{i}\,\pi\,\sin\theta\cos\phi)\big)^n + \sum_{n=1}^{N}\big(\exp(-\mathrm{i}\,\pi\,\sin\theta\cos\phi)\big)^n\right] \\
&= \boldsymbol{B}_1 \left[\frac{1-\exp\big(\mathrm{i}\,(N+1)\,\pi\,\sin\theta\cos\phi\big)}{1-\exp\big(\mathrm{i}\,\pi\,\sin\theta\cos\phi\big)} + \frac{1-\exp\big(-\mathrm{i}\,(N+1)\,\pi\,\sin\theta\cos\phi\big)}{1-\exp\big(-\mathrm{i}\,\pi\,\sin\theta\cos\phi\big)} - 1\right] \\
&= \boldsymbol{B}_1\, \frac{\cos\big(N\pi\,\sin\theta\cos\phi\big) - \cos\big((N+1)\,\pi\,\sin\theta\cos\phi\big)}{1-\cos\big(\pi\,\sin\theta\cos\phi\big)} \\
&= \boldsymbol{B}_1\, \frac{\sin\big[(2N+1)\,(\pi/2)\,\sin\theta\cos\phi\big]}{\sin\big[(\pi/2)\,\sin\theta\cos\phi\big]}
\end{aligned}$$

Dabei ist $\boldsymbol{B}_1 = k^2\,\boldsymbol{e}_r \times \boldsymbol{p}\,\exp(\mathrm{i}kr)/r$ das Magnetfeld eines einzelnen Dipols. Die beiden geometrischen Reihen wurden aufsummiert und zusammengefasst. Mit dem elektrischen Feld $\boldsymbol{E} = (\mathrm{i}/k)\,\mathrm{rot}\,\boldsymbol{B} \approx -k^2\,\boldsymbol{e}_r \times \boldsymbol{B}$ wird die abgestrahlte Leistung der $(2N+1)$ ausgerichteten Antennen in der Fernzone zu

$$\frac{dP}{d\Omega} = \left(\frac{dP}{d\Omega}\right)_1 \left[\frac{\sin\big((2N+1)\,(\pi/2)\,\sin\theta\cos\phi\big)}{\sin\big((\pi/2)\,\sin\theta\cos\phi\big)}\right]^2, \qquad \left(\frac{dP}{d\Omega}\right)_1 = \frac{\omega^4}{8\pi c^3}\,|\boldsymbol{p}|^2 \sin^2\theta$$

Im Vergleich zu $(2N+1)$ Antennen im Ursprung ergibt sich also der Faktor

$$\frac{dP/d\Omega}{(2N+1)\big(dP/d\Omega\big)_1} = \frac{\sin^2\big[(2N+1)(\pi/2)\,\sin\theta\,\cos\phi\big]}{(2N+1)\,\sin^2\big[(\pi/2)\,\sin\theta\,\cos\phi\big]}$$

Die maximale Abstrahlung des Antennengitters erfolgt in y-Richtung ($\theta = \pi/2$ und $\phi = \pi/2$) und ist $(2N+1)$-fach verstärkt; dagegen ist die Abstrahlung in x-Richtung $(2N+1)$-fach unterdrückt.

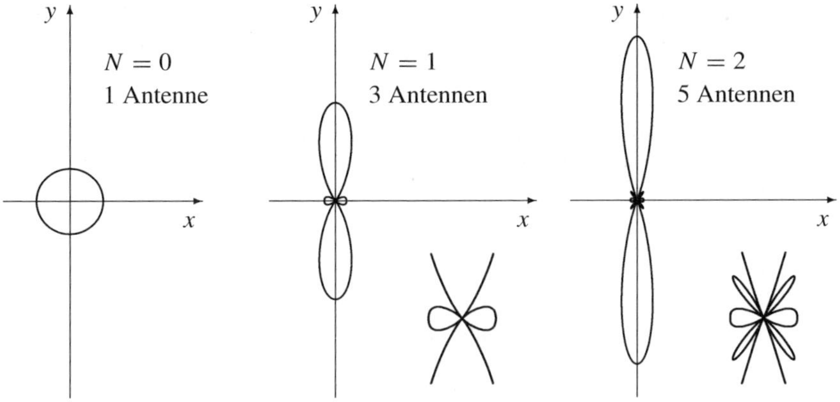

Die Abbildung zeigt den Verstärkungsfaktor des Antennengitters in der x-y-Ebene für eine, drei und fünf Antennen. Dieser Faktor ist der Abstand zwischen dem Ursprung und dem Punkt auf der Kurve, auf den man in der betrachteten Richtung trifft. Im rechten unteren Teil sind jeweils die Kurven im Bereich des Zentrums um den Faktor $(2N+1)$ vergrößert wiedergegeben.

14.17 Bewegungsgleichung mit Strahlungskraft

Zeigen Sie, dass die Bewegungsgleichung $m\,\dot{\boldsymbol{v}} = \boldsymbol{F}_{\text{ext}} + \boldsymbol{F}_{\text{str}}$ mit der Strahlungskraft $\boldsymbol{F}_{\text{str}} = 2q^2\,\ddot{\boldsymbol{v}}/(3c^3)$ bei verschwindender äußerer Kraft $\boldsymbol{F}_{\text{ext}}$ zu unsinnigen Lösungen führt.

Lösung: Wir schreiben die Strahlungskraft in der Form

$$\boldsymbol{F}_{\text{str}} = m\,\tau_{\text{str}}\,\ddot{\boldsymbol{v}} \quad \text{mit} \quad \tau_{\text{str}} = \frac{2q^2}{3mc^3}$$

Für $\boldsymbol{F}_{\text{ext}} = 0$ lautet die Bewegungsgleichung

$$\frac{d\boldsymbol{v}}{dt} = \tau_{\text{str}}\,\frac{d^2\boldsymbol{v}}{dt^2}$$

Die allgemeine Lösung dieser Differenzialgleichung ist

$$v(t) = v_0\,\exp\big(t/\tau_{\text{str}}\big) + \text{const.}$$

Diese Lösung ist physikalisch unsinnig; denn sie beschreibt ein Teilchen, das ohne jedes äußere Kraftfeld beschleunigt wird. Bei der Ableitung der Strahlungskraft wurde aber $|\boldsymbol{F}_{\text{str}}| \ll |\boldsymbol{F}_{\text{ext}}|$ vorausgesetzt. Wegen $\boldsymbol{F}_{\text{ext}} = 0$ ist diese Bedingung hier verletzt.

14.18 Klassisches Wasserstoffatom

Ein Elektron bewegt sich klassisch auf einer Kreisbahn mit Radius r um ein Proton; es wirkt die Coulombkraft $\boldsymbol{F} = -\boldsymbol{e}_r\, e^2/r^2$. Drücken Sie die Energie E und den Drehimpuls L als Funktion des Bahnradius r aus. Berechnen Sie die abgestrahlte Leistung P.
Die abgestrahlte Leistung führt zu einer Abnahme des Bahnradius $r(t)$. Stellen Sie eine Differenzialgleichung für $r(t)$ auf und integrieren Sie diese mit der Anfangsbedingung $r(0) = a_{\rm B}$ (Bohrscher Radius). Schätzen Sie die Spiralzeit τ ab, nach der das Elektron auf das Proton fällt. Diskutieren Sie den zeitlichen Verlauf der Energie $E(t)$ und des Drehimpulses $L(t)$.

Lösung: Auf der Kreisbahn müssen die Zentripedal- und Coulombkraft gleich sein, also $m v^2/r = e^2/r^2$. Damit können wir die Energie und den Drehimpuls als Funktion des Bahnradius angeben:

$$E = \frac{m}{2}\, v^2 - \frac{e^2}{r} = -\frac{e^2}{2r}, \qquad L = m\, v\, r = e\,\sqrt{m\, r}$$

Mit $m\,\dot{\boldsymbol{v}} = -\boldsymbol{e}_r\, e^2/r^2$ wird die abgestrahlte Leistung (14.28) zu

$$P = \frac{2\,e^2}{3\,c^3}\,\dot{\boldsymbol{v}}^2 = \frac{2\,e^6}{3\,m^2\,c^3\,r^4} \qquad (v \ll c)$$

Dabei haben wir die Voraussetzung $v \ll c$ für die verwendete Dipolformel mit angeschrieben. Die Änderung der Energie E mit dem Radius r ergibt sich aus

$$\frac{dE}{dt} = \frac{d}{dt}\Big(-\frac{e^2}{2\,r}\Big) = \frac{e^2}{2\,r^2}\,\frac{dr}{dt}$$

Wenn wir nun die Energieänderung aufgrund der Abstrahlung betrachten, $P = -dE/dt$, dann ergeben die letzten beiden Gleichungen

$$r^2\,\frac{dr}{dt} = -\frac{4\,e^4}{3\,m^2\,c^3}$$

Dies ist die gesuchte Differenzialgleichung für den Radius $r(t)$. Mit der Anfangsbedingung $r(0) = a_{\rm B} = \hbar^2/(m\,e^2)$ lautet die Lösung

$$r(t) = \Big(a_{\rm B}^3 - \frac{4\,e^4}{m^2\,c^3}\,t\Big)^{1/3} \tag{14.57}$$

Die Ableitung setzte eine Kreisbahn voraus. Die daraus folgende Rechnung ist daher nur dann gültig, wenn die tatsächliche Bahn sich nur wenig von einer Kreisbahn unterscheidet. Der Bahnradius darf sich also nur langsam ändern, $|\dot{r}\,| \ll v = e/\sqrt{m\,r}$. Dies führt zu $e^2/r \ll m\,c^2$, was für ein Atom mit $r \sim a_{\rm B}$ sehr gut erfüllt ist. Für $r \to 0$ ist die Voraussetzung nicht erfüllt; für eine grobe Abschätzung können wir aber (14.57) auch hier verwenden. Aus (14.57) folgt die Zeit τ, für die der Radius nach null geht ($\alpha = e^2/(\hbar c) \approx 1/137$):

$$\tau = t(r=0) = \frac{m^2\,c^3\,a_{\rm B}^3}{4\,e^4} \approx \frac{\hbar}{4\,\alpha^3\,e^2/a_{\rm B}} \approx 10^{-11}\,\text{s}$$

Das Elektron läuft auf einer spiralförmigen Bahn nach innen und fällt schließlich auf das Proton. Damit charakterisiert τ die Lebensdauer eines klassischen Atoms. Diese klassische Lebensdauer ist etwa um drei Größenordnungen kleiner als die typischen Lebensdauern (etwa 10^{-8} s) angeregter Atomzustände, die durch Abgabe eines Photons in ein tieferes Niveau übergehen.

Aus (14.57) erhalten wir auch den zeitlichen Verlauf von Energie und Drehimpuls:

$$E(t) = -\frac{e^2}{2}\left(a_B^3 - \frac{4\,e^4\,t}{m^2\,c^3}\right)^{-1/3}, \qquad L(t) = e\,\sqrt{m}\left(a_B^3 - \frac{4\,e^4\,t}{m^2\,c^3}\right)^{1/6}$$

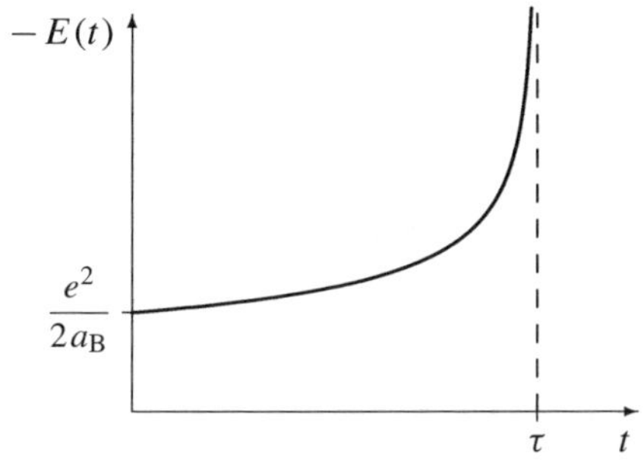

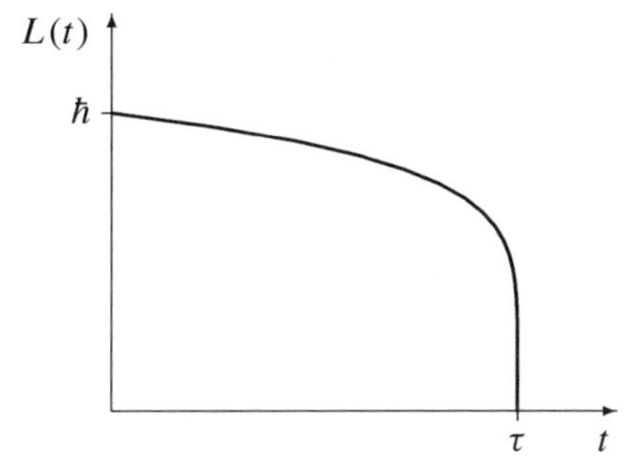

Für $t \to \tau$ erreicht das Elektron das Proton bei $r = 0$. Dabei geht die Energie gegen minus unendlich, während der Drehimpuls gegen null geht.

Alternative Lösung: Wir verwenden die Strahlungskraft in der Bewegungsgleichung des Elektrons:

$$m\,\ddot{\boldsymbol{r}} = \boldsymbol{F}_{\text{ext}} + \boldsymbol{F}_{\text{str}} = -\frac{e^2}{r^3}\,\boldsymbol{r} + \frac{2\,e^2}{3\,c^3}\,\ddot{\boldsymbol{v}}$$

Unter der Voraussetzung $|\boldsymbol{F}_{\text{str}}| \ll |\boldsymbol{F}_{\text{ext}}|$ kann die ungestörte Kreisbewegung in die Strahlungskraft eingesetzt werden, $\boldsymbol{F}_{\text{str}} = -2e^2/(3\,c^3)\,r\,\omega^3\,\boldsymbol{e}_\phi$. Für die ebene Bewegung verwenden wir die Kugelkoordinaten r, $\theta = \pi/2$ und ϕ. Die Beschleunigung ist gleich der Kraft (geteilt durch die Masse):

$$\left(\ddot{r} - r\dot{\phi}^2\right)\boldsymbol{e}_r + \left(2\,\dot{r}\,\dot{\phi} + r\,\ddot{\phi}\right)\boldsymbol{e}_\phi = -\frac{e^2}{m\,r^2}\,\boldsymbol{e}_r - \frac{2e^2}{3m\,c^3}\,r\,\omega^3\,\boldsymbol{e}_\phi$$

Die linke Seite (Beschleunigung) kann der letzten Formel in Aufgabe 1.1 entnommen werden (wobei $\theta = \pi/2$ zu setzen ist). Die Bewegungsgleichung ergibt

$$\ddot{r} - r\,\dot{\phi}^2 + \frac{e^2}{m\,r^2} = 0\,, \qquad 2\,\dot{r}\,\dot{\phi} + r\,\ddot{\phi} = -\frac{2\,e^2}{3\,m\,c^3}\,r\,\omega^3$$

Wegen $|\boldsymbol{F}_{\text{str}}| \ll |\boldsymbol{F}_{\text{ext}}|$ ist $\dot{r} \ll r\,\omega$ und $\ddot{r} \lll r\,\omega^2$. Wir nehmen nur den führenden Korrekturterm (also $\dot{r}$) mit und vernachlässigen $\ddot{r}$. Dann folgen aus der ersten Gleichung $\dot{\phi}^2 = e^2/(m\,r^3) = \omega^2$ und $\ddot{\phi} = -3\,\omega\,\dot{r}/(2r)$. Dies wird in die zweite Gleichung eingesetzt und führt zur gesuchten Differenzialgleichung.

14.19 Strukturfunktion für kubisches Gitter

Der Formfaktor $F(\boldsymbol{q})$ eines kubischen Gitters aus $N = N_x\, N_y\, N_z$ Streuzentren ist

$$F(\boldsymbol{q}) = \sum_{j=1}^{N} \exp(\mathrm{i}\,\boldsymbol{q}\cdot\boldsymbol{r}_j) \qquad \text{mit} \qquad \boldsymbol{r}_j = a\big(n_x\,\boldsymbol{e}_x + n_y\,\boldsymbol{e}_y + n_z\,\boldsymbol{e}_z\big)$$

wobei $j = (n_x, n_y, n_z)$ und $n_x = 0, 1,\ldots, N_x - 1$ und so fort.

Berechnen Sie die Strukturfunktion $|F(\boldsymbol{q})|^2$. Bestimmen Sie die Richtungen der Intensitätsmaxima des Wirkungsquerschnitts $d\sigma/d\Omega \propto |F(\boldsymbol{q})|^2$ für $N \gg 1$.

Lösung: Wir setzen die gegebenen Positionen der Streuzentren in die Definition des Formfaktors ein:

$$F(\boldsymbol{q}) = \sum_{n_x=0}^{N_x-1} \exp(\mathrm{i}\,n_x a q_x) \sum_{n_y=0}^{N_y-1} \exp(\mathrm{i}\,n_y a q_y) \sum_{n_z=0}^{N_z-1} \exp(\mathrm{i}\,n_z a q_z)$$

Die einzelnen Summen werden getrennt aufsummiert, zum Beispiel

$$\sum_{n_x=0}^{N_x-1} \exp(\mathrm{i}\,n_x a q_x) = \frac{1-\exp(\mathrm{i}\,N_x a q_x)}{1-\exp(\mathrm{i}\,a q_x)} = \frac{\sin\big(N_x a q_x/2\big)}{\sin\big(a q_x/2\big)}\,\exp\big[\mathrm{i}\,(N_x-1)\,a\,q_x/2\big]$$

Die Phasen fallen in der Strukturfunktion weg

$$\big|F(\boldsymbol{q})\big|^2 = N^2 \left[\frac{\sin\big(N_x a q_x/2\big)}{N_x\,\sin\big(a q_x/2\big)}\right]^2 \left[\frac{\sin\big(N_y a q_y/2\big)}{N_y\,\sin\big(a q_y/2\big)}\right]^2 \left[\frac{\sin\big(N_z a q_z/2\big)}{N_z\,\sin\big(a q_z/2\big)}\right]^2$$

Die Minima und Maxima der einzelnen Faktoren werden in Aufgabe 16.1 ausführlich diskutiert. Im Grenzfall $N \to \infty$ überleben nur die Hauptmaxima, für die die Bragg-Bedingungen

$$q_x a = 2\pi\,\nu_x\,, \qquad q_y a = 2\pi\,\nu_y\,, \qquad q_z a = 2\pi\,\nu_z$$

mit ganzen Zahlen ν_x, ν_y und ν_z erfüllt sind (Laue- oder Miller-Indizes). Der Vektor $\boldsymbol{q}$ ist die Differenz zwischen einfallendem ($\boldsymbol{k}$) und ausfallenden ($k\,\boldsymbol{e}_r$) Wellenvektor:

$$\boldsymbol{q} = \boldsymbol{k} - k\,\boldsymbol{e}_r\,, \qquad \frac{\boldsymbol{k}\cdot\boldsymbol{e}_r}{k} = \cos\theta$$

Der Streuwinkel θ ist der Winkel zwischen diesen Wellenvektoren. Wir lösen $\boldsymbol{q}^2 = (\boldsymbol{k} - k\,\boldsymbol{e}_r)^2 = 2\,k^2(1-\cos\theta) = 4\,k^2\sin^2(\theta/2)$ nach dem Streuwinkel auf und setzen die Bragg-Bedingungen und $k = 2\pi/\lambda$ ein:

$$\sin\frac{\theta}{2} = \frac{q}{2k} = \frac{\lambda}{2a}\,\sqrt{\nu_x^2+\nu_y^2+\nu_z^2}$$

Für $\nu_x = \nu_y = \nu_z = 0$ gibt es ein triviales (uninteressantes) Maximum in Vorwärtsrichtung ($\theta = 0$). Wegen $\sin(\theta/2) \le 1$ können andere Maxima nur auftreten, falls $\lambda < 2a$ gilt. Die Wellenlänge muss also hinreichend klein sein, um die Gitterstruktur aufzulösen.

In der Röntgenstrukturanalyse wird monochromatisches Röntgenlicht an einem Festkörper gestreut. Aus der Lage der Maxima wird auf die Struktur des Kristalls (Gitterkonstanten, Kristalltyp) geschlossen.

14.20 Magnetfeld im Kondensator

Zwei parallele Kreisscheiben (Abstand d, Radius R, $R \gg d$) bilden einen Kondensator. Die Scheiben werden mit den Ladungen $Q(t) = Q_0 \cos(\omega t)$ und $-Q(t)$ aufgeladen.

Geben Sie das elektrische Feld in quasistatischer Näherung und unter Vernachlässigung von Randeffekten an. Bestimmen Sie das zugehörige Magnetfeld aus den Maxwellgleichungen.

Berechnen Sie den Poyntingvektor im Bereich zwischen den Platten. Bestimmen Sie damit den Energiefluss P (Energie pro Zeit), der durch die Mantelfläche $2\pi R d$ des Kondensators entweicht. Vergleichen Sie das Ergebnis mit der Leistung, die dem Kondensator von außen zugeführt wird.

Lösung: Wir verwenden Zylinderkoordinaten ρ, φ und z mit der z-Achse als Symmetrieachse der Platten. Da die Anordnung zylindersymmetrisch ist, können die Felder nicht von φ abhängen.

Der Kondensator hat die Kapazität $C = A/(4\pi d) = R^2/(4d)$. In quasistatischer Näherung gilt $Q(t) = C\,U(t)$. Außerdem ist die Ladungsdichte auf den Platten homogen (wie im statischen Grenzfall, in dem sich lokale Überschüsse sofort ausgleichen würden). Damit ist auch das elektrischen Feld (zwischen den Platten) homogen und zeigt in z-Richtung:

$$\boldsymbol{E} = E(t)\,\boldsymbol{e}_z = \frac{U(t)}{d}\,\boldsymbol{e}_z = \frac{Q(t)}{C\,d}\,\boldsymbol{e}_z = \frac{4\,Q_0}{R^2}\,\boldsymbol{e}_z\,\cos(\omega t)$$

Das Magnetfeld ist mit dem elektrischen Feld durch die Maxwellgleichung $\operatorname{rot}\boldsymbol{B} = \dot{\boldsymbol{E}}/c$ verknüpft (die Stromdichte $\boldsymbol{j}$ verschwindet zwischen den Platten). Wegen $\boldsymbol{E} = E(t)\,\boldsymbol{e}_z$ gilt $\operatorname{rot}\boldsymbol{B} \parallel \boldsymbol{e}_z$; wegen der Zylindersymmetrie kann $\boldsymbol{B}$ zwischen den Platten nur von ρ und t abhängen. Daher muss das Magnetfeld von der Form $\boldsymbol{B} = B(\rho,t)\,\boldsymbol{e}_\varphi$ sein. Die betrachtete Maxwellgleichung wird damit zu

$$\operatorname{rot}\boldsymbol{B}(\rho,t) = \frac{1}{\rho}\frac{\partial}{\partial\rho}\big(\rho\,B(\rho,t)\big)\,\boldsymbol{e}_z = \frac{1}{c}\,\dot{E}(t) = \frac{1}{c}\frac{dE(t)}{dt}\,\boldsymbol{e}_z$$

Hieraus erhalten wir die Differenzialgleichung

$$\frac{1}{\rho}\frac{\partial}{\partial\rho}\big(\rho\,B(\rho,t)\big) = -\frac{4\,Q_0}{R^2}\frac{\omega}{c}\,\sin(\omega t) \tag{14.58}$$

die sich sofort zur regulären Lösung aufintegrieren lässt:

$$\boldsymbol{B} = B(\rho,t)\,\boldsymbol{e}_\varphi = -\frac{2\,Q_0\,\omega}{c\,R^2}\,\rho\,\sin(\omega t)\,\boldsymbol{e}_\varphi$$

Die quasistatische Näherung gilt nur für $\omega\rho/c \ll 1$. Hieraus folgt $|\boldsymbol{B}| \ll |\boldsymbol{E}|$. Aus den nunmehr bekannten Feldern berechnen wir den Poyntingvektor:

$$\boldsymbol{S} = \frac{c}{4\pi}\,\boldsymbol{E}\times\boldsymbol{B} = \frac{c}{4\pi}\,E\,B\,\boldsymbol{e}_z\times\boldsymbol{e}_\varphi = \frac{2\,Q_0^2\,\omega}{\pi\,R^4}\,\rho\,\sin(\omega t)\,\cos(\omega t)\,\boldsymbol{e}_\rho$$

Die aus dem Volumen zwischen den Platten entweichende Leistung ergibt sich als Flächenintegral über die Mantelfläche $\boldsymbol{a}$, die vom Rand der beiden Platten aufgespannt wird:

$$P = \int_a d\boldsymbol{a}\cdot\boldsymbol{S} = 2\pi R d\,\frac{2\,Q_0^2\,\omega}{\pi\,R^3}\,\sin(\omega t)\,\cos(\omega t) = \frac{Q_0^2\,\omega}{c}\,\sin(\omega t)\,\cos(\omega t)$$

Die Leistung eines elektrischen Geräts (Widerstand, Lampe, Kondensator) ergibt sich aus dem Produkt von Strom und Spannung. Der Strom ist hier $I(t) = dQ/dt$. Der Strom fließt aber nicht im Kondensator (Spannung $U(t)$), sondern im umgebenden Stromkreis mit der Spannung $-U(t)$. Die im Stromkreis verbrauchte Leistung ist daher

$$P = -U(t)\,I(t) = \frac{\omega\,Q_0^2}{C}\,\sin(\omega t)\,\cos(\omega t)$$

Über die äußere Wechselspannungsquelle wird dem Kondensator diese Leistung zugeführt; der Kondensator setzt sie in elektromagnetische Strahlungsleistung um. Insofern ist der Kondensator ein Verbraucher ebenso wie etwa eine Glühlampe.

14.21 Schwingkreis

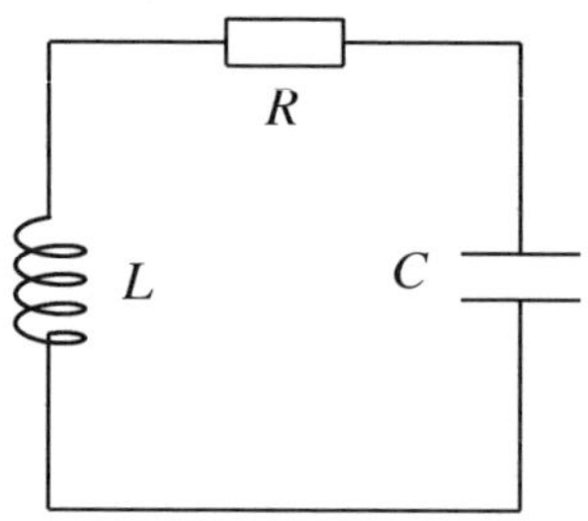

Ein Schwingkreis besteht aus einer Spule (Selbstinduktivität L), einem Kondensator (Kapazität C) und einem Widerstand. Im Widerstand kommt es zum Spannungsabfall $U_R(t) = R\,I(t)$. Stellen Sie die Differenzialgleichung für die Ladung $Q(t)$ auf dem Kondensator in quasistatischer Näherung auf. Wie lautet die allgemeine Lösung im Fall $R < 2\sqrt{L/C}$?

Lösung: In quasistatischer Näherung ist $U_L(t) = L\,\dot{I}(t)$ die Spannung an der Spule, und $U_C(t) = Q(t)/C$ ist die Spannung am Kondensator. Im geschlossenen Stromkreis addieren sich die Spannungen zu null:

$$U_L + U_C + U_R = L\,\frac{dI(t)}{dt} + \frac{Q(t)}{C} + R\,I(t) = 0$$

Die Vorzeichen sind so gewählt, dass $I = dQ/dt$. Für $R = 0$ ergibt sich dann eine ungedämpfte Schwingung, und für $L = 0$ entlädt sich der Kondensator gemäß $Q(t) = Q_0 \exp(-t/(RC))$. Mit $I = dQ/dt$ erhalten wir die gesuchte Differenzialgleichung:

$$\frac{d^2Q(t)}{dt^2} + \frac{R}{L}\,\frac{dQ(t)}{dt} + \frac{1}{LC}\,Q(t) = 0$$

Dies ist eine lineare Differenzialgleichung mit konstanten Koeffizienten. Daher führt der Standardansatz $Q(t) = \exp(\lambda t)$ oder $\exp(\mathrm{i}\lambda t)$ zur Lösung. Für $R < 2\sqrt{L/C}$ lautet die allgemeine Lösung:

$$Q(t) = Q_0\,\cos(\omega t + \varphi)\,\exp\!\left(-\frac{R}{2L}\,t\right) \quad \text{mit} \quad \omega = \sqrt{\frac{1}{LC} - \frac{R^2}{4L^2}}$$

Die Amplitude Q_0 und die Phase φ sind Integrationskonstanten, die durch die Anfangsbedingungen festgelegt werden. Die Lösung beschreibt eine gedämpfte Schwingung.

15 Elektrodynamik in Materie

Die elektromagnetischen Felder in Materie können aufgeteilt werden in: (i) die Felder der ungestörten Materie, (ii) zusätzliche Felder (Störung der Materie) und (iii) induzierte Felder (Reaktion der Materie). Die Dielektrizität ε und die Permeabilität μ werden als Responsefunktionen eingeführt.

Wir stellen zunächst die mikroskopischen Maxwellgleichungen in Materie auf. Sie erlauben es im Prinzip, die Variation der induzierten Felder auf mikroskopischer Skala zu untersuchen. Über eine räumliche Mittelung gelangt man dann zu makroskopischen Maxwellgleichungen, die eine einfache Behandlung vieler Probleme erlauben. Wir untersuchen insbesondere die Wellenlösungen.

Für elektrische und magnetische Eigenschaften verschiedener Materialien stellen wir elementare Modelle vor. Von zentraler Bedeutung ist dabei das Lorentzmodell für die dielektrische Funktion $\varepsilon(\omega)$. Die Frequenzabhängigkeit von $\varepsilon(\omega)$ für verschiedene Materialtypen (Isolator, Metall, Plasma) und die sich daraus ergebenden Effekte werden diskutiert.

Ein Experiment besteht üblicherweise darin, dass Materie zusätzlichen Feldern ausgesetzt wird. Beispiele sind: Ein Materiestück wird in das elektrische Feld eines Kondensators oder das magnetische Feld einer Spule gebracht. Oder: Ein Materiestück wird in das Feld einer elektromagnetischen Welle gebracht.

Die experimentelle Situation legt eine Aufteilung der Quellen und Felder nahe: Zunächst gibt es die Quellen und Felder der ungestörten Materie (Index „0"); die Materie sei im Grundzustand oder in einem thermodynamischen Gleichgewichtszustand. Die *zusätzlichen* (Index „ext" für extra, kann häufig auch als extern gelesen werden) Felder *induzieren* (Index „ind") nun eine Reaktion der Materie. Damit erhalten wir folgende Aufteilung:

$$\begin{aligned} \varrho_{\text{tot}} &= \varrho_0 + \varrho_{\text{ext}} + \varrho_{\text{ind}} = \varrho_0 + \varrho \\ \boldsymbol{j}_{\text{tot}} &= \boldsymbol{j}_0 + \boldsymbol{j}_{\text{ext}} + \boldsymbol{j}_{\text{ind}} = \boldsymbol{j}_0 + \boldsymbol{j} \\ \boldsymbol{E}_{\text{tot}} &= \boldsymbol{E}_0 + \boldsymbol{E}_{\text{ext}} + \boldsymbol{E}_{\text{ind}} = \boldsymbol{E}_0 + \boldsymbol{E} \\ \boldsymbol{B}_{\text{tot}} &= \boldsymbol{B}_0 + \boldsymbol{B}_{\text{ext}} + \boldsymbol{B}_{\text{ind}} = \boldsymbol{B}_0 + \boldsymbol{B} \end{aligned} \tag{15.1}$$

Auf ein geladenes Teilchen (etwa ein Elektron) in der Materie wirkt die Lorentzkraft $\boldsymbol{F}_{\text{L}} = \boldsymbol{F}_{\text{tot}} = \boldsymbol{F}_0 + \boldsymbol{F}$. Im Gleichgewichtszustand (oder im Grundzustand) heben sich die Beiträge zu $\boldsymbol{F}_0$ gegenseitig auf. Damit ist die effektiv wirksame Kraft $\boldsymbol{F} = q\,(\boldsymbol{E}(\boldsymbol{r},t) + (\boldsymbol{v}/c) \times \boldsymbol{B}(\boldsymbol{r},t))$. Dies begründet auch den damit verbundenen *Bezeichnungswechsel*; bisher stand $\boldsymbol{E}$ für das gesamte Feld (jetzt $\boldsymbol{E}_{\text{tot}}$).

Da die Maxwellgleichungen (13.1) *linear* in den Quellen und den Feldern sind, können sie getrennt für $\boldsymbol{E}$, $\boldsymbol{B}$ oder für $\boldsymbol{E}_0$, $\boldsymbol{B}_0$ oder für $\boldsymbol{E}_{\text{ext}}$, $\boldsymbol{B}_{\text{ext}}$ oder für $\boldsymbol{E}_{\text{ind}}$, $\boldsymbol{B}_{\text{ind}}$ aufgestellt werden. Für diese Felder gilt im Allgemeinen:

$$\begin{array}{rl} \varrho_{\text{ext}},\ \boldsymbol{j}_{\text{ext}},\ \boldsymbol{E}_{\text{ext}},\ \boldsymbol{B}_{\text{ext}} & \text{sind makroskopisch} \\ \varrho_{\text{ind}},\ \boldsymbol{j}_{\text{ind}},\ \boldsymbol{E}_{\text{ind}},\ \boldsymbol{B}_{\text{ind}},\ \boldsymbol{E},\ \boldsymbol{B} & \text{sind mikroskopisch} \end{array} \tag{15.2}$$

Die mikroskopische Struktur eines Festkörpers variiert im Bereich einer Elementarzelle, die eines Gases im Bereich eines Atoms. Daher ändern sich ϱ_{ind} und $\boldsymbol{j}_{\text{ind}}$ in der Regel auf dieser Skala wesentlich, und zwar auch dann, wenn die Felder $\boldsymbol{E}_{\text{ext}}$ und $\boldsymbol{B}_{\text{ext}}$ konstant sind.

Linearer Response

Das ungestörte elektrische Feld $\boldsymbol{E}_0$ in der Elementarzelle eines Festkörpers oder in einem Atom ist von der Größe $E_0 \sim e/(1\,\text{Å})^2 \sim 10^9\,\text{V/cm}$; dabei ist e die Elementarladung. Verglichen damit sind die zusätzlichen (extra) Felder im Allgemeinen sehr klein. Wegen $E_{\text{ext}} \ll E_0$ kann man erwarten, dass die Reaktion des Systems (etwa die Abweichung der Ladungsverteilung von der Gleichgewichtsverteilung) *linear* zum Störfeld ist, also $\varrho_{\text{ind}} \propto \boldsymbol{E}_{\text{ext}}$. Dies impliziert $\boldsymbol{E}_{\text{ind}} \propto \boldsymbol{E}_{\text{ext}}$ und $\boldsymbol{E} = \boldsymbol{E}_{\text{ext}} + \boldsymbol{E}_{\text{ind}} \propto \boldsymbol{E}_{\text{ext}}$. Die Annahme eines *linearen Response* (response bedeutet Antwort) auf eine kleine Störung wird in vielen Gebieten der Physik verwendet. Die lineare Beziehung $\boldsymbol{E} \propto \boldsymbol{E}_{\text{ext}}$ schreiben wir in der Form

$$E_i(\boldsymbol{r}, t) = \sum_{j=1}^{3} \int d^3r' \int dt'\ \varepsilon_{ij}^{-1}(\boldsymbol{r}, \boldsymbol{r}', t - t'; T, P)\ E_{\text{ext},\,j}(\boldsymbol{r}', t') \tag{15.3}$$

Hierdurch werden folgende Effekte berücksichtigt: Das induzierte Feld ist im Allgemeinen nicht parallel zum externen Feld; daher ist ε^{-1} ein Tensor. Die Störung an einer Stelle $\boldsymbol{r}'$ und zur Zeit t' kann Reaktionen an anderen Stellen $\boldsymbol{r}$ und zu anderen (späteren) Zeiten t hervorrufen. Die Reaktion der Materie hängt von ihrem Zustand ab; also etwa von der Temperatur T und vom Druck P. Möglich sind auch Effekte, die nichtlinear in E_{ext} sind; sie wurden in (15.3) nicht berücksichtigt. Die Responsefunktion wurde mit ε^{-1} bezeichnet, weil historisch ε für eine dazu inverse Größe gewählt wurde.

Mit einer geeigneten Funktion $f(\boldsymbol{r})$ kann ein Feld A räumlich gemittelt werden:

$$\langle A\rangle(\boldsymbol{r}, t) = \int d^3r'\ A(\boldsymbol{r}', t)\ f(\boldsymbol{r} - \boldsymbol{r}') \quad \text{mit} \quad \int d^3r'\ f(\boldsymbol{r} - \boldsymbol{r}') = 1 \tag{15.4}$$

Die Funktion könnte zum Beispiel eine Gaußfunktion sein, die sich über viele Gitter- oder Atomabstände erstreckt. Wir wenden diese Mittelung auf (15.3) an:

$$\langle E_i\rangle(\boldsymbol{r}, t) = \sum_{j=1}^{3} \int d^3r' \int dt'\ \langle\varepsilon_{ij}^{-1}\rangle(\boldsymbol{r} - \boldsymbol{r}', t - t')\ E_{\text{ext},\,j}(\boldsymbol{r}', t') \tag{15.5}$$

Die Mittelung ist ohne Einfluss auf das externe Feld, weil dieses Feld von vornherein makroskopisch ist. Nach einer räumlichen Mittelung stellt die Materie ein homogenes Medium dar; dabei betrachten wir nur eine Stoffsorte. Wegen der räumlichen Homogenität kann die Responsefunktion nur von der Differenz $\boldsymbol{r} - \boldsymbol{r}'$ abhängen. Wegen der Homogenität der Zeit gibt es nur eine Abhängigkeit von der Zeitdifferenz $t - t'$.

Wir führen eine Fouriertransformation von den Variablen $\boldsymbol{r} - \boldsymbol{r}'$ zu $\boldsymbol{k}$ und $t - t'$ zu ω durch und vernachlässigen die $\boldsymbol{k}$-Abhängigkeit, $(\langle \varepsilon^{-1}_{ij} \rangle(\boldsymbol{k}, \omega) \approx \langle \varepsilon^{-1}_{ij} \rangle(0, \omega)$. Wir führen die zu $\langle \varepsilon^{-1} \rangle = (\langle \varepsilon^{-1}_{ij} \rangle)$ inverse Matrix ε ein:

$$\varepsilon_{ij}(\omega) = \left(\frac{1}{\langle \varepsilon^{-1} \rangle (0, \omega)} \right)_{ij} \tag{15.6}$$

Damit wird (15.5) nach einer Fourierrücktransformation für die räumlichen Koordinaten zu

$$E_{\text{ext},\,i}(\boldsymbol{r}, \omega) = \sum_{j=1}^{3} \varepsilon_{ij}(\omega)\, E_j(\boldsymbol{r}, \omega) \tag{15.7}$$

Die Mittelungsklammern wurden nicht mehr mit angeschrieben. Wir beschränken uns im Folgenden auf isotrope Medien mit $\varepsilon_{ij}(\omega) = \varepsilon(\omega)\, \delta_{ij}$. Isotrope Medien sind insbesondere Flüssigkeiten, Gase und kubische Kristalle. Daher betrachten wir nur noch die Frequenzabhängigkeit der (makroskopischen) *dielektrischen Funktion* $\varepsilon(\omega)$ in

$$\boldsymbol{E}_{\text{ext}}(\boldsymbol{r}, \omega) = \varepsilon(\omega)\; \boldsymbol{E}(\boldsymbol{r}, \omega) \tag{15.8}$$

Die Größe $\varepsilon(0)$ heißt *Dielektrizitätskonstante*. Im magnetischen Fall gilt $\boldsymbol{B}(\boldsymbol{r}, \omega) = \mu(\omega)\, \boldsymbol{B}_{\text{ext}}(\boldsymbol{r}, \omega)$. Es besteht eine Parallelität zwischen $\boldsymbol{E} = \varepsilon^{-1}\, \boldsymbol{E}_{\text{ext}}$ und $\boldsymbol{B} = \mu\, \boldsymbol{B}_{\text{ext}}$; die Größen ε^{-1} und μ sind die eigentlichen Responsefunktionen.

Makroskopische Maxwellgleichungen

Wir schreiben die Maxwellgleichungen für die Felder $\boldsymbol{E} = \boldsymbol{E}_{\text{ext}} + \boldsymbol{E}_{\text{ind}}$ und $\boldsymbol{B} = \boldsymbol{B}_{\text{ext}} + \boldsymbol{B}_{\text{ind}}$ an und mitteln räumlich über viele Gitterkonstanten oder Atomabstände:

$$\begin{aligned} &\operatorname{div} \langle \boldsymbol{E} \rangle = 4\pi \big(\langle \varrho_{\text{ext}} \rangle + \langle \varrho_{\text{ind}} \rangle \big)\,, \qquad && \operatorname{rot} \langle \boldsymbol{E} \rangle + \frac{1}{c}\,\frac{\partial \langle \boldsymbol{B} \rangle}{\partial t} = 0 \\ &\operatorname{div} \langle \boldsymbol{B} \rangle = 0\,, \qquad && \operatorname{rot} \langle \boldsymbol{B} \rangle - \frac{1}{c}\,\frac{\partial \langle \boldsymbol{E} \rangle}{\partial t} = \frac{4\pi}{c}\, \big(\langle \boldsymbol{j}_{\text{ext}} \rangle + \langle \boldsymbol{j}_{\text{ind}} \rangle \big) \end{aligned} \tag{15.9}$$

Die räumliche Mittelung (15.4) vertauscht mit den partiellen Ableitungen $\partial/\partial t$ und $\partial/\partial x$. Wenn ein Atom (Molekül, Gitterzelle) einem elektrischen Feld ausgesetzt wird, dann verschieben sich positive und negative Ladungen gegeneinander. Daher besteht $\langle \varrho_{\text{ind}} \rangle$ in der Regel aus induzierten Dipolmomenten, und es stellt sich eine *Polarisation* $\boldsymbol{P}(\boldsymbol{r}, t)$ ein, die gleich dem elektrischen Dipolmoment pro Volumen ist.

Analog dazu kann man eine *Magnetisierung* $\boldsymbol{M}(\boldsymbol{r}, t)$ erhalten, die gleich dem magnetischen Dipolmoment pro Volumen ist. Der Zusammenhang zu den induzierten Quelltermen ist

$$\operatorname{div} \boldsymbol{P} = -\langle \varrho_{\text{ind}} \rangle\,, \qquad \operatorname{rot} \boldsymbol{M} = \frac{1}{c}\,\langle \boldsymbol{j}_{\text{ind}} \rangle - \frac{1}{c}\frac{\partial \boldsymbol{P}}{\partial t} \tag{15.10}$$

Ab jetzt schreiben wir die Mittelungsklammern nicht mehr mit an. Wir führen die *dielektrische Verschiebung* $\boldsymbol{D} = \boldsymbol{E} + 4\pi\,\boldsymbol{P}$ und die *magnetische Feldstärke* $\boldsymbol{H} = \boldsymbol{B} - 4\pi\,\boldsymbol{M}$ ein. Damit wird (15.9) zu

$$\operatorname{div} \boldsymbol{D} = 4\pi\,\varrho_{\text{ext}}\,, \quad \operatorname{rot} \boldsymbol{E} + \frac{1}{c}\frac{\partial \boldsymbol{B}}{\partial t} = 0\,, \quad \operatorname{rot} \boldsymbol{H} - \frac{1}{c}\frac{\partial \boldsymbol{D}}{\partial t} = \frac{4\pi}{c}\,\boldsymbol{j}_{\text{ext}}\,, \quad \operatorname{div} \boldsymbol{B} = 0 \tag{15.11}$$

Aus $\boldsymbol{E} = \boldsymbol{E}_{\text{ext}} + \boldsymbol{E}_{\text{ind}} = \boldsymbol{D} - 4\pi\,\boldsymbol{P}$ folgen $\boldsymbol{D} = \boldsymbol{E}_{\text{ext}}$ und $-4\pi\,\boldsymbol{P} = \boldsymbol{E}_{\text{ind}}$. Analog dazu gilt $\boldsymbol{H} = \boldsymbol{B}_{\text{ext}}$ und $4\pi\,\boldsymbol{M} = \boldsymbol{B}_{\text{ind}}$. Damit wird (15.8) zu

$$\boldsymbol{D}(\boldsymbol{r}, \omega) = \varepsilon(\omega)\,\boldsymbol{E}(\omega)\,, \qquad \boldsymbol{B}(\boldsymbol{r}, \omega) = \mu(\omega)\,\boldsymbol{H}(\boldsymbol{r}, \omega) \tag{15.12}$$

In einem Atom werde ein Dipolmoment $\boldsymbol{p} = \alpha(\omega)\,\boldsymbol{E}$ induziert, siehe etwa (14.37). Dann ist $\boldsymbol{P} = n_0\,\alpha(\omega)\,\boldsymbol{E}$, wobei n_0 die Teilchendichte der Atome ist. Zusammen mit $\boldsymbol{D} = \varepsilon\,\boldsymbol{E} = \boldsymbol{E} + 4\pi\,\boldsymbol{P}$ ergibt das

$$\varepsilon(\boldsymbol{r}, \omega) = 1 + 4\pi\,n_0(\boldsymbol{r})\,\alpha_{\text{e}}(\omega) \tag{15.13}$$

Hier haben wir als Verallgemeinerung eine Ortsabhängigkeit von $\varepsilon(\boldsymbol{r}, \omega)$ zugelassen, die sich aus der Dichte $n_0(\boldsymbol{r})$ ergeben könnte. Verschiedene Materialien haben verschiedene Polarisierbarkeiten. In Problemen mit mehr als einer Materialsorte könnte auch $\alpha_{\text{e}}(\boldsymbol{r}, \omega)$ vom Ort abhängen. Wir lassen im Folgenden auch in (15.12) zu, dass die Materialgrößen vom Ort abhängen.

Mit $\boldsymbol{D} = \varepsilon\,\boldsymbol{E}$ und $\boldsymbol{H} = \boldsymbol{B}/\mu$ wird (15.11) zu

$$\begin{aligned} &\operatorname{div}(\varepsilon\,\boldsymbol{E}) = 4\pi\,\varrho_{\text{ext}}\,, \qquad && \operatorname{rot} \boldsymbol{E} + \frac{1}{c}\frac{\partial \boldsymbol{B}}{\partial t} = 0 \\ &\operatorname{div} \boldsymbol{B} = 0\,, && \operatorname{rot} \frac{\boldsymbol{B}}{\mu} - \frac{1}{c}\frac{\partial(\varepsilon\,\boldsymbol{E})}{\partial t} = \frac{4\pi}{c}\,\boldsymbol{j}_{\text{ext}} \end{aligned} \tag{15.14}$$

Für gegebene Quellen ϱ_{ext}, $\boldsymbol{j}_{\text{ext}}$ und Materialgrößen ε, μ ist dies ein geschlossenes System von Gleichungen für die Felder $\boldsymbol{E}$ und $\boldsymbol{B}$. In allen konkreten Anwendungen werden wir diese makroskopischen Maxwellgleichungen verwenden.

Wenn man die Überlegungen aus Kapitel 13 zur Energiebilanz überträgt, dann erhält man anstelle von (13.6)

$$w_{\text{em}}(\boldsymbol{r}, t) = \frac{1}{8\pi}\,\big(\boldsymbol{E}\cdot\boldsymbol{D} + \boldsymbol{H}\cdot\boldsymbol{B}\big)\,, \qquad \boldsymbol{S}(\boldsymbol{r}, t) = \frac{c}{4\pi}\,\big(\boldsymbol{E}\times\boldsymbol{H}\big) \tag{15.15}$$

für die *Energiedichte* w_{em} und für die *Energiestromdichte* (oder *Poyntingvektor*).

Stetigkeitsbedingungen

Wir betrachten die Grenzfläche zwischen dem Medium 1 (charakterisiert durch ε_1, μ_1) und dem Medium 2 (charakterisiert durch ε_2, μ_2). Wir schließen Oberflächenladungen oder Ströme an der Grenzfläche aus.

Aus zwei kleinen Flächenelementen, die parallel zur Grenzfläche liegen, bilden wir ein Volumenelement. Der Abstand zwischen den beiden Flächenelementen wird dabei (beliebig) klein gewählt. Hierfür wenden wir den Gaußschen Satz auf die Maxwellgleichungen (15.11) mit $\operatorname{div}\boldsymbol{D}$ und $\operatorname{div}\boldsymbol{B}$ an und erhalten

$$(\boldsymbol{D}_2 - \boldsymbol{D}_1)\cdot \boldsymbol{n} = 0\,, \qquad (\boldsymbol{B}_2 - \boldsymbol{B}_1)\cdot \boldsymbol{n} = 0 \tag{15.16}$$

Aus zwei kleinen Linienelementen, die parallel zur Grenzfläche liegen, bilden wir eine Rechteckfläche. Der Abstand zwischen den beiden Linienelementen wird dabei (beliebig) klein gewählt. Hierfür wenden wir den Stokesschen Satz auf die Maxwellgleichungen (15.11) mit $\operatorname{rot}\boldsymbol{H}$ und $\operatorname{rot}\boldsymbol{E}$ an und erhalten

$$\boldsymbol{n}\times(\boldsymbol{H}_2 - \boldsymbol{H}_1) = 0\,, \qquad \boldsymbol{n}\times(\boldsymbol{E}_2 - \boldsymbol{E}_1) = 0 \tag{15.17}$$

Diese Grenzbedingungen lauten zusammengefasst:

1. Die Tangentialkomponenten von $\boldsymbol{E}$ sind stetig.
2. Die Normalkomponente von $\boldsymbol{D}$ ist stetig.
3. Die Normalkomponente von $\boldsymbol{B}$ ist stetig.
4. Die Tangentialkomponenten von $\boldsymbol{H}$ sind stetig.

Dielektrische Funktion

In Kapitel 14 haben wir ein im Atom gebundenes Elektron (Ladung $-e$, Masse m_{e}) durch ein Oszillatormodell (Eigenfrequenz ω_0, Dämpfung Γ) beschrieben. Die Polarisierbarkeit $\alpha(\omega)$ des so modellierten Atoms wurde in (14.37) angegeben. Hiermit verallgemeinern wir (15.13) auf den Fall, dass es in jedem Atom $Z = \sum f_j$ gebundene Elektronen gibt, von denen jeweils f_j dieselbe Eigenfrequenz ω_j und Dämpfung Γ_j haben:

$$\varepsilon(\omega) = 1 + \frac{4\pi\, n_0\, e^2}{m_{\mathrm{e}}} \sum_j \frac{f_j}{\omega_j^2 - \omega^2 - \mathrm{i}\,\omega\Gamma_j} \tag{15.18}$$

Dieses Modell für $\varepsilon(\omega)$ bezeichnen wir als *Lorentzmodell*. In einer quantenmechanischen Ableitung sind die $\hbar\,\omega_j = E_{n'} - E_n$ Atomübergängen zuzuordnen. Für eine inhomogene Dichte $n_0(\boldsymbol{r})$ oder für Atome mit unterschiedlicher Polarisierbarkeit $\alpha_{\mathrm{e}}(\boldsymbol{r},\omega)$ ergibt sich zusätzlich eine Ortsabhängigkeit in $\varepsilon(\boldsymbol{r},\omega)$.

Als komplexe Funktion hat (15.18) folgende Eigenschaften: $\varepsilon(\omega)$ ist analytisch für $\mathrm{Im}(\omega) \geq 0$, und $\varepsilon^*(\omega) = \varepsilon(-\omega)$. Diese Eigenschaften lassen sich unabhängig von (15.18) aus sehr allgemeinen Überlegungen ableiten.

Leitfähigkeit

Die Leitfähigkeit eines Materials kann durch die dielektrische Funktion beschrieben werden. Wir betrachten speziell ein *Metall*. Im Kristallgitter des Metalls gibt es Elektronen, die sich (weitgehend) frei bewegen können; meist gibt es pro Atom näherungsweise ein solches Elektron. Für ein freies und $Z-1$ gebundene Elektronen pro Atom setzen wir daher die Frequenzen $\omega_1 = 0$, $\omega_{j\neq 1} \neq 0$ und $\Gamma_1 = \Gamma$ in das Lorentzmodell (15.18) ein:

$$\varepsilon(\omega) = \varepsilon_\text{o}(\omega) - \frac{4\pi n_0 e^2}{m_\text{e}} \frac{1}{\omega(\omega + \mathrm{i}\Gamma)} \stackrel{\omega\to 0}{=} \varepsilon_\text{o}(\omega) + \mathrm{i}\,\frac{4\pi\sigma}{\omega} \tag{15.19}$$

Dieses spezielle Lorentzmodell wird auch *Drude-Modell* genannt. Der Anteil $\varepsilon_\text{o}(\omega)$ enthält die Frequenzen $\omega_j \neq 0$ und entspricht einem *Isolator*. Speziell für $\omega \to 0$ hängt $\varepsilon_\text{o}(\omega)$ nur schwach von ω ab. Zwischen Metall und Isolator stehen Halbleiter, in denen einzelne ω_j sehr klein sind (verglichen mit dem Energieabstand der Elektronenbänder).

Für $\omega \to 0$ ergibt sich aus (15.19) die *Leitfähigkeit* $\sigma(0) = n_0\, e^2/(m_\text{e}\,\Gamma)$. Mit der Stoßzeit $\tau = 1/\Gamma$ kann man dieses Ergebnis auch in einer elementaren kinetischen Betrachtung ableiten.

Wir setzen (15.19) in die letzte Maxwellgleichung in (15.14) ein, wobei wir periodische Felder betrachten ($\partial_t \to -\mathrm{i}\omega$). Der Term mit σ wird auf die rechte Seite gebracht werden und trägt hier mit

$$\boldsymbol{j}_\text{ind}^\text{frei} = \sigma\,\boldsymbol{E} \qquad \text{Ohmsches Gesetz} \tag{15.20}$$

zur Stromdichte bei. In dieser Beschreibung ist die Stromdichte $\sigma\,\boldsymbol{E}$ Bestandteil der induzierten Quellen. Als *Ohmsches Gesetz* bezeichnet man die *lineare* Abhängigkeit der Stromdichte vom elektrischen Feld.

Dielektrizitätskonstante

Die *Dielektrizitätskonstante* ist der statische Grenzfall $\varepsilon(0)$ der dielektrischen Funktion $\varepsilon(\omega)$. Wir präsentieren Abschätzungen für einige Materialien. Die statische Polarisierbarkeit von Atomen ist von der Größe $\alpha_\text{e}(0) \sim a_\text{B}^3$, wobei a_B der Bohrsche Radius ist. Damit erhält man für Wasserstoffgas (bei Zimmertemperatur und Normaldruck) $\varepsilon(0) = 1 + 4\pi n_0\,\alpha_\text{e}(0) \sim 1.0001$; der experimentelle Wert ist $\varepsilon(0) = 1.00026$.

Wenn man von (15.18) mit $\omega = 0$, $\omega_j = \omega_\text{at} = m_\text{e}\, e^4/\hbar^3$ und $\sum f_j = Z$ ausgeht und für n_0 Festkörperdichte einsetzt, erhält man $\varepsilon(0) \approx 1 + 0.2\,Z$. Dies macht die Größenordnung typischer Isolatoren plausibel (zum Beispiel $\varepsilon(0) = 5.5$ für einen Diamanten). Ähnliche Werte kann man auch aus $\varepsilon(0) = 1 + 4\pi n_0\,\alpha_\text{e}(0)$ für eine Festkörperdichte n_0 und mit $\alpha_\text{e}(0) \sim a_\text{B}^3$ erhalten.

In einem Metall gilt $\varepsilon = +\infty$, weil sich Ladungen beliebig in Richtung eines angelegten (statischen) Felds verschieben. Im Gegensatz dazu werden die Elektronen für $\omega \neq 0$ (und $\omega \to 0$) gegenläufig zum Feld ausgelenkt; dies wird durch (15.19) beschrieben.

Ein Sonderfall sind Paraelektrika (wie Wasser), in denen es drehbare Moleküle gibt, die ein permanentes elektrisches Dipolmoment $\boldsymbol{p}$ haben. Die Ausrichtung der Moleküle in einem externen Feld wird durch die Temperaturbewegung behindert. Für unabhängige Dipolmomente erhält man die statische Polarisierbarkeit $\alpha_{\mathrm{e}}(0) = p^2/(3k_{\mathrm{B}}T)$. Mit $p \sim e\,a_{\mathrm{B}}$ und Zimmertemperatur erhält man dann Werte für $\varepsilon(0) = 1 + 4\pi\, n_0\, \alpha_{\mathrm{e}}(0)$, die viel größer als 1 sind (Wasser hat $\varepsilon(0) \approx 80$).

Permeabilitätskonstante

Wir beschränken uns auf die statische makroskopische Permeabilität, also auf die Permeabilitätskonstante. In einfachen Fällen ist das induzierte magnetische Dipolmoment $\boldsymbol{\mu}$ eines Atoms oder Moleküls proportional zum wirksamen Feld, also $\boldsymbol{\mu} = \alpha_{\mathrm{m}}\,\boldsymbol{B}$; der Koeffizient α_{m} ist die magnetische Polarisierbarkeit.

Eine magnetische Polarisierbarkeit kann sich durch die Ausrichtung von unabhängigen permanenten magnetischen Momenten ergeben; dies ist der *Paramagnetismus*. In der Regel handelt es sich dabei um ein ungepaartes Elektron in einem Atom, dessen magnetisches Moment von der Größe des Bohrschen Moments $\mu_{\mathrm{B}} = e\hbar/(2m_{\mathrm{e}}c)$ ist. Das Zusammenspiel mit der Temperaturbewegung führt zu

$$\alpha_{\mathrm{para}}(0) \sim \frac{e^2\hbar^2}{12\,m_{\mathrm{e}}^2c^2}\,\frac{1}{k_{\mathrm{B}}T}\,, \qquad \mu_{\mathrm{para}} - 1 = 4\pi\, n_0\, \alpha_{\mathrm{para}} \sim 10^{-3} \tag{15.21}$$

Dabei haben wir eine Festkörperdichte n_0 und Zimmertemperatur eingesetzt.

Schaltet man im Bereich einer Leiterschleife ein Magnetfeld ein, so wird in der Schleife eine Spannung erzeugt (Faradaysches Gesetz). Diese Spannung ist so gerichtet, dass der von ihr hervorgerufene Strom das angelegte Magnetfeld schwächt (Lenzsche Regel). Damit ist die Magnetisierung $\boldsymbol{M}$ dem $\boldsymbol{B}$-Feld entgegengesetzt.

Als Modell für Atome nehmen wir kreisförmige Bahnen der Z Elektronen (mit dem Radius a_{B}) an, für die sich beim Einschalten eines Magnetfelds ein analoger zusätzlicher Kreisstrom ergibt. Dieses Modell für den *Diamagnetismus* ergibt

$$\alpha_{\mathrm{dia}} \sim -\frac{Z e^2 a_{\mathrm{B}}^2}{4m_{\mathrm{e}}c^2}\,, \qquad \mu_{\mathrm{dia}} - 1 = 4\pi\, n_0\, \alpha_{\mathrm{dia}} \sim -3\cdot 10^{-5} \tag{15.22}$$

Materie, die aus Atomen besteht, zeigt zwangsläufig diesen diamagnetischen Effekt. Sofern es jedoch ungepaarte Elektronen gibt, ist das Material effektiv paramagnetisch, da der paramagnetische Einfluss quantitativ überwiegt.

In ferromagnetischen Materialien (wie Eisen, Kobalt, Nickel und zahlreiche Legierungen) erfolgt unterhalb einer kritischen Temperatur T_{c} eine Ausrichtung der Spins der ungepaarten Elektronen. Dadurch ergibt sich ohne äußeres Magnetfeld, also „spontan", eine Magnetisierung $\boldsymbol{M}_{\mathrm{s}}$.

Für $T < T_{\mathrm{c}}$ ist die globale Magnetisierung eines Ferromagneten zunächst null, weil sich einzelne (Weisssche) Bezirke ausbilden, in denen die spontane Magnetisierung $\boldsymbol{M}_{\mathrm{s}}$ in unterschiedliche Richtungen zeigt. Durch ein angelegtes Magnetfeld kann die Magnetisierung dieser Bereiche ausgerichtet werden. Damit sind dann auch Werte $\mu_{\mathrm{ferro}} \gg 1$ möglich.

Wellenlösungen

Wir betrachten ein homogenes und isotropes Medium mit den makroskopischen Responsefunktionen $\varepsilon(\omega)$ und $\mu(\omega)$. Wir setzen periodische Felder der Form $\boldsymbol{E}(\boldsymbol{r},t) = \text{Re}\ \boldsymbol{E}(\boldsymbol{r})\ \exp(-\mathrm{i}\omega t)$ voraus. Damit erhalten wir aus den makroskopischen Maxwellgleichungen (15.14) mit $\varrho_{\text{ext}} = \boldsymbol{j}_{\text{ext}} = 0$ die Gleichungen

$$\left(\Delta + \frac{\omega^2\varepsilon\mu}{c^2}\right)\boldsymbol{E}(\boldsymbol{r}) = 0 \quad \text{und} \quad \left(\Delta + \frac{\omega^2\varepsilon\mu}{c^2}\right)\boldsymbol{B}(\boldsymbol{r}) = 0 \tag{15.23}$$

Die Felder $\boldsymbol{E}(\boldsymbol{r}) = \boldsymbol{E}_0 \exp(\mathrm{i}\boldsymbol{k}\cdot\boldsymbol{r})$ und $\boldsymbol{B}(\boldsymbol{r}) = \boldsymbol{B}_0 \exp(\mathrm{i}\boldsymbol{k}\cdot\boldsymbol{r})$ sind Lösungen, falls

$$\omega^2 = \frac{c^2\boldsymbol{k}^2}{\varepsilon\mu} = \frac{c^2k^2}{n^2} \tag{15.24}$$

Der hiermit eingeführte *Brechungsindex* n ist im Allgemeinen komplex:

$$n = \sqrt{\varepsilon\mu} = n_\text{r} + \mathrm{i}\kappa = |n|\ \exp(\mathrm{i}\delta) \qquad \text{(Brechungsindex)} \tag{15.25}$$

Gelegentlich wird der Realteil n_r allein als Brechungsindex (im engeren Sinn) bezeichnet. Die reellen Größen n_r und κ werden auch *optische Konstanten* (des betrachteten Materials) genannt.

Die Dispersionsrelation (15.24) wird durch $\boldsymbol{k} = n\,\boldsymbol{k}_0$ mit einem reellen Vektor $\boldsymbol{k}_0$ gelöst. Der Einfachheit halber wählen wir auch den Amplitudenvektor $\boldsymbol{E}_0$ reell. Dann erhalten wir (unter Berücksichtigung aller Maxwellgleichungen) die linear polarisierte Welle

$$\boldsymbol{E} = \boldsymbol{E}_0\,\cos(n_\text{r}\,\boldsymbol{k}_0\cdot\boldsymbol{r} - \omega t)\,\exp(-\kappa\,\boldsymbol{k}_0\cdot\boldsymbol{r}) \tag{15.26}$$

$$\boldsymbol{B} = |n|\,(\boldsymbol{k}_0/k_0)\times\boldsymbol{E}_0\,\cos(n_\text{r}\,\boldsymbol{k}_0\cdot\boldsymbol{r} - \omega t + \delta)\,\exp(-\kappa\,\boldsymbol{k}_0\cdot\boldsymbol{r}) \tag{15.27}$$

Die Vektoren $\boldsymbol{k}_0$, $\boldsymbol{E}_0$ und $\boldsymbol{B}_0 = |n|\,(\boldsymbol{k}_0/k_0)\times\boldsymbol{E}_0$ bilden ein orthogonales Dreibein. Wir diskutieren die Eigenschaften der Welle im Vergleich zur Vakuumlösung (14.1) – (14.6) mit $n = 1$.

Transversalität: Die Welle ist transversal ($\boldsymbol{E} \perp \boldsymbol{k}_0$ und $\boldsymbol{B} \perp \boldsymbol{k}_0$); hier gibt es keinen Unterschied zur Vakuumlösung.

Polarisation: Die Polarisation kann ebenso wie bei der Vakuumlösung in (14.6) behandelt werden; im Allgemeinen ist die ebene Welle elliptisch polarisiert.

Phasengeschwindigkeit und Wellenlänge: Für $\boldsymbol{k}_0 = k_0\,\boldsymbol{e}_z$ und $n_\text{r}k_0 z - \omega t = \text{const.}$ haben (15.26) und (15.27) feste Phasen. Daraus folgen die Phasengeschwindigkeit v_P und die Wellenlänge λ,

$$v_\text{P} = \frac{c}{n_\text{r}}, \qquad \lambda = \frac{\lambda_0}{n_\text{r}} \tag{15.28}$$

Für $n_\text{r} = 1$ erhält man die Vakuumlösung.

Phasenverschiebung und Amplitudenverhältnis: Aus (15.26, 15.27) folgt, dass elektrisches und magnetisches Feld unterschiedliche Amplituden haben und um den Winkel δ phasenverschoben sind:

$$\frac{|\boldsymbol{B}(\boldsymbol{r}, t+\delta/\omega)|}{|\boldsymbol{E}(\boldsymbol{r}, t)|} = |n| \quad \text{mit} \quad \delta = \arctan\frac{\kappa}{n_\mathrm{r}} \tag{15.29}$$

Im Gegensatz dazu haben $\boldsymbol{E}$ und $\boldsymbol{B}$ in der Vakuumlösung dieselbe Amplitude und sind phasengleich.

Dämpfung: Der Faktor $\exp(-\kappa\, \boldsymbol{k}_0 \cdot \boldsymbol{r})$ in (15.26, 15.27) bedeutet für $\boldsymbol{k}_0 = k_0 \boldsymbol{e}_z$ eine Dämpfung:

$$w_\mathrm{em} \propto \exp(-\alpha\, z) \quad \text{mit} \quad \alpha = 2k_0\kappa \tag{15.30}$$

Auf der Länge $1/\alpha$ fällt die Intensität der Welle auf den e-ten Teil ab. Für $\mu \approx 1$ und $\mathrm{Im}\,\varepsilon \ll \mathrm{Re}\,\varepsilon$ ergibt sich der Absorptionskoeffizient α aus

$$\alpha(\omega) \approx \frac{\omega}{c}\, \frac{\mathrm{Im}\ \varepsilon(\omega)}{\sqrt{\mathrm{Re}\ \varepsilon(\omega)}} \tag{15.31}$$

Telegraphengleichung

Für $\varepsilon = \varepsilon_0(\omega) + 4\pi\mathrm{i}\sigma/\omega$, also für einen Leiter, wird (15.23) zur *Telegraphengleichung*

$$\left(\Delta + \frac{\omega^2 \varepsilon_0 \mu}{c^2}\right)\boldsymbol{E}(\boldsymbol{r}) = 4\pi\mathrm{i}\, \frac{\sigma\,\omega\,\mu}{c^2}\, \boldsymbol{E}(\boldsymbol{r}) \tag{15.32}$$

Die rechte Seite entspricht einer Zeitableitung $\partial \boldsymbol{E}(\boldsymbol{r}, t)/\partial t$ (vor der Fouriertransformation). Die Lösung kann wie oben erfolgen, nur dass der komplexe Brechungsindex jetzt durch $n^2 = \mu(\varepsilon_\mathrm{o} + 4\pi\mathrm{i}\sigma/\omega)$ gegeben ist. Für hochfrequente Wellen kommt der wesentliche Beitrag zur Dämpfung von der Leitfähigkeit. Tatsächlich dringen solche Wellen nur sehr wenig in das Metall ein; der metallische Draht dient im Wesentlichen als Führung der Wellen. Die Eindringtiefe wird unten als Skineffekt quantitativ diskutiert.

Wellenpaket

Im betrachteten Frequenzbereich sei der Brechungsindex $n(\omega)$ reell. Dann ist das Medium transparent (wegen $\alpha = 2k_0\,\mathrm{Im}\,n = 0$). Wenn man $k^2 = \omega^2\, n(\omega)^2/c^2$ nach ω auflöst, erhält man eine *Dispersionsrelation* $\omega = \omega(k)$. Hierfür wird die Wellengleichung auch durch Wellenpakete der Form

$$\psi(z, t) = \frac{1}{\sqrt{2\pi}} \int_{-\infty}^{\infty} dk\ A(k)\, \exp\big[\mathrm{i}\big(kz - \omega(k)\,t\big)\big] \tag{15.33}$$

gelöst. Dabei sei ψ eine der Komponenten von $\boldsymbol{E}$ oder $\boldsymbol{B}$. Das Wellenpaket habe ein Maximum bei k_o, etwa $A(k) = C\ \exp(-a\,(k-k_\mathrm{o})^2)$. In diesem Fall ist auch $|\psi_0(z)|$

eine Gaußfunktion. Das Zentrum des Wellenpakets pflanzt sich mit der *Gruppengeschwindigkeit*

$$v_G = \left(\frac{d\omega}{dk}\right)_{k_o} \tag{15.34}$$

fort. Die Gruppengeschwindigkeit ist in der Regel kleiner als c. Unter bestimmten Umständen (Dispersion in der Nähe von Resonanzen, 'instantanes' Tunneln in einem Hohlleiter) können sich Gruppengeschwindigkeiten ergeben, die größer als c sind; dies sind dann keine Signalgeschwindigkeiten. In diesen Fällen muss der Transport von Energie genauer untersucht werden; der Energietransport ist das entscheidende Kriterium einer Signalübertragung.

Die k-Abhängigkeit von $\omega(k)$ führt auch dazu, dass das Wellenpaket auseinanderfließt oder *dispergiert*. Für die Breite des betrachteten Wellenpakets gilt

$$\frac{\Delta z(t)}{\Delta z(0)} = \sqrt{1 + \frac{\beta^2 t^2}{a^2}}\,, \qquad \text{mit} \quad \beta = \frac{1}{2}\left(\frac{d^2\omega}{dk^2}\right)_{k_o} \tag{15.35}$$

Der Dispersionskoeffizient β verschwindet nur für lineare Dispersionsrelationen (also etwa für einen Lichtpuls im Vakuum).

Dispersion und Absorption

Unter Dispersion versteht man die Frequenzabhängigkeit des Brechungsindex $n = n_r + i\kappa$. Im Rahmen des Lorentzmodells untersuchen wir diese Frequenzabhängigkeit für verschiedene Materialtypen (Isolator, Metall, Plasma).

Isolator

Für einen Isolator gilt typischerweise $\mu \approx 1$ und $\varepsilon = \varepsilon(\omega)$. Der Wert von $\varepsilon(0)$ ist endlich; nach (15.19) verschwindet dann die Leitfähigkeit σ. Als Beispiel betrachten wir die Frequenzabhängigkeit von $\varepsilon(\omega)$ für Wasser.

Eine Besonderheit von Wasser (aber auch von anderen Flüssigkeiten) sind permanente Dipolmomente, die sich in einem äußeren Feld ausrichten können. Im Abschnitt über die Dielektrizitätskonstante $\varepsilon(0)$ wurden die resultierenden großen Werte diskutiert ($\varepsilon(0) \approx 80$). Bis in den Hochfrequenzbereich folgen die Dipole dem Feld und es bleibt bei diesen Werten. Bei sehr hohen Frequenzen kann die Ausrichtung der Dipolmomente dem Feld nicht mehr folgen. Im Mikrowellenbereich ($\lambda \sim 1$ cm) kommt es daher zu einem Abfall auf Werte der Größe 1. Dieser Abfall ist mit starker Absorption (Mikrowellenherd!) verbunden. Im optischen Bereich kann es dann zu Resonanzen kommen, wie sie aus dem Lorentzmodell (15.18) folgen. Für sehr hohe Frequenzen $\omega \gg \omega_j$ wird das Lorentzmodell zu

$$\varepsilon(\omega) \approx 1 - \frac{4\pi n_0 e^2}{m_e} \sum_j \frac{f_j}{\omega^2} = 1 - \frac{Z\omega_P^2}{\omega^2} \qquad (\omega \gg \omega_j) \tag{15.36}$$

Für Festkörperdichte n_0 wird die hier eingeführte Plasmafrequenz ω_P zu

$$\omega_\mathrm{P}^2 = \frac{4\pi n_0 e^2}{m_\mathrm{e}} \approx 0.2\, \omega_\mathrm{at}^2, \qquad \omega_\mathrm{P} \approx 2 \cdot 10^{16}\,\mathrm{s}^{-1} \tag{15.37}$$

Für $\omega \gg \omega_\mathrm{P}$ verhalten sich die Elektronen praktisch wie freie Teilchen. Der Imaginärteil von ε kommt dann von der Thomsonstreuung (14.39) und ist hier nicht berücksichtigt.

Metall

Im Rahmen des Lorentzmodells haben wir ein Metall dadurch beschrieben (15.19), dass es pro Atom oder Elementarzelle ein freies Elektron gibt:

$$\varepsilon(\omega) = \varepsilon_\mathrm{o}(\omega) - \frac{4\pi n_0 e^2}{m_\mathrm{e}} \frac{1}{\omega(\omega + \mathrm{i}\Gamma)} = \varepsilon_\mathrm{o}(\omega) - \frac{\omega_\mathrm{P}^2}{\omega(\omega + \mathrm{i}\Gamma)} \tag{15.38}$$

Für den Beitrag der gebundenen Elektronen $\varepsilon_\mathrm{o}(\omega)$ nehmen wir an, dass er im Wesentlichen reell, nur schwach frequenzabhängig und von der Größe 1 ist. Für Kupfer ergeben sich die Werte $\Gamma = 1/\tau \approx 4 \cdot 10^{13}\,\mathrm{s}^{-1}$ und $\omega_\mathrm{P} \approx 2 \cdot 10^{16}\,\mathrm{s}^{-1}$.

Skineffekt: Für $\omega \ll \Gamma$ wird (15.38) zu $\varepsilon(\omega) \approx \varepsilon_\mathrm{o}(\omega) + 4\pi\mathrm{i}\sigma/\omega$, wobei $\sigma = \omega_\mathrm{P}^2/(4\pi\Gamma)$ (mit $\sigma \approx 6 \cdot 10^{17}\,\mathrm{s}^{-1}$ für Kupfer). Aus $\omega \ll \Gamma$ folgt auch $\omega \ll \sigma$. Wegen $\varepsilon_\mathrm{o} = \mathcal{O}(1)$ gilt dann $\sigma/\omega \gg \varepsilon_\mathrm{o}$. Damit erhalten wir

$$n = \sqrt{\varepsilon} = \sqrt{\varepsilon_\mathrm{o} + \mathrm{i}\,\frac{4\pi\sigma}{\omega}} \approx \sqrt{\mathrm{i}\,\frac{4\pi\sigma}{\omega}} = (1+\mathrm{i})\sqrt{\frac{2\pi\sigma}{\omega}} \tag{15.39}$$

Ein periodisches elektromagnetisches Feld kann daher nur auf der Länge

$$d_\mathrm{skin} = \frac{c}{\sqrt{2\pi\sigma\omega}} = \frac{c}{2\pi\sqrt{\sigma\nu}} \tag{15.40}$$

in das Material eindringen. Für Kupfer ergibt sich im UHF-Bereich ($\nu = 10^9\,\mathrm{Hz}$) der Wert $d_\mathrm{skin} = 2 \cdot 10^{-4}\,\mathrm{cm}$. Das Feld dringt also nur in die oberste Schicht (skin) des Materials ein.

Reflexivität im Sichtbaren – Transparenz im Ultravioletten: Für $\omega \gg \Gamma$ wird (15.38) zu

$$\varepsilon(\omega) = \varepsilon_\mathrm{o}(\omega) - \frac{\omega_\mathrm{P}^2}{\omega^2} = \begin{cases} \text{negativ} & (\omega < \omega_\mathrm{P}/\sqrt{\varepsilon_\mathrm{o}}) \\ \text{positiv} & (\omega > \omega_\mathrm{P}/\sqrt{\varepsilon_\mathrm{o}}) \end{cases} \tag{15.41}$$

Damit ergibt sich für $\omega < \omega_\mathrm{P}/\sqrt{\varepsilon_\mathrm{o}}$ (näherungsweise) ein rein imaginärer Brechungsindex. Dies führt zu einer vollständigen Reflexion. Im sichtbaren Bereich kann eine versilberte ebene Fläche (Glasscheibe) als Spiegel dienen.

Für $\omega > \omega_\mathrm{P}/\sqrt{\varepsilon_\mathrm{o}}$ ist der Brechungsindex dann wieder (näherungsweise) reell. Daher sind Metalle im Ultravioletten transparent.

Plasma

Abschließend betrachten wir ein Plasma aus freien Elektronen und Ionen. Dabei dominiert der Beitrag der freien Elektronen, die wegen ihrer kleineren Masse leichter als die Ionen auszulenken sind. Wir beschränken uns auf den Fall $\omega \gg \Gamma = 1/\tau$; dabei ist τ die Stoßzeit der Elektronen. Hierfür übernehmen wir (15.41) mit $\varepsilon_{\text{o}} = 1$:

$$\varepsilon(\omega) = 1 - \frac{\omega_{\text{P}}^2}{\omega^2} \tag{15.42}$$

Damit ergeben sich wie beim Metall die beiden Effekte: Reflexivität für $\omega < \omega_{\text{P}}$ und Transparenz für $\omega > \omega_{\text{P}}$. Wegen der Reflexion an der Ionosphäre ist im Kurzwellenbereich weltweiter Rundfunk möglich. Im UKW-Bereich ist die Ionosphäre dagegen transparent.

Aufgaben

15.1 Punktladung und Dielektrikum

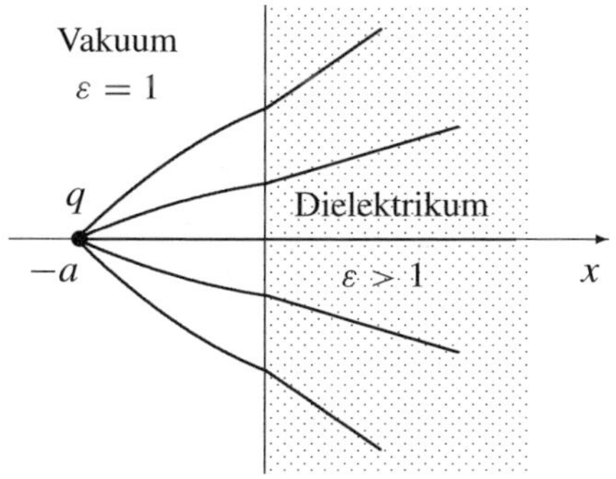

Der rechte Halbraum ist von einem Dielektrikum mit $\varepsilon > 1$ ausgefüllt. Im Vakuumbereich ($x < 0$) befindet sich bei $-a\,\boldsymbol{e}_x$ eine Punktladung der Stärke q. Es soll das elektrostatische Feld im gesamten Raum bestimmt werden. Geben Sie die auf der Grenzfläche induzierte Ladungsdichte ϱ_{ind} und die zugehörige Ladung q_{ind} an.

Lösung: Das elektrische Feld wird mit Hilfe von Bildladungen folgendermaßen angesetzt

$$\boldsymbol{E}(\boldsymbol{r}) = \begin{cases} q\,\dfrac{\boldsymbol{r}+a\,\boldsymbol{e}_x}{|\boldsymbol{r}+a\,\boldsymbol{e}_x|^3} + q'\,\dfrac{\boldsymbol{r}-a\,\boldsymbol{e}_x}{|\boldsymbol{r}-a\,\boldsymbol{e}_x|^3} & (x<0) \\[2ex] q''\,\dfrac{\boldsymbol{r}+a\,\boldsymbol{e}_x}{|\boldsymbol{r}+a\,\boldsymbol{e}_x|^3} & (x>0) \end{cases}$$

Die Stetigkeitsbedingungen für $\boldsymbol{E}_\perp$ und $\boldsymbol{D}_\parallel$ verlangen $q+q' = q''$ und $q-q' = \varepsilon q''$ (siehe Kapitel 30 in [2]). Damit liegen die Bildladungen fest:

$$q' = -q\,\frac{\varepsilon-1}{\varepsilon+1}, \qquad q'' = 2\,\frac{q}{\varepsilon+1}$$

Die Polarisation $\boldsymbol{P} = (\varepsilon-1)\boldsymbol{E}/(4\pi)$ des Dielektrikums ist damit

$$\boldsymbol{P}(\boldsymbol{r}) = \begin{cases} 0 & (x<0) \\[2ex] \dfrac{q}{2\pi}\,\dfrac{\varepsilon-1}{\varepsilon+1}\,\dfrac{\boldsymbol{r}+a\,\boldsymbol{e}_x}{|\boldsymbol{r}+a\,\boldsymbol{e}_x|^3} & (x>0) \end{cases}$$

Die induzierte Ladungsdichte folgt aus $\operatorname{div}\boldsymbol{P} = -\varrho_{\text{ind}}$. Jeweils in den Bereichen $x<0$ und $x>0$ gilt $\operatorname{div}\boldsymbol{P} = 0$ und damit $\varrho_{\text{ind}} = 0$. Wenn $\boldsymbol{P}$ an der Grenzfläche einen Sprung hat, dann gibt es eine Oberflächenladung $\varrho_{\text{ind}} = \sigma_{\text{ind}}\,\delta(x)$. Die Auswertung von $\operatorname{div}\boldsymbol{P} = -\varrho_{\text{ind}}$ mit dem Gaußschen Satz ergibt

$$\big(\boldsymbol{P}_2 - \boldsymbol{P}_1\big)\cdot\boldsymbol{n} = -\,\sigma_{\text{ind}}$$

Mit $\boldsymbol{n} = \boldsymbol{e}_x$ erhalten wir hieraus die Flächenladungsdichte

$$\sigma_{\text{ind}} = -\lim_{\epsilon\to 0}\Big(\boldsymbol{P}\big|_{x=\epsilon} - \boldsymbol{P}\big|_{x=-\epsilon}\Big)\cdot\boldsymbol{e}_x = -\frac{q}{2\pi}\,\frac{\varepsilon-1}{\varepsilon+1}\,\frac{a}{(a^2+y^2+z^2)^{3/2}}$$

Alternativ kann die Oberflächenladung auch direkt aus dem Sprung des elektrischen Felds an der Grenzfläche bestimmt werden, $(\boldsymbol{E}_2 - \boldsymbol{E}_1)\cdot\boldsymbol{n} = 4\pi\,\sigma_{\text{ind}}$. Die gesamte induzierte Ladung ist

$$q_{\text{ind}} = -q\,\frac{\varepsilon-1}{\varepsilon+1}\,a\int_0^\infty d\rho\,\frac{\rho}{(a^2+\rho^2)^{3/2}} = -q\,\frac{\varepsilon-1}{\varepsilon+1} = q'$$

Der Grenzfall $\varepsilon = 1$ bedeutet, dass das Vakuum überall ist; dann verschwindet die Oberflächenladung natürlich. Der Fall $\varepsilon = \infty$ ist das bekannte Problem (Kapitel 8 in [2]) der Punktladung vor der leitenden Wand.

15.2 Potenzial aus externer Ladungsdichte und Polarisation

In einem Dielektrikum sind die Ladungsdichte $\varrho_{\text{ext}}(\boldsymbol{r})$ und die Polarisation $\boldsymbol{P}(\boldsymbol{r})$ gegeben. Zeigen Sie, dass das elektrostatische Potenzial

$$\Phi(\boldsymbol{r}) = \Phi_{\text{ext}}(\boldsymbol{r}) + \Phi_{\text{ind}}(\boldsymbol{r}) = \int d^3r' \; \frac{\varrho_{\text{ext}}(\boldsymbol{r}')}{|\boldsymbol{r}-\boldsymbol{r}'|} + \int d^3r' \; \frac{\boldsymbol{P}(\boldsymbol{r}')\cdot(\boldsymbol{r}-\boldsymbol{r}')}{|\boldsymbol{r}-\boldsymbol{r}'|^3} \qquad (15.43)$$

die makroskopische Maxwellgleichung $\operatorname{div}\boldsymbol{D} = \operatorname{div}(\boldsymbol{E} + 4\pi\,\boldsymbol{P}) = 4\pi\,\varrho_{\text{ext}}$ löst.

Lösung: Der zweite Term in (15.43) wird durch partielle Integration umgeformt:

$$\Phi_{\text{ind}}(\boldsymbol{r}) = \int d^3r' \; \boldsymbol{P}(\boldsymbol{r}')\cdot\nabla' \frac{1}{|\boldsymbol{r}-\boldsymbol{r}'|} = -\int d^3r' \; \frac{\nabla'\,\boldsymbol{P}(\boldsymbol{r}')}{|\boldsymbol{r}-\boldsymbol{r}'|} = -\int d^3r' \; \frac{\operatorname{div}\boldsymbol{P}(\boldsymbol{r}')}{|\boldsymbol{r}-\boldsymbol{r}'|}$$

Die Polarisation soll lokalisiert sein, so dass die Randterme verschwinden. Damit wird (15.43) zu

$$\Phi(\boldsymbol{r}) = \int d^3r' \; \frac{\varrho_{\text{ext}}(\boldsymbol{r}')}{|\boldsymbol{r}-\boldsymbol{r}'|} - \int d^3r' \; \frac{\operatorname{div}\boldsymbol{P}(\boldsymbol{r}')}{|\boldsymbol{r}-\boldsymbol{r}'|}$$

Mit (10.17) wird dies zu

$$\Delta\,\Phi(\boldsymbol{r}) = -4\pi\,\varrho_{\text{ext}}(\boldsymbol{r}) + 4\pi\operatorname{div}\boldsymbol{P}(\boldsymbol{r})$$

Mit $\Delta\,\Phi = -\operatorname{div}\boldsymbol{E}$ erhalten wir hieraus die makroskopische Maxwellgleichung

$$\operatorname{div}\boldsymbol{D}(\boldsymbol{r}) = \operatorname{div}\big(\boldsymbol{E}(\boldsymbol{r}) + 4\pi\,\boldsymbol{P}(\boldsymbol{r})\big) = 4\pi\,\varrho_{\text{ext}}(\boldsymbol{r})$$

15.3 Homogen polarisierte Kugel

Bestimmen Sie das elektrische Feld $\boldsymbol{E}$ einer homogen polarisierten Kugel (Radius R, $\varrho_{\text{ext}} = 0$). Skizzieren Sie den Feldverlauf, und berechnen Sie die induzierte Ladungsdichte. Verwenden Sie (15.43).

Lösung: Wir bezeichnen die konstante Polarisation mit $\boldsymbol{P}_0$,

$$\boldsymbol{P}(\boldsymbol{r}) = \begin{cases} \boldsymbol{P}_0 = P_0\,\boldsymbol{e}_z & (r \le R) \\ 0 & (r > R) \end{cases}$$

Wir setzen dies und $\varrho_{\text{ext}} = 0$ in (15.43) ein:

$$\Phi(\boldsymbol{r}) = \boldsymbol{P}_0\cdot\int_{r\le R} d^3r' \; \frac{(\boldsymbol{r}-\boldsymbol{r}')}{|\boldsymbol{r}-\boldsymbol{r}'|^3} = -\boldsymbol{P}_0\cdot\nabla\int_{r\le R} d^3r' \; \frac{1}{|\boldsymbol{r}-\boldsymbol{r}'|}$$

Das Integral ist gleich dem Potenzial einer homogen geladenen Kugel mit $q = 4\pi R^3/3$. Dieses Potenzial entnehmen wir der Lösung von Aufgabe 11.3:

$$\Phi(\boldsymbol{r}) = -\frac{4\pi}{3}\,\boldsymbol{P}_0\cdot\nabla\left\{\begin{array}{c} 3R^2/2 - r^2/2 \\ R^3/r \end{array}\right. = \frac{4\pi}{3}\,\boldsymbol{P}_0\cdot\boldsymbol{e}_r\left\{\begin{array}{cc} r & (r\le R) \\ R^3/r^2 & (r > R) \end{array}\right.$$

oder

$$\Phi(\boldsymbol{r}) = \begin{cases} \dfrac{4\pi}{3}\,\boldsymbol{P}_0 \cdot \boldsymbol{r} & (r \le R) \\[2ex] \dfrac{\boldsymbol{p}\cdot\boldsymbol{r}}{r^3} & (r > R) \end{cases} \qquad \text{mit} \quad \boldsymbol{p} = \frac{4\pi}{3}\,R^3\,\boldsymbol{P}_0$$

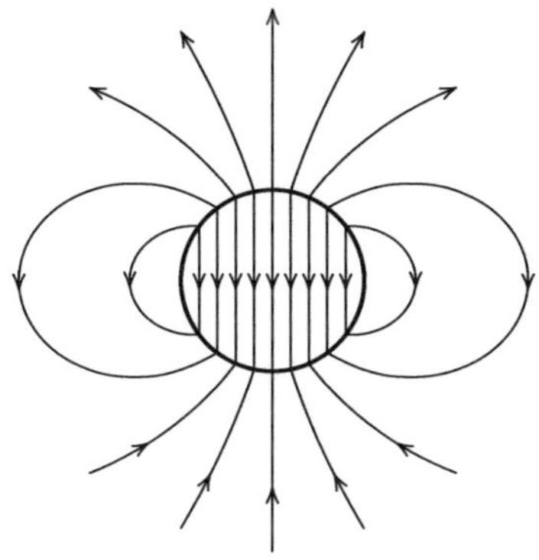

Das elektrische Feld $\boldsymbol{E} = -\,\mathrm{grad}\,\Phi$ ist

$$\boldsymbol{E}(\boldsymbol{r}) = \begin{cases} -\dfrac{4\pi}{3}\,\boldsymbol{P}_0 & (r \le R) \\[2ex] \dfrac{3\,\boldsymbol{e}_r\,(\boldsymbol{e}_r\cdot\boldsymbol{p}) - \boldsymbol{p}}{r^3} & (r > R) \end{cases}$$

Die Skizze zeigt die Feldlinien. Sie laufen von positiven induzierten Oberflächenladungen (oberer Teil) zu den negativen (unterer Teil). Dabei laufen sie zum einen durch das Innere der Kugel (mit $\boldsymbol{E} = \text{const.}$) und zum anderen außen herum (in der Form eines Dipolfelds).

In den Bereichen $r < R$ und $r > R$ gilt jeweils $\mathrm{div}\,\boldsymbol{E} = 0$. Daher ist die induzierte Ladungsdichte ϱ_{ind} auf die Oberfläche beschränkt:

$$\varrho_{\mathrm{ind}}(\boldsymbol{r}) = \frac{\mathrm{div}\,\boldsymbol{E}}{4\pi} = -\,\mathrm{div}\,\boldsymbol{P} = \sigma_{\mathrm{ind}}(\boldsymbol{r})\;\delta(r-R)$$

Mit dem Gaußschen Satz folgt hieraus $(\boldsymbol{P}_2 - \boldsymbol{P}_1)\cdot\boldsymbol{n} = -\,\sigma_{\mathrm{ind}}$. Mit $\boldsymbol{n} = \boldsymbol{e}_r$ erhalten wir

$$\sigma_{\mathrm{ind}} = \boldsymbol{P}_0\cdot\boldsymbol{e}_r = P_0\,\cos\theta$$

Wie in der Legende zur Abbildung vorausgesetzt, sind die induzierten Ladungen im oberen Teil der Kugeloberfläche positiv, die im unteren negativ.

Die homogene Polarisation der Kugel kann durch zwei mit $+q$ und $-q$ homogen geladene Kugeln beschrieben werden, die um $\boldsymbol{a}$ (mit $a \ll R$) gegeneinander verschoben sind. Dies ist auch eine Erklärung für die induzierte Ladungsdichte. In dieser Konstruktion sind q und a so zu wählen, dass $p = q\,a = (4\pi/3)\,R^3\,P_0$.

15.4 Dipoleinstellung im thermischen Gleichgewicht

Ein permanenter elektrischer Dipol $\boldsymbol{p}$ hat im elektrischen Feld $\boldsymbol{E} = E\,\boldsymbol{e}_z$ die potenzielle Energie $W(\theta) = -\boldsymbol{p}\cdot\boldsymbol{E} = -\,pE\,\cos\theta$. Der Gleichgewichtswert der Dipolkomponente $p_z = p\,\cos\theta$ im thermischen Gleichgewicht folgt aus

$$\overline{p_z} = \frac{p}{z(T)}\int_{-1}^{1} d\cos\theta\;\cos\theta\;\exp\Big(-\frac{W(\theta)}{k_{\mathrm{B}}T}\Big)$$

$$z(T) = \int_{-1}^{1} d\cos\theta\;\exp\Big(-\frac{W(\theta)}{k_{\mathrm{B}}T}\Big)$$

Berechnen Sie $\overline{p_z}$ als Funktion der Temperatur T. Diskutieren Sie das Ergebnis graphisch.

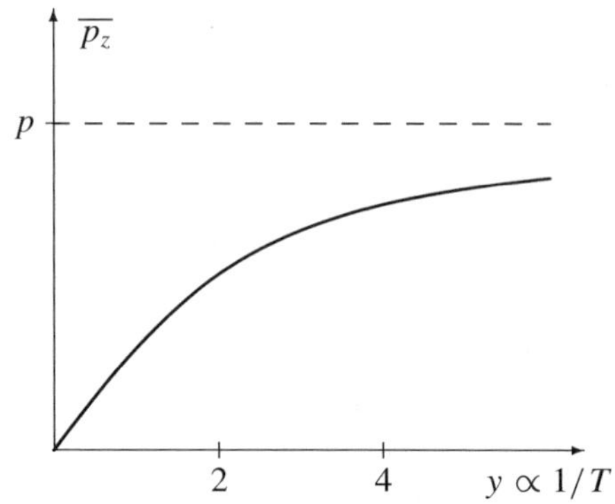

Lösung: Mit $y = pE/(k_B T)$ erhalten wir

$$z(T) = \int_{-1}^{1} d\cos\theta \, \exp(y\cos\theta) = \frac{2\sinh y}{y}$$

$$\overline{p_z} = \frac{p}{z(T)} \int_{-1}^{1} d\cos\theta \, \cos\theta \, \exp(y\cos\theta)$$

$$= \frac{p}{z(T)} \left(\frac{2\cosh y}{y} - \frac{2\sinh y}{y^2} \right)$$

$$= p \left(\coth y - \frac{1}{y} \right)$$

Für tiefe Temperaturen ($y \gg 1$) zeigt der Dipol in Richtung des elektrischen Felds, $\overline{p_z} \approx p$. Für hohe Temperaturen ($y \ll 1$) gilt näherungsweise

$$\overline{p_z} \approx p\,\frac{y}{3} = \frac{p^2 E}{3\,k_B T} \qquad (pE \ll k_B T)$$

15.5 Leitfähigkeit in SI-Einheiten

Der Ausdruck für die statische Leitfähigkeit

$$\sigma = \frac{n_0\, e^2}{m_e\, \Gamma}$$

gilt sowohl im Gauß- wie im SI-System. Gehen Sie von $n_0 \approx 1/(12\,\text{Å}^3)$ und $\Gamma \approx 4 \cdot 10^{13}\,\text{s}^{-1}$ (für Kupfer) aus, und bestimmen Sie die Leitfähigkeit in SI-Einheiten. Ein Kupferdraht von 10 Meter Länge und einem Querschnitt von 1 mm^2 stellt einen Ohmschen Widerstand R dar. Welchen Wert hat R in Ohm?

Lösung: Wir setzen die angegebenen Größen, die Elementarladung $e = 1.6 \cdot 10^{-19}$ C und die Elektronenmasse $m = 9.1 \cdot 10^{-31}$ kg ein:

$$\sigma = \frac{(1.6 \cdot 10^{-19}\,\text{C})^2}{12 \cdot 10^{-30}\,\text{m}^3\; 9.1 \cdot 10^{-31}\,\text{kg}\; 4 \cdot 10^{13}\,\text{s}^{-1}} \approx 5.86 \cdot 10^7\,\frac{\text{A}^2\,\text{s}}{\text{N}\,\text{m}^2}$$

Für einen stromdurchflossenen Draht (Länge ℓ, Querschnitt a) setzen wir die Spannung $U = E\,\ell$ und den Strom $I = j\,a$ in $j = \sigma\,E$ ein und erhalten

$$I = \frac{U}{R} \quad \text{mit} \quad R = \frac{\ell}{\sigma\, a} \tag{15.44}$$

Mit dem berechneten Wert von σ, mit $\ell = 10$ m und $a = 1$ mm^2 erhalten wir

$$R = \frac{1}{5.86 \cdot 10^7}\,\frac{\text{N}\,\text{m}^2}{\text{A}^2\,\text{s}}\,\frac{10\ \text{m}}{10^{-6}\,\text{m}^2} \approx 0.17\,\Omega$$

Die Einheit ist zunächst $\text{N}\,\text{m}/(\text{A}^2\,\text{s})$. Mit Nm = Joule = Coulomb · Volt = A s V bleibt V/A = Ohm = Ω.

15.6 Vektorpotenzial aus externer Stromdichte und Magnetisierung

In einem magnetischen Medium sind die Stromdichte $\boldsymbol{j}_{\text{ext}}(\boldsymbol{r})$ und die Magnetisierung $\boldsymbol{M}(\boldsymbol{r})$ gegeben. Zeigen Sie, dass das Vektorpotenzial

$$\boldsymbol{A}(\boldsymbol{r}) = \boldsymbol{A}_{\text{ext}}(\boldsymbol{r}) + \boldsymbol{A}_{\text{ind}}(\boldsymbol{r}) = \frac{1}{c}\int d^3r'\,\frac{\boldsymbol{j}_{\text{ext}}(\boldsymbol{r}')}{|\boldsymbol{r}-\boldsymbol{r}'|} + \int d^3r'\,\frac{\boldsymbol{M}(\boldsymbol{r}')\times(\boldsymbol{r}-\boldsymbol{r}')}{|\boldsymbol{r}-\boldsymbol{r}'|^3} \tag{15.45}$$

die makroskopische Maxwellgleichung $\operatorname{rot}\boldsymbol{H} = \operatorname{rot}(\boldsymbol{B} - 4\pi\,\boldsymbol{M}) = 4\pi\,\boldsymbol{j}_{\text{ext}}/c$ löst.

Lösung: Der zweite Term in (15.45) wird durch partielle Integration umgeformt:

$$\boldsymbol{A}_{\text{ind}}(\boldsymbol{r}) = \int d^3r'\;\boldsymbol{M}(\boldsymbol{r}')\times\nabla'\,\frac{1}{|\boldsymbol{r}-\boldsymbol{r}'|} = \int d^3r'\;\frac{\nabla'\times\boldsymbol{M}(\boldsymbol{r}')}{|\boldsymbol{r}-\boldsymbol{r}'|} = \int d^3r'\;\frac{\operatorname{rot}\boldsymbol{M}(\boldsymbol{r}')}{|\boldsymbol{r}-\boldsymbol{r}'|}$$

Die Magnetisierung soll lokalisiert sein, so dass die Randterme verschwinden. Damit ist (15.45) von der Form

$$\boldsymbol{A}(\boldsymbol{r}) = \frac{1}{c}\int d^3r'\;\frac{\boldsymbol{j}_{\text{ext}}(\boldsymbol{r}')}{|\boldsymbol{r}-\boldsymbol{r}'|} + \int d^3r'\;\frac{\operatorname{rot}\boldsymbol{M}(\boldsymbol{r}')}{|\boldsymbol{r}-\boldsymbol{r}'|} \tag{15.46}$$

Es gilt die Coulomb-Eichung, $\operatorname{div}\boldsymbol{A} = 0$. Zunächst folgt $\operatorname{div}\boldsymbol{A}_{\text{ext}} = 0$ aus $\operatorname{div}\boldsymbol{j}_{\text{ext}}(\boldsymbol{r}) = 0$. Außerdem gilt

$$\operatorname{div}\boldsymbol{A}_{\text{ind}}(\boldsymbol{r}) = -\int d^3r'\,\operatorname{rot}\boldsymbol{M}(\boldsymbol{r}')\cdot\nabla'\frac{1}{|\boldsymbol{r}-\boldsymbol{r}'|} = \int d^3r'\;\frac{\operatorname{grad}\operatorname{rot}\boldsymbol{M}(\boldsymbol{r}')}{|\boldsymbol{r}-\boldsymbol{r}'|} = 0$$

Dabei wurde zunächst ∇ durch $-\nabla'$ ersetzt und dann partiell integriert. Wir verwenden nun $\nabla\cdot\boldsymbol{A} = 0$ in

$$\Delta\,\boldsymbol{A}(\boldsymbol{r}) = \nabla\big(\nabla\cdot\boldsymbol{A}(\boldsymbol{r})\big) - \nabla\times\big(\nabla\times\boldsymbol{A}(\boldsymbol{r})\big) = -\operatorname{rot}\boldsymbol{B}(\boldsymbol{r})$$

Aus (15.46) erhalten wir mit Hilfe von (10.17)

$$\Delta\,\boldsymbol{A}(\boldsymbol{r}) = -4\pi\,\boldsymbol{j}_{\text{ext}}(\boldsymbol{r})/c - 4\pi\operatorname{rot}\boldsymbol{M}(\boldsymbol{r})$$

Die Kombination der letzten beiden Gleichungen ergibt die statische, makroskopische Maxwellgleichung

$$\operatorname{rot}\boldsymbol{H}(\boldsymbol{r}) = \operatorname{rot}\big(\boldsymbol{B}(\boldsymbol{r}) - 4\pi\,\boldsymbol{M}(\boldsymbol{r})\big) = \frac{4\pi}{c}\,\boldsymbol{j}_{\text{ext}}(\boldsymbol{r})$$

15.7 Homogen magnetisierte Kugel

Bestimmen Sie das magnetische Feld $\boldsymbol{B}$ einer homogen polarisierten Kugel (Radius R, $\boldsymbol{j}_{\text{ext}} = 0$). Skizzieren Sie den Feldverlauf, und berechnen Sie die induzierte Stromdichte. Verwenden Sie (15.45).

Lösung: Wir bezeichnen die konstante Magnetisierung mit $\boldsymbol{M}_0$,

$$\boldsymbol{M}(\boldsymbol{r}) = \begin{cases} \boldsymbol{M}_0 = M_0\,\boldsymbol{e}_z & (r \le R) \\ 0 & (r > R) \end{cases}$$

Wir setzen dies und $\boldsymbol{j}_{\text{ext}} = 0$ in (15.45) ein:

$$\boldsymbol{A}(\boldsymbol{r}) = \boldsymbol{M}_0 \times \int_{r\le R} d^3r' \,\frac{(\boldsymbol{r}-\boldsymbol{r}')}{|\boldsymbol{r}-\boldsymbol{r}'|^3} = -\,\boldsymbol{M}_0 \times \nabla \int_{r\le R} d^3r' \,\frac{1}{|\boldsymbol{r}-\boldsymbol{r}'|}$$

Das Integral ist gleich dem Potenzial einer homogen geladenen Kugel mit $q = 4\pi R^3/3$. Dieses Potenzial entnehmen wir der Lösung von Aufgabe 11.3:

$$\boldsymbol{A}(\boldsymbol{r}) = -\,\frac{4\pi}{3}\,\boldsymbol{M}_0 \times \nabla \begin{cases} 3R^2/2 - r^2/2 \\ R^3/r \end{cases} = \frac{4\pi}{3}\,\boldsymbol{M}_0 \times \boldsymbol{e}_r \begin{cases} r & (r \le R) \\ R^3/r^2 & (r > R) \end{cases}$$

oder

$$\boldsymbol{A}(\boldsymbol{r}) = \begin{cases} \dfrac{4\pi}{3}\,\boldsymbol{M}_0 \times \boldsymbol{r} & (r \le R) \\[2ex] \dfrac{\boldsymbol{\mu} \times \boldsymbol{r}}{r^3} & (r > R) \end{cases} \qquad \text{mit} \quad \boldsymbol{\mu} = \frac{4\pi}{3}\,R^3\,\boldsymbol{M}_0$$

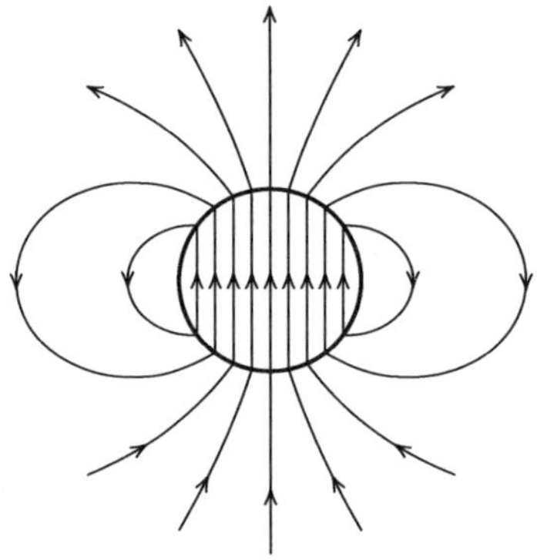

Das magnetische Feld $\boldsymbol{B} = \operatorname{rot} \boldsymbol{A}$ ist

$$\boldsymbol{B}(\boldsymbol{r}) = \begin{cases} \dfrac{8\pi}{3}\,\boldsymbol{M}_0 & (r \le R) \\[2ex] \dfrac{3\,\boldsymbol{e}_r\,(\boldsymbol{e}_r \cdot \boldsymbol{\mu}) - \boldsymbol{\mu}}{r^3} & (r > R) \end{cases}$$

Die Skizze zeigt die Feldlinien. Die induzierten Ströme laufen auf der Oberfläche alle in ϕ-Richtung; sie sind maximal am Äquator. Innen ist das Feld homogen, außen hat es Dipolform. Innen hat es eine andere Richtung als bei der polarisierten Kugel (Aufgabe 15.3).

In den Bereichen $r < R$ und $r > R$ gilt jeweils $\operatorname{rot} \boldsymbol{B} = 0$. Daher ist die induzierte Stromdichte

$$\boldsymbol{j}_{\text{ind}}(\boldsymbol{r}) = \frac{c \operatorname{rot} \boldsymbol{B}}{4\pi} = c \operatorname{rot} \boldsymbol{M} = \frac{I_{\text{ind}}(\theta)}{\pi R}\,\delta(r-R)\,\boldsymbol{e}_\phi$$

auf die Oberfläche beschränkt; ansonsten folgt die angegebene Form aus der Zylindersymmetrie. Wir wenden den Stokesschen Satz auf $\operatorname{rot} \boldsymbol{M}$ (und ein geeignetes Flächenelement) an und erhalten daraus $\boldsymbol{n} \times (\boldsymbol{M}_2 - \boldsymbol{M}_1) = -\boldsymbol{e}_r \times \boldsymbol{M}_0 = M_0 \sin\theta\,\boldsymbol{e}_\phi = I_{\text{ind}}(\theta)\,\boldsymbol{e}_\phi/(c\,\pi\,R)$ oder

$$I_{\text{ind}}(\theta) = \pi\,c\,R\,M_0\,\sin\theta$$

Im gesamten Bereich $0 \le \theta \le \pi$ verläuft der Oberflächenstrom in ϕ-Richtung.

15.8 Magnetisierung durch äußeres Feld

Eine Kugel (Radius R, Permeabilität μ) befindet sich in einem äußeren homogenen Magnetfeld $\boldsymbol{B}_0$. Das Feld bewirkt eine homogene Magnetisierung $\boldsymbol{M}_0$ der Kugel. Bestimmen Sie $\boldsymbol{M}_0$ aus $\boldsymbol{B}_0$ und μ. Gehen Sie dazu von

$$\boldsymbol{H} = \boldsymbol{B} - 4\pi\boldsymbol{M} = \boldsymbol{B}/\mu \tag{15.47}$$

aus. Skizzieren Sie die Feldlinien für den Fall $\mu > 1$. Welche Stärke hat das $\boldsymbol{H}$-Feld im Inneren der Kugel für $\mu \gg 1$?

Lösung: Wir legen die z-Achse in Richtung des äußeren Magnetfelds. Dann gilt

$$\boldsymbol{B}(\boldsymbol{r}) = \boldsymbol{B}_0 = B_0\,\boldsymbol{e}_z\,, \qquad \boldsymbol{M}(\boldsymbol{r}) = \begin{cases} \boldsymbol{M}_0 = M_0\,\boldsymbol{e}_z & (r \le R) \\ 0 & (r > R) \end{cases}$$

Aus Aufgabe 15.7 entnehmen wir das $\boldsymbol{B}$-Feld der magnetisierten Kugel. Es addiert sich zum äußeren Feld:

$$\boldsymbol{B}(\boldsymbol{r}) = \boldsymbol{B}_0 + \begin{cases} \dfrac{8\pi}{3}\,\boldsymbol{M}_0 & (r \le R) \\[2ex] \dfrac{3\,\boldsymbol{e}_r\,(\boldsymbol{e}_r\cdot\boldsymbol{\mu}) - \boldsymbol{\mu}}{r^3} & (r > R) \end{cases} \tag{15.48}$$

Unbekannt ist hier zunächst M_0. Das magnetische Moment ist $\boldsymbol{\mu} = 4\pi R^3 \boldsymbol{M}_0/3$; sein Betrag $|\boldsymbol{\mu}|$ ist nicht mit der Permeabilität μ zu verwechseln. Aus (15.47) folgt der Zusammenhang

$$\boldsymbol{B} = \frac{4\pi\,\mu}{\mu - 1}\,\boldsymbol{M}$$

Hierin setzen wir die Felder innerhalb der Kugel ein:

$$\boldsymbol{B}_0 + \frac{8\pi}{3}\,\boldsymbol{M}_0 = \frac{4\pi\,\mu}{\mu - 1}\,\boldsymbol{M}_0$$

Wir lösen dies nach $\boldsymbol{M}_0$ auf:

$$\boldsymbol{M}_0 = \frac{3}{4\pi}\,\frac{\mu - 1}{\mu + 2}\,\boldsymbol{B}_0$$

Hieraus folgt auch das Dipolmoment

$$\boldsymbol{\mu} = \frac{4\pi}{3}\,R^3 \boldsymbol{M}_0 = \frac{\mu - 1}{\mu + 2}\,R^3 \boldsymbol{B}_0$$

Schließlich berechnen wir noch das $\boldsymbol{H}$-Feld im Inneren der Kugel:

$$\boldsymbol{H} = \boldsymbol{B} - 4\pi\boldsymbol{M} \overset{(r<R)}{=} \boldsymbol{B}_0 + \frac{8\pi}{3}\,\boldsymbol{M}_0 - 4\pi\boldsymbol{M}_0 = \frac{3}{\mu + 2}\,\boldsymbol{B}_0 \overset{\mu\to\infty}{\longrightarrow} 0 \qquad (r < R)$$

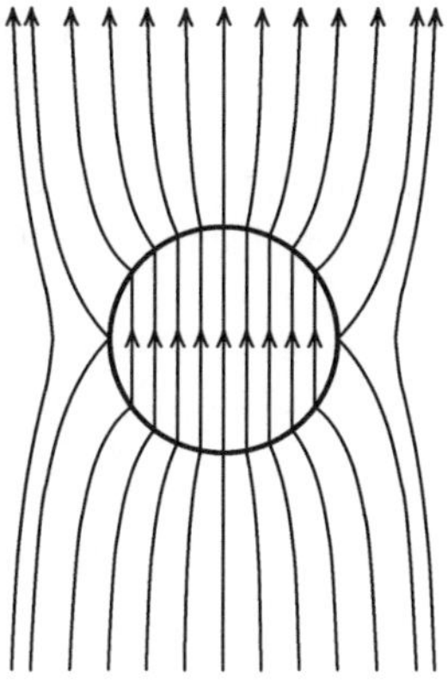

Die magnetischen Feldlinien: Für $r > R$ ist $\boldsymbol{B}$ die Summe aus dem angelegten homogenen Feld und dem Dipolfeld der magnetisierten Kugel. Im Inneren der Kugel gilt

$$\boldsymbol{B} = \boldsymbol{B}_0 + \frac{8\pi}{3}\,\boldsymbol{M}_0 = \frac{3\mu}{\mu + 2}\,\boldsymbol{B}_0 \qquad (r < R)$$

Für paramagnetische Materialien mit $\mu > 1$ verdichten sich die Feldlinien (Skizze, $B_{r<R} > B_0$), für diamagnetische ($\mu < 1$) wird das Feld dagegen schwächer ($B_{r<R} < B_0$). Für $\mu = 1$ ist $\boldsymbol{B} \equiv \boldsymbol{B}_0$ im gesamten Raum.

Es gilt $\boldsymbol{H} = \boldsymbol{B}$ außen, und $\boldsymbol{H} = 3\,\boldsymbol{B}_0/(\mu + 2)$ innen. Für $\mu \to \infty$ verschwindet das $\boldsymbol{H}$-Feld im Inneren.

15.9 Hochpermeable Kugelschale im äußeren Feld

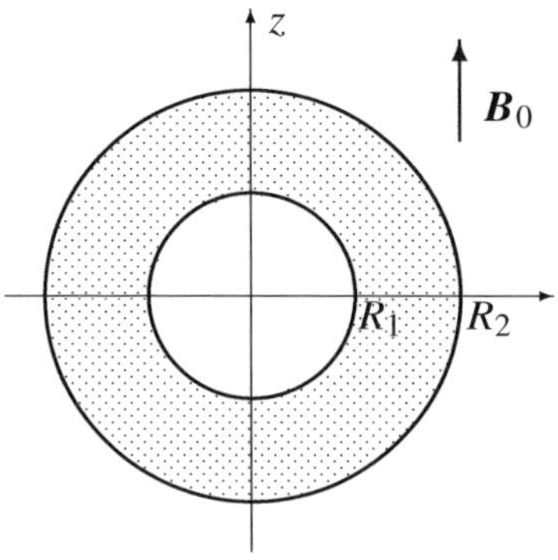

Eine Kugelschale (Radien R_1 und R_2) mit der Permeabilität μ befindet sich im äußeren homogenen Magnetfeld $\boldsymbol{B}_0 = B_0\,\boldsymbol{e}_z$. In den einzelnen Bereichen kann man $\boldsymbol{H} = -\operatorname{grad}\Psi$ mit einem magnetischen Potenzial

$$\Psi(r,\theta) = \sum_{l=0}^{\infty}\Big(a_l\, r^l + \frac{b_l}{r^{l+1}}\Big)\, P_l(\cos\theta)$$

ansetzen. Begründen Sie diesen Ansatz, und bestimmen Sie die Koeffizienten a_l und b_l. Diskutieren Sie den Grenzfall $\mu \gg 1$.

Lösung: Ohne externe Ströme gilt $\operatorname{rot}\boldsymbol{H} = 0$. Daher kann

$$\boldsymbol{H}(\boldsymbol{r}) = \frac{\boldsymbol{B}(\boldsymbol{r})}{\mu} = -\operatorname{grad}\Psi(\boldsymbol{r})$$

gesetzt werden. Aus $\operatorname{div}\boldsymbol{B} = 0$ und $\mu = \text{const.}$ (also jeweils innerhalb eines Bereichs) folgt auch $\operatorname{div}\boldsymbol{H} = 0$. Damit gilt

$$\Delta\Psi(r,\theta) = 0$$

Da die Anordnung zylindersymmetrisch ist, hängt $\Psi(r,\theta,\phi)$ nicht von ϕ ab. Daher kann die aus der Elektrostatik bekannte Entwicklung (11.39) angesetzt werden. Für $r \to \infty$ gilt $\boldsymbol{H} = \boldsymbol{B} \to B_0\,\boldsymbol{e}_z$ oder

$$\lim_{r\to\infty}\Psi = -B_0\, r\cos\theta \tag{15.49}$$

Da das Material kugelsymmetrisch angeordnet ist, hat das Potenzial Ψ überall diese Winkelabhängigkeit. Die allgemeine Entwicklung reduziert sich also auf

$$\Psi(r,\theta) = \Big(a_1\, r + \frac{b_1}{r^2}\Big)\cos\theta$$

Diese Entwicklung ist nun getrennt in den drei Bereichen anzusetzen:

$$\Psi(r,\theta) = \begin{cases} \big(\alpha_1\, r + \beta_1/r^2\big)\cos\theta & (r < R_1) \\ \big(\alpha_2\, r + \beta_2/r^2\big)\cos\theta & (R_1 < r < R_2) \\ \big(\alpha_3\, r + \beta_3/r^2\big)\cos\theta & (r > R_2) \end{cases} \tag{15.50}$$

Da es keine Singulariät (Punktquelle) bei $r = 0$ gibt, ist $\beta_1 = 0$. Aus (15.49) folgt $\alpha_3 = -B_0$. An den Grenzen bei $r = R_1$ und R_2 gelten die Stetigkeitsbedingungen (15.16) und (15.17):

$$\boldsymbol{H}_{\text{tangential}},\ \text{also } H_\theta \text{ ist stetig}, \qquad \boldsymbol{B}_{\text{normal}},\ \text{also } B_r \text{ ist stetig}$$

Wir berechnen die Felder $H_\theta = -(\partial\Psi/\partial\theta)/r$ und $H_r = -\partial\Psi/\partial r$ mit Ψ aus (15.50). Mit $\beta_1 = 0$ und $\alpha_3 = -B_0$ erhalten wir

$$H_\theta = \begin{cases} \alpha_1\sin\theta \\ \big(\alpha_2 + \beta_2/r^3\big)\sin\theta \\ \big(-B_0 + \beta_3/r^3\big)\sin\theta \end{cases} \qquad B_r = \begin{cases} -\alpha_1\cos\theta & (r < R_1) \\ -\mu\big(\alpha_2 - 2\beta_2/r^3\big)\cos\theta & (R_1 \le r \le R_2) \\ \big(B_0 + 2\beta_3/r^3\big)\cos\theta & (r > R_2) \end{cases}$$

Die vier Anschlussbedingungen (für B_r und H_θ, bei R_1 und R_2) lauten:

$$\begin{aligned} \alpha_1 &= \alpha_2 + \beta_2/R_1^3 & \alpha_1 &= \mu\big(\alpha_2 - 2\beta_2/R_1^3\big) \\ \alpha_2 + \beta_2/R_2^3 &= -B_0 + \beta_3/R_2^3 & \mu\big(\alpha_2 - 2\beta_2/R_2^3\big) &= -B_0 - 2\beta_3/R_2^3 \end{aligned}$$

Hieraus folgen die vier noch unbekannten Koeffizienten:

$$\alpha_1 = -\frac{9\mu B_0}{(\mu+2)(2\mu+1) - 2(\mu-1)^2(R_1/R_2)^3} \qquad \alpha_2 = \frac{2\mu+1}{3\mu}\,\alpha_1$$

$$\beta_3 = \frac{(\mu-1)(2\mu+1)(R_2^3 - R_1^3)\,B_0}{(\mu+2)(2\mu+1) - 2(\mu-1)^2(R_1/R_2)^3} \qquad \beta_2 = \frac{\mu-1}{3\mu}\,\alpha_1 R_1^3$$

Damit sind alle Koeffizienten und das Feld bestimmt. Im Außenraum liegt zusätzlich zum externen homogenen Feld wieder ein Dipolfeld vor:

$$\boldsymbol{B} = B_0\,\boldsymbol{e}_z + \frac{3\,\boldsymbol{e}_r\,(\boldsymbol{e}_r\cdot\boldsymbol{\mu}) - \boldsymbol{\mu}}{r^3} \quad \text{mit} \quad \boldsymbol{\mu} = \beta_3\,\boldsymbol{e}_z \qquad (r > R_2)$$

Im Innenraum gilt

$$\boldsymbol{B} = \boldsymbol{H} = -\alpha_1\,\boldsymbol{e}_z \stackrel{\mu\to\infty}{\longrightarrow} 0 \qquad (r < R_1)$$

Ein magnetisches Feld kann also durch eine hochpermeable Kugelschale abgeschirmt werden. Analog dazu wird ein elektrisches Feld in einer solchen Anordnung für $\varepsilon \to \infty$ abgeschirmt. Konkret nimmt man im elektrischen Fall ein Metall, und im magnetischen einen Supraleiter. Hierbei reicht jeweils auch eine dünne Kugelschale.

16 Elemente der Optik

Einige elementare Grundlagen der Optik, also der Lehre von der Ausbreitung des Lichts, werden vorgestellt. Ausgehend vom Huygensschen Prinzip behandeln wir die Beugung und Interferenz von Wellen. Die Grenzflächenbedingungen für elektromagnetische Wellen sind die Grundlage für die Behandlung der Reflexion und Brechung (Fresnelsche Formeln). Das Kapitel endet mit einem kurzen Überblick über die geometrische Optik.

Huygenssches Prinzip

Licht besteht aus transversalen elektromagnetischen Wellen. In diesem Abschnitt betrachten wir nur den Wellencharakter, der durch die Gleichung $(\Delta + k^2)\, \psi(\boldsymbol{r}) = 0$ bestimmt ist ($k = \omega/c$). Polarisationseffekte (also die Mehrkomponentigkeit und der transversale Charakter der Welle) werden dagegen nicht berücksichtigt. Die Welle falle senkrecht auf eine Blende mit Öffnungen ein. Eine sehr brauchbare Näherung für die Welle $\psi(\boldsymbol{r})$ *hinter der Blende* ist dann das Huygenssche Prinzip. Danach geht von jedem Punkt der Blendenöffnung eine Kugelwelle aus:

$$\psi(\boldsymbol{r}) \approx B \int_{\text{Öffnungen}} dA\; \frac{\exp(\mathrm{i} k r_{\mathrm{P}})}{r_{\mathrm{P}}} \tag{16.1}$$

Der Vektor $\boldsymbol{r}_{\mathrm{P}}$ zeigt von einem Punkt der Öffnungsfläche A zum Punkt P bei $\boldsymbol{r}$. Die Stärke der einfallenden Welle bestimmt die Konstante B. Eine Ableitung des Huygensschen Prinzips aus der Wellengleichung wurde von Kirchhoff gegeben. Die Annahmen der Kirchhoffschen Beugungstheorie sind allerdings problematisch.

Nach dem Huygensschen Prinzip sind Beugung und Streuung verwandte Phänomene. Bei der Streuung fällt Licht auf Streuzentren (etwa Atome oder Striche eines Gitters). In (14.35) – (14.38) wurde berechnet, wie ein Atom zu Dipolschwingungen angeregt wird und dadurch seinerseits zur Quelle einer auslaufenden Kugelwelle wird. Damit geht von jedem Atom (oder Streuzentrum) eine Kugelwelle aus, so wie von jedem Punkt der Öffnung in (16.1).

Fraunhofersche Beugung

Das Ergebnis (16.1) lässt sich vereinfachen, wenn der Beobachtungspunkt P weit von der Blende entfernt ist, $r_{\mathrm{P}} \gg a^2/\lambda$ (wobei a die Größe der Öffnung charakterisiert). Wenn der Vektor $\boldsymbol{r}_{\mathrm{OP}}$ von einem festen Punkt O der Blendenöffnung zu

P zeigt, dann ist $\boldsymbol{r}_\mathrm{P} = \boldsymbol{r}_\mathrm{OP} - \boldsymbol{x}$, siehe auch Abbildung unten. Wir entwickeln die Kugelwelle in (16.1) nach kleinen x und erhalten die *Fraunhofersche Näherung*

$$\psi(\boldsymbol{r}) \approx B\,\frac{\exp(\mathrm{i}k r_\mathrm{OP})}{r_\mathrm{OP}} \int_{\text{Öffnung}} d^2x\;\exp(-\mathrm{i}\boldsymbol{k}_\mathrm{OP}\cdot\boldsymbol{x}) \tag{16.2}$$

Dabei ist $\boldsymbol{k}_\mathrm{OP} = k\,\boldsymbol{r}_\mathrm{OP}/r_\mathrm{OP}$. Wenn sich Materie in der Öffnung der Blende befindet, dann ist die Stärke der von jedem Punkt der Öffnung ausgehenden Welle ortsabhängig. Dies kann dadurch berücksichtigt werden, dass der Vorfaktor B durch $B(\boldsymbol{x})$ ersetzt und unter das Integral geschrieben wird. Das Integral ist die (zweidimensionale) Fouriertransformierte von $B(\boldsymbol{x})$, also der zweidimensionalen Struktur in der Öffnung. Aus dem Beugungsmuster erhält man $|\psi|^2$ und damit das Betragsquadrat der Fouriertransformierten.

Ein Standardproblem bei dieser Art von *Abbildung* von $B(\boldsymbol{x})$ ist, dass man nur den Betrag, nicht aber die Phase der Fouriertransformierten erhält. Ein weiteres Problem ist, dass das Experiment immer nur einen endlichen Bereich von $\boldsymbol{k}$-Werten umfasst.

Beugung am Spalt

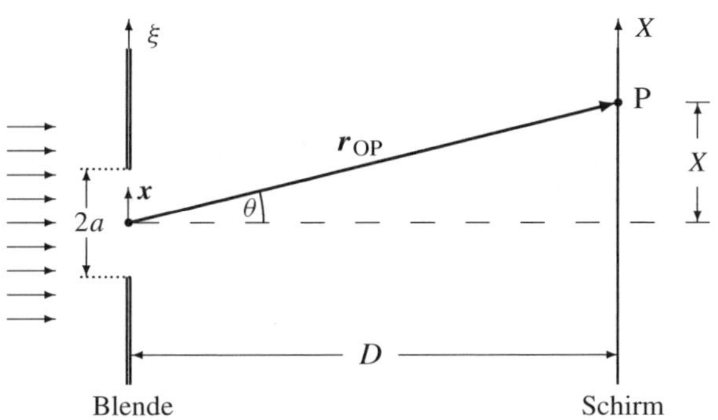

Eine ebene Welle wird an einem Spalt der Breite $2a$ gebeugt. Die Beugung wird in der Fraunhoferschen Näherung berechnet.

Wir betrachten eine rechteckige Öffnung, deren Punkte durch $\boldsymbol{x} := (\xi, \eta)$ mit $|\xi| \le a$ und $|\eta| \le b$ gegeben sind. Dann wird (16.2) zu

$$\psi(\boldsymbol{r}) = C \int_{-a}^{a} d\xi \int_{-b}^{b} d\eta\;\exp\big(-\mathrm{i}\,(\boldsymbol{k}_\mathrm{OP}\cdot\boldsymbol{e}_x)\,\xi\big)\;\exp\big(-\mathrm{i}\,(\boldsymbol{k}_\mathrm{OP}\cdot\boldsymbol{e}_y)\,\eta\big) \tag{16.3}$$

Der Vorfaktor wurde mit $C = B\exp(\mathrm{i}k r_\mathrm{OP})/r_\mathrm{OP}$ abgekürzt; im Folgenden ist $|C|^2 \approx \text{const}$. Der Vektor $\boldsymbol{k}_\mathrm{OP}$ zeigt vom Mittelpunkt der Öffnung zum Beobachtungspunkt, so dass $\boldsymbol{k}_\mathrm{OP}\cdot\boldsymbol{e}_x \approx k\,X/D$ und $\boldsymbol{k}_\mathrm{OP}\cdot\boldsymbol{e}_y \approx k\,Y/D$. Wir werten das Integral (16.3) aus. Für $b \to \infty$ ergibt sich ein Spalt und die Intensität $I = |\psi|^2$ auf dem Schirm hängt nur noch von X ab:

$$\frac{I(X)}{I(0)} = \frac{\sin^2(\alpha X)}{\alpha^2 X^2} \tag{16.4}$$

wobei $\alpha = ka/D$. Das Hauptmaximum bei $X = 0$ entspricht der geradlinigen Lichtausbreitung. Insgesamt zeigen sich Maxima und Minima, also ein Interferenzmuster. Die erste Nullstelle in X-Richtung liegt bei

$$\Delta\theta \approx \frac{\pi}{ka} = \frac{\lambda}{2a} \tag{16.5}$$

Unter Beugung versteht man die Abweichung von der geradlinigen Ausbreitung. Sie ist durch einen Winkel der Größe λ/a charakterisiert.

Interferenz an einer Doppelöffnung

Eine Blende habe zwei kleine kreisförmige Öffnungen. Dann ergibt das Huygenssche Prinzip (16.1) das Wellenfeld

$$\psi(\boldsymbol{r}) = C\left(\frac{\exp(\mathrm{i}kr_1)}{r_1} + \frac{\exp(\mathrm{i}kr_2)}{r_2}\right) \tag{16.6}$$

Dabei sind r_1 und r_2 die Abstände von den Öffnungen zu einem Punkt auf dem Schirm. Die Intensität $I = |\psi|^2$ auf einem Schirm hinter der Blende zeigt deutliche Interferenzstrukturen, wenn der Abstand der Blendenöffnungen mit der Wellenlänge vergleichbar ist (Aufgabe 17.1).

Ein solches Interferenzexperiment wurde 1801 von T. Young ausgeführt. Dabei wurde natürliches Licht verwendet, das aus einzelnen inkohärenten Wellenpaketen besteht. Die beobachtete Interferenz war die von einzelnen Wellenpaketen mit sich selbst. Die Wellenpakete sind hierbei als Wellenfunktionen einzelner Photonen zu interpretieren.

Reflexion und Brechung

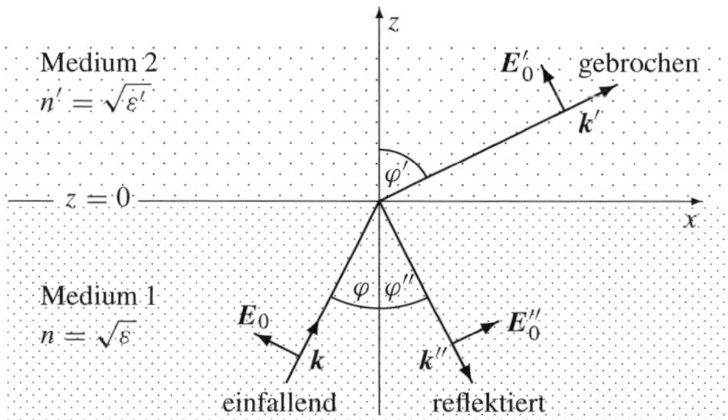

Zwei Medien, etwa Luft und Wasser, haben eine gemeinsame ebene Grenzfläche. In einem Medium fällt eine ebene, elektromagnetische Welle ein. An der Grenzfläche wird die Welle teilweise reflektiert und teilweise ins andere Medium transmittiert.

Für die Materialkonstanten der beiden Medien nehmen wir an:

$$\mu' = \mu = 1\,, \qquad n = \sqrt{\varepsilon} = \text{reell} \quad \text{und} \quad n' = \sqrt{\varepsilon'} = n'_\mathrm{r} + \mathrm{i}\kappa' \tag{16.7}$$

Im Medium 1 falle eine ebene Welle ein. Für die einfallende, die reflektierte und die transmittierte Welle setzen wir an:

$$\boldsymbol{E} = \begin{cases} \boldsymbol{E}_0 \exp\big[\mathrm{i}\,(\boldsymbol{k}\cdot\boldsymbol{r} - \omega t)\big] + \boldsymbol{E}_0'' \exp\big[\mathrm{i}\,(\boldsymbol{k}''\cdot\boldsymbol{r} - \omega t)\big] & z < 0 \\ \boldsymbol{E}_0' \exp\big[\mathrm{i}\,(\boldsymbol{k}'\cdot\boldsymbol{r} - \omega t)\big] & z > 0 \end{cases} \tag{16.8}$$

Die Grenzflächenbedingungen

$$\boldsymbol{e}_z \cdot \boldsymbol{D}, \quad \boldsymbol{e}_z \cdot \boldsymbol{B}, \quad \boldsymbol{e}_z \times \boldsymbol{E} \quad \text{und} \quad \boldsymbol{e}_z \times \boldsymbol{H} \quad \text{sind stetig bei } z = 0 \tag{16.9}$$

können nur dann erfüllt sein, wenn alle Frequenzen gleich sind ($\omega = \omega' = \omega''$). Die Wellenvektoren müssen die Bedingungen

$$k = n\,k_0\,, \qquad k' = \sqrt{\boldsymbol{k}'\cdot\boldsymbol{k}'} = n'\,k_0\,, \qquad k'' = n\,k_0 \tag{16.10}$$

erfüllen. Die Grenzflächenbedingungen verlangen auch, dass alle Anteile in (16.8) entlang der x-Achse dieselben Abhängigkeiten zeigen. Dies impliziert

$$k_x = k_x' = k_x'' \tag{16.11}$$

Wir definieren die Winkel φ, φ' und φ'' durch $k_x = k\,\sin\varphi$, $k_x' = k'\,\sin\varphi'$ und $k_x'' = k''\,\sin\varphi''$. Dann folgen aus (16.11) das Reflexions- und das Brechungsgesetz

$$\text{Reflexion:} \quad \varphi = \varphi''\,, \qquad \text{Brechung:} \quad \frac{\sin\varphi'}{\sin\varphi} = \frac{n}{n'} \tag{16.12}$$

Das Brechungsgesetz wird auch Gesetz von Snellius genannt.

Fresnelsche Formeln

Wir setzen (16.8) in (16.9) ein und erhalten

$$\begin{aligned} &\big(n^2(\boldsymbol{E}_0 + \boldsymbol{E}_0'') - n'^2\,\boldsymbol{E}_0'\big)\cdot\boldsymbol{e}_z = 0, &&\big(\boldsymbol{k}\times\boldsymbol{E}_0 + \boldsymbol{k}''\times\boldsymbol{E}_0'' - \boldsymbol{k}'\times\boldsymbol{E}_0'\big)\cdot\boldsymbol{e}_z = 0 \\ &\big(\boldsymbol{E}_0 + \boldsymbol{E}_0'' - \boldsymbol{E}_0'\big)\times\boldsymbol{e}_z = 0\,, &&\big(\boldsymbol{k}\times\boldsymbol{E}_0 + \boldsymbol{k}''\times\boldsymbol{E}_0'' - \boldsymbol{k}'\times\boldsymbol{E}_0'\big)\times\boldsymbol{e}_z = 0 \end{aligned} \tag{16.13}$$

Der Polarisationsvektor $\boldsymbol{E}_0$ der einfallenden Welle kann in die Bestandteile parallel und senkrecht zur Einfallsebene aufgeteilt werden, $\boldsymbol{E}_0 = \boldsymbol{E}_{0\parallel} + \boldsymbol{E}_{0\perp}$. Für den Fall $\boldsymbol{E}_0 = \boldsymbol{E}_{0\parallel}$ ergibt die Auswertung von (16.13) die *Fresnelschen Formeln*:

$$\begin{aligned} \left(\frac{E_0'}{E_0}\right)_{\parallel} &= \frac{2\,n\,n'\cos\varphi}{n'^2\cos\varphi + n\,\sqrt{n'^2 - n^2\sin^2\varphi}} \\ \left(\frac{E_0''}{E_0}\right)_{\parallel} &= \frac{n'^2\cos\varphi - n\,\sqrt{n'^2 - n^2\sin^2\varphi}}{n'^2\cos\varphi + n\,\sqrt{n'^2 - n^2\sin^2\varphi}} \end{aligned} \tag{16.14}$$

Der Reflexionskoeffizient ist durch $R(\varphi) = |E_0''/E_0|^2$ gegeben. Speziell für senkrechten Einfall ($\varphi = 0$) ergeben beide Polarisationsrichtungen denselben Wert ($R_{\parallel}(0) = R_{\perp}(0)$) und zwar

$$R(0) = \frac{(n_{\rm r}' - n)^2 + \kappa'^2}{(n_{\rm r}' + n)^2 + \kappa'^2} \tag{16.15}$$

Für die Grenzfläche zwischen Luft ($n \approx 1$) und Glas ($n_{\rm r}' \approx 1.5$ und $\kappa' \approx 0$) ergibt sich $R(0) = 4\%$ unabhängig davon, in welchem Medium das Licht einfällt.

Nach (16.14) gibt es einen *Brewster-Winkel* $\varphi_{\rm B} = \arctan n'/n$, bei dem die reflektierte Welle mit $\boldsymbol{E}_{0\parallel}$ verschwindet. Die reflektierte Welle enthält dann nur den Anteil $\boldsymbol{E}_{0\perp}$, der senkrecht zur Einfallsebene polarisiert ist.

In einem Kristall kann der Brechungsindex für die Polarisationsrichtungen $\boldsymbol{E}_{0\parallel}$ und $\boldsymbol{E}_{0\perp}$ verschiedene Werte haben. Ein nichtpolarisierter einfallender Lichtstrahl wird dann in zwei Strahlen gebrochen (Doppelbrechung). Dies ist ein einfaches und effizientes Verfahren zur Herstellung von polarisiertem Licht.

Für zwei transparente Medien (n, n' reell) mit $n > n'$ folgt aus dem Brechungsgesetz

$$\varphi \le \varphi_{\rm TR} = \arcsin \frac{n'}{n} \qquad (n > n') \tag{16.16}$$

Wenn sich der Einfallswinkel φ dem Winkel $\varphi_{\rm TR}$ nähert, geht der Winkel φ' des gebrochenen Strahls gegen den maximal möglichen Wert von 90°. Für größere Einfallswinkel ergibt sich eine Totalreflexion.

Geometrische Optik

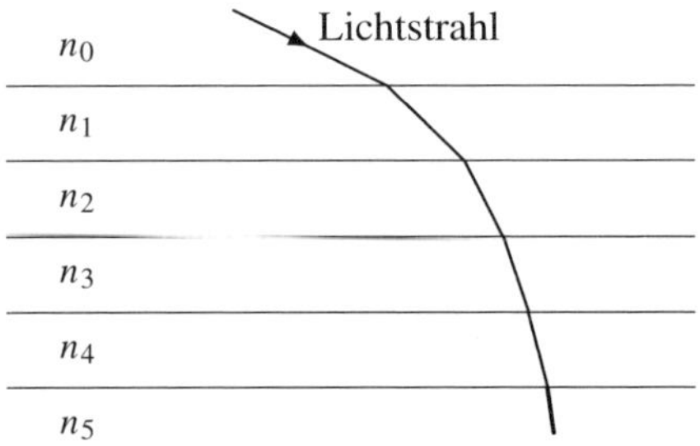

Die geometrische Optik (auch Strahlenoptik) ist der Grenzfall $\lambda \to 0$, in dem die Wellennatur des Lichts keine Rolle spielt. Man verfolgt dann nur den Strahlengang, wie er sich etwa in der Abbildung aus dem Brechungsgesetz ergibt. Diese Betrachtung ist für optische Instrumente (Abbildungen mit Linsen) vielfach ausreichend.

Die wesentlichen Eigenschaften der Strahlausbreitung in der geometrischen Optik sind:

1. Geradlinige Ausbreitung im homogenen Medium.
2. Reflexions- und Brechungsgesetz.
3. Superponierbarkeit von Strahlen.
4. Umkehrbarkeit des Strahlengangs.

(16.17)

Elektromagnetische Wellen haben diese Eigenschaften, sofern man Beugungs-, Interferenz- und Polarisationseffekte vernachlässigt.

Der Strahlengang kann häufig aus dem Brechungsgesetz konstruiert werden, insbesondere bei der Abbildung durch eine Linse (Fernrohr, Mikroskop, Fotoapparat). Für einen kontinuierlichen reellen Brechungsindex $n = n(\boldsymbol{r})$ wird der Strahlengang wie folgt konstruiert. Wir gehen von der skalaren Wellengleichung

$$\left[\,\Delta + k(\boldsymbol{r})^2\,\right]\psi(\boldsymbol{r}) = 0 \qquad \text{mit} \qquad k(\boldsymbol{r}) = k_0\, n(\boldsymbol{r}) \tag{16.18}$$

aus; hiermit vernachlässigen wir alle Polarisationseffekte. Im Lösungsansatz

$$\psi(\boldsymbol{r}) = A(\boldsymbol{r})\,\exp\big(\mathrm{i}k_0\, S(\boldsymbol{r})\big) \tag{16.19}$$

sind die Amplitude $A(\boldsymbol{r})$ und die Phase $S(\boldsymbol{r})$ reelle Funktionen; die Phase $S(\boldsymbol{r})$ heißt hier auch *Eikonal*. Wenn sich $n(\boldsymbol{r})$ und damit $k(\boldsymbol{r})$ im Bereich einer Wellenlänge nur wenig ändern, dann sind auch $A(\boldsymbol{r})$ und $S(\boldsymbol{r})$ langsam veränderliche Funktionen. Unter dieser Voraussetzung erhält man die *Eikonalgleichung*

$$\big(\mathrm{grad}\, S(\boldsymbol{r})\big)^2 = n(\boldsymbol{r})^2 \tag{16.20}$$

Der Zusammenhang des Strahlenverlaufs mit $S(\boldsymbol{r})$ ist durch folgende Punkte charakterisiert:

$$\begin{array}{ll} \text{Strahlrichtung bei } \boldsymbol{r}_0\text{:} & \mathrm{grad}\, S(\boldsymbol{r}) \\ \text{Phasenflächen:} & S(\boldsymbol{r}) = \text{const.} \\ \text{Optischer Weg:} & \delta S = S(\boldsymbol{r}_{\mathrm{P}'}) - S(\boldsymbol{r}_{\mathrm{P}}) \end{array} \tag{16.21}$$

Der Vektor $k_0\, S(\boldsymbol{r})$ hat die Bedeutung des lokalen Wellenvektors. Die Strahlen sind Kurven, für die grad S an jedem Punkt Tangente ist. Sie sind an jeder Stelle senkrecht zu den *Phasenflächen* $S = \text{const.}$, also den Flächen gleicher Phase. Das *Fermatsche Prinzip* besagt, dass der optische Weg zwischen zwei Punkten P und P′ minimal ist (Aufgaben 16.8 und 16.9).

Aufgaben

16.1 Streuung am Strichgitter

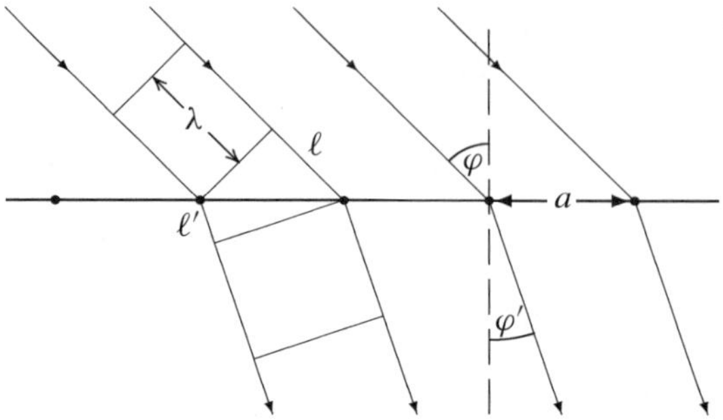

Eine ebene Welle wird an einem *Strichgitter* gestreut. Es könnte sich um sichtbares Licht handeln, das auf eine Glasscheibe mit eingeritzten Strichen (senkrecht zur Bildebene, durch dicke Punkte markiert) fällt. Nach dem Huygensschen Prinzip geht von jedem Strich eine Zylinderwelle aus.

Geben Sie die Phasendifferenz $\varDelta$ zweier benachbarter Zylinderwellen in Abhängigkeit vom Einfallwinkel φ, Ausfallwinkel φ', vom Gitterabstand a und der Wellenlänge λ an. Zeigen Sie, dass für N Striche die Aufsummation der einzelnen Wellen (skalare Näherung) zur Intensität

$$I \propto \frac{\sin^2(N\varDelta/2)}{\sin^2(\varDelta/2)} \tag{16.22}$$

führt. Skizzieren Sie diese Funktion in Abhängigkeit von $\varDelta$. Geben Sie die Bedingung für φ, φ', a, und λ an, bei der es zu Hauptstreumaxima kommt.

Lösung: Die Phasendifferenz zweier benachbarter Zylinderwellen ist

$$\varDelta = k\big(\ell - \ell'\big) = ka\big(\sin\varphi - \sin\varphi'\big) = \frac{2\pi a}{\lambda}\big(\sin\varphi - \sin\varphi'\big) \tag{16.23}$$

Die Aufsummation von N Zylinderwellen führt zur geometrischen Reihe

$$\sum_{n=0}^{N-1}\exp(\mathrm{i}n\varDelta) = \sum_{n=0}^{N-1}\big(\exp(\mathrm{i}\varDelta)\big)^n = \frac{1-\exp(\mathrm{i}N\varDelta)}{1-\exp(\mathrm{i}\varDelta)} = \frac{\sin(N\varDelta/2)}{\sin(\varDelta/2)}\exp\Big(\mathrm{i}(N-1)\frac{\varDelta}{2}\Big)$$

Das Betragsquadrat dieser Summe ergibt die Intensität (16.22). In den folgenden Abbildungen sind diese Intensitäten für $N=3$ und $N=5$ in Abhängigkeit von der Phasendifferenz $\varDelta$ dargestellt. Die Haupt- und Nebenmaxima sind deutlich zu erkennen.

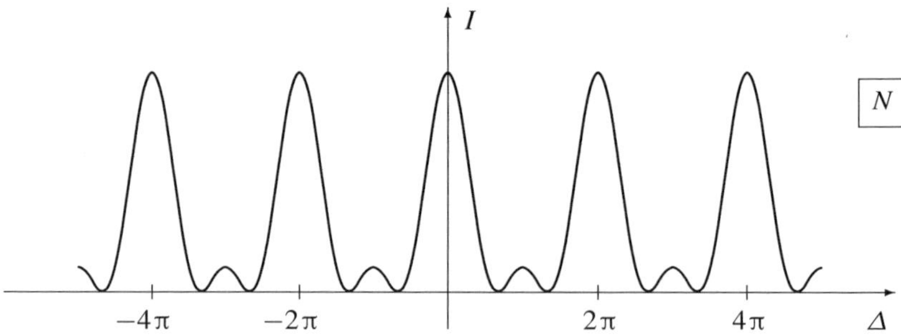

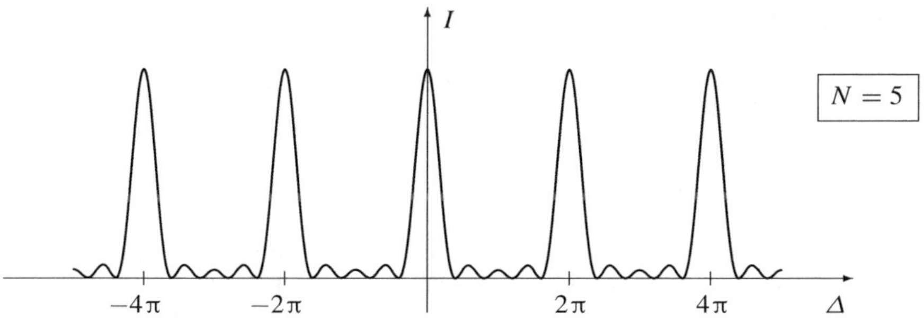

Die Intensität ist eine periodische Funktion von Δ. Es genügt daher, das Intervall $[0, 2\pi]$ zu betrachten. Die notwendige Bedingung für ein Extremum ist $dI/d\Delta = 0$ oder

$$\Big[N \cot(N\Delta/2) - \cot(\Delta/2)\Big] \frac{\sin^2(N\Delta/2)}{\sin^2(\Delta/2)} = 0 \qquad (16.24)$$

Die Lösungen $\Delta = 2\pi\nu/N$, $\nu = 1,\ldots, N-1$ sind Minima, denn die zugehörige Intensität ist null; es gibt also $N-1$ solcher Minima pro Intervall. Durch Entwickeln für kleines Δ

$$\Big[N \cot(N\Delta/2) - \cot(\Delta/2)\Big] \stackrel{\Delta\ll 1}{\longrightarrow} \left(1 - N^2\right) \frac{\Delta}{6}$$

sieht man, dass auch $\Delta = 0$ die Bedingung löst; dies gilt dann auch für $\Delta = 2\pi\nu$. Dies sind die Hauptmaxima mit einer Intensität proportional zu N^2. Nach Abspaltung dieser Nullstellen von (16.24) liefert die verbleibende Gleichung $N \cot(N\Delta/2) = \cot(\Delta/2)$ noch die $N-2$ Nebenmaxima. Für ungerade N liegt ein solches Nebenmaximum bei $\Delta = \pi$ mit einer Intensität der Stärke 1; die Intensität der Nebenmaxima ist also um den Faktor N^2 relativ zu den Hauptmaxima unterdrückt. Im Limes $N \to \infty$ (zum Beispiel im Kristall) überleben deshalb nur die Hauptmaxima:

$$\Delta = 2\pi\nu \quad \text{mit } \nu = 0, \pm 1, \pm 2, \ldots \qquad \text{(Hauptmaxima)}$$

Mit der Phasendifferenz (16.23) bedeutet dies

$$a\left(\sin\varphi - \sin\varphi'\right) = \nu\lambda$$

Dabei ist ν die Ordnungszahl der Interferenz (Bragg-Reflexion, siehe Aufgabe 14.19).

16.2 Komplexer Brechungsindex

Zwei Medien sind durch eine ebene Grenzfläche getrennt (Abbildung von Aufgabe 16.4). Es soll die Brechung für einen reellen Brechungsindex n und für ein komplexes $n' = n'_{\rm r} + {\rm i}\kappa'$ mit $\kappa' \ll n'_{\rm r}$ betrachtet werden. Bestimmen Sie den komplexen Winkel φ', der sich aus dem Brechungsgesetz ergibt. Setzen Sie dazu $\varphi' = \phi' + {\rm i}\,\phi''$ an, und berechnen Sie die reellen Winkel ϕ' und ϕ''.

Lösung: Wegen $\kappa' \ll n'_{\rm r}$ ist auch $\phi'' \ll \phi'$, also $\sin\varphi' \approx \sin\phi' + {\rm i}\,\phi''\cos\phi'$. Damit wird das Brechungsgesetz zu

$$n \sin\varphi = n' \sin\varphi' \approx \left(n'_{\rm r} + {\rm i}\kappa'\right)\left(\sin\phi' + {\rm i}\,\phi''\cos\phi'\right) \approx n'_{\rm r}\sin\phi' + {\rm i}\left(n'_{\rm r}\,\phi''\cos\phi' + \kappa'\sin\phi'\right)$$

Da $n \sin\varphi$ reell ist, folgen

$$\sin\phi' = \frac{n}{n'_{\rm r}}\,\sin\varphi \qquad \text{und} \qquad \phi'' = -\frac{\kappa'}{n'_{\rm r}}\,\tan\phi' = -\frac{\kappa'}{n'_{\rm r}}\,\frac{n\sin\varphi}{\sqrt{n'^2_{\rm r} - n^2\sin^2\varphi}}$$

16.3 Totalreflexion

Für zwei transparente Medien (n, n' reell, Abbildung von Aufgabe 16.4) mit $n > n'$ folgt aus dem Brechungsgesetz

$$\varphi \le \varphi_{\text{TR}} = \arcsin\big(n'/n\big) \qquad (n > n') \tag{16.25}$$

Zeigen Sie, dass für $\varphi > \varphi_{\text{TR}}$ die z-Komponente des transmittierten Wellenvektors $\boldsymbol{k}'$ rein imaginär ist. Was bedeutet das für die Welle im Medium 2?

Lösung: Nach (16.10) und (16.11) gilt für den transmittierten Wellenvektor

$$k'^2 = n'^2\, k_0^2 = k_x'^2 + k_z'^2 = k_x^2 + k_z'^2 = n^2\, k_0^2\, \sin^2\varphi + k_z'^2$$

Wir lösen dies nach $k_z'^2$ auf:

$$k_z'^2 = n'^2\, k_0^2 \left(1 - \frac{n^2}{n'^2}\, \sin^2\varphi\right) \overset{\varphi > \varphi_{\text{TR}}}{<} 0$$

Damit gilt $k_z' = \pm\, \mathrm{i}\, \mu$ mit $\mu > 0$. Die transmittierte Welle ist dann proportional $\exp(-\mu\, z)$; die Lösung mit $\exp(+\mu\, z)$ kommt aus physikalischen Gründen nicht in Frage. Die transmittierte Welle dringt nicht als sich fortpflanzende Welle in das Medium 2 ein; die einfallende Welle wird daher total reflektiert.

16.4 Fresnelsche Formeln für polarisiertes Licht

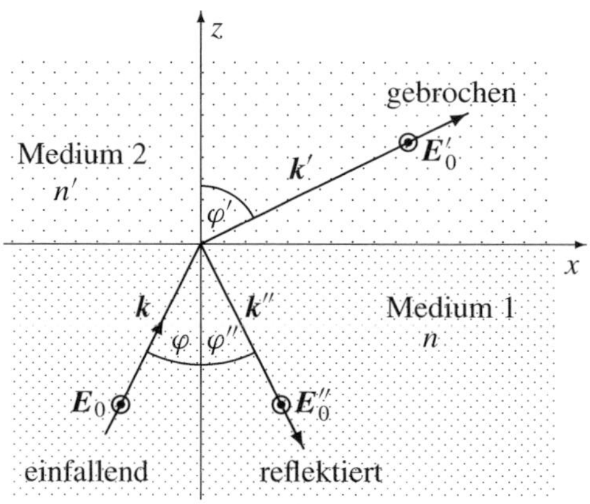

Zur Berechnung der Intensitätsbeziehungen (Fresnelsche Formeln) bei der Brechung und Reflexion zerlegt man die elektrische Feldamplitude in die zur Bildebene parallelen und senkrechten Anteile:

$$\boldsymbol{E}_0 = \boldsymbol{E}_{0\parallel} + \boldsymbol{E}_{0\perp}$$

Für den hier betrachteten senkrechten Fall sind die elektrischen Feldvektoren durch kleine Kreise mit zentralem Punkt angedeutet.

Leiten Sie die Fresnelschen Formeln

$$\left(\frac{E_0'}{E_0}\right)_{\perp} = \frac{2n\cos\varphi}{n\cos\varphi + n'\cos\varphi'}\,, \qquad \left(\frac{E_0''}{E_0}\right)_{\perp} = \frac{n\cos\varphi - n'\cos\varphi'}{n\cos\varphi + n'\cos\varphi'} \tag{16.26}$$

ab. Mit $n'\cos\varphi' = \sqrt{n'^2 - n^2\sin^2\varphi}$ können sie auch allein durch den Einfallswinkel ausgedrückt werden.

Lösung: Wir gehen von den Stetigkeitsbedingungen (16.13) aus:

$$\begin{aligned}
\left(n^2\,(\boldsymbol{E}_0 + \boldsymbol{E}_0'') - n'^2\,\boldsymbol{E}_0'\right)\cdot \boldsymbol{e}_z &= 0\\
\left(\boldsymbol{k}\times \boldsymbol{E}_0 + \boldsymbol{k}''\times \boldsymbol{E}_0'' - \boldsymbol{k}'\times \boldsymbol{E}_0'\right)\cdot \boldsymbol{e}_z &= 0\\
\left(\boldsymbol{E}_0 + \boldsymbol{E}_0'' - \boldsymbol{E}_0'\right)\times \boldsymbol{e}_z &= 0\\
\left(\boldsymbol{k}\times \boldsymbol{E}_0 + \boldsymbol{k}''\times \boldsymbol{E}_0'' - \boldsymbol{k}'\times \boldsymbol{E}_0'\right)\times \boldsymbol{e}_z &= 0
\end{aligned}$$

Für $\boldsymbol{E}_0 = E_0\boldsymbol{e}_y$, $\boldsymbol{E}_0' = E_0'\boldsymbol{e}_y$ und $\boldsymbol{E}_0'' = E_0''\boldsymbol{e}_y$ ist die erste Gleichung trivial erfüllt. Die anderen drei Gleichungen ergeben:

$$\begin{aligned}
n\,\sin\varphi\left(E_0 + E_0''\right) &= n'\,\sin\varphi'\,E_0'\\
E_0 + E_0'' &= E_0'\\
n\,\cos\varphi\left(E_0 - E_0''\right) &= n'\,\cos\varphi'\,E_0'
\end{aligned}$$

Es wurde $k'' = k$ und $k' = (n'/n)k$ verwendet. Werden die ersten beiden Gleichungen durcheinander dividiert, so führt dies auf das Brechungsgesetz $n\,\sin\varphi = n'\,\sin\varphi'$; es genügt die letzten beiden Gleichungen zu betrachten. So liefert etwa die zweite Gleichung nach E_0''/E_0 aufgelöst und in die dritte eingesetzt die Fresnelsche Gleichung für $(E_0'/E_0)_\perp$.

16.5 Alternative Form der Fresnelschen Formeln

Wir betrachten weiter die in der Abbildung von Aufgabe 16.4 skizzierte Brechung und Reflexion. Zeigen Sie, dass sich die Fresnelschen Formeln auch in der folgenden Form schreiben lassen:

$$\left(\frac{E_0'}{E_0}\right)_\parallel = \frac{2\cos\varphi\,\sin\varphi'}{\sin(\varphi+\varphi')\,\cos(\varphi-\varphi')}\,,\qquad \left(\frac{E_0''}{E_0}\right)_\parallel = \frac{\tan(\varphi-\varphi')}{\tan(\varphi+\varphi')}$$

$$\left(\frac{E_0'}{E_0}\right)_\perp = -\frac{2\cos\varphi\,\sin\varphi'}{\sin(\varphi+\varphi')}\,,\qquad \left(\frac{E_0''}{E_0}\right)_\perp = -\frac{\sin(\varphi-\varphi')}{\sin(\varphi+\varphi')}$$

Was ergibt sich für den Brewster-Winkel $\tan\varphi_\mathrm{B} = n'/n$ im Fall paralleler Polarisation?

Lösung: Das Brechungsgesetz $n/n' = \sin\varphi'/\sin\varphi$ und $\sqrt{n'^2 - n^2\sin^2\varphi} = n'\cos\varphi'$ werden in die Fresnelschen Formeln (16.14) für die parallele Polarisation eingesetzt:

$$\left(\frac{E_0'}{E_0}\right)_\parallel = \frac{2n\cos\varphi}{n'\cos\varphi + n\cos\varphi'} = \frac{2\cos\varphi\,\sin\varphi'}{\sin\varphi\cos\varphi + \sin\varphi'\cos\varphi'} = \frac{2\cos\varphi\,\sin\varphi'}{\sin(\varphi+\varphi')\,\cos(\varphi-\varphi')}$$

$$\left(\frac{E_0''}{E_0}\right)_\parallel = \frac{n'\cos\varphi - n\cos\varphi'}{n'\cos\varphi + n\cos\varphi'} = \frac{\sin\varphi\cos\varphi - \sin\varphi'\cos\varphi'}{\sin\varphi\cos\varphi + \sin\varphi'\cos\varphi'} = \frac{\tan(\varphi-\varphi')}{\tan(\varphi+\varphi')}$$

In der reflektierten Amplitude wurden die Sinus- und Cosinus-Funktionen durch den Tangens ersetzt und das trigonometrische Additionstheorem für den Tangens ausgenützt. Für den Brewster-Winkel gilt $\tan\varphi_\mathrm{B} = n'/n = \sin\varphi_\mathrm{B}/\sin\varphi'$, also $\cos\varphi_\mathrm{B} = \sin\varphi'$ oder

$\varphi_B + \varphi' = \pi/2$. Wir setzen dies in das Amplitudenverhältnis für die reflektierte Welle ein:

$$\left(\frac{E_0''}{E_0}\right)_{\parallel} = \frac{\tan(\varphi_B - \varphi')}{\tan(\varphi_B + \varphi')} = 0$$

Wenn nichtpolarisiertes Licht mit dem Brewster-Winkel reflektiert wird, dann ist der reflektierte Strahl senkrecht zur Einfallsebene polarisiert.

Das Brechungsgesetz $n/n' = \sin\varphi'/\sin\varphi$ wird in die Fresnelschen Formeln (16.26) für die senkrechte Polarisation eingesetzt:

$$\left(\frac{E_0'}{E_0}\right)_{\perp} = \frac{2n\cos\varphi}{n\cos\varphi + n'\cos\varphi'} = \frac{2\cos\varphi\sin\varphi'}{\cos\varphi\sin\varphi' + \sin\varphi\cos\varphi'} = \frac{2\cos\varphi\sin\varphi'}{\sin(\varphi+\varphi')}$$

$$\left(\frac{E_0''}{E_0}\right)_{\perp} = \frac{n\cos\varphi - n'\cos\varphi'}{n\cos\varphi + n'\cos\varphi'} = \frac{\cos\varphi\sin\varphi' - \sin\varphi\cos\varphi'}{\cos\varphi\sin\varphi' + \sin\varphi\cos\varphi'} = -\frac{\sin(\varphi-\varphi')}{\sin(\varphi+\varphi')}$$

16.6 Regenbogen

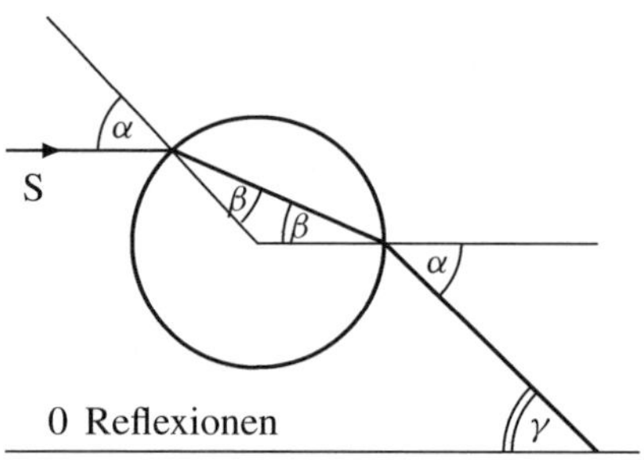

Ein Regenbogen entsteht durch Brechung und Reflexion von Sonnenstrahlen an Wassertropfen. Es werden Strahlengänge betrachtet, bei denen es zu keiner Reflexion (links) kommt, oder zu einer oder zwei Reflexionen (unten). Die einmalige Reflexion liegt beim Hauptbogen vor, der erste Nebenbogen entsteht durch zweimalige Reflexion.

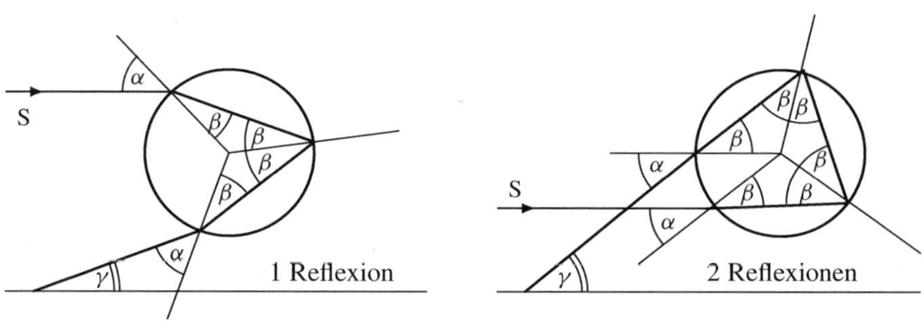

Das Sonnenlicht (S) kommt von links und trifft mit allen möglichen Einfallswinkeln α auf die Tropfenoberfläche. Relativ zur Einfallsrichtung (Horizontale) wird der Strahl schließlich unter dem Winkel γ beobachtet. Zu einer deutlichen Verstärkung kommt es, wenn ein (kleines) α-Intervall zum selben Beobachtungswinkel $\gamma = \gamma(\alpha)$ beiträgt; aus der Bedingung hierfür $d\gamma/d\alpha = 0$ folgt der Winkel γ_{extr}. Der Regenbogen erscheint dann als Kreis, der unter dem Winkel γ_{extr} relativ zur Achse Sonne-Beobachter-Kreismittelpunkt zu sehen ist.

Der Brechungsindex von Luft ist $n' \approx 1$, der von Wasser liegt bei $n \approx 1.33$. Wegen der Frequenzabhängigkeit $n = n(\omega)$ sind die Winkel γ_{extr} für verschiedene Farben leicht unterschiedlich.

Bestimmen Sie die Beobachtungswinkel $\gamma_{\rm extr}$ für den Haupt- (1 Reflexion) und den ersten Nebenregenbogen (2 Reflexionen). Wie ist die Farbfolge in den beiden Regenbögen, wenn die Brechungsindizes für rotes und violettes Licht $n_{\rm rot} = 1.331$ und $n_{\rm violett} = 1.334$ betragen? Welcher der beiden Regenbögen erscheint breiter?

Untersuchen Sie das Intensitätsverhältnis von Haupt- und Nebenregenbogen mit Hilfe der Fresnelschen Formeln. Es genügt, das senkrecht zur Einfallsebene polarisierte Licht zu betrachten.

Lösung: Die Winkel α und β sind über das Brechungsgesetz $n = \sin\alpha/\sin\beta$ miteinander verknüpft. Für den Fall ohne Reflexion (erste Abbildung) gilt

$$\gamma(\alpha) = 2\alpha - 2\beta = 2\left[\alpha - \arcsin\left(\frac{\sin\alpha}{n}\right)\right]$$

Im Wertebereich $\alpha \in [0, 90°]$ gibt es kein Extremum und daher auch keinen Regenbogen.

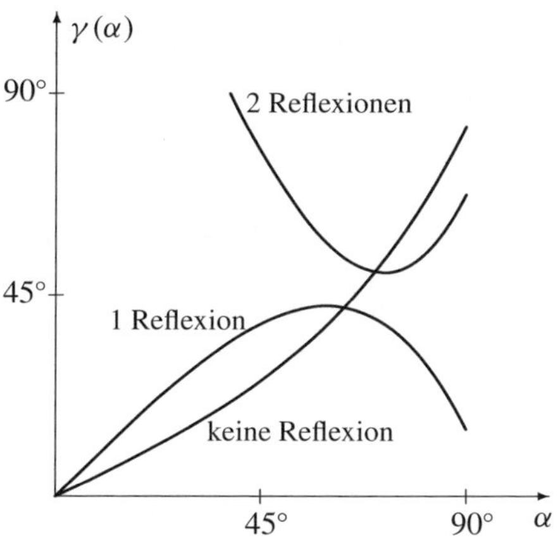

Bei einmaliger Reflexion (zweite Abbildung oben) ist der Beobachtungswinkel:

$$\begin{aligned}\gamma(\alpha) &= -2\alpha + 4\beta \\ &= -2\left[\alpha - 2\arcsin\left(\frac{\sin\alpha}{n}\right)\right]\end{aligned}$$

Ein verstärkter Reflex ergibt sich für

$$\frac{d\gamma}{d\alpha} = -2 + 4\,\frac{\cos\alpha}{\sqrt{n^2 - \sin^2\alpha}} = 0$$

oder

$$\cos\alpha = \sqrt{\frac{n^2-1}{3}} = 0.506$$

Hieraus ergeben sich die Winkel $\alpha \approx 59.6°$ und $\beta \approx 40.4°$. Die Abbildung zeigt, dass $\gamma(\alpha)$ an dieser Stelle ein Maximum hat:

$$\gamma_{\rm extr} = -2\arccos\sqrt{\frac{n^2-1}{3}} + 4\arcsin\sqrt{\frac{4-n^2}{3n^2}} \approx 42.5° \qquad \text{(Hauptbogen)}$$

Dies ist der Winkel, unter dem der Hauptregenbogen relativ zur Achse Sonne-Beobachter gesehen wird. Wir berechnen noch die Abhängigkeit vom Brechungsindex:

$$\frac{d\gamma_{\rm extr}}{dn} = \frac{2}{\sqrt{4-n^2}}\left[\frac{n}{\sqrt{n^2-1}} - \frac{4}{n\sqrt{n^2-1}}\right] = -\frac{2\sqrt{4-n^2}}{n\sqrt{n^2-1}} = -2.56 < 0$$

Mit $n_{\rm rot} = 1.331$ und $n_{\rm violett} = 1.334$ folgen hieraus die Farbreihenfolge und die Breite:

$$\gamma_{\rm extr}(\text{rot}) > \gamma_{\rm extr}(\text{violett}), \qquad |\Delta\gamma_{\rm extr}| \approx \left|\frac{d\gamma_{\rm extr}}{dn}\,\Delta n\right| \approx 0.4° \qquad \text{(Hauptbogen)}$$

Bei zweimaliger Reflexion (letzte Abbildung in der Aufgabenstellung) ist der Beobachtungswinkel:

$$\gamma(\alpha) = \pi + 2\alpha - 6\beta = \pi + 2\alpha - 6\arcsin\left(\frac{\sin\alpha}{n}\right)$$

Diese Funktion (Abbildung oben) hat ein Minimum bei

$$\frac{d\gamma}{d\alpha} = 2 - 6\,\frac{\cos\alpha}{\sqrt{n^2 - \sin^2\alpha}} = 0\,, \qquad \cos\alpha = \sqrt{\frac{n^2-1}{8}} = 0.310$$

Hieraus folgen $\alpha = 71.9°$ und $\beta = 45.6°$. Der zugehörige Beobachtungswinkel ist

$$\gamma_{\rm extr} = \pi + 2\,\arccos\sqrt{\frac{n^2-1}{8}} - 6\,\arcsin\sqrt{\frac{9-n^2}{8\,n^2}} \approx 50.1° \qquad \text{(Nebenbogen)}$$

Wir berechnen noch die Abhängigkeit vom Brechungsindex:

$$\frac{d\gamma_{\rm extr}}{dn} = \frac{2\sqrt{9-n^2}}{n\,\sqrt{n^2-1}} = 4.61 > 0$$

Mit $n_{\rm rot} = 1.331$ und $n_{\rm violett} = 1.334$ folgen hieraus die Farbreihenfolge und die Breite:

$$\gamma_{\rm extr}(\text{rot}) < \gamma_{\rm extr}(\text{violett})\,, \qquad \left|\Delta\gamma_{\rm extr}\right| \approx \left|\frac{d\gamma_{\rm extr}}{dn}\,\Delta n\right| \approx 0.8° \qquad \text{(Nebenbogen)}$$

Beim Hauptregenbogen wird der Lichtstrahl zuerst gebrochen, dann reflektiert und schließlich nochmal gebrochen. Mit den Fresnelschen Formeln berechnen wir hierfür das Produkt der einzelnen Amplitudenverhältnisse für Brechung, Reflexion und nochmalige Brechung:

$$\left(\frac{E_{\rm aus}}{E_{\rm ein}}\right)_{\perp} = \left[\frac{2\cos\alpha}{\cos\alpha + n\cos\beta}\right]\left[\frac{n\cos\beta - \cos\alpha}{n\cos\beta + \cos\alpha}\right]\left[\frac{2n\cos\beta}{n\cos\beta + \cos\alpha}\right] \approx 0.296$$

$$\left(\frac{E_{\rm aus}}{E_{\rm ein}}\right)_{\|} = \left[\frac{2\cos\alpha}{n\cos\alpha + \cos\beta}\right]\left[\frac{\cos\beta - n\cos\alpha}{\cos\beta + n\cos\alpha}\right]\left[\frac{2n\cos\beta}{\cos\beta + n\cos\alpha}\right] \approx 0.061$$

Die Zahlenwerte ergeben sich mit den oben für den Hauptregenbogen berechneten Winkeln. Eine Totalreflexion ($\beta_{\rm TR} = \arcsin(1/n) \approx 49°$) tritt nicht auf, da für beide Regenbögen $\beta < \beta_{\rm TR}$. Für beide Regenbögen liegt der Winkel β aber in der Nähe des Brewster-Winkels $\beta_{\rm B} = \arctan(1/n) \approx 37°$, so dass die Reflexion des parallel polarisierten Lichts stark unterdrückt ist. Mit den oben berechneten Winkeln für den ersten Nebenregenbogen ergibt sich (Brechung, zwei Reflexionen, Brechung):

$$\left(\frac{E_{\rm aus}}{E_{\rm ein}}\right)_{\perp} = \left[\frac{2\cos\alpha}{\cos\alpha + n\cos\beta}\right]\left[\frac{n\cos\beta - \cos\alpha}{n\cos\beta + \cos\alpha}\right]^2\left[\frac{2n\cos\beta}{n\cos\beta + \cos\alpha}\right] \approx 0.188$$

$$\left(\frac{E_{\rm aus}}{E_{\rm ein}}\right)_{\|} = \left[\frac{2\cos\alpha}{n\cos\alpha + \cos\beta}\right]\left[\frac{\cos\beta - n\cos\alpha}{\cos\beta + n\cos\alpha}\right]^2\left[\frac{2n\cos\beta}{\cos\beta + n\cos\alpha}\right] \approx 0.062$$

An sich muss nun über die Polarisationsrichtungen des Sonnenlichts gemittelt werden. Da jedoch vorwiegend das senkrecht polarisierte Licht reflektiert wird, ergibt sich das Intensitätsverhältnis von Haupt- zu erstem Nebenregenbogen etwa zu 2.5. Die weiteren Nebenbögen (drei und mehr Reflexionen) sind entsprechend stärker unterdrückt.

16.7 Alternative Herleitung des Brechungsgesetzes

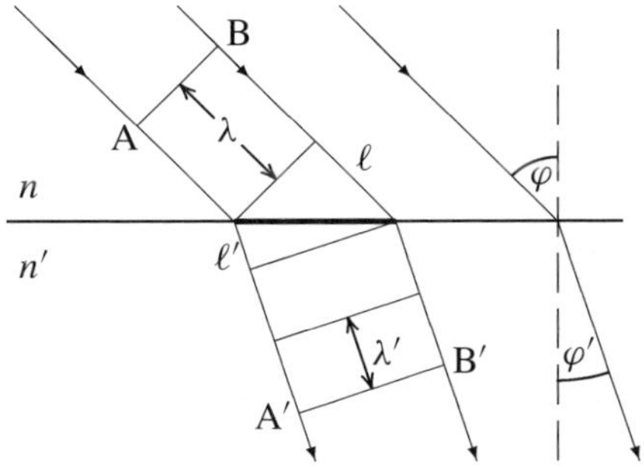

Es wird die Brechung an der Grenzfläche zweier transparenter Medien (Brechungsindizes n und n') betrachtet. Eine einfallende ebene Welle (Frequenz ω) hat an den Punkten A und B dieselbe Phase. Damit dies auch für A′ und B′ gilt, muss die Phasendifferenz auf den Wegen ℓ und ℓ' gleich sein. Was folgt daraus für die Beziehung zwischen den Winkeln φ und φ'?

Lösung: Die Phasendifferenzen auf den beiden Wegen ℓ und ℓ' sind

$$k\ell = \frac{2\pi\ell}{\lambda} = \ell\,\frac{n\omega}{c}, \qquad k'\ell' = \frac{2\pi\ell'}{\lambda'} = \ell'\,\frac{n'\omega}{c}$$

Die Wellenlängen λ und λ' folgen aus den Brechungsindizes n und n' und der (vom Medium unabhängigen) Frequenz. Das Gleichsetzen der Phasendifferenzen ergibt

$$\ell\, n = \ell'\, n'$$

Die dick markierte Strecke auf der Grenzfläche kann sowohl aus dem Dreieck mit ℓ wie aus dem mit ℓ' bestimmt werden:

$$\frac{\ell}{\sin\varphi} = \frac{\ell'}{\sin\varphi'}$$

Die Kombination der letzten beiden Gleichungen ergibt das Brechungsgesetz

$$\frac{\sin\varphi'}{\sin\varphi} = \frac{n}{n'}$$

16.8 Brechungsgesetz aus dem Fermatschen Prinzip

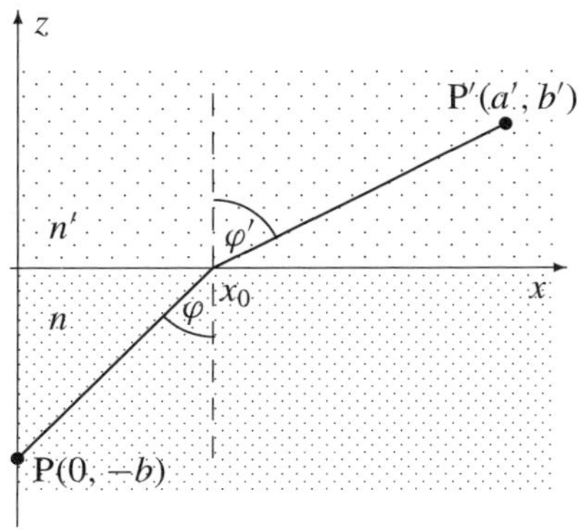

Das *Fermatsche Prinzip* besagt, dass Lichtstrahlen zwischen zwei Punkten P und P′ so laufen, dass der optische Weg ΔS minimal ist:

$$\Delta S = \int_{\mathrm{P}}^{\mathrm{P}'} d\boldsymbol{r} \cdot \operatorname{grad} S(\boldsymbol{r}) = \text{minimal}$$

Die Phase $S(\boldsymbol{r})$ wird durch die Eikonalgleichung $(\operatorname{grad} S)^2 = n^2$ und den reellen Brechungsindex $n(\boldsymbol{r})$ bestimmt. Leiten Sie hieraus das Brechungsgesetz ab.

Lösung: Der Vektor grad $S(\boldsymbol{r})$ gibt die Richtung der Strahlen an und ist daher parallel zum Weg $d\boldsymbol{r}$. Zusammen mit der Eikonalgleichung wird das Fermatsche Prinzip daher zu

$$\Delta S = \int_{\mathrm{P}}^{\mathrm{P}'} |d\boldsymbol{r}|\, n(\boldsymbol{r}) \;=\; \text{minimal} \tag{16.27}$$

Innerhalb eines Mediums mit $n(\boldsymbol{r}) = \text{const.}$ ist der optische Weg gleich dem geometrischen Weg. Der kürzeste Weg zwischen zwei Punkten ist eine Gerade; die Lichtstrahlen verlaufen innerhalb eines Mediums also geradlinig. Der optische Weg von P nach P′ hängt daher nur von x_0 ab, also von der Stelle, an der der Lichtstrahl gebrochen wird:

$$\Delta S(x_0) = \int_{\mathrm{P}}^{\mathrm{P}'} |d\boldsymbol{r}|\, n(\boldsymbol{r}) \;=\; n\,\sqrt{b^2 + x_0{}^2} + n'\,\sqrt{b'^2 + (a' - x_0)^2}$$

Hierbei sind b, a' und b' vorgegebene Parameter. Der optische Weg wird für

$$\frac{d\,\Delta S}{dx_0} = \frac{n\,x_0}{\sqrt{b^2 + x_0{}^2}} - \frac{n'\,(a' - x_0)}{\sqrt{b'^2 + (a' - x_0)^2}} \;=\; 0$$

minimal. Mit

$$\sin\varphi = \frac{x_0}{\sqrt{b^2 + x_0{}^2}} \qquad \text{und} \qquad \sin\varphi' = \frac{a' - x_0}{\sqrt{b'^2 + (a' - x_0)^2}}$$

folgt hieraus das Brechungsgesetz:

$$\frac{\sin\varphi'}{\sin\varphi} = \frac{n}{n'}$$

16.9 Ortsabhängiger Brechungsindex

In einem Medium nimmt der Brechungsindex in y-Richtung linear zu:

$$n(\boldsymbol{r}) \;= n(y) = n_0 + n_1\,y \qquad (n_0 > 0,\;\; n_1 > 0)$$

Wie verläuft ein Lichtstrahl in der x-y-Ebene, der vom Ursprung zum Punkt $(x_0, 0)$ führt? Verwenden Sie das Fermatsche Prinzip (16.27). Diskutieren Sie insbesondere den realistischen Fall $n_1\,x_0 \ll n_0$.

Lösung: Nach dem Fermatschen Prinzip wird der optische Weg minimal:

$$\Delta S = \int_0^{x_0} dx\;n(y)\,\sqrt{1 + y'^2} = \int_0^{x_0} dx\;\;F(y, y') = \text{minimal}$$

Da F nicht explizit von x abhängt, ist $y'\,\partial F/\partial y' - F \;=\; \text{const.}$ ein erstes Integral der Euler-Lagrange-Gleichung (siehe zum Beispiel Aufgabe 3.1), also

$$\frac{n(y)\,y'^2}{\sqrt{1 + y'^2}} - n(y)\,\sqrt{1 + y'^2} = \text{const.} = -\,a$$

oder

$$\frac{dy}{dx} = \sqrt{\frac{n(y)^2}{a^2} - 1}$$

Die Substitution $u = n(y)$ führt zur Lösung $u = a\cosh(n_1 x/a - b)$ oder

$$n_0 + n_1 y = a\cosh(n_1 x/a - b)$$

Die Randbedingungen $y(0) = 0$ und $y(x_0) = 0$ liefern $n_0/a = \cosh b = \cosh(n_1 x_0/a - b)$ oder

$$b = \frac{n_1 x_0}{2a} \quad \text{und} \quad \frac{n_0}{a} = \cosh \frac{n_1 x_0}{2a} \tag{16.28}$$

Damit kann die Lösung in der Form

$$y(x) = \frac{a}{n_1}\left[\cosh \frac{n_1(2x - x_0)}{2a} - \cosh \frac{n_1 x_0}{2a}\right] \tag{16.29}$$

geschrieben werden. Diese Form setzt einen Parameter a voraus, der die zweite Gleichung in (16.28) erfüllt. Diese Gleichung für a muss graphisch oder numerisch gelöst werden; es existieren nur Lösungen für $n_1 x_0 \lesssim 1.33\, n_0$. Wir geben noch den optischen Weg für die Lösung (16.29) an:

$$\Delta S = \frac{a\, n_0}{n_1} \sinh \frac{n_1 x_0}{2a} + \frac{a\, x_0}{2}$$

Für starke Inhomogenitäten $n_1 x_0 \approx n_0$ nähert sich der Lichtstrahl dem Bereich $y < -n_0/n_1$ mit negativem Brechungsindex. Hierfür gilt das Fermatsche Prinzip nicht, und die Lösung bricht zusammen.

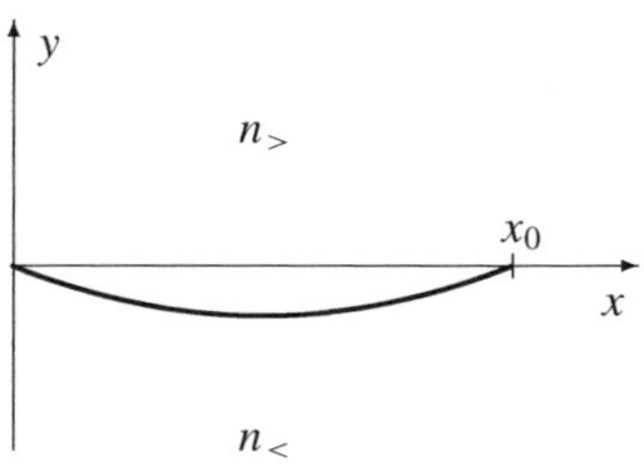

Für schwache Inhomogenitäten $n_1 x_0 \ll n_0$ wird $a \approx n_0$ und der Lichtstrahl läuft näherungsweise auf der Parabel

$$y(x) \approx -\frac{n_1}{2n_0}\, x\,(x_0 - x)$$

Der dazugehörige optische Weg ist

$$\Delta S \approx n_0 x_0 \left[1 - \frac{n_1^2 x_0^2}{24\, n_0^2}\right] \leq n_0 x_0$$

Dieser optische Weg ist kleiner als derjenige ($n_0 x_0$) auf der direkten Verbindungslinie. Der Lichtstrahl weicht dem optisch dichteren Medium aus.

III Quantenmechanik

17 Schrödingers Wellenmechanik

Als zentrale Größe der Quantenmechanik wird die Wellenfunktion eingeführt. Die Wellenfunktion bestimmt die Wahrscheinlichkeit, ein Teilchen an einer bestimmten Stelle nachzuweisen. Die zeitliche Entwicklung der Wellenfunktion wird durch die Schrödingergleichung beschrieben. Für allgemeine Systeme wird die Schrödingergleichung aus der Hamiltonfunktion konstruiert.

Den physikalischen Messgrößen werden hermitesche Operatoren zugeordnet. Der Erwartungswert eines Operators ist gleich dem Mittel der Messwerte. Die quantenmechanische Unschärferelation gibt eine untere Grenze für das Produkt der Unschärfen zweier Messgrößen an.

Schrödingergleichung

Elektronenstrahlen zeigen ebenso wie Lichtstrahlen Interferenzeffekte. Diese Interferenz kann bei der Streuung eines Elektron- oder Röntgenstrahls an einem Kristallgitter beobachtet werden. Damit verhalten sich diese Strahlen wie *Wellen*. Lichtstrahlen zeigen aber ebenso wie Elektronenstrahlen auch Effekte (Comptoneffekt, Photoeffekt, Plancksche Strahlungsverteilung), die sie als *Teilchen* erscheinen lassen. Eine Welle wird charakterisiert durch eine Frequenz ω und einen Wellenvektor $\boldsymbol{k}$. Ein Teilchen hat dagegen eine Energie E und einen Impuls $\boldsymbol{p}$. Der Comptoneffekt (Streuung von Licht an Elektronen) lässt sich quantitativ beschreiben, wenn man annimmt, dass das Licht (mit ω, $\boldsymbol{k}$) aus Energieklumpen (Photonen) mit den Eigenschaften

$$\text{Energie} = E = \hbar\omega \qquad \text{und} \qquad \text{Impuls} = \boldsymbol{p} = \hbar\boldsymbol{k} \tag{17.1}$$

besteht. Dabei ist $\hbar = h/2\pi = 1.054 \cdot 10^{-34}\,\mathrm{Nms}$ das Plancksche Wirkungsquantum. Die Aussage (17.1) ist konsistent mit vielen Experimenten mit Elektronen und Photonen. Je nach Experiment kann dabei der Teilchen- oder der Wellencharakter im Vordergrund stehen. Die experimentellen Befunde können wie folgt zusammengefasst werden:

- Die Elektronen (Photonen) werden als Teilchen nachgewiesen. Die Nachweiswahrscheinlichkeit ist wie die Intensität einer Welle verteilt. Der Impuls $\boldsymbol{p}$ der Teilchen ist durch $\boldsymbol{p} = \hbar\boldsymbol{k}$ mit dem Wellenvektor $\boldsymbol{k}$ der Welle verknüpft.

Der Widerspruch zwischen den klassischen Modellen „Welle“ und „Teilchen“ wird so aufgelöst: Es gibt eine Wahrscheinlichkeitsamplitude (das Feld $\psi(\boldsymbol{r}, t)$ einer *Welle*), deren Betragsquadrat die Wahrscheinlichkeitsdichte für den Nachweis von *Teilchen* ist. Diese Wahrscheinlichkeitsamplitude ψ wird *Wellenfunktion* genannt.

Es stellt sich nun die Frage, welche Bewegungsgleichung die Dynamik der Wellenfunktion bestimmt. Eine ebene Welle mit der Frequenz ω und dem Wellenvektor $\boldsymbol{k}$ wird durch die Funktion $\exp[\,\mathrm{i}\,(\boldsymbol{k}\cdot\boldsymbol{r}-\omega t)]$ beschrieben. Hierfür folgen aus (17.1) die Beziehungen

$$E \exp\big[\,\mathrm{i}(\boldsymbol{k}\cdot\boldsymbol{r}-\omega t)\big] = \mathrm{i}\hbar\,\frac{\partial}{\partial t}\exp\big[\,\mathrm{i}(\boldsymbol{k}\cdot\boldsymbol{r}-\omega t)\big] \tag{17.2}$$

$$\boldsymbol{p} \exp\big[\,\mathrm{i}(\boldsymbol{k}\cdot\boldsymbol{r}-\omega t)\big] = -\mathrm{i}\hbar\,\nabla \exp\big[\,\mathrm{i}(\boldsymbol{k}\cdot\boldsymbol{r}-\omega t)\big] \tag{17.3}$$

Die Energie E entspricht der Operation $\mathrm{i}\hbar\,\partial/\partial t$, der Impuls entspricht der Operation $-\mathrm{i}\hbar\,\nabla$. Wir konstruieren nun die gesuchte Wellengleichung, indem wir die *Ersetzungsregeln*

$$\boldsymbol{p} \to -\mathrm{i}\hbar\,\nabla \qquad \text{und} \qquad E \to \mathrm{i}\hbar\,\frac{\partial}{\partial t} \tag{17.4}$$

in die Energie-Impuls-Beziehung einsetzen. Für Photonen (Masse $m = 0$) lautet diese Beziehung $E^2 = c^2\boldsymbol{p}^2$. Mit (17.4) wird dies zu einer Operator-Beziehung, die wir in Form der Wellengleichung

$$\left(\Delta - \frac{1}{c^2}\,\frac{\partial^2}{\partial t^2}\right)\psi(\boldsymbol{r}, t) = 0 \tag{17.5}$$

anschreiben. In diesem Fall kürzen sich die $\hbar$-Faktoren heraus. Die resultierende Gleichung ist identisch mit einer Komponente der quellfreien Maxwellgleichungen $\Box\, A^\alpha = 0$. Wir benutzen also dieselbe Gleichung für das klassische elektromagnetische Feld und für die Wellenfunktion von Photonen. Der Spin der Teilchen (1 für Photonen, $1/2$ für Elektronen) wird durch die mehrkomponentigen Wellenfunktionen beschrieben. Für Elektronen kommen wir hierauf im Abschnitt Pauligleichung in Kapitel 22 zurück.

Für ein massives Teilchen führt die relativistische Energie-Impuls-Beziehung $E^2 = m^2c^4 + c^2p^2$ zur *Klein-Gordon-Gleichung* $\big[\Box + m^2c^2/\hbar^2\big]\psi(\boldsymbol{r}, t) = 0$. In der nichtrelativistischen Quantenmechanik gehen wir von der Energie-Impuls-Beziehung $E = \boldsymbol{p}^2/2m + V(\boldsymbol{r}, t)$ aus, wobei wir ein Potenzial V zulassen. Mit den Ersetzungsregeln führt dies zu

$$\mathrm{i}\hbar\,\frac{\partial}{\partial t}\,\psi(\boldsymbol{r}, t) = \Big(-\frac{\hbar^2}{2m}\,\Delta + V(\boldsymbol{r}, t)\Big)\,\psi(\boldsymbol{r}, t) \tag{17.6}$$

Diese *Schrödingergleichung* bestimmt die zeitliche und räumliche Entwicklung der Wellenfunktion $\psi(\boldsymbol{r}, t)$ eines massiven Teilchens, das sich in einem Potenzial bewegt. Für $V = 0$ wird (17.6) zur freien Schrödingergleichung.

Ein Detektor bestehe aus Pixeln bei $\boldsymbol{r}_i$ mit den Volumina δV_i. Die Wahrscheinlichkeit p_i, das Teilchen im i-ten Pixel nachzuweisen, ist dann proportional zu

$|\psi(\boldsymbol{r}_i)|^2$ und zu δV_i. Durch $p_i = |\psi(\boldsymbol{r}_i)|^2\, \delta V_i$ wird der Vorfaktor von ψ festgelegt. Aus $\sum_i p_i = 1$ und für $\delta V_i \to 0$ folgt die *Normierung der Wellenfunktion*,

$$\int d^3r\, |\psi(\boldsymbol{r}, t)|^2 = 1 \tag{17.7}$$

Diese Normierung bezieht sich zum Beispiel auf ein Elektron in einem gebundenen Zustand (etwa auf den Grundzustand des Wasserstoffatoms). Im Gegensatz dazu können viele Photonen dieselbe Wellenfunktion haben. Dann kann man den Vorfaktor so wählen, dass das Betragsquadrat der Wellenfunktion gleich der Dichte der Photonen ist.

Ein allgemeines, klassisches System mit f Freiheitsgraden wird durch eine (klassische) Hamiltonfunktion $H_{\text{kl}}(q_1,..., q_f, p_1,..., p_f, t) = H_{\text{kl}}(q, p, t)$ beschrieben. Wir beschränken uns auf den Fall, dass die Hamiltonfunktion gleich der Energie ist, $H_{\text{kl}}(q, p, t) = E$. Dann führen die Ersetzungen $E \to \mathrm{i}\hbar\, \partial/\partial t$ und $p_n \to p_{n,\text{op}} \equiv -\mathrm{i}\hbar\, \partial/\partial q_n$ zur allgemeinen Schrödingergleichung

$$\mathrm{i}\hbar\, \frac{\partial \psi(q, t)}{\partial t} = H_{\text{kl}}(q, p_{\text{op}}, t)\, \psi(q, t) \tag{17.8}$$

Der Operator $H_{\text{kl}}(q, p_{\text{op}}, t)$ heißt *Hamiltonoperator* H_{op}. Er wird im Folgenden mit H bezeichnet,

$$H = H_{\text{op}} = H_{\text{kl}}(q, p_{\text{op}}, t)\,, \qquad \text{wobei } p_{n,\text{op}} \equiv -\mathrm{i}\hbar\, \frac{\partial}{\partial q_n} \tag{17.9}$$

Bei anderen Operatoren lassen wir den Index op nur weg, wenn keine Missverständnisse zu befürchten sind. Die allgemeine Wellenfunktion wird gemäß

$$\int dq_1 \ldots dq_f\, \big|\psi(q_1,..., q_f, t)\big|^2 = \int d^f q\, \psi^*(q, t)\, \psi(q, t) = 1 \tag{17.10}$$

normiert. Für zwei Teilchen wird dies zu $\int d^3r_1 \int d^3r_2\, |\psi(\boldsymbol{r}_1, \boldsymbol{r}_2, t)|^2 = 1$ und für ein Teilchen und Kugelkoordinaten zu $\int dr\, r^2 \int d\cos\theta \int d\phi\, |\psi(r, \theta, \phi)|^2 = 1$.

Ein klassischer Systemzustand wird durch die Größen $q(t)$ und $p(t)$ festgelegt. Der quantenmechanische *Systemzustand* (im Folgenden einfach *Zustand* genannt) wird durch die Wellenfunktion $\psi(q, t)$ festgelegt. Der Hamiltonoperator bestimmt die Freiheitsgrade und die Dynamik des betrachteten Systems.

Das vorgestellte Rezept zur Aufstellung der Schrödingergleichung wird durch zwei Regeln ergänzt:

1. Die Ersetzungsregeln werden nur auf kartesische Koordinaten angewendet. Im Hamiltonoperator kann man danach zu anderen Koordinaten übergehen.

2. Die Reihenfolge der Größen q und $p_{\text{op}} = -\mathrm{i}\hbar\, \partial/\partial q$ ist nicht vertauschbar, denn

$$[q, p_{\text{op}}] \equiv q\, p_{\text{op}} - p_{\text{op}}\, q = \mathrm{i}\hbar \tag{17.11}$$

Die Verknüpfung [,] von zwei Operatoren heißt *Kommutator*. Wenn der Kommutator ungleich null ist, dann sind Operatoren nicht vertauschbar, sie *kommutieren* nicht. Für Produkte zweier nichtvertauschbarer Größen (wie Ort und Impuls) ist der Übergang von der Hamiltonfunktion zum Hamiltonoperator mehrdeutig. Als Zusatzregel legen wir fest, dass $p_n\, f(q)$ durch $(p_{n,\text{op}}\, f(q) + f(q)\, p_{n,\text{op}})/2$ ersetzt wird.

Ein wichtiger Spezialfall ist der Hamiltonoperator für ein Teilchen mit der Ladung q, das sich in einem elektromagnetischen Feld (mit dem Vektorpotenzial $\boldsymbol{A}$ und dem skalaren Potenzial Φ_e) bewegt:

$$H = \frac{1}{2m}\left(\boldsymbol{p}_\text{op} - \frac{q}{c}\,\boldsymbol{A}(\boldsymbol{r},t)\right)^2 + q\,\Phi_\text{e}(\boldsymbol{r},t) \tag{17.12}$$

Hierbei ist die Zusatzregel für die Reihenfolge von $\boldsymbol{p}_\text{op}$ und $\boldsymbol{A}$ zu verwenden.

Kontinuitätsgleichung

Mit Hilfe der Schrödingergleichung (17.6) berechnen wir die zeitliche Änderung $\partial\varrho(\boldsymbol{r},t)/\partial t$ der Wahrscheinlichkeitsdichte $\varrho = \psi^*\psi$. Das Ergebnis ist

$$\frac{\partial\varrho(\boldsymbol{r},t)}{\partial t} + \text{div}\,\boldsymbol{j}(\boldsymbol{r},t) = 0\,, \quad \text{mit}\;\; \boldsymbol{j}(\boldsymbol{r},t) = \frac{\hbar}{2\text{i}m}\Big(\psi^*\,(\nabla\psi) - (\nabla\psi^*)\,\psi\Big) \tag{17.13}$$

Dies ist eine Kontinuitätsgleichung für die Wahrscheinlichkeit; dabei ist $\boldsymbol{j}$ die Wahrscheinlichkeitsstromdichte. Die Kontinuitätsgleichung impliziert die Erhaltung der Norm: Aus $\int d^3r\,|\psi(\boldsymbol{r},0)|^2 = 1$ folgt $\int d^3r\,|\psi(\boldsymbol{r},t)|^2 = 1$ für beliebige Zeiten.

Eine Wellenfunktion der Form $\psi = a\,\exp[\text{i}(\boldsymbol{k}\cdot\boldsymbol{r} - \omega t)]$ könnte einen Elektronenstrahl beschreiben. Eine solche Wellenfunktion kann nicht gemäß (17.7) normiert werden (dazu müsste man ein Wellenpaket konstruieren). Im Bereich eines homogenen Strahls hat man eine Elektronendichte ϱ und eine Stromdichte $\boldsymbol{j} = \varrho\,\boldsymbol{v}$. Die Identifikation dieser Größen mit denen in (17.13) legt die Amplitude a fest.

Operatoren und Erwartungswerte

Ein *Operator* O_op ordnet einer (Wellen-)Funktion ψ eine andere Funktion zu, die wir mit $O_\text{op}\,\psi$ bezeichnen. Wir beschränken uns durchweg auf *lineare* Operatoren, für die $O_\text{op}(\psi_1 + \psi_2) = O_\text{op}\,\psi_1 + O_\text{op}\,\psi_2$ gilt. Der Operator O_op könnte aus einer Funktion $f(q_1,...,q_f,t)$ bestehen; dann ist $O_\text{op}\,\psi = f\,\psi$ einfach ein Produkt. Der Operator O_op kann wie der Hamiltonoperator (17.9) aber insbesondere auch Differenzialoperatoren enthalten.

Wir definieren den *Erwartungswert* $\langle O_\text{op}\rangle$ oder $\langle O\rangle$ eines Operators O_op durch

$$\langle O\rangle = \int dx\;\psi^*(x)\,O_\text{op}\,\psi(x) \tag{17.14}$$

Hier steht $x = (q_1,...,q_f)$ für alle Variablen und dx für $d^f q$.

Ein Operator F ist *hermitesch*, wenn (für beliebige $\varphi(x)$ und $\psi(x)$)

$$\int dx\; \varphi^*(x)\,\big(F\,\psi(x)\big) = \int dx\,\big(F\,\varphi(x)\big)^*\,\psi(x) \qquad \text{Hermitezität} \qquad (17.15)$$

gilt. Für einen Operator F definieren wir den *adjungierten* Operator $F^\dagger$ durch

$$\int dx\; \varphi^*(x)\,\big(F\,\psi(x)\big) = \int dx\,\big(F^\dagger\,\varphi(x)\big)^*\,\psi(x) \qquad (17.16)$$

Die Hermitezität eines Operators kann danach durch $F = F^\dagger$ ausgedrückt werden; der Begriff *hermitesch* ist synonym zu *selbstadjungiert*.

Beispiele für hermitesche Operatoren sind der Ortsoperator $F = x$ und der Impulsoperator $F = p_{\rm op} = -\mathrm{i}\hbar\,\partial/\partial x$. Wenn F und K hermitesch sind, dann ist es auch $\alpha\,F + \beta\,K$ mit reellem α und β. Das Produkt $F K$ ist genau dann hermitesch, wenn $FK = KF$. Damit ist insbesondere die Funktion eines hermiteschen Operators wieder hermitesch. Außerdem ist der Drehimpulsoperator $\boldsymbol{\ell}_{\rm op} = \boldsymbol{r} \times \boldsymbol{p}_{\rm op}$ hermitesch, weil die jeweiligen Faktoren (etwa in $\boldsymbol{e}_z \cdot \boldsymbol{\ell}_{\rm op} = x\,p_{y,\rm op} - y\,p_{x,\rm op}$) miteinander vertauschen.

Erwartungswert und Messung

Wir betrachten die Messung einer kartesischen Ortskoordinate x. Die möglichen Orte seien durch Detektoren der Größe δx bei x_i abgedeckt. Der Ort werde nun N-mal für ein bestimmtes System (etwa Ort des Elektrons im Grundzustand des Wasserstoffatoms) gemessen. Der Detektor bei x_i spreche dabei n_i-mal an. Aus der Wahrscheinlichkeitsinterpretation der Wellenfunktion folgt

$$\lim_{N\to\infty} \frac{n_i}{N} = \big|\psi(x_i, t)\big|^2\,\delta x \qquad (17.17)$$

Hierdurch kann $|\psi|^2$ im Rahmen der Messgenauigkeit bestimmt werden. Der trivialen Bedingung $\sum n_i = N$ entspricht die Normierung der Wellenfunktion. Der Erwartungswert einer Funktion $f(x)$ hängt mit den Messwerten zusammen:

$$\langle f\rangle = \int_{-\infty}^{\infty} dx\; f(x)\,\big|\psi(x,t)\big|^2 = \lim_{N\to\infty}\frac{1}{N}\sum_i n_i\,f(x_i) \qquad (17.18)$$

Der *Erwartungswert* (Integral) *ist gleich dem Mittelwert der Messung* (Summe) der zugehörigen physikalischen Größe. Dies gilt auch für Funktionen $f(q)$ der verallgemeinerten Koordinaten $q = q_1,\ldots,q_f$.

Wir betrachten nun den Erwartungswert eines Operators. Als Beispiel nehmen wir den Impulsoperator $p_{\rm op} = -\mathrm{i}\hbar\,\partial/\partial x$, wobei x eine kartesische Koordinate ist. Angewendet auf $\exp(\mathrm{i}kx)$ ergibt $p_{\rm op}$ den Wert $\hbar k$. Damit hat eine Wellenfunktion der Form $\exp(\mathrm{i}kx)$ einen definierten Impulswert. Eine beliebige Wellenfunktion kann als Überlagerung solcher speziellen Funktionen dargestellt werden:

$$\psi(x,t) = \frac{1}{\sqrt{2\pi\hbar}} \int_{-\infty}^{\infty} dp\, \phi(p,t)\, \exp\Big(\frac{\mathrm{i}px}{\hbar}\Big) \tag{17.19}$$

$$\phi(p,t) = \frac{1}{\sqrt{2\pi\hbar}} \int_{-\infty}^{\infty} dx\, \psi(x,t)\, \exp\Big(-\frac{\mathrm{i}px}{\hbar}\Big) \tag{17.20}$$

Die Funktionen $\psi(x,t)$ und $\phi(p,t)$ enthalten dieselbe Information. Daher können alle quantenmechanischen Relationen (wie die Schrödingergleichung oder wie Erwartungswerte) sowohl in der *Ortsdarstellung* wie in der *Impulsdarstellung* angegeben werden, also

$$\left.\begin{matrix}\psi(x,t)\\ \phi(p,t)\end{matrix}\right\} \text{ als Wellenfunktion in der } \left\{\begin{matrix}\text{Ortsdarstellung}\\ \text{Impulsdarstellung}\end{matrix}\right.$$

Wir verwenden zunächst meist die Ortsdarstellung. In Kapitel 21 kommen dann die Matrixdarstellung und eine darstellungsunabhängige Schreibweise dazu.

Aus $\int dp\, |\phi(p,t)|^2 = \int dx\, |\psi(x,t)|^2 = 1$ folgt die Interpretation

$$\big|\phi(p,t)\big|^2 dp = \left\{\begin{matrix}\text{Wahrscheinlichkeit, das Elektron mit einem}\\ \text{Impuls zwischen } p \text{ und } p+dp \text{ zu finden}\end{matrix}\right. \tag{17.21}$$

Damit lassen sich die Ergebnisse für Ortsmessungen auf Impulsmessungen übertragen. Speziell für den Impulserwartungswert erhalten wir über eine Fourierrücktransformation:

$$\langle p\rangle = \int_{-\infty}^{\infty} dp\; p\,\big|\phi(p)\big|^2 = \int_{-\infty}^{\infty} dp\; \phi^*(p)\; p\; \phi(p) = \int_{-\infty}^{\infty} dx\; \psi^*(x)\; p_{\rm op}\; \psi(x) \tag{17.22}$$

Dies lässt sich sofort auf Potenzen und andere Funktionen von p übertragen. Für beliebige Operatoren $O_{\rm op}$ schreiben wir daher den Erwartungswert in der Form (17.14), also mit dem Operator zwischen ψ^* und ψ.

Messgrößen sind reelle Größen. Für hermitesche Operatoren sind Erwartungswerte immer reell; dies folgt aus (17.14) und (17.15). Physikalischen Größen (Ort, Impuls, Energie) sind daher hermitesche Operatoren (x, $p_{\rm op}$, H) zugeordnet.

Wir fassen die Aussagen zur Messung von Größen zusammen:

1. Physikalischen Größen sind hermitesche Operatoren zugeordnet.

2. Der Erwartungswert eines Operators ist gleich dem Mittelwert der Messung der physikalischen Größe.

3. Der Erwartungswert wie auch der Mittelwert beziehen sich jeweils auf einen bestimmten Zustand, etwa auf den Grundzustand des Wasserstoffatoms; die Messung ist immer für die gleiche Wellenfunktion $\psi(x,t)$ auszuführen. Dies kann dadurch erreicht werden, dass die Messung an vielen gleichartigen Atomen im selben Zustand durchgeführt wird.

4. Gegen Ende des nächsten Kapitels greifen wir die Frage der Messung noch einmal auf. Dann werden wir feststellen, dass der Messwert einer Einzelmessung gleich einem Eigenwert des Operators ist, und dass sich das System unmittelbar nach der Messung im zugehörigen Eigenzustand des Operators befindet.

Unschärferelation

Der Erwartungswert $\langle F \rangle$ ist gleich dem Mittelwert der Messwerte für die zu F gehörige Größe. Die tatsächlichen Messwerte weichen vom Mittelwert ab. Als Maß für diese Abweichung definieren wir die *mittlere quadratische Abweichung*:

$$(\Delta F)^2 = \left\langle \left(F - \langle F \rangle \right)^2 \right\rangle = \langle F^2 \rangle - \langle F \rangle^2 \geq 0 \qquad (17.23)$$

Die mittlere Abweichung ΔF wird auch *Unschärfe* genannt.

Wir betrachten nun eine Wellenfunktion und zwei hermitesche Operatoren F und K. Dann gilt die folgende *Unschärferelation*

$$(\Delta F)^2 \, (\Delta K)^2 \geq \frac{\langle \mathrm{i}[F, K] \rangle^2}{4} \qquad (17.24)$$

Für $F = x$ und $K = p_{\mathrm{op}} = -\mathrm{i}\hbar \, d/dx$ gilt $[x, p_{\mathrm{op}}] = [x, \, - \mathrm{i}\hbar \, d/dx] = \mathrm{i}\hbar$ und damit

$$\Delta x \; \Delta p \geq \frac{\hbar}{2} \qquad (17.25)$$

Für eine Gaußfunktion als Wellenfunktion gilt das Gleichheitszeichen.

Größen wie eine Koordinate q_n und der zugehörige Impuls $-\mathrm{i}\hbar \, \partial/\partial q_n$ heißen (zueinander) *komplementär*. Diese Größen sind komplementär in dem Sinn, dass zur Festlegung des klassischen Zustands beide Größen bestimmt sein müssten, dass dies aber wegen der Unschärferelation nicht möglich ist. Spezielle komplementäre Größen sind der Ort und Impuls oder Drehwinkel und Drehimpuls.

Den Grund für (17.25) kann man in einen mathematischen und einen physikalischen Teil zerlegen: Eine Funktion habe die Breite Δx, ihre Fouriertransformierte die Breite Δk. Dann gilt $\Delta x \; \Delta k \geq \mathcal{O}(1)$; soweit die Mathematik. Dies wird zu einer physikalischen Aussage, wenn man Teilchen durch (Wellen-)Funktionen beschreibt und die Beziehung $p = \hbar k$ verwendet.

Energie-Zeit-Unschärfe

Das eben angeführte mathematische Argument gilt auch für eine Funktion $f(t)$, die von der Zeit t abhängt: Für die Breite der Funktion und ihrer Fouriertransformation erhält man $\Delta t \; \Delta\omega \geq \mathcal{O}(1)$. Mit $E = \hbar\omega$ (und geeigneten numerischen Faktoren) erhält man hieraus die Energie-Zeit-Unschärfe-Beziehung

$$\Delta t \; \Delta E \gtrsim \frac{\hbar}{2} \qquad (17.26)$$

Diese Beziehung fällt aber *nicht* in den Rahmen (17.24), weil die Zeit keine Messgröße wie der Ort x oder der Impuls p ist. Daher gibt es auch nicht so etwas wie den Erwartungswert $\langle t \rangle$ oder die Messung des Mittelwerts der Zeit für ein Elektron in einem Zustand $\psi(x, t)$. Trotzdem ist auch (17.26) bei *geeigneter Interpretation* qualitativ richtig. Man kann beispielsweise ein Wellenpaket mit $\Delta x \, \Delta p \gtrsim \hbar/2$ betrachten. Das Teilchen passiert eine bestimmte Stelle während der Zeit $\Delta t \approx m \, \Delta x / \langle p \rangle$, und aus der Impulsunschärfe folgt die Energieunschärfe $\Delta E \approx \langle p \rangle \, \Delta p/m$. Dann wird $\Delta x \, \Delta p \gtrsim \hbar/2$ zu (17.26).

Messprozess und Unschärferelation

Die Unschärferelation impliziert eine Aussage über die Störung des Systems, die zwangsläufig mit einer Messung verbunden ist. Wir beziehen uns auf eine Ortsmessung. Vor einer Messung gilt $\Delta x \, \Delta p \geq \hbar/2$. Ein Detektor der Größe δx weise nun das Teilchen nach. Unmittelbar nach der Messung ist das Teilchen mit Sicherheit im Detektor, also $\Delta x' = \delta x$ und damit

$$\delta x \, \Delta p' \geq \frac{\hbar}{2} \tag{17.27}$$

Dies bedeutet: Je genauer wir den Ort bestimmen, umso unbestimmter ist danach der Impuls des Teilchens; je kleiner δx ist, umso größer ist $\Delta p'$ und damit die mit der Messung verbundene Störung.

Die mit der Unschärferelation verbundene Unbestimmtheit hat damit die folgenden beiden Aspekte:

1. Für ein bestimmtes System streuen die Messwerte (am immer wieder hergestellten System gemessen) im Bereich Δx und Δp. So lassen sich Ort und Impuls im zeitunabhängigen Grundzustand des Wasserstoffatoms nur im Rahmen einer gewissen Unschärfe (etwa $\Delta x \sim 1$ Å und $\Delta p \sim \hbar/\Delta x$) festlegen.

2. In einer Einzelmessung am betrachteten System kann der Ort beliebig genau bestimmt werden (bis auf die Messfehler des Messinstruments). Je genauer die Ortsmessung ist, umso größer ist aber die damit verbundene Störung; $\delta x \to 0$ bedingt $\Delta p' \to \infty$. Nach einer genauen Ortsmessung hat das System einen weitgehend unbestimmten Impuls.

Die hier für Ort und Impuls diskutierten Beziehungen gelten analog für beliebige andere Messgrößen, die zu zwei nicht vertauschbaren Operatoren gehören.

Aufgaben

17.1 Interferenz

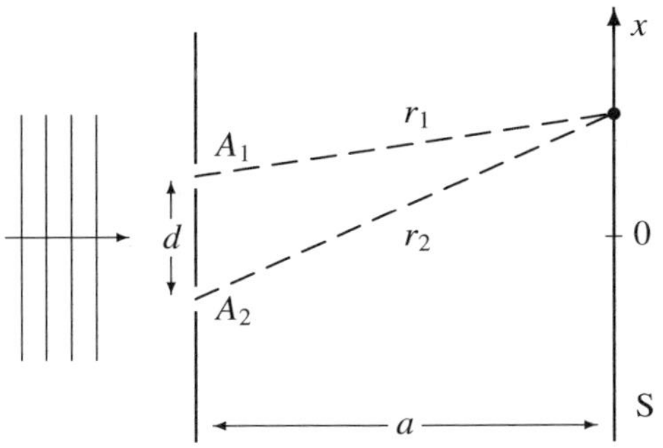

Eine ebene Welle fällt auf eine Blende mit zwei kleinen, gleich großen Öffnungen im Abstand d. Für den Abstand a zwischen der Blende und dem Schirm gilt $a \gg d$. Der Schnitt des Schirms S mit der Bildebene ist die x-Achse. Berechnen und skizzieren Sie die Intensität $I(x) = |A_1 + A_2|^2$ auf dem Schirm.

Lösung: Nach dem Huygensschen Prinzip (16.1) geht von jeder der beiden Öffnungen eine Kugelwelle aus:

$$A_1 = b\, \frac{\exp\left[\mathrm{i}(kr_1 - \omega t)\right]}{r_1}\,, \qquad A_2 = b\, \frac{\exp\left[\mathrm{i}(kr_2 - \omega t)\right]}{r_2}$$

Die Amplitude b ist proportional zum Feld der einfallenden Welle und zur Fläche der Öffnung; für die gleich großen Öffnungen und eine senkrecht einfallende Welle sind beide Amplituden gleich. Die Abstände zwischen der Öffnung und dem betrachteten Punkt auf dem Schirm sind r_1 und r_2. Die Superposition der beiden Wellen ergibt die Intensität

$$I = \left|A_1 + A_2\right|^2 = |b|^2 \left(\frac{1}{r_1^2} + \frac{1}{r_2^2} + \frac{2\cos\left[k(r_1 - r_2)\right]}{r_1\, r_2} \right)$$

Der letzte Term ist für die Interferenz verantwortlich. Wir vereinfachen die Gleichung für den Fall, dass der Abstand der Öffnungen klein gegenüber dem Abstand zum Schirm ist, $d \ll a$. Dazu entwickeln wir die Abstände r_1 und r_2,

$$r_{1,2} = \sqrt{a^2 + \left(x \mp \frac{d}{2}\right)^2} \approx \sqrt{a^2 + x^2} \mp \frac{x\,d}{2\sqrt{a^2 + x^2}} + \ldots$$

In der Summe $1/r_1^2 + 1/r_2^2$ heben sich die in d linearen Terme auf. Im Interferenzterm setzen wir

$$k\left(r_2 - r_1\right) \approx \frac{k\,x\,d}{\sqrt{a^2 + x^2}}$$

ein:

$$I(x) \approx \frac{2\,|b|^2}{a^2 + x^2} \left[1 + \cos\left(\frac{k\,x\,d}{\sqrt{a^2 + x^2}}\right)\right] = \frac{4\,|b|^2}{a^2 + x^2} \cos^2\left(\frac{k\,x\,d}{2\sqrt{a^2 + x^2}}\right)$$

Für deutliche Interferenzeffekte muss die Wellenlänge λ mit dem Abstand d vergleichbar sein, also $\lambda \sim d$. Für $\lambda \gg d$ oder $kd \ll 1$, geht der Cosinus gegen eins und die Interferenzeffekte verschwinden. Für $\lambda \ll d$ oszilliert die Intensität mit der Periode $\Delta x \approx \lambda a/d \ll a$, und das Interferenzmuster kann schließlich nicht mehr aufgelöst werden.

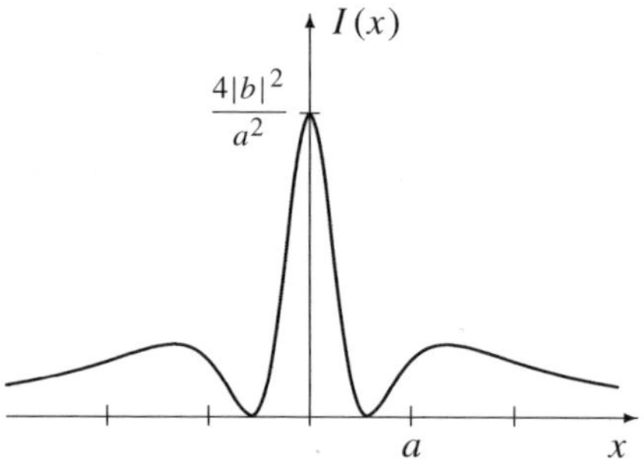

Intensität $I(x)$ als Funktion des Abstands x vom Zentrum. An den Stellen

$$\frac{\pm x_n}{\sqrt{a^2 + x_n^2}} = \left(n + \frac{1}{2}\right)\frac{\lambda}{d}$$

mit $n = 0, 1, 2, \ldots$ wird die Intensität null. Für die Abbildung wurde $\lambda = d$ gewählt; dann gibt es für positive und negative x jeweils nur eine Nullstelle.

17.2 Comptoneffekt

Ein Photon streut an einem ruhenden Elektron und überträgt dabei Energie und Impuls auf das Elektron. Dieser Comptoneffekt kann quantitativ erklärt werden, wenn man annimmt, dass Photonen Teilchen mit der Energie $E_\gamma = \hbar\omega$ und dem Impuls $\boldsymbol{p}_\gamma = \hbar\boldsymbol{k}$ sind.

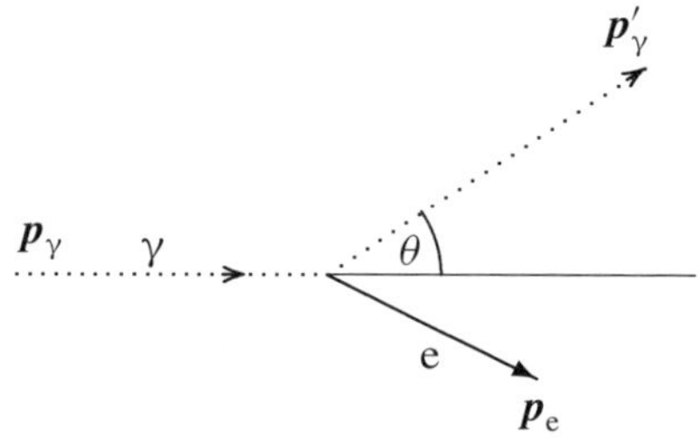

Werten Sie die relativistische Energie- und Impulsbilanz für diesen Prozess aus. Zeigen Sie, dass die Änderung der Wellenlänge des Photons durch

$$\Delta\lambda = \lambda' - \lambda = \frac{4\pi\hbar}{m_{\mathrm{e}}c}\,\sin^2\frac{\theta}{2}$$

gegeben ist.

Lösung: Wir gehen von den Erhaltungssätzen für die relativistischen Energien und Impulse aus:

$$E_\gamma + m_{\mathrm{e}}c^2 = E_{\gamma'} + \sqrt{m_{\mathrm{e}}^2c^4 + \boldsymbol{p}_{\mathrm{e}}^2c^2} \tag{17.28}$$

$$\boldsymbol{p}_\gamma = \boldsymbol{p}_{\gamma'} + \boldsymbol{p}_{\mathrm{e}} \tag{17.29}$$

Wir lösen (17.28) nach der Wurzel auf und quadrieren die Wurzel:

$$\left(E_\gamma - E_{\gamma'}\right)^2 + 2m_{\mathrm{e}}c^2\left(E_\gamma - E_{\gamma'}\right) = \boldsymbol{p}_{\mathrm{e}}^2c^2 = \left(\boldsymbol{p}_\gamma - \boldsymbol{p}_{\gamma'}\right)^2c^2 \tag{17.30}$$

Die Terme mit $m_{\mathrm{e}}^2c^4$ heben sich dabei auf. Zuletzt wurde (17.29), $\boldsymbol{p}_{\mathrm{e}} = \boldsymbol{p}_\gamma - \boldsymbol{p}_{\gamma'}$ eingesetzt. Das Ergebnis hängt dann nur noch von den Größen des Photons ab. Für die rechte Seite erhalten wir

$$\left(\boldsymbol{p}_\gamma - \boldsymbol{p}_{\gamma'}\right)^2 = p_\gamma^2 + p_{\gamma'}^2 - 2\,p_\gamma\,p_{\gamma'}\cos\theta$$

Dabei ist θ der Ablenkwinkel des Photons (siehe auch Abbildung oben). Wir drücken alle Größen durch die Wellenlängen λ und λ' aus:

$$E_\gamma = \hbar\omega = \hbar c\,\frac{2\pi}{\lambda}\,,\qquad E_{\gamma'} = \hbar c\,\frac{2\pi}{\lambda'}\,,\qquad p_\gamma = \hbar k = \hbar\,\frac{2\pi}{\lambda}\,,\qquad p_{\gamma'} = \hbar\,\frac{2\pi}{\lambda'}$$

Wir setzen dies in (17.30) ein:

$$\left(\frac{1}{\lambda}-\frac{1}{\lambda'}\right)^2+\frac{m_e c}{\pi\hbar}\left(\frac{1}{\lambda}-\frac{1}{\lambda'}\right)=\frac{1}{\lambda^2}+\frac{1}{\lambda'^2}-\frac{2\cos\theta}{\lambda\,\lambda'}$$

Die Terme mit $1/\lambda^2$ und $1/\lambda'^2$ heben sich auf. Die restlichen Terme können zum gewünschten Resultat zusammengefasst werden:

$$\Delta\lambda=\lambda'-\lambda=\frac{2\pi\hbar}{m_e c}\big(1-\cos\theta\big)=\frac{4\pi\hbar}{m_e c}\sin^2\frac{\theta}{2}$$

Die Größe $\hbar/(m_e c)\approx 4\cdot 10^{-3}$ Å ist die Compton-Wellenlänge des Elektrons.

17.3 Eichinvarianz

Aus (17.12) folgt die Schrödingergleichung für ein Teilchen im elektromagnetischen Feld:

$$\left(\mathrm{i}\hbar\,\frac{\partial}{\partial t}-q\,\Phi_e\right)\psi(\boldsymbol{r},t)=\frac{1}{2m}\left(\boldsymbol{p}_{\rm op}-\frac{q}{c}\boldsymbol{A}\right)^2\psi(\boldsymbol{r},t)\tag{17.31}$$

Dabei ist Φ_e das skalare und $\boldsymbol{A}$ das Vektorpotenzial des elektromagnetischen Felds. Die messbaren Felder $\boldsymbol{E}=-\nabla\Phi_e-\dot{\boldsymbol{A}}/c$, $\boldsymbol{B}=\nabla\times\boldsymbol{A}$ und $|\psi(\boldsymbol{r},t)|^2$ sind invariant unter der folgenden *Eichtransformation*

$$\boldsymbol{A}\to\boldsymbol{A}+\nabla\Lambda\,,\qquad \Phi_e\to\Phi_e-\frac{1}{c}\,\frac{\partial\Lambda}{\partial t}\,,\qquad \psi\to\psi\,\exp\left(\mathrm{i}\,\frac{q}{\hbar c}\,\Lambda\right)\tag{17.32}$$

Dabei ist $\Lambda(\boldsymbol{r},t)$ ein beliebiges skalares Feld. Zeigen Sie, dass die Schrödingergleichung (17.31) invariant unter dieser Eichtransformation ist. Untersuchen Sie dazu, wie sich die Ausdrücke

$$\left(\mathrm{i}\hbar\,\frac{\partial}{\partial t}-q\,\Phi_e\right)\psi(\boldsymbol{r},t)\qquad\text{und}\qquad\left(\boldsymbol{p}_{\rm op}-\frac{q}{c}\boldsymbol{A}\right)\psi(\boldsymbol{r},t)\tag{17.33}$$

transformieren.

Ein homogenes Magnetfeld $\boldsymbol{B}=B\,\boldsymbol{e}_z:=B\,(0,0,1)$ kann durch folgende Vektorpotenziale beschrieben werden:

$$\begin{aligned}\boldsymbol{A}_1&:=\frac{B}{2}\big(-y,x,0\big)\qquad&\text{(symmetrische Eichung)}\\ \boldsymbol{A}_2&:=B\big(0,x,0\big)\qquad&\text{(Landau-Eichung)}\end{aligned}\tag{17.34}$$

Geben Sie für beide Fälle das Magnetfeld $\boldsymbol{B}=\nabla\times\boldsymbol{A}$ an. Bestimmen Sie das Eichfeld $\Lambda(\boldsymbol{r})$ in $\boldsymbol{A}_2=\boldsymbol{A}_1+\operatorname{grad}\Lambda$.

Lösung: Wir wenden die Transformation (17.32) auf die Ausdrücke (17.33) an:

$$\begin{aligned}\Big(\mathrm{i}\hbar\,\frac{\partial}{\partial t}-q\,\Phi_\mathrm{e}\Big)\,\psi \quad&\to\quad \Big(\mathrm{i}\hbar\,\frac{\partial}{\partial t}-q\,\Phi_\mathrm{e}+\frac{q}{c}\,\frac{\partial\Lambda}{\partial t}\Big)\,\psi\,\exp\Big(\mathrm{i}\,\frac{q}{\hbar c}\,\Lambda\Big)\\ &=\quad \exp\Big(\mathrm{i}\,\frac{q}{\hbar c}\,\Lambda\Big)\Big(\mathrm{i}\hbar\,\frac{\partial}{\partial t}-q\,\Phi_\mathrm{e}\Big)\,\psi\\ \Big(\boldsymbol{p}_\mathrm{op}-\frac{q}{c}\,\boldsymbol{A}\Big)\,\psi \quad&\to\quad \Big(-\mathrm{i}\hbar\,\nabla-\frac{q}{c}\,\boldsymbol{A}-\frac{q}{c}\,\nabla\Lambda\Big)\,\psi\,\exp\Big(\mathrm{i}\,\frac{q}{\hbar c}\,\Lambda\Big)\\ &=\quad \exp\Big(\mathrm{i}\,\frac{q}{\hbar c}\,\Lambda\Big)\Big(\boldsymbol{p}_\mathrm{op}-\frac{q}{c}\,\boldsymbol{A}\Big)\,\psi\end{aligned}$$

Die Eichtransformation führt jeweils zu dem Phasenfaktor $\exp\big(\mathrm{i}\,q\,\Lambda/(\hbar\,c)\big)$. Dies gilt auch für alle Potenzen dieser beiden Ausdrücke, insbesondere für

$$\Big(\boldsymbol{p}_\mathrm{op}-\frac{q}{c}\,\boldsymbol{A}\Big)^2\,\psi\;\to\;\exp\Big(\mathrm{i}\,\frac{q}{\hbar c}\,\Lambda\Big)\Big(\boldsymbol{p}_\mathrm{op}-\frac{q}{c}\,\boldsymbol{A}\Big)^2\,\psi$$

In der Schrödingergleichung (17.31) heben sich die Phasenfaktoren auf der linken und rechten Seite auf. Die Schrödingergleichung ist daher invariant unter der Eichtransformation.

Für die Vektorpotenziale in (17.34) erhalten wir:

$$\boldsymbol{B}=\operatorname{rot}\boldsymbol{A}_1=\operatorname{rot}\boldsymbol{A}_2:=B\,(0,0,1)$$

Beide Formen des Vektorpotenzials sind also physikalisch äquivalent. Wir berechnen das zugehörige Eichfeld $\Lambda(\boldsymbol{r})$ aus

$$\nabla\Lambda(\boldsymbol{r})=\boldsymbol{A}_2-\boldsymbol{A}_1:=\frac{B}{2}\,\big(y,x,0\big)\quad\Longrightarrow\quad\Lambda(\boldsymbol{r})=\frac{B}{2}\,x\,y$$

Bei der Eichtransformation $\boldsymbol{A}_1\to\boldsymbol{A}_2$ erhält die Wellenfunktion ein zusätzliches Phasenfeld:

$$\psi_2=\psi_1\,\exp\Big(\mathrm{i}\,\frac{q}{\hbar c}\,\Lambda\Big)=\psi_1\,\exp\Big(\mathrm{i}\,\frac{q\,B}{2\hbar c}\,x\,y\Big)$$

Das physikalische Problem „Teilchen im homogenen Magnetfeld“ wird in Aufgabe 20.14 quantenmechanisch behandelt.

Anmerkungen: Zu Beginn der Lösung wurde gezeigt, dass die Ausdrücke (17.33) und Potenzen dieser Ausdrücke immer nur den Phasenfaktor $\exp(\mathrm{i}\,q\,\Lambda/\hbar\,c)$ erhalten. Dies legt folgende Substitutionsregeln für die Einführung eines elektromagnetischen Felds nahe:

$$\mathrm{i}\hbar\,\frac{\partial}{\partial t}\;\to\;\mathrm{i}\hbar\,\frac{\partial}{\partial t}-q\,\Phi_\mathrm{e}\,,\qquad \boldsymbol{p}_\mathrm{op}\;\to\;\boldsymbol{p}_\mathrm{op}-\frac{q}{c}\,\boldsymbol{A}$$

Diese *minimale Substitution* führt zu *eichinvarianten* Gleichungen. Dies haben wir hier konkret für die nichtrelativistische Schrödingergleichung gesehen. Es gilt aber insbesondere auch für die Klein-Gordon-Gleichung und die Diracgleichung. Diese Substitution heißt „minimal“, weil im Prinzip noch andere eichinvariante Terme auftreten könnten. Eichinvariante Terme sind alle Ausdrücke, die aus den Feldern $\boldsymbol{E}$ und $\boldsymbol{B}$ aufgebaut sind. Dabei wären auch noch andere Symmetrien zu beachten (in Frage käme etwa eine lorentzinvariante Kombination wie $\boldsymbol{E}^2-\boldsymbol{B}^2$).

17.4 Kontinuitätsgleichung für komplexes Potenzial

Leiten Sie eine Kontinuitätsgleichung für die Wahrscheinlichkeitsdichte eines Teilchens im komplexen Potenzial

$$V(\boldsymbol{r}) = V_1(\boldsymbol{r}) + \mathrm{i}\, V_2(\boldsymbol{r}) \tag{17.35}$$

ab. Ist die Norm $\int d^3r\, |\psi(\boldsymbol{r},t)|^2$ erhalten?

Lösung: Wir schreiben die Schrödingergleichung und die komplex konjugierte Gleichung mit dem Potenzial (17.35) an:

$$\begin{aligned} \mathrm{i}\hbar\, \frac{\partial \psi(\boldsymbol{r},t)}{\partial t} &= -\frac{\hbar^2}{2m}\, \Delta\, \psi(\boldsymbol{r},t) \;+ \Big(V_1(\boldsymbol{r}) + \mathrm{i}\, V_2(\boldsymbol{r})\Big)\, \psi(\boldsymbol{r},t) \\ -\mathrm{i}\hbar\, \frac{\partial \psi^*(\boldsymbol{r},t)}{\partial t} &= -\frac{\hbar^2}{2m}\, \Delta\, \psi^*(\boldsymbol{r},t) + \Big(V_1(\boldsymbol{r}) - \mathrm{i}\, V_2(\boldsymbol{r})\Big)\, \psi^*(\boldsymbol{r},t) \end{aligned}$$

Wir multiplizieren die erste Gleichung mit ψ^*, die zweite mit ψ und subtrahieren die beiden Gleichungen voneinander:

$$\mathrm{i}\hbar\, \frac{\partial}{\partial t}\, \big|\psi\big|^2 = -\frac{\hbar^2}{2m}\, \nabla \Big(\psi^*\, (\nabla \psi) - (\nabla \psi^*)\, \psi \Big) + 2\,\mathrm{i}\, V_2(\boldsymbol{r})\, \big|\psi\big|^2 \tag{17.36}$$

Wir führen die Wahrscheinlichkeitsdichte und die zugehörige Stromdichte ein,

$$\begin{aligned} \varrho(\boldsymbol{r},t) &= \big|\psi(\boldsymbol{r},t)\big|^2 \\ \boldsymbol{j}(\boldsymbol{r},t) &= \frac{\hbar}{2\,\mathrm{i}\, m} \Big(\psi^*(\boldsymbol{r},t)\, \big(\nabla\, \psi(\boldsymbol{r},t)\big) - \big(\nabla\, \psi^*(\boldsymbol{r},t)\big)\, \psi(\boldsymbol{r},t) \Big) \end{aligned}$$

Damit wird (17.36) zur Kontinuitätsgleichung

$$\frac{\partial \varrho(\boldsymbol{r},t)}{\partial t} + \nabla\, \boldsymbol{j}(\boldsymbol{r},t) = \frac{2}{\hbar}\, V_2(\boldsymbol{r})\, \varrho(\boldsymbol{r},t)$$

Für die Norm $N(t) = \int d^3r\, \varrho(\boldsymbol{r},t)$ gilt

$$\frac{dN(t)}{dt} \overset{(V_2<0)}{=} -\int d^3r\, \big|V_2(\boldsymbol{r})\big|\, \varrho(\boldsymbol{r},t) \;<\; 0$$

Bei der Integration über den gesamten Raum fällt der Term $\nabla \cdot \boldsymbol{j}$ weg, und die Randterme im Unendlichen verschwinden für normierbare Wellenfunktionen. Für $V_2 < 0$ nimmt die Norm im Laufe der Zeit ab. Die Wahrscheinlichkeit, das Teilchen zu finden, nimmt ab; ein solches Potenzial kann also die Absorption von Teilchen beschreiben. Komplexe Potenziale werden in der Kernphysik zur Beschreibung der Absorption in der Nukleon-Kern-Streuung verwendet.

17.5 Kontinuitätsgleichung für 2-Elektronensystem

Stellen Sie die Kontinuitätsgleichung für ein System aus zwei Elektronen auf (ohne Berücksichtigung der Spins).

Lösung: Die beiden Elektronen haben die Koordinaten $\boldsymbol{r}_1$ und $\boldsymbol{r}_2$, und die Wellenfunktion $\psi(\boldsymbol{r}_1, \boldsymbol{r}_2, t)$. Ihre Wechselwirkung wird durch ein Potenzial $V(\boldsymbol{r}_1, \boldsymbol{r}_2)$ beschrieben, dies könnte das Coulombpotenzial sein. Wir schreiben die Schrödingergleichung und die komplex konjugierte Gleichung für dieses Problem an:

$$\begin{aligned} \mathrm{i}\hbar\,\frac{\partial\psi}{\partial t} &= -\frac{\hbar^2}{2m}\,\Delta_1\,\psi \;-\; \frac{\hbar^2}{2m}\,\Delta_2\,\psi \;+ V(\boldsymbol{r}_1, \boldsymbol{r}_2)\,\psi \\ -\mathrm{i}\hbar\,\frac{\partial\psi^*}{\partial t} &= -\frac{\hbar^2}{2m}\,\Delta_1\,\psi^* - \frac{\hbar^2}{2m}\,\Delta_2\,\psi^* + V(\boldsymbol{r}_1, \boldsymbol{r}_2)\,\psi^* \end{aligned}$$

Die Laplaceoperatoren Δ_1 und Δ_2 wirken jeweils auf die Koordinaten $\boldsymbol{r}_1$ und $\boldsymbol{r}_2$. Wir multiplizieren nun die erste Gleichung mit ψ^*, die zweite mit ψ und subtrahieren die beiden Gleichungen voneinander

$$\mathrm{i}\hbar\,\frac{\partial}{\partial t}\,|\psi|^2 = -\frac{\hbar^2}{2m}\,\nabla_1\Big(\psi^*(\nabla_1\psi) - (\nabla_1\psi^*)\,\psi\Big) - \frac{\hbar^2}{2m}\,\nabla_2\Big(\psi^*(\nabla_2\psi) - (\nabla_2\psi^*)\,\psi\Big)$$

Mit $\varrho(\boldsymbol{r}_1, \boldsymbol{r}_2, t) = |\psi(\boldsymbol{r}_1, \boldsymbol{r}_2, t)|^2$ wird dies zur Kontinuitätsgleichung

$$\frac{\partial\varrho}{\partial t} + \frac{\hbar}{2\mathrm{i}m}\,\nabla_1\Big(\psi^*(\nabla_1\psi) - (\nabla_1\psi^*)\,\psi\Big) + \frac{\hbar}{2\mathrm{i}m}\,\nabla_2\Big(\psi^*(\nabla_2\psi) - (\nabla_1\psi^*)\,\psi\Big) = 0$$

oder kurz $\dot{\varrho} + \mathrm{div}_1\,\boldsymbol{j}_1 + \mathrm{div}_2\,\boldsymbol{j}_2 = 0$. Hieraus folgt die Erhaltung der Norm:

$$\frac{d}{dt}\int d^3r_1\;d^3r_2\;\varrho(\boldsymbol{r}_1, \boldsymbol{r}_2, t) = \int d^3r_1\;d^3r_2\;\frac{\partial\varrho(\boldsymbol{r}_1, \boldsymbol{r}_2, t)}{\partial\,t} = 0$$

Für $\dot{\varrho}$ wurde die Kontinuitätsgleichung eingesetzt, und die Divergenzterme wurden mit dem Gaußschen Satz in Oberflächenintegrale umgewandelt. Bei der Integration über den gesamten Raum fallen die Randterme für normierbare Wellenfunktionen weg. Falls die Zweielektronen-Wellenfunktion zur Zeit $t = 0$ auf Eins normiert ist, dann ist sie das auch zu jeder anderen Zeit:

$$\int d^3r_1\;d^3r_2\;\big|\psi(\boldsymbol{r}_1, \boldsymbol{r}_2, 0)\big|^2 = 1 \qquad\Longrightarrow\qquad \int d^3r_1\;d^3r_2\;\big|\psi(\boldsymbol{r}_1, \boldsymbol{r}_2, t)\big|^2 = 1$$

17.6 Ortsoperator in der Impulsdarstellung

Gehen Sie in der Gleichung $\langle x\rangle = \int dx\;x\,|\psi(x)|^2$ zur Impulsdarstellung über. Bestimmen Sie aus dem Resultat den Ortsoperator in der Impulsdarstellung.

Lösung: Die Fouriertransformation der Wellenfunktion lautet

$$\psi(x) = \frac{1}{\sqrt{2\pi\hbar}}\int_{-\infty}^{\infty} dp\;\phi(p)\;\exp\Big(\frac{\mathrm{i}px}{\hbar}\Big) \tag{17.37}$$

Die Multiplikation mit x kann durch eine Differenziation nach p ersetzt werden:

$$\begin{aligned} x\,\psi(x) &= \frac{1}{\sqrt{2\pi\hbar}}\int_{-\infty}^{\infty} dp\;\phi(p)\;x\;\exp\Big(\frac{\mathrm{i}px}{\hbar}\Big) \\ &= \frac{1}{\sqrt{2\pi\hbar}}\int_{-\infty}^{\infty} dp\;\phi(p)\Big(-\mathrm{i}\hbar\,\frac{d}{dp}\Big)\exp\Big(\frac{\mathrm{i}px}{\hbar}\Big) \\ &= \frac{1}{\sqrt{2\pi\hbar}}\int_{-\infty}^{\infty} dp\;\exp\Big(\frac{\mathrm{i}px}{\hbar}\Big)\Big(\mathrm{i}\hbar\,\frac{d}{dp}\,\phi(p)\Big) \end{aligned}$$

Zuletzt wurde partiell integriert; die Randterme im Unendlichen verschwinden für normierbare Wellenfunktionen. Hiermit werten wir den Ortserwartungswert aus:

$$\begin{aligned}\langle x\rangle &= \int_{-\infty}^{\infty} dx\; \psi^*(x)\, x\, \psi(x) = \frac{1}{\sqrt{2\pi\hbar}} \int_{-\infty}^{\infty} dx\; \psi^*(x) \int_{-\infty}^{\infty} dp\; \exp\Big(\frac{\mathrm{i}\,p x}{\hbar}\Big)\Big(\mathrm{i}\hbar\,\frac{d}{dp}\,\phi(p)\Big)\\ &= \frac{1}{\sqrt{2\pi\hbar}} \int_{-\infty}^{\infty} dp \int_{-\infty}^{\infty} dx\, \Big(\psi(x)\, \exp\Big(\frac{-\mathrm{i}\,p x}{\hbar}\Big)\Big)^{*}\Big(\mathrm{i}\hbar\,\frac{d}{dp}\,\phi(p)\Big)\\ &= \int_{-\infty}^{\infty} dp\; \phi^*(p)\Big(\mathrm{i}\hbar\,\frac{d}{dp}\Big)\phi(p) = \int_{-\infty}^{\infty} dp\; \phi^*(p)\; x_{\rm op}\; \phi(p)\end{aligned}$$

Die Integrationen wurden vertauscht und die Fourierrücktransformation eingesetzt. Der Ortsoperator im Impulsraum kann jetzt abgelesen werden:

$$x_{\rm op} = \mathrm{i}\hbar\, \frac{d}{dp}$$

17.7 Schrödingergleichung in der Impulsdarstellung

Stellen Sie die eindimensionale Schrödingergleichung mit einem Potenzial $V(x)$ in der Impulsdarstellung auf, also die Wellengleichung für die Amplitude $\phi(p,t)$. Wie lautet die zugehörige stationäre Gleichung?

Spezialisieren Sie die stationäre Gleichung auf das Potenzial $V(x) = V_0\ \delta(x)$ mit $V_0 < 0$. Bestimmen Sie aus dieser Gleichung die Wellenfunktion $\varphi(p)$ des gebundenen Zustands und seine Energie.

Lösung: Wir führen die Fouriertransformation (17.37) für beide Seiten der Schrödingergleichung durch:

$$\begin{aligned}\mathrm{i}\hbar\,\frac{\partial}{\partial t}\,\phi(p,t) &= -\frac{\hbar^2}{2m}\,\frac{1}{\sqrt{2\pi\hbar}} \int_{-\infty}^{\infty} dx\; \exp\Big(-\frac{\mathrm{i}\,p x}{\hbar}\Big)\,\frac{d^2}{dx^2}\,\psi(x,t)\\ &\quad + \frac{1}{\sqrt{2\pi\hbar}} \int_{-\infty}^{\infty} dx\; \exp\Big(-\frac{\mathrm{i}\,p x}{\hbar}\Big)\, V(x)\; \psi(x,t)\end{aligned}$$

Der erste Term auf der rechten Seite (kinetische Energie) wird nun zweimal partiell integriert. Die Randterme fallen für normierbare Wellenfunktionen weg. Damit erhalten wir $-\,p^2\phi(p,t)/\hbar^2$. Im zweiten Term (potenzielle Energie) drücken wir die Wellenfunktion $\psi(x,t)$ gemäß (17.37) durch die Fouriertransformierte aus. Auf diese Weise erhalten wir die Schrödingergleichung in der Impulsdarstellung:

$$\mathrm{i}\hbar\,\frac{\partial}{\partial t}\,\phi(p,t) = \frac{p^2}{2m}\,\phi(p,t) + \frac{1}{2\pi\hbar} \int_{-\infty}^{\infty} dp'\; \widetilde{V}(p-p')\; \phi(p',t) \tag{17.38}$$

Dabei ist

$$\widetilde{V}(q) = \int_{-\infty}^{\infty} dx\; V(x)\; \exp\Big(-\frac{\mathrm{i}\,q x}{\hbar}\Big)$$

die Fouriertransformierte des Potenzials. Die Schrödingergleichung (17.38) ist eine Integrodifferenzialgleichung. Für stationäre Zustände

$$\phi(p,t) = \varphi(p)\; \exp\Big(-\frac{\mathrm{i}\,E t}{\hbar}\Big)$$

wird sie zu einer Integralgleichung:

$$\frac{p^2}{2m}\,\varphi(p) + \frac{1}{2\pi\hbar}\int_{-\infty}^{\infty} dp'\,\widetilde{V}(p-p')\,\varphi(p') = E\,\varphi(p) \tag{17.39}$$

Für das δ-Potenzial $V(x) = V_0\,\delta(x)$ ist $\widetilde{V}(q) = V_0$. Die zeitunabhängige Schrödingergleichung (17.39) vereinfacht sich zu

$$\frac{p^2}{2m}\,\varphi(p) + \frac{V_0}{2\pi\hbar}\int_{-\infty}^{\infty} dp'\,\varphi(p') = E\,\varphi(p) \tag{17.40}$$

Wir untersuchen nun die gebundenen Zustände mit $E = -\hbar^2\kappa^2/(2m)$ für das attraktive Potenzial $V_0 < 0$. Das Integral in (17.40) ist gleich einer p-unabhängigen Konstanten. Damit erhalten wir

$$\left(p^2 + \hbar^2\kappa^2\right)\varphi(p) = C \qquad \Longrightarrow \qquad \varphi(p) = \frac{C}{p^2 + \hbar^2\kappa^2}$$

Dabei ist

$$C = \frac{m\,|V_0|}{\pi\hbar}\int_{-\infty}^{\infty} dp'\,\varphi(p') = \frac{m\,|V_0|}{\pi\hbar}\int_{-\infty}^{\infty} dp'\,\frac{C}{p'^2 + \hbar^2\kappa^2} = \frac{m\,|V_0|}{\hbar^2\kappa}\,C$$

Hieraus folgen

$$\kappa = \frac{m\,|V_0|}{\hbar^2} \qquad \text{und} \qquad E_0 = -\frac{m\,|V_0|^2}{2\hbar^2}$$

Demnach gibt es genau einen gebundenen Zustand mit der Energie E_0. Die Konstante C kann schließlich noch durch die Normierung festgelegt werden:

$$\int_{-\infty}^{\infty} dp\,\left|\varphi(p)\right|^2 = |C|^2\int_{-\infty}^{\infty} dp\,\frac{1}{(p^2+\hbar^2\kappa^2)^2} = |C|^2\,\frac{\pi}{2\hbar^3\kappa^3} \stackrel{!}{=} 1$$

Die normierte Wellenfunktion des gebundenen Zustands lautet damit

$$\varphi(p) = \sqrt{\frac{2\hbar\kappa}{\pi}}\;\frac{\hbar\kappa}{p^2+\hbar^2\kappa^2} \qquad \text{oder} \qquad \psi(x) = \sqrt{\kappa}\,\exp\big(-\kappa\,|x|\big)$$

Die Wellenfunktion im Ortsraum erhält man durch eine Fourierrücktransformation, oder durch die direkte Lösung der Schrödingergleichung in der Ortsdarstellung.

17.8 Harmonischer Oszillator in der Impulsdarstellung

Wie lautet die eindimensionale Schrödingergleichung für den harmonischen Oszillator $V(x) = m\omega^2 x^2/2$ in der Impulsdarstellung? Verwenden Sie den Ortsoperator in der Impulsdarstellung aus Aufgabe 17.6. Geben Sie die zugehörige zeitunabhängige Gleichung an.

Lösung: Ausgangspunkt ist der Hamiltonoperator $H_{\rm op} = p_{\rm op}^2/(2m) + m\omega^2 x_{\rm op}^2/2$ für den eindimensionalen Oszillator. Bekanntlich führen die Ersetzungen $p_{\rm op} = -\mathrm{i}\hbar\,\partial/\partial x$ und $x_{\rm op} = x$ auf die Schrödingergleichung in der Ortsdarstellung

$$\mathrm{i}\hbar\,\frac{\partial}{\partial t}\,\psi(x,t) = \left[-\frac{\hbar^2}{2m}\,\frac{\partial^2}{\partial x^2} + \frac{m\omega^2}{2}\,x^2\right]\psi(x,t)$$

Ganz entsprechend führend die Ersetzungen $p_{op} = p$ (Aufgabe 17.7) und $x_{op} = \mathrm{i}\hbar\, \partial/\partial p$ (Aufgabe 17.6) zur Schrödingergleichung in der Impulsdarstellung

$$\mathrm{i}\hbar\, \frac{\partial}{\partial t}\, \phi(p,t) = \left[\frac{p^2}{2m} - \frac{m\hbar^2\omega^2}{2}\, \frac{\partial^2}{\partial p^2}\right] \phi(p,t)$$

Für stationäre Zustände $\psi(x,t) = \psi(x)\, \exp(-\mathrm{i}Et/\hbar)$ beziehungsweise $\phi(p,t) = \phi(p)\, \exp(-\mathrm{i}Et/\hbar)$ werden die Schrödingergleichungen in den beiden Darstellungen zu

$$\left[-\frac{\hbar^2}{2m}\frac{d^2}{dx^2} - \frac{m\omega^2}{2}x^2\right]\psi(x) = E\,\psi(x)$$

$$\left[\frac{p^2}{2m} - \frac{m\hbar^2\omega^2}{2}\frac{d^2}{dp^2}\right]\phi(p) = E\,\phi(p) \qquad (17.41)$$

Beide Gleichungen haben dieselbe Struktur. So führen die Substitutionen $y = \sqrt{m\omega/\hbar}\, x$ für die erste und $y = p/\sqrt{m\hbar\omega}$ für die zweite Gleichung auf dieselbe Differenzialgleichung. Die Lösungen der stationären Schrödingergleichung im Impulsraum, (17.41), können daher aus (18.15) übernommen werden:

$$\phi_n(p) \propto H_n\Big(\frac{p}{\sqrt{m\hbar\omega}}\Big)\, \exp\Big(-\frac{p^2}{2m\hbar\omega}\Big), \qquad E_n = \hbar\omega\Big(n + \frac{1}{2}\Big)$$

17.9 Impulserwartungswert für reelle Wellenfunktion

Zeigen Sie, dass der Impulserwartungswert $\langle \boldsymbol{p}\rangle$ für eine reelle, normierte Wellenfunktion $\psi(\boldsymbol{r})$ verschwindet.

Lösung: Wir gehen von der Definition des Impulserwartungswerts aus

$$\langle \boldsymbol{p}\rangle = \int d^3r\; \psi^*(\boldsymbol{r})\; \boldsymbol{p}_{op}\, \psi(\boldsymbol{r}) = -\mathrm{i}\hbar \int d^3r\; \psi^*(\boldsymbol{r})\; \nabla\, \psi(\boldsymbol{r})$$

Für eine reelle Wellenfunktion ist $\nabla\, |\psi|^2 = 2\,\psi\, \nabla\psi$, also

$$\langle \boldsymbol{p}\rangle = -\frac{\mathrm{i}\hbar}{2}\int d^3r\; \nabla\, |\psi(\boldsymbol{r})|^2 = \int_{\text{Rand}} d\boldsymbol{A}\; |\psi(\boldsymbol{r})|^2 = 0$$

Das Volumenintegral wurde mit dem Gaußschen Satz in ein Oberflächenintegral umgeformt. Am Rand (im Unendlichen) verschwindet der Integrand für normierbare Wellenfunktionen. Der Impulserwartungswert einer reellen, normierbaren Wellenfunktion ist also null.

17.10 Wignertransformierte

Die *Wignertransformierte* einer Wellenfunktion $\psi(x)$ wird durch

$$W(x,p) = \frac{1}{2\pi\hbar}\int_{-\infty}^{\infty} dy\;\, \psi^*\Big(x - \frac{y}{2}\Big)\, \psi\Big(x + \frac{y}{2}\Big)\, \exp\Big(-\frac{\mathrm{i}py}{\hbar}\Big) \qquad (17.42)$$

definiert. Zeigen Sie

$$\left|\psi(x)\right|^2 = \int_{-\infty}^{\infty} dp\; W(x,p) \qquad \text{und} \qquad \left|\phi(p)\right|^2 = \int_{-\infty}^{\infty} dx\; W(x,p) \tag{17.43}$$

Geben Sie die Wignertransformierte für eine normierte Gaußfunktion an, also für

$$\psi(x) = \frac{1}{(2\pi\alpha)^{1/4}} \exp\left(-\frac{x^2}{4\alpha}\right)$$

Lösung: Im Folgenden verwenden wir die Integraldarstellung der δ-Funktion,

$$\delta(y) = \frac{1}{2\pi\hbar} \int_{-\infty}^{\infty} dp\; \exp\left(\pm\frac{\mathrm{i}\,p\,y}{\hbar}\right)$$

Damit wird das Impulsintegral über die Wignertransformierte zu

$$\int_{-\infty}^{\infty} dp\; W(x,p) = \int_{-\infty}^{\infty} dy\; \delta(y)\; \psi^*\left(x - \frac{y}{2}\right) \psi\left(x + \frac{y}{2}\right) = \left|\psi(x)\right|^2$$

Alternativ zu (17.42) kann die Wignertransformierte durch die Wellenfunktion in der Impulsdarstellung ausgedrückt werden. Dazu setzen wir die Fouriertransformation

$$\psi(x) = \frac{1}{\sqrt{2\pi\hbar}} \int_{-\infty}^{\infty} dp\; \phi(p)\; \exp\left(\frac{\mathrm{i}\,p\,x}{\hbar}\right)$$

für beide Wellenfunktionen in (17.42) ein:

$$W(x,p) = \frac{1}{2\pi\hbar} \int_{-\infty}^{\infty} dp' \int_{-\infty}^{\infty} dp''\; \phi^*(p')\, \phi(p'')\, \delta\left(p - \frac{p'' + p'}{2}\right) \exp\left[\frac{\mathrm{i}}{\hbar}(p'' - p')\, x\right]$$

Dabei führte das Integral über y zu der δ-Funktion. Wir substituieren nun $p' = \bar{p} - q/2$ und $p'' = \bar{p} + q/2$. Dann setzt die δ-Funktion $\bar{p}$ auf p, und wir erhalten einen zu (17.42) analogen Ausdruck mit den Wellenfunktionen in der Impulsdarstellung:

$$W(x,p) = \frac{1}{2\pi\hbar} \int_{-\infty}^{\infty} dq\; \phi^*\left(p - \frac{q}{2}\right) \phi\left(p + \frac{q}{2}\right) \exp\left(\frac{\mathrm{i}\,q\,x}{\hbar}\right) \tag{17.44}$$

Hiermit berechnen wir das Ortsintegral über die Wignertransformierte:

$$\int_{-\infty}^{\infty} dx\; W(x,p) = \int_{-\infty}^{\infty} dq\; \delta(q)\; \phi^*\left(p - \frac{q}{2}\right) \phi\left(p + \frac{q}{2}\right) = \left|\phi(p)\right|^2$$

Wir setzen nun noch die normierte Gaußfunktion in die Wignertransformierte (17.42) ein:

$$\begin{aligned} W(x,p) &= \frac{1}{2\pi\hbar}\, \frac{1}{\sqrt{2\pi\alpha}} \int_{-\infty}^{\infty} dy\; \exp\left(-\frac{x^2}{2\alpha}\right) \exp\left(-\frac{y^2}{8\alpha}\right) \exp\left(-\frac{\mathrm{i}\,p\,y}{\hbar}\right) \\ &= \frac{1}{\pi\hbar} \exp\left(-\frac{x^2}{2\alpha}\right) \exp\left(-\frac{2\alpha\, p^2}{\hbar^2}\right) \end{aligned}$$

Nach der quadratischen Ergänzung des Exponenten konnte die Integration ausgeführt werden. Zur Kontrolle des Resultats kann man hierfür die Relationen (17.43) überprüfen.

Anmerkung: Für ein System aus klassischen Teilchen benutzt man die Wahrscheinlichkeitsdichte $f(x, p)$ für den Ort x und den Impuls p (etwa in der Boltzmanngleichung). Aus $f(x, p)$ erhält man durch eine Integration über den Ort die Dichte im Impulsraum, und durch eine Integration über den Impuls die Dichte im Ortsraum. Insofern kann die Wignertransformierte mit einer solchen Verteilungsfunktion verglichen werden. Die Wignertransformierte ist jedoch keine Wahrscheinlichkeitsdichte; vielmehr kann $W < 0$ im Gegensatz zu $f(x, p) \geq 0$ vorkommen. Die Wignertransformierte enthält dieselbe Information wie die Wellenfunktion selbst. Dies ist (wesentlich) mehr Information, als in $|\psi(x)|^2$ und $|\phi(p)|^2$ zusammen enthalten ist.

17.11 Kommutator hermitescher Operatoren

Ein hermitescher beziehungsweise antihermitescher Operator F ist durch die Bedingung

$$\int dx\ \varphi^*(x)\big(F\,\psi(x)\big) = \pm \int dx\ \big(\varphi(x)\,F\big)^*\,\psi(x)$$

definiert. Dabei steht das Pluszeichen für hermitesch und das Minuszeichen für antihermitesch. Zeigen Sie für zwei hermitesche Operatoren F und K:

$$\big[F, K\big] \text{ ist antihermitesch,} \qquad \mathrm{i}\big[F, K\big] \text{ ist hermitesch}$$

Lösung: Wir berechnen zunächst das Adjungierte (17.16) des Produkts zweier hermitescher Operatoren:

$$\int dx\ \varphi^*(x)\,F\,K\,\psi(x) = \int dx\ \big(F\,\varphi(x)\big)^*\,K\,\psi(x) = \int dx\ \big(K\,F\,\varphi(x)\big)^*\,\psi(x)$$

oder kurz

$$\big(F\,K\big)^\dagger = K\,F$$

Für den Kommutator $\big[F, K\big] = F\,K - K\,F$ folgt damit

$$\int dx\ \varphi^*(x)\big[F, K\big]\psi(x) = -\int dx\ \Big(\big[F, K\big]\,\varphi(x)\Big)^*\,\psi(x)$$

oder kurz

$$\Big(\big[F, K\big]\Big)^\dagger = -\big[F, K\big]$$

Der Kommutator zweier hermitescher Operatoren ist antihermitesch. Dagegen ergibt der Faktor i im Operator $\mathrm{i}[F, K]$ ein zusätzliches Minuszeichen:

$$\begin{aligned}\int dx\ \varphi^*(x)\,\mathrm{i}\big[F, K\big]\,\psi(x) &= -\mathrm{i}\int dx\ \Big(\big[F, K\big]\,\varphi(x)\Big)^*\,\psi(x)\\ &= \int dx\ \Big(\mathrm{i}\big[F, K\big]\,\varphi(x)\Big)^*\,\psi(x)\end{aligned}$$

Damit ist dieser Operator hermitesch:

$$\Big(\mathrm{i}\big[F, K\big]\Big)^\dagger = \mathrm{i}\big[F, K\big]$$

17.12 Ersetzungsregel für nichtvertauschende Größen

In der klassischen Hamiltonfunktion sind die Terme $p\, f(x)$ und $f(x)\, p$ äquivalent. Die Ersetzungsregel $p \to p_{\rm op} = -\mathrm{i}\hbar\, d/dx$ für den Übergang zum Hamiltonoperator führt aber zu verschiedenen Operatoren. In dem Ansatz

$$p\, f(x) \quad \longrightarrow \quad \alpha\, p_{\rm op}\, f(x) + (1-\alpha)\, f(x)\, p_{\rm op} \tag{17.45}$$

ist die Reihenfolge offen gelassen. Wie ist der reelle Koeffizient α zu wählen, damit der resultierende Operator hermitesch ist?

Lösung: Mit $p_{\rm op} = -\mathrm{i}\hbar\, d/dx$ bedeutet der Ansatz (17.45)

$$p\, f(x) \longrightarrow -\mathrm{i}\hbar \left[\alpha \frac{d}{dx}\, f(x) + (1-\alpha)\, f(x)\, \frac{d}{dx}\right] = -\mathrm{i}\hbar \left[\alpha\, f'(x) + f(x)\, \frac{d}{dx}\right]$$

Wir fordern nun die Hermitezität dieses Operators:

$$\int_{-\infty}^{\infty} dx\; \varphi^*(x) \left(-\mathrm{i}\hbar \left[\alpha\, f'(x) + f(x)\, \frac{d}{dx}\right] \psi(x)\right)$$

$$\stackrel{!}{=} \int_{-\infty}^{\infty} dx \left(-\mathrm{i}\hbar \left[\alpha\, f'(x) + f(x)\, \frac{d}{dx}\right] \varphi(x)\right)^* \psi(x)$$

Dabei haben wir verwendet, dass $f(x)$ als Bestandteil einer klassischen Hamiltonfunktion reell ist. Die Bedingung ergibt

$$\int_{-\infty}^{\infty} dx \left[2\alpha\, f'(x)\, \varphi^*(x)\, \psi(x) + f(x) \big(\varphi^*(x)\, \psi(x)\big)'\right] \stackrel{!}{=} 0$$

Nach einer partieller Integration, bei der die Randterme im Unendlichen verschwinden, ergibt sich

$$(2\alpha - 1) \int_{-\infty}^{\infty} dx\; f'(x)\, \varphi^*(x)\, \psi(x) \stackrel{!}{=} 0$$

Wir schließen aus, dass $f'(x)$ verschwindet; denn dann ist $f(x)$ eine Konstante, und die Frage der Reihenfolge stellt sich nicht. Da $\psi(x)$ und $\varphi(x)$ beliebige quadratintegrable Funktionen sind, muss dann $\alpha = 1/2$ sein. Die symmetrische Ersetzungsregel

$$p\, f(x) \longrightarrow \frac{1}{2} \left[\, p_{\rm op}\, f(x) + f(x)\, p_{\rm op}\right]$$

führt also auf einen hermiteschen Operator.

17.13 Zeitumkehrinvarianz

Betrachten Sie die Transformation $t \to -t$ in der zeitabhängigen Schrödingergleichung mit einem reellen zeitunabhängigen Potenzial $V(\boldsymbol{r})$. Welchen Einfluss hat diese Transformation auf die Aufenthaltswahrscheinlichkeit $|\psi|^2$ und auf den Erwartungswert $\langle F \rangle_t$ eines zeitunabhängigen hermiteschen Operators F?

Lösung: Wir wenden die Transformation $t \to -t$ auf die Schrödingergleichung an:

$$-\mathrm{i}\hbar \,\frac{\partial \psi(\boldsymbol{r}, -t)}{\partial t} = -\frac{\hbar^2}{2m}\,\Delta\,\psi(\boldsymbol{r}, -t) + V(\boldsymbol{r})\,\psi(\boldsymbol{r}, -t)$$

Wir vergleichen dies mit der komplex konjugierten Schrödingergleichung:

$$-\mathrm{i}\hbar \,\frac{\partial \psi^*(\boldsymbol{r}, t)}{\partial t} = -\frac{\hbar^2}{2m}\,\Delta\,\psi^*(\boldsymbol{r}, t) + V(\boldsymbol{r})\,\psi^*(\boldsymbol{r}, t)$$

Aus dem Vergleich folgt

$$\psi(\boldsymbol{r}, -t) = \psi^*(\boldsymbol{r}, t) \tag{17.46}$$

Damit ist die Aufenthaltswahrscheinlichkeit zeitumkehrinvariant,

$$\big|\psi(\boldsymbol{r}, -t)\big|^2 = \big|\psi(\boldsymbol{r}, t)\big|^2$$

Für den zeitabhängigen Erwartungswert eines zeitunabhängigen hermiteschen Operators gilt mit (17.46):

$$\begin{aligned}\langle F\rangle_{-t} &= \int d^3r\ \psi^*(\boldsymbol{r}, -t)\ F\,\psi(\boldsymbol{r}, -t) = \int d^3r\ \psi(\boldsymbol{r}, t)\ F\,\psi^*(\boldsymbol{r}, t)\\ &= \int d^3r\ \big(F\,\psi(\boldsymbol{r}, t)\big)\,\psi^*(\boldsymbol{r}, t) = \int d^3r\ \psi^*(\boldsymbol{r}, t)\ F\,\psi(\boldsymbol{r}, t) = \langle F\rangle_t\end{aligned}$$

Im Schritt von der ersten zur zweiten Zeile wurde die Hermitezität von F benutzt. Die Erwartungswerte hermitescher Operatoren sind zeitumkehrinvariant.

17.14 Unschärferelation für Wassertropfen

Die Position eines Wassertropfens von 1 mm Durchmesser soll mit der Genauigkeit 10^{-3} mm bestimmt werden. Was folgt daraus für die quantenmechanische Unschärfe der Geschwindigkeit?

Lösung: Für die folgende Abschätzung kommt es auf Faktoren der Ordnung 1 nicht an. Für die quantenmechanischen Unschärfen von Ort und Impuls gilt

$$\Delta x\,\Delta p \sim \hbar$$

Mit einer Ortsunschärfe $\Delta x \approx 10^{-3}$ mm folgt die Impulsunschärfe

$$\Delta p \sim \frac{\hbar}{\Delta x} \approx 10^{-28}\ \frac{\text{kg m}}{\text{s}}$$

Die Masse des Wassertropfens ist ungefähr $m \approx 10^{-6}$ kg. Dies bedeutet für die Unschärfe der Geschwindigkeit

$$\Delta v = \frac{\Delta p}{m} \sim 10^{-22}\ \frac{\text{m}}{\text{s}}$$

Eine solche Geschwindigkeit des Tropfens liegt weit unter der experimentellen Nachweisgrenze.

17.15 Poor man's oscillator

Ein klassischer Oszillator hat die Energie $E_{\rm kl} = p^2/(2m) + m\,\omega^2 x^2/2$. Setzen Sie die Unschärfebeziehung in der Form $|p| \sim (\hbar/2)/|x|$ in $E_{\rm kl}(x,\,p)$ ein, um abzuschätzen, welche kinetische Energie eine Begrenzung auf den Bereich der Größe $|x|$ mit sich bringt. Bestimmen Sie das Minimum der resultierenden (semiklassischen) Energie $E_{\rm sk}(x)$.

Lösung: Wir setzen $|p| \sim (\hbar/2)/|x|$ in die Energie des klassischen Oszillators ein:

$$E_{\rm kl}(x,\,p) = \frac{p^2}{2m} + \frac{m\,\omega^2 x^2}{2} \sim \frac{\hbar^2}{8m\,x^2} + \frac{m\,\omega^2 x^2}{2} = E_{\rm sk}(x)$$

Wir suchen das Minimum der Energie $E_{\rm sk}(x)$:

$$\frac{E_{\rm sk}(x)}{dx} = -\frac{\hbar^2}{4m\,x^3} + m\,\omega^2 x = 0 \qquad \Longrightarrow \qquad x_0 = \pm\sqrt{\frac{\hbar}{2m\,\omega}}$$

Da $E_{\rm sk}(x)$ für $|x| \to 0$ und $|x| \to \infty$ gegen unendlich geht, handelt es sich um ein Minimum. Die Energie am Minimum ist

$$E_{\rm sk}(x_0) = \frac{\hbar^2}{8m}\,\frac{2m\,\omega}{\hbar} + \frac{m\,\omega^2}{2}\,\frac{\hbar}{2m\,\omega} = \frac{\hbar\,\omega}{2}$$

Unsere Abschätzung ist nur bis auf Faktoren der Größe 1 gerechtfertigt. Der Ausgangspunkt $|p| \sim (\hbar/2)/|x|$ ist gerade so gewählt, dass sich die richtige Nullpunktenergie ergibt.

Anmerkung: Man kann diese Abschätzung präzisieren, in dem man vom Erwartungswert des Hamiltonoperators ausgeht:

$$\langle H\rangle = \frac{\langle p^2\rangle}{2m} + \frac{m\,\omega^2}{2}\,\langle x^2\rangle = \frac{(\Delta p)^2}{2m} + \frac{m\,\omega^2}{2}\,(\Delta x)^2$$

Für die zu betrachtende niedrigste Lösung gelten $\langle x\rangle = 0$ und $\langle p\rangle = 0$, und damit $(\Delta x)^2 = \langle x^2\rangle$ und $(\Delta p)^2 = \langle p^2\rangle$. Mit Hilfe der Unschärferelation $\Delta p \ge \hbar/(2\,\Delta x)$ erhalten wir daraus eine (exakte) untere Grenze für den Energieerwartungswert

$$\langle H\rangle \ge \frac{\hbar^2}{8m\,(\Delta x)^2} + \frac{m\,\omega^2}{2}\,(\Delta x)^2$$

Das Gleichheitszeichen führt dann zu $\langle H\rangle_{\rm min} = \hbar\omega/2$. Dies liegt daran, dass der exakte Grundzustand eine Gaußfunktion ist, und dass für Gaußfunktionen das Gleichheitszeichen in der Unschärferelation gilt (Aufgabe 17.16).

17.16 Gleichheitszeichen in der Unschärferelation

Die Unschärferelation $\Delta x\,\Delta p \ge \hbar/2$ folgt (wie in [4] nachzulesen ist) aus der Ungleichung

$$\int dx\,\left|\big[\gamma\big(x - \langle x\rangle\big) - {\rm i}\big(p_{\rm op} - \langle p\rangle\big)\big]\,\psi(x)\,\right|^2 \ge 0 \qquad (\gamma \text{ reell}) \qquad (17.47)$$

Zeigen Sie, dass das Gleichheitszeichen nur für Gaußfunktionen gilt.

Lösung: Wegen der Betragsstriche kann das Gleichheitszeichen in (17.47) nur dann gelten, wenn der Integrand identisch null ist, also für

$$\left[\gamma\big(x-\langle x\rangle\big)-\mathrm{i}\big(p_{\mathrm{op}}-\langle p\rangle\big)\right]\psi(x)=0$$

Mit dem Impulsoperator $p_{\mathrm{op}}=-\mathrm{i}\hbar\, d/dx$ ist dies eine gewöhnliche Differenzialgleichung erster Ordnung:

$$\hbar\,\frac{d\psi(x)}{dx}=\left[\gamma\big(x-\langle x\rangle\big)+\mathrm{i}\langle p\rangle\right]\psi(x)$$

In der Form $d\psi/\psi=\ldots dx$ kann diese Gleichung leicht integriert werden:

$$\psi(x)=C\exp\left[\frac{\gamma}{2\hbar}\big(x-\langle x\rangle\big)^2+\frac{\mathrm{i}}{\hbar}\langle p\rangle\, x\right] \tag{17.48}$$

Für eine normierbare Wellenfunktion müssen wir $\gamma<0$ verlangen. Die Normierung ergibt dann $C=[|\gamma|/(\pi\hbar)]^{1/4}$. Für $\gamma<0$ ist (17.48) eine Gaußfunktion. Das Gleichheitszeichen in der Unschärferelation gilt daher genau für Gaußfunktionen.

18 Eigenwerte und Eigenfunktionen

In der Quantenmechanik spielen die Eigenwerte und Eigenfunktionen von Operatoren eine zentrale Rolle. In diesem Kapitel geben wir für einige einfache Systeme (freie Bewegung, Potenzialtopf und Oszillator) die Eigenfunktionen und Eigenwerte des Hamiltonoperators an. Parallel hierzu werden allgemeine Eigenschaften der Eigenwerte und Eigenfunktionen und ihre Rolle bei der Lösung der zeitabhängigen Schrödingergleichung und im Messprozess untersucht.

Zeitunabhängige Schrödingergleichung

Der Hamiltonoperator sei zeitunabhängig:

$$\frac{\partial H}{\partial t} = 0 \tag{18.1}$$

Wir setzen $\psi(x,t) = \varphi(x)\,\exp(-\mathrm{i}\,E\,t/\hbar)$ in die Schrödingergleichung (17.8) ein und erhalten dann die *zeitunabhängige* Schrödingergleichung

$$H\,\varphi(x) = E\,\varphi(x) \tag{18.2}$$

Hierbei steht x für alle Koordinaten $(q_1, ..., q_f)$ des Systems. Eine Lösung der Form $\psi(x,t) = \varphi(x)\,\exp(-\mathrm{i}\,E\,t/\hbar)$ heißt *stationär*, weil ihre Wahrscheinlichkeitsverteilung

$$\left|\psi(x,t)\right|^2 = \left|\varphi(x)\,\exp(-\mathrm{i}\,E\,t/\hbar)\right|^2 = \left|\varphi(x)\right|^2 \tag{18.3}$$

zeitunabhängig ist. Diese Lösungen beschreiben die stationären Zustände eines Systems, wie zum Beispiel den Grundzustand des Wasserstoffatoms.

Eigenwertgleichungen

Die Schrödingergleichung (18.2) ist die *Eigenwertgleichung* des Operators H. So wie eine Matrix $A = (A_{ij})$ einem Spaltenvektor $b = (b_i)$ den Vektor $A\,b$ zuordnet, so ergibt der Operator H angewendet auf eine Funktion $\varphi(x)$ die Funktion $H\,\varphi(x)$. Ist die neue Größe (Vektor, Funktion) proportional zur alten

$$A\,b = \lambda\,b\,, \qquad H\,\varphi(x) = E\,\varphi(x) \tag{18.4}$$

so heißt sie *Eigenvektor* beziehungsweise *Eigenfunktion*. Die Proportionalitätskonstante (λ oder E) heißt *Eigenwert*. In Kapitel 21 werden wir H selbst durch eine Matrix und $\varphi(x)$ durch einen Vektor darstellen.

Die Eigenwerte können kontinuierlich oder diskret sein. Als Beispiel für einen Operator mit kontinuierlichen Eigenwerten sei der Impulsoperator $p_{\rm op} = -\mathrm{i}\hbar\, d/dx$ genannt (hier ist x eine kartesische Koordinate). Die Eigenwertgleichung $p_{\rm op}\,\varphi(x) = \lambda\,\varphi(x)$ hat die Eigenfunktionen $\varphi(x) = C\ \exp(\mathrm{i}\,p_0\,x/\hbar)$ zu den Eigenwerten p_0.

Als Beispiel für einen Operator mit diskreten Eigenwerten sei der Paritätsoperator P genannt, der durch $P\,f(x) = f(-x)$ definiert ist. Die Eigenwertgleichung $P\,\varphi(x) = \lambda\,\varphi(x)$ hat alle geraden (ungeraden) Funktionen als Eigenfunktionen, und zwar zum Eigenwert $\lambda = +1$ (beziehungsweise -1).

Freie Bewegung

Die freie, eindimensionale Bewegung wird durch den Hamiltonoperator

$$H = -\frac{\hbar^2}{2m}\,\frac{d^2}{dx^2} \tag{18.5}$$

beschrieben. Dieser Hamiltonoperator hat die Eigenfunktionen $\varphi(x) = a\ \exp(\mathrm{i}kx)$ und die kontinuierlichen Eigenwerte $E = \hbar^2 k^2/2m$.

Aus den Eigenfunktionen ergeben sich die stationären Lösungen $\psi(x,t) = a\ \exp[\mathrm{i}\,(kx-\omega t)]$ mit $\omega(k) = E/\hbar = \hbar k^2/2m$. Eine Überlagerung dieser Lösungen ergibt die allgemeine Lösung der zeitabhängigen Schrödingergleichung

$$\psi(x,t) = \frac{1}{\sqrt{2\pi}}\int_{-\infty}^{\infty} dk\ a(k)\ \exp\big[\,\mathrm{i}\,(kx-\omega(k)\,t)\big] \tag{18.6}$$

Dabei ist $|a(k)|^2\,dk = |\phi(p,t)|^2\,dp$, wobei $\phi(p,t)$ die Fouriertransformierte von $\psi(x,t)$ ist. Für $a(k) = C\ \exp[-\alpha\,(k-k_0)^2]$ kann man das Integral in (18.6) elementar lösen und erhält

$$\big|\psi(x,t)\big|^2 = \frac{|C|^2}{2\,\sqrt{\alpha^2+\beta^2\,t^2}}\ \exp\!\left(-\,\frac{\alpha\,(x-v_{\rm G}\,t)^2}{2\,(\alpha^2+\beta^2\,t^2)}\right) \tag{18.7}$$

Hierbei haben wir die *Gruppengeschwindigkeit* $v_{\rm G}$ und den Dispersionsparameter β eingeführt:

$$v_{\rm G} = \left(\frac{d\omega}{dk}\right)_{k_0} = \frac{\hbar\,k_0}{m}\,, \qquad \beta = \frac{1}{2}\left(\frac{d^2\omega}{dk^2}\right)_{k_0} = \frac{\hbar}{2m} \tag{18.8}$$

Eine beliebige Dispersionsrelation kann man um den Schwerpunkt des Wellenpakets herum entwickeln, $\omega(k) = \omega_0 + v_{\rm G}\,(k-k_0) + \beta\,(k-k_0)^2 + \ldots$. Wenn man diese Entwicklung beim quadratischen Term abbricht, dann erhält man näherungsweise (18.7) aus (18.6). Für das Gaußpaket ist das Ergebnis (18.7) exakt, weil die höheren Terme der Entwicklung verschwinden.

Aus (18.7) folgt

$$\langle x\rangle = v_{\rm G}\,t \quad \text{und} \quad (\Delta x)^2 = \big(\alpha^2+\beta^2\,t^2\big)/\alpha \tag{18.9}$$

Das Zentrum des Wellenpakets bewegt sich mit der Geschwindigkeit v_G. Zugleich verbreitert sich das Wellenpaket; diese *quantenmechanische Dispersion* des Wellenpakets ist durch den Parameter $\beta = \hbar/2m$ bestimmt. Speziell für eine lineare Dispersionsrelation $\omega = ck$ (etwa für Licht- oder Schallwellen) wäre $\beta = 0$, und ein Wellenpaket würde sich ohne Dispersion (Zerstreuung) fortpflanzen.

Unendlicher Potenzialtopf

Der Hamiltonoperator des unendlichen, eindimensionalen Potenzialtopfs lautet

$$H = -\frac{\hbar^2}{2m}\frac{d^2}{dx^2} + V(x) \quad \text{mit} \quad V(x) = \begin{cases} 0 & 0 \le x \le L \\ \infty & \text{sonst} \end{cases} \tag{18.10}$$

Er hat die Eigenfunktionen und Eigenwerte

$$\varphi_n(x) = \sqrt{\frac{2}{L}}\,\sin\left(\frac{\pi n x}{L}\right), \qquad E_n = \frac{\pi^2\hbar^2 n^2}{2mL^2} \tag{18.11}$$

Die Quantenzahl n kann die Werte 1, 2, 3, ... annehmen. Zu jedem Eigenwert E_n gibt es genau eine Eigenfunktion φ_n.

Phasenraum

Der abstrakte $2f$-dimensionale Raum, der durch die Koordinaten $x = (q_1, ..., q_f)$ und die (klassischen) Impulse $p = (p_1, ..., p_f)$ aufgespannt wird, heißt *Phasenraum.* Der klassische Zustand eines Systems zu einer bestimmten Zeit t entspricht einem Punkt im Phasenraum. Die zeitliche Entwicklung kann dann durch eine Folge von Punkten, also eine Trajektorie im Phasenraum dargestellt werden.

Unter *Phasenraumvolumen* versteht man das bei gegebener Energie E klassisch zugängliche Volumen im Phasenraum, also

$$V_{\rm PR}(E) = \underbrace{\int dx \int dp}_{H_{\rm kl}(x,\,p)\;\le\;E} \tag{18.12}$$

Vorübergehend sei x jetzt eine einzelne kartesische Koordinate und p der zugehörige Impuls. Wegen der Unschärferelation $\Delta x\,\Delta p \ge \hbar/2$ erstreckt sich ein quantenmechanischer Zustand über ein endliches Volumen $\Delta x\,\Delta p \sim \hbar/2$ des Phasenraums. Dann ist die Anzahl N_E der Zustände mit einer Energie kleiner als E

$$N_E \approx \frac{V_{\rm PR}(E)}{2\pi\hbar} \qquad (N_E \gg 1) \tag{18.13}$$

Den numerischen Faktor in dieser Formel erhält man, wenn man das Phasenraumvolumen für (18.10) berechnet, $V_{\rm PR}(E) = 2L\sqrt{2mE}$, und die Anzahl N_E aus den bekannten Energieeigenwerten (18.11) bestimmt. Im $2f$-dimensionalen Phasenraum gilt $N_E \approx V_{\rm PR}(E)/(2\pi\hbar)^f$.

Eindimensionaler Oszillator

Der Hamiltonoperator des eindimensionalen Oszillators lautet

$$H = -\frac{\hbar^2}{2m}\frac{d^2}{dx^2} + \frac{m\,\omega^2 x^2}{2} \tag{18.14}$$

Damit könnten zum Beispiel die Schwingungen eines zweiatomigen Moleküls beschrieben werden. Der Hamiltonoperator hat die Eigenfunktionen und Eigenwerte

$$\varphi_n(x) = \frac{c_n}{\sqrt{b}}\, H_n\Big(\frac{x}{b}\Big)\, \exp\Big(-\frac{x^2}{2b^2}\Big), \qquad E_n = \Big(n + \frac{1}{2}\Big)\hbar\omega \tag{18.15}$$

Die Quantenzahl n kann die Werte 0, 1, 2, ... annehmen; $b = \sqrt{\hbar/(m\,\omega)}$ ist die Oszillatorlänge. Zu jedem Eigenwert E_n gibt es genau eine Eigenfunktion φ_n. Die hermiteschen Polynome (oder Hermitepolynome) $H_n(y)$ können aus

$$H_n(y) = (-)^n \exp(y^2)\left[\frac{d^n}{dy^n}\exp(-y^2)\right] \tag{18.16}$$

bestimmt werden. Sie sind gerade oder ungerade Polynome der Ordnung n.

Dreidimensionaler Oszillator

Der Hamiltonoperator des dreidimensionalen Oszillators lautet

$$H = -\frac{\hbar^2}{2m}\,\Delta + \frac{m\,\omega^2 r^2}{2} = h(x, p_x) + h(y, p_y) + h(z, p_z) \tag{18.17}$$

Die Operatoren h sind jeweils von der Form (18.14).

Ein Hamiltonoperator $H(1, 2,..., f) = H_1(1,..., g) + H_2(g + 1,..., f)$ bestehe aus zwei Teilen, die auf verschiedene Koordinaten wirken. Die jeweiligen Eigenfunktionen und Eigenwerte seien bekannt, $H_1\,\phi_n = \epsilon_n\,\phi_n$ und $H_2\,\psi_m = \varepsilon_m\,\psi_m$. Dann erhält man die Eigenfunktionen von $H = H_1 + H_2$ als Produktwellenfunktionen: $\Psi_{nm} = \phi_n\,\psi_m$, also

$$H\,\Psi_{nm} = \big(H_1 + H_2\big)\,\phi_n(1,..., g)\,\psi_m(g + 1,..., f) = (\epsilon_n + \varepsilon_m)\,\Psi_{nm} \tag{18.18}$$

Dies könnte zum Beispiel auf zwei Teilchen angewendet werden, die sich unabhängig voneinander in einem Potenzial bewegen. Für die Nukleonen im Atomkern ist der Schalenmodell-Hamiltonoperator von dieser Form, $H_{\text{SM}} = \sum_i H_i$, wobei H_i für das i-te Nukleon von der Form (18.17) sein könnte.

Wegen $H = h(x, p_x)+h(y, p_y)+h(z, p_z)$ können wir die gesuchten Lösungen als Produktzustände aus den Eigenfunktionen (18.15) konstruieren:

$$\Phi_{n_x n_y n_z}(x, y, z) = \varphi_{n_x}(x)\,\varphi_{n_y}(y)\,\varphi_{n_z}(z)\,, \qquad E_n = \Big(n_x + n_y + n_z + \frac{3}{2}\Big)\hbar\omega \tag{18.19}$$

Die Quantenzahlen n_x, n_y und n_z können die Werte 0, 1, 2,... annehmen.

Entartung

Im oben diskutierten Potenzialtopf und im eindimensionalen Oszillator gehört zu jedem Eigenwert E_n genau eine Eigenfunktion φ_n. Im Gegensatz dazu sind die Eigenwerte des dreidimensionalen Oszillators (mit Ausnahme des Grundzustands) *entartet*, das heißt zu einem Eigenwert gehören mehrere Eigenfunktionen. So ist zum Beispiel der Eigenwert E_2 sechsfach entartet:

$$E_2 = \frac{7}{2}\,\hbar\omega \quad \text{für} \quad \Phi_{110},\ \Phi_{101},\ \Phi_{011},\ \Phi_{200},\ \Phi_{020},\ \Phi_{002} \tag{18.20}$$

Die Entartung hängt mit den Symmetrien des Systems zusammen. Da der Hamiltonoperator mit einer Drehung vertauscht, führt die Drehung einer Eigenfunktion wieder zu einer Eigenfunktion; konkret kann man so von Φ_{110} zu Φ_{101} kommen, oder von Φ_{200} zu Φ_{020}. Die Entartung dieser Zustände ist also durch die Rotationssymmetrie des Systems bedingt. Die darüber hinausgehende Entartung entspricht einer speziellen Symmetrie des Oszillators (SU(3)-Symmetrie).

Als weiteres Beispiel betrachten wir den Hamiltonoperator $H = -(\hbar^2/2m)\,\Delta$ der freien Bewegung. Zum Eigenwert $E = \hbar^2\boldsymbol{k}^2/2m$ gehören alle Eigenfunktionen $\exp(\mathrm{i}\boldsymbol{k}\cdot\boldsymbol{r})$ mit festem $|\boldsymbol{k}|$. Da es unendlich viele Richtungen $\boldsymbol{k}/|\boldsymbol{k}|$ gibt, ist der Entartungsgrad hier unendlich.

Vollständigkeit und Orthonormierung

Wir bezeichnen die Eigenfunktionen des beliebigen *hermiteschen* Operators K mit φ_n und die Eigenwerte mit λ_n:

$$K\,\varphi_n(x) = \lambda_n\,\varphi_n(x) \tag{18.21}$$

Konkret stellen wir uns dazu etwa einen der Hamiltonoperatoren (18.5), (18.10), (18.14) oder (18.17) vor. In den allgemeinen Aussagen dieses Kapitels steht x für die Koordinaten $q_1, \ldots, q_f$.

Wir multiplizieren (18.21) von links mit φ_n^* und integrieren über x. Die linke Seite ist dann der Erwartungswert $\langle K\rangle$, der wegen der Hermitezität (17.15) reell ist. Damit ist auch die rechte Seite $\lambda_n \int dx\,|\varphi_n(x)|^2$ reell. Hieraus folgt

$$\lambda_n \ \text{ist reell} \tag{18.22}$$

Die Eigenfunktionen bilden einen vollständigen, orthonormierten Satz. Vollständigkeit bedeutet, dass jede quadratintegrable Funktion $f(x)$, die denselben Randbedingungen unterliegt, als

$$f(x) = \sum_{n=0}^{\infty} a_n\,\varphi_n(x) \tag{18.23}$$

geschrieben werden kann. Gelegentlich beginnt die Abzählung der Eigenfunktionen und damit die Summe in (18.23) erst bei $n = 1$, etwa für (18.11).

Die Eigenfunktionen sind für verschiedene Eigenwerte von vornherein orthogonal, also $\int dx\, \varphi_m^*(x)\, \varphi_n(x) = 0$ für $m \neq n$. Um dies zu zeigen, schreibt man die Eigenwertgleichungen für m und n an, multipliziert mit φ_n^* beziehungsweise φ_m^*, subtrahiert die eine Gleichung von der komplex konjugierten anderen und berücksichtigt die Hermitezität (17.15).

Für Eigenfunktionen eines entarteten Eigenwerts gilt, dass beliebige Linearkombinationen auch wieder Eigenfunktion sind. Man kann dann die Linearkombinationen so wählen, dass sie zueinander orthogonal sind.

Die Eigenwertgleichung (18.21) legt die Normierung der Eigenfunktionen φ_n nicht fest. Wir normieren die Funktionen auf 1. Zusammen mit der Orthogonalität folgt dann die *Orthonormierung*

$$\int dx\ \varphi_m^*(x)\ \varphi_n(x) = \delta_{mn} \tag{18.24}$$

Wir multiplizieren (18.23) mit $\varphi_m^*(x)$ und integrieren über x. Mit (18.24) erhalten wir daraus die Entwicklungskoeffizienten $a_m = \int dx\ \varphi_m^*(x)\ f(x)$. Wenn wir dies wieder in (18.23) einsetzen, erhalten wir die *Vollständigkeitsrelation*

$$\sum_{n=0}^{\infty} \varphi_n^*(x')\ \varphi_n(x) = \delta(x' - x) \tag{18.25}$$

Für ein kontinuierliches Spektrum, $K\, \varphi_\lambda(x) = \lambda\, \varphi_\lambda(x)$, wird (18.24) durch

$$\int_{-\infty}^{\infty} dx\ \varphi_{\lambda'}^*(x)\ \varphi_\lambda(x) = \delta(\lambda' - \lambda) \tag{18.26}$$

ersetzt. Ein Beispiel hierfür sind die Eigenfunktionen des Impulsoperators:

$$p_{\text{op}}\, \varphi_p(x) = p\, \varphi_p(x)\,, \qquad \varphi_p(x) = \frac{1}{\sqrt{2\pi\hbar}}\, \exp\left(\frac{\mathrm{i}px}{\hbar}\right) \tag{18.27}$$

Mit der Tatsache, dass $\exp(\mathrm{i}px/\hbar)$ nicht quadratintegrabel ist, sind einige mathematische Schwierigkeiten verbunden. Man kann sie umgehen, wenn man das System in einen Kasten (Volumen $V = L^3$) einsperrt. Der Kasten soll so groß sein, dass er die physikalischen Vorgänge nicht beeinflusst. Dann sind die Impulseigenwerte diskret, $p_n = n\pi\hbar/L$; dabei ist L eine Seitenlänge des (kubisch angenommenen) Kastens. Die Eigenfunktionen sind jetzt normierbar. Für $L \to \infty$ hat man praktisch ein Kontinuum, und es ist dann einfacher, mit (18.27) zu rechnen.

Die Vollständigkeitsrelation für die Eigenfunktionen zu kontinuierlichen Eigenwerten lautet

$$\int d\lambda\ \varphi_\lambda^*(x')\ \varphi_\lambda(x) = \delta(x' - x) \tag{18.28}$$

Abschließend sei noch darauf hingewiesen, dass es auch den Fall gibt, dass einige Eigenwerte diskret sind und daneben ein Kontinuum von Eigenwerten existiert.

Lösung der zeitabhängigen Schrödingergleichung

Wir betrachten einen zeitunabhängigen Hamiltonoperator, $\partial H/\partial t = 0$. Die Eigenwertgleichung $H\,\varphi_n = E_n\,\varphi_n$ liefert den vollständigen, orthonormierten Funktionensatz $\{\varphi_0, \varphi_1, \varphi_2, \ldots\}$. Dann ist

$$\psi(x,t) = \sum_{n=0}^{\infty} a_n\,\varphi_n(x)\,\exp\left(-\frac{\mathrm{i}\,E_n\,t}{\hbar}\right) \tag{18.29}$$

die *allgemeine Lösung* der zeitabhängigen Schrödingergleichung. Zunächst ist jeder Term $\psi = \varphi_n \exp(-\mathrm{i}\,E_n t/\hbar)$ Lösung von $\mathrm{i}\hbar\,\partial\psi/\partial t = H\,\psi$. Damit ist auch eine beliebige Linearkombination eine Lösung. Gleichung (18.29) ist die *allgemeine* Lösung, weil sie eine beliebige Anfangsbedingung zulässt:

$$\psi(x,0) = \sum_{n=0}^{\infty} a_n\,\varphi_n(x) \quad \text{mit} \quad a_n = \int dx\;\varphi_n^*(x)\;\psi(x,0) \tag{18.30}$$

In (18.6) hatten wir bereits eine solche allgemeine Lösung betrachtet.

Ehrenfest-Gleichungen

Unter Verwendung der Schrödingergleichung $\mathrm{i}\hbar\,\partial\psi/\partial t = H\,\psi$ berechnen wir die Zeitableitung eines Erwartungswerts:

$$\frac{d\langle F\rangle}{dt} = \frac{d}{dt}\int dx\;\psi^* F\,\psi = \frac{\mathrm{i}}{\hbar}\big\langle [H,F]\big\rangle + \left\langle\frac{\partial F}{\partial t}\right\rangle \tag{18.31}$$

Dabei wurde die Hermitezität des Hamiltonoperators verwendet. Wir wenden das Ergebnis auf die Operatoren $F = \boldsymbol{r}$ und $F = \boldsymbol{p}_{\text{op}}$ an, wobei $H = \boldsymbol{p}_{\text{op}}^2/2m + V(\boldsymbol{r},t)$ sei:

$$\frac{d\langle\boldsymbol{p}\rangle}{dt} = -\big\langle \operatorname{grad} V(\boldsymbol{r},t)\big\rangle, \qquad \frac{d\langle\boldsymbol{r}\rangle}{dt} = \frac{\langle\boldsymbol{p}\rangle}{m} \tag{18.32}$$

Dies sind die *Ehrenfest-Gleichungen*, die auch Ehrenfest-Theorem genannt werden. Abgesehen von den Klammern $\langle\ldots\rangle$ haben sie die Struktur der klassischen Bewegungsgleichungen. Wenn sich das Potenzial im Bereich eines Wellenpakets nur wenig ändert, dann bewegt sich das Zentrum des Wellenpakets auf einer klassischen Bahn. Allerdings wird das Wellenpaket wegen der quantenmechanischen Dispersion in der Regel immer breiter (eine Ausnahme ist ein Gaußpaket in einem Oszillatorpotenzial).

Operator und Messgröße

Eine Ortsmessung zur Zeit t_{m} ergebe den Wert x_0. Unmittelbar nach der Messung (also zur Zeit $t = t_{\text{m}} + \epsilon$) hat das System eine bei x_0 lokalisierte Wellenfunktion $\psi(x, t_{\text{m}} + \epsilon) = \psi_\epsilon(x) = \delta(x - x_0)$. Dies ist die Eigenfunktion des Ortsoperators zum Eigenwert x_0, also $x\,\psi_\epsilon = x_0\,\psi_\epsilon$. Analog dazu hat das System, unmittelbar nachdem der Impuls p_0 gemessen wurde, als Wellenfunktion die Eigenfunktion des Impulsoperators zum Eigenwert p_0, also $\psi_\epsilon(x) \propto \exp(\mathrm{i}\,p_0 x/\hbar)$.

Die jeweiligen Messwerte treten mit den Wahrscheinlichkeiten $|\psi(x_0,t)|^2$ und $|\phi(p_0,t)|^2$ auf. Die Funktionen $\psi(x_0,t)$ und $\phi(p_0,t)$ sind die Amplituden der (Orts-, Impuls-)Eigenfunktionen des Messoperators. Wir übertragen dies auf einen beliebigen Messoperator F. Die Wellenfunktion ψ des zu messenden Systems kann als $\psi(x,t) = \sum a_n(t)\,\varphi_n$ geschrieben werden, wobei $F\,\varphi_n = \lambda_n\,\varphi_n$. Hierfür gilt

$$1 = \sum_{n=0}^{\infty} |a_n(t)|^2, \qquad \langle F \rangle = \sum_{n=0}^{\infty} \lambda_n\,|a_n(t)|^2 \tag{18.33}$$

Für kontinuierliche Eigenwerte wird dies zu

$$1 = \int d\lambda\,\big|a(\lambda,t)\big|^2, \qquad \langle F \rangle = \int d\lambda\,\lambda\,\big|a(\lambda,t)\big|^2 \tag{18.34}$$

Wir verallgemeinern die Aussagen zur Orts- und Impulsmessung auf die Messung anderer Größen:

- Jeder Messgröße ist ein hermitescher Operator F zugeordnet. Als Messwerte können nur die Eigenwerte λ_n auftreten, und zwar mit den Wahrscheinlichkeiten $|a_n(t)|^2$. Ist das Spektrum der Eigenwerte kontinuierlich, so gibt $|a(\lambda,t)|^2\,d\lambda$ die Wahrscheinlichkeit für einen Messwert zwischen λ und $\lambda + d\lambda$ an. Unmittelbar nach einer Messung hat das System die Wellenfunktion $\psi_\epsilon = \varphi_n$ oder $\psi_\epsilon = \varphi_\lambda$.

Kommensurable Messgrößen

Die Unschärferelation (17.24) schränkt die gleichzeitige Messbarkeit von Größen ein, deren Operatoren nicht vertauschen. Für $[\,F,\,K\,] = 0$ fällt diese Einschränkung weg und die Größen sind *kommensurabel*,

$$[\,F, K\,] = 0 \quad \longleftrightarrow \quad \text{Kommensurabilität} \tag{18.35}$$

Kommensurabel bedeutet, dass die Unschärfen der beiden Größen zugleich (simultan) beliebig klein gemacht werden können. Die Schlussrichtung $\leftarrow$ ergibt sich aus der Unschärferelation. Der Schlussrichtung $\rightarrow$ ergibt sich daraus, dass wegen $[F,\,K] = 0$ simultane Eigenfunktionen

$$F\,\varphi_n = f_n\,\varphi_n\,, \qquad K\,\varphi_n = k_n\,\varphi_n \tag{18.36}$$

möglich sind (die Begründung hierfür folgt unten). Messen wir nun die zu K gehörende Größe, so finden wir einen der Eigenwerte k_n (und zwar mit der Wahrscheinlichkeit $|a_n(t)|^2$ für $\psi(x,t)$). Dann ist unmittelbar nach der Messung zur Zeit t_0 das

System im Zustand $\psi(x, t_0 + \epsilon) = \psi_\epsilon(x) = \varphi_n(x)$. Die Messung der zu F gehörenden Größe ergibt jetzt mit Sicherheit (wegen $|a_n|^2 = |\int dx\, \varphi_n^*\, \psi_\epsilon|^2 = 1$) den Wert f_n, ohne das System nochmals zu stören. Also können in diesem Fall beide Größen zugleich genau bestimmt sein.

Die Möglichkeit gemeinsamer (simultaner) Eigenfunktionen ergibt sich aus folgender Überlegung: Man multipliziert die Eigenwertgleichung $F\varphi_n = f_n\,\varphi_n$ von links mit K. Aus $KF = FK$ folgt dann, dass auch $K\varphi_n$ Eigenfunktion von F zum Eigenwert f_n ist.

Wenn der Eigenwert f_n nicht entartet ist, dann muss $K\varphi_n$ proportional zu φ_n sein, also $K\varphi_n = k_n\,\varphi_n$. Wenn es dagegen zu f_n mehrere Eigenfunktionen φ_n^ν gibt, dann weiß man nur, dass $K\varphi_n^\nu = \sum_\mu k_{n\mu}\,\varphi_n^\mu$. Man kann dann aber Linearkombinationen der φ_n^ν bilden, die auch Eigenfunktionen zu K sind.

Die Argumentation lässt sich leicht auf den Fall von mehreren Operatoren verallgemeinern: Vertauschen die Operatoren H, F und K alle untereinander, dann sind alle drei Messgrößen kommensurabel.

Streuexperiment

Zur Diskussion des Messprozesses betrachten wir die inelastische Streuung eines Protons (Ort $\boldsymbol{r}_\mathrm{p}$) an einem im Atom gebundenen Elektron ($\boldsymbol{r}_\mathrm{e}$). Der Streuvorgang erfolgt in einer begrenzten Zeitspanne bei $t \approx t_0$. Das Elektron sei vor der Streuung im Grundzustand (Wellenfunktion φ_0 mit der Energie ε_0). Nach der Streuung entwickeln wir die Wellenfunktion nach den Eigenzuständen φ_n des Elektronen-Hamiltonoperators,

$$\Psi_{t>t_0} = \sum_n a_n\, \Phi_{E_\mathrm{p}'}(\boldsymbol{r}_\mathrm{p})\, \varphi_n(\boldsymbol{r}_\mathrm{e}) \tag{18.37}$$

Die Wellenfunktion $\Phi_{E_\mathrm{p}'}(\boldsymbol{r}_\mathrm{p})$ beschreibe das wegfliegende Proton. Wenn wir nun zu einer späteren Zeit die Energie des Protons messen, dann erhalten wir mit der Wahrscheinlichkeit $|a_n|^2$ die Energie $E_\mathrm{p}' = E_\mathrm{p} + \varepsilon_0 - \varepsilon_n$. Durch ein solches Streuexperiment können die diskreten Anregungsenergien $\varepsilon_n - \varepsilon_0$ des Elektrons (im Atom) bestimmt werden. Unmittelbar nach einer Messung zur Zeit t_m befindet sich das System dann im Zustand

$$\Psi_{t=t_\mathrm{m}+\epsilon} = \Phi_{E_\mathrm{p}'}(\boldsymbol{r}_\mathrm{p})\, \varphi_n(\boldsymbol{r}_\mathrm{e}) \tag{18.38}$$

Es erscheint etwas paradox, dass die Messung der Energie des Protons den Zustand des (zu diesem Zeitpunkt weit entfernten) Atoms festlegt. Dieser paradoxe Zug der Quantenmechanik (Nichtlokalität) wurde insbesondere von Einstein, Podolsky und Rosen für ein System aus zwei Teilchen mit Spin 1/2 diskutiert (EPR-Paradoxon).

Das skizzierte Experiment, wie auch zahlreiche andere Experimente, zeigen, dass bei einer Messung tatsächlich nur die Eigenwerte λ_n des zugehörigen Operators auftreten. Unmittelbar nach der Messung befindet sich das System im Zustand $\psi_\epsilon = \varphi_n$; der ursprüngliche Zustand ψ ist dadurch im Allgemeinen zerstört.

Symmetrie und Erhaltungsgröße

Unter Symmetrie versteht man die Invarianz des Systems gegenüber einer bestimmten Operation oder Transformation. Wenn der Hamiltonoperator mit F vertauscht, dann ist die durch F bewirkte Operation ohne Einfluss auf das System; es liegt also eine Symmetrie vor. Im Folgenden setzen wir

$$[H,\,F\,] = 0\,, \qquad \frac{\partial F}{\partial t} = 0 \tag{18.39}$$

voraus; die Operatoren H und F sollen hermitesch sein.

In der Eigenwertgleichung $F\,\varphi_n(x) = \lambda_n\,\varphi_n(x)$ stehe $x = (q_1,..., q_g)$ für die Variablen, auf die der Operator F wirkt. In der Wellenfunktion $\psi(x,\,y,\,t)$ können noch andere Variable $y = (q_{g+1},..., q_f)$ auftreten. Die x-Abhängigkeit der Wellenfunktion kann nach den Eigenfunktionen $\varphi_n(x)$ von F entwickelt werden:

$$\psi(x,\,y,\,t) = \sum_{n=0}^{\infty} A_n(y,\,t)\,\varphi_n(x) \tag{18.40}$$

Die Wahrscheinlichkeit, den Wert λ_n bei der Messung von F zu finden, ist

$$\big|a_n(t)\big|^2 \equiv \int dy\,\big|A_n(y,\,t)\big|^2 = \left\{ \begin{array}{l} \text{Wahrscheinlichkeit,} \\ \text{den Wert } \lambda_n \text{ zu finden} \end{array} \right. \tag{18.41}$$

Unter Verwendung der Schrödingergleichung erhält man folgende Aussage:

$$\begin{array}{ccc} \text{Symmetrie} & & \text{Erhaltungsgröße} \\ [H,\,F\,] = 0 & \longrightarrow & \big|a_n(t)\big|^2 \text{ ist zeitunabhängig} \end{array} \tag{18.42}$$

Für kontinuierliche Eigenwerte ist analog hierzu die Wahrscheinlichkeitsdichte $|a(\lambda,\,t)|^2$ zeitunabhängig. Unter der Voraussetzung (18.39) hängt das Ergebnis der Messung nicht von dem Zeitpunkt ab, zu dem die Messung durchgeführt wird. In diesem Sinn ist F eine Erhaltungsgröße.

Als Beispiel betrachten wir den Oszillator-Hamiltonoperator (18.17) mit einer zeitabhängigen Frequenz $\omega(t)$ und die z-Komponente des Drehimpulsoperators $\ell_z = -\mathrm{i}\hbar\,\partial/\partial\phi$. Die Eigenfunktionen von ℓ_z sind $\varphi_m(\phi) \propto \exp(\mathrm{i}m\,\phi)$ zu den Eigenwerten $m\,\hbar = 0, \pm\hbar, \pm 2\hbar, ...$ Wegen $[H(t),\,\ell_z] = 0$ hängt die Wahrscheinlichkeit, den Wert $m\hbar$ für ℓ_z zu finden, nicht von der Zeit ab.

Ein anderes Beispiel ist der Paritätsoperator P, der oben im Anschluss an (18.4) diskutiert wurde. Er vertauscht mit dem Hamiltonoperator (18.14). Das bedeutet zum Beispiel: Wenn die Wellenfunktion zu einem bestimmten Zeitpunkt positive Parität hat, dann gilt das auch für jeden anderen Zeitpunkt.

Zu den üblicherweise behandelten Symmetrien gehören die räumliche und zeitliche Translationsinvarianz. Aus ihnen folgen die Impuls- und Energieerhaltung. Für die Energieerhaltung ist die zweite Bedingung in (18.39) die entscheidende; sie beschreibt die Invarianz gegenüber der Transformation $t \to t + t_0$. Die Folgerung $|a_n(t)|^2 = \text{const.}$ bedeutet dann, dass die Wahrscheinlichkeiten für die Energieeigenwerte E_n nicht von der Zeit abhängen.

Aufgaben

18.1 Eigenwertgleichung für Ortsoperator

Geben Sie die Eigenfunktionen und Eigenwerte des Ortsoperators in der Orts- und in der Impulsdarstellung an.

Lösung: Wir beginnen mit dem eindimensionalen Fall und schreiben die Eigenwertgleichung an:

$$x\,\varphi_{x_0}(x) = x_0\,\varphi_{x_0}(x) \qquad \text{oder} \qquad (x - x_0)\,\varphi_{x_0}(x) = 0$$

Die kartesische Koordinate x ist sowohl der Ortsoperator wie auch das Argument der gesuchten Eigenfunktion $\varphi_{x_0}(x)$; der Eigenwert wurde mit x_0 bezeichnet. Im Raum von Funktionen wäre $\varphi_{x_0}(x_0) = a$ und $\varphi_{x_0}(x \neq x_0) = 0$ zu setzen; dies ist keine akzeptable Lösung. Wir müssen daher eine Distribution als Lösung zulassen:

$$\varphi_{x_0}(x) = \delta(x - x_0)$$

Eine Lösung der Eigenwertgleichung ist auch $C\,\delta(x - x_0)$ mit einer beliebigen Amplitude C. Die Wahl $C = 1$ entspricht der Normierung (18.26) für Eigenfunktionen, die von einem kontinuierlichen Eigenwert abhängen. Mit der Fouriertransformation

$$\phi_{x_0}(p) = \frac{1}{\sqrt{2\pi\hbar}} \int_{-\infty}^{\infty} dx\; \varphi_{x_0}(x)\, \exp\left(-\frac{\mathrm{i}\,px}{\hbar}\right) = \frac{1}{\sqrt{2\pi\hbar}}\, \exp\left(-\frac{\mathrm{i}\,px_0}{\hbar}\right)$$

wird die Eigenwertgleichung zu

$$x_{\mathrm{op}}\,\phi_{x_0}(p) = x_0\,\phi_{x_0}(p) \qquad \text{mit} \qquad x_{\mathrm{op}} = \mathrm{i}\hbar\,\frac{\partial}{\partial p}$$

Dabei ist x_{op} der Ortsoperator im Impulsraum, und $\phi_{x_0}(p)$ ist die zugehörige Eigenfunktion; sie ist gemäß (18.26) normiert. Im Dreidimensionalen lautet die Eigenwertgleichung im Ortsraum

$$\boldsymbol{r}\,\varphi_{\boldsymbol{r}_0}(\boldsymbol{r}) = \boldsymbol{r}_0\,\varphi_{\boldsymbol{r}_0}(\boldsymbol{r})$$

mit den Eigenwerten $\boldsymbol{r}_0$ und den Eigenfunktionen $\varphi_{\boldsymbol{r}_0}(\boldsymbol{r}) = \delta(\boldsymbol{r} - \boldsymbol{r}_0)$. Im Impulsraum wird dies zu

$$\boldsymbol{r}_{\mathrm{op}}\,\phi_{\boldsymbol{r}_0}(\boldsymbol{p}) = \boldsymbol{r}_0\,\phi_{\boldsymbol{r}_0}(\boldsymbol{p}) \qquad \text{mit} \qquad \boldsymbol{r}_{\mathrm{op}} = \mathrm{i}\hbar\,\frac{\partial}{\partial \boldsymbol{p}}$$

und den Eigenfunktionen

$$\phi_{\boldsymbol{r}_0}(\boldsymbol{p}) = \frac{1}{(2\pi\hbar)^{3/2}}\, \exp\left(-\frac{\mathrm{i}\,\boldsymbol{p}\cdot\boldsymbol{r}_0}{\hbar}\right)$$

18.2 Dreidimensionaler Paritätsoperator

Im Dreidimensionalen wird der Paritätsoperator durch $P\,\phi(\boldsymbol{r}) = \phi(-\boldsymbol{r})$ definiert. Geben Sie die Eigenwerte und Eigenfunktionen des Operators P an.

Lösung: Die Eigenwertgleichung des Paritätsoperators lautet

$$P\,\phi_\lambda(\boldsymbol{r}) = \lambda\,\phi_\lambda(\boldsymbol{r})$$

Eine nochmalige Anwendung des Paritätsoperators ergibt

$$P^2\,\phi_\lambda(\boldsymbol{r}) = \lambda^2\,\phi_\lambda(\boldsymbol{r}) \stackrel{!}{=} \phi_\lambda(\boldsymbol{r})$$

Das letzte Gleichheitszeichen folgt aus der Definition des Paritätsoperators. Aus $\lambda^2 = 1$ folgen die beiden Eigenwerte $\lambda = \pm 1$. Die zugehörigen Eigenfunktionen sind:

$$\lambda = \begin{cases} +1: & \phi_+(\boldsymbol{r}) = +\,\phi_+(-\boldsymbol{r}) \quad \text{(gerade Funktionen)} \\ -1: & \phi_-(\boldsymbol{r}) = -\,\phi_-(-\boldsymbol{r}) \quad \text{(ungerade Funktionen)} \end{cases}$$

Zu jedem der beiden Eigenwerte gibt es unendlich viele Eigenfunktionen. Die geraden Funktionen haben positive ($\lambda = 1$), die ungeraden Funktionen negative ($\lambda = -1$) Parität.

18.3 Phasenraum des Oszillators

Der eindimensionale Oszillator hat die Hamiltonfunktion

$$H(q,p) = \frac{p^2}{2m} + \frac{m\,\omega^2 q^2}{2}$$

Welche Form hat die Kurve $H(q,p) = E$ im Phasenraum? Berechnen Sie das Phasenraumvolumen $V_{\rm PR}(E) = \int dq \int dp$, das von dieser Kurve eingeschlossen wird. Aus den bekannten Energieeigenwerten $E_n = \hbar\omega\,(n + 1/2)$ folgt die Anzahl N_E der Zustände mit $E_n \le E$. Stellen Sie den Zusammenhang zwischen dieser Anzahl N_E und dem Phasenraumvolumen $V_{\rm PR}(E)$ her.

Lösung: Die Bedingung $H(q,p)/E = 1$ kann in der Form

$$\frac{p^2}{a^2} + \frac{q^2}{b^2} = 1 \qquad \text{mit} \quad a = \sqrt{2mE} \quad \text{und} \quad b = \sqrt{\frac{2E}{m\,\omega^2}}$$

geschrieben werden. Es handelt sich also um eine Ellipse mit den Halbachsen a und b. Das Phasenraumvolumen $V_{\rm PR}$ ist gleich der Ellipsenfläche:

$$V_{\rm PR}(E) = \int\!\!\int_{H(q,p)<E} dp\,dq = \pi\,a\,b = \frac{2\pi E}{\omega}$$

Der quantenmechanische Oszillator hat die diskreten Energien $E_n = \hbar\omega\,(n + 1/2)$ mit $n = 0, 1, 2, \ldots$. Die Anzahl N_E der Zustände mit einer Energie kleiner als E ist daher

$$N_E = \sum_{E_n \le E} 1 \approx \frac{E}{\hbar\omega} = \frac{V_{\rm PR}(E)}{2\pi\hbar} \qquad (N_E \gg 1)$$

Dieses Ergebnis wurde in (18.13) für den unendlichen Potenzialtopf angegeben. Unter der Voraussetzung $N_E \gg 1$ gilt das Ergebnis für beliebige eindimensionale Systeme: Nach der Unschärferelation können die Koordinate q_k und der Impuls p_k nur im Rahmen der Unschärferelation $\Delta q_k\,\Delta p_k \ge \hbar/2$ festgelegt werden. Dementsprechend nimmt ein quantenmechanischer Zustand ein Volumen der Größe $2\pi\hbar$ im q_k-p_k-Unterraum ein.

18.4 Lennard-Jones-Potenzial

Das Lennard-Jones-Potenzial

$$V(r) = 4\epsilon\left(\frac{\sigma^{12}}{r^{12}} - \frac{\sigma^6}{r^6}\right) \qquad (\epsilon > 0) \tag{18.43}$$

beschreibt näherungsweise das Potenzial zwischen zwei sphärischen Atomen. Für zwei ^{4}He-Atome sind $\epsilon \approx 10^{-3}$ eV, $\sigma \approx 2.5$ Å und $\hbar^2/m \approx 2 \cdot 10^{-3}$ eV Å^2 realistische Parameterwerte; die letzte Angabe bezieht sich auf die reduzierte Masse m.

Skizzieren Sie das Potenzial, und geben Sie die Minimumwerte r_0 und $V(r_0)$ an. Nähern Sie das Potenzial in der Nähe des Minimums durch einen Oszillator an. Vergleichen Sie die Energie $E_0 = \hbar\omega/2$ des tiefsten Oszillatorzustands (für die r-Bewegung der beiden Atome) mit der Potenzialtiefe $V(r_0)$. Gibt es ein He_2-Molekül?

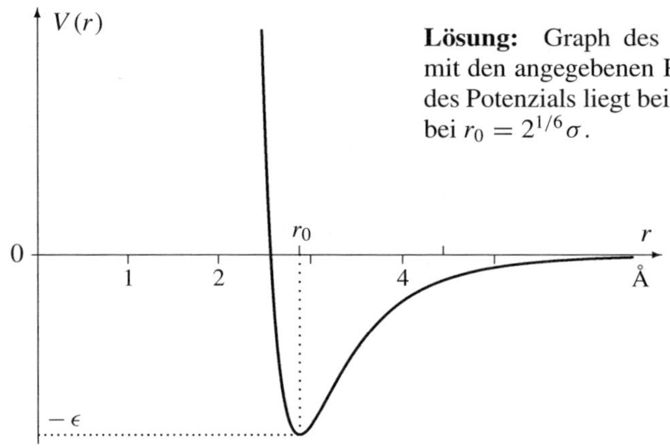

Lösung: Graph des Lennard-Jones-Potenzials mit den angegebenen Parametern. Die Nullstelle des Potenzials liegt bei $r = \sigma$, und das Minimum bei $r_0 = 2^{1/6}\sigma$.

Die notwendige Bedingung für ein Extremum ist

$$\frac{dV(r)}{dr} = 4\epsilon\left(-\frac{12\,\sigma^{12}}{r^{13}} + \frac{6\sigma^6}{r^7}\right) = 0 \qquad \Longrightarrow \qquad r_0 = 2^{1/6}\sigma \approx 1.12\,\sigma$$

An dieser Stelle ist der Potenzialwert

$$V(r_0) = 4\epsilon\left(\frac{\sigma^{12}}{r_0^{12}} - \frac{\sigma^6}{r_0^6}\right) = -\epsilon$$

Die zweite Ableitung

$$\left.\frac{d^2V}{dr^2}\right|_{r_0} = 4\epsilon\left(\frac{12 \cdot 13\,\sigma^{12}}{r_0^{14}} - \frac{6 \cdot 7\sigma^6}{r_0^8}\right) = \frac{72\,\epsilon}{2^{1/3}\,\sigma^2}$$

ist positiv; es handelt sich also um ein Minimum.

Wir entwickeln nun das Potenzial in der Nähe des Minimums in eine Taylorreihe um r_0 bis zur Ordnung $(r-r_0)^2$. Wegen $V'(r_0) = 0$ lautet diese Taylorreihe

$$V(r) \approx V(r_0) + \frac{1}{2!}\, V''(r_0)\left(r - r_0\right)^2 = -\epsilon + \frac{1}{2}\,\frac{72\,\epsilon}{2^{1/3}\sigma^2}\left(r - r_0\right)^2 \tag{18.44}$$

Abgesehen von der Konstanten $V(r_0)$ ist dies das Potenzial eines verschobenen, eindimensionalen, harmonischen Oszillators

$$V(r) \approx V(r_0) + \frac{m\,\omega^2}{2}\left(r - r_0\right)^2 \qquad \text{mit} \qquad \omega = \frac{6 \cdot 2^{1/3}}{\sigma}\sqrt{\frac{\epsilon}{m}}$$

Die Frequenz ω ergibt sich aus dem Vergleich mit (18.44). Die Nullpunktenergie des Oszillators

$$E_0 = \frac{\hbar\omega}{2} = \frac{3 \cdot 2^{1/3}}{\sigma}\sqrt{\frac{\hbar^2 \epsilon}{m}} \approx 2\,\epsilon$$

ist eine Näherung für die Energie des tiefsten Zustands im Lennard-Jones-Potenzial. Diese Nullpunktenergie ist mit der Potenzialtiefe $V(r_0) = -\epsilon$ zu vergleichen. Wegen $E_0 > \epsilon$ ist zu erwarten, dass es *keinen* gebundenen Zustand gibt. Unsere Abschätzung ist allerdings sehr grob, da der Oszillator das Lennard-Jones-Potenzial für einen vielleicht gerade noch gebundenen Zustand nur schlecht annähert (siehe Abbildung). Für andere Atome ist das Potenzial im Allgemeinen deutlich tiefer, und die Masse ist größer. Dann sind die niedrigsten Vibrationszustände um das Minimum herum lokalisiert und können gut durch Oszillatorzustände angenähert werden.

Tatsächlich gibt es keine He_2-Moleküle im üblichen Sinn. Es gibt allerdings sogenannte Dimere, die eine große räumliche Ausdehnung $\langle r \rangle \approx 50\,\text{Å}$ und eine winzige Bindungsenergie $\varepsilon_0 \approx -0.1\,\mu\text{eV}$ haben.

18.5 Konstruktion von Oszillatorwellenfunktionen

Führen Sie das Konstruktionsverfahren der Oszillatorwellenfunktionen mit der Rekursionsformel

$$a_{k+2} = \frac{2k + 1 - \varepsilon_n}{(k+1)(k+2)}\, a_k \tag{18.45}$$

für $\varepsilon_n = 2n + 1$ mit $n = 3$ und $n = 4$ explizit durch.

Lösung: Nach der Wahl von a_0 und a_1 legt die Rekursionsformel alle anderen Koeffizienten fest. Wenn die gerade oder die ungerade Reihe nicht abbricht, ergibt sich eine nichtnormierbare Wellenfunktion. Daher muss eine Reihe durch die Wahl $a_0 = 0$ oder $a_1 = 0$ eliminiert werden, und die andere muss durch die Wahl $\varepsilon_n = 2n + 1$ zum Abbruch gebracht werden. Für $n = 3$ muss $a_0 = 0$ gewählt werden; damit ergibt die Rekursionsformel $a_{2\nu} = 0$. Die Rekursionsformel mit $\varepsilon_3 = 7$ lautet

$$a_{k+2} = \frac{2k - 6}{(k+1)(k+2)}\, a_k$$

Für $k = 1$ folgt hieraus $a_3 = -2a_1/3$ und dann $a_5 = a_7 = \ldots = 0$. Damit erhalten wir die Lösung

$$u_3(y) = a_1\, y\left(1 - \frac{2y^2}{3}\right)\exp\left(-\frac{y^2}{2}\right) = c_3\, H_3(y)\, \exp\left(-\frac{y^2}{2}\right)$$

Das so konstruierte Polynom ist proportional zum Hermitepolynom $H_3(y) = 8y^3 - 12y$. Es wurde die dimensionslose Koordinate $y = (m\omega/\hbar)^{1/2} x$ verwendet. Der Koeffizient a_1 (oder c_3) wird durch die Normierung festgelegt. Die Lösung gehört zur Energie $E_3 = 7\hbar\omega/2$.

Für $n = 4$ muss $a_1 = 0$ gewählt werden; damit ergibt die Rekursionsformel $a_{2\nu+1} = 0$. Die Rekursionsformel mit $\varepsilon_4 = 9$ lautet

$$a_{k+2} = \frac{2k - 8}{(k+1)(k+2)}\, a_k$$

Hieraus folgen $a_2 = -4a_0$, $a_4 = -a_2/3 = 4a_0/3$, und dann $a_6 = a_8 = \ldots = 0$. Damit erhalten wir die Lösung

$$u_4(y) = a_0 \left(1 - 4y^2 + \frac{4y^4}{3}\right) \exp\left(-\frac{y^2}{2}\right) = c_4\, H_4(y) \exp\left(-\frac{y^2}{2}\right)$$

Das Polynom ist proportional zum Hermitepolynom $H_4(y) = 16y^4 - 48\,y^2 + 12$. Der Koeffizient a_0 (oder c_4) wird durch die Normierung festgelegt. Die Lösung gehört zur Energie $E_4 = 9\hbar\omega/2$.

18.6 Explizite Darstellung der Hermitepolynome

Zeigen Sie, dass die Koeffizienten in der expliziten Darstellung der Hermitepolynome

$$H_n(y) = \sum_{\nu=0}^{\mathrm{int}(n/2)} \frac{(-)^\nu\, n!}{\nu!\,(n-2\nu)!}\,(2y)^{n-2\nu} \tag{18.46}$$

die Rekursionsformel (18.45) für $\varepsilon_n = 2n + 1$ erfüllen. Dabei ist $\mathrm{int}(n/2)$ die größte ganze Zahl kleiner als $n/2$.

Lösung: In der expliziten Darstellung (18.46) treten die Potenzen y^k mit den Koeffizienten

$$a_k = \frac{(-)^{(n-k)/2}\, n!\, 2^k}{k!\,\big((n-k)/2\big)!}$$

auf. Die Summe läuft dabei über $k = n - 2\nu = n,\ n-2,\ \ldots,\ 0$ oder 1. Mit der Ersetzung $k \to k+2$ erhalten wir den Koeffizienten

$$a_{k+2} = \frac{(-)^{(n-k)/2-1}\, n!\, 2^{k+2}}{(k+2)!\,\big((n-k)/2-1\big)!} = -\,\frac{2(n-k)}{(k+1)\,(k+2)}\, a_k$$

Diese Koeffizienten genügen der Rekursionsformel (18.45) mit $\varepsilon_n = 2n + 1$.

18.7 Oszillator mit Wand

Bestimmen Sie die Eigenfunktionen und Energieeigenwerte für ein Teilchen im Potenzial

$$V(x) = \begin{cases} m\omega^2 x^2/2 & (x \geq 0) \\ \infty & (x < 0) \end{cases}$$

Lösung: Für $x < 0$ ist das Potenzial unendlich, und die Wellenfunktion ist null, $\varphi(x) = 0$. Für $x > 0$ kommen die bekannten Oszillatorwellenfunktionen $\varphi_n(x)$ als Lösung in Frage. Die Anschlussbedingung $\varphi(0) = 0$ bei $x = 0$ schließt die Oszillatorfunktionen mit gerader Parität (n gerade) aus. Für die Oszillatorfunktionen mit ungerader Parität (n ungerade) gilt $\varphi_n(x) = -\varphi_n(-x)$, und die Anschlussbedingung $\varphi(0) = 0$ ist erfüllt. Die gesuchten Eigenfunktionen sind demnach

$$\varphi_n(x) = \begin{cases} 0 & (x < 0) \\ c_n\, H_n\Big(\sqrt{\frac{m\,\omega}{\hbar}}\, x\Big)\, \exp\Big(-\frac{m\,\omega}{2\hbar}\, x^2\Big) & (x \geq 0) \end{cases}$$

mit ungeradem n. Die zugehörigen Eigenwerte sind die Oszillatorenergien

$$E_n = \Big(n + \frac{1}{2}\Big)\, \hbar\omega \qquad (n = 1, 3, 5, \ldots)$$

18.8 Oszillator im elektrischen Feld

Für einen harmonischen Oszillator im elektrischem Feld $\boldsymbol{E} = E_\mathrm{e}\, \boldsymbol{e}_x$ lautet das Potenzial

$$V(x) = \frac{m\,\omega^2}{2}\, x^2 - q\, E_\mathrm{e}\, x \tag{18.47}$$

Bestimmen Sie die Eigenfunktionen und Energieeigenwerte. Berechnen Sie den Ortserwartungswert $\langle x \rangle$ für die Eigenfunktionen des Oszillators.

Lösung: Durch quadratische Ergänzung bringt man das Potenzial auf die Form

$$V(x) = V_0 + \frac{m\,\omega^2}{2}\, \big(x - x_0\big)^2 \qquad \text{mit} \quad x_0 = \frac{q\, E_\mathrm{e}}{m\,\omega}, \quad V_0 = -\frac{q^2\, E_\mathrm{e}^2}{2\,m\,\omega^2}$$

Abgesehen von der Konstanten V_0 ist dies das Potenzial eines verschobenen harmonischen Oszillators. Die gesuchten Eigenfunktionen sind daher

$$\varphi_n(x) = c_n\, H_n\Big(\sqrt{\frac{m\,\omega}{\hbar}}\, (x - x_0)\Big)\, \exp\Big(-\frac{m\,\omega}{2\hbar}\, (x - x_0)^2\Big)$$

mit den Energieeigenwerten

$$E_n = V_0 + \Big(n + \frac{1}{2}\Big)\, \hbar\omega$$

Für den Ortserwartungswert erhalten wir

$$\langle x \rangle = x_0 + \langle x - x_0 \rangle = x_0$$

Der Erwartungswert $\langle x - x_0 \rangle$ ist null, weil $|\varphi_n(x)|^2$ eine gerade Funktion in $x - x_0$ ist.

18.9 Erzeugende Funktion für Hermitepolynome

Die Entwicklung der *erzeugenden Funktion* $\exp(-s^2 + 2s\,y)$ nach Potenzen von s definiert die hermiteschen Polynome $H_n(y)$:

$$\exp\left(-s^2 + 2s\,y\right) = \sum_{n=0}^{\infty} H_n(y)\,\frac{s^n}{n!} \tag{18.48}$$

Bestimmen Sie hieraus die untersten drei Polynome. Berechnen Sie das Normierungsintegral

$$\int_{-\infty}^{\infty} dy\,\left[H_n(y)\right]^2 \exp\left(-y^2\right)$$

mit Hilfe der erzeugenden Funktion. Betrachten Sie dazu das Integral

$$J = \int_{-\infty}^{\infty} dy\,\exp\left(-s^2 + 2s\,y\right)\exp\left(-t^2 + 2t\,y\right)\exp\left(-y^2\right) \tag{18.49}$$

Lösung: Wir entwickeln die linke Seite von (18.48) bis zur Ordnung s^2,

$$\exp\left(-s^2 + 2s\,y\right) = \exp\left(-s^2\right)\exp\left(2s\,y\right) = 1 + 2y\,s + \left(2y^2 - 1\right)s^2 + \ldots$$

Die gesuchten Polynome können hieraus abgelesen werden:

$$H_0(y) = 1\,, \qquad H_1(y) = 2y\,, \qquad H_2(y) = 4\,y^2 - 2$$

Im Integral (18.49) ergänzen wir den Exponenten quadratisch:

$$J = \int_{-\infty}^{\infty} dy\,\exp\left[-\left(y - (s+t)\right)^2\right]\exp\left(2st\right) = \sqrt{\pi}\,\exp\left(2st\right) = \sqrt{\pi}\sum_{n=0}^{\infty}\frac{2^n}{n!}\,s^n\,t^n$$

Zuletzt wurde die resultierende Exponentialfunktion in eine Potenzreihe entwickelt. Wir setzen nun (18.48) in das Integral J ein:

$$J = \sum_{n,n'}\int_{-\infty}^{\infty} dy\,H_n(y)\,H_{n'}(y)\,\exp\left(-y^2\right)\frac{s^n}{n!}\,\frac{t^n}{n'!} \stackrel{!}{=} \sqrt{\pi}\sum_{n=0}^{\infty}\frac{2^n}{n!}\,s^n\,t^n$$

Diese Aussagen gelten für beliebige s und t. Daher müssen auch alle Koeffizienten von s^n und $t^{n'}$ übereinstimmen, also

$$\int_{-\infty}^{\infty} dy\,H_n(y)\,H_{n'}(y)\,\exp\left(-y^2\right) = \sqrt{\pi}\,2^n\,n!\,\delta_{nn'}$$

Damit ist die Orthogonalität der Hermitepolynome gezeigt. Für $n = n'$ erhalten wir das gesuchte Normierungsintegral. Damit können wir die orthonormierten Oszillator-Eigenfunktionen angeben:

$$\varphi_n(y) = \frac{1}{\pi^{1/4}}\,\frac{1}{\sqrt{2^n\,n!}}\,H_n(y)\,\exp\left(-\frac{y^2}{2}\right)$$

18.10 Dreidimensionaler Kasten

Verallgemeinern Sie die Lösung für den eindimensionalen unendlichen Potenzialtopf (18.10) auf einen dreidimensionalen unendlichen Potenzialtopf (Würfel), der durch das Potenzial

$$V(\boldsymbol{r}) = \begin{cases} 0 & 0 \le x, y, z \le L \\ \infty & \text{sonst} \end{cases} \tag{18.50}$$

beschrieben wird. Diskutieren Sie die Entartung der untersten Zustände. Berechnen Sie das Phasenraumvolumen $V_{\mathrm{PR}}(E)$ und zeigen Sie $N_E \approx V_{\mathrm{PR}}(E)/(2\pi\hbar)^3$. Dabei ist $N_E \gg 1$ die Anzahl der Zustände mit einer Energie kleiner als E.

Lösung: Der Hamiltonoperator $H = (p_x^2 + p_x^2 + p_x^2)/(2m) + V(\boldsymbol{r})$ separiert in den Koordinaten x, y und z. Daher können die Lösungen $\Phi(x, y, z)$ als Produktzustände aus den Eigenfunktionen (18.11),

$$\varphi_{n_x}(x) = \sqrt{\frac{2}{L}}\,\sin\left(\frac{n_x \pi x}{L}\right), \qquad E_{n_x} = \frac{\pi^2\hbar^2 n_x^2}{2m\,L^2} \qquad (n_x = 1, 2, 3, \ldots)$$

des eindimensionalen Potenzialtopfs aufgebaut werden:

$$\Phi_{n_x n_y n_z}(x, y, z) = \varphi_{n_x}(x)\,\varphi_{n_y}(y)\,\varphi_{n_z}(z)$$

Die Energieeigenwerte ergeben sich als die Summe

$$E_{n_x n_y n_z} = E_{n_x} + E_{n_y} + E_{n_z} = \frac{\pi^2\hbar^2}{2m\,L^2}\left(n_x^2 + n_y^2 + n_z^2\right)$$

n_x	n_y	n_z	n	Entartung
1	1	1	3	1
2	1	1	6	
1	2	1	6	3
1	1	2	6	
2	2	1	9	
2	1	2	9	3
1	2	2	9	
3	1	1	11	3
...	...	...	...	

Die Energien hängen nur über die Kombination $n = n_x^2 + n_y^2 + n_z^2$ von den Quantenzahlen n_x, n_y und n_z ab. Der Grundzustand $n_x = n_y = n_z = 1$ mit $n = 3$ ist nicht entartet. In der Regel sind die angeregten Zustände dreifach entartet. In Ausnahmefällen führen verschiedene Zahlentripel zum selben n, so ergeben zum Beispiel (3, 3, 3) und (5, 1, 1) beide $n = 27$; dann ist der Entartungsgrad höher.

Wir berechnen das Phasenraumvolumen:

$$V_{\mathrm{PR}}(E) = \underbrace{\int d^3r \int d^3p}_{H(\boldsymbol{r},\,\boldsymbol{p})\,\le\,E} = L^3 \underbrace{\int d^3p}_{|\boldsymbol{p}|\,\le\,\sqrt{2mE}} = \frac{4\pi}{3}\,(2mE)^{3/2}\,L^3 \tag{18.51}$$

Für die quantenmechanischen Zustände mit einer Energie kleiner als E gilt

$$n_x^2 + n_y^2 + n_z^2 < \frac{2m\,E\,L^2}{\pi^2\hbar^2} = R^2$$

Wir berechnen die Anzahl $N_E \gg 1$ dieser Zustände:

$$N_E = \underbrace{\sum_{n_x=1,2,..} \sum_{n_y=1,2,..} \sum_{n_z=1,2,..} 1}_{n_x^2+n_y^2+n_z^2 \,<\, R^2} \approx \frac{1}{8} \underbrace{\int dn_x \int dn_y \int dn_z}_{n_x^2+n_y^2+n_z^2 \,<\, R^2}$$

$$= \frac{1}{8}\,\frac{4\pi R^3}{3} = \frac{1}{8}\,\frac{4\pi}{3}\left(\frac{2mEL^2}{\pi^2\hbar^2}\right)^{3/2} = \frac{4\pi}{3}\,\frac{(2mE)^{3/2}L^3}{(2\pi\hbar)^3}$$

Mit (18.51) folgt dann die Beziehung

$$N_E \approx \frac{V_{\rm PR}(E)}{(2\pi\hbar)^3} \qquad (N_E \gg 1)$$

18.11 Entartung im dreidimensionalen Oszillator

Geben Sie für den dreidimensionalen Oszillator die Anzahl M_n der Zustände an, die dieselbe Energie $E_n = (n+3/2)\,\hbar\omega$ haben. Berechnen Sie das Phasenraumvolumen $V_{\rm PR}(E)$ und zeigen Sie $N_E \approx V_{\rm PR}(E)/(2\pi\hbar)^3$ für $N_E \gg 1$. Dabei ist N_E die Anzahl der Zustände mit einer Energie kleiner als E. Hinweis: Das Volumen einer sechsdimensionalen Kugel mit Radius R ist $V_6 = \pi^3 R^6/6$ (Aufgabe 26.4).

Lösung: Ein Zustand ist durch die Quantenzahlen n_x, n_y, n_z charakterisiert (wobei $n_x = 0, 1, 2, \ldots$ und so weiter). Die Frage ist, wieviele verschiedene Zustände (geordnete Zahlentripel n_x, n_y, n_z) es für festes $n = n_x + n_y + n_z$ gibt. Zur Verteilung der n Quanten auf n_x, n_y und n_z betrachten wir das folgende Bild:

Die n Quanten sind als volle Kreise eingezeichnet. Zwei senkrechte Striche geben die Aufteilung in n_x, n_y und n_z an. Die n Kugeln und die 2 Striche markieren $n+2$ Positionen. Die Anzahl M_n der verschiedenen Aufteilungen ist gleich der Anzahl der verschiedenen Stellungen der beiden ununterscheidbaren Striche (die Striche können benachbart nicht aber an derselben Stelle sein, und ein Strich kann auch an erster oder letzter Position stehen). Die Anzahl der Möglichkeiten, die beiden Striche auf zwei der $n+2$ Positionen zu setzen, ist

$$M_n = \binom{n+2}{2} = \frac{(n+1)(n+2)}{2} = 1, 3, 6, 10, \ldots \qquad (n = 0, 1, 2, 3, \ldots)$$

Bei einer Energieobergrenze E ist die Quantenzahl n durch $n \le n_E = \text{int}\,(E_n/(\hbar\omega) - 3/2)$ begrenzt. Die Anzahl N_E der möglichen Zustände ist dann

$$N_E = \sum_{n=0}^{n_E} M_n = \binom{n_E+3}{3} = \frac{(n_E+1)(n_E+2)(n_E+3)}{6} \qquad (18.52)$$

Für $n_E = 0, 1, 2, 3, \ldots$ ergeben sich die unteren magischen Zahlen $N_E = 1, 4, 10, 20, \ldots$ des Atomkerns.

Wir berechnen nun das Phasenraumvolumen für den dreidimensionalen harmonischen Oszillator:

$$V_{\mathrm{PR}}(E) = \underbrace{\int d^3r \int d^3p}_{\boldsymbol{p}^2/2m + m\omega^2 \boldsymbol{r}^2/2 \,\leq\, E}$$

Die Begrenzung des Integrals definiert ein sechsdimensionales Ellipsoid im Phasenraum:

$$\frac{p_x^2 + p_y^2 + p_z^2}{2mE} + \frac{x^2 + y^2 + z^2}{2E/(m\omega^2)} \leq 1$$

Das Ellipsoid hat jeweils drei gleiche Halbachsen, $a = \sqrt{2mE}$ und $b = \sqrt{2E/(m\omega^2)}$. Das Volumen des Ellipsoids erhält man aus dem Volumen V_6 einer sechsdimensionalen Kugel durch Skalieren der Halbachsen. Damit wird das Phasenraumvolumen zu

$$V_{\mathrm{PR}}(E) = \frac{\pi^3}{6}\, a^3 b^3 = \frac{\pi^3}{6} \left(\frac{2E}{\omega}\right)^3 \tag{18.53}$$

Für $n_E \gg 1$ und $N_E \gg 1$ folgt aus (18.52)

$$N_E \approx \frac{n_E^3}{6} \approx \frac{1}{6} \left(\frac{E}{\hbar\omega}\right)^3 = \frac{V_{\mathrm{PR}}(E)}{(2\pi\hbar)^3} \qquad (N_E \gg 1)$$

Im letzten Schritt wurde das Phasenraumvolumen (18.53) eingesetzt.

18.12 Vollständigkeit der Oszillatorfunktionen

Die Hermitepolynome haben folgende Integraldarstellung:

$$H_n(y) = \frac{1}{\sqrt{\pi}} \int_{-\infty}^{\infty} dt\; (-2\mathrm{i}\,t)^n \exp\big(-t^2 + 2\mathrm{i}\,y t\big) \exp\big(y^2\big) \tag{18.54}$$

Zeigen Sie, dass die so definierten Polynome H_n die Relation (18.48) erfüllen. Beweisen Sie dann mit Hilfe von (18.54) die Vollständigkeitsrelation

$$\sum_{n=0}^{\infty} \varphi_n(y)\, \varphi_n(y') = \frac{1}{\sqrt{\pi}} \sum_{n=0}^{\infty} \frac{1}{2^n\, n!}\, H_n(y)\, H_n(y') \exp\Big(-\frac{y^2 + y'^2}{2}\Big) = \delta(y - y') \tag{18.55}$$

Führen Sie eine der auftretenden Integrationen aus. Das verbleibende Integral ist eine Darstellung der δ-Funktion.

Lösung: Wir setzen (18.54) auf der rechten Seite von (18.48) ein:

$$\begin{aligned}
\sum_{n=0}^{\infty} H_n(y)\, \frac{s^n}{n!} &= \frac{1}{\sqrt{\pi}} \int_{-\infty}^{\infty} dt \sum_{n=0}^{\infty} \frac{(-2\mathrm{i}s t)^n}{n!} \exp\big(-t^2 + 2\mathrm{i}yt\big) \exp\big(y^2\big) \\
&= \frac{1}{\sqrt{\pi}} \int_{-\infty}^{\infty} dt\; \exp\big(-t^2 + 2\mathrm{i}(y-s)t\big) \exp\big(y^2\big) \\
&= \frac{1}{\sqrt{\pi}} \int_{-\infty}^{\infty} dt\; \exp\Big[-\big(t - \mathrm{i}(y-s)\big)^2\Big] \exp\big(-s^2 + 2sy\big) = \exp\big(-s^2 + 2sy\big)
\end{aligned}$$

Zunächst wurde die Summe mit dem Integral vertauscht. Dann wurde die Summe zur Exponentialfunktion $\exp(-2\mathrm{i}st)$ aufsummiert. Schließlich wurde der Exponent quadratisch ergänzt, und die Integration wurde ausgeführt. Das Resultat ist die erzeugende Funktion auf der linken Seite von (18.48). Damit ist die Gültigkeit von (18.54) gezeigt.

Wir setzen nun die Integraldarstellung (18.54) auf der linken Seite von (18.55) ein, vertauschen Summation und Integration und summieren $\sum_n (-4st)^n/(2^n n!) = \exp(-2st)$ wieder zu einer Exponentialfunktion auf. Dies führt zu dem Doppelintegral

$$\frac{1}{\pi^{3/2}} \int_{-\infty}^{\infty} dt \int_{-\infty}^{\infty} ds \, \exp\left(-t^2 + 2\mathrm{i}yt\right) \exp\left(-s^2 + 2\mathrm{i}y's\right) \exp(-2st) \exp\left(\frac{y^2 + y'^2}{2}\right)$$

$$= \frac{1}{\pi} \exp\left(\frac{y^2 - y'^2}{2}\right) \int_{-\infty}^{\infty} dt \, \exp\left[2\mathrm{i}t(y - y')\right] = \exp\left(\frac{y^2 - y'^2}{2}\right) \delta(y - y')$$

Der Exponent wurde quadratisch ergänzt, und die s-Integration wurde ausgeführt. Das Integral in der zweiten Zeile ist eine Darstellung der δ-Funktion. Damit ist die Vollständigkeitsrelation (18.55) bewiesen. Mit $\Phi_{n_x n_y n_z}(x, y, z) = \varphi_{n_x}(x)\, \varphi_{n_y}(y)\, \varphi_{n_z}(z)$ folgt hieraus die Vollständigkeit der dreidimensionalen Oszillatorwellenfunktionen:

$$\sum_{n_x n_y n_z} \Phi_{n_x n_y n_z}(\boldsymbol{r})\, \Phi_{n_x n_y n_z}(\boldsymbol{r}') = \sum_{n_x} \varphi_{n_x}(x)\, \varphi_{n_x}(x') \sum_{n_y} \varphi_{n_y}(y)\, \varphi_{n_y}(y') \sum_{n_z} \varphi_{n_z}(z)\, \varphi_{n_z}(z')$$

$$= \delta(x - x')\, \delta(y - y')\, \delta(z - z') = \delta(\boldsymbol{r} - \boldsymbol{r}')$$

18.13 Zeitabhängige Lösung im Potenzialtopf

Ein Teilchen bewegt sich im unendlich hohen Potenzialtopf (18.10). Die Anfangsbedingung ist $\psi(x, 0) = A\left(1 - |1 - 2x/L|\right)$. Bestimmen Sie die zeitabhängige Lösung $\psi(x, t)$ der Schrödingergleichung. Vergleichen Sie die Lösung mit derjenigen von Aufgabe 8.1 für die Saitenschwingung.

Lösung: Der Hamiltonoperator des Systems hat die bekannten Eigenfunktionen $\varphi_n(x) = \sqrt{2/L}\, \sin(n\pi x/L)$ und die Eigenwerte $E_n = \pi^2\hbar^2 n^2/(2mL^2)$. Die allgemeine Lösung der zeitabhängigen Schrödingergleichung ist von der Form

$$\psi(x, t) = \sum_{n=1}^{\infty} a_n\, \varphi_n(x)\, \exp\left(-\frac{\mathrm{i}}{\hbar} E_n t\right) \tag{18.56}$$

Zur Zeit $t = 0$ muss gelten:

$$\psi(x, 0) = \sum_{n=1}^{\infty} a_n\, \varphi_n(x) \stackrel{!}{=} A\left(1 - |1 - 2x/L|\right)$$

Die Eigenfunktionen sind orthonormiert. Daher ergeben sich die Entwicklungskoeffizienten aus dem Integral

$$a_n = \int_0^L dx\, \psi(x, 0)\, \varphi_n(x) = \begin{cases} (-)^m \dfrac{4\sqrt{2L}\, A}{(2m+1)^2\pi^2} & \text{für} \quad n = 2m + 1 \quad \text{ungerade} \\ 0 & \text{für} \quad n = 2m \quad \text{gerade} \end{cases}$$

Die Auswertung des Integrals wurde in Aufgabe 8.1 angegeben. Wir setzen die Koeffizienten a_n in (18.56) ein:

$$\psi(x,t) = \frac{8A}{\pi^2} \sum_{m=0}^{\infty} \frac{(-)^m}{(2m+1)^2} \sin\left[(2m+1)\,\frac{\pi x}{L}\right] \exp\left(-\frac{\mathrm{i}}{\hbar}\, E_{2m+1}\, t\right)$$

Die Wellengleichung für die Saitenschwingung (Aufgabe 8.1) ist von 2. Ordnung in der Zeit; daher sind dort $u(x,0)$ *und* $\dot u(x,0)$ als Anfangsbedingungen vorzugeben. Dagegen ist die Schrödingergleichung eine Differenzialgleichung 1. Ordnung in der Zeit; damit legt die Anfangsbedingung $\psi(x,0)$ die Wellenfunktion für alle späteren Zeiten fest.

18.14 Gaußpaket im Oszillator

Ein Teilchen bewegt sich im Oszillatorpotenzial $V(x) = m\omega^2 x^2/2$. Die Anfangsbedingung ist

$$\psi(x,0) = \left(\frac{\beta}{\pi}\right)^{1/4} \exp\left(-\frac{\beta}{2}\,(x-a)^2\right) \qquad \text{mit} \qquad \beta = \frac{m\omega}{\hbar} \tag{18.57}$$

Leiten Sie einen geschlossenen Ausdruck für die zeitabhängige Lösung $\psi(x,t)$ der Schrödingergleichung ab. Diskutieren Sie die Wahrscheinlichkeitsdichte $|\psi(x,t)|^2$. Hinweis: Verwenden Sie die erzeugende Funktion aus Aufgabe 18.9.

Lösung: Die Eigenfunktionen und Eigenwerte des harmonischen Oszillators sind bekannt:

$$\varphi_n(x) = \left(\frac{\beta}{\pi}\right)^{1/4} \frac{1}{\sqrt{2^n\, n!}}\, H_n(\sqrt{\beta}\, x)\, \exp\left(-\frac{\beta}{2}\,x^2\right), \qquad E_n = \left(n+\frac{1}{2}\right)\hbar\omega$$

Die allgemeine Lösung der zeitabhängigen Schrödingergleichung lautet

$$\psi(x,t) = \sum_{n=0}^{\infty} a_n\, \varphi_n(x)\, \exp\left(-\frac{\mathrm{i}}{\hbar}\, E_n\, t\right) \tag{18.58}$$

Zur Zeit $t = 0$ muss gelten

$$\psi(x,0) = \sum_{n=0}^{\infty} a_n\, \varphi_n(x) \stackrel{!}{=} \left(\frac{\beta}{\pi}\right)^{1/4} \exp\left(-\frac{\beta}{2}\,(x-a)^2\right)$$

Die Eigenfunktionen sind orthonormiert. Daher ergeben sich die Entwicklungskoeffizienten aus dem Integral

$$a_n = \int_{-\infty}^{\infty} dx\; \psi(x,0)\, \varphi_n(x) = \frac{1}{\sqrt{\pi\, 2^n\, n!}} \int_{-\infty}^{\infty} dy\; H_n(y)\, \exp\left(-y^2 + \sqrt{\beta}\, a\, y\right) \exp\left(-\frac{\beta}{2}\, a^2\right)$$

Die dimensionslose Variable $y = \sqrt{\beta}\, x$ wurde eingeführt, und der Exponent wurde ausmultipliziert. Zur Berechnung des Integrals verwenden wir die erzeugende Funktion aus (18.48):

$$\sum_{n=0}^{\infty} \sqrt{\pi\, 2^n\, n!}\; a_n\, \frac{s^n}{n!} = \int_{-\infty}^{\infty} dy\; \exp\left(-s^2 + 2s\,y\right) \exp\left(-y^2 + \sqrt{\beta}\, a\, y\right) \exp\left(-\frac{\beta}{2}\, a^2\right)$$

$$= \sqrt{\pi}\, \exp\left(\sqrt{\beta}\, a s\right) \exp\left(-\frac{\beta}{4}\, a^2\right) = \sqrt{\pi} \sum_{n=0}^{\infty} \left(\sqrt{\beta}\, a\right)^n \frac{s^n}{n!}\, \exp\left(-\frac{\beta}{4}\, a^2\right)$$

Zuletzt wurde $\exp\big(\sqrt{\beta}\,a s\big)$ in eine Potenzreihe in s entwickelt. Die Entwicklungskoeffizienten können jetzt abgelesen werden:

$$a_n = \frac{\big(\sqrt{\beta}\,a\big)^n}{\sqrt{2^n\,n!}}\;\exp\Big(-\frac{\beta a^2}{4}\Big)$$

Wir setzen die Koeffizienten a_n in (18.58) ein:

$$\begin{aligned}\psi(x,t) &= \Big(\frac{\beta}{\pi}\Big)^{1/4}\sum_{n=0}^{\infty}\frac{1}{n!}\Big(\frac{\sqrt{\beta}\,a}{2}\,\exp(-\mathrm{i}\omega t)\Big)^n H_n\big(\sqrt{\beta}\,x\big)\,\exp\Big(-\frac{\beta a^2}{4}-\frac{\beta x^2}{2}-\frac{\mathrm{i}\omega t}{2}\Big)\\ &= \Big(\frac{\beta}{\pi}\Big)^{1/4}\exp\Big(-\frac{\beta a}{2}\big(a\,\cos(\omega t)-2x\big)\exp(-\mathrm{i}\omega t)-\frac{\beta x^2}{2}-\frac{\mathrm{i}\omega t}{2}\Big)\end{aligned}$$

Die Oszillatorenergien $E_n = (n+1/2)\hbar\omega$ wurden eingesetzt und die Terme zusammengefasst. Die resultierende Summe konnte geschlossen aufsummiert werden, denn sie ist wieder von der Form der erzeugenden Funktion. Man überprüft leicht, dass die so gefundene Lösung die Anfangsbedingung (18.57) erfüllt. Aus der Wellenfunktion folgt die Wahrscheinlichkeitsdichte

$$\begin{aligned}\big|\psi(x,t)\big|^2 &= \sqrt{\frac{\beta}{\pi}}\,\exp\Big(-\beta a^2\cos^2(\omega t)+2\beta a x\,\cos(\omega t)-\beta x^2\Big)\\ &= \sqrt{\frac{\beta}{\pi}}\,\exp\Big(-\beta\big[x-a\,\cos(\omega t)\big]^2\Big)\end{aligned}$$

Der Ortserwartungswert $\langle x\rangle_t = a\,\cos(\omega t)$ stimmt mit der klassischen Bahn $x_{\mathrm{kl}}(t)$ überein. Das Gaußpaket bewegt sich ohne Änderung seiner Form längs der klassischen Bahn. Das Fehlen der quantenmechanischen Dispersion ist eine ganz spezielle Eigenschaft des harmonischen Oszillators.

18.15 Ehrenfest-Gleichungen

Das Potenzial $V(x)$ in der Ehrenfest-Gleichung

$$m\,\frac{d^2}{dt^2}\,\langle x\rangle = -\Big\langle\frac{dV}{dx}\Big\rangle \tag{18.59}$$

soll auf der Länge, über die sich die Wellenfunktion erstreckt, langsam veränderlich sein. Bestimmen Sie die niedrigste nichtverschwindende Korrektur zur klassischen Bewegungsgleichung. Entwickeln Sie dazu die Ableitung $dV(x)/dx$ in eine Taylorreihe um $\langle x\rangle$ herum. Was ergibt sich speziell für die Potenziale $V(x) = m\omega^2 x^2/2$ und für $V(x) = a/x$?

Lösung: Wir entwickeln die Ableitung dV/dx in der Umgebung von $x = \langle x\rangle$:

$$\frac{dV}{dx} \approx V'(\langle x\rangle) + V''(\langle x\rangle)\big(x-\langle x\rangle\big) + \frac{1}{2}\,V'''(\langle x\rangle)\,\big(x-\langle x\rangle\big)^2 + \ldots$$

Bei der Bildung des Erwartungswerts fällt der in x lineare Term weg:

$$m\,\frac{d^2}{dt^2}\langle x\rangle \approx -\big\langle dV/dx\big\rangle = -V'(\langle x\rangle) - \frac{1}{2}\,V'''(\langle x\rangle)\,(\Delta x)^2 + \ldots$$

Dabei ist $(\Delta x)^2 = \langle x^2 \rangle - \langle x \rangle^2$ die mittlere quadratische Abweichung. Wenn man nur den ersten Term auf der rechten Seite berücksichtigt, erhält man die klassische Bewegungsgleichung für $\langle x \rangle$. Der zweite Term beschreibt daher die führende quantenmechanische Korrektur.

Für den harmonischen Oszillator $V(x) = m\omega^2 x^2/2$ erhalten wir $V'(x) = m\omega^2 x$ und $V'''(x) = 0$; alle höheren Ableitungen verschwinden. Damit ist

$$m\,\frac{d^2}{dt^2}\,\langle x \rangle \;=\; -\,m\,\omega^2\,\langle x \rangle$$

ein exaktes Ergebnis. Dies bedeutet, dass sich das Zentrum $\langle x \rangle$ eines beliebiges Wellenpakets auf einer klassischen Bahn bewegt. Für das Gaußpaket wurde das bereits in der vorhergehenden Aufgabe gezeigt.

Für $V(x) = a/x$ ist $V'(x) = -a/x^2$ und $V'''(x) = -\,6a/x^4$. Die Ehrenfest-Gleichung mit der niedrigsten quantenmechanischen Korrektur lautet daher

$$m\,\frac{d^2}{dt^2}\,\langle x \rangle \;\approx\; \frac{a}{\langle x \rangle^2} + \frac{3\,a}{\langle x \rangle^4}\,\big(\Delta x\big)^2$$

18.16 Floquet-Theorem

Betrachten Sie die eindimensionale Schrödingergleichung mit dem periodischen Potenzial $V(x) = V(x+a)$. Überprüfen Sie, dass der Translationsoperator $T_{\rm op}(a) = \exp(\mathrm{i}\,p_{\rm op}\,a/\hbar)$ mit dem Hamiltonoperator $H = p_{\rm op}^2/(2m) + V(x)$ vertauscht. Zeigen Sie, dass die Eigenfunktionen von H in der Form

$$\varphi(x+a) = \exp(\mathrm{i}ka)\,\varphi(x) \qquad (|k| \le \pi/a) \qquad (18.60)$$

angesetzt werden können. Nützen Sie die Unitarität von $T_{\rm op}$ aus, und wenden Sie den Operator mehrmals an.

Lösung: Wir wenden den Translationsoperator $T_{\rm op}(a) = \exp(\mathrm{i}\,p_{\rm op}\,a/\hbar)$ auf eine Funktion $\varphi(x)$ an:

$$\begin{aligned} T_{\rm op}\,\varphi(x) \;&=\; \exp\Big(\frac{\mathrm{i}\,p_{\rm op}\,a}{\hbar}\Big)\,\varphi(x) \;=\; \exp\Big(a\,\frac{d}{dx}\Big)\,\varphi(x) \\ &=\; \varphi(x) + a\,\frac{d\varphi(x)}{dx} + \frac{a^2}{2!}\,\frac{d^2\varphi(x)}{dx^2} + \,\ldots\; = \varphi(x+a) \end{aligned}$$

Das Ergebnis ist die Taylorreihe der um a verschobenen Funktion. Wir betrachten nun den Kommutator von $T_{\rm op}$ und H. Der Operator $T_{\rm op} = \exp(\mathrm{i}\,p_{\rm op}\,a/\hbar)$ vertauscht trivialerweise mit der kinetischen Energie $p_{\rm op}^2/(2m)$. Wir wenden den Kommutator $[\,T_{\rm op},\, V(x)]$ auf eine beliebige Funktion $\varphi(x)$ an:

$$\begin{aligned} \big[\,T_{\rm op},\, V(x)\big]\,\varphi(x) \;&=\; T_{\rm op}\big(V(x)\,\varphi(x)\big) - V(x)\,T_{\rm op}\,\varphi(x) \\ &=\; V(x+a)\,\varphi(x+a) - V(x)\,\varphi(x+a) \;=\; 0 \end{aligned}$$

Das Ergebnis ist wegen $V(x+a) = V(x)$ null. Da $\varphi(x)$ beliebig ist, können wir das Ergebnis als $[\,T_{\rm op},\, V(x)] = 0$ schreiben. Insgesamt folgt $[\,T_{\rm op},\, H\,] = 0$.

Nachdem der Translationsoperator T_{op} mit dem Hamiltonoperator H vertauscht, können wir die Eigenfunktionen von H in der Form von Eigenfunktionen von T_{op} ansetzen:

$$T_{\text{op}}(a)\,\varphi(x) \;=\; \lambda(a)\;\varphi(x)$$

Der Eigenwert $\lambda(a)$ wird im Allgemeinen von dem Parameter a des Translationsoperators abhängen. Da der Translationsoperator unitär ist, $T_{\text{op}}\,T_{\text{op}}^{\dagger} = 1$, gilt für dessen Eigenwerte (Aufgabe 21.3)

$$\big|\lambda(a)\big| = 1 \quad\Longrightarrow\quad \lambda(a) = \exp\big(\mathrm{i}\beta(a)\big) \qquad (\beta \text{ reell})$$

Zweimaliges Anwenden von $T_{\text{op}}(a)$ ist äquivalent zu einer Translation um $2a$, die durch $T_{\text{op}}(2a)$ bewirkt wird. daher muss gelten:

$$\lambda^2(a) = \lambda(2a) \quad\Longrightarrow\quad \beta(2a) = 2\beta(a) \quad\Longrightarrow\quad \beta(a) = ka$$

Die mittlere Aussage impliziert, das $\beta(a)$ eine in a lineare Funktion ist; dies wurde als letzte Gleichung explizit formuliert. Da β und $\beta + 2\pi$ denselben Eigenwert geben, können wir β auf ein 2π-Intervall beschränken. Wir tun dies durch die Bedingung $|ka| \le \pi$. Damit haben wir die Aussage (18.60) erhalten. In Aufgabe 19.3 wird eine Anwendung des Floquet-Theorems vorgestellt.

19 Eindimensionale Probleme

In Kapitel 18 haben wir die Lösungen der eindimensionalen Schrödingergleichung

$$\left(-\frac{\hbar^2}{2m}\frac{d^2}{dx^2} + V(x)\right) \varphi(x) = E\,\varphi(x) \tag{19.1}$$

für die freie Bewegung, den Oszillator und den unendlichen Potenzialtopf angegeben. In diesem Kapitel untersuchen wir (19.1) für eine Potenzialbarriere, für ein Delta-Potenzial und für einen endlichen Potenzialtopf. Dabei diskutieren wir einfache Streuprobleme. Schließlich führen wir die semiklassische Näherung ein.

Potenzialbarriere

Eine ebene Welle laufe auf die Potenzialbarriere $V(x) = V_0\,\Theta(x)$ zu (links in der Abbildung). Die Transmissionswahrscheinlichkeit $j_{\rm T}/j_0$ (rechts) hängt von der Energie $E = \hbar^2 k^2/2m$ der einfallenden Teilchen ab.

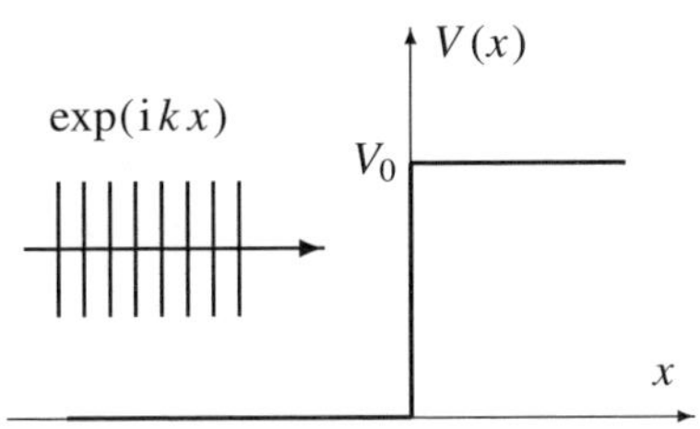

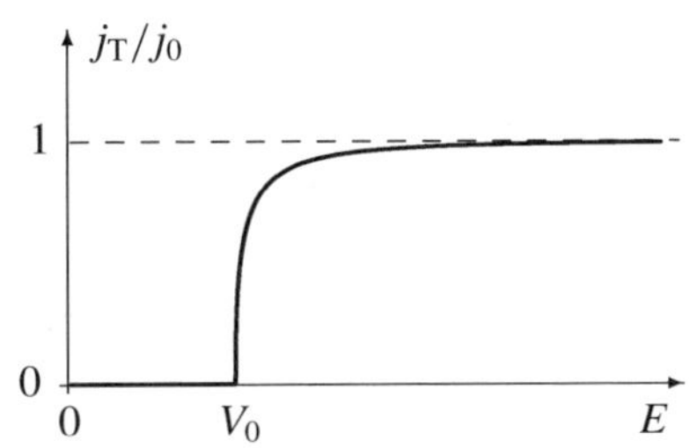

Der Ansatz für die Wellenfunktion zur Energie E lautet

$$\varphi_E(x) = \begin{cases} \exp(\mathrm{i}kx) + R\exp(-\mathrm{i}kx) & (x < 0) \\ T\exp(-\mathrm{i}q\,x) & (x > 0) \end{cases} \tag{19.2}$$

Hierbei ist $\hbar^2 q^2/2m = E - V_0 > 0$. Für $E < V_0$ und $x > 0$ gilt stattdessen $\varphi_E = T\exp(-\kappa x)$, wobei $\hbar^2\kappa^2/2m = V_0 - E$. Die einfallende Stromdichte ist $j_0 = \hbar k/m$. Mit dem Potenzial hat φ'' bei $x = 0$ einen Sprung. Daher sind $\varphi(x)$ und $\varphi'(x)$ bei $x = 0$ stetig. Hieraus lassen sich die Koeffizienten R und T in (19.2) berechnen. Die transmittierte Stromdichte $j_{\rm T}$ verschwindet für $E < V_0$. Für $E > V_0$ erhält man

$$\frac{j_{\rm T}}{j_0} = \frac{(\hbar q/m)\,|T|^2}{\hbar k/m} = \frac{4kq}{(k+q)^2} \tag{19.3}$$

In der klassischen Mechanik würde $j_{\rm T}/j_0$ bei $E = V_0$ von 0 auf 1 springen.

Delta-Potenzial

Wir untersuchen die Lösung von (19.1) für ein Delta-Potenzial

$$V(x) = V_0\, \delta(x) \tag{19.4}$$

Ein solches Potenzial kann als Näherung verwendet werden, wenn die Länge, auf der die Wellenfunktion variiert (etwa die Wellenlänge), viel größer ist als die Reichweite des (tatsächlichen) Potenzials.

Für positive Energien kann man die Streulösung wie in (19.2) ansetzen. In Aufgabe 19.1 sollen hierfür die Reflexion und die Transmission berechnet werden.

Für negative Energie $E = -\hbar^2\kappa^2/2m$ ist $\varphi(x) \propto \exp(\pm\kappa x)$ der geeignete Ansatz. Eine Lösung ergibt sich nur für $V_0 < 0$, und zwar genau eine Lösung:

$$\varphi_0(x) = A \exp\Big(-\frac{m\,|V_0|}{\hbar^2}\,|x|\Big) \quad \text{mit} \quad E_0 = -\frac{V_0^2\, m}{2\hbar^2} \tag{19.5}$$

Den Knick in der Wellenfunktion bestimmt man, indem man die Schrödingergleichung von $-\epsilon$ bis ϵ integriert.

Endlicher Potenzialtopf

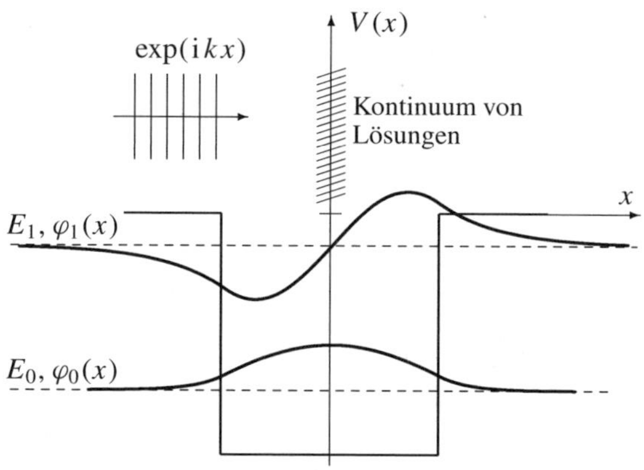

Das Potenzial

$$V(x) = \begin{cases} V_0 < 0 & (|x| < a) \\ 0 & (|x| > a) \end{cases}$$

hat Streulösungen mit positiver Energie. Für $|x| > a$ sind diese Lösungen von der Form $\exp(\pm\mathrm{i}kx)$; für $|x| < a$ sind sie mit $\exp(\pm\mathrm{i}qx)$ anzusetzen. Diese Lösungen werden in Aufgabe 19.5 untersucht. Hier bestimmen wir die gebundenen Lösungen zu negativer Energie.

Der Hamiltonoperator ist symmetrisch gegenüber der Transformation $x \to -x$. Wegen $[H, P] = 0$ sind simultane Eigenfunktionen zum Paritätsoperator P und zum Hamiltonoperator H möglich. Für die Lösungen $\varphi^{\pm}$ mit positiver und negativer Parität setzen wir an:

$$\varphi^+ = \begin{cases} D\exp(+\kappa x) \\ B\cos(qx) \\ D\exp(-\kappa x) \end{cases}, \qquad \varphi^- = \begin{cases} -C\exp(+\kappa x) & (x < -a) \\ A\sin(qx) & (|x| < a) \\ C\exp(-\kappa x) & (x > a) \end{cases} \tag{19.6}$$

Hierbei ist $E = -\hbar^2\kappa^2/2m < 0$ und $E - V_0 = \hbar^2 q^2/2m > 0$.

Mit dem Potenzial hat $\varphi''(x)$ bei $x = \pm a$ einen Sprung. Damit sind $\varphi'(x)$ und $\varphi(x)$ hier stetig. Aus der Stetigkeit bei $|x| = a$ folgen die Eigenwertbedingungen:

$$\begin{aligned} \kappa &= q \tan(q a) && \text{gerade Lösungen} \\ \kappa &= -q \cot(q a) && \text{ungerade Lösungen} \end{aligned} \tag{19.7}$$

Die Wurzeln dieser Bedingungen kann man graphisch oder numerisch bestimmen. In einem tiefen Potenzial erhält man für die unteren Eigenwerte $E_n \approx \varepsilon_n - |V_0|$, wobei die $\varepsilon_n = \hbar^2 \pi^2 n^2 / (8 m a^2)$ die aus (18.11) bekannten Eigenwerten des unendlichen Potenzialtopfs sind.

Semiklassische Näherung

Wenn man den allgemeinen Ansatz $\varphi(x) = \exp(\mathrm{i}\, S(x)/\hbar)$ in die Schrödingergleichung (19.1) einsetzt, erhält man die Differenzialgleichung

$$S'(x)^2 = 2m\big[E - V(x)\big] + \mathrm{i}\hbar\, S''(x) \tag{19.8}$$

In einer semiklassischen Näherung betrachtet man den Term mit $\hbar$ als „klein". Man entwickelt dann die Phase $S(x)$ nach Potenzen von $\hbar$:

$$S(x) = S_0(x) + \frac{\hbar}{\mathrm{i}}\, S_1(x) + \left(\frac{\hbar}{\mathrm{i}}\right)^2 S_2(x) + \ldots \tag{19.9}$$

Dies wird in (19.8) eingesetzt. Die resultierende Gleichung wird dann sukzessive in der Ordnung $\hbar^0$, $\hbar^1$, $\hbar^2$, und so weiter gelöst. In nullter Ordnung ergibt sich $S_0 = \pm \int dx\; p(x)$ mit dem klassischen Impuls $p(x)^2 = 2m(E - V(x))$. Für konstantes Potenzial ist $\varphi(x) = \exp(\mathrm{i}\, S_0(x)/\hbar)$ dann die exakte Lösung. In erster Ordnung in $\hbar$ erhält man

$$\varphi(x) = \frac{\text{const.}}{\sqrt{|p(x)|}}\, \exp\Big(\pm \frac{\mathrm{i}}{\hbar} \int dx\; p(x)\Big) \tag{19.10}$$

Diese semiklassische Näherung wird nach ihren Begründern, Wentzel, Kramers und Brillouin, *WKB-Näherung* genannt. Die beiden Vorzeichen entsprechen zwei unabhängigen Lösungen.

Eine notwendige Bedingung für die Gültigkeit der Näherung (19.10) ist, dass der Term mit S_1 klein ist relativ zu S_0. Diese Bedingung führt zu $|dV/dx|\,\lambda \ll p^2/2m$; auf der Skala der Wellenlänge λ darf sich das Potenzial nur wenig ändern. An den klassischen Umkehrpunkten (mit $p(x) = 0$) versagt die WKB-Näherung.

Im klassisch verbotenen Bereich $E < V$ wird der Faktor $\exp[\pm \mathrm{i} \int dx\; p(x)/\hbar]$ zu $\exp[\pm \int dx\, \kappa(x)]$, wobei $\hbar^2 \kappa^2 = 2m\,[V(x) - E]$. Damit kann man den Abfall der Amplitude der Wellenfunktion in der Barriere angeben. Das Quadrat dieser Amplitude ist die Wahrscheinlichkeit P für das quantenmechanisch mögliche Durchqueren (Tunneln) der Barriere:

$$P \approx \exp\Big(-\frac{2}{\hbar} \int_{x_1}^{x_2} dx\; \sqrt{2m\big[V(x) - E\big]}\Big) \tag{19.11}$$

Dabei haben wir uns über die Ungültigkeit der WKB-Näherung an den Umkehrpunkten hinweggesetzt und die Vorfaktoren einfach weggelassen. Unbeschadet dieser bedenklichen Schritte stellt die WKB-Penetrabilität P eine sehr brauchbare Näherung dar.

Die Wechselwirkung zwischen einem α-Teilchen und einem Atomkern kann man durch ein Potenzial beschreiben,

$$V(r) = \begin{cases} V_0 \approx -100\,\text{MeV} & (r < R_0) \\ 2Ze^2/r & (r > R_0) \end{cases} \tag{19.12}$$

Als Modell für den (Eltern-)Kern ^{212}Po betrachten wir ein α-Teilchen, dass sich im (Tochter-)Kern ^{208}Pb bewegt. Die Wechselwirkung zwischen dem α-Teilchen und dem Tochterkern wird durch das Potenzial (19.12) beschrieben. Die Bewegungsgleichung kann auf eine eindimensionale Differenzialgleichung reduziert werden (Kapitel 20). Hierauf kann die WKB-Näherung angewandt werden.

Aus den bekannten Massen der Atomkerne folgt, dass das α-Teilchen außerhalb des Bleikerns eine Energie von etwa $E_\alpha \approx 5\ldots 9\,\text{MeV}$ hat (je nach betrachtetem Isotop). Die Barriere des Potenzials (19.12) ist dagegen 25 bis 30 MeV hoch. Beim Alphazerfall durchtunnelt das α-Teilchen diese Barriere. Im Inneren stößt das α-Teilchen mit der Frequenz $v/2R_0$ gegen die Barriere ($m\,v^2/2 \approx 100\,\text{MeV}$, $R_0 \approx 9\,\text{fm}$, klassische Abschätzung). Wenn es die Barriere jeweils mit der Wahrscheinlichkeit P durchtunnelt, ist die Zerfallskonstante (Zerfallswahrscheinlichkeit pro Zeit) gleich $\lambda = (v/2R_0)\,P$. Die Auswertung der Penetrabilität mit (19.11) ergibt näherungsweise das *Geiger-Nuttall-Gesetz*

$$\ln\lambda = b(Z) - a\,\frac{Z}{\sqrt{E_\alpha}} \tag{19.13}$$

mit $a \approx 4\,\text{MeV}$ und $Z = 82$. Die zentrale Aussage dieses Gesetzes ist die Energieabhängigkeit aufgrund des letzten Terms: Bei einer um 1 MeV anderen α-Energie ändert sich die Halbwertszeit $\tau_{1/2} = \ln(2)/\lambda$ um etwa vier Größenordnungen(!). Diese dramatische Energieabhängigkeit wurde zunächst experimentell gefunden und dann 1928 quantenmechanisch erklärt.

Aufgaben

19.1 Reflexion und Transmission für Deltapotenzial

Betrachten Sie die eindimensionale Schrödingergleichung mit dem attraktiven δ-Potenzial

$$V(x) = V_0\,\delta(x) \qquad \text{mit} \quad V_0 = -\frac{\hbar^2\kappa}{m} < 0$$

Berechnen Sie die Reflexions- und Transmissionskoeffizienten R und T für die Streuung an dem Potenzial. Was ergibt sich für $|R|^2 + |T|^2$? Skizzieren Sie die Transmissionswahrscheinlichkeit in Abhängigkeit von der Energie.

Lösung: Mit $E = \hbar^2 k^2/(2m) > 0$ wird die eindimensionale Schrödingergleichung zu

$$\varphi''(x) + 2\kappa\,\delta(x)\,\varphi(x) = k^2\varphi(x)$$

Im Bereich $x < 0$ setzen wir eine einlaufende Welle (mit willkürlicher Amplitude eins) und eine reflektierte Welle an, und im Bereich $x > 0$ eine transmittierte Welle:

$$\varphi(x) = \begin{cases} \exp(\mathrm{i}kx) + R\,\exp(-\mathrm{i}kx) & (x < 0) \\ T\,\exp(\mathrm{i}kx) & (x > 0) \end{cases}$$

Damit die Schrödingergleichung bei $x = 0$ erfüllt ist, muss $\varphi''(x)$ eine δ-funktionsartige Singularität haben. Dann hat $\varphi'(x)$ einen Sprung, und $\varphi(x)$ ist stetig. Aus der Stetigkeit folgt

$$1 + R = T$$

Eine Integration der Schrödingergleichung von $-\epsilon$ bis $+\epsilon$ ergibt für $\epsilon \to 0$ die Sprungbedingung $\varphi'(\epsilon) - \varphi'(-\epsilon) = -2\kappa\,\varphi(0)$. Hieraus folgt

$$\mathrm{i}kT - \mathrm{i}k\,(1 - R) = -\,2\kappa\,(1 + R)$$

Aus den letzten beiden Gleichungen ergeben sich der Reflexions- und der Transmissionskoeffizient:

$$R = -\,\frac{\kappa}{\kappa + \mathrm{i}k}\,, \qquad T = \frac{\mathrm{i}k}{\kappa + \mathrm{i}k}$$

Die Reflexions- und Transmissionswahrscheinlichkeiten sind dann

$$|R|^2 = \frac{\kappa^2}{\kappa^2 + k^2} = \frac{m\,V_0^2/(2\hbar^2)}{m\,V_0^2/(2\hbar^2) + E}$$

$$|T|^2 = \frac{k^2}{\kappa^2 + k^2} = \frac{E}{m\,V_0^2/(2\hbar^2) + E} \qquad (19.14)$$

Hieraus folgt $|R|^2 + |T|^2 = 1$. Dies drückt die Teilchenstromerhaltung aus, denn mit den einfallenden, reflektierten und transmittierten Stromdichten

$$j_0 = \frac{\hbar k}{m}\,, \qquad j_\mathrm{R} = \frac{\hbar k}{m}\,|R|^2, \qquad j_\mathrm{T} = \frac{\hbar k}{m}\,|T|^2$$

gilt $j_0 = j_\mathrm{R} + j_\mathrm{T}$.

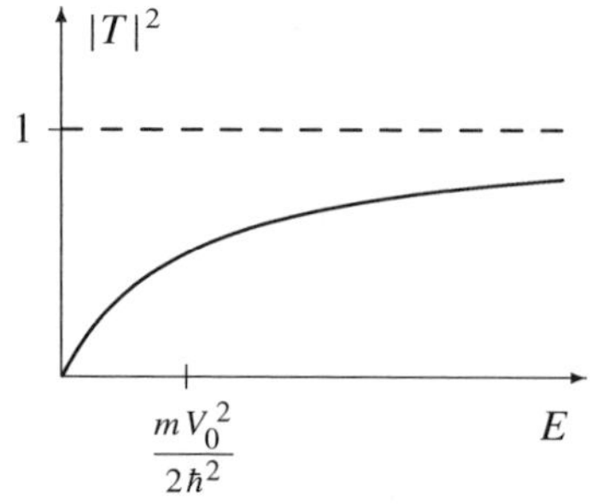

Die Transmissionswahrscheinlichkeit (19.14) als Funktion der Energie. Nach einem linearen Anstieg nähert sie sich für hohe Energien langsam der Eins. Bei sehr hohen Energien wird schließlich die gesamte einfallende Stromdichte transmittiert.

Für ein repulsives δ-Potenzial ist κ durch $-\kappa$ zu ersetzen. Die Reflexions- und Transmissionswahrscheinlichkeiten und das links gezeigte Verhalten bleiben unverändert.

19.2 Molekülmodell

Betrachten Sie die eindimensionale Schrödingergleichung mit dem attraktiven δ-Doppelpotenzial

$$V(x) = V_0 \left[\delta(x+a) + \delta(x-a) \right] \qquad \text{mit} \quad V_0 = -\frac{\hbar^2 \kappa_0}{m} < 0$$

Bestimmen Sie die gebundenen Lösungen (verwenden Sie Lösungsansätze mit bestimmter Parität). Diskutieren Sie die Eigenwertbedingung graphisch. Vergleichen Sie die Energien mit der Energie des gebundenen Zustands eines einzelnen δ-Potenzials. Zeigen Sie, dass die Lösungen für $\kappa_0 a \gg 1$ von folgender Form sind:

$$\varphi_\pm \approx C_\pm \left[\varphi_0(x-a) \pm \varphi_0(x+a) \right] \qquad \text{mit} \quad \varphi_0 = \sqrt{\kappa_0}\, \exp\big(-\kappa_0 |x|\big)$$

Lösung: Für die gebundenen Zustände setzen wir $E = -\hbar^2\kappa^2/(2m) < 0$. Abgesehen von den Stellen $x = \pm a$, an denen die δ-Potenziale lokalisiert sind, ist die Wellenfunktion eine Lösung der freien Schrödingergleichung. Da der Paritätsoperator mit dem Potenzial und damit auch mit dem Hamiltonoperator vertauscht, gibt es gemeinsame Eigenfunktionen. Wir können die Lösungen daher als gerade und ungerade Funktionen ansetzen:

$$\varphi_+(x) = \begin{cases} A_+ \exp(-\kappa_+ x) \\ B_+ \cosh(\kappa_+ x) \\ A_+ \exp(+\kappa_+ x) \end{cases}, \qquad \varphi_-(x) = \begin{cases} A_- \exp(-\kappa_- x) & (x > a) \\ B_- \sinh(\kappa_- x) & (-a < x < a) \\ -A_- \exp(+\kappa_- x) & (x < -a) \end{cases} \tag{19.15}$$

In den Bereichen $|x| > a$ tritt jeweils nur die normierbare Exponentialfunktion auf. Aufgrund der Symmetrie der Wellenfunktionen (gerade oder ungerade), genügt es die Anschlussbedingungen bei $x = a$ aufzustellen. Die Stetigkeit der Wellenfunktion bei $x = a$ impliziert

$$2A_\pm - \big(\exp(2\kappa_\pm a) \pm 1\big)\, B_\pm = 0 \tag{19.16}$$

Eine Integration der Schrödingergleichung von $a - \epsilon$ bis $a + \epsilon$ ergibt für $\epsilon \to 0$ die Sprungbedingung $\varphi'(a+\epsilon) - \varphi'(a-\epsilon) = -2\,\kappa_0\, \varphi(a)$. Hieraus folgt

$$2(2\kappa_0 - \kappa_\pm) A_\pm - \kappa_\pm \big(\exp(2\kappa_\pm a) \mp 1\big) B_\pm = 0 \tag{19.17}$$

Damit die beiden linearen homogenen Gleichungen (19.16) und (19.17) für $A_\pm$ und $B_\pm$ eine nichttriviale Lösung haben, muss die Koeffizientendeterminante verschwinden. Hieraus folgen die Eigenwertbedingungen für die geraden und ungeraden Lösungen:

$$\kappa_+ = \kappa_0 \big(1 + \exp(-2\kappa_+ a)\big), \qquad \kappa_- = \kappa_0 \big(1 - \exp(-2\kappa_- a)\big) \tag{19.18}$$

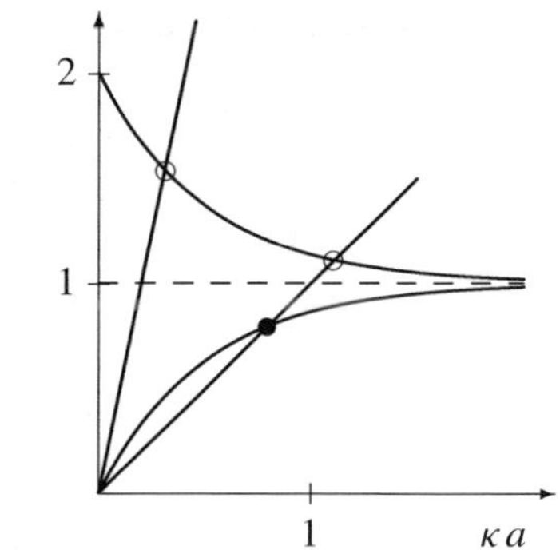

Wir diskutieren diese Eigenwertbedingungen graphisch in der Form

$$1 \pm \exp(-2\kappa a) = \frac{\kappa a}{\kappa_0 a}$$

Dazu tragen wir die linke Seite als Funktion von κa auf. Diese Kurven schneiden wir mit Ursprungsgeraden (rechte Seite) unterschiedlicher Steigung $1/(\kappa_0 a)$. Für die symmetrische Eigenwertgleichung (obere Kurve) gibt es immer einen Schnittpunkt (○), für die antisymmetrische nur für $\kappa_0 a \geq 1/2$ (●).

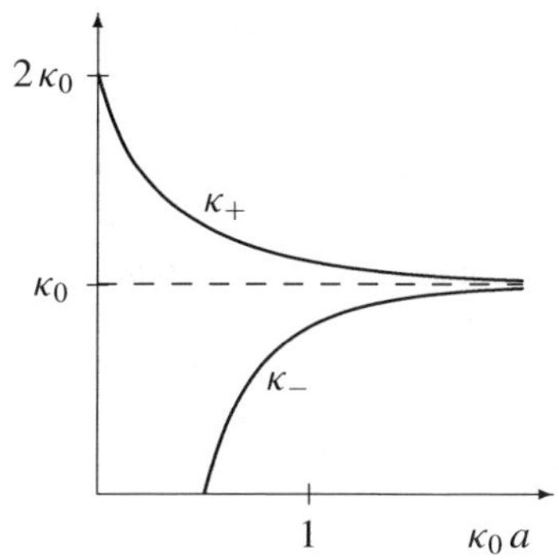

Die Lösungen κ_+ und κ_- der Eigenwertgleichungen sind als Funktion von $\kappa_0 a$ gezeigt. Bei festgehaltener Potenzialstärke ist der Abszissenwert proportional zum Abstand a der beiden δ-Potenziale. Für positive Parität ist $\kappa_+ > \kappa_0$, und die Bindungsenergie $E_+ = -\hbar^2\kappa_+^2/(2\mu) < E_0$ ist kleiner als die eines einzelnen δ-Potenzials. Für negative Parität ist $\kappa_- > \kappa_0$ und $E_- > E_0$.

Beim Abstand $a = 0$ erhält man ein δ-Potenzial doppelter Stärke und einen gebundenen, geraden Zustand mit der vierfachen Bindungsenergie. Mit wachsendem Abstand nimmt dann der Betrag der Bindungsenergie dieses geraden Zustands ab. Für $\kappa_0 a > 1/2$ gibt es zusätzlich eine ungerade gebundene Lösung.

Für große Abstände $\kappa_0 a \gg 1$ können die Eigenwertgleichungen (19.18) auch näherungsweise gelöst werden:

$$\kappa_\pm \approx \kappa_0 \big(1 \pm \exp(-2\kappa_0 a)\big)$$

Dies führt auf die Energien

$$E_\pm = -\frac{\hbar^2\kappa_\pm^2}{2\mu} \approx -\frac{\hbar^2\kappa_0^2}{2\mu}\big(1 \pm 2\,\exp(-2\kappa_0 a)\big) = E_0\big(1 \pm 2\,\exp(-2\kappa_0 a)\big) \qquad (19.19)$$

Man kann das System als Molekülmodell für ein Elektron (unser Teilchen) und zwei Atomkerne (die beiden δ-Potenziale) betrachten. Wenn die Atome weit voneinander entfernt sind, dann ist das Elektron bei einem der beiden Atome (Energie E_0). Wenn der Abstand mit $1/\kappa_0$ vergleichbar ist, dann führt die gerade Lösung zu einer Absenkung der Energie, also zu einem gebundenen Molekül (homöopolare Bindung). Die ungerade Lösung ergibt dagegen keine Bindung.

Mit den Ersetzungen

$$A_\pm = C_\pm\sqrt{\kappa_\pm}\,\big(\exp(\kappa_\pm a) \pm \exp(-\kappa_\pm a)\big)\,, \qquad B_\pm = 2C_\pm\sqrt{\kappa_\pm}\,\exp(-\kappa_\pm a)$$

können wir die Wellenfunktionen (19.15) in folgender kompakter Form schreiben:

$$\varphi_\pm(x) = C_\pm\Big(\sqrt{\kappa_\pm}\,\exp(-\kappa_\pm|x-a|) \pm \sqrt{\kappa_\pm}\,\exp(-\kappa_\pm|x+a|)\Big) \qquad (19.20)$$

Die Faktoren $\sqrt{\kappa_\pm}$ wurden mit angeschrieben, damit die beiden Exponentialfunktionen jeweils für sich normiert sind. Wie berechnen das Überlappintegral zwischen den bei $x = a$ und $x = -a$ zentrierten Einzellösungen:

$$S(\kappa a) = \kappa \int_{-\infty}^{\infty} dx \, \exp(-\kappa\,|x-a|)\, \exp(-\kappa\,|x+a|) = (1+2\kappa a)\, \exp(-2\kappa a)$$

Damit ergibt sich die Normierung der Wellenfunktion (19.20) zu

$$\left|C_\pm\right|^2 \left[2 \pm 2S(\kappa_\pm a)\right] = 1 \quad \Longrightarrow \quad C_\pm = \frac{1}{\sqrt{2 \pm 2S(\kappa_\pm a)}}$$

Die Wellenfunktion (19.20) ist die vollständige und exakte Lösung des Problems. Für große Abstände $\kappa_0 a \gg 1$ vereinfacht sie sich zu einer Linearkombination der Wellenfunktionen der einzelnen δ-Potenziale:

$$\varphi_\pm \approx \frac{1}{\sqrt{2 \pm 2S(\kappa_0 a)}} \Big(\varphi_0(x-a) \pm \varphi_0(x+a)\Big) \quad \text{mit} \quad \varphi_0 = \sqrt{\kappa_0}\, \exp\big(-\kappa_0|x|\big) \qquad (19.21)$$

Diese Form stellt eine Verbindung zu gebräuchlichen Näherungen der Molekülphysik dar. Wie in (19.21) wird dort das Molekülorbital für ein zweiatomiges Molekül als Linearkombination der einzelnen Atomorbitale angesetzt. Der Erwartungswert des Hamiltonoperators liefert dann eine brauchbare Näherung für die Bindungsenergie, hier (19.19). Durch Variationsrechnung lässt sich das Ergebnis verbessern. In unserem Beispiel würde die Variation von κ das exakte Resultat (19.18) und (19.20) liefern.

19.3 Energieband im periodischen Potenzial

Betrachten Sie die eindimensionale Schrödingergleichung mit dem periodischen Potenzial

$$V(x) = V_0 \sum_{n=-\infty}^{\infty} \delta(x - na) \qquad \text{mit} \quad V_0 = -\frac{\hbar^2 \kappa_0}{m} < 0$$

Geben Sie die gebundenen Zustände an. Nach dem Floquet-Theorem (Aufgabe 18.16) genügt es, die Lösung im Bereich $0 < x < a$ anzusetzen. Diskutieren Sie das Ergebnis speziell für $\kappa_0 a = 1$ und für $\kappa_0 a = 3$.

Lösung: Für die gebundenen Zustände setzen wir $E = -\hbar^2\kappa^2/(2m) < 0$. Abgesehen von den Positionen $x = na$ der δ-Funktionen ist die Wellenfunktion eine Lösung der freien Schrödingergleichung. Wir setzen die Wellenfunktion im Bereich $0 < x < a$ daher folgendermaßen an:

$$\varphi(x) = A\, \exp(\kappa x) + B\, \exp(-\kappa x) \qquad (0 < x < a)$$

In allen anderen Intervallen erhalten wir die Wellenfunktion mit Hilfe des Floquet-Theorems (Aufgabe 18.16). Für das Intervall $a < x < 2a$ ergibt sich zum Beispiel

$$\varphi(x+a) = \exp(ika)\,\varphi(x) = \exp(ika)\big(A\, \exp(\kappa x) + B\, \exp(-\kappa x)\big) \qquad (a < x < 2a)$$

Die k-Werte sind durch $|ka| \leq \pi$ eingeschränkt. An den Stellen $x = na$ muss die Wellenfunktion stetig sein und die Sprungbedingung erfüllen. Wegen der periodischen Fortsetzung der Lösung genügt es, diese Bedingung an *einer* dieser Stellen zu erfüllen, etwa bei $x = a$. Die Stetigkeit bei $x = a$ verlangt

$$A\,\exp(\kappa a) + B\,\exp(-\kappa a) \;=\; \exp(\mathrm{i}ka)\,\big(A + B\big) \qquad (19.22)$$

Aus der Integration der Schrödingergleichung von $a - \epsilon$ bis $a + \epsilon$ folgt für $\epsilon \to 0$ die Sprungbedingung $\varphi'(a + \epsilon) - \varphi'(a - \epsilon) = -2\kappa_0\,\varphi(a)$. Dies ergibt

$$\kappa\,\exp(\mathrm{i}ka)\,\big(A - B\big) - \kappa\,\big(A\,\exp(\kappa a) - B\,\exp(-\kappa a)\big) \;=\; -2\kappa_0\,\exp(\mathrm{i}ka)\,\big(A + B\big) \qquad (19.23)$$

Damit die beiden linearen homogenen Gleichungen (19.22) und (19.23) für A und B eine nichttriviale Lösung besitzen, muss die Koeffizientendeterminante verschwinden:

$$\begin{vmatrix} \exp(\kappa a) - \exp(\mathrm{i}ka) & \exp(-\kappa a) - \exp(\mathrm{i}ka) \\ (2\kappa_0 + \kappa)\,\exp(\mathrm{i}ka) - \kappa\,\exp(\kappa a) & (2\kappa_0 - \kappa)\,\exp(\mathrm{i}ka) + \kappa\,\exp(-\kappa a) \end{vmatrix} = 0$$

Hieraus folgt die Eigenwertbedingung für κ

$$F(\kappa a) \;\equiv\; \cosh(\kappa a) - \kappa_0 a\,\frac{\sinh(\kappa a)}{\kappa a} \;=\; \cos(ka) \qquad (|ka| \le \pi) \qquad (19.24)$$

Die linke Seite wurde mit $F(\kappa a)$ abgekürzt. Wir diskutieren diese Eigenwertbedingung graphisch. Da ka eine volle Periode durchläuft, kann der Cosinus auf der rechten Seite alle Werte zwischen -1 und $+1$ annehmen. In der Abbildung unten ist $F(\kappa a)$ für $\kappa_0 a = 1$ als Funktion von κa aufgetragen (linke Kurve). Diese Funktion steigt vom Ursprung aus monoton an, bis sie bei $\kappa a = 1.54$ größer als eins wird. Demnach sind alle Eigenwerte $0 \le \kappa a < 1.54$ erlaubt. Dies führt zu einem kontinuierlichen Band negativer Energieeigenwerte

$$-1.18\,\frac{\hbar^2}{ma^2} < E \le 0 \qquad (\kappa_0 a = 1)$$

Die Schrödingergleichung hat auch Lösungen mit $E > 0$. Dies sind aber Streulösungen, und keine Lösungen der Eigenwertgleichung (19.24).

Um andere Potenzialwerte zu diskutieren, entwickeln wir $F(\kappa a)$ für kleine κa,

$$F(\kappa a) \;\approx\; \big(1 - \kappa_0 a\big) + \big(1 - \kappa_0 a/3\big)\,\frac{(\kappa a)^2}{2} \pm \ldots$$

Die Kurve startet beim Wert $(1 - \kappa_0 a)$ und steigt für $\kappa_0 a < 3$ sofort an. Für $\kappa_0 a > 3$ fällt sie zunächst ab; für große κa geht sie aber schließlich immer gegen $+\infty$. Dadurch ergibt sich in jedem Fall nur ein einziger zusammenhängender Bereich, in dem die linke Seite von (19.24) das Intervall $[-1, +1]$ durchquert, also ein einziges Band.

Für $0 < \kappa_0 a \le 2$ starten die möglichen κ-Werte bei null; das Band grenzt daher an das Kontinuum $E > 0$. Für $\kappa_0 a > 2$ startet die Kurve außerhalb des Intervalls $[-1, +1]$, und das Band grenzt nicht mehr an das Kontinuum. Als Beispiel hierfür betrachten wir $\kappa_0 a = 3$ (untere Kurve in der Abbildung). In diesem Fall liegen die erlaubten Eigenwerte im Bereich $2.58 < \kappa a < 3.25$. Dies entspricht dem Energieband

$$-5.28\,\frac{\hbar^2}{ma^2} < E < -3.33\,\frac{\hbar^2}{ma^2} \qquad (\kappa_0 a = 3)$$

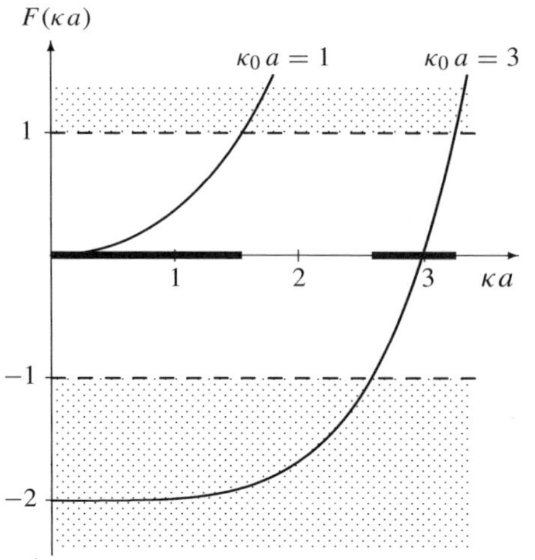

Die jeweils erlaubten Bereiche („Bänder") der Eigenwerte κa sind für die Potenzialstärken $\kappa_0\, a = 1$ und $\kappa_0\, a = 3$ mit Balken markiert. Es ergibt sich in jedem Fall genau ein Band. Physikalisch beruht das darauf, dass jedes einzelne δ-Potenzial nur einen gebundenen Zustand hat. Für periodische Potenziale aus attraktiven Kastenpotenzialen mit mehreren gebundenen Zuständen ergeben sich entsprechend auch mehrere Energiebänder. Die Aufgabe stellt ein einfaches Bändermodell dar, wie es für Metalle verwendet wird.

19.4 Vollständigkeit der Deltapotenzial-Lösungen

Betrachten Sie die eindimensionale Schrödingergleichung mit dem attraktiven δ-Potenzial $V(x) = V_0\, \delta(x)$ mit $V_0 = -\hbar^2 \kappa/m$. Es gibt die gebundene Lösung $\varphi_0(x) = \sqrt{\kappa}\, \exp(-\kappa\, |x|)$ und die reellen, geraden (+) und ungeraden (−) Streulösungen:

$$\varphi_k^+(x) = \frac{1}{\sqrt{\pi}} \cos\big(k\,|x| + \eta(k)\big), \qquad \varphi_k^-(x) = \frac{1}{\sqrt{\pi}} \sin\big(k\,x\big) \qquad (k \ge 0)$$

Bestimmen Sie zunächst die Streuphase $2\eta(k)$. Zeigen Sie die Orthogonalität zwischen $\varphi_0(x)$ und den Streulösungen. Überprüfen Sie dann die Vollständigkeitsrelation

$$\varphi_0^*(x)\, \varphi_0(x') + \int_0^\infty dk\, \big[\, \varphi_k^{+\,*}(x)\, \varphi_k^+(x') + \varphi_k^{-\,*}(x)\, \varphi_k^-(x') \big] = \delta(x - x') \quad (19.25)$$

Hinweis: Verwenden Sie $\int_0^\infty dk\, \cos ky = \pi\, \delta(y)$ und

$$\int_0^\infty dk\, \big[\, \sin^2\eta\, \cos(ky) + \sin\eta\, \cos\eta\, \sin(ky) \big] = \pi\,\kappa\, \exp(-\kappa\, y) \qquad (19.26)$$

Lösung: Die Streuphase ist $2\eta(k)$ und nicht $\eta(k)$, weil die Verschiebung der ungestörten Lösung um $\eta(k)$ sowohl für positive wie für negative x-Werte auftritt. Den Winkel $\eta(k)$ bestimmen wir aus der Sprungbedingung $\varphi^{+\prime}(\epsilon) - \varphi^{+\prime}(-\epsilon) = -2\kappa\, \varphi^+(0)$ mit $\epsilon \to 0$,

$$-\frac{2k}{\sqrt{\pi}} \sin\eta(k) = -\frac{2\kappa}{\sqrt{\pi}} \cos\eta(k) \qquad \Longrightarrow \qquad \tan\eta(k) = \frac{\kappa}{k}$$

Nachdem κ/k positiv ist, können wir den Winkel $\eta(k)$ auf den Bereich $0 \le \eta \le \pi/2$ beschränken. Damit liegen die Vorzeichen für den Sinus und Cosinus fest:

$$\sin\eta(k) = \frac{\kappa}{\sqrt{k^2 + \kappa^2}}, \qquad \cos\eta(k) = \frac{k}{\sqrt{k^2 + \kappa^2}} \qquad (19.27)$$

Wir untersuchen nun die Orthogonalität zwischen $\varphi_0(x)$ und den Streulösungen. Aus der unterschiedlichen Parität folgt sofort

$$\int_{-\infty}^{\infty} dx\ \varphi_0(x)\ \varphi_k^-(x) = 0$$

Für den gebundenen Zustand und die Streuwellen positiver Parität berechnen wir

$$\begin{aligned}
\int_{-\infty}^{\infty} dx\ \varphi_0(x)\ \varphi_k^+(x) &= \sqrt{\frac{\kappa}{\pi}} \int_{-\infty}^{\infty} dx\ \exp\big(-\kappa\,|x|\big) \cos\big(k\,|x| + \eta(k)\big) \\
&= 2\sqrt{\frac{\kappa}{\pi}} \int_0^{\infty} dx\ \exp(-\kappa x)\Big(\cos(kx)\cos\eta(k) - \sin(kx)\sin\eta(k)\Big) \\
&= 2\sqrt{\frac{\kappa}{\pi}} \left(\frac{\kappa}{k^2+\kappa^2}\cos\eta(k) - \frac{k}{k^2+\kappa^2}\sin\eta(k)\right) = 0
\end{aligned}$$

Wegen des symmetrischen Integranden erhalten wir zweimal das Integral von 0 bis ∞. Nach der Umformung mit dem Additionstheorem für den Cosinus kann das Integral elementar integriert werden. Mit Berücksichtigung von (19.27) ist das Ergebnis null.
Ohne Beweis stellen wir fest, dass auch die Streulösungen untereinander orthogonal sind. Trivial ist die Orthogonalität zwischen den $\varphi_k^+(x)$ und den $\varphi_k^-(x)$ (wegen der Parität). Der Beweis der Orthogonalität für verschiedene k-Werte ist dagegen aufwändiger.

Wir kommen nun zur Vollständigkeit und überprüfen zunächst die Aussage (19.26). Dazu setzen wir die Relationen für die Streuphase (19.27) auf der linken Seite von (19.26) ein und integrieren elementar:

$$\int_0^{\infty} dk \left[\frac{\kappa^2}{k^2+\kappa^2}\cos(ky) + \frac{\kappa k}{k^2+\kappa^2}\sin(ky)\right] = \pi\,\kappa\,\exp(-\kappa y)$$

Hiermit ersetzen wir den Beitrag des gebundenen Zustands $\kappa\,\exp\big(-\kappa\,(|x| + |x'|)\big)$ auf der linken Seite von (19.25) durch ein Integral:

$$\begin{aligned}
&\frac{1}{\pi}\int_0^{\infty} dk\Big(\sin^2\eta(k)\cos\big[k(|x|+|x'|)\big] + \sin\eta(k)\cos\eta(k)\sin\big[k(|x|+|x'|)\big] \\
&\qquad + \cos\big(k\,|x| + \eta(k)\big)\cos\big(k\,|x'| + \eta(k)\big) + \sin(kx)\sin(kx')\Big) \\
&= \frac{1}{\pi}\int_0^{\infty} dk\Big(\cos(k|x|)\cos(k|x'|) + \sin(kx)\sin(kx')\Big) \\
&= \frac{1}{\pi}\int_0^{\infty} dk\cos\big[k(x-x')\big] = \delta(x-x')
\end{aligned}$$

Die ersten drei Terme wurden mit Additionstheoremen zerlegt und zusammengefasst. Alle Terme, die von der Streuphase $\eta(k)$ abhängen, heben sich gegenseitig weg. Die Betragsstriche im Argument des Cosinus können weggelassen, und die verbleibenden beiden Terme können in eine Cosinusfunktion zusammengefasst werden. Das Integral hierüber ist eine Darstellung der δ-Funktion. Damit ist die Vollständigkeit gezeigt. Wesentlich ist, dass nur alle gebundenen und ungebundenen Lösungen zusammen vollständig sind. Diese Aufgabe zeigt speziell, dass der eine gebundene Zustand berücksichtigt werden muss.

19.5 Reflexion und Transmission für Potenzialtopf

Betrachten Sie die eindimensionale Schrödingergleichung mit dem attraktiven Potenzialtopf

$$V(x) = \begin{cases} V_0 < 0 & (|x| < a) \\ 0 & (|x| > a) \end{cases}$$

Bestimmen Sie die Reflexions- und Transmissionskoeffizienten R und T für die Streuung an diesem Potenzial. Was ergibt sich für $|R|^2 + |T|^2$? Diskutieren Sie die Energieabhängigkeit der Transmissionswahrscheinlichkeit $|T|^2$. Für welche Streuenergien $E_n > 0$ gilt $|R|^2 = 0$?

Lösung: Als physikalische Randbedingung nehmen wir an, dass von links eine Welle einfällt. Dann ist die Wellenfunktion von der Form

$$\varphi_k(x) = \begin{cases} \exp(\mathrm{i}kx) + R\exp(-\mathrm{i}kx) & (x < -a) \\ A\exp(\mathrm{i}qx) + B\exp(-\mathrm{i}qx) & (|x| < a) \\ T\exp(\mathrm{i}kx) & (x > a) \end{cases} \tag{19.28}$$

Hierbei ist k die Wellenzahl außerhalb des Potenzials, $E = \hbar^2 k^2/(2m) > 0$, und q diejenige innerhalb, $E - V_0 = \hbar^2 q^2/(2m)$. (Für ein repulsives Potenzial und $E - V_0 < 0$ müsste q durch $\mathrm{i}\kappa$ ersetzt werden.) An den Stellen $x = \pm a$ springen das Potenzial und damit die zweite Ableitung der Wellenfunktion. Damit sind die Wellenfunktion und ihre erste Ableitung stetig. Wir werten diese Stetigkeitsbedingungen bei $x = +a$ und bei $x = -a$ aus:

$$\begin{aligned} A\exp(\mathrm{i}qa) + B\exp(-\mathrm{i}qa) &= T\exp(\mathrm{i}ka) \\ \mathrm{i}q\big(A\exp(\mathrm{i}qa) - B\exp(-\mathrm{i}qa)\big) &= \mathrm{i}kT\exp(\mathrm{i}ka) \\ A\exp(-\mathrm{i}qa) + B\exp(\mathrm{i}qa) &= \exp(-\mathrm{i}ka) + R\exp(\mathrm{i}ka) \\ \mathrm{i}q\big(A\exp(-\mathrm{i}qa) - B\exp(\mathrm{i}qa)\big) &= \mathrm{i}k\big(\exp(-\mathrm{i}ka) - R\exp(\mathrm{i}ka)\big) \end{aligned}$$

Dieses lineare inhomogene Gleichungssystem für die vier Unbekannten R, A, B und T hat eine eindeutige Lösung. Wir lösen die ersten beiden Gleichungen nach A und B auf,

$$A = \frac{1}{2}\Big(1 + \frac{k}{q}\Big)T\exp\big(\mathrm{i}(k-q)a\big), \qquad B = \frac{1}{2}\Big(1 - \frac{k}{q}\Big)T\exp\big(\mathrm{i}(k+q)a\big)$$

und setzen dies in die beiden letzten Gleichungen ein:

$$\begin{aligned} \Big(\cos(2qa) - \mathrm{i}\,\frac{k}{q}\sin(2qa)\Big)T &= \exp(-2\mathrm{i}ka) + R \\ \Big(\cos(2qa) - \mathrm{i}\,\frac{q}{k}\sin(2qa)\Big)T &= \exp(-2\mathrm{i}ka) - R \end{aligned}$$

Hieraus erhalten wir

$$T = \frac{\exp(-2\mathrm{i}ka)}{\cos(2qa) - \mathrm{i}\,\dfrac{k^2+q^2}{2kq}\sin(2qa)}, \qquad R = -\mathrm{i}\,\frac{k^2-q^2}{2kq}\sin(2qa)\,T$$

und die Transmissions- und Reflexionswahrscheinlichkeiten:

$$|T|^2 = \frac{1}{1+\left(\frac{k^2-q^2}{2kq}\right)^2 \sin^2(2qa)}\,, \qquad |R|^2 = \frac{\left(\frac{k^2-q^2}{2kq}\right)^2 \sin^2(2qa)}{1+\left(\frac{k^2-q^2}{2kq}\right)^2 \sin^2(2qa)} \tag{19.29}$$

Hieraus folgt $|R|^2 + |T|^2 = 1$. Mit den Stromdichten

$$j_0 = \frac{\hbar k}{m}\,, \qquad j_{\mathrm{R}} = \frac{\hbar k}{m}\,|R|^2, \qquad j_{\mathrm{T}} = \frac{\hbar k}{m}\,|T|^2,$$

wird diese Aussage zur Teilchenstromerhaltung, $j_0 = j_{\mathrm{R}} + j_{\mathrm{T}}$.

Wir berechnen noch die Energien, für die die Reflexionswahrscheinlichkeit (19.29) verschwindet, $|R|^2 = 0$. Die Nullstelle bei $q = k$ ist trivial, denn hierfür ist das Potenzial null, $V_0 = 0$. Nichttriviale Nullstellen ergeben sich aus denen des Sinus im Nenner, und zwar bei $q_n a = n\pi/2$ mit $n = 1, 2, \ldots$. Diese liegen bei den Energien

$$E_n = V_0 + \frac{\hbar^2 \pi^2 n^2}{8ma^2} > 0 \tag{19.30}$$

Wegen $V_0 < 0$ muss n hinreichend groß sein, damit die Energien E_n im Bereich der Streuenergien ($E > 0$) liegen. Das Verschwinden der Reflexion bei bestimmten Energien ist ein quantenmechanischer Effekt. Er tritt im Experiment (in komplexerer Form) als Ramsauer-Effekt auf.

Zur Diskussion der Energieabhängigkeit schreiben wir die Transmissionswahrscheinlichkeit (19.29) explizit als Funktion der Energie

$$|T|^2 = \left[1 + \frac{V_0^2}{4E(E-V_0)}\left(\sin\sqrt{(8ma^2/\hbar^2)(E-V_0)}\,\right)^2\right]^{-1} \tag{19.31}$$

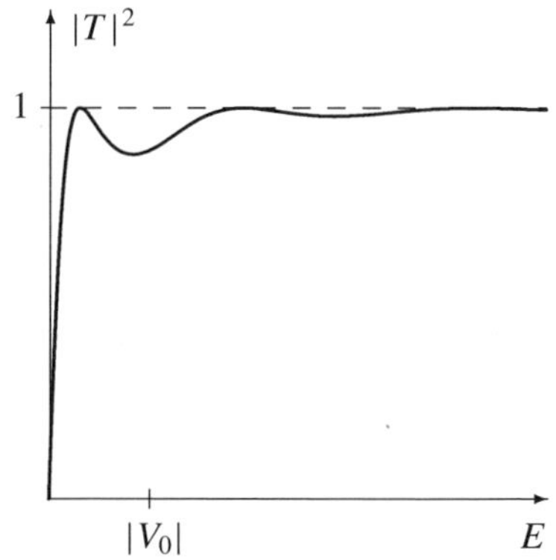

Bei niedrigen Energien steigt die Transmissionswahrscheinlichkeit $|T|^2$ linear mit der Energie an. Bei den Energien (19.30) gilt $|T|^2 = 1$, und die Reflexion verschwindet. Die Amplitude der Oszillationen in diesem Bereich nimmt mit wachsender Energie schnell ab. Bei sehr hohen Energien wird die gesamte einfallende Stromdichte transmittiert. Für die Abbildung wurde $V_0 = -30\,\hbar^2/(8ma^2)$ gewählt. Die Reflexion verschwindet dann bei $E_1 = 0.32\,|V_0|$, $E_2 = 1.96\,|V_0|$ und so weiter.

19.6 Transmission durch Potenzialbarriere

Betrachten Sie die eindimensionale Schrödingergleichung mit der Potenzialbarriere

$$V(x) = \begin{cases} V_0 > 0 & (0 < x < a) \\ 0 & (\text{sonst}) \end{cases} \tag{19.32}$$

Bestimmen Sie die Reflexions- und Transmissionskoeffizienten R und T für die Streuung mit der Energie $E = \hbar^2 k^2/(2m) < V_0$. Was ergibt sich für $|R|^2 + |T|^2$? Diskutieren Sie die Energieabhängigkeit der Transmissionswahrscheinlichkeit $|T|^2$. Vergleichen Sie das exakte Ergebnis für $|T|^2$ mit der WKB-Näherung

$$\left|T_{\rm WKB}\right|^2 \approx \exp\Big(-2\int_0^a dx\,\sqrt{2m\big(V_0 - E\big)/\hbar^2}\,\Big)$$

Lösung: Als physikalische Randbedingung nehmen wir an, dass von links eine Welle einfällt. Dann ist die Wellenfunktion von der Form

$$\varphi_k(x) = \begin{cases} \exp(\mathrm{i}kx) + R\exp(-\mathrm{i}kx) & (x < 0) \\ A\cosh(\kappa x) + B\sinh(\kappa x) & (0 < x < a) \\ T\exp(\mathrm{i}kx) & (x > a) \end{cases} \tag{19.33}$$

Dabei ist $V_0 - E = \hbar^2\kappa^2/(2m) > 0$. Bei $x = 0$ und $x = a$ haben das Potenzial und damit auch die zweite Ableitung der Wellenfunktion einen Sprung. Dann sind die Wellenfunktion und ihre erste Ableitung stetig. Wir werten diese Stetigkeitsbedingungen bei $x = 0$ und bei $x = a$ aus:

$$\begin{aligned} 1 + R &= A \\ \mathrm{i}k\big(1 - R\big) &= \kappa B \\ T\exp(\mathrm{i}ka) &= A\cosh(\kappa a) + B\sinh(\kappa a) \\ \mathrm{i}kT\exp(\mathrm{i}ka) &= \kappa A\sinh(\kappa a) + \kappa B\cosh(\kappa a) \end{aligned}$$

Dieses lineare inhomogene Gleichungssystem für die vier Unbekannten R, A, B und T hat eine eindeutige Lösung. Wir lösen die ersten beiden Gleichungen nach A und B auf und setzen dies in die beiden letzten Gleichungen ein. Die Elimination von R führt dann zu

$$\Big[\big(\kappa^2 - k^2\big)\sinh(\kappa a) - 2\mathrm{i}k\kappa\cosh(\kappa a)\Big]\,T = -2\mathrm{i}k\kappa\exp(-\mathrm{i}ka)$$

Damit ist die Transmissionswahrscheinlichkeit bestimmt:

$$|T|^2 = \frac{1}{1 + \left(\dfrac{k^2+\kappa^2}{2k\kappa}\right)^2\sinh^2(\kappa a)} \overset{\kappa a \gg 1}{\approx} \left(\frac{4k\kappa}{k^2+\kappa^2}\right)^2 \exp\big(-2\kappa a\big) \tag{19.34}$$

Dieses Ergebnis erhält man auch aus (19.29) durch die Ersetzungen $q \to \mathrm{i}\kappa$ und $a \to a/2$. Bei niedrigen Energien steigt die Transmissionswahrscheinlichkeit linear mit der Energie an und wächst dann monoton weiter, bis sie bei $E = V_0$ den Wert $|T|^2 = 1/\big(1 + ma^2\,V_0/2\hbar^2\big)$ erreicht. Es gibt in diesem Bereich keine Oszillationen wie in Aufgabe 19.5. Für $E > V_0$ müssen im Ansatz (19.33) die hyperbolischen Funktionen durch trigonometrische ersetzt werden, und man erhält das Ergebnis (19.29) mit $a \to a/2$. Bei sehr hohen Energien wird dann wieder die gesamte einfallende Stromdichte transmittiert, $|T|^2 \to 1$.

In der WKB-Näherung erhalten wir

$$\left|T_{\rm WKB}\right|^2 \approx \exp\Big(-2\int_0^a dx\,\sqrt{2m\big(V_0 - E\big)/\hbar^2}\,\Big) = \exp(-2\kappa a)$$

In (19.34) haben wir als letzten Eintrag das Ergebnis für $\kappa a \gg 1$ angegeben. Es unterscheidet sich von der WKB-Näherung um den Vorfaktor. Für sehr kleine Tunnelwahrscheinlichkeiten (im Alphazerfall sind $|T|^2 \sim 10^{-10}\ldots 10^{-30}$ übliche Werte), spielt der Vorfaktor nur eine untergeordnete Rolle. Für $E = V_0/2$ erreicht er im hier betrachteten Modell seinen maximalen Wert 4.

20 Dreidimensionale Probleme

Wir führen die Drehimpulsoperatoren und ihre Eigenfunktionen ein. Die Bewegung in einem Zentralpotenzial wird durch diese Eigenfunktionen und durch die Lösungen der Radialgleichung beschrieben. Wir untersuchen speziell das Kastenpotenzial, den sphärischen Oszillator und das Wasserstoffproblem.

Die ungebundenen Eigenfunktionen beschreiben die elastische Streuung von Teilchen an einem Potenzial. Wir entwickeln die Streutheorie (Wirkungsquerschnitt, Partialwellenzerlegung, Streuphasen) und wenden sie dann auf eine Reihe von Beispielen an (etwa auf die Streuung an einer harten Kugel oder auf die niederenergetische Streuung an einem Kastenpotenzial).

Drehimpulsoperatoren

Wir definieren den *Drehimpulsoperator* durch

$$\boldsymbol{\ell}_{\text{op}} = \boldsymbol{r} \times \boldsymbol{p}_{\text{op}} = \boldsymbol{e}_x\, \ell_x + \boldsymbol{e}_y\, \ell_y + \boldsymbol{e}_z\, \ell_z \tag{20.1}$$

Bei den Komponenten von $\boldsymbol{\ell}_{\text{op}}$ verzichten wir auf den Index „op“. Angewendet auf eine Wellenfunktion bewirkt der Operator

$$R(\varphi, \boldsymbol{n}) = \exp\left(\frac{\mathrm{i}\, \varphi\, \boldsymbol{n} \cdot \boldsymbol{\ell}_{\text{op}}}{\hbar}\right) \tag{20.2}$$

eine Drehung um den Winkel φ um eine Drehachse in Richtung des Einheitsvektors $\boldsymbol{n}$. Die Drehimpulsoperatoren sind damit Erzeugende von Drehungen. Die Drehinvarianz eines Hamiltonoperators H kann äquivalent durch die Relationen $[H, R(\varphi, \boldsymbol{n})] = 0$ oder $[H, \boldsymbol{\ell}_{\text{op}}] = 0$ ausgedrückt werden.

Die Drehimpulsoperatoren ℓ_x, ℓ_y und ℓ_z (und damit auch $\boldsymbol{\ell}_{\text{op}}$ und $\boldsymbol{\ell}_{\text{op}}^2$) sind hermitesch. Aus der Definition (20.1) folgen die Kommutatorrelationen:

$$\big[\ell_x, \ell_y\big] = \mathrm{i}\hbar\, \ell_z \quad \text{und zyklisch} \tag{20.3}$$

und $[\ell_x, \boldsymbol{\ell}_{\text{op}}^2] = 0$ und so weiter. Die Linearkombinationen $\ell_+ = \ell_x + \mathrm{i}\ell_y$ und $\ell_- = \ell_x - \mathrm{i}\ell_y$ genügen den Vertauschungsrelationen

$$\big[\ell_\pm, \ell_z\big] = \mp\hbar\, \ell_\pm\,, \qquad \big[\ell_+, \ell_-\big] = 2\hbar\, \ell_z \tag{20.4}$$

In Kugelkoordinaten wird der Drehimpulsoperator $\boldsymbol{\ell}_{\text{op}} = \boldsymbol{r} \times (-\mathrm{i}\hbar\nabla)$ zu

$$\boldsymbol{\ell}_{\text{op}} = -\mathrm{i}\hbar\, r\, \boldsymbol{e}_r \times \left(\boldsymbol{e}_r \frac{\partial}{\partial r} + \boldsymbol{e}_\theta \frac{1}{r}\frac{\partial}{\partial\theta} + \boldsymbol{e}_\phi \frac{1}{r\sin\theta}\frac{\partial}{\partial\phi}\right) = -\mathrm{i}\hbar\left(\boldsymbol{e}_\phi \frac{\partial}{\partial\theta} - \boldsymbol{e}_\theta \frac{1}{\sin\theta}\frac{\partial}{\partial\phi}\right) \tag{20.5}$$

Mit $\boldsymbol{e}_r = \sin\theta\,\cos\phi\,\boldsymbol{e}_x + \sin\theta\,\sin\phi\,\boldsymbol{e}_y + \cos\theta\,\boldsymbol{e}_z$ und so weiter erhält man hieraus die kartesischen Komponenten und schließlich auch $\boldsymbol{\ell}_{\rm op}^2 = \ell_x^2 + \ell_y^2 + \ell_z^2$:

$$\ell_\pm = \ell_x \pm \mathrm{i}\,\ell_y = \hbar\,\exp(\pm\mathrm{i}\phi)\left(\pm\frac{\partial}{\partial\theta} + \mathrm{i}\cot\theta\,\frac{\partial}{\partial\phi}\right) \tag{20.6}$$

$$\ell_z = -\mathrm{i}\,\hbar\,\frac{\partial}{\partial\phi} \tag{20.7}$$

$$\boldsymbol{\ell}_{\rm op}^2 = -\hbar^2\left(\frac{1}{\sin\theta}\,\frac{\partial}{\partial\theta}\,\sin\theta\,\frac{\partial}{\partial\theta} + \frac{1}{\sin^2\theta}\,\frac{\partial^2}{\partial\phi^2}\right) \tag{20.8}$$

Hiermit wird der Laplaceoperator zu $\Delta = \partial^2/\partial r^2 + (2/r)\,\partial/\partial r - (\boldsymbol{\ell}_{\rm op}/\hbar)^2/r^2$.

Eigenfunktionen

Zur Lösung der Laplacegleichung $\Delta\Phi = 0$ haben wir in Kapitel 11 die *Kugelfunktionen Y_{lm}* eingeführt. Der Vergleich von (20.8) mit (11.24) zeigt, dass die Kugelfunktionen Eigenfunktionen von $\boldsymbol{\ell}_{\rm op}^2$ zum Eigenwert $\hbar^2\,l\,(l+1)$ sind:

$$\boldsymbol{\ell}_{\rm op}^2\,Y_{lm}(\theta,\phi) = \hbar^2\,l\,(l+1)\,Y_{lm}(\theta,\phi) \tag{20.9}$$

Die Kugelfunktionen sind durch

$$Y_{lm}(\theta,\phi) = \sqrt{\frac{2l+1}{4\pi}}\,\sqrt{\frac{(l-m)!}{(l+m)!}}\;P_l^m(\cos\theta)\;\exp(\mathrm{i}m\phi) \tag{20.10}$$

definiert, wobei die zugeordneten Legendrepolynome von der Form $P_l^m(\cos\theta) = (\sin\theta)^{|m|}\cdot\text{Polynom}^{(l-|m|)}(\cos\theta)$ sind. Die Eigenschaften der Kugelfunktionen wurden in (11.30) – (11.36) angegeben. Die Kugelfunktionen sind auch Eigenfunktionen des Operators $\ell_z = -\mathrm{i}\hbar\,\partial/\partial\phi$ zu den Eigenwerten $\hbar m$,

$$\ell_z\,Y_{lm}(\theta,\phi) = \hbar m\,Y_{lm}(\theta,\phi) \tag{20.11}$$

Die möglichen Eigenwerte sind $l = 0, 1, 2, \ldots$ und $m = 0, \pm 1, \pm 2, \ldots, \pm l$.

Zentralkräfteproblem

Wir betrachten zwei Teilchen (mit den Massen m_1 und m_2, etwa ein Proton und ein Elektron), die sich unter dem Einfluss eines Zentralpotenzials $V(|\boldsymbol{r}_1 - \boldsymbol{r}_2|)$ bewegen. Man führt dann zunächst die Relativkoordinate $\boldsymbol{r}$ und die Schwerpunktkoordinate $\boldsymbol{R}$ ein. Wegen der Translationsinvarianz ist die Wellenfunktion von der Form $\Psi(\boldsymbol{R},\boldsymbol{r}) = \exp(\mathrm{i}\,\boldsymbol{K}\cdot\boldsymbol{R})\,\varphi(\boldsymbol{r})$. Der Hamiltonoperator für die Relativwellenfunktion $\varphi(\boldsymbol{r})$ lautet

$$H = -\frac{\hbar^2}{2\mu}\,\Delta + V(|\boldsymbol{r}|) = -\frac{\hbar^2}{2\mu}\left(\frac{\partial^2}{\partial r^2} + \frac{2}{r}\,\frac{\partial}{\partial r}\right) + \frac{\boldsymbol{\ell}_{\rm op}^2}{2\mu r^2} + V(r) \tag{20.12}$$

Hierbei ist $\mu = m_1 m_2/(m_1 + m_2)$ die reduzierte Masse. Im letzten Schritt haben wir Kugelkoordinaten verwendet. Der Hamiltonoperator H ist drehinvariant und vertauscht daher mit allen Komponenten von $\boldsymbol{\ell}_{\rm op}$. Insgesamt kann man drei Operatoren finden, die miteinander vertauschen. Wir wählen die drei Operatoren H, $\boldsymbol{\ell}_{\rm op}^2$ und ℓ_z. Die Eigenfunktionen $\varphi(\boldsymbol{r}) = \varphi(r, \theta, \phi)$ des Hamiltonoperators können in der Form von simultanen Eigenfunktionen zu $\boldsymbol{\ell}_{\rm op}^2$ und ℓ_z angesetzt werden:

$$\left.\begin{aligned} \boldsymbol{\ell}_{\rm op}^2\, \varphi(r,\theta,\phi) &= \hbar^2\, l\,(l+1)\, \varphi(r,\theta,\phi) \\ \ell_z\, \varphi(r,\theta,\phi) &= \hbar m\, \varphi(r,\theta,\phi) \end{aligned}\right\} \Longrightarrow \quad \varphi(r,\theta,\phi) = \varphi_l(r)\; Y_{lm}(\theta,\phi) \tag{20.13}$$

Wegen der Rotationssymmetrie kann H zwar von $\boldsymbol{\ell}_{\rm op}^2$ nicht aber von ℓ_z abhängen. Dies gilt dann auch für den Radialteil (also $\varphi_l(r)$ anstelle von $\varphi_{lm}(r)$). Damit wird die zeitunabhängige Schrödingergleichung $H\varphi(\boldsymbol{r}) = \varepsilon\, \varphi(\boldsymbol{r})$ zu

$$\left[-\frac{\hbar^2}{2\mu}\left(\frac{d^2}{dr^2} + \frac{2}{r}\frac{d}{dr}\right) + \frac{\hbar^2\, l\,(l+1)}{2\mu\, r^2} + V(r) - \varepsilon\right]\varphi_l(r) = 0 \tag{20.14}$$

Mit $\varphi_l = u_l(r)/r$ und $\varepsilon = \hbar^2 k^2/2\mu$ wird dies zur Radialgleichung

$$\left(-\frac{d^2}{dr^2} + \frac{l\,(l+1)}{r^2} + \frac{2\mu V(r)}{\hbar^2} - k^2\right) u_l(r) = 0 \tag{20.15}$$

Wir untersuchen das Verhalten für $r \to 0$ und $r \to \infty$. Für $r \to 0$ dominiert der Zentrifugalterm (vorausgesetzt, dass $r^2\, V(r) \stackrel{r\to 0}{\longrightarrow} 0$) und die beiden unabhängigen Lösungen von (20.15) sind

$$u_l \stackrel{r\to 0}{\sim} \begin{cases} r^{l+1} & \text{reguläre Lösung} \\ r^{-l} & \text{irreguläre Lösung} \end{cases} \tag{20.16}$$

Im Allgemeinen ist nur die reguläre Lösung normierbar.

Kastenpotenzial

Für die freie Schrödingergleicheung ($V(r) = 0$) erhalten wir mit $\varepsilon = \hbar^2 k^2/2\mu$ und $z = kr$ die Radialgleichung

$$\left(\frac{d^2}{dz^2} - \frac{l\,(l+1)}{z^2} + 1\right) u_l(z) = 0 \tag{20.17}$$

Diese Gleichung hat die regulären und irregulären Lösungen

$$u_l(z) = \begin{cases} z\, j_l(z) \equiv z^{l+1}\left(-\dfrac{1}{z}\dfrac{d}{dz}\right)^l \dfrac{\sin z}{z} \\[2ex] z\, y_l(z) \equiv -\, z^{l+1}\left(-\dfrac{1}{z}\dfrac{d}{dz}\right)^l \dfrac{\cos z}{z} \end{cases} \tag{20.18}$$

Die Funktionen j_l und y_l heißen *sphärische Besselfunktionen*. Ihre asymptotische Form wird in Aufgabe 20.3 aufgestellt.

Unendlicher Kasten

Der unendlich hohe Kasten wird durch das Potenzial

$$V(r) = \begin{cases} 0 & (r \le R) \\ \infty & (r > R) \end{cases} \tag{20.19}$$

definiert. Für $r \le R$ setzen wir die Lösung mit $u_l(r) = C\, r\, j_l(kr)$ an. Für $r > R$ muss die Wellenfunktion verschwinden. Daraus folgt die *Eigenwertbedingung* $j_l(kR) = 0$, die für jedes l unendlich viele Lösungen $k = k_{nl}$ hat ($n = 1, 2, 3, \ldots$). Speziell für $l = 0$ gilt $k_{n0} = n\,\pi$. Die Eigenfunktionen und Eigenwerte sind

$$\psi_{nlm}(\boldsymbol{r}) = C_{nl}\; j_l(k_{nl}\, r)\; Y_{lm}(\theta, \phi)\,, \qquad \varepsilon_{nl} = \frac{\hbar^2}{2\mu}\, k_{nl}^2 \tag{20.20}$$

Die Funktionen $u_{nl}(r)$ haben $n_{\rm r} = n - 1$ Knoten; damit ist $n_{\rm r} = 0, 1, 2, \ldots$ die radiale Quantenzahl, wie sie in anderen Problemen (sphärischer Oszillator, Wasserstoffatom) benutzt wird.

Gebundene Zustände im endlichen Kasten

Der endliche, attraktive Kasten wird durch das Potenzial

$$V(r) = \begin{cases} V_0 < 0 & (r \le R) \\ 0 & (r > R) \end{cases} \tag{20.21}$$

definiert. Für die gebundenen Eigenfunktionen setzen wir

$$u_l = \begin{cases} A\, q\, r\; j_l(q\, r) & (r \le R) \\ B\, \mathrm{i}\kappa\, r\; h_l^{(1)}(\mathrm{i}\kappa\, r) & (r > R) \end{cases} \tag{20.22}$$

an, wobei $\hbar^2 q^2/2\mu = \varepsilon - V_0 > 0$ und $\hbar^2\kappa^2/2\mu = -\varepsilon > 0$. Die Hankelfunktion $h_l^{(1)} = j_l + \mathrm{i}\, y_l$ ist asymptotisch proportional zu $\exp(-\kappa r)/r$ (Aufgabe 20.3) und hat damit das korrekte Verhalten für den gebundenen Zustand.

Der endliche Sprung im Potenzial bei R impliziert einen entsprechenden Sprung in u_l''; denn nur damit kann die Gleichung (20.15) erfüllt werden. Damit sind u_l' und u_l stetig. Die Bedingung der Stetigkeit der logarithmischen Ableitung u_l'/u_l bei $r = R$ ergibt die Eigenwertbedingung. Speziell für $l = 0$ lautet die Eigenwertbedingung

$$\tan(qR) = -\frac{q}{\kappa} \tag{20.23}$$

Sie lässt sich numerisch oder graphisch lösen. Aus der graphischen Lösung kann man die Anzahl n_0 der gebundenen Zustände ablesen,

$$n_0 = \mathrm{int}\left(\frac{\sqrt{2\mu |V_0|}\, R}{\pi\,\hbar} + \frac{1}{2} \right) \tag{20.24}$$

Entwicklung der ebenen Welle nach Kugelfunktionen

Der Laplaceoperator kann in kartesischen oder in Kugelkoordinaten geschrieben werden. Die (regulären) Eigenfunktionen von $-(\hbar^2/2\mu)\,\Delta$ zum Eigenwert $\varepsilon = \hbar^2 k^2/2\mu$ haben dementsprechend unterschiedliche Formen:

$$\varphi = \begin{cases} \exp(\mathrm{i}\,\boldsymbol{k}\cdot\boldsymbol{r}) = \exp\left[\mathrm{i}\,(k_x x + k_y y + k_z z)\right] \\ j_l(kr)\,Y_{lm}(\theta,\phi) \end{cases} \tag{20.25}$$

Für festes k müssen die beiden Funktionensätze äquivalent sein. Daher muss sich jede spezielle Lösung als Linearkombination der jeweils anderen Lösungsform darstellen lassen. Wir geben diese Entwicklung für einen Spezialfall an:

$$\exp(\mathrm{i}kz) = \exp(\mathrm{i}kr\cos\theta) = \sum_{l=0}^{\infty} (2l+1)\,\mathrm{i}^l\,P_l(\cos\theta)\;j_l(kr) \tag{20.26}$$

Diese Formel ist für die Behandlung von Streuproblemen wichtig.

Streuprobleme

Wir betrachten die elastische Streuung von Teilchen an einem sphärischen, kurzreichweitigen Potenzial $V(r)$. Außerhalb des Potenzials kann die Wellenfunktion in der Form

$$\varphi(\boldsymbol{r}) \stackrel{r\to\infty}{\longrightarrow} C\left(\exp(\mathrm{i}kz) + f(\theta,\phi)\,\frac{\exp(\mathrm{i}kr)}{r}\right) \tag{20.27}$$

geschrieben werden. Der erste Beitrag ergibt die einlaufende Stromdichte $j_{\rm ein} = \hbar k\,|C|^2/\mu$; dies ist zugleich die Anzahl der einlaufenden Teilchen pro Zeit und Fläche, $j_{\rm ein} = \Delta N_{\rm ein}/\Delta t/\Delta A$. Der zweite Beitrag in (20.27) bestimmt die radial auslaufende Stromdichte $j_{\rm str} = (\hbar k\,|C|^2/\mu)\,|f|^2/r^2$ der gestreuten Teilchen; dies ist zugleich die Anzahl der pro Zeit und Flächenelement $r^2\,d\Omega$ gestreuten Teilchen, $j_{\rm str} = \Delta N_{\rm str}/\Delta t/(r^2\,d\Omega)$. Das Verhältnis dieser beiden Größen bestimmt den *differenziellen Wirkungsquerschnitt* (oder auch *Streuquerschnitt*)

$$\frac{d\sigma(\theta,\phi)}{d\Omega} = \frac{\Delta N_{\rm str}/\Delta t/d\Omega}{\Delta N_{\rm ein}/\Delta t/\Delta A} = \left|f(\theta,\phi)\right|^2) \tag{20.28}$$

Partialwellenzerlegung

Für ein sphärisches Potenzial ist die experimentelle Anordnung zylindersymmetrisch bezüglich der Strahlrichtung (z-Richtung). Dann hängt die *Streuamplitude* $f(\theta)$ nur vom Winkel θ ab und kann nach Legendrepolynomen entwickelt werden:

$$f(\theta,k) = \sum_{l=0}^{\infty} (2l+1)\,f_l(k)\,P_l(\cos\theta) \tag{20.29}$$

Dabei haben wir jetzt in der Notation berücksichtigt, dass die Streuung auch von der Energie (oder dem Wellenvektor k) abhängt. Mit dieser Entwicklung wird die Streuwelle zu

$$f(\theta,k)\;\frac{\exp(\mathrm{i}kr)}{r}=\sum_{l=0}^{\infty}\frac{2l+1}{r}\,\mathrm{i}^l f_l(k)\,\exp\big[\mathrm{i}(kr-l\pi/2)\big]\,P_l(\cos\theta) \tag{20.30}$$

Es gilt $i^l\,\exp(-\mathrm{i}l\pi/2)=1$. Der Vorfaktor $(2l+1)$ ist Konvention; er könnte in die f_l absorbiert werden. Für die ebene Welle $\exp(\mathrm{i}kz)$ in (20.27) verwenden wir (20.26) und die asymptotische Form der Besselfunktionen (Aufgabe 20.3). Dann setzen wir dies und (20.30) in (20.27) ein, und lesen den l-Anteil ab:

$$u_l(r)\overset{r\to\infty}{\longrightarrow}\Big(\big(1+2\mathrm{i}kf_l\big)\exp\big[\mathrm{i}(kr-l\pi/2)\big]-\exp\big[-\mathrm{i}(kr-l\pi/2)\big]\Big) \tag{20.31}$$

Wegen der Erhaltung des Drehimpulses (und der Teilchenzahl) muss das Verhältnis

$$S_l=\frac{\text{auslaufende Amplitude}}{\text{einlaufende Amplitude}}=1+2\mathrm{i}kf_l(k)=\exp\big[2\mathrm{i}\delta_l(k)\big] \tag{20.32}$$

den Betrag 1 haben. Daher kann die *Streumatrix* S_l in der angegebenen Form durch eine reelle *Streuphase* $\delta_l(k)$ ausgedrückt werden. Die Streuphasen können auch als Funktion der Streuenergie $E=\hbar^2k^2/2\mu$ aufgefasst werden, also $\delta_l=\delta_l(E)$.

Aus (20.32) folgt $f_l=[\exp(2\mathrm{i}\delta_l)-1]/(2\mathrm{i}k)=\exp(\mathrm{i}\delta_l)\sin(\delta_l)/k$. Dies setzen wir in (20.30) ein:

$$f(\theta,k)=\frac{1}{k}\sum_{l=0}^{\infty}(2l+1)\,\exp(\mathrm{i}\delta_l)\,\sin(\delta_l)\,P_l(\cos\theta) \tag{20.33}$$

Hieraus folgen $d\sigma/d\Omega=|f(\theta,k)|^2$ und der totale Wirkungsquerschnitt

$$\sigma(E)=2\pi\int_{-1}^{1}d\cos\theta\,\big|f(\theta,k)\big|^2=\frac{4\pi}{k^2}\sum_{l=0}^{\infty}(2l+1)\,\sin^2\delta_l(k) \tag{20.34}$$

Außerhalb der Reichweite R des Potenzials ist u_l/r eine Linearkombination der Besselfunktionen $j_l(kr)$ und $y_l(kr)$. Wenn wir in (20.31) die Streuphase verwenden, erhalten wir

$$\frac{u_l(r)}{r}=j_l(kr)\cos\delta_l-y_l(kr)\sin\delta_l\qquad(r>R) \tag{20.35}$$

Die Streuphase δ_l ist also die *Phasenverschiebung* der Streulösung $u_l(r)/r$ gegenüber einer ungestörten Lösung $j_l(kr)$. Der Vorfaktor spielt im Folgenden keine Rolle und wurde weggelassen.

In der Summe in (20.34) tragen nur die Streuphasen mit $l\lesssim l_{\max}=kR$ wesentlich bei (R ist die Reichweite des Potenzials), also bei niedriger Energie eventuell nur wenige Streuphasen. Als Beispiel betrachten wir eine harte Kugel ($V=\infty$ für

$r \leq R$). Für (20.35) muss dann $u_l(R) = 0$ gelten. Nun sei $kR \ll 1$. Dann trägt nur $\delta_0 = -kR$ bei und aus (20.34) folgt $\sigma \approx 4\pi R^2 = 4\,\sigma_{\rm geom}$; dabei ist $\sigma_{\rm geom} = \pi R^2$ der klassische Wirkungsquerschnitt für eine harte Kugel mit dem Radius R. Für hohe Energien ergibt die harte Kugel dagegen $\sigma \approx 2\pi R^2$ (Aufgabe 20.9).

Aus $\sin^2\delta_l \leq 1$, (20.34) und $l \lesssim l_{\rm max} = kR$ folgt die obere Grenze $\sigma_{\rm max} \approx 4\,\sigma_{\rm geom}$ für den Wirkungsquerschnitt (20.34). Der Wirkungsquerschnitt σ ist die Fläche, an der die einfallenden Teilchen effektiv gestreut werden; insofern charakterisiert σ die Größe des Targets.

Wegen des Faktors $2l+1$ in (20.33) (und wegen stärkerer Absorption der unteren Partialwellen) ist häufig $l \approx l_{\rm max}$ der dominierende Beitrag zur Streuamplitude. Dann hat der Wirkungsquerschnitt eine charakteristische Winkelabhängigkeit, $d\sigma/d\Omega \sim [P_{l_{\rm max}}(\cos\theta)]^2$.

Wenn man in der Streuamplitude (20.33) $\theta = 0$ setzt und $P_l(1) = 1$ berücksichtigt, erhält man das *optische Theorem* $\operatorname{Im} f(0) = \sigma k/4\pi$.

Als *inverses Streuproblem* bezeichnet man die Aufgabe, das Potenzial $V(r)$ aus den Streuphasen $\delta_l(k)$ zu rekonstruieren. Diese Aufgabe wird durch mehrere Punkte behindert: Der Wirkungsquerschnitt legt die Phase von $f(\theta, k)$ nicht fest. Der Wirkungsquerschnitt kann auch nur in einem begrenzten Energiebereich gemessen werden, und generell nicht bei $\theta \approx 0$ oder $\theta \approx \pi$. Praktisch geht man daher von einem Ansatz für das Potenzial aus, der von wenigen Parametern abhängt. Damit berechnet man den Wirkungsquerschnitt und bestimmt die Parameter so, dass die Abweichung vom experimentellen Wirkungsquerschnitt möglichst klein ist.

Attraktives Kastenpotenzial

Wir diskutieren die elastische Streuung am attraktiven Kastenpotenzial

$$V(r) = \begin{cases} V_0 < 0 & (r \leq R) \\ 0 & (r > R) \end{cases} \tag{20.36}$$

Im Inneren des Potenzials ist die Wellenzahl q durch $\hbar^2 q^2/2\mu = -V_0 + \varepsilon$ gegeben. Wir beschränken uns auf die Streuphase mit $l = 0$. Dann lautet die Radialfunktion

$$u_0(r) = \begin{cases} B\,\sin(qr) & (r \leq R) \\ C\,\sin(kr + \delta_0) & (r > R) \end{cases} \tag{20.37}$$

Die Stetigkeit von u_0/u_0' bei $r = R$ ergibt $\tan(kR + \delta_0) = (k/q)\tan(qR)$ oder

$$\delta_0(k) = -kR + \arctan\left(\frac{k}{q}\,\tan(qR)\right) + n_0\,\pi \tag{20.38}$$

Der Arcustangens wird als Funktion der Energie stetig fortgesetzt. Der elastische Wirkungsquerschnitt geht für $E \to \infty$ gegen null, weil das Potenzial dann praktisch keinen Einfluss hat. Daher legen wir $\delta_0 \to 0$ für $E \to \infty$ fest. Der Wert $\delta_0(k) = n_0\,\pi$ ist durch die Anzahl n_0 der gebundenen Zustände gegeben (siehe folgende Abbildung).

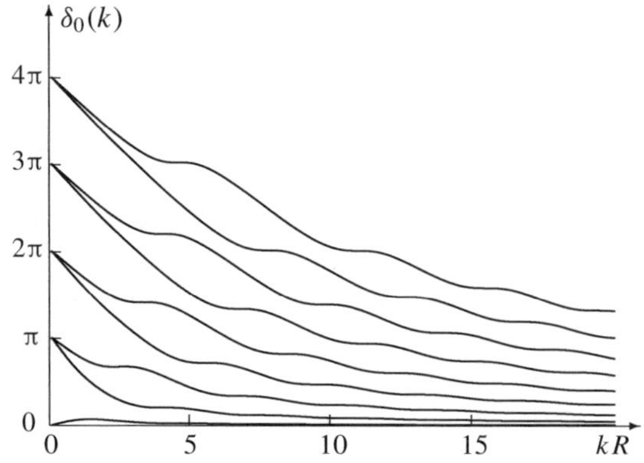

Aus (20.38) kann die Streuphase $\delta_0(k)$ als Funktion des Wellenvektors berechnet werden. Die gezeigten Kurven entsprechen verschiedenen Potenzialtiefen $|V_0| = \hbar^2 q_0^2/2\mu$, und zwar den Werten $q_0 R = \pi/4,\ 3\pi/4,\ 5\pi/4,\ \ldots,\ 17\pi/4$ (von unten nach oben). Immer dann, wenn $q_0 R$ einen halbzahligen π-Wert übersteigt, gibt es einen zusätzlichen gebundenen Zustand. Bei n_l gebundenen Zuständen gilt $\delta_l(0) = n_l\,\pi$; diese Aussage heißt *Levinson-Theorem*.

In der Regel nimmt die Streuphase mit der Energie ab. Wenn sie bei der Energie E_0 in einem Bereich der Breite $\Gamma \ll E_0$ um π zunimmt, dann liegt eine *Resonanz* vor. Sie äußert sich in einem Maximum des Wirkungsquerschnitts $\sigma(E)$, das bei E_0 liegt und die Breite Γ hat.

Sphärischer Oszillator

Das Eigenwertproblem $H\psi = \varepsilon\,\psi$ des sphärischen Oszillators lautet:

$$\left(-\frac{\hbar^2}{2\mu}\,\Delta + \frac{\mu\,\omega^2 r^2}{2}\right)\psi(\boldsymbol{r}) = \varepsilon\,\psi(\boldsymbol{r}) \tag{20.39}$$

Wegen der sphärischen Symmetrie können wir die Lösungen in der Form $\psi = (u_l/r)\,Y_{lm}$ ansetzen. Man führt zunächst die dimensionslose Variable $y = r/b$ ein, wobei $b = (\hbar/\mu\,\omega)^{1/2}$ die Oszillatorlänge ist. Unter Berücksichtigung des Verhaltens für $y \to 0$ und $y \to \infty$ setzt man $u_l = y^{l+1}\,v(y^2)\,\exp(-y^2/2)$ an. Für $v(y^2)$ macht man dann einen Potenzreihenansatz. Die Normierbarkeit der Wellenfunktion erfordert den Abbruch der Potenzreihe. Hieraus erhält man die Energieeigenwerte

$$\varepsilon_{n_\mathrm{r} l} = \hbar\omega\left(2n_\mathrm{r} + l + \frac{3}{2}\right) \qquad \text{oder} \qquad \varepsilon_n = \hbar\omega\left(n + \frac{3}{2}\right) \tag{20.40}$$

Die radiale Quantenzahl n_r, die Drehimpulsquantenzahl l und die Hauptquantenzahl $n = 2n_\mathrm{r} + l$ können die Werte 0, 1, 2,... annehmen. Die zugehörigen, orthonormierten Eigenfunktionen sind

$$\psi_{nlm}(\boldsymbol{r}) = \sqrt{\frac{2\,n_\mathrm{r}!}{(n_\mathrm{r}+l+1/2)!}}\;\frac{r^l}{b^{l+3/2}}\;L_{n_\mathrm{r}}^{l+1/2}\!\left(\frac{r^2}{b^2}\right)\exp\!\left(-\frac{r^2}{2b^2}\right)Y_{lm}(\theta,\phi) \tag{20.41}$$

Hierbei treten die *Laguerre-Polynome* auf:

$$L_{n_\mathrm{r}}^{l+1/2}(y^2) = \sum_{k=0}^{n}\binom{n_\mathrm{r}+l+1/2}{n_\mathrm{r}-k}\frac{(-)^k}{k!}\,y^{2k} \tag{20.42}$$

Wir vergleichen die jetzige Lösung in Kugelkoordinaten mit derjenigen in kartesischen Koordinaten (18.19):

$$\begin{array}{ll} \text{Eigenfunktion} & \text{Energieeigenwert:} \\ \psi_{nlm}(r,\theta,\phi) & \varepsilon/\hbar\omega = 2n_{\rm r} + l + 3/2 \\ \Phi_{n_x n_y n_z}(x,y,z) & \varepsilon/\hbar\omega = n_x + n_y + n_z + 3/2 \end{array} \tag{20.43}$$

Dies sind gleichberechtigte, alternative Formen. Jede bestimmte Lösung der einen Form lässt sich als Linearkombination der anderen Form darstellen, wobei jeweils nur Eigenfunktionen zur selben Energie vorkommen.

Für einen entarteten Eigenwert (so ist zum Beispiel $\varepsilon = 7\,\hbar\omega/2$ sechsfach entartet) ist jede Linearkombination der Lösungen wieder Lösung zu dieser Energie. Dann kann man – muss aber nicht – solche Linearkombinationen wählen, die simultan Eigenfunktionen zu ausgewählten Operatoren sind, die mit H vertauschen. Also sind simultane Eigenfunktionen zu $\ell_{\rm op}^2$ und ℓ_z möglich (oder aber auch zu $\ell_{\rm op}^2$ und ℓ_x).

Wasserstoffatom

Das Eigenwertproblem $H\psi = \varepsilon\,\psi$ für das Elektron im Coulombfeld eines Atomkerns lautet:

$$\left(-\frac{\hbar^2}{2\mu}\,\Delta - \frac{Ze^2}{r}\right)\psi(\boldsymbol{r}) = \varepsilon\psi(\boldsymbol{r}) \tag{20.44}$$

Wegen der sphärischen Symmetrie können wir die Lösungen in der Form $\psi = (u_l/r)Y_{lm}$ ansetzen. Wir verwenden die Näherung $\mu = m_{\rm e}/(1 + m_{\rm e}/M) \approx m_{\rm e}$; dann wird die Relativkoordinate zur Koordinate des Elektrons. Die Längen- und Energieskala des Problems sind durch den Bohrschen Radius $a_{\rm B}$ und die atomare Energieeinheit $E_{\rm at}$ gegeben:

$$a_{\rm B} = \hbar^2\big/(m_{\rm e}\,e^2) \approx 0.53\ \text{Å}\,, \qquad E_{\rm at} = e^2\big/a_{\rm B} \approx 28.2\ \text{eV} \tag{20.45}$$

Wir führen die dimensionslosen Größen $\rho = r/a_{\rm B}$, $\epsilon = \varepsilon/E_{\rm at}$ und $\gamma^2 = -2\,\epsilon$ ein. Unter Berücksichtigung des Verhaltens für $y \to 0$ und $y \to \infty$ setzt man $u_l = \rho^{l+1}\,v(\rho)\,\exp(-\gamma\rho)$ an. Für $v(\rho)$ macht man dann einen Potenzreihenansatz. Die Normierbarkeit der Wellenfunktion erfordert den Abbruch der Potenzreihe. Hieraus erhält man die Energieeigenwerte

$$\varepsilon_{n_{\rm r}l} = -\,\frac{e^2}{a_{\rm B}}\,\frac{Z^2}{2\,(n_{\rm r}+l+1)^2} \qquad \text{oder} \qquad \varepsilon_n = -\,\frac{e^2}{a_{\rm B}}\,\frac{Z^2}{2n^2} \tag{20.46}$$

Die radiale Quantenzahl $n_{\rm r}$ und die Drehimpulsquantenzahl l können die Werte $0, 1, 2, \ldots$ annehmen, für die Hauptquantenzahl $n = n_{\rm r} + l + 1$ gilt $n = 1, 2, 3, \ldots$. Die zugehörigen, orthonormierten Eigenfunktionen sind

$$\psi_{nlm}(\boldsymbol{r}) = \sqrt{\frac{Z^3}{a_{\rm B}^3}\,\frac{2}{n^2}}\,\sqrt{\frac{n_{\rm r}!}{(n+l)!}}\left(\frac{2Zr}{n\,a_{\rm B}}\right)^{l} L_{n_{\rm r}}^{2l+1}\Big(\frac{2Zr}{n\,a_{\rm B}}\Big)\,\exp\Big(-\,\frac{Zr}{n\,a_{\rm B}}\Big)\,Y_{lm}(\theta,\phi) \tag{20.47}$$

Hierbei treten die *Laguerre-Polynome* auf:

$$L_{n_\mathrm{r}}^{2l+1}(\rho) = \sum_{k=0}^{n_\mathrm{r}} \binom{n_\mathrm{r}+2l+1}{n_\mathrm{r}-k} \frac{(-)^k}{k!}\,\rho^k \tag{20.48}$$

Für den Grundzustand ($n = 1$) des Wasserstoffatoms ($Z = 1$) ergibt sich $\varepsilon_1 = 13.6\,\mathrm{eV}$. Wir geben einige Radialfunktionen explizit an, wobei wir $a_\mathrm{B} = 1$ und $Z = 1$ setzen:

$$\frac{u_{nl}(r)}{r} = \begin{cases} 2\,\exp(-r) & 1\mathrm{s} \\ \frac{1}{\sqrt{2}}\left(1-\frac{1}{2}\,r\right)\exp(-r/2) & 2\mathrm{s} \\ \frac{1}{2\sqrt{6}}\;r\,\exp(-r/2) & 2\mathrm{p} \\ \frac{4}{81\sqrt{30}}\;r^2\,\exp(-r/3) & 3\mathrm{d} \end{cases} \tag{20.49}$$

Die Buchstaben s, p, d,... stehen für $l = 0, 1, 2, \ldots$, die Zahl davor für die Hauptquantenzahl n.

Neben den hier betrachteten gebundenen Eigenfunktionen gibt es noch ein Kontinuum von Lösungen zu positiver Energie ε. Dies sind Streuzustände. Für die Streuung eines Elektrons an einem Proton werden wir am Ende von Kapitel 23 eine vereinfachte Ableitung des Rutherfordschen Wirkungsquerschnitts angeben.

Bei einem Elektronenübergang, etwa 2p → 1s oder 1s → 2p, wird ein Photon emittiert oder absorbiert. Aus dem Energieerhaltungssatz $\Delta\varepsilon = \hbar\omega = 2\pi\hbar\nu = 2\pi\hbar c/\lambda$ folgt die Wellenlänge λ des emittierten (absorbierten) Lichts:

$$\frac{1}{\lambda} = \frac{\Delta\varepsilon}{2\pi\hbar c} = \frac{Z^2e^2}{4\pi a_\mathrm{B}\hbar c}\left(\frac{1}{n_1^2}-\frac{1}{n_2^2}\right) = R_\mathrm{H}\left(\frac{1}{n_1^2}-\frac{1}{n_2^2}\right) \tag{20.50}$$

Im sichtbaren Bereich ist die Wellenlänge viel größer als das Atom ($\lambda \approx 2\cdot 10^3\,a_\mathrm{B}$). Experimentell beobachtet man Serien von Spektrallinien, etwa die Lymanserie für $n_1 = 1$ und $n_2 = 2, 3, \ldots$ oder die Balmerserie für $n_1 = 2$ und $n_2 = 3, 4, \ldots$. Die Form (20.50) wurde zunächst empirisch gefunden, und die Rydbergkonstante $R_\mathrm{H} \approx 1.1\cdot 10^7\,\mathrm{m}^{-1}$ wurde experimentell bestimmt.

Die angegebenen Lösungen sind nichtrelativistisch. Wenn man das Problem relativistisch löst (mit der Diracgleichung, oder mit Störungsrechnung wie in Kapitel 23), dann spalten die (zur Energie ε_2) entarteten Zustände 2s und 2p auf: Die Zustände $2\mathrm{s}_{1/2}$ und $2\mathrm{p}_{1/2}$ liegen etwas unter den Zuständen $2\mathrm{p}_{3/2}$ (der untere Index gibt den Gesamtspin aus Bahndrehimpuls und Spin an). Die Aufspaltung ist von der Größe α^2E_at, wobei $\alpha = e^2/\hbar c \approx 1/137$ ist. Die Lambshift spaltet dann die Zustände $2\mathrm{s}_{1/2}$ und $2\mathrm{p}_{1/2}$ weiter auf (Ordnung α^3E_at).

Für mehrere Elektronen in einem Atom gilt separat die Gleichung (20.44), wenn man die Wechselwirkung zwischen den Elektronen vernachlässigt. In diesem Fall kann man eine Produktwellenfunktion aus den Lösungen (20.47) bilden. Dies führt zum Schalenmodell des Atoms.

Aufgaben

20.1 Kommutatorrelationen für den Drehimpuls

Leiten Sie aus (20.3) folgende Kommutatorrelationen ab:

$$\big[\ell_{\pm}, \ell_z\big] = \mp\hbar\,\ell_{\pm}\,, \qquad \big[\ell_{+}, \ell_{-}\big] = 2\hbar\,\ell_z$$

Lösung: Wir verwenden $\ell_{\pm} = \ell_x \pm \mathrm{i}\,\ell_y$ und die Vertauschungsrelationen (20.3):

$$\begin{aligned}\big[\ell_{\pm}, \ell_z\big] &= \big[\ell_x, \ell_z\big] \pm \mathrm{i}\big[\ell_y, \ell_z\big] = -\mathrm{i}\hbar\,\ell_y \mp \hbar\,\ell_x = \mp\hbar\,\ell_{\pm} \\ \big[\ell_{+}, \ell_{-}\big] &= -\mathrm{i}\big[\ell_x, \ell_y\big] + \mathrm{i}\big[\ell_y, \ell_x\big] = 2\hbar\,\ell_z\end{aligned}$$

Es wurde $\big[\ell_x, \ell_x\big] = \big[\ell_y, \ell_y\big] = 0$ verwendet.

20.2 Drehimpulsoperatoren in Kugelkoordinaten

Drücken Sie die partiellen Ableitungen $\partial/\partial x$, $\partial/\partial y$ und $\partial/\partial z$ durch Kugelkoordinaten aus. Berechnen Sie damit $\ell_{\pm} = \ell_x \pm \mathrm{i}\,\ell_y$ und den Kommutator $[\,\ell_{+}, \ell_{-}\,]$ in Kugelkoordinaten. Zeigen Sie $\boldsymbol{\ell}_{\rm op}^2 = \ell_{+}\ell_{-} - \hbar\,\ell_z + \ell_z^2$. Geben Sie schließlich $\boldsymbol{\ell}_{\rm op}^2$ in Kugelkoordinaten an.

Lösung: Die Kugelkoordinaten sind durch $x = r\,\sin\theta\,\cos\phi$, $y = r\,\sin\theta\,\sin\phi$ und $z = r\,\cos\theta$ definiert. Hieraus berechnet man die totalen Differenziale $dx = (\partial x/\partial r)\,dr + \ldots$ und so weiter. Wir fassen die Ergebnisse in Matrixform zusammen:

$$\begin{pmatrix} dx \\ dy \\ dz \end{pmatrix} = \begin{pmatrix} \sin\theta\,\cos\phi & \cos\theta\,\cos\phi & -\sin\phi \\ \sin\theta\,\sin\phi & \cos\theta\,\sin\phi & \cos\phi \\ \cos\theta & -\sin\theta & 0 \end{pmatrix} \begin{pmatrix} dr \\ r d\theta \\ r\sin\theta\,d\phi \end{pmatrix}$$

Die Transformationsmatrix O ist orthogonal. Mit $O^{-1} = O^{\rm T}$ erhalten wir daher

$$\begin{pmatrix} dr \\ r d\theta \\ r\sin\theta\,d\phi \end{pmatrix} = \begin{pmatrix} \sin\theta\cos\phi & \sin\theta\sin\phi & \cos\theta \\ \cos\theta\cos\phi & \cos\theta\sin\phi & -\sin\theta \\ -\sin\phi & \cos\phi & 0 \end{pmatrix} \begin{pmatrix} dx \\ dy \\ dz \end{pmatrix}$$

Hieraus können wir die partiellen Ableitungen ablesen, zum Beispiel $\partial r/\partial x = \sin\theta\cos\phi$ aus dem 1-1-Element. Damit erhalten wir

$$\begin{aligned}\frac{\partial}{\partial x} &= \frac{\partial r}{\partial x}\,\frac{\partial}{\partial r} + \frac{\partial\theta}{\partial x}\,\frac{\partial}{\partial\theta} + \frac{\partial\phi}{\partial x}\,\frac{\partial}{\partial\phi} \\ &= \sin\theta\,\cos\phi\,\frac{\partial}{\partial r} + \frac{\cos\theta\,\cos\phi}{r}\,\frac{\partial}{\partial\theta} - \frac{\sin\phi}{r\,\sin\theta}\,\frac{\partial}{\partial\phi} \\ \frac{\partial}{\partial y} &= \sin\theta\,\sin\phi\,\frac{\partial}{\partial r} + \frac{\cos\theta\,\sin\phi}{r}\,\frac{\partial}{\partial\theta} + \frac{\cos\phi}{r\,\sin\theta}\,\frac{\partial}{\partial\phi} \\ \frac{\partial}{\partial z} &= \cos\theta\,\frac{\partial}{\partial r} - \frac{\sin\theta}{r}\,\frac{\partial}{\partial\theta}\end{aligned}$$

Mit diesen partiellen Ableitungen berechnen wir die Auf- und Absteigeoperatoren:

$$\begin{aligned}
\ell_{\pm} &= \ell_x \pm \mathrm{i}\,\ell_y = -\mathrm{i}\hbar\left[\left(y\frac{\partial}{\partial z} - z\frac{\partial}{\partial y}\right) \pm \mathrm{i}\left(z\frac{\partial}{\partial x} - x\frac{\partial}{\partial z}\right)\right] \\
&= -\mathrm{i}\hbar\left[\left(-\sin\phi \pm \mathrm{i}\,\cos\phi\right)\frac{\partial}{\partial\theta} + \left(-\cos\phi \mp \mathrm{i}\,\sin\phi\right)\cot\theta\,\frac{\partial}{\partial\phi}\right] \\
&= \hbar\,\exp(\pm\mathrm{i}\,\phi)\left[\pm\frac{\partial}{\partial\theta} + \mathrm{i}\,\cot\theta\,\frac{\partial}{\partial\phi}\right]
\end{aligned}$$

Hieraus folgen die Produkte

$$\begin{aligned}
\ell_+\ell_- &= \hbar^2\left(\frac{\partial}{\partial\theta} + \mathrm{i}\,\cot\theta\,\frac{\partial}{\partial\phi} + \cot\theta\right)\left(-\frac{\partial}{\partial\theta} + \mathrm{i}\,\cot\theta\,\frac{\partial}{\partial\phi}\right) \\
&= \hbar^2\left(-\frac{\partial^2}{\partial\theta^2} - \cot\theta\,\frac{\partial}{\partial\theta} - \mathrm{i}\,\frac{\partial}{\partial\phi} - \cot^2\theta\,\frac{\partial^2}{\partial\phi^2}\right) \\
\ell_-\ell_+ &= \hbar^2\left(-\frac{\partial^2}{\partial\theta^2} - \cot\theta\,\frac{\partial}{\partial\theta} + \mathrm{i}\,\frac{\partial}{\partial\phi} - \cot^2\theta\,\frac{\partial^2}{\partial\phi^2}\right)
\end{aligned}$$

und damit der Kommutator

$$[\ell_+,\,\ell_-] = -2\,\mathrm{i}\,\hbar^2\,\frac{\partial}{\partial\phi} = 2\hbar\,\ell_z$$

Das Quadrat des Drehimpulsoperators drücken wir durch die Auf- und Absteigeoperatoren aus, wobei wir $[\ell_+,\,\ell_-] = 2\hbar\,\ell_z$ verwenden:

$$\boldsymbol{\ell}_{\mathrm{op}}^2 = \frac{1}{2}\left(\ell_+\ell_- + \ell_-\ell_+\right) + \ell_z^2 = \ell_+\ell_- - \frac{1}{2}\left[\ell_+,\,\ell_-\right] + \ell_z^2 = \ell_+\ell_- - \hbar\,\ell_z + \ell_z^2$$

Mit dem schon berechneten Produkt $\ell_+\,\ell_-$ und $\ell_z = -\mathrm{i}\,\hbar\,\partial/\partial\phi$ kann man das Ergebnis in Kugelkoordinaten anschreiben:

$$\begin{aligned}
\boldsymbol{\ell}_{\mathrm{op}}^2 &= \hbar^2\left(-\frac{\partial^2}{\partial\theta^2} - \cot\theta\,\frac{\partial}{\partial\theta} - \mathrm{i}\,\frac{\partial}{\partial\phi} - \cot^2\theta\,\frac{\partial^2}{\partial\phi^2} + \mathrm{i}\,\frac{\partial}{\partial\phi} - \frac{\partial^2}{\partial\phi^2}\right) \\
&= \hbar^2\left(-\frac{\partial^2}{\partial\theta^2} - \cot\theta\,\frac{\partial}{\partial\theta} - \frac{1}{\sin^2\theta}\,\frac{\partial^2}{\partial\phi^2}\right)
\end{aligned}$$

20.3 Zu den Besselfunktionen

Die regulären und irregulären Besselfunktionen werden durch

$$j_l(z) = z^l\left(-\frac{1}{z}\frac{d}{dz}\right)^l\frac{\sin z}{z}\,, \qquad y_l(z) = -z^l\left(-\frac{1}{z}\frac{d}{dz}\right)^l\frac{\cos z}{z} \qquad (20.51)$$

definiert.

Leiten Sie hieraus das asymptotische Verhalten ab:

$$j_l(z) \stackrel{z\to\infty}{\longrightarrow} \frac{\sin(z - l\pi/2)}{z}, \qquad y_l(z) \stackrel{z\to\infty}{\longrightarrow} -\frac{\cos(z - l\pi/2)}{z} \tag{20.52}$$

Die Eigenwerte des unendlich hohen Kastenpotenzials (Radius R) sind durch

$$j_l(kR) = 0 \quad \Longrightarrow \quad k_{nl}\,R$$

festgelegt. Lösen Sie diese Bedingung mit der asymptotischen Form der Besselfunktionen. Vergleichen Sie die Näherungswerte für $n = 1, 2$ und $l = 0, 1, 2, 3$ mit den exakten Werten. Wann ist die Näherung gut?

Lösung: Die Ableitungen in (20.51) wirken auf Faktoren $1/z^n$, $\sin z$ und $\cos z$. Sofern eine Ableitung auf $1/z^n$ wirkt, wird dieser Term mit dem Faktor $1/z \to 0$ für $z \to \infty$ unterdrückt. Für $z \to \infty$ überlebt daher nur der Beitrag, in dem *alle* Ableitungen auf die trigonometrischen Funktionen wirken. Damit erhalten wir für die regulären Besselfunktionen

$$j_l(z) \stackrel{z\to\infty}{\longrightarrow} (-)^l\,\frac{1}{z}\left(\frac{d}{dz}\right)^l \sin z = \frac{1}{z}\cdot \begin{cases} (-)^{l/2}\sin z & l \text{ gerade} \\ (-)^{(l+1)/2}\cos z & l \text{ ungerade} \end{cases}$$

oder

$$j_l(z) \stackrel{z\to\infty}{\longrightarrow} \frac{\sin(z - l\pi/2)}{z}$$

Entsprechend erhalten wir für die irregulären Besselfunktionen

$$y_l(z) \stackrel{z\to\infty}{\longrightarrow} (-)^{l+1}\,\frac{1}{z}\left(\frac{d}{dz}\right)^l \cos z = -\frac{\cos(z - l\pi/2)}{z}$$

Wir setzen die asymptotische Form in die Eigenwertbedingung $j_l(k_{nl}R) = 0$ ein:

$$\sin\big(k_{nl}\,R - l\pi/2\big) = 0 \qquad \Longrightarrow \qquad k_{nl}\,R = \big(n + l/2\big)\,\pi$$

In der folgenden Tabelle vergleichen wir einige dieser Näherungswerte für $k_{nl}\,R$ mit den exakten Nullstellen (aus mathematischen Tabellen oder aus Kapitel 25 in [4]) der regulären Besselfunktionen:

	n	$n = 1$			$n = 2$		
	$l = 0$	$l = 1$	$l = 2$	$l = 3$	$l = 1$	$l = 2$	$l = 3$
asymptotisch	$n\pi$	4.71	6.28	7.85	7.85	9.42	11.00
exakt	$n\pi$	4.49	5.76	6.99	7.73	9.10	10.42

Für $l = 0$ stimmt die asymptotische Form mit der Besselfunktion $j_0(z) = \sin z/z$ überein; somit ergibt sich kein Fehler. Generell ist der Fehler umso kleiner, je besser die Relation $k_{nl}\,R \gg l$ erfüllt ist.

20.4 Deuteron

Das Deuteron besteht aus einem Proton und einem Neutron. Der Grundzustand hat eine Bindungsenergie von $\varepsilon_0 = -\hbar^2\kappa^2/(2\mu) = -2.226\,\text{MeV}$ mit $\hbar^2/(2\mu) = 41.5\,\text{MeV}\,\text{fm}^2$. Das Potenzial zwischen dem Proton und dem Neutron soll durch ein Kastenpotenzial mit der Reichweite $R = 1.5\,\text{fm}$ angenähert werden. Wie muss die Tiefe $V_0 = -\hbar^2 q_0^2/(2\mu)$ des Potenzials gewählt werden? Betrachten Sie dazu die Eigenwertgleichung

$$\cot(qR) = -\frac{\kappa}{q} = -\frac{\sqrt{q_0{}^2 - q^2}}{q} \tag{20.53}$$

mit $\varepsilon_0 - V_0 = \hbar^2 q^2/(2\mu) > 0$ für den Fall, dass es genau einen gebundenen Zustand gibt. Lösen Sie die Eigenwertgleichung (i) näherungsweise analytisch (unter Verwendung von $|\varepsilon_0| \ll |V_0|$) und (ii) numerisch mit 1 Promille Genauigkeit auf einem Taschenrechner.

Lösung: Aus der Bindungsenergie und der Reichweite des Potenzials berechnen wir

$$\kappa^2 R^2 = \left|\frac{2\mu}{\hbar^2} R^2 \varepsilon_0\right| \quad\Longrightarrow\quad \kappa R = 0.347$$

Damit die Eigenwertgleichung (20.52) genau eine Lösung hat, muss $q_0 R$ im Intervall

$$\frac{\pi}{2} < q_0 R < \frac{3\pi}{2}$$

liegen. Zusammen mit $\kappa R = 0.347$ folgt, dass qR im Intervall $1.532 < qR < 4.700$ liegt. Für einen schwach gebundenen Zustand $|\varepsilon_0| \ll |V_0|$ oder $\kappa \ll q_0$ vereinfacht sich die Eigenwertgleichung (20.53) zu

$$\cot(q_0 R) \approx -\frac{\kappa}{q_0} \qquad (\kappa \ll q_0)$$

Im Grenzfall $\kappa \to 0$ ergibt dies gerade die untere Schranke $q_0 R = \pi/2$ des zulässigen Intervalls für genau einen gebundenen Zustand. Die erste Korrektur in Ordnung κ/q_0 lautet

$$q_0 R \approx \frac{\pi}{2} + \frac{\kappa R}{q_0 R} \approx \frac{\pi}{2} + \frac{2}{\pi}\kappa R \qquad (\kappa \ll q_0)$$

In dieser Ordnung konnte $q_0 R$ auf der rechten Seite durch $\pi/2$ ersetzt werden. Mit $\kappa R = 0.347$ ergibt sich der numerische Wert $q_0 R = 1.792$ oder eine Potenzialstärke von ungefähr $V_0 \approx -59.2\,\text{MeV}$.

Zur numerischen Lösung mit dem Taschenrechner schreiben wir die Eigenwertgleichung als

$$qR = \pi - \arctan\big(qR/0.347\big)$$

und benutzen diese Form für eine iterative Lösung. Als Startwert setzen wir etwa $qR = 1.6$ aus dem unteren Bereich des zulässigen Intervalls in die rechte Seite ein und erhalten ein besseres qR, und so weiter. Die Prozedur konvergiert schnell gegen $qR = 1.765$. Dies entspricht der Potenzialstärke

$$V_0 = -59.7\,\text{MeV}$$

Der Fehler der genäherten Potenzialstärke beträgt zwar nur etwa 0.5 MeV, im Vergleich zur Bindungsenergie ist dies jedoch eine nicht unerhebliche Abweichung.

20.5 Streuwelle für repulsiven Kasten

Skizzieren Sie die Streuwelle mit $l = 0$ und $E < V_0$ für das repulsive Kastenpotenzial

$$V(r) = \begin{cases} V_0 > 0 & (r \le R) \\ 0 & (r > R) \end{cases}$$

Lösung: Die $l = 0$ Streuwelle ist von der Form

$$u_0(k,r) = r\,\psi_0(k,r) = \begin{cases} A\,\sinh(\kappa r) & (r < R) \\ \sin\big(kr + \delta_0(k)\big) & (r > R) \end{cases}$$

Im Bereich des Potenzials lautet die Schrödingergleichung $u_0'' = \kappa^2 u_0$, wobei $V_0 - E = \hbar^2\kappa^2/(2\mu) > 0$. Die allgemeine Lösung setzt sich aus den Funktionen $\exp(\pm\kappa r)$ zusammen. In der ersten Zeile wurde die Kombination angegeben, für die $\psi_0 = u_0(r)/r$ bei $r = 0$ regulär ist. Die zweite Zeile ist die Streulösung (20.35) der Schrödingergleichung $u_0'' = -k^2 u_0$ mit $E = \hbar^2 k^2/(2\mu)$.

Mit dem Potenzial hat $u_0(r)$ bei $r = R$ einen Sprung. Damit sind $u_0(r)$ und $u_0'(r)$ dort stetig. Hieraus folgt insbesondere die Stetigkeit der logarithmischen Ableitung der Wellenfunktion:

$$\tan\big(kR + \delta_0(k)\big) = kR\,\frac{\tanh(\kappa R)}{\kappa R} \le kR \quad\Longrightarrow\quad \delta_0(k) \le 0$$

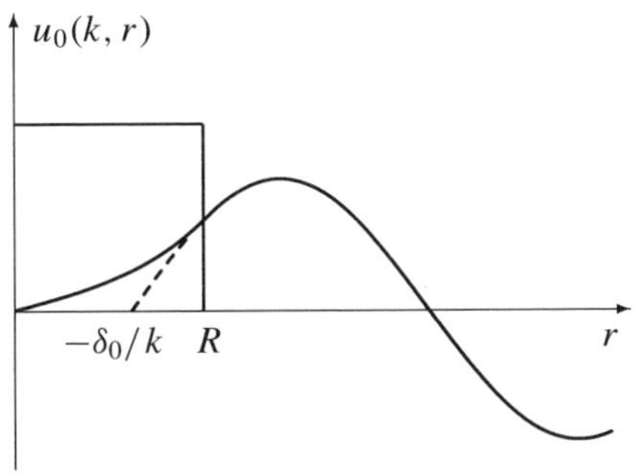

Für ein repulsives Kastenpotenzial ist die Radialfunktion $u_0(k,r)$ für $E < V_0$ gezeigt (durchgezogene Linie). Diese Funktion ist proportional zu $\sinh(\kappa r)$ für $r \le R$ und zu $\sin(kr + \delta_0)$ für $r \ge R$. Die Streuphase δ_0 gibt die Verschiebung der Streulösung $\sin(kr + \delta_0)$ relativ zur freien Lösung $\sin(kr)$ an; sie ist hier negativ. Die Aufenthaltswahrscheinlichkeit im Bereich des Potenzials ist relativ zur freien Lösung unterdrückt.

20.6 Woods-Saxon-Potenzial

Skizzieren Sie den Graphen des Woods-Saxon-Potenzials

$$V(r) = \frac{V_0}{1 + \exp\big[(r - R)/a\big]} \tag{20.54}$$

Für einen Atomkern mit A Nukleonen sind folgende Parameterwerte realistisch:

$$V_0 \approx -50\,\mathrm{MeV}\,, \qquad R \approx 1.2\,A^{1/3}\,\mathrm{fm}\,, \qquad a = 0.5\,\mathrm{fm}$$

Lösung: Für einen schweren Atomkern wie zum Beispiel ^{208}Pb mit $A = 208$ Nukleonen ist der Radius $R \approx 7.1$ fm viel größer als a. Dann ist das Woods-Saxon-Potenzial im Inneren des Kerns näherungsweise konstant, $V(r) \approx V_0$.

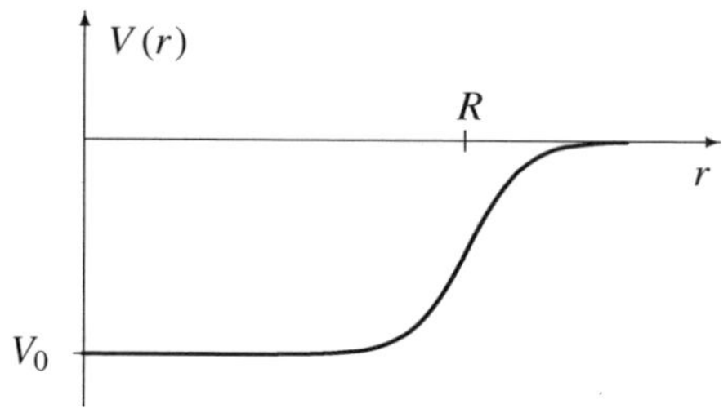

Das Woods-Saxon-Potenzial nimmt am Rand den Wert $V(R) = V_0/2$ an. In einem engen Bereich von $r = R - a$ bis $r = R + a$ fällt es von $0.73\, V_0$ auf $0.27\, V_0$ ab. Im Grenzfall $a \to 0$ erhält man ein Kastenpotenzial mit Radius R. Für die „Diffuseness" eines Atomkerns ist $a \approx 0.5$ fm ein realistischer Wert.

20.7 Streulänge für das Kastenpotenzial

Teilchen mit der Energie $E = \hbar^2 k^2/(2\mu)$ werden an einem Kastenpotenzial mit dem Radius R gestreut. Die Energie ist so niedrig, dass $kR \ll 1$ gilt. Dann kann die Streuung durch die *Streulänge*

$$a_{\rm str} \approx -\lim_{k\to 0} \frac{\tan \delta_0(k)}{k} \tag{20.55}$$

charakterisiert werden. Drücken Sie die Streuphase und den totalen Streuquerschnitt σ durch die Streulänge aus. Geben Sie die Streulänge für ein attraktives Kastenpotenzial mit genau einem gebundenen Zustand an. Zeigen Sie, dass dies für einen schwach gebundenen Zustand (mit der Energie $|\varepsilon_0| \ll |V_0|$) zu

$$a_{\rm str} \approx R + \frac{1}{\kappa} \qquad (\text{wobei } \varepsilon_0 = -\hbar^2\kappa^2/2\mu)$$

führt. Für das Deuteron mit $R = 1.5$ fm und $\varepsilon_0 = -2.226$ MeV aus Aufgabe 20.4 vergleiche man diese Streulänge mit dem experimentellen Wert $a_{\rm np}^{\rm t} \approx 5.4$ fm. (Der Index t bezieht sich auf den Triplett-Zustand, in dem die Spins der beiden Nukleonen zu $S = 1$ gekoppelt sind. Für $S = 0$ gibt es keinen gebundenen Zustand).

Lösung: Für $kR \ll 1$ ist nur die $l = 0$ Partialwelle relevant. Für die Streuphase $\delta_0(k)$ setzen wir eine Entwicklung nach Potenzen von k an:

$$\delta_0(k) = \delta_0(0) + \delta_0'(k)\, k + \mathcal{O}(k^2) = n_0\,\pi - a\, k + \mathcal{O}(k^2)$$

Nach dem Levinsontheorem ist $\delta_0(0) = n_0\,\pi$, wobei n_0 die Anzahl der gebundenen s-Zustände ist. Mit dieser Entwicklung berechnen wir

$$\lim_{k\to 0} \frac{\tan \delta_0(k)}{k} = -\lim_{k\to 0} \frac{\tan(a\,k)}{k} = -a \overset{(20.55)}{=} -a_{\rm str}$$

Der Koeffizient des linearen Terms ist also die in (20.55) definierte Streulänge. Für hinreichend kleine Energien ist $\delta_0(k) \approx n_0\,\pi - a_{\rm str}\, k$ dann eine gute Näherung. Die niederenergetische Streuung kann daher durch die Streuphase charakterisiert werden.

Der totale Streuquerschnitt kann durch die Streulänge ausgedrückt werden:

$$\sigma = 4\pi \lim_{k\to 0} \frac{\sin^2 \delta_0(k)}{k^2} = 4\pi \left| a_{\mathrm{str}} \right|^2$$

In (20.38) wurde die Streuphase $\delta_0(k)$ für ein attraktives Kastenpotenzial angegeben. Für einen gebundenen Zustand und für kleine Wellenzahlen k ergibt sich hieraus

$$\delta_0(k) = \pi - kR + \arctan\Big(\frac{k}{q} \tan(qR)\Big) \approx \pi - \Big(R - \frac{\tan(q_0 R)}{q_0} \Big) k + \ldots$$

Dabei ist q die Wellenzahl im Inneren des Kastens, $\hbar^2 q^2/(2\mu) = E + |V_0|$, und q_0 ist durch die Potenzialstärke $V_0 = -\hbar^2 q_0^2/(2\mu)$ bestimmt. Die Streulänge kann jetzt abgelesen werden:

$$a_{\mathrm{str}} = R - \frac{\tan(q_0 R)}{q_0} \tag{20.56}$$

Für $|\varepsilon| \ll |V_0|$ hatten wir in Aufgabe 20.4 die Eigenwertgleichung $\tan(q_0 R) = -q_0/\kappa$ abgeleitet. Wir setzen sie in (20.56) ein:

$$a_{\mathrm{str}} \approx R + \frac{1}{\kappa} \qquad (|\varepsilon_0| = \hbar^2\kappa^2/(2\mu) \ll |V_0|) \tag{20.57}$$

Dies ist der gesuchte Zusammenhang zwischen Streulänge, Reichweite des Potenzials und Energie eines schwach gebundenen Zustands.

Für das Kastenpotenzial des Deuterons mit $R = 1.5\,\mathrm{fm}$, $V_0 = -59.7\,\mathrm{MeV}$ und $q_0 R = 1.799$ (Aufgabe 20.4) ist die nach (20.56) berechnete exakte Streulänge $a_{\mathrm{str}} \approx 5.1\,\mathrm{fm}$ und die mit der Formel (20.57) genäherte $a_{\mathrm{str}} \approx 5.8\,\mathrm{fm}$. Diese Ergebnisse sind mit dem experimentellen Wert für die Triplett-Streulänge $a^{\mathrm{t}}_{\mathrm{np}} \approx 5.4\,\mathrm{fm}$ zu vergleichen.

20.8 Niederenergieentwicklung für die Streuphase

Für niedrige Energien kann man folgende Entwicklung der Streuphase $\delta_0(k)$ ansetzen:

$$k \cot \delta_0(k) = -\frac{1}{a_{\mathrm{str}}} + \frac{1}{2} r_0 k^2 + \mathcal{O}(k^4) \tag{20.58}$$

Bestimmen Sie die *Streulänge* a_{str} und die *effektive Reichweite* r_0 für die Streuung an (i) der harten Kugel, und (ii) an einem attraktiven Kastenpotenzial. Für (ii) ist die Streuphase aus (20.38) bekannt.

Lösung: *Harte Kugel*: Für eine harte Kugel mit dem Radius R lautet die Wellenfunktion

$$u_0(r) = A_0 \cdot \begin{cases} 0 & (r \le R) \\ \sin(kr + \delta_0) & (r > R) \end{cases}$$

Aus der Stetigkeit der Wellenfunktion bei $r = R$ folgt

$$\delta_0(k) = -kR$$

Dieses Ergebnis gilt für beliebige Energien. Wir setzen dieses $\delta_0(k)$ auf der linken Seite von (20.58) ein und entwickeln nach Potenzen von k,

$$k \cot \delta_0(k) = -k \cot(kR) = -\frac{k}{\tan(kR)} \approx -\frac{1}{R} + \frac{1}{3} R k^2 + \ldots$$

Der Vergleich mit der rechten Seite von (20.58) ergibt die Streulänge und die effektive Reichweite:

$$a_{\rm str} = R\,, \qquad\qquad r_0 = \frac{2}{3}\,R$$

Attraktiver Kasten: Für das attraktive Kastenpotenzial (Radius R, Tiefe $V_0 < 0$ und $\hbar^2 q^2 = \varepsilon - V_0$) lösen wir (20.58) nach $\delta_0(k) + kR$ auf und nehmen von beiden Seiten den Tangens,

$$\tan\big(\delta_0(k) + kR\big) = \frac{k}{q}\,\tan(qR)$$

Wir verwenden das Additionstheorem für den Tangens und lösen nach $\cot\delta_0 = 1/\tan\delta_0$ auf:

$$k\,\cot\delta_0(k) = \frac{1}{R}\,\frac{1 + (kR)\,\tan(kR)\,\tan(qR)/(qR)}{\tan(qR)/(qR) - \tan(kR)/(kR)} \tag{20.59}$$

Dies ist in eine Taylorreihe um $k = 0$ zu entwickeln. Dazu verwenden wir folgende Entwicklungen bis Ordnung k^2:

$$\begin{aligned}
\frac{\tan(kR)}{kR} &\approx 1 + \frac{1}{3}\,k^2 R^2 \\
qR &= \sqrt{q_0^2 R^2 + k^2 R^2} \approx q_0 R \left(1 + \frac{k^2}{2q_0^2}\right) \\
\frac{\tan(qR)}{qR} &\approx \frac{\tan(q_0 R)}{q_0 R}\left(1 - \frac{k^2}{2q_0^2}\right) + \Big(1 + \tan^2(q_0 R)\Big)\,\frac{k^2}{2q_0^2}
\end{aligned}$$

Wir setzen diese Näherungen in (20.59) ein:

$$k\,\cot\delta_0(k) \approx -\,\frac{1 + k^2/(2q_0^2)}{R\,[1 - \tan(q_0 R)/(q_0 R)]} + \left[1 - \frac{1}{3[1 - \tan(q_0 R)/(q_0 R)]^2}\right]\frac{R k^2}{2}$$

Der Vergleich mit der rechten Seite von (20.58) bestimmt die Streulänge und die effektive Reichweite:

$$a_{\rm str} = R\left(1 - \frac{\tan(q_0 R)}{q_0 R}\right), \qquad r_0 = R - \frac{1}{q_0^2\, a_{\rm str}} - \frac{R^3}{3\,a_{\rm str}^2}$$

Für Potenzialtiefen, an denen $q_0 R$ halbzahlige π-Werte annimmt, gibt es jeweils einen gebundenen Zustand genau an der Schwelle $E = 0$; wegen $\tan(q_0 R) \to \infty$ divergiert hierfür die Streulänge. In der Entwicklung (20.58) ist der erste Term auf der rechten Seite dann null, und die Entwicklung bleibt gültig. Für Potenzialtiefen in der Nähe von $\tan(q_0 R) = q_0 R$ ist die Entwicklung dagegen ungültig; denn hier divergiert bereits der erste Term.

20.9 Streuung an der harten Kugel

Drücken Sie den Streuquerschnitt σ für eine harte Kugel (Radius R) durch eine Summe über Besselfunktionen $j_l(kR)$ und $y_l(kR)$ aus. Diskutieren und skizzieren Sie das Verhältnis $h(z) = \sigma/(\pi R^2)$ als Funktion von $z = kR$. Verwenden Sie für den Fall $z \gg 1$ die asymptotische Form (20.52) der Besselfunktionen und begründen Sie, dass nur die Drehimpulse mit $l \lesssim z$ wesentlich zur Summe beitragen.

Lösung: Die Wellenfunktion für die Streuung an der harten Kugel ist

$$\psi_l(k,r) = A \cdot \begin{cases} 0 & (r \leq R) \\ j_l(kr)\cos\delta_l(k) - y_l(kr)\sin\delta_l(k) & (r > R) \end{cases}$$

Aus der Stetigkeit der Wellenfunktion bei $r = R$ folgt

$$\tan\delta_l(k) = \frac{j_l(kR)}{y_l(kR)}$$

Wir setzen diese Streuphasen in den Ausdruck für den totalen Streuquerschnitt ein:

$$\sigma(k) = \frac{4\pi}{k^2}\sum_{l=0}^{\infty}(2l+1)\sin^2\delta_l(k) = \frac{4\pi}{k^2}\sum_{l=0}^{\infty}(2l+1)\frac{j_l^2(kr)}{j_l^2(kr)+y_l^2(kr)} = h(z)\,\sigma_{\text{geom}}$$

Im letzten Schritt haben wir den geometrischen Streuquerschnitt $\sigma_{\text{geom}} = \pi R^2$ und die Funktion

$$h(z) = \frac{4}{z^2}\sum_{l=0}^{\infty}(2l+1)\frac{j_l^2(z)}{j_l^2(z)+y_l^2(z)} \tag{20.60}$$

eingeführt. Für niedrige Energien $z \ll 1$ trägt nur der Drehimpuls $l = 0$ wesentlich bei:

$$h(z) \approx \frac{4}{z^2}\sin^2 z \approx 4\left(1 - \frac{z^2}{3} + \mathcal{O}(z^4)\right) \qquad (z \ll 1)$$

Der nächste Summand mit $l = 1$ trägt erst zu $\mathcal{O}(z^4)$ bei, so dass die angegebene Entwicklung im z^2-Term korrekt ist. Die Funktion $h(z)$ hat bei $z = 0$ eine horizontale Tangente und fällt mit wachsendem z ab. Im Grenzfall $z = kR \to 0$ ist der quantenmechanische Streuquerschnitt viermal so groß wie der geometrische.

Bei hohen Energien $z = kR \gg 1$ tragen sehr viele Drehimpulse bei. Für die Drehimpulse $l < kR$ verwenden wir die Asymptotik der Besselfunktionen (Aufgabe 20.3):

$$z\,j_l(z) \approx \sin\left(z - l\pi/2\right), \qquad z\,y_l(z) \approx -\cos\left(z - l\pi/2\right), \qquad (l < z)$$

Für hohe Drehimpulse $l \gg z$ geht $j_l(z)$ gegen null, und $y_l(z)$ divergiert. Die Summanden in (20.60) verhalten sich insgesamt wie

$$\frac{j_l^2(z)}{j_l^2(z)+y_l^2(z)} \approx \begin{cases} \sin^2\left(z - l\pi/2\right) & (l < z) \\ \dfrac{1}{4}\left(\dfrac{e\,z}{2l}\right)^{4l} & (l \gg z) \end{cases}$$

Dabei ist $e = \exp(1) \approx 2.71$. Die Beiträge für $l \gg z$ zur Summe (20.60) sind vernachlässigbar klein. Eine genauere Betrachtung zeigt, dass der Übergang bei $l \approx z$ in einem relativ kleinen Intervall der Größe $\mathcal{O}(\sqrt{z})$ stattfindet. Im Grenzfall $z \gg 1$ ist daher folgende Näherung möglich: Die Summe (20.60) wird auf den Bereich $l \leq z$ beschränkt, und es wird die asymptotische Form der Besselfunktionen verwendet:

$$\begin{aligned} h(z) &\approx \frac{4}{z^2}\sum_{l=0}^{z}(2l+1)\sin^2\left(z - l\pi/2\right) \\ &= \frac{4}{z^2}\left[\left(1+5+9+\ldots+(2z-1)\right)\sin^2 z + \left(3+7+\ldots+(2z+1)\right)\cos^2 z\right] \\ &= \frac{4}{z^2}\left[\frac{z^2}{2}\sin^2 z + \frac{z^2}{2}\cos^2 z\right] = 2 \qquad (z \gg 1) \end{aligned}$$

Die endliche Summe wurde für gerade und ungerade l getrennt aufsummiert. Wegen der Vielzahl von beitragenden Drehimpulsen kann die Summe auch als Integral ausgewertet werden:

$$h(z) \overset{z\gg 1}{\approx} \frac{4}{z^2}\int_0^z dl\;(2l+1)\,\sin^2\!\big(z-l\pi/2\big) \approx \frac{2}{z^2}\int_0^z dl\;(2l+1) = \frac{2}{z^2}\big(z^2+z\big) \approx 2$$

Dabei wurde $\sin^2(z - l\pi/2)$ durch seinen Mittelwert $\langle \sin^2 \ldots\rangle = 1/2$ ersetzt. Bei hohen Energien $kR \gg 1$ erhalten wir somit einen Wirkungsquerschnitt, der doppelt so groß wie der geometrische ist. Dieses Phänomen ist aus der Optik als *Schattenstreuung* bekannt.

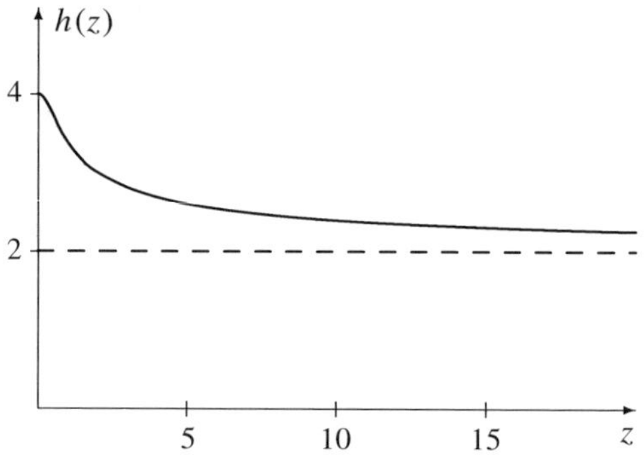

Das Verhältnis $h(z) = \sigma/\sigma_{\text{geom}}$ als Funktion von z. Hierfür wurde die Summe (20.60) numerisch berechnet. Als obere Grenze $l_{\max}$ ist dabei ein Wert $l_{\max} \gg z$ zu wählen; dann sind die weggelassenen Summanden vernachlässigbar klein. Der qualitative Verlauf (Start bei $z = 0$ mit $h \approx 4 - 4z^2/3$ und $h(z \to \infty) = 2$) ergibt sich auch aus den angeführten analytischen Überlegungen.

20.10 Streuung am Potenzialwall

Durch

$$V(r) = \frac{\hbar^2\lambda}{2\mu}\,\delta(r-R) \qquad (\lambda > 0)$$

wird ein repulsiver Potenzialwall beschrieben. Für niedrige Energien ist nur die $l = 0$ Streuwelle relevant. Zeigen Sie hierfür

$$\tan\delta_0(k) = -\,\frac{\lambda\,\sin^2(kR)}{k + (\lambda/2)\sin(2kR)} \tag{20.61}$$

Machen Sie sich ein graphisches Bild von den Nullstellen k_ν des Nenners. Untersuchen Sie, ob sich die Streuphase in der Nähe einer Nullstelle entsprechend der Resonanzformel

$$\tan\delta_0(k) = \frac{\Gamma_\nu/2}{E_\nu - E} \qquad \text{mit} \qquad \Gamma_\nu > 0 \tag{20.62}$$

verhält. Entwickeln Sie dazu den Nenner von (20.61) um $k = k_\nu$. Geben Sie die Resonanzenergien E_ν und die Breiten Γ_ν für den Fall $\lambda R \gg 1$ an.

Lösung: Für die Wellenfunktion $\psi(r) = u_0(r)/r$ lautet die Schrödingergleichung

$$u_0''(r) + k^2\,u_0(r) = \lambda\,\delta(r-R)\,u_0(r)$$

Dabei ist die Energie $\varepsilon = \hbar^2 k^2/(2\mu)$. Im Außen- und im Innenraum gilt die freie Schrödingergleichung. Als Lösung setzen wir daher an:

$$u_0(r) = r\,\psi_0(r) = \begin{cases} A \sin\big(kr\big) & (r < R) \\ \sin\big(kr + \delta_0(k)\big) & (r > R) \end{cases}$$

Im Innenbereich ist die reguläre Lösung zu nehmen. Im Außenbereich haben wir die Amplitude willkürlich auf 1 gesetzt. Damit die Schrödingergleichung erfüllt wird, muss $u_0''(r)$ eine δ-funktionsartige Singularität haben. Dann hat $u_0'(r)$ bei $r = R$ einen Sprung, und $u_0(r)$ ist stetig. Aus der Stetigkeit der Wellenfunktion folgt

$$\lim_{\varepsilon\to 0} u_0(k, r)\Big|_{R-\epsilon}^{R+\epsilon} = 0 \qquad \Longrightarrow \qquad A \sin\big(kR\big) = \sin\big(kR + \delta_0(k)\big)$$

Die Sprungbedingung erhalten wir, wenn wir die Schrödingergleichung von $R-\epsilon$ bis $R+\epsilon$ integrieren:

$$\lim_{\epsilon\to 0} \frac{du_0(k, r)}{dr}\Bigg|_{R-\epsilon}^{R+\epsilon} = \lambda\, u_0(k, R) \quad \Longrightarrow$$

$$k \cos\big(kR + \delta_0(k)\big) - kA \cos\big(kR\big) = \lambda A \sin\big(kR\big)$$

Aus diesen beiden Bedingungen folgt

$$\tan\big(kR + \delta_0(k)\big) = \frac{\tan(kR)}{1 + (\lambda/k)\tan(kR)}$$

Mit dem Additionstheorem für den Tangens können wir dies nach der Streuphase auflösen:

$$\tan\delta_0(k) = -\frac{\lambda \sin^2(kR)}{k + \lambda \sin(kR)\cos(kR)} \tag{20.63}$$

Bei einer Resonanz geht die Streuphase durch einen halbzahligen π-Wert. Diese notwendige (aber nicht hinreichende) Bedingung für eine Resonanz ist für die Nullstellen des Nenners in (20.62) erfüllt, denn der Tangens der Streuphase wird unendlich. Für diese Nullstellen gilt

$$\sin\big(2kR\big) = -\frac{2kR}{\lambda R} \qquad \Longrightarrow \qquad k = k_\nu \quad \text{mit } \nu = 1, 2, 3, \ldots \tag{20.64}$$

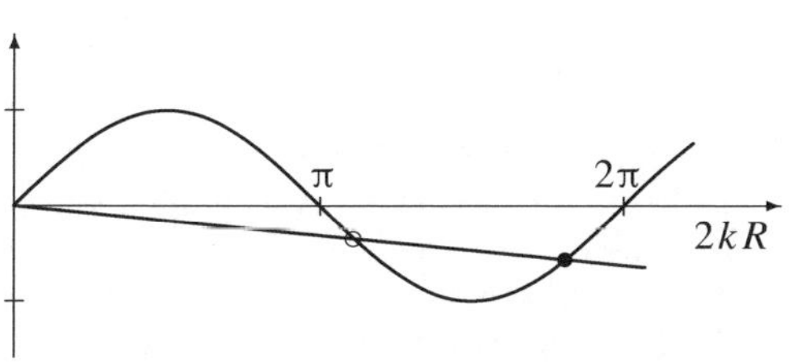

Graphische Lösung von (20.64) für $\lambda R = 10$. Die Lösungen k_ν sind als Kreise markiert. An den ungeraden Schnittpunkten $\nu = 1, 3, \ldots$ ist die Steigung des Sinus kleiner als die Geradensteigung, $\cos(2k_\nu R) < -1/(\lambda R)$, an den geraden Schnittpunkten $\nu = 2, 4, \ldots$ ist sie größer, $\cos(2k_\nu R) > -1/(\lambda R)$.

Wir entwickeln nun den Nenner $f(k) \approx f'(k_\nu)(k - k_\nu)$ von (20.62) um die Nullstelle k_ν herum:

$$\begin{aligned} \tan\delta_0(k) &\approx -\frac{\lambda \sin^2(k_\nu R)}{\big(1 + \lambda R\cos(2k_\nu R)\big)\,(k - k_\nu)} \\ &\approx \frac{\hbar^2\lambda}{\mu}\,\frac{k_\nu \sin^2(k_\nu R)}{1 + \lambda R\cos(2k_\nu R)}\,\frac{1}{E_\nu - E} \overset{!}{=} \frac{\Gamma_\nu/2}{E_\nu - E} \end{aligned} \tag{20.65}$$

Hierbei wurden die Energien $E = \hbar^2 k^2/(2\mu)$ und $E_\nu = \hbar^2 k_\nu^2/(2\mu)$ eingesetzt, und der Ausdruck wurde auf die Form (20.62) gebracht. Für die ungeraden Nullstellen sind $1 + \lambda R \cos(2k_\nu R)$ und damit Γ_ν negativ: es handelt sich daher *nicht* um Resonanzen. Für die geraden Nullstellen kann die positive Breite Γ_ν aus (20.65) abgelesen werden; es handelt sich um Resonanzen. Für $\lambda R = 10$ erfüllt genau eine Nullstelle dieses Kriterium (voller Kreis). Die resultierende Energieabhängigkeit der Streuphasen (20.63) ist als durchgezogene Linie in der folgenden Abbildung zu sehen:

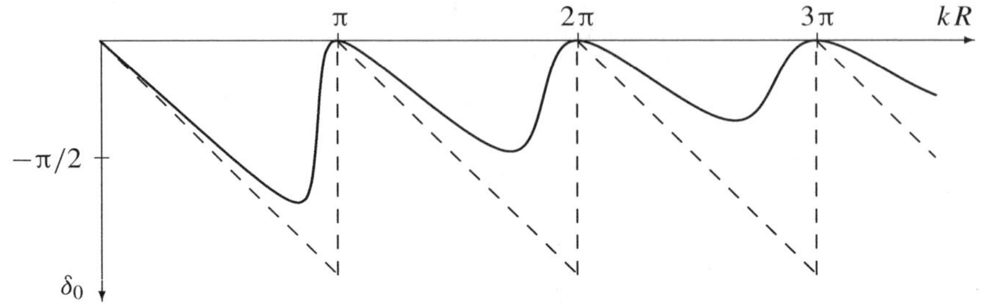

Wir betrachten nun den Grenzfall $\lambda R \gg 1$ und setzen $\nu = 2n$ für die geraden Nullstellen, die in der Nähe von $k_n R \approx n\pi$ liegen:

$$k_n R \approx n\pi\left(1 - \frac{1}{\lambda R}\right), \qquad \sin\left(k_n R\right) \approx (-)^{n+1}\,\frac{n\pi}{\lambda R}$$

Die dazugehörigen Resonanzenergien sind

$$E_n \approx \frac{\hbar^2 n^2 \pi^2}{2\mu R^2}\left(1 - \frac{2}{\lambda R}\right) = \varepsilon_{n0}\left(1 - \frac{2}{\lambda R}\right) \tag{20.66}$$

Dabei haben wir die Energieeigenwerte der s-Zustände $\varepsilon_{n0} = \hbar^2 n^2 \pi^2/(2\mu R^2)$ des unendlich hohen sphärischen Kastenpotenzials verwendet. Wir setzen dies in (20.65) ein:

$$\tan\delta_0(E) \approx \frac{\hbar^2 k_n}{\mu R}\left(\frac{n\pi}{\lambda R}\right)^2 \frac{1}{E_n - E} \approx \frac{n\pi}{(\lambda R)^2}\,\frac{2E_n}{E_n - E} \qquad (\lambda R \gg 1)$$

Damit sind die Breiten bestimmt:

$$\Gamma_n \approx \frac{4n\pi}{(\lambda R)^2}\,E_n \qquad (\lambda R \gg 1)$$

Für die Entstehung der Resonanzen ergibt sich folgendes Bild: Für $\lambda R \to \infty$, also für einen unendlich starken Potenzialwall, entkoppeln der Innen- und der Außenraum vollständig; es gibt keinen Tunneleffekt, die Resonanzbreiten Γ_n sind null. Im Inneren haben wir die gebundenen Zustände des unendlich hohen Kastenpotenzials bei den Energien ε_{n0}, im Außenraum die Streuung an der harten Kugel mit den Streuphasen $\delta_0(k) = -kR$. Da die Streuphase nur bis auf Vielfache von π definiert ist, kann diese Streuphase durch die gestrichelte Zick-Zack-Linie in der obigen Abbildung dargestellt werden.

Bei endlichen Potenzialwallstärken, $\lambda R \gg 1$, wird das Tunneln möglich und wir erhalten endliche Resonanzbreiten und damit verbundene endliche Lebensdauern $\tau_n = \hbar/\Gamma_n$ der quasigebundenen Zustände. Die Sprünge in den Streuphasen (gestrichelt) werden zu Übergängen mit endlichen Breiten geglättet, und die Resonanzenergien (20.66) werden aufgrund der Kopplung an das Kontinuum abgesenkt. Für $\lambda R = 10$ gibt es nur einen halbzahligen π-Wert mit einer voll ausgebildeten Resonanz; die anderen Resonanzen sind nicht mehr voll ausgebildet, aber immer noch deutlich erkennbar.

20.11 Nukleon-Nukleon-Streuung im Singulett-Zustand

Wir betrachten die $l = 0$ Streuung zweier Nukleonen im Singulett-Zustand, in dem die Spins zu $S = 0$ gekoppelt sind. Das Nukleon-Nukleon-Potenzial besteht aus einem attraktiven Teil und einem repulsiven kurzreichweitigeren Teil. Es kann durch folgenden schematischen Ansatz simuliert werden:

$$V(r) = \begin{cases} \infty & (r < a) \\ V_0 & (a < r < b) \\ 0 & (r > b) \end{cases} \tag{20.67}$$

Für die Parameter wird $a = 0.5\,\text{fm}$, $b = 1.5\,\text{fm}$ und $V_0 < 0$ angesetzt.

a) Für $S = 0$ gibt es keinen gebundenen Zustand zweier Nukleonen. Welche Bedingung muss die Potenzialstärke V_0 erfüllen, damit das Potenzial gerade *keinen* gebundenen Zustand hat?

b) Berechnen Sie die Streuphasen $\delta_0(k)$. Spezialisieren Sie das Ergebnis für $k \to 0$ und geben Sie die in (20.55) definierte Streulänge a_{str} an. Wie verhalten sich die Streuphasen für $k \to \infty$? Warum kann man in diesem Fall nicht $\delta(\infty) = 0$ setzen?

c) Bestimmen Sie die Potenzialtiefe V_0 so, dass die experimentelle Singulett-Streulänge $a_{\text{pp}}^{\text{s}} \approx -17.1\,\text{fm}$ richtig reproduziert wird (verwenden Sie den Taschenrechner). Skizzieren Sie $\delta_0(k)$ als Funktion von k.

Lösung: a) Am ehesten ist ein s-Zustand gebunden (fehlendes Zentrifugalpotenzial). Die Wellenfunktion ist daher von der Form $\psi(\boldsymbol{r}) = \big[u_0(r)/r\big]\,Y_{00}(\theta,\phi)$ mit

$$u_0(r) = \begin{cases} 0 & (r < a) \\ A\,\sin\big[q(r-a)\big] & (a < r < b) \\ B\,\exp(-\kappa r) & (r > b) \end{cases}$$

Die Energie dieses Zustands ist $E_0 = -\hbar^2\kappa^2/(2\mu) < 0$, die vom Grund des Potenzials aus gemessene Wellenzahl q ist durch $\hbar^2 q^2/(2\mu) = E_0 - V_0$ gegeben, und die reduzierte Masse $\mu = m_{\text{N}}/2$ ist gleich der halben Nukleonmasse. Bei $r = a$ hat die Wellenfunktion den Wert null und ist stetig. Die Stetigkeit der logarithmischen Ableitung bei $r = b$ ergibt

$$\cot\big[q\,(b-a)\big] = -\frac{\kappa}{q}$$

Dies ist die Bedingung für die Energieeigenwerte. Wir betrachten nun den Fall eines einzigen, gerade noch gebundenen Zustands, also $E_0 \to 0$ und $\kappa \to 0$ und $q \to q_0$, wobei $\hbar^2 q_0^2/(2\mu) = -V_0$. Aus der Eigenwertgleichung folgt dann $\cot[q_0\,(b-a)] = 0$ oder $q_0\,(b-a) = \pi/2, 3\pi/2, \ldots$. Für $q_0 = \pi/[2\,(b-a)] + \epsilon$ ist der betrachtete Zustand der einzige (gerade noch) gebundene Zustand. Für noch geringere Potenzialtiefen gibt es überhaupt keinen gebundenen Zustand:

$$q_0\,(b-a) < \frac{\pi}{2} \quad \Longrightarrow \quad |V_0| < \frac{\hbar^2\pi^2}{8\mu}\big(b-a\big)^{-2} \approx 102\,\text{MeV}$$

Für das numerische Ergebnis wurde $\hbar^2/(2\mu) = \hbar^2/m_{\text{N}} \approx 41.5\,\text{MeV fm}^2$ eingesetzt.

b) Für die Streuung, $E = \hbar^2 k^2/(2\mu) > 0$, setzen wir die $l = 0$ Partialwelle an:

$$u_0(k,r) = r\,\psi_0(k,r) = \begin{cases} 0 & (r < a) \\ A \sin\big[q(r-a)\big] & (a < r < b) \\ \sin\big[kr + \delta_0(k)\big] & (r > b) \end{cases}$$

Dabei ist $\hbar^2 q^2/(2\mu) = E - V_0$. Die Amplitude der asymptotischen Streuwelle wurde willkürlich gleich 1 gesetzt. Die Stetigkeit der logarithmischen Ableitung ergibt

$$\tan\big[kb + \delta_0(k)\big] = \frac{k}{q}\,\tan\big[q(b-a)\big]$$

Wir lösen dies nach den Streuphasen auf

$$\delta_0(k) = -kb + \arctan\left(\frac{k}{q}\,\tan\big[q(b-a)\big]\right) \tag{20.68}$$

Wir diskutieren nun die Grenzfälle $k \to 0$ und $k \to \infty$. Für niedrige Energien $k \to 0$ und $q \to q_0$ kann der Arcustangens durch sein Argument ersetzt werden:

$$\delta_0(k) \approx -b\,k + \frac{k}{q_0}\,\tan\big[q_0(b-a)\big] = -\,a_{\mathrm{str}}\,k \qquad (k \to 0)$$

Hieraus können wir die Streulänge ablesen:

$$a_{\mathrm{str}} = b - \frac{\tan[q_0(b-a)]}{q_0} \tag{20.69}$$

Für $a = b$ erhalten wir die Streulänge der harten Kugel mit Radius $a = b$. Der attraktive Teil des Potenzials liefert einen negativen Beitrag zur Streulänge (wegen $q_0(b-a) < \pi/2$) und kann ihr Vorzeichen umdrehen; genau dies passiert bei der Nukleon-Nukleon-Streuung. Die Streuphase startet dann im Ursprung linear mit einer positiven Steigung. Bei hohen Energien $q \to k \to \infty$ geht in (20.68) der Faktor k/q gegen 1, der Arcustangens kompensiert den Tangens:

$$\delta_0(k) = -bk + (b-a)k = -\,a\,k \qquad (k \to \infty)$$

Dies ist die linear abfallende Streuphase einer harten Kugel mit Radius a. Wegen dieses Verhaltens kann die Streuphase im Unendlichen nicht, wie sonst üblich, null gesetzt werden. Der attraktive Teil des Potenzials spielt bei den sehr hohen Energien keine Rolle.

c) Wir setzen nun $a = 0.5\,\mathrm{fm}$, $b = 1.5\,\mathrm{fm}$ sowie die experimentelle Singulett-Streulänge $a_{\mathrm{pp}}^{\mathrm{s}} \approx -17.1\,\mathrm{fm}$ in (20.69) ein und lösen diese Gleichung in der Form $q_0 = \arctan(18.6\,q_0)$ iterativ mit dem Taschenrechner (q_0 in Einheiten $1/\mathrm{fm}$). Bei einem Startwert von zum Beispiel $q_0 = 1$ konvergiert diese Prozedur schnell gegen $q_0 = 1.536$. Dies entspricht der Potenzialstärke

$$V_0 = -\,97.89\,\mathrm{MeV}$$

Diese Potenzialstärke liegt knapp über dem Grenzwert von $-\,102\,\mathrm{MeV}$, für den es einen gerade noch gebundenen Zustand gibt. Die zu diesen Parametern gehörigen Streuphasen (20.68) sind in der folgenden Abbildung dargestellt.

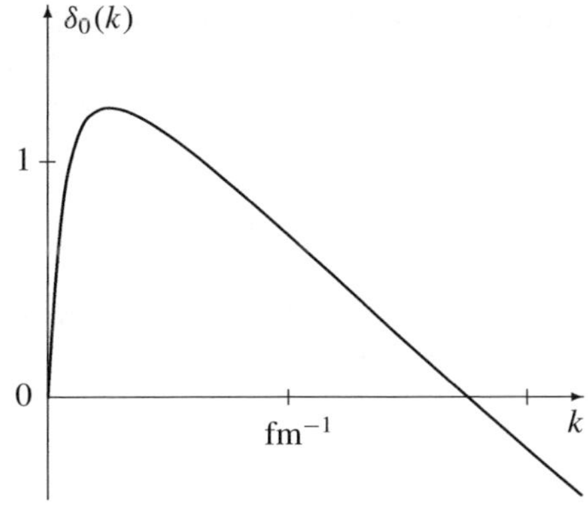

Die Streuphase aus (20.68) ist als Funktion des Wellenvektors k gezeigt (mit den Parameterwerten aus Teil c der Aufgabe). Die Streuphase startet bei $\delta_0(0) = 0$ und steigt rasch an. Eine Resonanz entspricht einem steilen Anstieg um etwa π. Der quasigebundene Zustand knapp über der Schwelle macht sich als unvollständige Resonanz bemerkbar. Der lineare Abfall bei großen k reflektiert die Abstoßung des hard cores. Qualitativ stimmt dieser Verlauf recht gut mit dem der experimentellen (Coulomb korrigierten) Proton-Proton-Streuphase im Singulett-Zustand überein.

20.12 Rekursionsformel für Laguerre-Polynome

Die Koeffizienten der Laguerrepolynome $L_n^\alpha = \sum_{k=0}^n a_k\, x^k$ sind durch

$$a_k = \frac{(-)^k}{k!}\binom{n+\alpha}{n-k} = \frac{(-)^k}{k!}\,\frac{(n+\alpha)!}{(n-k)!\,(k+\alpha)!} \tag{20.70}$$

gegeben. Das Argument der Fakultät $z! = \Gamma(z+1) = z\,\Gamma(z)$ ist hierbei nicht auf ganze Zahlen beschränkt.

Zeigen Sie, dass die Koeffizienten (20.70) die Rekursionsformel

$$a_{k+1} = -\,\frac{n-k}{(k+1)\,(k+l+3/2)}\,a_k$$

erfüllen.

Lösung: Die Laguerrepolynome mit $\alpha = l + 1/2$, (20.42), treten beim sphärischen Oszillator auf, die mit $\alpha = 2l + 1$, (20.48), bei Wasserstoffatom.

Wir setzen a_k aus (20.70) auf der rechten Seite der Rekursionsformel ein:

$$a_{k+1} = \frac{(-)^{k+1}}{(k+1)!}\,\frac{(n+\alpha)!}{(n-k-1)!\,(k+\alpha+1)!} = \frac{(-)^{k+1}}{(k+1)!}\binom{n+\alpha}{n-k-1}$$

Das so erhaltene a_{k+1} stimmt mit dem Koeffizienten überein, der sich aus (20.70) mit der Ersetzung $k \to k+1$ ergibt. Die Rekursionsformel ist daher gültig..

20.13 Zweidimensionaler harmonischer Oszillator

Der Hamiltonoperator des zweidimensionalen harmonischen Oszillators lautet

$$H_0 = \frac{p_x^2 + p_y^2}{2\mu} + \frac{\mu}{2}\,\omega^2\left(x^2 + y^2\right) \tag{20.71}$$

a) Führen Sie Polarkoordinaten ρ und φ ein. Zeigen Sie, dass die Eigenfunktionen $\psi(\rho, \varphi)$ von H_0 als simultane Eigenfunktionen von ℓ_z angesetzt werden können. Reduzieren Sie damit die Schrödingergleichung auf eine eindimensionale Differenzialgleichung in ρ.

b) Führen Sie die dimensionslosen Größen $x = \sqrt{\mu\omega/\hbar}\,\rho$ und $\varepsilon = E/(\hbar\omega)$ ein. Spalten Sie das Verhalten für $x \to 0$ und $x \to \infty$ von der gesuchten Lösung ab. Lösen Sie die verbleibende Differenzialgleichung mit einem Potenzreihenansatz, und geben Sie die Energieeigenwerte an.

c) Vergleichen Sie die Ergebnisse mit denen in kartesischen Koordinaten.

Lösung: a) In Polarkoordinaten lautet der Hamiltonoperator mit $\ell_z = -\mathrm{i}\hbar\,\partial/\partial\varphi$

$$H_0 = -\frac{\hbar^2}{2\mu}\left(\frac{\partial^2}{\partial\rho^2} + \frac{1}{\rho}\frac{\partial}{\partial\rho}\right) + \frac{\ell_z^2}{2\mu\rho^2} + \frac{\mu}{2}\,\omega^2\rho^2$$

Da ℓ_z mit H_0 vertauscht, $[\ell_z, H_0] = 0$, können die Eigenfunktionen als simultane Eigenfunktion zu ℓ_z angesetzt werden:

$$\psi(\rho, \varphi) = u(\rho)\,\exp(\mathrm{i}m\varphi)$$

Wir setzen dies in die Schrödingergleichung $H_0\psi = E\psi$ ein und erhalten folgende Differenzialgleichung für $u(\rho)$:

$$-\frac{\hbar^2}{2\mu}\Big(u''(\rho) + \frac{1}{\rho}\,u'(\rho) - \frac{m^2}{\rho^2}\,u(\rho)\Big) + \frac{\mu}{2}\,\omega^2\rho^2\,u(\rho) = E\,u(\rho)$$

b) Mit den dimensionslosen Größen $x = \sqrt{\mu\omega/\hbar}\,\rho$ und $\varepsilon = E/(\hbar\omega)$ wird diese Gleichung zu

$$u''(x) + \frac{1}{x}\,u'(x) - \frac{m^2}{x^2}\,u(x) + \big(2\varepsilon - x^2\big)\,u(x) = 0 \qquad (20.72)$$

Für $x \to 0$ setzen wir $u(x) \propto x^\sigma$ an und erhalten

$$\sigma(\sigma - 1) + \sigma - m^2 = 0 \quad\Longrightarrow\quad \sigma = \pm m \quad\Longrightarrow\quad u(x) \propto x^{|m|}$$

Für eine am Ursprung reguläre Lösung schließen wir negative Exponenten aus; dies geschieht durch die Betragsstriche. Wir untersuchen noch das Verhalten für $x \to \infty$,

$$u''(x) - x^2 u(x) \approx 0 \quad\Longrightarrow\quad u(x) \propto \exp\big(\pm x^2/2\big)$$

Für eine normierbare Lösung müssen wir das Minuszeichen wählen. Wir setzen daher $u(x) = x^{|m|}\,v(x)\,\exp(-x^2/2)$ in (20.72) ein und erhalten

$$v''(x) + \frac{2|m| + 1}{x}\,v'(x) - 2x\,v'(x) + 2\big(\varepsilon - |m| - 1\big)\,v(x) = 0$$

Hierin setzen wir die Potenzreihe $v(x) = \sum_{k=0}^{\infty} a_k\,x^k$ ein:

$$\frac{2|m| + 1}{x}\,a_1 + \sum_{k=0}^{\infty}\Big[\big(k+2\big)\big(k + 2|m| + 2\big)\,a_{k+2} + 2\big(\varepsilon - |m| - k - 1\big)\,a_k\Big]x^k = 0$$

Da diese Gleichung für beliebige x erfüllt sein muss, müssen die Koeffizienten bei jeder Potenz x^k verschwinden. Dies ergibt

$$a_1 = 0 \quad \text{und} \quad a_{k+2} = -2\,\frac{\varepsilon - (k + |m| + 1)}{(k+2)(k + 2|m| + 2)}\, a_k$$

Mit a_1 verschwinden alle ungerade Koeffizienten, $a_1 = a_3 = a_5 = a_7 = \ldots = 0$. Für eine nichttriviale Lösung muss dann $a_0 \neq 0$ sein. Bricht die sich daraus ergebende gerade Potenzreihe nicht ab, so gilt $a_{2\nu+2} \propto a_{2\nu}/\nu$ für große ν, also $a_{2\nu} \propto 1/\nu!$ und damit $v(x) \propto \sum_\nu (x^2)^\nu/\nu! = \exp(+x^2)$. Um dies zu verhindern, muss die gerade Potenzreihe abbrechen, also

$$\varepsilon - |m| - 1 = 2n_\rho \qquad \text{mit} \quad n_\rho = 0, 1, 2, \ldots$$

Die Energieeigenwerte

$$E_{n_\rho m} = \hbar\omega\varepsilon = \hbar\omega\big(2n_\rho + |m| + 1\big) = \hbar\omega\,(n+1) \tag{20.73}$$

können durch die Hauptquantenzahl $n = 2n_\rho + |m|$ ausgedrückt werden. Sie sind $(n+1)$-fach entartet. Die Potenzreihe wird zu einem Laguerrepolynom vom Grad n_ρ in x^2,

$$u_{n_\rho m}(x) \;\propto\; x^{|m|}\, L_{n_\rho}^{|m|}(x^2)\, \exp(-x^2/2)$$

c) In kartesischen Koordinaten sind die Oszillatoren in x- und y-Richtung entkoppelt. Die Eigenfunktionen sind Produkte $\varphi_{n_x}(x)\,\varphi_{n_y}(y)$ von eindimensionalen Oszillatorwellenfunktionen mit den Energieeigenwerten

$$E_{n_x n_y} = \hbar\omega\big(n_x + n_y + 1\big) = \hbar\omega\,(n+1) \tag{20.74}$$

Die Quantenzahlen der niedrigsten Zustände ergeben sich aus (20.73) und (20.74). Die dazugehörigen Wellenfunktionen in Polar- und kartesischen Koordinaten sind für $\mu\omega/\hbar = 1$ und ohne den gemeinsamen Faktor $\exp[-\rho^2/2]) = \exp[-(x^2+y^2)/2]$ in der folgenden Tabelle angegeben. Die Eigenfunktionen in Polarkoordinaten sind Linearkombinationen der Eigenfunktionen in kartesischen Koordinaten zum selben Energieeigenwert, und umgekehrt.

n	n_ρ	m	Wellenfunktion	n_x	n_y	Wellenfunktion
0	0	0	1	0	0	1
1	0	+1	$\rho\,\exp(\mathrm{i}\,\varphi)$	1	0	x
	0	−1	$\rho\,\exp(-\mathrm{i}\,\varphi)$	0	1	y
2	1	0	$\rho^2 - 1$	2	0	$x^2 - 1/2$
	0	+2	$\rho\,\exp(2\mathrm{i}\,\varphi)$	1	1	$x\,y$
	0	−2	$\rho\,\exp(-2\mathrm{i}\,\varphi)$	0	2	$y^2 - 1/2$

20.14 Landauniveaus

Ein Elektron bewegt sich in einem homogenen Magnetfeld $\boldsymbol{B} = B\,\boldsymbol{e}_z$. Der Spin des Elektrons ist mit $s_z = \hbar/2$ festgelegt und wird nicht weiter berücksichtigt. Der Hamiltonoperator lautet

$$H = \frac{1}{2\,m_\mathrm{e}}\Big(\boldsymbol{p}_\mathrm{op} + \frac{e}{c}\,\boldsymbol{A}\Big)^2 \qquad \text{mit} \qquad \boldsymbol{A} := \frac{B}{2}\,(-y, x, 0) \tag{20.75}$$

Zeigen Sie, dass H von der Form

$$H = H_0 + \frac{p_z^2}{2\,m_\mathrm{e}} + \omega\,\ell_z$$

ist, wobei H_0 der Hamiltonoperator des zweidimensionalen harmonischen Oszillators ist. Die Eigenwerte und Eigenfunktionen von H_0 sind aus Aufgabe 20.13 bekannt. Setzen Sie die Lösungen als Eigenfunktionen von p_z und H_0 an (warum?), und bestimmen Sie die Lösungen. Wie lauten die Energieeigenwerte? Sind die Niveaus entartet?

Was ändert sich an der Aufgabe und an den Lösungen, wenn das Vektorpotenzial durch $\boldsymbol{A} := B\,(0, x, 0)$ gegeben ist?

Lösung: Das Vektorpotenzial in (20.75) genügt der Coulombeichung, $\nabla \cdot \boldsymbol{A} = 0$. Hieraus folgt $\boldsymbol{p}_\mathrm{op} \cdot \boldsymbol{A} = \boldsymbol{A} \cdot \boldsymbol{p}_\mathrm{op}$. Es kommt daher nicht auf die Reihenfolge von $\boldsymbol{A}$ und $\boldsymbol{p}_\mathrm{op}$ im Hamiltonoperator an:

$$\begin{aligned} H &= \frac{\boldsymbol{p}_\mathrm{op}^2}{2\,m_\mathrm{e}} + \frac{e}{m_\mathrm{e}\,c}\,\boldsymbol{A}\cdot\boldsymbol{p}_\mathrm{op} + \frac{e^2}{2\,m_\mathrm{e}\,c^2}\,\boldsymbol{A}^2 \\ &= \frac{\boldsymbol{p}_\mathrm{op}^2}{2\,m_\mathrm{e}} + \frac{e}{2\,m_\mathrm{e}\,c}\big(-y\,p_x + x\,p_y\big) + \frac{e^2}{8\,m_\mathrm{e}\,c^2}\big(x^2+y^2\big) = H_0 + \frac{p_z^2}{2\,m_\mathrm{e}} + \omega\,\ell_z \end{aligned}$$

Neben zwei zusätzlichen Termen haben wir den Hamiltonoperator H_0 aus (20.71) mit

$$\mu = m_\mathrm{e} \qquad \text{und} \qquad \omega = \frac{\omega_\mathrm{zyk}}{2} = \frac{e\,B}{2\,m_\mathrm{e}\,c}$$

erhalten; die Größe ω_zyk ist die sogenannte Zyklotronfrequenz. Da die drei Operatoren H, H_0 und p_z untereinander vertauschen, können die Eigenfunktionen von H als die (bekannten) Eigenfunktionen von p_z und H_0 angesetzt werden:

$$\psi_{n_\rho\, m\, k_z}(\rho, \varphi, z) \;\propto\; \rho^{|m|}\, L_{n_\rho}^{|m|}\Big(\frac{m_\mathrm{e}\,\omega_\mathrm{zyk}}{2\,\hbar}\,\rho^2\Big)\, \exp\Big(-\,\frac{m_\mathrm{e}\,\omega_\mathrm{zyk}}{4\,\hbar}\,\rho^2\Big)\, \exp(\mathrm{i}\,m\,\varphi)\, \exp(\mathrm{i}\,k_z\,z) \tag{20.76}$$

Bis auf die Normierung sind damit die Eigenfunktionen von H bestimmt. Die zugehörigen Eigenwerte sind

$$E_{n_\rho\, m\, k_z} = \frac{\hbar\,\omega_\mathrm{zyk}}{2}\,\big(2\,n_\rho + |m| + m + 1\big) + \frac{\hbar^2 k_z^2}{2\,m_\mathrm{e}} \tag{20.77}$$

Für festes n_ρ und k_z sind die Niveaus mit $m \le 0$, also $m = 0, -1, -2, \ldots$ entartet: es handelt sich um eine unendlichfache Entartung. Dies gilt auch für den Grundzustand $n_\rho = 0$.

Dagegen haben die Niveaus mit positivem m unterschiedliche Energien. Abgesehen von der kontinuierlichen kinetischen Energie in z-Richtung ist das Spektrum diskret und äquidistant mit einem Energieabstand $\hbar\omega_{\text{zyk}}$. Dies sind die sogenannten *Landauniveaus*.

Eine Eichtransformation $\boldsymbol{A} \to \boldsymbol{A} + \operatorname{grad}\Lambda$ ändert das physikalische $\boldsymbol{B}$-Feld nicht; das physikalische Problem bleibt also dasselbe. Neben der symmetrischen Eichung (20.75) ist die *Landau-Eichung* $\boldsymbol{A} := B\,(0, x, 0)$ üblich. Hierfür lautet der Hamiltonoperator

$$H = \frac{1}{2m_\text{e}}\left(\boldsymbol{p}_\text{op} + \frac{e}{c}\,\boldsymbol{A}\right)^2 = \frac{1}{2m_\text{e}}\left(p_x^2 + p_z^2\right) + \frac{1}{2m_\text{e}}\left(p_y + \frac{eB}{c}\,x\right)^2$$

Offensichtlich vertauschen p_y und p_z mit H, also $[p_y, H] = [p_z, H] = 0$. Die Eigenfunktionen von H können deshalb in der Form

$$\phi(x, y, z) = u(x)\,\exp\left[\mathrm{i}\,(k_y\,y + k_z\,z)\right]$$

angesetzt werden. Damit reduziert sich die Schrödingergleichung auf eine eindimensionale Differenzialgleichung für $u(x)$,

$$\left[\frac{p_x^2}{2m_\text{e}} + \frac{\hbar^2 k_z^2}{2m_\text{e}} + \frac{1}{2m_\text{e}}\left(\hbar k_y + \frac{eB}{c}\,x\right)^2\right] u(x) = E\,u(x)$$

Dies ist die Schrödingergleichung eines verschobenen eindimensionalen harmonischen Oszillators:

$$\left[\frac{p_x^2}{2m_\text{e}} + \frac{e^2B^2}{2m_\text{e}c^2}\left(x + \frac{\hbar c}{eB}\,k_y\right)^2\right] u(x) = \left(E - \frac{\hbar^2 k_z^2}{2m_\text{e}}\right) u(x)$$

mit der Frequenz $\omega = \omega_{\text{zyk}}$. Aus den bekannten Oszillatorfunktionen $\varphi_{n_x}(x)$ erhalten wir damit die Lösungen

$$\phi(x, y, z) \propto \varphi_{n_x}\left(x + \frac{\hbar c}{eB}\,k_y\right)\,\exp\left[\mathrm{i}\,(k_y\,y + k_z\,z)\right] \tag{20.78}$$

Die zugehörigen Eigenwerte sind

$$E_{n_x k_z} = \hbar\omega_{\text{zyk}}\left(n_x + \frac{1}{2}\right) + \frac{\hbar^2 k_z^2}{2m_\text{e}} \tag{20.79}$$

Die Energieeigenwerte sind unabhängig von k_y; daher stellt sich die unendlichfache Entartung hier etwas anders dar. Wir erhalten aber dasselbe Spektrum wie für die Coulombeichung. Die Wellenfunktionen der einen Form sind jeweils Linearkombinationen der (unendlich vielen) Wellenfunktionen der anderen Form zum selben Eigenwert.

20.15 Anisotroper harmonischer Oszillator

Betrachten Sie den anisotropen dreidimensionalen harmonischen Oszillator

$$H = \frac{\boldsymbol{p}_\text{op}^2}{2\mu} + \frac{\mu\,\omega_x^2}{2}\left(x^2 + y^2\right) + \frac{\mu\,\omega_z^2}{2}\,z^2$$

mit $\omega_x = \omega_0\left(1 + \delta/3\right)$ und $\omega_z = \omega_0\left(1 - 2\,\delta/3\right)$. Geben Sie die Eigenfunktionen und die Energieeigenwerte an. Listen Sie speziell für $\delta = 0$ und $\delta = 1/2$ die Quantenzahlen und die Energiewerte der tiefsten Zustände auf.

Lösung: Die Oszillatoren in x-,y- und z-Richtung sind entkoppelt. Die Eigenfunktionen von H können daher als Produkte von eindimensionalen Oszillatorwellenfunktionen geschrieben werden:

$$\psi_{n_x n_y n_z}(x, y, z) = \varphi_{n_x}(x)\,\varphi_{n_y}(y)\,\varphi_{n_z}(z)$$

Die zugehörigen Energieeigenwerte sind

$$E_{n_x n_y n_z} = \hbar\omega_x\left(n_x + n_y + 1\right) + \hbar\omega_z\left(n_z + 1/2\right)$$

Im Fall $\delta = 0$ mit $\omega_x = \omega_z = \omega_0$ vereinfacht sich dies zu den bekannten Energien des sphärischen harmonischen Oszillators:

$$E_{n_x n_y n_z} = \hbar\omega_0\left(n_x + n_y + n_z + 3/2\right)$$

Für den anisotropen Oszillator mit $\delta = 1/2$, $\omega_x = 7\omega_0/6$ und $\omega_z = 2\omega_0/3$ erhalten wir dagegen

$$E_{n_x n_y n_z} = \hbar\omega_0\left(\frac{7}{6}n_x + \frac{7}{6}n_y + \frac{4}{6}n_z + \frac{9}{6}\right)$$

n_x	n_y	n_z	$\delta = 0$	$\delta = 1/2$
0	0	0	$(3/2)\,\hbar\omega_0$	$(3/2)\,\hbar\omega_0$
0	0	1	$(5/2)\,\hbar\omega_0$	$(13/6)\,\hbar\omega_0$
0	1	0	$(5/2)\,\hbar\omega_0$	$(16/6)\,\hbar\omega_0$
1	0	0	$(5/2)\,\hbar\omega_0$	$(16/6)\,\hbar\omega_0$
0	0	2	$(7/2)\,\hbar\omega_0$	$(17/6)\,\hbar\omega_0$
…	…	…	…	…

Die Tabelle listet die Quantenzahlen und die Energieeigenwerte der tiefsten Zustände des anisotropen harmonischen Oszillators mit $\delta = 1/2$ auf und vergleicht sie mit dem sphärischen Fall ($\delta = 0$). Dieses Oszillatormodell wird zum Beispiel für die Beschreibung deformierter Atomkerne verwendet (*Nilsson-Modell*).

20.16 Virialsatz für Wasserstoffproblem

Beweisen Sie für den Hamiltonoperator $H = T + V = \boldsymbol{p}^2/2\mu - Ze^2/r$ des Wasserstoffatoms die Operatorbeziehung

$$\frac{\mathrm{i}}{\hbar}\left[H, \boldsymbol{r}\cdot\boldsymbol{p}_{\mathrm{op}}\right] = 2T + V$$

Leiten Sie hieraus eine Relation zwischen den Erwartungswerten $\langle T\rangle$ und $\langle V\rangle$ für Wasserstoffeigenfunktionen ab, und geben Sie $\langle T\rangle$ und $\langle V\rangle$ an. Was ändert sich, wenn der sphärische harmonische Oszillator mit $V(r) = \mu\omega^2 r^2/2$ betrachtet wird?

Lösung: Wir schreiben zunächst den Kommutator aus,

$$\left[H, \boldsymbol{r}\cdot\boldsymbol{p}_{\mathrm{op}}\right] = \left[H, \boldsymbol{r}\right]\cdot\boldsymbol{p}_{\mathrm{op}} + \boldsymbol{r}\cdot\left[H, \boldsymbol{p}_{\mathrm{op}}\right]$$

und berechnen die Kommutatoren von H mit dem Orts- und Impulsoperator:

$$\left[H, \boldsymbol{r}\right] = \frac{1}{2\mu}\left[\boldsymbol{p}_{\mathrm{op}}^2, \boldsymbol{r}\right] = \frac{\hbar}{\mathrm{i}\,\mu}\,\boldsymbol{p}_{\mathrm{op}}\,, \qquad \left[H, \boldsymbol{p}_{\mathrm{op}}\right] = \left[V, \boldsymbol{p}_{\mathrm{op}}\right] = -\frac{\hbar}{\mathrm{i}}\,\nabla V(r)$$

Aus den letzten beiden Gleichungen folgt

$$\frac{\mathrm{i}}{\hbar}\left[H, \boldsymbol{r}\cdot\boldsymbol{p}_{\mathrm{op}}\right] = \frac{\boldsymbol{p}_{\mathrm{op}}^2}{\mu} - (\boldsymbol{r}\cdot\nabla)\,V(r) = 2T + V$$

Für $V(r) = -Ze^2/r$ wurde $-(\boldsymbol{r}\cdot\nabla)\,V(r) = V(r)$ eingesetzt. Wir nehmen nun den Erwartungswert mit einer Wasserstoffeigenfunktion. Der Hamiltonoperator wird zum einen nach links und zum anderen nach rechts angewandt; wegen $H\,\psi_{nlm} = \varepsilon_n\,\psi_{nlm}$ ergibt er jeweils den Faktor ε_n. Daher verschwindet der Erwartungswert des Kommutators,

$$\big\langle \big[H, \boldsymbol{r}\cdot\boldsymbol{p}_{\rm op}\big]\big\rangle = 0 \qquad \Longrightarrow \qquad 2\,\langle T\,\rangle + \langle V\,\rangle = 0 \tag{20.80}$$

Die rechts angeschriebene Folgerung ist der sogenannte Virialsatz für das Wasserstoffproblem. Aus dem Virialsatz und aus $\langle H\,\rangle = \langle T\,\rangle + \langle V\,\rangle = \varepsilon_n = -Z^2e^2/(2a_{\rm B}n^2)$ folgen die Erwartungswerte der kinetischen und potenziellen Energie:

$$\langle T\,\rangle = \frac{Z^2e^2}{2\,a_{\rm B}\,n^2}\,, \qquad \langle V\,\rangle = -\,\frac{Z^2e^2}{a_{\rm B}\,n^2} \tag{20.81}$$

Für den harmonischen Oszillator $H_{\rm osz} = T + V = \boldsymbol{p}^2/2\mu + \mu\,\omega^2 r^2/2$ gilt $(\boldsymbol{r}\cdot\nabla)\,V(r) = 2\,V(r)$ und damit

$$\frac{\rm i}{\hbar}\big[H_{\rm osz}, \boldsymbol{r}\cdot\boldsymbol{p}_{\rm op}\big] = \frac{\boldsymbol{p}_{\rm op}^2}{\mu} - (\boldsymbol{r}\cdot\nabla)\,V(r) = 2\,T - 2\,V$$

Wir nehmen den Erwartungswert mit einer Oszillatoreigenfunktion:

$$\big\langle \big[H, \boldsymbol{r}\cdot\boldsymbol{p}_{\rm op}\big]\big\rangle = 0 \qquad \Longrightarrow \qquad 2\,\langle T\,\rangle - 2\,\langle V\,\rangle = 0 \tag{20.82}$$

Rechts steht der Virialsatz für den harmonischen Oszillator. Aus diesem Virialsatz und aus $\langle H_{\rm osz}\rangle = \langle T\,\rangle + \langle V\,\rangle = \hbar\omega\,(n + 3/2) = \varepsilon_n$ folgen wieder die Erwartungswerte

$$\langle T\,\rangle = \langle V\,\rangle = \frac{\hbar\omega}{2}\left(n + \frac{3}{2}\right) = \frac{\varepsilon_n}{2} \tag{20.83}$$

20.17 Wasserstoffradialfunktionen zu maximalem Drehimpuls

Die normierten Wasserstoffeigenfunktionen mit maximalem Drehimpuls $l = n - 1$ sind von der Form $\psi_{n,n-1,m}(\boldsymbol{r}) = \big(u_{n,n-1}(r)/r\big)\,Y_{n-1,m}(\theta,\phi)$ mit

$$u_{n,n-1}(r) = \sqrt{\frac{2\,Z}{n\,(2n)!\,a_{\rm B}}}\left(\frac{2\,Zr}{n\,a_{\rm B}}\right)^n \exp\left(-\frac{Z\,r}{n\,a_{\rm B}}\right) \tag{20.84}$$

Dabei ist $a_{\rm B} = \hbar^2/(m_{\rm e}\,e^2)$ der Bohrsche Radius. Bestimmen Sie das Maximum $r_{\rm max}$ der Wahrscheinlichkeitsdichte $P(r) = |u_{n,n-1}(r)|^2$. Vergleichen Sie $r_{\rm max}$ mit dem Erwartungswert $\langle r\rangle$.

Im *Bohrschen Atommodell* werden Kreisbahnen betrachtet (Radius r). Dabei wird die Coulombkraft gleich der Zentripedalkraft gesetzt, $Z\,e^2/r^2 = m_{\rm e}\,v^2/r$, und der Drehimpuls wird gemäß $m_{\rm e}\,v\,r = n\,\hbar$ mit $n = 1, 2, 3,...$ quantisiert. Vergleichen Sie die sich hierfür ergebenden Radien mit den oben berechneten Werten von $r_{\rm max}$.

Lösung: Für die normierten Wasserstoffeigenfunktionen (20.84) gilt

$$\int d^3r \,\left|\psi_{n,n-1,m}(\boldsymbol{r})\right|^2 = \int_0^\infty dr \,\left|u_{n,n-1}(r)\right|^2 = 1$$

Damit ist $P(r) = |u_{n,n-1}(r)|^2$ die Wahrscheinlichkeitsdichte, das Elektron im Intervall $[r, r+dr]$ zu finden. Für diese Wahrscheinlichkeitsdichte

$$P(r) = \frac{2Z}{n\,a_\mathrm{B}\,(2n)!}\left(\frac{2Zr}{n\,a_\mathrm{B}}\right)^{2n} \exp\left(-\frac{2Zr}{n\,a_\mathrm{B}}\right)$$

schreiben wir die notwendige Bedingung für das Vorliegen eines Extremums an:

$$\frac{dP(r)}{dr} \propto \left(\frac{2n}{r} - \frac{2Z}{n\,a_\mathrm{B}}\right) r^{2n} \exp\left(-\frac{2Zr}{n\,a_\mathrm{B}}\right) = 0$$

Es gibt genau ein Extremum bei

$$r_\mathrm{max} = \frac{a_\mathrm{B}}{Z}\, n^2 \tag{20.85}$$

Da die Wahrscheinlichkeitsdichte positiv und im Unendlichen null ist, handelt es sich um ein Maximum. Wir berechnen den Ortserwartungswert

$$\begin{aligned}\langle r\rangle &= \int_0^\infty dr\; r\,\left|u_{n,n-1}(r)\right|^2 = \int_0^\infty dr\; r\,P(r)\\ &= \frac{n\,a_\mathrm{B}}{2Z\,(2n)!}\int_0^\infty dx\; x^{2n+1}\exp(-x) = \frac{a_\mathrm{B}}{Z}\,n\big(n+1/2\big) \overset{(n\gg 1)}{\approx} r_\mathrm{max}\end{aligned}$$

Zur Auswertung des Integrals wurde $x = 2Zr/(n\,a_\mathrm{B})$ substituiert. Für große n stimmen r_max und $\langle r\rangle$ überein.

Im Bohrschen Atommodell folgt aus $Ze^2/r^2 = m_\mathrm{e}v^2/r$ und $m_\mathrm{e}\,v\,r = n\hbar$ der Radius

$$r_\mathrm{Bohr} = \frac{n^2\hbar^2}{Ze^2 m_\mathrm{e}} = \frac{a_\mathrm{B}}{Z}\,n^2 = r_\mathrm{max}$$

Dieser Radius stimmt mit (20.85) überein.

20.18 Zeeman-Effekt

Der Hamiltonoperator für das Wasserstoffatom in einem homogenen Magnetfeld $\boldsymbol{B} = B\,\boldsymbol{e}_z$ ist von der Form

$$H = \frac{1}{2m_\mathrm{e}}\left(\boldsymbol{p}_\mathrm{op} + \frac{e}{c}\boldsymbol{A}\right)^2 - \frac{Ze^2}{r} \qquad \text{mit} \quad \boldsymbol{A} := \frac{B}{2}\big(-y, x, 0\big) \tag{20.86}$$

Für nicht zu starke Magnetfelder können die in B quadratischen Terme vernachlässigt werden. Zeigen Sie, dass dann $H = H_0 + \omega_\mathrm{L}\,\ell_z$ mit $\omega_\mathrm{L} = eB/(2m_\mathrm{e}c)$ gilt, wobei H_0 der Hamiltonoperator ohne Magnetfeld ist. Geben Sie die Eigenfunktionen und Energieeigenwerte von H an, und diskutieren Sie die resultierende Aufspaltung der Wasserstoffniveaus.

Lösung: Für das angegebene Vektorpotenzial gilt die Coulombeichung div $\boldsymbol{A} = 0$. Hieraus folgt $\boldsymbol{p}_{\rm op} \cdot \boldsymbol{A} = \boldsymbol{A} \cdot \boldsymbol{p}_{\rm op}$. Es kommt daher nicht auf die Reihenfolge von $\boldsymbol{A}$ und $\boldsymbol{p}_{\rm op}$ im Hamiltonoperator an:

$$H = \frac{\boldsymbol{p}_{\rm op}^2}{2m_{\rm e}} + \frac{e}{m_{\rm e}c}\,\boldsymbol{A}\cdot\boldsymbol{p}_{\rm op} - \frac{Ze^2}{r} + \mathcal{O}(A^2) \approx H_0 + \frac{e}{m_{\rm e}c}\,\boldsymbol{A}\cdot\boldsymbol{p}_{\rm op}$$

Im letzten Schritt wurden die im Feld quadratischen Terme weggelassen. Außerdem wurde der Wasserstoff-Hamiltonoperator eingeführt:

$$H_0 = \frac{\boldsymbol{p}_{\rm op}^2}{2m_{\rm e}} - \frac{Ze^2}{r}$$

Wir setzen nun das Vektorpotenzial ein:

$$H = H_0 + \frac{eB}{2m_{\rm e}c}\big(-y\,p_x + x\,p_y\big) = H_0 + \frac{eB}{2m_{\rm e}c}\,\ell_z = H_0 + \omega_{\rm L}\,\ell_z$$

Im letzten Schritt wurde die *Larmorfrequenz* eingeführt,

$$\omega_{\rm L} = \frac{eB}{2m_{\rm e}c}$$

Da ℓ_z mit H_0 vertauscht, gibt es gemeinsame Eigenfunktionen. Dies sind die Wasserstoff-Eigenfunktionen ψ_{nlm}, denn diese wurden als Eigenfunktionen von H_0, $\boldsymbol{\ell}_{\rm op}^2$ und ℓ_z konstruiert. Die dazugehörigen Eigenwerte sind

$$E_{nm} = \varepsilon_n + m\,\hbar\,\omega_{\rm L}\,, \qquad \varepsilon_n = -\,\frac{e^2}{a_{\rm B}}\,\frac{Z^2}{2n^2}$$

Die Eigenfunktionen ψ_{nlm} sind bezüglich der Quantenzahlen l und m entartet. Diese Entartung wird hier für die m-Quantenzahl aufgehoben; dies ist der Zeeman-Effekt. In einer realistischen Behandlung muss aber noch der Spin berücksichtigt werden (Aufgabe 23.6).

20.19 Klein-Gordon-Gleichung

Für ein relativistisches Teilchen (Masse m) im Coulombpotenzial $V(r) = -Ze^2/r$ gilt die Energie-Impuls-Beziehung $[E - V(r)]^2 = p^2c^2 + m^2c^4$. Die Ersetzungsregeln $\boldsymbol{p} \to -\mathrm{i}\hbar\nabla$ und $E \to \mathrm{i}\hbar\,\partial/\partial t$ führen dann zur Wellengleichung

$$\big[\mathrm{i}\hbar\,\partial/\partial t - V(r)\big]^2\,\psi(\boldsymbol{r},t) = \big[-\hbar^2c^2\Delta + m^2c^4\big]\,\psi(\boldsymbol{r},t) \qquad (20.87)$$

Diese zeitabhängige *Klein-Gordon-Gleichung mit Coulombpotenzial* gilt für Teilchen mit Spin null. Sie soll im Folgenden gelöst werden.

Gehen Sie mit dem Ansatz $\psi(\boldsymbol{r},t) = \psi(\boldsymbol{r})\,\exp\big(-\mathrm{i}Et/\hbar\big)$ zur zeitunabhängigen Klein-Gordon-Gleichung über. Da das Problem kugelsymmetrisch ist, kann $\psi(\boldsymbol{r})$ als Eigenfunktion zu $\boldsymbol{\ell}_{\rm op}^2$ und ℓ_z angesetzt werden, also $\psi(\boldsymbol{r}) = [u_l(r)/r]\,Y_{lm}(\theta,\phi)$. Geben Sie die Differenzialgleichung für $u_l(r)$ an. Verwenden Sie die dimensionslosen Größen $\rho = (e^2E/\hbar^2c^2)\,r$ und $\gamma^2 = (m^2c^4 - E^2)/(E^2\alpha^2)$ mit der Feinstrukturkonstanten $\alpha = e^2/(\hbar c)$. Setzen Sie

$$u_l(\rho) = \rho^{\beta}\,v(\rho)\,\exp(-\gamma\rho)$$

an, und bestimmen Sie β aus dem Verhalten am Ursprung. Daraus erhalten Sie die Differenzialgleichung:

$$\rho\, v'' + 2\big(\beta - \gamma\rho\big)\, v' + 2\big(Z - \gamma\,\beta\big)\, v = 0 \tag{20.88}$$

Setzen Sie für $v(\rho)$ ein Potenzreihe an, und leiten Sie die Rekursionsformel für die Koeffizienten ab. Begründen Sie, dass die Rekursion abbrechen muss. Geben Sie die Energieeigenwerte an, die aus der Abbruchbedingung folgen.

Lösung: Wir setzen $\psi(\boldsymbol{r}, t) = \psi(\boldsymbol{r}) \exp\big(-\mathrm{i}\,E\,t/\hbar\big)$ in (20.87) ein, führen die Zeitableitung aus und kürzen den Exponentialfaktor:

$$\big[\,E - V(r)\,\big]^2\, \psi(\boldsymbol{r}) = \big[-\hbar^2 c^2 \Delta + m^2 c^4\,\big]\, \psi(\boldsymbol{r})$$

In diese zeitunabhängige Klein-Gordon-Gleichung setzen wir $\psi(\boldsymbol{r}) = [\,u_l(r)/r\,]\, Y_{lm}(\theta, \phi)$ und

$$\Delta = \frac{1}{r}\,\frac{d^2}{dr^2}\, r - \frac{\boldsymbol{\ell}_{\text{op}}^2}{\hbar^2 r^2}$$

ein und erhalten die Radialgleichung:

$$\left[\frac{d^2}{dr^2} - \frac{l\,(l+1)}{r^2} + \frac{E^2 - m^2 c^4}{\hbar^2 c^2} + \frac{2\,E}{\hbar^2 c^2}\,\frac{Z\,e^2}{r} + \frac{Z^2 e^4}{\hbar^2 c^2}\,\frac{1}{r^2}\right] u_l(r) = 0$$

Mit den dimensionslosen Größen $\rho = (e^2 E/\hbar^2 c^2)\, r$ und $\gamma^2 = (m^2 c^4 - E^2)/(E^2 \alpha^2)$ wird die Radialgleichung zu

$$\left[\frac{d^2}{d\rho^2} - \frac{l\,(l+1)}{\rho^2} - \gamma^2 + \frac{2\,Z}{\rho} + \frac{Z^2 \alpha^2}{\rho^2}\right] u_l(\rho) = 0 \tag{20.89}$$

Für $\rho \to \infty$ lesen wir das asymptotische Verhalten der Wellenfunktion ab:

$$\left[\frac{d^2}{d\rho^2} - \gamma^2\right] u_l(\rho) = 0 \quad\Longrightarrow\quad u_l(\rho) \propto \exp(-\gamma\,\rho)$$

Die exponentiell ansteigende Lösung wird wegen der Normierbarkeit ausgeschlossen. Für $\rho \to 0$ erhalten wir das Verhalten am Ursprung

$$\left[\frac{d^2}{d\rho^2} - \frac{l(l+1) - Z^2\alpha^2}{\rho^2}\right] u_l(\rho) = 0 \quad\Longrightarrow\quad \begin{cases} u_l(\rho) \propto \rho^{\beta} \quad \text{mit} \\ \beta(\beta - 1) \,=\, l\,(l+1) - Z^2\alpha^2 \end{cases}$$

Die quadratische Gleichung für β hat die Lösungen

$$\beta = \frac{1}{2} \pm \sqrt{\left(l + \frac{1}{2}\right)^2 - Z^2\alpha^2} \tag{20.90}$$

Wir betrachten zunächst den Grenzfall $\beta = 1/2$. Dann ist $|\psi|^2 \propto 1/r$, und das Normierungsintegral existiert (bei der Integrationsgrenze $r = 0$). Aber: Die kinetische Energiedichte ist proportional zu $\psi^*\,\psi'' \propto 1/r^3$, so dass der Erwartungswert der kinetischen Energie divergiert (dies gilt analog für den Potenzialbeitrag mit $1/r^2$). Daher muss $\beta = 1/2$ ausgeschlossen werden. Wenn die Wurzel in (20.90) imaginär wird, dann gilt wieder $|\psi|^2 \propto 1/r$;

auch dies muss ausgeschlossen werden. Die Wurzel muss daher in jedem Fall (insbesondere auch für $l = 0$) positiv sein, also

$$Z\alpha < \frac{1}{2} \qquad \text{oder} \qquad Z < \frac{e^2}{2\hbar c} \approx 68.5 \tag{20.91}$$

Die Divergenz für $\beta = 1/2$ aufgrund von $\psi^* \psi'' \propto 1/r^3$ ist nur logarithmisch (wegen $d^3r \propto r^2\, dr$). Unter der Voraussetzung (20.91) führt daher das positive Vorzeichen der Wurzel in (20.90) immer zu einer akzeptablen Lösung mit $\beta > 1/2$. Diese Lösung wird im Folgenden betrachtet. Unter Berücksichtigung des Verhaltens für $\rho \to 0$ und $\rho \to \infty$ setzen wir $u_l(\rho) = \rho^\beta\, v(\rho)\, \exp(-\gamma \rho)$. an. Hierfür berechnen wir

$$\frac{u_l''}{u_l} = \frac{v''}{v} + 2\left(\frac{\beta}{\rho} - \gamma\right)\frac{v'}{v} - \frac{2\beta\gamma}{\rho} + \frac{\beta(\beta-1)}{\rho^2} + \gamma^2$$

und setzen dies in (20.89) ein. Dies ergibt die Differenzialgleichung (20.88),

$$\rho\, v'' + 2(\beta - \gamma\rho)\, v' + 2(Z - \gamma\beta)\, v = 0$$

Wir setzen die Potenzreihe $v = \sum_0^\infty a_k\, \rho^k$ in die Differenzialgleichung ein, und fassen die Terme mit der Potenz ρ^k zusammen:

$$\sum_{k=0}^{\infty} \Big[(k+1)(2\beta + k)\, a_{k+1} - 2(\beta\gamma + k\gamma - Z)\, a_k \Big] \rho^k = 0$$

Da die Gleichung für beliebige ρ gilt, müssen die Koeffizienten von ρ^k jeweils für sich verschwinden. Dies ergibt die Rekursionsformel

$$a_{k+1} = 2\, \frac{\gamma\,(k+\beta) - Z}{(k+1)(k+2\beta)}\, a_k$$

Der Koeffizient $a_0 \neq 0$ legt alle anderen Koeffizienten fest und wird selbst schließlich durch die Normierung bestimmt. Wenn die Potenzreihe nicht abbricht, führt sie zu $v \propto \exp(2\gamma\rho)$ und $u_l \propto \exp(\gamma\rho)$, also zu einer nicht normierbaren Wellenfunktion. Für eine normierbare Lösung muss die Reihe abbrechen. Dazu muss $\gamma\,(k+\beta) - Z$ für einen bestimmten k-Wert, den wir mit n_r bezeichnen, verschwinden:

$$\frac{Z}{\gamma} = \beta + n_\mathrm{r} \qquad \text{mit} \qquad n_\mathrm{r} = 0, 1, 2, 3, \ldots$$

Die radiale Quantenzahl n_r bestimmt die Anzahl der Knoten der Wellenfunktion. Aus der Definition $\gamma^2 = (m^2c^4 - E^2)/(E^2\alpha^2)$ erhalten wir die Energieeigenwerte

$$E_{n_\mathrm{r}\, l} = \frac{mc^2}{\sqrt{1 + \alpha^2\gamma^2}} = \frac{mc^2}{\sqrt{1 + \alpha^2 Z^2/(\beta + n_\mathrm{r})^2}} \tag{20.92}$$

Anmerkungen: Wir diskutieren noch die Einschränkung (20.91). Wenn man sich der Grenze nähert ($Z\alpha \to 1/2$), dann divergiert die physikalische Lösung mit $l = 0$ am Ursprung zu stark. Dies liegt daran, dass das Potenzial einer zentralen *Punktladung* angesetzt wurde (und dass das Potenzial in der relativistischen Gleichung quadratisch vorkommt). Für ein realistisches Zentralpotenzial (etwa wie in Aufgabe 23.4) wird diese Singularität vermieden. Für Elektronen im Atom ist die Diracgleichung (relativistische Gleichung für Spin 1/2 Teilchen) zu nehmen; anstelle von (20.91) erhält man hierfür die Bedingung $Z\alpha < 1$.

21 Abstrakte Formulierung

Die mathematische Struktur der Quantenmechanik ist die eines Hilbertraums. Wir diskutieren die Eigenschaften dieses Hilbertraums, insbesondere im Vergleich zum gewöhnlichen Vektorraum. Dabei führen wir eine darstellungsunabhängige Schreibweise für Zustände und Operatoren ein. Wir behandeln die Matrixdarstellung der Operatoren und definieren die Eigenschaften adjungiert, hermitesch und unitär.

Hilbertraum

Wir beginnen mit einem Beispiel: Die Eigenfunktionen φ_n des unendlichen Potenzialtopfs bilden einen unendlich dimensionalen Vektorraum mit dem Skalarprodukt

$$(f, g) \equiv \int_0^L dx\ f(x)\, g(x) \tag{21.1}$$

Die Elemente dieses Vektorraums sind die stetigen und reellen Funktionen $f(x)$ mit dem Definitionsbereich $[0, L]$ und der Einschränkung $f(0) = f(L) = 0$. Aus der Theorie der Fourierreihen ist bekannt, dass man solche Funktionen nach den Basisfunktionen φ_n entwickeln kann, $f(x) = \sum a_n\, \varphi_n(x)$. Ein Vektor $\boldsymbol{x} = \sum a_i\, \boldsymbol{e}_i$ in einem N-dimensionalen Vektorraum kann durch seine Komponenten a_i *dargestellt* werden (Zeichen „:="). Ganz analog dazu kann man die Funktion $f(x)$ durch die Koeffizienten $a_n = (\varphi_n, f)$ darstellen:

$$\boldsymbol{x} := \begin{pmatrix} a_1 \\ a_2 \\ \vdots \\ a_N \end{pmatrix} \qquad \text{und} \qquad f(x) := \begin{pmatrix} a_1 \\ a_2 \\ a_3 \\ \vdots \end{pmatrix} \tag{21.2}$$

Man überzeugt sich leicht davon, dass alle Axiome des Vektorraums erfüllt sind.

Wellenfunktionen sind im Allgemeinen komplex. Daher verallgemeinern wir die Definition des Skalarprodukts durch

$$\langle \varphi \,|\, \psi \rangle \equiv \int dx\ \varphi^*(x)\ \psi(x) \tag{21.3}$$

Hierbei steht x für alle Koordinaten $q_1,\ldots,q_f$. Die bekannten Axiome des Vektorraums lassen sich auf den Hilbertraum übertragen, insbesondere

$$\langle \varphi \,|\, \psi \rangle = \langle \psi \,|\, \varphi \rangle^*\,, \quad \langle \psi \,|\, \psi \rangle \geq 0\,, \quad \langle \alpha f + \beta g \,|\, \psi \rangle = \alpha^* \langle f \,|\, \psi \rangle + \beta^* \langle g \,|\, \psi \rangle \tag{21.4}$$

Die Eigenfunktionen eines hermiteschen Operators bilden einen orthonormierten, vollständigen Satz von Basisfunktionen. Wir entwickeln eine beliebige Funktion $\psi(x)$ nach den Eigenfunktionen $\varphi_n(x)$ des Hamiltonoperators, nach den Eigenfunktionen $\delta(x - x')$ des Ortsoperators oder nach den Eigenfunktionen (18.27) des Impulsoperators:

$$\psi(x) = \begin{cases} \sum a_n\, \varphi_n(x) \\ \int dx'\, \psi(x')\, \delta(x - x') \\ (2\pi\hbar)^{-1/2} \int dp\, \phi(p)\, \exp(\mathrm{i}px/\hbar) \end{cases} \tag{21.5}$$

Dies rechtfertigt die Bezeichnungen

$$\left.\begin{matrix} a_n \\ \psi(x) \\ \phi(p) \end{matrix}\right\} \text{ ist die Wellenfunktion in der } \left\{\begin{matrix} \text{Energie-} \\ \text{Orts-} \\ \text{Impuls-} \end{matrix}\right\} \text{Darstellung} \tag{21.6}$$

Mit $|\,\psi\rangle$ bezeichnen wir nun den von der Darstellung unabhängigen *Vektor* oder *Zustandsvektor* im Hilbertraum:

$$|\,\psi\rangle :\equiv \begin{cases} a_n & \text{(Energie)} \\ \psi(x) & \text{(Ort)} \\ \phi(p) & \text{(Impuls)} \end{cases} \tag{21.7}$$

Wir sprechen vom *Zustandsvektor*, wenn ψ den Zustand des betrachteten Systems beschreibt. Der Name in $|\,Name\rangle$ ist Konvention. Den Eigenvektor von H zum Eigenwert E_n könnten wir etwa mit $|\,\varphi_n\rangle$, $|\,E_n\rangle$, oder mit $|\,n\rangle$ bezeichnen.

Wir stellen die Relationen des gewöhnlichen (3- oder N-dimensionalen) Vektorraums denen des Hilbertraums gegenüber:

Vektorraum	Objekt, Relation	Hilbertraum
$\boldsymbol{x}$	Vektor	$\|\,\psi\rangle$
$\{\boldsymbol{e}_n\}$	Basis	$\{\|\,n\rangle\}$, $\{\|\,\xi\rangle\}$
$\boldsymbol{e}_n \cdot \boldsymbol{e}_{n'} = \delta_{nn'}$	Orthonormierung	$\langle n\,\|\,n'\rangle = \delta_{nn'}\,,\ \ \langle \xi\,\|\,\xi'\rangle = \delta(\xi - \xi')$
$1 = \sum \boldsymbol{e}_n \circ \boldsymbol{e}_n$	Vollständigkeit	$1 = \sum \|\,n\rangle\langle n\,\|\,,\quad 1 = \int d\xi\ \|\,\xi\rangle\langle\xi\,\|$
$\boldsymbol{x} = \sum (\boldsymbol{e}_n \cdot \boldsymbol{x})\, \boldsymbol{e}_n$	Entwicklung	$\|\,\varphi\rangle = \sum_n \langle n\,\|\,\varphi\rangle\,\|\,n\rangle$

Jeder abzählbare Funktionensatz $\{\varphi_1, \varphi_2, \varphi_3, \ldots\}$ führt zu einer *Matrixdarstellung*. Das Skalarprodukt der Zustandsvektoren

$$|\,\psi\rangle := a = \begin{pmatrix} a_1 \\ a_2 \\ a_3 \\ \vdots \end{pmatrix}, \qquad |\,\varphi\rangle := b = \begin{pmatrix} b_1 \\ b_2 \\ b_3 \\ \vdots \end{pmatrix} \tag{21.8}$$

ergibt sich dann als Matrixmultiplikation:

$$\langle \psi\,|\,\varphi\rangle = \int dx\ \psi^*(x)\, \varphi(x) = a^{*\mathrm{T}} b = a^\dagger b\,, \quad \text{wobei} \quad a^\dagger = a^{*\mathrm{T}} \tag{21.9}$$

Für konjugiert komplex (*) *und* transponiert (T) führen wir das Symbol „†" ein. Dies nennen wir *adjungiert* oder *hermitesch adjungiert*. Wir übertragen die Operation „adjungiert" für den Spaltenvektor auf den Vektor $|\psi\rangle$ und definieren den *adjungierten Vektor* $\langle\psi|$ durch

$$\langle\psi| \equiv |\psi\rangle^\dagger := a^\dagger \tag{21.10}$$

Aus $\langle\psi|^\dagger := a^{\dagger\dagger} = a$ folgt $\langle\psi|^\dagger = |\psi\rangle$ oder $|\psi\rangle^{\dagger\dagger} = |\psi\rangle$. Zweimalige Adjunktion führt also zum ursprünglichen Vektor zurück. Die Multiplikation von $|\varphi\rangle$ mit dem adjungierten Vektor $\langle\psi|$ von links wird in der Darstellung zu $a^\dagger b$, das heißt, sie ergibt das Skalarprodukt. Damit erhalten wir als Rechenregel für die Multiplikation: $\langle\psi|\cdot|\varphi\rangle = \langle\psi|\varphi\rangle = a^\dagger b$. Nach dem Wort bracket (für Klammer) bezeichnet man den Vektor $|\;\rangle$ als *ket* und den adjungierten Vektor $\langle\;|$ als *bra*.

Wenn wir die Entwicklungskoeffizienten $a_n = \langle n|\psi\rangle$ oder $\psi(\xi) = \langle\xi|\phi\rangle$ in die Entwicklungen

$$|\psi\rangle = \begin{cases} \sum a_n|n\rangle = \sum |n\rangle\langle n|\psi\rangle = \Big(\sum |n\rangle\langle n|\Big)|\psi\rangle \\ \int d\xi\;\psi(\xi)|\xi\rangle = \int d\xi\;|\xi\rangle\langle\xi|\psi\rangle = \Big(\int d\xi\;|\xi\rangle\langle\xi|\Big)|\psi\rangle \end{cases} \tag{21.11}$$

einsetzen, erhalten wir die Vollständigkeitsrelationen $1 = \sum |n\rangle\langle n|$ oder $1 = \int d\xi\;|\xi\rangle\langle\xi|$.

Operatoren

Mit dem 1-Operator $1 = \sum |n\rangle\langle n|$ schreiben wir einen beliebigen Operator als

$$\hat{O} = 1\,\hat{O}\,1 = \sum_{n,n'=1}^{\infty} |n\rangle\underbrace{\langle n|\hat{O}|n'\rangle}_{=O_{nn'}}\langle n'| = \sum_{n,n'=1}^{\infty} O_{nn'}|n\rangle\langle n'| \tag{21.12}$$

Die Darstellung (21.2) der Zustände entspricht der Matrixdarstellung des Operators:

$$O = \big(O_{nn'}\big) = \Big(\langle n|\hat{O}|n'\rangle\Big) = \begin{pmatrix} O_{11} & O_{12} & \dots \\ O_{21} & O_{22} & \dots \\ \vdots & \vdots & \ddots \end{pmatrix} \tag{21.13}$$

Die abstrakte Beziehung $|\varphi\rangle = \hat{O}|\psi\rangle$ wird damit zur Matrixgleichung $b = O\,a$, wobei die Spaltenvektoren a und b aus den Elementen $b_n = \langle n|\varphi\rangle$ und $a_n = \langle n|\psi\rangle$ bestehen.

Wenn wir in $|\varphi\rangle = \hat{O}|\psi\rangle$ den Einheitsoperator $1 = \int dx'\;|x'\rangle\langle x'|$ einer kontinuierlichen Basis einschieben und auf $\langle x|$ projizieren, erhalten wir

$$\varphi(x) = \langle x|\varphi\rangle = \int dx'\,\langle x|\hat{O}|x'\rangle\,\psi(x') = O_{\text{op}}\,\psi(x) \tag{21.14}$$

Der Vergleich mit der bisherigen Schreibweise (letzter Ausdruck) ergibt den Zusammenhang $\langle x|\hat{O}|x'\rangle = \delta(x-x')\,O_{\text{op}}$.

Hermitescher Operator

Analog zu (21.10) definieren wir den *adjungierten* Operator durch

$$\hat{O}^\dagger :\equiv O^{*\mathrm{T}} = \big(O^*_{n'n}\big), \qquad \text{wobei} \quad O_{nn'} = \big\langle n \,\big|\, \hat{O} \,\big|\, n' \big\rangle \tag{21.15}$$

Aus den Regeln der Matrixmultiplikation folgt

$$a^\dagger O\, b = \big(O^\dagger a\big)^\dagger b\,, \text{ also } \quad \big\langle \varphi \,\big|\, \hat{O}\,\psi \big\rangle = \big\langle \hat{O}^\dagger \varphi \,\big|\, \psi \big\rangle \tag{21.16}$$

Die Hermitezität (17.15) wird in der jetzigen Schreibweise zu $\langle \varphi \,|\, \hat{O}\,\psi \rangle = \langle \hat{O}\,\varphi \,|\, \psi \rangle$. Wegen (21.16) ist dies gleichbedeutend mit

$$\hat{O} = \hat{O}^\dagger \qquad \text{(selbstadjungiert)} \tag{21.17}$$

Damit ist die Eigenschaft *selbstadjungiert* synonym zu hermitesch.

Wie in Kapitel 18 festgestellt, hat ein hermitescher Operator reelle Eigenwerte und ein vollständiges, orthonormiertes System von Eigenfunktionen (VONS). In der abstrakten Formulierung wird das zu einem VONS $\{|n\rangle\}$ von Eigenzuständen. Für einen hermiteschen Operator $\hat{F}$ gelten insbesondere folgende Beziehungen:

$$\hat{F}\,|n\rangle = \lambda_n\,|n\rangle\,, \qquad \langle n\,|\,\hat{F}\,|\,n'\rangle = \lambda_n\,\delta_{nn'}\,, \qquad \hat{F} = \sum_n \lambda_n\,|n\rangle\langle n| \tag{21.18}$$

Unitärer Operator

Für den Vektorraum ist folgender Satz wohlbekannt: Eine symmetrische Matrix kann durch eine orthogonale Transformation diagonalisiert werden (zum Beispiel Hauptachsentransformation des Trägheitstensors). Die orthogonale Transformation besteht in einem Übergang von einem orthonormierten Basissystem zu einem anderen (geometrisch in einer Drehung).

Im Hilbertraum lautet die analoge Aussage: Eine hermitesche Matrix (oder Operator) kann durch eine *unitäre* Transformation diagonalisiert werden. Die unitäre Transformation besteht im Übergang von einem zunächst beliebigen Basissystem zu der Basis, die von den Eigenzuständen des zu diagonalisierenden Operators aufgespannt wird.

Wir betrachten zwei vollständige, orthonormierte Funktionensysteme und entwickeln die Basiszustände $|\psi_n\rangle$ des einen Systems nach den Zuständen $\{|\varphi_\nu\rangle\}$ des anderen Systems:

$$|\psi_n\rangle = \sum_{\nu=1}^{\infty} |\varphi_\nu\rangle\langle\varphi_\nu\,|\,\psi_n\rangle = \sum_{\nu=1}^{\infty} U_{\nu n}\,|\varphi_\nu\rangle \tag{21.19}$$

Für die Matrix $U = (\langle\varphi_\nu\,|\,\psi_n\rangle)$ folgt aus der Orthonormierung der Basiszustände

$$U^\dagger U = 1 \tag{21.20}$$

Dies bedeutet: Die Transformation wird durch eine unitäre Matrix U (oder durch den zugehörigen unitären Operator $\hat{U}$) vermittelt.

Ein hermitescher Operator $\hat{A}$ habe die Eigenzustände $|\psi_n\rangle$ und die Eigenwerte λ_n. In dieser Basis wird $\hat{A}$ durch eine diagonale Matrix A dargestellt. Diese Darstellung ergibt sich aus einer beliebigen Darstellung durch die unitäre Transformation:

$$A = \big(\langle\,\psi_{n'}\,|\,\hat{A}\,|\,\psi_n\,\rangle\big) = \big(\lambda_n\,\delta_{nn'}\big) = \left(\,\sum_{\nu,\nu'=1}^{\infty} U^*_{\nu' n'}\,A'_{\nu'\nu}\,U_{\nu n}\right) = U^\dagger A' U \tag{21.21}$$

Durch

$$\hat{U} = \exp\big(\mathrm{i}\,a\hat{F}\big) \quad \text{mit} \quad \hat{F}^\dagger = \hat{F} \;\; \text{und} \;\; a^* = a \tag{21.22}$$

kann einem hermiteschen Operator $\hat{F}$ ein unitärer Operator $\hat{U}$ zugeordnet werden. Beispiele sind der Drehoperator (20.2) oder der Zeittranslationsoperator

$$\hat{T}(t) = \exp\left(-\,\frac{\mathrm{i}\,\hat{H}\,t}{\hbar}\right) \tag{21.23}$$

Wenn man den Zustand $|\,\psi(0)\rangle = \sum a_n\,|\varphi_n\rangle$ zur Zeit $t = 0$ nach den Eigenzuständen $|\varphi_n\rangle$ von H entwickelt, dann ist $|\,\psi(t)\rangle = \hat{T}(t)\,|\,\psi(0)\rangle$, siehe (18.29).

Darstellungen der Schrödingergleichung

Die zeitunabhängige Schrödingergleichung kann in folgenden Formen geschrieben werden:

Abstrakte Formulierung	Ortsdarstellung	Matrixdarstellung	
$\hat{H}\,|\psi\rangle = E\,|\psi\rangle$	$H_{\rm op}\,\psi(x) = E\,\psi(x)$	$H a = E a$	(21.24)

In den Kapiteln 17 bis 20 haben wir hauptsächlich die Ortsdarstellung verwendet. In allgemeinen Ableitungen werden wir zukünftig meist die abstrakte Darstellung wählen. Von besonderer Bedeutung ist die Matrixdarstellung. Wenn wir die Matrix $H = (H_{nn'})$ und den Vektor $a^{\rm T} = (a_1, a_2, a_3, \ldots)$ einsetzen, liest sich die Matrixdarstellung als

$$\sum_{n'=1}^{N} \big(H_{nn'} - E\,\delta_{nn'}\big)\,a_{n'} = 0 \tag{21.25}$$

Hierbei ist zunächst $N = \infty$. Für *endliches* N stellt (21.25) eine *Näherung* dar, vorausgesetzt, dass die Basiszustände geeignet gewählt werden. Hierauf wird im Abschnitt „Variationsrechnung" in Kapitel 23 noch näher eingegangen.

Aufgaben

21.1 Impuls- und Ortsoperator in der Impulsdarstellung

Geben Sie den Impuls- und den Ortsoperator in der Impulsdarstellung an, also $\langle p\,|\,\hat{p}\,|\,p'\rangle$ und $\langle p\,|\,\hat{x}\,|\,p'\rangle$.

Lösung: Die Zustände $|\,p\rangle$ sind die Eigenzustände des Impulsoperators $\hat{p}$, also $\hat{p}\,|\,p\rangle = p\,|\,p\rangle$. Damit ist der Impulsoperator in der Impulsdarstellung

$$\langle p\,|\,\hat{p}\,|\,p'\rangle = p\,\langle p\,|\,p'\rangle = p\,\delta(p-p')$$

Zur Berechnung des Ortsoperators in der Impulsdarstellung schieben wir zunächst einen vollständigen Satz von Ortszuständen $|\,x\rangle$ ein

$$\langle p\,|\,\hat{x}\,|\,p'\rangle = \int dx\ \langle p\,|\,\hat{x}\,|\,x\rangle\langle x\,|\,p'\rangle = \int dx\ \langle p\,|\,x\rangle\, x\,\langle x\,|\,p'\rangle$$

Hierbei wurde $\hat{x}\,|\,x\rangle = x\,|\,x\rangle$ verwendet. Wegen $\langle x\,|\,p'\rangle \propto \exp(\mathrm{i}\,p'x/\hbar)$ gilt

$$x\,\langle x\,|\,p'\rangle = -\,\mathrm{i}\hbar\,\frac{\partial}{\partial p'}\,\langle x\,|\,p'\rangle$$

Damit erhalten wir

$$\langle p\,|\,\hat{x}\,|\,p'\rangle = -\,\mathrm{i}\hbar\,\frac{\partial}{\partial p'}\int dx\ \langle p\,|\,x\rangle\langle x\,|\,p'\rangle = -\,\mathrm{i}\hbar\,\frac{\partial}{\partial p'}\,\delta(p-p') = \delta(p-p')\,\mathrm{i}\hbar\,\frac{\partial}{\partial p'}$$

Die Ableitung wurde vor das Integral gezogen. Dann wurde $\int dx|x\rangle\langle x| = 1$ (Vollständigkeit) und $\langle p\,|\,p'\rangle = \delta(p-p')$ (Orthonormierung) verwendet. Zuletzt wurde eine partielle Integration durchgeführt. Das Ergebnis ist

$$\langle p\,|\,\hat{x}\,|\,p'\rangle = \delta(p-p')\,x_{\mathrm{op}}(p') \qquad \text{mit} \qquad x_{\mathrm{op}}(p) = \mathrm{i}\hbar\,\frac{\partial}{\partial p}$$

Dabei ist $x_{\mathrm{op}}(p)$ der bisher verwendete Ortsoperator in der Impulsdarstellung.

21.2 Produkt zweier Operatoren

Die beiden Operatoren $\hat{F}$ und $\hat{K}$ werden in einer beliebigen diskreten Basis durch ihre Matrixelemente dargestellt:

$$\hat{F} = \sum_{n,n'} F_{nn'}\,|\,n\rangle\langle n'\,|\,, \qquad \hat{K} = \sum_{m,m'} K_{mm'}\,|\,m\rangle\langle m'\,|$$

Zeigen Sie hiermit $(\hat{F}\,\hat{K})^\dagger = \hat{K}^\dagger\hat{F}^\dagger$. Bestimmen Sie die Matrixelemente $C_{nn'}$ in

$$[\,\hat{F},\hat{K}\,] = \sum_{n,\,n'} C_{nn'}\,|\,n\rangle\langle n'\,|$$

Beweisen Sie $\langle F^2\rangle \geq 0$ für einen hermiteschen (wurde bisher hier nicht vorausgesetzt) Operator $\hat{F}$.

Lösung: Die adjungierten Operatoren

$$\hat{F}^\dagger = \sum_{n,n'} F^*_{n'n} \,|n\rangle\langle n'|\,, \qquad \hat{K}^\dagger = \sum_{m,m'} K^*_{m'm} \,|m\rangle\langle m'|$$

erhält man durch Transponieren und komplexes Konjugieren der Matrixelemente; anstelle des Transponierens kann man auch bra und ket vertauschen. Wir berechnen das Produkt

$$\hat{F}\,\hat{K} = \sum_{n,n'}\sum_{m,m'} F_{nn'}\,K_{mm'}\;|n\rangle\langle n'|m\rangle\langle m'| = \sum_{n,n',m'} F_{nn'}\,K_{n'm'}\;|n\rangle\langle m'| \tag{21.26}$$

Wir bilden hiervon das Adjungierte, indem wir bra und ket vertauschen und die begleitenden Faktoren komplex konjugieren:

$$(\hat{F}\,\hat{K})^\dagger = \sum_{n,n',m'} F^*_{nn'}\,K^*_{n'm'}\;|m'\rangle\langle n| = \sum_{n,n',m'} F^*_{m'n'}\,K^*_{n'n}\,|n\rangle\langle m'|$$

Im letzten Schritt haben wir Summationsindizes umbenannt. Der resultierende Ausdruck ist identisch mit dem Produkt $\hat{K}^\dagger\,\hat{F}^\dagger$, das wir analog zu (21.26) bilden:

$$\hat{K}^\dagger\,\hat{F}^\dagger = \sum_{n,n',m'} K^*_{n'n}\,F^*_{m'n'}\,|n\rangle\langle m'|$$

Damit ist $(\hat{F}\,\hat{K})^\dagger = \hat{K}^\dagger\,\hat{F}^\dagger$ gezeigt. Wir schreiben noch

$$\hat{K}\,\hat{F} = \sum_{n,n',m'} K_{nn'}\,F_{n'm'}\;|n\rangle\langle m'|$$

an. Hieraus und aus (21.26) können die Matrixelemente C_{nm} des Kommutators abgelesen werden:

$$C_{nm} = \sum_{n'}\big(F_{nn'}\,K_{n'm} - K_{nn'}\,F_{n'm}\big)$$

Ein hermitescher Operator $\hat{F}$ hat ein vollständiges orthonormiertes System $\{|n\rangle\}$ von Eigenzuständen, und die Eigenwerte in $\hat{F}\,|n\rangle = \lambda_n\,|n\rangle$ sind reell. Wir schreiben einen beliebigen Erwartungswert des Operators $\hat{F}^2$ an:

$$\langle\,\hat{F}^2\,\rangle = \langle\psi\,|\,\hat{F}^2\,|\,\psi\rangle = \sum_n \langle\psi\,|\,\hat{F}^2\,|n\rangle\langle n\,|\,\psi\rangle = \sum_n \lambda_n^2\;|\langle n\,|\,\psi\rangle|^2 \;\ge\; 0$$

Dabei wurde der vollständige Satz von Eigenzuständen eingeschoben. Für die reellen Eigenwerte gilt $\lambda_n^2 \ge 0$.

21.3 Unitärer Operator

Die Eigenwerte und Eigenzustände des hermiteschen Operators $\hat{F}$ sind bekannt, $\hat{F}\,|n\rangle = \lambda_n\,|n\rangle$. Zeigen Sie, dass

$$\hat{U} = \exp(\mathrm{i}\,\hat{F})$$

ein unitärer Operator ist. Geben Sie die Eigenwerte und Eigenzustände von $\hat{U}$ und $\hat{U}^\dagger$ an. Welchen Betrag haben die Eigenwerte jeweils?

Geben Sie speziell die Eigenwerte und Eigenzustände des Drehoperators an:

$$\hat{U} = \exp(\mathrm{i}\,\phi\;\hat{\ell}_z/\hbar)$$

Lösung: Der Operator $\hat{U}$ wird in eine Potenzreihe entwickelt:

$$\hat{U} = \exp(\mathrm{i}\hat{F}\,) = 1 + \mathrm{i}\,\hat{F} - \frac{1}{2!}\,\hat{F}^{\,2} - \frac{\mathrm{i}}{3!}\,\hat{F}^{\,3} + \frac{1}{4!}\,\hat{F}^{\,4} + \ldots \tag{21.27}$$

Der adjungierte Operator ist dann

$$\hat{U}^{\dagger} = 1 - \mathrm{i}\,\hat{F}^{\dagger} - \frac{1}{2!}\,\hat{F}^{\dagger\,2} + \frac{\mathrm{i}}{3!}\,\hat{F}^{\dagger\,3} + \frac{1}{4!}\,\hat{F}^{\dagger\,4} + \ldots = \exp(-\mathrm{i}\,\hat{F}^{\dagger}\,) \tag{21.28}$$

Wenn $\hat{F}$ hermitesch ist, dann gilt $\hat{F}^{\dagger} = \hat{F}$ und $\hat{U}^{\dagger} = \exp(-\mathrm{i}\,\hat{F}\,)$. Damit ist

$$\hat{U}\,\hat{U}^{\dagger} = \hat{U}^{\dagger}\,\hat{U} = \exp(\mathrm{i}\,\hat{F}\,)\,\exp(-\mathrm{i}\,\hat{F}\,) = 1$$

gezeigt; der Operator $\hat{U}$ ist unitär. Die Eigenzustände des hermiteschen Operators $\hat{F}$ sind auch die Eigenzustände von $\hat{U}$ und $\hat{U}^{\dagger}$. Aus den Entwicklungen (21.27) und (21.28) folgen

$$\begin{aligned}\hat{U}\,|n\rangle &= \exp(\mathrm{i}\,\hat{F}\,)\,|n\rangle = \exp(\mathrm{i}\,\lambda_n\,)\,|n\rangle \\ \hat{U}^{\dagger}\,|n\rangle &= \exp(-\mathrm{i}\,\hat{F}\,)\,|n\rangle = \exp(-\mathrm{i}\,\lambda_n\,)\,|n\rangle\end{aligned}$$

Alle Eigenwerte von $\hat{U}$ und $\hat{U}^{\dagger}$ haben den Betrag eins. Speziell der Drehimpulsoperator $\hat{\ell}_z$ hat die Eigenwerte und Eigenzustände

$$\hat{\ell}_z\,|m\rangle = \hbar\,m\,|m\rangle\,, \qquad m = 0, \pm 1, \pm 2, \ \ldots$$

Der Drehoperator $\hat{U}$ hat dieselben Eigenzustände. Die Eigenwerte ergeben sich aus

$$\hat{U}\,|m\rangle = \exp(\mathrm{i}\phi\,\hat{\ell}_z/\hbar\,)\,|m\rangle = \exp(\mathrm{i}m\phi\,)\,|m\rangle$$

21.4 Oszillator in kartesischen und sphärischen Koordinaten

Die Lösungen des dreidimensionalen Oszillators lassen sich in kartesischen oder sphärischen Koordinaten angeben,

$$\Phi_j = \Phi_{n_x n_y n_z}(x, y, z) \qquad \text{oder} \qquad \psi_i = \psi_{nlm}(r, \theta, \phi)$$

Für den Energieeigenwert $\varepsilon_2 = 7\,\hbar\omega/2$ gebe man die unitäre 6×6-Matrix U für die Transformation

$$\psi_i = \sum_{j=1}^{6} U_{ij}\,\Phi_j \tag{21.29}$$

explizit an. Überprüfen Sie $U^{\dagger}\,U = 1$.

Lösung: Die Lösungen haben sowohl in sphärischen Koordinaten (r, θ, ϕ), (20.41), und in kartesischen Koordinaten (x, y, z), (18.19), den gemeinsamen Exponentialfaktor

$$\left.\begin{aligned} \Phi_j &= \Phi_{n_x n_y n_z}(x, y, z) \\ \psi_i &= \psi_{nlm}(r, \theta, \phi) \end{aligned}\right\} \propto \frac{1}{\pi^{3/4}} \exp\left(-\frac{r^2}{2}\right) = \frac{1}{\pi^{3/4}} \exp\left(-\frac{x^2+y^2+z^2}{2}\right)$$

Die Oszillatorlänge wurde $b = 1$ gewählt. Der Faktor $1/\pi^{3/4}$ wurde hier zur Vereinfachung der folgenden Normierungsfaktoren mit angeschrieben. In den sechs normierten Lösungen zum Energieeigenwert $\varepsilon_2 = 7\,\hbar\omega/2$ treten die zusätzlichen Faktoren auf:

$$\psi_i \propto \begin{cases} \sqrt{2/3}\,(3/2 - r^2) \\ \left(1/\sqrt{3}\right) r^2 (3\cos^2\theta - 1) \\ -\sqrt{2}\, r^2 \sin\theta\cos\theta \exp(\mathrm{i}\phi) \\ \sqrt{2}\, r^2 \sin\theta\cos\theta \exp(-\mathrm{i}\phi) \\ \left(1/\sqrt{2}\right) r^2 \sin^2\theta \exp(2\mathrm{i}\phi) \\ \left(1/\sqrt{2}\right) r^2 \sin^2\theta \exp(-2\mathrm{i}\phi) \end{cases} \quad \text{und} \quad \Phi_j \propto \begin{cases} \sqrt{2}\,(x^2 - 1/2) \\ \sqrt{2}\,(y^2 - 1/2) \\ \sqrt{2}\,(z^2 - 1/2) \\ 2xy \\ 2xz \\ 2yz \end{cases}$$

Die jeweiligen Funktionen wurden in eine willkürliche Reihenfolge gebracht, zum Beispiel $\psi_2 = \psi_{220}$ und $\Phi_3 = \Phi_{002}$. Mit $z = r\cos\theta$ und so weiter können nun die Relationen zwischen den beiden Funktionensätzen abgelesen werden:

$$\begin{aligned} \psi_1 &= -\frac{\Phi_1 + \Phi_2 + \Phi_3}{\sqrt{3}}, & \psi_2 &= \frac{2\Phi_3 - \Phi_1 - \Phi_2}{\sqrt{6}} \\ \psi_3 &= -\frac{\Phi_5 + \mathrm{i}\,\Phi_6}{\sqrt{2}}, & \psi_4 &= \frac{\Phi_5 - \mathrm{i}\,\Phi_6}{\sqrt{2}} \\ \psi_5 &= \frac{\Phi_1 - \Phi_2 + \sqrt{2}\,\mathrm{i}\,\Phi_4}{2}, & \psi_6 &= \frac{\Phi_1 - \Phi_2 - \sqrt{2}\,\mathrm{i}\,\Phi_4}{2} \end{aligned}$$

Damit haben wir die Beziehung (21.29) abgeleitet, und zwar mit den Koeffizienten

$$\hat{U} := U = \left(U_{ij}\right) = \begin{pmatrix} -1/\sqrt{3} & -1/\sqrt{3} & -1/\sqrt{3} & 0 & 0 & 0 \\ -1/\sqrt{6} & -1/\sqrt{6} & \sqrt{2/3} & 0 & 0 & 0 \\ 0 & 0 & 0 & 0 & -1/\sqrt{2} & -\mathrm{i}\sqrt{2} \\ 0 & 0 & 0 & 0 & 1/\sqrt{2} & -\mathrm{i}\sqrt{2} \\ 1/2 & -1/2 & 0 & \mathrm{i}/\sqrt{2} & 0 & 0 \\ 1/2 & -1/2 & 0 & -\mathrm{i}/\sqrt{2} & 0 & 0 \end{pmatrix}$$

Die Unitarität dieser Matrix bedeutet, dass das Skalarprodukt einer Zeile mit einer konjugiert komplexen Zeile entweder 1 (dieselbe Zeile) oder 0 (zwei verschiedene Zeilen) ergibt. Wir schreiben dies explizit für zwei Beispiele an:

$$\begin{aligned} \left(U^\dagger U\right)_{11} &= \left(1.\,\text{Zeile}\right)^{*\mathrm{T}} \cdot \left(1.\,\text{Zeile}\right) = \frac{1}{3} + \frac{1}{3} + \frac{1}{3} = 1 \\ \left(U^\dagger U\right)_{34} &= \left(3.\,\text{Zeile}\right)^{*\mathrm{T}} \cdot \left(4.\,\text{Zeile}\right) = -\frac{1}{2} + \frac{1}{2} = 0 \end{aligned}$$

21.5 Ammoniakmolekül im elektrischen Feld

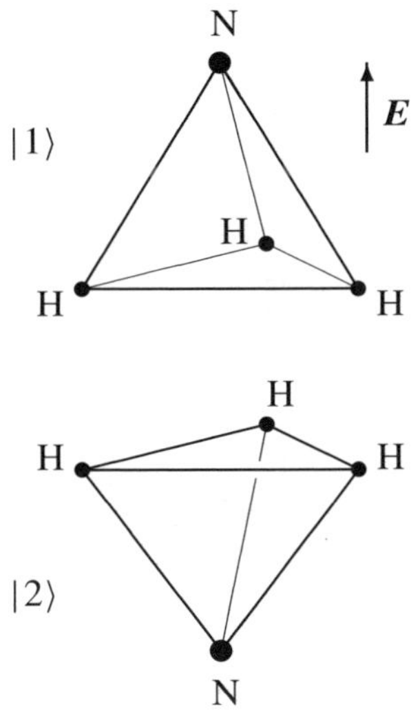

Das Ammoniakmolekül NH_3 bildet einen Tetraeder mit je einem Atom an den vier Ecken. Die 3 H-Atome definieren eine Ebene. Das N-Atom hat dann zwei gleichberechtigte, energetisch bevorzugte Positionen über und unter der Ebene, die wir mit den Zuständen $|\,1\rangle$ (oben) und $|2\rangle$ (unten) bezeichnen. Das elektrische Dipolmoment des Moleküls hat für diese Zustände die Werte $\pm \boldsymbol{p}_{\text{dip}}$. In einem elektrischen Feld $\boldsymbol{E}$ ist dann

$$H = (H_{nn'}) = \begin{pmatrix} E_0 - \beta & W \\ W & E_0 + \beta \end{pmatrix} \qquad (21.30)$$

mit $\beta = |\boldsymbol{p}_{\text{dip}} \cdot \boldsymbol{E}|$ ein plausibler Ansatz für die reelle Hamiltonmatrix in dem Raum dieser Zustände.

Berechnen Sie die Energieeigenwerte und Eigenzustände des Systems. Diskutieren Sie die Abhängigkeit des Resultats von der elektrischen Feldstärke $\boldsymbol{E}$.

Lösung: Die Schrödingergleichung lautet in der Matrixdarstellung

$$\sum_{n'=1}^{2} \big(H_{nn'} - E\,\delta_{nn'}\big)\,a_{n'} = 0 \qquad (21.31)$$

Dies sind zwei Gleichungen, eine für $n = 1$ und eine für $n = 2$. Damit dieses Gleichungssystem eine nichttriviale Lösung hat, muss die Determinante $|\,H_{nn'} - E\,\delta_{nn'}|$ verschwinden. Für die Hamiltonmatrix (21.30) bedeutet das

$$\begin{vmatrix} E_0 - \beta - E & W \\ W & E_0 + \beta - E \end{vmatrix} = \big(E_0 - \beta - E\big)\big(E_0 + \beta - E\big) - W^2 = 0$$

Wir lösen diese quadratische Gleichung nach den Energieeigenwerten auf:

$$E^{(1,2)} = E_0 \mp \sqrt{W^2 + \beta^2}$$

Hiermit schreiben wir (21.31) für $n = 1$ an:

$$\Big(-\beta \pm \sqrt{W^2 + \beta^2}\,\Big)\, a_1^{(1,2)} + W\, a_2^{(1,2)} = 0 \qquad (21.32)$$

Wegen der linearen Abhängigkeit des Gleichungssystems (21.31) ist die zweite Gleichung ($n = 2$) automatisch erfüllt. Aus (21.32) erhalten wir die beiden Eigenvektoren, die noch zu normieren sind. Etwas einfacher ist es, wenn wir zwei beliebige orthonormierte Eigenvektoren ansetzen:

$$\big(a^{(1)}\big) := \begin{pmatrix} \cos\alpha \\ -\sin\alpha \end{pmatrix}, \qquad \big(a^{(2)}\big) := \begin{pmatrix} \sin\alpha \\ \cos\alpha \end{pmatrix}$$

Dann bestimmt (21.32) den Mischungswinkel α,

$$\tan\alpha = \frac{\sqrt{W^2+\beta^2}-\beta}{W} \qquad \text{oder} \qquad \tan(2\alpha) = \frac{W}{\beta}$$

Mit der zweiten Form liegt der Mischungswinkel für $W > 0$ im Intervall $[0.\pi/4]$.

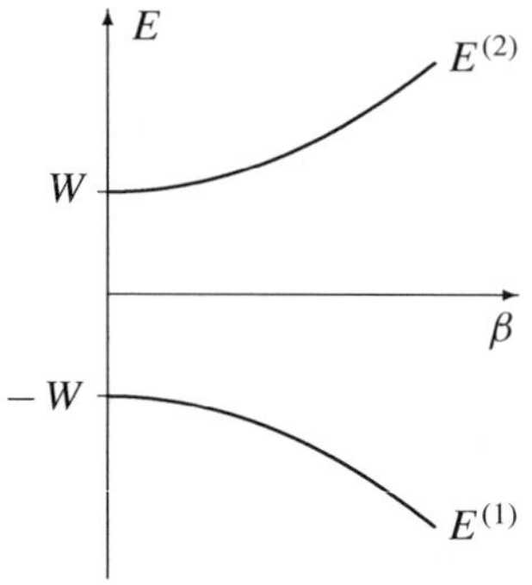

Bei ausgeschaltetem elektrischen Feld ist $\beta = 0$, also $\alpha = \pi/4$. Die Eigenzustände zu den Energien $E^{(1,2)} = E_0 \mp W$ sind dann

$$|\psi_{1,2}\rangle = \frac{|1\rangle \mp |2\rangle}{\sqrt{2}} \qquad (\beta = 0)$$

Die Basiszustände $|1\rangle$ und $|2\rangle$, bei denen das N-Atom nach „oben“ oder nach „unten“ zeigt, sind gleich wahrscheinlich.

Für starke elektrische Felder, $\beta = |\boldsymbol{p}_{\rm dip} \cdot \boldsymbol{E}| \gg |W|$, geht der Mischungswinkel gegen null. Die Eigenzustände sind dann

$$\begin{aligned} |\psi_1\rangle &= |1\rangle \quad \text{zu} \quad E^{(1)} = E_0 - \boldsymbol{p}_{\rm dip}\cdot \boldsymbol{E} \\ |\psi_2\rangle &= |2\rangle \quad \text{zu} \quad E^{(2)} = E_0 + \boldsymbol{p}_{\rm dip}\cdot \boldsymbol{E} \end{aligned} \qquad (\beta \gg |W|)$$

Ergänzung: Die allgemeinste hermitesche Hamiltonmatrix im Raum zweier Zustände ist

$$H = (H_{nn'}) = \begin{pmatrix} E_0 - \beta & W \\ W^* & E_0 + \beta \end{pmatrix}$$

mit reellen Diagonalelementen $E_0 \pm \beta$ und einem komplexem Kopplungselement $W = |W| \exp(\mathrm{i}\delta)$. Die Eigenwerte und der Mischungswinkel lauten dann

$$E^{(1,2)} = E_0 \mp \sqrt{|W|^2 + \beta^2}\,, \qquad \tan(2\alpha) = \frac{|W|}{\beta}$$

In den Eigenvektoren tritt zusätzlich die Phase δ auf:

$$\left(a^{(1)}\right) := \begin{pmatrix} \cos\alpha \\ -\sin\alpha\, \exp(-\mathrm{i}\delta) \end{pmatrix}, \qquad \left(a^{(2)}\right) := \begin{pmatrix} \sin\alpha \\ \cos\alpha\, \exp(-\mathrm{i}\delta) \end{pmatrix}$$

Für jeden Eigenvektor kann ein zusätzlicher Phasenfaktor frei gewählt werden.

Die hier dargestellten Ergebnisse sind für viele Probleme der Quantenmechanik von Bedeutung, zum Beispiel in den Aufgaben 22.14, 22.22 oder 23.5.

21.6 Butadienmolekül

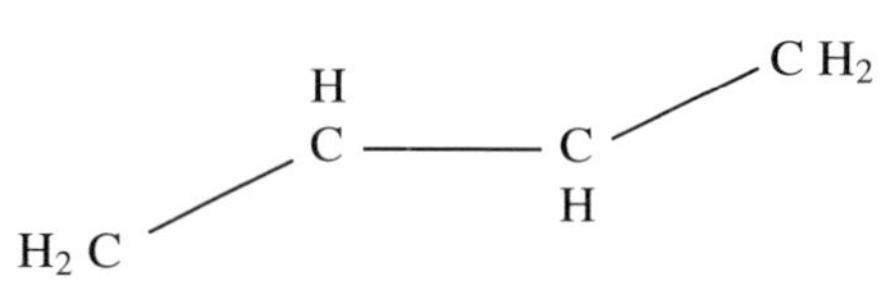

Ein (1,3)–Butadienmolekül C_4H_6 besteht aus einer Kette von vier C-Atomen. Die C-Atome an den Enden binden jeweils zwei H-Atome, die in der Mitte jeweils ein H-Atom.

Wenn jeder Verbindungslinie zwischen den C-Atomen eine Einfachbindung zugeordnet wird, müssen zusätzlich noch vier Elektronen untergebracht werden. Wir nummerieren die C-Atome von 1 bis 4. Ein Elektron hält sich nun bevorzugt in der Nähe des positiven Rumpfs eines solchen C-Atoms auf. Den niedrigsten, jeweils bei einem C-Ion lokalisierten Elektronenzustand bezeichnen wir mit $|n\rangle$, wobei $n = 1, 2, 3, 4$. Dadurch ist ein 4-dimensionaler Zustandsraum für jedes Elektron gegeben. In diesem Raum wird der Hamiltonoperator durch eine reelle 4×4-Matrix dargestellt, für die wir den folgenden plausiblen Ansatz machen:

$$H = \big(H_{nn'}\big) = \big(\langle n\,|\,\hat{H}\,|\,n'\rangle\big) = \begin{pmatrix} E_0 & W & 0 & 0 \\ W & E_0 & W & 0 \\ 0 & W & E_0 & W \\ 0 & 0 & W & E_0 \end{pmatrix} \tag{21.33}$$

Dabei ist E_0 der reelle Energieerwartungswert in einem lokalisierten Zustand, während $W < 0$ das reelle Matrixelement zwischen benachbarten Zuständen ist. Die Unterschiede zwischen den C-Ionen am Rand und im Inneren mit ihrer unterschiedlichen Anzahl von H-Bindungen werden hier nicht berücksichtigt.

Bestimmen Sie diese Eigenvektoren und die Eigenwerte der Matrix H. Die Eigenvektoren stellen mögliche Zustände für die einzelnen Elektronen dar. Füllen Sie diese Eigenzustände mit vier Elektronen auf; unter Beachtung des Pauliprinzips passen maximal zwei Elektronen in einen der betrachteten Zustände. Geben Sie die Energien des Grundzustands und des ersten angeregten Zustands an. Experimentell beträgt die Differenz dieser Energien 5.7 eV.

Lösung: Im Raum der vier Zustände lautet die Schrödingergleichung:

$$\sum_{n'=1}^{4} \big(H_{nn'} - E\,\delta_{nn'}\big)\,a_{n'} = 0 \tag{21.34}$$

Dieses Gleichungssystem hat nur dann eine nichttriviale Lösung, wenn seine Determinante $|\,H_{nn'} - E\,\delta_{nn'}\,|$ verschwindet, also

$$\begin{vmatrix} E_0 - E & W & 0 & 0 \\ W & E_0 - E & W & 0 \\ 0 & W & E_0 - E & W \\ 0 & 0 & W & E_0 - E \end{vmatrix} = (E_0 - E) \begin{vmatrix} E_0 - E & W & 0 \\ W & E_0 - E & W \\ 0 & W & E_0 - E \end{vmatrix}$$

$$- W \begin{vmatrix} W & W & 0 \\ 0 & E_0 - E & W \\ 0 & W & E_0 - E \end{vmatrix} = \big(E_0 - E\big)^4 - 3\,W^2\big(E_0 - E\big)^2 + W^4 = 0$$

Die Determinante wurde nach der ersten Zeile entwickelt, und die beiden 3×3 Unterdeterminanten wurden ausgewertet. Das Ergebnis ist ein Polynom vierten Grades in E, dessen Nullstellen die vier Energieeigenwerte E^{ν} liefern:

$$E^{(1,2)} = E_0 \pm \frac{1+\sqrt{5}}{2}\,W\,, \qquad E^{(3,4)} = E_0 \pm \frac{1-\sqrt{5}}{2}\,W \tag{21.35}$$

Die dazugehörigen Eigenvektoren erhält man, indem man die vier Eigenwerte in (21.34) einsetzt:

$$
\begin{aligned}
\mp(1 \pm \sqrt{5}\,)\, a_1^{(\nu)}/2 + a_2^{(\nu)} &= 0 \\
a_1^{(\nu)} \mp (1 \pm \sqrt{5}\,)\, a_2^{(\nu)}/2 + a_3^{(\nu)} &= 0 \\
a_2^{(\nu)} \mp (1 \pm \sqrt{5}\,)\, a_3^{(\nu)}/2 + a_4^{(\nu)} &= 0 \\
a_3^{(\nu)} \mp (1 \pm \sqrt{5}\,)\, a_4^{(\nu)}/2 &= 0
\end{aligned}
$$

Da die Determinante verschwindet, verwenden wir nur drei der vier linear abhängigen Gleichungen. Wir setzen zunächst willkürlich $a_1^{(\nu)} = 1$ und erhalten aus der ersten Gleichung $a_2^{(\nu)} = \pm(1 \pm \sqrt{5}\,)/2$, aus der zweiten $a_3^{(\nu)} = (1 \pm \sqrt{5}\,)/2$ und aus der vierten $a_4^{(\nu)} = \pm 1$.

$$
\left(a_k^{(1,2)}\right) = \begin{pmatrix} 1 \\ \pm(1+\sqrt{5})/2 \\ (1+\sqrt{5})/2 \\ \pm 1 \end{pmatrix}, \qquad \left(a_k^{(3,4)}\right) = \begin{pmatrix} 1 \\ \pm(1-\sqrt{5})/2 \\ (1-\sqrt{5})/2 \\ \pm 1 \end{pmatrix} \propto \begin{pmatrix} (1+\sqrt{5})/2 \\ \mp 1 \\ -1 \\ \pm(1+\sqrt{5})/2 \end{pmatrix}
$$

Die Vorzeichen entsprechen denen in den Energiewerten (21.35). Um die Eigenvektoren zu normieren, müssen sie noch durch die Wurzel aus der Norm $(5 + \sqrt{5}\,)$ geteilt werden. Damit liegen die Eigenzustände fest:

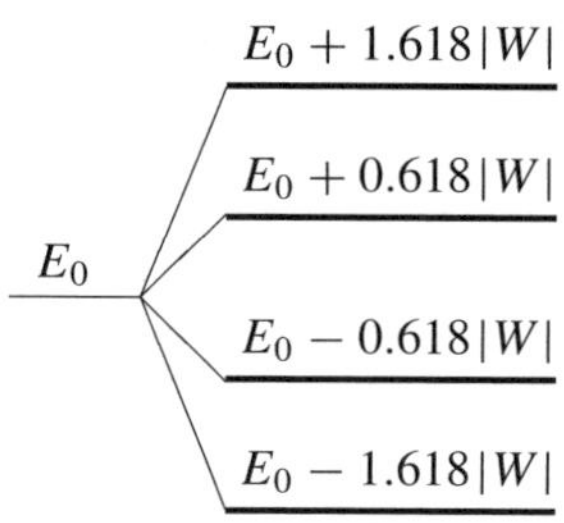

$$
\begin{aligned}
|\psi_2\rangle &= 0.372\,|1\rangle - 0.602\,|2\rangle + 0.602\,|3\rangle - 0.372\,|4\rangle \\
|\psi_3\rangle &= 0.602\,|1\rangle - 0.372\,|2\rangle - 0.372\,|3\rangle + 0.602\,|4\rangle \\
|\psi_4\rangle &= 0.602\,|1\rangle + 0.372\,|2\rangle - 0.372\,|3\rangle - 0.602\,|4\rangle \\
|\psi_1\rangle &= 0.372\,|1\rangle + 0.602\,|2\rangle + 0.602\,|3\rangle + 0.372\,|4\rangle
\end{aligned}
$$

Die vier Elektronen sind nun unter Beachtung des Pauliprinzips auf die berechneten Energieniveaus zu verteilen; jedes Niveau kann dabei zwei Elektronen aufnehmen. Beim Grundzustand sind die beiden unteren Niveaus gefüllt; beim ersten angeregten Zustand ist ein Elektron in das niedrigste unbesetzte Niveau angehoben.

Grundzustand 1. angeregter Zustand

Der Grundzustand und der erste angeregte Zustand haben also die Energien $4E_0 - 4.472\,|W|$ und $4E_0 - 3.236\,|W|$; die Anregungsenergie ist $1.236\,|W|$. Um die experimentelle Anregungsenergie von 5.7 eV zu reproduzieren, braucht man eine Austauschenergie von ungefähr $|W| \approx 4.6$ eV.

21.7 Benzolmolekül

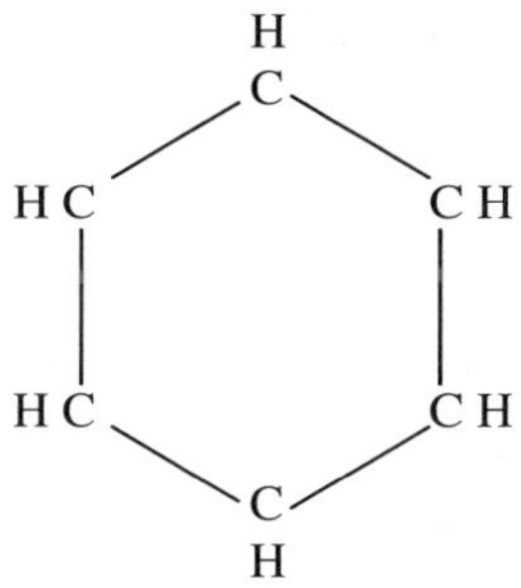

Ein Benzolmolekül C_6H_6 besteht aus einem Sechseck, dessen Ecken mit je einem C-Atom besetzt sind, von dem jeweils eine Bindung zu einem H-Atom ausgeht. Wenn jeder Seite eine Einfachbindung zugeordnet wird, müssen zusätzlich noch sechs Elektronen untergebracht werden. Wir nummerieren die C-Atome von 1 bis 6. Ein Elektron hält sich bevorzugt in der Nähe des positiven Rumpfs eines solchen C-Atoms auf.

Den niedrigsten, jeweils bei einem C-Ion lokalisierten Elektronenzustand bezeichnen wir mit $|n\rangle$, wobei $n = 1, 2,..., 6$. Dadurch ist ein 6-dimensionaler Zustandsraum für jedes Elektron gegeben. In diesem Raum wird der Hamiltonoperator zu einer 6×6-Matrix, für die wir folgenden, plausiblen Ansatz machen:

$$H = \big(H_{nn'}\big) = \big(\langle n\,|\,\hat{H}\,|\,n'\rangle\big) = \begin{pmatrix} E_0 & W & 0 & 0 & 0 & W \\ W & E_0 & W & 0 & 0 & 0 \\ 0 & W & E_0 & W & 0 & 0 \\ 0 & 0 & W & E_0 & W & 0 \\ 0 & 0 & 0 & W & E_0 & W \\ W & 0 & 0 & 0 & W & E_0 \end{pmatrix} \tag{21.36}$$

Hierbei ist E_0 der reelle Energieerwartungswert in einem lokalisierten Zustand, während $W < 0$ das reelle Matrixelement zwischen benachbarten Zuständen ist.

Bestimmen Sie die Eigenvektoren und die Eigenwerte der Matrix H. Die Eigenvektoren stellen mögliche Zustände für die einzelnen Elektronen dar. Füllen Sie diese Eigenzustände mit sechs Elektronen auf; unter Beachtung des Pauliprinzips passen maximal zwei Elektronen in einen der betrachteten Zustände. Geben Sie die Energien des Grundzustands und der ersten beiden angeregten Zustände an. Experimentell sind die niedrigsten Anregungsenergien 3.8 eV und 4.9 eV.

Lösung: Im Raum der sechs Zustände lautet die Schrödingergleichung

$$\sum_{n'=1}^{6} \big(H_{nn'} - E\,\delta_{nn'}\big)\,a_{n'} = 0 \tag{21.37}$$

Dieses Gleichungssystem hat nur dann eine nichttriviale Lösung, wenn seine Determinante verschwindet, also

$$\begin{vmatrix} E_0-E & W & 0 & 0 & 0 & W \\ W & E_0-E & W & 0 & 0 & 0 \\ 0 & W & E_0-E & W & 0 & 0 \\ 0 & 0 & W & E_0-E & W & 0 \\ 0 & 0 & 0 & W & E_0-E & W \\ W & 0 & 0 & 0 & W & E_0-E \end{vmatrix} = 0$$

Zur Berechnung der Determinante addiert (subtrahiert) man Vielfache von Zeilen oder Spalten zu anderen Zeilen oder Spalten bis genügend Nullen erzeugt sind, so dass sich der Entwicklungssatz sinnvoll anwenden lässt. Das Ergebnis ist ein Polynom sechsten Grades in E,

$$\left((E_0 - E)^2 - W^2\right)^2 \left((E_0 - E)^2 - 4W^2\right) = 0$$

Die Nullstellen dieses Polynoms ergeben die Energieeigenwerte:

$$E^{(1,2)} = E_0 \pm W\,, \qquad E^{(3,4)} = E_0 \pm W\,, \qquad E^{(5,6)} = E_0 \pm 2W \tag{21.38}$$

Die Energiewerte $E_0 \pm W$ sind zweifach entartet. Die dazugehörigen Eigenvektoren erhält man (etwas mühsam) mit dem Standardverfahren. Dabei müssen die jeweils zwei Eigenvektoren zu den entarteten Zuständen orthogonalisiert werden. Ein vollständiger Satz von reellen orthonormierten Eigenvektoren lautet:

$$\left(a_k^{(1,2)}\right) = \frac{1}{2}\begin{pmatrix} \pm 1 \\ 1 \\ 0 \\ -1 \\ \mp 1 \\ 0 \end{pmatrix}, \qquad \left(a_k^{(3,4)}\right) = \frac{1}{\sqrt{12}}\begin{pmatrix} \pm 1 \\ -1 \\ \mp 2 \\ -1 \\ \pm 1 \\ 2 \end{pmatrix}, \qquad \left(a_k^{(5,6)}\right) = \frac{1}{\sqrt{6}}\begin{pmatrix} \pm 1 \\ 1 \\ \pm 1 \\ 1 \\ \pm 1 \\ 1 \end{pmatrix} \tag{21.39}$$

Die Vorzeichen entsprechen denen in den Energieeigenwerten (21.38).

Alternative Lösung: Durch

$$\hat{R}\,|1\rangle = |2\rangle\,, \qquad \hat{R}\,|2\rangle = |3\rangle\,, \qquad \hat{R}\,|3\rangle = |4\rangle$$
$$\hat{R}\,|4\rangle = |5\rangle\,, \qquad \hat{R}\,|5\rangle = |6\rangle\,, \qquad \hat{R}\,|6\rangle = |1\rangle$$

definieren wir einen unitären Operator $\hat{R}$. In der Matrixdarstellung

$$\hat{R} := R = (R_{nn'}) = \begin{pmatrix} 0 & 0 & 0 & 0 & 0 & 1 \\ 1 & 0 & 0 & 0 & 0 & 0 \\ 0 & 1 & 0 & 0 & 0 & 0 \\ 0 & 0 & 1 & 0 & 0 & 0 \\ 0 & 0 & 0 & 1 & 0 & 0 \\ 0 & 0 & 0 & 0 & 1 & 0 \end{pmatrix} \tag{21.40}$$

überprüft man leicht die Unitarität $R^\dagger R = 1$. Die Wirkung des Operators $\hat{R}$ besteht offensichtlich darin, einen lokalisierten Elektronenzustand von einem zum nächsten C-Atom zu schieben. Dies entspricht effektiv einer Drehung des Moleküls um den Winkel $\pi/3$. Der Benzolring (oder das System mit den 6 lokalisierten Zuständen) ist invariant unter dieser Drehung. Formal wird dies durch $[\hat{R}, \hat{H}] = 0$ ausgedrückt; diese Aussage kann mit den Matrizen (21.36) und (21.40) leicht nachgeprüft werden. Da $\hat{H}$ mit $\hat{R}$ vertauscht, können wir die Lösung in Form von simultanen Eigenfunktionen finden. Die Eigenwertgleichung von $\hat{R}$ lautet:

$$\hat{R}\,|\psi_\nu\rangle = \exp(\mathrm{i}\alpha_\nu)\,|\psi_\nu\rangle$$

Da $\hat{R}$ unitär ist, haben alle Eigenwerte den Betrag eins (Aufgabe 21.3); die α_ν sind also reell.

Nach sechsmaligem Anwenden des Operators $\hat{R}$ ist der ursprüngliche Zustand wiederhergestellt:

$$\hat{R}^6 \,|\,\psi_\nu\rangle = \exp(6\,\mathrm{i}\,\alpha_\nu)\,|\,\psi_\nu\rangle \overset{!}{=} |\,\psi_\nu\rangle \quad\Longrightarrow\quad \alpha_\nu = \frac{\pi}{3}\,\nu\,, \qquad \nu = 0, \ldots, 5$$

Damit liegen die Eigenwerte fest:

$$\hat{R}\,|\,\psi_\nu\rangle = \exp(\mathrm{i}\,\nu\,\pi/3)\,|\,\psi_\nu\rangle\,, \qquad \hat{R}^\dagger\,|\,\psi_\nu\rangle = \exp(-\mathrm{i}\,\nu\,\pi/3)\,|\,\psi_\nu\rangle \tag{21.41}$$

Die zweite Gleichung folgt aus der ersten mit $\hat{R}^\dagger \hat{R} = 1$. Wenn wir die erste Eigenwertgleichung auf $\langle n\,|$ projizieren und $\hat{R}$ auf diesen Basiszustand umwälzen, erhalten wir die Rekursionsformel

$$\langle n\,|\,\psi_\nu\rangle = \exp(-\mathrm{i}\,\nu\,\pi/3)\,\langle n-1\,|\,\psi_\nu\rangle$$

für die Komponenten der jeweiligen Eigenvektoren. Eine globale Phase ist frei wählbar. Eine Lösung ist deshalb

$$\langle n\,|\,\psi_\nu\rangle = \frac{\exp(-\mathrm{i}\,n\,\nu\,\pi/3)}{\sqrt{6}}\,, \qquad \big|\langle n\,|\,\psi_\nu\rangle\big|^2 = \frac{1}{6}$$

Die in (21.39) dargestellten reellen Eigenvektoren sind die Linearkombinationen

$$\frac{\mathrm{i}}{\sqrt{2}}\Big(|\,\psi_{1,2}\rangle - |\,\psi_{5,4}\rangle\Big)\,, \qquad \frac{1}{\sqrt{2}}\Big(|\,\psi_{1,2}\rangle + |\,\psi_{5,4}\rangle\Big)\,, \qquad |\,\psi_{0,3}\rangle$$

Im Gegensatz zu (21.39) haben die jetzigen Eigenvektoren $|\,\psi_\nu\rangle$ komplexe Komponenten, deren Betragsquadrate alle den Wert $1/6$ haben. Die Wahrscheinlichkeiten, in einem Eigenzustand ψ_ν einen der sechs Basiszustände $|\,n\rangle$ zu finden, ist also immer $1/6$. Dies ist eine Folge der sechszähligen Symmetrie des Benzolrings.

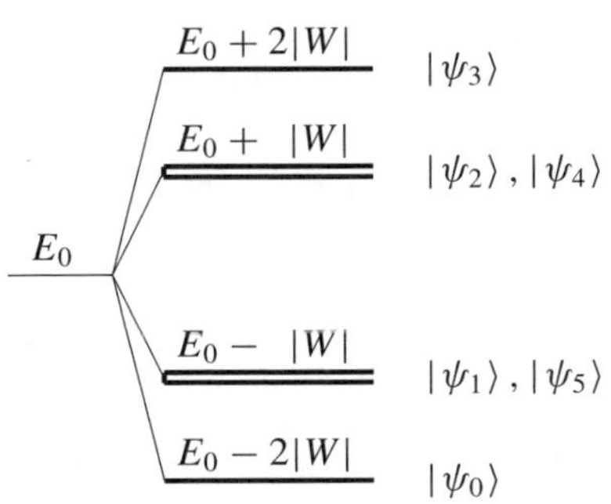

Mit der Matrix R aus (21.40) schreiben wir die Hamiltonmatrix (21.36) in der Form

$$H = E_0 + W\left(R + R^\dagger\right)$$

Für den Hamiltonoperator

$$\hat{H} = E_0 + W\left(\hat{R} + \hat{R}^\dagger\right)$$

gilt die Eigenwertgleichung

$$\hat{H}\,|\,\psi_\nu\rangle = E^{(\nu)}\,|\,\psi_\nu\rangle$$

Mit Hilfe von (21.41) lesen wir aus dieser Eigenwertgleichung die Eigenwerte $E^{(\nu)}$ ab:

$$E^{(\nu)} = E_0 + W\big(\exp(\mathrm{i}\,\nu\,\pi/3) + \exp(-\mathrm{i}\,\nu\,\pi/3)\big) = E_0 + 2W\,\cos(\nu\,\pi/3)$$

Der Cosinus kann die Werte $\pm 1/2$ und ± 1 annehmen. Damit stimmen die Energieeigenwerte mit den in (21.38) gefundenen überein.

Die sechs Elektronen sind unter Beachtung des Pauliprinzips auf die berechneten Energieniveaus zu verteilen. Das unterste Niveau kann zwei Elektronen aufnehmen, das nächsthöhere aufgrund der zweifachen Entartung vier. Dies ergibt den Grundzustand. Die niedrigsten angeregten Zustände erhält man, indem man ein Elektron in eines der unbesetzten Niveaus anhebt:

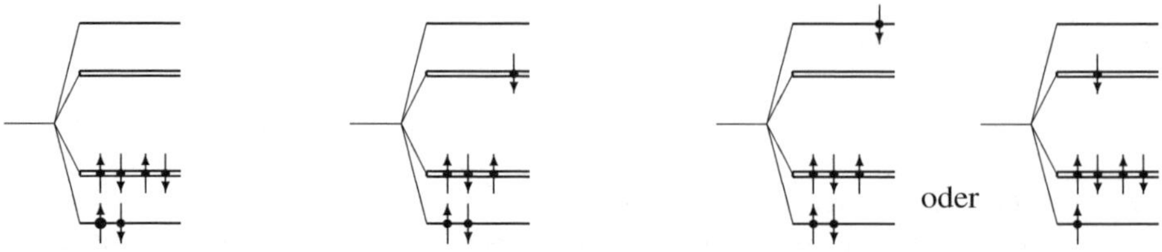

Grundzustand 1. angeregter Zustand 2. angeregter Zustand

Der Grundzustand, der erste und zweite angeregte Zustand haben damit die Energien

$$6E_0 - 8\,|W|\,, \qquad 6E_0 - 6\,|W| \quad \text{und} \quad 6E_0 - 5\,|W|$$

Die Anregungsenergien $3\,|W|$ und $2\,|W|$ stehen im Verhältnis $3 : 2 = 1.5$. Für die experimentellen Energien ist dieses Verhältnis $4.9 : 3.8 \approx 1.3$.

21.8 Neutrale Kaonen

Das neutrale Kaon K^0 und das ebenfalls neutrale Antikaon $\overline{\mathrm{K}}^0$ besitzen wie die anderen pseudoskalaren Mesonen (Pionen und η-Mesonen) negative (intrinsische) Parität, also

$$\hat{P}\,|\mathrm{K}^0\rangle = -\,|\mathrm{K}^0\rangle, \qquad \hat{P}\,|\overline{\mathrm{K}}^0\rangle = -\,|\overline{\mathrm{K}}^0\rangle \tag{21.42}$$

Der Ladungskonjugationsoperator $\hat{C}$ verwandelt Teilchen in Antiteilchen und umgekehrt:

$$\hat{C}\,|\mathrm{K}^0\rangle = |\overline{\mathrm{K}}^0\rangle, \qquad \hat{C}\,|\overline{\mathrm{K}}^0\rangle = |\mathrm{K}^0\rangle \tag{21.43}$$

Der hier betrachtete Zustandsraum wird durch die beiden Zustände $|1\rangle = |\mathrm{K}^0\rangle$ und $|2\rangle = |\overline{\mathrm{K}}^0\rangle$ aufgespannt. Geben Sie die Matrixelemente des Operators $\hat{C}\hat{P}$ in diesem Zustandsraum an.

Der allgemeinste nicht-hermitesche effektive Hamiltonoperator im Raum der beiden Zustände ist von der Form:

$$\Big(\langle n\,|\,\hat{H}_{\text{eff}}\,|\,n'\rangle\Big) = \begin{pmatrix} H_{11} & H_{12} \\ H_{21} & H_{22} \end{pmatrix} \qquad \text{mit} \quad H_{nn'} = E_{nn'} - \frac{\mathrm{i}}{2}\,\Gamma_{nn'} \tag{21.44}$$

Dabei sind die Größen $E_{nn'}$ und $\Gamma_{nn'}$ reell. Welchen Bedingungen müssen die Matrixelemente genügen, damit der Hamiltonoperator CP-invariant ist, also damit $[\,\hat{C}\hat{P},\,\hat{H}_{\text{eff}}\,] = 0$ gilt? Berechnen Sie für diesen Fall die Eigenwerte und die Eigenvektoren des effektiven Hamiltonoperators.

Zur Zeit $t = 0$ sei das System im Zustand $|\,\psi(0)\rangle$. Geben Sie mit Hilfe des Zeitentwicklungsoperators den Systemzustand $|\,\psi(t)\rangle$ zur Zeit t an. Bestimmen Sie die Zeitabhängigkeit der Norm dieses Zustands $|\,\psi(t)\rangle$. Spezialisieren Sie das Ergebnis für ein K^0 im Anfangszustand, also für $|\,\psi(0)\rangle = |\,\mathrm{K}^0\rangle$.

Lösung: Aus (21.42) und (21.43) folgt das Verhalten der Kaonen unter einer CP-Transformation:

$$\hat{C}\hat{P}\,|\mathrm{K}^0\rangle = -\,|\overline{\mathrm{K}}^0\rangle, \qquad \hat{C}\hat{P}\,|\overline{\mathrm{K}}^0\rangle = -\,|\mathrm{K}^0\rangle$$

Hieraus kann der Operator $\hat{C}\hat{P}$ in dem betrachteten zweidimensionalen Zustandsraum abgelesen werden:

$$\Big(\langle n\,|\,\hat{C}\hat{P}\,|\,n'\rangle\Big) = \begin{pmatrix} 0 & -1 \\ -1 & 0 \end{pmatrix}$$

Damit dieser Operator mit dem effektiven Hamiltonoperator vertauscht, muss

$$\Big(\langle n\,|\,[\hat{C}\hat{P},\hat{H}_{\text{eff}}]\,|\,n'\rangle\Big) = \begin{pmatrix} H_{12}-H_{21} & H_{11}-H_{22} \\ H_{22}-H_{11} & H_{21}-H_{12} \end{pmatrix} \stackrel{!}{=} 0$$

gelten, also $H_{22} = H_{11}$ und $H_{21} = H_{12}$. Der CP-invariante Hamiltonoperator lautet demnach

$$\Big(\langle n\,|\,\hat{H}_{\text{eff}}\,|\,n'\rangle\Big) = \begin{pmatrix} H_{11} & H_{12} \\ H_{12} & H_{11} \end{pmatrix}$$

Da H_{11} und H_{12} komplex sind, hängt der Hamiltonoperator H_{eff} von vier Parametern ab. Die Eigenwertgleichung von H_{eff} lautet

$$\begin{pmatrix} H_{11}-\lambda & H_{12} \\ H_{12} & H_{11}-\lambda \end{pmatrix}\begin{pmatrix} a_1 \\ a_2 \end{pmatrix} = 0$$

Damit dieses lineare Gleichungssystem eine nichttriviale Lösung besitzt, muss die Koeffizientendeterminante verschwinden:

$$\big(H_{11}-\lambda\big)^2 - H_{12}^2 = 0 \quad\Longrightarrow\quad \lambda_\pm = H_{11} \mp H_{12} = E_\pm - \frac{\mathrm{i}}{2}\,\Gamma_\pm$$

mit $E_\pm = E_{11} \mp E_{12}$ und $\Gamma_\pm = \Gamma_{11} \mp \Gamma_{12}$. Für die dazugehörigen Eigenvektoren setzen wir die Eigenwerte zum Beispiel in die erste Gleichung des linearen Gleichungssystems ein:

$$\pm\, a_{\pm,1} + a_{\pm,2} = 0 \quad\Longrightarrow\quad (a_\pm) = \frac{1}{\sqrt{2}}\begin{pmatrix} 1 \\ \mp 1 \end{pmatrix}$$

Damit lauten die Eigenzustände

$$|\mathrm{K}^0_\pm\rangle = \frac{1}{\sqrt{2}}\Big(|\mathrm{K}^0\rangle \mp |\overline{\mathrm{K}}^0\rangle\Big) \qquad \text{mit} \quad \hat{C}\hat{P}\,|\mathrm{K}^0_\pm\rangle = \pm|\mathrm{K}^0_\pm\rangle \tag{21.45}$$

Dies sind zugleich die Eigenzustände von $\hat{C}\hat{P}$ (wie rechts angegeben), weil $\hat{C}\hat{P}$ mit $\hat{H}_{\text{eff}}$ vertauscht. Der Index $\pm$ gibt den jeweiligen Eigenwert des $\hat{C}\hat{P}$-Operators an.

Die zeitliche Entwicklung eines Zustands erhalten wir aus der Schrödingergleichung $\mathrm{i}\hbar\,(\partial/\partial t)|\psi(t)\rangle = H_{\text{eff}}\,|\psi(t)\rangle$ oder mit dem Zeitentwicklungsoperator:

$$\begin{aligned} |\psi(t)\rangle = \exp\Big(-\frac{\mathrm{i}}{\hbar}\,H_{\text{eff}}\,t\Big)|\psi(0)\rangle &= \exp\Big(-\frac{\mathrm{i}}{\hbar}\,(E_+ - \frac{\mathrm{i}}{2}\,\Gamma_+)\,t\Big)\,|K^0_+\rangle\langle K^0_+|\psi(0)\rangle \\ &+ \exp\Big(-\frac{\mathrm{i}}{\hbar}\,(E_- - \frac{\mathrm{i}}{2}\,\Gamma_-)\,t\Big)\,|K^0_-\rangle\langle K^0_-|\psi(0)\rangle \end{aligned}$$

Im zweiten Schritt wurde der vollständige Satz von CP-Eigenzuständen (21.45) eingeschoben und die Eigenwertgleichung $H_{\rm eff}\,|\,K_\pm^0\rangle = (E_\pm - {\rm i}\,\Gamma_\pm/2)\,|\,K_\pm^0\rangle$ ausgenützt. Damit hängt die Norm des Zustands $|\,\psi(t)\rangle$ von der Zeit ab:

$$\langle\psi(t)\,|\,\psi(t)\rangle = \big|\langle K_+^0\,|\,\psi(0)\rangle\big|^2 \exp(-\Gamma_+\,t/\hbar) + \big|\langle K_-^0\,|\,\psi(0)\rangle\big|^2 \exp(-\Gamma_-\,t/\hbar) \qquad (21.46)$$

Wir spezialisieren dies noch für ein K^0 im Anfangszustand, also für $|\,\psi(0)\rangle = |\,K^0\rangle$ oder $\langle K_+^0\,|\,\psi(0)\rangle = \langle K_-^0\,|\,\psi(0)\rangle = 1/\sqrt{2}$:

$$\langle\psi(t)\,|\,\psi(t)\rangle = \frac{\exp(-\Gamma_+\,t/\hbar) + \exp(-\Gamma_-\,t/\hbar)}{2}$$

Die Ursache für den exponentiellen Abfall der Norm ist die Nicht-Hermitezität des effektiven Hamiltonoperators mit $\Gamma_\pm \neq 0$ (vergleiche Aufgabe 17.5). Die Breiten $\Gamma_\pm$ beschreiben phänomenologisch den Zerfall in andere Kanäle. Man kann dies formal ableiten, indem man diese Kanäle zunächst in den Zustandsraum mit aufnimmt. Ihre anschließende Elimination führt dann zu einem reduzierten Zustandsraum (dem hier untersuchten zweidimensionalen Raum), wobei die Zustände komplexe Energien $E_\pm - {\rm i}\,\Gamma_\pm/2$ mit den Zerfallsbreiten $\Gamma_\pm$ erhalten. In (21.46) kommt es zu einer Überlagerung von zwei Exponentialfunktionen, weil der Anfangszustand eine Überlagerung der beiden Eigenzustände (zu $\hat H_{\rm eff}$ oder $\hat C\hat P$) ist.

Zur Physik der Kaonen: Die neutralen Kaonen zerfallen vornehmlich in Pionen. Die Pionen sind ihre eigenen Antiteilchen, das heißt $\hat C\,|\,\pi^+\rangle = |\,\pi^-\rangle$, $\hat C\,|\,\pi^-\rangle = |\,\pi^+\rangle$ und $\hat C\,|\,\pi^0\rangle = |\,\pi^0\rangle$. Ein neutrales Kaon (oder Antikaon) mit Spin null zerfällt in seinem Ruhsystem in einen neutralen Zwei- oder Dreipionzustand mit Bahndrehimpuls null. Wegen der negativen (intrinsischen) Parität der Pionen ist deshalb $\hat C\hat P\,|\,\pi\,\pi\rangle = +|\,\pi\,\pi\rangle$ und $\hat C\hat P\,|\,\pi\,\pi\,\pi\rangle = -|\,\pi\,\pi\,\pi\rangle$. Daher zerfällt K_+^0 vornehmlich in zwei und K_-^0 in drei Pionen.

Experimentell findet man zwei neutrale Kaonen, die im Wesentlichen in dieser Weise zerfallen:

$$\mathrm{K_S^0} \longrightarrow \pi\,\pi \qquad (\tau \approx 0.895\cdot 10^{-10}\,\mathrm{s})$$

$$\mathrm{K_L^0} \longrightarrow \pi\,\pi\,\pi \qquad (\tau \approx 5.114\cdot 10^{-8}\,\mathrm{s})$$

Im Hinblick auf ihre Zerfallszeiten werden sie als „K-short“ oder $\mathrm{K_S^0}$ und als „K-long“ oder $\mathrm{K_L^0}$ bezeichnet. Die Ruhenergie des Kaons ist $E_{\rm K} = m_{\rm K}c^2 \approx 495\,\mathrm{MeV}$, und die des Pions $E_\pi = m_\pi c^2 \approx 138\,\mathrm{MeV}$. Damit ist der Zerfall in drei Pionen stark unterdrückt, weil hierbei viel weniger kinetische Energie zur Verfügung steht. Dies erklärt den großen Unterschied in den angegebenen Lebensdauern. Außerdem findet man empirisch einen kleinen Massenunterschied $E_{\rm L} - E_{\rm S} = (m_{\rm L} - m_{\rm S})c^2 \approx 3.5\cdot 10^{-12}\,\mathrm{MeV}$.

Die hier berechneten Zustände (21.45) sind Näherungen für diese realen Teilchen,

$$\big|\mathrm{K_S^0}\big\rangle \approx \big|\mathrm{K_+^0}\big\rangle, \qquad \big|\mathrm{K_L^0}\big\rangle \approx \big|\mathrm{K_-^0}\big\rangle$$

Mit den vier empirischen Parametern $E_{\rm K}$, $E_{\rm L} - E_{\rm S}$, $\Gamma_{\rm S}$ und $\Gamma_{\rm L}$ sind die vier Parameter im phänomenologischen Hamiltonoperator bestimmt. Nach (21.46) sollten in hinreichender Entfernung von der Quelle (wegen $c\,\tau_{\rm S} \approx 2.68\,\mathrm{cm}$ gegenüber $c\,\tau_{\rm L} \approx 15.33\,\mathrm{m}$) nur noch die in drei Pionen zerfallenden $\mathrm{K_L^0}$-Teilchen vorliegen. Tatsächlich zerfällt aber etwa eines von 3000 dieser Teilchen doch in zwei Pionen. Hieraus kann die Stärke der in der Natur vorkommenden CP-Verletzung bestimmt werden. Im vorgestellten Modell wird dies durch $H_{12} \neq H_{21}$ in (21.44) berücksichtigt. Die Einschränkung $H_{22} = H_{11}$ gilt nach wie vor wegen der vermutlich nicht verletzten CPT-Invarianz; dabei steht T für die Zeitumkehr.

22 Operatorenmethode

In der im letzten Kapitel eingeführten abstrakten Schreibweise greifen wir die bereits gelösten Probleme des Oszillators und der Drehimpulseigenzustände erneut auf. Diese Probleme lassen sich allein aufgrund von Operatorenbeziehungen (ohne Bezug auf eine Darstellung) besonders elegant lösen; diesen Weg bezeichnen wir als Operatorenmethode. Im Heisenbergbild wird die Zeitabhängigkeit von den Zuständen auf die Operatoren übergewälzt. Die abstrakte Behandlung des Drehimpulses führt zwanglos zu halbzahligen Drehimpulsen, die in der Natur als Spin elementarer Teilchen vorkommen. Schließlich wird noch die Kopplung von Drehimpulsen behandelt.

Oszillator

Der Oszillator-Hamiltonoperator lässt sich in der Form

$$\hat{H} = \frac{\hat{p}^2}{2m} + \frac{m}{2}\,\omega^2\,\hat{x}^2 = \hbar\omega\left(\hat{a}^\dagger\,\hat{a} + \frac{1}{2}\right) \tag{22.1}$$

schreiben. Die erste angegebene Form zeigt den Übergang zur abstrakten Schreibweise an. Die zweite Form erhält man durch die Einführung der (nichthermiteschen) Operatoren

$$\hat{a} = \sqrt{\frac{m\omega}{2\hbar}}\;\hat{x} + \frac{\mathrm{i}\,\hat{p}}{\sqrt{2m\omega\hbar}}\,, \qquad \hat{a}^\dagger = \sqrt{\frac{m\omega}{2\hbar}}\;\hat{x} - \frac{\mathrm{i}\,\hat{p}}{\sqrt{2m\omega\hbar}} \tag{22.2}$$

Aus der bekannten Kommutatorrelation $[\,\hat{p}, \hat{x}\,] = -\mathrm{i}\hbar$ folgt

$$\left[\hat{a}^\dagger, \hat{a}\,\right] = -1 \tag{22.3}$$

Wir suchen die Lösungen der Gleichung $\hat{H}\,|\varepsilon\rangle = \varepsilon\,|\varepsilon\rangle$. Dazu multiplizieren wir diese Gleichung von links mit $\hat{a}$. Unter Verwendung von (22.3) ergibt das $\hat{H}\,\hat{a}\,|\varepsilon\rangle = (\varepsilon - \hbar\omega)\,\hat{a}\,|\varepsilon\rangle$. Also ist $\hat{a}\,|\varepsilon\rangle$ Eigenzustand zur Energie $\varepsilon - \hbar\omega$. Analog dazu zeigt man, dass $\hat{a}^\dagger\,|\varepsilon\rangle$ Eigenzustand zu $\varepsilon + \hbar\omega$ ist. Damit sind die Operatoren $\hat{a}^\dagger$ und $\hat{a}$ *Auf- und Absteigeoperatoren*. Wegen $\langle H\rangle \ge \hbar\omega/2$ muss die absteigende Folge ein Ende finden, und zwar durch $\hat{a}\,|\varepsilon_0\rangle = 0$. Man zeigt leicht, dass der Grundzustand $|\,\varepsilon_0\rangle$ die Energie $\hbar\omega/2$ hat. Aus diesen Überlegungen folgen die normierten Eigenzustände, die wir jetzt mit $|n\rangle = |\varepsilon_n\rangle$ bezeichnen:

$$|\,n\rangle = \frac{1}{\sqrt{n!}}\,\left(\hat{a}^\dagger\right)^n\,|0\rangle \quad \text{zur Energie} \quad \varepsilon_n = (n + 1/2)\,\hbar\omega \tag{22.4}$$

Die Normierungskonstante kann mit Hilfe der Relationen

$$\hat{a}^\dagger\,|n\rangle = \sqrt{n+1}\;|n+1\rangle\,, \qquad \hat{a}\;|n\rangle = \sqrt{n}\;|n-1\rangle \tag{22.5}$$

bestimmt werden. Ausgehend von (22.4) kann nun die Lösung in jeder gewünschten Darstellung (Orts-, Impuls- oder Matrixdarstellung) aufgestellt werden.

Kohärente Zustände

Kohärente Zustände spielen in vielen Bereichen der Physik eine wichtige Rolle. Sie lassen sich in einfachster Form im Oszillator studieren. Für eine komplexe Zahl α definieren wir einen *kohärenten Zustand* $|\alpha\rangle$ durch

$$|\alpha\rangle \equiv C\sum_{n=0}^{\infty}\frac{\alpha^n}{\sqrt{n!}}\,|n\rangle = C\,\exp\big(\alpha\,\hat{a}^\dagger\big)\,\big|0\big\rangle \tag{22.6}$$

Der Zusammenhang zwischen den beiden angegebenen Formen folgt aus (22.4). Die Normierungskonstante ist $C = \exp(-|\alpha|^2/2)$. In Aufgabe 22.8 werden die Erwartungswerte $\overline{n} = |\alpha|^2$ und $(\Delta n)^2 = |\alpha|^2$ für den Quantenzahloperator $\hat{n} = \hat{a}^\dagger\,\hat{a}$ berechnet.

Die Ortsdarstellung des kohärenten Zustands ergibt sich zu

$$\varphi_{\rm koh}(x) = \langle x\,|\alpha\rangle = \exp(\mathrm{i}\,k_0 x)\,\varphi_0(x-x_0) \tag{22.7}$$

Dabei ist $x_0 = \sqrt{2}\,b\,\mathrm{Re}(\alpha)$ und $k_0 = \sqrt{2}\,\mathrm{Im}(\alpha)/2$, wobei b die Oszillatorlänge ist. Es handelt sich also um einen im Orts- und Impulsraum verschobenen Oszillatorgrundzustand $\varphi_0(x)$.

Heisenbergbild

Für einen zeitunabhängigen Hamiltonoperator löst

$$\big|\psi(t)\big\rangle = \exp\big(-\,\mathrm{i}\,\hat{H}\,t/\hbar\big)\,\big|\psi(0)\big\rangle \tag{22.8}$$

die zeitabhängige Schrödingergleichung $\hat{H}\,|\psi(t)\rangle = \mathrm{i}\hbar\,(\partial/\partial t)\,|\psi(t)\rangle$. Für beliebige Erwartungswerte

$$\langle F\rangle = \big\langle\psi(t)\big|\,\hat{F}\,\big|\psi(t)\big\rangle = \big\langle\psi(0)\big|\,\hat{F}(t)\,\big|\psi(0)\big\rangle \tag{22.9}$$

kann man die Zeitabhängigkeit vom Zustand auf den Operator überwälzen. Aus (22.8) und (22.9) erhält man den zeitabhängigen *Operator im Heisenbergbild*

$$\hat{F}(t) = \exp\Big(\frac{\mathrm{i}\,\hat{H}\,t}{\hbar}\Big)\,\hat{F}\,\exp\Big(-\,\frac{\mathrm{i}\,\hat{H}\,t}{\hbar}\Big) \tag{22.10}$$

Anstelle der zeitabhängigen Schrödingergleichung für den Zustand erhält man nun

$$\frac{d\hat{F}(t)}{dt} = \frac{\mathrm{i}}{\hbar}\left[\hat{H}, \hat{F}(t)\right] \qquad \text{für} \quad \frac{\partial \hat{F}}{\partial t} = 0 \tag{22.11}$$

für die Zeitabhängigkeit des Operators. Als Beispiel betrachten wir den Hamiltonoperator (22.1) und die Operatoren $\hat{a}$ und $\hat{a}^\dagger$. Den Kommutator kann man leicht berechnen, zum Beispiel $[\hat{H}, \hat{a}(t)] = -\hbar\omega\,\hat{a}(t)$. Hieraus folgt $\hat{a}(t) = \hat{a}\,\exp(-\mathrm{i}\omega t)$ und

$$\hat{x}(t) = \sqrt{\frac{\hbar}{2m\omega}}\left(\hat{a}^\dagger(t) + \hat{a}(t)\right) = \hat{x}\,\cos(\omega t) + \frac{\hat{p}}{m\omega}\,\sin(\omega t) \tag{22.12}$$

Als Anfangszustand $|\psi(0)\rangle$ wählen wir (22.7), also ein Gaußpaket mit dem mittleren Ort x_0 und mit dem mittleren Impuls $p_0 = \hbar k_0$. Dann gilt $\langle\hat{x}(t)\rangle = x_0\,\cos(\omega t) + (p_0/m\omega)\,\sin(\omega t)$. Damit läuft das Wellenpaket auf der klassischen Bahn hin und her. In dieser Weise erhält man noch $\langle(x - \langle x\rangle)^2\rangle = \text{const}$. Das Wellenpaket hat also eine konstante Breite; die sonst unvermeidliche quantenmechanische Dispersion fehlt. Dies ist eine spezielle Eigenschaft des Oszillators.

Drehimpulsoperatoren

Wir betrachten die Drehimpulsoperatoren

$$\hat{\boldsymbol{j}} = \hat{j}_x\,\boldsymbol{e}_x + \hat{j}_y\,\boldsymbol{e}_y + \hat{j}_z\,\boldsymbol{e}_z := \boldsymbol{\ell}_{\text{op}} \tag{22.13}$$

mit $\boldsymbol{\ell}_{\text{op}}$ aus (20.1). Wir bezeichnen den abstrakten Operator mit einem neuen Buchstaben, weil sich aus den Kommutatorrelationen die neue Möglichkeit halbzahliger Drehimpulse ergibt. Die betrachteten Operatoren sind hermitesch, $\hat{j}_x^\dagger = \hat{j}_x$ und so weiter. Anstelle von $\hat{j}_x$ und $\hat{j}_y$ verwenden wir auch die (nichthermiteschen) Operatoren

$$\hat{j}_+ = \hat{j}_x + \mathrm{i}\,\hat{j}_y = \left(\hat{j}_-\right)^\dagger, \qquad \hat{j}_- = \hat{j}_x - \mathrm{i}\,\hat{j}_y = \left(\hat{j}_+\right)^\dagger \tag{22.14}$$

Es gilt $\hat{\boldsymbol{j}}^2 = \hat{j}_x^2 + \hat{j}_y^2 + \hat{j}_z^2 = \hat{j}_+\,\hat{j}_- + \hat{j}_z^2 - \hat{j}_z$. Aus den Kommutatorrelationen (20.3) folgen

$$\left[\hat{j}_+, \hat{j}_z\right] = -\hbar\,\hat{j}_+, \quad \left[\hat{j}_-, \hat{j}_z\right] = +\hbar\,\hat{j}_-, \quad \left[\hat{j}_+, \hat{j}_-\right] = 2\hbar\,\hat{j}_z \tag{22.15}$$

Da $\hat{\boldsymbol{j}}^2$ und $\hat{j}_z$ miteinander vertauschen, gibt es simultane Eigenzustände:

$$\hat{\boldsymbol{j}}^2\,|\,j m\rangle = j\,(j+1)\,\hbar^2\,|\,j m\rangle\,, \qquad \hat{j}_z\,|\,j m\rangle = m\,\hbar\,|\,j m\rangle \tag{22.16}$$

Die möglichen j-Werte sind halb- oder ganzzahlig (nichtnegativ); die m Werte laufen von $-j$ bis $+j$. Die Operatoren $\hat{j}_\pm$ fungieren als Auf- und Absteigeoperatoren:

$$\hat{j}_\pm\,|\,j m\rangle = \sqrt{j\,(j+1) - m\,(m \pm 1)}\;\hbar\,|\,j, m \pm 1\rangle \tag{22.17}$$

Mit diesen Operatoren können die Zustände konstruiert werden:

$$\left.\begin{array}{r} \hat{j}_+ \,|\, j,\, j\rangle = 0 \\ \hat{j}_z \,|\, j,\, j\rangle = j\,\hbar \,|\, j,\, j\rangle \end{array}\right\} \quad \text{ergibt} \quad |\, j,\, j\rangle$$

$$\hat{j}_- \,|\, j,\, j\rangle \propto |\, j,\, j-1\rangle \quad \text{ergibt} \quad |\, j,\, j-1\rangle\rangle$$

$$\hat{j}_- \,|\, j,\, j-1\rangle \propto |\, j,\, j-2\rangle \quad \text{ergibt} \quad |\, j,\, j-2\rangle \tag{22.18}$$

Die Konstruktion endet bei $|\, j,\, -j\rangle$. Für ganzzahliges $j = l$ schreiben wir den Beginn der Konstruktion, also $l_z\,|l, l\rangle = l\,\hbar\,|l, l\rangle$ und $l_+\,|l, l\rangle = 0$ mit den Operatoren l_z und l_+ aus (20.7) und (20.6), in der Ortsdarstellung an:

$$-\mathrm{i}\,\frac{\partial}{\partial\phi}\, Y_{ll}(\theta, \phi) = l\, Y_{ll}(\theta, \phi)\,, \qquad \exp(\mathrm{i}\phi)\left(\frac{\partial}{\partial\theta} + \mathrm{i}\,\cot\theta\,\frac{\partial}{\partial\phi}\right) Y_{ll}(\theta, \phi) = 0 \tag{22.19}$$

Dabei ist $Y_{ll}(\theta, \phi)$ die Ortsdarstellung des Zustands $|l\,l\rangle$. Die Lösung dieser Differenzialgleichungen ist einfach und ergibt $Y_{ll} = \text{const.} \cdot (\sin\theta)^l \exp(\mathrm{i}\,l\,\phi)$. Die Konstante wird so gewählt, dass die *Kugelfunktion* $Y_{ll}(\theta, \phi)$ normiert ist. Aus $j_-\; Y_{ll} = \sqrt{2\ell}\,\hbar\, Y_{l,\,l-1}$ und so weiter erhält man dann sukzessive die anderen Kugelfunktionen Y_{lm}. Aufgrund der Konstruktion sind diese weiteren Kugelfunktionen automatisch normiert.

Spin

Aus der abstrakten Lösung ergibt sich die Möglichkeit halbzahliger Werte von j. In diesem Fall erhält man keine akzeptable Lösung aus (22.19). Immer möglich ist jedoch die Matrixdarstellung, die wir im Folgenden für $j = 1/2$ untersuchen.

Für $j = 1/2$ bezeichnen wir die Zustände $|\, j\, m\rangle$ mit $|s\, s_z\rangle = |1/2, s_z\rangle$. Aus der Konstruktion (22.18) ergeben sich zwei Zustände, $|1/2, 1/2\rangle$ und $|1/2, -1/2\rangle$. In der Matrixdarstellung

$$\left|\frac{1}{2},\, \frac{1}{2}\right\rangle := \begin{pmatrix} 1 \\ 0 \end{pmatrix} \qquad \text{und} \qquad \left|\frac{1}{2},\, -\frac{1}{2}\right\rangle := \begin{pmatrix} 0 \\ 1 \end{pmatrix} \tag{22.20}$$

werden die Drehimpulsoperatoren zu 2×2-Matrizen:

$$\hat{j}_x := j_x = \frac{\hbar}{2}\begin{pmatrix} 0 & 1 \\ 1 & 0 \end{pmatrix}, \qquad j_y = \frac{\hbar}{2}\begin{pmatrix} 0 & -\mathrm{i} \\ \mathrm{i} & 0 \end{pmatrix}, \qquad j_z = \frac{\hbar}{2}\begin{pmatrix} 1 & 0 \\ 0 & -1 \end{pmatrix} \tag{22.21}$$

Für j_z folgt dies sofort aus $\hat{j}_z\,|1/2, m\rangle = m\,\hbar\,|1/2, m\rangle$. Für die Matrix j_+ folgt aus (22.17)

$$j_+\begin{pmatrix} 1 \\ 0 \end{pmatrix} = \hbar\begin{pmatrix} 0 \\ 0 \end{pmatrix} \quad \text{und} \quad j_+\begin{pmatrix} 0 \\ 1 \end{pmatrix} = \hbar\begin{pmatrix} 1 \\ 0 \end{pmatrix} \tag{22.22}$$

Hieraus kann man die Matrix j_+ ablesen. Für j_- geht man analog vor. Über $j_x = (j_+ + j_-)/2$ und $j_y = (j_+ - j_-)/2\mathrm{i}$ erhält man so die in (22.21) angegebenen

Matrizen. Für diese ist die Bezeichnung *Pauli-Matrizen* oder *Spinmatrizen* und die Notation σ_x, σ_y und σ_z üblich:

$$\sigma_x = \begin{pmatrix} 0 & 1 \\ 1 & 0 \end{pmatrix}, \qquad \sigma_y = \begin{pmatrix} 0 & -\mathrm{i} \\ \mathrm{i} & 0 \end{pmatrix}, \qquad \sigma_z = \begin{pmatrix} 1 & 0 \\ 0 & -1 \end{pmatrix} \qquad (22.23)$$

Diese Pauli-Matrizen unterscheiden sich von den Drehimpulsmatrizen j_x, j_y und j_z um einen Faktor $2/\hbar$. Die Kommutatorrelationen lauten daher:

$$[\,\sigma_x, \sigma_y\,] = 2\,\mathrm{i}\,\sigma_z \quad \text{und zyklisch} \qquad (22.24)$$

Elementare Teilchen können einen *Spin* oder Eigendrehimpuls $\boldsymbol{s}$ haben, der halbzahlig ist. Bei der Messung des Spins von Elektronen oder Nukleonen ergeben sich die Werte $\pm\hbar/2$ in Messrichtung. Dieses typisch quantenmechanische Verhalten kann durch die Spinzustände (22.20) beschrieben werden. Der Spinvektor $\boldsymbol{s}$ in der Hamiltonfunktion wird zum Operator $\hat{\boldsymbol{s}}$ im Hamiltonoperator. Dies entspricht der Ersetzungsregel:

$$\boldsymbol{s} \quad \Longrightarrow \quad \hat{\boldsymbol{s}} \equiv \frac{\hbar}{2}\,\hat{\boldsymbol{\sigma}} := \frac{\hbar}{2}\,\boldsymbol{\sigma} \qquad \text{(Ersetzungsregel)} \qquad (22.25)$$

wobei $\boldsymbol{\sigma} = \sigma_x\,\boldsymbol{e}_x + \sigma_y\,\boldsymbol{e}_y + \sigma_z\,\boldsymbol{e}_z$. Der Zustand

$$|\,\theta_s, \phi_s\,\rangle := \begin{pmatrix} \alpha_+ \\ \alpha_- \end{pmatrix} = \begin{pmatrix} \cos(\theta_s/2)\,\exp(-\mathrm{i}\phi_s/2) \\ \sin(\theta_s/2)\,\exp(+\mathrm{i}\phi_s/2) \end{pmatrix} \qquad (22.26)$$

ist Eigenzustand von $\boldsymbol{\sigma}\cdot\boldsymbol{n}$ zum Eigenwert $+1$, wobei $\boldsymbol{n} = \boldsymbol{e}_x\,\sin\theta_s\,\cos\phi_s + \boldsymbol{e}_y\,\sin\theta_s\,\sin\phi_s + \boldsymbol{e}_z\,\cos\theta_s$. Dieser Zustand beschreibt also einen Spin, der in Richtung von $\boldsymbol{n}$ zeigt.

Pauligleichung

Ein Teilchen mit Spin kann durch die *zweikomponentige* Wellenfunktion

$$\Psi(\boldsymbol{r}, t) \equiv \begin{pmatrix} \varphi_+(\boldsymbol{r}, t) \\ \varphi_-(\boldsymbol{r}, t) \end{pmatrix} = \varphi_+(\boldsymbol{r}, t)\begin{pmatrix} 1 \\ 0 \end{pmatrix} + \varphi_-(\boldsymbol{r}, t)\begin{pmatrix} 0 \\ 1 \end{pmatrix} \qquad (22.27)$$

beschrieben werden. Dabei sind $|\,\varphi_\pm(\boldsymbol{r})\,|^2$ die Wahrscheinlichkeitsdichten dafür, das Teilchen bei $\boldsymbol{r}$ mit Spin $\pm\hbar/2$ zu finden.

Mit dem Spin eines Elektrons ist das magnetische Moment $\boldsymbol{\mu} = -g\,\mu_\mathrm{B}\,\boldsymbol{s}/\hbar$ verbunden; dabei ist $\mu_\mathrm{B} = e\hbar/(2\,m_\mathrm{e}c)$ das Bohrsche Magneton, m_e und $g \approx 2$ sind die Masse und der gyromagnetische Faktor des Elektrons. In einem äußeren Magnetfeld $\boldsymbol{B}$ hat das magnetische Moment die Energie $-\boldsymbol{\mu}\cdot\boldsymbol{B}$. Wir ergänzen den Hamiltonoperator (17.12) um diesen Term und verwenden (22.25). In der Matrixdarstellung für den Spin erhalten wir damit die *Pauligleichung*

$$\mathrm{i}\hbar\,\frac{\partial}{\partial t}\,\Psi(\boldsymbol{r}, t) = \left(\frac{1}{2\,m_\mathrm{e}}\left(\boldsymbol{p}_\mathrm{op} + \frac{e}{c}\,\boldsymbol{A}\right)^2 - e\,\Phi_\mathrm{e} + \frac{g\,\mu_\mathrm{B}}{2}\,\boldsymbol{\sigma}\cdot\boldsymbol{B}\right)\Psi(\boldsymbol{r}, t) \quad (22.28)$$

Der Hamiltonoperator ist eine 2×2 -Matrix; die ersten Terme auf der rechten Seite sind implizit mit der 2×2 -Einheitsmatrix multipliziert. Als Beispiel betrachten wir den Pauli-Hamiltonoperator $\hat{H}_{\rm P} = \hat{H}_0 + (g\,\mu_{\rm B}/2)\,B\,\hat{\sigma}_z$. Die Bahnbewegung sei unabhängig vom Spin und werde durch die stationäre Wellenfunktion $\varphi_0(\boldsymbol{r}, t)$ beschrieben. Wenn wir $\Psi = \varphi_0(\boldsymbol{r}, t)\,\big(a(t), b(t)\big)$ in die Pauli-Gleichung einsetzen, dann bleibt nur die Gleichung für die Spinbewegung übrig:

$$\mathrm{i}\hbar\,\frac{d}{dt}\begin{pmatrix} a(t) \\ b(t) \end{pmatrix} = \frac{g\,\mu_{\rm B}}{2}\,B\,\sigma_z \begin{pmatrix} a(t) \\ b(t) \end{pmatrix} \tag{22.29}$$

Die Lösung beschreibt einen Spinvektor, der einen konstanten Winkel mit der Magnetfeldachse bildet und mit der Frequenz $\omega_{\rm P} = g\,\mu_{\rm B}\,B/\hbar$ um diese Achse präzediert.

Kopplung von Drehimpulsen

Ein Elektron hat einen Bahndrehimpuls und einen Spin. Für beide Drehimpulse können wir die oben eingeführten Zustände verwenden und einen Produktzustand bilden. Etwas allgemeiner formuliert betrachten wir die Eigenzustände

$$\big|\, j_1 m_1 \big\rangle \big|\, j_2 m_2 \big\rangle \quad \text{zu} \quad \hat{\boldsymbol{j}}_1^{\,2},\ \hat{j}_{1z},\ \hat{\boldsymbol{j}}_2^{\,2} \text{ und } \hat{j}_{2z} \tag{22.30}$$

Klassische Drehimpulse können zu einem Gesamtdrehimpuls addiert werden, $\boldsymbol{j} = \boldsymbol{j}_1 + \boldsymbol{j}_2$. Analog dazu können wir die Drehimpulsoperatoren $\hat{\boldsymbol{j}} = \hat{\boldsymbol{j}}_1 + \hat{\boldsymbol{j}}_2$ betrachten und *gekoppelte* Eigenzustände konstruieren:

$$\big|\, j\, j_1\, j_2 m \big\rangle \quad \text{zu} \quad \hat{\boldsymbol{j}}^{\,2} = \big(\hat{\boldsymbol{j}}_1 + \hat{\boldsymbol{j}}_2\big)^2,\ \hat{\boldsymbol{j}}_1^{\,2},\ \hat{\boldsymbol{j}}_2^{\,2} \text{ und } \hat{j}_z \tag{22.31}$$

Die Konstruktion der gekoppelten Zustände startet mit dem Zustand zu maximalem $m = m_1 + m_2$,

$$\big|\, j_1 + j_2,\, j_1,\, j_2,\, j_1 + j_2 \big\rangle = \big|\, j_1\, j_1 \big\rangle \big|\, j_2\, j_2 \big\rangle \tag{22.32}$$

Auf diesen Zustand wenden wir den Absteigeoperator $\hat{j}_- = \hat{j}_{1-} + \hat{j}_{2-}$ an. Unter Berücksichtigung von (22.17) ergibt dies

$$\begin{aligned} &\sqrt{2(j_1 + j_2)}\ \big|\, j_1 + j_2,\, j_1,\, j_2,\, j_1 + j_2 - 1 \big\rangle \\ &\quad = \sqrt{2\,j_1}\ \big|\, j_1,\, j_1 - 1 \big\rangle \big|\, j_2,\, j_2 \big\rangle + \sqrt{2\,j_2}\ \big|\, j_1,\, j_1 \big\rangle \big|\, j_2,\, j_2 - 1 \big\rangle \end{aligned} \tag{22.33}$$

Zum m-Wert $j_1 + j_2 - 1$ gibt es noch einen weiteren Zustand, und zwar den mit $j = j_1 + j_2 - 1$. Er setzt sich aus denselben ungekoppelten Zuständen zusammen. Daher ist er die zur rechten Seite von (22.33) orthogonale und normierte Linearkombination.

Auf die so erhaltenen Zustände wendet man noch einmal den Absteigeoperator $\hat{j}_- = \hat{j}_{1-} + \hat{j}_{2-}$ an. Damit erhält man die Zustände mit $m = j_1 + j_2 - 2$; und zwar zwei direkt und den dritten wieder als orthogonale Kombination. Wenn die minimal möglichen m-Werte erreicht werden, bricht das Verfahren automatisch ab (der Absteigeoperator ergibt dann jeweils null). Formal stellt das Ergebnis eine unitäre Transformation von den ungekoppelten Zuständen (22.30), die wir jetzt mit $|\,j_1 m_1\, j_2 m_2\,\rangle$ bezeichnen, zu den gekoppelten Zuständen dar:

$$\big|\,j\, j_1\, j_2 m\big\rangle = \sum_{m_1,\, m_2} C(j_1\, j_2\, j,\, m_1 m_2 m)\,\big|\,j_1 m_1\, j_2 m_2\big\rangle \tag{22.34}$$

Die Entwicklungskoeffizienten C heißen *Clebsch-Gordan-Koeffizienten* oder auch Wigner-Koeffizienten.

Wir wenden das hier beschriebene Konstruktionsverfahren auf die Kopplung zweier Spins s_1 und s_2 zum Gesamtspin S an. Wir verwenden die Bezeichnungen $|\!\uparrow\rangle = |\,1/2, 1/2\rangle$ und $|\!\downarrow\rangle = |\,1/2, -1/2\rangle$ für die ungekoppelten Zustände, und $|\,S, M\rangle = |\,S\, s_1\, s_2\, M\rangle$ für die gekoppelten. Damit lautet das Ergebnis

$$\big|\,S, M\,\big\rangle = \left\{\begin{array}{lcll} |1,1\rangle & = & |\!\uparrow\uparrow\rangle & \\ |1,0\rangle & \doteq & \dfrac{|\!\downarrow\uparrow\rangle + |\!\uparrow\downarrow\rangle}{\sqrt{2}} & \text{Triplett} \\ |1,-1\rangle & = & |\!\downarrow\downarrow\rangle & \\[2ex] |0,0\rangle & = & \dfrac{|\!\downarrow\uparrow\rangle - |\!\uparrow\downarrow\rangle}{\sqrt{2}} & \text{Singulett} \end{array}\right. \tag{22.35}$$

Die drei zum Gesamtspin $j = S = 1$ gehörenden Zustände heißen Triplettzustände, der einzelne zu $j = S = 0$ gehörende dagegen Singulettzustand. Die Triplettzustände sind symmetrisch gegenüber Teilchenaustausch, der Singulettzustand ist dagegen antisymmetrisch.

Aufgaben

22.1 Norm des Oszillatorzustands $\hat{a}\,|\,n\rangle$

Der Oszillator-Hamiltonoperator $\hat{H} = \hbar\omega\,(\hat{a}^\dagger\hat{a} + 1/2)$ hat die normierten Eigenzustände $|\,n\rangle$ und die zugehörigen Eigenwerte $\hbar\omega(n+1/2)$. Bestimmen Sie hieraus die Normierungskonstante α in $|\,\psi\,\rangle = \hat{a}\,|\,n\rangle = \alpha\,|\,n-1\rangle$.

Lösung: Aus $\hat{H}\,|\,n\rangle = \hbar\omega(n+1/2)\,|\,n\rangle$ folgt

$$\hat{a}^\dagger\hat{a}\,|\,n\rangle = n\,|\,n\rangle$$

Für die Norm des Zustands $|\,\psi\,\rangle = \hat{a}\,|\,n\rangle = \alpha\,|\,n-1\rangle$ erhalten wir damit

$$|\alpha|^2 = \langle\psi\,|\,\psi\rangle = \langle n\,|\,\hat{a}^\dagger\,\hat{a}\,|\,n\rangle = n\,\langle n\,|\,n\rangle = n$$

Hieraus folgt $\alpha = \sqrt{n}\,\exp(\mathrm{i}\gamma)$. Der Phasenfaktor kann durch Konvention gleich 1 gesetzt werden, so dass

$$\hat{a}\,|\,n\rangle = \sqrt{n}\,|\,n-1\rangle$$

Für die Norm des Zustands $|\,\psi\,\rangle = \hat{a}^\dagger\,|\,n\rangle = \beta\,|\,n+1\rangle$ (nicht verlangt in der Aufgabe) geht man analog vor:

$$|\beta|^2 = \langle\psi\,|\,\psi\rangle = \langle n\,|\,\hat{a}\,\hat{a}^\dagger\,|\,n\rangle = \langle n\,|\,\hat{a}^\dagger\hat{a}+1\,|\,n\rangle = n+1$$

Dabei wurde die Kommutatorbeziehung $[\,\hat{a},\hat{a}^\dagger\,] = 1$ verwendet. Mit der Phasenkonvention für $\hat{a}$ (alle Phasen gleich null) sind auch die Phasen für $\hat{a}^\dagger$ alle null, und es folgt

$$\hat{a}^\dagger\,|\,n\rangle = \sqrt{n+1}\,|\,n+1\rangle$$

22.2 Matrixdarstellungen für harmonischen Oszillator

Die Matrixdarstellungen der Auf- und Absteigeoperatoren des Oszillators lauten

$$\hat{a}^\dagger := \begin{pmatrix} 0 & 0 & 0 & 0 & \dots \\ \sqrt{1} & 0 & 0 & 0 & \dots \\ 0 & \sqrt{2} & 0 & 0 & \dots \\ 0 & 0 & \sqrt{3} & 0 & \dots \\ \vdots & \vdots & \vdots & \vdots & \ddots \end{pmatrix}, \qquad \hat{a} := \begin{pmatrix} 0 & \sqrt{1} & 0 & 0 & \dots \\ 0 & 0 & \sqrt{2} & 0 & \dots \\ 0 & 0 & 0 & \sqrt{3} & \dots \\ 0 & 0 & 0 & 0 & \dots \\ \vdots & \vdots & \vdots & \vdots & \ddots \end{pmatrix} \qquad (22.36)$$

Geben Sie die Matrixdarstellungen des Ortsoperators $\hat{x} = \sqrt{\hbar/2m\omega}\,\big(\hat{a}^\dagger + \hat{a}\big)$, des Impulsoperators $\hat{p} = \mathrm{i}\,\sqrt{m\hbar\omega/2}\,\big(\hat{a}^\dagger - \hat{a}\big)$ und des Hamiltonoperators an.

Lösung: Für den Ortsoperator $\hat{x} = \sqrt{\hbar/2m\omega}\,\big(\hat{a}^\dagger + \hat{a}\big)$ erhalten wir

$$\hat{x} := \sqrt{\frac{\hbar}{2m\omega}}\begin{pmatrix} 0 & \sqrt{1} & 0 & 0 & \dots \\ \sqrt{1} & 0 & \sqrt{2} & 0 & \dots \\ 0 & \sqrt{2} & 0 & \sqrt{3} & \dots \\ 0 & 0 & \sqrt{3} & 0 & \dots \\ \vdots & \vdots & \vdots & \vdots & \ddots \end{pmatrix}$$

Für den Impulsoperator $\hat{p} = \mathrm{i}\sqrt{m\hbar\omega/2}\,(\hat{a}^\dagger - \hat{a})$ erhalten wir

$$\hat{p} := \mathrm{i}\sqrt{\frac{m\hbar\omega}{2}}\begin{pmatrix} 0 & -\sqrt{1} & 0 & 0 & \dots \\ \sqrt{1} & 0 & -\sqrt{2} & 0 & \dots \\ 0 & \sqrt{2} & 0 & -\sqrt{3} & \dots \\ 0 & 0 & \sqrt{3} & 0 & \dots \\ \vdots & \vdots & \vdots & \vdots & \ddots \end{pmatrix}$$

Die Matrixdarstellung des Hamiltonoperators ist diagonal:

$$\hat{H} = \hbar\omega\left(\hat{a}^\dagger\hat{a} + 1/2\right) := \hbar\omega\begin{pmatrix} 1/2 & 0 & 0 & 0 & \dots \\ 0 & 3/2 & 0 & 0 & \dots \\ 0 & 0 & 5/2 & 0 & \dots \\ 0 & 0 & 0 & 7/2 & \dots \\ \vdots & \vdots & \vdots & \vdots & \ddots \end{pmatrix}$$

22.3 Kommutator in Matrixdarstellung

Überprüfen Sie die Kommutatorrelation $[\,\hat{a}, \hat{a}^\dagger\,] = 1$ der Auf- und Absteigeoperatoren des Oszillators in der Matrixdarstellung.

Lösung: Aus (22.36) folgen die Matrixdarstellungen

$$\hat{a}^\dagger\hat{a} := \begin{pmatrix} 0 & 0 & 0 & 0 & \dots \\ 0 & 1 & 0 & 0 & \dots \\ 0 & 0 & 2 & 0 & \dots \\ 0 & 0 & 0 & 3 & \dots \\ \vdots & \vdots & \vdots & \vdots & \ddots \end{pmatrix} \quad \text{und} \quad \hat{a}\hat{a}^\dagger := \begin{pmatrix} 1 & 0 & 0 & 0 & \dots \\ 0 & 2 & 0 & 0 & \dots \\ 0 & 0 & 3 & 0 & \dots \\ 0 & 0 & 0 & 4 & \dots \\ \vdots & \vdots & \vdots & \vdots & \ddots \end{pmatrix}$$

Damit berechnen wir den Kommutator

$$[\hat{a}, \hat{a}^\dagger\,] = \hat{a}\,\hat{a}^\dagger - \hat{a}^\dagger\,\hat{a} := \begin{pmatrix} 1 & 0 & 0 & 0 & \dots \\ 0 & 1 & 0 & 0 & \dots \\ 0 & 0 & 1 & 0 & \dots \\ 0 & 0 & 0 & 1 & \dots \\ \vdots & \vdots & \vdots & \vdots & \ddots \end{pmatrix}$$

Die Einheitsmatrix ist die Matrixdarstellung des 1-Operators.

22.4 Matrixelemente von $\hat{x}$, $\hat{x}^2$ und $\hat{x}^3$

Berechnen Sie die Matrixelemente

$$\langle n\,|\,\hat{x}\,|n'\rangle\,, \qquad \langle n\,|\,\hat{x}^2\,|n'\rangle \quad \text{und} \quad \langle n\,|\,\hat{x}^3\,|n'\rangle$$

zwischen den normierten Oszillatorzuständen $|\,n\rangle$.

Lösung: Mit dem Ortsoperator $\hat{x} = \sqrt{\hbar/2m\omega}\,(\hat{a}^\dagger + \hat{a})$ berechnen wir

$$\hat{x}\,|n'\rangle = \sqrt{\frac{\hbar}{2m\omega}}\,(\hat{a}^\dagger + \hat{a})\,|n'\rangle = \sqrt{\frac{\hbar}{2m\omega}}\left(\sqrt{n'+1}\,|n'+1\rangle + \sqrt{n'}\,|n'-1\rangle\right) \tag{22.37}$$

Dabei haben wir (22.5) verwendet. Die Projektion auf $\langle n\,|$ liefert die Matrixelemente des Ortsoperators

$$\langle n\,|\,\hat{x}\,|\,n'\rangle = \sqrt{\frac{\hbar}{2m\,\omega}}\,\Big(\sqrt{n'+1}\;\delta_{n,\,n'+1} + \sqrt{n'}\;\delta_{n,\,n'-1}\Big) \tag{22.38}$$

Wir operieren nochmals mit $\hat{x}$ auf den Zustand (22.37)

$$\begin{aligned}\hat{x}^2\,|\,n'\rangle &= \sqrt{\frac{\hbar}{2m\,\omega}}\,\Big(\sqrt{n'+1}\;\hat{x}\;|\,n'+1\rangle + \sqrt{n'}\;\hat{x}\;|\,n'-1\rangle\Big) \\ &= \frac{\hbar}{2m\,\omega}\,\Big(\sqrt{(n'+1)(n'+2)}\;|\,n'+2\rangle + (2n'+1)\;|\,n'\rangle + \sqrt{n'(n'-1)}\;|\,n'-2\rangle\Big)\end{aligned} \tag{22.39}$$

Die Projektion auf $\langle n\,|$ liefert wieder die gewünschten Matrixelemente:

$$\langle n\,|\,\hat{x}^2\,|\,n'\rangle = \frac{\hbar}{2m\,\omega}\,\Big(\sqrt{(n'+1)(n'+2)}\;\delta_{n,\,n'+2} + (2n'+1)\;\delta_{n,\,n'} + \sqrt{n'(n'-1)}\;\delta_{n,\,n'-2}\Big)$$

Wir operieren noch einmal mit $\hat{x}$ auf den Zustand (22.39)

$$\begin{aligned}\hat{x}^3\,|\,n'\rangle = \left(\frac{\hbar}{2m\,\omega}\right)^{3/2} \Big(&\sqrt{(n'+1)(n'+2)(n'+3)}\;|\,n'+3\rangle + 3\sqrt{(n'+1)^3}\;|\,n'+1\rangle \\ &+3\sqrt{n'^3}\;|\,n'-1\rangle + \sqrt{n'(n'-1)(n'-2)}\;|\,n'-3\rangle\Big)\end{aligned}$$

Dies liefert die Matrixelemente

$$\begin{aligned}\langle n\,|\,\hat{x}^3\,|\,n'\rangle = \left(\frac{\hbar}{2m\,\omega}\right)^{3/2} \Big(&\sqrt{(n'+1)(n'+2)(n'+3)}\;\delta_{n,\,n'+3} + 3\sqrt{(n'+1)^3}\;\delta_{n,\,n'+1} \\ &+3\sqrt{n'^3}\;\delta_{n,\,n'-1} + \sqrt{n'(n'-1)(n'-2)}\;\delta_{n,\,n'-3}\Big)\end{aligned}$$

22.5 Summenregel

Es wird ein eindimensionaler Hamiltonoperator $\hat{H} = \hat{p}^2/(2m) + V(\hat{x})$ betrachtet, der nur gebundene Zustände hat:

$$\hat{H}\,|\,n\rangle = E_n\,|\,n\rangle \tag{22.40}$$

Beweisen Sie die Summenregel

$$\sum_{n'} \big(E_{n'} - E_n\big)\,\big|\langle n\,|\,\hat{x}\,|\,n'\rangle\big|^2 = \frac{\hbar^2}{2m} \tag{22.41}$$

Zeigen Sie zunächst $\big[[\hat{x},\,\hat{H}\,],\,\hat{x}\big] = \hbar^2/m$, und werten Sie dann $\big\langle n\,\big|\big[[\hat{x},\,\hat{H}\,],\,\hat{x}\big]\big|\,n\big\rangle$ durch Einschieben eines vollständigen, orthonormierten Satzes von Energieeigenzuständen $\{|\,n\rangle\}$ an geeigneter Stelle aus. Überprüfen Sie die Summenregel für die bekannten Eigenzustände und Eigenwerte des harmonischen Oszillators.

Lösung: Wir berechnen zuerst den Kommutator

$$[\hat{x}, \hat{H}] = \frac{1}{2m}[\hat{x}, \hat{p}^2] = \frac{1}{2m}\Big([\hat{x}, \hat{p}]\,\hat{p} + \hat{p}\,[\hat{x}, \hat{p}]\Big) = \frac{\mathrm{i}\hbar}{m}\,\hat{p}$$

Dabei wurde $[\hat{x}, \hat{p}] = \mathrm{i}\hbar$ verwendet. Der Doppelkommutator ist dann

$$\big[[\hat{x}, \hat{H}], \hat{x}\big] = \frac{\mathrm{i}\hbar}{m}\,[\hat{p}, \hat{x}] = \frac{\hbar^2}{m}$$

Wir bilden den Erwartungswert für den Eigenzustand $|n\rangle$,

$$\big\langle n\,\big|\,[[\hat{x}, \hat{H}], \hat{x}]\,\big|\,n\big\rangle = \frac{\hbar^2}{m}\,\langle n\,|\,n\rangle = \frac{\hbar^2}{m} \tag{22.42}$$

Auf der linken Seite schieben wir einen vollständigen Satz $\{|n'\rangle\}$ ein und verwenden die Eigenwertgleichung (22.40):

$$\begin{aligned}\big\langle n\,\big|\,[[\hat{x}, \hat{H}], \hat{x}]\,\big|\,n\big\rangle &= \sum_{n'}\Big(\langle n\,|[\hat{x}, \hat{H}]|\,n'\rangle\langle n'\,|\,\hat{x}\,|\,n\rangle - \langle n\,|\,\hat{x}\,|\,n'\rangle\langle n'\,|[\hat{x}, \hat{H}]|\,n\rangle\Big)\\ &= \sum_{n'}\Big((E_{n'} - E_n)\,\big|\langle n\,|\,\hat{x}\,|\,n'\rangle\big|^2 - (E_n - E_{n'})\,\big|\langle n\,|\,\hat{x}\,|\,n'\rangle\big|^2\Big)\\ &= 2\sum_{n'}(E_{n'} - E_n)\,\big|\langle n\,|\,\hat{x}\,|\,n'\rangle\big|^2\end{aligned}$$

Wenn wir dies in (22.42) einsetzen, erhalten wir die Summenregel (22.41). Wir werten die linke Seite der Summenregel speziell für den harmonischen Oszillator aus. Dazu setzen wir die bekannten Energien $E_n = \hbar\omega(n + 1/2)$ und die Matrixelemente (22.38) ein:

$$\hbar\omega\sum_{n'}(n' - n)\,\frac{\hbar}{2m\omega}\Big((n' + 1)\,\delta_{n,\,n'+1} + n'\,\delta_{n,\,n'-1}\Big) = \frac{\hbar^2}{2m}\,(-n + n + 1) = \frac{\hbar^2}{2m}$$

Dies ist gleich der rechten Seite der Summenregel. Die Summenregel (22.41) gilt für alle n-Werte. Wählt man ein bestimmtes n, dann tragen im Oszillator maximal zwei n'-Werte zur Summe bei. Auf andere Potenziale übertragen bedeutet das, dass im Allgemeinen nur wenige Terme signifikante Beiträge liefern, die Summe über n' also schnell konvergiert. Die Summenregel kann daher als modellunabhängiger (das heißt vom Potenzial unabhängiger) Test für die Messgrößen E_n (Energien) und $|\langle n\,|\,\hat{x}\,|\,n'\rangle|^2$ (Dipolübergangswahrscheinlichkeiten) dienen.

22.6 Impulsdarstellung der Oszillatorzustände

Im eindimensionalen harmonischen Oszillator sind der Grundzustand und der erste angeregte Zustand durch $\hat{a}\,|0\rangle = 0$ und $|1\rangle = \hat{a}^\dagger\,|0\rangle$ definiert. Bestimmen Sie die Wellenfunktionen dieser beiden Zustände in der Impulsdarstellung.

Lösung: Wir schreiben die Ausgangsgleichung mit dem Orts- und Impulsoperator an:

$$\hat{a}\,|0\rangle = \sqrt{\frac{m\omega}{2\hbar}}\left(\hat{x} + \frac{\mathrm{i}\,\hat{p}}{m\omega}\right)|0\rangle = 0 \tag{22.43}$$

Unmittelbar vor $|\,0\rangle$ schieben wir $1 = \int dp'\,|\,p'\rangle\langle p'\,|$ ein, projizieren auf $\langle\, p\,|$ und verwenden $\langle\, p\,|\,\hat{x}\,|\,p'\rangle = \delta(p-p')\,\mathrm{i}\hbar\,\partial/\partial\, p'$ für den Ortsoperator in Impulsdarstellung:

$$\left(\mathrm{i}\hbar\,\frac{\partial}{\partial p} + \frac{\mathrm{i}\,p}{m\,\omega}\right)\langle\, p\,|\,0\rangle = 0$$

Die resultierende Differenzialgleichung erster Ordnung kann elementar aufintegriert werden:

$$\Phi_0(p) \equiv \langle\, p\,|\,0\rangle = \frac{1}{(\pi\, m\,\hbar\omega)^{1/4}}\,\exp\left(-\,\frac{p^2}{2m\,\hbar\,\omega}\right) \tag{22.44}$$

Die Integrationskonstante wurde so gewählt, dass die Wellenfunktion normiert ist.

Wir projizieren den ersten angeregten Zustand $|\,1\rangle = \hat{a}^\dagger|0\rangle$ auf $\langle\, p\,|$, schieben einen vollständigen Satz von Impulseigenzuständen $\int dp'\,|\,p'\rangle\langle p'\,| = 1$ ein, und verwenden den Ortsoperator $\langle\, p\,|\,\hat{x}\,|\,p'\rangle = \delta(p-p')\,\mathrm{i}\hbar\,\partial/\partial\, p'$ in der Impulsdarstellung:

$$\begin{aligned}\Phi_1(p) \;&\equiv\; \langle\, p\,|\,1\rangle = \langle\, p\,|\,\hat{a}^\dagger|\,0\rangle = \sqrt{\frac{m\,\omega}{2\hbar}}\,\big\langle p\big|\left(\hat{x} - \frac{\mathrm{i}\,\hat{p}}{m\,\omega}\right)\big|\,0\big\rangle \\ &= \sqrt{\frac{m\,\omega}{2\hbar}}\left(\mathrm{i}\,\hbar\,\frac{\partial}{\partial p} - \frac{\mathrm{i}\,p}{m\,\omega}\right)\langle\, p\,|\,0\rangle \\ &= \frac{-\,2\mathrm{i}}{(\pi\, m\,\hbar\omega)^{1/4}}\,\frac{p}{\sqrt{2m\,\hbar\omega}}\,\exp\left(-\,\frac{p^2}{2m\,\hbar\omega}\right)\end{aligned}$$

Ein normiertes $\Phi_0(p) = \langle\, p\,|\,0\rangle$ ergibt nach (22.4) angeregte Zustände, die automatisch normiert sind. Der Phasenfaktor $(-\mathrm{i})$ ist Konvention und kann weggelassen werden.

22.7 Grundzustand des dreidimensionalen Oszillators

Bestimmen Sie die Grundzustandswellenfunktion $\langle \boldsymbol{r}\,|\,000\rangle$ des dreidimensionalen harmonischen Oszillators aus der Definition

$$\hat{\boldsymbol{a}}\,|\,000\rangle = 0 \qquad \text{mit} \quad \hat{\boldsymbol{a}} = \hat{a}_x\,\boldsymbol{e}_x + \hat{a}_y\,\boldsymbol{e}_y + \hat{a}_z\,\boldsymbol{e}_z \tag{22.45}$$

Dabei sind $\hat{a}_x$, $\hat{a}_y$ und $\hat{a}_z$ die Absteigeoperatoren des jeweiligen eindimensionalen Oszillators.

Lösung: Wir schreiben die Ausgangsgleichung mit dem Orts- und Impulsoperator an:

$$\hat{\boldsymbol{a}}\,|\,000\rangle = \sqrt{\frac{m\,\omega}{2\hbar}}\left(\hat{\boldsymbol{r}} + \frac{\mathrm{i}\,\hat{\boldsymbol{p}}}{m\,\omega}\right)\big|\,000\big\rangle = 0$$

Unmittelbar vor $|\,000\rangle$ schieben wir $1 = \int d\boldsymbol{r}'\,|\,\boldsymbol{r}'\rangle\langle\boldsymbol{r}'\,|$ ein, projizieren auf $\langle\boldsymbol{r}\,|$ und verwenden $\langle\boldsymbol{r}\,|\,\hat{\boldsymbol{p}}\,|\,\boldsymbol{r}'\rangle = -\,\delta(\boldsymbol{r}-\boldsymbol{r}')\,\mathrm{i}\hbar\,\nabla'$ für den Impulsoperator:

$$\left(\boldsymbol{r} + \frac{\hbar}{m\,\omega}\,\nabla\right)\langle\boldsymbol{r}\,|\,000\rangle = 0$$

Die drei resultierenden Differenzialgleichungen erster Ordnung können elementar integriert werden:

$$\Phi_{000}(\boldsymbol{r}) \equiv \langle\boldsymbol{r}\,|\,000\rangle = \left(\frac{m\,\omega}{\pi\,\hbar}\right)^{3/4}\,\exp\left(-\,\frac{m\,\omega}{2\hbar}\,\boldsymbol{r}^2\right)$$

Die Integrationskonstante wurde so gewählt, dass die Wellenfunktion normiert ist.

22.8 Kohärenter Zustand

Ein *kohärenter Zustand* wird durch

$$|\alpha\rangle \equiv C \sum_{n=0}^{\infty} \frac{\alpha^n}{\sqrt{n!}}\,|n\rangle = C \exp\left(\alpha \hat{a}^\dagger\right)|0\rangle \qquad (22.46)$$

definiert. Dabei ist α eine komplexe Zahl, und $|n\rangle$ sind die Eigenzustände des eindimensionalen harmonischen Oszillators.

a) Zeigen Sie $\langle\alpha|\alpha\rangle = 1$ für $C = \exp(-|\alpha|^2/2)$.

b) Berechnen Sie $|\varphi\rangle = \hat{a}|\alpha\rangle$, den Erwartungswert $\langle n\rangle = \langle\alpha|\hat{n}|\alpha\rangle$ des Quantenzahloperators $\hat{n} = \hat{a}^\dagger\hat{a}$ und die mittlere quadratische Abweichung $(\Delta n)^2$.

c) Berechnen Sie die Orts- und Impulserwartungswerte des kohärenten Zustands.

d) Ein eindimensionaler harmonischer Oszillator befindet sich in einem kohärenten Zustand $|\psi_{t=0}\rangle = |\alpha_0\rangle$. Bestimmen Sie den Zustand $|\psi(t)\rangle$ des Systems zu späteren Zeiten t. Zeigen Sie, dass für den Zustand $|\psi(t)\rangle$ gilt:

$$\langle p\rangle_t = m\,\frac{d\langle x\rangle_t}{dt} \qquad \text{und} \qquad \Delta x = \text{const.} \qquad (22.47)$$

e) Beweisen Sie die Vollständigkeitsrelation

$$\frac{1}{\pi}\int d^2\alpha\;|\alpha\rangle\langle\alpha| = \sum_{n=0}^{\infty}|n\rangle\langle n| = 1 \qquad (22.48)$$

Dabei ist $d^2\alpha = d(\mathrm{Re}\,\alpha)\,d(\mathrm{Im}\,\alpha)$. Verwenden Sie Polarkoordinaten in der komplexen α-Ebene zur Ausführung der Integration.

Lösung: a) Zur Berechnung der Norm des kohärenten Zustands verwenden wir die Summe in (22.46) und die Orthonormierung $\langle n|n'\rangle = \delta_{nn'}$ der Basiszustände:

$$\langle\alpha|\alpha\rangle = |C|^2 \sum_{n=0}^{\infty} \frac{\left(|\alpha|^2\right)^n}{n!} = |C|^2 \exp\left(|\alpha|^2\right) \stackrel{!}{=} 1$$

Für den normierten kohärenten Zustand ist daher (bis auf einen irrelevanten Phasenfaktor) $C = \exp(-|\alpha|^2/2)$.

b) Zur Berechnung von $|\varphi\rangle = \hat{a}|\alpha\rangle$ verwenden wir $\hat{a}|n\rangle = \sqrt{n}\,|n\rangle$,

$$|\varphi\rangle = \hat{a}|\alpha\rangle = C\sum_{n=0}^{\infty}\frac{\alpha^n}{\sqrt{n!}}\,\hat{a}|n\rangle = C\sum_{n=1}^{\infty}\frac{\alpha^n}{\sqrt{(n-1)!}}\,|n-1\rangle = C\sum_{n=0}^{\infty}\frac{\alpha^{n+1}}{\sqrt{n!}}\,|n\rangle = \alpha|\alpha\rangle$$

Wegen $\hat{a}\,|0\rangle = 0$ fällt der Term mit $n = 0$ weg. Danach wird der Summationsindex gemäß $n \to n+1$ umbenannt, und man erhält wieder den ursprünglichen kohärenten Zustand. Die Anwendung von $\hat{a}$ ergibt also nur den Faktor α. Der Erwartungswert des Quantenzahloperators im kohärenten Zustand ist gleich der Norm des Zustands $|\,\varphi\rangle$,

$$\langle n\rangle = \langle\alpha\,|\,\hat{n}\,|\,\alpha\rangle = \langle\alpha\,|\,\hat{a}^{\dagger}\,\hat{a}\,|\,\alpha\rangle = \langle\varphi\,|\,\varphi\rangle = |\alpha|^2$$

In ähnlicher Weise erhalten wir den Erwartungswert von $\hat{n}^{\,2}$,

$$\begin{aligned}\langle n^2\rangle &= \langle\alpha\,|\,\hat{n}^{\,2}\,|\alpha\rangle = \langle\alpha\,|\,\hat{a}^{\dagger}\,\hat{a}\,\hat{a}^{\dagger}\,\hat{a}\,|\,\alpha\rangle = \langle\varphi\,|\,\hat{a}\,\hat{a}^{\dagger}\,|\,\varphi\rangle \\ &= |\alpha|^2\,\langle\alpha\,|\,\hat{a}\,\hat{a}^{\dagger}\,|\,\alpha\rangle = |\alpha|^2\,\langle\alpha\,|\,1+\hat{a}^{\,\dagger}\hat{a}\,|\,\alpha\rangle = |\alpha|^2\big(1+\langle\varphi\,|\,\varphi\rangle\big) = |\alpha|^2\big(1+|\alpha|^2\big)\end{aligned}$$

Es wurde der Kommutator $[\hat{a}, \hat{a}^{\dagger}] = 1$ verwendet. Die mittlere quadratische Abweichung $(\Delta n)^2$ ist damit

$$(\Delta n)^2 = \langle n^2\rangle - \langle n\rangle^2 = |\alpha|^2$$

Die Aussage $(\Delta n)^2 = \langle n\rangle$ ist eine typische Signatur eines kohärenten Zustands.

c) Nach (22.2) können der Orts- und Impulsoperator leicht durch die Auf- und Absteigeoperatoren ausgedrückt werden. Die Orts- und Impulserwartungswerte des kohärenten Zustands ergeben sich dann aus

$$\begin{aligned}\langle\alpha\,|\,\hat{x}\,|\,\alpha\rangle &= \sqrt{\frac{\hbar}{2m\omega}}\,\big\langle\alpha\,\big|\,\hat{a}+\hat{a}^{\dagger}\,\big|\,\alpha\big\rangle = \sqrt{\frac{\hbar}{2m\omega}}\,\big(\alpha+\alpha^*\big) = \sqrt{\frac{2\hbar}{m\omega}}\,\mathrm{Re}\,\alpha \\ \langle\alpha\,|\,\hat{p}\,|\,\alpha\rangle &= \mathrm{i}\,\sqrt{\frac{m\hbar\omega}{2}}\,\big\langle\alpha\,\big|\,\hat{a}^{\dagger}-\hat{a}\,\big|\,\alpha\big\rangle = \mathrm{i}\,\sqrt{\frac{m\hbar\omega}{2}}\,\big(\alpha^*-\alpha\big) = \sqrt{2m\hbar\omega}\,\mathrm{Im}\,\alpha\end{aligned} \qquad (22.49)$$

d) Die zeitliche Entwicklung eines Systemzustands folgt aus (22.8). Hierin setzen wir den kohärenten Zustand $|\,\psi_{t=0}\rangle = |\alpha_0\rangle$ als Anfangsbedingung ein:

$$\begin{aligned}|\,\psi(t)\rangle &= \exp\big(-\,\mathrm{i}\hat{H}t/\hbar\big)\,|\alpha_0\rangle = C\sum_{n=0}^{\infty}\frac{\alpha_0^n}{\sqrt{n!}}\,\exp\big(-\,\mathrm{i}(n+1/2)\omega t\big)\,\big|\,n\big\rangle \\ &= C\exp(-\mathrm{i}\omega t/2)\sum_{n=0}^{\infty}\frac{\alpha(t)^n}{\sqrt{n!}}\,\big|\,n\big\rangle = \exp\big(-\,\mathrm{i}\omega t/2\big)\,\big|\,\alpha(t)\big\rangle\end{aligned}$$

Abgesehen von einem Phasenfaktor durchläuft das System die kohärenten Zustände $|\,\alpha(t)\rangle$ mit

$$\alpha(t) = \alpha_0\,\exp(-\mathrm{i}\omega t) = |\alpha_0|\,\exp\big(-\,\mathrm{i}(\omega t+\delta)\big)$$

Im letzten Ausdruck haben wir die komplexe Zahl α_0 in Betrag und Phase aufgeteilt. Hiermit und mit (22.49) berechnen wir nun die Orts- und Impulserwartungswerte für $|\,\psi(t)\rangle$,

$$\begin{aligned}\langle x\rangle_t &= \langle\psi(t)\,|\,\hat{x}\,|\,\psi(t)\rangle = \langle\alpha(t)\,|\,\hat{x}\,|\,\alpha(t)\rangle = \sqrt{\frac{2\hbar}{m\omega}}\,\mathrm{Re}\,\alpha(t) = \sqrt{\frac{2\hbar}{m\omega}}\,|\alpha_0|\,\cos(\omega t+\delta) \\ \langle p\rangle_t &= \langle\psi(t)\,|\,\hat{p}\,|\,\psi(t)\rangle \\ &= \langle\alpha(t)\,|\,\hat{p}\,|\,\alpha(t)\rangle = \sqrt{2m\hbar\omega}\,\mathrm{Im}\,\alpha(t) = -\sqrt{2m\hbar\omega}\,|\alpha_0|\,\sin(\omega t+\delta)\end{aligned}$$

Diese Erwartungswerte erfüllen die klassische Bewegungsgleichung in (22.47). Wir berechnen noch den zeitabhängigen Erwartungswert

$$\begin{aligned}\langle x^2\rangle_t &= \langle\psi(t)\,|\,\hat{x}^2\,|\,\psi(t)\rangle = \frac{\hbar}{2m\omega}\big\langle\alpha(t)\,\big|\,\hat{a}^\dagger\hat{a}^\dagger+\hat{a}\hat{a}^\dagger+\hat{a}^\dagger\hat{a}+\hat{a}\hat{a}\,\big|\,\alpha(t)\big\rangle\\ &= \frac{\hbar}{2m\omega}\big(\alpha^{*2}+1+2\alpha\alpha^*+\alpha^2\big) = \frac{\hbar}{2m\omega}\big((\alpha+\alpha^*)^2+1\big) = \langle x\rangle_t^2+\frac{\hbar}{2m\omega}\end{aligned}$$

Es wurde der Kommutator $[\hat{a},\hat{a}^\dagger] = 1$ verwendet und zuletzt der zeitabhängige Ortserwartungswert eingesetzt. Damit folgt

$$(\Delta x)^2 = \langle x^2\rangle_t - \langle x\rangle_t^2 = \frac{\hbar}{2m\omega}$$

Die Breite des Wellenpakets ist also zeitlich konstant.

e) Auf der linken Seite von (22.48) verwenden wir die Summe aus (22.46):

$$\frac{1}{\pi}\int d^2\alpha\;|\alpha\rangle\langle\alpha\,| = \frac{1}{\pi}\sum_{n,n'}\frac{1}{\sqrt{n!\,n'!}}\,|\,n\rangle\langle n'\,|\int d^2\alpha\;\alpha^{*n}\,\alpha^{n'}\,\exp\big(-|\alpha|^2\big) \tag{22.50}$$

Für die Berechnung des Integrals setzen wir $\alpha = |\alpha|\exp(-\mathrm{i}\delta)$. Damit faktorisiert das Integral in einen Radial- und einen Winkelanteil

$$\begin{aligned}\int d^2\alpha\;\alpha^{*n}\alpha^{n'}\exp\big(-|\alpha|^2\big) &= \int_0^\infty d|\alpha|\;|\alpha|^{n+n'+1}\exp\big(-|\alpha|^2\big)\int_0^{2\pi} d\delta\;\exp\big(\mathrm{i}(n-n')\delta\big)\\ &= 2\pi\int_0^\infty d|\alpha|\;|\alpha|^{2n+1}\exp\big(-|\alpha|^2\big)\,\delta_{nn'} = n!\,\pi\,\delta_{nn'}\end{aligned}$$

Das Winkelintegral gibt nur einen Beitrag für $n = n'$. Wenn wir dieses Resultat in (22.50) einsetzen, erhalten wir (22.48).

22.9 Zum Heisenbergbild

Die Zustände $|\,\phi(t)\rangle$ und $|\,\psi(t)\rangle$ sind mögliche Zustände eines Systems mit dem Hamiltonoperator $\hat{H}$; es gilt $\partial\hat{H}/\partial t = 0$. Zur Zeit $t = 0$ sind die Zustände durch den Operator $\hat{F}$ verknüpft,

$$|\,\phi(0)\rangle = \hat{F}\,|\,\psi(0)\rangle \tag{22.51}$$

Unter welcher Bedingung gilt diese Beziehung auch zu späteren Zeiten?

Lösung: Wir multiplizieren (22.51) von links mit dem Zeitentwicklungsoperator $\hat{T} = \exp(-\mathrm{i}\,\hat{H}\,t/\hbar)$ und schieben $\hat{T}^\dagger\,\hat{T} = 1$ vor dem Zustand $|\,\psi(0)\rangle$ ein:

$$\underbrace{\exp\Big(-\frac{\mathrm{i}\hat{H}t}{\hbar}\Big)\,|\,\phi(0)\rangle}_{|\,\phi(t)\rangle} = \underbrace{\exp\Big(-\frac{\mathrm{i}\hat{H}t}{\hbar}\Big)\,\hat{F}\exp\Big(+\frac{\mathrm{i}\hat{H}t}{\hbar}\Big)}_{\hat{F}(-t)}\;\underbrace{\exp\Big(-\frac{\mathrm{i}\hat{H}t}{\hbar}\Big)\,|\,\psi(0)\rangle}_{|\,\psi(t)\rangle}$$

Damit gilt

$$|\,\phi(t)\rangle = \hat{F}\,|\,\psi(t)\rangle\,,\quad\text{falls}\quad \hat{F}(t) = \hat{F}\quad\text{oder}\quad\big[\hat{F},\hat{H}\big] = 0$$

Der zeitabhängige Operator $\hat{F}(t)$ im Heisenbergbild muss also gleich $\hat{F}$ sein. Dies ist nur dann erfüllt, wenn $\hat{F}$ mit dem Hamiltonoperator vertauscht. So könnte $\hat{F}$ zum Beispiel ein Drehoperator sein, wenn $\hat{H}$ ein isotropes System beschreibt. Wenn zwei Zustände zur Zeit $t = 0$ durch eine bestimmte Drehung auseinander hervorgehen, dann gilt das auch für andere Zeiten.

22.10 Wellenpaket im eindimensionalen Oszillator

Der Zustand $|\,\psi(t)\rangle$ beschreibt ein Wellenpaket, das sich in einem eindimensionalen Oszillator (Parameter m, ω) bewegt. Die Anfangsbedingung ist durch die normierte Wellenfunktion

$$\langle x\,|\,\psi(0)\rangle = \frac{1}{(2\pi\beta^2)^{1/4}}\exp\left(-\frac{(x-x_0)^2}{4\beta^2}\right)$$

gegeben. Berechnen Sie die zeitabhängige Breite

$$\beta(t)^2 = (\Delta x)^2 = \langle x^2\rangle_t - \langle x\rangle_t^2$$

des Wellenpakets. Verwenden Sie dazu das Heisenbergbild.

Lösung: Wir berechnen zunächst die später benötigten Orts- und Impulserwartungswerte zur Zeit $t = 0$:

$$\langle x\rangle_0 = \langle\psi(0)\,|\,\hat{x}\,|\,\psi(0)\rangle = x_0 \qquad \langle p\rangle_0 = \langle\psi(0)\,|\,\hat{p}\,|\,\psi(0)\rangle = 0$$

$$\langle x^2\rangle_0 = \langle\psi(0)\,|\,\hat{x}^2\,|\,\psi(0)\rangle = x_0^2+\beta^2 \qquad \langle p^2\rangle_0 = \langle\psi(0)\,|\,\hat{p}^2\,|\,\psi(0)\rangle = \frac{\hbar^2}{4\beta^2}$$

$$\langle xp+px\rangle_0 = \langle\psi(0)\,|\,\hat{x}\hat{p}+\hat{p}\hat{x}\,|\,\psi(0)\rangle = 0$$

Wegen $\langle x^2\rangle_0 - \big(\langle x\rangle_0\big)^2 = \beta^2$ ist β die Breite des Wellenpakets zur Zeit $t = 0$.

Der Kommutator des Hamiltonoperators $\hat{H} = \hbar\omega\,(\hat{a}^\dagger\hat{a} + 1/2)$ mit dem Absteigeoperator $\hat{a}$ ist $[\hat{H},\hat{a}] = -\hbar\omega\,\hat{a}$; hierfür wurde $[\hat{a}^\dagger,\hat{a}] = -1$ verwendet. Für den Absteigeoperator $\hat{a}(t)$ im Heisenbergbild erhalten wir damit

$$\begin{aligned}\big[\hat{H},\hat{a}(t)\big] &= \hat{H}\exp(\mathrm{i}\hat{H}t/\hbar)\,\hat{a}\,\exp(-\mathrm{i}\hat{H}t/\hbar) - \exp(\mathrm{i}\hat{H}t/\hbar)\,\hat{a}\,\exp(-\mathrm{i}\hat{H}t/\hbar)\,\hat{H}\\ &= \exp(\mathrm{i}\hat{H}t/\hbar)\Big(\hat{H}\,\hat{a}-\hat{a}\,\hat{H}\Big)\exp(-\mathrm{i}\hat{H}t/\hbar) = -\hbar\omega\,\hat{a}(t)\end{aligned}$$

Hieraus und aus (22.11) folgt dann die Differenzialgleichung für $\hat{a}(t)$,

$$\frac{d\,\hat{a}(t)}{dt} = -\,\mathrm{i}\omega\,\hat{a}(t)\,, \qquad \frac{da^\dagger(t)}{dt} = \mathrm{i}\omega\,\hat{a}^\dagger(t)$$

die durch die entsprechende Gleichung für den Aufsteigeoperator $\hat{a}^\dagger(t)$ ergänzt wurde. Diese Differenzialgleichungen haben die Lösungen

$$\hat{a}(t) = \hat{a}\,\exp(-\mathrm{i}\omega t) \qquad \text{und} \qquad \hat{a}^\dagger(t) = \hat{a}^\dagger\,\exp(\mathrm{i}\omega t)$$

Hiermit können wir den Ortsoperator und sein Quadrat im Heisenbergbild aufstellen:

$$\hat{x}(t) = \sqrt{\frac{\hbar}{2m\omega}}\,\Big(\hat{a}^\dagger(t) + \hat{a}(t)\Big) = \hat{x}\,\cos(\omega t) + \frac{\hat{p}}{m\omega}\,\sin(\omega t)$$

$$\hat{x}(t)^2 = \hat{x}^2\,\cos^2(\omega t) + \frac{\hat{p}^2}{m^2\omega^2}\,\sin^2(\omega t) + \frac{\hat{x}\,\hat{p} + \hat{p}\,\hat{x}}{m\omega}\,\cos(\omega t)\,\sin(\omega t)$$

Mit diesen Operatoren berechnen wir die zeitabhängigen Erwartungswerte

$$\begin{aligned}
\langle\psi(t)\,|\,\hat{x}\,|\,\psi(t)\rangle &= \langle\psi(0)\,|\,\hat{x}(t)\,|\,\psi(0)\rangle \\
&= \langle x\rangle_0\,\cos(\omega t) + \frac{\langle p\rangle_0}{m\omega}\,\sin(\omega t) = x_0\,\cos(\omega t) \\
\langle\psi(t)\,|\,\hat{x}^2\,|\,\psi(t)\rangle &= \langle\psi(0)\,|\,\hat{x}(t)^2\,|\,\psi(0)\rangle \\
&= \langle x^2\rangle_0\,\cos^2(\omega t) + \frac{\langle p^2\rangle_0}{m^2\omega^2}\,\sin^2(\omega t) + \frac{\langle x\,p + p\,x\rangle_0}{m\omega}\,\cos(\omega t)\,\sin(\omega t) \\
&= \big(x_0^2 + \beta^2\big)\,\cos^2(\omega t) + \frac{1}{4\beta^2}\,\frac{\hbar^2}{m^2\omega^2}\,\sin^2(\omega t)
\end{aligned}$$

Die gesuchte zeitabhängige Breite ist demnach

$$\beta(t)^2 = \langle x^2\rangle_t - \langle x\rangle_t^2 = \beta^2\,\cos^2(\omega t) + \frac{1}{4\beta^2}\,\frac{\hbar^2}{m^2\omega^2}\,\sin^2(\omega t)$$

Speziell für $\beta = \beta_{\text{osz}} = \sqrt{\hbar/(2m\omega)}$ ergibt sich $\beta(t) \equiv \beta_{\text{osz}}$; die Breite des Wellenpakets ist also konstant. Die vollständige Lösung ist dann ein Gaußpaket, das sich ohne Änderung seiner Form auf der klassischen Bahn bewegt (Aufgabe 18.14). Für eine Anfangsbedingung $\beta < \beta_{\text{osz}}$ oszilliert die Breite im Bereich $\beta \le \beta(t) \le \hbar/(2m\omega\beta)$, für $\beta > \beta_{\text{osz}}$ im Bereich $\hbar/(2m\omega\beta) \le \beta(t) \le \beta$. Man kann zeigen, dass die Aufenthaltswahrscheinlichkeit in allen Fällen eine Gaußkurve ist:

$$\big|\langle x\,|\,\psi(t)\rangle\big|^2 = \frac{1}{\sqrt{2\pi\,\beta(t)^2}}\,\exp\left(-\,\frac{\big(x - x_0\,\cos(\omega t)\big)^2}{4\beta(t)^2}\right)$$

22.11 Ortsdarstellung für Drehimpuls 1/2

Betrachten Sie die Wellenfunktion

$$\big\langle\theta\,\phi\,\big|\,\tfrac{1}{2}\,\tfrac{1}{2}\big\rangle = Y_{1/2,\,1/2}(\theta\,,\phi) \propto \sqrt{\sin\theta}\,\exp\left(\frac{\mathrm{i}\phi}{2}\right)$$

als mögliche Ortsdarstellung des Drehimpulszustands $|1/2,\,1/2\rangle$ mit $\ell = m = 1/2$. Überprüfen Sie in der Ortsdarstellung, ob die für Drehimpulszustände notwendigen Relationen

$$\hat{\ell}_+\,\big|\,\tfrac{1}{2}\,\tfrac{1}{2}\big\rangle = 0 \qquad \text{und} \qquad \hat{\ell}_-^2\,\big|\,\tfrac{1}{2}\,\tfrac{1}{2}\big\rangle = 0 \tag{22.52}$$

erfüllt sind.

Lösung: In der Ortsdarstellung sind die Auf- und Absteigeoperatoren durch

$$\ell_\pm = \hbar\,\exp(\pm\mathrm{i}\phi)\left(\pm\frac{\partial}{\partial\theta} + \mathrm{i}\cot\theta\,\frac{\partial}{\partial\phi}\right)$$

gegeben. Wir überprüfen zunächst die erste Relation (22.52):

$$\ell_+\,Y_{1/2,\,1/2}(\theta\,,\phi) \propto \exp\left(\frac{3\,\mathrm{i}\phi}{2}\right)\left(\frac{\partial}{\partial\theta} - \frac{\cot\theta}{2}\right)\sqrt{\sin\theta} = 0$$

Diese Bedingung ist erfüllt. Analog dazu berechnen wir

$$\ell_-\,Y_{1/2,\,1/2}(\theta\,,\phi) \propto \exp\left(-\frac{\mathrm{i}\phi}{2}\right)\left(-\frac{\partial}{\partial\theta} - \frac{\cot\theta}{2}\right)\sqrt{\sin\theta} \propto \frac{\cos\theta}{\sqrt{\sin\theta}}\,\exp\left(-\frac{\mathrm{i}\phi}{2}\right)$$

Die nochmalige Anwendung des Absteigeoperators ergibt

$$\begin{aligned}\ell_-^2\,Y_{1/2,\,1/2}(\theta\,,\phi) &\propto \exp\left(-\frac{3\,\mathrm{i}\phi}{2}\right)\left(-\frac{\partial}{\partial\theta} + \frac{\cot\theta}{2}\right)\frac{\cos\theta}{\sqrt{\sin\theta}}\\ &\propto \frac{1}{(\sin\theta)^{3/2}}\,\exp\left(-\frac{3\mathrm{i}\phi}{2}\right) \neq 0\end{aligned}$$

Die zweite Relation (22.52) ist nicht erfüllt. Damit ist auf diese Weise keine gültige Ortsdarstellung für den Drehimpuls $1/2$ möglich. Allerdings gibt es für halbzahligen Drehimpuls eine Darstellung mit Hilfe der Eulerwinkel (neben der immer möglichen Matrixdarstellung). Der Bahndrehimpuls ist dagegen immer ganzzahlig; dies wird auch durch die Bedingung $Y_{\ell m}(\theta\,,\phi + 2\pi) = Y_{\ell m}(\theta\,,\phi)$ erzwungen.

22.12 Matrixdarstellung für Drehimpuls $l = 0$ und $l = 2$

Geben Sie die Matrixdarstellungen von $\hat{\ell}_z$ und $\hat{\ell}_\pm$ für $l = 0$ und $l = 2$ an.

Lösung: Zum Drehimpuls $l = 0$ gibt es nur den Zustand $|l, m\rangle = |0, 0\rangle$. In der Matrixdarstellung wird der Zustand durch einen einkomponentigen Spaltenvektor dargestellt:

$$|0, 0\rangle := (1)$$

Da es in diesem Fall keinen physikalischen Freiheitsgrad gibt, wird man diesen Zustand von vornherein nicht mit anschreiben; insofern sind die folgenden Darstellungen eine akademische Übung. Wegen $m = 0$ ist $\hat{\ell}_z|0, 0\rangle = 0$; weil es keine anderen Zustände gibt, ist auch $\hat{\ell}_+|0, 0\rangle = \hat{\ell}_-|0, 0\rangle = 0$. Damit lauten die Matrixdarstellungen

$$\hat{\ell}_z := (0)\,, \qquad \hat{\ell}_+ := (0)\,, \qquad \hat{\ell}_- := (0)\,,$$

Auch für $\hat{\ell}_x$, $\hat{\ell}_y$ und $\hat{\boldsymbol{\ell}}^2$ erhält man eine 1×1-Matrix mit dem Element 0.

Wir kommen nun zum Drehimpuls 2. Die fünf möglichen Zustände $|l, m\rangle = |2, m\rangle$ werden wie folgt dargestellt:

$$|2, 2\rangle := \begin{pmatrix}1\\0\\0\\0\\0\end{pmatrix}, \quad |2, 1\rangle := \begin{pmatrix}0\\1\\0\\0\\0\end{pmatrix}, \quad \ldots, \quad |2, -2\rangle := \begin{pmatrix}0\\0\\0\\0\\1\end{pmatrix}$$

Daraus ergibt sich eine 5-dimensionale Darstellung aller Operatoren $\hat{A}$, die mit $\hat{\boldsymbol{\ell}}^2$ vertauschen:

$$\hat{A} := \big(A_{mm'}\big) = \Big(\langle 2m\,|\,\hat{A}\,|\,2m'\rangle\Big) \tag{22.53}$$

Aus $\hat{\ell}_z\,|2,m\rangle = m\hbar\,|2,m\rangle$ folgt

$$\hat{\ell}_z := \hbar \begin{pmatrix} 2 & 0 & 0 & 0 & 0 \\ 0 & 1 & 0 & 0 & 0 \\ 0 & 0 & 0 & 0 & 0 \\ 0 & 0 & 0 & -1 & 0 \\ 0 & 0 & 0 & 0 & -2 \end{pmatrix}$$

Für den Aufsteigeoperator gehen wir von (22.17) mit $j = l = 2$ aus:

$$\hat{\ell}_+\,|2m\rangle = \sqrt{6 - m\,(m+1)}\;\hbar\,|2,\,m+1\rangle$$

Die Wurzel ergibt $\sqrt{6}$ für $m = 0$ und $m = -1$, den Wert 2 für $m = 1$ und $m = -2$, und 0 für $m = 2$. Damit sind die nichtverschwindenden Matrixelemente bestimmt:

$$\hat{\ell}_+ := \hbar \begin{pmatrix} 0 & 2 & 0 & 0 & 0 \\ 0 & 0 & \sqrt{6} & 0 & 0 \\ 0 & 0 & 0 & \sqrt{6} & 0 \\ 0 & 0 & 0 & 0 & 2 \\ 0 & 0 & 0 & 0 & 0 \end{pmatrix}, \qquad \hat{\ell}_- := \hbar \begin{pmatrix} 0 & 0 & 0 & 0 & 0 \\ 2 & 0 & 0 & 0 & 0 \\ 0 & \sqrt{6} & 0 & 0 & 0 \\ 0 & 0 & \sqrt{6} & 0 & 0 \\ 0 & 0 & 0 & 2 & 0 \end{pmatrix}$$

Der Absteigeoperator $\hat{\ell}_- = \hat{\ell}_+^{\dagger}$ ergibt sich durch Adjungieren, also durch Transponieren und komplex Konjugieren der Matrizen. Die Matrizen für $\hat{\ell}_x = (\hat{\ell}_+ + \hat{\ell}_-)/2$ und $\hat{\ell}_y = (\hat{\ell}_+ - \hat{\ell}_-)/(2\mathrm{i})$ erhält man als Linearkombinationen.

22.13 Kommutatorrelation in Matrixdarstellung

Gehen Sie von der Matrixdarstellung von $\hat{\ell}_z$ und $\hat{\ell}_\pm$ für $l = 1$ aus. Überprüfen Sie damit die Kommutatorrelationen

$$\big[\hat{\ell}_\pm, \hat{\ell}_z\big] = \mp\hbar\,\hat{\ell}_\pm \qquad \text{und} \qquad \big[\hat{\ell}_+, \hat{\ell}_-\big] = 2\hbar\,\hat{\ell}_z$$

Lösung: Zum Drehimpuls $l = 1$ gibt es drei Zustände $|1,m\rangle$, die wir durch Spaltenvektoren darstellen:

$$|1,1\rangle := \begin{pmatrix} 1 \\ 0 \\ 0 \end{pmatrix}, \qquad |1,0\rangle := \begin{pmatrix} 0 \\ 1 \\ 0 \end{pmatrix}, \qquad |1,-1\rangle := \begin{pmatrix} 0 \\ 0 \\ 1 \end{pmatrix}$$

Daraus ergibt sich eine 3-dimensionale Darstellung aller Operatoren, die mit $\hat{\boldsymbol{\ell}}^2$ vertauschen. Aus (22.16) und (22.17) erhalten wir

$$\hat{\ell}_z\,|1,m\rangle = \hbar m\,|1,m\rangle \qquad \text{und} \qquad \hat{\ell}_+\,|1m\rangle = \sqrt{2 - m\,(m+1)}\;\hbar\,|1,\,m+1\rangle$$

Die Wurzel in der zweiten Gleichung ist $\sqrt{2}$ für $m = -1$ und $m = 0$, und null für $m = 1$. Damit erhalten wir

$$\hat{\ell}_z := \hbar \begin{pmatrix} 1 & 0 & 0 \\ 0 & 0 & 0 \\ 0 & 0 & -1 \end{pmatrix}, \qquad \hat{\ell}_+ := \hbar \begin{pmatrix} 0 & \sqrt{2} & 0 \\ 0 & 0 & \sqrt{2} \\ 0 & 0 & 0 \end{pmatrix}, \qquad \hat{\ell}_- := \hbar \begin{pmatrix} 0 & 0 & 0 \\ \sqrt{2} & 0 & 0 \\ 0 & \sqrt{2} & 0 \end{pmatrix}$$

Die Matrix für $\hat{\ell}_-$ erhält man aus der für $\hat{\ell}_+$ durch Adjungieren, also durch Transponieren und komplex Konjugieren. Mit diesen Matrizen bestimmen wir die Produkte

$$\hat{\ell}_+\hat{\ell}_z := \hbar^2 \begin{pmatrix} 0 & 0 & 0 \\ 0 & 0 & -\sqrt{2} \\ 0 & 0 & 0 \end{pmatrix}, \qquad \hat{\ell}_z\hat{\ell}_+ := \hbar^2 \begin{pmatrix} 0 & \sqrt{2} & 0 \\ 0 & 0 & 0 \\ 0 & 0 & 0 \end{pmatrix}$$

Hiermit bilden wir

$$[\hat{\ell}_+, \hat{\ell}_z] = \hat{\ell}_+\hat{\ell}_z - \hat{\ell}_z\hat{\ell}_+ := -\hbar^2 \begin{pmatrix} 0 & \sqrt{2} & 0 \\ 0 & 0 & \sqrt{2} \\ 0 & 0 & 0 \end{pmatrix}$$

Dies ist die Darstellung von $-\hbar\,\hat{\ell}_+$; damit ist die Kommutatorrelation $[\hat{\ell}_+, \hat{\ell}_z] = -\hbar\,\hat{\ell}_+$ in der Matrixdarstellung gezeigt. Die entsprechende Relation für den Absteigeoperator $[\hat{\ell}_-, \hat{\ell}_z] = \hbar\,\hat{\ell}_-$ folgt dann durch Transponieren (und komplex Konjugieren) der Matrizen. Bei Matrixprodukten kehrt das Transponieren die Reihenfolge um, so dass sich für den Kommutator ein zusätzliches Minuszeichen ergibt. Wir berechnen nun noch die Produkte

$$\hat{\ell}_+\hat{\ell}_- := \hbar^2 \begin{pmatrix} 2 & 0 & 0 \\ 0 & 2 & 0 \\ 0 & 0 & 0 \end{pmatrix}, \qquad \hat{\ell}_-\hat{\ell}_+ := \hbar^2 \begin{pmatrix} 0 & 0 & 0 \\ 0 & 2 & 0 \\ 0 & 0 & 2 \end{pmatrix}$$

Die Differenz ist die Darstellung von $2\hbar\,\ell_z$. Damit ist $[\hat{\ell}_+, \hat{\ell}_-] = 2\hbar\,\hat{\ell}_z$ gezeigt.

22.14 Eigenwertgleichung für Spin

Lösen Sie die Eigenwertgleichung

$$\boldsymbol{\sigma} \cdot \boldsymbol{n} \begin{pmatrix} \alpha_+ \\ \alpha_- \end{pmatrix} = +1 \cdot \begin{pmatrix} \alpha_+ \\ \alpha_- \end{pmatrix} \tag{22.54}$$

mit $\boldsymbol{n} := (\sin\theta_s\,\cos\phi_s\,, \sin\theta_s\,\sin\phi_s\,, \cos\theta_s)$ zum Eigenwert $+1$.

Lösung: Wir schreiben die Matrix $\boldsymbol{\sigma} \cdot \boldsymbol{n}$ in der Eigenwertgleichung (22.54) explizit aus

$$\begin{pmatrix} \cos\theta_s - 1 & \sin\theta_s\,\exp(-\mathrm{i}\phi_s) \\ \sin\theta_s\,\exp(+\mathrm{i}\phi_s) & -\cos\theta_s - 1 \end{pmatrix} \begin{pmatrix} \alpha_+ \\ \alpha_- \end{pmatrix} = 0$$

Die Determinante dieses homogenen linearen Gleichungssystems ist null. Damit gibt es eine nichttriviale Lösung. Wegen der linearen Abhängigkeit genügt es, die erste der beiden Gleichungen zu betrachten. Mit den Ersetzungen $1 - \cos\theta_s = 2\sin^2(\theta_s/2)$ und $\sin\theta = 2\sin(\theta_s/2)\cos(\theta_s/2)$ wird diese Gleichung zu

$$-\sin(\theta_s/2)\,\alpha_+ + \cos(\theta_s/2)\,\exp(-\mathrm{i}\phi_s)\,\alpha_- = 0$$

Dies liefert den Eigenvektor

$$\begin{pmatrix} \alpha_+ \\ \alpha_- \end{pmatrix} = \alpha_+ \begin{pmatrix} 1 \\ \tan(\theta_s/2)\,\exp(\mathrm{i}\phi_s) \end{pmatrix}$$

Der normierte Eigenvektor lautet dann bis auf einen Phasenfaktor

$$\begin{pmatrix} \alpha_+ \\ \alpha_- \end{pmatrix} = \begin{pmatrix} \cos(\theta_s/2) \\ \sin(\theta_s/2)\,\exp(\mathrm{i}\,\phi_s) \end{pmatrix} \quad \text{oder} \quad \begin{pmatrix} \alpha_+ \\ \alpha_- \end{pmatrix} = \begin{pmatrix} \cos(\theta_s/2)\,\exp(-\mathrm{i}\,\phi_s/2) \\ \sin(\theta_s/2)\,\exp(+\mathrm{i}\phi_s/2) \end{pmatrix}$$

Beide Formen sind üblich; die zweite entspricht (22.26).

22.15 Spinpräzession im Magnetfeld

Ist ein Elektron (zum Beispiel in einem Kristallgitter) an einem bestimmten Ort lokalisiert, so kann sein Spin $\boldsymbol{s}$ oft als einziger Freiheitsgrad angesehen werden. Bei Anwesenheit eines Magnetfelds $\boldsymbol{B} = B\,\boldsymbol{e}_z$ lautet dann der Hamiltonoperator

$$\hat{H} = -\hat{\boldsymbol{\mu}} \cdot \boldsymbol{B} = 2\,\omega_{\rm L}\,\hat{s}_z$$

Dabei ist $\omega_{\rm L} = g\,\mu_{\rm B}\,B/\hbar$ die Larmorfrequenz. Berechnen Sie den zeitabhängigen Erwartungswert $\langle\,\hat{\boldsymbol{s}}\,\rangle_t = \langle\,\boldsymbol{s}(t)\,|\,\hat{\boldsymbol{s}}\,|\,\boldsymbol{s}(t)\,\rangle$ für die Anfangsbedingungen $\langle\,\hat{s}_x\,\rangle_{t=0} = \hbar/2$ und $\langle\,\hat{s}_y\,\rangle_{t=0} = \langle\,\hat{s}_z\,\rangle_{t=0} = 0$. Interpretieren Sie das Ergebnis. Mit welcher Wahrscheinlichkeit misst man zur Zeit t die Spinprojektion $\hbar/2$ in x-Richtung?

Lösung: Die zeitliche Entwicklung eines Erwartungswerts wird durch die Ehrenfest-Gleichung (18.31) bestimmt:

$$\frac{d\langle\,\boldsymbol{s}\,\rangle_t}{dt} = \frac{\rm i}{\hbar}\big\langle[\hat{H},\hat{\boldsymbol{s}}]\big\rangle_t = \frac{2\,{\rm i}\,\omega_{\rm L}}{\hbar}\,\big\langle[\hat{s}_z,\hat{\boldsymbol{s}}]\big\rangle_t$$

Mit den Kommutatorrelationen $[\hat{s}_x,\hat{s}_y] = {\rm i}\,\hbar\,\hat{s}_z$ (und zyklisch) erhält man daraus die drei gekoppelten Differenzialgleichungen 1. Ordnung

$$\frac{d\langle\,s_x\,\rangle_t}{dt} = -2\,\omega_{\rm L}\,\langle\,s_y\,\rangle_t\,, \qquad \frac{d\langle\,s_y\,\rangle_t}{dt} = 2\,\omega_{\rm L}\,\langle\,s_x\,\rangle_t\,, \qquad \frac{d\langle\,s_z\,\rangle_t}{dt} = 0$$

Die allgemeine Lösung dieser Gleichungen ist

$$\langle\,s_x\,\rangle_t = a\,\cos(2\,\omega_{\rm L}t+\alpha)\,, \qquad \langle\,s_y\,\rangle_t = a\,\sin(2\,\omega_{\rm L}t+\alpha)\,, \qquad \langle\,s_z\,\rangle_t = c$$

Die Anfangsbedingungen bestimmen die drei Integrationskonstanten zu $a = \hbar/2$, $\alpha = 0$ und $c = 0$, also

$$\langle\,\hat{\boldsymbol{s}}\,\rangle_t := \frac{\hbar}{2}\begin{pmatrix}\cos(2\,\omega_{\rm L}\,t)\\ \sin(2\,\omega_{\rm L}\,t)\\ 0\end{pmatrix}$$

Der Erwartungswert des Spins präzediert mit der Winkelgeschwindigkeit $2\omega_{\rm L}$ in der x-y-Ebene. Dies entspricht der Bewegung eines klassischen Drehimpulses. Die Wahrscheinlichkeit P_x, die Spinprojektion $\hbar/2$ in x-Richtung zu messen, ist

$$P_x(t) = \big(\cos(2\,\omega_{\rm L}\,t)\big)^2$$

Alternative Lösung: Alternativ kann man das Heisenbergbild verwenden. Die Beziehung

$$\exp\big(\pm\,{\rm i}\omega_{\rm L}\,t\,\hat{\sigma}_z\big) = \hat{I}\,\cos(\omega_{\rm L}\,t) \pm {\rm i}\,\hat{\sigma}_z\,\sin(\omega_{\rm L}\,t) \tag{22.55}$$

folgt aus einer Potenzreihenentwicklung unter Verwendung von $\hat{\sigma}_z^2 = \hat{I}$. Damit schreiben wir den Spinoperator im Heisenbergbild

$$\hat{\boldsymbol{s}}(t) = \exp\Big(\frac{{\rm i}\hat{H}\,t}{\hbar}\Big)\,\hat{\boldsymbol{s}}\,\exp\Big(-\frac{{\rm i}\hat{H}\,t}{\hbar}\Big) = \frac{\hbar}{2}\,\exp\big({\rm i}\omega_{\rm L}\,t\,\hat{\sigma}_z\big)\,\hat{\boldsymbol{\sigma}}\,\exp\big(-\,{\rm i}\omega_{\rm L}\,t\,\hat{\sigma}_z\big)$$

$$:= \frac{\hbar}{2}\begin{pmatrix}\hat{\sigma}_x\,\cos(2\,\omega_{\rm L}\,t) - \hat{\sigma}_y\,\sin(2\,\omega_{\rm L}\,t)\\ \hat{\sigma}_x\,\sin(2\,\omega_{\rm L}\,t) + \hat{\sigma}_y\,\cos(2\,\omega_{\rm L}\,t)\\ \hat{\sigma}_z\end{pmatrix}$$

Dabei wurde (22.55) für die Exponentialfunktionen verwendet, und Produkte von Pauli-Matrizen wurden mit (22.56) aus der folgenden Aufgabe vereinfacht. Der zeitabhängige Erwartungswert wird damit

$$\langle \hat{s} \rangle_t = \langle s(t) | \hat{s} | s(t) \rangle = \langle s(0) | \hat{s}(t) | s(0) \rangle := \frac{\hbar}{2} \begin{pmatrix} \cos(2\,\omega_\text{L}\,t) \\ \sin(2\,\omega_\text{L}\,t) \\ 0 \end{pmatrix}$$

Im letzten Schritt wurden die Anfangsbedingungen, $\langle \sigma_x \rangle_{t=0} = 1$ und $\langle \sigma_y \rangle_{t=0} = \langle \sigma_z \rangle_{t=0} = 0$, eingesetzt.

22.16 Zu den Pauli-Matrizen

Für die drei Pauli-Matrizen (22.23) überprüfe man die Relation

$$\sigma_i\,\sigma_j = I\,\delta_{ij} + \mathrm{i} \sum_{k=1}^{3} \epsilon_{ijk}\,\sigma_k \tag{22.56}$$

mit der zweidimensionalen Einheitsmatrix I. Leiten Sie hieraus die Kommutatorrelation $[\sigma_i, \sigma_j] = 2\,\mathrm{i} \sum_k \epsilon_{ijk}\,\sigma_k$ ab. Warum kann jede Funktion der Pauli-Matrizen in der Form

$$f(\boldsymbol{\sigma}) = a\,I + \boldsymbol{b} \cdot \boldsymbol{\sigma} \tag{22.57}$$

geschrieben werden?

Lösung: Aus (22.23) folgt

$$\sigma_1\,\sigma_2 = -\sigma_2\,\sigma_1 = \begin{pmatrix} \mathrm{i} & 0 \\ 0 & -\mathrm{i} \end{pmatrix} = \mathrm{i}\,\sigma_3$$

und ebenso $\sigma_2\,\sigma_3 = -\sigma_3\,\sigma_2 = \mathrm{i}\sigma_1$ und $\sigma_3\,\sigma_1 = -\sigma_1\,\sigma_3 = \mathrm{i}\sigma_2$. Damit ist (22.56) für $i \neq j$ gezeigt. Wegen

$$\sigma_1^2 = \sigma_2^2 = \sigma_3^2 = I$$

gilt diese Relation auch für $i = j$. Aus (22.56) und der Antisymmetrie des Levi-Civita Symbols folgt dann auch

$$\big[\sigma_i, \sigma_j\big] = \sigma_i\,\sigma_j - \sigma_j\,\sigma_i = 2\mathrm{i} \sum_{k=1}^{3} \epsilon_{ijk}\,\sigma_k$$

Eine beliebige Funktion der Pauli-Matrizen kann in eine Taylorreihe entwickelt werden

$$f(\boldsymbol{\sigma}) = f_0 + \sum_i f_i\,\sigma_i + \frac{1}{2} \sum_{i,j} f_{ij}\,\sigma_i\,\sigma_j + \frac{1}{3!} \sum_{i,j,k} f_{ijk}\,\sigma_i\,\sigma_j\,\sigma_k + \ldots$$

mit Koeffizienten f_0, f_i, f_{ij} und so fort. Mit Hilfe von (22.56) können wir Produkte von Pauli-Matrizen $\sigma_i\,\sigma_j$ auf lineare Terme reduzieren. Diese Prozedur wird so lange wiederholt, bis zum Schluss nur eine Konstante und zu den Pauli-Matrizen proportionale Terme übrigbleiben

$$f(\boldsymbol{\sigma}) = a\,I + \sum_{i=1}^{3} b_i\,\sigma_i = a\,I + \boldsymbol{b} \cdot \boldsymbol{\sigma}$$

Damit ist (22.57) gezeigt. Man kann auch so argumentieren: $f(\boldsymbol{\sigma})$ ist eine hermitesche 2×2-Matrix. Die Einheitsmatrix und die drei Pauli-Matrizen bilden eine vollständige Basis für hermitesche 2×2-Matrizen. Daher kann jede solche 2×2-Matrix nach ihnen entwickelt werden.

22.17 Polarisation eines Teilchenstrahls

Dichteoperator: Der Erwartungswert eines Operators $\hat{F}$ in einer statistischen Gesamtheit von N Systemen (oder Teilchen) ist

$$\langle F \rangle = \frac{1}{N} \sum_{i=1}^{N} \langle i \,|\, \hat{F} \,|\, i \rangle \tag{22.58}$$

Zeigen Sie, dass dies durch

$$\langle F \rangle = \text{Spur}\left(\hat{F}\,\hat{\rho}\right) \quad \text{mit} \quad \hat{\rho} = \frac{1}{N} \sum_{i=1}^{N} |\, i \rangle \langle i \,| \tag{22.59}$$

mit dem Dichteoperator $\hat{\rho}$ ausgedrückt werden kann. Beweisen Sie, dass der Dichteoperator eines Spinsystems von folgender Form ist:

$$\hat{\rho} = \frac{1}{2}\left(\hat{I} + \langle \boldsymbol{\sigma} \rangle \cdot \hat{\boldsymbol{\sigma}} \right) \tag{22.60}$$

Polarisation: Ein Neutronenstrahl ist zur Hälfte in x-Richtung und zur anderen Hälfte in z-Richtung polarisiert, also $\langle \sigma_x \rangle = \langle \sigma_z \rangle = 1/2$ und $\langle \sigma_y \rangle = 0$. Geben Sie die Spindichtematrix ρ des Neutronenstrahls an. Berechnen Sie die Eigenwerte P_+ und P_- dieser Matrix, und bestimmen Sie daraus den *Polarisationsgrad* Π des Teilchenstrahls,

$$\Pi = \frac{P_+ - P_-}{P_+ + P_-} \tag{22.61}$$

Reiner Zustand: Zeigen Sie, dass für einen reinen Zustand $\Pi = 1$ gilt. Von einem reinen Zustand spricht man, wenn alle N Teilchen im selben Zustand $|\, \boldsymbol{s} \rangle$ sind.

Unschärfe: Berechnen Sie bei gegebenem $\langle \boldsymbol{\sigma} \rangle$ die Unschärfe $\Delta\sigma_x$. Welchen Wert hat $\Delta\sigma_x$ für das Spingemisch des Neutronenstrahls, und welchen für die reinen Zustände $|\, s\, \boldsymbol{e}_x \rangle$ und $|\, s\, \boldsymbol{e}_z \rangle$?

Lösung: Wir schieben in (22.58) zweimal den vollständigen und orthonormierten Satz $\{|n\rangle\}$ von Zwischenzuständen ein:

$$\begin{aligned}
\langle F \rangle &= \frac{1}{N} \sum_{i=1}^{N} \langle i \,|\, \hat{F} \,|\, i \rangle = \frac{1}{N} \sum_{i=1}^{N} \sum_{n,n'} \langle i \,|\, n \rangle \langle n \,|\, \hat{F} \,|\, n' \rangle \langle n' \,|\, i \rangle \\
&= \sum_{n,n'} \langle n \,|\, \hat{F} \,|\, n' \rangle \, \frac{1}{N} \sum_{i=1}^{N} \langle n' \,|\, i \rangle \langle i \,|\, n \rangle = \sum_{n,n'} \langle n \,|\, \hat{F} \,|\, n' \rangle \, \langle n' \,|\, \hat{\rho} \,|\, n \rangle \\
&= \sum_{n} \langle n \,|\, \hat{F}\,\hat{\rho} \,|\, n \rangle = \text{Spur}\left(\hat{F}\,\hat{\rho}\right)
\end{aligned}$$

Die Terme wurden umsortiert, die Dichtematrix wurde eingeführt, und die Vollständigkeit der Zustände $\{|\,n\,\rangle\}$ wurde ausgenützt. Der vorletzte Ausdruck ist die Definition der Spur.

Der Spindichteoperator ist eine Funktion des Spinoperators $\hat{\boldsymbol{\sigma}}$. Nach (22.57) hat dieser dann die allgemeine Form

$$\hat{\rho} = a\,\hat{I} + \boldsymbol{b}\cdot\hat{\boldsymbol{\sigma}}$$

Wir verwenden nun (22.59) für $\hat{F} = \hat{I}$ (Einheitsoperator) und $\hat{F} = \hat{\boldsymbol{\sigma}}$, um die Konstanten a und $\boldsymbol{b}$ zu bestimmen:

$$\begin{aligned} \mathrm{Spur}\,\hat{\rho} &= \mathrm{Spur}\left(a\,\hat{I} + \boldsymbol{b}\cdot\hat{\boldsymbol{\sigma}}\right) = 2a \stackrel{!}{=} 1 \\ \mathrm{Spur}\left(\hat{\boldsymbol{\sigma}}\,\hat{\rho}\right) &= \mathrm{Spur}\left(a\,\hat{\boldsymbol{\sigma}} + (\boldsymbol{b}\cdot\hat{\boldsymbol{\sigma}})\,\hat{\boldsymbol{\sigma}}\right) = 2\boldsymbol{b} \stackrel{!}{=} \langle\,\boldsymbol{\sigma}\,\rangle \end{aligned}$$

Die erste Gleichung ergibt sich aus der Spurlosigkeit der Pauli-Matrizen; für die zweite Gleichung wurde zusätzlich (22.56) verwendet. Auf der rechten Seite steht der Erwartungswert

$$\langle\,\boldsymbol{\sigma}\,\rangle = \frac{1}{N}\sum_{i=1}^{N}\langle\, i\,|\,\boldsymbol{\sigma}\,|\,i\,\rangle$$

Mit den so bestimmten Größen $a = 1/2$ und $\boldsymbol{b} = \langle\,\boldsymbol{\sigma}\,\rangle/2$ wird der Spindichteoperator zu

$$\hat{\rho} = \frac{1}{2}\left(\hat{I} + \langle\boldsymbol{\sigma}\rangle\cdot\hat{\boldsymbol{\sigma}}\right)$$

Das Spingemisch kann also vollständig durch den Erwartungswert $\langle\,\boldsymbol{\sigma}\,\rangle$ festgelegt werden.

Polarisation: Speziell für $\langle\sigma_x\rangle = \langle\sigma_z\rangle = 1/2$ und $\langle\sigma_y\rangle = 0$ wird der Spindichteoperator

$$\hat{\rho} = \frac{1}{2}\left(\hat{I} + \frac{\hat{\sigma}_x + \hat{\sigma}_z}{2}\right) := \begin{pmatrix} 3/4 & 1/4 \\ 1/4 & 1/4 \end{pmatrix}$$

Diese Spindichtematrix hat die Eigenwerte

$$P_\pm = \frac{1}{2} \pm \frac{1}{\sqrt{8}}$$

Daraus erhalten wir den Polarisationsgrad des Neutronenstrahls:

$$\Pi = \frac{P_+ - P_-}{P_+ + P_-} = \frac{2}{\sqrt{8}} = \frac{1}{\sqrt{2}}$$

Reiner Zustand: Für einen reinen Spinzustand sind alle N Teilchen im selben Zustand $|\,\boldsymbol{s}\,\rangle$. Der Spindichteoperator ist deshalb

$$\hat{\rho} = |\,\boldsymbol{s}\,\rangle\langle\,\boldsymbol{s}\,| \tag{22.62}$$

Der in (22.60) definierte Dichteoperator ist hermitesch. Ein hermitescher Operator kann gemäß $\hat{F} = \sum_n \lambda_n\,|\,n\,\rangle\langle\,n\,|$ durch seine Eigenzustände und Eigenwerte ausgedrückt werden. Nun ist (22.62) bereits von dieser Form, so dass die Eigenwerte $P_+ = 1$ und $P_- = 0$ unmittelbar abgelesen werden können. Hieraus folgt $\Pi = 1$; ein reiner Zustand ist vollständig polarisiert. – Alternativ zu dieser Betrachtung kann man für $|\,\boldsymbol{s}\,\rangle$ die Darstellung (22.26) verwenden, den Dichteoperator in Matrixdarstellung anschreiben und die beiden Eigenwerte berechnen. Daraus ergeben sich dieselben Eigenwerte.

Unschärfe: Das Quadrat der Pauli-Matrizen ist gleich der Einheitsmatrix, $\sigma_x^2 = \sigma_y^2 = \sigma_z^2 = I$ (Aufgabe 22.16). Daher sind die dazugehörigen Erwartungswerte gleich eins:

$$\langle \sigma_x^2 \rangle = \langle \sigma_y^2 \rangle = \langle \sigma_z^2 \rangle = 1$$

Damit gilt speziell für die Unschärfe in x-Richtung

$$(\Delta\sigma_x)^2 = \langle \sigma_x^2 \rangle - \langle \sigma_x \rangle^2 = 1 - \langle \sigma_x \rangle^2$$

Für den zur Hälfte in x-Richtung polarisierten Teilchenstrahl, also für das Gemisch mit $\langle \sigma_x \rangle = 1/2$, erhält man $\Delta\sigma_x = \sqrt{3}/2$. Für einen reinen, in x-Richtung polarisierter Zustand $|\, s\, \boldsymbol{e}_x \rangle$ gilt $\langle \sigma_x \rangle = 1$ und $\Delta\sigma_x = 0$. Für einen reinen, in z-Richtung polarisierter Zustand $|\, s\, \boldsymbol{e}_z \rangle$ gilt dagegen $\langle \sigma_x \rangle = 0$ und $\Delta\sigma_x = 1$.

22.18 Multiplizität der Drehimpulszustände

Zwei Drehimpulse j_1 und j_2 werden zum Gesamtdrehimpuls j gekoppelt. Zeigen Sie, dass die Anzahl der gekoppelten Zustände gleich der Anzahl der ungekoppelten ist:

$$\sum_{j=|j_1-j_2|}^{j_1+j_2} \; \sum_{m=-j}^{j} 1 = (2j_1+1)(2j_2+1)$$

Lösung: Wir verwenden die Formel für eine arithmetische Reihe:

$$\sum_{k=k_1}^{k_2} k = k_1 + (k_1+1) + \ldots k_2 = \frac{(k_1+k_2)(k_2-k_1+1)}{2}$$

Es wird $k_2 \geq k_1$ vorausgesetzt. Außerdem muss $k_2 - k_1$ ganzzahlig sein; k_1 und k_2 können dagegen beliebige reelle Werte haben.

Der maximale und minimale Gesamtdrehimpuls sind $j_> = j_1 + j_2$ und $j_< = |j_1 - j_2|$. Die möglichen j-Werte laufen in Schritten der Größe 1 (wie in der arithmetischen Reihe) von $j_<$ nach $j_>$. Zu jedem j-Wert gibt es $(2j+1)$ Zustände $m = -j, \ldots, j$. Damit berechnen wir die Anzahl der gekoppelten Zustände:

$$\begin{aligned}
\sum_{j=j_<}^{j_>} (2j+1) &= 2\sum_{j=j_<}^{j_>} j + \sum_{j=j_<}^{j_>} 1 = 2\,\frac{(j_< + j_>)(j_> - j_< + 1)}{2} + (j_> - j_< + 1) \\
&= j_>^2 - j_<^2 + 2j_> + 1 = (j_1+j_2)^2 - (j_1-j_2)^2 + 2(j_1+j_2) + 1 \\
&= (2j_1+1)(2j_2+1)
\end{aligned}$$

Im vorletzten Schritt wurden $j_<$ und $j_>$ eingesetzt. Das Ergebnis ist gleich dem Produkt aus der Anzahl der j_1-Zustände und der Anzahl der j_2-Zustände, also gleich der Multiplizität der ungekoppelten Drehimpulszustände.

22.19 Kopplung von Bahndrehimpuls und Spin

Der Bahndrehimpuls l und der Spin $s = 1/2$ eines Elektrons sollen zum Gesamtdrehimpuls j gekoppelt werden. Geben Sie die gekoppelten Zustände an.

Lösung: Wir bezeichnen die gekoppelten Zustände mit $|\,j\,l\,s\,m\rangle = |\,j\,m\rangle$. Zu den maximalen Gesamtdrehimpulsquantenzahlen $j = m = l + 1/2$ gibt es in der gekoppelten und der ungekoppelten Basis jeweils genau einen Zustand:

$$|\,j = l + \tfrac{1}{2}, m = l + \tfrac{1}{2}\rangle = |l, l\rangle\,|\tfrac{1}{2}, \tfrac{1}{2}\rangle$$

Der willkürliche Phasenfaktor wird durch Konvention gleich 1 gesetzt. Auf diesen Zustand wenden wir den Absteigeoperator $\hat{j}_- = \hat{\ell}_- + \hat{s}_-$ mit der bekannten Wirkung (22.17) an:

$$\begin{aligned}
|\,j = l + \tfrac{1}{2}, m = l - \tfrac{1}{2}\rangle &= \sqrt{\tfrac{2l}{2l+1}}\,|l, l-1\rangle\,|\tfrac{1}{2}, \tfrac{1}{2}\rangle + \sqrt{\tfrac{1}{2l+1}}\,|l, l\rangle\,|\tfrac{1}{2}, -\tfrac{1}{2}\rangle \\
|\,j = l - \tfrac{1}{2}, m = l - \tfrac{1}{2}\rangle &= \sqrt{\tfrac{1}{2l+1}}\,|l, l-1\rangle\,|\tfrac{1}{2}, \tfrac{1}{2}\rangle - \sqrt{\tfrac{2l}{2l+1}}\,|l, l\rangle\,|\tfrac{1}{2}, -\tfrac{1}{2}\rangle
\end{aligned}$$

In der zweiten Zeile wurde die orthogonale Linearkombination angeschrieben; dies ist der Zustand zum Gesamtdrehimpuls $j = l - 1/2$ (bei gleichem $m = l - 1/2$). Diese Prozedur ($\hat{j}_- = \hat{\ell}_- + \hat{s}_-$ anwenden und orthogonale Linearkombination anschreiben) wird nun wiederholt:

$$\begin{aligned}
|\,j = l + \tfrac{1}{2}, m = l - \tfrac{3}{2}\rangle &= \sqrt{\tfrac{2l-1}{2l+1}}\,|l, l-2\rangle\,|\tfrac{1}{2}, \tfrac{1}{2}\rangle + \sqrt{\tfrac{2}{2l+1}}\,|l, l-1\rangle\,|\tfrac{1}{2}, -\tfrac{1}{2}\rangle \\
|\,j = l - \tfrac{1}{2}, m = l - \tfrac{3}{2}\rangle &= \sqrt{\tfrac{2}{2l+1}}\,|l, l-2\rangle\,|\tfrac{1}{2}, \tfrac{1}{2}\rangle - \sqrt{\tfrac{2l-1}{2l+1}}\,|l, l-1\rangle\,|\tfrac{1}{2}, -\tfrac{1}{2}\rangle
\end{aligned}$$

Dieses Verfahren ergibt allgemein

$$\begin{aligned}
|\,j = l + \tfrac{1}{2}, m\rangle &= \sqrt{\tfrac{l+m+1/2}{2l+1}}\,|l, m - \tfrac{1}{2}\rangle\,|\tfrac{1}{2}, \tfrac{1}{2}\rangle + \sqrt{\tfrac{l-m+1/2}{2l+1}}\,|l, m + \tfrac{1}{2}\rangle\,|\tfrac{1}{2}, -\tfrac{1}{2}\rangle \\
|\,j = l - \tfrac{1}{2}, m\rangle &= \sqrt{\tfrac{l-m+1/2}{2l+1}}\,|l, m - \tfrac{1}{2}\rangle\,|\tfrac{1}{2}, \tfrac{1}{2}\rangle - \sqrt{\tfrac{l+m+1/2}{2l+1}}\,|l, m + \tfrac{1}{2}\rangle\,|\tfrac{1}{2}, -\tfrac{1}{2}\rangle
\end{aligned}$$

Diese Formeln sind auch für die Zustände mit maximaler und minimaler Quantenzahl $m = \pm j = \pm(l + 1/2)$ richtig; hierbei gibt es jeweils nur einen ungekoppelten Zustand. Insgesamt gibt es $2(2l) + 2 = 2(2l + 1)$ Zustände. Damit sind alle möglichen gekoppelten Zustände konstruiert. Die *Clebsch-Gordan-Koeffizienten* können abgelesen werden

$$\begin{aligned}
\langle l, m \mp \tfrac{1}{2}, \tfrac{1}{2}, \pm\tfrac{1}{2}\,|\,l + \tfrac{1}{2}, m\rangle &= \sqrt{\frac{l \pm m + 1/2}{2l+1}} \\
\langle l, m \mp \tfrac{1}{2}, \tfrac{1}{2}, \pm\tfrac{1}{2}\,|\,l - \tfrac{1}{2}, m\rangle &= \pm\sqrt{\frac{l \mp m + 1/2}{2l+1}}
\end{aligned} \qquad (22.63)$$

22.20 Kopplung zweier Spin-1 Teilchen

Zwei Spins $s_1 = s_2 = 1$ sollen zum Gesamtdrehimpuls S gekoppelt werden. Geben Sie die gekoppelten Zustände an.

Lösung: Wir bezeichnen die gekoppelten Zustände mit $|S11M\rangle = |SM\rangle$. Zu den maximalen Gesamtdrehimpulsquantenzahlen $S = M = 2$ gibt es in der gekoppelten und der ungekoppelten Basis jeweils genau einen Zustand

$$|2,2\rangle = |1,1\rangle\,|1,1\rangle$$

Der Phasenfaktor wird durch Konvention gleich 1 gesetzt. Auf diesen Zustand wenden wir den Absteigeoperator $\hat{S}_- = \hat{s}_{1\,-} + \hat{s}_{2\,-}$ mit der bekannter Wirkung (22.17) an:

$$\begin{aligned}
|2,1\rangle &= \tfrac{1}{\sqrt{2}}\,|1,0\rangle\,|1,1\rangle + \tfrac{1}{\sqrt{2}}\,|1,1\rangle\,|1,0\rangle \\
|1,1\rangle &= \tfrac{1}{\sqrt{2}}\,|1,0\rangle\,|1,1\rangle - \tfrac{1}{\sqrt{2}}\,|1,1\rangle\,|1,0\rangle
\end{aligned}$$

Die zweite Zeile ist die zur ersten orthogonale Linearkombination. Sie ergibt den Zustand zum Gesamtspin $S = 1$ (bei gleichem $M = 1$). Die nochmalige Anwendung von $\hat{S}_- = \hat{s}_{1\,-} + \hat{s}_{2\,-}$ auf diese beiden Zustände ergibt die ersten beiden Zeilen in

$$\begin{aligned}
|2,0\rangle &= \tfrac{1}{\sqrt{6}}\,|1,-1\rangle\,|1,1\rangle + \sqrt{\tfrac{2}{3}}\,|1,0\rangle\,|1,0\rangle + \tfrac{1}{\sqrt{6}}\,|1,1\rangle\,|1,-1\rangle \\
|1,0\rangle &= \tfrac{1}{\sqrt{2}}\,|1,-1\rangle\,|1,1\rangle - \tfrac{1}{\sqrt{2}}\,|1,1\rangle\,|1,-1\rangle \\
|0,0\rangle &= \tfrac{1}{\sqrt{3}}\,|1,-1\rangle\,|1,1\rangle - \tfrac{1}{\sqrt{3}}\,|1,0\rangle\,|1,0\rangle + \tfrac{1}{\sqrt{3}}\,|1,1\rangle\,|1,-1\rangle
\end{aligned}$$

Die dritte Zeile ist die auf den beiden anderen Zuständen orthogonale Linearkombination. Sie ergibt den Zustand zum Gesamtspin $S = 0$ (bei gleichem $M = 0$). Das weitere Anwenden von $\hat{S}_- = \hat{s}_{1\,-} + \hat{s}_{2\,-}$ ergibt

$$\begin{aligned}
|2,-1\rangle &= \tfrac{1}{\sqrt{2}}\,|1,-1\rangle\,|1,0\rangle + \tfrac{1}{\sqrt{2}}\,|1,0\rangle\,|1,-1\rangle \\
|1,-1\rangle &= \tfrac{1}{\sqrt{2}}\,|1,-1\rangle\,|1,0\rangle - \tfrac{1}{\sqrt{2}}\,|1,0\rangle\,|1,-1\rangle
\end{aligned}$$

und schließlich

$$|2,-2\rangle = |1,-1\rangle\,|1,-1\rangle$$

Damit sind alle gekoppelten Zustände bestimmt. Insgesamt gibt es $9 = 3 \times 3$ Zustände.

22.21 Zwei ungekoppelte harmonische Oszillatoren

Zwei unabhängige harmonische Oszillatoren 1 und 2 werden durch die Auf- und Absteigeoperatoren $\hat{a}_1^\dagger$, $\hat{a}_1$, $\hat{a}_2^\dagger$ und $\hat{a}_2$ mit den Kommutatorrelationen

$$\left[\hat{a}_1, \hat{a}_1^\dagger\right] = 1\,, \qquad \left[\hat{a}_2, \hat{a}_2^\dagger\right] = 1 \tag{22.64}$$

beschrieben. Wegen der Unabhängigkeit kommutieren die Operatoren mit dem Index 1 mit denen mit dem Index 2. Es werden nun folgende Operatoren definiert:

$$\hat{j}_+ = \hbar\,\hat{a}_1^\dagger\,\hat{a}_2\,, \qquad \hat{j}_- = \hbar\,\hat{a}_2^\dagger\,\hat{a}_1\,, \qquad \hat{j}_z = \frac{\hbar}{2}\left(\hat{a}_1^\dagger\,\hat{a}_1 - \hat{a}_2^\dagger\,\hat{a}_2\right) \tag{22.65}$$

$$\hat{j}^{\,2} = \frac{1}{2}\left(\hat{j}_+\hat{j}_- + \hat{j}_-\hat{j}_+\right) + \hat{j}_z^{\,2} \tag{22.66}$$

Berechnen Sie die Kommutatoren $[\hat{j}_z, \hat{j}_+]$, $[\hat{j}_z, \hat{j}_-]$ und $[\hat{j}_+, \hat{j}_-]$. Zeigen Sie, dass

$$\hat{\boldsymbol{j}}^{\,2} = \hbar^2\, \frac{\hat{n}_1 + \hat{n}_2}{2} \left(\frac{\hat{n}_1 + \hat{n}_2}{2} + 1 \right) \tag{22.67}$$

Dabei sind $\hat{n}_1 = \hat{a}_1^\dagger \hat{a}_1$ und $\hat{n}_2 = \hat{a}_2^\dagger \hat{a}_2$ die Quantenzahloperatoren der beiden Oszillatoren. Geben Sie die Eigenwerte und die Eigenvektoren der Operatoren $\hat{\boldsymbol{j}}^{\,2}$ und $\hat{j}_z$ in der Basis der Oszillatorzustände $|n_1, n_2\rangle$ an.

Lösung: Mit den Kommutatorrelationen (22.64) berechnen wir

$$\begin{aligned}
[\hat{j}_z, \hat{j}_+] &= \frac{\hbar^2}{2} [\hat{a}_1^\dagger \hat{a}_1 - \hat{a}_2^\dagger \hat{a}_2, a_1^\dagger \hat{a}_2] = \frac{\hbar^2}{2} \left(\hat{a}_1^\dagger [\hat{a}_1, \hat{a}_1^\dagger] \hat{a}_2 - \hat{a}_1^\dagger [\hat{a}_2^\dagger, \hat{a}_2] \hat{a}_2 \right) \\
&= \hbar^2 \hat{a}_1^\dagger \hat{a}_2 = \hbar\, \hat{j}_+
\end{aligned}$$

und

$$[\hat{j}_z, \hat{j}_-] = -\hbar^2 \hat{a}_2^\dagger \hat{a}_1 = -\hbar\, \hat{j}_- , \qquad [\hat{j}_+, \hat{j}_-] = \hbar^2 \left(\hat{a}_1^\dagger \hat{a}_1 - \hat{a}_2^\dagger \hat{a}_2 \right) = 2\hbar\, \hat{j}_z$$

Dies sind genau die Drehimpulsvertauschungsrelationen (22.15). Damit sind die in (22.65) eingeführten Operatoren Drehimpulsoperatoren; denn diese können durch ihre Vertauschungsrelationen definiert werden. Zur Berechnung von $\hat{\boldsymbol{j}}^{\,2}$ setzen wir (22.65) in (22.66) ein und verwenden die Quantenzahloperatoren $\hat{n}_1$ und $\hat{n}_2$:

$$\hat{\boldsymbol{j}}^{\,2} = \hbar^2 \left(\frac{\hat{n}_1(\hat{n}_2 + 1)}{2} + \frac{\hat{n}_2(\hat{n}_1 + 1)}{2} + \frac{(\hat{n}_1 - \hat{n}_2)^2}{4} \right) = \hbar^2\, \frac{\hat{n}_1 + \hat{n}_2}{2} \left(\frac{\hat{n}_1 + \hat{n}_2}{2} + 1 \right)$$

Damit ist (22.67) gezeigt. Der Operator $\hat{j}_z$ läßt sich ebenfalls durch die Quantenzahloperatoren ausdrücken:

$$\hat{j}_z = \hbar\, \frac{\hat{n}_1 - \hat{n}_2}{2}$$

Damit sind die Oszillatoreigenzustände $|n_1, n_2\rangle$ auch Eigenzustände von $\hat{\boldsymbol{j}}^{\,2}$ und $\hat{j}_z$

$$\begin{aligned}
\hat{\boldsymbol{j}}^{\,2} |n_1, n_2\rangle &= \hbar^2\, \frac{n_1 + n_2}{2} \left(\frac{n_1 + n_2}{2} + 1 \right) |n_1, n_2\rangle \\
\hat{j}_z |n_1, n_2\rangle &= \hbar\, \frac{n_1 - n_2}{2}\, |n_1, n_2\rangle
\end{aligned}$$

Der Vergleich mit den üblicherweise verwendeten Drehimpulseigenwertgleichungen

$$\hat{\boldsymbol{j}}^{\,2} |j\, m\rangle = \hbar^2 j\,(j+1)\, |j\, m\rangle , \qquad \hat{j}_z |j\, m\rangle = \hbar m\, |j\, m\rangle$$

liefert

$$j = \frac{n_1 + n_2}{2} , \qquad m = \frac{n_1 - n_2}{2}$$

Aus den ganzzahligen Oszillatorquantenzahlen $n_1, n_2 = 0, \pm 1, \pm 2, \ldots$ folgen halbzahlige Drehimpulsquantenzahlen. Für vorgegebenes j, also für festes $n_1 + n_2 = 2j$, folgt auch $m = -j, \ldots, +j$.

22.22 Hamiltonoperator für zwei Spins 1/2

Der Hamiltonoperator eines Systems mit zwei Spins $s_1 = s_2 = 1/2$ lautet

$$\hat{H} = a\,\hat{\boldsymbol{s}}_1 \cdot \hat{\boldsymbol{s}}_2$$

Ausgehend von den Basiszuständen $|s_1 m_1 s_2 m_2\rangle$ bestimme man die Eigenwerte und Eigenzustände von $\hat{H}$.

Lösung: Für die vier ungekoppelten Basiszustände führen wir folgende Kurznotation ein:

$$|s_1 m_1 s_2 m_2\rangle = \begin{cases} \left|\frac{1}{2}\,\frac{1}{2}\right\rangle\left|\frac{1}{2}\,\frac{1}{2}\right\rangle & = \;|\uparrow\uparrow\rangle \;=\; |1\rangle \\ \left|\frac{1}{2}\,\frac{1}{2}\right\rangle\left|\frac{1}{2}\,\frac{-1}{2}\right\rangle & = \;|\uparrow\downarrow\rangle \;=\; |2\rangle \\ \left|\frac{1}{2}\,\frac{-1}{2}\right\rangle\left|\frac{1}{2}\,\frac{1}{2}\right\rangle & = \;|\downarrow\uparrow\rangle \;=\; |3\rangle \\ \left|\frac{1}{2}\,\frac{-1}{2}\right\rangle\left|\frac{1}{2}\,\frac{-1}{2}\right\rangle & = \;|\downarrow\downarrow\rangle \;=\; |4\rangle \end{cases} \qquad (22.68)$$

Hierdurch ist ein 4-dimensionaler Zustandsraum gegeben. Der Hamiltonoperator wird in diesem Raum zu einer 4×4-Matrix, deren Elemente $H_{nn'} = \langle n\,|\,\hat{H}\,|\,n'\rangle$ zu berechnen sind. Zu diesem Zweck verwenden wir die Auf- und Absteigeoperatoren für Spin 1/2 Zustände:

$$\hat{s}_+\,|\uparrow\rangle = 0\,, \qquad \hat{s}_+\,|\downarrow\rangle = \hbar\,|\uparrow\rangle\,, \qquad \hat{s}_-\,|\uparrow\rangle = \hbar\,|\downarrow\rangle\,, \qquad \hat{s}_-\,|\downarrow\rangle = 0$$

Mit diesen Operatoren wird der Hamiltonoperator zu

$$\hat{H} = a\left(\hat{s}_{1x}\,\hat{s}_{2x} + \hat{s}_{1y}\,\hat{s}_{2y} + \hat{s}_{1z}\,\hat{s}_{2z}\right) = a\left(\frac{\hat{s}_{1+}\,\hat{s}_{2-} + \hat{s}_{1-}\,\hat{s}_{2+}}{2} + \hat{s}_{1z}\,\hat{s}_{2z}\right)$$

Damit können die Matrixelemente sofort ausgewertet werden:

$$H = (H_{nn'}) = \begin{pmatrix} W & 0 & 0 & 0 \\ 0 & -W & 2W & 0 \\ 0 & 2W & -W & 0 \\ 0 & 0 & 0 & W \end{pmatrix} \qquad \text{mit} \qquad W = \frac{\hbar^2 a}{4} \qquad (22.69)$$

Die Schrödingergleichung lautet im Raum der vier Zustände in Matrixdarstellung

$$\sum_{n'=1}^{4} \left(H_{nn'} - E\,\delta_{nn'}\right) a_{n'} = 0 \qquad (22.70)$$

Damit dieses Gleichungssystem eine nichttriviale Lösung hat, muss die Determinante verschwinden:

$$\begin{vmatrix} W-E & 0 & 0 & 0 \\ 0 & -W-E & 2W & 0 \\ 0 & 2W & -W-E & 0 \\ 0 & 0 & 0 & W-E \end{vmatrix} = \left(E - W\right)^3 \left(E + 3W\right) = 0$$

Man kann diese Determinante zum Beispiel nach der ersten Zeile entwickeln und die verbleibenden 2×2-Determinante ausmultiplizieren. Das Ergebnis ist ein Polynom vierten Grades in E. Die Nullstellen diese Polynoms liefern den nichtentarteten Energieeigenwert

$E_0 = -3W$ und den dreifach entarteten Energieeigenwert $E_1 = W$. Für $E_0 = -3W$ erhält man aus (22.70) $a_1 = a_4 = 0$ und $a_3 = -a_2$, also den normierten Eigenvektor $(0, 1/\sqrt{2}, -1/\sqrt{2}, 0)$ oder den Zustand

$$|\psi_0\rangle = \frac{1}{\sqrt{2}}\Big(|\uparrow\downarrow\rangle - |\downarrow\uparrow\rangle\Big) \quad \text{zur Energie} \quad E_0 = -3W \tag{22.71}$$

Für den entarteten Energieeigenwert $E_1 = W$ erhält man nur die Beziehung $a_3 = a_2$. Wir können dann zum Beispiel die drei orthonormierten Eigenvektoren $(1, 0, 0, 0)$, $(0, 0, 0, 1)$ und $(0, 1/\sqrt{2}, +1/\sqrt{2}, 0)$ wählen. Sie entsprechen den Zuständen

$$\left.\begin{aligned} |\psi_{1,1}\rangle &= |\uparrow\uparrow\rangle \\ |\psi_{1,0}\rangle &= \frac{1}{\sqrt{2}}\Big(|\uparrow\downarrow\rangle + |\downarrow\uparrow\rangle\Big) \\ |\psi_{1,-1}\rangle &= |\downarrow\downarrow\rangle \end{aligned}\right\} \quad \text{zur Energie} \quad E_1 = W \tag{22.72}$$

Anstelle dieser drei Zustände kann man auch andere orthonormierte Linearkombinationen wählen. Der Übergang zwischen den Zuständen (22.72) und einer anderen Wahl erfolgt durch eine beliebige unitäre Transformation.

Die Eigenzustände (22.71) und (22.72) sind die zum Gesamtspin $S = 0$ und $S = 1$ gekoppelten Singulett- und Triplettzustände. Mit dem Gesamtspinoperator $\hat{\boldsymbol{S}} = \hat{\boldsymbol{s}}_1 + \hat{\boldsymbol{s}}_2$ lässt sich nämlich der Hamiltonoperator folgendermaßen schreiben

$$\hat{H} = a\,\hat{\boldsymbol{s}}_1 \cdot \hat{\boldsymbol{s}}_2 = \frac{a}{2}\left(\hat{\boldsymbol{S}}^2 - \hat{\boldsymbol{s}}_1^2 - \hat{\boldsymbol{s}}_2^2\right)$$

Die gekoppelten Gesamtspinzustände $|SM\rangle$ sind Eigenzustände von $\hat{\boldsymbol{S}}^2$, $\hat{S}_z$, $\hat{\boldsymbol{s}}_1^2$ und $\hat{\boldsymbol{s}}_2^2$. Damit sind sie auch Eigenzustände von $\hat{H}$

$$\hat{H}\,|SM\rangle = E_S\,|SM\rangle$$

mit

$$E_S = \frac{\hbar^2 a}{2}\left(S(S+1) - \frac{3}{2}\right) = W\Big(2S(S+1) - 3\Big)$$

Weil $\hat{S}_z$ nicht im Hamiltonoperator auftritt, hängen die Energieeigenwerte nicht von M ab. Für $S = 0$ und $S = 1$ erhalten wir genau die Energieeigenwerte aus (22.71) und (22.72).

23 Näherungsmethoden

In diesem Kapitel stellen wir wichtige Näherungsmethoden der Quantenmechanik vor. Wir leiten zunächst die zeitunabhängige Störungstheorie ab, die wir dann auf den Stark-Effekt und auf die relativistischen Korrekturen im Wasserstoffatom anwenden. Im Rahmen der zeitabhängigen Störungstheorie untersuchen wir in einfachster Form die Emission und Absorption von Photonen. Schließlich werden die Variationsrechnung und die Bornsche Näherung vorgestellt.

Zeitunabhängige Störungstheorie

Ein (Modell-)Hamiltonoperator $\hat{H}_0$ habe die bekannten Eigenwerte ε_n und Eigenzustände $|\,n\,\rangle$. Gesucht sind die Energien E_n und Zustände $|\,\psi_n\,\rangle$ des Hamiltonoperators $\hat{H} = \hat{H}_0 + \hat{V}$ mit einer „kleinen" Störung $\hat{V}$:

$$\text{Gegeben: } \hat{H}_0\,|\,n\,\rangle = \varepsilon_n\,|\,n\,\rangle\,, \qquad \text{Gesucht: } \big(\hat{H}_0 + \hat{V}\big)\,|\,\psi_n\,\rangle = E_n\,|\,\psi_n\,\rangle \tag{23.1}$$

Der Operator $\hat{H}_0$ könnte zum Beispiel das Wasserstoffatom beschreiben, dessen Lösungen in Kapitel 20 angegeben wurden. Und V_0 könnte ein äußeres (Stör-)Feld beschreiben, etwa ein elektrisches oder magnetisches Feld.

Wir betrachten zunächst den nichtentarteten Fall, also $\varepsilon_n \neq \varepsilon_m$ für $n \neq m$. Man ersetzt dann $\hat{H} = \hat{H}_0 + \hat{V}$ durch $\hat{H} = \hat{H}_0 + \lambda\,\hat{V}$ und entwickelt die gesuchte Lösung $|\,\psi_n\,\rangle = |\,n\,\rangle + \lambda\,|\,\psi_n^{(1)}\,\rangle + \lambda^2\,|\,\psi_n^{(2)}\,\rangle + \ldots$ und $E_n = \varepsilon_n + \lambda\,E_n^{(1)} + \lambda^2\,E_n^{(2)} + \ldots$ nach Potenzen von λ. Dann kann man die Schrödingergleichung sukzessive in der Ordnung λ^0, λ^1, λ^2 und so weiter lösen. Im Ergebnis setzt man schließlich $\lambda = 1$. Dieses Verfahren liefert

$$E_n \;\approx\; \varepsilon_n + E_n^{(1)} + E_n^{(2)} \;=\; \varepsilon_n + \langle\, n\,|\,\hat{V}\,|\,n\,\rangle + \sum_{m,\,m\neq n}^{\infty} \frac{|\,\langle\, n\,|\,\hat{V}\,|\,m\,\rangle\,|^2}{\varepsilon_n - \varepsilon_m} \tag{23.2}$$

$$|\,\psi_n\,\rangle \;\approx\; |\,n\,\rangle + |\,\psi_n^{(1)}\,\rangle \;=\; |\,n\,\rangle + \sum_{m,\,m\neq n}^{\infty} \frac{\langle\, m\,|\,\hat{V}\,|\,n\,\rangle}{\varepsilon_n - \varepsilon_m}\,|\,m\,\rangle \tag{23.3}$$

Die 1. Ordnung in der Energie, $\varepsilon_n + \langle\, n\,|\,\hat{V}\,|\,n\,\rangle = \langle\, n\,|\,\hat{H}_0 + \hat{V}\,|\,n\,\rangle$, ist der Energieerwartungswert des *ungestörten* Zustands, also des Zustands in 0. Ordnung. Die Korrekturen 1. Ordnung im Zustand ergeben die angegebenen Korrekturen 2. Ordnung in der Energie. Dabei wird vorausgesetzt, dass die Korrekturen klein sind.

Wenn zwei Niveaus m und n dicht beieinander liegen, dann kommt der Hauptbeitrag von dem Term mit dem Nenner $\varepsilon_m - \varepsilon_n$. Aus den Vorzeichen der Beiträge zu E_m und E_n sieht man dann, dass die Korrektur in Richtung einer Vergrößerung des Abstands der beiden Niveaus geht; die Niveaus „stoßen sich ab“.

Entarteter Fall

Das Ergebnis (23.2, 23.3) ist offensichtlich nicht anwendbar für entartete Eigenwerte ε_n. Es gebe N entartete Zustände $|\alpha\rangle$ zum Energiewert ε. Dann ist jede Linearkombination $|\psi\rangle = \sum c_\alpha |\alpha\rangle$ ebenfalls Eigenzustand von $\hat{H}_0$ zu dieser Energie. Die führende Ordnung Störungstheorie besteht in diesem Fall darin, die Schrödingergleichung für $\hat{H} = \hat{H}_0 + \hat{V}$ im Unterraum dieser Zustände zu lösen. Nach (21.25) bedeutet das

$$\sum_{\alpha=1}^{N} \big\langle \beta \,\big|\, \hat{H}_0 + \hat{V} \,\big|\alpha\big\rangle\, c_\alpha = \big(\varepsilon + \Delta\varepsilon\big)\, c_\beta \tag{23.4}$$

Die Terme mit $\hat{H}_0$ (links) und ε rechts heben sich auf. Mit der $N \times N$-Matrix $V = \big(\langle\beta\,|\,\hat{V}\,|\,\alpha\rangle\big)$ und dem Spaltenvektor $c = (c_1, c_2, ..., c_N)$ erhalten wir dann die Matrixgleichung

$$V c = \Delta\varepsilon\, c \quad \longrightarrow \quad \Delta\varepsilon^{(\nu)}\,,\ c^{(\nu)} \tag{23.5}$$

Die Aufgabe besteht darin, die Eigenwerte $\Delta\varepsilon^{(\nu)}$ und die Eigenvektoren $c^{(\nu)}$ der hermiteschen Matrix V zu bestimmen ($\nu = 1, 2, ..., N$). Die neuen Zustände sind dann $|\psi_\nu\rangle = \sum_\alpha c_\alpha^{(\nu)}\,|\alpha\rangle$ zur Energie $E_\nu = \varepsilon + \Delta\varepsilon^{(\nu)}$.

Stark-Effekt

Wie betrachten ein Wasserstoffatom in einem statischen, homogenen elektrischen Feld. Das Feld entspricht dem Störoperator

$$\hat{V} = e\,|\boldsymbol{E}|\,\hat{z} := e\,|\boldsymbol{E}|\,z \tag{23.6}$$

der auf die Koordinate des Elektrons wirkt. Die stationären Zustände der Elektronen bezeichnen wir mit $|n\,l\,m\rangle$ und ihre Energie mit ε_n, (20.46) und (20.47). Den Spin der Elektronen berücksichtigen wir hier nicht.

Quadratischer Stark-Effekt

Wir betrachten zunächst den nichtentarteten Grundzustand $|\,1\,0\,0\rangle$. Hierfür verschwindet die Energiekorrektur in 1. Ordnung, $E_{100}^{(1)} = 0$. Aus (23.2) ergibt sich die Energiekorrektur in 2. Ordnung Störungstheorie:

$$E_{100}^{(2)} = e^2\,\boldsymbol{E}^2 \sum_{n=2}^{\infty} \frac{|\langle n\,1\,0\,|\,\hat{z}\,|\,1\,0\,0\rangle|^2}{\varepsilon_1 - \varepsilon_n} = -\frac{9}{4}\, a_{\mathrm{B}}^3\, \boldsymbol{E}^2 \tag{23.7}$$

Hierzu müsste noch der Beitrag der Kontinuumszustände addiert werden. Wegen $\hat{V} \propto \cos\theta$ koppelt $\hat{V}$ nur an die $l = 1$ Zustände.

Da die Energieänderung quadratisch im angelegten Feld ist, spricht man vom *quadratischen Stark-Effekt*. Physikalisch induziert das Feld ein Dipolmoment $\boldsymbol{p}_{\text{dip}}$ im Atom. Die zugehörige Energie ist $-\,p_{\text{dip}}\,|\boldsymbol{E}\,|/2$, so dass aus (23.7)

$$p_{\text{dip}} = -\frac{2\,E^{(2)}_{100}}{|\boldsymbol{E}\,|} = \frac{9}{2}\,|\boldsymbol{E}\,|\,a_{\text{B}}^3 \tag{23.8}$$

folgt. Mit $\boldsymbol{p}_{\text{dip}} = \alpha\,\boldsymbol{E}$ ergibt sich hieraus die *Polarisierbarkeit* $\alpha = 4.5\,a_{\text{B}}^3$.

Linearer Stark-Effekt

Das erste angeregte Niveau des Wasserstoffatoms ist vierfach entartet. Wir nummerieren diese Zustände $|\,n\,l\,m\rangle = |\,2l\,m\rangle$ von 1 bis 4 durch:

$$|\,i\,\rangle = \begin{cases} |\,1\rangle = |\,200\rangle \\ |\,2\rangle = |\,210\rangle \\ |\,3\rangle = |\,211\rangle \\ |\,4\rangle = |\,21\;-1\rangle \end{cases} \tag{23.9}$$

Wir wollen die Aufspaltung der Energieniveaus bei angelegtem elektrischen Feld (23.6) berechnen. Dazu müssen wir zunächst die Matrixelemente $V_{ij} = \langle i\,|\,\hat{V}\,|\,j\,\rangle$ bestimmen. Wegen der ϕ-Integration verschwinden alle Matrixelemente zwischen Zuständen mit verschiedenen m-Werten. Wegen $\hat{V} \propto \cos\theta$ muss sich die l-Quantenzahl der beteiligten Zustände um ± 1 unterscheiden. Damit hat die Matrix $V = (V_{ij})$ nur die beiden nichtverschwindenden Matrixelemente

$$V_{12} = V_{21} = \big\langle 200\,\big|\,e\,|\boldsymbol{E}\,|\,\hat{z}\,\big|\,210\big\rangle = -3\,e\,|\boldsymbol{E}\,|\,a_{\text{B}} = V_0 \tag{23.10}$$

Das zu lösende Eigenwertproblem $V\,c = \varepsilon\,c$ lautet

$$\begin{pmatrix} 0 & V_0 & 0 & 0 \\ V_0 & 0 & 0 & 0 \\ 0 & 0 & 0 & 0 \\ 0 & 0 & 0 & 0 \end{pmatrix} \begin{pmatrix} c_1 \\ c_2 \\ c_3 \\ c_4 \end{pmatrix} = \Delta\varepsilon \begin{pmatrix} c_1 \\ c_2 \\ c_3 \\ c_4 \end{pmatrix} \tag{23.11}$$

Die Zustände $|\,3\rangle = |\,2\,1\,1\rangle$ und $|\,4\rangle = |\,2\,1\,-1\rangle$ sind auch Eigenzustände von $\hat{H}_0 + \hat{V}$ und werden in der Energie nicht verschoben. Die beiden anderen Zustände bilden neue Linearkombinationen:

$$\frac{|\,200\rangle + |\,210\rangle}{\sqrt{2}} \quad \text{zu} \;\; \varepsilon_2 + V_0\,, \qquad \frac{|\,200\rangle - |\,210\rangle}{\sqrt{2}} \quad \text{zu} \;\; \varepsilon_2 - V_0 \tag{23.12}$$

Da die Aufspaltung linear im Feld ist, sprechen wir vom *linearen Stark-Effekt*. Die Aufspaltung ist relativ klein; für $|\boldsymbol{E}\,| = 10^3\ \text{V/cm}$ ergibt sich $|\,V_0\,|/E_{\text{at}} \sim 10^{-6}$.

Relativistische Korrekturen im Wasserstoffatom

Der Hamiltonoperator

$$\hat{H}_0 = \frac{\hat{\boldsymbol{p}}^2}{2\,m_\mathrm{e}} - \frac{Z e^2}{\hat{r}}, \qquad \varepsilon_n = -\frac{e^2}{a_\mathrm{B}}\,\frac{Z^2}{2n^2} = -\,\frac{\varepsilon_\mathrm{at}}{2n^2} \tag{23.13}$$

beschreibt das Elektron eines $(Z-1)$-fach ionisierten Atoms, oder näherungsweise auch die untersten Elektronenzustände in einem neutralen Atom. Die reduzierte Masse des Elektron-Kern-Systems wurde durch die Elektronmasse m_e ersetzt. Die Energieskala ist durch $\varepsilon_\mathrm{at} = Z^2 E_\mathrm{at}$ bestimmt.

Diese Beschreibung durch $\hat{H}_0$ ist nichtrelativistisch. Es gibt drei führende relativistische Korrekturen:

$$\hat{V}_1 = -\,\frac{\hat{\boldsymbol{p}}^4}{8\,m_\mathrm{e}^3 c^2} \qquad \hat{V}_2 = \frac{Z e^2}{2\,m_\mathrm{e}^2 c^2}\,\frac{\hat{\boldsymbol{\ell}}\cdot\hat{\boldsymbol{s}}}{\hat{r}^3}, \qquad \hat{V}_3 = \frac{\pi\, Z e^2 \hbar^2}{2\,m_\mathrm{e}^2 c^2}\,\delta(\hat{\boldsymbol{r}}) \tag{23.14}$$

Sofern die Kernladungszahl Z nicht zu groß ist, handelt es sich in allen Fällen um „kleine" Störungen, $|\langle V_i\rangle|/\varepsilon_\mathrm{at} \sim (Z\alpha)^2 \approx (Z/137)^2$.

Wenn man die Energie-Impuls-Beziehung $E = (\boldsymbol{p}^2 c^2 + m_\mathrm{e}^2 c^4)^{1/2}$ für kleine Impulse ($p \ll mc$) entwickelt, erhält man als führende relativistische Korrektur zu $E \approx mc^2 + p^2/2m$ den Beitrag V_1. In seinem jeweiligen Ruhsystem sieht das mit $\boldsymbol{v}$ bewegte Elektron ein Magnetfeld $\boldsymbol{B}' \approx -(\boldsymbol{v}/c)\times \boldsymbol{E}$. Die Energie seines magnetischen Dipolmoments $\boldsymbol{\mu} \approx -(e/m_\mathrm{e}c)\,\boldsymbol{s}$ in diesem Feld ergibt die *Spin-Bahn-Kopplung* $\hat{V}_2$. Wenn man ein Elektron auf einen Bereich der Größe $\hbar/m_\mathrm{e}c \approx 4\cdot 10^{-11}$ cm begrenzt, dann hat es aufgrund der Unschärferelation relativistische Impulse und damit kinetische Energien der Größe $m_\mathrm{e}c^2$. Dann können Teilchen-Antiteilchen-Paare erzeugt werden und man kann nicht länger von genau einem Teilchen reden. In einer relativistischen *und* quantenmechanischen Behandlung kann das Elektron daher nicht genauer als $\hbar/m_\mathrm{e}c$ lokalisiert werden. Schrödinger prägte für diese Unbestimmtheit im Ort den Ausdruck *Zitterbewegung*. Eine „Verschmierung" der Wellenfunktion auf dieser Skala führt zu $\hat{V}_3$. Alle drei Störoperatoren lassen sich exakt aus der Diracgleichung ableiten.

Wegen des Störoperators $\hat{V}_2$ müssen wir jetzt den Spin berücksichtigen. Dazu bilden wir Produktzustände aus den bekannten Eigenzuständen $|n\,l\,m\rangle$ aus (20.47) und den Spinzuständen $|s\,s_z\rangle$ aus (22.20):

$$|n\,l\,m\rangle\,|s\,s_z\rangle \qquad \text{oder} \qquad |n\,j\,l\,s\,m_j\rangle \tag{23.15}$$

Die rechts angegebenen Zustände sind die zum Gesamtspin j gekoppelten Zustände. Wir wollen die Energieänderungen in 1. Ordnung berechnen, und damit insbesondere die Aufspaltung der entarteten Niveaus. Beide Formen (23.15) sind Eigenzustände von $\hat{H}_0$ zum Eigenwert ε_n. Die gekoppelten Zustände sind aber vorzuziehen, weil das Störpotenzial für sie diagonal ist:

$$\big\langle n\,j\,l\,s\,m_j\,\big|\,\hat{V}_1 + \hat{V}_2 + \hat{V}_3\,\big|\,n\,j'\,l'\,s\,m_j'\big\rangle = \Delta\varepsilon_{nj}\;\delta_{jj'}\,\delta_{ll'}\,\delta_{m_j m_j'} \tag{23.16}$$

Damit entfällt die Prozedur (23.5) der Diagonalisierung der Störmatrix V, und die Größen $\Delta\varepsilon_{nj}$ sind bereits die gesuchten Energieverschiebungen in 1. Ordnung Störungstheorie. Nach einigen Rechnungen erhält man

$$\Delta\varepsilon_{nj} = m_{\rm e}c^2\,(Z\alpha)^4\,\frac{1}{2n^4}\left(\frac{3}{4} - \frac{n}{j+1/2}\right) \tag{23.17}$$

Der erste angeregte Zustand (2 s und 2 p) spaltet auf in ein unteres Niveau mit 2 s 1/2 und 2 p 1/2 und ein oberes mit 2 p 3/2. Die nächstkleineren Korrekturen sind die Lambshift und die Hyperfeinstruktur.

Zeitabhängige Störungstheorie

Die Eigenwerte und Eigenzustände des Hamiltonoperators $\hat{H}_0$ sollen bekannt sein, $\hat{H}_0\,|n\rangle = \varepsilon_n\,|n\rangle$. Wir suchen eine Lösung $|\psi(t)\rangle$ der Schrödingergleichung

$$\mathrm{i}\hbar\,\frac{\partial}{\partial t}\,\big|\psi(t)\big\rangle = \Big(\hat{H}_0 + \hat{V}(t)\Big)\,\big|\psi(t)\big\rangle \tag{23.18}$$

mit dem zeitabhängigen Störoperator $\hat{V}(t)$. Die Störung sei periodisch:

$$\hat{V}(t) = \hat{V}_0\,\exp(-\mathrm{i}\omega t) + \hat{V}_0^{\dagger}\,\exp(+\mathrm{i}\omega t) \tag{23.19}$$

Die Addition des adjungierten Terms garantiert die Hermitezität des Operators. Der Anfangszustand des Systems sei $|\psi(0)\rangle = |a\rangle$. Aufgrund der Zeitabhängigkeit der Störung kommt es zu Übergängen in andere Zustände $|b\rangle$ mit $b \neq a$; die Zustände $|a\rangle$ und $|b\rangle$ sollen Eigenzustände von $\hat{H}_0$ sein. In erster Ordnung erhält man für die Übergangswahrscheinlichkeit pro Zeit

$$W_{a\to b} = \frac{2\pi}{\hbar}\,\big|\langle b\,|\,\hat{V}_{\pm}\,|\,a\rangle\big|^2\,\delta(\varepsilon_b - \varepsilon_a \pm \hbar\omega) \tag{23.20}$$

Wir wollen ein Atom (Hamiltonoperator $\hat{H}_0$) im Feld einer elektromagnetischen Welle (Störung $\hat{V}$) betrachten. Die Welle wird durch das Vektorpotenzial $\boldsymbol{A}(\boldsymbol{r},t) = A_0\,\boldsymbol{\epsilon}\,\cos(\boldsymbol{k}\cdot\boldsymbol{r} - \omega t)$ beschrieben; dabei ist $\omega = ck > 0$, $\boldsymbol{\epsilon}\cdot\boldsymbol{k} = 0$, $\boldsymbol{\epsilon}$ ist der normierte Polarisationsvektor, und A_0 ist die Amplitude der Welle. Der Hamiltonoperator $\hat{H} = \hat{H}_0 + \hat{V}$ ist von der Form (17.12), wobei wir nur den im Vektorpotenzial linearen Term berücksichtigen. Dann hat der Störoperator (23.19) die Amplitude

$$\hat{V}_0 = \frac{e\,A_0}{2\,m_{\rm e}c}\,\exp\big(\mathrm{i}\boldsymbol{k}\cdot\hat{\boldsymbol{r}}\big)\,\boldsymbol{\epsilon}\cdot\hat{\boldsymbol{p}} \approx \frac{e\,A_0}{2\,m_{\rm e}c}\,\boldsymbol{\epsilon}\cdot\hat{\boldsymbol{p}} \tag{23.21}$$

Dabei wurde die Langwellennäherung $\exp(\mathrm{i}\,\boldsymbol{k}\cdot\boldsymbol{r}) = 1 + \mathcal{O}\big(\langle r\rangle/\lambda\big) \approx 1$ verwendet.

Für den Übergang von einem Anfangszustand a zu einem Endzustand b folgt aus (23.19) mit (23.20) die Rate

$$W_{a\to b} = \frac{\pi\,e^2\,|A_0|^2}{2\,m_{\rm e}^2\,c^2\,\hbar}\,\big|\langle b\,|\boldsymbol{\epsilon}\cdot\hat{\boldsymbol{p}}\,|\,a\rangle\big|^2\big(\delta(\varepsilon_b-\varepsilon_a-\hbar\omega)+\delta(\varepsilon_b-\varepsilon_a+\hbar\omega)\big) \tag{23.22}$$

Wegen $\hbar\omega > 0$ trägt (je nach dem Vorzeichen von $\varepsilon_b - \varepsilon_a$) nur eine der beiden δ-Funktionen in (23.22) zum Übergang $a \to b$ bei. Für $\hbar\omega = \varepsilon_b - \varepsilon_a$ handelt es sich um Absorption, für $\hbar\omega = \varepsilon_a - \varepsilon_b$ um Emission.

Auswahlregeln

Mit $[\hat{H}_0, \hat{\boldsymbol{r}}] = (\hbar/\mathrm{i})\,\hat{\boldsymbol{p}}/m_\mathrm{e}$ und $\epsilon_b - \epsilon_a = \hbar\,\omega_{ba}$ schreiben wir das Matrixelement in (23.22) um, $\langle b\,|\,\boldsymbol{\epsilon}\cdot\hat{\boldsymbol{p}}\,|\,a\rangle = \mathrm{i}\,m_\mathrm{e}\,\omega_{ba}\,\langle b\,|\,\boldsymbol{\epsilon}\cdot\hat{\boldsymbol{r}}\,|\,a\rangle$. Dieses Matrixelement ist nur dann ungleich null, wenn die Drehimpulsquantenzahlen des Anfangszustands $|\,a\,\rangle = |\,n_a\,l_a\,m_a\,\rangle$ und Endzustands $|\,b\rangle = |\,n_b\,l_b\,m_b\rangle$ bestimmte *Auswahlregeln* erfüllen. Die Winkelabhängigkeit von $\boldsymbol{\epsilon}\cdot\hat{\boldsymbol{r}}$ lässt sich durch die Kugelfunktionen Y_{1m} ausdrücken. Hieraus folgen die Auswahlregeln

$$\Delta m = m_b - m_a = 0, \pm 1\,, \quad \Delta l = l_b - l_a = \pm 1\,, \quad \Delta\varepsilon = \varepsilon_b - \varepsilon_a = \pm\hbar\omega \quad (23.23)$$

Die Auswahlregeln und die Energiebedingung, die aus (23.22) folgt, sind so zu interpretieren: Bei dem Prozess wird ein Photon mit der Energie $\hbar\omega$ und dem Drehimpuls $\hbar$ absorbiert oder emittiert.

Ein Übergang, der den Auswahlregeln nicht genügt, heißt *verboten*. In der hier betrachteten führenden Näherung ist ein solcher Übergang wie zum Beispiel 2d $\to$ 1s nicht möglich. Tatsächlich ergeben sich auch für verbotenen Übergänge endliche Raten, die aber viel kleiner sind als für einen erlaubten Übergang.

Durch (23.22) werden Übergänge beschrieben, die durch ein gegebenes Feld $\boldsymbol{A}$ *induziert* werden. Daneben gibt es jedoch auch die Emission eines Photons ohne äußeres Feld, die *spontane* Emission. Sie beschreibt den Zerfall von angeregten Atomzuständen, zum Beispiel den Übergang 2p $\to$ 1s ohne äußeres Feld.

Zur Berechnung der spontanen Emission muss das elektromagnetische Feld quantisiert werden. Die Photonenzustände $|\,N_{\boldsymbol{k}}\,\rangle$ geben dann an, wieviele Photonen mit einem bestimmten Wellenvektor vorhanden sind. Das Matrixelement ist dann von der Form $\langle b\,|....\langle 1\,\hbar\omega\,|\,\hat{\boldsymbol{A}}\,|\,0\,\hbar\omega\rangle....\,|\,a\rangle = \langle b\,|...\boldsymbol{A}(1\,\text{Photon})...\,|\,a\rangle$. Ähnlich wie der Ortsoperator $\hat{x}$ im Oszillator, erzeugt (vernichtet) der Operator $\hat{\boldsymbol{A}}$ ein Photon. Das Feld $\boldsymbol{A} = \langle 1\,\hbar\omega\,|\,\hat{\boldsymbol{A}}\,|\,0\,\hbar\omega\rangle$ ist das Vektorpotenzial, das in seiner Stärke einem Photon entspricht. Man setzt nun die Energie des Felds in einem (willkürlichen) Volumen V gleich $\hbar\omega$:

$$\frac{V}{8\pi}\Big(\big\langle \boldsymbol{E}^2\big\rangle + \big\langle \boldsymbol{B}^2\big\rangle\Big) = \frac{V A_0^2\,\omega^2}{8\pi c^2} = \hbar\omega \qquad (23.24)$$

Mit der so bestimmten Amplitude A_0 kann man die spontane Emission berechnen. Bei der Summation über alle möglichen Endzustände kürzt sich das Volumen wieder heraus.

Variationsrechnung

Die exakten Eigenzustände und Eigenwerte von $\hat{H}$ sind durch $\hat{H}\,|n\rangle = \varepsilon_n\,|n\rangle$ bestimmt; es sei $\varepsilon_0 < \varepsilon_1 \le \varepsilon_2 \le \ldots$. Für den beliebigen Zustand $|\,\psi\,\rangle = \sum a_n\,|n\rangle$ gilt $\varepsilon_0 \le \big\langle \psi\,\big|\,\hat{H}\,\big|\,\psi\big\rangle$. Die exakte Grundzustandsenergie ist also eine untere Schranke für den Energieerwartungswert.

Diese Beobachtung legt folgendes Näherungsverfahren nahe: Wir betrachten geeignete, normierte *Versuchszustände* $|\,\psi(\alpha, \beta, \ldots)\rangle$, die von einem oder mehreren

Parametern $\alpha, \beta, \ldots$ abhängen. Man bestimmt dann die Parameterwerte, für die die Energie minimal wird:

$$J = \big\langle \psi(\alpha, \beta, \ldots) \big| \, \hat{H} \, \big| \psi(\alpha, \beta, \ldots) \big\rangle = \text{minimal} \quad \Longrightarrow \quad \alpha_0, \beta_0, \ldots \qquad (23.25)$$

Dann ist $|\, \psi(\alpha_0, \beta_0, \ldots)\rangle$ eine Näherung für den Grundzustand. Ob diese Näherung gut ist, hängt entscheidend von der Wahl der Versuchszustände ab. Diese Wahl erfolgt nach physikalischen und pragmatischen Gesichtspunkten. Physikalische Gesichtspunkte sind, dass die Versuchszustände eventuelle Symmetriebedingungen erfüllen, das richtige asymptotische Verhalten haben und die richtige Längenskala haben. Zudem wird man leicht handhabbare Versuchszustände wählen.

Man kann das Variationsverfahren auf angeregte Zustände erweitern. Für den ersten angeregten Zustand macht man dann einen Ansatz, der orthogonal auf dem genäherten Grundzustand ist.

Ein möglicher Raum von Versuchsfunktionen ist der N-dimensionale Raum, der durch die ersten N Zustände $\{|\varphi_1\rangle, |\varphi_2\rangle, \ldots, |\varphi_N\rangle\}$ eines vollständigen orthonormierten Funktionensatzes aufgespannt wird. In diesem Fall sind die Parameter des Versuchszustands die Entwicklungskoeffizienten c_i in

$$\big|\, \psi(c_1, c_2, \ldots, c_N)\big\rangle = \sum_{n=1}^{N} c_n \,|\varphi_n\rangle \qquad (23.26)$$

Die Variation nach den c_i (unter Berücksichtigung der Normierungsbedingung) ergibt

$$\sum_{m=1}^{N} H_{im}\, c_m = E\, c_i \qquad (23.27)$$

wobei $H_{im} = \langle \varphi_i \,|\, \hat{H} \,|\, \varphi_m \rangle$. Ein solches Gleichungssystem hatten wir in (21.25) als Schrödingergleichung in einem endlichen Unterraum vorgestellt. Die Variationsrechnung liefert eine Begründung für dieses Verfahren.

Die Lösung des Eigenwertproblems (23.27) ergibt N Eigenwerte E_ν und Eigenvektoren $c_i^{(\nu)}$. Die untersten Lösungen stellen Näherungen für die tatsächlichen Lösungen von $\hat{H}$ dar. Durch Erhöhung der Dimensionszahl N kann man die Konvergenz der Lösung testen.

Bornsche Näherung

Die Schrödingergleichung $H\varphi = \varepsilon\varphi$ mit $H = \boldsymbol{p}_{\text{op}}^2/2\mu + V(\boldsymbol{r})$ kann in der Form

$$\big(\Delta + k^2\big)\, \varphi(\boldsymbol{r}) = \frac{2\mu\, V(\boldsymbol{r})}{\hbar^2}\; \varphi(\boldsymbol{r}) \qquad (23.28)$$

geschrieben werden, wobei $\varepsilon = \hbar^2 k^2/2\mu$. Die einfallende Welle $\varphi_0(\boldsymbol{r}) = \exp(\mathrm{i}\boldsymbol{k}\cdot\boldsymbol{r})$ eines Streuproblems löst die homogene Gleichung. Mit Hilfe von (10.18) können wir eine partikuläre (Streu-)Lösung φ_{str} in der Form eines Integrals angeben. Dieses Integral enthält das Potenzial $V(\boldsymbol{r})$ und die Wellenfunktion $\varphi = \varphi_0 + \varphi_{\text{str}}$. Wenn das Potenzial eine „kleine“ Störung ist, dann können wir im Integral $\varphi \approx \varphi_0$ setzen; denn das Produkt aus Potenzial V und Streuwelle $\varphi_{\rm str} \sim V$ ist von 2. Ordnung im Potenzial. Damit erhalten wir die *1. Bornsche Näherung*:

$$\varphi(\boldsymbol{r}) \approx \varphi_0(\boldsymbol{r}) - \frac{\mu}{2\pi\hbar^2} \int d^3r' \, \frac{\exp(\mathrm{i}k|\boldsymbol{r}-\boldsymbol{r}'|)}{|\boldsymbol{r}-\boldsymbol{r}'|} \, V(\boldsymbol{r}') \, \varphi_0(\boldsymbol{r}') \tag{23.29}$$

Die 2. Bornsche Näherung erhält man, wenn man die jetzt gefundene Lösung anstelle von φ_0 in das Integral einsetzt.

In (23.29) ist $\boldsymbol{r}'$ auf den Bereich des Potenzials beschränkt, während wir die Streulösung nur für große Abstände benötigen. Für $|\boldsymbol{r}'| \ll |\boldsymbol{r}|$ entwickeln wir daher $\exp(\mathrm{i}k|\boldsymbol{r}-\boldsymbol{r}'|) \approx \exp(\mathrm{i}kr)\exp(-\mathrm{i}\boldsymbol{k}'\cdot\boldsymbol{r}')$ und $1/\boldsymbol{r}-\boldsymbol{r}'| \approx 1/r$. Zusammen mit $\varphi_0(\boldsymbol{r}') = \exp(\mathrm{i}\boldsymbol{k}\cdot\boldsymbol{r}')$ hat (23.29) dann die Form (20.27) mit der Streuamplitude

$$f(\theta,\phi) = -\frac{\mu}{2\pi\hbar^2} \int d^3r' \, V(\boldsymbol{r}') \exp\big[\mathrm{i}(\boldsymbol{k}-\boldsymbol{k}')\cdot\boldsymbol{r}'\big] = -\frac{\mu}{2\pi\hbar^2}\, \widetilde{V}(\boldsymbol{q}) \tag{23.30}$$

Die Winkel θ, ϕ geben die Richtung von $\boldsymbol{k}'$ relativ zu $\boldsymbol{k}$ an. Im letzten Ausdruck wurde die Fouriertransformierte $\widetilde{V}(\boldsymbol{q})$ des Potenzials eingeführt, wobei $\boldsymbol{q} = \boldsymbol{k}' - \boldsymbol{k}$. Unabhängig von den hier verwendeten speziellen Näherungen ist es charakteristisch, dass ein Streuexperiment zur Fouriertransformierten der zu untersuchenden Struktur führt. Aus der Streuamplitude folgt der differenzielle Wirkungsquerschnitt

$$\frac{d\sigma}{d\Omega} = \big|f(\theta,\phi)\big|^2 = \left(\frac{\mu}{2\pi\hbar^2}\right)^2 \big|\widetilde{V}(\boldsymbol{q})\big|^2 \tag{23.31}$$

Für ein kugelsymmetrisches Potenzial $V(\boldsymbol{r}) = V(r)$ erhalten wir

$$\widetilde{V}(\boldsymbol{q}) = \widetilde{V}(q) = 4\pi \int_0^\infty dr' \, r'^2 \, V(r') \, \frac{\sin(qr')}{qr'} = \frac{\pm 4\pi e^2}{q^2 + 1/r_0^2} \tag{23.32}$$

mit $q = |\boldsymbol{k}' - \boldsymbol{k}| = 2k\sin(\theta/2)$. Der letzte Ausdruck gilt speziell für das abgeschirmte Coulombpotenzial $V(r) = \pm(e^2/r)\exp(-r/r_0)$. Hiermit berechnen wir $d\sigma/d\Omega = |f(\theta)|^2$. Für $r_0 \to \infty$ und $v = \hbar k/\mu$ wird dies zum *Rutherford-Wirkungsquerschnitt*,

$$\left(\frac{d\sigma}{d\Omega}\right)_{\rm R} = \frac{e^4}{4\mu^2 v^4 \sin^4(\theta/2)} \tag{23.33}$$

Dieser Wirkungsquerschnitt beschreibt zum Beispiel die Streuung eines Elektrons an einem Proton oder die von zwei Elektronen aneinander.

Der totale Wirkungsquerschnitt divergiert, weil das Coulombpotenzial langreichweitig ist. Daher kann die Streuwelle $\varphi_{\rm str}$ kaum als kleine Korrektur zur ungestörten Lösung φ_0 betrachtet werden. Insofern ist die Voraussetzung der Bornschen Näherung nicht erfüllt. Tatsächlich liefert die exakte quantenmechanische Rechnung (mit den Kontinuumslösungen von (20.44)) aber dasselbe Resultat.

Aufgaben

23.1 Oszillator mit quadratischer Störung

Die Lösung des eindimensionalen harmonischen Oszillators

$$\hat{H}_0 = \frac{\hat{p}^2}{2m} + \frac{m\,\omega_0^2}{2}\,\hat{x}^2\,, \qquad \hat{H}_0\,|n\rangle = \varepsilon_n\,|n\rangle\,, \qquad \varepsilon_n = \hbar\omega_0\left(n + \frac{1}{2}\right) \tag{23.34}$$

wird als bekannt vorausgesetzt. Es wird nun das gestörte System mit dem Hamiltonoperator $\hat{H} = \hat{H}_0 + \hat{V}$ und der Störung

$$\hat{V} = \lambda\,\hat{x}^2 \qquad (\lambda > 0)$$

betrachtet. Berechnen Sie hierfür die Energieverschiebungen in 1. und 2. Ordnung Störungstheorie. Vergleichen Sie die Ergebnisse mit dem exakten Resultat.

Lösung: Die ungestörten Zustände $\{|n\rangle\}$ sind nicht entartet. Es ist daher die Störungstheorie für nichtentartete Zustände anzuwenden. In 1. Ordnung ist die Energieverschiebung (23.2) durch den Erwartungswert des Störoperators mit den ungestörten Zuständen gegeben:

$$E_n^{(1)} = \langle n\,|\,\hat{V}\,|\,n\rangle = \lambda\,\langle n\,|\,\hat{x}^2\,|\,n\rangle = \frac{\hbar\,\lambda}{m\,\omega_0}\left(n + \frac{1}{2}\right)$$

Die Matrixelemente von $\hat{x}^2$ wurden in Aufgabe 22.4 angegeben. In 2. Ordnung Störungstheorie ist die Energieverschiebung

$$\begin{aligned} E_n^{(2)} &= \sum_{n' \neq n}^{\infty} \frac{|\langle n\,|\,\hat{V}\,|\,n'\rangle|^2}{\varepsilon_n - \varepsilon_{n'}} = \frac{\lambda^2}{\hbar\omega_0} \sum_{n' \neq n}^{\infty} \frac{|\langle n\,|\,\hat{x}^2\,|\,n'\rangle|^2}{n - n'} \\ &= \frac{\hbar\,\lambda^2}{4\,m^2\,\omega_0^3}\left[\frac{(n+1)(n+2)}{-2} + \frac{n\,(n-1)}{2}\right] = -\frac{\hbar\,\lambda^2}{2\,m^2\,\omega_0^3}\left(n + \frac{1}{2}\right) \end{aligned}$$

Andererseits ergibt der harmonische Oszillator $\hat{H}_0$ mit der Störung $\hat{V}$ wieder einen harmonischen Oszillator:

$$\hat{H} = \hat{H}_0 + \lambda\,\hat{x}^2 = \frac{\hat{p}^2}{2m} + \frac{m\,\omega^2}{2}\,\hat{x}^2 \qquad \text{mit} \qquad \omega = \omega_0\sqrt{1 + \frac{2\,\lambda}{m\,\omega_0^2}}$$

Hierfür sind die exakte Energieeigenwerte bekannt, $E_n = \hbar\omega\,(n + 1/2)$. Die Störungsreihe entspricht einer Entwicklung in Potenzen von λ, also

$$\begin{aligned} E_n &= \hbar\omega_0\sqrt{1 + \frac{2\,\lambda}{m\,\omega_0^2}}\left(n + \frac{1}{2}\right) = \hbar\omega_0\left[1 + \frac{\lambda}{m\,\omega_0^2} - \frac{\lambda^2}{2\,m^2\,\omega_0^4} + \ldots\right]\left(n + \frac{1}{2}\right) \\ &= \varepsilon_n + E_n^{(1)} + E_n^{(2)} + \ldots \end{aligned}$$

Dies stimmt mit den in Störungstheorie berechneten Energieverschiebungen überein.

23.2 Oszillator mit kubischer Störung

Der eindimensionale harmonische Oszillator (23.34) unterliegt der Störung

$$\hat{V} = \lambda\, \hat{x}^3 \qquad (\lambda > 0)$$

Berechnen Sie die Zustände in 1. Ordnung und die Energien in 2. Ordnung Störungstheorie.

Lösung: Es ist die Störungstheorie für nichtentartete Zustände anzuwenden. In 1. Ordnung Störungstheorie ist die Energieverschiebung durch den Erwartungswert des Störoperators mit den ungestörten Zuständen gegeben:

$$E_n^{(1)} = \lambda\, \langle n\,|\,\hat{x}^3\,|\,n\rangle = 0$$

Wegen der ungeraden Parität des Störoperators verschwinden diese Erwartungswerte; die Energieverschiebung in 1. Ordnung ist null. Für die Zustände $|\,\psi_n\rangle \approx |n\rangle + |\,\psi_n^{(1)}\rangle$ erhalten wir aus (23.3) den Korrekturterm

$$\big|\,\psi_n^{(1)}\big\rangle = \sum_{n'\neq n} \frac{\langle n'\,|\,\hat{V}\,|\,n\rangle}{\varepsilon_n - \varepsilon_{n'}}\,|n'\rangle = \frac{\lambda}{\hbar\omega} \sum_{n'\neq n} \frac{\langle n'\,|\,\hat{x}^3\,|\,n\rangle}{n - n'}\,|n'\rangle$$

Die Matrixelemente wurden in Aufgabe 22.4 angegeben. Es tragen nur die Terme mit $n' = n \pm 1$ und $n' = n \pm 3$ bei:

$$\begin{aligned} \big|\,\psi_n^{(1)}\big\rangle \;=\; & \frac{\lambda}{\hbar\omega}\left(\frac{\hbar}{2m\omega}\right)^{3/2} \Big[-\frac{1}{3}\sqrt{(n+1)(n+2)(n+3)}\;|n+3\rangle \\ & -3\,(n+1)^{3/2}\,|n+1\rangle + 3\,n^{3/2}\,|n-1\rangle + \frac{1}{3}\sqrt{n\,(n-1)(n-2)}\;|n-3\rangle \Big] \end{aligned}$$

Aus (23.2) und (23.3) folgt für die Energieverschiebung in 2. Ordnung

$$E_n^{(2)} = \big\langle n\,\big|\,\hat{V}\,\big|\,\psi_n^{(1)}\big\rangle = \lambda\,\langle n\,|\,\hat{x}^3\,|\,\psi_n^{(1)}\rangle$$

Mit dem soeben berechneten $\big|\,\psi_n^{(1)}\big\rangle$ wird dies zu

$$\begin{aligned} E_n^{(2)} \;&=\; \frac{\hbar^2\lambda^2}{8\,m^3\omega^4}\left[-\,\frac{(n+1)(n+2)(n+3)}{3} - 9\,(n+1)^3 + 9\,n^3 + \frac{n\,(n-1)(n-2)}{3} \right] \\ &=\; -\,\frac{\hbar^2\lambda^2}{8\,m^3\,\omega^4}\left[30\,n^2 + 30\,n + 11\right] \end{aligned}$$

Für die hier betrachtete Störung konvergiert die Störungsreihe allerdings nicht; denn für $x \to -\infty$ geht das Gesamtpotenzial $V_{\rm tot} = m\,\omega^2 x^2/2 + \lambda\, x^3$ gegen minus unendlich (auch für kleines λ). Daher führt eine Aufsummation der Störungsreihe letztlich zu $E_n \to -\infty$. Wenn sich ein Teilchen jedoch zunächst in einem gebundenen Oszillatorzustand befindet, dann kann das Störpotenzial $\lambda\, x^3$ in diesem Bereich sehr klein sein. Die Aussage $V_{\rm tot} \to -\infty$ für $x \to -\infty$ bedeutet hierfür, dass das Teilchen im Prinzip in einen anderen Bereich tunneln kann. Wenn die Tunnelwahrscheinlichkeiten sehr klein sind (also für ein hinreichend schwaches Störpotenzial), dann ist die vorgestellte Rechnung sinnvoll.

23.3 Oszillator mit quartischer Störung

Der eindimensionale harmonische Oszillator (23.34) unterliegt der Störung

$$\hat{V} = \lambda\,\hat{x}^4 \qquad (\lambda > 0)$$

Berechnen Sie die Energieverschiebung der Niveaus in 1. Ordnung Störungstheorie.

Lösung: Es ist die Störungstheorie für nichtentartete Zustände anzuwenden. In 1. Ordnung ist die Energieverschiebung (23.2) durch den Erwartungswert des Störoperators mit den ungestörten Zuständen gegeben:

$$E_n^{(1)} = \langle n\,|\,\hat{V}\,|\,n\rangle = \lambda\,\langle n\,|\,\hat{x}^4\,|\,n\rangle$$

Das Matrixelement ist gleich der Norm der in Aufgabe 22.4 berechneten Zustände

$$\hat{x}^2\,|n\rangle = \frac{\hbar}{2\,m\omega}\Big(\sqrt{(n+1)(n+2)}\;|n+2\rangle + (2n+1)\,|n\rangle + \sqrt{n(n-1)}\;|n-2\rangle\Big)$$

Damit sind die Energieverschiebungen in 1. Ordnung Störungstheorie

$$E_n^{(1)} = \frac{\hbar^2\lambda}{4\,m^2\omega^2}\Big((n+1)(n+2) + (2n+1)^2 + n(n-1)\Big) = \frac{3\,\hbar^2\lambda}{4\,m^2\omega^2}\big(2\,n^2 + 2\,n + 1\big)$$

23.4 Endliche Ausdehnung des Atomkerns

Das elektrostatische Potenzial eines Atomkerns kann durch das Potenzial einer homogen geladenen Kugel angenähert werden. Dann bewegt sich ein Elektron in einem wasserstoffartigen Atom im Potenzial

$$V_{\rm Kugel}(r) = \begin{cases} -\dfrac{3Ze^2}{2R}\left(1 - \dfrac{r^2}{3R^2}\right) & (r \le R) \\[2ex] -\dfrac{Ze^2}{r} & (r > R) \end{cases} \tag{23.35}$$

Die Abweichung vom Coulombpotenzial ist eine kleine Störung $\hat{V}$ des ungestörten Wasserstoffproblems ($\hat{H}_0$). Berechnen Sie die Energiewerte in 1. Ordnung Störungstheorie. Geben Sie speziell die Energieverschiebungen der 1s-Zustände für die Isotope $A = 203$ und $A = 205$ von Thallium ($Z = 83$) an.

Hinweise: Die Kernradien $R \approx A^{1/3}\,r_0$ mit $r_0 = 1.2\,\text{fm}$ sind viel kleiner als der Bohrsche Radius $a_{\rm B} = 0.53\,\text{Å}$. Daher können in den auftretenden Integralen die Wellenfunktionen näherungsweise durch ihren Wert an der Stelle $\boldsymbol{r} = 0$ approximiert werden.

Lösung: Das Störpotenzial besteht aus der Abweichung des Potenzials der homogen geladenen Kugel (23.35) vom Punkt-Coulombpotenzial

$$V(r) = V_{\rm Kugel}(r) + \frac{Ze^2}{r} = Ze^2\cdot\begin{cases} \dfrac{1}{r} - \dfrac{3}{2R}\left(1 - \dfrac{r^2}{3R^2}\right) & (r \le R) \\[2ex] 0 & (r > R) \end{cases}$$

In erster Ordnung Störungstheorie für nichtentartete Zustände sind die Energieverschiebungen

$$\Delta E_{nl} = \langle nlm|\hat{V}|nlm\rangle = \int_{r\le R} d^3r\ V(r)\,\big|\psi_{nlm}(\boldsymbol{r})\big|^2$$

mit den Wasserstoffeigenfunktionen $\psi_{nlm}(\boldsymbol{r})$. Wegen $R \ll a_{\rm B}/Z$ können diese durch den Funktionswert an der Stelle $\boldsymbol{r} = 0$ approximiert und vor das Integral gezogen werden

$$\Delta E_{nl} \approx 4\pi\, Z e^2\,\big|\psi_{nlm}(0)\big|^2 \int_0^R dr\ r^2 \left[\frac{1}{r} - \frac{3}{2R}\left(1 - \frac{r^2}{3R^2}\right)\right]$$

Das Integral hat den Wert $R^2/10$. Nur die s-Zustände haben eine nichtverschwindende Aufenthaltswahrscheinlichkeit am Ursprung (siehe (20.47)):

$$\big|\psi_{nlm}(0)\big|^2 = \frac{1}{\pi}\left(\frac{Z}{n\,a_{\rm B}}\right)^3 \delta_{l0}\,\delta_{m0}$$

Daher werden auch nur s-Zustände verschoben. Dies rechtfertigt die Verwendung der Störungstheorie für *nichtentartete* Zustände. Damit erhalten wir

$$\Delta E_{nl} = \frac{4}{5}\,\frac{Z^2 e^2}{2a_{\rm B}}\left(\frac{ZR}{a_{\rm B}}\right)^2 \frac{1}{n^3}\,\delta_{l0} \tag{23.36}$$

Wegen des dritten Faktors gibt es nur für schwere Kerne (R groß) einen merklichen Effekt. Die Korrektur nimmt mit wachsendem n stark ab. Speziell für 1s-Zustände ist die Energieverschiebung maximal,

$$\Delta E_{1\rm s} = \frac{4}{5}\,\frac{Z^2 e^2}{2a_{\rm B}}\left(\frac{ZR}{a_{\rm B}}\right)^2$$

Mit $R = A^{1/3} r_0$ erhalten wir für die beiden Thalliumisotope $A = 203$ und $A = 205$ die Kernradien $R = 7.05\,$fm und $R = 7.08\,$fm. Damit ergeben sich die Energieverschiebungen

$$\Delta E_{1\rm s}(A = 203) \approx 8.29\,\text{eV}\,, \qquad \Delta E_{1\rm s}(A = 205) \approx 8.35\,\text{eV}$$

Die Abschirmung der 1s-Elektronen durch die anderen Elektronen wurde hier nicht berücksichtigt. Für die Differenz der Energieverschiebungen ist dieser Effekt auch nicht wichtig, da beide Isotope dieselbe Elektronenkonfiguration besitzen. Die Isotopenverschiebung von etwa 0.06 eV kann im Prinzip als Verschiebung der K-Abbruchkante im Röntgenspektrum beobachtet werden.

23.5 Wasserstoffatom im äußeren Magnetfeld

Für ein Wasserstoffatom in einem äußeren homogenen Magnetfeld $\boldsymbol{B} = B\,\boldsymbol{e}_z$ sei der Hamiltonoperator

$$\hat{H} = \hat{H}_1 + \frac{e\,B}{2m_{\rm e}c}\left(\hat{\ell}_z + 2\,\hat{s}_z\right) + \frac{Ze^2}{2m_{\rm e}^2c^2}\,\frac{\hat{\boldsymbol{\ell}}\cdot\hat{\boldsymbol{s}}}{\hat{r}^{\,3}} \tag{23.37}$$

gegeben. Dabei schließt $\hat{H}_1 = \hat{H}_0 + \hat{V}_1 + \hat{V}_3$ die relativistischen Korrekturen (23.14) ohne Spin-Bahn-Wechselwirkung mit ein. Die Eigenwerte $E_{nl}^{(0)}$ und die Eigenzustände $|n\,l\,m\rangle$ von $\hat{H}_0$ werden als bekannt vorausgesetzt.

Die p-Zustände $|n, l = 1, m, s = 1/2, s_z\rangle$ mit fester Hauptquantenzahl n sind bezüglich der Quantenzahlen m und s_z entartet. Bestimmen Sie ihre Aufspaltung in 1. Ordnung Störungstheorie. Dazu sind die Matrixelemente

$$\big\langle n\,l\,m\,s\,s_z \,\big|\, \hat{\ell}_z + 2\,\hat{s}_z \,|n\,l\,m'\,s\,s_z'\big\rangle, \qquad \big\langle n\,l\,m\,s\,s_z \,\big|\, 2\,\hat{\boldsymbol{\ell}}\cdot\hat{\mathbf{s}} \,|n\,l\,m'\,s\,s_z'\big\rangle \tag{23.38}$$

für $l = 1$ zu berechnen. Führen Sie die Abkürzungen

$$\kappa = \frac{e\hbar B}{2\,m_\mathrm{e}c} \quad \text{und} \quad \lambda = \frac{Z e^2 \hbar^2}{4 m_\mathrm{e}^2 c^2}\left\langle \frac{1}{r^3}\right\rangle_{n,l=1} \tag{23.39}$$

ein, und diskutieren Sie das Ergebnis für die Fälle $\kappa \ll \lambda$ und $\kappa \gg \lambda$.

Lösung: Wir berechnen zunächst die Matrixelemente (23.38) für feste Hauptquantenzahl n, Drehimpuls $l = 1$ und Spin $s = 1/2$. Das erste Matrixelement ist bereits diagonal

$$\big\langle n\,l\,m\,s\,s_z \,\big|\, \hat{\ell}_z + 2\,\hat{s}_z \,|n\,l\,m'\,s\,s_z'\big\rangle = \hbar\,\big(m + 2\,s_z\big)\,\delta_{mm'}\,\delta_{s_z s_z'}$$

Im zweiten Matrixelement drücken wir das Skalarprodukt durch Auf- und Absteigeoperatoren aus:

$$\big\langle n\,l\,m\,s\,s_z \,\big|\, 2\,\hat{\boldsymbol{\ell}}\cdot\hat{\mathbf{s}} \,\big|n\,l\,m'\,s\,s_z'\big\rangle = \big\langle n\,l\,m\,s\,s_z \,\big|\, \hat{\ell}_+\,\hat{s}_- + \hat{\ell}_-\,\hat{s}_+ + 2\,\hat{\ell}_z\,\hat{s}_z \,\big|n\,l\,m'\,s\,s_z'\big\rangle$$

$$= \hbar^2\cdot\begin{cases} \sqrt{2 - m\,(m+1)}\,\sqrt{3/4 - s_z\,(s_z - 1)} & (m' = m+1,\ s_z' = s_z - 1) \\ \sqrt{2 - m\,(m-1)}\,\sqrt{3/4 - s_z\,(s_z + 1)} & (m' = m-1,\ s_z' = s_z + 1) \\ 2\,m\,s_z & (m' = m,\ s_z' = s_z) \end{cases}$$

Wir nummerieren die $3 \times 2 = 6$ Zustände $|m'\,s_z'\rangle = |n\,l\,m'\,s\,s_z'\rangle$ von 1 bis 6 durch:

$$|1\rangle = |1\uparrow\rangle,\quad |2\rangle = |1\downarrow\rangle,\quad |3\rangle = |0\uparrow\rangle,\quad |4\rangle = |0\downarrow\rangle,\quad |5\rangle = |-1\uparrow\rangle,\quad |6\rangle = |-1\downarrow\rangle$$

Mit den Abkürzungen κ und λ wird das Störpotenzial im Raum dieser sechs Zustände zu

$$\hat{V} := \left(\begin{array}{c|cc|cc|c} \lambda + 2\kappa & 0 & 0 & 0 & 0 & 0 \\ \hline 0 & -\lambda & \sqrt{2}\,\lambda & 0 & 0 & 0 \\ 0 & \sqrt{2}\,\lambda & \kappa & 0 & 0 & 0 \\ \hline 0 & 0 & 0 & -\kappa & \sqrt{2}\,\lambda & 0 \\ 0 & 0 & 0 & \sqrt{2}\,\lambda & -\lambda & 0 \\ \hline 0 & 0 & 0 & 0 & 0 & \lambda - 2\kappa \end{array}\right)$$

Die sechs Eigenwerte dieser Matrix liefern die gesuchten Energieverschiebungen ΔE_ν (mit $\nu = 1$ bis 6) in 1. Ordnung Störungstheorie. Die Eigenvektoren bestimmen die zugehörigen Zustände $|\psi_\nu\rangle$ als Linearkombinationen der ungestörten Zustände $|1\rangle$ bis $|6\rangle$. Die vertikalen und horizontalen Linien heben die Blockstruktur hervor. Die Eigenwerte und Eigenvektoren können für jeden Block getrennt berechnet werden. Der erste Block (links oben) und der vierte Block (rechts unten) besitzen jeweils nur einen Eintrag:

Block 1: $\Delta E_1 = \lambda + 2\kappa$ $\quad |\psi_1\rangle = |1\uparrow\rangle$

Block 4: $\Delta E_6 = \lambda - 2\kappa$ $\quad |\psi_6\rangle = |-1\downarrow\rangle$

Der zweite Block besteht aus einer reellen 2 × 2- Matrix, deren Eigenwerte und Eigenvektoren bereits in Aufgabe 21.5 diskutiert wurden,

$$\text{Block 2:}\quad \Delta E_2 = \frac{\kappa-\lambda}{2} + \sqrt{\left(\frac{\kappa+\lambda}{2}\right)^2 + 2\,\lambda^2}\,, \qquad |\,\psi_2\rangle = \cos\alpha\,|\,1\downarrow\rangle + \sin\alpha\,|\,0\uparrow\rangle$$

$$\Delta E_3 = \frac{\kappa-\lambda}{2} - \sqrt{\left(\frac{\kappa+\lambda}{2}\right)^2 + 2\,\lambda^2}\,, \qquad |\,\psi_3\rangle = -\sin\alpha\,|\,1\downarrow\rangle + \cos\alpha\,|\,0\uparrow\rangle$$

Dabei ist der Mischungswinkel $\alpha \in [0, \pi/2]$ durch $\tan(2\alpha) = -2\sqrt{2}\,\lambda/(\kappa+\lambda)$ bestimmt. Der dritte Block besteht ebenfalls aus einer reellen 2 × 2- Matrix:

$$\text{Block 3:}\quad \Delta E_4 = -\frac{\kappa+\lambda}{2} + \sqrt{\left(\frac{\kappa-\lambda}{2}\right)^2 + 2\,\lambda^2}\,, \qquad |\,\psi_4\rangle = \cos\beta\,|\,0\downarrow\rangle + \sin\beta\,|-1\uparrow\rangle$$

$$\Delta E_5 = -\frac{\kappa+\lambda}{2} - \sqrt{\left(\frac{\kappa-\lambda}{2}\right)^2 + 2\,\lambda^2}\,, \qquad |\,\psi_5\rangle = -\sin\beta\,|\,0\downarrow\rangle + \cos\beta\,|-1\uparrow\rangle$$

Hierbei ist der Mischungswinkel $\beta \in [0, \pi/2]$ durch $\tan(2\beta) = -2\sqrt{2}\,\lambda/(\kappa-\lambda)$ gegeben. Damit sind alle Eigenwerte und Eigenvektoren bestimmt. Wir skizzieren die Energieverschiebungen ΔE_ν der gestörten Zustände $|\,\psi_\nu\rangle$ in Abhängigkeit von κ:

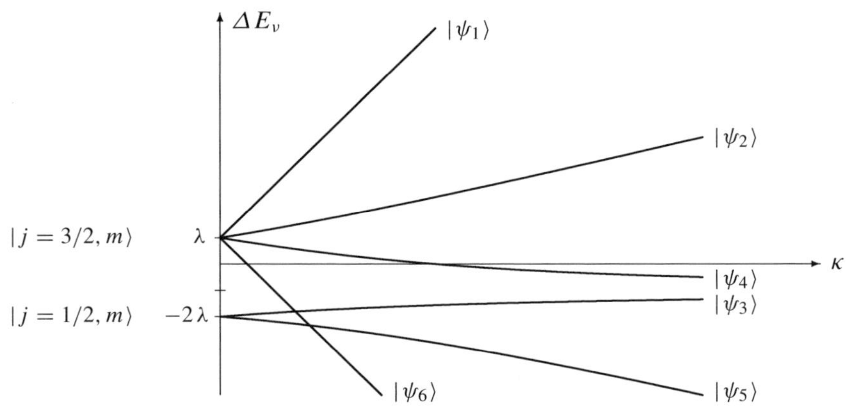

Wir diskutieren noch die Spezialfälle $\kappa \ll \lambda$ und $\kappa \gg \lambda$. Für schwache Magnetfelder, $\kappa \ll \lambda$ geben wir die Eigenwerte bis zur Ordnung κ^1 und die Eigenvektoren in Ordnung κ^0 explizit an. Im Grenzfall $\kappa \to 0$ gilt für die Mischungswinkel $\cos\alpha = \sin\beta = 1/\sqrt{3}$:

$$\begin{aligned}
\Delta E_1 &= \lambda + 2\kappa & |\psi_1\rangle &= \big|1\uparrow\big\rangle &&= |\,j = 3/3, 3/2\rangle\\
\Delta E_2 &= \lambda + 2\kappa/3 & |\psi_2\rangle &= \sqrt{1/3}\,\big|1\downarrow\big\rangle + \sqrt{2/3}\,\big|0\uparrow\big\rangle &&= |\,j = 3/2, 1/2\rangle\\
\Delta E_3 &= -2\lambda + \kappa/3 & |\psi_3\rangle &= -\sqrt{2/3}\,\big|1\downarrow\big\rangle + \sqrt{1/3}\,\big|0\uparrow\big\rangle &&= |\,j = 1/2, 1/2\rangle\\
\Delta E_4 &= \lambda - 2\kappa/3 & |\psi_4\rangle &= \sqrt{2/3}\,\big|0\downarrow\big\rangle + \sqrt{1/3}\,\big|-1\uparrow\big\rangle &&= |\,j = 3/2, -1/2\rangle\\
\Delta E_5 &= -2\lambda - \kappa/3 & |\psi_5\rangle &= -\sqrt{1/3}\,\big|0\downarrow\big\rangle + \sqrt{2/3}\,\big|-1\uparrow\big\rangle &&= |\,j = 1/2, -1/2\rangle\\
\Delta E_6 &= \lambda - 2\kappa & |\psi_6\rangle &= \big|-1\downarrow\big\rangle &&= |\,j = 3/2, -3/2\rangle
\end{aligned}$$

Für $\kappa = 0$ gibt es nur die Spin-Bahn-Kopplung und die Eigenzustände sind identisch zu den zum Gesamtdrehimpuls $j = 3/2$ und $j = 1/2$ gekoppelten Zuständen aus Aufgabe 22.19. Die $(j = 3/2)$-Zustände sind vierfach und die $(j = 1/2)$-Zustände sind zweifach entartet. Für kleine κ spalten die jeweils entarteten Zustände linear mit κ, also linear mit dem Magnetfeld auf. Es handelt sich um einen *linearen Zeemaneffekt.*

Für starke Magnetfelder $\kappa \gg \lambda$ geben wir die Eigenwerte bis zur Ordnung λ^1 und die Eigenzustände in Ordnung λ^0 an:

$$\begin{aligned}
\Delta E_1 &= 2\kappa + \lambda & \quad |\psi_1\rangle &= \;\; |1\uparrow\rangle \\
\Delta E_2 &= \kappa & \quad |\psi_2\rangle &= \;\; |0\uparrow\rangle \\
\Delta E_3 &= -\lambda & \quad |\psi_3\rangle &= -|1\downarrow\rangle \\
\Delta E_4 &= -\lambda & \quad |\psi_4\rangle &= \;\; |-1\uparrow\rangle \\
\Delta E_5 &= -\kappa & \quad |\psi_5\rangle &= -|0\downarrow\rangle \\
\Delta E_6 &= -2\kappa + \lambda & \quad |\psi_6\rangle &= \;\; |-1\downarrow\rangle
\end{aligned}$$

Für $\lambda = 0$, also für ausgeschaltete Spin-Bahn-Wechselwirkung, sind die ungekoppelten Zustände Eigenzustände (Mischungswinkel $\alpha = \beta = \pi/2$). Die Entartung von ΔE_3 und ΔE_4 ist durch $g \approx 2$ für das Elektron bedingt. In der obigen Abbildung war λ fest vorgegeben; der jetzt diskutierte Grenzfall entspricht dort $\kappa \to \infty$. Dies ist der *Paschen-Back-Effekt.*

Anmerkung: Die in der Abbildung auftretenden Kreuzungspunkte der Niveaus sind ein Artefakt des hier betrachteten Modells. Wenn man die jetzt berechneten Niveaus zum Ausgangspunkt einer weiteren Störungsrechnung macht, dann genügt in der Nähe der Kreuzungspunkte $\Delta E_\nu \approx \Delta E_{\nu'}$ ein extrem schwaches Störpotenzial, um diese Niveaus auseinander zu drücken (siehe zweiter Absatz nach Gleichung (23.3)). Im realen System oder in einer genaueren Rechnung treten solche Kreuzungspunkte daher nicht auf.

23.6 Spin-Bahn-Kopplung im Atomkern

Im einem einfachen Schalenmodell des Atomkerns bewegen sich die Nukleonen (Masse m, Spin $s = 1/2$) in einem sphärischen harmonischen Oszillatorpotenzial,

$$\hat{H}_0 = \frac{\hat{\boldsymbol{p}}^2}{2m} + \hat{V} \quad \text{mit} \quad V(r) = \frac{m\,\omega^2}{2}\,r^2$$

Zusätzlich wirkt die Spin-Bahn-Kraft

$$\hat{H} = \hat{H}_0 + \hat{V}_{ls}\,, \qquad \hat{V}_{ls} = \lambda\,\frac{1}{2m^2c^2}\,\frac{1}{r}\,\frac{dV(r)}{dr}\;\hat{\boldsymbol{s}}\cdot\hat{\boldsymbol{l}} \qquad (\lambda < 0) \qquad (23.40)$$

a) Bestimmen Sie die Energieeigenwerte in erster Ordnung Störungstheorie. Warum sind dies zugleich die exakten Energieeigenwerte?

b) Diskutieren Sie die Aufspaltung der ungestörten Energieniveaus mit $3\hbar\omega/2$, $5\hbar\omega/2$ und $7\hbar\omega/2$, und skizzieren Sie das sich ergebende Spektrum.

Lösung: Wir setzen $dV(r)/dr = m\,\omega^2 r$ in die Spin-Bahn-Wechselwirkung ein und drücken das Skalarprodukt $\hat{\boldsymbol{s}}\cdot\hat{\boldsymbol{l}}$ durch die Quadrate der Spin-, Bahndrehimpuls- und Gesamtdrehimpulsoperatoren aus:

$$\hat{V}_{ls} = \lambda\,\frac{m\,\omega^2}{4m^2c^2}\left[\,\hat{\boldsymbol{j}}^2 - \hat{\boldsymbol{l}}^2 - \hat{\boldsymbol{s}}^2\,\right]$$

Als Basis für die Störungsrechnung bieten sich die zum Gesamtdrehimpuls $\hat{\boldsymbol{j}} = \hat{\boldsymbol{l}} + \hat{\boldsymbol{s}}$ gekoppelten Oszillatorzustände $|n\,j\,l\,s\,m\rangle$ mit $s = 1/2$ an: der Störoperator V_{ls} ist in dieser Basis diagonal. In diesem speziellen Fall sind die $|n\,j\,l\,s\,m\rangle$ bereits die exakten Eigenzustände von $\hat{H} = \hat{H}_0 + \hat{V}_{ls}$, weil V_{ls} nicht vom Ort abhängt. Die Energieeigenwerte können daher sofort angegeben werden:

$$\begin{aligned} E_{n\,j\,l} &= \hbar\omega\left(2n + l + \frac{3}{2}\right) + \lambda\,\frac{\hbar^2\omega^2}{4mc^2}\left(j\,(j+1) - l\,(l+1) - \frac{3}{4}\right) \\ &= \hbar\omega\left(2n + l + \frac{3}{2}\right) + \lambda\,\frac{\hbar^2\omega^2}{4mc^2}\cdot\begin{cases} l & (j = l + 1/2) \\ -(l+1) & (j = l - 1/2) \end{cases} \end{aligned} \qquad (23.41)$$

Die Spin-Bahn-Wechselwirkung im Kern ist nicht elektromagnetischen Ursprungs. Sie wurde von den Erfindern des Schalenmodells (M. Goeppert-Mayer, J.H.D. Jensen) phänomenologisch angesetzt, um die bekannte Schalenstruktur zu reproduzieren. Die Form des Ansatzes in (23.40) wurde aus der Atomphysik übernommen. Verglichen mit dem Atom ist die Spin-Bahn-Kraft im Atomkern viel stärker und hat ein anderes Vorzeichen. Der Wert von λ liegt für leichte und mittelschwere Kerne bei -50, und bei -100 für schwere Kerne. Die folgende Abbildung beruht auf dem Ergebnis (23.41) und dem Wert für $\lambda \approx -50$.

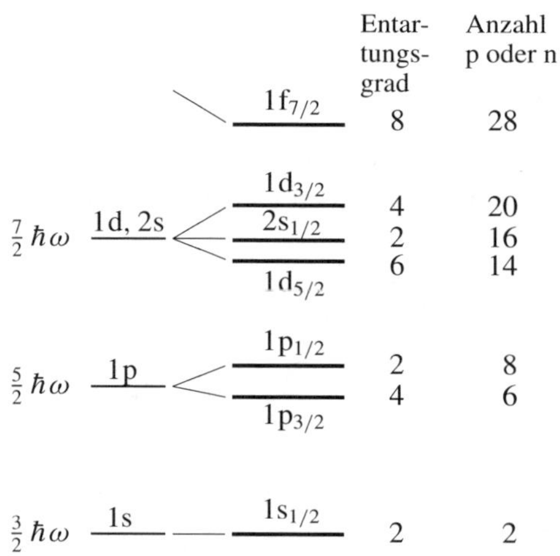

Aufspaltung der niedrigsten Oszillatorzustände ($\hbar\omega \approx 5\,\text{MeV}$) aufgrund der Spin-Bahn-Wechselwirkung ($\lambda \approx -50$) Die Niveaus $(n_{\text{r}} + 1)\,l_j$ werden durch die Radialquantenzahl n_{r}, den Bahndrehimpuls l und den Gesamtdrehimpuls j gekennzeichnet. Der Entartungsgrad jedes Niveaus ist $(2j + 1)$. Schalenabschlüsse werden bei 2, 6, 8, 14, 16, 20, ... Nukleonen erreicht. Tatsächlich sind die Kerne

$${}^{4}_{2}\text{He},\ {}^{12}_{6}\text{C},\ {}^{16}_{8}\text{O},\ {}^{28}_{14}\text{Si},\ {}^{32}_{16}\text{S},\ {}^{40}_{20}\text{Ca}$$

besonders stabil. Diese Stabilität zeigt sich unter anderem in einer besonders großen Ablöseenergie für ein Nukleon.

Für schwerere Kerne gewinnt die Coulombabstoßung der Protonen an Einfluss; die stabilen schweren Atomkerne haben einen Neutronenüberschuss. Bei Berücksichtigung der Coulomb-Wechselwirkung und der Spin-Bahn-Kraft werden auch die höheren magischen Zahlen richtig reproduziert.

23.7 Pionisches Atom

Wenn in einem Atom ein Elektron durch ein negativ geladenes Pion ersetzt wird, spricht man von einem *pionischen Atom*. Für das Pion mit Spin null gilt die Klein-Gordon-Gleichung. Im Aufgabe 20.19 wurde sie für das Wasserstoffproblem gelöst. Dies ergab die Energieeigenwerte

$$E_{n_r l} = \frac{m c^2}{\sqrt{1+\alpha^2 Z^2/(\beta+n_r)^2}} \qquad \text{mit} \quad \beta = \frac{1}{2} + \sqrt{\left(l+\frac{1}{2}\right)^2 - Z^2\alpha^2}$$

Hierbei ist $m = m_\pi$ die Masse des Pions. Wegen $m_\pi/m_e \approx 250$ ist die Reichweite der pionischen Wellenfunktion durch $\bar{a}_B \approx a_B/250$ bestimmt.

Entwickeln Sie die Energiewerte nach Potenzen von $Z\alpha \ll 1$, und zwar bis zur Ordnung $m c^2 (Z\alpha)^4$. Stellen Sie den Zusammenhang mit den relativistischen Korrekturen (23.14) und (23.17) her.

Lösung: Wir setzen die Entwicklung

$$\beta = l + 1 - \frac{Z^2\alpha^2}{2l+1} + \mathcal{O}\big((Z\alpha)^4\big)$$

in die Energieeigenwerte ein:

$$\begin{aligned} E_{n_r l} &= m c^2 \left[1 - \frac{1}{2}\left(\frac{Z\alpha}{\beta+n_r}\right)^2 + \frac{3}{8}\left(\frac{Z\alpha}{\beta+n_r}\right)^4 + \mathcal{O}\big((Z\alpha)^6\big)\right] \\ &= m c^2 \left[1 - \frac{Z^2\alpha^2}{2n^2}\left(1 + \frac{2Z^2\alpha^2}{n\,(2l+1)}\right) + \frac{3}{8}\left(\frac{Z\alpha}{\beta+n_r}\right)^4 + \mathcal{O}\big((Z\alpha)^6\big)\right] \\ &= m c^2 - \frac{Z^2 e^2}{2\,\bar{a}_B n^2}\left[1 + \frac{Z^2\alpha^2}{n}\left(\frac{1}{l+1/2} - \frac{3}{4n}\right)\right] + m c^2\,\mathcal{O}\big((Z\alpha)^6\big) \end{aligned}$$

Hierbei wurden die Hauptquantenzahl $n = n_r + l + 1$ und der Bohrsche Radius $\bar{a}_B = \hbar^2/m e^2$ mit $m = m_\pi$ eingeführt. Der erste Term ist die Ruhenergie mc^2. Im zweiten Term wurden die nichtrelativistischen Wasserstoffenergien (23.13) und die führenden relativistischen Korrekturen zusammengefasst. Für $j = l$ (also $s = 0$) stimmen die relativistischen Korrekturen (23.17) mit den hier berechneten überein. Diese Übereinstimmung bedeutet, dass die hier angegebenen relativistischen Korrekturen dem ersten und dritten Term in (23.14) entsprechen; wegen $s = 0$ gibt es aber keine Spin-Bahn-Kopplung (zweiter Term).

23.8 Zeitabhängige Störung im Zweizustandssystem

Der Hamiltonoperator

$$\hat{H} = \hat{H}_0 + \hat{V}(t)$$

beschreibt ein System mit dem Hamiltonoperator $\hat{H}_0$, auf das eine zeitabhängige Störung $\hat{V}(t)$ wirkt. Es werden zwei ungestörte Eigenzustände betrachtet:

$$\hat{H}_0\,|1\rangle = \varepsilon_1\,|1\rangle\,, \qquad \hat{H}_0\,|2\rangle = \varepsilon_2\,|2\rangle\,, \qquad \hbar\omega_{21} = \varepsilon_2 - \varepsilon_1 > 0$$

Im Raum dieser beiden Zustände ist der hermitesche Störoperator $\hat{V}(t)$ durch eine Matrix gegeben:

$$\hat{V}(t) := \big(\langle n' | \hat{V}(t) | n\rangle\big) = \hbar\omega_0 \begin{pmatrix} 0 & \exp(\mathrm{i}\omega t) \\ \exp(-\mathrm{i}\omega t) & 0 \end{pmatrix} \tag{23.42}$$

Die Stärke der Störung wird durch $\hbar\omega_0$ bestimmt.

Lösen Sie die zeitabhängige Schrödingergleichung für $|\psi(t)\rangle$ im Raum der beiden Zustände für die Anfangsbedingung $|\psi(0)\rangle = |1\rangle$. Diskutieren Sie die Zeitabhängigkeit der Besetzungswahrscheinlichkeiten $|c_n(t)|^2 = |\langle n|\psi(0)\rangle|^2$. Berechnen Sie diese Wahrscheinlichkeiten auch in erster Ordnung zeitabhängiger Störungstheorie, und vergleichen Sie diese Näherung mit dem exakten Ergebnis.

Lösung: In der Basis $\{|1\rangle, |2\rangle\}$ lautet der allgemeine Ansatz für die Wellenfunktion

$$|\psi(t)\rangle = c_1(t)\,|1\rangle + c_2(t)\,|2\rangle$$

Wir setzen dies in die zeitabhängige Schrödingergleichung

$$\mathrm{i}\hbar \frac{\partial}{\partial t} |\psi(t)\rangle = \big(\hat{H}_0 + \hat{V}(t)\big)\,|\psi(t)\rangle$$

ein. Die Projektion auf $\langle 1|$ und $\langle 2|$ ergibt zwei gekoppelte lineare Differenzialgleichungen für die Koeffizienten $c_1(t)$ und $c_2(t)$:

$$\mathrm{i}\hbar \frac{dc_n(t)}{dt} = \sum_{n'=1}^{2} \langle n|\hat{V}(t)|n'\rangle\, c_{n'}(t)\, \exp\Big(\frac{\mathrm{i}}{\hbar}\big(\varepsilon_n - \varepsilon_{n'}\big)\,t\Big)$$

Für das gegebene Störpotenzial werden diese Gleichungen zu

$$\begin{aligned} \mathrm{i}\,\dot{c}_1(t) &= \omega_0\, c_2(t)\, \exp\big(-\mathrm{i}\,\Omega\, t\big) \\ \mathrm{i}\,\dot{c}_2(t) &= \omega_0\, c_1(t)\, \exp\big(\mathrm{i}\,\Omega\, t\big) \end{aligned}$$

mit $\Omega = \omega_{21} - \omega$. Dieses Gleichungssystem kann standardmäßig mit einem Exponentialansatz gelöst werden. Etwas einfacher ist es, etwa die zweite Gleichung nach $c_1(t)$ aufzulösen,

$$c_1(t) = \frac{\mathrm{i}}{\omega_0}\, \dot{c}_2(t)\, \exp\big(-\mathrm{i}\,\Omega\, t\big) \tag{23.43}$$

und dann $\dot{c}_1(t)$ in die erste Gleichung einzusetzen:

$$\ddot{c}_2(t) - \mathrm{i}\,\Omega\,\dot{c}_2(t) + \omega_0^2\, c_2(t) = 0 \tag{23.44}$$

Der Lösungsansatz $c_2(t) = A\, \exp(\gamma t)$ führt auf die Gleichung $\gamma^2 - \mathrm{i}\,\Omega\,\gamma + \omega_0^2 = 0$. Diese quadratische Gleichung hat zwei imaginäre Wurzeln:

$$\gamma = \mathrm{i}\,\frac{\Omega}{2} \pm \mathrm{i}\,D \qquad \text{wobei} \quad D = \sqrt{\Omega^2/4 + \omega_0^2}$$

Die Lösung der Differenzialgleichung (23.44) lautet damit

$$c_2(t) = \Big(A\,\sin(Dt) + B\,\cos(Dt)\Big)\, \exp\Big(\mathrm{i}\,\frac{\Omega t}{2}\Big) = A\,\sin(Dt)\,\exp\Big(\mathrm{i}\,\frac{\Omega t}{2}\Big)$$

Hier haben wir zunächst die allgemeine Lösung angegeben und dann die Anfangsbedingung $|\psi(0)\rangle = |1\rangle$ oder $c_2(0) = 0$ berücksichtigt. Mit (23.43) berechnen wir $c_1(t)$,

$$c_1(t) = \Big(\frac{\mathrm{i}}{\omega_0}\, A\, D \cos(Dt) - \frac{\Omega}{2\omega_0}\, A \sin(Dt)\Big) \exp\Big(-\mathrm{i}\,\frac{\Omega\, t}{2}\Big)$$

Die Anfangsbedingung $c_1(0) = 1$ impliziert $A = \omega_0/(\mathrm{i}\, D)$. Damit lautet die vollständige Lösung

$$\begin{aligned} c_1(t) &= \Big[\cos(Dt) + \frac{\mathrm{i}\,\Omega}{2D}\, \sin(Dt)\Big] \exp\Big(-\mathrm{i}\,\frac{\Omega\, t}{2}\Big) \\ c_2(t) &= \frac{\omega_0}{\mathrm{i}\, D}\, \sin(Dt)\, \exp\Big(\mathrm{i}\,\frac{\Omega\, t}{2}\Big) \end{aligned}$$

Die zugehörigen Besetzungswahrscheinlichkeiten sind

$$\begin{aligned} \big|c_1(t)\big|^2 &= \cos^2(Dt) + \Big(\frac{\Omega}{2D}\Big)^2 \sin^2(Dt) \\ \big|c_2(t)\big|^2 &= \Big(\frac{\omega_0}{D}\Big)^2 \sin^2(Dt) \end{aligned} \tag{23.45}$$

Es gilt $|c_1(t)|^2 + |c_2(t)|^2 = 1$. Die Besetzungswahrscheinlichkeiten sind periodisch in der Zeit. Zu den Zeiten $t_n = 2n\pi/D$ befindet sich das System im Grundzustand. Eine bei $t = 0$ eingeschaltete und bei $t = t_n$ ausgeschaltete Störung (etwa eine Lichtquelle) hinterlässt das System im ursprünglichen Zustand.

Im Raum der zwei Zustände ist das Resultat (23.45) exakt. Wir wollen es mit dem der zeitabhängigen Störungstheorie vergleichen. In 1. Ordnung gelten $c_1^{(1)}(t) = 1$ und (siehe (42.14) in [3])

$$\begin{aligned} c_2^{(1)}(t) &= -\frac{\mathrm{i}}{\hbar} \int_0^t dt'\, \langle 2|\,\hat V(t)\,|1\rangle \exp\big(\mathrm{i}\,\omega_{21} t'\big) = -\mathrm{i}\,\omega_0 \int_0^t dt'\, \exp\big(\mathrm{i}\,\Omega\, t'\big) \\ &= \frac{\omega_0}{\Omega}\big(1 - \exp(\mathrm{i}\,\Omega\, t)\big) = -\frac{2\mathrm{i}\,\omega_0}{\Omega}\, \sin\Big(\frac{\Omega\, t}{2}\Big) \exp\Big(\mathrm{i}\,\frac{\Omega\, t}{2}\Big) \end{aligned}$$

Die Wahrscheinlichkeit für den Übergang $1 \to 2$ ist damit in 1. Ordnung Störungstheorie

$$\big|c_2(t)\big|^2 = \Big(\frac{2\,\omega_0}{\Omega}\Big)^2 \sin^2\Big(\frac{\Omega\, t}{2}\Big)$$

Für eine schwache Störung gelten $\omega_0 \ll |\Omega|$ und $D = [\Omega^2/4 + \omega_0^2]^{1/2} \approx \Omega/2$. Wenn wir dies in die exakte Lösung (23.45) einsetzen, erhalten wir das jetzt gefundene Ergebnis. Das störungstheoretische Resultat gilt nur für $|c_2(t)|^2 \ll 1$.

23.9 Dipolauswahlregeln

Überprüfen Sie die folgende Kommutatorrelation für den Drehimpulsoperator $\hat{\boldsymbol{\ell}}$ und den Ortsoperator $\hat{\boldsymbol{r}}$

$$\big[\hat{\boldsymbol{\ell}}^2, [\hat{\boldsymbol{\ell}}^2, \hat{\boldsymbol{r}}]\big] = 2\hbar^2\big(\hat{\boldsymbol{r}}\,\hat{\boldsymbol{\ell}}^2 + \hat{\boldsymbol{\ell}}^2\,\hat{\boldsymbol{r}}\big) \tag{23.46}$$

Berechnen Sie dazu für die Komponente $\hat x_i$ des Ortsoperators die Kommutatoren $[\hat\ell_j, \hat x_i]$, $[\hat{\boldsymbol{\ell}}^2, \hat x_i]$ und $\big[\hat{\boldsymbol{\ell}}^2, [\hat{\boldsymbol{\ell}}^2, \hat x_i]\big]$, und verwenden Sie $\sum_i \hat x_i\, \hat\ell_i = \sum_i \hat\ell_i\, \hat x_i = 0$.

Betrachten Sie dann das Matrixelement von (23.46) zwischen einem Anfangszustand $|nlm\rangle$ und einem Endzustand $|n'l'm'\rangle$, und zeigen Sie

$$\big(l+l'\big)\big(l+l'+2\big)\big((l-l')^2-1\big)\,\langle nlm\,|\,\boldsymbol{\epsilon}\cdot\hat{\boldsymbol{r}}\,|n'l'm'\rangle = 0 \tag{23.47}$$

Hieraus folgt die Auswahlregel $\Delta l = l - l' = \pm 1$, sofern man $l = l' = 0$ ausschließt. Begründen Sie unabhängig von (23.47), dass das Matrixelement für $l = l' = 0$ verschwindet.

Lösung: Wir gehen von der bekannten Kommutatorrelation $[\hat{x}_i, \hat{p}_j] = \mathrm{i}\hbar\,\delta_{ij}$ der Orts- und Impulsoperatoren und der Definition des Drehimpulsoperators $\hat{\ell}_i = \sum_{jk}\epsilon_{ijk}\,\hat{x}_j\,\hat{p}_k$ aus (alle Summen laufen von 1 bis 3). Hieraus folgt zunächst

$$\sum_i \hat{\ell}_i\,\hat{x}_i = \sum_{i,j,k}\epsilon_{ijk}\,\hat{x}_j\,\hat{p}_k\,\hat{x}_i = \sum_{i,j,k}\epsilon_{ijk}\,\hat{x}_j\,\hat{x}_i\,\hat{p}_k = -\sum_j \hat{x}_j\,\hat{\ell}_j = 0 \tag{23.48}$$

Wegen der Antisymmetrie des Levi-Civita Symbols vertauschen in dieser Summe der Orts- und der Impulsoperator, und der Ausdruck ist null. Wir berechnen nun folgende Kommutatoren:

$$\begin{aligned}
\big[\,\hat{\ell}_j, \hat{x}_i\,\big] &= \big[\,\hat{x}_j, \hat{\ell}_i\,\big] = -\mathrm{i}\hbar\sum_k \epsilon_{ijk}\,\hat{x}_k \qquad (23.49)\\
\big[\,\hat{\boldsymbol{\ell}}^2, \hat{x}_i\,\big] &= \sum_j \big(\hat{\ell}_j\,[\,\hat{\ell}_j, \hat{x}_i\,] + [\,\hat{\ell}_j, \hat{x}_i\,]\,\hat{\ell}_j\big) = -\mathrm{i}\hbar\sum_{j,k}\epsilon_{ijk}\big(\hat{\ell}_j\,\hat{x}_k + \hat{x}_k\,\hat{\ell}_j\big)\\
\big[\,\hat{\boldsymbol{\ell}}^2, [\,\hat{\boldsymbol{\ell}}^2, \hat{x}_i\,]\big] &= -\mathrm{i}\hbar\sum_{j,k}\epsilon_{ijk}\Big[\,\hat{\boldsymbol{\ell}}^2, \big(\hat{\ell}_j\,\hat{x}_k + \hat{x}_k\,\hat{\ell}_j\big)\Big]\\
&= -\hbar^2\sum_{j,k,m,n}\epsilon_{ijk}\,\epsilon_{kmn}\Big(\hat{\ell}_j\,(\hat{\ell}_m\,\hat{x}_n + \hat{x}_n\,\hat{\ell}_m) + (\hat{\ell}_m\,\hat{x}_n + \hat{x}_n\,\hat{\ell}_m)\,\hat{\ell}_j\Big)\\
&= \hbar^2\sum_j\Big(\hat{\ell}_j\,\hat{\ell}_j\,\hat{x}_i + 2\,\hat{\ell}_j\,\hat{x}_i\,\hat{\ell}_j + \hat{x}_i\,\hat{\ell}_j\,\hat{\ell}_j - \hat{\ell}_j\,\hat{\ell}_i\,\hat{x}_j - \hat{x}_j\,\hat{\ell}_i\,\hat{\ell}_j\Big)
\end{aligned}$$

Die beiden ϵ-Symbole wurden kontrahiert (Aufgabe 10.11); zwei der resultierenden acht Terme verschwinden wegen (23.48). Der zweite Term in der letzten Zeile wird umgeformt:

$$\begin{aligned}
\sum_j 2\,\hat{\ell}_j\hat{x}_i\,\hat{\ell}_j &= \sum_j\Big(\hat{\ell}_j\,\hat{\ell}_j\,\hat{x}_i + [\,\hat{\ell}_j, \hat{x}_i\,]\,\hat{\ell}_j + \hat{x}_i\,\hat{\ell}_j\,\hat{\ell}_j + \hat{\ell}_j\,[\,\hat{x}_i, \hat{\ell}_j\,]\Big)\\
&= \sum_j\Big(\hat{\ell}_j\,\hat{\ell}_j\,\hat{x}_i + [\,\hat{x}_j, \hat{\ell}_i\,]\,\hat{\ell}_j + \hat{x}_i\,\hat{\ell}_j\,\hat{\ell}_j + \hat{\ell}_j\,[\,\hat{\ell}_i, \hat{x}_j\,]\Big)\\
&= \sum_j\Big(\hat{\ell}_j\,\hat{\ell}_j\,\hat{x}_i + \hat{x}_j\,\hat{\ell}_i\,\hat{\ell}_j + \hat{x}_i\,\hat{\ell}_j\,\hat{\ell}_j + \hat{\ell}_j\,\hat{\ell}_i\hat{x}_j\Big)
\end{aligned}$$

Die beiden Kommutatoren wurden gemäß (23.49) durch diejenigen mit vertauschten Indizes ersetzt und ausgeschrieben; danach fallen wieder zwei Terme wegen (23.48) weg. Wir setzen die letzte Gleichung in die vorletzte ein und erhalten

$$\big[\,\hat{\boldsymbol{\ell}}^2, [\,\hat{\boldsymbol{\ell}}^2, \hat{x}_i\,]\big] = 2\hbar^2\big(\hat{\boldsymbol{\ell}}^2 x_i + x_i\,\hat{\boldsymbol{\ell}}^2\big)$$

Damit ist (23.46) gezeigt. Alternativ kann man diese Relation auch in der Ortsdarstellung beweisen. Wir berechnen nun das Matrixelement der linken Seite und der rechten Seite von (23.46):

$$\big\langle nlm\big|\big[\,\hat{\boldsymbol{\ell}}^{2},[\,\hat{\boldsymbol{\ell}}^{2},\boldsymbol{\epsilon}\cdot\hat{\boldsymbol{r}}\,]\big]\big|n'l'm'\big\rangle = \big\langle nlm\big|\hat{\boldsymbol{\ell}}^{4}(\boldsymbol{\epsilon}\cdot\hat{\boldsymbol{r}}) - 2\,\hat{\boldsymbol{\ell}}^{2}(\boldsymbol{\epsilon}\cdot\hat{\boldsymbol{r}})\,\hat{\boldsymbol{\ell}}^{2} + (\boldsymbol{\epsilon}\cdot\hat{\boldsymbol{r}})\,\hat{\boldsymbol{\ell}}^{4}\big|n'l'm'\big\rangle$$

$$= \hbar^{4}\big[l(l+1) - l'(l'+1)\big]^{2}\langle nlm|\,\boldsymbol{\epsilon}\cdot\hat{\boldsymbol{r}}\,|n'l'm'\rangle$$

$$\big\langle nlm\big|2\hbar^{2}\big(\hat{\boldsymbol{r}}\,\hat{\boldsymbol{\ell}}^{2}+\hat{\boldsymbol{\ell}}^{2}\,\hat{\boldsymbol{r}}\big)\big|n'l'm'\big\rangle = 2\hbar^{4}\big[l(l+1)+l'(l'+1)\big]\langle nlm|\,\boldsymbol{\epsilon}\cdot\hat{\boldsymbol{r}}\,|n'l'm'\rangle$$

Wegen (23.46) ist die Differenz der beiden Ausdrücke null:

$$\Big(\big[l(l+1) - l'(l'+1)\big]^{2} - 2\big[l(l+1)+l'(l'+1)\big]\Big)\langle nlm|\,\boldsymbol{\epsilon}\cdot\hat{\boldsymbol{r}}\,|n'l'm'\rangle$$

$$= \Big[(l-l')(l^{2}-l'^{2})(l+l'+2) - (l+l')^{2} - 2(l+l')\Big]\langle nlm|\,\boldsymbol{\epsilon}\cdot\hat{\boldsymbol{r}}\,|n'l'm'\rangle$$

$$= (l+l')(l+l'+2)\big[(l-l')^{2}-1\big]\langle nlm|\,\boldsymbol{\epsilon}\cdot\hat{\boldsymbol{r}}\,|n'l'm'\rangle = 0$$

Damit ist (23.47) gezeigt. Für $l = l' = 0$ verschwindet das Matrixelement wegen der ungeraden Parität des Ortsoperators; denn die s-Zustände besitzen positive Parität. Für $l \neq l'$ sind die ersten beiden Klammern in der letzten Zeile ungleich null. Dann muss entweder die dritte Klammer oder das Matrixelement verschwinden. Das Matrixelement ist nur dann ungleich null, wenn die dritte Klammer verschwindet, also für $\Delta l = l - l' = \pm 1$. Dies ist die Dipolauswahlregel.

23.10 Intensitätsverhältnis beim Übergang 2p → 1s

Die Rate für den Übergang $2\text{p} \to 1\text{s}$ im Wasserstoffatom ist ohne Berücksichtigung des Spins von der Form

$$W_{2\text{p}\to 1\text{s}} \propto \sum_{m} \big|\langle 2\text{p}m|\,\boldsymbol{\epsilon}\cdot\boldsymbol{r}\,|1\text{s}\rangle\big|^{2} = A^{2} \qquad (\boldsymbol{\epsilon}^{2}=1)$$

Dabei gibt $\boldsymbol{\epsilon}$ die Polarisationsrichtung der Strahlung an. Führen Sie zunächst die Winkelintegration in den Matrixelementen aus. Zeigen Sie damit

$$A = \frac{\langle 2\text{p}|r|1\text{s}\rangle}{\sqrt{3}} \tag{23.50}$$

Hierbei sind $\langle r|1\text{s}\rangle$ und $\langle r|2\text{p}\rangle$ die normierten Radialfunktionen. Im nächsten Schritt soll der Spin berücksichtigt werden. Verwenden Sie die aus Aufgabe 22.19 bekannte Kopplung des Drehimpulses $l = 1$ und des Spins $s = 1/2$, und zeigen Sie

$$W_{2\text{p}_{1/2}\to 1\text{s}_{1/2}} \propto \textstyle\sum_{m_j,m_s} \big|\langle 2\text{p}\,\tfrac{1}{2}\,m_j|\,\boldsymbol{\epsilon}\cdot\boldsymbol{r}\,|1\text{s}\,\tfrac{1}{2}\,m_s\rangle\big|^{2} = \tfrac{2}{3}\,A^{2} \tag{23.51}$$

$$W_{2\text{p}_{3/2}\to 1\text{s}_{1/2}} \propto \textstyle\sum_{m_j,m_s} \big|\langle 2\text{p}\,\tfrac{3}{2}\,m_j|\,\boldsymbol{\epsilon}\cdot\boldsymbol{r}\,|1\text{s}\,\tfrac{1}{2}\,m_s\rangle\big|^{2} = \tfrac{4}{3}\,A^{2} \tag{23.52}$$

Woher kommt das Verhältnis 2 zwischen diesen beiden Übergangsraten?

Lösung: Wir drücken zunächst $\boldsymbol{\epsilon}\cdot\boldsymbol{r} = \epsilon_x x + \epsilon_y y + \epsilon_x z$ durch die Kugelkoordinate r und durch Kugelfunktionen aus (Aufgabe 11.32):

$$\boldsymbol{\epsilon}\cdot\boldsymbol{r} = \sqrt{\frac{4\pi}{3}}\, r\left(\frac{\epsilon_x + \mathrm{i}\,\epsilon_y}{\sqrt{2}}\, Y_{1,-1}(\theta,\phi) - \frac{\epsilon_x - \mathrm{i}\,\epsilon_y}{\sqrt{2}}\, Y_{1,1}(\theta,\phi) + \epsilon_z\, Y_{1,0}(\theta,\phi)\right)$$

Wir setzen dies und die Wellenfunktionen $\langle \boldsymbol{r}\,|\,1\mathrm{s}\rangle = \langle r\,|\,1\mathrm{s}\rangle\, Y_{00} = \langle r\,|\,1\mathrm{s}\rangle/\sqrt{4\pi}$ und $\langle \boldsymbol{r}\,|\,2\mathrm{p}m\rangle = \langle r\,|\,2\mathrm{p}\rangle\; Y_{1,m}(\theta,\phi)$ in das Matrixelement ein. Dann kann die Winkelintegration aufgrund der Orthogonalität der Kugelfunktionen sofort ausgeführt werden:

$$\langle 2\mathrm{p}m\,|\,\boldsymbol{\epsilon}\cdot\boldsymbol{r}\,|\,1\mathrm{s}\rangle = \frac{1}{\sqrt{3}}\,\langle 2\mathrm{p}\,|\,r\,|\,1\mathrm{s}\rangle\cdot\begin{cases} -\big(\epsilon_x - \mathrm{i}\,\epsilon_y\big)/\sqrt{2} & (m=1)\\ \big(\epsilon_x + \mathrm{i}\,\epsilon_y\big)/\sqrt{2} & (m=-1)\\ \epsilon_z & (m=0)\end{cases}$$

Mit $\boldsymbol{\epsilon}^2 = 1$ erhalten wir daraus

$$A^2 = \sum_m \big|\langle 2\mathrm{p}m\,|\,\boldsymbol{\epsilon}\cdot\boldsymbol{r}\,|\,1\mathrm{s}\rangle\big|^2 = \frac{1}{3}\,\big|\langle 2\mathrm{p}\,|\,r\,|\,1\mathrm{s}\rangle\big|^2\,\boldsymbol{\epsilon}^2 = \frac{1}{3}\,\big|\langle 2\mathrm{p}\,|\,r\,|\,1\mathrm{s}\rangle\big|^2$$

Damit ist (23.50) gezeigt. Aufgrund der Spin-Bahn-Wechselwirkung spaltet das 2p-Niveau in $2\mathrm{p}_{1/2}$ und $2\mathrm{p}_{3/2}$ auf. Wir betrachten zuerst das zum Gesamtdrehimpuls $j = 1/2$ gekoppelte $2\mathrm{p}_{1/2}$-Niveau. Mit den gekoppelten Zuständen aus Aufgabe 22.19,

$$\big|\,j=\tfrac{1}{2}, m=\pm\tfrac{1}{2}\big\rangle = \pm\sqrt{\tfrac{1}{3}}\,\big|1,0\big\rangle\big|\tfrac{1}{2},\pm\tfrac{1}{2}\big\rangle \mp \sqrt{\tfrac{2}{3}}\,\big|1,\pm 1\big\rangle\big|\tfrac{1}{2},\mp\tfrac{1}{2}\big\rangle$$

werten wir die Matrixelemente aus:

$$\begin{aligned}
\big\langle 2\mathrm{p}\,\tfrac{1}{2},\pm\tfrac{1}{2}\,\big|\,\boldsymbol{\epsilon}\cdot\boldsymbol{r}\,\big|\,1\mathrm{s}\,\tfrac{1}{2},\pm\tfrac{1}{2}\big\rangle &= \pm\sqrt{\tfrac{1}{3}}\,\big\langle 2\mathrm{p}0\,\big|\,\boldsymbol{\epsilon}\cdot\boldsymbol{r}\,\big|\,1\mathrm{s}\big\rangle &&= \pm\sqrt{\tfrac{1}{3}}\,A\,\epsilon_z\\
\big\langle 2\mathrm{p}\,\tfrac{1}{2},\pm\tfrac{1}{2}\,\big|\,\boldsymbol{\epsilon}\cdot\boldsymbol{r}\,\big|\,1\mathrm{s}\,\tfrac{1}{2},\mp\tfrac{1}{2}\big\rangle &= \mp\sqrt{\tfrac{2}{3}}\,\big\langle 2\mathrm{p},\pm 1\,\big|\,\boldsymbol{\epsilon}\cdot\boldsymbol{r}\,\big|\,1\mathrm{s}\big\rangle &&= \sqrt{\tfrac{1}{3}}\,A\,\big(\epsilon_x \mp \mathrm{i}\,\epsilon_y\big)
\end{aligned}$$

Es gelten jeweils nur die oberen oder nur die unteren Vorzeichen. Die Summation über die Drehimpulseinstellungen liefert das Resultat (23.51):

$$\sum_{m_j,m_s}\big|\big\langle 2\mathrm{p}\,\tfrac{1}{2}\,m_j\,\big|\,\boldsymbol{\epsilon}\cdot\boldsymbol{r}\,\big|\,1\mathrm{s}\,\tfrac{1}{2}\,m_s\big\rangle\big|^2 = \frac{2}{3}\,A^2\,\boldsymbol{\epsilon}^2 = \frac{2}{3}\,A^2$$

Mit den zu $j = 3/2$ gekoppelten Zuständen aus Aufgabe 22.19

$$\begin{aligned}
\big|\,j=\tfrac{3}{2},\, m_j=\pm\tfrac{3}{2}\big\rangle &= \big|1,\pm 1\big\rangle\big|\tfrac{1}{2},\pm\tfrac{1}{2}\big\rangle\\
\big|\,j=\tfrac{3}{2},\, m_j=\pm\tfrac{1}{2}\big\rangle &= \sqrt{\tfrac{2}{3}}\,\big|1,0\big\rangle\big|\tfrac{1}{2},\pm\tfrac{1}{2}\big\rangle + \sqrt{\tfrac{1}{3}}\,\big|1,\pm 1\big\rangle\big|\tfrac{1}{2},\mp\tfrac{1}{2}\big\rangle
\end{aligned}$$

werten wir die restlichen Matrixelemente aus:

$$\begin{aligned}
\big\langle 2\mathrm{p}\,\tfrac{3}{2},\pm\tfrac{3}{2}\,\big|\,\boldsymbol{\epsilon}\cdot\boldsymbol{r}\,\big|\,1\mathrm{s}\,\tfrac{1}{2},\pm\tfrac{1}{2}\big\rangle &= \big\langle 2\mathrm{p},\pm 1\,\big|\,\boldsymbol{\epsilon}\cdot\boldsymbol{r}\,\big|\,1\mathrm{s}\big\rangle &&= \mp\sqrt{\tfrac{1}{2}}\,A\,\big(\epsilon_x \mp \mathrm{i}\,\epsilon_y\big)\\
\big\langle 2\mathrm{p}\,\tfrac{3}{2},\pm\tfrac{1}{2}\,\big|\,\boldsymbol{\epsilon}\cdot\boldsymbol{r}\,\big|\,1\mathrm{s}\,\tfrac{1}{2},\mp\tfrac{1}{2}\big\rangle &= \sqrt{\tfrac{1}{3}}\,\big\langle 2\mathrm{p},\pm 1\,\big|\,\boldsymbol{\epsilon}\cdot\boldsymbol{r}\,\big|\,1\mathrm{s}\big\rangle &&= \mp\sqrt{\tfrac{1}{6}}\,A\,\big(\epsilon_x \mp \mathrm{i}\,\epsilon_y\big)\\
\big\langle 2\mathrm{p}\,\tfrac{3}{2},\pm\tfrac{1}{2}\,\big|\,\boldsymbol{\epsilon}\cdot\boldsymbol{r}\,\big|\,1\mathrm{s}\,\tfrac{1}{2},\pm\tfrac{1}{2}\big\rangle &= \sqrt{\tfrac{2}{3}}\,\big\langle 2\mathrm{p}0\,\big|\,\boldsymbol{\epsilon}\cdot\boldsymbol{r}\,\big|\,1\mathrm{s}\big\rangle &&= \sqrt{\tfrac{2}{3}}\,A\,\epsilon_z
\end{aligned}$$

Es gelten jeweils nur die oberen oder nur die unteren Vorzeichen. Die Summation über die Drehimpulseinstellungen liefert das Resultat (23.52). Damit erhalten wir für das Verhältnis der Übergangsraten

$$W_{2\mathrm{p}_{3/2}} : W_{2\mathrm{p}_{1/2}} = 2 : 1$$

Der Grund hierfür ist, dass das Niveau $2\mathrm{p}_{3/2}$ aus doppelt so vielen Zuständen ($m_j = \pm 1/2, \pm 3/2$) besteht wie das Niveau $2\mathrm{p}_{1/2}$ (mit $m_j = \pm 1/2$). Experimentell wird dieses Intensitätsverhältnis bestätigt. Theoretisch gibt es eine sehr kleine Abweichung vom Verhältnis $2 : 1$ wegen der geringfügig unterschiedlichen Energien der Niveaus $\mathrm{p}_{3/2}$ und $\mathrm{p}_{1/2}$; diese Energien gehen in den hier nicht diskutierten Vorfaktor im Ausdruck für die Übergangsraten ein.

23.11 Photoeffekt

Beim Photoeffekt im engeren Sinn wird ein Elektron aus einer Metalloberfläche durch Licht herausgelöst. Wir betrachten hier den Photoeffekt, bei dem das Elektron im Grundzustand eines Wasserstoffatoms ein Photon absorbiert und dadurch in einen Kontinuumzustand übergeht. Das Photon mit der Frequenz ω_γ kann durch die linear polarisierte elektromagnetische Welle

$$\boldsymbol{A}(\boldsymbol{r}, t) = A_0\, \boldsymbol{\epsilon}\, \exp\big[\mathrm{i}\,(\boldsymbol{k}_\gamma \cdot \boldsymbol{r} - \omega_\gamma t)\big]$$

mit

$$A_0 = \sqrt{\frac{8\pi\hbar c^2}{\omega_\gamma V}}\,, \qquad \boldsymbol{\epsilon} := (1, 0, 0)\,, \quad \text{und} \quad \boldsymbol{k}_\gamma := \big(0, 0, \omega_\gamma / c\big)$$

beschrieben werden. Diese Welle hat im betrachteten Volumen V die Energie $\hbar\omega_\gamma$ und entspricht daher gerade *einem* Photon. Für den Polarisationsvektor $\boldsymbol{\epsilon}$ und die Richtung des Wellenvektors $\boldsymbol{k}_\gamma$ haben wir der Einfachheit halber eine spezielle Wahl getroffen.

Für die kinetische Energie E_k des Elektrons im Endzustand $|\,\boldsymbol{k}\,\rangle$ soll gelten:

$$\frac{Z^2 e^2}{2a_\mathrm{B}} \ll E_k = \frac{\hbar^2 k^2}{2m_\mathrm{e}} \ll m_\mathrm{e} c^2 \tag{23.53}$$

Diese Energie ist so niedrig, dass man nichtrelativistisch rechnen darf. Sie ist andererseits so groß, dass die Kontinuumswellenfunktion des Elektrons als ebene Welle (Bornsche Näherung) angesetzt werden kann.

Berechnen Sie die Übergangswahrscheinlichkeit $W_{1\mathrm{s}\to \boldsymbol{k}}$ und die Übergangsrate $P_{1\mathrm{s}\to \boldsymbol{k}} = \int d^3k'\, W_{1\mathrm{s}\to \boldsymbol{k}'}$. Mit der Photonstromdichte c/V ergibt sich dann der differenzielle Wirkungsquerschnitt zu

$$\frac{d\sigma}{d\Omega} = \frac{\text{auslaufende Elektronen/Zeit}/d\Omega}{\text{einlaufende Photonstromdichte}} = \frac{V}{c}\,\frac{dP_{1\mathrm{s}\to \boldsymbol{k}}}{d\Omega}$$

Vereinfachen Sie das Ergebnis mit (23.53). Diskutieren Sie die Abhängigkeit des Wirkungsquerschnitts von der Photonenergie $\hbar\omega_\gamma$ und der Kernladungszahl Z.

Lösung: Wir schreiben die Übergangswahrscheinlichkeit (23.22) für den Übergang 1s → $\boldsymbol{k}$ an:

$$W_{1\text{s}\to\boldsymbol{k}} = \frac{\pi e^2 |A_0|^2}{2m_\text{e}^2 c^2 \hbar} \left|\big\langle \boldsymbol{k} \,\big|\, (\boldsymbol{\epsilon}\cdot\hat{\boldsymbol{p}}) \exp(\text{i}\boldsymbol{k}_\gamma \cdot \boldsymbol{r}) \,\big|\, 1\text{s}\big\rangle\right|^2 \delta\big(E_k - E_{1\text{s}} - \hbar\omega_\gamma\big) \qquad (23.54)$$

Die δ-Funktion garantiert die Energieerhaltung

$$E_k = \frac{\hbar^2 k^2}{2m_\text{e}} = E_{1\text{s}} + \hbar\omega_\gamma = -\frac{Z^2 e^2}{2a_\text{B}} + \hbar\omega_\gamma \qquad (23.55)$$

Der Zustand $|\boldsymbol{k}\rangle$ wird als ebene Welle angesetzt. Dann gilt $\hat{\boldsymbol{p}}\,|\boldsymbol{k}\rangle = \hbar\boldsymbol{k}\,|\boldsymbol{k}\rangle$, und das Matrixelement wird zu

$$\big\langle \boldsymbol{k} \,\big|\, (\boldsymbol{\epsilon}\cdot\hat{\boldsymbol{p}}) \exp(\text{i}\boldsymbol{k}_\gamma \cdot \boldsymbol{r}) \,\big|\, 1\text{s}\big\rangle = \hbar\,(\boldsymbol{\epsilon}\cdot\boldsymbol{k})\,\langle \boldsymbol{q}\,|\,1\text{s}\rangle \qquad \text{mit} \quad \boldsymbol{q} = \boldsymbol{k} - \boldsymbol{k}_\gamma \qquad (23.56)$$

Hier tritt die Fouriertransformierte der Grundzustandswellenfunktion auf:

$$\begin{aligned}
\langle \boldsymbol{q}\,|\,1\text{s}\rangle &= \frac{1}{(2\pi)^{3/2}}\,\frac{1}{\sqrt{\pi}}\left(\frac{Z}{a_\text{B}}\right)^{3/2} \int d^3r\, \exp\Big(-\frac{Zr}{a_\text{B}}\Big)\exp(-\text{i}\,\boldsymbol{q}\cdot\boldsymbol{r}) \\
&= \frac{\sqrt{2}}{\pi}\left(\frac{Z}{a_\text{B}}\right)^{3/2} \frac{1}{q}\int_0^\infty dr\; r\,\sin(qr)\,\exp\Big(-\frac{Zr}{a_\text{B}}\Big) \\
&= \frac{2\sqrt{2}}{\pi}\left(\frac{Z}{a_\text{B}}\right)^{5/2} \frac{1}{\big(q^2 + Z^2/a_\text{B}^2\big)^2}
\end{aligned} \qquad (23.57)$$

Der Endzustand des Elektron ist gemäß $\langle \boldsymbol{k}'\,|\,\boldsymbol{k}\rangle = \delta(\boldsymbol{k}' - \boldsymbol{k})$ normiert. Daher erfolgt eine Summation über die Endzustände des Elektrons durch ein Integral über alle Wellenvektoren $\boldsymbol{k}'$:

$$\begin{aligned}
P_{1\text{s}\to\boldsymbol{k}} &= \int d^3k'\; W_{1\text{s}\to\boldsymbol{k}'} = \frac{(2\pi)^2 e^2 \hbar^2}{V\omega_\gamma m_\text{e}^2}\int d^3k'\;(\boldsymbol{\epsilon}\cdot\boldsymbol{k}')^2\,\big|\langle \boldsymbol{q}'\,|\,1\text{s}\rangle\big|^2\,\delta\big(E_{k'} - E_{1\text{s}} - \hbar\omega_\gamma\big) \\
&= \frac{(2\pi)^2 e^2 k}{V\omega_\gamma m_\text{e}}\int d\Omega\;(\boldsymbol{\epsilon}\cdot\boldsymbol{k})^2\,\big|\langle \boldsymbol{q}\,|\,1\text{s}\rangle\big|^2
\end{aligned}$$

In der ersten Zeile wurden (23.54) mit (23.56) und die Amplitude A_0 eingesetzt. Die Integration über die δ-Funktion erfolgte mit (10.34). Sie setzt $|\boldsymbol{k}'|$ auf den Wert k, der die Energiebedingung (23.55) erfüllt. Die verbleibende Winkelintegration erfolgt mit $d\Omega = d\phi\, d\cos\theta$ und

$$\boldsymbol{k} := k\,\big(\sin\theta\cos\phi,\ \sin\theta\sin\phi,\ \cos\theta\big) \qquad (23.58)$$

Wir beziehen die Übergangsrate jetzt auf die Photonstromdichte c/V. Dadurch fällt das Volumen V heraus, und wir erhalten

$$\frac{d\sigma}{d\Omega} = \frac{V}{c}\,\frac{dP_{1\text{s}\to\boldsymbol{k}}}{d\Omega} = \frac{(2\pi)^2 e^2 k}{\omega_\gamma m_\text{e} c}\,(\boldsymbol{\epsilon}\cdot\boldsymbol{k})^2\,\big|\langle \boldsymbol{q}\,|\,1\text{s}\rangle\big|^2$$

Mit (23.57) und (23.58) wird dies zu

$$\begin{aligned}
\frac{d\sigma}{d\Omega} &= \frac{32\,e^2 k}{\omega_\gamma m_\text{e} c}\left(\frac{Z}{a_\text{B}}\right)^5 \frac{(\boldsymbol{\epsilon}\cdot\boldsymbol{k})^2}{\big(q^2 + Z^2/a_\text{B}^2\big)^4} \\
&= \frac{32\,e^2 k^3}{\omega_\gamma m_\text{e} c}\left(\frac{Z}{a_\text{B}}\right)^5 \frac{\sin^2\theta\,\cos^2\phi}{\big(k^2 + k_\gamma^2 - 2kk_\gamma\cos\theta + Z^2/a_\text{B}^2\big)^4}
\end{aligned} \qquad (23.59)$$

Zuletzt wurden $\boldsymbol{\epsilon} \cdot \boldsymbol{k}$ und $\boldsymbol{q} = \boldsymbol{k} - \boldsymbol{k}_\gamma$ eingesetzt. Mit

$$k_\gamma = \frac{\omega_\gamma}{c} \quad \text{und} \quad k^2 \overset{(23.55)}{=} \frac{2m_e\,\omega_\gamma}{\hbar} - \frac{Z^2}{a_B^2} = \frac{2m_e\,\omega_\gamma}{\hbar}\left(1 - \frac{|E_{1s}|}{\hbar\omega_\gamma}\right) \tag{23.60}$$

kann der Wirkungsquerschnitt durch die Photonfrequenz ω_γ und die Kernladungszahl Z ausgedrückt werden.

Aus (23.53) folgt $|E_{1s}| \ll \hbar\omega_\gamma$. Damit erhalten wir aus (23.60)

$$k^2 \approx \frac{2m_e\,\omega_\gamma}{\hbar} = \frac{2m_e\,c^2}{\hbar\,c}\,k_\gamma \qquad \Longrightarrow \qquad k \gg k_\gamma$$

Die Folgerung gilt für ein nichtrelativistisches Elektron. Damit vereinfacht sich (23.59) zu

$$\frac{d\sigma}{d\Omega} \approx \frac{32\,e^2}{\omega_\gamma\,m_e\,c}\left(\frac{|E_{1s}|}{\hbar\omega_\gamma}\right)^{5/2} \sin^2\theta\,\cos^2\phi$$

Den totalen Wirkungsquerschnitt erhält man durch Integration über den gesamten Raumwinkel:

$$\sigma = \int d\Omega\,\frac{d\sigma}{d\Omega} = \frac{128\,\pi\,e^2}{3\omega_\gamma\,m_e\,c}\left(\frac{|E_{1s}|}{\hbar\omega_\gamma}\right)^{5/2} = \frac{128\,\pi}{3}\,\frac{e^2}{\hbar c}\,\frac{e^2/a_B}{\hbar\omega_\gamma}\left(\frac{|E_{1s}|}{\hbar\omega_\gamma}\right)^{5/2} a_B^2$$

Die vorgestellte Rechnung gilt näherungsweise auch für K-Schalen-Elektronen in Atomen mit $Z \neq 1$ wie zum Beispiel C, Al, Cu und so weiter. Die charakteristischen Abhängigkeiten

$$\sigma \propto \omega_\gamma^{-7/2} \qquad \text{und} \qquad \sigma \propto Z^5$$

sind im Gültigkeitsbereich (23.53) experimentell bestätigt.

23.12 Variationsrechnung für Wasserstoffatom

Für den Grundzustand des Wasserstoffatoms wird die Versuchswellenfunktion

$$\langle \boldsymbol{r}\,|\,\psi(\alpha)\rangle = \left(\frac{\alpha}{\pi}\right)^{3/4} \exp\left(-\frac{\alpha}{2}\,r^2\right)$$

angesetzt. Vergleichen Sie die daraus resultierende Näherung für die Energie mit dem exakten Wert $\varepsilon_0 = -Z^2 e^2/(2a_B)$; dabei ist $a_B = \hbar^2/(m\,e^2)$ der Bohrsche Radius.

Lösung: Mit der bereits normierten Versuchswellenfunktion berechnen wir den Energieerwartungswert:

$$E(\alpha) = \langle\psi(\alpha)\,|\,\hat{H}\,|\,\psi(\alpha)\rangle = \left\langle\psi(\alpha)\,\middle|\,\frac{\hat{\boldsymbol{p}}^2}{2m} + \hat{V}\,\middle|\,\psi(\alpha)\right\rangle$$

Der Erwartungswert der kinetischen Energie ist

$$\begin{aligned}\left\langle\psi(\alpha)\,\middle|\,\frac{\hat{\boldsymbol{p}}^2}{2m}\,\middle|\,\psi(\alpha)\right\rangle &= \frac{\hbar^2}{2m}\left(\frac{\alpha}{\pi}\right)^{3/2} \int d^3r\,\left|\nabla \exp\left(-\frac{\alpha}{2}\,r^2\right)\right|^2 \\ &= \frac{\hbar^2\alpha^2}{2m}\left(\frac{\alpha}{\pi}\right)^{3/2} \int d^3r\,r^2 \exp\left(-\alpha\,r^2\right) = \frac{3\,\hbar^2\alpha}{4m}\end{aligned}$$

Der Erwartungswert der potenziellen Energie ist

$$\big\langle \psi(\alpha) \,\big|\, \hat{V} \,\big|\, \psi(\alpha) \big\rangle = -Z e^2 \Big(\frac{\alpha}{\pi}\Big)^{3/2} \int d^3r \, \frac{1}{r} \, \exp\big(-\alpha r^2\big) = -2 Z e^2 \sqrt{\frac{\alpha}{\pi}}$$

Damit ist der Energieerwartungswert

$$E(\alpha) = \frac{3\hbar^2 \alpha}{4m} - 2 Z e^2 \sqrt{\frac{\alpha}{\pi}}$$

Das Minimum liegt bei

$$\frac{dE(\alpha)}{d\alpha} = \frac{3\hbar^2}{4m} - \frac{Z e^2}{\sqrt{\pi\,\alpha}} = 0 \qquad \Longrightarrow \qquad \alpha_0 = \frac{1}{\pi}\left(\frac{4m Z e^2}{3\hbar^2}\right)^2 = \frac{1}{\pi}\left(\frac{4Z}{3\,a_{\mathrm{B}}}\right)^2$$

Damit ist $\langle \boldsymbol{r} \,|\, \psi(\alpha_0)\rangle$ die (für den gegebenen Ansatz) bestmögliche Näherung für die Grundzustandswellenfunktion. Der zugehörige Wert der Energie ist

$$E(\alpha_0) = \frac{3\hbar^2}{4\pi m}\left(\frac{4Z}{3a_{\mathrm{B}}}\right)^2 - \frac{2Ze^2}{\pi}\,\frac{4Z}{3a_{\mathrm{B}}} = -\frac{4Z^2e^2}{3\,\pi\, a_{\mathrm{B}}} = \frac{8}{3\pi}\,\varepsilon_0 \approx 0.85\,\varepsilon_0$$

Der Wert $E(\alpha_0)$ ist eine obere Schranke für die tatsächliche Grundzustandsenergie. Er liegt hier etwa 15 % über der exakten Energie.

23.13 Variationsrechnung für sphärischen Oszillator

Für den Grundzustand des sphärischen Oszillators wird die Versuchswellenfunktion

$$\big\langle \boldsymbol{r} \,\big|\, \psi(\alpha) \big\rangle = \frac{\alpha^{3/2}}{\sqrt{8\pi}} \, \exp\Big(-\frac{\alpha}{2}\, r\Big)$$

angesetzt. Vergleichen Sie die daraus resultierende Näherung für die Energie mit dem exakten Wert $\varepsilon_0 = 3\hbar\omega/2$.

Lösung: Mit der bereits normierten Versuchswellenfunktion berechnen wir den Energieerwartungswert:

$$E(\alpha) = \big\langle \psi(\alpha) \,\big|\, \hat{H} \,\big|\, \psi(\alpha) \big\rangle = \left\langle \psi(\alpha) \,\middle|\, \frac{\hat{\boldsymbol{p}}^2}{2m} + \hat{V} \,\middle|\, \psi(\alpha) \right\rangle$$

Der Erwartungswert der kinetischen Energie ist

$$\left\langle \psi(\alpha) \,\middle|\, \frac{\hat{\boldsymbol{p}}^2}{2m} \,\middle|\, \psi(\alpha) \right\rangle = \frac{\hbar^2}{2m}\,\frac{\alpha^3}{8\pi} \int d^3r \, \Big|\, \nabla \exp\big(-\alpha r/2\big) \Big|^2 = \frac{\hbar^2 \alpha^2}{8m}$$

Der Erwartungswert der potenziellen Energie ist

$$\big\langle \psi(\alpha) \,\big|\, \hat{V} \,\big|\, \psi(\alpha) \big\rangle = \frac{m\,\omega^2}{2}\,\frac{\alpha^3}{8\pi} \int d^3r \; r^2 \exp\big(-\alpha r\big) = \frac{6m\,\omega^2}{\alpha^2}$$

Damit ist der Energieerwartungswert

$$E(\alpha) = \frac{\hbar^2 \alpha^2}{8m} + \frac{6m\,\omega^2}{\alpha^2}$$

Das Minimum liegt bei

$$\frac{dE(\alpha)}{d\alpha} = \frac{\hbar^2\alpha}{4m} - \frac{12\, m\omega^2}{\alpha^3} = 0 \qquad \Longrightarrow \qquad \alpha_0^2 = 4\sqrt{3}\,\frac{m\omega}{\hbar}$$

Damit ist $\langle \boldsymbol{r}\,|\,\psi(\alpha_0)\rangle$ die (für den gegebenen Ansatz) bestmögliche Näherung für die Grundzustandswellenfunktion. Der zugehörige Wert der Energie ist

$$E(\alpha_0) = \sqrt{3}\,\hbar\omega \approx 1.73\,\hbar\omega$$

Der Wert $E(\alpha_0)$ ist eine obere Schranke für die tatsächliche Grundzustandsenergie. Er liegt hier etwa 15 % über der exakten Energie.

23.14 Variationsrechnung für Stark-Effekt

Ein Wasserstoffatom wird in ein homogenes elektrisches Feld $\boldsymbol{E} = |\boldsymbol{E}|\,\boldsymbol{e}_z$ gebracht. Als Versuchsfunktion für den Grundzustand wird

$$\big\langle \boldsymbol{r}\,\big|\,\psi(\alpha)\big\rangle = \frac{\big(1+\alpha\, r\,\cos\theta/a_{\rm B}\big)\,\exp\big(-r/a_{\rm B}\big)}{\sqrt{\pi\, a_{\rm B}^3\,\big(1+\alpha^2\big)}}$$

angesetzt. Dabei ist $a_{\rm B} = \hbar^2/(m\,e^2)$ der Bohrsche Radius. Bestimmen Sie die (mit diesem Ansatz) bestmögliche Näherung für den Grundzustand. Wie hängt die resultierende Grundzustandsenergie von der Feldstärke ab? Vergleichen Sie das Ergebnis mit dem störungstheoretischen Ergebnis (23.7).

Lösung: Mit der bereits normierten Versuchswellenfunktion berechnen wir den Energieerwartungswert

$$E(\alpha) = \big\langle\psi(\alpha)\,\big|\,\hat H\,\big|\,\psi(\alpha)\big\rangle = \Big\langle\psi(\alpha)\,\Big|\,\frac{\hat{\boldsymbol{p}}^2}{2m} - \frac{e^2}{\hat r} + e\,|\boldsymbol{E}|\,\hat z\,\Big|\,\psi(\alpha)\Big\rangle$$

Der Erwartungswert der kinetischen Energie ist

$$\begin{aligned}
\Big\langle\psi(\alpha)\,\Big|\,\frac{\hat{\boldsymbol{p}}^2}{2m}\,\Big|\,\psi(\alpha)\Big\rangle &= \frac{\hbar^2/2m}{\pi\, a_{\rm B}^3\,(1+\alpha^2)}\int d^3r\,\Big|\nabla\Big(1+\alpha\,\frac{r\,\cos\theta}{a_{\rm B}}\Big)\exp\Big(-\frac{r}{a_{\rm B}}\Big)\Big|^2 \\
&= \frac{\hbar^2/2m}{\pi\, a_{\rm B}^5\,(1+\alpha^2)}\int d^3r\,\Big[1+\alpha^2-\frac{2\alpha^2 r}{3\,a_{\rm B}}+\frac{\alpha^2 r^2}{3\,a_{\rm B}^2}\Big]\exp\Big(-\frac{2r}{a_{\rm B}}\Big) \\
&= \frac{\hbar^2}{2m\,a_{\rm B}^2} = \frac{e^2}{2\,a_{\rm B}}
\end{aligned}$$

Ungerade Potenzen von $z = r\,\cos\theta$ tragen im Integral nicht bei (Parität). Die Winkelintegration über $\cos^2\theta$ ergibt $2/3$. Das Ergebnis ist unabhängig von α. Der Erwartungswert des Coulombpotenzials ist

$$\begin{aligned}
\Big\langle\psi(\alpha)\,\Big|-\frac{e^2}{\hat r}\,\Big|\,\psi(\alpha)\Big\rangle &= -\frac{e^2}{\pi\, a_{\rm B}^3\,(1+\alpha^2)}\int d^3r\,\frac{1}{r}\Big(1+\frac{\alpha^2 r^2}{3\,a_{\rm B}^2}\Big)\exp\Big(-\frac{2r}{a_{\rm B}}\Big) \\
&= -\frac{e^2}{2a_{\rm B}}\,\frac{2+\alpha^2}{1+\alpha^2}
\end{aligned}$$

Der Erwartungswert des Beitrags vom elektrischen Feld ist

$$\big\langle \psi(\alpha)\,\big|\, e\,|\boldsymbol{E}|\,\hat{z}\,\big|\,\psi(\alpha)\big\rangle = \frac{e\,|\boldsymbol{E}|}{\pi\, a_{\rm B}^3\,(1+\alpha^2)} \int d^3r\; \frac{2\alpha\, r^2}{3a_{\rm B}}\; \exp\Big(-\frac{2r}{a_{\rm B}}\Big) = e\,|\boldsymbol{E}|\,a_{\rm B}\; \frac{2\alpha}{1+\alpha^2}$$

Damit ist der Energieerwartungswert

$$E(\alpha) = \frac{e^2}{2a_{\rm B}} \left[-\,\frac{1}{1+\alpha^2} + \frac{4\,|\boldsymbol{E}|\,a_{\rm B}^2}{e}\;\frac{\alpha}{1+\alpha^2}\right]$$

Für den minimalen Energieerwartungswert gilt

$$\frac{dE(\alpha)}{d\alpha} = \frac{e^2}{2a_{\rm B}} \left[\frac{2\alpha}{(1+\alpha^2)^2} + \frac{4\,|\boldsymbol{E}|\,a_{\rm B}^2}{e}\;\frac{1-\alpha^2}{(1+\alpha^2)^2}\right] = 0$$

Dies ist eine quadratische Gleichung für α mit der Lösung

$$\alpha_0 = \frac{e}{4\,|\boldsymbol{E}|\,a_{\rm B}^2}\left[1 \overset{(+)}{-} \sqrt{1+\big(4\,|\boldsymbol{E}|\,a_{\rm B}^2/e\big)^2}\;\right]$$

Nur die Lösung mit dem Minuszeichen gehört zu einem Minimum. Hierfür ist die Energie

$$E(\alpha_0) = -\,\frac{e^2}{4a_{\rm B}}\left[1 + \sqrt{1+\big(4\,|\boldsymbol{E}|\,a_{\rm B}^2/e\big)^2}\;\right]$$

Dieser Näherungsausdruck ist eine obere Schranke für die Grundzustandsenergie in Abhängigkeit von der elektrischen Feldstärke $|\boldsymbol{E}|$. Im Allgemeinen gilt $|\boldsymbol{E}|\,a_{\rm B}^2/e \ll 1$, so dass wir entwickeln können:

$$\alpha_0 \approx -\,\frac{2|\boldsymbol{E}|\,a_{\rm B}^2}{e}\,, \qquad E(\alpha_0) \approx -\,\frac{e^2}{2a_{\rm B}} - 2\,a_{\rm B}^3\,|\boldsymbol{E}|^2$$

Damit wird der *quadratische Stark-Effekt* beschrieben. In der Störungstheorie haben wir anstelle des Faktors 2 im letzten Term den Faktor 2.25 erhalten (in 2. Ordnung Störungstheorie und unter Vernachlässigung der Kontinuumsbeiträge).

23.15 Ladungsformfaktor in Bornscher Näherung

Die Wechselwirkung zwischen einem Elektron und einem Atomkern wird durch das Potenzial

$$V(\boldsymbol{r}) = -\,e\,\Phi(\boldsymbol{r}) = -\,e\int d^3r'\;\frac{\varrho(\boldsymbol{r}')}{|\boldsymbol{r}-\boldsymbol{r}'|} \tag{23.61}$$

beschrieben, wobei $\varrho(\boldsymbol{r})$ die Ladungsverteilung des Atomkerns (Z Protonen) ist. Der Zusammenhang zwischen dem elektrostatischen Potenzial $\Phi(\boldsymbol{r})$ und ϱ kann auch durch die Poisson-Gleichung $\Delta\,\Phi(\boldsymbol{r}) = -4\pi\,\varrho(\boldsymbol{r})$ ausgedrückt werden.

Berechnen Sie den Streuquerschnitt für die Streuung eines Elektrons am Atomkern in 1. Bornscher Näherung. Zeigen Sie, dass das Resultat von folgender Form ist:

$$\frac{d\sigma}{d\Omega} = \left(\frac{d\sigma}{d\Omega}\right)_{\rm R}\; F(\boldsymbol{q})^2 \tag{23.62}$$

Hierbei ist $(d\sigma/d\Omega)_{\mathrm{R}}$ der Rutherford-Wirkungsquerschnitt, $F(\boldsymbol{q})$ ist die Fouriertransformierte der Funktion $\varrho(\boldsymbol{r})/(Ze)$, und $\hbar\boldsymbol{q} = \hbar\boldsymbol{k}' - \hbar\boldsymbol{k}$ ist der Impulsübertrag. Führen Sie dazu eine Fouriertransformation für die Poisson-Gleichung durch. Geben Sie den Ladungsformfaktor $F(\boldsymbol{q}) = F(q)$ für eine kugelsymmetrische Ladungsverteilung $\varrho(\boldsymbol{r}) = \varrho(r)$ an. Entwickeln Sie $F(q)$ für kleine Impulsüberträge bis zur Ordnung q^2. Drücken Sie das Ergebnis durch den mittleren quadratischen Radius der Ladungsverteilung aus.

Der experimentelle Wirkungsquerschnitt für die Elektron-Proton-Streuung kann für nicht allzu große Impulsüberträge durch (23.62) mit

$$F(q) \approx \frac{1}{(1 + q^2/\alpha^2)^2} \qquad \text{mit} \qquad \alpha \approx 4.3\,\mathrm{fm}^{-1} \tag{23.63}$$

beschrieben werden. Berechnen Sie hieraus die Ladungsverteilung des Protons und den mittleren quadratischen Radius.

Lösung: In 1. Bornscher Näherung ist der differenzielle Streuquerschnitt

$$\frac{d\sigma}{d\Omega} = \left(\frac{m}{2\pi\hbar^2}\right)^2 \left|\tilde{V}(\boldsymbol{q})\right|^2, \qquad \tilde{V}(\boldsymbol{q}) = \int d^3r\; V(\boldsymbol{r})\, \exp(-\mathrm{i}\,\boldsymbol{q}\cdot\boldsymbol{r}) \tag{23.64}$$

durch die Fouriertransformierte $\tilde{V}(\boldsymbol{q})$ des Potenzials gegeben. Der Impulsübertrag $\hbar\boldsymbol{q} = \hbar(\boldsymbol{k}' - \boldsymbol{k})$ hängt über $q = |\boldsymbol{q}| = 2k\sin(\theta/2)$ mit dem Streuwinkel θ zusammen. Das Potenzial $V(\boldsymbol{r})$ genügt der Poissongleichung

$$\Delta V(\boldsymbol{r}) = -e\,\Delta\Phi(\boldsymbol{r}) = 4\pi e\,\varrho(\boldsymbol{r})$$

Die Fouriertransformation dieser Gleichung ergibt

$$\tilde{V}(\boldsymbol{q}) = -\frac{4\pi Z e^2}{q^2}\, F(\boldsymbol{q}) \qquad \text{mit} \qquad F(\boldsymbol{q}) = \int d^3r\; \frac{\varrho(\boldsymbol{r})}{Ze}\, \exp(-\mathrm{i}\,\boldsymbol{q}\cdot\boldsymbol{r})$$

Damit ist $F(\boldsymbol{q})$ die Fouriertransformierte der auf 1 normierten Ladungsverteilung. Wir setzen dies in (23.64) ein und erhalten

$$\frac{d\sigma}{d\Omega} = \left(\frac{2mZe^2}{\hbar^2 q^2}\right)^2 \left|F(\boldsymbol{q})\right|^2 = \left(\frac{d\sigma}{d\Omega}\right)_{\mathrm{R}} \left|F(\boldsymbol{q})\right|^2$$

Der Vorfaktor ist der Rutherford-Wirkungsquerschnitt, denn für die Punktladung $\varrho(\boldsymbol{r}) = Ze\,\delta(\boldsymbol{r})$ gilt $F(\boldsymbol{q}) = 1$. Die Abweichung des experimentellen Wirkungsquerschnitts vom Rutherfordwert bestimmt den Ladungsformfaktor $F(\boldsymbol{q})$. Die Fourierrücktransformation führt dann zur Ladungsverteilung:

$$\varrho(\boldsymbol{r}) = \frac{Ze}{(2\pi)^3} \int d^3q\; F(\boldsymbol{q})\, \exp(\mathrm{i}\,\boldsymbol{q}\cdot\boldsymbol{r}) \tag{23.65}$$

Die Streuung hochenergetischer Elektronen ($\varepsilon \gg \varepsilon_{\mathrm{at}}$) ist eine Standardmethode zur Bestimmung der Ladungsverteilung von Atomkernen. Für eine kugelsymmetrische Ladungsverteilung kann die Winkelintegration ausgeführt werden:

$$F(q) = \frac{4\pi}{q} \int_0^\infty dr\; r\, \frac{\varrho(r)}{Ze}\, \sin(qr) \tag{23.66}$$

Für eine auf $r \leq R$ begrenzte Ladungsverteilung und für kleine Impulsüberträge $q\,R \ll 1$ entwickeln wir den Sinus:

$$F(q) \overset{(qR\ll 1)}{=} 4\pi \int_0^\infty dr\, r^2\, \frac{\varrho(r)}{Ze} \left(1 - \frac{q^2 r^2}{6} \pm \ldots\right) = 1 - \frac{1}{6}\,\langle r^2\rangle\, q^2 \pm \ldots$$

Da die Gesamtladung Ze ist, gilt $F(0) = 1$. Der mittlere quadratische Radius der Ladungsverteilung

$$\langle r^2\rangle = \frac{4\pi}{Ze} \int_0^\infty dr\, r^4\, \varrho(r) \tag{23.67}$$

kann am Verhalten des Formfaktor bei kleinen q abgelesen werden.

Für den Protonformfaktor (23.63) berechnen wir noch die Ladungsverteilung nach (23.65) mit $Z = 1$. Der Formfaktor wird eingesetzt und die Winkelintegration ausgeführt:

$$\begin{aligned}\varrho(r) &= \frac{e}{2\pi^2 r} \int_0^\infty dq\, q\, F(q)\, \sin(qr) = \frac{e}{2\pi^2 r} \int_0^\infty dq\, \frac{q\, \sin(qr)}{(1 + q^2/\alpha^2)^2} \\ &= e\, \frac{\alpha^3}{8\pi}\, \exp(-\alpha r)\end{aligned}$$

Das Resultat ist eine exponentielle Verteilung mit der Gesamtladung $+e$. Der mittlere quadratische Radius kann gemäß (23.67) berechnet oder direkt aus dem Formfaktor gewonnen werden:

$$F(q) = \frac{1}{(1 + q^2/\alpha^2)^2} \overset{(q\ll\alpha)}{=} 1 - \frac{2}{\alpha^2}\, q^2 \pm \ldots \overset{!}{=} 1 - \frac{1}{6}\,\langle r^2\rangle\, q^2 \pm \ldots$$

Der Vergleich ergibt

$$\langle r^2\rangle = \frac{12}{\alpha^2} \approx \big(0.8\,\mathrm{fm}\big)^2$$

ein Proton mit einem Radius von etwa 1 fm.

24 Mehrteilchensysteme

Wir untersuchen die quantenmechanische Beschreibung eines Systems aus vielen Teilchen, die wir als Fermionen oder Bosonen klassifizieren. Für Fermionen gilt das Pauliprinzip. Das ideale Fermigas ist der Ausgangspunkt für die Behandlung vieler Systeme. Dazu gehören die Elektronen in einem Atom, Molekül, Metall, Weißen Zwerg, und die Nukleonen in einem Atomkern. Für Moleküle wird die Born-Oppenheimer-Näherung eingeführt.

Ideales Fermigas

Ein System von N gleichartigen Teilchen werde durch den Hamiltonoperator

$$H = H(1, 2, ..., N) = \sum_{\nu=1}^{N} \Big(-\frac{\hbar^2}{2m}\,\Delta_\nu + U(\boldsymbol{r}_\nu) \Big) + \sum_{\nu=2}^{N} \sum_{\mu=1}^{\nu-1} V(\boldsymbol{r}_\nu, \boldsymbol{r}_\mu) \qquad (24.1)$$

beschrieben. Für Elektronen im Atom ist $U = -Ze^2/r$ das zentrale Coulombpotenzial des Kerns und $V(\boldsymbol{r}_\nu, \boldsymbol{r}_\mu) = e^2/|\boldsymbol{r}_\nu - \boldsymbol{r}_\mu|$ die Coulombwechselwirkung der Elektronen untereinander. Die Doppelsumme über ν und μ ist so beschränkt, dass der Wechselwirkungsterm für die Teilchen ν und μ genau einmal auftritt.

Der Hamiltonoperator vertauscht mit dem Permutationsoperator $P_{\nu\mu}$, der alle Koordinaten der Teilchen ν und μ vertauscht. Wegen $(P_{\nu\mu})^2 = 1$ sind die Eigenwerte λ von $P_{\nu\mu}$ auf ± 1 beschränkt. In der Natur ist für bestimmte Teilchen jeweils nur der symmetrische ($\lambda = 1$) oder nur der antisymmetrische Fall ($\lambda = -1$) verwirklicht. Die antisymmetrische Lösung gilt für *Fermionen*; dies sind alle Teilchen mit halbzahligem Spin ($s = 1/2, 3/2, \ldots$), insbesondere Elektronen und Nukleonen. Die symmetrische Wellenfunktion gilt dagegen für *Bosonen*; dies sind alle Teilchen mit ganzzahligem Spin ($s = 0, 1, \ldots$), zum Beispiel ^{4}He-Atome oder π-Mesonen.

Die Symmetrie gilt für den Austausch zweier beliebiger Teilchen. Die Wellenfunktion für Fermionen muss daher *total antisymmetrisch* sein, die für Bosonen *total symmetrisch*.

Im Folgenden beschränken wir uns auf Elektronen und Nukleonen. Dies sind Teilchen mit Spin 1/2, also Fermionen. In der Näherung des *idealen Gases* vernachlässigen wir die Wechselwirkung zwischen den Teilchen, so dass (24.1) zu einer Summe von Einteilchen-Hamiltonoperatoren wird:

$$H \approx H_{\rm IG} = \sum_{\nu=1}^{N} H_0(\nu) = \sum_{\nu=1}^{N} \Big(-\frac{\hbar^2}{2m}\,\Delta_\nu + U(\boldsymbol{r}_\nu) \Big) \qquad (24.2)$$

Der Hamiltonoperator $H_0(\nu)$ bezieht sich auf ein einzelnes Teilchen. Seine Eigenfunktionen seien $\psi_a(\nu)$, wobei a für alle Quantenzahlen steht (zum Beispiel n, l, m und s, s_z). Eine total antisymmetrische Wellenfunktion lässt sich nun in der Form der sogenannten *Slater-Determinante*

$$\Psi = \frac{1}{\sqrt{N!}} \sum_{\hat{P}} (-)^P \, \hat{P} \, \psi_{a_1}(1) \, \psi_{a_2}(2) \cdot \ldots \cdot \psi_{a_N}(N) = \mathcal{A} \prod_{\nu=1}^{N} \psi_{a_\nu}(\nu) \qquad (24.3)$$

schreiben. Der Operator $\hat{P}$ bewirkt eine Permutation der N Teilchenkoordinaten. Die Summe läuft über *alle* Permutationen; das Vorzeichen $(-)^P$ ist $+1$ für gerade und -1 für ungerade Permutationen; der Vorfaktor $1/\sqrt{N!}$ sorgt für die Normierung auf 1. Der Operator, der aus dem einfachen Produktzustand die Slater-Determinante macht, wird als *Antisymmetrisierungsoperator* $\mathcal{A}$ bezeichnet.

Wenn zwei Teilchen in (24.3) im selben Einteilchenzustand sind (also $a_\nu = a_\mu$ für $\nu \neq \mu$), dann ist $\Psi \equiv 0$. Dies ist die Aussage des *Pauliprinzips*: Ein Einteilchenzustand kann maximal mit einem Fermion besetzt sein.

In (24.3) kann man nicht mehr sagen, in welchem Einteilchenzustand das Teilchen ν ist; denn die Teilchenkoordinate ν tritt ja in jeder Funktion ψ_{a_μ} auf. Der Zustand $|\Psi\rangle$ ist vielmehr vollständig festgelegt durch die Angabe der besetzten Niveaus:

$$|\Psi\rangle = |a_1, a_2, a_3, ..., a_N\rangle := \Psi(1, 2, 3, ..., N) \qquad (24.4)$$

Da wir nicht mehr sagen können, welches Teilchen in welchem Niveau ist, bezeichnen wir die Teilchen als *ununterscheidbar* oder *identisch*.

Im Volumen V des betrachteten Systems seien N Fermionen. Für eine grobe Abschätzung gehen wir davon aus, dass jedes einzelne Teilchen auf ein Volumen der Größe V/N beschränkt wird, damit das Pauliprinzip erfüllt ist. Wegen der quantenmechanischen Unschärfe bedingt diese räumliche Beschränkung Impulse der Größe

$$\overline{p} \approx \frac{\hbar}{(V/N)^{1/3}} \qquad (24.5)$$

In einer genaueren Behandlung bestimmt man die Einteilchenniveaus. Im Grundzustand werden dann die Teilchen sukzessive unter Beachtung des Pauliprinzips in die untersten Niveaus gefüllt. Dadurch ergibt sich eine Grenze zwischen besetzten (unteren) und unbesetzten (oberen) Zuständen. Diese Grenze ist durch den *Fermiimpuls* $p_\text{F} \sim \overline{p}$ oder die *Fermienergie* ε_F gegeben. Wir geben die Größenordnung der Fermienergie und der zugehörigen Längenskala $(V/N)^{1/3}$ für einige Fälle an:

$$\varepsilon_\text{F} = \frac{p_\text{F}^2}{2m} \approx \left\{ \begin{array}{ll} 5\,\text{eV} & \text{Atom, Metall } (10^{-8}\,\text{cm}) \\ 35\,\text{MeV} & \text{Atomkern } (10^{-13}\,\text{cm}) \\ 0.5\,\text{MeV} & \text{Weißer Zwerg } (10^{-11}\,\text{cm}) \end{array} \right. \qquad (24.6)$$

Aus der Volumenabhängigkeit $\overline{\varepsilon} \propto V^{-2/3}$ der mittleren Einteilchenenergie folgen auch die *Inkompressibilität* und die *Undurchdringbarkeit* gewöhnlicher Materie. Der Grund hierfür ist die Kombination aus Unschärferelation und Pauliprinzip.

Schalenmodell des Atomkerns

Durch die starke Wechselwirkung sind die Nukleonen im Atomkern gebunden. In einer einfachen Näherung kann das mittlere Bindungspotenzial durch ein Oszillatorpotenzial U in (24.2) angenähert werden.

Die niedrigsten Einteilchenzustände im Oszillatorpotenzial sind: 1s zur Energie $3\hbar\omega/2$, 1p zu $5\hbar\omega/2$ und 2s, 1d zu $7\hbar\omega/2$. Da es Protonen und Neutronen mit jeweils zwei Spineinstellungen gibt, passen 4 Nukleonen in jedes Ortsniveau. Damit gibt es abgeschlossene Schalen für

$$\begin{aligned} \big|{}^{4}\text{He}\big\rangle &= \big|(1\text{s})^4\big\rangle, \qquad \big|{}^{16}\text{O}\big\rangle = \big|(1\text{s})^4\,(1\text{p})^{12}\big\rangle \\ \big|{}^{40}\text{Ca}\big\rangle &= \big|(1\text{s})^4\,(1\text{p})^{12}\,(2\text{s})^4\,(1\text{d})^{20}\big\rangle \end{aligned} \tag{24.7}$$

Abgeschlossene Schalen sollten (analog zu den Edelgasen) besonders stabilen Kernen entsprechen. Die Protonen- und Neutronenzahlen der Kerne, deren experimentelle Bindungsenergie besonders groß ist, heißen *magische Zahlen*; es sind 2, 8, 20, 28, 50, 82 und 127. Das Oszillatormodell (24.7) kann die unteren magischen Zahlen 2, 8 und 20 erklären. Die höheren magischen Zahlen kann man reproduzieren, wenn man eine starke Spin-Bahn-Wechselwirkung einführt, Aufgabe 23.6. Außerdem müsste noch die Coulombwechselwirkung berücksichtigt werden. Sie führt dazu, dass schwere Kerne mehr Neutronen als Protonen enthalten.

Schalenmodell des Atoms

Für die Elektronen in einem Atom können wir als erste Näherung die Einteilchenzustände (20.47) mit (20.46) verwenden. Die Näherung des Schalenmodells (24.2) besteht in der Vernachlässigung der Elektron-Elektron-Wechselwirkung.

Die niedrigsten Einteilchenzustände im Coulombpotenzial des Kerns sind 1s zu ε_1, 2s und 2p zu ε_2 und 3s, 3p, 3d zu ε_3. Wegen der beiden Spineinstellungen passen 2 Elektronen in jedes Ortsniveau. Damit kann man folgende abgeschlossene Schalen konstruieren:

$$\begin{aligned} \big|\text{He}, Z = 2\big\rangle &= \big|(1\text{s})^2\big\rangle, \qquad \big|\text{Ne}, Z = 10\big\rangle = \big|(1\text{s})^2\,(2\text{s})^2\,(2\text{p})^6\big\rangle \\ \big|\text{Ar}, Z = 18\big\rangle &= \big|(1\text{s})^2\,(2\text{s})^2\,(2\text{p})^6\,(3\text{s})^2\,(3\text{p})^6\big\rangle \end{aligned} \tag{24.8}$$

Zu einer vollen $n = 3$ Schale fehlen noch die zehn 3d-Elektronen. Tatsächlich kommt es hier zu Verschiebungen durch die Elektron-Elektron-Wechselwirkungen. Auch die Spin-Bahn-Kopplung muss in einer genaueren Betrachtung berücksichtigt werden. Die angegebenen Konfigurationen erklären das Prinzip des Schalenmodells und konkret die Stabilität der Edelgase Helium, Neon und Argon.

Die Elektronenkonfigurationen sind auch der Ausgangspunkt bei der Erklärung der chemischen Bindungen. So gibt das Natriumatom ($Z = 11$, abgeschlossene Schale plus 1 Elektron) „gern“ ein Elektron ab, während das Chloratom ($Z = 17$, abgeschlossene Schale abzüglich 1 Elektron) „gern“ ein Elektron aufnimmt. Dies führt zur chemischen Bindung von NaCl (Kochsalz).

Heliumatom

Der Hamiltonoperator für die beiden Elektronen in einem Heliumatom lautet

$$H_{\text{Helium}} = \underbrace{\sum_{\nu=1}^{2} \left(-\frac{\hbar^2}{2\,m_{\text{e}}}\,\Delta_\nu - \frac{2\,e^2}{r_\nu} \right)}_{H_{\text{SM}} \,=\, H_0(1) \,+\, H_0(2)} + \underbrace{\frac{e^2}{|\boldsymbol{r}_1 - \boldsymbol{r}_2|}}_{V(1,\,2)} \tag{24.9}$$

Die Eigenfunktionen zu H_0 schreiben wir in der Form $\psi_{nlm}(\boldsymbol{r})\,|\,s\,s_z\rangle$. Wir müssen nun ein antisymmetrisches Produkt aus zwei solchen Zuständen bilden. Dazu koppeln wir zunächst die Spins zu $|\,S,\,M\,\rangle$, (22.35). Wenn beide Elektronen im untersten 1s Niveau sind, dann ist der Ortsanteil symmetrisch. Der Spinzustand muss dann antisymmetrisch sein:

$$\Psi_{00}(1,2) = \psi_{100}(\boldsymbol{r}_1)\;\psi_{100}(\boldsymbol{r}_2)\;\big|\,S = 0,\,M = 0\big\rangle \tag{24.10}$$

Die niedrigste Anregung ergibt sich, wenn ein Elektron im 1s-Zustand ist, und das zweite im 2s- oder 2p-Zustand. Hierfür können wir folgende antisymmetrische Zustände bilden:

$$\Psi_{SM}(1,2) = \frac{\psi_{100}(\boldsymbol{r}_1)\;\psi_{2lm}(\boldsymbol{r}_2) \pm \psi_{100}(\boldsymbol{r}_2)\;\psi_{2lm}(\boldsymbol{r}_1)}{\sqrt{2}}\;\big|\,SM\big\rangle \tag{24.11}$$

Das Pluszeichen gilt für $S = 0$, das Minuszeichen für $S = 1$. Die hier angegebenen Zustände sind Eigenzustände zu H_{SM} in (24.9). Die Wechselwirkung $V(1,2)$ kann nun in 1. Ordnung Störungstheorie berücksichtigt werden, Aufgabe 24.4.

Metall

Für die freien Elektronen im Metall kann man in (24.2) ein Kastenpotenzial annehmen, also $U = 0$ innerhalb des Festkörpers und $U = \infty$ außerhalb. Die Energieeigenwerte in diesem Potenzial sind praktisch kontinuierlich. Der Grundzustand ergibt sich durch das Auffüllen aller Niveaus unterhalb der Fermigrenze $\varepsilon = \varepsilon_{\text{F}}$. Da die Einteilchenenergien dicht liegen, sind Anregungen des Systems mit beliebig kleiner Energie möglich. Im Gegensatz dazu gibt es bei einem Isolator eine Lücke (etwa von einigen Elektronenvolt) zwischen den besetzten und den unbesetzten Zuständen. Damit erfordern Anregungen eine Mindestenergie.

Bei Zimmertemperatur ist die Energie pro Freiheitsgrad klein gegenüber der Fermienergie, $k_{\text{B}}T \ll \varepsilon_{\text{F}}$. Daher wird nur etwa der Bruchteil $k_{\text{B}}T/\varepsilon_{\text{F}}$ aller N Elektronen thermisch angeregt. Dies führt zu einer Energie $E(T)$ der Form

$$E(T) \approx N\,\frac{k_{\text{B}}T}{\varepsilon_{\text{F}}}\,k_{\text{B}}T, \qquad C_V = \frac{dE}{dT} = \gamma\,T \tag{24.12}$$

Die Elektronen liefern damit einen in der Temperatur linearen Beitrag zur spezifischen Wärme (Kapitel 29).

Weißer Zwerg

In einem Stern wird Wasserstoff zu Helium verbrannt. Dies führt schließlich zu einer relativ kalten Ansammlung von Heliumatomen. Ein solcher Stern wird unter dem Einfluss der Gravitation so stark komprimiert, dass die Atomhüllen der Heliumatome zerquetscht werden. Es entsteht eine Elektronensuppe mit positiven He-Kernen. Ein Sterngleichgewicht ist möglich, wenn der Fermidruck der Elektronen dem Gravitationsdruck die Waage hält. Dieser Sterntyp heißt *Weißer Zwerg*.

Wenn die Elektronen die untersten Niveaus besetzen, dann haben sie nach (24.5) Impulse der Größe $\overline{p} \approx N^{1/3}\,\hbar/R$, wobei R der Sternradius ist. Die Einteilchenenergien sind $\varepsilon = \overline{p}^2/2m_\mathrm{e}$ (nichtrelativistisch) oder $\varepsilon = c\,\overline{p}$ (hochrelativistisch). Dementsprechend lautet die Energie der Fermibewegung der N Elektronen:

$$E_\mathrm{kin} \approx N\,\frac{\overline{p}^2}{2\,m_\mathrm{e}} \approx \frac{N^{5/3}\,\hbar^2/m_\mathrm{e}}{R^2} \qquad \text{oder} \qquad E_\mathrm{kin} \approx Nc\,\overline{p} \approx \frac{N^{4/3}\,\hbar c}{R} \tag{24.13}$$

Die Gravitationsenergie ist von der Größe $E_\mathrm{grav} \approx -GM^2/R$. Dabei ist $M \approx 2N m_\mathrm{N}$ die Masse des Sterns (2 Nukleonen mit m_N pro Elektron), und G ist die Gravitationskonstante.

Im nichtrelativistischen Fall führen das repulsive $E_\mathrm{kin} \propto 1/R^2$ und das attraktive $E_\mathrm{grav} \approx -1/R$ zu dem stabilen Gleichgewichtszustand des Weißen Zwergs. Mit zunehmender Masse steigt die Kompression, und die Impulse der Elektronen werden zwangsläufig relativistisch. Dann steht dem attraktiven $E_\mathrm{grav} \approx -1/R$ nur noch ein repulsives $E_\mathrm{kin} \propto 1/R$ gegenüber. Eine notwendige Bedingung für die Stabilität des Sterns ist dann, dass der Koeffizient beim repulsiven Term größer ist als der beim attraktiven Term. Dies führt zu der Bedingung

$$M < M_\mathrm{C} = m_\mathrm{N}\left(\frac{\hbar c}{G\,m_\mathrm{N}^2}\right)^{3/2} \approx 1.8\,M_\odot \tag{24.14}$$

Die Masse M_C ist die berühmte *Chandrasekhar-Grenzmasse*. Reale Weiße Zwerge haben Massen von der Größe der Sonnenmasse. In Sternen mit kleinerer Masse kommt es nicht zur Zündung der Fusion; sie können sich daher nicht zu einem Weißen Zwerg aus Helium entwickeln.

Molekül

Wir diskutieren die Molekülbindung am Beispiel des Wasserstoffmoleküls H_2. Das System besteht aus zwei Protonen (Koordinaten $\boldsymbol{R}_1$ und $\boldsymbol{R}_2$, Relativkoordinate $\boldsymbol{R}$, reduzierte Masse $m = m_\mathrm{p}/2$) und zwei Elektronen (Koordinaten $\boldsymbol{r}_1$ und $\boldsymbol{r}_2$). Der Hamiltonoperator (ohne Schwerpunktanteil) lautet

$$H = -\frac{\hbar^2}{m_\mathrm{p}}\,\Delta_{\boldsymbol{R}} + \frac{e^2}{R}\;\underbrace{-\frac{\hbar^2}{2m_\mathrm{e}}\sum_{\nu=1}^{2}\Delta_{\boldsymbol{r}_\nu} + \frac{e^2}{|\boldsymbol{r}_1-\boldsymbol{r}_2|} - \sum_{\nu=1}^{2}\sum_{k=1}^{2}\frac{e^2}{|\boldsymbol{r}_\nu-\boldsymbol{R}_k|}}_{=\,H_\mathrm{el}} \tag{24.15}$$

Wegen $M \gg m_e$ bewegen sich die Kerne viel langsamer als die Elektronen. Daher betrachten wir zunächst die Elektronenbewegung für ruhende Kerne; das heißt, wir bestimmen die Lösungen von H_{el} mit $\boldsymbol{R}_k = \text{const}$. Danach ersetzen wir H_{el} in (24.15) durch den Erwartungswert $\langle H_{el} \rangle$ bezüglich der Elektronenwellenfunktionen. Die Größe $\langle H_{el} \rangle$ ergibt dann einen Beitrag zum Potenzial $V(R)$ zwischen den Kernen. Diese *Born-Oppenheimer-Näherung* kann leicht auf mehratomige Moleküle verallgemeinert werden.

Als Ansatz für den Grundzustand betrachten wir die folgenden beiden Möglichkeiten für die Elektronenwellenfunktion

$$\Psi_{\text{el},\boldsymbol{R}} = \begin{cases} C\,\psi_0(\boldsymbol{r}_1)\,\psi_0(\boldsymbol{r}_2)\,|00\rangle & \text{(MO)} \\ C\left(\psi^-_{100}(\boldsymbol{r}_1)\,\psi^+_{100}(\boldsymbol{r}_2) + \psi^-_{100}(\boldsymbol{r}_2)\,\psi^+_{100}(\boldsymbol{r}_1)\right)|00\rangle & \text{(HL)} \end{cases} \tag{24.16}$$

Hierbei haben wir das Molekülorbital (MO) $\psi_0 \propto \psi^+_{100} + \psi^-_{100}$ eingeführt. Die $\psi^\pm_{100}$ sind die 1s Zustände bei einem der beiden Protonen. Das naheliegende Produkt $\psi_0(\boldsymbol{r}_1)\,\psi_0(\boldsymbol{r}_2)$ enthält Komponenten der Form $\psi^+_{100}(\boldsymbol{r}_1)\,\psi^+_{100}(\boldsymbol{r}_2)$, für die beide Elektronen beim selben Proton lokalisiert sind. Dies ist wegen der abstoßenden Elektron-Elektron-Wechselwirkung energetisch ungünstig. Der von Heitler und London (HL) eingeführte Ansatz (zweite Zeile) vermeidet diese Schwierigkeit, ohne die energieabsenkende Verteilung der Elektronen auf ψ^+_{100} und ψ^-_{100} aufzugeben.

Im zweiten Schritt der Born-Oppenheimer-Näherung ersetzen wir nun H_{el} durch seinen Erwartungswert. Damit ergibt sich aus (24.15) das Atom-Atom-Potenzial

$$V(R) = \frac{e^2}{R} + \left\langle \Psi_{\text{el},\boldsymbol{R}} \,\middle|\, H_{el} \,\middle|\, \Psi_{\text{el},\boldsymbol{R}} \right\rangle - E_{el}(\infty) \tag{24.17}$$

Hierbei ist $E_{el}(\infty) = -27.2\,\text{eV}$ die Summe der Bindungsenergien in zwei neutralen Wasserstoffatomen. Das HL-Potenzial hat ein Minimum bei $-3.14\,\text{eV}$ und $R = 0.85\,\text{Å}$. Im Bereich dieses Minimums hat (24.17) einen gebundenen Grundzustand $\Phi_0(R)$ für die Relativbewegung. Die Wellenfunktion der beiden Protonen ist damit von der Form (ohne Schwerpunktbewegung):

$$\Psi_K(1,2) = \Phi_0\,Y_{LM}\,|SS_z\rangle \tag{24.18}$$

Die Quantenzahl L beschreibt Rotationszustände. Der Austausch der beiden Protonen ergibt das Vorzeichen $(-)^{L+S+1}$. Da Protonen Fermionen sind, muss $L + S$ gerade sein:

$$\begin{array}{lll} S = 0: & L = 0, 2, 4, \ldots & \text{(Parawasserstoff)} \\ S = 1: & L = 1, 3, 5, \ldots & \text{(Orthowasserstoff)} \end{array} \tag{24.19}$$

Bei sehr tiefen Temperaturen ist Parawasserstoff der Gleichgewichtszustand. Wegen der geringen Wechselwirkung der Kernspins dauert die Umwandlung zwischen Para- und Orthowasserstoff aber relativ lang. Da für Ortho- und Parawasserstoff jeweils nur bestimmte Energieniveaus (L-Werte) möglich sind, hängt die makroskopisch messbare spezifische Wärme von diesem Mischungsverhältnis ab.

Aufgaben

24.1 Schalenmodell des Atomkerns

Der Hamiltonoperator

$$\hat{H} = \sum_{\nu=1}^{A} \left(\frac{\hat{\boldsymbol{p}}_\nu^{\,2}}{2\, m_\mathrm{N}} + \frac{m_\mathrm{N}}{2}\, \omega^2\, \hat{\boldsymbol{r}}_\nu^{\,2} \right) \tag{24.20}$$

definiert ein einfaches Schalenmodell des Kerns. Es werden Kerne mit gleich vielen Protonen und Neutronen ($N = Z = A/2$) betrachtet. Die Kerne sollen doppelt magisch sein, das heißt die Oszillatorschalen sind vollständig voll oder leer. Bestimmen Sie die Grundzustandsenergie $E_0(A)$ solcher Kerne, und berechnen Sie ihren mittleren quadratischen Radius

$$\langle r^2 \rangle_A = \Big\langle \Psi_0(A) \Big|\, \frac{1}{A} \sum_{\nu=1}^{A} \hat{r}_\nu^{\,2} \,\Big|\, \Psi_0(A) \Big\rangle \tag{24.21}$$

Verwenden Sie dazu den Virialsatz aus Aufgabe 20.16. Wie verhält sich $\langle r^2 \rangle^{1/2}$ als Funktion von A für große A? Atomkerne haben eine näherungsweise konstante Massendichte und die empirischen Radien

$$R_A \approx r_0\, A^{1/3} \qquad \text{mit} \qquad r_0 = 1.2\,\mathrm{fm} \tag{24.22}$$

Wie muss $\omega = \omega(A)$ gewählt werden, damit der experimentelle mittlere quadratische Radius reproduziert wird?

Lösung: Die Einteilchenfunktionen

$$\psi_{a_\nu}(\nu) = \langle \nu \,|\, a_\nu \rangle\,, \qquad |\, a_\nu \rangle = |\, n_\nu\, l_\nu\, m_\nu\, \sigma_\nu\, \tau_\nu \rangle$$

für die $\nu = 1, 2, 3, \ldots, A$ Nukleonen werden durch die Oszillatorquantenzahlen n, l, m, die Spinquantenzahl $\sigma = \pm 1/2$ für up und down, und die Isospinquantenzahl $\tau = \pm 1/2$ für p oder n spezifiziert. Aus diesen Einteilchenzuständen wird der antisymmetrisierte Produktzustand (24.3) gebildet, den wir hier in folgender Form schreiben:

$$\big|\, \Psi_0(A) \big\rangle = \mathcal{A}\, |\, a_1 \rangle_1\, |\, a_2 \rangle_2\, |\, a_3 \rangle_3\, \ldots\, |\, a_A \rangle_A \tag{24.23}$$

Der Einteilchenzustand $|\, a_1 \rangle_1$ steht für $\psi_{a_1}(1)$ und so weiter. Die Antisymmetrisierung garantiert das Pauliprinzip: Jeder voll spezifizierte Zustand kann maximal mit 1 Nukleon besetzt werden. Wir suchen nun den Grundzustand, also den energetisch niedrigsten Zustand. Dazu sind die A Nukleonen von unten in die Niveaus einzufüllen. In einen Oszillatorzustand n, l, m passen genau 4 Nukleonen (up und down, p und n, der Terminus Isospin ist für diese Aufgabe verzichtbar). Für doppelt magische Kerne gibt es nur vollständig gefüllte Oszillatorschalen. Wir bezeichnen die Hauptquantenzahl der obersten besetzten Oszillatorschale mit n_F (F steht für Fermi). Dann gelten $n \le n_\mathrm{F}$, $l = 0, 2, \ldots, n$ für gerades n und $l = 1, 3, \ldots, n-1$ für ungerades n, und jeweils $m = -l, \ldots, l$. Damit berechnen wir die Gesamtanzahl A der Nukleonen bei gegebener maximaler Hauptquantenzahl:

$$A = 4 \sum_{n=0}^{n_\mathrm{F}} M_n = 4 \binom{n_\mathrm{F}+3}{3} = \frac{2}{3}\, (n_\mathrm{F}+1)\, (n_\mathrm{F}+2)\, (n_\mathrm{F}+3)$$

Der Ausdruck für $\sum_n M_n$ wurde in (18.52) abgeleitet und dort im Einzelnen erklärt (der Entartungsgrad hängt natürlich nicht davon ab, ob kartesische oder sphärische Koordinaten verwendet werden). Analog dazu erhalten wir für die Grundzustandsenergie

$$E_0(A) = 4\hbar\omega \sum_{n=0}^{n_\mathrm{F}} M_n \left(n + \frac{3}{2}\right) = \frac{\hbar\omega}{2}\,\big(n_\mathrm{F}+1\big)\big(n_\mathrm{F}+2\big)^2\big(n_\mathrm{F}+3\big) \tag{24.24}$$

Wir bestimmen nun $E_0(A)$ als Funktion von A für $A \gg 1$ und $n_\mathrm{F} \gg 1$. Für $n_\mathrm{F} \gg 1$ nähern wir $n_\mathrm{F} + 1 \approx n_\mathrm{F}$ und so weiter. Dann ergeben die letzten beiden Gleichungen

$$A \approx \frac{2}{3}\, n_\mathrm{F}^3\,, \qquad E_0(A) \approx \frac{\hbar\omega}{2}\, n_\mathrm{F}^4 \approx \frac{\hbar\omega}{2}\left(\frac{3A}{2}\right)^{4/3} \qquad (n_\mathrm{F} \gg 1) \tag{24.25}$$

Wenn man die Coulombenergie herausrechnet, findet man empirisch für schwere Kerne eine konstante Bindungsenergie pro Nukleon; dies wird auch als Sättigung der Kernkräfte bezeichnet. Dies bedeutet $E_0(A) \propto A$ und kann mit einer Oszillatorfrequenz $\omega(A) \propto A^{-1/3}$ erreicht werden.

Die kinetische Energie und die potenzielle Energie aus (24.20)

$$\hat{T} = \sum_\nu \frac{\hat{\boldsymbol{p}}_\nu^{\,2}}{2m_\mathrm{N}}\,, \qquad \hat{U} = \sum_\nu \frac{m_\mathrm{N}\,\omega^2}{2}\,\hat{\boldsymbol{r}}_\nu^{\,2}$$

sind Summen aus Einteilchenoperatoren. Hierfür wollen wir die Erwartungswerte berechnen (um schließlich mit dem Virialsatz den mittleren quadratischen Radius (24.21) zu bestimmen). Die Erwartungswerte sind für die Zustände (24.23) zu nehmen. Der Einteilchenoperator mit dem Index ν wirkt nun auf den Einteilchenzustand mit ν auf der rechten Seite von (24.23). Im Erwartungswert suchen sich dann die anderen Einteilchenzustände in $|\Psi_0(A)\rangle$ den zugehörigen Partner in $\langle\Psi_0(A)|$ und ergeben den Faktor $\langle a_\mu | a_\mu\rangle = 1$. Übrig bleiben nur die Erwartungswerte des Einteilchenoperators mit jeweils einem Einteilchenzustand:

$$\begin{aligned}
\big\langle \Psi_0(A)\,\big|\,\hat{T}\,\big|\,\Psi_0(A)\big\rangle &= \sum_{\nu=1}^{A} \left\langle a_\nu \,\middle|\, \frac{\hat{\boldsymbol{p}}_\nu^{\,2}}{2m_\mathrm{N}} \,\middle|\, a_\nu \right\rangle \\
\big\langle \Psi_0(A)\,\big|\,\hat{U}\,\big|\,\Psi_0(A)\big\rangle &= \sum_{\nu=1}^{A} \left\langle a_\nu \,\middle|\, \frac{m_\mathrm{N}\,\omega^2}{2}\,\hat{\boldsymbol{r}}_\nu^{\,2} \,\middle|\, a_\nu \right\rangle
\end{aligned}$$

Die Summen laufen über alle besetzten Einteilchenzustände. Der Virialsatz (20.83) gilt für die Einteilchenerwartungswerte auf den rechten Seiten und damit auch für den Vielteilchenzustand:

$$\big\langle \Psi_0(A)\,\big|\,\hat{T}\,\big|\,\Psi_0(A)\big\rangle = \big\langle \Psi_0(A)\,\big|\,\hat{U}\,\big|\,\Psi_0(A)\big\rangle = \frac{1}{2}\,E_0(A)$$

Hieraus können wir den mittleren quadratischen Radius ablesen:

$$\big\langle r^2\big\rangle_A = \frac{2}{A m_\mathrm{N}\,\omega^2}\,\big\langle \Psi_0(A)\,\big|\,\hat{U}\,\big|\,\Psi_0(A)\big\rangle = \frac{E_0(A)}{A m_\mathrm{N}\,\omega^2} = \frac{3\hbar}{4m_\mathrm{N}\,\omega}\,\big(n_\mathrm{F}+2\big)$$

Zuletzt wurden die Anzahl der Nukleonen und die Grundzustandsenergie aus (24.24) eingesetzt; das Ergebnis ist noch exakt. Wir betrachten nun große A und benutzen hierfür den Zusammenhang (24.25) zwischen n_F und A,

$$\big\langle r^2\big\rangle_A \approx \frac{3\hbar}{4m_\mathrm{N}\,\omega}\left(\frac{3A}{2}\right)^{1/3} \qquad (A \gg 1) \tag{24.26}$$

Ein Atomkern hat eine näherungsweise konstante Dichte im Inneren, und eine relativ scharfe Oberfläche. Das ergibt sich zum Beispiel aus dem Woods-Saxon-Potenzial (20.54), das die Streuung von Nukleonen am Kern beschreiben kann, oder auch aus der Elektronenstreuung (Aufgabe 23.15). Daher kann die Massenverteilung durch eine homogene Kugel angenähert werden. Für eine solche Kugel und die empirischen Werte (24.22) berechnen wir den mittleren quadratischen Radius

$$\left\langle r^2 \right\rangle_A^{\exp} \approx \int_{r \le R_A} d^3r\, r^2 \Big/ \int_{r \le R_A} d^3r \;=\; \frac{3}{5}\, R_A^2 \;=\; \frac{3}{5}\, r_0^2\, A^{2/3}$$

Der Vergleich mit unserer Modellrechnung ergibt

$$\frac{3\hbar}{4 m_{\rm N}\, \omega(A)} \left(\frac{3A}{2}\right)^{1/3} \stackrel{!}{\approx} \frac{3}{5}\, r_0^2\, A^{1/3} \;\Longrightarrow\; \hbar\omega(A) \approx \frac{5\hbar^2}{4 m_{\rm N} r_0^2} \left(\frac{2A}{3}\right)^{-1/3} \approx 40\,\text{MeV}\, A^{-1/3}$$

Mit dieser A-abhängigen Oszillatorfrequenz wachsen sowohl das Kernvolumen wie die Grundzustandsenergie $E_0(A)$ linear mit A an (für $A \gg 1$). Dies entspricht den experimentellen Befunden.

24.2 Drehimpuls des $(1\text{s})^2\, 2\text{p}$ -Zustands

Drei Elektronen im Atom besetzen die untersten Niveaus:

$$|\Psi\rangle = |(1\text{s})^2\, 2\text{p}\rangle = \mathcal{A}\, |1\text{s}\uparrow\rangle_1\, |1\text{s}\downarrow\rangle_2\, |2\text{p}\, m \uparrow\rangle_3 \tag{24.27}$$

Zeigen Sie, dass dies Eigenzustand zum Gesamtbahndrehimpuls $\hat{\boldsymbol{L}} = \hat{\boldsymbol{\ell}}_1 + \hat{\boldsymbol{\ell}}_2 + \hat{\boldsymbol{\ell}}_3$ ist, also

$$\hat{\boldsymbol{L}}^2\, |\Psi\rangle = 2\hbar^2\, |\Psi\rangle \qquad \text{und} \qquad \hat{L}_z\, |\Psi\rangle = m\hbar\, |\Psi\rangle \tag{24.28}$$

Lösung: Die Einteilchenfunktionen $\psi_{a_\nu}(\nu) = \langle \nu\,|\, n_\nu l_\nu m_\nu \sigma_\nu \rangle$ für Elektronen ($\nu = 1, 2, 3$) im Atom werden durch die Quantenzahlen n, l, m und $\sigma = \pm 1/2$ (für spin up und down) spezifiziert. Der Produktzustand (24.3) wurde hier in (24.27) mit abstrakten Zuständen angeschrieben.

Wir wenden zunächst den Operator $\hat{\boldsymbol{L}}$ auf den Zustand (24.27) an. Da $\hat{\boldsymbol{L}}$ mit dem Antisymmetrisierungsoperator $\mathcal{A}$ vertauscht, ergibt sich

$$\hat{\boldsymbol{L}}\, |\Psi\rangle = \mathcal{A}\left(\hat{\boldsymbol{\ell}}_1 + \hat{\boldsymbol{\ell}}_2 + \hat{\boldsymbol{\ell}}_3\right) |1\text{s}\uparrow\rangle_1\, |1\text{s}\downarrow\rangle_2\, |2\text{p}\, m\uparrow\rangle_3 = \mathcal{A}\, |1\text{s}\uparrow\rangle_1\, |1\text{s}\downarrow\rangle_2\, \hat{\boldsymbol{\ell}}_3\, |2\text{p}\, m\uparrow\rangle_3$$

Wegen $\hat{\boldsymbol{\ell}}\,|\,1\text{s}\rangle = 0$ tragen s-Zustände nicht zum Drehimpuls bei. Wir nehmen nun die z-Komponente dieser Gleichung. Mit $(\hat{\boldsymbol{\ell}}_3)_z\, |2\text{p}\, m\uparrow\rangle_3 = m\hbar\, |2\text{p}\, m\uparrow\rangle_3$ erhalten wir

$$\hat{L}_z\, |\Psi\rangle = m\hbar\, |\Psi\rangle$$

Wir wenden nun den Operator $\hat{\boldsymbol{L}}$ ein zweites Mal auf den Zustand $|\Psi\rangle$ an:

$$\hat{\boldsymbol{L}}^2\, |\Psi\rangle = \mathcal{A}\, |1\text{s}\uparrow\rangle_1\, |1\text{s}\downarrow\rangle_2\, \hat{\boldsymbol{\ell}}^2\, |2\text{p}\, m\uparrow\rangle_3 \;=\; 2\hbar^2\, |\Psi\rangle$$

Dabei wurde $\hat{\boldsymbol{\ell}}^2\, |2\text{p}\rangle = l\,(l+1)\,\hbar^2\, |2\text{p}\rangle = 2\hbar^2\, |2\text{p}\rangle$ verwendet. Damit ist (24.28) gezeigt.

24.3 Hundsche Regel

Zwei (2p)-Elektronen im Coulombfeld eines Kerns bilden einen Spin-Singulettzustand. Dann muss der Ortszustand symmetrisch sein. Damit sind die Gesamtbahndrehimpulse $L = 0$ oder $L = 2$ möglich, also

$$\langle \boldsymbol{r}_1, \boldsymbol{r}_2 | {}^1\mathrm{S} \rangle = \frac{1}{\pi\sqrt{3}} \left(\frac{Z}{2a_\mathrm{B}}\right)^5 \boldsymbol{r}_1 \cdot \boldsymbol{r}_2 \, \exp\left(-\frac{Z(r_1+r_2)}{2a_\mathrm{B}}\right)$$

$$\langle \boldsymbol{r}_1, \boldsymbol{r}_2 | {}^1\mathrm{D} \rangle = \frac{1}{\pi\sqrt{6}} \left(\frac{Z}{2a_\mathrm{B}}\right)^5 \left[\boldsymbol{r}_1 \cdot \boldsymbol{r}_2 - 3\,(\boldsymbol{e}_z \cdot \boldsymbol{r}_1)(\boldsymbol{e}_z \cdot \boldsymbol{r}_2)\right] \exp\left(-\frac{Z(r_1+r_2)}{2a_\mathrm{B}}\right)$$

Bezüglich des Wasserstoff-Hamiltonoperators $\hat{H}_0$ sind diese beiden Zustände entartet (S und D stehen für $L = 0$ und $L = 2$, der obere Index 1 steht für den Spin-Singulettzustand). Die Coulombwechselwirkung zwischen den Elektronen wird nun durch das repulsive Potenzial $V = V_0\,\delta(\boldsymbol{r}_1 - \boldsymbol{r}_2)$ simuliert. Berechnen Sie die Energieverschiebungen der beiden Zustände in 1. Ordnung Störungstheorie.

Lösung: Es ist die 2×2-Matrix von $\hat{V}$ für die beiden Zustände aufzustellen und zu diagonalisieren. Wegen der δ-Funktion kann eine der beiden Ortsintegrationen sofort ausgeführt werden. Im Nichtdiagonalelement führt der D-Zustand zu einem Faktor $(1 - 3\cos^2\theta)$, und die θ-Integration ergibt null. Damit ist die Matrix von vornherein diagonal. Die Diagonalelemente sind gleich den gesuchten Energieverschiebungen:

$$\Delta E_\mathrm{S} = \langle {}^1\mathrm{S} | \hat{V} | {}^1\mathrm{S} \rangle = \frac{V_0}{3\pi^2} \left(\frac{Z}{2a_\mathrm{B}}\right)^{10} \int d^3r\, r^4 \exp\left(-\frac{2Zr}{a_\mathrm{B}}\right) = \frac{15\,V_0}{2^{11}\,\pi} \left(\frac{Z}{a_\mathrm{B}}\right)^3$$

$$\begin{aligned}\Delta E_\mathrm{D} = \langle {}^1\mathrm{D} | \hat{V} | {}^1\mathrm{D} \rangle &= \frac{V_0}{6\pi^2} \left(\frac{Z}{2a_\mathrm{B}}\right)^{10} \int d^3r\, r^4 \left(1 - 3\cos^2\theta\right)^2 \exp\left(-\frac{2Zr}{a_\mathrm{B}}\right) \\ &= \frac{2\,V_0}{15\,\pi^2} \left(\frac{Z}{2a_\mathrm{B}}\right)^{10} \int d^2r\, r^4 \exp\left(-\frac{2Zr}{a_\mathrm{B}}\right) = \frac{2}{5} \langle {}^1\mathrm{S} | V | {}^1\mathrm{S} \rangle\end{aligned}$$

Für eine repulsive Wechselwirkung ist $V_0 > 0$, und beide Energieverschiebungen sind positiv. Für den D-Zustand ist die Verschiebung aber kleiner; er hat die niedrigere Energie. Dies ist die Aussage der folgenden Hundschen Regel: Bei gleichen Einteilchenquantenzahlen und gleichem Gesamtspin S hat der Zustand mit maximalem Bahndrehimpuls die niedrigste Energie. Die auftretenden Integrale sind übrigens auch elementar lösbar, wenn man die Coulombwechselwirkung $V = e^2/|\boldsymbol{r}_1 - \boldsymbol{r}_2|$ anstelle des δ-Potenzials verwendet.

24.4 Heliumatom

Die Bewegung der Elektronen im Heliumatom wird durch den Hamiltonoperator

$$\hat{H} = \underbrace{\frac{\hat{\boldsymbol{p}}_1^2}{2m} - \frac{2e^2}{\hat{r}_1} + \frac{\hat{\boldsymbol{p}}_2^2}{2m} - \frac{2e^2}{\hat{r}_2}}_{\hat{H}_0} + \underbrace{\frac{e^2}{|\hat{\boldsymbol{r}}_1 - \hat{\boldsymbol{r}}_2|}}_{\hat{V}} \tag{24.29}$$

bestimmt. Der Grundzustand von $\hat{H}_0$ wird als bekannt vorausgesetzt:

$$\hat{H}_0\,|\Psi_0^{(0)}\rangle = E_0^{(0)}\,|\Psi_0^{(0)}\rangle\,, \qquad |\Psi_0^{(0)}\rangle = |\,1\mathrm{s}, 1\mathrm{s}\rangle\,|\,S = 0, M = 0\rangle$$

Berechnen Sie den Beitrag der Elektron-Elektron-Wechselwirkung $\hat{V}$ zur Grundzustandsenergie in 1. Ordnung Störungstheorie. Verwenden Sie dabei die Entwicklung

$$\frac{1}{|\boldsymbol{r}_1 - \boldsymbol{r}_2|} = \sum_{l,m} \frac{4\pi}{2l+1} \frac{r_<^l}{r_>^{l+1}} Y_{lm}^*(\theta_1, \phi_1)\, Y_{lm}(\theta_2, \phi_2) \tag{24.30}$$

Lösung: Die ungestörte Grundzustandsenergie ist

$$E_0^{(0)} = -2\, \frac{4\,e^2}{2\,a_\mathrm{B}} = -4\, \frac{e^2}{a_\mathrm{B}} = -108.8\,\mathrm{eV}$$

Die ungestörte normierte Grundzustandswellenfunktion lautet

$$\big\langle \boldsymbol{r}_1, \boldsymbol{r}_2 \,\big|\, \Psi_0^{(0)} \big\rangle = \frac{1}{\pi} \left(\frac{Z}{a_\mathrm{B}}\right)^3 \exp\left(-\frac{Z\,(r_1 + r_2)}{a_\mathrm{B}}\right) \big| S = 0, M = 0 \big\rangle \tag{24.31}$$

Die Ordnungszahl $Z = 2$ für Helium wird später eingesetzt. Da die Ortswellenfunktion symmetrisch ist, müssen die Spins der beiden Elektronen zu $S = 0$ gekoppelt sein (Singulettzustand). Für nichtentartete Zustände ergibt sich in 1. Ordnung die Energieverschiebung

$$E_0^{(1)} = \big\langle \Psi_0^{(0)} \big| \hat{V} \big| \Psi_0^{(0)} \big\rangle = \frac{e^2}{\pi^2} \left(\frac{Z}{a_\mathrm{B}}\right)^6 \int d^3r_1\, d^3r_2\, \frac{1}{|\boldsymbol{r}_1 - \boldsymbol{r}_2|} \exp\left(-\frac{2\,Z\,(r_1 + r_2)}{a_\mathrm{B}}\right)$$

Die Elektron-Elektron-Wechselwirkung $\hat{V}$ ist spinunabhängig; daher ergibt der Spinanteil das Skalarprodukt 1. Wir setzen nun die Entwicklung (24.30) im Integranden ein. Dann überlebt nur der $l = 0$ Beitrag die Winkelintegration:

$$\begin{aligned}
E_0^{(1)} &= 16\,e^2 \left(\frac{Z}{a_\mathrm{B}}\right)^6 \int_0^\infty dr_1\, r_1^2 \int_0^\infty dr_2\, r_2^2\, \frac{1}{r_>} \exp\left[-\frac{2\,Z\,(r_1 + r_2)}{a_\mathrm{B}}\right] \\
&= \frac{16\,Z\,e^2}{a_\mathrm{B}} \int_0^\infty dx_1\, x_1^2 \exp(-2\,x_1) \\
&\qquad \cdot \left[\frac{1}{x_1} \int_0^{x_1} dx_2\, x_2^2 \exp(-2\,x_2) + \int_{x_1}^\infty dx_2\, x_2 \exp(-2\,x_2)\right] \\
&= \frac{4\,Z\,e^2}{a_\mathrm{B}} \int_0^\infty dx_1 \left[x_1 \exp(-2\,x_1) - \left(x_1 + x_1^2\right) \exp(-4\,x_1)\right] = \frac{5\,Z\,e^2}{8\,a_\mathrm{B}}
\end{aligned} \tag{24.32}$$

Es wurden die dimensionslosen Variablen $x_1 = Zr_1/a_\mathrm{B}$ und $x_2 = Zr_2/a_\mathrm{B}$ eingeführt. Mit $Z = 2$ erhalten wir damit in erster Ordnung Störungstheorie

$$E_0 \approx E_0^{(0)} + E_0^{(1)} = -\frac{11}{4} \frac{e^2}{a_\mathrm{B}} = -74.8\,\mathrm{eV}$$

Dies ist mit dem experimentellen Wert $E_\mathrm{exp} = -79\,\mathrm{eV}$ zu vergleichen. Eine Verbesserung des theoretischen Resultats erreicht man mit der Variationsrechnung (Aufgabe 24.5).

24.5 Abschirmung im Heliumatom

Die Ladung $2e$ des Kerns im Heliumatom wird durch das jeweils andere Elektron teilweise abgeschirmt. Als Variationsansatz verwendet man daher die Grundzustandswellenfunktion (24.31) mit Z als einem freien Parameter. Berechnen Sie mit dieser Wellenfunktion den Erwartungswert $E_0(Z)$ des Hamiltonoperators (24.29), und bestimmen Sie das Minimum $E_0(Z_{\text{eff}})$.

Lösung: Mit der Wellenfunktion (24.31) berechnen wir den Erwartungswert des Hamiltonoperators (24.29)

$$E_0(Z) = \Big\langle \Psi_0(Z) \Big| \frac{\hat{\boldsymbol{p}}_1^2}{2m} - \frac{Ze^2}{\hat{r}_1} + \frac{\hat{\boldsymbol{p}}_2^2}{2m} - \frac{Ze^2}{\hat{r}_2} \Big| \Psi_0(Z) \Big\rangle + \Big\langle \Psi_0(Z) \Big| \frac{e^2}{|\hat{\boldsymbol{r}}_1 - \hat{\boldsymbol{r}}_2|} \Big| \Psi_0(Z) \Big\rangle$$
$$+ (Z-2) \Big\langle \Psi_0(Z) \Big| \frac{e^2}{\hat{r}_1} + \frac{e^2}{\hat{r}_2} \Big| \Psi_0(Z) \Big\rangle \tag{24.33}$$

Im Hamiltonoperator haben wir die Kernladungszahl 2 zunächst durch Z ersetzt und diese Ersetzung anschließend korrigiert (2. Zeile). Die Lösung des Wasserstoffproblems mit beliebigem Z ist bekannt. Damit können wir das erste Matrixelement auswerten; es ergibt zweimal die Wasserstoff-Grundzustandsenergie $-Z^2 e^2/(2a_{\text{B}})$. Der Erwartungswert der Elektron-Elektron-Wechselwirkung (zweiter Term) wurde in (24.32) berechnet. Zu berechnen ist noch der dritte Term:

$$\Big\langle \Psi_0(Z) \Big| \frac{e^2}{\hat{r}_{1\,\text{oder}\,2}} \Big| \Psi_0(Z) \Big\rangle = \Big\langle 1\text{s} \Big| \frac{e^2}{\hat{r}} \Big| 1\text{s} \Big\rangle = \frac{Ze^2}{a_{\text{B}}}$$

Das Resultat folgt aus dem Virialsatz (20.80). Wir fassen die Ergebnisse zusammen:

$$E_0(Z) = -\frac{Z^2 e^2}{a_{\text{B}}} + \frac{5Ze^2}{8a_{\text{B}}} - (2-Z)\,\frac{2Ze^2}{a_{\text{B}}} = \left[Z^2 - \frac{27}{8}Z\right]\frac{e^2}{a_{\text{B}}}$$

Die Funktion $E_0(Z)$ ist eine nach oben geöffnete Parabel. Sie hat ihr Minimum bei

$$\frac{dE_0(Z)}{dZ} = \left[2Z - \frac{27}{8}\right]\frac{e^2}{a_{\text{B}}} = 0 \qquad \Longrightarrow \qquad Z_{\text{eff}} = \frac{27}{16} < 2$$

Die (in Abhängigkeit von Z) optimale Wellenfunktion verhält sich demnach so, als ob der Kern die Ladungszahl $27/16$ und nicht 2 hat. Dies liegt daran, dass das jeweils andere Elektron die Kernladung effektiv etwas abschirmt; dies wird dann in der Wellenfunktion berücksichtigt. Der minimale Energieerwartungswert

$$E_0(Z_{\text{eff}}) = -\left(\frac{27}{16}\right)^2 \frac{e^2}{a_{\text{B}}} = -77.4\,\text{eV}$$

liegt 2.6 eV unter dem störungstheoretischen Ergebnis aus Aufgabe 24.4, aber immer noch 1.6 eV über dem experimentellen Wert $E_{\text{exp}} = -79\,\text{eV}$. Eine Hartree-Fock-Rechnung mit einer Slaterdeterminante aus optimierten Einteilchen-Wellenfunktionen bringt nur noch eine geringfügige Verbesserung ($-77.8\,\text{eV}$). Für eine weitere Annäherung an den experimentellen Wert müssen Korrelationen in der Wellenfunktion berücksichtigt werden, die über das Einteilchenmodell hinausgehen. Relativistische Effekte spielen ebenfalls eine Rolle.

24.6 Intensitäten im Raman-Spektrum

Für die Rotationszustände eines Moleküls aus zwei gleichen Atomen mit halb- oder ganzzahligen Kernspins $s_1 = s_2 = s$ sollen die Spinentartungsgrade untersucht werden. Die Kernspins koppeln zum Gesamtspin S, die Drehimpulsquantenzahl ist L. Für die homöopolare Bindung ist die Elektronenkonfiguration symmetrisch gegenüber der Vertauschung der beiden Atome. Die Austauschsymmetrie verlangt dann, dass $S + L$ gerade ist.

Für den Rotationszustand mit L sind damit entweder alle Spinzustände mit geradem S möglich, oder alle mit ungeradem S. Berechnen Sie die zugehörigen Spinentartungsgrade M_{even} und M_{odd}. Die Intensitäten der Rotationslinien sind proportional zu diesen Entartungsgraden.

Lösung: Für halbzahliges s muss die Wellenfunktion ungerade bei Vertauschung der beiden Atome sein, für ganzzahliges s dagegen gerade. Für halbzahliges s ist die Symmetrie des Spinanteils $(-)^{S+1}$, für ganzzahliges s dagegen $(-)^S$. Für den Rotationsanteil gilt immer $(-)^L$. Daraus folgt, dass $L + S$ in beiden Fällen gerade sein muss.

Wir betrachten zuerst den Fall halbzahliger Kernspins. Die geraden Gesamtspins können dann die Werte $S = 0, 2, 4, \ldots, 2s - 1$ und die ungeraden Gesamtspins die Werte $S = 1, 3, 5, \ldots, 2s$ annehmen. Die Anzahl der Spinzustände sind jeweils

$$M_{\text{even}} = \sum_{S=0,2,4,\ldots}^{2s-1} (2S+1) \overset{S=2n}{=} \sum_{n=0}^{s-1/2} (4n+1) = s(2s+1)$$

$$M_{\text{odd}} = \sum_{S=1,3,5,\ldots}^{2s} (2S+1) \overset{S=2n+1}{=} \sum_{n=0}^{s-1/2} (4n+3) = (s+1)(2s+1)$$

Das Verhältnis „gerade zu ungerade“ ist damit

$$M_{\text{even}} : M_{\text{odd}} = s : (s+1) \qquad (s \text{ halbzahlig})$$

Dabei kann „even“ und „odd“ sowohl auf S wie auch den Drehimpuls bezogen werden. Als Beispiel betrachten wir das Wasserstoffmolekül H_2 mit $s_1 = s_2 = s = 1/2$. Hierfür gibt es 1 Zustand mit $S = 0$ (Parawasserstoff) und 3 Zustände mit $S = 1$ (Orthowasserstoff). Daraus folgt das Verhältnis 1 : 3 für „gerade zu ungerade“. Dieses Verhältnis spielt auch für den Rotationsanteil der spezifischen Wärme eine Rolle (Aufgabe 29.6).

Wir betrachten nun den Fall ganzzahliger Kernspins. Die geraden Gesamtspins können dann die Werte $S = 0, 2, 4, \ldots, 2s$ annehmen, und die ungeraden die Werte $S = 1, 3, 5, \ldots, 2s-1$. Die Anzahl der Spinzustände sind jeweils

$$M_{\text{even}} = \sum_{S=0,2,4,\ldots}^{2s} (2S+1) \overset{S=2n}{=} \sum_{n=0}^{s} (4n+1) = (s+1)(2s+1)$$

$$M_{\text{odd}} = \sum_{S=1,3,5,\ldots}^{2s-1} (2S+1) \overset{S=2n+1}{=} \sum_{n=0}^{s-1} (4n+3) = s(2s+1)$$

Das Verhältnis „gerade zu ungerade“ ist damit

$$M_{\text{even}} : M_{\text{odd}} = (s+1) : s \qquad (s \text{ ganzzahlig})$$

Dabei kann „even“ und „odd“ sowohl auf S wie auch den Drehimpuls bezogen werden. Als Beispiel betrachten wir das Stickstoffmolekül N_2 mit $s_1 = s_2 = s = 1$. Hierfür gibt es 1 Zustand mit $S = 0$, und 3 Zustände mit $S = 1$, und 5 Zustände mit $S = 2$. Insgesamt gibt es also 6 Zustände mit geradem S und 3 mit ungeradem S. Hieraus folgt das Verhältnis 2 : 1 für „gerade zu ungerade“.

24.7 H_2^+-Molekül

In der Born-Oppenheimer-Näherung wird der Vektor $\boldsymbol{R}$ zwischen den beiden Protonen eines einfach ionisierten Wasserstoffmoleküls H_2^+ als Parameter behandelt. Der Hamiltonoperator des Elektrons lautet dann

$$\hat{H}_{\rm el} = \frac{\boldsymbol{p}_{\rm op}^2}{2m_{\rm e}} - \frac{e^2}{|\boldsymbol{r} - \boldsymbol{R}/2|} - \frac{e^2}{|\boldsymbol{r} + \boldsymbol{R}/2|} \tag{24.34}$$

Es wird das Molekülorbital

$$\Psi_{{\rm el},\boldsymbol{R}}(\boldsymbol{r}) = C_\pm(R)\Big[\psi_{100}(\boldsymbol{r} - \boldsymbol{R}/2) \pm \psi_{100}(\boldsymbol{r} + \boldsymbol{R}/2)\Big] \tag{24.35}$$

mit der Grundzustands-Wellenfunktion ψ_{100} des Wasserstoffproblems betrachtet.

Normieren Sie die Wellenfunktion $\Psi_{{\rm el},\boldsymbol{R}}(\boldsymbol{r})$ und berechnen Sie den Erwartungswert $E_{\rm el}(\boldsymbol{R}) = \langle \Psi_{{\rm el},\boldsymbol{R}} \,|\, \hat{H}_{\rm el} \,|\, \Psi_{{\rm el},\boldsymbol{R}} \rangle$. Skizzieren Sie das Potenzial

$$V(\boldsymbol{R}) = \frac{e^2}{R} + E_{\rm el}(\boldsymbol{R}) - E_{\rm el}(\infty)$$

Hinweis: Führen Sie die prolat sphäroidalen Koordinaten

$$x = \frac{R}{2}\sqrt{(\xi^2-1)(1-\eta^2)}\,\cos\varphi\,, \quad y = \frac{R}{2}\sqrt{(\xi^2-1)(1-\eta^2)}\,\sin\varphi\,, \quad z = \frac{R}{2}\,\xi\,\eta$$

mit $\xi \in [1, \infty)$, $\eta \in [-1, 1]$ und $\varphi \in [0, 2\pi)$ ein. Zeigen Sie hierfür

$$d^3r = \frac{R^3}{8}\, d\xi\, d\eta\, d\varphi\, \left(\xi^2 - \eta^2\right) \qquad \text{und} \qquad \big|\boldsymbol{r} \mp \boldsymbol{R}/2\big| = R\,(\xi \mp \eta)/2 \quad \text{für } \boldsymbol{R} = R\,\boldsymbol{e}_z$$

Lösung: Die normierte Wasserstoff-Grundzustandswellenfunktion ist

$$\psi_{100}(\boldsymbol{r}) = \frac{1}{\sqrt{\pi}}\left(\frac{Z}{a_{\rm B}}\right)^{3/2} \exp\left(-\frac{Zr}{a_{\rm B}}\right)$$

Den Wert $Z = 1$ setzen wir später ein. Im Normierungsintegral tritt das Überlappintegral $S(R)$ zwischen den verschobenen Wellenfunktionen $\psi_{100}(\boldsymbol{r} - \boldsymbol{R}/2)$ und $\psi_{100}(\boldsymbol{r} + \boldsymbol{R}/2)$ auf:

$$\begin{aligned} S(R) &= \frac{Z^3}{\pi a_{\rm B}^3}\int d^3r\, \exp\Big(-\frac{Z}{a_{\rm B}}\,|\boldsymbol{r} - \boldsymbol{R}/2|\Big)\exp\Big(-\frac{Z}{a_{\rm B}}\,|\boldsymbol{r} + \boldsymbol{R}/2|\Big) \\ &= \left(1 + \frac{ZR}{a_{\rm B}} + \frac{Z^2R^2}{3a_{\rm B}^2}\right)\exp\left(-\frac{ZR}{a_{\rm B}}\right) \end{aligned}$$

Die Transformation $\boldsymbol{R} \to -\boldsymbol{R}$ ist ohne Einfluss auf $|\Psi_{\mathrm{el},\boldsymbol{R}}|^2$ und auf H_{el}. Daher hängen die Normierung und der Energieerwartungswert nur vom Betrag $|\boldsymbol{R}|$ ab. Die konkrete Auswertung aller Integrale ist hier an das Ende der Lösung gestellt. Mit dem Überlappintegral $S(R)$ berechnen wir die Normierung des Molekülorbitals (24.35):

$$\big|C_\pm(R)\big|^2\big[2 \pm 2S(R)\big] \overset{!}{=} 1 \qquad \Longrightarrow \qquad C_\pm(R) = \frac{1}{\sqrt{2 \pm 2S(R)}}$$

Wir betrachten nun den Energieerwartungswert

$$E_{\mathrm{el}}(\boldsymbol{R}) = \Big\langle \Psi_{\mathrm{el},\boldsymbol{R}} \,\Big|\, \frac{\boldsymbol{p}^2}{2m_{\mathrm{e}}} - \frac{e^2}{|\boldsymbol{r} - \boldsymbol{R}/2|} - \frac{e^2}{|\boldsymbol{r} + \boldsymbol{R}/2|} \,\Big|\, \Psi_{\mathrm{el},\boldsymbol{R}} \Big\rangle$$

Aus der bekannten Lösung des Wasserstoffproblems folgt

$$\frac{\boldsymbol{p}_{\mathrm{op}}^2}{2m_{\mathrm{e}}}\, \psi_{100}(\boldsymbol{r} \pm \boldsymbol{R}/2) = \left(-\frac{Z^2 e^2}{2a_{\mathrm{B}}} + \frac{Ze^2}{|\boldsymbol{r} \pm \boldsymbol{R}/2|}\right) \psi_{100}(\boldsymbol{r} \pm \boldsymbol{R}/2)$$

Hiermit werten wir den Term mit $\boldsymbol{p}_{\mathrm{op}}^2$ im Energieerwartungswert aus. Danach bleiben nur noch Ortsintegrale übrig:

$$\begin{aligned} E_{\mathrm{el}}(\boldsymbol{R}) &= -\frac{Z^2 e^2}{2a_{\mathrm{B}}} + 2C_\pm^2(R) \int d^3r \,\big[\psi_{100}(\boldsymbol{r} - \boldsymbol{R}/2) \pm \psi_{100}(\boldsymbol{r} + \boldsymbol{R}/2)\big] \\ &\qquad \cdot \left(\frac{(Z-1)e^2}{|\boldsymbol{r} - \boldsymbol{R}/2|} - \frac{e^2}{|\boldsymbol{r} + \boldsymbol{R}/2|}\right) \psi_{100}(\boldsymbol{r} - \boldsymbol{R}/2) \\ &= -\frac{Z^2 e^2}{2a_{\mathrm{B}}} + 2e^2 C_\pm^2(R) \left(\frac{Z(Z-1)}{a_{\mathrm{B}}} - \frac{A(R)}{R} \pm \frac{(Z-2)\,B(R)}{R}\right) \end{aligned} \tag{24.36}$$

Dabei wurde die Parität des Molekülorbitals ausgenützt und der Erwartungswert $\langle e^2/r\rangle = Ze^2/a_{\mathrm{B}}$ für den Wasserstoffgrundzustand eingesetzt. Die verbleibenden Integrale wurden mit $A(R)$ und $B(R)$ abgekürzt:

$$\begin{aligned} A(R) &= \frac{RZ^3}{\pi a_{\mathrm{B}}^3} \int d^3r \,\frac{1}{|\boldsymbol{r} + \boldsymbol{R}/2|} \exp\Big(-2\frac{Z}{a_{\mathrm{B}}}\,|\boldsymbol{r} - \boldsymbol{R}/2|\Big) \\ &= 1 - \Big(1 + \frac{ZR}{a_{\mathrm{B}}}\Big) \exp\Big(-2\frac{ZR}{a_{\mathrm{B}}}\Big) \\ B(R) &= \frac{RZ^3}{\pi a_{\mathrm{B}}^3} \int d^3r \,\frac{1}{|\boldsymbol{r} + \boldsymbol{R}/2|} \exp\Big(-\frac{Z}{a_{\mathrm{B}}}\,|\boldsymbol{r} - \boldsymbol{R}/2| - \frac{Z}{a_{\mathrm{B}}}\,|\boldsymbol{r} + \boldsymbol{R}/2|\Big) \\ &= \frac{ZR}{a_{\mathrm{B}}}\Big(1 + \frac{ZR}{a_{\mathrm{B}}}\Big) \exp\Big(-\frac{ZR}{a_{\mathrm{B}}}\Big) \end{aligned}$$

Für $Z = 1$ vereinfacht sich der Ausdruck (24.36)

$$E_{\mathrm{el}}(\boldsymbol{R}) = -\frac{e^2}{2a_{\mathrm{B}}} - \frac{e^2}{R}\,\frac{A(R) \pm B(R)}{1 \pm S(R)}$$

Damit sind die Potenziale bestimmt

$$V(\boldsymbol{R}) = \frac{e^2}{R} + E_{\text{el}}(\boldsymbol{R}) - E_{\text{el}}(\infty) = \frac{e^2}{R}\left(1 - \frac{A(R) \pm B(R)}{1 \pm S(R)}\right) \tag{24.37}$$

Das Molekülorbital mit dem Pluszeichen ist eine symmetrische Verteilung auf den Bereich beider Protonen. Dies bedeutet eine Erniedrigung der kinetischen Energie (gegenüber ψ_{100}) und führt zu einer Bindung (siehe folgende Abbildung) Das Molekülorbital mit dem Minuszeichen ist eine antisymmetrische Verteilung; ihr fehlt die Absenkung der kinetischen Energie, und sie profitiert weniger von der Attraktivität des Coulombpotenzials (die Wellenfunktion verschwindet in der Mitte zwischen den beiden Protonen). Dieser Zustand ist nicht gebunden (Abbildung); wir bezeichnen ihn auch als antigebunden.

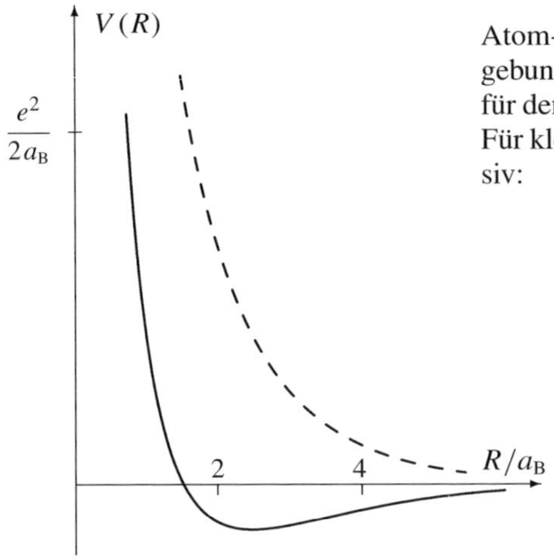

Atom-Atom-Potenziale für das H_2^+-Molekül für den gebundenen Zustand (durchgezogenen Linie) und für den antigebundenen Zustand (gestrichelte Linie). Für kleine Atomabstände sind beide Potenzial repulsiv:

$$V(R) \stackrel{R\to 0}{\longrightarrow} \frac{e^2}{R}$$

Für große Atomabstände fallen beide Potenziale exponentiell ab:

$$V(R) \stackrel{R\to\infty}{\longrightarrow} \mp \frac{2\,e^2 R}{3\,a_{\text{B}}^2}\,\exp\left(-\frac{R}{a_{\text{B}}}\right)$$

Dabei gilt das Minuszeichen für den gebundenen Zustand, und das Pluszeichen für den antigebundenen Zustand. Für den gebundenen Zustand hat das Potenzial ein Minimum bei $R_0 = 1.3\,\text{Å}$ mit dem Wert $V_{\min} = -1.8\,\text{eV}$.

Anmerkungen: Wie in Aufgabe 24.5 kann das Ergebnis durch eine Variationsrechnung verbessert werden. Wenn man Z in der Wellenfunktion als Variationsparameter wählt (der Hamiltonoperator bleibt natürlich unverändert), dann erhält man durch Minimierung der Energie eine effektive Kernladungszahl $Z_{\text{eff}}(R)$, die vom Atomabstand R abhängt. Für große Abstände $R \to \infty$ geht $Z_{\text{eff}}(R) \to 1$. Das Minimum des Potenzials liegt dann bei $R_0 = 1.1\,\text{Å}$ und nimmt den Wert $V_{\min} = -2.4\,\text{eV}$ an. Die empirischen Werte liegen bei $R_0 = 1.1\,\text{Å}$ und $V_{\min} = -2.8\,\text{eV}$. Das empirische Potenzialminimum erhält man aus der experimentellen Dissoziationsenergie von 2.65 eV zuzüglich der Nullpunktenergie $\hbar\omega/2 \approx 0.12\,\text{eV}$. Die Nullpunktenergie wird wie in Aufgabe 18.4 durch Anpassen eines harmonischen Oszillators an das Potenzial in der Umgebung des Minimums abgeschätzt.

Auswertung der Integrale: Wir überprüfen zunächst die angegebenen Relationen für die prolat sphäroidalen Koordinaten. Das Volumenelement transformiert sich mit dem Betrag der Jacobi-Determinante

$$\begin{aligned} d^3r &= \frac{R^3}{8}\, d\xi\, d\eta\, d\varphi \begin{vmatrix} \frac{\xi\sqrt{1-\eta^2}}{\sqrt{\xi^2-1}}\cos\varphi & -\frac{\eta\sqrt{\xi^2-1}}{\sqrt{1-\eta^2}}\cos\varphi & -\sqrt{\xi^2-1}\sqrt{1-\eta^2}\sin\varphi \\ \frac{\xi\sqrt{1-\eta^2}}{\sqrt{\xi^2-1}}\sin\varphi & -\frac{\eta\sqrt{\xi^2-1}}{\sqrt{1-\eta^2}}\sin\varphi & \sqrt{\xi^2-1}\sqrt{1-\eta^2}\cos\varphi \\ \eta & \xi & 0 \end{vmatrix} \\ &= \frac{R^3}{8}\, d\xi\, d\eta\, d\varphi\,(\xi^2-\eta^2) \end{aligned}$$

Im Ergebnis wurde $|\eta^2-\xi^2| = \xi^2-\eta^2$ verwendet (wegen $\xi \geq \eta$). Unter Berücksichtigung der Wertebereiche der Koordinaten wird damit die Volumenintegration

$$\int d^3r\, \ldots = \frac{R^3}{8}\int_1^\infty d\xi \int_{-1}^1 d\eta \int_0^{2\pi} d\varphi\,(\xi^2-\eta^2)\,\ldots$$

Außerdem gilt

$$\left(\boldsymbol{r}\pm\frac{\boldsymbol{R}}{2}\right)^2 = \frac{R^2}{4}\left(\xi^2+\eta^2-1\pm 2\xi\eta+1\right) = \frac{R^2}{4}(\xi\pm\eta)^2 \quad\Longrightarrow\quad \left|\boldsymbol{r}\pm\frac{\boldsymbol{R}}{2}\right| = \frac{R}{2}(\xi\pm\eta)$$

Die Betragsstriche können wegen $\xi \geq \eta$ weggelassen werden. Mit diesen Vorbereitungen lassen sich die drei Integrale elementar lösen. Die Integrale hängen nur von der Variablenkombination $X = ZR/a_\mathrm{B}$ ab:

$$\begin{aligned} S(X) &= \frac{X^3}{8\pi}\int_1^\infty d\xi\int_{-1}^1 d\eta\int_0^{2\pi} d\varphi\,(\xi^2-\eta^2)\exp(-X\xi) \\ &= \frac{X^3}{3}\int_1^\infty d\xi\left(\xi^2-\frac{1}{3}\right)\exp(-X\xi) = \left(1+X+\frac{X^2}{3}\right)\exp(-X) \end{aligned}$$

$$\begin{aligned} A(X) &= \frac{X^3}{4\pi}\int_1^\infty d\xi\int_{-1}^1 d\eta\int_0^{2\pi} d\varphi\,(\xi-\eta)\exp(-X(\xi-\eta)) \\ &= -\frac{X^3}{2}\frac{d}{dX}\int_1^\infty d\xi\,\exp(-X\xi)\int_{-1}^1 d\eta\,\exp(-X\eta) = 1-(1+X)\exp(-2X) \end{aligned}$$

$$\begin{aligned} B(X) &= \frac{X^3}{4\pi}\int_1^\infty d\xi\int_{-1}^1 d\eta\int_0^{2\pi} d\varphi\,(\xi-\eta)\exp(-X\xi) \\ &= X^3\int_1^\infty d\xi\,\xi\,\exp(-X\xi) = X(1+X)\exp(-X) \end{aligned}$$

24.8 Morsepotenzial

Für das Atom-Atom-Potenzial in einem zweiatomigen Molekül ist das *Morsepotenzial*

$$V(R) = V_0 \Big(\exp\big[-2\alpha\,(R-R_0)\big] - 2\exp\big[-\alpha\,(R-R_0)\big]\Big)$$

mit $V_0 > 0$ ein realistischer Ansatz. Schreiben Sie die stationäre Schrödingergleichung

$$\Big(-\frac{\hbar^2}{2\mu}\,\Delta_{\boldsymbol{R}} + V(R)\Big)\,\Psi_{\rm K}(\boldsymbol{R}) = E_{\rm vib}\,\Psi_{\rm K}(\boldsymbol{R})$$

für den Drehimpuls $L = 0$ an. Setzen Sie $E_{\rm vib} = -\hbar^2\alpha^2\beta^2/(2\mu) < 0$ für gebundene Zustände, $V_0 = \hbar^2\alpha^2\gamma^2/(2\mu)$, $\Psi_{\rm K}(\boldsymbol{R}) = u(y)/R$ und $y = \exp\big(-\alpha\,(R-R_0)\big)$ ein. Dies führt zu

$$u''(y) + \frac{1}{y}\,u'(y) - \frac{\beta^2}{y^2}\,u(y) + \frac{2\gamma^2}{y}\,u(y) - \gamma^2 u(y) = 0 \qquad (24.38)$$

Lösen Sie diese Differenzialgleichung nach dem Standardverfahren (Ursprungsverhalten, Asymptotik, Potenzreihenansatz). Geben Sie die Energieeigenwerte an, und diskutieren Sie die auftretenden Terme.

Lösung: Das Morsepotenzial besitzt wesentliche Eigenschaften eines Atom-Atom-Potenzials: Bei kleinen Atomabständen ist es repulsiv, bei mittleren Abständen attraktiv, und es geht für große Abstände gegen null. Das Minimum liegt bei $R = R_0$ und nimmt den Wert $V(R_0) = -V_0$ an.

Mit $\Psi_{\rm K}(\boldsymbol{R}) = u(y)/R$ lautet die stationäre Schrödingergleichung für $L = 0$

$$\Big[-\frac{\hbar^2}{2\mu}\,\frac{d^2}{dR^2} + V(R)\Big]\,u(y) = E_{\rm vib}\,u(y)$$

Aus $y = \exp\big(-\alpha\,(R-R_0)\big)$ folgt $d/dR = -\alpha\,y\,d/dy$. Außerdem setzen wir noch $E_{\rm vib} = -\hbar^2\alpha^2\beta^2/(2\mu)$ und das Potenzial mit $V_0 = \hbar^2\alpha^2\gamma^2/(2\mu)$ ein:

$$-y\,\frac{d}{dy}\,y\,\frac{d}{dy}\,u(y) + \gamma^2\big(y^2 - 2y\big)\,u(y) = -\beta^2 u(y)$$

Dies ist die angegebene Differenzialgleichung (24.38). Wir lösen sie im Folgenden im Bereich $y \in [0,\infty)$. Wegen $y = \exp\big(-\alpha\,(R-R_0)\big)$ bedeutet dies $R \in (-\infty,\infty)$ und geht damit über den physikalischen Bereich $R \geq 0$ hinaus. Im Bereich $R < 0$ ist das Morsepotenzial für realistische Parameter aber so repulsiv, dass die Wellenfunktion nahezu null ist. Die Lösung im Bereich $y \in [0,\infty)$ ist daher eine ausgezeichnete Näherung für das tatsächliche Problem.

Für $y \to \infty$ lesen wir das asymptotische Verhalten ab:

$$u''(y) - \gamma^2 u(y) = 0 \qquad \Longrightarrow \qquad u(y) \propto \exp(-\gamma\,y)$$

Die exponentiell ansteigende Lösung wird wegen der Normierbarkeit ausgeschlossen. Für $y \to 0$ erhalten wir das Verhalten am Ursprung:

$$u''(y) + \frac{1}{y}\,u'(y) - \frac{\beta^2}{y^2}\,u(y) = 0 \qquad \Longrightarrow \qquad u(y) \propto y^{\sigma}$$

mit $\sigma = \pm\beta$. Hier muss das Minuszeichen mit der Singularität am Ursprung ausgeschlossen werden (wir nehmen $\beta > 0$ an). Wir setzen nun

$$u(y) = y^\beta\, v(y)\, \exp(-\gamma\, y)$$

in die Differenzialgleichung für u ein und erhalten:

$$y\, v''(y) + \big(2\beta + 1 - 2\gamma\, y\big)\, v'(y) - \big(\gamma\,(2\beta+1) - 2\gamma^2\big)\, v(y) = 0$$

Nach dem Standardverfahren setzen wir $v(y) = \sum_k a_k\, y^k$ ein und sortieren die auftretenden Terme nach Potenzen von y^k,

$$\sum_{k=0}^{\infty} \Big[(k+1)(2\beta+k+1)\, a_{k+1} - \gamma\,(2\beta - 2\gamma + 2k + 1)\, a_k \Big]\, y^k = 0$$

Da die Gleichung für beliebige y gilt, müssen die Koeffizienten von y^k jeweils für sich verschwinden. Dies ergibt die Rekursionsformel

$$a_{k+1} = \frac{\gamma\,(2\beta - 2\gamma + 2k + 1)}{(k+1)(2\beta+k+1)}\, a_k$$

Da das Verhalten am Ursprung abgetrennt wurde, gilt $a_0 \neq 0$. Dann bestimmt die Rekursionsformel alle anderen Koeffizienten a_1, a_2 und so weiter. Wenn die Potenzreihe nicht abbricht, führt sie zu $v \propto \exp(2\gamma\, y)$, und die Wellenfunktion ist dann nicht normierbar. Für eine normierbare Lösung muss die Potenzreihe also abbrechen. Dies bedeutet

$$\beta = \gamma - \Big(n + \frac{1}{2}\Big) \qquad \text{mit} \qquad n = 0, 1, 2, 3, \ldots$$

Damit sind die Energieeigenwerte bestimmt:

$$\begin{aligned} E_{\text{vib}} &= -\frac{\hbar^2\alpha^2}{2\mu}\Big[\gamma - \Big(n+\frac{1}{2}\Big)\Big]^2 = -\frac{\hbar^2\alpha^2\gamma^2}{2\mu} + \frac{\hbar^2\alpha^2\gamma}{\mu}\Big(n+\frac{1}{2}\Big) - \frac{\hbar^2\alpha^2}{2\mu}\Big(n+\frac{1}{2}\Big)^2 \\ &= -\,V_0 + \hbar\,\omega_{\text{vib}}\Big(n+\frac{1}{2}\Big) - \frac{\hbar\,\omega_{\text{vib}}}{2\gamma}\Big(n+\frac{1}{2}\Big)^2 \end{aligned}$$

In der zweiten Zeile haben wir die Abkürzung $\omega_{\text{vib}} = \hbar\alpha^2\gamma/\mu$ eingeführt. Für $\gamma \gg 1$ erhalten wir dann ein Vibrationspektrum mit etwa gleichabständigen Niveaus. Der letzte Term ist ein Korrekturterm (für nicht zu große n), der die Anharmonizität des Potenzials im Bereich des Minimums berücksichtigt. Die Parameter ω_{vib} und γ können an experimentelle Vibrationsspektren angepasst werden.

IV Statistische Physik

25 Mathematische Statistik

Wir leiten Wahrscheinlichkeitsverteilungen für den Fall ab, dass die betrachtete Zufallsgröße eine Summe aus sehr vielen einzelnen Zufallsgrößen ist. Dies führt insbesondere zum Gesetz der großen Zahl und zum zentralen Grenzwertsatz.

Wahrscheinlichkeitsdichte

Wenn man N-mal würfelt, erhält man N_i-mal die Augenzahl i. Für $N \to \infty$ wird die Häufigkeit N_i/N zur Wahrscheinlichkeit p_i. Aus dieser Definition folgt $\sum p_i = 1$. Für sich ausschließende Ereignisse (Augenzahl 1 oder 2) gilt $p = p_1 + p_2$. Für unabhängige Ereignisse (erst eine 1, dann eine 6) gilt $p = p_1\, p_6$. Mit diesen Regeln kann man Wahrscheinlichkeitsverteilungen ableiten. Die Wahrscheinlichkeit, bei N Würfen n-mal die 6 zu erhalten ist ($p = p_6$ und $q = 1 - p$):

$$W_N(n) = \binom{N}{n}\, p^n\, q^{N-n} \qquad (25.1)$$

Ein Experiment kann zu diskreten Ergebnissen (Augenzahl beim Würfeln) oder zu kontinuierlichen Ergebnissen (kinetische Energie eines Atoms) führen. Der kontinuierliche Fall ist der allgemeinere und wird im Folgenden betrachtet. Das kontinuierliche (Mess-)Ergebnis bezeichnen wir als Zufallsvariable s_i (zum Beispiel die Fußlänge der i-ten Person aus einer großen Menschenmenge, oder die kinetische Energie eines Moleküls in der Luft im Hörsaal). Hierfür setzen wir eine Wahrscheinlichkeitsdichte $w_i(s_i)$ an:

$$w(s_i)\, ds_i = \begin{cases} \text{Wahrscheinlichkeit für einen} \\ \text{Wert zwischen } s_i \text{ und } s_i + ds_i \end{cases} \qquad (25.2)$$

Die Wahrscheinlichkeitsdichte $w_i(s)$ soll normiert sein, einen endlichen Mittelwert und eine endliche Schwankung haben:

$$\int_{-\infty}^{\infty} ds\; w(s) = 1\,, \qquad \overline{s} = \int_{-\infty}^{\infty} ds\; s\; w(s)$$

$$(\Delta s)^2 = \int_{-\infty}^{\infty} ds\; (s - \overline{s})^2\; w(s) = \overline{s^{\,2}} - \overline{s}^{\,2} \qquad (25.3)$$

Zulässige Verteilungen sind zum Beispiel

$$w(s) = \begin{cases} c\, s^n \exp\left(-\beta\, s^2\right) & (n > 0) \\ p\; \delta(s-1) + q\; \delta(s+1) & (p+q=1) \end{cases} \tag{25.4}$$

Das erste Beispiel könnte die Maxwellverteilung für die Geschwindigkeit eines Gasmoleküls sein ($n = 2$). Das zweite Beispiel beschreibt den random walk, bei dem mit der Wahrscheinlichkeit p ein Schritt nach rechts (auf einer s-Achse), und mit q nach links ausgeführt wird.

Wir betrachten nun eine große Anzahl N von Ereignissen (Moleküle in einem Gasvolumen, Personen in einer Menschenmenge, N-maliges Würfeln, N Schritte eines random walks) und untersuchen die Wahrscheinlichkeitsverteilung für die Variable

$$x = s_1 + s_2 + \ldots + s_N = \sum_{i=1}^{N} s_i \tag{25.5}$$

Hierfür erhält man für $N \gg 1$ unter sehr allgemeinen Voraussetzungen für die Einzelverteilungen $w(s)$ eine *Normalverteilung* für die Größe x,

$$P(x) = \frac{1}{\sqrt{2\pi}\;\Delta x} \exp\left(-\frac{(x-\overline{x})^2}{2\,(\Delta x)^2}\right) = \frac{1}{\sqrt{2\pi}\,\sigma} \exp\left(-\frac{(x-\overline{x})^2}{2\sigma^2}\right) \tag{25.6}$$

Dabei sind

$$\overline{x} = N\,\overline{s} \qquad \text{und} \qquad \Delta x = \sigma = \sqrt{N}\,\Delta s \tag{25.7}$$

Hieraus folgt insbesondere das Gesetz der großen Zahl:

$$\frac{\Delta x}{\overline{x}} = \frac{\Delta s}{\overline{s}}\,\frac{1}{\sqrt{N}} \qquad \text{Gesetz der großen Zahl} \tag{25.8}$$

Das Gesetz der großen Zahl bedeutet, dass die relative Abweichung vom Mittelwert mit $N \to \infty$ gegen null geht. Einige Beispiele sind:

- Im Mittelalter wurde die Längeneinheit *Fuß* durch den Mittelwert der tatsächlichen Fußlängen einer großen Anzahl von Menschen festgelegt. Die relative Unsicherheit einer solchen Festlegung ist von der Größe $N^{-1/2} \ll 1$.

- Ein Gasvolumen mit $N = 10^{24}$ Atomen wird in zwei gleiche Teile zerlegt. Die Wahrscheinlichkeit, in einem Teil $0.51\,N$ (anstelle von $N/2$) zu finden, ist astronomisch klein. Gäbe es solche Abweichungen (wie $0.51\,N$), könnte man ein perpetuum mobile 2. Art bauen.

- Die Energie ε eines Gasmoleküls bei gegebener Temperatur ist ziemlich unscharf ($\Delta\varepsilon/\overline{\varepsilon} \sim 1$). Für 1 Mol des Gases ist die Gesamtenergie E aber scharf ($\Delta E/\overline{E} \sim 10^{-12}$).

- Eine Uhr geht umso genauer, je mehr Einzelschwingungen (Periode Δt) zur Zeitanzeige $T = N\,\Delta t$ führen.

Aufgaben

25.1 Unentdeckte Druckfehler

Zwei Lektoren lesen ein Buch. Lektor A findet 200 Druckfehler, Lektor B nur 150. Von den gefundenen Druckfehlern stimmen 100 überein. Schätzen Sie ab, wieviele Druckfehler unentdeckt geblieben sind.

Lösung: Die Anzahl der Druckfehler sei N. Lektor A entdeckt Fehler mit der Wahrscheinlichkeit $p_{\rm A}$, Lektor B dagegen mit der Wahrscheinlichkeit $p_{\rm B}$. Die Vorgaben sind:

$$N\, p_{\rm A} = 200\,, \qquad N\, p_{\rm B} = 150\,, \qquad N\, p_{\rm A}\, p_{\rm B} = 100$$

Wenn man $p_{\rm A} = 200/N$ und $p_{\rm B} = 150/N$ in die dritte Gleichung einsetzt, erhält man $N = 300$. Entdeckt wurden die von Lektor A gefundenen Fehler, zuzüglich der von Lektor B, abzüglich der doppelt gezählten, also $200 + 150 - 100 = 250$. Damit bleiben

$$N\big(1 - p_{\rm A} - p_{\rm B} + p_{\rm A}\, p_{\rm B}\big) = 50$$

nichtentdeckte Druckfehler.

25.2 Gemeinsamer Geburtstag

Wie groß ist die Wahrscheinlichkeit P_N dafür, dass von N Studenten mindestens 2 am gleichen Tag Geburtstag haben? Was ergibt sich für $N = 10$? Bei welcher Mindestanzahl $N_{\rm min}$ übersteigt die Wahrscheinlichkeit, dass mindestens zwei Studenten am gleichen Tag Geburtstag haben, den Wert $1/2$?

Lösung: Wir berechnen die Wahrscheinlichkeit W_N dafür, dass alle N Studenten an verschiedenen Tagen Geburtstag haben. Die Studenten werden in eine willkürliche Reihenfolge gebracht. Student 1 hat am Tag x Geburtstag. Die Wahrscheinlichkeit, dass Student 2 an einem anderen Tag y Geburtstag hat, ist $364/365$. Die Wahrscheinlichkeit, dass Student 3 weder an x noch an y Geburtstag hat, ist $363/365$, und so weiter. Damit ergibt sich

$$W_N = \frac{364}{365}\cdot\frac{363}{365}\cdot\ldots\cdot\frac{366-N}{365} = \prod_i^{N-1} \frac{365-i}{365}$$

Genau dann, wenn nicht alle an verschiedenen Tagen Geburtstag haben, haben mindestens zwei am selben Tag Geburtstag. Die Wahrscheinlichkeit P_{10} hierfür ist

$$P_{10} = 1 - W_{10} = 1 - \frac{365\cdot 364\cdot\ldots\cdot 357\cdot 356}{365^{10}} \approx 0.12$$

Man berechnet numerisch einige Werte von $P_N = 1 - W_N$ (etwa für $N = 15$, 20 und 25) und grenzt so die im zweiten Teil der Aufgabe gesuchte Anzahl ein. Konkret findet man

$$P_{22} \approx 0.48 \quad \text{und} \quad P_{23} \approx 0.51$$

Bei $N_{\rm min} = 23$ Studenten ist die Wahrscheinlichkeit, dass mindestens zwei Studenten am selben Tag Geburtstag haben, gerade über 50 Prozent gestiegen.

25.3 Drei Richtige im Lotto

Geben Sie die Wahrscheinlichkeit p_6 an, sechs Richtige im Lotto (6 aus 49) zu tippen. Geben Sie die Wahrscheinlichkeit p_3 an, genau drei Richtige im Lotto (6 aus 49) zu tippen. Warum ist die Wahrscheinlichkeit p_3 nicht gleich $W_6(3)$ mit $p = 6/49$ und $q = 43/49$?

Lösung: Es gibt $A_N(k)$ Möglichkeiten, k Objekte aus einer Menge von N Objekten auszuwählen:

$$A_N(k) = \frac{N(N-1)(N-2)\cdot\ldots\cdot(N-k+1)}{1\cdot 2\cdot\ldots\cdot k} = \frac{N!}{(N-k)!\,k!} = \binom{N}{k}$$

Bei der Wahl des ersten Objekts hat man N Möglichkeiten, beim zweiten Objekt $N-1$ Möglichkeiten und so weiter. Hierbei sind zunächst alle $k!$ Möglichkeiten, die k Objekte in einer bestimmten Reihenfolge zu wählen, gesondert gezählt. Kommt es wie hier nicht auf die Reihenfolge an, dann ist durch $k!$ zu teilen.

Der ehrliche Lottoapparat führt mit gleichen Wahrscheinlichkeiten zu allen $A_{49}(6)$ möglichen Resultaten. Daher ist die Wahrscheinlichkeit für ein bestimmtes Resultat (das auf meinem Lottoschein) gleich

$$p_6 = \frac{1}{A_{49}(6)} = \frac{1\cdot 2\cdot 3\cdot 4\cdot 5\cdot 6}{49\cdot 48\cdot 47\cdot 46\cdot 45\cdot 44} \approx 7\cdot 10^{-8}$$

Auf einem Lottoschein sind die Zahlen $(44, 45, 46, 47, 48, 49)$ angekreuzt. Die Wahrscheinlichkeit, damit genau 3 Richtige zu haben, ist offensichtlich dieselbe wie für jeden anderen Tipp. Drei Richtige ergeben sich, wenn 3 der gezogenen Lottozahlen aus dem Bereich 1, 2, 3,..., 42, 43 kommen, und 3 aus dem Bereich 44, 45, 46, 47, 48, 49. Die Anzahl der Möglichkeiten, 3 Zahlen aus 43 zu wählen, ist $A_{43}(3)$, und die Anzahl der Möglichkeiten, 3 Zahlen aus 6 zu wählen, ist $A_6(3)$. Damit ist die Anzahl der Möglichkeiten insgesamt $A_{43}(3)\,A_6(3)$. Jede dieser Möglichkeiten tritt mit der Wahrscheinlichkeit p_6 auf. Damit ist die gesuchte Wahrscheinlichkeit

$$p_3 = \frac{A_{43}(3)\,A_6(3)}{A_{49}(6)} = \frac{43!}{40!\,3!}\cdot\frac{6!}{3!\,3!}\cdot\frac{6!\,43!}{49!} \approx 0.018$$

Dagegen wäre $W_6(3)$ mit $p = 6/49$ nicht richtig, weil $p = 6/49$ nur die Wahrscheinlichkeit ist, dass die *erste* Kugel im Bereich des Sechserblocks liegt. Sofern dieses Resultat für die erste Kugel erzielt wird, wäre die entsprechende Wahrscheinlichkeit für die zweite Kugel dann $5/48$.

25.4 Näherungsausdruck für Fakultät

Die allgemeine Definition der *Gammafunktion* lautet

$$\Gamma(n+1) = n! = \int_0^\infty dx\; x^n\, \exp(-x) \tag{25.9}$$

Hierbei ist n eine reelle Zahl. Überzeugen Sie sich davon, dass $\Gamma(n+1)$ für ganzzahliges positives n gleich der Fakultät $n! = 1\cdot 2\cdot 3\cdot\ldots\cdot n$ ist.

Der Integrand ist die Funktion $f(x) = x^n \exp(-x)$. Entwickeln Sie $\ln f(x)$ in eine Taylorreihe um das Maximum der Funktion $f(x)$ herum (für $n \gg 1$). Setzen Sie diese Entwicklung in das Integral ein, und leiten Sie daraus die *Stirlingsche Formel* ab:

$$n! \approx \sqrt{2\pi n}\; n^n \exp(-n) \qquad (n \gg 1) \tag{25.10}$$

Bestimmen Sie hiermit den Wert der random walk Verteilung $W_N(n) = \binom{N}{n} p^n q^{N-n}$ an der Stelle $\overline{n} = Np$. Es gilt $p + q = 1$ und $Npq \gg 1$.

Lösung: Wir berechnen das Integral für $n = 1$:

$$\Gamma(2) = \int_0^\infty dx\; x \exp(-x) \overset{\text{p.I.}}{=} -x \exp(-x)\Big|_0^\infty + \int_0^\infty dx\; \exp(-x) = -\exp(-x)\Big|_0^\infty = 1$$

Damit ist $\Gamma(2) = 1!$ gezeigt. Als zweiten Schritt einer vollständigen Induktion setzen wir $\Gamma(n+1) = n!$ voraus und berechnen

$$\begin{aligned}\Gamma(n+2) &= \int_0^\infty dx\; x^{n+1} \exp(-x) \overset{\text{p.I.}}{=} \Big[-x^{n+1} \exp(-x)\Big]_0^\infty \\ &\quad + (n+1) \int_0^\infty dx\; x^n \exp(-x) = (n+1)\,\Gamma(n+1) = (n+1)!\end{aligned}$$

Unter der Voraussetzung $\Gamma(n+1) = n!$ haben wir damit $\Gamma(n+2) = (n+1)!$ gezeigt. Damit ist der Induktionsbeweis vollständig.

Für die zu entwickelnde Funktion $g(x) = \ln f(x)$ gilt

$$\begin{aligned} g(x) &= \ln\big(x^n \exp(-x)\big) = n \ln x - x\,, \qquad & g'(x) &= n/x - 1 \\ g''(x) &= -n/x^2 < 0\,, & g'''(x) &= 2n/x^3 \end{aligned}$$

Bei $x_0 = n$ verschwindet die erste Ableitung. Da die zweite Ableitung negativ ist, handelt es sich um ein Maximum von $g(x)$ und $f(x)$. Die Taylorentwicklung an dieser Stelle lautet:

$$g(x) \approx g(x_0) + g'(x_0)\big(x - x_0\big) + \frac{g''(x_0)}{2}\big(x - x_0\big)^2 + \ldots \approx n \ln n - n - \frac{(x-n)^2}{2n} + \ldots$$

Die relevanten Werte liegen im Bereich $|x - n| \sim \sqrt{n}$. Der Term $|g'''(x_0)\,(x-n)^3|$ ist daher von der relativen Größe $n^{-1/2}$ verglichen mit $|g''(x_0)\,(x-n)^2|$. Wegen $|d^k g/dx^k| \sim n/x^k \approx n^{1-k}$ (für $k \geq 2$) gilt dies auch für den Vergleich des $(k+1)$-ten Terms mit dem k-ten. Für $n \gg 1$ werden die relativen Korrekturen der höheren Terme daher beliebig klein; an dieser Stelle würde eine Taylorentwicklung der Funktion $f(x)$ selbst versagen. Mit $\exp(n \ln n) = \exp(\ln n^n) = n^n$ erhalten wir

$$f(x) = \exp(g(x)) \approx \left(\frac{n}{\mathrm{e}}\right)^n \exp\left(-\frac{(x-n)^2}{2n}\right)$$

und

$$n! \approx \left(\frac{n}{\mathrm{e}}\right)^n \int_0^\infty dx\; \exp\left(-\frac{(x-n)^2}{2n}\right) \approx \left(\frac{n}{\mathrm{e}}\right)^n \sqrt{2\pi n}$$

An der unteren Integralgrenze ist der Integrand exponentiell klein ($\sim \exp(-n)$). Daher kann die Integralgrenze gleich minus unendlich gesetzt werden; dann ist das Integral gleich $(2\pi n)^{1/2}$. Damit ist (25.10) gezeigt; eine genauere Rechnung ergibt den Faktor $(1 + 1/(12n) + \ldots)$ auf der rechten Seite. In einer etwas gröberen Näherung kann man den Wurzelfaktor weglassen:

$$\ln n! \approx n \ln(n/\mathrm{e}) + \frac{\ln(2\pi n)}{2} \approx n \ln(n/\mathrm{e}) \quad \text{oder} \quad n! \approx \left(\frac{n}{\mathrm{e}}\right)^n \tag{25.11}$$

In $W_N(\overline{n})$ setzen wir (25.10) für die Fakultäten ein:

$$W_N(\overline{n}) = \binom{N}{\overline{n}} p^{\overline{n}} q^{N-\overline{n}} = \frac{N!}{(Np)!\,(Nq)!}\, p^{Np} q^{Nq}$$

$$= \frac{N^N \sqrt{2\pi N}\, \exp(Np + Nq)\, p^{Np} q^{Nq}}{\exp(N) \sqrt{2\pi Np}\sqrt{2\pi Nq}\, (Np)^{Np} (Nq)^{Nq}} = \frac{1}{\sqrt{2\pi Npq}}$$

Unter den angegebenen Bedingungen führt der random walk auch zur Normalverteilung (25.6), $W_N(n) \approx W_N(\overline{n}) \exp(-(n - \overline{n})^2/2\,\Delta n)$ mit $\Delta n = \sqrt{Npq}$. Der Vorfaktor $W_N(\overline{n})$ kann daher alternativ aus der Normierung der Normalverteilung bestimmt werden.

25.5 Abschätzung einer Korrelation

In einer Gruppe von N Kindern, deren Eltern starke Raucher sind, leiden 20% der Kinder an Kurzsichtigkeit. Dagegen gibt es nur 15% kurzsichtige Kinder in der Gesamtbevölkerung. Angenommen, es gibt keine Korrelation zwischen Kurzsichtigkeit und Rauchen: Wie groß ist dann die Wahrscheinlichkeit w dafür, dass 20% oder mehr der N Kinder kurzsichtig sind?

Die Größe $p_{\text{korr}} = 1 - w$ ist ein Maß für die Wahrscheinlichkeit, dass eine positive Korrelation besteht. Wie sind die Daten für $N = 100$ zu beurteilen? Wie groß müsste die Anzahl N_0 der Kinder sein, damit es mit $p_{\text{korr}} = 99\%$ Wahrscheinlichkeit eine Korrelation zwischen der Kurzsichtigkeit der Kinder und dem Rauchen der Eltern gibt?

Lösung: Die Wahrscheinlichkeit, in der betrachteten Gruppe x kurzsichtige Kinder zu finden, ist eine Normalverteilung:

$$P(x) = \frac{1}{\sqrt{2\pi}\,\sigma} \exp\left(-\frac{(x - \overline{x})^2}{2\sigma^2}\right), \qquad \overline{x} = Np\,, \quad \sigma = \sqrt{Npq}$$

Hierbei ist $p = 0.15$ und $q = 1 - p$. Die gefundene Häufigkeit $h = 20\%$ liegt um

$$\nu = \frac{Nh - Np}{\sqrt{Npq}} \approx 0.14\sqrt{N} \tag{25.12}$$

Standardabweichungen über dem zu erwartenden Wert. Die Wahrscheinlichkeit für eine solche oder eine noch höhere Abweichung, also für $x \geq \overline{x} + \nu\sigma$ ist

$$w = \frac{1}{\sqrt{2\pi}\,\sigma} \int_{\nu\sigma}^{\infty} dx\, \exp\left(-\frac{x^2}{2\sigma^2}\right) = \frac{1}{\sqrt{\pi}} \int_{\nu/\sqrt{2}}^{\infty} dt\, \exp\left(-t^2\right)$$

Dabei wurde die Variable $\sqrt{2}\,t = (x - \overline{x})/\sigma$ substituiert. Mit der *Errorfunktion* (oder Fehlerfunktion)

$$\mathrm{erf}(z) \equiv \frac{2}{\sqrt{\pi}} \int_0^z dt\, \exp\left(-t^2\right)$$

wird das Ergebnis zu

$$w = \frac{1}{2}\left(1 - \text{erf}\left(\nu/\sqrt{2}\right)\right) \quad \text{oder} \quad p_{\text{korr}} = 1 - w = \frac{1}{2}\left(1 + \text{erf}\left(\nu/\sqrt{2}\right)\right)$$

N	ν	p_{korr}
10	0.44	0.67
100	1.40	0.92
200	1.98	0.976

Die Werte der Errorfunktion findet man in mathematischen Tabellen oder auch auf dem Taschenrechner. Für $N = 100$ liegen die Daten um 1.4 Standardabweichungen über dem zu erwartenden Wert. Eine solche Abweichung tritt mit etwa 8% Wahrscheinlichkeit auf und kann daher zufällig sein.

Für $N = 100$ sind die Daten allenfalls ein sehr schwacher Hinweis auf eine mögliche Korrelation. Physiker nehmen üblicherweise nur Abweichungen von mindestens 3 Standardabweichungen ernst. Für $p_{\text{korr}} = 0.99$ gilt $\nu \approx 2.326$. Aus (25.12) folgt dann

$$N_0 \approx 276$$

Die zitierten 3 Standardabweichungen würden dagegen $N_0 \approx 460$ erfordern.

25.6 Poissonverteilung

Voraussetzung für die Ableitung der Gaußverteilung aus (25.1) war die Bedingung $Npq \gg 1$. Für sehr kleines p (etwa für $Np \sim 1$) ist diese Bedingung verletzt. Zeigen Sie, dass die Verteilung (25.1) für $p \ll 1$ und $N \gg n$ durch die *Poissonverteilung*

$$P(\lambda, n) = \frac{\lambda^n}{n!} \exp(-\lambda)\,, \qquad (\lambda = Np) \tag{25.13}$$

angenähert werden kann. Zeigen Sie, dass die Verteilung normiert ist, und bestimmen Sie $\overline{n}$ und Δn. Hinweis: Mit Hilfe von $\ln(1-p) \approx -p$ und $n \sim Np$ erhalten Sie $(1-p)^{N-n} \approx \exp(-\lambda)$.

Ein Buch mit 500 Seiten enthalte 500 zufällig verteilte Druckfehler. Wie groß sind die Wahrscheinlichkeiten dafür, dass eine zufällig aufgeschlagene Seite keinen Fehler enthält, oder dass sie mindestens vier Fehler enthält?

Lösung: Wegen $p \ll 1$ gilt $\ln(1-p) \approx -p$ und $\ln(1-p)^{N-n} = (N-n)\ln(1-p) \approx -(N-n)\,p$. Durch Exponieren folgt hieraus

$$(1-p)^{N-n} \approx \exp(-(N-n)\,p) \overset{N \gg n}{\approx} \exp(-Np)$$

Außerdem verwenden wir die Näherung

$$\frac{N!}{(N-n)!} = N\,(N-1)\,(N-2) \cdot \ldots \cdot (N-n+1) \overset{N \gg n}{\approx} N^n$$

Wir setzen die letzten beiden Gleichungen in die Verteilung (25.1) ein:

$$W_N(n) = \frac{N!}{(N-n)!\,n!}\,p^n\,q^{N-n} \approx \frac{(Np)^n}{n!}\exp(-Np) = \frac{\lambda^n}{n!}\exp(-\lambda) = P(\lambda, n)$$

Aus der Entwicklung $\exp(\lambda) = \sum_0^\infty \lambda^n/n!$ folgt die Normierung der Poissonverteilung:

$$\sum_{n=0}^{\infty} P(\lambda, n) = 1$$

Zur Summe tragen effektiv nur die n-Werte mit $n \ll N$ bei; insofern steht die obere Grenze nicht im Widerspruch zu $n \ll N$. Wir berechnen noch $\overline{n}$ und $\overline{n^2}$:

$$\overline{n} = \sum_{n=0}^{\infty} n\, P(\lambda, n) = \lambda \sum_{n=1}^{\infty} \frac{\lambda^{n-1}}{(n-1)!} \exp(-\lambda) = \lambda \sum_{n=0}^{\infty} \frac{\lambda^n}{n!} \exp(-\lambda) = \lambda$$

$$\overline{n^2} = \sum_{n=0}^{\infty} n^2\, P(\lambda, n) = \lambda \sum_{n=1}^{\infty} \frac{(n-1+1)\, \lambda^{n-1}}{(n-1)!} \exp(-\lambda)$$

$$= \Bigg[\lambda^2 \underbrace{\sum_{n=2}^{\infty} \frac{\lambda^{n-2}}{(n-2)!}}_{\exp(\lambda)} + \lambda \underbrace{\sum_{n=1}^{\infty} \frac{\lambda^{n-1}}{(n-1)!}}_{\exp(\lambda)} \Bigg] \exp(-\lambda) = \lambda^2 + \lambda$$

Hieraus folgen $(\Delta n)^2 = \overline{n^2} - \overline{n}^{\,2} = \lambda$ und $\Delta n = \sqrt{\lambda}$.

Für das Buchbeispiel gilt $\lambda = 1$. Aus $P(n) = P(\lambda = 1, n) = \mathrm{e}^{-1}/n!$ folgen dann die Wahrscheinlichkeiten für genau 0, 1 oder 4 Fehler auf einer Seite:

$$P(0) = P(1) = \frac{1}{\mathrm{e}} \approx 0.37\,, \qquad P(4) = \frac{1}{24}\,\frac{1}{\mathrm{e}} \approx 0.015$$

Die Wahrscheinlichkeit für vier oder mehr Fehler auf einer Seite ist

$$1 - P(0) - P(1) - P(2) - P(3) = 1 - \frac{8}{3}\,\frac{1}{\mathrm{e}} \approx 0.019$$

Anderes Beispiel: Ein Detektor weist im Durchschnitt 1 Myon pro Minute nach (aus der Höhenstrahlung). Dann gelten die $P(n) = P(\lambda = 1, n) = \mathrm{e}^{-1}/n!$ für die Anzahl der in einer bestimmten Minute nachgewiesenen Myonen.

25.7 Random walk und Diffusionsgleichung

Jeweils nach der Zeit Δt erfolgen die Schritte $s_i = \pm\ell$ eines random walk mit den Wahrscheinlichkeiten $p = q = 1/2$. Daraus ergibt sich eine zeitabhängige Wahrscheinlichkeitsverteilung $P(x, t)$, wobei $x = \sum_i s_i$ die Entfernung vom Ausgangspunkt ist, und $N = t/\Delta t \gg 1$ die Anzahl der Schritte. Zeigen Sie, dass $P(x, t)$ die Diffusionsgleichung

$$\frac{\partial P(x,t)}{\partial t} = D\, \frac{\partial^2 P(x,t)}{\partial x^2} \tag{25.14}$$

erfüllt, und bestimmen Sie die Diffusionskonstante D. Drücken Sie das Quadrat des mittleren Abstands vom Anfangspunkt als Funktion von D und t aus. Zeigen Sie, dass die Größe

$$\Theta = \int_{-\infty}^{\infty} dx \left(\frac{\partial P}{\partial x} \right)^2 \geq 0$$

monoton mit der Zeit abnimmt, also dass $d\Theta/dt \leq 0$.

Lösung: Für einen einzelnen Schritt des random walks gilt (vergleiche (25.4)):

$$w(s) \;=\; \frac{\delta(s-\ell)+\delta(s+\ell)}{2}$$

Hieraus folgen $\overline{s} = 0$ und $\Delta s = \ell$. Für großes N ergibt sich die Normalverteilung (25.6),

$$P(x) \;=\; \frac{1}{\sqrt{2\pi N}}\,\frac{1}{\ell}\,\exp\left(-\frac{x^2}{2N\ell^2}\right) \;=\; \sqrt{\frac{\Delta t}{2\pi t}}\,\frac{1}{\ell}\,\exp\left(-\frac{\Delta t\, x^2}{2\ell^2 t}\right)$$

mit

$$\overline{x} = N\,\overline{s} = 0 \qquad \text{und} \qquad (\Delta x)^2 = N\,(\Delta s)^2 = N\,\ell^2$$

Der Zeitabhängigkeit von $P(x,t)$ erhält man durch Einsetzen von $N = t/\Delta t$. Wir schreiben das Ergebnis in der Form

$$P(x,t) = \frac{C}{\sqrt{t}}\,\exp\left(-f\,\frac{x^2}{t}\right) \quad \text{mit} \quad C = \sqrt{\frac{\Delta t}{2\pi}}\,\frac{1}{\ell}, \quad f = \frac{\Delta t}{2\,\ell^2} \tag{25.15}$$

Hiermit berechnen wir

$$\frac{\partial P(x,t)}{\partial x} \;=\; \frac{-2fx}{t}\;P(x,t)$$

$$\frac{\partial^2 P(x,t)}{\partial x^2} \;=\; \left(-\frac{2f}{t}+\frac{4f^2x^2}{t^2}\right)P(x,t)$$

$$\frac{\partial P(x,t)}{\partial t} \;=\; \left(-\frac{1}{2t}+\frac{f x^2}{t^2}\right)P(x,t)$$

Damit erfüllt $P(x,t)$ die Diffusionsgleichung (25.14), sofern

$$D = \frac{1}{4f} = \frac{\ell^2}{2\,\Delta t}$$

Wir drücken die Breite der Verteilung durch die Diffusionskonstante D aus:

$$\Delta x \;=\; \sqrt{N}\,\ell \;=\; \sqrt{t/\Delta t}\;\ell \;=\; \sqrt{2Dt}$$

Die mit $\sqrt{t}$ zunehmende Verbreiterung der Verteilung ist ein typisches Kennzeichen eines Diffusionsprozesses.

Wir berechnen noch

$$\Theta \;=\; \int_{-\infty}^{\infty} dx\,\left(\frac{\partial P}{\partial x}\right)^2 \;=\; \frac{4C^2f^2}{t^3}\int_{-\infty}^{\infty} dx\; x^2\,\exp\left(-2f\,\frac{x^2}{t}\right)$$

$$=\; \frac{4C^2f^2}{t^3}\,\frac{\sqrt{\pi}}{2}\left(\frac{t}{2f}\right)^{3/2} \;=\; \frac{\text{const.}}{t^{3/2}} \;>\; 0$$

Damit ist

$$\frac{d\Theta}{dt} \;=\; -\,\frac{3}{2}\,\frac{\Theta}{t} \;<\; 0$$

eine monoton mit der Zeit abnehmende Funktion. Dies bedeutet, dass die durch (25.14) beschriebene Diffusion ein *irreversibler Prozess* ist.

25.8 Überlagerung zweier Gaußverteilungen

Die voneinander unabhängigen Zufallsvariablen x und y genügen Gaußverteilungen mit den Mittelwerten $\overline{x}$ und $\overline{y}$ und den Schwankungen Δx und Δy. Berechnen Sie die Wahrscheinlichkeitsverteilung $P(z)$ für $z = x + y$. Geben Sie die Mittelwerte $\overline{z}$ und $\overline{z^2}$ und Breite Δz an.

Lösung: Die normierten Gaußverteilungen $P_1(x)$ und $P_2(y)$ für die Variablen x und y sind von der Form (25.6). Anstelle von x und y führen wir die neuen Variablen $z = x + y$ und $\xi = (x - y)/2$ ein. Die Faktoren sind so gewählt, dass der Betrag der Jacobi-Determinante gleich 1 ist, also

$$dz\, d\xi = \left| \det \begin{pmatrix} \partial z/\partial x & \partial z/\partial y \\ \partial \xi/\partial x & \partial \xi/\partial y \end{pmatrix} \right| dx\, dy = \left| \det \begin{pmatrix} 1 & 1 \\ 1/2 & -1/2 \end{pmatrix} \right| dx\, dy = dx\, dy \tag{25.16}$$

Dann ist die Verteilung

$$\begin{aligned} P(z) &= \int_{-\infty}^{\infty} d\xi\; P_1(x)\; P_2(y) \\ &= \int_{-\infty}^{\infty} d\xi\; P_1(z/2+\xi)\; P_2(z/2-\xi) \\ &= \frac{1}{2\pi\, \Delta x\, \Delta y} \int_{-\infty}^{\infty} d\xi\; \exp\Big(-\frac{(\xi - \overline{x} + z/2)^2}{2\,(\Delta x)^2}\Big) \exp\Big(-\frac{(\xi + \overline{y} - z/2)^2}{2\,(\Delta y)^2}\Big) \end{aligned}$$

normiert; denn $\int dz\, P(z) = \int dx\, P_1(x) \int dy\, P_2(y) = 1$. Zur weiteren Auswertung verwenden wir

$$\int_{-\infty}^{\infty} d\xi\; \exp\big(-\alpha\,(\xi - a)^2\big) \exp\big(-\beta\,(\xi - b)^2\big) = \sqrt{\frac{\pi}{\alpha+\beta}}\; \exp\Big(-\frac{\alpha\beta}{\alpha+\beta}\,(a-b)^2\Big)$$

Im Integranden wird der Exponent in die Form $-\gamma\,(\xi - c)^2 + \text{const.}$ gebracht; danach kann das Integral ausgeführt werden. Aus den letzten beiden Gleichungen erhalten wir

$$\begin{aligned} P(z) &= \frac{1}{\sqrt{2\pi}} \frac{1}{\sqrt{(\Delta x)^2 + (\Delta y)^2}} \exp\Big(-\frac{(z - \overline{x} - \overline{y})^2}{2\big[(\Delta x)^2 + (\Delta y)^2\big]}\Big) \\ &= \frac{1}{\sqrt{2\pi}\, \Delta z} \exp\Big(-\frac{(z - \overline{z})^2}{2\,(\Delta z)^2}\Big) \end{aligned}$$

Dabei sind

$$\overline{z} = \overline{x} + \overline{y} \qquad \text{und} \qquad \Delta z = \sqrt{(\Delta x)^2 + (\Delta y)^2}$$

Das Ergebnis für $P(z)$ ist eine normierte Gaußverteilung. Die Summe von zwei (oder mehr) gaußverteilten Variablen ist also wieder gaußverteilt. In diesem Zusammenhang sei an die Aussage des zentralen Grenzwertsatzes erinnert: Die Summe von vielen zufallsverteilten Variablen ist (unter recht allgemeinen Bedingungen) gaußverteilt.

25.9 Summe von zwei Zufallsvariablen

Die voneinander unabhängigen Zufallsvariablen x und y genügen den Wahrscheinlichkeitsverteilungen $P_1(x)$ und $P_2(y)$ mit den Variablenbereichen von $-\infty$ bis ∞. Die Verteilungen haben die Mittelwerte $\overline{x}$ und $\overline{y}$ und die Schwankungen Δx und Δy. Ansonsten sind die Verteilungen $P_1(x)$ und $P_2(y)$ beliebig, sie können insbesondere auch nicht gaußförmig sein. Geben Sie einen Ausdruck für die Wahrscheinlichkeitsverteilung $P(z)$ für $z = x + y$ an. Berechnen Sie die Mittelwerte $\overline{z}$ und $\overline{z^2}$ und die Breite Δz.

Lösung: Anstelle von x und y führen wir die neuen Variablen $z = x + y$ und $\xi = (x - y)/2$ ein. Die Jacobi-Determinante ist 1, also $\int dx \int dy ... = \int dz \int d\xi ...$, siehe auch (25.16). Dann ist die normierte Wahrscheinlichkeitsverteilung für z gleich

$$P(z) = \int_{-\infty}^{\infty} d\xi \; P_1(x)\, P_2(y) \; = \int_{-\infty}^{\infty} d\xi \; P_1(z/2 + \xi)\, P_2(z/2 - \xi)$$

Für den Mittelwert der Funktion $f(z)$ gilt dann

$$\overline{f} = \int_{-\infty}^{\infty} dz \; f(z)\, P(z) = \int_{-\infty}^{\infty} dx \int_{-\infty}^{\infty} dy \; f(x + y)\, P_1(x)\, P_2(y)$$

Wir bestimmen $\overline{z}$ und $\overline{z^2}$:

$$\begin{aligned} \overline{z} &= \int_{-\infty}^{\infty} dx \int_{-\infty}^{\infty} dy \; \big(x + y\big)\, P_1(x)\, P_2(y) \;=\; \overline{x} + \overline{y} \\ \overline{z^2} &= \int_{-\infty}^{\infty} dx \int_{-\infty}^{\infty} dy \; \big(x + y\big)^2 P_1(x)\, P_2(y) \;=\; \overline{x^2} + 2\,\overline{x}\,\overline{y} + \overline{y^2} \end{aligned}$$

Hieraus folgt die Breite der z-Verteilung:

$$\begin{aligned} (\Delta z)^2 &= \overline{z^2} - \overline{z}^{\,2} = \overline{x^2} + 2\,\overline{x}\,\overline{y} + \overline{y^2} - \big(\overline{x} + \overline{y}\big)^2 \;=\; \overline{x^2} - \overline{x}^{\,2} + \overline{y^2} - \overline{y}^{\,2} \\ &= (\Delta x)^2 + (\Delta y)^2 \end{aligned}$$

26 Grundzüge der Statistischen Physik

Als Basis der statistischen Physik wird das grundlegende Postulat formuliert. Es ist eine Annahme über die Wahrscheinlichkeiten, mit denen Mikrozustände in einem Gleichgewichtszustand vorkommen. Der erste Hauptsatz, der sich auf Energieänderungen bezieht, wird aufgestellt und für quasistatische Prozesse spezifiziert. Danach werden die wichtigsten makroskopischen Größen (Temperatur, Entropie und verallgemeinerte Kräfte) mikroskopisch definiert. Der zweite und dritte Hauptsatz werden formuliert, und reversible und irreversible Prozesse werden gegenübergestellt. Schließlich werden die eingeführten makroskopischen Größen mit Messgrößen verknüpft.

Grundlegendes Postulat

Mikrozustand

Ein *Mikrozustand* ist eine vollständige mikroskopische Beschreibung des betrachteten Systems. Als Mikrozustände r wählen wir in der Regel die Eigenzustände des Hamiltonoperators, $\hat{H}\,|r\rangle = E_r\,|r\rangle$. Für ein System mit f Freiheitsgraden kann ein Mikrozustand durch f Quantenzahlen n_k festgelegt werden:

$$\text{Mikrozustand:}\quad r = (n_1, n_2, \ldots, n_f) \tag{26.1}$$

Ein abgeschlossenes System kann in ein endliches Volumen gesetzt werden, ohne dass das System dadurch physikalisch verändert wird. Dann sind, wie hier vorausgesetzt, alle Quantenzahlen diskret. Jede Quantenzahl für sich nimmt abzählbar (endlich oder unendlich) viele Werte an.

Ein besonders einfaches Beispiel ist ein System aus N unabhängigen Spin $1/2$ Teilchen. Hierfür gibt es 2^N Mikrozustände:

$$r = (s_{z,1}, s_{z,2}, \ldots, s_{z,N}) \qquad (s_{z,\nu} = \pm 1/2) \tag{26.2}$$

Wenn quantenmechanische Effekte keine Rolle spielen, verwenden wir auch klassische Mikrozustände:

$$r = (q_1, \ldots, q_f, p_1, \ldots, p_f) \qquad \text{(klassischer Mikrozustand)} \tag{26.3}$$

Hier sind $q_1, \ldots, q_f$ die verallgemeinerten Koordinaten des Systems mit f Freiheitsgraden, und $p_1, \ldots, p_f$ sind die zugehörigen verallgemeinerten Impulse. Als *Phasenraum* wird der abstrakte $2f$-dimensionale Raum bezeichnet, der durch $2f$

kartesische Koordinatenachsen für die Größen q_i und p_i aufgespannt wird. Jedem klassischen Mikrozustand r entspricht ein Punkt im Phasenraum. Die Bedingung $H(q, p) \leq E$ mit der Hamiltonfunktion H definiert das Phasenraumvolumen, in dem die Zustände mit einer Energie $E_r \leq E$ liegen. Dies sind nichtabzählbar viele Zustände (Punkte). Um diese Zustände in einer statistischen Behandlung dennoch abzählen zu können, machen wir eine Anleihe aus der Quantenmechanik: Wegen der Unschärferelation ist die exakte Angabe der q_i und p_i nicht möglich; vielmehr gilt $\Delta p_i \, \Delta q_i \geq \hbar/2$. Daher gibt es in einer Phasenraumzelle der Größe $(2\pi\hbar)^f$ genau einen quantenmechanischen Zustand. In die damit zu erzielenden klassischen Ergebnisse geht die Größe der Phasenraumzellen (also $\hbar$) letztlich nicht ein.

Makrozustand

Die einzelnen Mikrozustände und ihre zeitliche Abfolge im betrachteten physikalischen Vielteilchensystem sind ohne Interesse. Relevant ist dagegen, mit welchen Wahrscheinlichkeiten P_r einzelne Mikrozustände r auftreten. Dies definiert einen *Makrozustand*:

$$\text{Makrozustand:} \quad \{P_r\} = (P_1, P_2, P_3, \ldots) \tag{26.4}$$

Die Definition der Wahrscheinlichkeit setzt eine große Anzahl M gleichartiger Systeme voraus, von denen M_r im Mikrozustand r sind, so dass $P_r \approx M_r/M$. Die Gesamtheit der M gleichartigen Systeme, die die P_r festlegen, nennt man *statistisches Ensemble*. Man sagt, *der Makrozustand wird durch ein statistisches Ensemble repräsentiert*. Das statistische Ensemble ist eine *begriffliche* Voraussetzung für die Definition der P_r, also für die statistische Behandlung.

Ein konkretes makroskopisches System (etwa ein klassisches Gas) durchläuft in rascher Folge alle möglichen Mikrozustände. Das *Ensemble-Mittel* kann daher hier durch das *Zeitmittel* ersetzt werden.

Gleichgewichtszustand

Wir betrachten speziell abgeschlossene Vielteilchensysteme. Überlässt man ein abgeschlossenes Vielteilchensystem sich selbst, so streben die makroskopisch messbaren Größen gegen zeitlich konstante Werte. Dies ist ein *Erfahrungssatz*. Die makroskopischen Größen sind zum Beispiel der Druck, die Temperatur, die Dichte oder die Magnetisierung. Den Makrozustand, in dem die makroskopischen Größen konstante Werte erreicht haben, nennen wir *Gleichgewichtszustand* oder kurz Gleichgewicht. Der Gleichgewichtszustand ist ein spezieller Makrozustand.

Für den Gleichgewichtszustand des abgeschlossenen Systems stellen wir folgendes Postulat auf:

GRUNDLEGENDES POSTULAT:

Ein abgeschlossenes System im Gleichgewicht ist gleichwahrscheinlich in jedem seiner zugänglichen Mikrozustände.

Dieses Postulat stellt die Verbindung zwischen der mikroskopischen Struktur (den zugänglichen Mikrozuständen r) und makroskopischen Größen des Gleichgewichtszustands (repräsentiert durch die Wahrscheinlichkeiten P_r für die Mikrozustände r) her. Das grundlegende Postulat ist eine Annahme, auf der die statistische Physik aufgebaut wird. Es ist vergleichbar mit der Annahme $p_i = 1/6$ für einen symmetrisch gebauten Würfel. Trotz seiner Einfachheit lassen sich aus dem Postulat viele empirisch nachprüfbare Aussagen ableiten.

In einem abgeschlossenen System sind neben der Energie E diverse äußere Parameter x fest vorgegeben. In einem homogenen System steht x meist für das Volumen V und die Teilchenzahl N. Die Energie $E_r(x)$ eines Mikrozustands hängt von diesen äußeren Parametern x ab. Da im abgeschlossenen System die Energie erhalten ist, sind alle Mikrozustände r mit $E_r(x) = E$ *zugängliche* Zustände. Nun kann die Energie E nur mit einer endlichen Genauigkeit δE bestimmt werden ($\delta E \ll E$). Wir bezeichnen die Anzahl der Zustände zwischen $E - \delta E$ und E als *mikrokanonische Zustandssumme* $\Omega(E, x)$,

$$\Omega(E, x) = \sum_{r:\, E - \delta E \le E_r(x) \le E} 1 \tag{26.5}$$

Die Zustandssumme Ω ist gleich der Anzahl der zugänglichen Zustände des abgeschlossenen Systems. Nach dem grundlegenden Postulat sind alle $\Omega(E, x)$ Zustände gleichwahrscheinlich, also

$$P_r(E, x) = \begin{cases} \dfrac{1}{\Omega(E, x)} & E - \delta E \le E_r(x) \le E \\ 0 & \text{sonst} \end{cases} \tag{26.6}$$

Der Gleichgewichtszustand ist der Makrozustand (26.4) mit diesen P_r's. Der Gleichgewichtszustand ist durch die Argumente E, x von Ω festgelegt, oder aber auch durch $n + 1$ andere, geeignete *Zustandsgrößen*:

$$\text{Gleichgewichtszustand:}\quad E, x_1, \ldots, x_n \quad \text{oder} \quad y_1, \ldots, y_{n+1} \tag{26.7}$$

So kann der Zustand eines Gases einmal durch E, V und N, und zum anderen durch T, P und N festgelegt werden. Dabei ist T die Temperatur und P der Druck; diese Größen werden später definiert. Die ausgewählten Zustandsgrößen heißen auch *Zustandsvariable*.

Ideales Gas

Wir berechnen die Zustandssumme Ω für ein klassisches ideales Gas (aus N Atomen im Volumen V). Wir schreiben zunächst die Anzahl Φ aller Mikrozustände mit einer Energie $E_r \le E$ an:

$$\Phi(E, V, N) = \frac{\text{Phasenraumvolumen}}{(2\pi\hbar)^{3N}} = \frac{V^N}{(2\pi\hbar)^{3N}} \underbrace{\int dp_1 \ldots \int dp_{3N}}_{\sum_k p_k^2 \le 2mE} 1 \tag{26.8}$$

Da fast alle Zustände bei $E_r \approx E$ liegen, gilt $\Omega(E) = \Phi(E) - \Phi(E - \delta E) \approx \Phi(E)$. Für die korrekte N-Abhängigkeit muss noch ein Faktor $1/N!$ eingefügt werden, damit Zustände, die durch bloßen Austausch von Teilchen entstehen, nicht doppelt gezählt werden. Dies führt zum Ergebnis

$$\ln \Omega(E, V, N) = \frac{3N}{2} \ln\left(\frac{E}{N}\right) + N \ln\left(\frac{V}{N}\right) + N \ln c \qquad (26.9)$$

Die Konstante c, in der auch die Zellengröße im Phasenraum eingeht, spielt in den weiteren Rechnungen keine Rolle. Die Zustandssumme hängt extrem stark von der Energie ab ($\Omega \propto E^{3N/2}$). Nur für $\ln \Omega$ ergibt sich eine „vernünftige" Funktion.

1. Hauptsatz

Für einen beliebigen Makrozustand ist die (mittlere) Energie E gleich

$$E = \sum_r P_r \, E_r(x_1, ..., x_n) = \sum_r P_r \, E_r(x) \qquad (26.10)$$

Danach können Energieänderungen durch Änderung der Wahrscheinlichkeiten P_r oder der äußeren Parameter $x = (x_1, ..., x_n)$ erfolgen. Man kann die zugehörigen Anteile durch geeignete *experimentelle* Bedingungen trennen:

1. Energieübertrag bei konstanten x.
2. Energieübertrag bei thermischer Isolierung.

Zunächst studiert man den 1. Fall. Die hierbei übertragene Energie ΔE wird als die dem System zugeführte *Wärme* (-menge) $\Delta Q = \Delta E$ klassifiziert. Zu einem solchen Energieübertrag kann es etwa durch Kontakt des Systems mit der wärmeren (oder kälteren) Umgebung kommen. Bei der experimentellen Untersuchung der Wärmeübertragung bei konstanten äußeren Parametern stellt man fest, durch welche Bedingung sie unterbunden werden kann. Diese Bedingung bezeichnen wir als *thermische Isolierung* des Systems (zum Beispiel dicke Styroporwände).

Die Energieänderung durch Änderung der äußeren Parameter x bei gleichzeitiger thermischer Isolierung (also $\Delta Q = 0$) definieren wir als die *am System geleistete Arbeit* $\Delta W = \Delta E$. Das Standardbeispiel hierfür ist die bei der Kompression eines Gases geleistete Arbeit. Ein Prozess mit $\Delta Q = 0$ heißt *adiabatisch*.

Im Allgemeinen ist die Energieänderung $\Delta E = E_b - E_a$ bei einem Prozess vom Makrozustand a zum Makrozustand b die Summe aus zugeführter Wärme und Arbeit:

$$\Delta E = \Delta W + \Delta Q \quad \text{oder} \quad dE = đW + đQ \qquad \text{1. Hauptsatz} \qquad (26.11)$$

Die Einführung der Klassifizierung (Wärme oder Arbeit) ging von der Alternative „Parameter konstant" oder „Parameter nicht konstant" aus; daher sind alle möglichen Energieüberträge berücksichtigt. Zugleich wurde durch die experimentellen

Bedingungen („Parameter konstant" oder „adiabatisch") die jeweils andere Form des Energieübertrags ausgeschlossen. Daher sind beide Beiträge zu addieren.

Der Grund für die Verwendung des Symbols $đ$ ist, dass Q und W keine Zustandsgrößen sind. So kann man zum Beispiel durch periodische Kolbenbewegungen dem System Arbeit zuführen, damit aber letztlich denselben Zustand wie bei Wärmezufuhr erreichen.

Quasistatischer Prozess

Ein Prozess wird *quasistatisch* (q.s.) genannt, wenn das System eine Folge von Gleichgewichtszuständen durchläuft. Ausgehend von (26.10) betrachten wir die quasistatische Änderung der Energie $E(x_1,..., x_n)$:

$$dE = \sum_r dP_r\, E_r + \sum_r P_r \sum_{i=1}^{n} \frac{\partial E_r}{\partial x_i}\, dx_i \overset{\text{(q.s.)}}{=} đQ_{\text{q.s.}} + đW_{\text{q.s.}} \tag{26.12}$$

Dabei haben wir die quasistatische, dem System zugeführte Arbeit eingeführt:

$$đW_{\text{q.s.}} = \sum_{i=1}^{n} \overline{\frac{\partial E_r}{\partial x_i}}\, dx_i = -\sum_{i=1}^{n} X_i\, dx_i \tag{26.13}$$

Diese Arbeit ist durch die Änderungen dx_i der äußeren Parameter und durch die zugehörigen *verallgemeinerten Kräfte*

$$X_i = -\frac{\overline{\partial E_r(x_1,..., x_n)}}{\partial x_i} \qquad \text{(verallgemeinerte Kraft)} \tag{26.14}$$

bestimmt. Die zum äußeren Parameter Volumen ($x = V$) gehörige verallgemeinerte Kraft ist der Druck ($X = P$), also

$$đW_{\text{q.s.}} = -P\, dV \qquad \text{mit} \qquad P = -\frac{\overline{\partial E_r(V)}}{\partial V} \tag{26.15}$$

Damit ist der Druck mikroskopisch definiert. Für ein Gas ist der Druck immer positiv. Eine Volumenvergrößerung ($dV > 0$) bedeutet dann, dass das System Arbeit leistet ($đW_{\text{q.s.}} < 0$). Eine Volumenänderung kann durch die Verschiebung eines Kolbens in einem gasgefüllten Zylinder bewirkt werden. Die Bedingung „quasistatisch" bedeutet dann $v_{\text{kolben}} \ll v_{\text{gas}}$, wobei v_{kolben} die Geschwindigkeit des Kolbens ist, und v_{gas} die mittlere Geschwindigkeit der Gasmoleküle ist (also $v_{\text{gas}} \sim 400\,\text{m/s}$ für Luft unter Normalbedingungen).

Bei einem nichtquasistatischen Prozess kann die dem System zugeführte Arbeit größer sein:

$$đW \geq đW_{\text{q.s.}} \qquad \text{beliebiger Prozess} \tag{26.16}$$

So wird bei einer oszillierenden Kolbenbewegung ein (eventuell sehr kleiner) Teil der zugeführten Arbeit nichtquasistatisch sein. Dieser Teil bewirkt dann eine Erwärmung des Gases.

Entropie und Temperatur

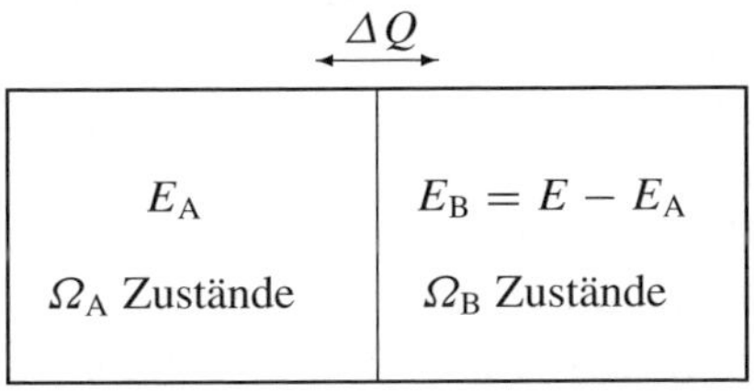

Ein abgeschlossenes System besteht aus zwei makroskopischen Teilsystemen A und B, die Wärme austauschen können. Wie teilt sich dann im thermischen Gleichgewicht die Gesamtenergie $E = E_{\rm A} + E_{\rm B}$ auf?

Im abgeschlossenen System ist die Energie erhalten, $E = \text{const}$. Die Wahrscheinlichkeit für die Aufteilung $E = E_{\rm A} + E_{\rm B}$ ergibt sich aus der Anzahl der Mikrozustände mit dieser Aufteilung, geteilt durch die Anzahl aller Mikrozustände:

$$W(E_{\rm A}) = \frac{\Omega_{\rm A}(E_{\rm A})\,\Omega_{\rm B}(E - E_{\rm A})}{\Omega_0(E)} \tag{26.17}$$

Die Zustandssummen $\Omega \propto E^{\gamma f}$ hängen extrem stark von der Energie ab. Hierbei ist f die Anzahl der Freiheitsgrade, und γ ist ein numerischer Faktor, vergleiche (26.9). Die Funktion $W(E_{\rm A})$ hat ein Maximum $\overline{E_{\rm A}}$ dann, wenn die Energie pro Freiheitsgrad gleichverteilt ist:

$$\frac{\overline{E_{\rm A}}}{f_{\rm A}} = \frac{E - \overline{E_{\rm A}}}{f_{\rm B}} = \frac{\overline{E_{\rm B}}}{f_{\rm B}} \tag{26.18}$$

Eine Entwicklung von $\ln W(E_{\rm A})$ um das Maximum herum ergibt

$$W(E_{\rm A}) = W(\overline{E_{\rm A}})\,\exp\left(-\frac{\left(E_{\rm A} - \overline{E_{\rm A}}\right)^2}{2\,\Delta E_{\rm A}^2}\right) \tag{26.19}$$

Die Breite dieser Verteilung ist extrem klein $\Delta E_{\rm A}/\overline{E_{\rm A}} \sim f_{\rm A}^{-1/2}$, also zum Beispiel 10^{-12}. Dann liegen (fast) alle der $\Omega_{\rm A}\,\Omega_{\rm B} = \Omega_0\,W(E_{\rm A})$ Mikrozustände beim Maximum $\overline{E_{\rm A}}$. Daher ist das *Gleichgewicht* durch (26.18) und

$$\ln(\Omega_{\rm A}\,\Omega_{\rm B}) = \ln \Omega_{\rm A}(E_{\rm A}) + \ln \Omega_{\rm B}(E - E_{\rm A}) = \text{maximal} \tag{26.20}$$

bestimmt. Wir definieren die *Entropie S* eines Gleichgewichtssystems durch

$$S = S(E, x) = k_{\rm B}\,\ln \Omega(E, x) \qquad \text{Entropie} \tag{26.21}$$

und die *Temperatur T* durch

$$\frac{1}{T} = \frac{1}{T(E, x)} = \frac{\partial S(E, x)}{\partial E} \qquad \text{Temperatur} \tag{26.22}$$

Damit werden die Ergebnisse (26.20) und (26.18) für das Gleichgewicht bei Wärmeaustausch zu

$$S(E_{\rm A}) = S_{\rm A}(E_{\rm A}, x) + S_{\rm B}(E - E_{\rm A}, x') = \text{maximal} \qquad \text{und} \qquad T_{\rm A} = T_{\rm B} \tag{26.23}$$

Das Gleichgewicht ist also durch das Maximum der Entropie und durch gleiche Temperaturen gekennzeichnet. Mit diesen Größen kann die verallgemeinerte Kraft (26.14) als

$$\frac{X_i}{T} = \frac{\partial S(E, x)}{\partial x_i} \tag{26.24}$$

geschrieben werden. So wie $T_A = T_B$ die Gleichgewichtsbedingung für Wärmeaustausch ist, ist $X_{i,A} = X_{i,B}$ die Gleichgewichtsbedingung bei x_i-Austausch. So ergibt sich zum Beispiel beim Volumenaustausch ein Druckgleichgewicht. Eine Temperaturdifferenz ist die treibende Kraft für den Wärmeaustausch, und eine Druckdifferenz ist die treibende Kraft für den Volumenaustausch.

Im letzten Abschnitt dieses Kapitels stellen wir die Verbindung der Entropie und der Temperatur zu Messgrößen her. Dabei wird auch die in (26.21) eingeführte Boltzmannkonstante k_B festgelegt. Dann sind die makroskopischen Messgrößen (S, T, P) mit der mikroskopischen Struktur (Ω) verknüpft.

Die Entropie ist additiv, denn für zwei Teilsysteme gilt $\Omega = \Omega_A \, \Omega_B$, also

$$S = k_B \ln \Omega = k_B \ln(\Omega_A \, \Omega_B) = k_B \big(\ln \Omega_A + \ln \Omega_B \big) = S_A + S_B \tag{26.25}$$

In der Abbildung oben können zunächst getrennte Gleichgewichte in den Bereichen A und B bestehen. Dann sind die Temperaturen (T_A und T_B) und die Entropien (S_A und S_B) für jedes Teilsystem definiert. In dieser Weise kann die hier gegebene Temperatur- und Entropiedefinition auf *lokale Gleichgewichte* angewendet werden.

Für $\Omega \propto E^{\gamma f}$ erhalten wir

$$\frac{1}{\beta} = k_B T = \frac{E}{\gamma f} \tag{26.26}$$

Dabei ist β die allgemein gebräuchliche Abkürzung für $1/(k_B T)$. Bis auf die Konstante k_B und den numerischen Faktor γ ist die Temperatur also gleich der Energie pro Freiheitsgrad. In (26.26) ist E die für Anregungen zur Verfügung stehende Energie; sie hat den Minimalwert null. Daher gilt

$$T \geq 0 \tag{26.27}$$

Die Temperatur $T = 0$ bezeichnen wir als (absoluten) Nullpunkt.

Hauptsätze

Wir ergänzen den 1. Hauptsatz, $dE = đQ + đW$, (26.11), durch den 2. und den 3. Hauptsatz, die sich auf die Entropie beziehen. Wir betrachten zunächst ein abgeschlossenes System. Als Erfahrungssatz haben wir festgestellt, dass ein abgeschlossenes System von selbst ins Gleichgewicht strebt. Im Gleichgewichtszustand sind alle zugänglichen Mikrozustände gleichwahrscheinlich. Praktisch alle Mikrozustände liegen dort, wo die Entropie ein Maximum hat. Also bewegt sich die Entropie S auf ihren maximalen Wert zu:

$$\Delta S \geq 0 \qquad \text{2. Hauptsatz, abgeschlossenes System} \tag{26.28}$$

Diese Aussage bezieht sich auf die Entropieänderung $\Delta S = S_b - S_a$ in einem Prozess $a \to b$. Als Beispiel sei der Temperaturausgleich des vorhergehenden Abschnitts betrachtet. Der Anfangszustand ist hier wegen $T_{\rm A} \neq T_{\rm B}$ kein Gleichgewichtszustand; seine Entropie kann aber in der Form $S_{\rm A} + S_{\rm B}$ angegeben werden, weil die Teilsysteme A und B jeweils für sich im Gleichgewicht sind. Durch Wärmeaustausch gleichen sich die Temperaturen an, und die Entropie wächst.

Die Entropie $S(E,x) = k_{\rm B} \ln \Omega(E,x)$ eines Gleichgewichtszustands hängt von der Energie E und den äußeren Parametern $x = (x_1, ..., x_n)$ ab. Wir berechnen das vollständige Differenzial dieser Entropie:

$$dS = \frac{\partial S(E,x)}{\partial E}\, dE + \sum_{i=1}^{n} \frac{\partial S(E,x)}{\partial x_i}\, dx_i = \frac{dE}{T} + \sum_{i=1}^{n} \frac{X_i}{T}\, dx_i \tag{26.29}$$

Hierin setzen wir den 1. Hauptsatz (26.11) und (26.13) ein:

$$dS = \frac{1}{T}\left(đQ + đW - đW_{\rm q.s.} \right) \tag{26.30}$$

Für einen quasistatischen Prozess folgt hieraus

$$dS = \frac{đQ_{\rm q.s.}}{T} \tag{26.31}$$

Hierbei sind sowohl $đQ_{\rm q.s.} \neq 0$ wie auch $đW_{\rm q.s.} \neq 0$ zugelassen; es handelt sich um ein offenes System. Nach (26.16) gilt $đW \geq đW_{\rm q.s.}$ und damit

$$dS \geq \frac{đQ}{T} \qquad \text{2. Hauptsatz, offenes System} \tag{26.32}$$

Damit besteht der 2. Hauptsatz aus zwei Teilen, (26.28) und (26.32); die Aussage (26.32) soll (26.31) mit einschließen.

Als dritten Hauptsatz (oder Nernstsches Theorem) bezeichnet man die Aussage

$$S \stackrel{T \to 0}{\longrightarrow} 0 \qquad \text{3. Hauptsatz} \tag{26.33}$$

Quantenmechanische Systeme haben üblicherweise genau einen Zustand mit niedrigst möglicher Energie E_0, den Grundzustand. Daher gilt $\Omega(E) = 1$ und damit $S \to 0$ für $E \to E_0$. Die Temperatur ist von der Größe der Energie pro Freiheitsgrad, $T \sim (E - E_0)/f$. Damit gilt $T \to 0$ für $E \to E_0$.

Die Kernspins haben nur sehr kleine Wechselwirkungen mit der Umgebung. Daher können diese Spins auch bei sehr tiefen Temperaturen noch eine statistische Verteilung haben. Für N Kerne mit Spin $1/2$ bedeutet dies, dass alle $\Omega_0 = 2^N$ Spineinstellungen gleichwahrscheinlich sind. Dann geht die Entropie für kleine Temperaturen gegen den konstanten Wert $S_0 = k_{\rm B} \ln \Omega_0 = N k_{\rm B} \ln 2$ und nicht gegen null.

Reversibilität

Ausgehend vom 2. Hauptsatz (26.28) unterscheiden wir für *abgeschlossene Systeme* Prozesse als

$$\text{reversibel:}\ \Delta S = 0 \qquad \text{und} \qquad \text{irreversibel:}\ \Delta S > 0 \tag{26.34}$$

Beispiele für irreversible Prozesse sind:

- Temperaturausgleich zwischen zwei Systemen A und B (irreversibel).
- Freie Expansion (irreversibel)

Beim Temperaturausgleich zwischen einem wärmeren System mit $T_>$ und einem kälteren mit $T_<$ wird die Wärmemenge $\Delta Q > 0$ ausgetauscht. Das kältere System nimmt die Wärme auf, erhöht seine Entropie also um $\Delta Q / T_<$ (der Wärmeaustausch kann langsam erfolgen, also quasistatisch für die Teilsysteme). Die Entropieänderung $-\Delta Q / T_>$ des wärmeren Systems ist negativ. Wegen $T_> > T_<$ ist die Entropieänderung $\Delta S = \Delta Q / T_< - \Delta Q / T_>$ des abgeschlossenen Systems positiv.

Reversible Prozesse sind ideale Grenzfälle. Reale Prozesse können allenfalls *fast* reversibel sein. Konkret bedeutet dies, dass ein reversibler Prozess mit beliebig kleinem äußeren Aufwand rückgängig gemacht werden kann. Dies gilt zum Beispiel für die

- Quasistatische adiabatische Expansion (reversibel).

Für einen quasistatischen Prozess gilt $dS = (dE + P\,dV)/T$; dies folgt aus $dE = đQ_{\text{q.s.}} + đW_{\text{q.s.}}$ (1. Hauptsatz), $T\,dS = đQ_{\text{q.s.}}$ (2. Hauptsatz) und $đW_{\text{q.s.}} = -P\,dV$. Wenn man hier nun für die quasistatische, adiabatische Expansion $dE = -P\,dV$ einsetzt, erhält man $dS = 0$.

Ausgehend vom 2. Hauptsatz (26.32) unterscheiden wir für *offene Systeme* Prozesse als

$$\text{reversibel:}\ dS = \frac{đQ}{T} \qquad \text{und} \qquad \text{irreversibel:}\ dS > \frac{đQ}{T} \tag{26.35}$$

Alle quasistatischen Prozesse sind reversibel. Daher ist auch der Index „rev“ anstelle von „q.s.“ in (26.31) üblich, $dS = đQ_{\text{q.s.}}/T = đQ_{\text{rev}}/T$. Ein quasistatischer oder reversibler Prozess besteht aus einer Folge von Gleichgewichtszuständen. Die Bezeichnung „quasistatisch“ betont die experimentelle Voraussetzung ($\tau_{\text{exp}}/\tau_{\text{relax}} \to \infty$), die Bezeichnung „reversibel“ die Umkehrbarkeit des Prozesses. Sofern das Gleichheitszeichen in (26.32) nicht gilt, ist der Prozess nicht-quasistatisch; nach (26.35) also irreversibel.

Ein *reversibler* Prozess im offenen System ist in folgendem Sinn *umkehrbar*: Eine Änderung von äußeren Parametern $x_a \to x_b$ und/oder ein Wärmeübertrag bewirke den quasistatischen Prozess $a \to b$. Die auftretenden Gleichgewichtszustände a,..., Zwischenzustände,..., b können nun in umgekehrter Richtung durchlaufen werden, wenn die Änderung der äußeren Parameter umgekehrt wird ($dx_i \to -dx_i$, dies impliziert $đW_{\text{q.s.}} \to -đW_{\text{q.s.}}$) und das Vorzeichen des Wärmeübertrags geändert wird ($đQ_{\text{q.s.}} \to -đQ_{\text{q.s.}}$). Der so definierte Prozess führt von E_b, x_b wieder zum Anfangszustand E_a, x_a. Mit $đQ_{\text{q.s.}} \to -đQ_{\text{q.s.}}$ gilt auch $dS \to -dS$ für $dS = đQ_{\text{q.s.}}/T$ für die einzelnen Abschnitte des Prozesses; bei der Umkehrung wird S_b wieder zu S_a.

Abweichungen von der Entropieänderung $dS = đQ_{\text{q.s.}}/T$ sind nach (26.32) immer positiv. Für einen beliebigen Prozess ist $đQ/T$ nur die untere Schranke für die Entropiezunahme. Irreversible Vorgänge bedingen eine zusätzliche (oft unerwünschte) Entropiezunahme.

Statistische Physik und Thermodynamik

Aus (26.21) mit (26.9) folgt die Entropie des idealen Gases:

$$S(E, V, N) = \frac{3}{2}\, N k_{\text{B}} \ln\left(\frac{E}{N}\right) + N k_{\text{B}} \ln\left(\frac{V}{N}\right) + N k_{\text{B}} \ln c \tag{26.36}$$

Hieraus und aus (26.22) und (26.24) folgen die kalorische und thermische Zustandsgleichung:

$$E = \frac{3}{2}\, N k_{\text{B}} T \qquad \text{und} \qquad P V = N k_{\text{B}} T \tag{26.37}$$

Dies ist ein Beispiel für die Ableitung der makroskopischen Eigenschaften aus der mikroskopischen Struktur. Das allgemeine Schema hierfür ist:

$$H(x) \xrightarrow{1.} E_r(x) \xrightarrow{2.} \Omega(E, x) \xrightarrow{3.} S(E, x),\ T(E, x),\ X(E, x) \tag{26.38}$$

Man geht vom Hamiltonoperator H aus, bestimmt die Energieeigenwerte $E_r(x)$, berechnet die Zustandssumme $\Omega(E, x)$ und erhält daraus die Entropie und alle interessierenden thermodynamischen Eigenschaften. Die Schritte 1 und 2 sind allerdings für Vielteilchensysteme im Allgemeinen nicht exakt durchführbar.

In der *Thermodynamik* gehen wir von den Hauptsätzen aus, die noch durch die Aussage $T_{\text{A}} = T_{\text{B}}$ für thermisches Gleichgewicht ergänzt werden. Sofern ein spezielles System betrachtet wird, verwenden wir auch die zugehörige kalorische und thermische Zustandsgleichung. Zur Berechnung verschiedener Effekte und Größen werden dabei vielfach anstelle der Variablen $E, x_1, \ldots x_n$ andere Zustandsvariable $y_1, \ldots y_{n+1}$ benutzt (etwa T und P anstelle von E und V).

Messgrößen

Wir diskutieren die Messung der auftretenden makroskopischen Größen, insbesondere der zunächst theoretisch definierten Temperatur und Entropie.

Arbeit, Wärme, Druck

Wir setzen die Messdefinition mechanischer Größen voraus. Dazu gehören insbesondere der Druck, der in Pascal gemessen wird:

$$[P] = \text{Pa} = \text{Pascal} = \frac{\text{N}}{\text{m}^2} = 10^{-5}\,\text{bar} \tag{26.39}$$

Mechanische Arbeit (etwa $dW_{\text{q.s.}} = -P\,dV$) wird in Joule (J) oder Newtonmeter ($1\,\text{J} = 1\,\text{Nm}$) gemessen. Nach dem ersten Hauptsatz werden dann auch die Energie und die Wärme

$$[Q] = \text{J} = \text{Nm} = \text{VAs} \tag{26.40}$$

in diesen Einheiten gemessen.

Temperatur

Wir haben die Temperatur so eingeführt, dass für zwei Systeme $T_{\text{A}} = T_{\text{B}}$ gilt, wenn sie im Gleichgewicht gegenüber Wärmeaustausch sind. Dieses Gleichgewicht wird durch Kontakt der beiden Systeme und hinreichend langes Warten erreicht.

Über die Zustandsgleichung $PV = Nk_{\text{B}}T$ eines idealen Gases können wir die Temperaturmessung auf eine Druckmessung zurückführen. Dazu bringen wir eine Gasmenge (unser Thermometer) zunächst in Kontakt mit dem System A und messen den Druck P_{A}. Anschließend messen wir den Druck P_{B} beim Kontakt mit B; dabei werden die Parameter N und V des Gases konstant gehalten. Um Abweichungen vom idealen Gasverhalten zu eliminieren, wiederholen wir das Experiment bei mehrfach verringerter Dichte:

$$\left(\frac{P_{\text{A}}}{P_{\text{B}}}\right)_{\text{real}} \stackrel{N/V\to 0}{\longrightarrow} \left(\frac{P_{\text{A}}}{P_{\text{B}}}\right)_{\text{ideal}} = \frac{T_{\text{A}}}{T_{\text{B}}} \tag{26.41}$$

Hiermit ist das Verhältnis $T_{\text{A}}/T_{\text{B}}$ der Temperaturen zweier beliebiger Systeme als Messgröße definiert. Um die Temperaturskala vollständig festzulegen, müssen wir noch die Temperatur eines bestimmten (reproduzierbaren) Systems C durch Definition festlegen. Als wohldefiniertes System C wählen wir den Tripelpunkt von Wasser und definieren

$$T_{\text{t}} \stackrel{\text{def}}{=} 273.16\,\text{K} \qquad (\text{K} = \text{Kelvin}) \tag{26.42}$$

Dabei wird exakt dieser Zahlenwert, also 273.160000 . . . , vereinbart. Damit ist 1 K der 1/273.16-te Teil der Temperaturspanne zwischen $T = 0$ und T_{t}. Die Verknüpfung mit der Temperatur Θ der auch üblichen Celsius-Skala ist

$$\Theta \stackrel{\text{def}}{=} \left(\frac{T}{\text{K}} - 273.15\right)\,^{\text{o}}\text{C} \tag{26.43}$$

Eine Temperaturdifferenz von 1 Kelvin ist exakt gleich 1 Grad Celsius. Die so definierte Celsius-Skala unterscheidet sich nur geringfügig von der historischen Celsius-Skala.

Entropie und Boltzmannkonstante

Nach dem 2. Hauptsatz gilt $dS = đQ_{\text{q.s.}}/T$ für die Entropie, so dass

$$[S] = \frac{\text{J}}{\text{K}} \tag{26.44}$$

Die Definition (26.42) legt die Boltzmannkonstante k_B fest: Ein ideales Gas mit N Atomen in einem Volumen V hat bei T_t einen bestimmten Druck P. Setzt man die gemessenen Werte für P, V und N und $T_t = 273.16\,\text{K}$ in $PV = Nk_BT$ ein, so folgt daraus der Wert für k_B:

$$k_B = (1.380658 \pm 0.000012) \cdot 10^{-23}\ \frac{\text{J}}{\text{K}} \qquad \text{(Boltzmannkonstante)} \tag{26.45}$$

Es sei daran erinnert, dass k_BT die Größe der Energie pro Freiheitsgrad angibt; bei Zimmertemperatur sind dies etwa $1/40$ Elektronenvolt. Anstelle der Boltzmannkonstanten k_B verwendet man auch die (historisch ältere) *Gaskonstante* R,

$$R = L\,k_B \approx 8.3145\ \frac{\text{J}}{\text{K mol}} \quad \text{mit} \quad L = \frac{L_0}{\text{mol}} \approx \frac{6 \cdot 10^{23}}{\text{mol}} \tag{26.46}$$

Dabei ist die Loschmidt-Konstante L_0 die Anzahl der Atome in 12 g reinem ^{12}C, oder die Anzahl der Moleküle in einem Mol eines Stoffs. (Im englischsprachigen Raum wird diese Größe *Avogadro's number* genannt.) Eine bestimmte Stoffmenge kann alternativ durch die Anzahl N der Moleküle oder durch die Anzahl ν der Mole angegeben werden. Die Entropie eines Stoffs ist normalerweise von der Größe $S = N\,\mathcal{O}(k_B) = \nu\,\mathcal{O}(R)$. Für das ideale Gasgesetz verwenden wir die alternativen Schreibweisen:

$$P\,v = k_BT \ \ \text{mit}\ v = V/N\,, \qquad \text{oder} \qquad P\,v = R\,T \ \ \text{mit}\ v = V/\nu \tag{26.47}$$

Für V/N und V/ν wird hier dasselbe Symbol v benutzt; die jeweilige Bedeutung ergibt sich aus dem Zusammenhang. In der mikroskopischen Beschreibung beziehen wir die Größen bevorzugt auf ein Teilchen und verwenden k_B, in der Thermodynamik beziehen wir sie dagegen oft auf ein Mol und verwenden R.

Wenn man Normalbedingungen

$$P = 101\,325\,\text{Pa} \approx 1\,\text{bar}\,, \qquad T = 0\,^\circ\text{C} = 273.15\,\text{K} \tag{26.48}$$

voraussetzt, dann ergibt sich für ein Mol eines idealen Gases das Volumen $V \approx 22.4\,\text{l}$. Die Masse von 22 Liter Hörsaalluft beträgt also etwa 30 Gramm. Materialkonstanten (wie etwa Dichte, spezifische Wärme, Kompressibilität, Leitfähigkeit) sind Funktionen von P und T. Angaben für diese Größen beziehen sich häufig auf Normalbedingungen.

Aufgaben

26.1 Phasenraum des Oszillators

Der eindimensionale Oszillator hat die Hamiltonfunktion

$$H(q,p) = \frac{p^2}{2m} + \frac{m\,\omega^2 q^2}{2}$$

Welche Form hat die Kurve $H(q,p) = E$ im Phasenraum? Berechnen Sie das Phasenraumvolumen $V_{\rm PR}(E) = \int dq \int dp$, das von dieser Kurve eingeschlossen wird. Aus den bekannten Energieeigenwerten $E_n = \hbar\omega(n + 1/2)$ folgt die Anzahl N_E der Zustände mit $E_n \le E$. Stellen Sie den Zusammenhang zwischen dieser Anzahl N_E und dem Phasenraumvolumen $V_{\rm PR}(E)$ her.

Lösung: Die Bedingung $H(q,p)/E = 1$ kann in der Form

$$\frac{p^2}{a^2} + \frac{q^2}{b^2} = 1 \qquad \text{mit} \quad a = \sqrt{2mE} \quad \text{und} \quad b = \sqrt{\frac{2E}{m\,\omega^2}}$$

geschrieben werden. Es handelt sich also um eine Ellipse mit den Halbachsen a und b. Das Phasenraumvolumen $V_{\rm PR}$ ist gleich der Ellipsenfläche:

$$V_{\rm PR}(E) = \int\!\!\int_{H(q,p)<E} dp\,dq = \pi a b = \frac{2\pi E}{\omega}$$

Der quantenmechanische Oszillator hat die diskreten Energien $E_n = \hbar\omega\,(n + 1/2)$ mit $n = 0, 1, 2, \ldots$. Die Anzahl N_E der Zustände mit einer Energie kleiner als E ist daher

$$N_E = \sum_{E_n \le E} 1 \approx \frac{E}{\hbar\omega} = \frac{V_{\rm PR}(E)}{2\pi\hbar} \qquad (N_E \gg 1) \tag{26.49}$$

Dieses Ergebnis wurde in (18.13) für den unendlichen Potenzialtopf angegeben. Unter der Voraussetzung $N_E \gg 1$ gilt das Ergebnis für beliebige eindimensionale Systeme: Nach der Unschärferelation können die Koordinate q_k und der Impuls p_k nur im Rahmen der Unschärferelation $\Delta q_k\, \Delta p_k \ge \hbar/2$ festgelegt werden. Dementsprechend nimmt ein quantenmechanischer Zustand ein Volumen der Größe $\hbar$ im q_k-p_k-Unterraum ein. In Aufgabe 18.11 wird das Ergebnis auf den dreidimensionalen Oszillator verallgemeinert.

26.2 Exponentialfunktion mit sehr großem Exponenten

Die Funktion $f(E) = E^N$ mit $N = \mathcal{O}(10^{24})$ soll um E_0 in eine Taylorreihe entwickelt werden. Welche Bedingung muss erfüllt sein, damit der Term 1. Ordnung in $(E - E_0)$ klein gegenüber dem 0. Ordnung ist? Was ergibt sich, falls $\ln f(E)$ anstelle von $f(E)$ entwickelt wird?

Lösung: Die Taylorentwicklung der Funktion $f(E)$ beginnt mit

$$f(E) \approx f(E_0) + f'(E_0)\,(E - E_0) + \ldots = E_0^N + N\,E_0^{N-1}\,(E - E_0) + \ldots$$

Die angegebene Bedingung lautet

$$\frac{1.\,\text{Term}}{0.\,\text{Term}} = N\,\frac{E - E_0}{E_0} \ll 1\,, \quad \text{also} \quad \frac{\Delta E}{E_0} \ll \frac{1}{N}$$

Die Taylorentwicklung der Funktion $\ln f(E)$ lautet dagegen

$$\ln f(E) \approx \ln f(E_0) + \frac{f'(E_0)}{f(E_0)}\,(E - E_0) + \ldots = N \ln E_0 + \frac{N}{E_0}\,(E - E_0) + \ldots$$

Die Bedingung lautet jetzt

$$\frac{1.\,\text{Term}}{0.\,\text{Term}} = \frac{E - E_0}{E_0 \ln E_0} \ll 1\,, \quad \text{also} \quad \frac{\Delta E}{E_0} \ll \ln E_0$$

Im ersten Fall ist der (vermutliche) Konvergenzbereich extrem klein. Im zweiten Fall ist die Entwicklung dagegen möglicherweise brauchbar.

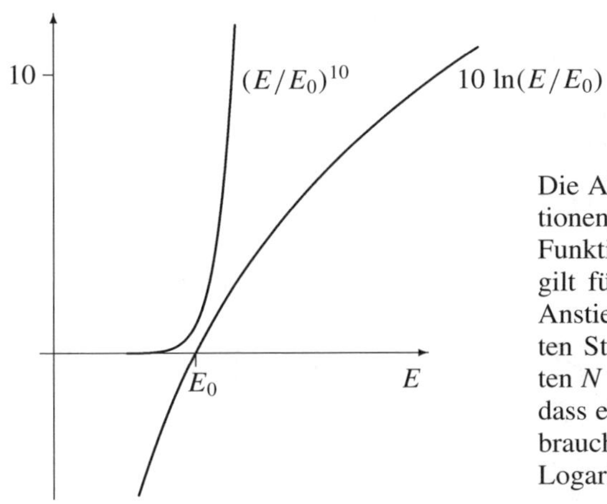

Die Abbildung zeigt die Graphen der Funktionen $f(E) = (E/E_0)^{10}$ und $\ln f(E)$. Die Funktion $f(E)$ wächst stark mit E an. Dies gilt für jeden Wert von E, auch wenn der Anstieg im Graphen nur an der ausgewählten Stelle sichtbar wird. Für den Exponenten $N = 10^{24}$ wird dieser Anstieg so extrem, dass eine Taylorentwicklung praktisch nicht brauchbar ist. Dagegen ist das Verhalten des Logarithmus der Funktion gemäßigt.

26.3 Zustandssumme für Gasgemisch

In einem Kasten mit dem Volumen V befinden sich N_1 Gasatome der Sorte 1 und N_2 Gasatome der Sorte 2. Behandeln Sie das System als Mischung idealer einatomiger Gase und geben Sie die Zustandssumme Ω an.

Lösung: Da es sich um ideale Gase handelt, ist die gesuchte Zustandssumme Ω gleich dem Produkt $\Omega_1\,\Omega_2$ der möglichen Zustände der einzelnen Gase:

$$\Omega = \Omega_1(E_1, V_1, N_1)\ \Omega_2(E_2, V_2, N_2)$$

Dabei ist auf der rechten Seite jeweils der Ausdruck (26.9) für die Zustandssumme eines einatomigen idealen Gases zu verwenden. Da die Gase ideal sind, ist das Volumen V allen Atomen zugänglich, $V_1 = V_2 = V$. Für das insgesamt abgeschlossene System ist die Energie $E = E_1 + E_2$ eine Erhaltungsgröße; insofern sind die beiden Gase nicht voneinander unabhängig. Damit erhalten wir

$$\begin{aligned}\ln \Omega(E_1) &= \ln \Omega(E_1, V, N_1) + \ln \Omega(E - E_1, V, N_2) \\ &= \frac{3N_1}{2} \ln\left(\frac{E_1}{N_1}\right) + \frac{3N_2}{2} \ln\left(\frac{E - E_1}{N_2}\right) \\ &\quad + N_1 \ln\left(\frac{V}{N_1}\right) + N_2 \ln\left(\frac{V}{N_2}\right) + (N_1 + N_2) \ln c\end{aligned}$$

Im Ergebnis $\Omega(E_1, E, V, N_1, N_2)$ haben wir speziell das Argument E_1 hervorgehoben, weil es als einziges durch die experimentellen Vorgaben zunächst noch nicht festgelegt ist. Im Gleichgewicht stellt sich die Energie E_1 so ein, dass $\Omega = \Omega_1\, \Omega_2$ maximal wird (analog zu (26.20)). Dies ist dann der Fall, wenn die Energie pro Atom für beide Gase gleich ist, also für $E_1/N_1 = E_2/N_2$.

26.4 Volumen der n-dimensionalen Kugel

Berechnen Sie das Volumen

$$V_n(R) = C_n\, R^n$$

einer n-dimensionalen Kugel mit dem Radius R. Geben Sie damit die Zustandssumme $\Omega(E, V, N)$ eines idealen Gases an.

Anleitung: Gehen Sie von der Beziehung

$$\int_{-\infty}^{\infty} dx_1 \ldots \int_{-\infty}^{\infty} dx_n\, \exp\Big(-\sum_{i=1}^{n} x_i^2\Big) = \int_0^{\infty} dR\, A_n(R)\, \exp\big(-R^2\big) \qquad (26.50)$$

aus. Dabei ist $R^2 = \sum x_i^{\,2}$, und $A_n(R) = dV_n/dR$ ist die Oberfläche der betrachteten Kugel. Aus der Berechnung der beiden Seiten ergibt sich C_n.

Lösung: Das Volumenelement $dV = dx_1\, dx_2 \ldots dx_n$ kann alternativ durch $A_n\, dR$ aufgespannt werden; dies und $\exp(-R^2) = \exp(-\sum x_i^{\,2})$ ist die Grundlage von (26.50).

Die Aussage $V_n(R) \propto R^n$ folgt aus einer Dimensionsbetrachtung. Aus $V_n(R) = C_n\, R^n$ erhalten wir $A_n = dV_n/R = n\, C_n\, R^{n-1}$. Wir setzen dies auf der rechten Seite von (26.50) ein und substituieren $z = R^2$,

$$\begin{aligned}\text{rechte Seite} &= n\, C_n \int_0^{\infty} dR\, R^{n-1} \exp\big(-R^2\big) = \frac{n\, C_n}{2} \int_0^{\infty} dz\, z^{n/2-1} \exp(-z) \\ &= \frac{n\, C_n}{2}\, \Gamma(n/2) = C_n\, \Gamma(n/2+1)\end{aligned}$$

Dabei ist $\Gamma(n/2 + 1) = (n/2)!$ die Gammafunktion, siehe (25.9). Es gilt $(n/2)! = (n/2)(n/2 - 1) \cdot \ldots \cdot 1$ für gerades n, und $(n/2)! = (n/2)(n/2 - 1) \cdot \ldots \cdot (1/2)\sqrt{\pi}$ für ungerades n. Auf der linken Seite von (26.50) faktorisiert das Integral:

$$\begin{aligned}\text{linke Seite} &= \int_{-\infty}^{\infty} dx_1\, \exp\big(-x_1^2\big) \cdot \int_{-\infty}^{\infty} dx_2\, \exp\big(-x_2^2\big) \cdot \ldots \cdot \int_{-\infty}^{\infty} dx_n\, \exp\big(-x_n^2\big) \\ &= \left[\int_{-\infty}^{\infty} dx\, \exp\big(-x^2\big)\right]^n = \big(\sqrt{\pi}\big)^n\end{aligned}$$

Aus der Übereinstimmung beider Seiten folgt

$$C_n = \frac{\pi^{n/2}}{\Gamma(n/2+1)} = \frac{\pi^{n/2}}{(n/2)!}$$

Wir geben einige Beispiele an:

$$V_1(R) = 2R\,, \qquad V_2(R) = \pi R^2\,, \qquad V_3(R) = \frac{4\pi}{3}\,R^3\,, \qquad V_6(R) = \frac{\pi^3}{6}\,R^6$$

Für sehr großes n erhalten wir mit Hilfe von (25.11)

$$C_n \approx \left(\frac{2\pi\,\mathrm{e}}{n}\right)^{n/2} \qquad \text{und} \qquad V_n(R) \approx \left(\frac{2\pi\,\mathrm{e}}{n}\right)^{n/2} R^n \tag{26.51}$$

Wir kommen nun zur Zustandssumme des idealen Gases. Die Zustandssumme ist durch das Phasenraumvolumen bestimmt. Wie auf der rechten Seite von (26.8) zu sehen, führt dies zum Volumen einer Kugel mit dem Radius $(2mE)^{1/2}$ und der Dimension $n = 3N$. Mit den hier gefundenen Ergebnissen wird (26.8) zu

$$\Phi = \frac{V^N}{(2\pi\hbar)^{3N}} \underbrace{\int dp_1 \,\ldots \int dp_{3N}}_{\sum_k p_k^2 \,\le\, 2mE} = \frac{V^N}{(2\pi\hbar)^{3N}}\, C_{3N}\left(2mE\right)^{3N/2}$$

Da fast alle Zustände r bei $E_r \approx E$ liegen, gilt $\Omega(E) = \Phi(E) - \Phi(E-\delta E) \approx \Phi(E)$. Mit $\Omega \approx \Phi/N!$ berücksichtigen wir noch die Ununterscheidbarkeit der Teilchen:

$$\Omega(E,V,N) \approx \frac{1}{N!}\,\frac{V^N}{(2\pi\hbar)^{3N}}\, C_{3N}\left(2mE\right)^{3N/2} \approx \frac{1}{(2\pi\hbar)^{3N}}\left(\frac{\mathrm{e}V}{N}\right)^N \left(\frac{4\pi\,\mathrm{e}\,m\,E}{3N}\right)^{3N/2}$$

Im letzten Schritt haben wir die Näherungen (26.51) für C_{3N} und (25.11) für $N!$ verwendet. Damit erhalten wir das gesuchte Resultat

$$\ln\Omega(E,V,N) = \frac{3N}{2}\,\ln\left(\frac{E}{N}\right) + N\,\ln\left(\frac{V}{N}\right) + N\,\ln c$$

Die Konstante c spielt in den Anwendungen keine Rolle. Die Faktoren $1/N!$ und C_{3N} führen dazu, dass Volumen und Energie in der Form V/N und E/N auftreten.

26.5 Ideales Spinsystem

In einem Kristallgitter befindet sich an jedem Gitterplatz ein ungepaartes Elektron. Mit dem Spin $\boldsymbol{s}_\nu$ (hier ohne den Faktor $\hbar$) des ν-ten Elektrons ist ein magnetisches Moment $\boldsymbol{\mu}_\nu = -\mu_{\mathrm{B}}\,\boldsymbol{s}_\nu$ verknüpft; dabei ist $\mu_{\mathrm{B}} = e\hbar/(2mc)$ das Bohrschen Magneton. Im Magnetfeld $\boldsymbol{B}$ hat ein Teilchen die Energie $\varepsilon = -\boldsymbol{\mu}\cdot\boldsymbol{B}$. Relativ zum Feld $\boldsymbol{B} = B\,\boldsymbol{e}_z$ kann sich der Spin parallel oder antiparallel einstellen, $s_{z,\nu} = \pm 1/2$. Die Mikrozustände $r = (s_{z,1}, s_{z,2}, \ldots, s_{z,N})$ haben die Energie

$$E_r(B) = 2\mu_{\mathrm{B}}B\sum_{\nu=1}^{N} s_{z,\nu} \tag{26.52}$$

Berechnen Sie die Zustandssumme $\Omega(E, B)$.

Anleitung: Welchen Wert E_n hat die Energie, wenn genau n magnetische Momente parallel zum Magnetfeld stehen? Geben Sie die Anzahl Ω_n der Mikrozustände mit der Energie E_n an. Wenn δE so gewählt wird, dass im δE-Intervall gerade einer der E_n-Werte liegt, gilt $\Omega(E, B) = \Omega_n$ mit $E \approx E_n$. Man setzt $n \gg 1$ und $N - n \gg 1$ voraus. Zeigen Sie

$$\ln \Omega(E, B) = -\frac{N}{2}\left(1 - \frac{E}{N\mu_B B}\right) \ln\left(\frac{1}{2} - \frac{E}{2N\mu_B B}\right) - \frac{N}{2}\left(1 + \frac{E}{N\mu_B B}\right) \ln\left(\frac{1}{2} + \frac{E}{2N\mu_B B}\right) \tag{26.53}$$

Welche Änderung ergibt sich, wenn das Intervall δE mehrere E_n-Werte umfasst?

Lösung: Die Anzahl der Zustände Ω_n, für die genau n magnetische Momente parallel zum Magnetfeld stehen, und die zugehörige Energie E_n sind:

$$\Omega_n = \frac{N!}{n!\,(N-n)!} \quad \text{und} \quad E_n(B) = -\mu_B B\big(n - (N-n)\big) = \mu_B B\,(N - 2n)$$

Für $\delta E \approx 2\mu_B B$ fällt gerade ein E_n-Wert in das Intervall zwischen E und $E - \delta E$, also

$$\Omega(E, B) = \sum_{E-\delta E \le E_n(B) \le E} = \Omega_n = \frac{N!}{n!\,(N-n)!} \quad \text{mit} \quad E \approx E_n(B)$$

Die Energiewerte $E_n(B)$ können nach n oder $N - n$ aufgelöst werden,

$$n = \frac{N}{2} - \frac{E}{2\mu_B B} \quad \text{und} \quad N - n = \frac{N}{2} + \frac{E}{2\mu_B B} \tag{26.54}$$

Wir berechnen den Logarithmus der Zustandssumme:

$$\begin{aligned}\ln \Omega(E, B) &= \ln N! - \ln n! - \ln(N-n)! \overset{(25.11)}{\approx} N \ln N - N - n \ln n + n \\ -(N-n)\ln(N-n) + (N-n) &= -n \ln \frac{n}{N} - (N-n) \ln \frac{N-n}{N}\end{aligned}$$

Hierin setzen wir (26.54) ein und erhalten (26.53).

Für einen beliebigen Wert von δE gibt es $\delta E/(2\mu_B B)$ Energiewerte E_n im Intervall $(E, E - \delta E)$; es könnten zum Beispiel zehn E_n's sein. Dann erhält $\Omega(E, B)$ den zusätzlichen Faktor $\delta E/2\mu_B B$, und $\ln \Omega$ wird zu

$$\ln \Omega^*(E, B) = \ln \Omega(E, B) + \ln\left(\frac{\delta E}{2\mu_B B}\right)$$

Der Zusatzterm kann gegenüber $\ln \Omega(E, B) = \mathcal{O}(N)$ vernachlässigt werden.

26.6 Ideales Gas in einer Kugel

Ein ideales Gas, das in einer Kugel (Radius R) eingeschlossen ist, soll quantenmechanisch behandelt werden. Der Radialteil der Schrödingergleichung wird durch die sphärischen Besselfunktionen gelöst, deren Nullstellen als bekannt vorausgesetzt werden können. Bestimmen Sie für diese spezielle Geometrie den Druck $P = -\overline{\partial E_r(V)/\partial V}$ als Funktion von E und V.

Lösung: Für ein Teilchen im sphärischen Kasten lautet die Lösung der zeitunabhängigen Schrödingergleichung

$$\varphi(\boldsymbol{r}) = C\, j_l(kr) \quad \text{zur Energie} \quad \varepsilon = \frac{\hbar^2 k^2}{2m}$$

Die Wellenfunktion ist auf $r \leq R$ beschränkt. Aus der Randbedingung folgen die diskreten Werte für die Wellenzahl:

$$j_l(kR) = 0 \quad \Longrightarrow \quad k_{nl}\, R = X_{nl}$$

Die Nullstellen X_{nl} der sphärischen Besselfunktion j_l sind bekannte Zahlen, zum Beispiel $X_{n0} = n\,\pi$ mit $n = 1, 2, \ldots$ für $l = 0$; einige weitere Nullstellen sind in der Tabelle von Aufgabe 20.3 angegeben. Ein Mikrozustand

$$r = \big(n_1, l_1, m_1, n_2, l_2, m_2, \ldots, n_N, l_N, m_N\big) = \big\{n_\nu, l_\nu, m_\nu\big\}$$

hat die Energie

$$E_r = \sum_{\nu=1}^{N} \frac{\hbar^2}{2m}\, k_{n_\nu l_\nu}^2 = \sum_{\nu=1}^{N} \frac{\hbar^2}{2m\, R^2}\, X_{n_\nu l_\nu}^2 = \sum_{\nu=1}^{N} \frac{A_\nu}{V^{2/3}}$$

Die Größen A_ν hängen nicht vom Volumen $V = 4\pi R^3/3$ ab. Damit erhalten wir für den Druck

$$P = -\overline{\frac{\partial E_r(V)}{\partial V}} = \frac{2}{3}\, \overline{\sum_{\nu=1}^{N} \frac{A_\nu}{V^{5/3}}} = \frac{2}{3V}\, \overline{E_r} = \frac{2}{3}\, \frac{E}{V}$$

Dieses Ergebnis gilt unabhängig von der Form des Gasvolumens.

26.7 Heizen im Winter

Auf die Frage „Warum heizen wir im Winter“ antwortet der Laie: „Um die Temperatur der Raumluft zu erhöhen“. Im Hinblick auf den ersten Hauptsatz könnte ein Physiker vielleicht antworten: „Wir führen die Wärmemenge ΔQ zu, um die innere Energie E der Raumluft zu erhöhen“. Berechnen Sie die Änderung der Energie der Raumluft bei der Temperaturerhöhung ΔT, wobei die Luft als ideales Gas mit $c_V = \text{const.}$ behandelt wird. Beachten Sie, dass der Druck $P = P_0$ wegen der Ritzen in Türen und Fenstern konstant auf Umgebungsdruck gehalten wird.

Lösung: Die Energie des idealen Gases mit $c_V = \text{const.}$ ist $E = N\, c_V\, T$. Die Energiedichte bei gegebenem Druck ist dann konstant:

$$\frac{E}{V} = \frac{N\, c_V\, T}{V} = \frac{c_V}{k_\mathrm{B}}\, P_0 = \text{const.}$$

Dabei wurde die ideale Gasgleichung $P_0\, V = N\, k_\mathrm{B}\, T$ verwendet. Für die Luft im Raum sind sowohl der Druck $P = P_0 \approx 1\,\text{bar}$ wie auch das Volumen V_Raum konstant. Damit ist auch die Energie der Raumluft konstant:

$$E_\text{Raum} = \frac{c_V}{k_\mathrm{B}}\, P_0\, V_\text{Raum} = \text{const.}$$

Die innere Energie der Raumluft ändert sich also beim Heizen nicht. Vielmehr entweicht Luft mit dem Volumen

$$\Delta V = \frac{N k_B}{P_0}\, \Delta T$$

durch die Ritzen ins Freie (ohne Ritzen wäre der Druck nicht konstant). Diese Luft nimmt die gesamte zugeführte Wärme als innere Energie mit:

$$\Delta E_{\text{Abluft}} = \frac{c_V}{k_B}\, P_0\, \Delta V = N c_V\, \Delta T = \Delta Q$$

Natürlich gilt der erste Hauptsatz $\Delta E = \Delta Q + \Delta W$ auch für das System „Raumluft". Allerdings ist die Teilchenzahl dieses Systems nicht konstant:

$$\begin{aligned} \Delta E_{\text{Raum}} &= E(T + \Delta T, N + \Delta N) - E(T, N) = \Delta N\, c_V\, (T + \Delta T) + N c_V\, \Delta T \\ &= \Delta W + \Delta Q = 0 \end{aligned}$$

Unter diesem Gesichtspunkt ist das Entweichen ($\Delta N < 0$) der Luft eine vom System geleistete Arbeit $-\Delta W = \Delta Q > 0$; die in den kleinen Größen quadratischen Terme wurden weggelassen. Die Arbeitsleistung ergibt sich aus (26.13) mit dem äußeren Parameter $x = N$. Die zugehörige verallgemeinerte Kraft X wird später in (27.24) eingeführt. Das Heizen dient also nicht zur Erhöhung der inneren Energie des Systems „Raumluft", sondern wird in eine Arbeitsleistung des Systems umgesetzt. Zugleich wird dabei die Temperatur des Systems erhöht.

26.8 Entropieänderung bei Durchmischung

Zwei ideale einatomige Gase haben beide die Temperatur T, die Teilchenzahl N und ein Volumen V. Die beiden Volumina grenzen aneinander. Die Wand zwischen ihnen wird nun seitlich herausgezogen, so dass die Gase sich vermischen können. Wie groß ist die Entropieänderung bei diesem Prozess, wenn es sich um (i) gleiche Gase oder um (ii) verschiedene Gase (zum Beispiel Helium- und Argongas) handelt? Die Zustandssumme $\Omega(E, V, N)$ wird als bekannt vorausgesetzt.

Lösung: Wir betrachten zunächst die getrennten Gase. Für die Zustandssumme Ω eines idealen einatomigen Gases gilt (26.9). Damit ergibt sich die Entropie eines der Gase zu

$$S_{\text{A,B}}(E, V, N) = k_B \ln \Omega(E, V, N) = \underbrace{\frac{3 N k_B}{2} \ln\left(\frac{E}{N}\right) + N k_B \ln\left(\frac{V}{N}\right)}_{S_0(E,\, V,\, N)} + N k_B \ln c_{\text{A,B}}$$

Die Konstanten $c_{\text{A,B}}$ hängen über die Massen der Atome von der Gassorte (A oder B) ab. Die Terme mit $\ln c_{\text{A,B}}$ sind beim betrachteten Prozess aber konstant und fallen in der gesuchten Entropieänderung ganz weg. Wir betrachten daher nur die Entropie $S_0(E, V, N)$. Aus $1/T = \partial S_0 / \partial E$ folgen $E = 3 N k_B T / 2$ und

$$S_0(T, V, N) = \frac{3 N k_B}{2} \ln\left(\frac{3 k_B T}{2}\right) + N k_B \ln\left(\frac{V}{N}\right)$$

Vor dem Entfernen der Wand haben beide Gase diese Entropie. Damit ist die Entropie des Gesamtsystems

$$S_a = 2\, S_0(T, V, N)$$

Da die Wand seitlich herausgezogen wird, ist mit dem Prozess $a \to b$ keine Arbeitsleistung verbunden. Es wird auch keine Wärme auf das System übertragen. Damit sind die Energie und die Temperatur jedes der beiden Gase erhalten; daher wird auch keine Wärme zwischen den Gasen ausgetauscht. Der betrachtete Prozess $a \to b$ ändert aber das zur Verfügung stehende Volumen von V zu $2V$. Für verschiedene Gase ist in der Entropie $S(T, V, N)$ jedes Gases $V \to 2V$ zu ersetzen. Sind die Gase jedoch gleich, dann ist für das Gesamtsystem mit $2N$ Teilchen ein einziger Entropieausdruck zu verwenden:

$$S_b = \begin{cases} 2\, S_0(T, 2V, N) & \text{ungleiche Gase} \\ S_0(T, 2V, 2N) & \text{gleiche Gase} \end{cases}$$

Damit ergeben sich die Entropieänderungen

$$\Delta S = S_b - S_a = \begin{cases} 2\, N k_\mathrm{B} \ln(2) > 0 & \text{ungleiche Gase, irreversibel} \\ 0 & \text{gleiche Gase, reversibel} \end{cases}$$

Für gleiche Gase kann der ursprüngliche Zustand durch seitliches Einschieben der Wand wiederhergestellt werden. Für verschiedene Gase hat die Durchmischung dagegen den Grad der Unordnung irreversibel erhöht.

Wir sind von der Zustandssumme (26.9) eines einatomigen idealen Gases ausgegangen. Für mehratomige ideale Gase ist die hier relevante Volumenabhängigkeit der Zustandssumme dieselbe. Das Ergebnis gilt daher generell für ideale Gase.

26.9 Druckbeiträge in einem Gasgemisch

In einem Volumen V befindet sich eine Mischung idealer Gase (mit jeweils N_i Teilchen der i-ten Sorte, $i = 1, \ldots, m$). Geben Sie die Zustandssumme $\Omega(E, V, N_1, \ldots, N_m)$ an und berechnen Sie daraus den Druck. Wie tragen die einzelnen Bestandteile zum Druck bei?

Lösung: Für ideale Gase ist die Zustandssumme gleich dem Produkt der Zustandssummen der einzelnen Gase

$$\Omega(E, V, N_1, \ldots, N_m) = \prod_{i=1}^{m} \Omega(E_i, V, N_i)$$

Da die Gase im Kontakt miteinander stehen, haben sie alle dieselbe Temperatur T. Für jedes einzelne Gas ist $1/T = k_\mathrm{B}\, \partial \ln \Omega(E_i, V, N_i)/\partial E_i$. Mit der bekannten Form (26.9) für Ω folgt hieraus $E_i = 3 N_i k_\mathrm{B} T/2$. Wir setzen dies in $\Omega(E_i, V, N_i)$ ein und erhalten

$$S(T, V, N_1, \ldots, N_m) = k_\mathrm{B} \ln \Omega = k_\mathrm{B} \sum_{i=1}^{m} \left(\frac{3N_i}{2} \ln \frac{3 k_\mathrm{B} T}{2} + N_i \ln \frac{V}{N_i} + N_i \ln c_i \right)$$

Damit können wir den Druck berechnen:

$$P = T\, \frac{\partial S(T, V, N_1, \ldots, N_m)}{\partial V} = k_\mathrm{B} T\, \frac{\partial}{\partial V} \sum_{i=1}^{m} N_i \ln \frac{V}{N_i} = \sum_{i=1}^{m} \frac{N_i k_\mathrm{B} T}{V} = \sum_{i=1}^{m} P_i$$

Die einzelnen Partialdrücke P_i addieren sich zum Gesamtdruck. Das Ergebnis gilt auch für mehratomige ideale Gase; entscheidend hierfür ist, dass die Energien $E_i = E_i(T, N_i)$ nicht vom Volumen abhängen.

26.10 Entropieänderung bei Wärmeaustausch I

Ein halber Liter Wasser befindet sich bei Zimmertemperatur in einem Stahlgefäß mit der Masse 2 kg. Nun wird ein Eiswürfel von 100 g in das Wasser gegeben und das System thermisch isoliert. Wie groß ist die Wassertemperatur, die sich schließlich einstellt? Berechnen Sie die Entropieänderung.

Lösung: Bei Aufgaben dieser Art sind oft weder alle Bedingungen spezifiziert noch sind alle notwendigen Materialeigenschaften angegeben. Zu den impliziten Bedingungen gehört, dass das Experiment bei Normaldruck P stattfindet. Zu den Materialeigenschaften, die nachzuschlagen sind, gehören insbesondere die spezifischen Wärmen c_P. Eine weitere implizite Annahme besteht in der Vernachlässigung der Temperaturabhängigkeit der spezifischen Wärmen.

Wir fassen zunächst die Angaben der Aufgabenstellung und die spezifischen Wärmen in einer Tabelle zusammen:

	Masse	c_P	C_P	T_a
Gefäß	2000 g	0.45 J/(g K)	900 J/K	293 K
Wasser	500 g	4.2 J/(g K)	2 100 J/K	293 K
Eis ($T \geq 0$)	100 g	4.2 J/(g K)	420 J/K	273 K

Dabei ist T_a die Ausgangstemperatur, und C_P die Wärmekapazität. Diese Angaben werden noch durch die Schmelzwärme (wird später präziser als Umwandlungsenthalpie bezeichnet) von 335 J/g ergänzt, also $\Delta Q_S = 33.5\,\text{kJ}$.

Im abgeschlossenen System ist die Änderung der Energie null, $\Delta E = 0$. Es gibt keine Arbeitsleistungen, $\Delta W = 0$. Dann folgt aus dem 1. Hauptsatz:

$$\Delta Q = 0 = \Delta Q(\text{Gefäß}) + \Delta Q(\text{Wasser}) + \Delta Q(\text{Eis})$$

Die einzelnen Beiträge sind von der Form $\Delta Q = C_P(T - T_a)$; bei $\Delta Q(\text{Eis})$ kommt noch die Schmelzwärme ΔQ_S dazu. Die Beiträge können positiv oder negativ sein; das Vorzeichen folgt aus der Definition als „aufgenommene Wärmemenge". Wir setzen die gegebenen Werte ein:

$$900\,\frac{\text{J}}{\text{K}}\big(T - 293\,\text{K}\big) + 2\,100\,\frac{\text{J}}{\text{K}}\big(T - 293\,\text{K}\big) + 33\,500\,\text{J} + 420\,\frac{\text{J}}{\text{K}}\big(T - 273\,\text{K}\big) = 0$$

Wir teilen durch $1000\,\text{J}$ und bringen die Terme mit T auf eine Seite:

$$\frac{T}{\text{K}}\big(0.9 + 2.1 + 0.42\big) = 293 \cdot \big(0.9 + 2.1\big) - 33.5 + 273 \cdot 0.42$$

Damit erhalten wir das Ergebnis:

$$T \approx 281\,\text{K} \qquad \text{oder} \quad 8^\circ\,\text{C}$$

Wenn man in dieser Aufgabe eine größere Eismenge vorgibt, dann schmilzt das Eis möglicherweise nur teilweise, und der Endzustand ist ein Gleichgewicht von Eis und Wasser mit $T \approx 273\,\text{K}$. In diesem Fall könnte man ausrechnen, welcher Prozentsatz des Eises geschmolzen ist.

Die Entropieänderung beim Prozess $a \to b$ ergibt sich bei konstanter Wärmekapazität C_P aus

$$\Delta S = \int_a^b \frac{đQ_{\text{q.s.}}}{T} = C_P \int_{T_a}^{T_b} \frac{dT}{T} = C_P \ln\left(\frac{T_b}{T_a}\right) \tag{26.55}$$

Hierfür wird ein quasistatischer Weg angenommen. Da wir uns schließlich auf Zustandsgrößen für a und b beschränken, darf der tatsächliche Prozess nicht-quasistatisch verlaufen; dies wird in der Regel auch der Fall sein. Für das Eis ist noch der Beitrag $\Delta S_\text{S} = \Delta Q_\text{S}/T_a$ zu berücksichtigen. Wir setzen die bekannten Werte ein:

$$\begin{aligned}\Delta S &= \Delta S(\text{Gefäß}) + \Delta S(\text{Wasser}) + \Delta S(\text{Eis})\\ &= \left(900 \ln\frac{281}{293} + 2100 \ln\frac{281}{293} + \frac{33\,500}{273} + 420 \ln\frac{281}{273}\right)\frac{\text{J}}{\text{K}} \approx 9\,\frac{\text{J}}{\text{K}}\end{aligned}$$

Die Entropieänderung ist von der schematischen Form $\Delta Q/T_< - \Delta Q/T_>$, also eine (kleine) Differenz von zwei großen Termen. Numerisch muss man daher bei den großen Termen mehrere relevante Stellen berücksichtigen. Wegen $\Delta S > 0$ ist der Prozess irreversibel.

26.11 Entropieänderung bei Wärmeaustausch II

Ein Kilogramm Wasser von 10 °C wird mit einem Wärmespeicher von 90 °C in thermischen Kontakt gebracht. Danach stellt sich ein neues Gleichgewicht ein. Berechnen Sie für diesen Prozess die Entropieänderung des Wassers, des Wärmespeichers und des Gesamtsystems.

Lösung: Ein Wärmespeicher hat eine so große Wärmekapazität, dass er seine Temperatur während des Kontakts (hier mit dem Kilogramm Wasser) praktisch nicht ändert. Die Endtemperatur ist daher $T_b \approx 363\,\text{K}$. Die Entropieänderung des Wassers berechnen wir mit (26.55) und $C_P = 4200\,\text{J}/(\text{K})$,

$$\Delta S(\text{Wasser}) = C_P \ln\left(\frac{T_b}{T_a}\right) = 4200\,\frac{\text{J}}{\text{K}}\,\ln\frac{363}{283} \approx 1046\,\frac{\text{J}}{K}$$

Die vom Wasser aufgenommene Wärme ist

$$\Delta Q_\text{W} = C_P\,\Delta T = 4200\,\frac{\text{J}}{\text{K}}\,80\,\text{K} = 336\,\text{kJ}$$

Für das Gesamtsystem gilt $\Delta Q = \Delta Q_\text{W} + \Delta Q_\text{S} = 0$, also $\Delta Q_\text{S} = -\Delta Q_\text{W}$. Damit berechnen wir die Entropieänderung des Speichers:

$$\Delta S(\text{Speicher}) = \int_a^b \frac{đQ_{\text{q.s.}}}{T} = \frac{\Delta Q_\text{S}}{T_b} = -\,\frac{336000}{363}\,\frac{\text{J}}{K} \approx -926\,\frac{\text{J}}{K}$$

Die gesamte Entropieänderung ergibt sich dann zu

$$\Delta S = \Delta S(\text{Wasser}) + \Delta S(\text{Speicher}) \approx 120\,\frac{\text{J}}{K}$$

Der Prozess ist irreversibel.

26.12 Entropie eines Gummibands

Ein Gummiband wird als System mit dem einzigen äußeren Parameter Länge L betrachtet. Die Abhängigkeit der Entropie $S(E, L)$ von L soll in folgendem Modell berechnet werden: Das Gummiband wird durch eine Kette aus N Gliedern der Länge d simuliert. Alle Glieder liegen auf einer Geraden; das jeweils nächste Glied ist mit gleicher Wahrscheinlichkeit nach rechts oder nach links gerichtet. Bestimmen Sie die Anzahl Ω_L der Konfigurationen für festes L und daraus die Entropie

$$S(E, L) - S(E, 0) = -\frac{k_B L^2}{2Nd^2} \qquad \text{für} \quad L \ll Nd$$

Drücken Sie Ω_L zunächst durch $m = n_+ - n_- = L/d \ll N$ aus, wobei $n_\pm$ die Anzahl der nach rechts (links) gerichteten Glieder ist. Berechnen Sie auch die Kraft f, mit der das Gummiband gespannt ist.

Lösung: Mit n_+ (n_-) bezeichnen wir die Anzahl der nach rechts (links) gerichteten Kettenglieder. Die Anzahl Ω_L der Möglichkeiten, nach $N = n_+ + n_-$ Schritten die Länge L zu erhalten, ist

$$\Omega_L = \frac{N!}{n_+!\,(N - n_+)!} = \frac{N!}{\frac{N+m}{2}!\ \frac{N-m}{2}!} \qquad \text{wobei} \quad L = d\big(n_+ - n_-\big) = md \ll Nd$$

Für $n_+ \gg 1$ und $n_- \gg 1$ wird dies zu

$$\begin{aligned} \ln \Omega_L &\overset{(25.11)}{\approx} N \ln N - \frac{N+m}{2} \ln \frac{N+m}{2} - \frac{N-m}{2} \ln \frac{N-m}{2} \\ &= N \ln 2 - \frac{N}{2}\Big(1 + \frac{m}{N}\Big) \ln \Big(1 + \frac{m}{N}\Big) - \frac{N}{2}\Big(1 - \frac{m}{N}\Big) \ln \Big(1 - \frac{m}{N}\Big) \end{aligned}$$

Für $|m| \ll N$ können wir den Logarithmus gemäß $\ln(1 + x) \approx x - x^2/2$ entwickeln:

$$\ln \Omega_L \approx N \ln 2 - \frac{m^2}{2N} = N \ln 2 - \frac{L^2}{2Nd^2}$$

Die Anzahl der möglichen Zustände ist proportional zu Ω_L, also $\Omega(E, L) = \omega(E)\, \Omega_L$. Damit erhalten wir die Entropie

$$S(E, L) - S(E, 0) = k_B \ln\big(\omega(E)\, \Omega_L\big) - k_B \ln\big(\omega(E)\, \Omega_0\big) = -\frac{k_B L^2}{2Nd^2}$$

Für einen äußeren Parameter L gilt $đW_{\text{q.s.}} = f\, dL$. Wenn wir das Gummiband um dL dehnen, müssen wir also die Arbeit $đW_{\text{q.s.}} = f\, dL$ am Gummiband leisten. Hieraus folgt, dass f die Kraft ist, mit der das Band gespannt ist. Aus $dE = đQ_{\text{q.s.}} + đW_{\text{q.s.}}$ und $dS = đQ_{\text{q.s.}}/T$ ergibt sich das Differenzial $T\,dS = dE - f\,dL$. Aus diesem Differenzial folgt

$$f = -T\, \frac{\partial S(E, L)}{\partial L} = \frac{L k_B T}{N d^2}$$

Die meisten Stoffe dehnen sich bei Temperaturerhöhung aus. So ist zum Beispiel beim idealen Gas $P \propto T$ (bei festem Volumen); eine Temperaturerhöhung verstärkt den Druck und wirkt damit auf eine Vergrößerung des Volumens hin. Beim Gummiband erhalten wir

$f \propto T$ (bei festem L); eine Temperaturerhöhung verstärkt die Spannung und wirkt damit auf eine Verkürzung des Gummibands hin. Dieses Verhalten kann man bei Gummi tatsächlich beobachten.

Alternative Lösung: Die einzelnen Schritte erfolgen mit der Wahrscheinlichkeitsdichte

$$w(s) = \frac{\delta(s-d) - \delta(s+d)}{2}$$

mit $\overline{s} = 0$ und $\Delta s = d$; siehe auch (25.4). Nach dem Gesetz der großen Zahl ergibt sich für $L = \sum_i s_i$ die Normalverteilung (25.6) mit $\overline{L} = N\overline{s} = 0$ und $(\Delta L)^2 = N\,(\Delta s)^2 = N\,d^2$. Damit erhalten wir

$$\frac{\Omega_L}{\Omega_0} = \exp\left(-\frac{L^2}{2\,(\Delta L)^2}\right) \quad\Longrightarrow\quad \ln\frac{\Omega_L}{\Omega_0} = -\frac{L^2}{2\,(\Delta L)^2} = -\frac{L^2}{2\,N\,d^2}$$

26.13 Kurvendiskussion für $f(x) = x - 1 - \ln x$

Diskutieren Sie die Funktion $f(x) = x - 1 - \ln x$. Bestimmen Sie die Extrema, und skizzieren Sie den Graphen der Funktion.

Ein Stein mit der Wärmekapazität C hat die Temperatur T_1. Er wird in ein Schwimmbecken mit der (konstanten) Temperatur T_2 geworfen und nimmt daraufhin die Temperatur T_2 an. Geben Sie die Entropieänderung des Systems an, und stellen Sie den Zusammenhang mit der durchgeführten Kurvendiskussion her.

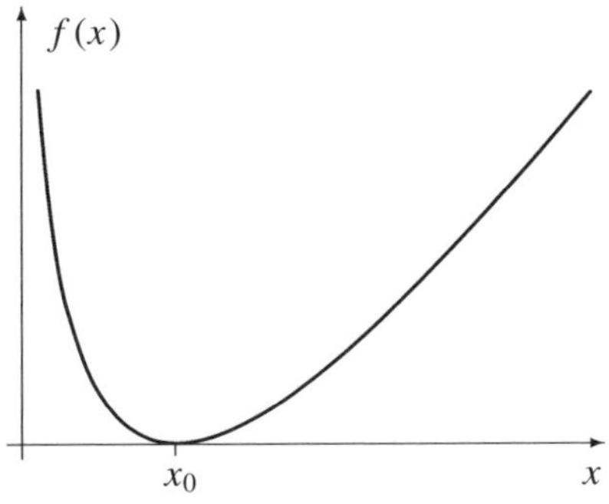

Lösung: Die Abbildung zeigt den Graphen der Funktion

$$f(x) = x - 1 - \ln x$$

Die Funktion ist für $x > 0$ definiert. Die Ableitung $f'(x) = 1 - 1/x$ hat eine Nullstelle bei $x_0 = 1$. Da die Funktion für $x \to 0$ und für $x \to \infty$ gegen unendlich geht, hat die Funktion an dieser Stelle ein Minimum.

Die Entropieänderung des Systems Schwimmbecken–Stein wird wie in Aufgabe 26.11 berechnet:

$$\Delta S = \Delta S(\text{Stein}) + \Delta S(\text{Becken}) = C\,\ln\frac{T_2}{T_1} + C\,\frac{T_1 - T_2}{T_2} = C\left(\frac{T_1}{T_2} - \ln\frac{T_1}{T_2} - 1\right)$$

Dies kann durch die Funktion $f(x)$ ausgedrückt werden:

$$\Delta S = C\,f(x) \qquad \text{mit} \quad x = \frac{T_1}{T_2}$$

Die Entropieänderung ist nur für $x = T_1/T_2 = 1$ gleich null, also wenn der Stein von vornherein die Temperatur des Schwimmbeckens hat. Ansonsten ist die Entropieänderung positiv, unabhängig davon, ob sich die Temperatur des Steins erhöht oder erniedrigt.

26.14 Entropieänderung bei Wärmeaustausch III

Eine Stoffmenge A mit der Anfangstemperatur T_A werde mit einer Stoffmenge B mit der Anfangstemperatur T_B in thermischen Kontakt gebracht. Die übertragenen Wärmemengen sind durch

$$đQ_{A,\,q.s.} = C_A\,dT, \qquad đQ_{B,\,q.s.} = C_B\,dT$$

mit näherungsweise konstanten Wärmekapazitäten C_A und C_B gegeben.

Bestimmen Sie die Temperatur des sich einstellenden Gleichgewichtszustands. Berechnen Sie die Änderung der Entropie des Gesamtsystems ΔS bei diesem Prozess. Zeigen Sie $\Delta S \geq 0$.

Lösung: Mit $\Delta E = 0$ (insgesamt abgeschlossenes System) und $\Delta W = 0$ (keine Arbeitsleistung) wird der 1. Hauptsatz zu

$$\Delta Q = \Delta Q_A + \Delta Q_B = C_A\big(T - T_A\big) + C_B\big(T - T_B\big) = 0$$

Dabei wurde verwendet, dass beide Systeme schließlich dieselbe Temperatur T annehmen. Für diese Gleichgewichtstemperatur T ergibt die letzte Gleichung

$$T = \frac{C_A T_A + C_B T_B}{C_A + C_B}$$

Die Entropieänderungen der beiden Teile errechnen sich wie in (26.55) angegeben:

$$\Delta S = \Delta S_A + \Delta S_B = C_A \ln\left(\frac{T}{T_A}\right) + C_B \ln\left(\frac{T}{T_B}\right)$$

Nach Aufgabe 26.13 gilt $x - 1 - \ln x \geq 0$ oder

$$\ln\frac{1}{x} \geq 1 - x$$

Wir verwenden dies mit $x = T_A/T$ und $x = T_B/T$, um eine untere Grenze für ΔS anzugeben:

$$\Delta S \geq C_A\left(1 - \frac{T_A}{T}\right) + C_B\left(1 - \frac{T_B}{T}\right) = \frac{\Delta Q_A + \Delta Q_B}{T} = 0$$

26.15 Magnetisierung im idealen Spinsystem

Ein System aus N unabhängigen Spin $1/2$ Teilchen in einem äußeren Magnetfeld B hat die Zustandssumme Ω aus (26.53). Bestimmen Sie hieraus die Energie $E = E(T, B)$. Stellen Sie den Zusammenhang her zwischen der Magnetisierung M (magnetisches Moment pro Volumen) und der zu B gehörigen verallgemeinerten Kraft. Berechnen Sie die Magnetisierung $M(T, B)$, und skizzieren Sie sie als Funktion von B/T.

Lösung: Der Zusammenhang $E = E(T, B)$ folgt aus (26.22) mit (26.21):

$$\frac{1}{k_B T} = \frac{\partial \ln \Omega(E, B)}{\partial E}$$

Die E-Abhängigkeiten in $\ln \Omega(E, B)$ aus (26.53) sind von der Form $f(E) \ln f(E)$. Die Ableitung eines solchen Terms ergibt $f'(E)\,[\,\ln f(E) + 1]$. Damit erhalten wir

$$\begin{aligned}\frac{1}{k_B T} &= \frac{1}{2\mu_B B}\left[\ln\left(\frac{N\mu_B B - E}{2N\mu_B B}\right) + 1\right] - \frac{1}{2\mu_B B}\left[\ln\left(\frac{N\mu_B B + E}{2N\mu_B B}\right) + 1\right] \\ &= \frac{1}{2\mu_B B}\ln\left(\frac{N\mu_B B - E}{N\mu_B B + E}\right)\end{aligned}$$

Wir lösen dies nach dem Argument des Logarithmus auf:

$$\frac{N\mu_B B - E}{N\mu_B B + E} = \exp\left(\frac{2\mu_B B}{k_B T}\right)$$

Hieraus erhalten wir die Energie

$$E(T, B) = -N\mu_B B \tanh\left(\frac{\mu_B B}{k_B T}\right)$$

Die zum äußeren Parameter B gehörige verallgemeinerte Kraft X_B folgt aus (26.14) mit (26.52):

$$X_B = -\overline{\frac{\partial E_r(B)}{\partial B}} = -2\mu_B \overline{\sum_{\nu=1}^{N} s_{z,\nu}} = \mu_B\left(\overline{n_+} - \overline{n_-}\right) = MV$$

Dabei ist n_+ (n_-) die Anzahl der Teilchen, deren magnetisches Moment parallel (antiparallel) zum Magnetfeld ist. Damit ist X_B gleich dem mittleren magnetischen Moment. Üblicherweise verwendet man an dieser Stelle die Magnetisierung M (magnetisches Moment pro Volumen V). Aus der letzten Gleichung und der Form von $E_r(B)$ folgt

$$M(T, B) = -\frac{1}{V}\frac{\overline{E_r}}{B} = -\frac{E}{VB} = \frac{N\mu_B}{V}\tanh\left(\frac{\mu_B B}{k_B T}\right) \overset{\mu_B B \ll k_B T}{\approx} \frac{N\mu_B^2 B}{V k_B T}$$

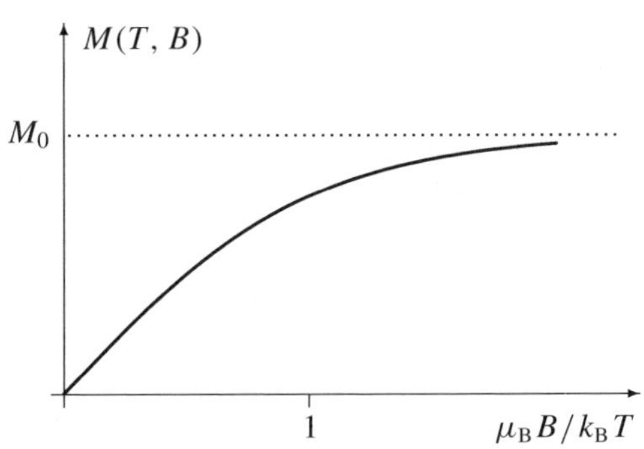

Die Magnetisierung ist eine Funktion von B/T. Für schwache Felder oder hohe Temperaturen gilt der zuletzt angegebene Ausdruck. Hierfür ist die magnetische Suszeptibilität

$$\chi_m = \frac{\partial M}{\partial B} = \frac{\text{const.}}{T}$$

Diese Temperaturabhängigkeit wird als Curiegesetz bezeichnet. Für starke Magnetfelder ergibt sich die Sättigungsmagnetisierung $M_0 = N\mu_B/V$.

26.16 Entropie und Temperatur im Zweiniveausystem

Ein System besteht aus einer großen Anzahl N von unterscheidbaren, unabhängigen Teilchen. Jedes Teilchen hat die Wahl zwischen den beiden Energieniveaus $\varepsilon_1 = 0$ und $\varepsilon_2 = \varepsilon$. Wie groß ist die Anzahl der Zustände Ω_n, bei denen genau n Teilchen im (angeregten) Niveau ε_2 sind? Berechnen Sie aus der Anzahl der Zustände $\Omega(E)$ im Intervall $(E, E-\varepsilon)$ die Entropie $S(E)$ und die Temperatur T des Gleichgewichtszustands. Geben Sie das Verhältnis $n/(N-n)$ der (mittleren) Besetzungszahlen und die Energie E als Funktionen der Temperatur an. Was folgt aus der Bedingung $T \geq 0$ für das Verhältnis der Besetzungszahlen? Welche Energie ergibt sich für $T \to \infty$?

Lösung: Die Anzahl der Zustände Ω_n und die zugehörige Energie E_n sind

$$\Omega_n = \binom{N}{n} = \frac{N!}{(N-n)!\,n!} \qquad \text{und} \qquad E_n = \varepsilon\, n$$

Für $\delta E = \varepsilon$ gilt $\Omega(E) = \Omega_n$; bei einer anderen Wahl, zum Beispiel $\delta E = 5\,\varepsilon$, erhielte $\Omega(E)$ einen zusätzlichen Faktor 5, der aber wegen $\ln \Omega(E) = \mathcal{O}(N)$ keine Rolle spielt. Aus $\Omega(E)$ folgt die Entropie:

$$\begin{aligned}\frac{S(E)}{k_\mathrm{B}} = \ln \Omega(E) &\overset{(25.11)}{\approx} N \ln N - N - n \ln n + n - (N-n)\ln(N-n) + (N-n) \\ &= -n \ln \frac{n}{N} - (N-n)\ln\frac{N-n}{N}\end{aligned}$$

Hieraus bestimmen wir die Temperatur:

$$\frac{1}{k_\mathrm{B}T} = \frac{\partial(S/k_\mathrm{B})}{\partial E} = \frac{1}{\varepsilon}\,\frac{\partial(S/k_\mathrm{B})}{\partial n} = -\frac{1}{\varepsilon}\,\ln\frac{\overline{n}}{N-\overline{n}}$$

Dies gilt für das Gleichgewicht; der Gleichgewichtswert von n wurde hierfür mit $\overline{n}$ bezeichnet. Wir lösen nach dem Argument des Logarithmus auf:

$$\frac{\overline{n}}{N-\overline{n}} = \exp\left(-\frac{\varepsilon}{k_\mathrm{B}T}\right) = \exp(-\beta\,\varepsilon)$$

Wir lösen dies nach $\overline{n}$ auf und schreiben die Energie $E = \overline{E_n} = \varepsilon\,\overline{n}$ an:

$$E = \varepsilon\,\overline{n} = \frac{N\varepsilon}{1+\exp(\beta\,\varepsilon)} \tag{26.56}$$

Die Bedingung $T \geq 0$ impliziert $\exp(\beta\,\varepsilon) \geq 1$ und damit $\overline{n} \leq N/2$; die Anzahl der Teilchen im oberen Niveau ist also kleiner gleich der im unteren Niveau. Für $T \to \infty$ gilt $\overline{n} \to N/2$ und $E \to N\varepsilon/2$. Formal könnte man (26.56) auch für $T < 0$ verwenden, um damit eine Situation zu beschreiben, in der im oberen Niveau mehr Teilchen als im unteren sind. Negative Temperaturen werden gelegentlich in diesem Sinn verwendet; es handelt sich dann aber nicht um Gleichgewichtszustände.

27 Thermodynamik

Die Thermodynamik beschäftigt sich mit den makroskopischen Eigenschaften von Systemen, ohne sich auf die zugrundeliegende mikroskopische Struktur zu beziehen. Grundlage der Untersuchungen sind die Hauptsätze. Sie werden durch Annahmen über die Zustandsgleichungen spezieller Systeme ergänzt.

Wir führen die thermodynamischen Potenziale ein, leiten wichtige Beziehungen für Zustandsänderung (Wärmezufuhr, Expansion) ab und diskutieren Wärmekraftmaschinen. Der letzte Teil dieses Kapitels befasst sich mit dem chemischen Potenzial und dem Austausch von Teilchen.

Zustandsgrößen

Unter *Zuständen* verstehen wir in der Thermodynamik grundsätzlich Gleichgewichtszustände. Alle betrachteten Prozesse beginnen und enden in einem solchen Gleichgewichtszustand. Über Zwischenzustände, die keine Gleichgewichtszustände sind, werden keine spezifischen Aussagen gemacht.

Nach (26.7) können Gleichgewichtszustände durch die Energie E und die äußeren Parameter $x_1,..., x_N$ festgelegt werden, oder durch $n + 1$ andere geeignete *Zustandsvariable* $y = y_1,..., y_{n+1}$. Wir beschränken uns zunächst auf homogene Systeme, deren einzige äußere Parameter V (Volumen) und N (Teilchenzahl) sind. Dann kommen als Zustandsvariable in Frage:

$$\text{Zustandsvariable:}\ y = (E, V, N) \ \text{oder}\ (T, V, N) \ \text{oder}\ (T, P, N) \ \text{oder}\ \ldots \tag{27.1}$$

Zustandsgrößen sind physikalische Größen, die in einem Gleichgewichtszustand festgelegt sind, also alle Größen, die eine (eindeutige) Funktion der Zustandsvariablen sind, zum Beispiel $f = f(T, P, N)$. Die Zustandsvariablen sind ebenfalls Zustandsgrößen. Für homogene Systeme sind die zu betrachtenden Zustandsgrößen entweder *extensiv* oder *intensiv*. Teilt man ein homogenes System in zwei Teile, A und B, so gilt für eine extensive Größe $f = f_A + f_B$ (zum Beispiel Volumen), während für eine intensive Größe $f_A = f_B$ gilt (zum Beispiel Temperatur).

Wir beschränken uns zunächst meist auf das Volumen V als äußeren Parameter und setzen $N = \text{const.}$ voraus. Dann gibt es zwei Zustandsvariable, etwa $y = (E, V)$. Als Beispiel für eine Zustandsgröße betrachten wir die Entropie $S = S(E, V)$. Hierfür bilden wir das vollständige Differenzial

$$dS = \left(\frac{\partial S}{\partial E}\right)_V dE + \left(\frac{\partial S}{\partial V}\right)_E dV = \frac{1}{T}\, dE + \frac{P}{T}\, dV \tag{27.2}$$

Im zweiten Schritt haben wir für einen quasistatischen Prozess $dE = đQ_{\text{q.s.}} + đW_{\text{q.s.}}$ (1. Hauptsatz), $T\,dS = đQ_{\text{q.s.}}$ (2. Hauptsatz) und $đW_{\text{q.s.}} = -P\,dV$ verwendet. Die bei der partiellen Ableitung konstant gehaltene Größe wird als Index an der Klammer angegeben.

Für einen Ausdruck der Form $A\,dx + B\,dy$ mit beliebigen Funktionen $A(x, y)$ und $B(x, y)$ gilt

$$\begin{array}{c} A(x,y)\,dx + B(x,y)\,dy \\ \text{ist vollständiges Differenzial} \end{array} \quad \longleftrightarrow \quad \left(\frac{\partial A}{\partial y}\right)_x = \left(\frac{\partial B}{\partial x}\right)_y \tag{27.3}$$

Dann gibt es eine Funktion $f(x, y)$ mit $df = A(x, y)\,dx + B(x, y)\,dy$. Hieraus folgen die Beziehungen

$$\left(\frac{\partial x}{\partial y}\right)_f = -\left(\frac{\partial f}{\partial y}\right)_x \Big/ \left(\frac{\partial f}{\partial x}\right)_y \quad \text{und} \quad \left(\frac{\partial x}{\partial f}\right)_y = 1 \Big/ \left(\frac{\partial f}{\partial x}\right)_y \tag{27.4}$$

Thermodynamische Potenziale

Die *thermodynamischen Potenziale* (i) sind Zustandsgrößen mit der Dimension einer Energie und (ii) haben einfache partielle Ableitungen. Wir geben die Definition der am häufigsten betrachteten Potenziale an:

$$\begin{array}{llll} \text{Energie} & E(S, V) & \text{Freie Energie} & F(T, V) = E - TS \\ \text{Enthalpie} & H(S, P) = E + PV & \text{Freie Enthalpie} & G(T, P) = E - TS + PV \end{array} \tag{27.5}$$

Im Argument wurden die sogenannten *natürlichen Variablen* angegeben, für die die partiellen Ableitungen besonders einfach sind. Das Differenzial der Energie, $dE = T\,dS - P\,dV$, kann aus (27.2) entnommen werden. Mit $d(TS) = T\,dS + S\,dT$ und $d(PV) = P\,dV + V\,dP$ kann man leicht zu den Differenzialen der anderen Potenziale kommen (Legendretransformation):

$$\begin{array}{ll} dE = T\,dS - P\,dV\,, & dF = -S\,dT - P\,dV \\ dH = T\,dS + V\,dP\,, & dG = -S\,dT + V\,dP \end{array} \tag{27.6}$$

Die partiellen Ableitungen oder *thermodynamischen Kräfte* sind:

$$\begin{array}{llll} \left(\frac{\partial E}{\partial S}\right)_V = T, & \left(\frac{\partial E}{\partial V}\right)_S = -P & \left(\frac{\partial F}{\partial T}\right)_V = -S, & \left(\frac{\partial F}{\partial V}\right)_T = -P \\ \left(\frac{\partial H}{\partial S}\right)_P = T, & \left(\frac{\partial H}{\partial P}\right)_S = V & \left(\frac{\partial G}{\partial T}\right)_P = -S, & \left(\frac{\partial G}{\partial P}\right)_T = V \end{array} \tag{27.7}$$

Aus der Vertauschbarkeit der partiellen Ableitungen folgen die *Maxwellrelationen*, zum Beispiel

$$\left(\frac{\partial S}{\partial V}\right)_T = \left(\frac{\partial P}{\partial T}\right)_V \qquad \text{Maxwellrelation aus } dF \tag{27.8}$$

Im Allgemeinen gibt es mehrere äußere Parameter $x_1, \ldots, x_n$. Für quasistatische Prozesse gilt dann $đW_{\text{q.s.}} = -\sum_i X_i\, dx_i$, und aus den Hauptsätzen $dE = đQ_{\text{q.s.}} + đW_{\text{q.s.}}$ und $T\,dS = đQ_{\text{q.s.}}$ folgt

$$dE = T\,dS - \sum_{i=1}^{n} X_i\; dx_i = T\,dS - P\,dV + \mu\,dN \tag{27.9}$$

Der letzte Ausdruck gilt für $x = (V, N)$. Aus den partiellen Ableitungen

$$\left(\frac{\partial E}{\partial S}\right)_{V,N} = T\,, \qquad \left(\frac{\partial E}{\partial V}\right)_{S,N} = -P\,, \qquad \left(\frac{\partial E}{\partial N}\right)_{S,V} = \mu \tag{27.10}$$

ergeben sich dann drei Maxwellrelationen. Das hier eingeführte chemische Potenzial μ wird im letzten Teil des Kapitels eingehend behandelt.

Aus der Kenntnis eines der thermodynamischen Potenziale (als Funktion seiner natürlichen Variablen) können alle anderen Potenziale, sowie die thermische und kalorische Zustandsgleichung bestimmt werden. In diesem Sinn enthält ein solches Potenzial die *vollständige thermodynamische Information.* Als Beispiel betrachten wir das thermodynamische Potenzial $E(S, V)$. Man löst $T = (\partial E/\partial S)_V = T(S, V)$ nach $S = S(T, V)$ auf. Aus $E(S, V)$ mit $S = S(T, V)$ folgt die kalorische Zustandsgleichung $E = E(T, V)$. Die thermische Zustandsgleichung ergibt sich aus $P = -(\partial E/\partial V)_S = P(S, V) = P(S(T, V), V) = P(T, V)$. Die anderen thermodynamischen Potenzial folgen aus ihren Definitionen.

In der mikroskopischen Behandlung berechnet man $\Omega(E, x)$. Hieraus folgen die Entropie $S = k_{\text{B}} \ln \Omega = S(E, x)$ und das thermodynamische Potenzial $E(S, x)$. Damit enthält auch die Zustandssumme $\Omega(E, x)$ die vollständige thermodynamische Information. Mit der Berechnung der Zustandssumme ist daher die Aufgabe der statistischen Physik erfüllt.

Die Gleichgewichtsbedingung „S = maximal“ gilt für ein abgeschlossenes System mit vorgegebenen Werten für die Energie E und die äußeren Parameter x. Wir ergänzen diese Extremalbedingungen:

$$\begin{aligned} S &= \text{maximal} && \text{bei gegebenem } E, V \\ F &= \text{minimal} && \text{bei gegebenem } T, V \\ G &= \text{minimal} && \text{bei gegebenem } T, P \end{aligned} \tag{27.11}$$

Zur Ableitung betrachtet man zwei makroskopische Systeme A und B, die zum Beispiel Wärme austauschen können. Für $E_{\text{A}} \ll E = E_{\text{A}} + E_{\text{B}}$ stellt das System B praktisch ein Wärmebad für A dar. Wir entwickeln die Entropie des Gesamtsystems $S(E_{\text{A}}) = S_{\text{A}}(E_{\text{A}}, V_{\text{A}}) + S_{\text{B}}(E - E_{\text{A}}, V_{\text{B}})$ für $E_{\text{A}} \ll E$:

$$S = S_{\text{A}} + S_{\text{B}}(E, V_{\text{B}}) - \frac{\partial S_{\text{B}}(E_{\text{B}}, V_{\text{B}})}{\partial E_{\text{B}}}\, E_{\text{A}} = \text{const.} + S_{\text{A}} - \frac{E_{\text{A}}}{T} \tag{27.12}$$

Dabei ist $T = T_{\text{B}}$ die Temperatur des Wärmebads B. Die Größe $S_{\text{B}}(E, V_{\text{B}})$ ist gleich einer Konstanten, weil E und V_{B} fest vorgegeben sind. Aus S = maximal folgt für die freie Energie $F_{\text{A}} = E_{\text{A}} - T S_{\text{A}}$ des Untersystems A dann die Extremalbedingung (27.11).

Wärmeübertrag

Die Wärmekapazitäten bestimmen die Temperaturerhöhung bei Wärmezufuhr:

$$C_P = \frac{đQ_{\text{q.s.}}}{dT}\bigg|_P = T\left(\frac{\partial S}{\partial T}\right)_P, \qquad C_V = \frac{đQ_{\text{q.s.}}}{dT}\bigg|_V = T\left(\frac{\partial S}{\partial T}\right)_V \tag{27.13}$$

Für homogene Systeme mit zwei Zustandsvariablen muss angegeben werden, welche Größe (etwa P oder V) bei der Temperaturerhöhung festgehalten wird (bei drei Zustandsvariablen wären zwei Größen festzuhalten). Die spezifische Wärme ist die auf die Teilchenzahl ($c_x = C_x/N$) oder auf die Stoffmenge ($c_x = C_x/\nu$) bezogene Wärmekapazität. Für die Differenz der beiden Wärmekapazitäten findet man

$$C_P - C_V = T\left(\frac{\partial P}{\partial T}\right)_V \left(\frac{\partial V}{\partial T}\right)_P = \frac{V\,T\,\alpha^2}{\kappa_T} \tag{27.14}$$

wobei α der Ausdehnungskoeffizient ist, und κ_T die isotherme Kompressibilität:

$$\alpha = \frac{1}{V}\left(\frac{\partial V}{\partial T}\right)_P, \qquad \kappa_T = -\frac{1}{V}\left(\frac{\partial V}{\partial P}\right)_T > 0 \tag{27.15}$$

Für ein stabiles System gilt $\kappa_T > 0$; dagegen ist α meist aber nicht immer positiv. In jedem Fall ist $C_P \ge C_V$. Für das ideale Gas gelten $\alpha = 1/T$ und $\kappa_T = 1/P$ und

$$C_P - C_V = \nu R \quad \text{oder} \quad c_P - c_V = R \qquad \text{(ideales Gas)} \tag{27.16}$$

Die allgemeine Relation (27.14) gilt gleichermaßen für Gase, Flüssigkeiten und Festkörper; vorausgesetzt wurde lediglich, dass das System homogen ist. Für Kupfer ist der Ausdehnungskoeffizient um zwei Größenordnungen kleiner als beim idealen Gas (Normalbedingungen), die Kompressibilität um sechs Größenordnungen kleiner. Für Festkörper und Flüssigkeiten ist die relative Differenz $(c_P - c_V)/c_P$ meist klein gegenüber 1.

Expansion

Wir wollen die Temperaturänderung bei (i) freier Expansion ($E = \text{const.}$), bei (ii) quasistatischer, adiabatischer Expansion ($S = \text{const.}$) und bei (iii) Joule-Thomson-Expansion ($H = \text{const.}$) berechnen. Als Beispielsysteme betrachten wir das ideale Gas oder das van der Waals-Gas,

$$P = \frac{RT}{v} \qquad \text{oder} \qquad P = -\frac{a}{v^2} + \frac{RT}{v-b} \tag{27.17}$$

Dabei ist $v = V/\nu$ das auf die Stoffmenge (in Mol) bezogene Volumen. Im Rahmen der Thermodynamik sind beide Gleichungen als empirische Ansätze aufzufassen; das van der Waals-Gas hängt von zwei positiven Parametern a und b ab. In der

statistischen Physik sollen diese Gleichungen abgeleitet werden. Für das ideale Gas wurde die Ableitung in Kapitel 26 angegeben.
Bei der freien Expansion (Gay-Lussac-Drosselversuch) ist das System thermisch isoliert ($đQ = 0$). Die Expansion erfolgt ohne Arbeitsleistung (etwa durch Öffnen einer Drosselklappe), so dass $dE = đQ + đW = 0$. Die Temperaturänderung bei dieser *freien Expansion* ist

$$\left(\frac{\partial T}{\partial v}\right)_E = \frac{1}{c_V}\left[P - T\left(\frac{\partial P}{\partial T}\right)_V\right] = \begin{cases} 0 & \text{(ideales Gas)} \\ -\dfrac{a}{c_V\, v^2} & \text{(van der Waals-Gas)} \end{cases} \tag{27.18}$$

Im realen Gas ergibt sich eine Abkühlung.

Ein thermisch isoliertes ($đQ = 0$) Gas werde durch langsames Herausziehen eines Kolbens expandiert. Dann folgt aus dem 2. Hauptsatz $dS = đQ_{\text{q.s.}}/T = 0$, also $S = \text{const}$. Daraus ergibt sich die Temperaturänderung bei *adiabatischer quasistatischer Expansion* zu

$$\left(\frac{\partial T}{\partial V}\right)_S = -\frac{T\,\alpha}{C_V\,\kappa_T} \overset{\text{ideales Gas}}{=} -\frac{P}{C_V} \tag{27.19}$$

Für das van der Waals-Gas wird das Ergebnis in Aufgabe 27.17 ausgewertet.

Beim *Joule-Thomson-Prozess* wird ein Gas mit einem Druck P_a durch einen porösen Stopfen gepresst. Hinter dem Stopfen hat das Gas dann den niedrigeren Druck P_b. Im thermisch isolierten System gilt dann $\Delta E = E_b - E_a = \Delta W = P_a\, V_a - P_b\, V_b$. Hieraus folgt, dass die Enthalpie $H = E + PV$ konstant ist. Die Temperaturänderung für $dH = 0$ wird durch den Joule-Thomson-Koeffizienten

$$\mu_{\text{JT}} \equiv \left(\frac{\partial T}{\partial P}\right)_H = \frac{V}{C_P}\left(T\alpha - 1\right) \tag{27.20}$$

bestimmt. Für das ideale Gas verschwindet dieser Koeffizient wegen $\alpha = 1/T$. Für ein reales Gas kann die Temperaturänderung positiv oder negativ sein (Aufgabe 27.19).

Wärmekraftmaschinen

Ein perpetuum mobile 1. Art erzeugt Energie aus dem Nichts, steht also im Widerspruch zum Energieerhaltungssatz. Ein *perpetuum mobile 2. Art* ist eine Maschine (M), die während eines Zyklus einem Wärmereservoir (R) die Wärme q entnimmt und sie vollständig in Arbeit $w = q$ umwandelt. Dies ist mit dem Energieerhaltungssatz vereinbar, nicht aber mit dem zweiten Hauptsatz. Für ein abgeschlossenes System aus dem Reservoir R, der Maschine M und einem Speicher S, der die Arbeit w speichert, gilt:

$$\Delta S = \Delta S_{\text{R}} + \Delta S_{\text{M}} + \Delta S_{\text{S}} = -\frac{q}{T} < 0 \tag{27.21}$$

Nach einem Zyklus der Maschine ist $\Delta S_{\mathrm{M}} = 0$. Der Speicher kann aus einer Feder mit einem Freiheitsgrad bestehen, so dass $\Delta S_{\mathrm{S}} = \mathcal{O}(k_{\mathrm{B}}) \approx 0$. Das Ergebnis $\Delta S < 0$ steht im Widerspruch zum 2. Hauptsatz. Es ist daher unmöglich, ein perpetuum mobile 2. Art zu bauen.

Eine realisierbare Wärmekraftmaschine erzeugt aus Wärme Arbeit, indem sie die Tendenz der ungeordneten Energie zur Gleichverteilung ausnützt. Wärme fließt von selbst vom wärmeren System mit der Temperatur T_1 zum kälteren mit T_2. Das Schema einer solchen Vorrichtung ist in folgender Abbildung skizziert:

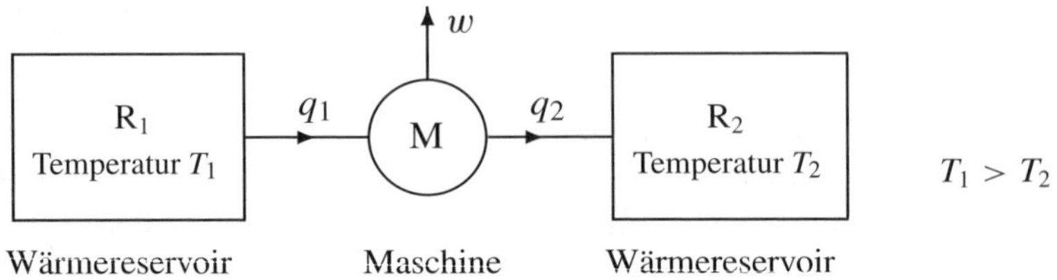

Die angegebenen Energiemengen (q_1, q_2 und w) beziehen sich auf den Zyklus einer periodisch arbeitenden Maschine. Für das abgeschlossene System aus zwei Wärmereservoirs R_1 und R_2, der Maschine M und einem Speicher S gilt:

$$\Delta S = \Delta S_{\mathrm{R}_1} + \Delta S_{\mathrm{R}_2} + \Delta S_{\mathrm{M}} + \Delta S_{\mathrm{S}} = -\frac{q_1}{T_1} + \frac{q_2}{T_2} \geq 0 \tag{27.22}$$

Der Speicher gibt wieder nur einen vernachlässigbaren Beitrag zur Entropie, und nach einem Zyklus ist $\Delta S_{\mathrm{M}} = 0$. Für die Reservoirs ergibt der zweite Hauptsatz (für offene Systeme) $\Delta S_{\mathrm{R}_1} = -q_1/T_1$ und $\Delta S_{\mathrm{R}_2} = q_2/T_2$.

Aus dem ersten Hauptsatz $w = q_1 - q_2$ und dem zweiten Hauptsatz (für abgeschlossene Systeme) $\Delta S \geq 0$ folgt der Wirkungsgrad η der *Wärmekraftmaschine*

$$\eta = \frac{\text{erzeugte Arbeit}}{\text{aufgewendete Wärme}} = \frac{w}{q_1} \leq 1 - \frac{T_2}{T_1} = \eta_{\text{ideal}} \tag{27.23}$$

Der maximal erreichbare Wirkungsgrad ist $\eta_{\text{ideal}} = (T_1 - T_2)/T_1$. Das Standardbeispiel für einen Prozess mit dem idealen Wirkungsgrad ist der *Carnotprozess*. Hierbei dient ein Gasvolumen als „Maschine“ M. Das Gasvolumen durchläuft einen Kreisprozess aus folgenden Schritten: Das Gas expandiert quasistatisch von a nach b, und zwar (i) isotherm von (T_a, S_a) zu (T_a, S_b) und (ii) adiabatisch von (T_a, S_b) zu (T_b, S_b). Das Gas wird quasistatisch von b zurück nach a komprimiert, und zwar (iii) isotherm von (T_b, S_b) zu (T_b, S_a) und (iv) adiabatisch von (T_b, S_a) zu (T_a, S_a). Für die isothermen Schritte ist ein Kontakt mit einem Wärmereservoir der entsprechenden Temperatur erforderlich. Die erzeugte Arbeit ist gleich der Fläche, die die entsprechenden Adiabaten und Isothermen im P-V-Diagramm einschließen. Da alle Schritte quasistatisch erfolgen, wird keine „überflüssige“ Entropie produziert, und der Prozess hat den idealen Wirkungsgrad.

Wenn man alle Pfeile in der Abbildung oben umkehrt, dann hat man eine Wärmepumpe, die Wärme vom kälteren Niveau (See im Winter) zum wärmeren (Haus) transportiert. Dieses Schema gilt auch für einen Kühlschrank, wobei aus dem Inneren des Kühlschranks Wärme in die Umgebung gepumpt wird.

Chemisches Potenzial

Die verallgemeinerten Kräfte in $đW_{\text{q.s.}} = -\sum X_i\, dx_i$ sind durch $X_i = -\overline{\partial E_r/\partial x_i}$ definiert, (26.13) und (26.14). Für die äußeren Parameter Volumen ($x_1 = V$) und Teilchenzahl ($x_2 = N$) sind dies

$$X_1 = P = -\,\frac{\overline{\partial E_r(V,N)}}{\partial V}\,, \qquad X_2 = -\mu = -\,\frac{\overline{\partial E_r(V,N)}}{\partial N} \tag{27.24}$$

Die Vorzeichenwahl des hier eingeführten *chemischen Potenzials* μ ist Konvention. Aus $đW_{\text{q.s.}} = -P\,dV + \mu\,dN$ mit $dE = đQ_{\text{q.s.}} + đW_{\text{q.s.}}$ und $đQ_{\text{q.s.}} = T\,dS$ erhalten wir

$$dE = T\,dS - P\,dV + \mu\,dN \tag{27.25}$$

Dies ist das Differenzial des thermodynamischen Potenzials der Energie $E(S,V,N)$. Hieraus folgt

$$\mu = -\,T\left(\frac{\partial S}{\partial N}\right)_{E,V} = \left(\frac{\partial E}{\partial N}\right)_{S,V} \tag{27.26}$$

Der erste Ausdruck ist die Standarddefinition der verallgemeinerten Kraft. Nach dem zweiten Ausdruck ist das chemische Potenzial die Energie, die nötig ist, um dem thermisch isolierten System (S = const.) ein Teilchen hinzuzufügen. Ein hinzugefügtes Teilchen wird faktisch von einem anderen System weggenommen; messbar ist dann die Differenz der chemischen Potenziale.

Alle bisher betrachteten thermodynamischen Potenziale E, $F = E - TS$, $H = E + PV$ und $G = E - TS + PV$ erhalten in ihren Differenzialen den Zusatzterm $+\mu\,dN$. Durch Subtraktion von μN können vier weitere Potenziale definiert werden. Wir beschränken uns auf die Einführung des *großkanonischen Potenzials*

$$J(T,V,\mu) = E - TS - \mu N \tag{27.27}$$

$$dJ = -S\,dT - P\,dV - N\,d\mu \tag{27.28}$$

Das chemische Potenzial steht in besonders einfacher Beziehung zur freien Enthalpie G,

$$G(T,P,N) = N\,\mu(T,P) \tag{27.29}$$

Hieraus, aus $G = E - TS + PV$ und $J = E - TS - \mu N$ folgt

$$J = -PV \tag{27.30}$$

Die Temperatur T und der Druck P sind die bevorzugten Variablen des chemischen Potenzials. Für $\mu(T,P)$ ergibt sich das Differenzial

$$d\mu = -s\,dT + v\,dP \qquad \text{Duhem-Gibbs-Relation} \tag{27.31}$$

Dabei ist $s = S/N$ und $v = V/N$.

Phasengleichgewicht

Nach (27.11) ist $G(T, P)$ minimal bei gegebenem T und P. Damit gilt bei fester Teilchenzahl $\mu(T, P) =$ minimal für das Gleichgewicht. Bei vorgegebenem T und P stellt sich in einem homogenen System diejenige Konfiguration oder *Phase* (zum Beispiel Wasser, Wasserdampf oder Eis) ein, die das kleinste chemische Potenzial hat. Ein Gleichgewicht zwischen zwei Phasen A und B ist daher nur möglich, wenn

$$\mu_{\rm A}(T, P) = \mu_{\rm B}(T, P) \qquad \text{(Phasengleichgewicht)} \tag{27.32}$$

Diese Überlegung zeigt nicht, dass oder warum es verschiedene Phasen gibt und welche Struktur sie haben. Sie macht aber plausibel, dass ein Gleichgewicht zwischen zwei Phasen im Allgemeinen nur längs einer Kurve im P-T-Diagramm möglich ist. Diese Kurven teilen das P-T-Diagramm in Bereiche, in denen jeweils eine Phase stabil ist. Am Tripelpunkt gilt $\mu_{\rm A} = \mu_{\rm B} = \mu_{\rm C}$. Das P-T-Diagramm mit einer solchen Einteilung heißt *Phasendiagramm* oder *Zustandsdiagramm*.

Wenn A die flüssige Phase (zum Beispiel Wasser) und B die gasförmige Phase (Wasserdampf) ist, dann folgt aus (27.32) die Dampfdruckkurve $P = P_{\rm d}(T)$ oder, äquivalent, die Siedetemperatur $T = T_{\rm s}(P)$.

Clausius-Clapeyron-Gleichung

Die Dampfdruckkurve $P = P_{\rm d}(T)$ ist durch $\mu_{\rm A}(T, P_{\rm d}(T)) = \mu_{\rm B}(T, P_{\rm d}(T))$ bestimmt. Wenn man diese Beziehung total nach der Temperatur ableitet und dabei (27.31) verwendet, erhält man die *Clausius-Clapeyron-Gleichung*

$$\frac{dP_{\rm d}(T)}{dT} = \frac{q}{T\,(v_{\rm A} - v_{\rm B})} \tag{27.33}$$

Diese Gleichung stellt einen Zusammenhang her zwischen der Steigung der Übergangskurve im P-T-Diagramm und der Umwandlungsenthalpie $q = T(s_{\rm A} - s_{\rm B})$. Die Größen q und v können wahlweise auf die Teilchen- oder Molzahl bezogen werden. Mit $\Delta T \approx \Delta P/(dP_{\rm d}/dT)$ kann man zum Beispiel die Siedepunkterniedrigung bei Druckerniedrigung berechnen (auf der Zugspitze liegt der Siedepunkt von Wasser unter 100° C).

Siedepunkterhöhung und Gefrierpunkterniedrigung

In einem Lösungsmittel (etwa Wasser) seien N_c Teilchen eines anderen Stoffs (etwa Salz) gelöst. Die Teilchendichte des Lösungsmittels sei $n = N/V$, die des gelösten Stoffs $n_c = N_c/V$. Die Lösung hat dann die Konzentration $c = n_c/n$.

Bei gegebenem Druck siedet und gefriert eine Flüssigkeit bei bestimmten Temperaturen. Die Lösung eines Stoffs in der Flüssigkeit stellt eine effektive Druckänderung dar und führt daher zu einer Verschiebung der Übergangstemperaturen. Dabei ist der gelöste Stoff auf die flüssige Phase beschränkt.

Wir nehmen an, dass die Moleküle des gelösten Stoffs wie ein ideales Gas zum Druck beitragen (van 't Hoffsches Gesetz). Dann sind folgende Drücke zu betrachten:

$$\begin{aligned} P_{\rm L} &= P && \text{Druck der Lösung, Gesamtdruck} \\ P_{\rm osm} &= n_c\, k_{\rm B} T = \Delta P && \text{Druck des gelösten Stoffs} \\ P_{\rm LM} &= P - \Delta P && \text{Druck des Lösungsmittels} \end{aligned} \tag{27.34}$$

Der Druck $P_{\rm osm} = n_c\, k_{\rm B} T$ tritt auch als *osmotischer Druck* auf, wenn die Lösung durch eine semipermeable Wand von einem Bereich getrennt ist, in dem es nur das Lösungsmittel gibt. Semipermeabel heißt, dass das Lösungsmittel, nicht aber der gelöste Stoff die Wand passieren kann.

Das chemische Potenzial $\mu_c(T, P)$ des Lösungsmittels in der Lösung ist dann gleich

$$\mu_c(T, P) = \mu(T, P-\Delta P) \approx \mu(T, P) - \left(\frac{\partial \mu}{\partial P}\right)_T \Delta P = \mu(T, P) - c\, k_{\rm B} T \tag{27.35}$$

Hierbei setzen wir $\Delta P \ll P$ oder $c \ll 1$ voraus. Die Teilchen des Lösungsmittels können zwischen der flüssigen Phase B und einer anderen Phase A ausgetauscht werden. Im Gleichgewicht gilt daher

$$\mu_{c,\rm B}(T_{\rm s} + \Delta T_{\rm s}, P) = \mu_{\rm A}(T_{\rm s} + \Delta T_{\rm s}, P) \tag{27.36}$$

Für verschwindende Konzentration reduziert sich dies zu $\mu_{\rm B}(T_{\rm s}, P) = \mu_{\rm A}(T_{\rm s}, P)$, woraus die ungestörte Übergangstemperatur folgt. Aus diesen Gleichungen ergibt sich die Änderung der Übergangstemperatur

$$\frac{\Delta T_{\rm s}}{T_{\rm s}} = c\, \frac{k_{\rm B} T_{\rm s}}{q} \tag{27.37}$$

Die Umwandlungsenthalpie $q = T_{\rm s}(s_{\rm A} - s_{\rm B})$ ist positiv, wenn A die gasförmige Phase ist, und negativ, wenn A die feste Phase ist. Daher wird der Siedepunkt erhöht, und der Gefrierpunkt wird erniedrigt. Den zweiten Effekt nutzt man aus, wenn man im Winter Salz auf den Gehweg streut.

Massenwirkungsgesetz

Wir betrachten eine Mischung von m Stoffen X_i, die sich gemäß der Reaktionsgleichung

$$\sum_{i=1}^{m} \nu_i\, X_i \rightleftharpoons 0\,, \qquad \text{zum Beispiel} \quad N_2 + 3\,H_2 \rightleftharpoons 2\,NH_3$$

ineinander umwandeln können; im Beispiel wäre $\nu_1 = 1$, $\nu_2 = 3$ und $\nu_3 = -2$. Das Reaktionsgleichgewicht ist durch die Bedingung $\sum_i \nu_i\, \mu_i = 0$ für die chemischen

Potenziale μ_i bestimmt. Wenn man die Stoffe als ideale Gasmischung behandelt, dann erhält man hieraus für die Konzentrationen $c_i = N_i/N$ das *Massenwirkungsgesetz*

$$\prod_{i=1}^{m} (c_i)^{\nu_i} = \frac{K(T)}{P^{\,\Sigma \nu_i}} \tag{27.38}$$

Hieran kann man studieren, wie Änderungen der Temperatur oder des Drucks das Reaktionsgleichgewicht verschieben. Die Funktion $K(T)$ hängt von den Anregungen der Moleküle (Vibrationen, Rotationen) ab. Ein Beispiel hierzu wird in Aufgabe 29.7 behandelt.

Aufgaben

27.1 Wegintegral und vollständiges Differenzial

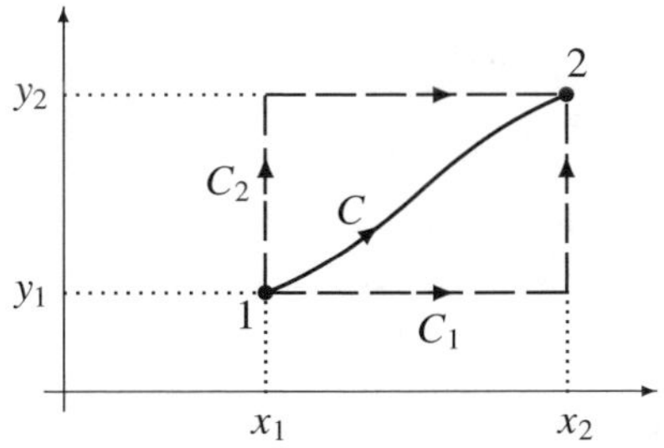

Das Wegintegral

$$I = \int_{1,C}^{2} \big[A(x, y)\, dx + B(x, y)\, dy \big]$$

mit den festen Endpunkten 1 und 2 kann auf verschiedenen Wegen C berechnet werden. Zeigen Sie, dass I genau dann unabhängig vom Weg ist, falls $\partial A/\partial y = \partial B/\partial x$.

Hinweis: Schreiben Sie das Integral in der Form $I = \int_C d\boldsymbol{r} \cdot \boldsymbol{V}$ mit $d\boldsymbol{r} = dx\, \boldsymbol{e}_x + dy\, \boldsymbol{e}_y$. Betrachten Sie zwei verschiedene Wege C_1 und C_2 (zum Beispiel die eingezeichneten, oder auch zwei andere Wege), die dieselben Endpunkte haben, und verwenden Sie den Stokesschen Satz.

Lösung: Mit $\boldsymbol{V} = A\, \boldsymbol{e}_x + B\, \boldsymbol{e}_y$ und $d\boldsymbol{r} = dx\, \boldsymbol{e}_x + dy\, \boldsymbol{e}_y$ wird das Integral zu

$$I(C) = \int_{1,C}^{2} d\boldsymbol{r} \cdot \boldsymbol{V}$$

Wir betrachten nun zwei Wege C_1 und C_2, die von 1 nach 2 führen, ansonsten aber beliebig sind. Hieraus konstruieren wir ein geschlossenes Wegintegral:

$$I(C_1) - I(C_2) = \int_{1,C_1}^{2} d\boldsymbol{r} \cdot \boldsymbol{V} - \int_{1,C_2}^{2} d\boldsymbol{r} \cdot \boldsymbol{V} = \oint d\boldsymbol{r} \cdot \boldsymbol{V} \overset{(10.10)}{=} \int_A dA \left(\frac{\partial B}{\partial x} - \frac{\partial A}{\partial y} \right)$$

Im letzten Schritt wurde der Stokessche Satz (10.10) benutzt. Aus dieser Gleichung folgt sofort

$$\frac{\partial A}{\partial y} = \frac{\partial B}{\partial x} \quad \Longrightarrow \quad I(C_1) = I(C_2)$$

Die Folgerung $I(C_1) = I(C_2)$ ist gleichbedeutend mit der Wegunabhängigkeit des Integrals. Umgekehrt gilt:

$$I(C_1) = I(C_2) \quad \Longrightarrow \quad \frac{\partial B}{\partial x} - \frac{\partial A}{\partial y} = 0$$

Für diesen Schluss ist wesentlich, dass die in $\oint d\boldsymbol{r} \cdot \boldsymbol{V}$ umschlossene Fläche A beliebig ist.

Der Wert I des wegunabhängigen Integrals hängt nur von den Endpunkten des Wegs ab und kann in der Form $f(x_2, y_2) - f(x_1, y_1)$ geschrieben werden. Dies bedeutet, dass der Integrand das vollständige Differenzial

$$df = \frac{\partial f(x, y)}{\partial x}\, dx + \frac{\partial f(x, y)}{\partial y}\, dy = A(x, y)\, dx + B(x, y)\, dy$$

dieser (differenzierbaren) Funktion $f(x, y)$ ist. Die hier bewiesene Aussage kann daher auch so formuliert werden: Ein Ausdruck der Form $df = A\, dx + B\, dy$ ist genau dann ein vollständiges Differenzial, wenn $\partial A/\partial y = \partial B/\partial x$.

27.2 Kompressibilität und Schallgeschwindigkeit

Bestimmen Sie die adiabatische Kompressibilität und die Schallgeschwindigkeit eines idealen Gases:

$$\kappa_S = -\frac{1}{V}\left(\frac{\partial V}{\partial P}\right)_S, \qquad c_S = \sqrt{\left(\frac{\partial P}{\partial \varrho}\right)_S} \tag{27.39}$$

Dabei ist ϱ die Massendichte des Gases. Schätzen Sie c_S für Luft ($\gamma \equiv c_P/c_V \approx 1.4$) unter Normalbedingungen numerisch ab. Die Messung der Schallgeschwindigkeit ist eine einfache Methode zur Bestimmung von γ.

Lösung: Das ideale Gas ist durch seine Zustandsgleichung

$$P = \frac{\nu R T}{V}$$

definiert; dabei ist ν die Anzahl der Mole und R die Gaskonstante. Für die Entropie $S(T, V)$ schreiben wir das Differenzial an:

$$dS = \left(\frac{\partial S}{\partial T}\right)_V dT + \left(\frac{\partial S}{\partial V}\right)_T dV = \frac{C_V}{T}\,dT + \left(\frac{\partial P}{\partial T}\right)_V dV = \frac{C_V}{T}\,dT + \frac{\nu R}{V}\,dV \tag{27.40}$$

Dabei haben wir die Definition von C_V, die Maxwellrelation $(\partial S/\partial V)_T = (\partial P/\partial T)_V$, (27.8), und das ideale Gasgesetz verwendet. Aus der Zustandsgleichung $V = V(T, P) = \nu R T/P$ folgt das Differenzial

$$dV = \frac{\nu R}{P}\,dT - \frac{\nu R T}{P^2}\,dP$$

Dies setzen wir in (27.40) ein:

$$dS = \left(\frac{C_V}{T} + \frac{\nu^2 R^2}{P V}\right) dT - \frac{\nu^2 R^2 T}{V P^2}\,dP = \frac{C_V + \nu R}{T}\,dT - \frac{\nu R}{P}\,dP \tag{27.41}$$

Wir benötigen folgende partiellen Ableitungen:

$$\left(\frac{\partial V}{\partial T}\right)_S \overset{(27.40)}{=} -\frac{C_V V}{T \nu R} = -\frac{C_V}{P} \qquad \text{und} \qquad \left(\frac{\partial T}{\partial P}\right)_S \overset{(27.41)}{=} \frac{\nu R T}{P(C_V + \nu R)} = \frac{V}{C_P}$$

Damit erhalten wir

$$\kappa_S = -\frac{1}{V}\left(\frac{\partial V}{\partial P}\right)_S = -\frac{1}{V}\left(\frac{\partial V}{\partial T}\right)_S\left(\frac{\partial T}{\partial P}\right)_S = \frac{1}{\gamma P} \qquad (\gamma = C_P/C_V)$$

Aus $\varrho = mN/V$ folgt $d\varrho/dV = -\varrho/V$. Damit berechnen wir die Schallgeschwindigkeit:

$$c_S^2 = \left(\frac{\partial P}{\partial \varrho}\right)_S = -\frac{V}{\varrho}\left(\frac{\partial P}{\partial V}\right)_S = \frac{1}{\varrho\,\kappa_S} = \frac{\gamma P}{\varrho}$$

Wenn wir auf der rechten Seite die Messwerte $\varrho \approx 1.29\,\text{kg/m}^3$, $P \approx 10^5\,\text{Pa}$ und $\gamma \approx 1.4$ für Luft unter Normalbedingungen einsetzen, erhalten wir

$$c_S \approx 340\,\frac{\text{m}}{\text{s}} \qquad \text{(Normalbedingungen, Luft)}$$

Der experimentelle Wert der Schallgeschwindigkeit liegt bei 331 m/s. Die Schallgeschwindigkeit ist von derselben Größe wie die mittlere Geschwindigkeit der Gasteilchen, denn

$$m c_{\mathrm{s}}^2 = \frac{\gamma P}{N/V} = \gamma\, k_{\mathrm{B}} T$$

Für die numerische Abschätzung kann man auch von dieser Gleichung ausgehen und $m \approx 27\,\mathrm{GeV}/c^2$ (Mittelwert für die N_2- und O_2-Moleküle in Luft), $k_{\mathrm{B}} T \approx \mathrm{eV}/40$ und $\gamma \approx 1.4$ einsetzen.

Anmerkung zum Wert $\gamma \approx 1.4$: Unter Normalbedingungen sind in Luft die 3 Freiheitsgrade der Translation und die 2 Freiheitsgrade der Rotation angeregt (der Vibrationsfreiheitsgrad ist eingefroren). Hieraus folgt der theoretische Wert $C_V = 5\nu R/2$. Mit $C_P = C_V + \nu R$ erhält man dann $\gamma = 7/5$.

27.3 Spezielle Volumen-Druck-Relation

Die Volumenänderung eines idealen Gases erfolgt unter der Bedingung

$$\frac{dP}{P} = a\,\frac{dV}{V} \tag{27.42}$$

Dabei ist a eine gegebene Konstante. Bestimmen Sie $P = P(V)$, $V = V(T)$ und die Wärmekapazität $C_a = đQ/dT$. Was ergibt sich in den Grenzfällen $a = 0$ und $a \to \infty$?

Lösung: Wir integrieren (27.42) von P_0 bis P,

$$\ln P'\Big|_{P_0}^{P} = a \ln V'\Big|_{V_0}^{V} \qquad \Longrightarrow \qquad P(V) = P_0 \left(\frac{V}{V_0}\right)^a$$

Wir setzen $PV = (P_0/V_0^a)\, V^{a+1}$ in das ideale Gasgesetz $PV/T = P_0 V_0/T_0$ ein und lösen nach V auf:

$$V(T) = V_0 \left(\frac{T}{T_0}\right)^{1/(a+1)}$$

Dabei ist $V_0 = V(T_0)$. Aus dem ersten und zweiten Hauptsatz folgt

$$T\,dS = dE + P\,dV = \left(\frac{\partial E}{\partial T}\right)_V dT + \left(\frac{\partial E}{\partial V}\right)_T dV + P\,dV = C_V\,dT + P\,dV$$

Für das ideale Gas ist die Energie unabhängig vom Volumen, $(\partial E/\partial V)_T = 0$ (siehe auch Aufgabe 27.6). Wir berechnen nun die gesuchte Wärmekapazität

$$C_a = T\left(\frac{\partial S}{\partial T}\right)_a = C_V + P\left(\frac{\partial V}{\partial T}\right)_a = C_V + \frac{PV}{T}\,\frac{1}{a+1} = C_V + \frac{\nu R}{a+1}$$

Wir betrachten noch einige Spezialfälle:

$a = 0$	$P(V) = \text{const.}$	$C_a = C_V + \nu R = C_P$	isobar
$a \to \infty$	$V(T) = \text{const.}$	$C_a = C_V$	isochor
$a \to -1$	$PV = \text{const.}$	$(C_a = C_T \to \infty)$	isotherm
$a = -\gamma$	$PV^\gamma = \text{const.}$	$C_a = C_S = C_V - \frac{\nu R}{\gamma - 1} = 0$	adiabatisch

In der letzten Zeile ist $\gamma = C_P/C_V$, und $C_a = 0$ folgt aus $C_P - C_V = \nu R$.

27.4 Entropie des idealen Gases

Aus dem idealen Gasgesetz $PV = Nk_{\rm B}T$ folgt

$$S(T, V, N) = N\left(\int dT\, \frac{c_V(T)}{T} + k_{\rm B} \ln \frac{V}{N} + \text{const.}\right) \tag{27.43}$$

für die Entropie. Aus $S = k_{\rm B} \ln \Omega$ mit $\Omega(E, V, N)$ aus (26.9) erhält man einen anderen Ausdruck $S(E, V, N)$ für die Entropie eines idealen Gases. In welcher Beziehung stehen die beiden Ausdrücke zueinander?

Lösung: Aus dem ersten und zweiten Hauptsatz und der Zustandsgleichung des idealen Gases folgt

$$T\,dS = dE + P\,dV = \left(\frac{\partial E}{\partial T}\right)_V dT + \left(\frac{\partial E}{\partial V}\right)_T dV + P\,dV = C_V\,dT + \frac{Nk_{\rm B}T}{V}\,dV$$

Für das ideale Gas ist die Energie unabhängig vom Volumen, $(\partial E/\partial V)_T = 0$ (siehe auch Aufgabe 27.6). Aus diesem dS folgt durch Integration die thermodynamische Beziehung (27.43). Aus der mikroskopischen Betrachtung folgte dagegen (26.9) und damit

$$S(E, V, N) = \frac{3}{2}\, Nk_{\rm B} \ln\left(\frac{E}{N}\right) + Nk_{\rm B} \ln\left(\frac{V}{N}\right) + Nk_{\rm B} \ln c \tag{27.44}$$

Beides, (27.43) und (27.44), sind Ausdrücke für die Entropie eines idealen Gases. Sie unterscheiden sich in zwei Punkten: (i) Es werden andere Zustandsvariable verwendet, und (ii) der Ausdruck $S(E, V, N)$ wurde für ein einatomiges Gas abgeleitet und ist damit spezieller.

Für den konkreten Vergleich ersetzen wir in (27.44) die Variable E durch T. Dazu berechnen wir

$$\frac{1}{T} = \frac{\partial S(E, V, N)}{\partial E} = \frac{3}{2}\,\frac{Nk_{\rm B}}{E}$$

Die Energie $E(T, V, N)$ eines idealen Gases hängt generell nicht vom Volumen ab. Speziell für das einatomige Gas gilt $E/N = 3k_{\rm B}T/2$. Wir setzen dies und $\ln T = \int dT/T$ in (27.44) ein:

$$S(T, V, N) = N\left(\int dT\, \frac{3\,k_{\rm B}/2}{T} + k_{\rm B} \ln \frac{V}{N} + \text{const.}\right)$$

Dies können wir jetzt unmittelbar mit (27.43) vergleichen: Die allgemeinere Form (27.43) lässt eine temperaturabhängige spezifische Wärme $c_V(T)$ zu; die spezielle zuletzt angegebene Form ergibt sich mit $c_V = 3\,k_{\rm B}/2$ für das einatomige ideale Gas.

27.5 Durchmischung eines Gases

Ein abgeschlossenes Volumen wird durch eine Wand in zwei Bereiche der Größe V_1 und V_2 aufgeteilt. In jedem Teilvolumen befinden sich N Teilchen desselben einatomigen, idealen Gases. Die Temperaturen T_1 und T_2 sind so gewählt, dass der Druck in beiden Teilvolumina gleich ist ($P_1 = P_2 = P_0$).

Die Wand wird nun seitlich herausgezogen. Berechnen Sie die Temperatur und den Druck des sich einstellenden Zustands. Bestimmen Sie die Änderung der Entropie in Abhängigkeit von T_1, T_2 und N. Was ergibt sich für $T_1 = T_2$?

Lösung: Für ein ideales einatomiges Gas gelten

$$PV = Nk_{\mathrm{B}}T \qquad \text{und} \qquad E = \frac{3}{2}\, Nk_{\mathrm{B}}T$$

Da es keine Arbeitsleistung und keinen Wärmeübertrag gibt, ist die Gesamtenergie erhalten:

$$E = \frac{3}{2}\, Nk_{\mathrm{B}}T_1 + \frac{3}{2}\, Nk_{\mathrm{B}}T_2 = \frac{3}{2}\,(2N)k_{\mathrm{B}}T \tag{27.45}$$

Hieraus folgt die Endtemperatur

$$T = \frac{T_1 + T_2}{2}$$

Wir setzen nun in (27.45) jeweils die Zustandsgleichung $Nk_{\mathrm{B}}T = PV$ ein, wobei wir $P_1 = P_2 = P_0$ und $V = V_1 + V_2$ berücksichtigen:

$$E = \frac{3}{2}\, P_0 V_1 + \frac{3}{2}\, P_0 V_2 = \frac{3}{2}\, PV \quad \Longrightarrow \quad P = P_0$$

Damit sind die Endtemperatur T und der Enddruck P aus den Vorgaben bestimmt. Wir drücken nun die Entropie $S(E, V, N) = k_{\mathrm{B}} \ln \Omega$ mit (26.9) für das einatomige ideale Gas durch den Druck und die Temperatur aus:

$$\begin{aligned} S(E, V, N) &= \frac{3}{2}\, Nk_{\mathrm{B}} \ln\left(\frac{E}{N}\right) + Nk_{\mathrm{B}} \ln\left(\frac{V}{N}\right) + Nk_{\mathrm{B}} \ln c \\ &= \frac{3}{2}\, Nk_{\mathrm{B}} \ln\left(\frac{3}{2}\, k_{\mathrm{B}}T\right) + Nk_{\mathrm{B}} \ln\left(\frac{k_{\mathrm{B}}T}{P}\right) + Nk_{\mathrm{B}} \ln c = S(T, P, N) \end{aligned}$$

Mit diesem $S(T, P, N)$ berechnen wir die Entropieänderung:

$$\Delta S = S(T, P_0, 2N) - S(T_1, P_0, N) - S(T_2, P_0, N) = \frac{5}{2}\, Nk_{\mathrm{B}} \ln \frac{(T_1 + T_2)^2}{4T_1 T_2}$$

Bei gleichen Anfangstemperaturen, $T_1 = T_2$, verschwindet die Entropieänderung. Hierfür ist allerdings wesentlich, dass es sich um dieselben Gase handelt. Für verschiedene Gase führt die Durchmischung auch für $T_1 = T_2 = T$ zu einem Entropieanstieg.

27.6 Zustandsgleichung für volumenunabhängige Energie

Leiten Sie die allgemeine Form der thermischen Zustandsgleichung für ein Material ab, das die Beziehung $(\partial E/\partial V)_T = 0$ erfüllt.

Lösung: Aus dem ersten und zweiten Hauptsatz folgt $dE = đQ + đW = T\,dS - P\,dV$. Hierin setzen wir dS für $S(T, V)$ ein:

$$dE = T\left[\left(\frac{\partial S}{\partial T}\right)_V dT + \left(\frac{\partial S}{\partial V}\right)_T dV\right] - P\,dV = C_V\,dT + \left[T\left(\frac{\partial P}{\partial T}\right)_V - P\right] dV \tag{27.46}$$

Im zweiten Schritt haben wir $(\partial S/\partial T)_V$ durch C_V ausgedrückt und die Maxwellrelation $(\partial S/\partial V)_T = (\partial P/\partial T)_V$ von $dF = -S\,dT - P\,dV$ verwendet. Aus (27.46) folgt

$$\left(\frac{\partial E}{\partial V}\right)_T = T\left(\frac{\partial P}{\partial T}\right)_V - P \tag{27.47}$$

Damit dieser Ausdruck gleich null ist, muss die Ableitung von $P(T,V)$ nach T genau den Faktor $1/T$ ergeben. Daher muss $P(T,V)$ proportional zu T sein:

$$P(T,V) = T\,f(V) \qquad \Longleftrightarrow \qquad \left(\frac{\partial E}{\partial V}\right)_T = 0$$

Damit gilt $(\partial E/\partial V)_T = 0$ insbesondere für ein ideales Gas.

27.7 Spezielle Zustandsgleichung

Für ein Gas ($N = \text{const.}$) sind folgende Informationen gegeben:

$$P = \frac{f(T)}{V} \quad \text{und} \quad \left(\frac{\partial E}{\partial V}\right)_T = b\,P \qquad (b = \text{const.})$$

Bestimmen Sie daraus die Funktion $f(T)$. Es ist ratsam, zunächst Aufgabe 27.6 zu lösen.

Lösung: In der Lösung von Aufgabe 27.6 wurde der Zusammenhang (27.47) zwischen der Zustandsgleichung und der Volumenabhängigkeit der Energie abgeleitet:

$$\left(\frac{\partial E}{\partial V}\right)_T = T\left(\frac{\partial P}{\partial T}\right)_V - P$$

Hierin setzen wir die gegebenen Aussagen ein:

$$b\,\frac{f(T)}{V} = T\,\frac{f'(T)}{V} - \frac{f(T)}{V}$$

Dies ergibt $f' = (1+b)\,f/T$ oder

$$\frac{df}{f} = \big(1+b\big)\,\frac{dT}{T} \qquad \Longrightarrow \qquad \ln f(T) = (1+b)\,\ln T + \text{const.}$$

Damit ist die Funktion $f(T)$ bestimmt:

$$f(T) = \text{const.}\cdot T^{1+b} \qquad \text{oder} \qquad f(T) = P_0\,V_0\left(\frac{T}{T_0}\right)^{1+b}$$

27.8 Energiedichte des Photonengases

Die Energie E und der Druck P eines Photonengases in einem Hohlraum mit dem Volumen V sind von der Form

$$\frac{E(T,V)}{V} = U(T)\,, \qquad P(T,V) = \frac{U(T)}{3} \tag{27.48}$$

Bestimmen Sie hieraus die T-Abhängigkeit der Energiedichte $U(T)$. Berechnen Sie die Entropie S und die thermodynamischen Potenziale $E(S,V)$, $F(T,V)$, $G(T,P)$ und $H(S,P)$. Es ist ratsam, zunächst Aufgabe 27.6 zu lösen.

Lösung: In (27.47) wurde der Zusammenhang zwischen der Zustandsgleichung und der Volumenabhängigkeit der Energie angegeben:

$$\left(\frac{\partial E}{\partial V}\right)_T = T\left(\frac{\partial P}{\partial T}\right)_V - P$$

Wir setzen (27.48) ein:

$$U(T) = T\,\frac{U'(T)}{3} - \frac{U(T)}{3}$$

Hieraus folgt $4\,U = T\,U'$ oder $dU/U = 4\,dT/T$, was wir zur Energiedichte

$$U(T) = \sigma'\,T^4$$

aufintegrieren. Die Konstante $\sigma' = 4\,\sigma/c$ hängt mit der sogenannten Stefan-Boltzmann-Konstanten σ zusammen. Einsetzen von $U(T)$ in (27.48) ergibt die Energie und den Druck:

$$E(T,V) = \sigma'\,V\,T^4\,, \qquad P(T,V) = \frac{\sigma'}{3}\,T^4$$

Zur Bestimmung der Entropie betrachten wir zum einen die Wärmekapazität

$$C_V = T\left(\frac{\partial S}{\partial T}\right)_V = \left(\frac{\partial E}{\partial T}\right)_V = 4\,\sigma'\,V\,T^3 \quad\Longrightarrow\quad S(T,V) = \frac{4\,\sigma'}{3}\,V\,T^3 + f(V)$$

Zum anderen verwenden wir die Maxwellrelation für $dF = -S\,dT - P\,dV$,

$$\left(\frac{\partial S}{\partial V}\right)_T = \left(\frac{\partial P}{\partial T}\right)_V = \frac{4\,\sigma'}{3}\,T^3 \quad\Longrightarrow\quad S(T,V) = \frac{4\,\sigma'}{3}\,V\,T^3 + g(T)$$

Unter Berücksichtigung von $S(T=0,V) = 0$ ergibt der Vergleich der beiden Ausdrücke für die Entropie

$$S(T,V) = \frac{4\,\sigma'}{3}\,V\,T^3$$

Wir lösen dies nach $T = [3\,S/(4\,\sigma'\,V)]^{1/3}$ auf, setzen dieses $T(S,V)$ in die Energie $E(T,V)$ ein und erhalten damit das thermodynamische Potenzial

$$E(S,V) = \frac{3}{4}\left(\frac{3}{4\,\sigma'}\right)^{1/3} V^{-1/3}\,S^{4/3}$$

Für die freie Energie ergibt sich

$$F(T,V) = E(T,V) - T\,S(T,V) = -\,\frac{\sigma'}{3}\,V\,T^4$$

Schließlich erhalten wir noch die freie Enthalpie

$$G(T,P) = F + PV = 0$$

und die Enthalpie

$$H(S,P) = G + T\,S \overset{G=0}{=} \left(\frac{3}{\sigma'}\right)^{1/4} S\,P^{1/4}$$

27.9 Thermodynamische Relationen aus freier Enthalpie

Die freie Enthalpie $G(T, P) = E - TS + PV$ ist gegeben ($N = \text{const.}$). Wie erhält man hieraus die Zustandsgleichung $P(V, T)$ und die Wärmekapazität $C_V(V, T)$?

Lösung: Ausgangspunkt ist das vollständige Differenzial von $G(T, P)$ als Funktion seiner natürlichen Variablen:

$$dG = -S\,dT + V\,dP$$

Hieraus lesen wir

$$S(T, P) = -\left(\frac{\partial G}{\partial T}\right)_P \qquad \text{und} \qquad V(T, P) = \left(\frac{\partial G}{\partial P}\right)_T$$

ab. Aus $V = V(T, P)$ erhält man durch Auflösen nach dem Druck die Zustandsgleichung $P = P(T, V)$. Wenn man dies in $S(T, P)$ einsetzt, erhält man $S(T, P(T, V)) = S(T, V)$ und berechnet hieraus $C_V = T\,\partial S(T, V)/\partial T$.

Ergänzung: Man kann die Berechnung von C_V auch expliziter darstellen. Dazu schreiben wir das Differenzial für $S(T, P(T, V)) = S(T, V)$ an:

$$dS = \left(\frac{\partial S}{\partial T}\right)_P dT + \left(\frac{\partial S}{\partial P}\right)_T dP = \left(\frac{\partial S}{\partial T}\right)_P dT + \left(\frac{\partial S}{\partial P}\right)_T \left[\left(\frac{\partial P}{\partial T}\right)_V dT + \left(\frac{\partial P}{\partial V}\right)_T dV\right]$$

Hieraus erhalten wir

$$\begin{aligned} C_V &= T\left(\frac{\partial S}{\partial T}\right)_V = T\left[\left(\frac{\partial S}{\partial T}\right)_P + \left(\frac{\partial S}{\partial P}\right)_T \left(\frac{\partial P}{\partial T}\right)_V\right] \\ &= -T\left[\left(\frac{\partial^2 G}{\partial T^2}\right)_P + \frac{\partial^2 G(T, P)}{\partial P\,\partial T}\left(\frac{\partial P}{\partial T}\right)_V\right] \end{aligned}$$

Mit $(\partial P/\partial T)_V \stackrel{(27.4)}{=} -(\partial V/\partial T)_P \big/ (\partial V/\partial P)_T = -\partial^2 G/(\partial P\,\partial T) \big/ (\partial^2 G/\partial P^2)$ kann man C_V vollständig und direkt durch $G(T, P)$ ausdrücken.

27.10 Thermodynamische Relationen aus Enthalpie

Die Enthalpie $H(S, P) = E + PV$ ist als Funktion der natürlichen Variablen gegeben ($N = \text{const.}$). Wie erhält man hieraus die Wärmekapazität $C_P(T, P)$ und die isotherme Kompressibilität $\kappa_T(T, P) = -(\partial V/\partial P)_T/V$?

Lösung: Ausgangspunkt ist das vollständige Differenzial von $H(S, P)$ als Funktion seiner natürlichen Variablen:

$$dH = T\,dS + V\,dP$$

Hieraus lesen wir

$$T(S, P) = \left(\frac{\partial H}{\partial S}\right)_P \qquad \text{und} \qquad V(S, P) = \left(\frac{\partial H}{\partial P}\right)_S$$

ab. Aus $T = T(S, P)$ erhält man durch Auflösen die Entropie $S = S(T, P)$ und hieraus die Wärmekapazität $C_P = T\,\partial S(T, P)/\partial T$. Aus $V(S(T, P), P) = V(T, P)$ erhält man dann durch Auflösen nach dem Druck die Zustandsgleichung $P = P(T, V)$. Aus $V(T, P)$ berechnet man die Kompressibilität $\kappa_T = -\,(\partial V/\partial P)_T/V$.

Ergänzung: Man kann die Berechnung von κ_T auch expliziter darstellen. Dazu schreiben wir das Differenzial für $V(S(T, P), P) = V(T, P)$ an,

$$dV = \left(\frac{\partial V}{\partial S}\right)_P dS + \left(\frac{\partial V}{\partial P}\right)_S dP = \left(\frac{\partial V}{\partial S}\right)_P \left[\left(\frac{\partial S}{\partial T}\right)_P dT + \left(\frac{\partial S}{\partial P}\right)_T dP\right] + \left(\frac{\partial V}{\partial P}\right)_S dP$$

Hieraus erhalten wir

$$\begin{aligned}\kappa_T(T, P) &= -\frac{1}{V}\left(\frac{\partial V}{\partial P}\right)_T = -\frac{1}{V}\left[\left(\frac{\partial V}{\partial P}\right)_S + \left(\frac{\partial V}{\partial S}\right)_P \left(\frac{\partial S}{\partial P}\right)_T\right] \\ &= -\frac{1}{V}\left[\left(\frac{\partial^2 H}{\partial P^2}\right)_S + \frac{\partial^2 H(S, P)}{\partial S\,\partial P}\left(\frac{\partial S}{\partial P}\right)_T\right]\end{aligned}$$

Mit $(\partial S/\partial P)_T \overset{(27.4)}{=} -(\partial T/\partial P)_S\big/(\partial T/\partial S)_P = -\partial^2 H/(\partial S\,\partial P)\big/(\partial^2 H/\partial S^2)$ kann man κ_T vollständig und direkt durch $H(S, P)$ ausdrücken.

27.11 Extremalbedingung für Enthalpie

Zeigen Sie, dass $H(S, P)$ bei vorgegebenem S und P minimal wird.

Lösung: Wir betrachten zwei thermisch isolierte Systeme A und B, die Volumen austauschen können. Wir setzen voraus, dass das System A klein gegenüber B ist

$$E_{\rm A} \ll E = E_{\rm A} + E_{\rm B}\,, \qquad V_{\rm A} \ll V = V_{\rm A} + V_{\rm B}$$

Die Entropie des Gesamtsystems ist dann von der Form

$$S = S_{\rm A}(E_{\rm A}, V_{\rm A}) + S_{\rm B}(E - E_{\rm A}, V - V_{\rm A}) = \text{maximal}$$

Da das System A klein ist, können wir $S_{\rm B}$ nach $E_{\rm A}$ und $V_{\rm A}$ entwickeln:

$$\begin{aligned}S &= S_{\rm A}(E_{\rm A}, V_{\rm A}) + S_{\rm B}(E, V) - \frac{\partial S_{\rm B}(E_{\rm B}, V_{\rm B})}{\partial E_{\rm B}}\,E_{\rm A} - \frac{\partial S_{\rm B}(E_{\rm B}, V_{\rm B})}{\partial V_{\rm B}}\,V_{\rm A} \\ &= \text{const.} + S_{\rm A}(E_{\rm A}, V_{\rm A}) - \frac{1}{T_{\rm B}}\left(E_{\rm A} + P\,V_{\rm A}\right)\end{aligned}$$

Dabei ist $P = P_{\rm B}$ der Druck, der durch das große System vorgegeben wird. Für das wärmeisolierte System A gilt $S_{\rm A} = \text{const.}$ Aus $S = \text{maximal}$ folgt damit für die Enthalpie des Untersystems A:

$$H_{\rm A} = E_{\rm A} + P\,V_{\rm A} = \text{minimal} \qquad (S, P \quad \text{vorgegeben})$$

Bei Prozessen, die thermisch isoliert und bei vorgegebenem Druck gefahren werden, ist die Enthalpie minimal. Dies können zum Beispiel chemische Prozesse sein.

27.12 Dichteprofil der Erdatmosphäre

Für eine Luftsäule (Grundfläche A) im homogenen Schwerefeld $\boldsymbol{g} = g\,\boldsymbol{e}_z$ soll die Teilchendichte $n(z) = N/V$ bestimmt werden. Die Luft wird dabei als ideales Gas mit konstanter spezifischer Wärme $c_V(T) = \text{const.}$ behandelt.

1. *Konvektives Gleichgewicht:* Die Entropie ist konstant, $S(z) = \text{const.}$ Bestimmen Sie $n(z)$ aus der Bedingung minimaler Energie. Geben Sie zunächst den Zusammenhang zwischen der Temperatur T und der Dichte $n = N/V$ für $dS = 0$ an, und die Energiedichte E/V als Funktion von z und $n(z)$. Bestimmen Sie dann die Energie $E[n]$ als Funktional von $n(z)$.

2. *Barometrische Höhenformel:* Die Temperatur ist konstant, $T(z) = \text{const.}$ Bestimmen Sie $n(z)$ aus der Bedingung minimaler freier Energie. Geben Sie dazu die freie Energie $F[n]$ als Funktional von $n(z)$ an.

Lösung: *Konvektives Gleichgewicht:* Die Bedingung $S(z) = \text{const.}$ ergibt sich aus dem Gleichgewicht bei adiabatischem ($dS = 0$) Volumenaustausch (Wind oder Konvektion). Für ein ideales Gas gilt

$$dS = \frac{dE}{T} + \frac{P}{T}\,dV = \frac{C_V}{T}\,dT + \frac{N k_B}{V}\,dV \stackrel{!}{=} 0$$

Mit $C_V = N c_V = \text{const.}$ folgt hieraus die Adiabatengleichung

$$T = T_0 \left(\frac{V_0}{V}\right)^{k_B/c_V} = T_0 \left(\frac{n}{n_0}\right)^{k_B/c_V}$$

Aus $c_V = \partial(E/N)/\partial T = \text{const.}$ folgt $E = N c_V T + \text{const.}$ Unter Berücksichtigung des Schwerefelds erhalten wir dann

$$\frac{E}{V} = n \Big(c_V T + m g z + \text{const.}\Big) \tag{27.49}$$

Mit m wurde die mittleren Masse eines Luftmoleküls bezeichnet. Wir setzen die Adiabatengleichung ein und lassen eine z-Abhängigkeit der Teilchendichte n zu:

$$E[n] = \int d^3r\, \frac{E}{V} = A \int dz\, \underbrace{n(z) \left[c_V T_0 \left(\frac{n(z)}{n_0}\right)^{k_B/c_V} + m g z + \text{const.}\right]}_{= \,\mathcal{E}(n)}$$

Das Dichteprofil $n(z)$ ist nun so zu bestimmen, dass das Funktional $E[n]$ minimal wird. Die (hier sehr einfache) Euler-Lagrange-Gleichung der Variationsrechnung lautet

$$\frac{\partial \mathcal{E}(n)}{\partial n} = 0 = c_P T_0 \left(\frac{n}{n_0}\right)^{k_B/c_V} + m g z + \text{const.}$$

Dabei wurde $c_P = c_V + k_B$ verwendet. Mit $n_0 = n(z = 0)$ wird dies zu

$$n(z) = n_0 \left(1 - \frac{m g z}{c_P T_0}\right)^{c_V/k_B} \qquad (S = \text{const.})$$

Barometrische Höhenformel: Aus (27.43) folgt die Entropie

$$S(T, V, N) = N \left(c_V \ln T + k_B \ln \frac{V}{N} + \text{const.}\right)$$

Mit der Energie (27.49) schreiben wir die freie Energie $F = E - TS$ an:

$$\frac{F}{V} = n\left(c_V T + m g z - c_V T \ln T - k_B T \ln \frac{V}{N} - \text{const.}\cdot T\right)$$
$$\overset{T=\text{const.}}{=} n\left(k_B T \ln n + m g z + \text{const.}\right)$$

Wir lassen nun eine z-Abhängigkeit der Teilchendichte n zu:

$$F[n] = \int d^3 r\, \frac{F}{V} = A \int dz\, \underbrace{\Big(n(z)\left[k_B T \ln n(z) + m g z + \text{const.}\right]\Big)}_{=\,\mathcal{F}(n)}$$

Das Dichteprofil $n(z)$ ist so zu bestimmen, dass das Funktional $F[n]$ minimal wird. Die Euler-Lagrange-Gleichung lautet

$$\frac{\partial \mathcal{F}(n)}{\partial n} = 0 = k_B T \ln n(z) + m g z + \text{const.}$$

Mit $n_0 = n(z = 0)$ wird dies zu

$$n(z) = n_0 \exp\left(-\frac{m g z}{k_B T}\right) \qquad (T = \text{const.})$$

Aus $T = \text{const.}$ und $P = n\, k_B T$ folgt die Druckabhängigkeit:

$$P(z) = P_0 \exp\left(-\frac{m g z}{k_B T}\right) \qquad \text{(barometrische Höhenformel)} \qquad (27.50)$$

Dies ist als *barometrische Höhenformel* bekannt. In Aufgabe 28.11 wird das konvektive Gleichgewicht auf etwas anderem Weg abgeleitet. Dort wird dann auch das Druck- und Temperaturprofil für diesen Fall angegeben. Die barometrische Höhenformel ist für einfache Abschätzungen brauchbar; das Szenario des konvektiven Gleichgewichts ist jedoch realistischer.

27.13 Entropie, Wärmekapazität und Zustandsgleichung

Leiten Sie folgende Relationen ab:

$$dS = \frac{C_P}{T}\, dT - \left(\frac{\partial V}{\partial T}\right)_P dP \qquad (27.51)$$

$$dS = \frac{C_V}{T}\, dT + \left(\frac{\partial P}{\partial T}\right)_V dV \qquad (27.52)$$

Lösung: Das Differenzial dS für $S(T, P)$ lautet:

$$dS = \left(\frac{\partial S}{\partial T}\right)_P dT + \left(\frac{\partial S}{\partial P}\right)_T dP = \frac{C_P}{T}\, dT - \left(\frac{\partial V}{\partial T}\right)_P dP$$

Im letzten Schritt haben wir die Definition von C_P und die Maxwellrelation für $dG = -S\,dT + V\,dP$ benutzt. Das Differenzial dS für $S(T, V)$ lautet:

$$dS = \left(\frac{\partial S}{\partial T}\right)_V dT + \left(\frac{\partial S}{\partial V}\right)_T dV = \frac{C_V}{T}\, dT + \left(\frac{\partial P}{\partial T}\right)_V dV$$

Im letzten Schritt haben wir die Definition von C_V und die Maxwellrelation für $dF = -S\,dT - P\,dV$ benutzt.

27.14 Differenz $C_P - C_V$ für Festkörper

Für einen Festkörper sind die thermische Zustandsgleichung

$$V = V_0 - A\,P + B\,T \tag{27.53}$$

und die Wärmekapazität $C_P = C$ bei konstantem Druck gegeben; dabei sind A, B und C materialabhängige Konstanten. Berechnen Sie die Wärmekapazität C_V bei konstantem Volumen und die innere Energie E.

Lösung: Aus der Zustandsgleichung (27.53) folgen die Ableitungen

$$\left(\frac{\partial P}{\partial T}\right)_V = \frac{B}{A}, \qquad \left(\frac{\partial V}{\partial T}\right)_P = B$$

Damit berechnen wir die Differenz (27.14) der Wärmekapazitäten,

$$C_P - C_V = T\left(\frac{\partial P}{\partial T}\right)_V \left(\frac{\partial V}{\partial T}\right)_P = \frac{B^2}{A}\,T$$

Die Wärmekapazität bei konstantem Volumen ist damit

$$C_V = C - \frac{B^2}{A}\,T$$

Hiermit schreiben wir das Differenzial (27.46) für die Energie E an:

$$dE = C_V\,dT + \left[T\left(\frac{\partial P}{\partial T}\right)_V - P\right] dV = \left(C - \frac{B^2}{A}\,T\right) dT + \frac{V - V_0}{A}\,dV$$

Die Variablen T und V sind getrennt. Daher kann das vollständige Differenzial sofort integriert werden:

$$E = E_0 + C\,T - \frac{B^2}{2A}\,T^2 + \frac{\left(V - V_0\right)^2}{2A} = E_0 + C\,T - B\,P\,T + \frac{A}{2}\,P^2$$

Zuletzt wurde die Zustandsgleichung (27.53) eingesetzt. Die (unwesentliche) Integrationskonstante wurde mit E_0 bezeichnet.

27.15 Differenz $C_P - C_V$ für van der Waals-Gas

Das van der Waals-Gas genügt der Zustandsgleichung

$$P = \frac{R\,T}{v - b} - \frac{a}{v^2}$$

Hierbei ist $v = V/\nu$ das Volumen pro Mol. Berechnen Sie die Differenz $C_P - C_V$ der Wärmekapazitäten, und bestimmen Sie den führenden Korrekturterm zum idealen Gas mit $C_P - C_V = \nu R$. Schätzen Sie die relative Größe des Korrekturterms für Kohlendioxid bei Normalbedingungen ab. Hierfür ist der Parameter $a = 27(R\,T_{\rm kr})^2/(64\,P_{\rm kr})$ durch die kritischen Werte $P_{\rm kr} = 71.5\,$bar und $T_{\rm kr} = 304.2\,$K gegeben; dieser Zusammenhang wird später in Aufgabe 30.4 abgeleitet.

Lösung: Für die Wärmekapazitäten bei festem Druck und festem Volumen gilt (27.14),

$$C_P - C_V = T\left(\frac{\partial P}{\partial T}\right)_V \left(\frac{\partial V}{\partial T}\right)_P = -T\left(\frac{\partial P}{\partial T}\right)_V^2 \Big/ \left(\frac{\partial P}{\partial V}\right)_T$$

Der letzte Schritt folgt aus (27.4). Hierin setzen wir die Ableitungen

$$\left(\frac{\partial P}{\partial T}\right)_V = \frac{R}{v-b}, \qquad \left(\frac{\partial P}{\partial V}\right)_T = -\frac{1}{\nu}\left[\frac{RT}{(v-b)^2} - \frac{2a}{v^3}\right]$$

ein:

$$C_P - C_V = \frac{\nu R}{1 - 2a(v-b)^2/\big(v^3 RT\big)} \tag{27.54}$$

Für das ideale Gas ist $a = b = 0$. Wir fassen daher a und b als kleine Größen auf und schreiben das Ergebnis in erster Ordnung an:

$$C_P - C_V \approx \nu R\left(1 + \frac{2a}{v\,RT}\right) \approx \nu R\left(1 + \frac{2aP}{(RT)^2}\right)$$

Im kleinen Korrekturterm durfte die ideale Gasgleichung verwendet werden. Mit $a = 27\,(R\,T_{\rm kr})^2/(64\,P_{\rm kr})$ und den angegebenen Werten erhalten wir für den Korrekturterm bei Normalbedingungen

$$\frac{2aP}{(RT)^2} = \frac{27}{32}\left(\frac{P}{P_{\rm kr}}\right)\Big/\left(\frac{T}{T_{\rm kr}}\right)^2 \approx 1\,\%$$

Experimentell findet man $c_P - c_V \approx 8.48\,\mathrm{J/(mol\cdot K)}$, also eine Korrektur von etwa 2 % gegenüber dem Wert $R \approx 8.31\,\mathrm{J/(mol\cdot K)}$ des idealen Gases.

27.16 Isotherme quasistatische Expansion

Ein Mol eines idealen Gases wird isotherm und quasistatisch vom Volumen V_a auf $V_b = 2.7\,V_a$ expandiert. Bestimmen Sie die während des Prozesses aufgenommene Wärme ΔQ. Geben Sie ΔQ in Joule an, wenn der Prozess bei Zimmertemperatur durchgeführt wird.

Lösung: Aus den Bedingungen quasistatisch und isotherm folgt

$$\Delta Q \overset{\text{(q.s.)}}{=} \int_a^b T\,dS \overset{\text{(isotherm)}}{=} T\int_a^b dS$$

Wir schreiben das Differenzial dS für $S(T, V)$ an:

$$dS = \left(\frac{\partial S}{\partial T}\right)_V dT + \left(\frac{\partial S}{\partial V}\right)_T dV \overset{(dT=0)}{=} \left(\frac{\partial S}{\partial V}\right)_T dV = \left(\frac{\partial P}{\partial T}\right)_T dV = \frac{\nu R}{V}\,dV$$

Im vorletzten Schritt wurde die Maxwellrelation für $dF = -S\,dT - P\,dV$ benutzt. Im letzten Schritt wurde das ideale Gasgesetz $PV = \nu RT$ verwendet. Aus den letzten beiden Gleichungen folgt

$$\Delta Q = T\int_a^b dV\,\frac{\nu R}{V} = T\,\nu R\ln\frac{V_b}{V_a} \approx \nu RT$$

Wegen $V_b/V_a = 2.7 \approx \mathrm{e}$ ist der Logarithmus ungefähr 1. Für ein Mol und Zimmertemperatur erhalten wir

$$\Delta Q \approx \nu RT = 1\,\mathrm{mol}\cdot 8.3\,\frac{\mathrm{J}}{\mathrm{mol\,K}}\cdot 300\,K \approx 2.5\,\mathrm{kJ}$$

27.17 Adiabatische Expansion des van der Waals-Gases

Bestimmen Sie die Temperaturänderung des van der Waals-Gases bei quasistatischer, adiabatischer Expansion.

Lösung: Die Zustandsgleichung des van der Waals-Gases schreiben wir in der Form

$$P = -\frac{a}{v^2} + \frac{RT}{v-b} \qquad (v = V/\nu) \tag{27.55}$$

Dabei ist v das Volumen pro Mol. Aus (27.52) lesen wir für $dS = 0$ ab:

$$\left(\frac{\partial T}{\partial V}\right)_S = -\left(\frac{\partial P}{\partial T}\right)_V \frac{T}{C_V} = -\frac{R}{v-b}\,\frac{T}{C_V}$$

Dies definiert den Zusammenhang zwischen T und V unter den gegebenen Bedingungen:

$$\frac{dT}{T} = -\frac{\nu R}{C_V}\,\frac{dv}{v-b} \quad\Longrightarrow\quad \int_{T_0}^{T} \frac{dT'}{T'} = -\frac{R}{c_V} \int_{v_0}^{v} \frac{dv'}{v'-b}$$

Hierbei ist $c_V = C_V/\nu$. Die Ausführung des Integrals ergibt

$$T = T_0 \left(\frac{v-b}{v_0-b}\right)^{-R/c_V}$$

27.18 Expansionskoeffizient des van der Waals-Gases

Berechnen Sie den Ausdehnungskoeffizienten $\alpha = (\partial V/\partial T)_P/V$ als Funktion von P und v für die van der Waals-Gleichung.

Lösung: Für $P(T, v)$ aus (27.55) bilden wir das Differenzial

$$dP = \frac{2a}{v^3}\,dv + \frac{R}{v-b}\,dT - \frac{RT}{(v-b)^2}\,dv$$

Wir multiplizieren mit $(v-b)$ und setzen für $RT/(v-b)$ die van der Waals-Gleichung ein:

$$\begin{aligned}(v-b)\,dP &= \frac{2a}{v^2}\,dv - \frac{2ab}{v^3}\,dv + R\,dT - P\,dv - \frac{a}{v^2}\,dv \\ &= R\,dT - \left(P - \frac{a}{v^2} + \frac{2ab}{v^3}\right) dv\end{aligned}$$

Für $dP = 0$ kann hieraus die gesuchte Ableitung abgelesen werden:

$$\alpha = \frac{1}{V}\left(\frac{\partial V}{\partial T}\right)_P = \frac{1}{v}\left(\frac{\partial v}{\partial T}\right)_P = \frac{R}{Pv - a/v + 2ab/v^2}$$

27.19 Inversionskurve im Joule-Thomson-Prozess

Das Vorzeichen des Joule-Thomson-Koeffizienten

$$\mu_{\mathrm{JT}} \equiv \left(\frac{\partial T}{\partial P}\right)_H = \frac{V}{C_P}\left(T\alpha - 1\right)$$

bestimmt, ob es im gleichnamigen Prozess zu einer Abkühlung oder Erwärmung kommt. Bestimmen Sie die durch $\mu_{\mathrm{JT}} = 0$ definierten *Inversionskurven* $T = T_{\mathrm{i}}(v)$ und $P = P_{\mathrm{i}}(T)$ für das van der Waals-Gas (27.55). Skizzieren und diskutieren Sie die Kurve $P_{\mathrm{i}}(T)$.

Lösung: Beim Joule-Thomson-Prozess wird ein Gas durch einen porösen Stopfen gepresst. Dabei ist $\Delta Q = 0$ und $\Delta E = \Delta W$, so dass die Enthalpie konstant ist. Zur Bestimmung der Temperaturänderung $(\partial T/\partial P)_H$ geht man von $dH = T\,dS + V\,dP$ aus und schreibt dS für $S(T, P)$ an. Aus $dH = 0$ kann man dann den Koeffizienten μ_{JT} ablesen.

Mit dem Ausdehnungskoeffizienten aus Aufgabe 27.18 wird $\mu_{\mathrm{JT}} = 0$ zu

$$\alpha T = \frac{T}{V}\left(\frac{\partial V}{\partial T}\right)_P = \frac{RT}{Pv - a/v + 2ab/v^2} = 1 \tag{27.56}$$

Die Inversionskurven müssen die Bedingungen (27.56) und (27.55) erfüllen. Für $T_{\mathrm{i}}(v)$ ist P aus den beiden Gleichungen zu eliminieren (für $P_{\mathrm{i}}(T)$ ist dagegen v zu eliminieren). Wir setzen $P = -a/v^2 + RT/(v - b)$ in (27.56) ein und lösen nach T auf:

$$T = T_i(v) = \frac{2a}{bR}\left(1 - \frac{b}{v}\right)^2 \qquad \text{oder} \qquad \frac{b}{v} = 1 - \sqrt{\frac{bRT}{2a}}$$

Das Vorzeichen der Wurzel folgt aus $v > b$. Wir setzen dieses $v = v(T)$ in die van der Waals-Gleichung ein:

$$P_{\mathrm{i}}(T) = \frac{a}{b^2}\left[-1 + 4\sqrt{\frac{bRT}{2a}} - 3\,\frac{bRT}{2a}\right] = \frac{R}{2b}\left(\sqrt{T} - \sqrt{\frac{2a}{bR}}\right)\left(\sqrt{\frac{2a}{bR}} - 3\sqrt{T}\right)$$

Aus der letzten Form kann man sofort die Nullstellen ablesen. Sie liegen bei der sogenannten Inversionstemperatur $T_{\mathrm{i}} = 2a/(Rb)$ und bei $T_{\mathrm{i}}/9$.

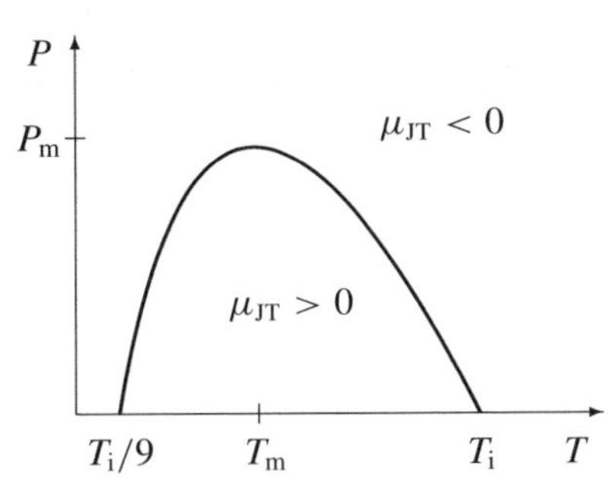

Die Inversionskurve $P = P_{\mathrm{i}}(T)$ hat bei

$$T_{\mathrm{m}} = \frac{8a}{9Rb}, \qquad P_{\mathrm{m}} = \frac{a}{3b^2}$$

ein Maximum. Oberhalb der Inversionstemperatur T_{i} tritt immer eine Erwärmung auf. Für Wasserstoff misst man $T_{\mathrm{i}} \approx 202\,\mathrm{K}$, so dass es bei Zimmertemperatur zu einer Erwärmung (mit möglicher Selbstentzündung) kommt.

27.20 Effektivität eines Kühlschranks

Ein Kühlschrank arbeitet bei einer Innentemperatur von 5 °C. Die abgepumpte Wärme wird über einen Rost an der Rückseite bei einer Temperatur von 30 °C abgegeben. Jemand deckt die Lüftungsschlitze in der Arbeitsplatte über dem Kühlschrank ab; dadurch nimmt die Temperatur des Rosts auf 35 °C zu. Schätzen Sie ab, um wieviel Prozent der Energieverbrauch des Kühlschranks steigt.

Lösung: Ein Motor M pumpt während eines Zyklus die Wärme q_2 aus dem Kühlschrank:

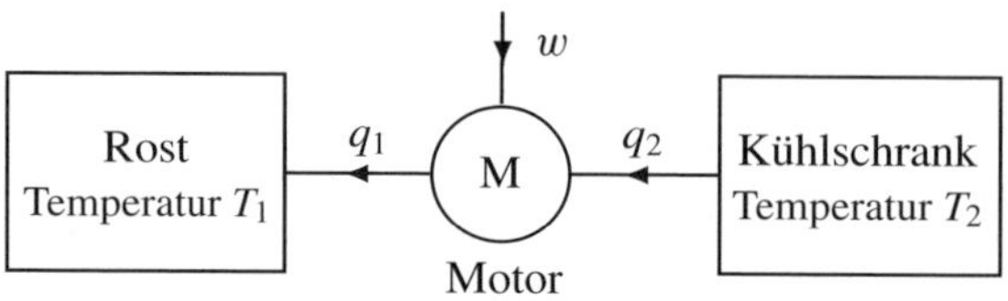

Der ideale Wirkungsgrad des Kühlschranks ist

$$\eta_{\text{ideal}} = \frac{q_2}{w} = \frac{T_2}{T_1 - T_2}$$

Dabei ist w die (während eines Zyklus oder Zeitraums) aufgewendete Arbeit. Die auftretenden Celsius-Temperaturen $\Theta = (T/\text{K} - 273.15)\,^\circ\text{C}$ sind:

$$\Theta_1 = 30\,^\circ\text{C}\,, \qquad \Theta_1' = 35\,^\circ\text{C}\,, \qquad \Theta_2 = 5\,^\circ\text{C}$$

Wir nehmen an, dass in beiden Szenarien der tatsächliche Wirkungsgrad proportional zum idealen ist. Dann gilt

$$\frac{w'}{w} = \frac{\eta}{\eta'} = \frac{T_1' - T_2}{T_1 - T_2} = \frac{\Theta_1' - \Theta_2}{\Theta_1 - \Theta_2} = \frac{30}{25} = 1.2$$

Der Energieverbrauch steigt um etwa 20 Prozent.

27.21 Carnotprozess mit idealem Gas

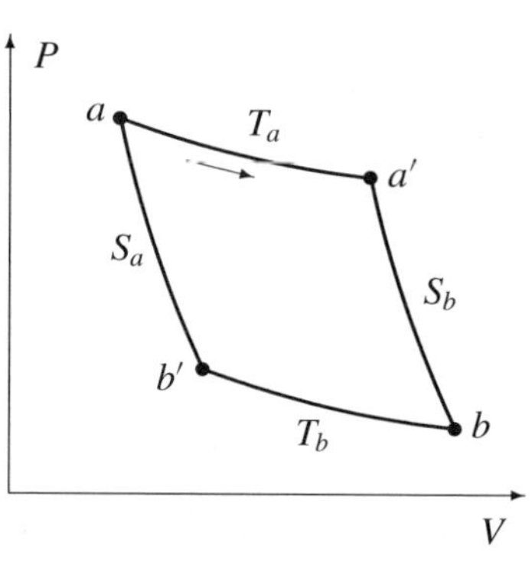

Der Kreisprozess $a \to a' \to b \to b' \to a$ erfolgt längs Isothermen und Adiabaten. Er wird für ein Mol eines einatomigen idealen Gases durchgeführt. Gegeben sind der Druck und das Volumen für die Zustände a und b, also P_a, V_a, P_b, V_b. Geben Sie für alle vier Zwischenzustände (a, a', b und b') die Größen T, V, P und S an. Bestimmen Sie hieraus die im ersten und im dritten Schritt aufgenommenen Wärmemengen q_1 und q_3, und zeigen Sie $q_1/T_a + q_3/T_b = 0$.

Lösung: Für 1 mol eines idealen Gases gelten die Zustandsgleichungen

$$PV = RT \qquad \text{und} \qquad E = \frac{3}{2}\,RT$$

Die Entropie des Gases ist

$$S(E,V) = R \ln V + \frac{3}{2}\, R \ln E + \text{const.}$$

Wir setzen $E = 3\,RT/2 = 3\,PV/2$ in $S(E,V)$ ein:

$$S(V,P) = R \ln V + \frac{3R}{2} \ln(PV) + \text{const.} = R \ln\left(V^{5/2}\, P^{3/2}\right) + C$$

Für den Anfangszustand gilt

$$T_a = \frac{P_a V_a}{R}, \qquad S_a = R \ln\left(V_a^{5/2}\, P_a^{3/2}\right) + C \tag{27.57}$$

Der Zustand a' hat dieselbe Entropie wie b, also $V_{a'}^{5/2}\, P_{a'}^{3/2} = V_b^{5/2}\, P_b^{3/2}$. Der Zustand a' hat dieselbe Temperatur wie a, also $T_{a'} = T_a$; dies impliziert $V_{a'}\, P_{a'} = V_a\, P_a$. Aus diesen Angaben folgt

$$V_{a'} = V_b \left(\frac{V_b\, P_b}{V_a\, P_a}\right)^{3/2}, \qquad P_{a'} = \frac{V_a\, P_a}{V_{a'}} = \frac{V_a\, P_a}{V_b} \left(\frac{V_a\, P_a}{V_b\, P_b}\right)^{3/2}$$

Für den Zustand b gilt analog zu (27.57)

$$T_b = \frac{P_b V_b}{R}, \qquad S_b = R \ln\left(V_b^{5/2}\, P_b^{3/2}\right) + C$$

Für den Punkt b' verwenden wir die zu a' analogen Argumente ($T_{b'} = T_b$ und $S_{b'} = S_a$). Das Ergebnis ist

$$V_{b'} = V_a \left(\frac{V_a\, P_a}{V_b\, P_b}\right)^{3/2}, \qquad P_{b'} = \frac{V_b\, P_b}{V_{b'}} = \frac{V_b\, P_b}{V_a} \left(\frac{V_b\, P_b}{V_a\, P_a}\right)^{3/2}$$

Wir berechnen noch die Wärmemengen q_1 und q_3:

$$q_1 = T_a\left(S_{a'} - S_a\right) = T_a\left(S_b - S_a\right) = R\, T_a \ln\left(\frac{V_b^{5/2}\, P_b^{3/2}}{V_a^{5/2}\, P_a^{3/2}}\right)$$

$$q_3 = T_b\left(S_{b'} - S_b\right) = T_b\left(S_a - S_b\right) = R\, T_b \ln\left(\frac{V_a^{5/2}\, P_a^{3/2}}{V_b^{5/2}\, P_b^{3/2}}\right)$$

Hieraus folgt sofort $q_1/T_a + q_3/T_b = 0$.

27.22 Spezieller Kreisprozess

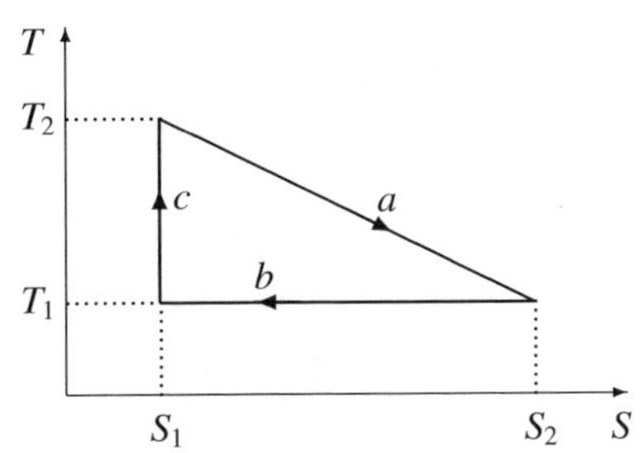

Ein ideales Gas durchläuft den Kreisprozess aus den links skizzierten Wegen a, b und c. Berechnen Sie die einzelnen Arbeits- und Wärmebeiträge. Welcher Wirkungsgrad η ergibt sich, wenn der Prozess als Wärmekraftmaschine aufgefasst wird.

Lösung: Längs des Wegs a hängt die Temperatur T linear von der Entropie S ab:

$$T(S) = -\frac{T_2 - T_1}{S_2 - S_1}\, S + \frac{T_2\, S_2 - T_1\, S_1}{S_2 - S_1}$$

Damit berechnen wir die längs des Wegs a zugeführte Wärme $\Delta Q_a = \int_a dS\, T(S)$,

$$\Delta Q_a = -\frac{T_2 - T_1}{S_2 - S_1}\,\frac{S_2^2 - S_1^2}{2} + \frac{T_2\, S_2 - T_1\, S_1}{S_2 - S_1}\,(S_2 - S_1) = \frac{1}{2}\,(T_1 + T_2)(S_2 - S_1)$$

Aus dem ersten Hauptsatz folgt für die am System geleistete Arbeit

$$\Delta W_a = \Delta E_a - \Delta Q_a = E(T_1) - E(T_2) - \Delta Q_a$$

Die Energie $E = E(T)$ des idealen Gases hängt nicht vom Volumen ab (Aufgabe 27.6); die Teilchenzahl ist konstant. Längs des Wegs b ist die Temperatur konstant, also $\Delta E_b = 0$ und

$$\Delta W_b = -\Delta Q_b = T_1\,(S_2 - S_1)$$

Längs des Wegs c ist die Entropie konstant, also $\Delta Q_c = 0$. Damit ist

$$\Delta W_c = \Delta E_c = E(T_2) - E(T_1)$$

Für die Summe aller Arbeitsleistungen erhalten wir

$$\Delta W = \Delta W_a + \Delta W_b + \Delta W_c = -\Delta Q_a - \Delta Q_b = -\Delta Q = -\frac{1}{2}\,(S_2 - S_1)(T_2 - T_1)$$

Damit ist $-\Delta W$ gleich der im obigen T-S-Diagramm eingeschlossenen Fläche. Diese Aussage kann man mit $dE = T\,dS - P\,dV$ auch allgemeiner erhalten:

$$-\Delta W = \oint P\,dV = -\oint dE + \oint T\,dS = \oint T\,dS$$

Für eine Wärmekraftmaschine ist der Nutzen die *vom* System geleistete Arbeit $-\Delta W$. Hierfür muss auf dem höheren Temperaturniveau (Weg a) die Wärme ΔQ_a aufgebracht werden. Daraus ergibt sich der Wirkungsgrad

$$\eta = \frac{-\Delta W}{\Delta Q_a} = \frac{T_2 - T_1}{T_2 + T_1}$$

27.23 Stirling-Prozess mit idealem Gas

Für ein einatomiges ideales Gas wird ein quasistatischer Kreisprozess durchgeführt, der aus den Wegen 1, 2, 3 und 4 besteht:

1: Isotherme Expansion von V_1 auf V_2	$T = T_1 = \text{const.}$
2: Isochore Abkühlung von T_1 auf T_2	$V = V_2 = \text{const.}$
3: Isotherme Kompression von V_2 auf V_1	$T = T_2 = \text{const.}$
4: Isochore Erwärmung von T_2 auf T_1	$V = V_1 = \text{const.}$

Skizzieren Sie den Prozess in einem P-V-Diagramm. Geben Sie die Arbeits- und Wärmeleistungen für die einzelnen Schritte an. Berechnen Sie den Wirkungsgrad

$$\eta_{\text{Stirling}} = \frac{-\Delta W}{\Delta Q_1}$$

für den Fall, dass der Prozess als sogenannter *Stirling-Motor* aufgefasst wird. Dabei ist ΔW die Summe aller Arbeitsleistungen, und ΔQ_1 ist die auf dem hohem Temperaturniveau T_1 zugeführte Wärme.

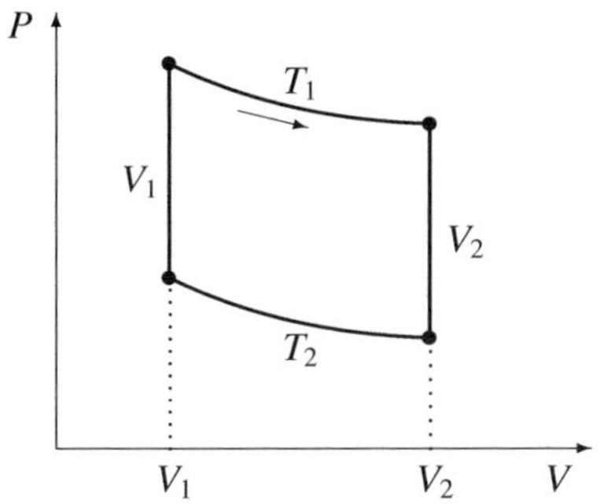

Lösung: Die Skizze zeigt den in der Aufgabenstellung beschriebenen Kreisprozess im P-V-Diagramm. Für das ideale Gas gilt

$$P = \frac{\nu R T}{V}, \qquad dE = C_V(T)\, dT$$

Die Wärmekapazität C_V hängt nicht vom Volumen ab (Aufgabe 27.6).

Auf den Wegen 1 bis 4 gelten:

$$\Delta E_1 = 0, \qquad \Delta Q_1 = -\Delta W_1 = \int_{V_1}^{V_2} dV\, P(V) = \nu R T_1 \ln \frac{V_2}{V_1}$$

$$\Delta W_2 = 0, \qquad \Delta Q_2 = \Delta E_2 = \int_{T_1}^{T_2} dT\, C_V(T)$$

$$\Delta E_3 = 0, \qquad \Delta Q_3 = -\Delta W_3 = \int_{V_2}^{V_1} dV\, P(V) = \nu R T_2 \ln \frac{V_1}{V_2}$$

$$\Delta W_4 = 0, \qquad \Delta Q_4 = \Delta E_4 = \int_{T_2}^{T_1} dT\, C_V(T)$$

Für eine Wärmekraftmaschine ist der Nutzen die vom System geleistete Arbeit $-\Delta W$,

$$-\Delta W = -\Delta W_1 - \Delta W_3 = \nu R \big(T_1 - T_2\big) \ln \frac{V_2}{V_1}$$

Daraus ergibt sich der Wirkungsgrad

$$\eta_{\text{Stirling}} = \frac{-\Delta W}{\Delta Q_1} = \frac{T_1 - T_2}{T_1} = \eta_{\text{ideal}}$$

Ein ideale Stirling-Prozess hat also den maximal möglichen Wirkungsgrad.

Ergänzende Anmerkungen: Das betrachtete Gasvolumen gibt im Schritt 2 die Wärmemenge $-\Delta Q_2$ ab. In einem Stirlingprozess wird diese Wärmemenge zwischengespeichert und dem Gas im Schritt 4 wieder zugeführt, $\Delta Q_4 = -\Delta Q_2$. Damit ist letztlich nur die Wärmemenge ΔQ_1 aufzuwenden und im Wirkungsgrad zu berücksichtigen. Die Abwärme ΔQ_3 geht bei dem Prozess verloren.

Wenn man den Kreisprozess ohne diese Spezifikation betrachtet, dann wäre $\Delta Q_1 + \Delta Q_4$ die insgesamt zugeführte Wärmemenge (während ΔQ_2 und ΔQ_3 Abwärmeverluste sind). In dieser Sichtweise ergibt sich der Wirkungsgrad

$$\eta_{\text{Kreisprozess}} = \frac{-\Delta W}{\Delta Q_1 + \Delta Q_4} = \eta_{\text{ideal}} \frac{\Delta Q_1}{\Delta Q_1 + \Delta Q_4}$$

Wegen $\Delta Q_1 > 0$ und $\Delta Q_4 > 0$ ist dies kleiner als der ideale Wirkungsgrad.

27.24 Maxwellrelationen für großkanonisches Potenzial

Geben Sie die Maxwellrelationen für $J(T, V, \mu) = F - \mu N$ an.

Lösung: Aus dem bekannten Differenzial $dF = -S\,dT - P\,dV + \mu\,dN$ folgt

$$dJ = -S\,dT - P\,dV - N\,d\mu \tag{27.58}$$

Dabei sind S, P und N erste Ableitungen von J, zum Beispiel $S = -\partial J(T, V, \mu)/\partial T$. Aus den gemischten Ableitungen folgen die Maxwellrelationen, zum Beispiel

$$\frac{\partial^2 J}{\partial T\,\partial V} = -\left(\frac{\partial S}{\partial V}\right)_{T,\mu} = -\left(\frac{\partial P}{\partial T}\right)_{V,\mu}$$

Wir stellen alle drei Maxwellrelationen zusammen:

$$\left(\frac{\partial S}{\partial V}\right)_{T,\mu} = \left(\frac{\partial P}{\partial T}\right)_{V,\mu}, \qquad \left(\frac{\partial S}{\partial \mu}\right)_{T,V} = \left(\frac{\partial N}{\partial T}\right)_{V,\mu}, \qquad \left(\frac{\partial P}{\partial \mu}\right)_{T,V} = \left(\frac{\partial N}{\partial V}\right)_{T,\mu}$$

27.25 Differenzial für Energie pro Teilchen

Zeigen Sie

$$de = T\,ds - P\,dv \tag{27.59}$$

Dabei ist $e = E/N$, $s = S/N$ und $v = V/N$. Die (Duhem-Gibbs-)Relationen

$$d\mu = -s\,dT + v\,dP \qquad \text{und} \qquad \mu = \frac{G}{N}$$

werden als bekannt vorausgesetzt.

Lösung: Nach (27.29) ist das chemische Potenzial μ gleich der freien Enthalpie $G = E - TS + PV$ pro Teilchen:

$$\mu = \frac{G}{N} = e - Ts + Pv$$

Hierfür bilden wir das Differenzial

$$d\mu = de - T\,ds - s\,dT + P\,dv + v\,dP$$

Kombiniert mit $d\mu = -s\,dT + v\,dP$ aus der Duhem-Gibbs-Relation folgt die Aussage (27.59).

27.26 Chemisches Potenzial für ideales Gas

Geben Sie das chemische Potenzial $\mu(T, P)$ für ein ideales Gas mit der Wärmekapazität $C_V(T, N)$ an. Was ergibt sich speziell für das einatomige Gas mit $C_V = 3N k_B/2$?

Lösung: Wir gehen von

$$\mu = \frac{G}{N} = \frac{E - TS + PV}{N}$$

aus. Die Energie folgt aus $E(T, N) = \int dT \; C_V(T, N)$, wobei $N = \text{const.}$ vorausgesetzt wird. Mit $c_V = C_V/N$ und (27.43) für die Entropie ergibt sich

$$\begin{aligned}\mu &= \int^T dT' \, c_V(T') - T \int^T dT' \, \frac{c_V(T')}{T'} - k_B T \ln\left(\frac{V}{N}\right) + \frac{PV}{N} \\ &= \int^T dT' \, c_V(T') - T \int^T dT' \, \frac{c_V(T')}{T'} - k_B T \ln\left(\frac{k_B T}{P}\right) + k_B T = \mu(T, P)\end{aligned}$$

In der zweiten Zeile sind wir mit Hilfe des idealen Gasgesetzes $PV = N k_B T$ zu den Variablen T und P übergegangen. Die beiden unbestimmten Integrale sind nur bis auf eine Konstante festgelegt; daher kann zur angegebenen Form von $\mu(T, P)$ eine Funktion $c_1 + c_2 T$ (mit Konstanten c_1 und c_2) addiert werden. Das chemische Potenzial ist damit jedenfalls von der Form

$$\mu(T, P) = f(T) - k_B T \ln\left(\frac{k_B T}{P}\right)$$

wobei die Funktion $f(T)$ nur von der Temperatur abhängt. Speziell für $c_V = 3k_B/2$ geben wir die Temperaturabhängigkeit noch genauer an:

$$\begin{aligned}\mu(T, P) &= k_B T \left(\frac{5}{2} - \frac{5}{2} \ln T + \ln P + \text{const.}\right) + \text{const.} \\ &= k_B T \left(-\frac{5}{2} \ln \frac{T}{T_0} + \ln \frac{P}{P_0} + \frac{\mu(T_0, P_0)}{k_B T_0}\right)\end{aligned}$$

Die Konstanten in der ersten Zeile kommen von den unbestimmten Integralen, und sie enthalten die Faktoren, die das Argument des (zusammengefassten) Logarithmus dimensionslos machen. In der zweiten Zeile haben wir einen willkürlichen Referenzpunkt T_0, P_0 gewählt; dann lassen sich die Konstanten zu $\mu(T_0, P_0)$ zusammenfassen.

27.27 Ableitung der Duhem-Gibbs-Relation

Leiten Sie die Duhem-Gibbs-Relation für ein homogenes System

$$G = E - TS + PV = \mu N \tag{27.60}$$

ab, indem Sie die Gleichung $S(\lambda E, \lambda V, \lambda N) = \lambda S(E, V, N)$ nach λ differenzieren.

Lösung: Der Ausgangspunkt $S(\lambda E, \lambda V, \lambda N) = \lambda S(E, V, N)$ folgt daraus, dass die Größen E, V, N und S extensive Größen sind; bei einer Vervielfachung des (homogenen) Systems erhalten alle Größen denselben Faktor. Wir differenzieren beide Seiten von $S(\lambda E, \lambda V, \lambda N) = \lambda S(E, V, N)$ nach λ und setzen anschließend $\lambda = 1$:

$$E\left(\frac{\partial S}{\partial E}\right)_{V,N} + V\left(\frac{\partial S}{\partial V}\right)_{E,N} + N\left(\frac{\partial S}{\partial N}\right)_{E,V} = S$$

Mit

$$\frac{1}{T} = \left(\frac{\partial S}{\partial E}\right)_{V,N}, \qquad \frac{P}{T} = \left(\frac{\partial S}{\partial V}\right)_{E,N}, \qquad \frac{\mu}{T} = -\left(\frac{\partial S}{\partial N}\right)_{E,V}$$

wird dies zu

$$\frac{E}{T} + \frac{PV}{T} - \frac{\mu N}{T} = S$$

Wir lösen dies nach $G = E - TS + PV = \mu N$ auf und erhalten so die Duhem-Gibbs-Relation.

27.28 Gefrierpunkterniedrigung beim Schlittschuhlaufen?

Der Druck eines Schlittschuhs auf dem Eis erzeugt eine Gefrierpunkterniedrigung. Reicht dieser Effekt aus, um einen Wasserfilm zu erzeugen, auf dem der Schlittschuh gleitet?

Der Eisläufer hat die Masse 80 kg, und seine Schlittschuhe liegen jeweils auf einer Länge 10 cm und einer Breite 4 mm auf. Berechnen Sie damit die Gefrierpunkterniedrigung, die sich aus der Clausius-Clapeyron-Gleichung ergibt.

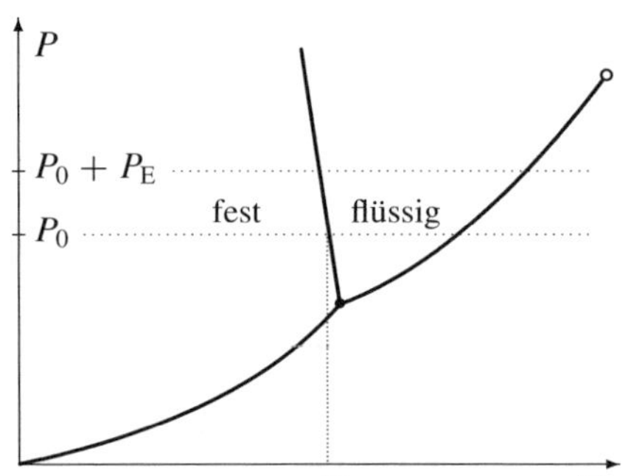

Lösung: Links ist das Phasendiagramm von Wasser skizziert. Bei Normaldruck $P_0 \approx 10^5\,\text{N/m}^2$ schmilzt Eis bei der Temperatur $T_S \approx 273\,\text{K}$. Bei dem durch den Eisläufer erhöhten Druck $P_0 + P_E$ liegt der Schmelzpunkt tiefer ($\Delta T_S < 0$). Wenn der neue Schmelzpunkt unter der Umgebungstemperatur liegt, könnte es zum Schmelzen des Eises kommen. Reynolds versuchte 1901, die geringe Reibung auf Eis in dieser Weise zu erklären.

Zur Abschätzung von ΔT_S verwenden wir die Clausius-Clapeyron-Gleichung:

$$\frac{dP_S(T)}{dT} = \frac{q}{T\,(v_A - v_B)} \tag{27.61}$$

Wir beziehen die Schmelzenthalpie q und die Volumina jeweils auf ein Mol:

$$q \approx 6000\,\frac{\text{J}}{\text{mol}}, \qquad v_A = v_{\text{Wasser}} \approx 18\,\frac{\text{cm}^3}{\text{mol}}, \qquad v_B = v_{\text{Eis}} \approx 1.1\,v_{\text{Wasser}}$$

Damit ist die Steigung dP_S/dT der Schmelzkurve $P_S(T)$ im Phasendiagramm negativ. Die Schlittschuhe des Eisläufers (er belaste gerade beide) führen zum zusätzlichen Druck

$$P_E = \frac{m\,g}{A} \approx \frac{800\,\mathrm{N}}{2 \cdot 0.1 \cdot 0.004\,\mathrm{m}^2} = 10^6\;\frac{\mathrm{N}}{\mathrm{m}^2}$$

Die Größen q, v_A und v_B sind Funktionen der Temperatur und des Drucks. Diese Abhängigkeiten werden in der folgenden Abschätzung vernachlässigt. Außerdem kann in (27.61) $T = T_S \approx 273\,\mathrm{K}$ eingesetzt werden, da die Temperaturänderung ΔT_S sehr klein ist:

$$\Delta T_S = \frac{\Delta P}{dP_S/dT} = T_S\,\frac{P_E\,(v_A - v_B)}{q} \approx -3 \cdot 10^{-4}\,T_S \approx -0.08\,\mathrm{K}$$

Bei einer Umgebungstemperatur von zum Beispiel minus 1 Grad Celsius kann dieser Effekt kaum einen Wasserfilm auf der Eisoberfläche bewirken. Wesentlicher ist, dass auf einer Eisoberfläche von vornherein ein dünner Wasserfilm existiert (bei nicht zu tiefen Temperaturen). Ein weiterer Effekt ist die Reibungswärme des gleitenden Schlittschuhs, die zu einem Wasserfilm beitragen kann. Ein neuerer Überblick über diese spezielle Frage der Oberflächenphysik findet der Leser in dem Aufsatz *Why is ice slippery?* von Robert Rosenberg in der *Physics Today* Ausgabe vom Dezember 2005 (auch unter www.geo.hunter.cuny.edu/~hsalmun/ice_phy2day.pdf).

27.29 Dampfdruckkurve aus Clausius-Clapeyron-Gleichung

Bestimmen Sie die Dampfdruckkurve aus der Clausius-Clapeyron-Gleichung mit Hilfe folgender Annahmen: $v_A - v_B \approx v_A \approx RT/P$ und $q \approx \mathrm{const.}$

Lösung: In die Clausius-Clapeyron-Gleichung

$$\frac{dP_d(T)}{dT} = \frac{q}{T\,(v_A - v_B)}$$

setzen wir $v_A - v_B \approx RT/P = RT/P_d$ ein:

$$\frac{dP_d}{dT} = \frac{q}{T}\,\frac{P_d}{RT}$$

Hieraus erhalten wir

$$\frac{dP_d}{P_d} = \frac{q}{R}\,\frac{dT}{T^2} \qquad \Longrightarrow \qquad \ln P_d = -\,\frac{q}{RT} + \mathrm{const.}$$

und die Dampfdruckkurve

$$P_d(T) = \mathrm{const.} \cdot \exp\left(-\frac{q}{RT}\right)$$

27.30 Expansionskoeffizient entlang der Dampfdruckkurve

Bestimmen Sie den thermischen Expansionskoeffizienten

$$\alpha_d = \frac{1}{v_d}\left(\frac{\partial v_d}{\partial T}\right)_{\mathrm{koex}}$$

für ein Gas, das mit seiner flüssigen Phase koexistiert. Dabei ist $v_\mathrm{d}(T, P)$ das Molvolumen des Gases, das in diesem Zusammenhang auch Dampf (Index d) genannt wird. Der Dampf wird als ideales Gas behandelt. Das Molvolumen der Flüssigkeit kann gegenüber dem des Gases vernachlässigt werden.

Lösung: Mit $v_\mathrm{d} = v_\mathrm{d}\big(T, P_\mathrm{d}(T)\big)$ entlang der Dampfdruckkurve schreiben wir den thermischen Expansionskoeffizienten (27.15) an:

$$\alpha_\mathrm{d} = \frac{1}{v_\mathrm{d}}\left[\left(\frac{\partial v_\mathrm{d}}{\partial T}\right)_P + \left(\frac{\partial v_\mathrm{d}}{\partial P}\right)_T \left(\frac{\partial P}{\partial T}\right)_\mathrm{koex}\right] \qquad (27.62)$$

Aus der idealen Gasgleichung entnehmen wir $(\partial v_\mathrm{d}/\partial T)_P = R/P$ und $(\partial v_\mathrm{d}/\partial P)_T = -RT/P^2$. Die verbleibende Ableitung folgt aus der Clausius-Clapeyron-Gleichung

$$\left(\frac{\partial P}{\partial T}\right)_\mathrm{koex} = \frac{dP_\mathrm{d}}{dT} = \frac{q}{T(v_\mathrm{d} - v_\mathrm{f})} \approx \frac{q}{T\, v_\mathrm{d}}$$

Im letzten Schritt haben wir das Molvolumen der Flüssigkeit v_f gegenüber dem des Dampfs v_d vernachlässigt. Damit folgt aus (27.62)

$$\alpha_\mathrm{d} = \frac{R}{P\, v_\mathrm{d}}\left[1 - \frac{q}{P\, v_\mathrm{d}}\right] = \frac{1}{T}\left[1 - \frac{q}{RT}\right] \qquad (27.63)$$

Der erste Term beschreibt die bekannte thermische Expansion des idealen Gases bei konstantem Druck. Da entlang der Dampfdruckkurve die Temperatur mit dem Druck (oder der Druck mit der Temperatur) stark ansteigt, wird andererseits der Dampf komprimiert (zweiter Term). Für Wasserdampf, $q \approx 40\,\mathrm{kJ/mol}$ gegenüber $RT \approx 3\,\mathrm{kJ/mol}$ bei $T = 373\,\mathrm{K}$, überwiegt der zweite Term bei weitem, so dass insgesamt eine Kompression stattfindet.

Alternative Lösung: Unter der zusätzlichen Voraussetzung $q \approx$ const. wurde in Aufgabe 27.29 die Temperaturabhängigkeit $P_\mathrm{d}(T) = \text{const.} \cdot \exp(-q/RT)$ der Dampfdruckkurve abgeleitet. Mit dem idealen Gasgesetz folgt daraus die explizite Temperaturabhängigkeit des Volumens $v_\mathrm{d}(T)$:

$$v_\mathrm{d}(T) = v_\mathrm{d}(T_0)\, \frac{T}{T_0}\, \frac{\exp(q/RT)}{\exp(q/RT_0)}$$

Dabei ist P_0, T_0 ein beliebiger Referenzpunkt auf der Dampfdruckkurve. Wenn man mit dieser Funktion $v_\mathrm{d}(T)$ den Expansionskoeffizient $\alpha_\mathrm{d} = (dv_\mathrm{d}/dT)/v_\mathrm{d}$ berechnet, erhält man wieder (27.63).

27.31 Koexistenzkurve für zwei gasförmige Phasen

Eine Substanz hat zwei gasförmige Phasen A und B, die den Zustandsgleichungen

$$P\, v_\mathrm{A} = R_\mathrm{A}\, T \qquad \text{und} \qquad P\, v_\mathrm{B} = R_\mathrm{B}\, T$$

genügen. Dabei sind R_A und R_B phasenspezifische Konstanten, und v ist das Volumen eines Mols. Für die spezifischen Wärmen bei konstantem Druck gilt $c_{P,\mathrm{A}}(T) = c_{P,\mathrm{B}}(T) = c_P(T)$. Berechnen Sie die Koexistenzkurve $P_\mathrm{koex}(T)$, bei der die beiden Phasen im Gleichgewicht sind. Zeigen Sie, dass die Übergangsenthalpie q konstant ist.

Lösung: Für die beiden Phasen $i = \mathrm{A}, \mathrm{B}$ setzen wir jeweils die Zustandsgleichung in die Maxwellrelation zu dG ein:

$$\left(\frac{\partial s_i}{\partial P}\right)_T = -\left(\frac{\partial v_i}{\partial T}\right)_P = -\frac{R_i}{P}$$

Daraus erhalten wir für die Entropie

$$s_i(T, P) = -R_i \ln\left(\frac{P}{P_0}\right) + f_i(T)$$

Hierbei sind $f_1(T)$ und $f_2(T)$ zunächst unbekannte Funktionen. Wir verwenden nun die Gleichheit der spezifischen Wärmen bei konstantem Druck,

$$c_{P,i}(T) = T\left(\frac{\partial s_i}{\partial T}\right)_P = T\, f_i'(T) \stackrel{!}{=} c_P(T)$$

Damit sind die Ableitungen der beiden Funktionen gleich, $f_1'(T) = f_2'(T)$. Der 3. Hauptsatz, $s_i \to 0$ für $T \to 0$, impliziert $f_1(0) = f_2(0)$. Damit stimmen beide Funktionen überein:

$$f_1(T) = f_2(T) = f(T)$$

Die spezifischen Wärmen bei konstantem Volumen unterscheiden sich dagegen um eine Konstante:

$$c_{V,\mathrm{A}}(T) = c_P(T) - R_\mathrm{A}\,, \qquad c_{V,\mathrm{B}}(T) = c_P(T) - R_\mathrm{B}$$

Die Entropien

$$s_\mathrm{A} = -R_\mathrm{A} \ln\left(\frac{P}{P_0}\right) + f(T) \quad \text{und} \quad s_\mathrm{B} = -R_\mathrm{B} \ln\left(\frac{P}{P_0}\right) + f(T)$$

legen die Übergangsenthalpie fest:

$$q = T\,(s_\mathrm{A} - s_\mathrm{B}) = -T\,\big(R_\mathrm{A} - R_\mathrm{B}\big) \ln\left(\frac{P_\mathrm{koex}}{P_0}\right) \tag{27.64}$$

Diese Größe wird im Phasengleichgewicht gemessen, also beim Druck $P = P_\mathrm{koex}$ der Koexistenzkurve. Für die Koexistenzkurve $P_\mathrm{koex}(T)$ gilt andererseits die Clausius-Clapeyron-Gleichung:

$$\frac{dP_\mathrm{koex}}{dT} = \frac{q}{T\,(v_A - v_B)} = -\frac{P_\mathrm{koex}}{T} \ln\left(\frac{P_\mathrm{koex}}{P_0}\right)$$

Die Lösung dieser Differenzialgleichung ist

$$P_\mathrm{koex}(T) = P_0 \exp\left(\frac{T_0}{T}\right)$$

Mit wachsender Temperatur fällt diese Kurve exponentiell ab. In (27.64) eingesetzt, erhalten wir

$$q = -\big(R_\mathrm{A} - R_\mathrm{B}\big)\, T_0$$

Die Übergangsenthalpie ist längs der Koexistenzkurve konstant.

27.32 Sieden einer Salzlösung

Mit welcher Salzkonzentration siedet Wasser auf der Zugspitze bei 100 °C?

Lösung: Auf einer Höhe von $z \approx 3\,\text{km}$ ist der Druck niedriger und es kommt zu einer Siedepunkterniedrigung. Eine Salzkonzentration erhöht dagegen den Siedepunkt. Damit das Wasser bei 100 °C siedet, müssen sich beide Effekt kompensieren:

$$\Delta T_\text{S} = \Delta T_\text{S}^{(1)} + \Delta T_\text{S}^{(2)} = \frac{\Delta P}{dP_\text{d}/dT} + c\,\frac{R\,T_\text{S}^2}{q} \overset{(!)}{=} 0$$

Der zweite Term ergibt sich aus (27.37). Für den ersten Term haben wir eine konstante Steigung dP_d/dT der Dampfdruckkurve angenommen. Für diese Steigung verwenden wir die Clausius-Clapeyron-Gleichung mit

$$v_\text{A} - v_\text{B} \approx v_\text{A} \approx \frac{RT}{P}, \qquad \frac{\Delta P}{P} \approx \exp(-3/8) - 1 \approx -0.31$$

Für den Druckabfall wurde die barometrische Höhenformel (27.50), $P(z) \propto \exp(-z/8\,\text{km})$, verwendet. Damit erhalten wir

$$\Delta T_\text{S}^{(1)} \approx \frac{\Delta P}{dP_\text{d}/dT} \approx \frac{\Delta P}{P}\,\frac{R\,T_\text{S}^2}{q} \approx -9\,\text{K}$$

Für den numerischen Wert wurden $q \approx 4 \cdot 10^4\,\text{J/mol}$, $R = 8.3\,\text{J/(mol} \cdot \text{K)}$ und $T_\text{S} = 373\,\text{K}$ eingesetzt. Damit siedet reines Wasser auf der Zugspitze bei etwa 91 °C. Eine Salzkonzentration c kann diesen Effekt kompensieren:

$$c = \frac{q}{R\,T_\text{S}^2}\,\Delta T_\text{S}^{(2)} \overset{(!)}{=} -\frac{q}{R\,T_\text{S}^2}\,\Delta T_\text{S}^{(1)} \approx -\frac{\Delta P}{P} \approx 0.31$$

Das Ergebnis $c \approx -\Delta P/P$ ist allein durch den Druckabfall bestimmt.

27.33 Gelöster Stoff in beiden Phasen

Wenn der gelöste Stoff auf die flüssige Phase B beschränkt ist, dann ergibt sich bei einer Konzentration c folgende Änderung der Übergangstemperatur

$$\frac{\Delta T_\text{S}}{T_\text{S}} = c\,\frac{k_\text{B} T_\text{S}}{q}$$

Dabei ist $q = T_\text{S}\,(s_\text{A} - s_\text{B})$ die Umwandlungsenthalpie für den Phasenübergang B → A. Verallgemeinern Sie den Ausdruck für ΔT_S auf den Fall, dass in der Phase A ein gelöster Stoff die Konzentration c_A, und in der Phase B ein gelöster Stoff (nicht notwendigerweise derselbe) die Konzentration c_B hat.

Lösung: Der gelöste Stoff (in einer Flüssigkeit oder gasförmigen Phase) trägt mit dem (osmotischen) Druck $\Delta P = n_c\,k_\text{B} T$ zum Gesamtdruck bei. Damit gilt für das chemische Potenzial des Lösungsmittels:

$$\mu_c(T, P) = \mu(T, P - \Delta P) \approx \mu(T, P) - \left(\frac{\partial \mu}{\partial P}\right)_T \Delta P = \mu(T, P) - c\,k_\text{B} T \qquad (27.65)$$

Hierzu wurden $(\partial\mu/\partial P)_T = v = V/N = 1/n$ und $c = n_c/n$ verwendet. Ohne gelöste Stoffe ist der Übergangspunkt P, T_S durch

$$\mu_B(T_S, P) = \mu_A(T_S, P) \tag{27.66}$$

gegeben. In der (zum Beispiel gasförmigen) Phase A ist ein Stoff mit der Konzentration c_A gelöst, und in der (zum Beispiel flüssigen) Phase B ist ein Stoff mit der Konzentration c_B gelöst. Die Änderung der Übergangstemperatur folgt aus

$$\mu_{c_B,B}(T_S + \Delta T_S, P) = \mu_{c_A,A}(T_S + \Delta T_s, P) \tag{27.67}$$

Wir setzen auf beiden Seiten (27.65) ein und verwenden $d\mu = -s\,dT + v\,dP$:

$$\begin{aligned}
\mu_{c_B,B}(T_S + \Delta T_S, P) &\approx \mu_B(T_S + \Delta T_S, P) - c_B\, k_B (T_S + \Delta T_S) \\
&\approx \mu_B(T_S, P) - s_B\, \Delta T_S - c_B\, k_B T_S \\
\mu_{c_A,A}(T_S + \Delta T_S, P) &\approx \mu_A(T_S + \Delta T_S, P) - c_A\, k_B (T_S + \Delta T_S) \\
&\approx \mu_A(T_S, P) - s_A\, \Delta T_S - c_A\, k_B T_S
\end{aligned}$$

Terme wie $c_A\, \Delta T_S$ sind von zweiter Ordnung und wurden in der jeweils zweiten Zeile weggelassen. Mit (27.66) und (27.67) erhalten wir

$$\frac{\Delta T_S}{T_S} = \big(c_B - c_A\big)\,\frac{k_B}{s_A - s_B} = \big(c_B - c_A\big)\,\frac{k_B T_S}{q}$$

Der Entropieunterschied zwischen den beiden Phasen ist durch die Umwandlungsenthalpie $q = T_S\,(s_A - s_B)$ für den Übergang B $\to$ A gegeben. Beim Sieden einer Flüssigkeit bleibt der gelöste Stoff meist auf die Flüssigkeit beschränkt ($c_A = 0$). In dem Maß, in dem der (oder ein) gelöste(r) Stoff in der gasförmigen Phase vorliegt ($c_A \neq 0$), fällt die Siedepunkterhöhung geringer aus.

28 Statistische Ensembles

Im abgeschlossenen System sind die Gleichgewichtszustände durch die mikrokanonische Zustandssumme Ω festgelegt. Für ein System im Wärmebad ist es dagegen die kanonische Zustandssumme Z. Für ein System im Kontakt mit einem Wärme- und Teilchenreservoir ist es die großkanonische Zustandssumme Y. Diese neuen Zustandssummen werden eingeführt und thermodynamischen Potenzialen zugeordnet. Die kanonische Zustandssumme wird speziell für klassische Systeme untersucht.

Ein Mikrozustand r stellt eine vollständige Beschreibung des Systemzustands dar; es könnte sich etwa um einen Eigenzustand des Hamiltonoperators handeln. In einem Makrozustand $\{P_r\}$ sind dagegen nur die Wahrscheinlichkeiten P_r für das Auftreten der Mikrozustände in einem statistischen Ensemble gegeben. Das grundlegende Postulat gibt diese Wahrscheinlichkeiten für Gleichgewichtszustände im abgeschlossenen System (E, V, N gegeben). Wir geben nun die Wahrscheinlichkeiten für Gleichgewichtszustände eines Systems an, das in Kontakt mit einem Wärmebad (E, T, N gegeben) ist, oder mit einem Wärmebad und einem Teilchenreservoir (E, T, μ gegeben):

$$P_r(E, V, N) = \begin{cases} 1/\Omega & E - \delta E \le E_r(V, N) \le E \\ 0 & \text{sonst} \end{cases} \tag{28.1}$$

$$P_r(T, V, N) = \frac{1}{Z} \exp\big(-\beta E_r(V, N)\big) \tag{28.2}$$

$$P_r(T, V, \mu) = \frac{1}{Y} \exp\Big(-\beta\big[E_r(V, N_r) - \mu N_r\big]\Big) \tag{28.3}$$

Aus der Normierung $\sum P_r = 1$ folgen die Zustandssummen

$$\Omega(E, V, N) = \sum_{r:\, E - \delta E \le E_r(V, N) \le E} 1 \tag{28.4}$$

$$Z(T, V, N) = \sum_r \exp\big(-\beta E_r(V, N)\big) \tag{28.5}$$

$$Y(T, V, \mu) = \sum_r \exp\Big(-\beta\big[E_r(V, N_r) - \mu N_r\big]\Big) \tag{28.6}$$

Diese Zustandssummen heißen *mikrokanonisch*, *kanonisch* und *großkanonisch*. Alle Zustandssummen sind durch die Eigenwerte $E_r(V, N)$, also durch die mikroskopische Struktur des betrachteten Systems festgelegt. Der Zusammenhang mit der makroskopischen Thermodynamik wird durch folgende Relationen hergestellt:

$$S(E, V, N) = k_{\mathrm{B}} \ln \Omega(E, V, N) \tag{28.7}$$

$$F(T, V, N) = -k_{\mathrm{B}}T \ln Z(T, V, N) \tag{28.8}$$

$$J(T, V, \mu) = -k_{\mathrm{B}}T \ln Y(T, V, \mu) \tag{28.9}$$

Jede dieser Größen enthält die vollständige thermodynamische Information (Kapitel 27). Daher löst jede Zustandssumme die Aufgabe der statistischen Physik, aus der mikroskopischen Struktur die thermodynamischen Eigenschaften zu berechnen.

Alle Wahrscheinlichkeiten (28.1) – (28.3) beruhen auf dem grundlegenden Postulat; es werden also keine neuen statistischen Annahmen eingeführt. Zur Ableitung des kanonischen Ensembles betrachten wir ein abgeschlossenes System:

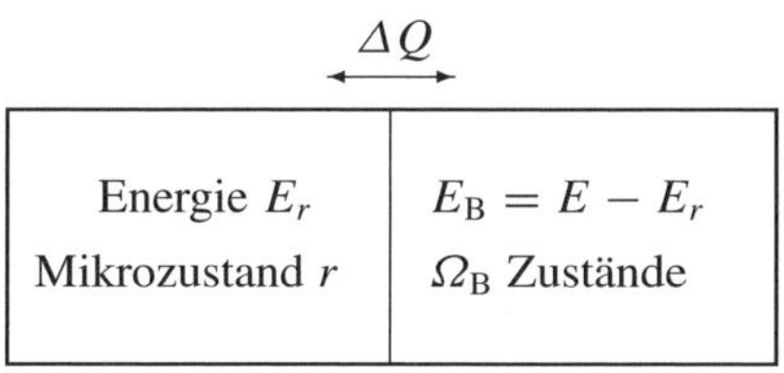

Ein kleines Untersystem (links) kann mit dem großen, makroskopischen System B Wärme austauschen. Mit welcher Wahrscheinlichkeit P_r befindet sich das kleine Untersystem dann im Mikrozustand r mit der Energie E_r?

Die Anzahl der zugänglichen Zustände des abgeschlossenen Systems ist gleich der Anzahl Ω_{B} der zugänglichen Zustände des rechten Systems; denn das linke System befindet sich ja in einem bestimmten Mikrozustand. Wir entwickeln Ω_{B} nach Potenzen von E_r, wobei wir $E_r \ll E$ voraussetzen:

$$\ln \Omega_{\mathrm{B}}(E - E_r) = \ln \Omega_{\mathrm{B}}(E) - \frac{\partial \ln \Omega_{\mathrm{B}}(E)}{\partial E} E_r + \ldots = \ln \Omega_{\mathrm{B}}(E) - \beta E_r + \ldots \tag{28.10}$$

Nach (26.22) bestimmt $\partial(S_{\mathrm{B}}/k_{\mathrm{B}})/\partial E = \partial \ln \Omega_{\mathrm{B}}/\partial E = 1/(k_{\mathrm{B}}T) = \beta$ die Temperatur T des Systems B. Das Wärmebad B ist nach Voraussetzung so groß, dass T (praktisch) unabhängig von E_r ist. Aus (28.10) folgt dann

$$P_r(T, x) = \frac{\Omega_{\mathrm{B}}(E - E_r)}{\Omega_{\mathrm{B}}(E)} = \frac{1}{Z} \exp\left(-\frac{E_r(x)}{k_{\mathrm{B}}T}\right) \tag{28.11}$$

Der *Boltzmannfaktor* $\exp(-\beta E_r)$ bestimmt die relativen Wahrscheinlichkeiten der Mikrozustände r bei gegebener Temperatur. Der Vorfaktor $1/Z$ wird durch $\sum_r P_r = 1$ festgelegt. Die Größe $Z(T, x)$ heißt *kanonische Zustandssumme*. Das zugehörige Ensemble heißt kanonisches Ensemble oder auch Gibbs-Ensemble. Für $x = (V, N)$ ist die Zustandssumme Z in (28.5) angegeben. Die Ableitung der großkanonischen Zustandssumme (28.6) erfolgt auf analogem Weg. So wie im kanonischen Ensemble die Energie E_r nicht fest vorgegeben ist, so ist im großkanonischen

Ensemble zusätzlich die Teilchenzahl N_r nicht fixiert. Daher kann man $r = (r', N')$ für die Mikrozustände in (28.6) ansetzen und erhält dann den Zusammenhang

$$Y(T, V, \mu) = \sum_{N'=0}^{\infty} Z(T, V, N') \exp\big(\beta\mu N'\big) \tag{28.12}$$

Zur Ableitung von $F = -k_{\rm B}T \ln Z$ berechnen wir die partiellen Ableitungen:

$$\frac{\partial \ln Z}{\partial \beta} = -\frac{1}{Z}\sum_r E_r \exp(-\beta E_r) = -\sum_r E_r\, P_r = -\overline{E_r} = -E \tag{28.13}$$

$$\frac{\partial \ln Z}{\partial V} = -\frac{\beta}{Z}\sum_r \frac{\partial E_r(V,N)}{\partial V}\exp(-\beta E_r) = -\beta\,\overline{\frac{\partial E_r}{\partial V}} = \beta P \tag{28.14}$$

$$\frac{\partial \ln Z}{\partial N} = -\frac{\beta}{Z}\sum_r \frac{\partial E_r(V,N)}{\partial N}\exp(-\beta E_r) = -\beta\,\overline{\frac{\partial E_r}{\partial N}} = -\beta\mu \tag{28.15}$$

Hiermit erhält man

$$d(\ln Z + \beta E) = \beta\big(dE + P\,dV - \mu\,dN\big) = \frac{1}{k_{\rm B}}\left(\frac{dE}{T} + \frac{P}{T}\,dV - \frac{\mu}{T}\,dN\right) \tag{28.16}$$

Dies ist gleich dem Differenzial $dS/k_{\rm B}$ aus (27.25). Damit gilt $S = k_{\rm B}(\ln Z + \beta E) + \text{const}$. Aus dem Grenzfall $T \to 0$ sieht man, dass die Konstante verschwindet. Damit erhält man (28.8). Die Ableitung von (28.9) erfolgt analog.

In der Abbildung oben kann das linke System (a) mikroskopisch oder (b) makroskopisch sein. Für (a) betrachten wir ein einzelnes Teilchen, etwa ein herausgegriffenes Molekül in der Hörsaalluft. Die Energieverteilung des Teilchens ist in der kanonischen Verteilung unscharf:

$$P_r = w(\varepsilon_r) \propto \exp(-\beta\varepsilon_r) \quad \text{ergibt} \quad \frac{\Delta\varepsilon}{\overline{\varepsilon_r}} = \mathcal{O}(1) \tag{28.17}$$

Im Gegensatz dazu ergäbe eine mikrokanonische Verteilung $\Delta\varepsilon/\overline{\varepsilon_r} = 0$.

Im Fall (b) ist das linke System selbst makroskopisch, etwa 1 Mol eines Gases im Kontakt mit der Umgebung ($T \approx 300\,$K). Die einzelnen Moleküle des Gases haben dann zwar die unscharfe Verteilung (28.17). Nach dem zentralen Grenzwertsatz gilt aber

$$W(E_r) = \prod_{\nu=1}^{N} w(\varepsilon_{r_\nu}) \quad \text{ergibt} \quad \frac{\Delta E}{\overline{E_r}} = \frac{\mathcal{O}(1)}{\sqrt{N}} \approx 0 \tag{28.18}$$

Die Boltzmannfaktoren $w(\varepsilon_{r_\nu})$ beschreiben die (großen) Fluktuationen der Einteilchenenergien. Die Fluktuationen der Gesamtenergie um den Mittelwert herum sind aber vernachlässigbar klein. Die Energie E ist also scharf definiert, obwohl nur die Temperatur T vorgegeben ist. Dies bedeutet konkret: Für ein makroskopisches System ist es irrelevant, von welcher der drei Zustandssummen man ausgeht. Zwar sind die physikalischen Randbedingungen (wie Energie vorgegeben, oder Temperatur vorgegeben) wesentlich verschieden. Wegen des zentralen Grenzwertsatzes unterscheiden sich die Ergebnisse nur in sehr kleinen Abweichungen, die für makroskopische Systeme in der Regel ohne Interesse sind. Insbesondere führen alle Ensembles zu denselben Zustandsgleichungen. Dies wird am Ende des Kapitels am Beispiel des idealen Gases demonstriert.

Klassische Systeme

Ein klassisches System hat die Mikrozustände $r = (q_1, ..., q_f, p_1, ..., p_f) = (q, p)$. Ihre Energien sind durch die Hamiltonfunktion gegeben, $E_r = H(q, p)$. Bei der Abzählung der Zustände ist die Zellengröße $(2\pi\hbar)^f$ im Phasenraum zu berücksichtigen, wie im Anschluss an (26.3) diskutiert wurde. Die klassische, kanonische Zustandssumme $Z = \sum_r \exp(-\beta E_r)$ lautet damit

$$Z = \frac{1}{(2\pi\hbar)^f} \int dq_1 ... \int dq_f \int dp_1 ... \int dp_f \; \exp\big[-\beta H(q, p)\big] \qquad (28.19)$$

Für ein einzelnes Teilchen wird diese Zustandssumme zu

$$z = \frac{1}{(2\pi\hbar)^3} \int d^3r \int d^3p \; \exp\big[-\beta\, h(\boldsymbol{r}, \boldsymbol{p})\big] \qquad (28.20)$$

Der Einteilchen-Hamiltonoperator ist von der Form $h(\boldsymbol{r}, \boldsymbol{p}) = \boldsymbol{p}^2/2m + U(\boldsymbol{r})$. Wenn das Potenzial U nur dazu dient, das Teilchen auf das Volumen V zu begrenzen, erhalten wir

$$z = \frac{V}{(2\pi\hbar)^3} \int d^3p \; \exp\left(-\frac{p^2}{2mk_\mathrm{B}T}\right) = \frac{V}{\lambda^3} \quad \text{mit} \quad \lambda = \frac{2\pi\hbar}{\sqrt{2\pi m\, k_\mathrm{B} T}} \qquad (28.21)$$

Hierbei ist λ die *thermische Wellenlänge*.

Maxwellsche Geschwindigkeitsverteilung

Nach der kanonischen Verteilung gilt

$$\frac{V}{(2\pi\hbar)^3\, z} \; \exp\left(-\frac{p^2}{2m\, k_\mathrm{B} T}\right) d^3p = \left\{ \begin{array}{l} \text{Wahrscheinlichkeit, dass} \\ \text{das Teilchen einen Impuls} \\ \text{im Bereich } d^3p \text{ bei } \boldsymbol{p} \text{ hat} \end{array} \right. \qquad (28.22)$$

Hieraus folgt die gemäß $\int_0^\infty dv \; f(v) = 1$ normierte *Maxwellverteilung*:

$$f(v) = 4\pi \left(\frac{m}{2\pi\, k_\mathrm{B} T}\right)^{3/2} v^2 \; \exp\left(-\frac{m\, v^2}{2k_\mathrm{B} T}\right) \qquad (28.23)$$

Unter Normalbedingungen in Luft liegt das Maximum dieser Verteilung bei $v_\mathrm{max} \approx 400\,\mathrm{m/s}$.

Barometrische Höhenformel

Im Schwerefeld $u(\boldsymbol{r}) = m g z$ gilt nach der kanonischen Verteilung

$$\exp\left(-\frac{m g z}{k_\mathrm{B} T}\right) dz \propto \begin{cases} \text{Wahrscheinlichkeit, das Teilchen} \\ \text{in einer Höhe zwischen} \\ z \text{ und } z + dz \text{ zu finden} \end{cases} \qquad (28.24)$$

Dies bestimmt die Dichte $n(z) = N/V$ der Teilchen und über das ideale Gasgesetz auch den Druck $P(z) = n\, k_\mathrm{B} T$. Für konstante Temperatur folgt aus (28.24) dann die barometrische Höhenformel:

$$P(z) = P(0) \exp\left(-\frac{m g z}{k_\mathrm{B} T}\right) \qquad (28.25)$$

Die Annahme einer konstanten Temperatur in der Atmosphäre ist nicht realistisch. Aufgabe 28.11 geht stattdessen von einem Gleichgewicht gegenüber Volumenaustausch aus.

Gleichverteilungssatz

Aus der kanonischen Verteilung folgt der Gleichverteilungssatz:

- Jede Variable, die quadratisch in die Hamiltonfunktion eingeht, liefert einen Beitrag $k_\mathrm{B} T/2$ zur mittleren Energie.

In einem zweiatomigen idealen Gas gibt es 3 solche Variablen für die Translation, 2 für die Rotation und 2 für die Oszillation. Daraus folgt die spezifische Wärme pro Teilchen, $c_V = 7\, k_\mathrm{B}/2$. Reale zweiatomige Gase weichen hiervon mehr oder weniger stark ab (Kapitel 29).

Ideales einatomiges Gas

In (28.21) wurde die klassische Zustandssumme z für ein freies Teilchen im Volumen V berechnet. Unter Berücksichtigung der Ununterscheidbarkeit gelten dann für N Teilchen

$$Z(T, V, N) = \frac{\left[z(T, V)\right]^N}{N!} = \frac{1}{N!} \frac{V^N}{\lambda^{3N}} \qquad (28.26)$$

und

$$F(T, V, N) = -k_\mathrm{B} T \,\ln Z(T, V, N) = -N k_\mathrm{B} T \,\ln\left(\frac{V}{N \lambda^3}\right) - N k_\mathrm{B} T \qquad (28.27)$$

In (26.37) wurden die Zustandsgleichungen für das ideale Gas angegeben, wie sie aus der mikrokanonischen Verteilung folgen. Wir können jetzt alternativ die kanonische Verteilung verwenden: Aus (28.27) folgt $P = -\partial F/\partial V = N k_\mathrm{B} T/V$. Das Ergebnis ist unabhängig davon, welches Ensemble verwendet wird. Der Grund hierfür ist der zentrale Grenzwertsatz.

Aufgaben

28.1 Energieschwankung im kanonischen Ensemble

Zeigen Sie, dass im kanonischen Ensemble die Schwankung ΔE der Energie durch

$$\big(\Delta E\big)^2 = k_{\mathrm{B}} T^2 \, \frac{\partial E(T, x)}{\partial T} \tag{28.28}$$

gegeben ist; dabei die $E(T, x) = \overline{E_r}$. Zeigen Sie hiermit, dass die Wärmekapazität $C_V = \partial E(T, V, N)/\partial T$ positiv ist. Begründen Sie $\Delta E / E = \mathcal{O}\big(N^{-1/2}\big)$.

Lösung: Das kanonische Ensemble ist durch die Wahrscheinlichkeiten

$$P_r(T, x) = \frac{1}{Z} \, \exp\big(-\beta E_r(x)\big) \quad \text{mit} \quad Z(T, x) = \sum_r \exp\big(-\beta E_r(x)\big)$$

definiert; dabei steht x für die äußeren Parameter (etwa V und N). Der Mittelwert der Energie ist

$$E(T, x) = \overline{E_r(x)} = \frac{1}{Z} \sum_r E_r(x) \, \exp\big(-\beta E_r(x)\big)$$

In der folgenden Rechnung verwenden wir

$$\frac{\partial Z}{\partial \beta} = -Z \, \overline{E_r} \qquad \text{und} \qquad \frac{d\beta}{dT} = -\frac{\beta}{T}$$

Wir leiten den Mittelwert der Energie nach der Temperatur ab:

$$\begin{aligned} \frac{\partial E(T, x)}{\partial T} &= -\frac{\beta}{T} \frac{\partial}{\partial \beta} \left(\frac{1}{Z} \sum_r E_r(x) \, \exp\big(-\beta E_r(x)\big) \right) \\ &= -\frac{\beta}{T} \, \overline{E_r}^{\,2} + \frac{\beta}{T} \, \overline{E_r^2} = \frac{(\Delta E)^2}{k_{\mathrm{B}} T^2} \end{aligned}$$

Wir betrachten die äußeren Parameter $x = (V, N)$ und berechnen die Wärmekapazität

$$C_V = T \left(\frac{\partial S}{\partial T} \right)_{V,N} = \left(\frac{\partial E}{\partial T} \right)_{V,N} = \frac{(\Delta E)^2}{k_{\mathrm{B}} T^2} \geq 0$$

Der Übergang von $\partial S/\partial T$ zu $\partial E/\partial T$ folgt aus $T\,dS = dE + P\,dV - \mu\,dN$. Die Breite ΔE kann nur für $T = 0$ verschwinden. Für $T \neq 0$ gilt daher $C_V > 0$.

Die Energie und die Wärmekapazität sind extensive Größen und damit proportional zur Teilchenzahl, $E \propto N$ und $C_V \propto N$. Daraus folgt

$$\frac{\Delta E}{E} \sim \frac{1}{\sqrt{N}}$$

Diese Aussage entspricht dem Gesetz der großen Zahl.

28.2 Teilchenzahlschwankung im großkanonischen Ensemble

Zeigen Sie, dass im großkanonischen Ensemble die Schwankung ΔN der Teilchenzahl durch

$$(\Delta N)^2 = k_{\mathrm{B}} T \left(\frac{\partial N}{\partial \mu}\right)_{T,V} \tag{28.29}$$

gegeben ist; dabei ist $N(T, V, \mu) = \overline{N_r}$. Zeigen Sie hiermit, dass die isotherme Kompressibilität

$$\kappa_T = -\frac{1}{V}\left(\frac{\partial V}{\partial P}\right)_{N,T} > 0 \tag{28.30}$$

positiv ist. Schreiben Sie dazu in $N d\mu = V dP - S dT$ das Differenzial dP für $P(T, V, N)$ aus. Hieraus können Sie $(\partial N/\partial \mu)_{T,V}$ ablesen. Verwenden Sie nun $P = P(T, V/N) = P(T, v)$. Begründen Sie $\Delta N/N = \mathcal{O}\big(N^{-1/2}\big)$.

Lösung: Das großkanonische Ensemble ist durch die Wahrscheinlichkeiten

$$\begin{aligned} P_r(T, V, \mu) &= \frac{1}{Y}\,\exp\Big(-\beta\big[E_r(V, N_r) - \mu N_r\big]\Big) \quad \text{mit} \\ Y(T, V, \mu) &= \sum_r \exp\Big(-\beta\big[E_r(V, N_r) - \mu N_r\big]\Big) \end{aligned}$$

definiert. Der Mittelwert der Teilchenzahl ist

$$N(T, V, \mu) = \overline{N_r} = \frac{1}{Y}\sum_r N_r\,\exp\Big(-\beta\big[E_r(V, N_r) - \mu N_r\big]\Big)$$

In der folgenden Rechnung verwenden wir

$$\frac{\partial Y}{\partial \mu} = \beta\, Y\, \overline{N_r}$$

Wir leiten den Mittelwert der Teilchenzahl nach dem chemischen Potenzial ab:

$$\begin{aligned} \frac{\partial N(T, V, \mu)}{\partial \mu} &= \frac{\partial}{\partial \mu}\left(\frac{1}{Y}\sum_r N_r\,\exp\Big(-\beta\big[E_r(V, N_r) - \mu N_r\big]\Big)\right) \\ &= = -\beta\,\overline{N_r}^{\,2} + \beta\,\overline{N_r^2} = \frac{(\Delta N)^2}{k_{\mathrm{B}} T} \end{aligned}$$

Dies ist die Aussage (28.29). Wir stellen nun einen Zusammenhang zwischen $(\Delta N)^2$ und der Kompressibilität her. Dazu schreiben wir in $N d\mu = V dP - S dT$ das Differenzial dP für $P(T, V, N)$ aus:

$$N d\mu = V\left[\left(\frac{\partial P}{\partial T}\right)_{V,N} dT + \left(\frac{\partial P}{\partial V}\right)_{T,N} dV + \left(\frac{\partial P}{\partial N}\right)_{T,V} dN\right] - S\,dT$$

Hieraus lesen wir ab

$$N\left(\frac{\partial \mu}{\partial N}\right)_{T,V} = V\left(\frac{\partial P}{\partial N}\right)_{T,V}$$

In der intensive Größe Druck können die extensiven Größen V und N nur als Quotient vorkommen, also $P(T,V,N) = P(T,V/N) = P(T,v)$. Hieraus folgt

$$\left(\frac{\partial P}{\partial N}\right)_{T,V} = -\frac{V}{N^2}\,\frac{\partial P(T,v)}{\partial v}$$

Wir kombinieren die letzten beiden Gleichungen zu

$$\frac{1}{\partial P(T,v)/\partial v} = -\frac{V^2}{N^3}\left(\frac{\partial N}{\partial \mu}\right)_{T,V}$$

Mit dem zentralen Resultat (28.29) für $\partial N(T,V,\mu)/\partial\mu$ berechnen wir nun die isotherme Kompressibilität:

$$\kappa_T = -\frac{N}{V}\left(\frac{\partial v}{\partial P}\right)_{N,T} = -\frac{N}{V}\,\frac{1}{\partial P(T,v)/\partial v} = \frac{V}{N^2}\,\frac{(\Delta N)^2}{k_{\mathrm{B}}T} \geq 0$$

Die Breite ΔN könnte nur für $T = 0$ verschwinden. Für $T \neq 0$ haben wir damit gezeigt, dass die isotherme Kompressibilität positiv ist. Die Kompressibilität ist eine intensive Größe, $\kappa \propto N^0$. Daraus folgt

$$\frac{\Delta N}{N} \sim \frac{1}{\sqrt{N}}$$

Diese Aussage entspricht dem Gesetz der großen Zahl.

28.3 Entropie für verschiedene Makrozustände

Die Entropie eines beliebigen Makrozustands $\{P_r\}$ ist durch

$$S = -k_{\mathrm{B}} \sum P_r \ln P_r$$

gegeben. Setzen Sie hierin die bekannten Wahrscheinlichkeiten P_r des (i) mikrokanonischen, (ii) kanonischen und (iii) großkanonischen Ensembles ein; die äußeren Parameter seien V und N. Verknüpfen Sie das Ergebnis mit den Aussagen

$$S = k_{\mathrm{B}} \ln \Omega\,, \qquad F = -k_{\mathrm{B}}T \ln Z \quad \text{und} \quad J = -k_{\mathrm{B}}T \ln Y$$

Lösung: Die Wahrscheinlichkeiten P_r für den Mikrozustand r im jeweiligen Ensemble sind:

$$P_r(E,V,N) = \begin{cases} 1/\Omega & E - \delta E \leq E_r(V,N) \leq E \\ 0 & \text{sonst} \end{cases}$$

$$P_r(T,V,N) = \frac{1}{Z}\,\exp\big(-\beta E_r(V,N)\big)$$

$$P_r(T,V,\mu) = \frac{1}{Y}\,\exp\Big(-\beta\big[E_r(V,N_r) - \mu N_r\big]\Big)$$

Im Argument der P_r's stehen die vorgegebenen Größen. Die Zustandssummen Ω, Z und Y folgen jeweils aus $\sum_r P_r = 1$.

Mikrokanonisches Ensemble:

$$S = -k_B \sum_{r:\, E-\delta E \le E_r \le E} \frac{1}{\Omega} \ln \frac{1}{\Omega} = k_B \ln \Omega \sum_r P_r = k_B \ln \Omega(E, V, N)$$

Kanonisches Ensemble:

$$S = -k_B \sum_r P_r \ln\left(\frac{\exp(-\beta E_r)}{Z} \right) = k_B \ln Z + k_B \beta E = k_B \ln Z + \frac{E}{T}$$

Mit $F = E - TS$ wird dies zu $F = -k_B T \ln Z(T, V, N)$.

Großkanonisches Ensemble:

$$S = -k_B \sum_r P_r \ln\left(\frac{\exp\big[-\beta(E_r - \mu N_r)\big]}{Y} \right) = k_B \ln Y + \frac{E - \mu N}{T}$$

Mit $J = E - TS - \mu N$ wird dies zu $J = -k_B T \ln Y(T, V, \mu)$.

28.4 Maximum der Entropie unter Nebenbedingungen

Ein beliebiger Makrozustand $\{P_r\}$ hat die Entropie $S(P_r) = -k_B \sum P_r \ln P_r$. Bestimmen Sie die Wahrscheinlichkeiten P_r des großkanonischen Makrozustands aus der Forderung

$$\frac{S(P_r)}{k_B} - \lambda_1 \sum_r P_r - \lambda_2 \sum_r E_r\, P_r - \lambda_3 \sum_r P_r\, N_r = \text{maximal} \qquad (28.31)$$

unter den Nebenbedingungen

$$\sum_r P_r = 1\,, \qquad \sum_r E_r\, P_r = E\,, \qquad \sum_r P_r\, N_r = N$$

Welche Änderungen ergeben sich, wenn das kanonische Ensemble betrachtet wird?

Lösung: Damit (28.31) erfüllt ist, muss die Ableitung der linken Seite nach P_r verschwinden:

$$\frac{d(S/k_B)}{dP_r} - \lambda_1 - \lambda_2\, E_r - \lambda_3\, N_r = -1 - \ln P_r - \lambda_1 - \lambda_2\, E_r + \lambda_3\, N_r \overset{!}{=} 0 \qquad (28.32)$$

Dabei ist $E_r = E_r(V, N_r)$; das Volumen V ist gegebenenfalls durch die Liste aller äußeren Parameter (ohne die Teilchenzahl) zu ersetzen. Wir lösen (28.32) nach P_r auf:

$$P_r = \exp\big(-1 - \lambda_1 - \lambda_2\, E_r - \lambda_3\, N_r\big) = \text{const.} \cdot \exp\big(-\lambda_2\, E_r - \lambda_3\, N_r\big)$$

Der Lagrangeparameter λ_1 geht in die Normierungskonstante ein und wird letztlich durch $\sum_r P_r = 1$ festgelegt. Um die Lagrangeparameter λ_2 und λ_3 zu bestimmen, setzen wir die gefundenen P_r in den Ausdruck für die Entropie ein und verwenden die anderen Nebenbedingungen:

$$S(P_r) = -k_B \sum_r P_r \ln P_r = k_B \sum_r P_r \big(\lambda_2\, E_r + \lambda_3\, N_r\big) + \text{const.} = k_B \big(\lambda_2\, E + \lambda_3\, N\big) + \text{const.}$$

Hierbei ist $E = \overline{E_r}$ und $N = \overline{N_r}$. Um die Verbindung der Lagrangeparameter mit Messgrößen herzustellen, verwenden wir $dE = T\,dS - P\,dV + \mu\,dN$. Hieraus folgen

$$\left(\frac{\partial S}{\partial E}\right)_{V,N} = \frac{1}{T} = k_{\rm B}\,\lambda_2 \qquad \text{und} \qquad \left(\frac{\partial S}{\partial N}\right)_{E,V} = -\frac{\mu}{T} = k_{\rm B}\,\lambda_3$$

also $\lambda_2 = \beta$ und $\lambda_3 = -\beta\mu$. Damit erhalten die Wahrscheinlichkeiten und ihre Normierung die Form

$$P_r(T,V,\mu) = \frac{1}{Y}\,\exp\Big(-\beta\big[E_r(V,N_r) - \mu N_r\big]\Big)$$

$$Y(T,V,\mu) = \sum_r \exp\Big(-\beta\big[E_r(V,N_r) - \mu N_r\big]\Big)$$

Mit den Lagrangeparametern $\lambda_2 = \beta$ und $\lambda_3 = -\beta\mu$ wird die Bedingung (28.31) zu

$$J(T,V,\mu) = E - TS - \mu N = \text{minimal}$$

Kanonisches Ensemble: Die Nebenbedingung für die Teilchenzahl entfällt. In der obigen Rechnung ist $\lambda_3 \equiv 0$ und $\mu \equiv 0$ zu setzen, und $E_r(V,N_r)$ ist durch $E_r(V,N)$ zu ersetzen, denn die Teilchenzahl N ist nunmehr ein äußerer Parameter. Die Bedingung (28.31) ist in diesem Fall äquivalent zu $F = E - TS = \text{minimal}$.

28.5 Wärmekapazität im Zweiniveausystem

Ein System besteht aus N unabhängigen, unterscheidbaren Teilchen, die sich in zwei Energiezuständen $\varepsilon_1 = 0$ und $\varepsilon_2 = \varepsilon > 0$ befinden können. Berechnen Sie die Zustandssumme $Z(T,N)$. Wie groß ist bei gegebener Temperatur die mittlere Teilchenzahl im oberen Niveau? Skizzieren Sie die spezifische Wärme des Systems.

Lösung: Bei gegebener Temperatur ist das kanonische Ensemble zu nehmen:

$$P_r(T,N) = \frac{1}{Z}\,\exp\big(-\beta E_r(N)\big)\,, \qquad Z(T,N) = \sum_r \exp\big(-\beta E_r(N)\big)$$

Wir betrachten zunächst 1 Teilchen. Dann sind die möglichen Zustände des Systems durch $E_1 = 0$ und $E_2 = \varepsilon$ gegeben. Die Zustandssumme ist $z = Z(T,1) = 1 + \exp(-\beta\varepsilon)$ und die Wahrscheinlichkeiten sind

$$p_1 = \frac{1}{z} = \frac{1}{1+\exp(-\beta\varepsilon)} \qquad \text{und} \qquad p_2 = \frac{\exp(-\beta\varepsilon)}{z} = \frac{\exp(-\beta\varepsilon)}{1+\exp(-\beta\varepsilon)}$$

Wenn n Teilchen (mit $0 \le n \le N$) im oberen Niveau sind, dann ist die Energie $E_r = n\varepsilon$. Da die Teilchen unterscheidbar sind, gibt es $\binom{N}{n}$ Zustände mit dieser Energie:

$$Z(T,N) = \sum_r \exp(-\beta n\varepsilon) = \sum_{n=0}^{N} \binom{N}{n} \exp(-\beta n\varepsilon) = \Big(1 + \exp(-\beta\varepsilon)\Big)^N = z^N$$

Hierbei wurde die binomische Summe $\sum \binom{N}{n} a^n b^{N-n} = (a+b)^N$ verwendet. Die Wahrscheinlichkeit P_n, genau n Teilchen im oberen Niveau zu finden, ist

$$P_n = \sum_{E_r = n\varepsilon} P_r = \sum_{E_r = n\varepsilon} \frac{\exp(-\beta n\varepsilon)}{Z(T,N)} = \binom{N}{n} \frac{\exp(-\beta n\varepsilon)}{Z(T,N)}$$

Hiermit berechnen wir die mittlere Teilchenzahl $\overline{n}$ im oberen Niveau:

$$\begin{aligned}\overline{n} &= \sum_{n=0}^{N} n\, P_n = \frac{1}{Z(T,N)} \sum_{n=0}^{N} \binom{N}{n}\, n \exp(-\beta n \varepsilon) \\ &= -\frac{1}{Z(T,N)} \frac{\partial}{\partial(\beta\varepsilon)} \sum_{n=0}^{N} \binom{N}{n} \exp(-\beta n \varepsilon) = -\frac{1}{Z(T,N)} \frac{\partial}{\partial(\beta\varepsilon)}\, Z(T,N) \\ &= \frac{N}{1+\exp(\beta\varepsilon)} \end{aligned} \tag{28.33}$$

Die Energie des Systems ist dann

$$E(T,N) = \overline{n}\,\varepsilon = \frac{N\varepsilon}{1+\exp(\beta\varepsilon)}\,, \qquad \beta = \frac{1}{k_{\mathrm{B}} T}$$

Hieraus folgt die spezifische Wärme

$$c(T) = \frac{1}{N}\left(\frac{\partial E}{\partial T}\right)_N = -\frac{\beta}{T}\,\frac{\partial(E/N)}{\partial\beta} = \frac{k_{\mathrm{B}}\,(\beta\varepsilon)^2}{\big[\exp(\beta\varepsilon/2)+\exp(-\beta\varepsilon/2)\big]^2} = \frac{k_{\mathrm{B}}\,(\beta\varepsilon/2)^2}{\cosh^2(\beta\varepsilon/2)}$$

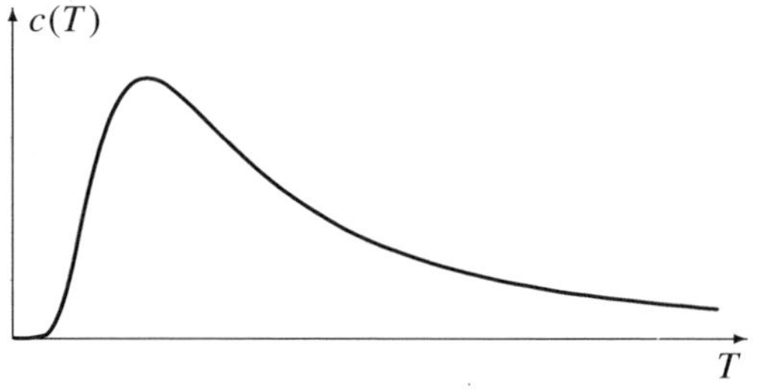

Temperaturabhängigkeit der spezifischen Wärme $c(T)$ des Zweiniveausystems. Das Maximum der Kurve liegt bei $k_{\mathrm{B}}T \approx 0.4\,\varepsilon$. Für kleine Temperaturen geht $c(T)$ exponentiell gegen null; der Anregungsfreiheitsgrad wird „eingefroren".

Für hohe Temperaturen geht $c(T)$ gegen null, weil dann bereits die Hälfte der Teilchen im oberen Niveau sind, und das System bei weiterer Temperaturerhöhung keine Energie mehr aufnehmen kann.

Für die mittlere Teilchenzahl im oberen Niveau gilt $\overline{n} \le N/2$. Ein Zustand mit $\overline{n} > N/2$ kann formal durch (28.33) mit *negativer Temperatur* beschrieben werden. Dies ist aber kein Gleichgewichtszustand, also kein Zustand, der sich nach hinreichend langem Kontakt mit einem Wärmebad (mit physikalischer Temperatur $T \ge 0$) einstellt. Experimentell können solche Zustände jedoch hergestellt werden. In diesem Zusammenhang werden dann manchmal negative Temperaturen benutzt.

28.6 Wärmekapazität für N Teilchen im Oszillator

Der Hamiltonoperator

$$H = \sum_{\nu=1}^{N} \left[\frac{\boldsymbol{p}_\nu^{\,2}}{2m} + \frac{m\,\omega^2}{2}\,\boldsymbol{r}_\nu^{\,2} \right]$$

beschreibt N unabhängige unterscheidbare Teilchen im harmonischen Oszillator. Die Teilchen haben Kontakt mit einem Wärmebad der Temperatur T.

Berechnen Sie die Zustandssumme $Z(T, N)$ und die Energie $E(T, N)$ des Systems. Wie verhält sich die Wärmekapazität $C(T, N)$ für kleine und große Temperaturen?

Lösung: Die Einteilchenenergien des harmonischen Oszillators sind

$$\varepsilon_{n_x,n_y,n_z} = \hbar\omega\left(n_x + 1/2\right) + \hbar\omega\left(n_y + 1/2\right) + \hbar\omega\left(n_z + 1/2\right)$$

Wegen der Unabhängigkeit der N Teilchen gilt $Z(T, N) = z(T)^N$. Wir berechnen daher zunächst die Zustandssumme z eines einzelnen Teilchens:

$$z(T) = \left(\sum_{n=0}^{\infty} \exp\left[-\beta\hbar\omega\left(n + 1/2\right)\right]\right)^3 = \left(\frac{\exp(-\beta\hbar\omega/2)}{1 - \exp(-\beta\hbar\omega)}\right)^3 = \frac{1}{8\,\sinh^3(\beta\hbar\omega/2)}$$

Hieraus folgen die Energie und die Wärmekapazität:

$$E(T, N) = -\frac{\partial \ln Z(T, N)}{\partial\beta} = -N\,\frac{d\ln z}{d\beta} = \frac{3}{2}\,N\,\frac{\hbar\omega}{\tanh(\beta\hbar\omega/2)}$$

$$C(T, N) = \frac{\partial E(T, N)}{\partial T} = -\frac{\beta}{T}\,\frac{\partial E}{\partial\beta} = \frac{3Nk_B}{4}\left(\frac{\hbar\omega}{k_B T}\right)^2 \frac{1}{\sinh^2 \beta\hbar\omega/2)}$$

Wir geben noch die führenden Terme für tiefe und für hohe Temperaturen an:

$$C(T, N) = \begin{cases} 3Nk_B\left(\dfrac{\hbar\omega}{k_B T}\right)^2 \exp\left(-\dfrac{\hbar\omega}{k_B T}\right) & (k_B T \ll \hbar\omega) \\ 3Nk_B & (k_B T \gg \hbar\omega) \end{cases}$$

Bei tiefen Temperaturen fällt die Wärmekapazität exponentiell ab, bei hohen Temperaturen geht sie gegen $3Nk_B$ (Gleichverteilungssatz). Bis auf einen Faktor 3 erhält man dieses Ergebnis auch für die Vibrationen eines idealen zweiatomigen Gases (Kapitel 29).

28.7 Geschwindigkeitsverteilung für v_x

Geben Sie die Wahrscheinlichkeitsverteilung für die x-Komponente der Geschwindigkeit eines freien Teilchens bei gegebener Temperatur an. Skizzieren Sie diese Verteilung und vergleichen Sie sie mit der Maxwellverteilung. Berechnen Sie den Mittelwert $\overline{v_x^2}$ und bestimmen Sie daraus $\overline{\boldsymbol{v}^2}$.

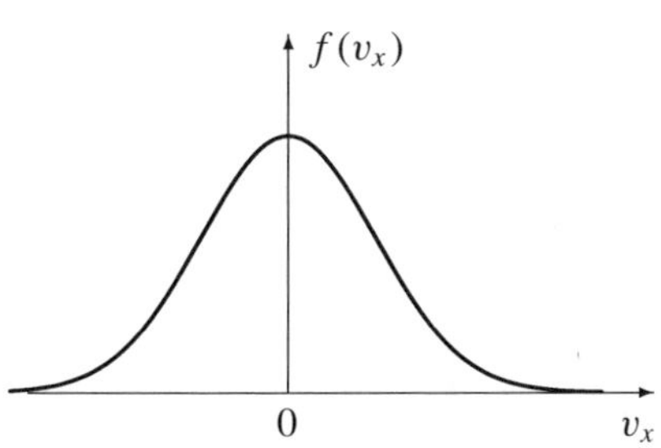

Lösung: Der Boltzmannfaktor führt zu der Wahrscheinlichkeitsdichte

$$f(v_x) = A\exp\left(-\frac{m\,v_x^2}{2k_B T}\right)$$

Dabei ist $f(v_x)\,dv_x$ die Wahrscheinlichkeit, die x-Komponente der Geschwindigkeit im Intervall $[v_x, v_x + dv_x]$ zu finden.

An die Stelle der hier gezeigten symmetrischen Gaußfunktion tritt bei der Maxwellverteilung eine mit v^2 multiplizierte Gaußfunktion, die auf positive Werte v beschränkt ist. Der Vorfaktor A folgt aus der Normierung:

$$\int_{-\infty}^{\infty} dv_x \; f(v_x) = 1 \quad \Longrightarrow \quad A = \sqrt{\frac{m}{2\pi\, k_\mathrm{B} T}}$$

Hiermit berechnen wir den Mittelwert

$$\overline{v_x^2} = \int_{-\infty}^{\infty} dv_x \; v_x^2 \; f(v_x) \; = \; \frac{k_\mathrm{B} T}{m}$$

Im Gleichgewicht sind alle Richtungen gleichwertig. Daher gilt

$$\overline{v^2} \; = \; \overline{v_x^2 + v_y^2 + v_z^2} \; = 3\; \overline{v_x^2} \; = \; \frac{3\, k_\mathrm{B} T}{m}$$

28.8 Verschiedene Mittelwerte für Maxwellverteilung

Zeigen Sie für die Maxwellverteilung

$$\overline{v} = \sqrt{\frac{8}{\pi}\,\frac{k_\mathrm{B} T}{m}} \qquad \text{und} \qquad \overline{v^2} \; = \; \frac{3\, k_\mathrm{B} T}{m} \tag{28.34}$$

Geben Sie die absoluten Werte für Luft bei Zimmertemperatur ($k_\mathrm{B} T \approx \mathrm{eV}/40$) an. Vergleichen Sie die Ergebnisse mit dem Maximum v_max der Maxwellverteilung.

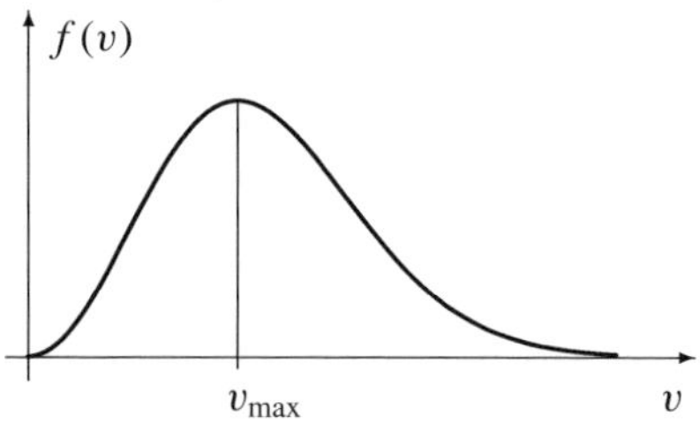

Lösung: Die Maxwellverteilung ist durch

$$f(v) = 4\pi \left(\frac{m}{2\pi\, k_\mathrm{B} T}\right)^{3/2} v^2 \; \exp\left(-\frac{m\, v^2}{2 k_\mathrm{B} T}\right)$$

gegeben. Sie ist gemäß $\int_0^\infty dv \; f(v) \; = \; 1$ normiert.

Die folgenden Integrale können mit der Formel

$$\int_0^\infty dx \; x^n \; \exp\left(-a\, x^2\right) = \; \frac{\Gamma\left(\frac{n+1}{2}\right)}{2\, a^{\frac{n+1}{2}}}$$

ausgewertet werden; es gilt $\Gamma(k + 1/2) = (k - 1/2)\,(k - 3/2) \cdot \ldots \cdot (3/2)\,(1/2)\,\sqrt{\pi}$. Damit erhalten wir

$$\begin{aligned}
\overline{v} \; &= \; 4\pi \left(\frac{m}{2\pi\, k_\mathrm{B} T}\right)^{3/2} \int_0^\infty dv \; v^3 \; \exp\left(-\frac{m\, v^2}{2 k_\mathrm{B} T}\right) \; = \; \sqrt{\frac{8}{\pi}\,\frac{k_\mathrm{B} T}{m}} \\
\overline{v^2} \; &= \; 4\pi \left(\frac{m}{2\pi\, k_\mathrm{B} T}\right)^{3/2} \int_0^\infty dv \; v^4 \; \exp\left(-\frac{m\, v^2}{2 k_\mathrm{B} T}\right) \; = \; \frac{3\, k_\mathrm{B} T}{m}
\end{aligned}$$

Das Maximum der Verteilung folgt aus $df(v)/dv = 0$ zu

$$v_{\rm max} = \sqrt{\frac{2\,k_{\rm B}T}{m}}$$

Wir setzen $m \approx 27\,{\rm GeV/c^2}$ (Mittelwert für die N_2- und O_2-Moleküle in Luft), $k_{\rm B}T \approx$ eV$/40$ (Zimmertemperatur $T \approx 290\,$K) und $c = 3\cdot 10^8$ m/s ein:

$$v_{\rm max} \approx 408\,\frac{\rm m}{\rm s}\,, \qquad \overline{v} \approx 460\,\frac{\rm m}{\rm s}\,, \qquad \sqrt{\overline{v^2}} \approx 500\,\frac{\rm m}{\rm s}$$

Das Ergebnis $v_{\rm max} < \overline{v}$ spiegelt wider, dass die Verteilung schief ist (unsymmetrisch bezüglich des Maximums). Für Normalbedingungen ($T \approx 273\,$K) ist $k_{\rm B}T$ etwa 6 % kleiner, wodurch sich alle angegebenen Werte um etwa 3 % erniedrigen.

28.9 Verteilung der Relativgeschwindigkeiten

Die Geschwindigkeiten der Teilchen eines Gases sind isotrop verteilt und genügen der Maxwellverteilung

$$f(v_i) = 4\pi\,\big(\alpha/\pi\big)^{3/2}\,v_i^2\,\exp\big(-\alpha\,v_i^2\big) \qquad \text{mit} \qquad \alpha = \frac{m}{2\,k_{\rm B}T} \tag{28.35}$$

Für zwei herausgegriffene Teilchen ($i = 1, 2$) definieren wir die Schwerpunkt- und die Relativgeschwindigkeit:

$$\boldsymbol{V} = \frac{\boldsymbol{v}_1 + \boldsymbol{v}_2}{2} \qquad \text{und} \qquad \boldsymbol{v} = \boldsymbol{v}_1 - \boldsymbol{v}_2 \tag{28.36}$$

Berechnen Sie die zu (28.35) analoge Verteilung $F(v)$ für die Relativgeschwindigkeiten. Vergleichen Sie $F(v)$ mit $f(v)$.

Lösung: Die Wahrscheinlichkeit, den Betrag der Geschwindigkeit eines Teilchens in einem Intervall dv_i bei v_i zu finden, ist $f(v_i)\,dv_i$. Hieraus und aus der Isotropie folgt die Wahrscheinlichkeit, die Geschwindigkeit eines Teilchens in einem Intervall $d^3v_i = 4\pi\,v_i^2\,dv_i$ bei $\boldsymbol{v}_i$ zu finden:

$$f(v_i)\,dv_i \;=\; \big(\alpha/\pi\big)^{3/2}\exp\big(-\alpha\,v_i^2\big)\,d^3v_i \;=\; g(v_i)\,d^3v_i$$

Hierbei haben wir den Boltzmannfaktor $g(v) = (\alpha/\pi)^{3/2}\exp(-\alpha\,v^2)$ eingeführt. Für die Verteilung der Relativ- und Schwerpunktgeschwindigkeiten führen wir die entsprechenden Größen

$$F(v)\,dv \;=\; G(v)\,d^3v$$

und $H(V)\,d^3V$ ein. Für die dreidimensionalen Geschwindigkeitselemente gilt

$$d^3v\,d^3V \;=\; d^3v_1\,d^3v_2 \tag{28.37}$$

Es genügt, dies für die x-Komponenten zu zeigen:

$$dv_x\,dV_x = \begin{vmatrix} \dfrac{\partial v_x}{\partial v_{1,x}} & \dfrac{\partial v_x}{\partial v_{2,x}} \\[2ex] \dfrac{\partial V_x}{\partial v_{1,x}} & \dfrac{\partial V_x}{\partial v_{2,x}} \end{vmatrix}\,dv_{1,x}\,dv_{2,x} = \begin{vmatrix} 1 & -1 \\ 1/2 & 1/2 \end{vmatrix}\,dv_{1,x}\,dv_{2,x} = dv_{1,x}\,dv_{2,x}$$

Die auftretende Jacobideterminante ist 1. Die Anzahl der Teilchen in den zueinander gehörigen Geschwindigkeitsintervallen ist gleich:

$$f(v_1)\, d^3v_1\, f(v_2)\, d^3v_2 \,=\, G(v)\, d^3v\, H(V)\, d^3V$$

Wegen (28.37) gilt dann

$$G(v)\, H(V) \,=\, g(v_1)\, g(v_2)$$

Wir setzen $g(v) = (\alpha/\pi)^{3/2} \exp(-\alpha\, v^2)$ mit (28.35) und (28.36) ein:

$$G(v)\, H(V) = \left(\frac{\alpha}{\pi}\right)^3 \exp\left(-\alpha\left(v_1^2 + v_2^2\right)\right) = \left(\frac{\alpha}{\pi}\right)^3 \exp\left(-\alpha\, v^2/2\right)\, \exp\left(-2\,\alpha\, V^2\right)$$

Hieraus lesen wir ab

$$G(v) = \left(\frac{\alpha}{2\pi}\right)^{3/2} \exp\left(-\alpha\, v^2/2\right) \qquad \text{und} \qquad H(V) = \left(\frac{2\alpha}{\pi}\right)^{3/2} \exp\left(-2\,\alpha\, V^2\right)$$

Die Vorfaktoren folgen aus der jeweiligen Normierung. Damit ergibt sich für $F(v)$ eine Maxwellverteilung, in der die Masse m durch die reduzierte Masse $m/2$ ersetzt ist:

$$F(v) \,=\, 4\pi\, v^2\, G(v) \,=\, 4\pi \left(\frac{\alpha}{2\pi}\right)^{3/2} v^2 \exp\left(-\frac{\alpha\, v^2}{2}\right) \tag{28.38}$$

Diese Verteilung ist gemäß $\int_0^\infty dv\;\, F(v) \,=\, 1$ normiert. Die Verteilung der Schwerpunktgeschwindigkeiten ergibt sich analog aus (28.35) durch die Ersetzung $m \to M = 2m$.

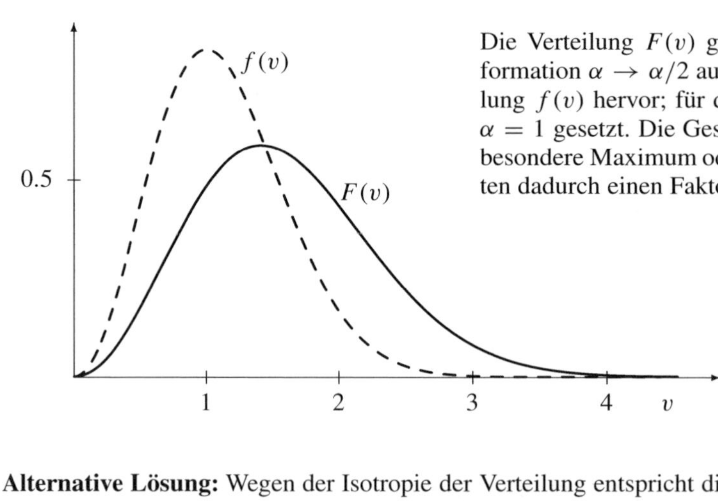

Die Verteilung $F(v)$ geht durch die Transformation $\alpha \to \alpha/2$ aus der Maxwellverteilung $f(v)$ hervor; für die Abbildung wurde $\alpha = 1$ gesetzt. Die Geschwindigkeiten (insbesondere Maximum oder Mittelwert) erhalten dadurch einen Faktor $\sqrt{2}$.

Alternative Lösung: Wegen der Isotropie der Verteilung entspricht die Maxwellverteilung (28.35) drei gleichen normierten Gaußverteilungen (Normalverteilungen) für die Größen v_x, v_y und v_z (siehe Aufgabe 28.7). Für zwei Teilchen erhält man dann ein Produkt solcher Normalverteilungen. Analog zu Aufgabe 25.8 zeigt man nun, dass sich für die neuen Variablen (etwa für $v_x = v_{1,x} - v_{2,x}$ und $V_x = (v_{1,x} + v_{2,x})/2$) wieder Normalverteilungen mit entsprechend geänderten Breiten ergeben.

28.10 Isotopentrennung

In einem Behälter mit dem Volumen V und der konstanten Temperatur T befinden sich zwei Sorten von idealen Gasmolekülen, A und B. Die Moleküle haben unterschiedliche Massen, $m_{\rm A} > m_{\rm B}$. Durch poröse Wände können Moleküle den Behälter verlassen. Die einzelnen Poren sind groß gegenüber den Molekülabmessungen; ihre Gesamtfläche a ist jedoch klein gegenüber der Fläche der Behälterwände. Berechnen Sie das Konzentrationsverhältnis $c_{\rm A}(t)/c_{\rm B}(t)$ der Moleküle im Behälter als Funktion der Zeit.

Lösung: Wir betrachten zunächst eine Sorte von Gasmolekülen, die in positiver x-Richtung auf eine Behälterwand treffen. Die Wahrscheinlichkeitsdichte für die x-Komponente der Geschwindigkeit folgt aus der Maxwellverteilung:

$$f(v_x) = \sqrt{\frac{m}{2\pi k_{\rm B} T}}\, \exp\left(-\frac{m v_x^2}{2 k_{\rm B} T}\right), \qquad \int_{-\infty}^{\infty} dv_x\, f(v_x) = 1$$

Die Dichte der Moleküle ist N/V. Die mittlere Stromdichte in positiver x-Richtung ist dann $j_x = \overline{v}_x\, N/V > 0$, wobei $\overline{v}_x$ der Mittelwert für alle Teilchen mit $\overline{v}_x > 0$ ist. Der Strom $dN_{\rm aus}/dt$ der durch eine (Öffnungs-)Fläche a_x entweichenden Teilchen ist damit

$$\frac{dN_{\rm aus}}{dt} = j_x\, a_x = \frac{N}{V}\, a_x\, \overline{v}_x \qquad \text{mit} \qquad \overline{v}_x = \int_0^{\infty} dv_x\, v_x\, f(v_x) = \sqrt{\frac{k_{\rm B} T}{2\pi m}}$$

Die Summation über den Beitrag aller Wände erfolgt durch die Ersetzung $a_x \to a$, wobei a die Gesamtfläche der Poren ist. Die auf die Poren treffenden Moleküle entweichen aus dem Behälter, also $dN = -dN_{\rm aus}$ und

$$\frac{dN}{dt} = -\frac{a}{V}\sqrt{\frac{k_{\rm B} T}{2\pi m}}\; N$$

Die Lösung dieser Differenzialgleichung ist

$$N(t) = N(0)\, \exp\left(-\frac{t}{\tau}\right) \qquad \text{mit} \qquad \tau = \frac{V}{a}\sqrt{\frac{2\pi m}{k_{\rm B} T}}$$

Die Anzahl $N(t)$ der Teilchen im Behälter nimmt exponentiell mit der Zeit ab. Wenn die beiden Teilchensorten unabhängig voneinander sind, können wir diese Lösung sowohl für A wie für B ansetzen. Das Konzentrationsverhältnis ergibt sich daher zu

$$\frac{c_{\rm A}(t)}{c_{\rm B}(t)} = \frac{N_{\rm A}(t)}{N_{\rm B}(t)} = \frac{N_{\rm A}(0)}{N_{\rm B}(0)}\, \exp\left(-\frac{t}{\tau_{\rm A}} + \frac{t}{\tau_{\rm B}}\right) = \frac{c_{\rm A}(0)}{c_{\rm B}(0)}\, \exp\left[\frac{a}{V}\sqrt{\frac{k_{\rm B} T}{2\pi}}\left(\frac{1}{\sqrt{m_{\rm B}}} - \frac{1}{\sqrt{m_{\rm A}}}\right) t\right]$$

Für $m_{\rm A} > m_{\rm B}$ ist der Exponent positiv, und das Konzentrationsverhältnis steigt exponentiell mit der Zeit an (zugleich gehen die Dichten allerdings gegen null). Der Anteil der Gasmoleküle A mit der größeren Masse wächst also mit der Zeit. Die mehrmalige Wiederholung einer solchen Prozedur ist ein praktisch anwendbares Verfahren zur Isotopentrennung.

Da die einzelnen Poren groß gegenüber den Molekülabmessungen sind, mussten wir keine Randkorrektur anbringen. Da a klein gegenüber der gesamten Wandfläche ist, stellt sich fortlaufend eine Gleichgewichtsverteilung für die Geschwindigkeiten ein; dies wurde implizit mit der Maxwellverteilung vorausgesetzt.

28.11 Konvektives Gleichgewicht

Wind oder Konvektion bedeutet den Austausch von Volumenelementen. Als Modell der Atmosphäre kann man ein Gleichgewicht gegenüber dem adiabatischen quasistatischen Austausch von Luft annehmen. Dann gilt $dS = đQ_{\text{q.s.}}/T = 0$, und die Entropiedichte $s(\boldsymbol{r})$ hängt nicht vom Ort ab:

$$s(\boldsymbol{r}) = \text{const.}$$

Außerdem kompensiert der Druckgradient $dP/dz = -\varrho g = -m\,g/v$ im Gleichgewicht die Schwerkraft; dabei ist ϱ die Massendichte der Luft, m die Masse eines Luftmoleküls, $\boldsymbol{g} = -g\,\boldsymbol{e}_z$ die Erdbeschleunigung und $v = V/N$. Für die Luft kann das ideale Gasgesetz $v = k_\text{B}T/P$ und $c_P \approx 7\,k_\text{B}/2$ verwendet werden.

Berechnen Sie die Temperaturverteilung $T(z)$. Welcher Temperaturabfall ergibt sich in einer Höhe von 1 km? Vergleichen Sie den Druckabfall für $\Delta z = 1$ km mit dem der barometrischen Höhenformel.

Lösung: Wir schreiben das Differenzial für die Entropiedichte $s(T, P)$ an:

$$ds = \left(\frac{\partial s}{\partial T}\right)_P dT + \left(\frac{\partial s}{\partial P}\right)_T dP = \frac{c_P}{T}\,dT - \left(\frac{\partial v}{\partial T}\right)_P dP = \frac{c_P}{T}\,dT - \frac{v}{T}\,dP$$

Dabei wurde die Maxwellrelation aus dG und das ideale Gasgesetz verwendet. Aus $ds = 0$ und der mechanischen Gleichgewichtsbedingung $v\,dP = -m\,g\,dz$ folgt

$$v\,dP = c_P\,dT = -\,m\,g\,dz \tag{28.39}$$

Aus dem rechten Teil dieser Beziehung erhalten wir den Temperaturgradienten

$$\frac{dT}{dz} = -\,\frac{m\,g}{c_P} \approx -9.7\,\frac{\text{K}}{\text{km}}$$

Hier wurden die bekannte Größen für die Masse m (Mittelwert für N_2- und O_2-Moleküle), die Erdbeschleunigung g und $c_P/k_\text{B} \approx 7/2$ eingesetzt. Der tatsächliche Abfall in der Troposphäre (erdnaher Teil der Atmosphäre) beträgt etwa minus 6 K pro Kilometer. Die Integration von dT/dz ergibt

$$T(z) = T(0) - \frac{m\,g\,z}{c_P}$$

Aus dem linken Teil von (28.39) und $v = k_\text{B}T/P$ erhalten wir

$$\frac{dP}{P} = \frac{c_P}{k_\text{B}}\,\frac{dT}{T}$$

Wir integrieren zu

$$P(z) = P(0)\left(\frac{T(z)}{T(0)}\right)^{c_P/k_\text{B}} = P(0)\left(1 - \frac{m\,g\,z}{c_P\,T(0)}\right)^{c_P/k_\text{B}}$$

Wir vergleichen die Taylorentwicklung

$$P(z) \approx P(0)\left(1 - \frac{m\,g\,z}{k_\text{B}\,T(0)} \pm \ldots\right)$$

mir derjenigen der barometrischen Höhenformel (28.25):

$$P(z) = P(0)\,\exp\left(-\frac{m\,g\,z}{k_\text{B}T}\right) \approx P(0)\,\left(1 - \frac{m\,g\,z}{k_\text{B}\,T(0)} \pm \ldots\right)$$

Für $T = T(0)$ stimmt der führende Gradient überein. Für 1 Kilometer Höhe erhalten wir aus beiden Formeln (ohne Taylorentwicklung) etwa den gleichen Wert:

$$\frac{P(1\,\text{km})}{P(0)} \approx 0.88$$

28.12 Energieschwankung im idealen Gas

In makroskopischen Systemen liegen die Mikrozustände so dicht, dass Mittelwerte als Integrale ausgewertet werden können:

$$\overline{A} = \sum_r A_r\,P_r = \frac{1}{Z}\sum_r A_r\,\exp(-\beta\,E_r) = \int_0^\infty dE\;A(E)\,\omega(E)\,\exp(-\beta\,E)$$

Hierbei ist $\omega(E)$ die Dichte der Zustände. Für ein ideales Gas gilt $\omega(E) \propto E^{3N/2}$. Bestimmen Sie für diesen Fall die Schwankung ΔE der Energie. Entwickeln Sie dazu den Logarithmus von $\omega(E)\,\exp(-\beta\,E)$ bis zur 2. Ordnung um das Maximum herum.

Lösung: Die Funktion $f(E) = \omega(E)\,\exp(-\beta E)$ besteht aus einer ansteigenden ($\omega(E)$) und einer abfallenden ($\exp(-\beta E)$) Funktion. Sie hat daher ein Maximum. Wir differenzieren den Logarithmus der Funktion:

$$\frac{d}{dE}\,\ln f(E) = \frac{f'(E)}{f(E)} = \frac{3N}{2E} - \frac{1}{k_\text{B}T}$$

An der Stelle E_0 des Maximums ist dies null, also

$$E_0 = \frac{3}{2}\,N k_\text{B} T$$

Wir berechnen die zweite Ableitung am Maximum:

$$\frac{d^2}{dE^2}\,\ln f(E)\bigg|_{E_0} = -\frac{3}{2}\,\frac{N}{E_0^2} = -\frac{1}{\sigma^2}\qquad \text{wobei}\quad \sigma = \sqrt{\frac{2}{3}}\,\frac{E_0}{\sqrt{N}}$$

Wir entwickeln nun $\ln f(E)$ in eine Taylorreihe

$$\ln f(E) \approx \ln f(E_0) - \frac{1}{2}\,\frac{(E - E_0)^2}{\sigma^2} \pm \ldots \tag{28.40}$$

Hieraus erhalten wir

$$\omega(E)\,\exp(-E/k_\text{B}T) \approx \text{const.}\cdot\exp\left(-\frac{(E-E_0)^2}{2\,\sigma^2}\right)$$

$$\approx \frac{1}{\sqrt{2\pi}\,\sigma}\,\exp\left(-\frac{(E-E_0)^2}{2\,\sigma^2}\right) = P(E)$$

Die Konstante wurde so bestimmt, dass

$$\int_0^\infty dE\ P(E) \approx \int_{-\infty}^\infty dE\ P(E) = 1$$

Damit berechnen wir die Mittelwerte:

$$\overline{E} \approx \int_{-\infty}^\infty dE\ E\ P(E) = E_0$$

$$(\Delta E)^2 = \overline{(E - E_0)^2} \approx \int_{-\infty}^\infty dE\ (E - E_0)^2\ P(E) = \sigma^2$$

Mit den oben berechneten Werten für E_0 und σ erhalten wir

$$\frac{\Delta E}{\overline{E}} = \frac{\sigma}{E_0} = \sqrt{\frac{2}{3N}}$$

Für ein makroskopisches System ist diese relative Schwankung praktisch null. Der jeweils nächste Term in der Taylorentwicklung (28.40) erhält relativ zum vorhergehenden einen Faktor der Größe $(E - E_0)/E_0 \sim \Delta E/E_0 \approx N^{-1/2}$. Dies rechtfertigt den Abbruch der Entwicklung.

28.13 Gibbs-Paradoxon

Die kanonische Zustandssumme eines idealen einatomigen Gases ist

$$Z(T, V, N) = \frac{\left[z(T, V)\right]^N}{N!} = \frac{1}{N!}\,\frac{V^N}{\lambda^{3N}}, \qquad \lambda = \frac{2\pi\hbar}{\sqrt{2\pi m k_B T}} \tag{28.41}$$

Berechnen Sie damit die Änderung ΔF der freien Energie bei folgendem Prozess: Ein thermisch isoliertes Gasvolumen V wird durch seitliches Einschieben einer Zwischenwand in zwei gleiche Volumina geteilt. Berechnen Sie ΔF alternativ aus thermodynamischen Relationen (betrachten Sie dazu die übertragenen Arbeits- und Wärmemengen).

Lassen Sie den Faktor $1/N!$ im Ausdruck für Z weg; dies ergibt einen anderen Ausdruck F^* für die freie Energie. Bestimmen Sie die Änderung ΔF^* bei dem betrachteten Prozess. Der Widerspruch zwischen diesem statistisch berechneten ΔF^* und dem thermodynamisch berechneten ΔF heißt *Gibbs-Paradoxon*. Der Widerspruch wurde durch das Einfügen des Faktors $1/N!$ aufgelöst, und zwar bevor die Quantenmechanik diesen Faktor begründete (Ununterscheidbarkeit von Teilchen).

Lösung: Mit $N! \approx (N/\mathrm{e})^N$ folgt aus (28.41)

$$F(T, V, N) = -k_B T\ \ln Z(T, V, N) = -N k_B T \left[\ln\left(\frac{V}{N\lambda^3}\right) + 1\right]$$

Für zwei Teilvolumina mit jeweils $V/2$ und $N/2$ gilt

$$2\,F(T, V/2, N/2) = -2\,\frac{N}{2}\,k_B T\left[\ln\left(\frac{V/2}{(N/2)\,\lambda^3}\right) + 1\right]$$

Beide Ausdrücke sind gleich, also

$$\Delta F = 0$$

Thermodynamisch ergibt sich dasselbe Ergebnis: Für den Prozess der Unterteilung gilt $đQ = đW = 0$, also $\Delta E = 0$; außerdem ist der Prozess reversibel, also $\Delta S = 0$. Hieraus folgt $\Delta F = \Delta E - T\,\Delta S = 0$.

Wenn wir dagegen den Faktor $1/N!$ weglassen, dann ist die freie Energie F^* vor der Unterteilung

$$F^*(T, V, N) = -N\,k_\mathrm{B}T\,\ln\left(\frac{V}{\lambda^3}\right)$$

Nach der Unterteilung folgt hieraus

$$2\,F^*(T, V/2, N/2) = -2\,\frac{N}{2}\,k_\mathrm{B}T\,\ln\left(\frac{V/2}{\lambda^3}\right) = F^*(T, V, N) + N\,k_\mathrm{B}T\,\ln(2)$$

also

$$\Delta F^* = N\,k_\mathrm{B}T\,\ln(2)$$

29 Spezielle Systeme

Wir werten die kanonische oder die großkanonische Zustandssumme für eine Reihe von Modellsystemen aus. Dazu gehören das ideale Spinsystem, das ideale zweiatomige Gas, das verdünnte reale Gas und ideale Quantengase. Zu den Quantengasen zählen das ideale Bosegas (Helium-4, Photonen, Phononen) und das ideale Fermigas (Helium-3, Elektronen im Metall). In der Diskussion wird der Bezug zu realen Systemen und beobachtbaren physikalischen Effekten hergestellt.

Ideales Spinsystem

Das magnetisches Moment von Teilchen ist von der Form $\boldsymbol{\mu} = g\,(q/2mc)\,\boldsymbol{s}$, wobei $\boldsymbol{s}$ der Spin und g ein numerischer Faktor der Größe 1 ist. Wir betrachten im Folgenden Elektronen mit der Ladung $q = -e$, dem Spin $\hbar/2$ und $g \approx 2$. In Magnetfeldrichtung $\boldsymbol{B} = B\,\boldsymbol{e}_z$ sind die Spineinstellungen $s_z = \pm\hbar/2$ möglich. Damit nimmt die Energie eines Elektrons die Werte $\varepsilon = -\boldsymbol{\mu}\cdot\boldsymbol{B} = \pm\mu_{\rm B}\,B$ an. Das mittlere magnetische Moment $\overline{\mu}$ eines herausgegriffenen Teilchens wird mit der kanonischen Verteilung berechnet:

$$\overline{\mu} = \mu_{\rm B}\big(P_+ - P_-\big) \qquad \text{mit} \quad P_\pm = \frac{\exp\big(\pm\,\beta\mu_{\rm B}B\big)}{2\cosh\big(\beta\mu_{\rm B}B\big)} \tag{29.1}$$

Dabei bezeichnet $+$ ein magnetisches Moment parallel zum Magnetfeld. Wegen der Unabhängigkeit der einzelnen Teilchen ist die Magnetisierung

$$M(T,\,B) = \frac{N\,\overline{\mu}}{V} = M_0\tanh\frac{\mu_{\rm B}B}{k_{\rm B}T} = M_0\cdot\begin{cases} \dfrac{\mu_{\rm B}B}{k_{\rm B}T} \pm \ldots & (k_{\rm B}T \gg \mu_{\rm B}B) \\[2ex] 1 - 2\exp\left(\dfrac{-2\,\mu_{\rm B}B}{k_{\rm B}T}\right) \pm \ldots & \end{cases} \tag{29.2}$$

Die maximale Magnetisierung $M_0 = n\,\mu_{\rm B}$ wird für tiefe Temperaturen oder starke Felder ($k_{\rm B}T \ll \mu_{\rm B}B$, untere Zeile) erreicht. Für hohe Temperaturen oder schwache Felder (obere Zeile) berechnen wir die magnetische Suszeptibilität:

$$\chi_{\rm m} = \frac{\partial M}{\partial B} = \frac{M_0\,\mu_{\rm B}}{k_{\rm B}T} = \frac{\text{const.}}{T} \tag{29.3}$$

Diese Temperaturabhängigkeit wird als *Curiegesetz* bezeichnet. Man findet dieses Verhalten für paramagnetische Materialien, die ein ungepaartes Elektron pro Atom haben. Bei tiefen Temperaturen kann die Wechselwirkung zwischen den benachbarten Spinteilchen zu einer spontanen Magnetisierung führen (Ferromagnetismus, Kapitel 30). Oberhalb einer kritischen Temperatur $T_{\rm c}$ verhält sich die Suszeptibilität dann wie $\chi_{\rm m} = \text{const.}/(T - T_{\rm c})$.

Zweiatomiges ideales Gas

Wir berechnen die Wärmekapazität eines zweiatomigen idealen Gases (etwa von Luft mit Sauerstoff- oder Stickstoffmolekülen). „Ideal" bedeutet, dass die Wechselwirkung zwischen den Molekülen vernachlässigt wird. Dann ist das System durch die Einteilchenenergien charakterisiert:

$$\varepsilon = \frac{\boldsymbol{p}^2}{2M} + \hbar\omega\left(n + \tfrac{1}{2}\right) + \frac{\hbar^2 l(l+1)}{2\Theta} \tag{29.4}$$

Neben der Translation gibt es einen Vibrations- und ein Rotationsanteil. Die Schwingungen des Relativabstands um die Gleichgewichtslage herum werden durch einen harmonischen Oszillator (Frequenz ω) beschrieben. Für die Rotationen des Moleküls wird ein starrer Rotator (konstantes Trägheitsmoment Θ) verwendet. Da die einzelnen Teile in (29.4) unabhängig voneinander sind, ist die Zustandssumme ein Produkt der Zustandssummen für die Translation, Vibration und Rotation:

$$\ln Z(T, V, N) = \ln Z_{\text{trans}}(T, V, N) + \ln Z_{\text{vib}}(T, N) + \ln Z_{\text{rot}}(T, N) \tag{29.5}$$

Der Translationsanteil ist durch (28.26) und (28.27) gegeben. Da die anderen Anteile nicht vom Volumen abhängen, gilt

$$P = -\frac{\partial F(T, V, N)}{\partial V} = k_{\text{B}}T\,\frac{\partial \ln Z_{\text{trans}}(T, V, N)}{\partial V} = \frac{N}{V}\,k_{\text{B}}T \tag{29.6}$$

Die thermische Zustandsgleichung ist also dieselbe wie beim einatomigen Gas. Für die kalorische Zustandsgleichung berechnen wir

$$E(T, V, N) = -\frac{\partial \ln Z(T, V, N)}{\partial \beta} = E_{\text{trans}} + E_{\text{vib}} + E_{\text{rot}} \tag{29.7}$$

Für Z aus (28.5) wird die Ableitung von $\ln Z$ zu $\sum_r E_r P_r$, also zum Mittelwert der Energie im kanonischen Ensemble. Der Translationsanteil ist bekannt, $E_{\text{trans}} = 3Nk_{\text{B}}T/2$, und ergibt den Beitrag $3k_{\text{B}}/2$ zur spezifischen Wärme pro Teilchen. Wegen der Unabhängigkeit der Moleküle voneinander gelten

$$Z_{\text{vib}}(T, N) = \big[z_{\text{vib}}(T)\big]^N \quad \text{und} \quad Z_{\text{rot}}(T, N) = \big[z_{\text{rot}}(T)\big]^N \tag{29.8}$$

Es genügt also, die Zustandssummen für jeweils ein einzelnes Molekül zu bestimmen. Für die Vibrationen bedeutet das

$$z_{\text{vib}} = \sum_{n=0}^{\infty} \exp\big[-\beta\hbar\omega(n+1/2)\big] = \frac{\exp(-\beta\hbar\omega/2)}{1-\exp(-\beta\hbar\omega)} \tag{29.9}$$

Mit $k_{\text{B}}T_{\text{vib}} = \hbar\omega$ folgt hieraus

$$E_{\text{vib}}(T, N) = -N\,\frac{\partial \ln z_{\text{vib}}}{\partial\beta} = N\hbar\omega\left(\frac{1}{\exp(T_{\text{vib}}/T)-1} + \frac{1}{2}\right) \tag{29.10}$$

Das Ergebnis für $E_{\rm vib}/(N\hbar\omega)$ kann als $\overline{n}+1/2$ mit der mittleren Oszillatorquantenzahl $\overline{n} = 1/(\exp(\beta\hbar\omega)-1)$ geschrieben werden. Für $T > T_{\rm vib}$ gilt $\overline{n} \approx k_{\rm B}T/\hbar\omega$. Dies ergibt $c_{\rm vib} \approx k_{\rm B}$ für die spezifische Wärme pro Teilchen (Gleichverteilungssatz). Für $T \ll T_{\rm vib}$ „friert der Freiheitsgrad der Vibration ein“, und $c_{\rm vib}$ wird exponentiell klein.

Für die Rotation eines Moleküls ist die Zustandssumme

$$z_{\rm rot} = \sum_{l=0}^{\infty} (2l+1)\exp\left(-\frac{\hbar^2 l(l+1)}{2\,\Theta\, k_{\rm B}T}\right) \tag{29.11}$$

Der Faktor $2l+1$ ergibt sich aus der Summe über die m-Quantenzahl. Die Summe über l wird separat für hohe und tiefe Temperaturen ausgewertet und ergibt

$$E_{\rm rot}(T,N) = N k_{\rm B}T\cdot\begin{cases} 3\,\frac{T_{\rm rot}}{T}\,\exp\left(-\frac{T_{\rm rot}}{T}\right)+\ldots & (T \ll T_{\rm rot}) \\ \left(1-\frac{T_{\rm rot}}{6T}-\frac{T_{\rm rot}^2}{180\,T^2}\right) & (T \gg T_{\rm rot}) \end{cases} \tag{29.12}$$

Für hohe Temperaturen $k_{\rm B}T \gg k_{\rm B}T_{\rm rot} = \hbar^2/\Theta$ ist der Beitrag zur spezifischen Wärme pro Teilchen $c_{\rm rot} = k_{\rm B}$ (Gleichverteilungssatz). Für $T \approx T_{\rm rot}$ steigt $c_{\rm rot}$ zunächst etwas an. Für $T \ll T_{\rm rot}$ „friert der Freiheitsgrad der Vibration ein“, und die spezifische Wärme wird exponentiell klein.

Für Wasserstoffgas (H_2-Moleküle) sind die diskutierten Temperaturabhängigkeiten zu beobachten, weil $T_{\rm vib} \approx 6140\,$K und $T_{\rm rot} \approx 85.4\,$K über der Kondensationstemperatur $T_{\rm s} \approx 20\,$K liegen (im Gegensatz zu den meisten anderen Gasen).

Ortho- und Parawasserstoff

Die Wellenfunktion der beiden Protonen im H_2-Molekül muss antisymmetrisch sein. Die Spins der beiden Protonen können zu $S = 0$ (antisymmetrisch) oder zu $S = 1$ (symmetrisch) gekoppelt sein. Die Wellenfunktion Y_{lm} der Rotation erhält bei Austausch der Protonen den Faktor $(-)^l$. Daher sind nur folgende Zustände möglich:

$$\begin{array}{lll} S=0: & l=0,2,4,\ldots & \text{(Parawasserstoff)} \\ S=1: & l=1,3,5,\ldots & \text{(Orthowasserstoff)} \end{array} \tag{29.13}$$

Hierfür geben wir die Zustandssummen zunächst separat an:

$$\begin{aligned} z_{\rm para} &= \textstyle\sum_{l=0,2,4,\ldots}(2l+1)\exp\left(-\frac{l(l+1)\,T_{\rm rot}}{2T}\right) \\ z_{\rm ortho} &= \textstyle\sum_{l=1,3,5,\ldots}(2l+1)\exp\left(-\frac{l(l+1)\,T_{\rm rot}}{2T}\right) \end{aligned} \tag{29.14}$$

Im Gleichgewicht ist die Zustandssumme eines Moleküls dann $z_{\rm rot} = 3\,z_{\rm ortho}+z_{\rm para}$. Hieraus folgt das temperaturabhängige Verhältnis von Ortho- zu Parawasserstoff. Die Einstellung dieses Verhältnisses kann aber wegen der sehr geringen Wechselwirkung der Kernspins lange dauern. Dadurch ergibt sich der verblüffende (Quanten-)Effekt, dass die spezifische Wärme von der Vorgeschichte der Probe abhängt.

Verdünntes klassisches Gas

In diesem Abschnitt soll die Wechselwirkung zwischen den Atomen eines verdünnten Gases berücksichtigt werden. Dazu schreiben wir die ersten Terme der Summe (28.12) für den Logarithmus der Zustandssumme Y an:

$$\ln Y = Z(1)\, \exp(\beta\mu) + \left[Z(2) - \frac{Z(1)^2}{2} \right] \exp(2\beta\mu) + \ldots \tag{29.15}$$

Dabei ist $Z(N) = Z(T, V, N)$. Für ein ideales Gas ergibt der erste Term wegen $Z(2) = Z(1)^2/2$ bereits das volle Resultat, siehe auch (28.26). Aus der Definition (28.6) der Zustandssumme Y folgt $\beta N = \partial \ln Y / \partial \mu$. Ohne den zweiten Term ergibt (29.15) daher

$$\exp(\beta\mu) \approx \frac{N}{Z(1)} = \frac{N}{V/\lambda^3} = n\,\lambda^3 \qquad \text{(niedrigste Ordnung)} \tag{29.16}$$

Damit ist (29.15) effektiv eine Entwicklung nach der Dichte n. Im zweiten Term in (29.15) wird die Wechselwirkung $w(r_{12})$ zwischen zwei Teilchen berücksichtigt. Die folgenden Terme sind von dritter Ordnung in der (kleinen) Dichte und werden für das verdünnte Gas weggelassen. Mit (27.30) und (28.9) erhalten wir dann

$$\frac{PV}{k_{\rm B}T} = \ln Y \approx N\left(1 - \frac{V Z_2}{Z_1^2}\, n\right) = N\Big(1 + n\, B(T)\Big) \tag{29.17}$$

mit $Z_1 = Z(1)$, $Z_2 = Z(2) - Z(1)^2/2$ und dem *Virialkoeffizienten*

$$B(T) = -\frac{1}{2V}\left(\int_V d^3r_1 \int_V d^3r_2\, \exp\left[-\beta\, w(r_{12})\right] - \int_V d^3r_1 \int_V d^3r_2\, 1 \right) \tag{29.18}$$

Dabei wurde die kanonische Zustandssumme für die 2-Teilchen-Hamiltonfunktion $h = \boldsymbol{p}_1^2/2m + \boldsymbol{p}_2^2/2m + w(r_{12})$ verwendet; das Atom-Atom-Potenzial soll nur vom Abstand abhängen. Nach Einführung der Schwerpunktkoordinate $\boldsymbol{R}$ und der Relativkoordinate $\boldsymbol{r} = \boldsymbol{r}_2 - \boldsymbol{r}_1$ erhält man schließlich

$$B(T) = -2\pi \int_0^\infty dr\, r^2 \Big(\exp\left[-\beta\, w(r)\right] - 1 \Big) \tag{29.19}$$

In diesem zentralen Ergebnis steht auf der einen Seite der *makroskopisch messbare* Virialkoeffizient $B(T)$ und auf der anderen Seite die *mikroskopische* Wechselwirkung $w(r)$ zwischen zwei Atomen.

Van der Waals-Gleichung

Für ein Potenzial mit einem hard core ($\exp[-\beta w(r)] = 0$ für $r < d$) und einem schwachen attraktiven Teil ($\exp[-\beta w(r)] - 1 \approx -\beta w(r)$ für $r \geq d$) erhalten wir dann

$$B(T) \approx 2\pi \int_0^d dr\, r^2 + 2\pi\beta \int_d^\infty dr\, r^2\, w(r) = b - \frac{a}{k_{\rm B}T} \tag{29.20}$$

mit positiven Konstanten a und b. Wenn man dies in (29.17) einsetzt (und $1+b/v \approx 1/(1-b/v)$ verwendet, ergibt sich die *van der Waals-Gleichung*:

$$P + \frac{a}{v^2} = \frac{k_B T}{v-b} \qquad \text{van der Waals-Gleichung} \tag{29.21}$$

Die Korrekturen zum idealen Gasgesetz $P = k_B T/v$ können wir so verstehen: Aufgrund der endlichen Größe der Atome ist das pro Teilchen zur Verfügung stehende Volumen v um b verringert. Der attraktive Teil der Wechselwirkung hat die Tendenz, die Teilchen zusammenzuhalten und verringert den Druck auf die Gefäßwände um $-a/v^2$. Für die Energie erhält man

$$E = E(T, V, N) = N\left(\frac{3}{2}\,k_B T - \frac{a}{v}\right) \tag{29.22}$$

Ideale Quantengase

Wir werten die Zustandssumme für ein ideales Quantengas aus. Dabei ist die Austauschsymmetrie der Vielteilchenwellenfunktion von entscheidender Bedeutung. Der Hamiltonoperator ist eine Summe von Einteilchen-Hamiltonoperatoren:

$$H = \sum_{\nu=1}^{N} h(\nu)\,, \qquad h(\nu)\,\psi_a(\nu) = \varepsilon_a\,\psi_a(\nu)\,, \qquad a = (\boldsymbol{p}, s_z) \tag{29.23}$$

„Ideal" bedeutet, dass die Wechselwirkung zwischen den Teilchen nicht (explizit) berücksichtigt wird. Das Argument ν steht für alle Koordinaten (Ort, Spin) des ν-ten Teilchens. Die Quantenzahlen eines Teilchens wurden zu a zusammengefasst. Die Wellenfunktion $\psi_a = \varphi_{\boldsymbol{p}}(\boldsymbol{r})\,\chi_{s_z}$ besteht im Allgemeinen aus einer Orts- und einer Spinwellenfunktion.

Für Bosonen (ganzzahliger Spin) ist die Vielteilchenwellenfunktion symmetrisch bei Austausch zweier beliebiger Teilchen, für Fermionen (halbzahliger Spin) dagegen antisymmetrisch. In einer solchen total (anti-)symmetrischen Wellenfunktion kann man nicht mehr sagen, welches Teilchen in welchem Niveau ist, sondern nur noch, wieviele Teilchen in einem bestimmten Niveau $a = (\boldsymbol{p}, s_z)$ sind:

$$r = \left(n_{\boldsymbol{p}_1}^{s_{z,1}}, n_{\boldsymbol{p}_2}^{s_{z,2}}, n_{\boldsymbol{p}_3}^{s_{z,3}}, \ldots\right) = \left\{n_{\boldsymbol{p}}^{s_z}\right\} \tag{29.24}$$

Für die *Besetzungszahlen* $n_{\boldsymbol{p}}^{s_z}$ sind folgende Werte möglich:

$$n_{\boldsymbol{p}}^{s_z} = \begin{cases} 0 \text{ oder } 1 & \text{Fermionen} \\ 0, 1, 2, 3, \ldots & \text{Bosonen} \end{cases} \tag{29.25}$$

Durch die letzten beiden Gleichungen sind die Unterschiede zum klassischen idealen Gas charakterisiert. Im Folgenden verwenden wir das großkanonische Ensemble, geben also Temperatur T, Volumen V und chemisches Potenzial μ vor. Die

Energie und die Teilchenzahl des Mikrozustands $r = (r', N_r)$ sind

$$E_r = \sum_{s_z,\, \boldsymbol{p}} \varepsilon_p \, n_{\boldsymbol{p}}^{s_z} \,, \qquad N_r = \sum_{s_z,\, \boldsymbol{p}} n_{\boldsymbol{p}}^{s_z} \tag{29.26}$$

Der Einfachheit halber wurde angenommen, dass die Einteilchenenergien ε_p nur von $|\boldsymbol{p}|$ und nicht vom Spin abhängen. Die statistische Auswertung mit den P_r's aus (28.3) ergibt die *mittleren Besetzungszahlen*:

$$\overline{n_p} = \frac{1}{\exp\left[\beta\left(\varepsilon_p - \mu\right)\right] + 1} \qquad \text{Fermionen} \tag{29.27}$$

$$\overline{n_p} = \frac{1}{\exp\left[\beta\left(\varepsilon_p - \mu\right)\right] - 1} \qquad \text{Bosonen} \tag{29.28}$$

Hiermit folgen aus (29.26) die Größen $E = \overline{E_r} = E(T, V, \mu)$ und $N = \overline{N_r} = N(T, V, \mu)$. Die Elimination von μ ergibt dann $E(T, V, N)$. Die quantenmechanischen Impulse hängen gemäß $p \propto 1/V^{1/3}$ vom Volumen ab. Hieraus folgt der Druck

$$P(T, V, N) = \nu \, \frac{E(T, V, N)}{3V} \qquad \text{für} \quad \varepsilon_p \propto p^{\nu} \tag{29.29}$$

Für die wichtigen Fälle $\varepsilon = c\, p$ (also $\nu = 1$) und $\varepsilon = p^2/2m$ (also $\nu = 2$) führt die kalorische Zustandsgleichung sofort zur thermischen.

Für ein *verdünntes* Quantengas können wir die zum vorhergehenden Abschnitt analoge Entwicklung für $\ln Y$ ansetzen. Wir erhalten dann wieder die Form (29.17), diesmal aber mit einem *quantenmechanischen Virialkoeffizienten*:

$$\frac{PV}{k_{\mathrm{B}}T} = N\left(1 + n\, B_{\mathrm{qm}}(T)\right) , \qquad B_{\mathrm{qm}}(T) = \begin{cases} \lambda^3/2^{7/2} & (s = 1/2) \\ -\lambda^3/2^{5/2} & (s = 0) \end{cases} \tag{29.30}$$

Die Bedingung für die Gültigkeit dieser Entwicklung ist

$$\lambda^3 \ll v \qquad \text{(verdünntes Gas)} \tag{29.31}$$

Quanteneffekte werden dagegen groß, wenn die thermische Wellenlänge λ vergleichbar mit dem mittleren Teilchenabstand ist ($\lambda \sim v^{1/3} = n^{-1/3}$). In flüssigem Helium ist dies bei $T \sim 1\,\mathrm{K}$ der Fall.

Ideales Bosegas

Wir gehen von nichtrelativistischen Bosonen mit dem Spin 0 und der Masse m aus. Die Einteilchenzustände mit dem Impuls $\boldsymbol{p}$ haben die Energie $\varepsilon_p = p^2/2m$. Die mittlere Anzahl $\overline{n_p}$ von Bosonen in einem Einteilchenzustand ist durch (29.28) gegeben. Hierfür sind die Mittelwerte von (29.26) auszurechnen:

$$E(T, V, \mu) = \sum_{\boldsymbol{p}} \varepsilon_p \, \overline{n_p} \,, \qquad N(T, V, \mu) = \sum_{\boldsymbol{p}} \overline{n_p} \tag{29.32}$$

Im Prinzip sind die Impulse diskret, etwa $p_n = n\pi\hbar/L$. Da das (kubisch angenommene) Volumen $V = L^3$ makroskopisch ist, kann die Summe aber durch ein Integral ersetzt werden:

$$\sum_{p} \ldots = \sum_{n_1=1}^{\infty} \sum_{n_2=1}^{\infty} \sum_{n_3=1}^{\infty} \ldots = \frac{V}{(2\pi\hbar)^3} \int d^3p \ \ldots \tag{29.33}$$

Bei $T = 0$ sind alle Teilchen im untersten Niveau (mit $\varepsilon \approx 0$). Die diskrete Besetzung dieses Niveaus wird durch das Integral nicht erfasst und muss gesondert berücksichtigt werden. Damit erhalten wir für die Teilchenzahl

$$N(T, V, \mu) = N_0 + \frac{V}{(2\pi\hbar)^3} \int d^3p \ \overline{n_p} = N_0 + \frac{V}{\lambda^3} \sum_{l=1}^{\infty} \frac{\exp(\beta\mu l)}{l^{3/2}} \tag{29.34}$$

Die letzte Summe erfordert $\mu \leq 0$, und sie wird maximal für $\mu \to 0^-$. Für $\mu \to 0^-$ und $N_0 \approx 0$ erhalten wir die Grenztemperatur T_c, oberhalb der Grundzustand noch nicht makroskopisch besetzt ist:

$$k_B T_c = \frac{2\pi}{[\zeta(3/2)]^{2/3}} \frac{\hbar^2}{m\, v^{2/3}} \tag{29.35}$$

Hierbei ist $\zeta(\nu) = \sum_{l=1}^{\infty} l^{-\nu}$ die Zetafunktion. Bei der Temperatur T_c ist der mittlere Teilchenabstand von der Größe der thermischen Wellenlänge ($v^{1/3} \sim \lambda$). Für Temperaturen $T < T_c$ ist (29.34) nur mit einem makroskopischen $N_0 = \overline{n_0}$ zu erfüllen; dabei ist $\mu = \varepsilon_0 \approx 0$. Für $\mu = 0$ folgt aus den letzten beiden Gleichungen

$$N_0 = N\left[1 - (T/T_c)^{3/2}\right] \qquad (T \leq T_c) \tag{29.36}$$

Für die Energie erhalten wir

$$E(T, V, \mu) = \frac{V}{(2\pi\hbar)^3} \int d^3p \ \varepsilon_p \overline{n_p} = \frac{3}{2}\, k_B T \, \frac{V}{\lambda^3} \sum_{l=1}^{\infty} \frac{\exp(\beta\mu l)}{l^{5/2}} \tag{29.37}$$

Aus $E = E(T, V, \mu)$ und $N = N(T, V, \mu)$ folgt durch Elimination von μ die Energie $E = N\, e(T, V)$ und die spezifische Wärme $c_V = \partial e(T, V)/\partial T$.

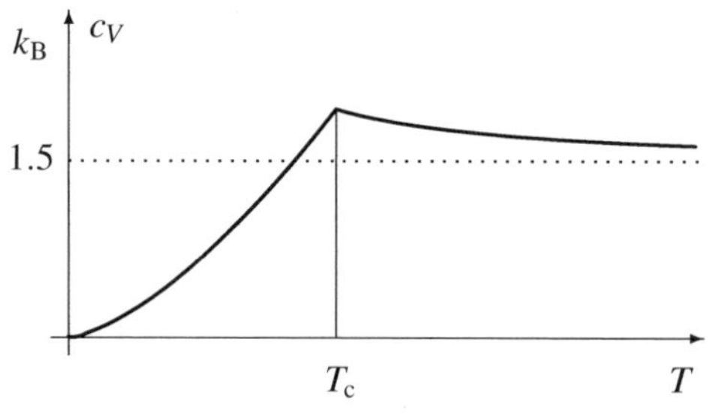

Spezifische Wärme c_V des idealen Bosegases. Für hohe Temperaturen ergibt sich das klassische Resultat $3k_B/2$. Für $T < T_c$ tragen nur noch $N\,(T/T_c)^{3/2}$ Teilchen zur Temperaturbewegung bei. Der Rest geht als „Bose-Einstein-Kondensat“ in den tiefsten Einteilchenzustand.

Seit 1995 hat man die Bose-Einstein-Kondensation für endliche Ansammlungen von Atomen (etwa mit $N = 10^3 \ldots 10^7$) in Atomfallen nachgewiesen. In den ersten Experimenten wurden ^{87}Rb- und ^{23}Na-Atome verwendet.

Ideales Fermigas

Wir gehen von nichtrelativistischen Fermionen mit dem Spin 1/2 und der Masse m aus. Die Einteilchenzustände mit dem Impuls $\boldsymbol{p}$ sollen vom Spin unabhängig sein, $\varepsilon_p = p^2/2m$. Die mittlere Anzahl $\overline{n_p}$ von Fermionen in einem Einteilchenzustand ist durch (29.27) gegeben. Hierfür sind die Mittelwerte von (29.26) auszurechnen:

$$E(T, V, \mu) = 2\sum_{\boldsymbol{p}} \varepsilon_p \overline{n_p}\,, \qquad N(T, V, \mu) = 2\sum_{\boldsymbol{p}} \overline{n_p} \tag{29.38}$$

Die Summe über die Spins ergibt den Faktor 2. Die Summe über die Impulse wird wie in (29.33) als Integral ausgeführt. Die Elimination von μ ergibt die Energie $E(T, V, N)$, die spezifische Wärme c_V und den Druck (29.29).

Für $T \to 0$ oder $\beta \to \infty$ ist die Exponentialfunktion im Nenner von (29.27) je nach Vorzeichen von $\varepsilon - \mu$ gleich null oder unendlich. Daraus folgt

$$\overline{n(\varepsilon)} \stackrel{T\to 0}{\longrightarrow} \Theta(\mu - \varepsilon) = \begin{cases} 1 & \text{für} \quad \varepsilon < \mu(0, v) = \varepsilon_{\mathrm{F}} \\ 0 & \text{für} \quad \varepsilon > \mu(0, v) = \varepsilon_{\mathrm{F}} \end{cases} \tag{29.39}$$

Im Grundzustand besetzen die Fermionen unter Beachtung des Pauliprinzips alle unteren Niveaus. Aus der gegebenen Teilchenzahl N folgt dann die Besetzungsgrenze, die *Fermienergie* ε_{F}. Wir geben die Fermienergie für einige Systeme an:

$$\varepsilon_{\mathrm{F}} = \left(3\pi^2\right)^{2/3} \frac{\hbar^2}{2m\, v^{2/3}} \approx \begin{cases} 10\,\mathrm{eV} & \text{Atom, Metall } (10^{-8}\,\mathrm{cm}) \\ 10^{-4}\,\mathrm{eV} & {}^3\text{He–Flüssigkeit } (10^{-8}\,\mathrm{cm}) \\ 35\,\mathrm{MeV} & \text{Atomkern } (10^{-13}\,\mathrm{cm}) \\ 10^{6}\,\mathrm{eV} & \text{Weißer Zwerg } (10^{-11}\,\mathrm{cm}) \end{cases} \tag{29.40}$$

Dabei wurden die jeweiligen Massen m und Dichten $v = V/N$ eingesetzt. In der Klammer ist die Größenordnung des mittleren Teilchenabstands angegeben.

Für $T \neq 0$ erfolgt der Übergang von $\overline{n(\varepsilon)} \approx 1$ zu $\overline{n(\varepsilon)} \approx 0$ in einen Bereich von einigen $k_{\mathrm{B}}T$ bei $\mu \approx \varepsilon_{\mathrm{F}}$. Für die Elektronen im Metall wäre diese „Aufweichung der Fermikante" in einer maßstäblichen Abbildung wegen $k_{\mathrm{B}}T/\varepsilon_{\mathrm{F}} < 10^{-2}$ kaum sichtbar. In der folgenden Skizze ist die Differenz zwischen $\overline{n(\varepsilon)}$ und $\Theta(\mu - \varepsilon)$ gestrichelt eingezeichnet (für $\varepsilon \geq \mu$ fallen gestrichelte und durchgezogene Linie zusammen). Diese Differenz bestimmt die thermodynamischen Eigenschaften.

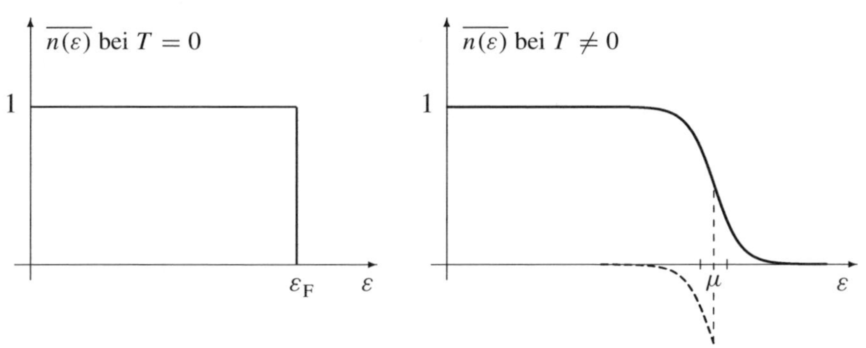

Das Ergebnis der Auswertung ist:

$$E = \frac{3}{5}\, N\varepsilon_{\rm F} + \frac{\pi^2}{4}\,\frac{k_{\rm B}T}{\varepsilon_{\rm F}}\, Nk_{\rm B}T\,, \qquad c_V = \frac{\pi^2}{2}\,\frac{k_{\rm B}T}{\varepsilon_{\rm F}}\, k_{\rm B} \tag{29.41}$$

Wegen $k_{\rm B}T \ll \varepsilon_{\rm F}$ wird nur ein Bruchteil $\mathcal{O}(k_{\rm B}T/\varepsilon_{\rm F})$ aller Teilchen thermisch angeregt. Angeregte Teilchen erhalten im Mittel eine Energie $\mathcal{O}(k_{\rm B}T)$. Zur spezifischen Wärme eines Metalls tragen neben den Elektronen noch die Gitterschwingungen (folgender Abschnitt) bei, so dass $c_V = \alpha\, T^3 + \gamma\, T$. Aus der Anpassung dieser Form ans Experiment kann man den Koeffizienten γ bestimmen und mit (29.41) vergleichen.

Nach (29.29) ist der Druck des nichtrelativistischen Fermigases $P(T, V, N) = 2E/(3V)$. Im Gegensatz zum idealen klassischen Gas oder zum idealen Bosegas geht der Druck des Fermigases für $T \to 0$ nicht gegen null, sondern gegen den endlichen Wert

$$P_{\rm Fermi} = P(0, V, N) = \frac{2}{5}\,\frac{N}{V}\,\varepsilon_{\rm F} = \frac{(3\pi^2)^{2/3}}{5}\,\frac{\hbar^2}{m\, v^{5/3}} \tag{29.42}$$

Dieser *Fermidruck* ist der Grund für die relative *Inkompressibilität* gewöhnlicher fester oder flüssiger Materie. Vereinfacht dargestellt steht einem Elektron wegen des Pauliprinzips effektiv das Volumen $v = V/N$ zur Verfügung. Wegen der Unschärferelation hat es dann eine Mindestenergie der Größe $\hbar^2/(m\, v^{2/3})$. Es ist daher relativ schwer (energieaufwändig), kondensierte Materie zu komprimieren.

Phononengas

Bei hinreichend tiefen Temperaturen bilden die N Atome oder Moleküle eines Stoffs im Allgemeinen ein Kristallgitter. Die $3N$ Freiheitsgrade der Translation werden dann zu $3N$ Eigenschwingungen oder Gitterwellen mit den Frequenzen ω_j, wobei $j = 1, 2, \ldots, 3N$. Die Gitterwellen sind quantisiert, das heißt ihre Energien sind von der Form

$$e_j = \hbar\,\omega_j \left(n_j + \frac{1}{2}\right) = \hbar\,\omega(k)\left(n_j + \frac{1}{2}\right), \qquad n_j = 0, 1, 2, \ldots \tag{29.43}$$

Die Quanten der Wellen heißen *Phononen*. Der Vergleich mit (29.25) zeigt, dass es sich um Bosonen handelt. Der Index $j = (\boldsymbol{k}, m)$ steht für den Wellenvektor $\boldsymbol{k}$ und die drei Werte m der Polarisationsrichtung der Welle (eine longitudinale und zwei transversale Wellen).

Die Anzahl $N_{\rm ph} = \sum n_j$ der Phononen liegt nicht fest. Die Größe $N_{\rm ph}$ kommt daher weder in der Hamiltonfunktion noch in den Energien $E_r(V)$ vor. Damit ist in den mittleren Bose-Besetzungszahlen $\mu = \overline{\partial E_r/\partial N_{\rm ph}} \equiv 0$ zu setzen:

$$E(T, V) = \overline{E_r} = E_0(V) + \sum_{j=1}^{3N} \hbar\,\omega(k)\, \overline{n_k} \quad \text{mit} \quad \overline{n_k} = \frac{1}{\exp(\beta\,\hbar\,\omega) - 1} \tag{29.44}$$

Dabei ist $E_0(V)$ der Beitrag der Nullpunktschwingungen. Die Summe über j wird wie folgt ausgewertet:

$$\sum_{j=1}^{3N} \ldots = \sum_{m=1}^{3} \sum_{\boldsymbol{k}} \ldots = \frac{9N}{\omega_{\mathrm{D}}^3} \int_0^{\omega_{\mathrm{D}}} d\omega\, \omega^2 \ldots \tag{29.45}$$

Die Dispersionsrelation der Gitterwellen ist näherungsweise linear, $\omega(k) \approx c_{\mathrm{S}}\,|\boldsymbol{k}|$; dabei ist c_{S} die Schallgeschwindigkeit. Die minimal mögliche Wellenlänge ist $\lambda = 2a$, wobei a die Gitterkonstante ist. Im *Debye-Modell* wird dies durch eine obere Integralgrenze in (29.45) berücksichtigt, $\omega_{\mathrm{D}} \approx 4\,c_{\mathrm{S}}/a$. Die Auswertung von (29.44) mit (29.45) ergibt

$$C_V = \frac{\partial E(T,V)}{\partial T} = \begin{cases} 3Nk_{\mathrm{B}}\left(1 - \dfrac{1}{20}\dfrac{T_{\mathrm{D}}^2}{T^2}\right) & (T \gtrsim T_{\mathrm{D}}) \\[2ex] \dfrac{12\,\pi^4}{5}\, Nk_{\mathrm{B}}\, \dfrac{T^3}{T_{\mathrm{D}}^3} & (T \ll T_{\mathrm{D}}) \end{cases} \tag{29.46}$$

Die Debye-Temperatur ist durch $k_{\mathrm{B}}T_{\mathrm{D}} = \hbar\omega_{\mathrm{D}}$ definiert. Der Hochtemperatur-Grenzfall $C_V = 3Nk_{\mathrm{B}}$ heißt *Dulong-Petit-Gesetz*; er folgt aus dem Gleichverteilungssatz. Für tiefe Temperaturen sind alle Moden mit $\hbar\omega \lesssim k_{\mathrm{B}}T$ angeregt. Die Anzahl dieser Moden ist proportional zu $\int d^3k \propto k^3 \propto \omega^3 \propto T^3$.

Für Kupfer ist die Debye-Temperatur $T_{\mathrm{D}} = 343\,\mathrm{K}$. Wenn sich die Temperatur der Schmelztemperatur $T_{\mathrm{S}} = 1357\,\mathrm{K}$ nähert, werden Gitterschwingungen so stark, dass sie den Kristallverband auflösen; spätestens hier wird das Modell ungültig.

Photonengas

Wir untersuchen Systeme, in denen Materie der Temperatur T mit elektromagnetischer Strahlung im Gleichgewicht ist. Dies gilt zum Beispiel für das Plasma der Sonnenoberfläche. Die Quanten des elektromagnetischen Felds sind die *Photonen* mit der Energie $\varepsilon = \hbar\omega$ und dem Spin 1. Das Photonengas kann ganz analog zum Phononengas (vorhergehender Abschnitt) behandelt werden, jedoch mit folgenden Modifikationen:

- Die Dispersionsrelation ist exakt linear, $\omega(k) = c\,|\boldsymbol{k}|$.
- Der Koeffizient c ist die Lichtgeschwindigkeit (anstelle von c_{S}).
- Es gibt zwei transversale Wellen, aber keine longitudinale.
- Es gibt keine obere Grenze für die Frequenz (wie ω_{D} für Phononen).
- Die Nullpunktenergie $E_0(V)$ ist unendlich und wird ignoriert.

Die Anzahl der Photonen ist (wie bei den Phononen) nicht vorgegeben. Daher ist in den mittleren Bosebesetzungszahlen (29.28) wieder $\mu \equiv 0$ zu setzen:

$$E'(T,V) = E(T,V) - E_0(V) = \sum_{j=1}^{3N} \hbar\,\omega(k)\,\overline{n_k} \quad \text{mit} \quad \overline{n_k} = \frac{1}{\exp(\beta\,\hbar\omega) - 1} \tag{29.47}$$

Die Summe $\sum_j = \sum_m \sum_{\boldsymbol{k}} = 2\sum_{\boldsymbol{k}}$ wird wie in (29.33) geschrieben, wobei $p = \hbar k = c\hbar\omega$ gilt:

$$E'(T, V) = \frac{2V}{(2\pi)^3}\int d^3k \, \frac{\hbar\omega}{\exp(\beta\hbar\omega) - 1} = V\int_0^\infty d\omega \, u(\omega) \qquad (29.48)$$

Die Auswertung ergibt

$$E'(T, V) = \frac{4\sigma}{c}\, V T^4 \quad \text{mit} \quad \sigma = \frac{\pi^2 k_B^4}{60\,\hbar^3 c^2} = 5.67 \cdot 10^{-8}\,\frac{\mathrm{W}}{\mathrm{m^2\,K^4}} \qquad (29.49)$$

Die Größe σ heißt Stefan-Boltzmann-Konstante. Für die Wärmekapazität gilt dann $C_V = (16\,\sigma/c)\, V T^3$.

Plancksche Strahlungsverteilung

Aus (29.48) kann die Frequenzverteilung des Photonengases abgelesen werden:

$$u(\omega) = \frac{\hbar}{\pi^2 c^3}\,\frac{\omega^3}{\exp(\hbar\omega/k_B T) - 1} \qquad \text{Plancksche Strahlungsverteilung} \qquad (29.50)$$

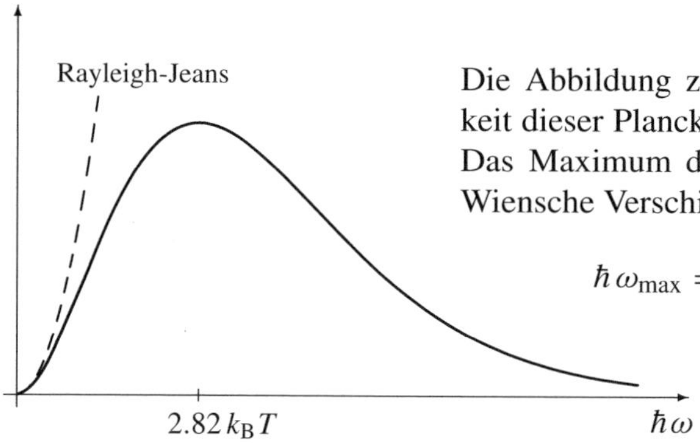

Die Abbildung zeigt die Frequenzabhängigkeit dieser Planckschen Strahlungsverteilung. Das Maximum der Verteilung ist durch das Wiensche Verschiebungsgesetz bestimmt:

$$\hbar\,\omega_{\max} = 2.82\,k_B T \qquad (29.51)$$

Anwendungen der Planckschen Strahlungsverteilung sind: Licht der Sonnenoberfläche, kosmische Hintergrundstrahlung, Wärmestrahlung der Erde oder Strahlung von glühendem Eisen.

Stefan-Boltzmann-Gesetz

Ein einfaches theoretisches Modell ist ein Hohlraumresonator, in dem (stehende) elektromagnetische Wellen thermisch angeregt sind. Wenn der Hohlraum mit einem kleinen Loch versehen wird, dann entweicht hieraus Strahlung mit der Verteilung $u(\omega)$. Da ein solches Loch „schwarz“ erscheint, spricht man auch von der Strahlung eines *schwarzen Körpers*. Die Größe $E'c/V$ ist eine Energiestromdichte. Geht diese Stromdichte durch die Fläche f, so ist die durchgehende Leistung gleich $f c E'/V$. Unter Berücksichtigung numerischer (Winkel-)Faktoren erhält man hieraus die elektromagnetische Strahlungsleistung

$$P_{\rm em} = \sigma\, f\, T^4 \qquad \text{Stefan-Boltzmann-Gesetz} \qquad (29.52)$$

Strahlungsdruck

Aus (29.29) folgt der Druck des Photonengases

$$P = \frac{E'}{3\,V} \tag{29.53}$$

Für eine Energiestromdichte $j = c\,E'/V = 1\,\mathrm{kW/m^2}$ ergibt sich $P \sim 10^{-11}\,\mathrm{bar}$. Dies ist der isotrope Druck im Photonengas. Der Druck von gerichteter Strahlung (wie der Sonnenstrahlung) unterscheidet sich hiervon nur um einen numerischen Faktor.

Aufgaben

29.1 Adiabatische Entmagnetisierung

Ein System besteht aus N unabhängigen Spin-1/2 Teilchen (Elektronen) mit dem magnetischen Moment μ_B. Die Spins stellen sich in einem homogenen Magnetfeld der Stärke B ein. Gehen Sie von der Zustandssumme $Z(T, B)$ und vom Differenzial

$$dF = -S\,dT - VM\,dB \tag{29.54}$$

der freien Energie $F(T, B) = -k_\mathrm{B}T \ln Z$ aus ($N = \text{const.}$). Berechnen Sie hieraus die Entropie S und die Magnetisierung M. Was ergibt sich für $T \to 0$ und für $T \to \infty$?

Zu Anfang sei die Temperatur des Systems gleich T_a und das Feld gleich B_a. Nun wird das Feld im thermisch isolierten System langsam abgeschaltet; wegen der internen Wechselwirkung bleibt faktisch ein schwaches Feld B_b bestehen. Welche Temperatur T_b stellt sich dann ein? Skizzieren Sie die Entropie als Funktion der Temperatur für zwei verschiedene Werte (B_a und B_b) des Magnetfelds.

Lösung: Ein einzelnes Teilchen hat die beiden möglichen Energiewerte $\varepsilon = \pm\mu_\mathrm{B}B$. Daraus folgt die Zustandssumme $z(T, B) = 2\cosh(\beta\mu_\mathrm{B}B) = 2\cosh x$ für 1 Teilchen und

$$Z(T, B) = z^N = \big(2\cosh x\big)^N \qquad \text{mit} \quad x = \frac{\mu_\mathrm{B}B}{k_\mathrm{B}T}$$

für N Teilchen. Für die freie Energie gilt dann

$$F(T, B) = -k_\mathrm{B}T \ln Z = -N k_\mathrm{B}T \ln\big(2\cosh x\big)$$

Aus (29.54) erhalten wir

$$\begin{aligned} S(T, B) &= -\frac{\partial F(T, B)}{\partial T} = N k_\mathrm{B}\Big(\ln\big(2\cosh x\big) - x\tanh x\Big) \\ &\approx \begin{cases} N k_\mathrm{B}\,\big(\ln 2 - x^2/2\big) & (x \to 0) \\ 2N k_\mathrm{B}\,x\,\exp(-2x) & (x \to \infty) \end{cases} \end{aligned}$$

Für $x \to \infty$ haben wir $2\cosh x = \exp(x)\,(1 + \exp(-2x))$ geschrieben und den Logarithmus entwickelt; außerdem wurde $\tanh x \approx 1 - 2\exp(-2x)$ verwendet. Für $T \to 0$ oder $B \to \infty$ geht die Entropie gegen null, denn dann sind alle magnetischen Momente parallel ausgerichtet (geordneter Zustand). Für $T \to \infty$ werden beide Einstellungen für alle N Teilchen gleichermaßen zugänglich, also $\Omega \to 2^N$. Für die Magnetisierung erhalten wir

$$M(T, B) = -\frac{1}{V}\,\frac{\partial F(T, B)}{\partial B} = \frac{N\mu_\mathrm{B}}{V}\tanh x \approx \begin{cases} \dfrac{N\mu_\mathrm{B}^2 B}{V k_\mathrm{B}T} & (T \to \infty) \\[2ex] \dfrac{N\mu_\mathrm{B}}{V} & (T \to 0) \end{cases}$$

Für $x \to \infty$ (also $T \to 0$ oder $B \to \infty$) erhalten wir die Sättigungsmagnetisierung $M_0 = N\mu_\mathrm{B}/V$ (alle Momente ausgerichtet). Für hohe Temperaturen gilt das Curiegesetz $\chi_\mathrm{m} = \partial M/\partial B = \text{const.}/T$.

Wenn das Feld langsam und adiabatisch abgeschaltet wird, gilt $dS = đQ_{\text{q.s.}}/T = 0$. Aus $S = \text{const.}$ folgt $x = \text{const.}$ oder $B/T = \text{const.}$ In dem betrachteten Prozess ergibt sich daher die Endtemperatur

$$T_b = T_a \, \frac{B_b}{B_a}$$

Wegen $x = \text{const.}$ bleibt auch die Magnetisierung erhalten; ein schnelles Abschalten impliziert $M = \text{const.}$ und ändert daher nichts am Ergebnis.

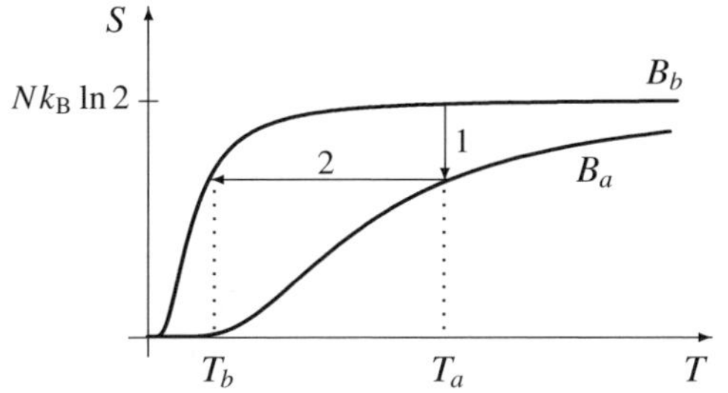

Die Entropie S als Funktion der Temperatur T für zwei verschiedene Werte des Magnetfelds, $B_a > B_b$. Der Weg 1 beschreibt das isotherme Anschalten des Magnetfelds B_a; dabei ordnen sich die Spins, und das System gibt Wärme ab. Der Weg 2 zeigt das adiabatische Abschalten des äußeren Felds.

Hinweis: Das Verfahren der *adiabatischen Entmagnetisierung* dient der Erzeugung sehr tiefer Temperaturen: Auf einem Ausgangsniveau gebe es ein Wärmebad, zum Beispiel mit 1 K. Das Spinsystem habe Kontakt mit dem Wärmebad. Damit kann das Magnetfeld B_a isotherm eingeschaltet werden. Danach wird das System thermisch isoliert, und das Feld wird abgeschaltet; wegen der Wechselwirkungen der magnetischen Momente gibt es noch ein effektives, schwaches Restfeld B_b. Beim Abschalten bleibt die Entropie erhalten. Aus der obigen Skizze sieht man, dass man dadurch zu einer niedrigeren Temperatur kommt: praktisch kommt man bis zu etwa 0.002 K. Das analoge Verfahren führt dann für die Kernspins (anstelle der hier betrachteten Elektronenspins) zu sehr tiefen Temperaturen (wie etwa 10^{-6} K).

29.2 Spezifische Wärme und Suszeptibilität im idealen Spinsystem

Ein System besteht aus N unabhängigen Spin-1/2 Teilchen (Elektronen) mit dem magnetischen Moment μ_B. Es befindet sich in einem äußeren Magnetfeld B. Das System hat die Zustandssumme

$$Z(T, B) = \big(2 \cosh x\big)^N \qquad \text{mit} \quad x = \frac{\mu_B B}{k_B T} = \frac{T_m}{T}$$

Die Teilchenzahl N ist konstant. Berechnen Sie die spezifische Wärme $c_B(T, B) = (T/N)\, \partial S(T, B)/\partial T$ und die Suszeptibilität $\chi_m = \partial M/\partial B$. Spezialisieren Sie die Ergebnisse für $x \gg 1$ und $x \ll 1$.

Lösung: Die freie Energie des Systems ist

$$F(T, B) = -k_B T \ln Z = -N k_B T \ln\big(2 \cosh x\big)$$

Aus $dF = -S\, dT - VM\, dB$ erhalten wir

$$S(T, B) = -\frac{\partial F(T, B)}{\partial T} = N k_B \Big(\ln\big(2 \cosh x\big) - x \tanh x \Big)$$

$$M(T, B) = -\frac{1}{V} \frac{\partial F(T, B)}{\partial B} = \frac{N \mu_B}{V} \tanh x$$

Damit berechnen wir die spezifische Wärme

$$c_B(T, B) = \frac{T}{N}\,\frac{\partial S(T, B)}{\partial T} = -\frac{x}{N}\,\frac{dS}{dx} = k_B\,\frac{x^2}{\cosh^2 x}$$

und die magnetische Suszeptibilität

$$\chi_m(T, B) = \frac{\partial M(T, B)}{\partial B} = \frac{\mu_B}{k_B T}\,\frac{dM}{dx} = \frac{N\mu_B}{VB}\,\frac{x}{\cosh^2 x}$$

Speziell für die Grenzfälle $x = T_m/T \ll 1$ und $x \gg 1$ erhalten wir

$$c_B(T, B) = k_B \cdot \begin{cases} \left(\dfrac{\mu_B B}{k_B T}\right)^2 & (T \gg T_m) \\[2ex] 4\left(\dfrac{\mu_B B}{k_B T}\right)^2 \exp\left(-\dfrac{2\mu_B B}{k_B T}\right) & (T \ll T_m) \end{cases}$$

$$\chi_m(T, B) = \frac{N\mu_B}{V} \cdot \begin{cases} \dfrac{\mu_B}{k_B T} = \dfrac{\text{const.}}{T} & (T \gg T_m) \\[2ex] 4\,\dfrac{\mu_B}{k_B T}\exp\left(-\dfrac{2\mu_B B}{k_B T}\right) & (T \ll T_m) \end{cases}$$

Als Funktion der Temperatur gehen c_B und χ_m für $T \to 0$ exponentiell gegen null. Bei $k_B T \sim \mu_B B$ haben sie ein Maximum. Für $T \to \infty$ fallen sie mit einer Potenz ab. Das Verhalten $\chi_m \propto 1/T$ wird Curiegesetz genannt.

29.3 Allgemeines ideales Spinsystem

N unabhängige Spinteilchen befinden sich in einem homogenen Magnetfeld $\boldsymbol{B} = B\,\boldsymbol{e}_z$ mit $B > 0$. Der Spin $s > 0$ (hier ohne den Faktor $\hbar$) kann halb- oder ganzzahlig sein; es gibt die Spineinstellungen $s_z = s, s-1, s-2, \ldots, -s$. Das magnetisches Moment ist $\boldsymbol{\mu} = g\,\mu_0\,\boldsymbol{s}$, wobei g der gyromagnetische Faktor ist, und $\mu_0 = q\hbar/(2mc)$. Berechnen Sie die kanonische Zustandssumme (geometrische Reihe!), die freie Energie $F(T, B)$ und die Magnetisierung $M(T, B)$. Geben Sie die Magnetisierung speziell für hohe und für tiefe Temperaturen an.

Lösung: Die Energie eines Spins ist $\varepsilon = -\boldsymbol{\mu} \cdot \boldsymbol{B} = -g\,\mu_0\,B\,s_z$. Wir verwenden die Abkürzung

$$x = \frac{|g\,\mu_0|\,B}{k_B T} = \frac{T_m}{T}$$

Aus den möglichen Werten $s_z = s, s-1, s-2, \ldots, -s$ folgt die Zustandssumme für 1 Teilchen:

$$z(T, B) = \sum_{s_z=-s}^{s} \exp(x\,s_z) = \exp(-x\,s)\sum_{m=0}^{2s}\big[\exp(x)\big]^m$$

$$= \exp(-x\,s)\,\frac{1-\exp\big(x\,[2s+1]\big)}{1-\exp(x)} = \frac{\sinh\big(x\,[s+1/2]\big)}{\sinh(x/2)}$$

Die Zustandssumme des Gesamtsystems ist $Z = z^N$. Damit erhalten wir die freie Energie

$$F(T,B) = -k_B T \ln Z = -N k_B T \ln z(T,B) = -N k_B T \ln\left(\frac{\sinh\left(x\,[s+1/2]\right)}{\sinh(x/2)}\right)$$

Da die Teilchenzahl N konstant ist, wurde sie nicht im Argument aufgeführt. Aus $dF = -S\,dT - VM\,dB$ erhalten wir

$$M(T,B) = -\frac{1}{V}\frac{\partial F(T,B)}{\partial B} = \frac{N\,|g\,\mu_0|}{V}\left[\left(s+1/2\right)\coth\left(x\,[s+1/2]\right) - \frac{\coth(x/2)}{2}\right]$$

$$\approx \frac{N\,|g\,\mu_0|}{V}\cdot\begin{cases} \dfrac{s\,(s+1)}{3}\,x = \dfrac{s\,(s+1)\,|g\,\mu_0|\,B}{3\,k_B T} & (T \gg T_m) \\[2ex] s & (T \ll T_m) \end{cases}$$

Für hohe Temperaturen ergibt sich das Curiegesetz $\chi_m = \partial M/\partial B = \text{const.}/T$. Für tiefe Temperaturen geht die Magnetisierung gegen den Sättigungswert $M_0 = N\,|g\,\mu_0|\,s/V$ (alle magnetischen Momente parallel zum Magnetfeld).

29.4 Vibrationsanteil für hohe und tiefe Temperaturen

Für N unabhängige Oszillatoren erhält man die Wärmekapazität:

$$C_{vib}(T,N) = N k_B\,\frac{T_{vib}^2}{T^2}\,\frac{\exp(T_{vib}/T)}{\left[\exp(T_{vib}/T) - 1\right]^2}$$

Bestimmen Sie die führenden temperaturabhängigen Terme für tiefe ($T \ll T_{vib}$) und hohe ($T \gg T_{vib}$) Temperaturen.

Lösung: Für $T_{vib}/T \gg 1$ ergibt der Bruch in der angegebenen Formel in führender Ordnung einfach $\exp(-T_{vib}/T)$. Für $x = T_{vib}/T \ll 1$ entwickeln wir diesen Bruch:

$$\frac{\exp(x)}{[\exp(x)-1]^2} = \frac{1+x+x^2/2+\ldots}{(1+x+x^2/2+x^3/6+\ldots-1)^2} \approx \frac{1}{x^2}\,\frac{1+x+x^2/2}{(1+x/2+x^2/6)^2}$$

$$= \frac{1}{x^2}\left(1 - \frac{x^2}{12} \pm \ldots\right)$$

Da der Term $1/x^2$ zu einem konstanten Beitrag führt, muss man für den führenden *temperaturabhängigen* Term die Entwicklung entsprechend weiterführen. Mit diesen Entwicklungen erhalten wir dann

$$C_{vib} = N k_B \cdot \begin{cases} \dfrac{T_{vib}^2}{T^2}\exp\left(-\dfrac{T_{vib}}{T}\right) + \ldots & (T \ll T_{vib}) \\[2ex] 1 - \dfrac{1}{12}\,\dfrac{T_{vib}^2}{T^2} + \ldots & (T \gg T_{vib}) \end{cases} \qquad (29.55)$$

Der zweite, für hohe Temperaturen angegebene Term beschreibt die Abweichungen vom klassischen Wert (Gleichverteilungssatz). Für tiefe Temperaturen frieren die Vibrationsfreiheitsgrade ein.

29.5 Anharmonische Korrekturen im Vibrationsanteil

Die Energien der Vibrationszustände eines zweiatomigen Moleküls sind

$$\varepsilon_n = \hbar\omega\left[\left(n+\frac{1}{2}\right) - \delta\left(n+\frac{1}{2}\right)^2\right]$$

Eine solche Anharmonizität ergibt sich zum Beispiel für das in Aufgabe 24.8 untersuchte Morsepotenzial. Die folgenden Berechnungen sollen bis zur ersten Ordnung in der kleinen Größe δ durchgeführt werden. Bestimmen Sie die Zustandssumme $z_{\rm vib}$ für ein einzelnes Molekül. Berechnen Sie daraus die Vibrationsenergie $E_{\rm vib}$ für N unabhängige Moleküle. Geben Sie die führenden Beiträge zur Wärmekapazität für tiefe und hohe Temperaturen an.

Lösung: Wir verwenden die Abkürzungen

$$x = \beta\hbar\omega = \frac{\hbar\omega}{k_{\rm B}T} = \frac{T_{\rm vib}}{T}$$

Die Zustandssumme für ein einzelnes Molekül ist

$$\begin{aligned}
z_{\rm vib} &= \sum_{n=0}^{\infty}\exp(-\beta\varepsilon_n) = \sum_{n=0}^{\infty}\exp\big(-x\,(n+1/2)\big)\,\exp\big(\delta\,x\,(n+1/2)^2\big) \\
&\approx \sum_{n=0}^{\infty}\exp\big(-x\,(n+1/2)\big)\big(1+\delta\,x\,(n+1/2)^2\big) \\
&= \left(1+\delta\,x\,\frac{\partial^2}{\partial x^2}\right)\sum_{n=0}^{\infty}\exp\big(-x\,(n+1/2)\big) \\
&= \left(1+\delta\,x\,\frac{\partial^2}{\partial x^2}\right)\frac{\exp(-x/2)}{1-\exp(-x)} = \left(1+\delta\,x\,\frac{\partial^2}{\partial x^2}\right)\frac{1}{2\sinh(x/2)} \\
&= \frac{1}{2\sinh(x/2)}\left[1+\delta\,\frac{x}{4}\left(1+\frac{2}{\sinh^2(x/2)}\right)\right]
\end{aligned} \qquad (29.56)$$

Hieraus folgt in erster Ordnung in δ,

$$\ln z_{\rm vib} \approx -\ln\big[2\sinh(x/2)\big] + \delta\,\frac{x}{4}\left(1+\frac{2}{\sinh^2(x/2)}\right)$$

Die Zustandssumme für N unabhängige Moleküle ist $Z_{\rm vib} = (z_{\rm vib})^N$. Damit berechnen wir die Energie der Vibrationen:

$$\begin{aligned}
E_{\rm vib} &= -\frac{\partial \ln Z_{\rm vib}}{\partial\beta} = -N\,\frac{\partial \ln z_{\rm vib}}{\partial\beta} = -N\hbar\omega\,\frac{d\ln z_{\rm vib}}{dx} \\
&= \frac{N\hbar\omega}{2}\left[\coth(x/2) - \frac{\delta}{2}\left(1+\frac{2\big[1-x\coth(x/2)\big]}{\sinh^2(x/2)}\right)\right] \\
&\approx N\hbar\omega\cdot\begin{cases} \dfrac{1}{2}+\exp(-x)-\dfrac{\delta}{4}\big[1-8\,x\exp(-x)\big] & (x\gg 1) \\[2ex] \dfrac{1}{x}+\dfrac{2\,\delta}{x^2} & (x\ll 1)\end{cases}
\end{aligned}$$

Mit $x = T_{\rm vib}/T$ erhalten wir hieraus die Grenzfälle für die Wärmekapazität:

$$C_{\rm vib} = -\frac{T_{\rm vib}}{T^2}\frac{dE_{\rm vib}}{dx} = N k_{\rm B} \cdot \begin{cases} \dfrac{T_{\rm vib}^2}{T^2}\left(1 + 2\delta\,\dfrac{T_{\rm vib}}{T}\right)\exp\left(-\dfrac{T_{\rm vib}}{T}\right) & (T \ll T_{\rm vib}) \\[2ex] 1 + 4\delta\,\dfrac{T}{T_{\rm vib}} & (T \gg T_{\rm vib}) \end{cases}$$

29.6 Rotationsanteil für die Moleküle H_2, D_2 und HD

Es werden die drei wasserstoffartigen Gase betrachtet, die jeweils aus den Molekülen H_2, D_2 oder HD bestehen. Geben Sie die Zustandssummen für Rotationen unter Berücksichtigung der Austauschsymmetrie an. Welches Verhältnis $\eta(T_0)$ erhält man für gerade und ungerade l-Werte, wenn die Proben hinreichend lange bei einer hohen Temperatur $T_0 \gg T_{\rm rot}$ gelagert wurden? Geben Sie die spezifische Wärme $c_{\rm rot}$ dieser Proben für tiefe Temperaturen ($T \ll T_{\rm rot}$) an.

Hinweise: Mit D wird Deuterium bezeichnet, also ein Wasserstoffatom mit einem Deuteron (Proton + Neutron) als Kern. Das Deuteron hat den Spin 1; im D_2-Molekül können diese Spins zu $S = 0$, 1 oder 2 koppeln.

Lösung: Im Modell des starren Rotators sind die Rotations-Energiewerte eines Moleküls

$$\varepsilon_l = \frac{\hbar^2 l\,(l+1)}{2\Theta} = k_{\rm B}\,T_{\rm rot}\,\frac{l\,(l+1)}{2}$$

Wir schreiben die Zustandssummen für gerades und ungerades l getrennt an:

$$\begin{aligned} z_{\rm para} &= \sum_{l=0,2,4,\ldots} (2l+1)\exp\left(-\frac{l(l+1)\,T_{\rm rot}}{2T}\right) = 1 + 5\,\exp\left(-\frac{3\,T_{\rm rot}}{T}\right) + \ldots \\ z_{\rm ortho} &= \sum_{l=1,3,5,\ldots} (2l+1)\exp\left(-\frac{l(l+1)\,T_{\rm rot}}{2T}\right) = 3\,\exp\left(-\frac{T_{\rm rot}}{T}\right) + \ldots \end{aligned} \qquad (29.57)$$

Das sind zugleich die Entwicklungen für tiefe Temperaturen, $T \ll T_{\rm rot}$. Für hohe Temperaturen, $T \gg T_{\rm rot}$, tragen jeweils sehr viele Drehimpulse bei, sodass die Summen durch Integrale angenähert werden können. Die Korrekturen hierzu können dann mit der Eulerschen Summenformel berechnet werden:

$$z_{\rm para} \approx z_{\rm ortho} \approx \frac{T}{T_{\rm rot}} + \frac{1}{6} + \frac{1}{60}\frac{T_{\rm rot}}{T} + \ldots \qquad (T \gg T_{\rm rot})$$

Das Molekül HD besteht aus unterscheidbaren Atomen, und es gibt keine Einschränkungen für die l-Werte; die Spinfreiheitsgrade führen zu einem Faktor, der für $z_{\rm ortho}$ und $z_{\rm para}$ derselbe ist und daher weggelassen werden kann. Im Molekül H_2 können die beiden Protonen zum Spin $S = 0$ (antisymmetrisch) oder 1 (symmetrisch) koppeln. Bei Austausch muss die Wellenfunktion insgesamt antisymmetrisch sein, also bedingt $S = 0$ gerade l-Werte (symmetrisch im Ort), und $S = 1$ ungerade l-Werte. Bei der Berechnung der Zustandssummen ist für $S = 1$ ein Faktor 3 für die drei möglichen S_z-Werte zu berücksichtigen:

$$z_{\rm rot}(T) = \begin{cases} z_{\rm ortho}(T) + z_{\rm para}(T) & \text{HD} \\ 3\,z_{\rm ortho}(T) + z_{\rm para}(T) & \text{H}_2 \\ 3\,z_{\rm ortho}(T) + 6\,z_{\rm para}(T) & \text{D}_2 \end{cases}$$

Die Gesamtwellenfunktion der beiden Deuteronen muss symmetrisch unter Austausch sein. Daher bedingen die symmetrischen Spinzustände $S = 0$ und $S = 2$ gerade l-Werte, und der antisymmetrische Spinzustand $S = 1$ bedingt ungerade l-Werte. Dabei ist jeweils noch die Summe über die möglichen S_z-Werte zu berücksichtigen.

Für H_2- und D_2-Moleküle hat das Verhältnis η von Ortho- zu Parazuständen einen wesentlichen Einfluss auf die spezifische Wärme. Wenn die Probe bei einer Temperatur T_0 gelagert wird, dann stellen sich die Verhältnisse

$$\eta(T_0) = \begin{cases} 3\, z_{\text{ortho}}(T_0) \big/ z_{\text{para}}(T_0) \\ 3\, z_{\text{ortho}}(T_0) \big/ \big(6\, z_{\text{para}}(T_0)\big) \end{cases} \qquad \eta(T_0 \gg T_{\text{rot}}) \approx \begin{cases} 3 & \mathrm{H_2} \\ 1/2 & \mathrm{D_2} \end{cases}$$

ein. Für $T_0 \gg T_{\text{rot}}$ sind beide Zustandssummen gleich, und es ergeben sich die auf der rechten Seite angegebenen Verhältnisse. Wenn die Probe nun auf tiefe Temperaturen $T \ll T_{\text{rot}}$ gebracht wird, so bleibt es längere Zeit bei dem Verhältnis $\eta(T_0)$, da die Wechselwirkungen mit den Kernspins sehr klein sind. Die spezifische Wärme für H_2 und D_2 ergibt sich daher aus

$$c_{\text{rot}}(T; T_0) = \frac{\eta(T_0)}{1 + \eta(T_0)}\, c_{\text{ortho}}(T) + \frac{1}{1 + \eta(T_0)}\, c_{\text{para}}(T)$$

Für tiefe Temperaturen T ist der Beitrag des ersten angeregten Zustands in (29.57) dominant; dies ist der $l = 1$ Beitrag in $c_{\text{ortho}}(T)$. Diesen Zustand können alle HD-Moleküle annehmen, aber jeweils nur der Bruchteil $\eta(T_0)/(1 + \eta(T_0))$ der H_2 oder D_2-Moleküle:

$$c_{\text{rot}}(T; T_0) \approx 3\, k_{\text{B}}\, \frac{T_{\text{rot}}^{\,2}}{T^2}\, \exp\left(-\frac{T_{\text{rot}}}{T}\right) \cdot \begin{cases} 1 & \text{HD, } T_0 \text{ beliebig} \\ 3/4 & \mathrm{H_2},\ T_0 \gg T_{\text{rot}} \\ 1/3 & \mathrm{D_2},\ T_0 \gg T_{\text{rot}} \end{cases}$$

Für hohe Temperaturen spielt die Quantisierung der Niveaus und ihre jeweilige Zugänglichkeit keine Rolle. Unabhängig vom Wert von T_0 ergibt sich das klassische Ergebnis des Gleichverteilungssatzes:

$$c_{\text{rot}} \approx k_{\text{B}} \qquad (T \gg T_{\text{rot}})$$

29.7 Massenwirkungsgesetz

Es wird das chemische Reaktionsgleichgewicht

$$2\,\mathrm{O} \rightleftharpoons \mathrm{O_2}$$

zwischen mono- und diatomarem Sauerstoff in einem Gasgemisch betrachtet. Der Druck P und die Temperatur T sind vorgegeben. Das Atom-Atom-Potenzial wird um das Minimum bei R_0 herum entwickelt, $V(R) \approx -\varepsilon + \mu\omega^2 (R - R_0)^2/2$. Die Temperatur ist so groß, dass die Rotationen und Vibrationen des O_2-Moleküls (Trägheitsmoment $\Theta = \mu R_0^2$) angeregt sind:

$$\frac{\hbar^2}{\Theta} \ll \hbar\omega \ll k_{\text{B}} T \ll \varepsilon \tag{29.58}$$

Andererseits ist die Temperatur so klein, dass die harmonischen Näherung im Potenzial gerechtfertigt ist. Behandeln Sie das System als ideales Gasgemisch. Geben

Sie die freien Energien der beiden Gase des Gemisches an. Verwenden Sie dabei die Hochtemperaturnäherung für die Vibrationen und Rotationen (im O_2-Molekül gibt es nur Rotationszustände mit geradem l). Berechnen Sie hieraus die chemischen Potenziale als Funktion der Temperatur T, des Drucks P und der jeweiligen Konzentration $c_i = N_i/N$. Leiten Sie aus der Gleichgewichtsbedingung für die chemischen Potenziale das *Massenwirkungsgesetz*

$$\frac{c_1^2}{c_2} = \frac{K(T)}{P} \tag{29.59}$$

ab. Diskutieren Sie die Temperaturabhängigkeit der Funktion $K(T)$.

Lösung: Für das Gemisch aus idealen Gasen sind die Partialdrücke

$$P_i = \frac{N_i k_B T}{V} = \frac{N_i}{N} P = c_i P \qquad \text{mit} \qquad c_i = \frac{N_i}{N} \tag{29.60}$$

Dabei kennzeichnet $i = 1$ das einatomige und $i = 2$ das zweiatomige Sauerstoffgas. Die freie Energie (28.27) des einatomigen Sauerstoffgases ergibt sich aus den Translationsfreiheitsgraden:

$$F_1 = -k_B T \,\ln Z_{\text{trans}}(T, V, N_1) = -N_1 k_B T \left[\ln\left(\frac{V}{N_1 \lambda^3} \right) + 1 \right]$$

Die thermischen Wellenlänge ist $\lambda = 2\pi\hbar/\sqrt{2\pi m k_B T}$, wobei m die Masse eines einzelnen O-Atoms ist. Aus der freien Energie folgt das chemische Potenzial:

$$\mu_1 = \frac{F_1 + P_1 V}{N_1} = -k_B T \,\ln\left(\frac{V}{N_1 \lambda^3} \right) = k_B T \left[\ln c_1 + \ln\left(\frac{P\lambda^3}{k_B T} \right) \right] \tag{29.61}$$

Wir haben den Partialdruck (29.60) eingesetzt und den von der Konzentration c_1 unabhängigen Teil abgespalten. Beim Molekül O_2 gibt es zusätzlich Vibrations- und Rotationsbeiträge:

$$\frac{F_2}{k_B T} = -\ln Z_{\text{trans}} - \ln Z_{\text{vib}} - \ln Z_{\text{rot}} = -N_2 \left[\ln\left(\frac{\sqrt{8}\, V}{N_2 \lambda^3} \right) + 1 + \ln z_{\text{vib}} + \ln z_{\text{rot}} \right]$$

Im Translationsanteil wurde λ^2 durch $\lambda^2/2$ ersetzt, weil die Moleküle die doppelte Masse haben. Die Vibrationen im Potenzial $V(R) \approx -\varepsilon + \mu\omega^2 (R - R_0)^2/2$ haben die Energien $\varepsilon_n = -\varepsilon + \hbar\omega(n + 1/2)$. Daraus folgt die Zustandssumme eines Moleküls:

$$z_{\text{vib}} = \sum_{n=0}^{\infty} \exp\left(-\beta\varepsilon_n\right) = \frac{\exp\left(\beta[\varepsilon - \hbar\omega/2]\right)}{1 - \exp(-\beta\hbar\omega)}$$

Die Zustandssumme unterscheidet sich von (29.9) um den Faktor $\exp(\beta\varepsilon)$. Wenn man nur das zweiatomige Gas betrachtet, kann man diesen Faktor weglassen (Wahl des Energienullpunkts). Relativ zum monoatomaren Anteil ist die Absenkung durch die attraktive Wechselwirkung aber relevant. Wir entwickeln den Logarithmus von z_{vib} für hohe Temperaturen:

$$\ln z_{\text{vib}} = \beta\left(\varepsilon - \hbar\omega/2\right) - \ln\left(1 - \exp(-\beta\hbar\omega)\right) \approx \frac{\varepsilon}{k_B T} - \ln\left(\frac{\hbar\omega}{k_B T} \right) + \mathcal{O}\left(\frac{\hbar\omega}{k_B T} \right)^2$$

Für die Rotationen gehen wir von der Zustandssumme (29.11) eines Moleküls aus:

$$z_{\rm rot} = \sum_{l=0,2,4,\ldots} (2l+1)\exp\left(-\frac{\hbar^2 l(l+1)}{2\Theta\, k_{\rm B}T}\right) \overset{l=2n}{=} \sum_{n=0}^{\infty}(4n+1)\exp\left(-\frac{\hbar^2 n(2n+1)}{\Theta\, k_{\rm B}T}\right)$$

$$= \int_0^\infty dn\; f(n) + \frac{f(0)+f(\infty)}{2} - \frac{f'(0)-f'(\infty)}{12} + \frac{f'''(0)-f'''(\infty)}{720} \pm \ldots$$

Dabei haben wir in der zweiten Zeile die Eulersche Summenformel verwendet und die Summanden durch $f(n)$ abgekürzt. Im Integral substituieren wir $x^2 = (\hbar^2\beta/\Theta)(2n^2+n)$ und $2x\,dx = (\hbar^2\beta/\Theta)(4n+1)\,dn$:

$$\int_0^\infty dn\; f(n) = \frac{2\Theta}{\hbar^2\beta}\int_0^\infty dx\; x\; \exp\left(-x^2\right) = \frac{k_{\rm B}T}{\hbar^2/\Theta}$$

Mit $f(\infty)=0$, $f'(\infty)=0$, $f'''(\infty)=0$ und

$$f(0)=1\,,\quad f'(0) = 4 - \frac{\hbar^2/\Theta}{k_{\rm B}T}\,,\quad f'''(0) = -48\,\frac{\hbar^2/\Theta}{k_{\rm B}T} + 24\left(\frac{\hbar^2/\Theta}{k_{\rm B}T}\right)^2 - \left(\frac{\hbar^2/\Theta}{k_{\rm B}T}\right)^3$$

erhalten wir schließlich

$$z_{\rm rot} = \frac{k_{\rm B}T}{\hbar^2/\Theta} + \frac{1}{6} + \frac{\hbar^2/\Theta}{60\,k_{\rm B}T} \pm \ldots$$

$$\ln z_{\rm rot} = \ln\left(\frac{k_{\rm B}T}{\hbar^2/\Theta}\right) + \frac{1}{6}\,\frac{\hbar^2/\Theta}{k_{\rm B}T} + \mathcal{O}\left(\frac{\hbar^2/\Theta}{k_{\rm B}T}\right)^2$$

Wir setzen die Ergebnisse für $z_{\rm vib}$ und $z_{\rm rot}$ in die freie Energie F_2 des O_2-Anteils ein:

$$F_2 \approx -N_2\,k_{\rm B}T\left[\ln\left(\frac{\sqrt{8}\,V}{N_2\,\lambda^3}\right) + 1 + \frac{\varepsilon + \hbar^2/(6\Theta)}{k_{\rm B}T} + \ln\left(\frac{k_{\rm B}T}{\hbar\omega}\right) + \ln\left(\frac{k_{\rm B}T}{\hbar^2/\Theta}\right)\right]$$

Die vernachlässigten Terme sind von der Ordnung $1/T$. Wegen (29.58) setzen wir noch $\varepsilon + \hbar^2/(6\Theta) \approx \varepsilon$. Aus dieser freien Energie folgt das chemische Potenzial:

$$\mu_2 = \frac{F_2 + P_2 V}{N_2} = -k_{\rm B}T\,\ln\left(\frac{\sqrt{8}\,V}{N_2\,\lambda^3}\right) - \varepsilon + k_{\rm B}T\,\ln\left(\frac{\hbar\omega}{k_{\rm B}T}\right) + k_{\rm B}T\,\ln\left(\frac{\hbar^2/\Theta}{k_{\rm B}T}\right)$$

$$= k_{\rm B}T\left[\ln c_2 + \ln\left(\frac{P\lambda^3}{\sqrt{8}\,k_{\rm B}T}\right)\right] - \varepsilon + k_{\rm B}T\left[\ln\left(\frac{\hbar\omega}{k_{\rm B}T}\right) + \ln\left(\frac{\hbar^2/\Theta}{k_{\rm B}T}\right)\right] \quad (29.62)$$

Bei gegebener Temperatur und gegebenem Druck lautet die Gleichgewichtsbedingung für das chemische Potenzial

$$2\,\mu_1(T,P) = \mu_2(T,P)$$

Mit den chemischen Potenzialen (29.61) und (29.62) wird diese Bedingung zu

$$\ln\left(\frac{c_1^2}{c_2}\right) + \ln\left(\frac{\sqrt{8}\,P\lambda^3}{k_{\rm B}T}\right) = -\frac{\varepsilon}{k_{\rm B}T} + \ln\left(\frac{\hbar\omega}{k_{\rm B}T}\right) + \ln\left(\frac{\hbar^2/\Theta}{k_{\rm B}T}\right)$$

Wir nehmen von beiden Seiten die Exponentialfunktion:

$$\frac{c_1^2}{c_2}\,\frac{\sqrt{8}\,P\lambda^3}{k_\mathrm{B}T} = \exp\left(-\frac{\varepsilon}{k_\mathrm{B}T}\right)\frac{\hbar\omega}{k_\mathrm{B}T}\,\frac{\hbar^2/\Theta}{k_\mathrm{B}T}$$

und lösen nach den Konzentrationen auf:

$$\frac{c_1^2}{c_2} = \frac{K(T)}{P} \qquad \text{mit} \qquad K(T) = \frac{\omega}{8\Theta}\left(\frac{m}{\pi}\right)^{3/2}\sqrt{k_\mathrm{B}T}\,\exp\left(-\frac{\varepsilon}{k_\mathrm{B}T}\right)$$

Eine Druckerhöhung verschiebt das Gleichgewicht zu Gunsten des diatomaren O_2-Gases. Die Funktion $K(T)$ steigt monoton mit der Temperatur an. Eine Temperaturerhöhung verschiebt deshalb das Gleichgewicht zu Gunsten des monoatomaren O-Gases.

29.8 Van der Waals-Gleichung auf Molzahl bezogen

Gehen Sie von der van der Waals-Gleichung

$$P + \frac{a}{v^2} = \frac{k_\mathrm{B}T}{v-b} \qquad \text{mit} \quad v = V/N \tag{29.63}$$

aus. Leiten Sie daraus formal die analoge Gleichung ab, in der das Volumen $v' = V/\nu$ auf die Molzahl (anstelle der Teilchenzahl) bezogen ist.

Lösung: Wir setzen $v = V/N = V/(\nu L)$ (Notation wie in (26.46)) in die gegebene Gleichung ein:

$$P = -\frac{N^2 a}{V^2} + \frac{N k_\mathrm{B}T}{V - Nb} = -\frac{L^2 a}{V^2/\nu^2} + \frac{L k_\mathrm{B}T}{V/\nu - Lb}$$

Mit der Gaskonstanten $R = L k_\mathrm{B}$ wird dies zu

$$P + \frac{a'}{v'^2} = \frac{RT}{v'-b'} \qquad \text{mit} \qquad \left\{\begin{array}{lcl} v' &=& V/\nu \\ a' &=& L^2 a \\ b' &=& Lb \end{array}\right.$$

Dabei ist zum Beispiel b' das Eigenvolumen eines Mols Atome, während b das Eigenvolumen eines einzelnen Atoms ist. Im Allgemeinen verwendet man anstelle der Symbole v', a' und b' wieder v, a und b. Die konkrete Bedeutung der Symbole ergibt sich dann aus dem Kontext, also etwa daraus, ob auf der rechten Seite $k_\mathrm{B}T$ oder RT steht.

29.9 Virialkoeffizienten aus Potenzial

Gegeben ist das Atom-Atom-Potenzial

$$w(r) = \left\{\begin{array}{cc} \infty & r \le \sigma \\ -\varepsilon\left[1 - r^3/(8\sigma^3)\right] & \sigma < r < 2\sigma \\ 0 & r \ge 2\sigma \end{array}\right.$$

Skizzieren Sie das Potenzial und berechnen Sie den Virialkoeffizienten $B(T)$ bis zur ersten Ordnung in $1/(k_\mathrm{B}T)$. Bestimmen Sie damit die Parameter a und b der van der Waals-Gleichung (29.63).

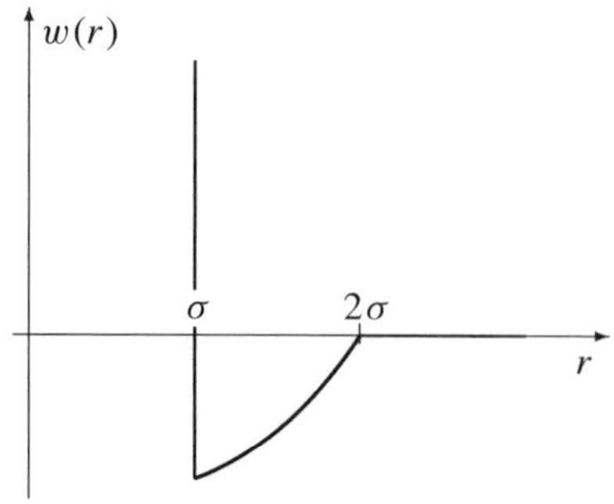

Lösung: Graph des gegebenen Potenzials $w(r)$. Wir berechnen den Virialkoeffizienten (29.19), wobei wir $\beta\, w(r) \ll 1$ im attraktiven Bereich annehmen:

$$\begin{aligned} B(T) &= -2\pi \int_0^\infty dr\, r^2 \Big(\exp\big[-\beta\, w(r)\big] - 1 \Big) \\ &\approx 2\pi \int_0^\sigma dr\, r^2 + 2\pi\beta \int_\sigma^{2\sigma} dr\, r^2\, w(r) \\ &= b - \frac{a}{k_B T} \end{aligned}$$

Für die Parameter a und b erhalten wir:

$$b = \frac{2\pi\,\sigma^3}{3}, \qquad a = -2\pi \int_\sigma^{2\sigma} dr\, r^2\, w(r) = \frac{49\,\pi}{24}\,\varepsilon\,\sigma^3$$

Wenn der Virialkoeffizient $B(T)$ in (29.17) eingesetzt wird, erhält man

$$\frac{P v}{k_B T} = 1 + \frac{B(T)}{v} = 1 + \frac{b}{v} - \frac{1}{k_B T}\frac{a}{v} \approx \frac{1}{1 - b/v} - \frac{1}{k_B T}\frac{a}{v}$$

Der letzte Schritt setzt $b \ll v$ voraus. Die Multiplikation mit $k_B T/v$ ergibt dann die vertraute Form (29.63). Damit sind die hier aus dem Potenzial berechneten Größen a und b die Parameter des van der Waals-Gases.

29.10 Virialkoeffizienten für Lennard-Jones-Potenzial

Ein üblicher und realistischer Ansatz für das Atom-Atom-Potenzial ist das Lennard-Jones-Potenzial:

$$w(r) = 4\varepsilon \left(\frac{\sigma^{12}}{r^{12}} - \frac{\sigma^6}{r^6} \right) = \varepsilon \left(\frac{r_0^{12}}{r^{12}} - 2\,\frac{r_0^6}{r^6} \right) \qquad (29.64)$$

Die beiden angegebenen Formen sind äquivalent. Die $1/r^6$–Potenz des attraktiven Teils entspricht einer induzierten Dipol-Dipol-Wechselwirkung. Die $1/r^{12}$–Potenz ist ein phänomenologischer Ansatz für die starke Repulsion bei kleineren Abständen. Realistische Parameter für ^{4}He-Atome sind $\varepsilon = 10.2\, k_B$K und $r_0 = 2.87$ Å.

Skizzieren Sie das Potenzial. Wo liegen die Nullstelle und das Minimum des Potenzials? Berechnen Sie den Virialkoeffizienten $B(T)$ unter Verwendung von $|\beta\, w| \ll 1$ im attraktiven Bereich des Potenzials und von $\exp(-\beta\, w) \approx 0$ im Bereich $r \le \sigma$. Geben Sie die Parameter a und b der van der Waals-Gleichung (29.63) an.

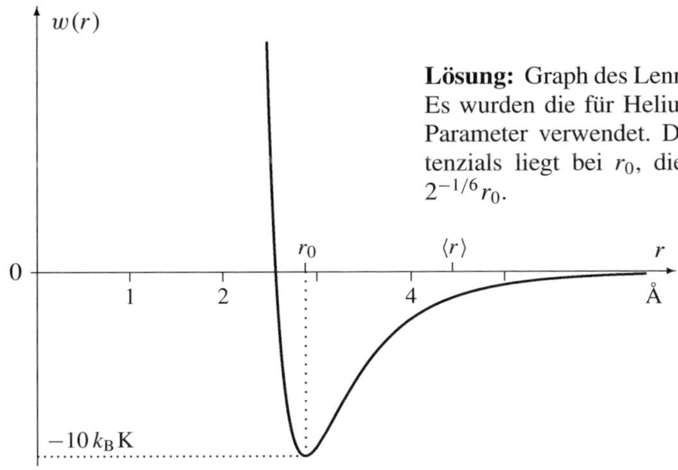

Lösung: Graph des Lennard-Jones-Potenzials. Es wurden die für Heliumatome angegebenen Parameter verwendet. Das Minimum des Potenzials liegt bei r_0, die Nullstelle bei $\sigma = 2^{-1/6} r_0$.

Wir berechnen den Virialkoeffizienten (29.19), wobei wir $\beta\, w(r) \ll 1$ im attraktiven Bereich und $\exp(-\beta\, w) \approx 0$ für $r \leq \sigma$ annehmen:

$$
\begin{aligned}
B(T) &= -2\pi \int_0^\infty dr\; r^2 \Big(\exp\big[-\beta\, w(r)\big] - 1 \Big) \\
&\approx 2\pi \int_0^\sigma dr\; r^2 + 2\pi\beta \int_\sigma^\infty dr\; r^2\, w(r) = b - \frac{a}{k_{\mathrm{B}} T}
\end{aligned}
$$

Für die Parameter a und b erhalten wir

$$
b = \frac{2\pi\,\sigma^3}{3}, \qquad a = -2\pi \int_\sigma^\infty dr\; r^2\, w(r) = \frac{16\,\pi}{9}\,\varepsilon\,\sigma^3
$$

Wenn der Virialkoeffizient $B(T)$ in (29.17) eingesetzt wird, erhält man

$$
\frac{P\,v}{k_{\mathrm{B}} T} = 1 + \frac{B(T)}{v} = 1 + \frac{b}{v} - \frac{1}{k_{\mathrm{B}} T}\,\frac{a}{v}
$$

Hieraus ergibt sich mit der Näherung $1 + b/v \approx 1/(1 - b/v)$ die vertraute Form (29.63).

29.11 Quantenzahlen im unendlichen Potenzialkasten

Der Hamiltonoperator eines Teilchens im unendlich hohen Kasten lautet

$$
h = -\frac{\hbar^2}{2m}\,\Delta + U(\boldsymbol{r}) \qquad \text{mit} \qquad U(\boldsymbol{r}) = \begin{cases} 0 & \boldsymbol{r} \in V \\ \infty & \boldsymbol{r} \notin V \end{cases}
$$

Das Volumen V des Kastens sei kubisch.

Geben Sie die normierten Eigenfunktionen $\varphi_{\boldsymbol{p}}(\boldsymbol{r})$ an. Welche Werte kann $\boldsymbol{p}$ annehmen?

Lösung: Der unendlich hohe Potenzialtopf wird in der Quantenmechanik behandelt. Für das kubische Volumen $V = L^3$ lauten die Eigenfunktionen:

$$\varphi_{\boldsymbol{p}}(\boldsymbol{r}) = \varphi_{n_1,n_2,n_3}(x, y, z) = \sqrt{\frac{8}{V}} \,\sin\left(\frac{\pi n_1 x}{L}\right) \sin\left(\frac{\pi n_2 y}{L}\right) \sin\left(\frac{\pi n_3 z}{L}\right)$$

Die Quantenzahlen n_i nehmen die Werte $1, 2, 3, \ldots$ an. Die möglichen Impulswerte sind

$$\boldsymbol{p} = \boldsymbol{p}_{n_1,n_2,n_3} = \frac{\pi\hbar}{L}\left(n_1\,\boldsymbol{e}_x + n_2\,\boldsymbol{e}_y + n_3\,\boldsymbol{e}_z\right)$$

Die Energieeigenwerte sind

$$E_{n_1,n_2,n_3} = \frac{\pi^2\hbar^2}{2m\,V^{2/3}}\left(n_1^2 + n_2^2 + n_3^2\right)$$

29.12 Zustandssummen für drei Teilchen

Drei Teilchen befinden sich in zwei Niveaus (mit den Energien ε_0 und ε_1). Es handelt sich um (i) klassische, unterscheidbare Teilchen, (ii) Bosonen mit Spin 0 und (iii) Fermionen mit Spin $1/2$. Geben Sie die jeweiligen Zustandssummen an.

Lösung: Für Bosonen können 0, 1, 2 oder 3 Teilchen in einem Niveau sein. Für Fermionen können maximal 2 Teilchen in einem Niveau sein (mit den Spineinstellungen $\pm 1/2$). Im Gegensatz zu Fermionen und Bosonen kann man klassische Teilchen unterscheiden, man kann also sagen, welches Teilchen in welchem Niveau ist. Daher tritt hier eine Verteilung mit genau 2 Teilchen im oberen (unteren) Niveau mit dem Gewicht 3 auf, je nachdem ob das einzelne Teilchen das erste, zweite oder dritte ist. Wir skizzieren zunächst die möglichen Besetzungen:

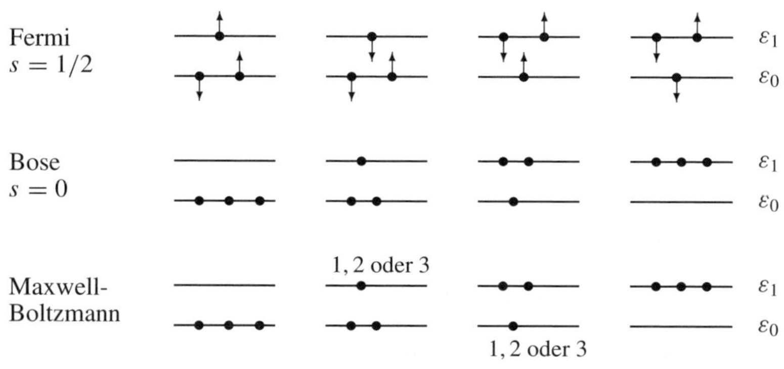

Ohne Einschränkung der Allgemeinheit können wir $\varepsilon_0 = 0$ und $\varepsilon_1 = \varepsilon$ setzen. Dann lauten die jeweiligen Zustandssummen:

Fermi-Dirac-Statistik:	$Z = 2\exp(-\beta\varepsilon) + 2\exp(-2\beta\varepsilon)$
Bose-Einstein-Statistik:	$Z = 1 + \exp(-\beta\varepsilon) + \exp(-2\beta\varepsilon) + \exp(-3\beta\varepsilon)$
Maxwell-Boltzmann-Statistik:	$Z = 1 + 3\exp(-\beta\varepsilon) + 3\exp(-2\beta\varepsilon) + \exp(-3\beta\varepsilon)$

29.13 Schwankung der Besetzungszahlen im Quantengas

Leiten Sie

$$\left(\Delta n_j\right)^2 = -\,k_\mathrm{B} T\,\frac{\partial\,\overline{n_j}}{\partial\,\varepsilon_j}$$

für die Schwankung Δn_j der Besetzungszahlen n_j eines idealen Quantengases ab. Dabei steht $j = (\boldsymbol{p}, s_z)$ für die Quantenzahlen eines Einteilchenzustands. Bestimmen Sie die relative Schwankung $(\Delta n_j)^2 \big/ \overline{n_j}^{\,2}$ für ein Fermi- und ein Bosegas.

Lösung: Die großkanonische Zustandssumme Y ist von der Form

$$Y = \sum_{n_1} \exp\left[-\beta\,(\varepsilon_1 - \mu)\,n_1\right] \cdot \ldots \sum_{n_j} \exp\left[-\beta\,(\varepsilon_j - \mu)\,n_j\right] \cdot \ldots$$

Dabei gehen die Summen von 0 bis 1 für Fermionen, und von 0 bis ∞ für Bosonen; die folgenden Anfangsschritte sind für beide Fälle dieselben. Wenn man Y nach $\beta\varepsilon_j$ ableitet, erhält man unter der Summe den Faktor $-n_j$. Dies erklärt die folgenden Beziehungen

$$\overline{n_j} = -\,\frac{k_\mathrm{B} T}{Y}\,\frac{\partial Y}{\partial\,\varepsilon_j}$$

$$\overline{n_j^2} = \frac{(k_\mathrm{B} T)^2}{Y}\,\frac{\partial^2 Y}{\partial\,\varepsilon_j^2} = (k_\mathrm{B} T)^2 \left[\frac{\partial}{\partial\,\varepsilon_j}\left(\frac{1}{Y}\,\frac{\partial Y}{\partial\,\varepsilon_j}\right) + \frac{1}{Y^2}\left(\frac{\partial Y}{\partial\,\varepsilon_j}\right)^2\right]$$

Hieraus erhalten wir

$$\left(\Delta n_j\right)^2 = \overline{n_j^2} - \overline{n_j}^{\,2} = (k_\mathrm{B} T)^2\,\frac{\partial}{\partial\,\varepsilon_j}\left(\frac{1}{Y}\,\frac{\partial Y}{\partial\,\varepsilon_j}\right) = -\,k_\mathrm{B} T\,\frac{\partial\,\overline{n_j}}{\partial\,\varepsilon_j}$$

Wir werten das Ergebnis mit den bekannten mittleren Besetzungszahlen $\overline{n_j}$ für Bosonen und Fermionen aus:

$$\left(\Delta n_j\right)^2 = -\,k_\mathrm{B} T\,\frac{\partial}{\partial\,\varepsilon_j}\,\frac{1}{\exp\left[\beta\,(\varepsilon_j - \mu)\right] \mp 1} = \overline{n_j} \pm \overline{n_j}^{\,2}$$

Damit erhalten wir die relative Schwankung

$$\frac{\left(\Delta n_j\right)^2}{\overline{n_j}^{\,2}} = \begin{cases} \dfrac{1}{\overline{n_j}} + 1 & \text{Bosonen} \\[2ex] \dfrac{1}{\overline{n_j}} - 1 & \text{Fermionen} \end{cases}$$

In der Maxwell-Boltzmann-Verteilung erhält man hierfür $1/\,\overline{n_j}$.

29.14 Spezifische Wärme des Bosegases für hohe Temperaturen

Für die spezifische Wärme des idealen Bosegases erhält man

$$\frac{c_V(T)}{k_\mathrm{B}} = \frac{15}{4}\,\frac{g_{5/2}(z)}{g_{3/2}(z)} - \frac{9}{4}\,\frac{g_{3/2}(z)}{g_{1/2}(z)} \qquad (T \geq T_\mathrm{c})$$

Hierbei ist $g_\nu(z)$ die verallgemeinerte Riemannsche Zetafunktion, $z = \exp(\beta\mu)$, und T_c ist die Übergangstemperatur. Bestimmen Sie die beiden führenden Terme der spezifischen Wärme für $T \gg T_c$.

Lösung: Die verallgemeinerte Riemannsche Zetafunktion lautet

$$g_\nu(z) \equiv \sum_{l=1}^{\infty} \frac{z^l}{l^\nu} \approx z + \frac{z^2}{2^\nu} + \ldots$$

Für $T \to \infty$ gelten $\mu \to -\infty$ und $z = \exp(\beta\mu) \to 0$. Wir beschränken uns daher auf die jeweils ersten beiden Terme der Funktionen $g_\nu(z)$,

$$\begin{aligned}\frac{c_V(T)}{k_B} &= \frac{15}{4}\,\frac{z + z^2/2^{5/2} + \ldots}{z + z^2/2^{3/2} + \ldots} - \frac{9}{4}\,\frac{z + z^2/2^{3/2} + \ldots}{z + z^2/2^{1/2} + \ldots} \\ &= \frac{15}{4}\left(1 + \frac{z}{2^{5/2}} - \frac{z}{2^{3/2}} \pm \ldots\right) - \frac{9}{4}\left(1 + \frac{z}{2^{3/2}} - \frac{z}{2^{1/2}} \pm \ldots\right) \approx \frac{3}{2}\left(1 + \frac{z}{2^{7/2}}\right)\end{aligned}$$

Die Größe z wird durch die Teilchenzahlbedingung ((29.34) mit $N_0 = 0$) festgelegt:

$$1 = \frac{v}{\lambda^3}\, g_{3/2}(z) \approx \frac{v}{\lambda^3}\, z + \ldots \qquad (T \geq T_c) \tag{29.65}$$

Im Korrekturterm in c_V genügt es, die Näherung $z \approx \lambda^3/v$ einzusetzen:

$$\frac{c_V(T)}{k_B} \approx \frac{3}{2}\left(1 + \frac{z}{2^{7/2}}\right) \approx \frac{3}{2}\left(1 + \frac{\lambda^3}{2^{7/2}\, v}\right)$$

Wir schreiben die Teilchenzahlbedingung (29.65) für den Grenzfall $T = T_c$ und $\mu = 0$ (also $z = 1$) an:

$$1 = \frac{v}{\lambda_c^3}\,\zeta(3/2) = \frac{v}{\lambda^3}\left(\frac{T_c}{T}\right)^{3/2} \zeta(3/2)$$

Hierbei ist $\zeta(3/2) = g_{3/2}(1) \approx 2.6124$. Wir lösen nach λ^3/v auf und setzen dies in die spezifische Wärme ein:

$$\frac{c_V(T)}{k_B} \approx \frac{3}{2}\left[1 + \frac{\zeta(3/2)}{2^{7/2}}\left(\frac{T_c}{T}\right)^{3/2}\right] \qquad (T \gg T_c)$$

Damit haben wir die beiden führenden Terme für $T \gg T_c$ gefunden. Die angegebene Näherung ist bis nahe an T_c heran brauchbar. So ergibt unser Näherungsausdruck für $T = T_c$ den Wert 1.846 gegenüber dem exakten Wert von 1.925; zu bewerten ist dabei die Differenz zum klassischen Wert 3/2.

29.15 Bosegas im Oszillator

Das Kondensat eines idealen Bosegases im harmonischen Oszillator besteht aus den N_0 Teilchen im Grundzustand. Wenn ein Kondensat vorliegt, dann lautet die Teilchenzahlbedingung

$$N = N_0 + \int_0^\infty dn_x \int_0^\infty dn_y \int_0^\infty dn_z\, \frac{1}{\exp[\beta\hbar\omega(n_x + n_y + n_z)] - 1} \tag{29.66}$$

Die Oszillatorenergien sind $\varepsilon = \hbar\omega(n_x + n_y + n_z + 3/2)$. In den Ausdruck für die mittleren Teilchenzahlen wurde $\mu = 3\hbar\omega/2$ eingesetzt; dies gilt, wenn ein endlicher Bruchteil aller Teilchen im Grundzustand ist.

Schreiben Sie den Integranden als geometrische Reihe $\sum_{l=1}^{\infty} \exp(-[...]l)$ und führen Sie die Integration aus. Bestimmen Sie N_0 als Funktion der Temperatur.

Lösung: Wir schreiben den Integranden um

$$\frac{1}{\exp[\beta\hbar\omega(n_x+n_y+n_z)]-1} = \frac{\exp[-\beta\hbar\omega(n_x+n_y+n_z)]}{1-\exp[-\beta\hbar\omega(n_x+n_y+n_z)]}$$
$$= \sum_{l=1}^{\infty} \exp\big[-\beta\hbar\omega n_x l\big]\, \exp\big[-\beta\hbar\omega n_y l\big]\, \exp\big[-\beta\hbar\omega n_z l\big]$$

Jetzt kann jede einzelne Integration in (29.66) elementar ausgeführt werden und ergibt $1/(\beta\hbar\omega l)$. Damit lautet das Ergebnis

$$N = N_0 + \sum_{l=1}^{\infty} \frac{1}{l^3} \left(\frac{k_B T}{\hbar\omega}\right)^3 = N_0 + \zeta(3) \left(\frac{k_B T}{\hbar\omega}\right)^3 \tag{29.67}$$

Numerisch gilt $\zeta(3) \approx 1.202$. Wir lösen das Ergebnis nach N_0 auf:

$$N_0 = N\left[1 - \frac{\zeta(3)}{N}\left(\frac{k_B T}{\hbar\omega}\right)^3\right] = N\left[1 - \frac{T^3}{T_c^3}\right] \qquad \text{mit} \quad k_B T_c = \hbar\omega\left(\frac{N}{\zeta(3)}\right)^{1/3}$$

Der Kondensatanteil geht für $T \to T_c$ gegen null; damit ist T_c die Übergangstemperatur.

29.16 Bosegas in zwei Dimensionen

Zeigen Sie, dass es in einem idealen Bosegas in zwei Dimensionen keine Bose-Einstein-Kondensation gibt. Werten Sie dazu den Zusammenhang zwischen der Teilchenzahl N und dem chemischen Potenzial μ aus und diskutieren Sie das Ergebnis für $\mu \to 0$.

Lösung: Die Einteilchenenergien, die mittleren Besetzungszahlen und die Teilchenzahl eines idealen Bosegases sind:

$$\varepsilon_p = \frac{p^2}{2m}, \qquad \overline{n_p} = \frac{1}{\exp\left[\beta(\varepsilon_p - \mu)\right] - 1}, \qquad N(T,V,\mu) = \sum_p \overline{n_p}$$

Für $\varepsilon_p - \mu > 0$ können wir $\overline{n_p}$ nach Potenzen von $\exp(-\beta(\varepsilon_p - \mu)) < 1$ entwickeln. Damit werten wir den Ausdruck für $N(T,V,\mu)$ für ein zweidimensionales Volumen $V = L^2$ aus:

$$N = \sum_p \overline{n_p} = \sum_p \frac{\exp(-\beta(\varepsilon_p - \mu))}{1 - \exp(-\beta(\varepsilon_p - \mu))} = \sum_p \sum_{l=1}^{\infty} \Big(\exp[-\beta(\varepsilon_p - \mu)]\Big)^l$$
$$= \frac{L^2}{(2\pi\hbar)^2} \sum_{l=1}^{\infty} \exp(\beta\mu l) \int d^2p\, \exp\left(-\frac{p^2 l}{2m k_B T}\right) \tag{29.68}$$

In drei Dimensionen ist der Vorfaktor $L^3/(2\pi\hbar)^3$, und die Integration ist mit d^3p anstelle von d^2p auszuführen. Für $l = 1$ ergibt das Integral

$$\frac{1}{(2\pi\hbar)^2}\int d^2p\,\exp\left(-\frac{p^2}{2mk_{\rm B}T}\right)=\frac{1}{\lambda^2}\quad\text{mit}\quad\lambda=\frac{2\pi\hbar}{\sqrt{2\pi mk_{\rm B}T}}\tag{29.69}$$

In dem zu berechnenden Integral (29.68) substituieren wir $p^2 l \to p'^2$ und $d^2p \to d^2p'/l$. Dies ergibt einen zusätzlichen Faktor $1/l$, also

$$N(T,L,\mu)=\frac{L^2}{\lambda^2}\sum_{l=1}^{\infty}\frac{\exp(\beta\mu l)}{l}=\frac{L^2}{\lambda^2}\,g_1(z)\tag{29.70}$$

Im letzten Schritt haben wir die verallgemeinerte Riemannsche Zetafunktion verwendet,

$$g_\nu(z)=\sum_{l=1}^{\infty}\frac{z^l}{l^\nu}\qquad\text{mit}\qquad z=\exp(\beta\mu)$$

Zur Bose-Einstein-Kondensation im Dreidimensionalen kommt es, weil die Bedingung $N(T,V,\mu)=N$ für $\mu\to 0$ nur oberhalb einer bestimmten Temperatur $T_{\rm c}$ zu erfüllen ist. Mit $\mu\to 0^-$ und $T\to T_{\rm c}^+$ geht dann ein endlicher Bruchteil aller Teilchen in den tiefsten Zustand, $\overline{n_0}=\mathcal{O}(N)$. Dazu kommt es in 2 Dimensionen wegen

$$g_1(z)=\sum_{l=1}^{\infty}\frac{\exp(\beta\mu l)}{l}\quad\stackrel{\mu\to 0^-}{\longrightarrow}\quad\infty$$

nicht; für alle positiven Temperaturen kann die Bedingung $N=N(T,L,\mu)$ ohne Besonderheiten erfüllt werden. Erst für $T\to 0$ geht der Vorfaktor in (29.70) gegen null ($1/\lambda^2\propto T$), und die Summe geht parallel dazu gegen unendlich, also

$$T\to 0\quad\text{und}\quad\mu\to 0^-\quad\text{und}\quad\overline{n_0}\to N\qquad\text{(2 Dimensionen)}$$

Natürlich sind für $T=0$ auch in diesem Fall alle Teilchen im Grundzustand. Die Besetzung des Grundzustands erfolgt aber kontinuierlich; es kommt nicht zu einem Phasenübergang.

29.17 Geschwindigkeits-Mittelwerte im Fermigas

Berechnen Sie die Geschwindigkeits-Mittelwerte $\overline{\boldsymbol{v}}$ und $\overline{\boldsymbol{v}^2}$ für das ideale Fermigas bei $T=0$.

Lösung: Bei $T=0$ sind alle Niveaus bis zur Fermienergie $\varepsilon_{\rm F}=p_{\rm F}^2/2m$ besetzt. Die Fermigeschwindigkeit $v_{\rm F}=p_{\rm F}/m$ folgt aus der Teilchenzahlbedingung:

$$N=\frac{2V}{(2\pi\hbar)^3}\int_{|\boldsymbol{p}|\le p_{\rm F}}d^3p=\frac{2V}{(2\pi\hbar)^3}\,\frac{4\pi}{3}\,(p_{\rm F})^3\quad\Longrightarrow\quad v_{\rm F}=\frac{p_{\rm F}}{m}=\left(3\pi^2\right)^{1/3}\frac{\hbar}{m}\left(\frac{N}{V}\right)^{1/3}$$

Der Faktor 2 vor dem Integral berücksichtigt die beiden möglichen Spineinstellungen. In dieser Aufgabe steht v für die Geschwindigkeit und nicht für V/N. Aus der Fermigeschwindigkeit $v_{\rm F}$ folgt die Fermienergie:

$$\varepsilon_{\rm F}=\frac{\hbar^2}{2m}\left(\frac{3\pi^2N}{V}\right)^{2/3}$$

Die gesuchten Mittelwerte können durch die Fermigeschwindigkeit ausgedrückt werden:

$$\overline{v} = \int_{|\boldsymbol{p}| \le p_{\rm F}} d^3p \; v \Big/ \int_{|\boldsymbol{p}| \le p_{\rm F}} d^3p = \int_0^{v_{\rm F}} dv \; v^3 \Big/ \int_0^{v_{\rm F}} dv \; v^2 = \frac{3}{4} \, v_{\rm F}$$

$$\overline{v^2} = \int_0^{v_{\rm F}} dv \; v^4 \Big/ \int_0^{v_{\rm F}} dv \; v^2 = \frac{3}{5} \, (v_{\rm F})^2$$

29.18 Relativistisches ideales Fermigas

Die Dichte eines idealen Fermigases sei so hoch, dass $\hbar \, (N/V)^{1/3} \gg mc$ gilt. Dann sind die meisten Impulse hochrelativistisch, $p \gg mc$, und man kann näherungsweise die Beziehung $\varepsilon \approx cp$ verwenden. Bestimmen Sie für diesen Fall den Fermiimpuls und die Fermienergie. Welche Energie $E_0(V, N)$ und welchen Druck $P(V, N)$ hat das System für $T \approx 0$?

Lösung: Die Quantisierung der Impulse folgt aus den quantenmechanischen Randbedingungen (Aufgabe 29.11). Die Abzählung der Zustände ist daher unabhängig von der Energie-Impuls-Beziehung und erfolgt wie gewohnt:

$$N = \frac{2V}{(2\pi\hbar)^3} \int_{|\boldsymbol{p}| \le p_{\rm F}} d^3p = \frac{2V}{(2\pi\hbar)^3} \, \frac{4\pi}{3} \, (p_{\rm F})^3 \qquad \Longrightarrow \qquad p_{\rm F} = \left(3\pi^2\right)^{1/3} \hbar \left(\frac{N}{V}\right)^{1/3}$$

Der Fermiimpuls ist also dieselbe Funktion von V/N wie im nichtrelativistischen Fall. Die zugehörige Fermienergie ist

$$\varepsilon_{\rm F} = c \, p_{\rm F} = \left(3\pi^2\right)^{1/3} \hbar c \left(\frac{N}{V}\right)^{1/3}$$

Bei $T = 0$ sind alle Niveaus bis zur Fermienergie besetzt. Daraus erhalten wir die Gesamtenergie

$$E_0(V, N) = N \, \overline{\varepsilon} = N \int_{|\boldsymbol{p}| \le p_{\rm F}} d^3p \; cp \Big/ \int_{|\boldsymbol{p}| \le p_{\rm F}} d^3p = \frac{3}{4} \, N \, \varepsilon_{\rm F}$$

Mit $\varepsilon_{\rm F}$ ist E_0 eine Funktion von V und N. Nicht nur die Fermienergie, sondern alle Einteilchenenergien sind proportional zu $V^{-1/3}$; denn dies folgt aus den quantenmechanischen Randbedingungen (Aufgabe 29.11). Mit dieser Proportionalität werten wir den Druck aus:

$$P = -\overline{\frac{\partial E_r}{\partial V}} = -\sum_{s_z, \boldsymbol{p}} \frac{\partial \varepsilon_p}{\partial V} \, \overline{n_p} = \frac{1}{3V} \sum_{s_z, \boldsymbol{p}} \varepsilon_p \, \overline{n_p} = \frac{1}{3} \, \frac{E}{V}$$

Diese Aussage gilt auch für $T \ne 0$. Speziell für $T = 0$ erhalten wir

$$P = \frac{1}{3} \, \frac{E_0(V, N)}{V} = \frac{1}{4} \, \frac{N \, \varepsilon_{\rm F}}{V}$$

29.19 Strom aus Glühkathode

Um aus einem Metall auszutreten, müssen Elektronen eine Potenzialbarriere der Höhe V_0 (relativ zur Fermienergie ε_F) überwinden. Die Elektronen sollen als ideales Fermigas behandelt werden. Berechnen Sie die Stromdichte der austretenden Elektronen bei der Temperatur T. Diese Emission von Elektronen wird auch Richardsoneffekt genannt.

Lösung: Die Austrittsarbeit aus einem Metall beträgt typischerweise einige Elektronenvolt, jedenfalls können wir $V_0 \gg k_B T$ annehmen. Die Barriere sei die $z = 0$ Ebene, und das Metall befinde sich im Bereich $z \leq 0$. Im Metall sind die Impulse isotrop verteilt. Wenn in der Nähe der Oberfläche ein Elektron den Impuls

$$p_z > \sqrt{2m\left(\varepsilon_F + V_0\right)} = p_0 \tag{29.71}$$

hat, dann verlässt es das Metall (klassische Näherung!). Wegen $V_0 \gg k_B T$ sind die Besetzungszahlen für solche Impulse sehr klein. Dann gilt

$$\overline{n_p} = \frac{1}{\exp\left[\beta(\varepsilon_p - \mu)\right] + 1} = \frac{\exp\left[-\beta(\varepsilon_p - \mu)\right]}{1 + \exp\left[-\beta(\varepsilon_p - \mu)\right]} \approx \exp\left(-\frac{p^2}{2mk_B T}\right)\exp(\beta\varepsilon_F)$$

Hierbei haben wir auch $k_B T \ll \varepsilon_F$ angenommen, so dass wir $\mu \approx \varepsilon_F$ setzen können.
Die Stromdichte ist

$$\boldsymbol{j} = -e\,\frac{N}{V}\,\overline{\boldsymbol{v}}$$

Bezogen auf alle Elektronen (Ladung $q = -e$) verschwindet die Stromdichte; die Fermiverteilung ist isotrop. In der vorliegenden Anordnung verlassen jedoch alle Teilchen, die der Bedingung (29.71) genügen, das Metall. Ihre Stromdichte in z-Richtung ist

$$j_z = \frac{-e}{V}\,\frac{2V}{(2\pi\hbar)^3}\int_{-\infty}^{\infty} dp_x \int_{-\infty}^{\infty} dp_y \int_{p_0}^{\infty} dp_z\,\frac{p_z}{m}\,\exp\left(-\frac{p_x^2 + p_y^2 + p_z^2}{2mk_B T}\right)\exp(\beta\varepsilon_F)$$

Die Integrale über p_x und p_y ergeben jeweils

$$\int_{-\infty}^{\infty} dp\,\exp\left(-\frac{p^2}{2mk_B T}\right) = \sqrt{2\pi m k_B T}$$

Im Integral über p_z substituieren wir $x = \beta\, p_z^2/(2m)$ und $x_0 = \beta\, p_0^2/(2m) = \beta\,(\varepsilon_F + V_0)$.
Damit erhalten wir

$$\begin{aligned} j_z &= \frac{-2e}{(2\pi\hbar)^3}\,2\pi m\,(k_B T)^2\exp(\beta\varepsilon_F)\int_{x_0}^{\infty} dx\,\exp(-x) \\ &= \frac{-me}{2\pi^2\hbar^3}\left(k_B T\right)^2\exp\left(-\frac{V_0}{k_B T}\right) \end{aligned}$$

Aufgrund des Boltzmannfaktors ist die Stromdichte stark temperaturabhängig. Deshalb werden in Elektronenröhren die Kathoden zum Glühen gebracht.

29.20 Paulischer Paramagnetismus

Die Elektronen eines Metalls werden als ideales Fermigas mit der Zustandsdichte $z(\varepsilon)$ behandelt. In einem äußeren Magnetfeld B sind die Einteilchenenergien

$$\varepsilon_{\pm} = \varepsilon \mp \mu_{\rm B} B$$

wobei das obere Vorzeichen gilt, wenn das magnetische Moment parallel zum Feld ist. Es wird $\mu_{\rm B} B \ll \varepsilon_{\rm F}$ vorausgesetzt. Berechnen Sie die Anzahl der parallel (+) und antiparallel (−) eingestellten magnetischen Momente,

$$N_{\pm} = \sum \overline{n_{\pm}(\varepsilon)}$$

für $T \approx 0$. Für $T \approx 0$ werden die mittleren Besetzungszahlen $\overline{n_{\pm}(\varepsilon)}$ zu Θ-Funktionen. Bestimmen Sie die Magnetisierung $M(B) = \mu_{\rm B}(N_+ - N_-)/V$.

Lösung: Ohne Magnetfeld sind die mittleren Besetzungszahlen und die Zustandsdichte durch

$$\overline{n(\varepsilon)} = \frac{1}{\exp\left[\beta(\varepsilon - \mu)\right] + 1}\,, \qquad 1 = \int_0^{\infty} d\varepsilon\; z(\varepsilon)\; \overline{n(\varepsilon)}$$

gegeben. Mit Magnetfeld sind die Besetzungszahlen dann

$$\overline{n_{\pm}(\varepsilon)} = \frac{1}{\exp\left[\beta(\varepsilon \mp \mu_{\rm B} B - \mu)\right] + 1}$$

Für $T \to 0$ oder $\beta \to \infty$ werden sie zur Thetafunktion

$$\overline{n_{\pm}(\varepsilon)} = \Theta\big(\varepsilon_{\rm F} - \varepsilon \pm \mu_{\rm B} B\big)$$

Dabei ist $\varepsilon_{\rm F} = \mu(T = 0, B)$. Bei der Berechnung von $N_{\pm}$ ist zu beachten, dass die Zustandsdichte $z(\varepsilon)$ einen Faktor 2 für beide Spinrichtungen enthält. Dies erklärt den Faktor $1/2$ in

$$\begin{aligned} N_{\pm} &= \frac{N}{2}\int_0^{\infty} d\varepsilon\; z(\varepsilon)\; \Theta\big(\varepsilon_{\rm F} - \varepsilon \pm \mu_{\rm B} B\big) = \frac{N}{2}\int_0^{\varepsilon_{\rm F}} d\varepsilon\; z(\varepsilon) + \frac{N}{2}\int_{\varepsilon_{\rm F}}^{\varepsilon_{\rm F} \pm \mu_{\rm B} B} d\varepsilon\; z(\varepsilon) \\ &\approx \frac{N}{2}\left(\int_0^{\varepsilon_{\rm F}} d\varepsilon\; z(\varepsilon) \pm z(\varepsilon_{\rm F})\,\mu_{\rm B} B\right) = \frac{N}{2}\Big(1 \pm z(\varepsilon_{\rm F})\,\mu_{\rm B} B\Big) \end{aligned} \qquad (29.72)$$

Für das letzte Integral in der ersten Zeile wurden der Mittelwertsatz der Integralrechnung und $\mu_{\rm B} B/\varepsilon_{\rm F} \to 0$ verwendet. Aus dem ersten Ergebnis in der zweiten Zeile erhalten wir

$$\frac{N_+ + N_-}{N} = \int_0^{\varepsilon_{\rm F}} d\varepsilon\; z(\varepsilon) = 1$$

Hiermit erreicht man den zuletzt angegebenen Ausdruck in (29.72). Die Fermienergie $\varepsilon_{\rm F} = \mu(T = 0, B)$ hängt (in der Ordnung $\mu_{\rm B} B/\varepsilon_{\rm F}$) nicht vom Magnetfeld ab und kann wie ohne Feld berechnet werden. Dies liegt daran, dass Teilchenüberschuss und -defizit sich die Waage halten. Aus (29.72) erhalten wir schließlich die Magnetisierung

$$M(B) = \frac{\mu_{\rm B}}{V}\,\big(N_+ - N_-\big) = \frac{N}{V}\, z(\varepsilon_{\rm F})\,\mu_{\rm B}^2 B = \frac{N\mu_{\rm B}}{V}\,\frac{3\,\mu_{\rm B} B}{2\,\varepsilon_{\rm F}}$$

Im letzten Ausdruck haben wir $z(\varepsilon_F) = 3/(2\,\varepsilon_F)$ eingesetzt, was sich im idealen Fermigas für $\varepsilon = p^2/2m$ ergibt. Gegenüber der Sättigungsmagnetisierung $N\mu_B/V$ enthält das Ergebnis einen Faktor der Größe $\mu_B B/\varepsilon_F \ll 1$. Nur dieser Bruchteil von Teilchen (aus der Umgebung der Fermikante) kann auf das angelegte Feld reagieren. Wegen dieser Einschränkung durch das Pauliprinzip spricht man vom Paulischen Paramagnetismus.

Ohne Magnetfeld besetzen beide Spinrichtungen die Niveaus bis ε_F. Wenn man jetzt das Magnetfeld einschaltet ohne die Besetzung zu verändern, dann sind Niveaus mit parallelem magnetischen Moment bis $\varepsilon_F - \mu_B B$ besetzt, die mit antiparallelem bis $\varepsilon_F + \mu_B B$. Es kommt nun (im Gleichgewicht) zu einer Umbesetzung, wobei die ursprüngliche Fermienergie als Grenze erhalten bleibt (in der Ordnung $\mu_B B/\varepsilon_F$). Nach dieser Umbesetzung gibt es mehr Teilchen mit parallelem Spin.

29.21 Temperaturabhängige Korrektur zum Paramagnetismus

Die Elektronen eines idealen Fermigases haben im Magnetfeld B die Energien $\varepsilon_\pm = p^2/(2m) \mp \mu_B B$. Schlagen Sie den Term $\mu_B B$ zum chemischen Potenzial,

$$\mu_\pm = \mu \pm \mu_B B$$

Berechnen Sie nunmehr die Anzahl $N_\pm$ der parallel (+) und antiparallel (−) zum Feld eingestellten magnetischen Momente mit Hilfe der *Sommerfeldtechnik* bis zur Ordnung T^2; es gelten $k_B T \ll \varepsilon_F$ und $\mu_B B \ll \varepsilon_F$. Geben Sie die Magnetisierung $M(T, B) = \mu_B (N_+ - N_-)/V$ an.

Lösung: Die mittleren Besetzungszahlen sind

$$\overline{n_\pm(\varepsilon)} = \frac{1}{\exp[\beta(\varepsilon \mp \mu_B B - \mu)] + 1} = \frac{1}{\exp[\beta(\varepsilon - \mu_\pm)] + 1}$$

mit $\varepsilon = p^2/(2m)$. Hiermit berechnen wir

$$N_\pm = \frac{V}{(2\pi\hbar)^3} \int d^3p \; \overline{n_\pm(\varepsilon)} = \frac{4\pi V}{(2\pi\hbar)^3} \sqrt{2}\, m^{3/2} \int_0^\infty d\varepsilon \, \sqrt{\varepsilon} \; \overline{n_\pm(\varepsilon)} \qquad (29.73)$$

Dabei wurde $d^3p = 4\pi p^2 dp = 4\pi (2m\varepsilon)^{1/2} m \, d\varepsilon$ verwendet. Die Sommerfeldtechnik besteht in der Entwicklung

$$\int_0^\infty d\varepsilon \; f(\varepsilon) \; \overline{n(\varepsilon)} = \int_0^\mu d\varepsilon \; f(\varepsilon) + \frac{\pi^2}{6\beta^2} \, f'(\mu) + \ldots \qquad (k_B T \ll \varepsilon_F)$$

Für das letzte Integral I in (29.73) ist $f(\varepsilon) = \sqrt{\varepsilon}$. Hierfür ergibt die Sommerfeldtechnik

$$I = \frac{2}{3} \left(\mu_\pm\right)^{3/2} + \frac{\pi^2}{6\beta^2} \frac{1}{2} \left(\mu_\pm\right)^{-1/2} = \frac{2}{3} \mu^{3/2} \left(1 \pm \frac{3}{2} \frac{\mu_B B}{\mu}\right) + \frac{\pi^2}{6\beta^2} \frac{\mu^{-1/2}}{2} \left(1 \mp \frac{1}{2} \frac{\mu_B B}{\mu}\right)$$

Zuletzt haben wir unter Berücksichtigung von $\mu_B B \ll \varepsilon_F \approx \mu$ die Größe $\mu_\pm$ wieder durch μ ausgedrückt. Wir setzen I in (29.73) ein:

$$N_\pm = \frac{V m^{3/2}}{\sqrt{2}\, \pi^2 \hbar^3} \frac{2\,\mu^{3/2}}{3} \left\{ 1 + \frac{\pi^2}{8} \left(\frac{k_B T}{\mu}\right)^2 \pm \frac{3\,\mu_B B}{2\,\mu} \left[1 - \frac{\pi^2}{24} \left(\frac{k_B T}{\mu}\right)^2 \right] \right\}$$

Für $B = 0$ muss dies $N/2$ ergeben:

$$\frac{N}{2} = \frac{V\, m^{3/2}}{\sqrt{2}\, \pi^2 \hbar^3}\, \frac{2}{3}\, \mu^{3/2} \left[1 + \frac{\pi^2}{8} \left(\frac{k_B T}{\mu} \right)^2 \right] \tag{29.74}$$

Für $T = 0$ folgt hieraus $\varepsilon_F = \mu(T = 0, B = 0)$, also die bekannte Fermienergie. Damit können wir (29.74) auch in der Form

$$1 = \left(\frac{\mu}{\varepsilon_F} \right)^{3/2} \left[1 + \frac{\pi^2}{8} \left(\frac{k_B T}{\mu} \right)^2 \right] \qquad \text{oder} \qquad \frac{\varepsilon_F}{\mu} = 1 + \frac{\pi^2}{12} \left(\frac{k_B T}{\varepsilon_F} \right)^2 \tag{29.75}$$

schreiben. Im kleinen Korrekturterm kann hier wie im Folgenden $\mu \approx \varepsilon_F$ gesetzt werden. Wir teilen den Ausdruck für $N_\pm$ durch den Faktor $N/2$ aus (29.74):

$$\begin{aligned} \frac{2N_\pm}{N} &= 1 \pm \frac{3\,\mu_B B}{2\,\mu} \left[1 - \frac{\pi^2}{6} \left(\frac{k_B T}{\varepsilon_F} \right)^2 \right] = 1 \pm \frac{3\,\mu_B B}{2\varepsilon_F}\, \frac{\varepsilon_F}{\mu} \left[1 - \frac{\pi^2}{6} \left(\frac{k_B T}{\varepsilon_F} \right)^2 \right] \\ &= 1 \pm \frac{3\,\mu_B B}{2\varepsilon_F} \left[1 - \frac{\pi^2}{12} \left(\frac{k_B T}{\varepsilon_F} \right)^2 \right] \end{aligned}$$

Im letzten Schritt haben wir das Verhältnis ε_F/μ aus (29.75) eingesetzt. Damit erhalten wir für die Magnetisierung

$$M(T, B) = \frac{\mu_B}{V} \left(N_+ - N_- \right) = \frac{N \mu_B}{V}\, \frac{3\,\mu_B B}{2\,\varepsilon_F} \left[1 - \frac{\pi^2}{12} \left(\frac{k_B T}{\varepsilon_F} \right)^2 \right]$$

Der erste Bruch ist die maximal mögliche Magnetisierung (für $B \to \infty$). Der zweite Bruch gibt die Größe $\mu_B B/\varepsilon_F \ll 1$ des schwachen, paramagnetischen Effekts an. Der erste Term stimmt mit dem Ergebnis aus der vorhergehenden Aufgabe überein. Der zweite Term gibt die sehr kleine temperaturabhängige Korrektur an.

29.22 Schwingungsmoden der linearen Kette

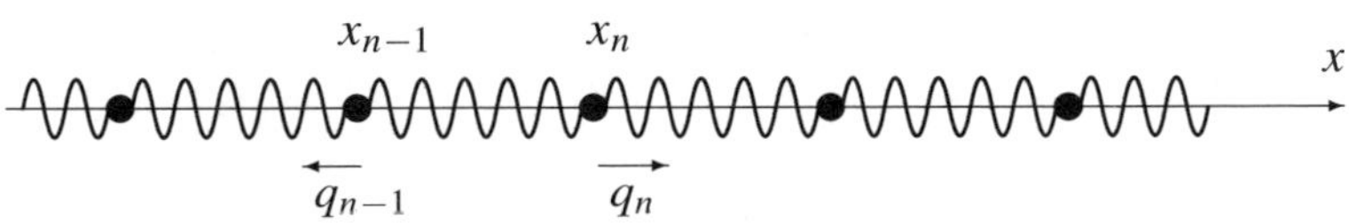

Die Ruhpositionen der Massen einer linearen Kette sind $x_n = n a$. Für die Auslenkungen $q_n(t) = q(x_n, t)$ gilt die Bewegungsgleichung $m\, \ddot{q}_n = f\,(q_{n+1} + q_{n-1} - 2q_n)$. Die Kette soll aus N Massen bestehen ($N \gg 1$). Geben Sie die möglichen diskreten k-Werte der Lösung an für

- Periodische Randbedingungen $q(x + L, t) = q(x, t)$ mit $L = N a$
- Physikalische Randbedingungen $q(x + L, t) = q(x, t) = 0$ mit $L = (N + 1)\, a$.

Begründen Sie, dass es für die statistische Abzählung von Zuständen keine Rolle spielt, welche dieser Randbedingungen verwendet werden.

Lösung: Man überprüft leicht, dass der Ansatz

$$q_n(t) = A\, \exp\big[\,\mathrm{i}(\omega t + kna)\big] = A\, \exp\big[\,\mathrm{i}(\omega t + kx)\big] \qquad (29.76)$$

mit einer geeigneten Dispersionsrelation $\omega = \omega(k)$ die Bewegungsgleichung erfüllt. Da $k \to k + 2\pi/a$ die identische Lösung ergibt, ist k auf ein $2\pi/a$-Intervall zu beschränken,

$$-\frac{\pi}{a} < k \le \frac{\pi}{a} \qquad (29.77)$$

Wir betrachten jetzt die *endliche* Kette der Länge $L = Na$ aus $N \gg 1$ Massen.

Periodische Randbedingungen: Diese Bedingung bedeutet $\exp(\mathrm{i}kL) = \exp(\mathrm{i}kNa) = 1$. Dadurch erhält man die diskreten k-Werte

$$k_\nu = \nu \cdot \frac{2\pi}{aN} = \nu \cdot \Delta k \qquad \text{mit} \qquad \Delta k = \frac{2\pi}{L}$$

Die Beschränkung auf das Intervall (29.77) impliziert, dass es N verschiedene k-Werte gibt:

$$\nu = 0, \pm 1, \pm 2, \ldots, \pm\frac{N-2}{2}, +\frac{N}{2} \qquad (N \text{ gerade})$$

$$\nu = 0, \pm 1, \pm 2, \ldots, \pm\frac{N-1}{2} \qquad (N \text{ ungerade})$$

In der statistischen Physik müssen die Eigenmoden lediglich richtig abgezählt, nicht aber im Einzelnen angegeben werden. Für eine genauere Untersuchung der Schwingungsmoden wird auf die Aufgaben 6.5 und 6.6 verwiesen.

Physikalische Randbedingungen: Wir müssen zunächst eine Lösung der Form (29.76) oder eine Linearkombination davon konstruieren, mit der die Bedingungen $q(0,t) = 0$ und $q(L,t) = 0$ erfüllbar sind. Eine solche Lösung ist

$$q_n(t) = q(x,t) = C\, \sin(kx)\, \exp(\mathrm{i}\,\omega t)$$

Die Bedingung $q(0,t) = 0$ ist bereits erfüllt (sie schließt eine Phase oder einen Cosinus aus). Die zweite Randbedingung $q(L,t) = 0$ impliziert dann die diskreten Werte

$$k_\nu = \nu \cdot \frac{\pi}{a(N+1)} = \nu \cdot \Delta k \qquad \text{mit} \qquad \Delta k = \frac{\pi}{L}$$

Auch diese Werte sind auf das Intervall (29.77) zu beschränken. In diesem Fall ergeben aber k_ν und $-k_\nu$ dieselbe Lösung, sie sind daher nur einmal zu zählen. Damit erfolgt eine effektive Beschränkung auf das Intervall $0 < k \le \pi/a$ oder auf

$$\nu = 1, 2, 3, \ldots, N$$

Damit gibt es wieder N verschiedene k-Werte. Die für die statistische Physik relevante Anzahl der k-Werte ist also unabhängig von der Art der Randbedingungen. Daher verwendet man häufig die etwas einfacheren periodischen Randbedingungen.

29.23 Spezifische Wärme des Phononengases für tiefe Temperaturen

Für die Gitterschwingungen eines Kristalls erhält man die Energie

$$E(T,V) = E_0(V) + \frac{9N}{(\hbar\,\omega_\mathrm{D})^3}\,(k_\mathrm{B}T)^4 \int_0^{x_\mathrm{D}} dx\;\frac{x^3}{\exp(x)-1} \tag{29.78}$$

wobei $x_\mathrm{D} = \hbar\,\omega_\mathrm{D}/(k_\mathrm{B}T) = T_\mathrm{D}/T$. Für tiefe Temperaturen, $T \ll T_\mathrm{D}$, erhält man das bekannte Verhalten $C_V \propto T^3$. Berechnen Sie die führende Korrektur hierzu.

Lösung: Es gilt $x_\mathrm{D} \gg 1$. Wir schreiben das Integral in (29.78) als

$$I = \int_0^{x_\mathrm{D}} dx\;\frac{x^3}{\exp(x)-1} = \int_0^{\infty} dx\;\frac{x^3}{\exp(x)-1} - \int_{x_\mathrm{D}}^{\infty} dx\;\frac{x^3}{\exp(x)-1}$$

Das erste Integral auf der rechten Seite hat den Wert $\pi^4/15$ und führt zu dem bekannten Ergebnis

$$C_V = \frac{\partial E(T,V)}{\partial T} = \frac{12\,\pi^4}{5}\,N k_\mathrm{B}\,\frac{T^3}{T_\mathrm{D}^{\,3}} \qquad (T \ll T_\mathrm{D}) \tag{29.79}$$

Im zweiten Integral vernachlässigen wir die 1 gegenüber $\exp(x)$. Damit erhalten wir

$$\begin{aligned} I &\approx \frac{\pi^4}{15} - \int_{x_\mathrm{D}}^{\infty} dx\; x^3 \exp(-x) = \frac{\pi^4}{15} - \exp(-x_\mathrm{D})\left(x_\mathrm{D}^3 + 3\,x_\mathrm{D}^2 + 6\,x_\mathrm{D} + 6\right) \\ &\approx \frac{\pi^4}{15} - x_\mathrm{D}^3 \exp(-x_\mathrm{D}) \end{aligned}$$

Wir ersetzen nun einen Faktor $\pi^4/15$ im bekannten Resultat (29.79) durch diesen Ausdruck:

$$C_V = \frac{\partial E(T,V)}{\partial T} = 36\,N k_\mathrm{B}\,\frac{T^3}{T_\mathrm{D}^{\,3}}\left(\frac{\pi^4}{15} - x_\mathrm{D}^3 \exp(-x_\mathrm{D})\right)$$

Damit haben wir die führende Korrektur angegeben.

29.24 Mittlere Phononenzahl im Debye-Modell

Geben Sie die mittlere Phononenzahl für das Debye-Modell an (als Integral). Werten Sie das Ergebnis für hohe und tiefe Temperaturen aus.

Lösung: Im Debye-Modell wird die Summe über die drei Polarisationsrichtungen und die Wellenzahlen gemäß

$$\sum_{\mathrm{Pol}}\sum_{\boldsymbol{k}} \ldots = \frac{9N}{\omega_\mathrm{D}^3}\int_0^{\omega_\mathrm{D}} d\omega\;\omega^2 \ldots$$

ausgeführt. Die mittlere Phononenzahl ergibt sich als Summe über die mittleren Besetzungszahlen (die Nullpunktschwingungen werden weggelassen):

$$\overline{N_\mathrm{ph}} = \sum_{\mathrm{Pol}}\sum_{\boldsymbol{k}} \overline{n_{\boldsymbol{k}}} = \frac{9N}{\omega_\mathrm{D}^3}\int_0^{\omega_\mathrm{D}} d\omega\;\frac{\omega^2}{\exp(\beta\,\hbar\omega)-1} = \frac{9N}{x_\mathrm{D}^3}\int_0^{x_\mathrm{D}} dx\;\frac{x^2}{\exp(x)-1}$$

Dabei ist $x_\mathrm{D} = \hbar\omega_\mathrm{D}/(k_\mathrm{B}T) = T_\mathrm{D}/T$. Für tiefe Temperaturen, $T \ll T_\mathrm{D}$ und $x_\mathrm{D} \gg 1$, erhalten wir

$$\overline{N_\mathrm{ph}} \approx \frac{9N}{x_\mathrm{D}^3}\int_0^\infty dx\,\frac{x^2}{\exp(x)-1} = \frac{9N}{x_\mathrm{D}^3}\sum_{n=1}^{\infty}\int_0^\infty dx\,x^2\exp\left(-nx\right)$$

$$= \frac{18N}{x_\mathrm{D}^3}\sum_{n=1}^{\infty}\frac{1}{n^3} = \frac{18N}{x_\mathrm{D}^3}\,\zeta(3) \qquad (T \ll T_\mathrm{D})$$

Zur Ausführung der Integration wurde $1/(\exp(x)-1)$ in eine geometrische Reihe entwickelt. Die Summe über $1/n^3$ ist die Zetafunktion $\zeta(3) \approx 1.202$. Die Anzahl der Phononen ist proportional zu T^3. Jedes Phonon trägt mit $\mathcal{O}(k_\mathrm{B}T)$ zur Energie $E \propto T^4$ und mit $\mathcal{O}(k_\mathrm{B})$ zur Wärmekapazität $C_V \propto T^3$ bei.

Für hohe Temperaturen, $T \gg T_\mathrm{D}$ und $x_\mathrm{D} \ll 1$, entwickeln wir den Integranden in eine Taylorreihe:

$$\frac{x^2}{\exp(x)-1} = x - \frac{x^2}{2} + \frac{x^3}{12} \pm \ldots$$

Dann können wir die Integration ausführen:

$$\overline{N_\mathrm{ph}} = \frac{9N}{2x_\mathrm{D}} - \frac{3N}{2} \pm \ldots \approx \frac{9N}{2x_\mathrm{D}} = \frac{9}{2}\,N\,\frac{k_\mathrm{B}T}{\hbar\omega_\mathrm{D}} \qquad (T \gg T_\mathrm{D})$$

Die Anzahl der Schwingungsquanten in jeder der $3N$ Eigenmoden ist von der Größenordnung $k_\mathrm{B}T/(\hbar\omega_\mathrm{D})$.

29.25 Einstein-Modell

1. Berechnen Sie die spezifische Wärme von Gitterschwingungen mit dem Ansatz $z_\mathrm{E}(\omega) = \delta(\omega - \omega_\mathrm{E})$ für das Frequenzspektrum. Mit einer geeignet gewählten Frequenz ω_E liefert dieses *Einstein-Modell* eine Näherung für den Beitrag der optischen Phononen.

2. Für einen NaCl-Kristall (mit je N Natrium- und Chlor-Atomen) kann das Phononenspektrum durch

$$z(\omega) = z_\mathrm{D}(\omega) + \delta(\omega - 2\,\omega_\mathrm{D}) \qquad (29.80)$$

angenähert werden, also durch ein Debye-Spektrum für die akustischen Phononen und einen Einstein-Term für die optischen Phononen. Berechnen Sie die spezifische Wärme für tiefe und für hohe Temperaturen.

Lösung: Die Summe über die drei Polarisationsrichtungen und die Wellenzahlen von Phononen wird als

$$\sum_\mathrm{Pol}\sum_{\boldsymbol{k}} \ldots = 3N\int_0^\infty d\omega\; z(\omega)\;\ldots$$

mit der Frequenzdichte $z(\omega)$ geschrieben. Im betrachteten NaCl-Kristall können die Schwingungen der N Gitterzellen im Debye-Modell behandelt werden (akustische Phononen). Daneben gibt es Anregungen, bei denen die Na-Atome gegenläufig zu den Cl-Atomen schwingen (optische Phononen). Während die Dispersionsrelation für akustische Phononen linear beginnt ($\omega \propto k$), kann die Dispersionsrelation für optische Phononen durch $\omega \approx$ const. angenähert werden.

Für $z_{\rm E}(\omega) = \delta(\omega - \omega_{\rm E})$ erhalten wir die Energie

$$E(T, V) = E_0(V) + 3N \int_0^{\infty} d\omega\; z_{\rm E}(\omega)\, \frac{\hbar\omega}{\exp(\beta\hbar\omega) - 1} = E_0(V) + \frac{3N\hbar\omega_{\rm E}}{\exp(\beta\hbar\omega_{\rm E}) - 1}$$

Hieraus folgt die Wärmekapazität der optischen Phononen:

$$C_V^{\rm opt}(T) = \frac{\partial E(T, V)}{\partial T} = \frac{-\beta}{T}\,\frac{\partial E(T, V)}{\partial \beta} = \frac{3Nk_{\rm B}}{4}\,\frac{(\beta\hbar\omega_{\rm E})^2}{\sinh^2(\beta\hbar\omega_{\rm E}/2)}$$

Wir kommen nun zum zweiten Teil der Aufgabe mit

$$z(\omega) = z_{\rm D}(\omega) + \delta(\omega - 2\,\omega_{\rm D})$$

Dabei ist $z_{\rm D}(\omega) = 3\omega^2/\omega_{\rm D}^3$ für $\omega \le \omega_{\rm D}$ und null sonst. Die Wärmekapazität (29.46) dieses Beitrags wird hier als bekannt vorausgesetzt. Die Wärmekapazität der optischen Phononen wird für $\omega_{\rm E} = 2\,\omega_{\rm D}$ zu

$$C_V^{\rm opt}(T) = 3Nk_{\rm B}\,\frac{x_{\rm D}^2}{\sinh^2(x_{\rm D})} \qquad \text{mit} \qquad x_{\rm D} = \frac{\hbar\,\omega_{\rm D}}{k_{\rm B}T} = \frac{T_{\rm D}}{T}$$

Für tiefe Temperaturen, $T \ll T_{\rm D}$, wird dieser Beitrag exponentiell klein. Dann tragen nur die akustischen Phononen bei:

$$C_V(T) = C_V^{\rm opt} + C_V^{\rm akust} = C_V^{\rm akust} = \frac{12\,\pi^4}{5}\,Nk_{\rm B}\,\frac{T^3}{T_{\rm D}^3} \qquad (T \ll T_{\rm D})$$

Für hohe Temperaturen, $T \gg T_{\rm D}$, entwickeln wir den Einstein-Beitrag gemäß

$$\frac{x_{\rm D}^2}{\sinh^2(x_{\rm D})} \approx 1 - \frac{x_{\rm D}^2}{3}$$

Dies wird mit dem bekannten Debye-Beitrag kombiniert:

$$\begin{aligned} C_V &= C_V^{\rm opt} + C_V^{\rm akust} = 3Nk_{\rm B}\left(1 - \frac{1}{3}\frac{T_{\rm D}^2}{T^2}\right) + 3Nk_{\rm B}\left(1 - \frac{1}{20}\frac{T_{\rm D}^2}{T^2}\right) \\ &= 6Nk_{\rm B}\left(1 - \frac{23}{120}\frac{T_{\rm D}^2}{T^2}\right) \qquad (T \gg T_{\rm D}) \end{aligned}$$

Der erste Term entspricht dem klassischen Grenzfall (Dulong-Petit-Gesetz) für die $2N$ Atome.

29.26 Mittlere Photonenzahl im Strahlungshohlraum

Geben Sie die mittlere Zahl der Photonen in einem gegebenen Strahlungshohlraum (Volumen V, Temperatur T) an.

Lösung: Die Summe über die beiden Polarisationsrichtungen und die Wellenzahlen wird gemäß

$$\sum_{\text{Pol}} \sum_{\boldsymbol{k}} \ldots = \frac{2V}{(2\pi)^3} \int d^3k \; \ldots = \frac{8\pi V}{(2\pi c)^3} \int d\omega \, \omega^2 \ldots$$

ausgeführt. Die mittlere Photonenzahl ergibt sich als Summe über die mittleren Besetzungszahlen (die Nullpunktschwingungen werden weggelassen):

$$\begin{aligned}
\overline{N_{\text{ph}}} &= \sum_{\text{Pol}} \sum_{\boldsymbol{k}} \overline{n_{\boldsymbol{k}}} = \frac{8\pi V}{(2\pi c)^3} \int_0^\infty d\omega \, \frac{\omega^2}{\exp(\beta\hbar\omega) - 1} \\
&= \frac{V\,(k_{\text{B}}T)^3}{\pi^2(\hbar c)^3} \int_0^\infty dx \, \frac{x^2}{\exp(x) - 1} = \frac{V\,(k_{\text{B}}T)^3}{\pi^2(\hbar c)^3} \sum_{n=1}^\infty \int_0^\infty dx \, x^2 \exp(-n\,x) \\
&= \frac{2V\,(k_{\text{B}}T)^3}{\pi^2(\hbar c)^3} \sum_{n=1}^\infty \frac{1}{n^3} = \frac{2\,\zeta(3)\,k_{\text{B}}^3}{\pi^2(\hbar c)^3} \, V\,T^3
\end{aligned}$$

Zur Ausführung der Integration wurde $1/(\exp(x) - 1)$ in eine geometrische Reihe entwickelt. Die Summe über $1/n^3$ ergibt die Zetafunktion $\zeta(3) \approx 1.202$. Die Anzahl der angeregten Photonen ist proportional zu T^3. Jedes Photon trägt mit $\mathcal{O}(k_{\text{B}}T)$ zur Energie $E \propto T^4$ und mit $\mathcal{O}(k_{\text{B}})$ zur Wärmekapazität $C_V \propto T^3$ bei. Die Anzahl der Photonen ist (zusammen mit der Energie und der Wärmekapazität) proportional zum Volumen.

29.27 Temperaturunterschied Europa–Äquator

Schätzen Sie den Temperaturunterschied zwischen mittleren Breiten (45°) und den Tropen (0°) ab, der sich aus dem geometrisch bedingten Unterschied in der Sonneneinstrahlung ergibt.

Lösung: Pro Quadratmeter fällt eine bestimmte Strahlungsleistung auf die Erde ein (Größenordnung 1 kW). Am Äquator verteilt sich diese Leistung auf einen Quadratmeter der Erdoberfläche (zur Zeit der Tag-und-Nacht-Gleiche). In mittleren Breiten verteilt sie sich dagegen auf eine um einen Faktor $1/\sin(45°) = \sqrt{2}$ größere Fläche. Daher ist die im Gleichgewicht abzustrahlende Leistung in mittleren Breiten um einen Faktor $\sqrt{2}$ kleiner. Die Temperatur T der Erdoberfläche stellt sich so ein, dass die erforderliche Leistung nach dem Stefan-Boltzmann-Gesetz $P_{\text{em}} \propto T^4$ abgegeben wird. Daher gilt

$$\left(\frac{T(\text{Europa})}{T(\text{Äquator})} \right)^4 = \frac{1}{\sqrt{2}}$$

Wenn wir $T(\text{Äquator}) = 300\,\text{K}$ setzen, erhalten wir hieraus $T(\text{Europa}) \approx 275\,\text{K}$, also eine Temperaturdifferenz von

$$\Delta\Theta \approx 25\,^\circ\text{C}$$

Trotz der sehr groben Abschätzung haben wir einen realistischen Wert erhalten. Daneben gibt es jahreszeitliche Schwankungen, die auf demselben Effekt beruhen (mehr oder weniger schräger Einfall des Sonnenlichts).

29.28 Bereich des sichtbaren Lichts in der Planckverteilung

Sichtbares Licht hat Wellenlängen im Bereich von $\lambda = 3\,800\,\text{Å}$ bis $7\,800\,\text{Å}$. Um welchen Faktor liegen die zugehörigen Frequenzen über dem Maximum ω_{max} der Verteilung von rotglühendem ($T \approx 1\,000$ K) oder weißglühendem ($T \approx 2\,000$ K) Eisen?

Lösung: Die Photonenenergien von sichtbarem Licht liegen bei

$$\hbar\omega = \frac{2\pi\hbar c}{\lambda} \approx 1.6\ldots 3.3\,\text{eV} \approx 20\,000\ \ldots 40\,000\ k_{\text{B}}\,\text{K}$$

Nach dem Wienschen Verschiebungsgesetz liegt das Maximum einer Strahlungsverteilung bei

$$\hbar\,\omega_{\text{max}} \approx 2.82\,k_{\text{B}}\,T \approx 2\,800\ldots\ldots 5\,600\ k_{\text{B}}\,\text{K}$$

Die Zahlenwerte beziehen sich auf rot- und weißglühendes Eisen. Damit liegt das sichtbare Licht grob gesagt um einen Faktor 10 über dem Maximum. Die Sichtbarkeit ergibt sich also nur aus dem Rand der Planckschen Verteilung. Das Maximum von Sonnenlicht liegt dagegen bei etwa $16\,000\ k_{\text{B}}\,\text{K}$, also nicht weit vom Beginn des sichtbaren Bereichs.

29.29 Oberflächentemperatur der Sonne

Die Solarkonstante $I_{\text{S}} = 1.37\,\text{kW/m}^2$ gibt die Intensität der Sonnenstrahlung am Ort der Erde an. Die Entfernung Erde–Sonne beträgt etwa acht Lichtminuten, und der Radius der Sonne ist $R_{\odot} \approx 7\cdot 10^5$ km. Welche Temperatur $T_{\odot}$ hat die Oberfläche der Sonne?

Lösung: Wir nehmen an, dass die Sonne in alle Richtungen gleichmäßig abstrahlt. Nach dem Stefan-Boltzmann-Gesetz ist die abgestrahlte Leistung dann

$$P_{\text{em}} = \sigma\, 4\pi\, R_{\odot}^2\, T_{\odot}^4$$

Die Stefan-Boltzmannkonstante ist $\sigma = 5.7 \cdot 10^{-8}\,\text{W/(m}^2\,\text{K}^4)$. Im Abstand $D = 8$ Lichtminuten verteilt sich diese Leistung auf die Fläche $4\pi\, D^2$, also

$$I_{\text{S}} = \frac{P_{\text{em}}}{4\pi\, D^2} = \sigma\, \frac{R_{\odot}^2}{D^2}\, T_{\odot}^4$$

In dieser Beziehung sind alle Größen außer $T_{\odot}$ gegeben. Die Auflösung nach $T_{\odot}$ ergibt

$$T_{\odot} \approx 6\,000\,\text{K}$$

Ein anderes Anwendungsbeispiel für Sterne: Für einen Stern misst man ein ähnliches Frequenzspektrum wie für die Sonne; seine Oberfläche hat also etwa dieselbe Temperatur wie die Sonne. Seine absolute Luminosität beträgt aber zum Beispiel nur etwa 10^{-4} derjenigen der Sonne. Daraus kann man schließen, dass sein Radius etwa $R_{\odot}/100$ ist (solche Sterne werden als Weiße Zwerge bezeichnet). Optisch kann die Größe von Sternen nur in seltenen Fällen aufgelöst werden.

30 Phasenübergänge

Dieses Kapitel befasst sich mit Phasenübergängen. Es werden einfache Modelle zum Ferromagnetismus, zum Phasenübergang gasförmig–flüssig und zum λ-Übergang von flüssigem Helium vorgestellt. Schließlich diskutieren wir kritische Phänomene im Rahmen der Landau-Theorie und geben Relationen zwischen kritischen Exponenten an.

Einführung

Einfache Stoffe liegen im Allgemeinen je nach Druck und Temperatur in der Form eines Gases, einer Flüssigkeit oder eines Festkörpers (Kristall) vor. Daneben gibt es zahlreiche andere *Phasen*, etwa verschiedene Kristallstrukturen, supraleitende oder suprafluide Phasen, ferromagnetische Phasen und so weiter. Für die einzelnen *Phasen* A, B,... sind die chemischen Potenziale $\mu_{\rm A}(T, P)$, $\mu_{\rm B}(T, P)$,... verschiedene Funktionen. Bei gegebenem T und P stellt sich im Gleichgewicht die Phase ein, für die $\mu(T, P)$ den kleinsten Wert hat. Für $\mu_{\rm A} < \mu_{\rm B}$ liegt daher die Phase A vor (sofern die Auswahl auf A und B beschränkt ist), und für $\mu_{\rm A} > \mu_{\rm B}$ liegt die Phase B vor. Eine Koexistenz zwischen den Phasen A und B ist nur möglich, wenn

$$\mu_{\rm A}(T, P) = \mu_{\rm B}(T, P) \quad \Longrightarrow \quad \text{Übergangskurve } P = P(T) \tag{30.1}$$

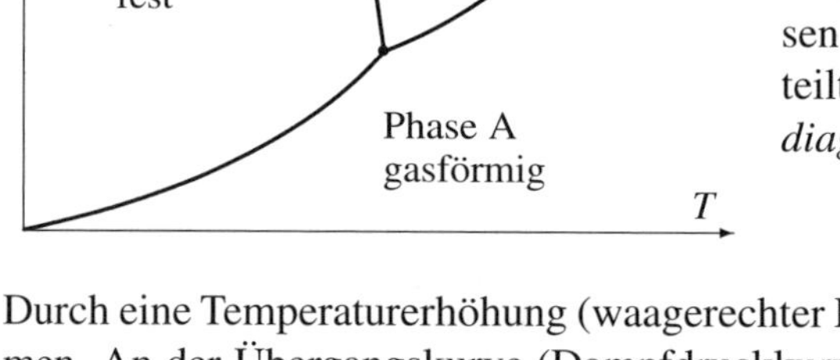

Diese Überlegung macht die Existenz von Kurven im P-T-Diagramm plausibel, die Gebiete verschiedener Phasen voneinander trennen. Ein so eingeteiltes P-T-Diagramm heißt *Phasendiagramm*.

Durch eine Temperaturerhöhung (waagerechter Pfeil) kann man von B nach A kommen. An der Übergangskurve (Dampfdruckkurve) sind die chemischen Potenziale gleich, $\mu_{\rm A} = \mu_{\rm B}$. Ihre Ableitungen werden aber in der Regel nicht gleich sein:

$$\left(\frac{\partial \mu_{\rm A}}{\partial T}\right)_P \neq \left(\frac{\partial \mu_{\rm B}}{\partial T}\right)_P \qquad \text{oder} \qquad \left.\frac{\partial \mu}{\partial T}\right|_{T_{\rm c}^+} \neq \left.\frac{\partial \mu}{\partial T}\right|_{T_{\rm c}^-} \tag{30.2}$$

Dabei bezeichnet $T_c^{\pm}$ eine Temperatur unmittelbar über oder unter der Übergangstemperatur. Der Sprung in der Ableitung impliziert einen Sprung $\Delta s = s(T_c^+, P) - s(T_c^-, P)$ in der Entropie, also eine Umwandlungsenthalpie:

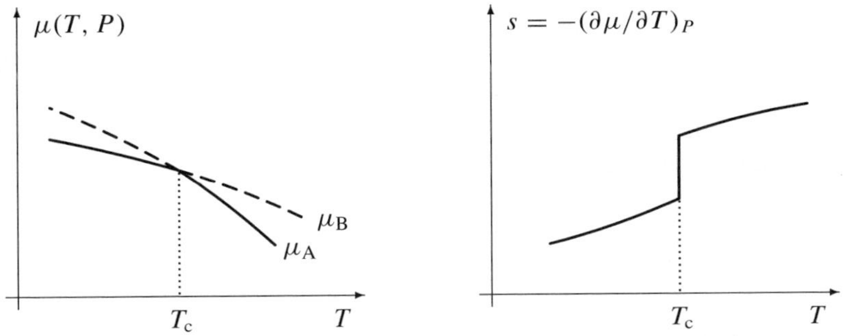

Nach einer Klassifizierung von Ehrenfest bezeichnet man dieses Verhalten als Phasenübergang 1. Ordnung. Wenn dagegen die erste Ableitung des chemischen Potenzials stetig ist und die zweite eine Sprung hat, dann spricht man von einem Phasenübergang 2. Ordnung. Heute teilt man Phasenübergänge üblicherweise nach dem Verhalten des Ordnungsparameters beim Übergang ein. Wenn der Ordnungsparameter (etwa die Dichte beim Übergang flüssig–gasförmig) einen Sprung hat, dann handelt es sich um einen Phasenübergang 1. Ordnung, sonst um einen Phasenübergang 2. Ordnung.

Die Berechnung einer Zustandssumme führt zu allen thermodynamischen Eigenschaften, etwa über $F(T, V, N) = -k_B T \ln Z(T, V, N)$. Nun ist die Zustandssumme Z aus (28.5) eine Summe von analytischen Termen; insbesondere sind alle Terme der Form $\exp(-\beta E_r)$ stetig nach der Temperatur differenzierbar. Wie kann es dann zu der in der Abbildung oben gezeigten Unstetigkeit (Sprung in $S = -\partial F/\partial T$) kommen?

Die Antwort ist, dass eine *unendliche* Summe differenzierbarer Funktionen eine singuläre Funktion ergeben kann. Ein Beispiel dafür ist die Summe auf der rechten Seite von (29.37): Die zweite Ableitung dieser Summe hat einen Sprung. Eine Konsequenz aus diesen Feststellungen ist, dass es einen Phasenübergang nur in einem *unendlichen* System geben kann. In der theoretischen Behandlung entspricht das unendliche System dem *thermodynamischen Limes* $N \to \infty$ und $V \to \infty$, wobei $v = V/N$ aber festgehalten wird.

Ferromagnetismus

Für unabhängige Spins in einem äußeren Magnetfeld hatten wir in (29.2) die Magnetisierung $\boldsymbol{M} = \boldsymbol{M}_0 \tanh(\beta\mu_B B)$ erhalten. Im Weissschen Modell wird die Wechselwirkung mit benachbarten Spins dadurch berücksichtigt, dass $\boldsymbol{B}$ durch das effektive Feld $\boldsymbol{B}_{\text{eff}} = \boldsymbol{B} + W\boldsymbol{M}$ ersetzt wird:

$$M = n\,\mu_B \tanh\big(\beta\mu_B B_{\text{eff}}\big) = M_0 \tanh\big[\beta\mu_B(B + WM)\big] \tag{30.3}$$

Dabei wurde angenommen, dass alle Felder dieselbe Richtung haben. Der Ansatz (30.3) berücksichtigt die Tendenz, dass benachbarte Spins in dieselbe Richtung zeigen. Wegen der Coulombwechselwirkung bevorzugen benachbarte Elektronen im Allgemeinen eine antisymmetrische Ortswellenfunktion. Dann muss der Spinzustand symmetrisch sein; dies impliziert parallele Spins. Der Weisssche Faktor W ist aufgrund dieses Effekts von der Größenordnung 10^3; eine direkte Wechselwirkung der magnetischen Momente ergäbe dagegen nur $W = \mathcal{O}(1)$.

Für $M \ll M_0 = n\mu_\mathrm{B}$ kann man den Tangens Hyperbolicus in (30.3) entwickeln und die Beziehung nach B auflösen:

$$B = W\left(\frac{T}{T_\mathrm{c}} - 1\right) M + \frac{k_\mathrm{B} T}{3\,\mu_\mathrm{B}} \left(\frac{M}{M_0}\right)^3 \tag{30.4}$$

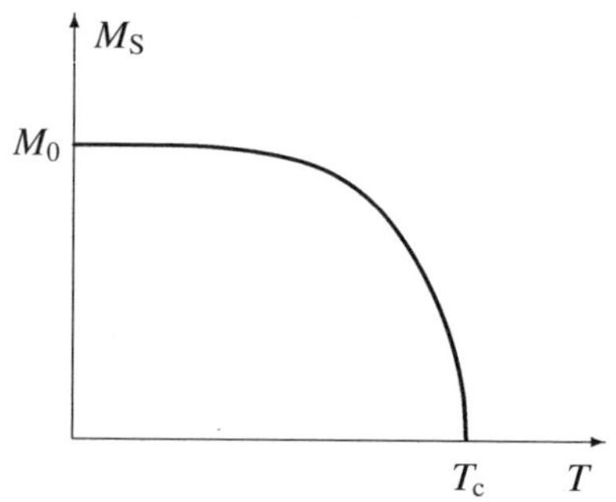

Dabei haben wir die kritische Temperatur $k_\mathrm{B} T_\mathrm{c} = \mu_\mathrm{B}^2\, n\, W \sim 10^3\, k_\mathrm{B}\,\mathrm{K}$ eingeführt. Für $T < T_\mathrm{c}$ ergibt sich aus (30.4) eine spontane Magnetisierung M_S, also eine Magnetisierung auch ohne äußeres Feld (also für $B = 0$). Die Skizze zeigt die Temperaturabhängigkeit der spontanen Magnetisierung. Für $T > T_\mathrm{c}$ gilt $M = 0$.

Für $T > T_\mathrm{c}$ und schwache Felder folgt aus (30.4) die *magnetische Suszeptibilität*

$$\chi_\mathrm{m} = \left(\frac{\partial M}{\partial B}\right)_T \overset{B\to 0}{=} \frac{T_\mathrm{c}/W}{T - T_\mathrm{c}} \qquad \text{(Curie-Weiss-Gesetz, } T \ge T_\mathrm{c}) \tag{30.5}$$

Wenn man die Magnetisierung M als Variable (neben B und T) betrachtet, dann erhält man eine freie Energie der Form

$$\mathcal{F}(T, B, M) = F_0(T) + V\left[a\,(T - T_\mathrm{c})\, M^2 + u\, M^4 - M B\right] \tag{30.6}$$

Die Landau-Theorie (Abschnitt unten) für Phasenübergänge zweiter Art geht von einer solchen Entwicklung der freien Energie $\mathcal{F}$ nach einem Ordnungsparameter (hier M) aus. Aus der Bedingung $\mathcal{F}(T, B, M) = \text{minimal}$ folgt dann die Gleichgewichtsmagnetisierung $M = M(T, B)$. Insbesondere ergibt sich die oben skizzierte spontane Magnetisierung für $T < T_\mathrm{c}$. Der Gleichgewichtswert der freien Energie ist $F(T, B) = \mathcal{F}(T, B, M(T, B))$. Hieraus folgt ein Sprung in der Wärmekapazität $C = -T\,(\partial^2 F/\partial T^2)_B$.

Die Lösung von $\mathcal{F} = \text{minimal}$ stellt für $T < T_\mathrm{c}$ eine *spontane Symmetriebrechung* dar. Die spontane Magnetisierung $\boldsymbol{M}_\mathrm{S}$ zeichnet eine Richtung aus, obwohl das System rotationssymmetrisch ist.

Van der Waals-Gas

Das van der Waals-Gas ist ein Modell für den Phasenübergang gasförmig–flüssig. Es ist durch die Zustandsgleichung (mit den positiven Parametern a und b) definiert:

$$P = P(T, v) = \frac{k_B T}{v - b} - \frac{a}{v^2} \tag{30.7}$$

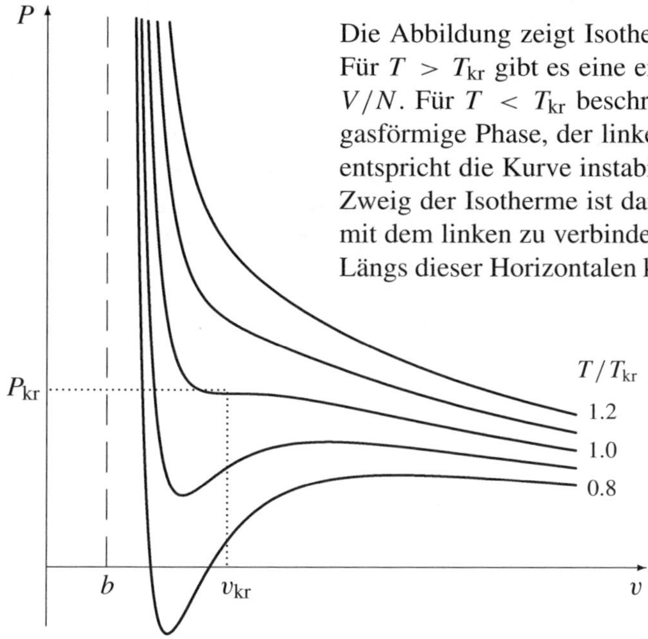

Die Abbildung zeigt Isothermen im P-v-Diagramm. Für $T > T_{kr}$ gibt es eine eindeutige Lösung für $v = V/N$. Für $T < T_{kr}$ beschreibt der rechte Zweig die gasförmige Phase, der linke die flüssige; dazwischen entspricht die Kurve instabilen Lösungen. Der rechte Zweig der Isotherme ist dann mit einer Horizontalen mit dem linken zu verbinden (Maxwellkonstruktion). Längs dieser Horizontalen koexistieren beide Phasen.

Aus (30.7), $\partial P/\partial v = 0$ und $\partial^2 P/\partial v^2 = 0$ folgen die Werte des kritischen Punkts und insbesondere

$$\frac{P_{kr}\, v_{kr}}{k_B T_{kr}} = \frac{3}{8} = 0.375 \tag{30.8}$$

Unterhalb des kritischen Punkts hat die Dichte (der Ordnungsparameter) einen Sprung, es handelt sich um einen Übergang 1. Ordnung. Bei Annäherung an den kritischen Punkt wird dieser Sprung kleiner bis er schließlich am kritischen Punkt (siehe erste Abbildung dieses Kapitels) verschwindet. Am kritischen Punkt ist der Übergang flüssig–gasförmig von 2. Ordnung, also kontinuierlich.

Reale Stoffe haben meist etwas kleinere Werte für das Verhältnis (30.8), zum Beispiel 0.292 für Sauerstoffgas oder 0.304 für Wasserstoffgas. Mit den dimensionslosen Größen $P^* = P/P_{kr}$, $T^* = T/T_{kr}$ und $v^* = v/v_{kr}$ wird die van der Waals-Gleichung zu

$$P^* + \frac{3}{v^{*2}} = \frac{8\,T^*}{3\,v^* - 1} \tag{30.9}$$

Viele Gase weichen von dieser Form der van der Waals-Gleichung um weniger als 10% ab. Insofern ist das van der Waals-Gas ein bemerkenswert gutes Modell.

Wir betrachten nun eine Isotherme mit $T < T_{\text{kr}}$. Für den rechten Zweig bezeichnen wir das chemische Potenzial mit $\mu_{\text{A}}(T, P) = \mu(v_{\text{A}}(T, P), T)$, für den linken mit $\mu_{\text{B}}(T, P) = \mu(v_{\text{B}}(T, P), T)$. Beide Phasen können für $\mu_{\text{A}} = \mu_{\text{B}}$ koexistieren; aus dieser Bedingung folgt der Druck P_{d}, an dem die beiden Zweige der Isotherme durch eine Horizontale zu verbinden sind. Wir verwenden die Relation $\mu = G/N = F/N + PV/N = f + Pv$; dabei ist $f = F/N$ die freie Energie pro Teilchen. Aus $\mu_{\text{A}} = \mu_{\text{B}}$ folgt dann das erste Gleichheitszeichen in

$$f_{\text{B}} - f_{\text{A}} = P_{\text{d}}\,(v_{\text{A}} - v_{\text{B}}) = \int_{v_{\text{B}}}^{v_{\text{A}}} dv\; P(T, v) \tag{30.10}$$

Das Integral berechnet die Differenz $f_{\text{B}} - f_{\text{A}}$ aus der Zustandsgleichung. Der Vergleich des zweiten mit dem letzten Ausdruck zeigt: Die Horizontale (der Dampfdruck P_{d}) ist so zu wählen, dass die beiden Flächenstücke, die die Isotherme mit der Horizontalen einschließt, gleich groß sind. Diese Vorschrift heißt *Maxwellkonstruktion*.

Flüssiges Helium

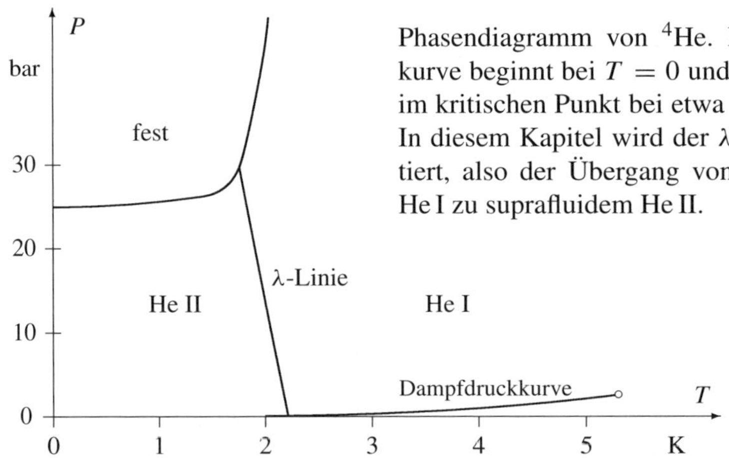

Phasendiagramm von ^{4}He. Die Dampfdruckkurve beginnt bei $T = 0$ und $P = 0$ und endet im kritischen Punkt bei etwa 2.2 bar und 5.3 K. In diesem Kapitel wird der λ-Übergang diskutiert, also der Übergang von normalflüssigem He I zu suprafluidem He II.

Die Bose-Einstein-Kondensation des idealen Bosegases (IBG, Kapitel 29) kann als Modell des λ-Übergangs von flüssigem ^{4}He aufgefasst werden. Wenn man die Dichte von flüssigem Helium in (29.35) einsetzt, erhält man $T_{\text{c}} \approx 3.13\,\text{K}$, was mit $T_\lambda \approx 2.2\,\text{K}$ zu vergleichen ist. Da flüssiges ^{3}He keinen solchen Phasenübergang zeigt, muss der λ-Übergang auf der Austauschsymmetrie der Atome beruhen. Wir diskutieren die Parallelitäten von He II und dem idealen Bosegas.

Unterhalb des λ-Übergangs zeigt Helium eine Reihe ungewöhnlicher Eigenschaften, die quantitativ verstanden werden können, wenn man annimmt, dass die Flüssigkeit aus einem suprafluiden und einem normalen Anteil besteht, also

$$\varrho = \varrho_{\text{s}}(T) + \varrho_{\text{n}}(T) \tag{30.11}$$

Dieser Ansatz wird als *Zweiflüssigkeitsmodell* bezeichnet. Die beiden Anteile sind räumlich nicht getrennt, sie unterscheiden sich aber signifikant durch ihr Verhalten. Insbesondere kann die suprafluide Dichte ϱ_{s} widerstandslos durch enge Kapillaren fließen.

Im IBG geht unterhalb von T_{c} ein Bruchteil aller Teilchen in den tiefsten Zustand. Wenn man die Kondensatdichte ϱ_0 mit der suprafluiden Dichte ϱ_{s} identifiziert, dann kann man eine Reihe zentraler Eigenschaften des Zweiflüssigkeitsmodells erklären. Beide Anteile, ϱ_0/ϱ im IBG und $\varrho_{\mathrm{s}}/\varrho$ in der Heliumflüssigkeit, steigen von null bei der Übergangstemperatur auf den Wert 1 bei $T = 0$ an (ähnlich wie die spontane Magnetisierung M_{S}/M_0 beim Ferromagneten).

Stabilität: Ein suprafluides Strömungsfeld ist wegen der fehlenden Zähigkeit (meta-)stabil. Ein mit vielen Bosonen besetzter Zustand hat eine besondere Stabilität, denn die Streuung eines einzelnen Teilchens ändert das Geschwindigkeitsfeld $\boldsymbol{v}_0(\boldsymbol{r})$ des Kondensats nicht.

Wirbelfreiheit: Das Geschwindigkeitsfeld einer suprafluiden Strömung ist wirbelfrei

$$\mathrm{rot}\; \boldsymbol{v}_{\mathrm{s}}(\boldsymbol{r}) = 0 \tag{30.12}$$

Die makroskopische Wellenfunktion des Kondensats ist von der Form

$$\psi_0(\boldsymbol{r}) = \phi(\boldsymbol{r})\, \exp\big[\mathrm{i}\, S(\boldsymbol{r})\big] \tag{30.13}$$

Dabei ist $\varrho_0(\boldsymbol{r}) = m\, |\phi(\boldsymbol{r})|^2$ die Kondensatdichte. Aus (30.13) folgt die Kondensatgeschwindigkeit $\boldsymbol{v}_0(\boldsymbol{r}) = (\hbar/m)\, \mathrm{grad}\, S(\boldsymbol{r})$, die dann auch wirbelfrei ist.

SUPRAFLUIDE ENTROPIE: Experimentell findet man, dass die Entropie des suprafluiden Anteils verschwindet:

$$S_{\mathrm{s}} = S(\varrho_{\mathrm{s}}) = 0, \qquad S_{\mathrm{n}} = S(\varrho_{\mathrm{n}}) = S \tag{30.14}$$

Da alle Kondensatteilchen im selben Einteilchenzustand sind, verschwindet auch die Entropie des IBG-Kondensats.

Aufgrund der Vernachlässigung der Wechselwirkungen im IBG gibt es natürlich auch wesentliche Unterschiede zur realen Flüssigkeit. So hat die spezifische Wärme des IBG einen Knick (Kapitel 29), während die von ^{4}He eine (näherungsweise) logarithmische Singularität als Funktion von der Temperatur zeigt.

Landau-Theorie

Die freie Energie (30.6) des Weissschen Modells kann zum Landau- und zum Ginzburg-Landau-Ansatz verallgemeinert werden. Dieser Ansatz stellt dann ein allgemeines, phänomenologisches Modell für Phasenübergänge 2. Ordnung dar. In Anlehnung an die Bezeichnung „kritischer Punkt" nennt man die Vorgänge in der unmittelbaren Umgebung eines Phasenübergangs 2. Ordnung „kritische Phänomene".

Ausgangspunkt der Landau-Theorie ist die Wahl einer geeigneten makroskopischen Größe, die sich beim Übergang in charakteristischer Weise ändert. Diese Größe wird *Ordnungsparameter* ψ genannt. Die Wahl von ψ ist in vielen Fällen naheliegend (wie die Magnetisierung im Ferromagneten, oder die Dichte beim Übergang flüssig-gasförmig). Bei Phasenübergängen 2. Ordnung ist der Mittelwert $\overline{\psi}(T)$ des Ordnungsparameters am Übergangspunkt T_c stetig:

$$\overline{\psi} \begin{cases} = 0 & T \geq T_c \\ \neq 0 & T < T_c \end{cases} \tag{30.15}$$

Dann kann die freie Energie in der Umgebung von T_c nach ψ entwickelt werden:

$$\mathcal{F}(T, h, \psi) = F_0(T) + V\Big(a(T - T_c)\,\psi^2 + u\,\psi^4 - h\,\psi\Big) \tag{30.16}$$

Das äußere Feld h, durch das der Ordnungsparameter unmittelbar beeinflusst werden kann, ist zum Beispiel ein äußeres Magnetfeld, wie in (30.6). In der folgenden Abbildung ist links $\mathcal{F}$ als Funktion des Ordnungsparameters ψ skizziert; das äußere Feld h ist null gesetzt:

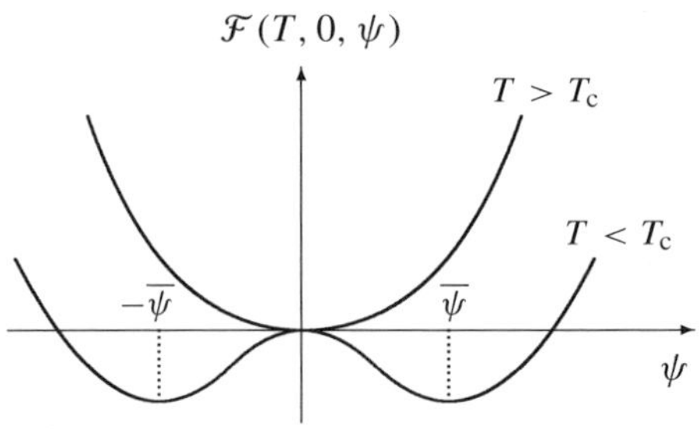

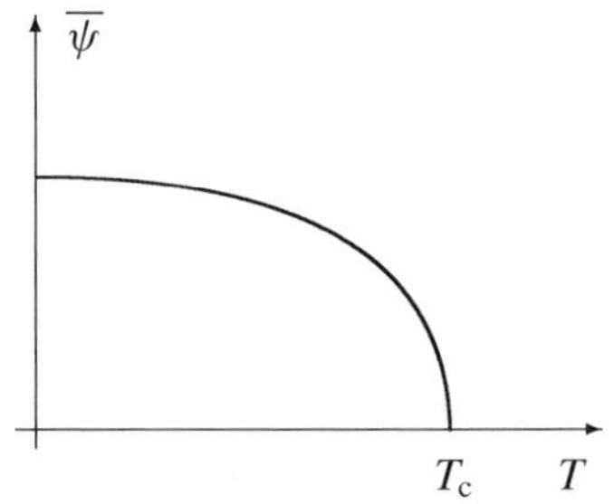

Der Gleichgewichtswert (30.15) ergibt sich aus $\mathcal{F}$ = minimal, er ist rechts als Funktion der Temperatur gezeigt. Es könnte sich um die Magnetisierung im Ferromagneten oder die suprafluide Dichte in flüssigem Helium handeln. Der Ansatz (30.16) stellt eine plausible Entwicklung der freien Energie nach Potenzen von ψ und $T - T_c$ dar. Er ist die Grundlage der *Landau-Theorie* zur Beschreibung kritischer Phänomene (Landau 1937).

Durch Einsetzen von $\overline{\psi} = \overline{\psi}(T, h)$ in $\mathcal{F}$ erhält man den Gleichgewichtswert F der freien Energie:

$$F(T, h) = \mathcal{F}\big(T, h, \overline{\psi}(T, h)\big) \tag{30.17}$$

Dies ist ein entscheidender Schritt: Während alle Ableitungen von $\mathcal{F}$ stetig sind, hat die zweite Ableitung von F einen Sprung bei T_c, die dritte Ableitung ist dann singulär. Aus der freien Energie $F(T, h)$ folgen alle relevanten thermodynamischen Größen. Die spezifische Wärme hat einen Sprung:

$$c_h(T, 0) = -\frac{T}{V}\,\frac{\partial^2 F(T, h)}{\partial T^2} = c_0(T) + \begin{cases} 0 & (T > T_c) \\ \dfrac{a^2}{2u}\,T & (T < T_c) \end{cases} \tag{30.18}$$

Dabei bezeichnet c_0 den von F_0 stammenden, stetigen Anteil. Für die Suszeptibilität erhält man

$$\chi = \left(\frac{\partial \overline{\psi}}{\partial h}\right)_T = \begin{cases} \dfrac{1}{2a\,|T - T_c|} & (T > T_c) \\[2ex] \dfrac{1}{4a\,|T - T_c|} & (T < T_c) \end{cases} \tag{30.19}$$

Im ferromagnetischen Fall ist dies die bekannte magnetische Suszeptibilität. Für den kritischen Punkt des Übergangs flüssig–gasförmig ist es die Kompressibilität, $\chi = (n/n_c)\kappa_T$. Wir bestimmen noch den Ordnungsparameter für $T = T_c$ und $h \neq 0$,

$$\overline{\psi} = \left(\frac{h}{4u}\right)^{1/3} \qquad (T = T_c) \tag{30.20}$$

Dies ist etwa die Magnetisierung, die am Übergangspunkt (wo $M_S = 0$ gilt) durch ein äußeres Magnetfeld hervorgerufen wird.

Ginzburg-Landau-Theorie

Der Landau-Ansatz (30.16) wird zum Ginzburg-Landau-Ansatz, wenn man eine Ortsabhängigkeit des Ordnungsparameters zulässt

$$\mathcal{F}(T, h, \psi) = F_0(T) + \int d^3r \left(A\,(\nabla\psi)^2 + a\,(T - T_c)\,\psi^2 + u\,\psi^4 - h\,\psi \right) \tag{30.21}$$

Für ein schwaches äußeres Feld $h(\boldsymbol{r}) = h_k\,\exp(\mathrm{i}\boldsymbol{k}\cdot\boldsymbol{r})$ setzt man die Fluktuationen (Abweichungen vom Mittelwert) in der Form $\psi_k = \overline{\psi_0} + \delta\psi_k\,\exp(\mathrm{i}\boldsymbol{k}\cdot\boldsymbol{r})$ an. Daraus erhält man die k-abhängige Suszeptibilität

$$\chi_k = \left(\frac{\partial \overline{\psi_k}}{\partial h_k}\right)_T = \frac{\chi}{1 + k^2\,\xi^2} = \begin{cases} \dfrac{1}{2Ak^2 + 2a\,|T - T_c|} & (T > T_c) \\[2ex] \dfrac{1}{2Ak^2 + 4a\,|T - T_c|} & (T < T_c) \end{cases} \tag{30.22}$$

Im Zwischenergebnis wurde χ_k mit Hilfe der *Korrelationslänge* ξ ausgedrückt. Weit weg vom Phasenübergang ist die Länge ξ von der Größe des mittleren Teilchenabstands. Bei Annäherung an den kritischen Punkt divergiert ξ mit $|T - T_c|^{-1/2}$. Nahe T_c ist χ_k sehr groß, so dass ein beliebig schwaches Feld eine Fluktuation $\delta\psi_k$ hervorrufen kann. Dann sind solche Fluktuationen auch thermisch, also ohne äußeres Feld, angeregt. Im Fall des Phasenübergangs flüssig– gasförmig führen sie zu starker Lichtstreuung (*kritische Opaleszenz*).

Die Entwicklung (30.21) setzt voraus, dass die Fluktuationen klein sind gegenüber dem Gleichgewichtswert. Diese Bedingung ist in realen Systemen (in drei Dimensionen) in der Nähe von T_c verletzt. Trotz dieser Probleme beschreibt die Ginzburg-Landau-Theorie die kritischen Phänomene qualitativ weitgehend zutreffend.

Kritische Exponenten

Für $t = (T - T_c)/T_c \to 0$ zeigen thermodynamische Größen im Allgemeinen ein Potenzverhalten:

$$c \propto |t|^{-\alpha}, \quad \overline{\psi_0} \propto |t|^{\beta}, \quad \chi \propto |t|^{-\gamma}, \quad h \overset{t=0}{\propto} \overline{\psi}^{\,\delta}, \quad \xi \propto |t|^{-\nu} \tag{30.23}$$

Die auftretenden Exponenten heißen *kritische Exponenten*. Sie könnten für $t > 0$ und $t < 0$ verschieden sein; die Exponenten für $t < 0$ bezeichnen wir daher mit einem Strich (also $c \propto |t|^{-\alpha'}$ für $t < 0$). Die Ginzburg-Landau-Theorie (GL) liefert bestimmte Werte für die Exponenten, die allerdings nicht mit den am häufigsten auftretenden experimentellen Werten (Exp) übereinstimmen:

$$\begin{array}{llllll} \text{GL:} & \alpha = \alpha' = 0, & \beta = 1/2, & \gamma = \gamma' = 1, & \delta = 3, & \nu = \nu' = 1/2 \\ \text{Exp:} & \alpha \approx \alpha' \approx 0, & \beta \approx 1/3, & \gamma \approx \gamma' \approx 4/3, & \delta \approx 4.5, & \nu \approx \nu' \approx 1/3 \end{array} \tag{30.24}$$

Die Entwicklung des Ginzburg-Landau-Ansatzes (30.21) ist eigentlich nur als Entwicklung in einem *endlichen* Volumenbereich des betrachteten Systems gültig. Man muss dann untersuchen, wie sich die freie Energie ändert, wenn man dieses Volumen um einen bestimmten Faktor vergrößert. Eine solche Vergrößerung ist gleichbedeutend mit einer Renormierung der Längeneinheit und führt zu einer entsprechenden Renormierung der Parameter des Ginzburg-Landau-Ansatzes. Diese resultierende *Renormierungsgruppentheorie* (auch Landau-Wilson-Theorie) wurde von K. G. Wilson entwickelt.

Skalengesetze

Im Folgenden betrachten wir noch Beziehungen zwischen den kritischen Exponenten. Grundlage dieser *Skalengesetze* ist folgender Ansatz für die freie Energie:

$$\mathcal{F}(t, h, \psi) = F_0(T) + V\left((-t)^k\, G(t, \psi) - h\,\psi\right) \tag{30.25}$$

In einer tiefergehenden Betrachtung folgt diese Form aus der Skaleninvarianz, also daraus, dass für $T \to T_c$ die natürlichen Längenskalen (wie etwa der Gitterabstand) ihre Bedeutung verlieren. Die einzig relevante Länge ist dann die Korrelationslänge $\xi \to \infty$. Die resultierenden Skalengesetze sind:

$$\alpha = \alpha', \qquad \gamma = \gamma', \qquad \nu = \nu' \tag{30.26}$$

und

$$\alpha + 2\beta + \gamma = 2, \qquad \delta = 1 + \frac{\gamma}{\beta}, \qquad 2 - \alpha = d\,\nu \tag{30.27}$$

Dabei ist d die Anzahl der Dimensionen (in der Regel also $d = 3$). Die Skalengesetze sind meist gut erfüllt, wie man etwa aus den in (30.24) angegebenen experimentellen Werten sieht.

Aufgaben

30.1 Singularität durch unendliche Summe

Leiten Sie das Verhalten der Funktion $g(x)$ für $x \to 0^+$ ab:

$$g(x) \equiv \sum_{n=1}^{\infty} \frac{\exp(-x\,n)}{\sqrt{n}} \quad \stackrel{x\to 0^+}{\longrightarrow} \quad \sqrt{\frac{\pi}{x}} \qquad (x > 0)$$

Dies ist ein Beispiel dafür, dass eine unendliche Summe analytischer Terme singulär sein kann. Verwenden Sie zur Lösung die Eulersche Summenformel

$$\sum_{n=n_0}^{n_1} f(n) = \int_{n_0}^{n_1} dn\, f(n) + \frac{f(n_0)+f(n_1)}{2} - \frac{f'(n_0)-f'(n_1)}{12} \pm \ldots$$

und die Substitution $y^2 = x\,n$.

Lösung: Die Eulersche Summenformel ergibt

$$g(x) \approx \int_1^{\infty} \frac{dn}{\sqrt{n}}\, \exp(-x\,n) + (\text{reguläre Terme für } x \to 0)$$

Alle Terme außer dem Integral haben x-Abhängigkeiten wie $x^{\nu} \exp(-n\,x)$ mit $\nu \geq 0$ und $n_0 = 1$ oder $n_1 = \infty$; diese Terme sind für $x \to 0$ regulär. Formal ist diese Argumentation nicht vollständig; denn die Restterme der Eulerschen Summenformel könnten ja ihrerseits als unendliche Summe divergieren, und die Eulersche Summenformel hat nur ein begrenzte Gültigkeit. Andererseits geht es um die Summenterme mit sehr großem n. Da sich die benachbarten Summanden hier kaum voneinander unterscheiden, kann die Summe in diesem Bereich offensichtlich sehr gut durch ein Integral angenähert werden. Das angegebene Integral enthält daher den relevanten, für $x \to 0^+$ divergierenden Beitrag. Im Folgenden betrachten wir nur noch dieses Integral. Hierin substituieren wir

$$y^2 = x\,n\,, \qquad 2\,y\,dy = x\,dn\,, \qquad \frac{dn}{\sqrt{n}} = \frac{2}{\sqrt{x}}\,dy$$

Dies ergibt

$$\begin{aligned} g(x) &\approx \frac{2}{\sqrt{x}} \int_{\sqrt{x}}^{\infty} dy\, \exp\left(-y^2\right) = \frac{2}{\sqrt{x}} \left(\int_0^{\infty} dy\, \exp\left(-y^2\right) - \int_0^{\sqrt{x}} dy\, \exp\left(-y^2\right) \right) \\ &\approx \sqrt{\frac{\pi}{x}} - 2\exp\left(-\bar{y}^2\right) \quad \stackrel{x\to 0^+}{\longrightarrow} \quad \sqrt{\frac{\pi}{x}} \end{aligned}$$

Das Integral von 0 bis $\sqrt{x}$ wurde mit dem Mittelwertsatz ausgewertet $\left(0 \leq \bar{y} \leq \sqrt{x}\,\right)$.

Die Divergenz für $x \to 0^+$ hat ihren Ursprung in den Summanden für große n; denn eine endliche Summe analytischer Terme kann nicht singulär sein. Funktionen wie $g(x)$ treten zum Beispiel bei der Behandlung des idealen Bosegases auf, etwa in (29.34). Der hier betrachtete Limes $x \to 0^+$ entspricht dort $\mu \to 0^-$; eine Ableitung von (29.34) nach $\beta\mu$ ergibt gerade die hier betrachtete Funktion.

Ergänzung: Wir geben noch eine alternative Ableitung an. Zunächst wandeln wir die Summe (exakt) in ein Integral um:

$$g(x) = \sum_{n=1}^{\infty} \frac{\exp(-xn)}{\sqrt{n}} = \frac{1}{\sqrt{\pi}} \int_0^{\infty} dp\, \frac{1}{\sqrt{p}}\, \frac{1}{\exp(p+x)-1}$$

Wenn man $1/[\exp(p+x)-1]$ in eine geometrische Reihe entwickelt, dann können die verbleibenden Integrale ausgeführt werden, und man erhält die ursprüngliche Summe. Im Integral substituieren wir $p = x\,(\cosh\xi - 1) = 2x\,\sinh^2(\xi/2)$:

$$g(x) = \sqrt{\frac{2x}{\pi}} \int_0^{\infty} d\xi\, \frac{\cosh(\xi/2)}{\exp(x\cosh\xi)-1}$$

Wir entwickeln nun den Integranden nach Potenzen von x,

$$g(x) = \sqrt{\frac{2x}{\pi}} \left[\frac{1}{x} \int_0^{\infty} d\xi\, \frac{\cosh(\xi/2)}{\cosh\xi} + \mathcal{O}\big(x^0, x, x^2, \ldots\big) \right] = \sqrt{\frac{\pi}{x}} + \mathcal{O}\big(x^{1/2}\big)$$

Das bestimmte Integral hat den Wert $\pi/\sqrt{2}$.

30.2 Freie Energie im Weissschen Modell

Im Weissschen Modell kann die freie Energie in der Form

$$\mathcal{F}(T, B, M) = F_0(T) + V\left[a\,(T - T_\mathrm{c})\; M^2 + u\,M^4 - MB\right]$$

geschrieben werden. Aus der Bedingung $\partial\mathcal{F}/\partial M = 0$ erhält man die Gleichgewichtsmagnetisierung $\overline{M}$. Bestimmen Sie $\overline{M_0}$ für $B = 0$, und $\overline{M_0} + \delta M$ für ein schwaches Feld $B = \delta B$. Berechnen Sie (in linearer Näherung in den kleinen Größen) die magnetische Suszeptibilität $\chi_\mathrm{m} = \delta M/\delta B$ für $T > T_\mathrm{c}$ und $T < T_\mathrm{c}$.

Lösung: Die Bedingung für den Gleichgewichtswert $\overline{M_0}$ bei $B = 0$ lautet

$$\frac{1}{V}\,\frac{\partial\mathcal{F}(T, 0, M)}{\partial M} = 2a\,(T - T_\mathrm{c})\; M + 4u\,M^3 = 0$$

Hieraus erhalten wir

$$\overline{M_0}^{\,2} = \begin{cases} 0 & (T \ge T_\mathrm{c}) \\ \dfrac{a}{2u}\,\big(T_\mathrm{c} - T\big) & (T < T_\mathrm{c}) \end{cases} \qquad (30.28)$$

Für $M = \overline{M_0} + \delta M$ lautet die Bedingung für das Minimum der freien Energie

$$\frac{1}{V}\,\frac{\partial\mathcal{F}(T, B, M)}{\partial M} = 2a(T - T_\mathrm{c})\,\big(\overline{M_0} + \delta M\big) + 4u\,\big(\overline{M_0} + \delta M\big)^3 - \delta B = 0$$

In erster Ordnung in δM wird dies zu

$$\left[2a\,(T - T_\mathrm{c})\,\overline{M_0} + 4u\,\overline{M_0}^{\,3}\right] + \left[2a\,(T - T_\mathrm{c}) + 12\,u\,\overline{M_0}^{\,2}\right] \delta M - \delta B = 0$$

Die erste Klammer verschwindet. Die Lösung der verbleibenden Gleichung bestimmt δM und die Suszeptibilität

$$\chi_{\mathrm{m}} = \frac{\delta M}{\delta B} = \frac{1}{2a\,(T - T_{\mathrm{c}}) + 12\,u\,\overline{M_0}^{\,2}} = \begin{cases} \dfrac{1}{2a\,|T - T_{\mathrm{c}}|} & (T > T_{\mathrm{c}}) \\[2ex] \dfrac{1}{4a\,|T - T_{\mathrm{c}}|} & (T < T_{\mathrm{c}}) \end{cases}$$

Im letzten Schritt haben wir den Gleichgewichtswert (30.28) eingesetzt.

30.3 Spezifische Wärme im Weissschen Modell

Im Weissschen Modell erhält man für die freie Energie $\mathcal{F}(T, B, M)$ den Ausdruck

$$\mathcal{F}(T, B, M) = F_0(T) - VMB + \frac{VW}{2}\,\frac{T - T_{\mathrm{c}}}{T_{\mathrm{c}}}\,M^2 + \frac{V k_{\mathrm{B}} T}{12\,\mu_{\mathrm{B}}}\,\frac{M^4}{M_0^3}$$

Dabei ist W der Weisssche Faktor, durch $k_{\mathrm{B}} T_{\mathrm{c}} = \mu_{\mathrm{B}}^2\, n\, W$ ist die kritische Temperatur gegeben, $M_0 = N\mu_{\mathrm{B}}/V$ ist die Sättigungsmagnetisierung, und $F_0(T)$ enthält die nichtmagnetischen Anteile (diese Angaben sind in [4] zu finden). Drücken Sie zunächst alle Parameter in $\mathcal{F} - F_0(T)$ durch k_{B}, T_{c} und M_0 aus. Bestimmen Sie dann für $B = 0$ und $T \approx T_{\mathrm{c}}$ den Gleichgewichtswert $M_{\mathrm{S}}(T)$ und das Verhalten (Sprung!) der Wärmekapazität.

Lösung: Wir setzen $B = 0$, $W = V k_{\mathrm{B}} T_{\mathrm{c}}/(N\mu_{\mathrm{B}}^2)$, $\mu_{\mathrm{B}} = V M_0/N$ in den gegebenen Ausdruck für die freie Energie ein:

$$\mathcal{F}(T, 0, M) = F_0(T) + \frac{N k_{\mathrm{B}} T_{\mathrm{c}}}{2}\,\frac{T - T_{\mathrm{c}}}{T_{\mathrm{c}}}\,\frac{M^2}{M_0^2} + \frac{N k_{\mathrm{B}} T_{\mathrm{c}}}{12}\,\frac{M^4}{M_0^4} \qquad (30.29)$$

Im letzten Term wurde T durch T_{c} ersetzt, da wir $T \approx T_{\mathrm{c}}$ betrachten. Die Bedingung $\partial\mathcal{F}(T, 0, M)/\partial M = 0$ ergibt

$$\frac{M}{M_0}\left[\frac{M^2}{M_0^2} + \frac{3\,(T - T_{\mathrm{c}})}{T_{\mathrm{c}}}\right] = 0$$

Daraus erhält man

$$M_{\mathrm{S}} = 0 \quad \text{für } T > T_{\mathrm{c}}\,, \qquad M_{\mathrm{S}} = M_0\,\sqrt{3\,(T_{\mathrm{c}} - T)/T_{\mathrm{c}}} \quad \text{für } T < T_{\mathrm{c}}$$

Einsetzen in (30.29) ergibt den Gleichgewichtswert der freien Energie:

$$F(T, 0) = \mathcal{F}(T, 0, M_{\mathrm{S}}(T)) = F_0(T) - \frac{3}{4}\,N k_{\mathrm{B}} T_{\mathrm{c}}\left(\frac{T - T_{\mathrm{c}}}{T_{\mathrm{c}}}\right)^2 \qquad (T < T_{\mathrm{c}})$$

Für $T > T_{\mathrm{c}}$ gilt $F = F_0$. Damit erhalten wir die Wärmekapazität

$$C_B(T) = -T\left(\frac{\partial^2 F}{\partial T^2}\right)_B \approx C_0(T) + \frac{3}{2}\,N k_{\mathrm{B}} \qquad \left(T \lesssim T_{\mathrm{c}}\right)$$

Für $T > T_{\mathrm{c}}$ gilt $C_B = C_0$. Damit hat die Wärmekapazität bei T_{c} einen Sprung der Größe

$$\Delta C_B = \frac{3}{2}\,N k_{\mathrm{B}}$$

30.4 Dimensionslose van der Waals-Gleichung

Bestimmen Sie die kritischen Werte $v_{\rm kr}$, $T_{\rm kr}$ und $P_{\rm kr}$, für die folgende drei Gleichungen erfüllt sind:

$$P(T,v) = -\frac{a}{v^2} + \frac{k_B T}{v-b}, \qquad \left(\frac{\partial P}{\partial v}\right)_T = 0, \qquad \left(\frac{\partial^2 P}{\partial v^2}\right)_T = 0 \qquad (30.30)$$

Schreiben Sie die van der Waals-Gleichung für die Größen $P^* = P/P_{\rm kr}$, $T^* = T/T_{\rm kr}$ und $v^* = v/v_{\rm kr}$ an.

Lösung: Wir schreiben die Bedingungen (30.30) explizit an:

$$P(T,v) = -\frac{a}{v^2} + \frac{k_B T}{v-b} \qquad (A)$$

$$0 = +\frac{2a}{v^3} - \frac{k_B T}{(v-b)^2} \qquad (B)$$

$$0 = -\frac{6a}{v^4} + \frac{2\,k_B T}{(v-b)^3} \qquad (C)$$

Wir multiplizieren (C) mit $(v-b)/2$ und addieren (B). Dies ergibt $v = v_{\rm kr} = 3b$. Wir setzen $v = 3b$ in (B) ein und erhalten allein aus dieser Gleichung $k_B T_{\rm kr}$. Gleichung (A) ergibt mit den bekannten Werten $k_B T_{\rm kr}$ und $v_{\rm kr}$ schließlich noch den kritischen Druck:

$$v_{\rm kr} = 3b\,, \qquad k_B T_{\rm kr} = \frac{8}{27}\,\frac{a}{b}\,, \qquad P_{\rm kr} = \frac{a}{27\,b^2}$$

Hieraus folgt das dimensionslose Verhältnis

$$\frac{v_{\rm kr}\,P_{\rm kr}}{k_B T_{\rm kr}} = \frac{3}{8}$$

Wir setzen nun $P = P^* P_{\rm kr}$, $v = v^* v_{\rm kr}$ und $T = T^* T_{\rm kr}$ in die van der Waals-Gleichung (A) ein:

$$P^*\,\frac{a}{27\,b^2} = -\frac{a}{9\,b^2 v^{*2}} + \frac{T^*}{3b v^* - b}\,\frac{8a}{27\,b}$$

Die Multiplikation mit $27b^2/a$ ergibt die gesuchte dimensionslose Form

$$P^* + \frac{3}{v^{*2}} = \frac{8\,T^*}{3\,v^* - 1}$$

Wenn in der ursprünglichen Gleichung die Boltzmannkonstante k_B durch die Gaskonstante R ersetzt wird (also $v = V/\nu$ anstelle von $v = V/N$ verwendet wird), verläuft die Rechnung genauso.

30.5 Van der Waals-Gleichung für Stickstoff

Für Stickstoff sind die experimentellen kritischen Werte $T_{\rm kr} = 126.2\,$K und $P_{\rm kr} = 33.9\,$bar. Bei Normaldruck $P_0 \approx 1\,$bar siedet Stickstoff bei $T_0 \approx 77.4\,$K. Die zugehörige Umwandlungsenthalpie ist $q_{\rm exp} = 5.6\,$kJ/mol.

Auf diesen Phasenübergang wird nun das van der Waals-Modell angewendet: Bestimmen Sie zunächst die numerischen Werte der Volumina v_A^* (gasförmig) und v_B^* (flüssig), bei denen der Übergang erfolgt. Überprüfen Sie dann, ob die Maxwellkonstruktion für den Übergang bei P_0, T_0 erfüllt ist, und schätzen Sie die Umwandlungsenthalpie q ab.

Lösung: In Aufgabe 30.4 wurde die dimensionslose Form

$$P^* + \frac{3}{v^{*2}} = \frac{8\,T^*}{3\,v^* - 1}$$

der van der Waals-Gleichung aufgestellt. Der gegebene Punkt der Dampfdruckkurve liegt bei

$$T_0^* = \frac{T_0}{T_{\text{kr}}} \approx 0.613\,, \qquad P_0^* = \frac{P_0}{P_{\text{kr}}} \approx 0.0295$$

Wenn man diese Werte in die van der Waals-Gleichung einsetzt, erhält man nach Multiplikation mit $v^{*2}(3\,v^* - 1)$ folgende kubische Gleichung:

$$0.08850\,v^{*3} - 4.9335\,v^{*2} + 9\,v^* - 3 \approx 0 \qquad (30.31)$$

Bevor man Nullstellen einer solchen Gleichung numerisch sucht, sollte man ihre ungefähre Lage kennen. Für die gasförmige Phase erhalten wir mit $v_A^{*2} \gg 3/P^*$ die Näherung

$$P_0^* \approx \frac{8\,T_0^*}{3\,v_A^* - 1} \qquad \Longrightarrow \qquad v_A^* \approx \frac{1}{3}\left(1 + \frac{8\,T_0^*}{P_0^*}\right) \approx 55.75$$

Für die flüssige Phase erhalten wir mit $v_B^{*2} \ll 3/P^*$ die Näherung

$$\frac{3}{v_B^{*2}} \approx \frac{8\,T_0^*}{3\,v_B^* - 1} \qquad \Longrightarrow \qquad v_B^* \approx \frac{9}{16\,T_0^*}\left(1 - \sqrt{1 - \frac{32\,T_0^*}{27}}\right) \approx 0.438$$

Es ergibt sich zunächst eine quadratische Gleichung für v_B^{*2}, bei deren Lösung nur das Minuszeichen vor der Wurzel in Frage kommt. Wir bestimmen nun numerisch (Taschenrechner oder PC) etwas genauere Werte aus (30.31):

$$v_A^* \approx 53.8696\,, \qquad v_B^* \approx 0.4374$$

Die Maxwellkonstruktion besagt:

$$\int_{v_B^*}^{v_A^*} dv^*\; P^*(T_0^*, v^*) \overset{!}{=} P_0^*\left(v_A^* - v_B^*\right) \approx 1.6$$

Auf der rechten Seite haben wir die numerischen Werte eingesetzt. Wir werten die linke Seite mit der van der Waals-Gleichung aus:

$$\int_{v_B^*}^{v_A^*} dv^* \left(\frac{8\,T_0^*}{3\,v^* - 1} - \frac{3}{v^{*2}}\right) = \frac{8\,T_0^*}{3}\,\ln\frac{3\,v_A^* - 1}{3\,v_B^* - 1} + \frac{3}{v_A} - \frac{3}{v_B} \approx 3.4$$

Die Bedingung der Maxwellkonstruktion ist nicht gut erfüllt. Die Annäherung durch das van der Waals-Gas ist daher nur bedingt brauchbar.

Die Enthalpie pro Teilchen ist von der Form $h = u(T) - a/v + P\,v$; dies ergibt sich etwa aus der folgenden Aufgabe. Damit ist die Umwandlungsenthalpie

$$q = h_{\rm A} - h_{\rm B} = \frac{a}{v_{\rm B}} - \frac{a}{v_{\rm A}} + P(v_{\rm A} - v_{\rm B}) \approx \frac{a}{v_{\rm B}} + P\,v_{\rm A}$$

Wir setzen $v_{\rm A} = v_{\rm A}^*\,v_{\rm kr}$ und so weiter ein, und verwenden die aus Aufgabe 30.4 bekannten kritischen Werte (mit $P_{\rm kr}\,v_{\rm kr} = (3/8)\,R\,T_{\rm kr}$):

$$q = \frac{3}{8}\,R\,T_{\rm kr}\left(\frac{3}{v_{\rm B}^*} + P_0^*\,v_{\rm A}^*\right) \approx 3.3\,\frac{\rm kJ}{\rm mol}$$

Auch hier ist die Übereinstimmung mit dem experimentellen Wert $q_{\rm exp} = 5.6\,{\rm kJ/mol}$ nicht gut. Allerdings beschreibt das van der Waals-Gas den Phasenübergang gasförmig-flüssig qualitativ richtig.

30.6 Energie und Entropie des van der Waals-Gases

Zeigen Sie, dass die Energie pro Teilchen für das van der Waals-Gas von der Form

$$e(T, v) = \frac{E(T, V, N)}{N} = u(T) - \frac{a}{v} \tag{30.32}$$

ist; dabei ist $u(T)$ eine unbekannte Funktion. Bestimmen Sie hieraus die Entropie $s(T, v)$ pro Teilchen. Zeigen Sie, dass man mit dieser Entropie die Umwandlungsenthalpie

$$q = T\big(s_{\rm A} - s_{\rm B}\big) = h_{\rm A} - h_{\rm B} = \frac{a}{v_{\rm B}} - \frac{a}{v_{\rm A}} + P(v_{\rm A} - v_{\rm B})$$

bestimmen kann.

Lösung: Wir werten die Relation (27.47),

$$\left(\frac{\partial e}{\partial v}\right)_T = T\left(\frac{\partial P}{\partial T}\right)_v - P$$

für das van der Waals-Gas aus:

$$P(T, v) = -\frac{a}{v^2} + \frac{RT}{v - b} \qquad \Longrightarrow \qquad \left(\frac{\partial e}{\partial v}\right)_T = \frac{a}{v^2}$$

Die Integration der letzten Gleichung ergibt

$$e(T, v) = u(T) - \frac{a}{v}$$

Damit ist (30.32) gezeigt. Die spezifische Wärme c_V des van der Waals-Gases (ebenso wie die des idealen Gases) hängt also nicht vom Volumen ab:

$$c_V(T) = \left(\frac{\partial e}{\partial T}\right)_v = \frac{du(T)}{dT}$$

Zu dieser spezifischen Wärme könnten die Vibrationen und Rotationen von mehratomigen Molekülen des Gases beitragen. Für die Entropie pro Teilchen, $s(T, v)$, bilden wir das Differenzial

$$ds = \left(\frac{\partial s}{\partial T}\right)_v dT + \left(\frac{\partial s}{\partial v}\right)_T dv = \frac{c_V(T)}{T}\, dT + \left(\frac{\partial P}{\partial T}\right)_v dv = \frac{c_V(T)}{T}\, dT + \frac{R}{v-b}\, dv$$

Dabei wurden die Maxwellrelation aus dF und die Zustandsgleichung verwendet. Wir integrieren zu

$$s(T, v) = s(T_0, v_0) + \int_{T_0}^{T} dT'\, \frac{c_V(T')}{T'} + R \ln \frac{v-b}{v_0-b}$$

Wir berechnen hiermit die Umwandlungsenthalpie

$$q = T\left(s_A - s_B\right) = RT \ln \frac{v_A - b}{v_B - b} = \int_{v_B}^{v_A} dv\, \frac{RT}{v-b} = \int_{v_B}^{v_A} dv\, \left(P + \frac{a}{v^2}\right)$$

Im letzten Schritt wurde die van der Waals-Gleichung eingesetzt. Der erste Teil des letzten Integrals ist laut Maxwellkonstruktion gleich $P\,(v_A - v_B)$. Für den zweiten Teil führen wir die Integration aus:

$$q = T\left(s_A - s_B\right) = P\,v_A - P\,v_B - \frac{a}{v_A} + \frac{a}{v_B} = h_A - h_B$$

Der Ausdruck für die Enthalpie folgt aus $h = e + P\,v$ und der oben abgeleiteten Form der Energie.

30.7 Dieterici-Gas

Ein Gas genüge der sogenannten Dieterici-Zustandsgleichung:

$$P \exp\left(\frac{\alpha}{v\,RT}\right) \left(v - \beta\right) = RT \qquad \text{(Dieterici-Gas)}$$

Dabei ist $v = V/\nu$ das Volumen pro Mol, und α und β sind Parameter. Drücken Sie die kritischen Größen P_{kr}, T_{kr} und v_{kr} durch α und β aus. Schreiben Sie die Dieterici-Gleichung in den dimensionslosen Variablen $P^* = P/P_{kr}$, T^*/T_{kr} und v^*/v_{kr}. Skizzieren Sie einige Isothermen im P-v-Diagramm.

Lösung: Wir leiten den Druck

$$P = \frac{RT}{v-\beta} \exp\left(-\frac{\alpha}{v\,RT}\right)$$

nach dem Volumen ab:

$$\left(\frac{\partial P}{\partial v}\right)_T = \frac{RT}{v-\beta} \exp\left(-\frac{\alpha}{v\,RT}\right) \left\{\frac{\alpha}{v^2 RT} - \frac{1}{v-\beta}\right\} = 0$$

An den Extrema der Isothermen muss diese Ableitung verschwinden. Daraus folgt die quadratische Gleichung $\alpha\,(v - \beta) = v^2\,RT$ mit den Lösungen

$$v_{1,2} = \frac{\alpha}{2RT} \pm \sqrt{\frac{\alpha}{RT}\left(\frac{\alpha}{4RT} - \beta\right)}$$

Am kritischen Punkt fallen das Maximum und das Minimum der Isotherme zusammen (alternativ kann man auch von $(\partial^2 P/\partial v^2)_T = 0$ ausgehen). Dies ist der Fall, wenn die Wurzel verschwindet:

$$R\,T_{\rm kr} = \frac{\alpha}{4\beta}$$

Wenn wir dies in die Lösung $v_{1,2}$ einsetzen, erhalten wir $v_{\rm kr} = 2\beta$. Schließlich setzen wir noch $T_{\rm kr}$ und $v_{\rm kr}$ in die Zustandsgleichung ein, um $P_{\rm kr}$ zu bestimmen:

$$v_{\rm kr} = 2\beta\,, \qquad P_{\rm kr} = \frac{\alpha}{4\,{\rm e}^2\beta^2}$$

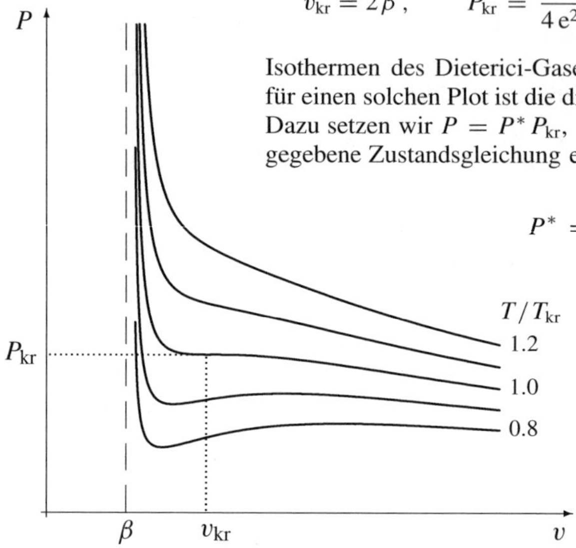

Isothermen des Dieterici-Gases. Der geeignete Ausgangspunkt für einen solchen Plot ist die dimensionslose Zustandsgleichung. Dazu setzen wir $P = P^* P_{\rm kr}$, $v = v^* v_{\rm kr}$ und $T = T^* T_{\rm kr}$ in die gegebene Zustandsgleichung ein und erhalten

$$P^* = \frac{{\rm e}^2\,T^*}{2\,v^* - 1}\,\exp\left(-\frac{2}{v^* T^*}\right)$$

30.8 Kritische Exponenten des van der Waals-Gases

Entwickeln Sie die Zustandsgleichung $P = k_{\rm B}T/(v-b) - a/v^2$ (mit $v = V/N$) des van der Waals-Gases um den kritischen Punkt herum, also nach Potenzen der Variablen

$$t = \frac{T - T_{\rm c}}{T_{\rm c}}\,, \qquad \mathit{v} = \frac{v - v_{\rm c}}{v_{\rm c}}\,, \qquad p = \frac{P - P_{\rm c}}{P_{\rm c}} \tag{30.33}$$

Vernachlässigen Sie dabei Terme der Ordnung $t\mathit{v}^2$ und $t\mathit{v}^3$. Zeigen Sie

$$p = 4t - 6t\mathit{v} - \frac{3}{2}\,\mathit{v}^3 + \mathcal{O}(\mathit{v}^4) \tag{30.34}$$

Im Folgenden soll diese Zustandsgleichung verwendet werden. Bestimmen Sie den Dampfdruck $p_{\rm d}(t)$ mit Hilfe der Maxwellkonstruktion. Berechnen Sie $\mathit{v}_{\rm gas}$ und $\mathit{v}_{\rm flüss}$, und geben Sie die kritischen Exponenten β und β' für $t < 0$ an. Bestimmen Sie außerdem die isotherme Kompressibilität κ_T aus

$$\frac{1}{\kappa_T} = -v\left(\frac{\partial P}{\partial v}\right)_T \approx -P_{\rm c}\left(\frac{\partial p}{\partial \mathit{v}}\right)_t$$

Geben Sie die kritischen Exponenten γ und γ' an. Untersuchen Sie schließlich die p-v-Relation bei $t = 0$, und bestimmen Sie daraus den kritischen Exponenten δ.

Lösung: Wir verwenden die kritischen Größen aus Aufgabe 30.4, die hier mit v_c, T_c und P_c bezeichnet wurden. Damit schreiben wir die Zustandsgleichung des van der Waals-Gases in den Variablen (30.33) an:

$$p = \frac{1}{2+3\varv}\left[8t - \frac{3\varv^3}{(1+\varv)^2}\right] \approx 4t - 6t\varv + 9t\varv^2 - \frac{3}{2}\varv^3 - \frac{27}{2}t\varv^3 + \mathcal{O}(\varv^4)$$

Unter Vernachlässigung des 3. und 5. Terms ist dies die Entwicklung (30.34). Laut Maxwellkonstruktion (30.10) sind im p-$\varv$-Diagramm die beiden von der Waagerechten $p = p_d(t)$ und von der Isotherme $p = p(t = \text{const.}, \varv)$ eingeschlossenen Flächen gleich, also

$$p_d(\varv_{gas} - \varv_{flüss}) = \int_{\varv_{flüss}}^{\varv_{gas}} d\varv\; p(t, \varv) \qquad (30.35)$$

Die Ersetzung $\varv \to -\varv$ führt in (30.34) zu $(p - 4t) \to -(p - 4t)$. Aufgrund dieser Spiegelsymmetrie haben die beiden Flächen für

$$p_d(t) = 4t \qquad (t < 0) \qquad (30.36)$$

denselben Inhalt. Wir setzen dies in die Zustandsgleichung ein und erhalten zwei Lösungen:

$$\varv^2 = -4t \quad\Longrightarrow\quad \overline{\varv} = \varv_{gas} = -\varv_{flüss} = 2\sqrt{-t} \qquad (t < 0) \qquad (30.37)$$

Diese Lösungen sind die Volumina in der gasförmigen und flüssigen Phase. Hiermit ist der Ordnungsparameter $\overline{\varv}$ für $t < 0$ bestimmt; für $t > 0$ gilt $\overline{\varv} = 0$. Das Ergebnis ist von der Form

$$\frac{v_{gas} - v_c}{v_c} = \varv_{gas} = C_\beta\,|t|^\beta\,, \qquad \frac{v_c - v_{flüss}}{v_c} = -\varv_{flüss} = C_{\beta'}\,|t|^{\beta'}\,,$$

mit

$$C_\beta = C_{\beta'} = 2\,, \qquad \beta = \beta' = \frac{1}{2}$$

Damit sind die kritischen Exponenten β und β' bestimmt. Aus (30.34) berechnen wir noch die isotherme Kompressibilität,

$$\frac{1}{\kappa_T} \approx -P_c\left(\frac{\partial p}{\partial \varv}\right)_t = P_c\left(6t + \frac{9}{2}\varv^2\right) \quad\Longrightarrow\quad \kappa_T\,P_c = \frac{1}{6t + 9\varv^2/2}$$

Hierin setzen wir die Gleichgewichtswerte $\varv = \overline{\varv} = 0$ für $t > 0$ und $\varv^2 = \overline{\varv}^2 = -4t$ für $t < 0$ ein. Das Ergebnis hat die Form

$$\kappa_T\,P_c = \begin{cases} C_\gamma\,|t|^{-\gamma} & (t > 0) \\ C_{\gamma'}\,|t|^{-\gamma'} & (t < 0) \end{cases}$$

mit

$$C_\gamma = \frac{1}{6}, \quad C_{\gamma'} = \frac{1}{12} \quad \text{und} \quad \gamma = \gamma' = 1$$

Schließlich folgt aus (30.34) noch die p-$\varv$-Relation bei $t = 0$:

$$p = C_\delta\,\varv^3 \qquad \text{mit} \quad C_\delta = -\frac{3}{2} \quad \text{und} \quad \delta = 3$$

Die hier bestimmten kritischen Exponenten β, γ und δ sind zugleich die Exponenten der Landau-Theorie (folgende Aufgabe).

Ergänzende Anmerkungen: Das Verhalten $t \propto \overline{v}^{\,2}$ rechtfertigt im Nachhinein die Vernachlässigung der Terme $t\,v^2$ und $t\,v^3$ in (30.34). Mitgenommen wurden damit Terme bis zur Ordnung $|t|^{3/2}$, weggelassen wurden dagegen Terme der Ordnung $|t|^2$.

Man kann das Integral in (30.35) auch ausrechnen (anstelle der Argumentation mit der Spiegelsymmetrie). Aus dem Ergebnis und den beiden Bedingungen $p_\mathrm{d}(t) = p(t, v_\mathrm{gas}) = p(t, v_\mathrm{flüss})$ können dann die drei Größen p_d, v_gas und $v_\mathrm{flüss}$ als Funktionen von t bestimmt werden.

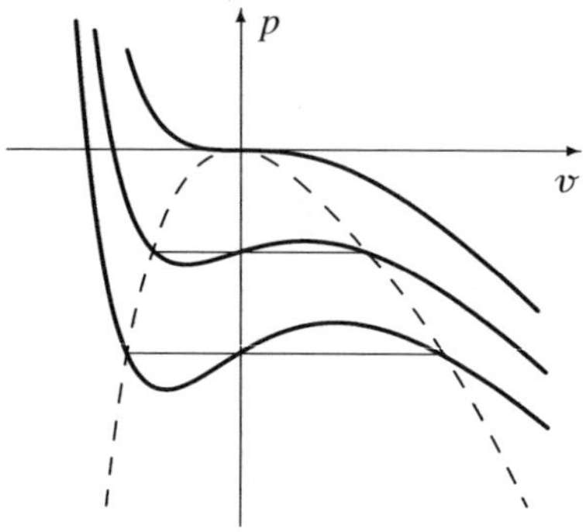

In der Abbildung sind die Isothermen des van der Waals-Gases für $t = 0, -0.01$ und -0.02 skizziert. Dabei werden die Variablen (30.33) verwendet, aber nicht die Näherung (30.34). Die Maxwellkonstruktion bestimmt die horizontalen Linien für den Übergang flüssig–gasförmig. Das Koexistenzgebiet ist durch die gestrichelte Linie begrenzt. Im gezeigten Bereich weicht diese gestrichelte Linie bereits deutlich von der Parabel $p_\mathrm{d} = -v^2$ ab, die sich aus (30.36) mit (30.37) ergibt.

30.9 Landau-Energie für das van der Waals-Gas

Betrachten Sie die freie Enthalpie als Funktion der Variablen T, P *und* V

$$\mathcal{G}(T, P, V) = F(T, V) + P\,V \tag{30.38}$$

Bei gegebenem T und P ist das Gleichgewicht durch das Minimum von $\mathcal{G}(T, P, V)$ als Funktion von V bestimmt. Das Minimum ist dann das thermodynamische Potenzial $G(T, P) = \mathcal{G}(T, P, V_\mathrm{min})$. Zeigen Sie, dass $\mathcal{G}(T, P, V) =$ minimal zur thermischen Zustandsgleichung $P = P(T, V)$ führt.

Betrachten Sie nun speziell das van der Waals-Gas. Setzen Sie die freie Energie

$$F(T, V) = F_0(T) - N\left[k_\mathrm{B}T\,\ln\left(\frac{v-b}{v_\mathrm{c}-b}\right) + a\left(\frac{1}{v} - \frac{1}{v_\mathrm{c}}\right)\right]$$

als bekannt voraus, und stellen Sie (30.38) auf. Verwenden Sie die Variablen t, v und p aus (30.33) und entwickeln Sie bis zur Ordnung $\mathcal{O}(v^4)$ um den kritischen Punkt herum. Vernachlässigen Sie den Term der Ordnung $t\,v^3$. Überprüfen Sie, dass diese Entwicklung mit der Entwicklung der thermischen Zustandsgleichung (30.34) konsistent ist. Der vom Ordnungsparameter v abhängige Anteil ist von der Standardform (30.16) der Landau-Theorie

$$\mathcal{G}(T, P, V) = \ldots + C\left[h\,v + 3\,t\,v^2 + \frac{3}{8}v^4\right] \qquad (C = \text{const.}) \tag{30.39}$$

Geben Sie das „äußere Feld“ h an. Diskutieren Sie den Gleichgewichtswert des Ordnungsparameters v als Funktion von t für $h = 0$.

Lösung: Das Minimum von $\mathcal{G}(T, P, V)$ als Funktion von V (bei gegebenem P und T),

$$\left(\frac{\partial \mathcal{G}}{\partial V}\right)_{T,P} = 0 \qquad \Longrightarrow \qquad P = -\left(\frac{\partial F}{\partial V}\right)_T$$

führt unmittelbar zur thermischen Zustandsgleichung. Wir setzen nun die bekannte freie Energie des van der Waals-Gases in (30.38) ein:

$$\mathcal{G}(T, P, V) = G_0(T) + N\left[P\,v - k_B T\,\ln\left(\frac{v-b}{v_c - b}\right) - a\left(\frac{1}{v} - \frac{1}{v_c}\right)\right]$$

Der resultierende Ausdruck wird in die Variablen (30.33) umgeschrieben und bis zur Ordnung $\varv^4$ entwickelt:

$$\begin{aligned}\mathcal{G} &= G_0(T) + N P_c v_c\left[(1+p)(1+\varv) - \frac{8}{3}\,(t+1)\,\ln\left(1 + \frac{3\varv}{2}\right) + \frac{3\varv}{1+\varv}\right] \\ &= G_0(T) + N P_c v_c\left[1 + p + p\varv - 4t\varv\left(1 - \frac{3\varv}{4} + \frac{3\varv^2}{4}\right) + \frac{3\varv^4}{8}\right] + \mathcal{O}(\varv^5)\end{aligned}$$

Es wurden die kritischen Größen v_c und $k_B T_c$ aus Aufgabe 30.4 verwendet. Der zu $t\varv^3$ proportionale Term wird im Folgenden weggelassen. Damit erhalten wir

$$\mathcal{G}(T, P, V) = G_0(T) + N P v_c + N P_c v_c\left[\big(p - 4t\big)\varv + 3t\varv^2 + \frac{3}{8}\,\varv^4\right] + \mathcal{O}(\varv^5) \tag{30.40}$$

Die Gleichgewichtsbedingung $(\partial\mathcal{G}/\partial\varv)_{t,p} = 0$ führt jetzt zur Zustandsgleichung in der Form (30.34); die Entwicklungen dieser und der vorhergehenden Aufgabe sind daher konsistent. Der von $\varv$ abhängige Anteil (eckige Klammer) ist von der Form (30.39) mit $C = N P_c v_c$ und

$$h = p - 4t = p - p_d$$

Im letzten Schritt wurde der Dampfdruck $p_d = 4t$ aus (30.36) verwendet. Damit ist das „äußere Feld" h proportional zu $P - P_d$ und nicht zu $P - P_c$. Am kritischen Punkt $t \to 0$ gehen beide Größen gegen null: $h \to p \to 0$. Für $p = p_d(t)$ ergibt sich das Minimum von (30.39) als Funktion von $\varv$ bei

$$6t\varv + \frac{3}{2}\,\varv^3 = 0 \quad \Longrightarrow \quad \overline{\varv} = \begin{cases} 0 & (t \geq 0) \\ \pm 2\sqrt{-t} & (t < 0) \end{cases} \tag{30.41}$$

Die Größe $\overline{\varv}$ ist der Ordnungsparameter. Das Pluszeichen gilt für die Gasphase, das Minuszeichen für die flüssige Phase. Die zugeordneten kritischen Exponenten sind $\beta = \beta' = 1/2$. Da (30.39) von der Standardform ist, erhält man auch für andere Größen, wie etwa die isotherme Kompressibilität, ein kritisches Verhalten mit den sogenannten Landau-Exponenten. Die Exponenten β, γ und δ stimmen mit den in Aufgabe 30.8 berechneten überein.

Wegen $t \propto \varv^2$ konnte der Term $t\varv^3 \propto \varv^5$ in einer konsistenten Entwicklung bis zur Ordnung $\varv^4$ weggelassen werden.

31 Nichtgleichgewichtsprozesse

In sehr elementarer Form behandeln wir Nichtgleichgewichtsprozesse, insbesondere Transportphänomene. Als Grundgleichung für die Dynamik von Makrozuständen stellen wir die Mastergleichung vor. In einem einfachen kinetischen Gasmodell berechnen wir eine Reihe von Transportkoeffizienten (etwa für Wärmeleitung oder Diffusion).

Mastergleichung

In einem Ensemble von N Systemen seien die Zustände $|1\rangle, \ldots, |n\rangle, \ldots, |N\rangle$ vertreten. Die einzelnen Zustände genügen der Schrödingergleichung $\mathrm{i}\hbar\,(\partial/\partial t)\,|n\rangle = H\,|n\rangle$. Für den *Dichteoperator* $\hat{\varrho}(t) = (1/N)\sum_i |i\rangle\langle i|$ (auch statistischer Operator genannt) folgt hieraus die *von Neumann-Gleichung*:

$$\mathrm{i}\hbar\,\frac{\partial\hat{\varrho}}{\partial t} = \big[H,\,\hat{\varrho}(t)\big] \qquad \text{(von Neumann-Gleichung)} \tag{31.1}$$

Die Lösung $\hat{\varrho}(t)$ dieser Gleichung bestimmt die Wahrscheinlichkeiten

$$P_r(t) = \langle r\,|\,\hat{\varrho}(t)\,|\,r\rangle \tag{31.2}$$

Wenn man in (31.1) vollständige Sätze von Mikrozuständen r einschiebt und eine Phasenmittelung vornimmt, erhält man die Mastergleichung:

$$\frac{d P_r(t)}{dt} = \sum_{r'} W_{rr'}\,(P_{r'} - P_r) \qquad \text{(Mastergleichung)} \tag{31.3}$$

Die $W_{rr'} = W_{r'r}$ sind die Übergangswahrscheinlichkeiten pro Zeit. Auf der rechten Seite stehen der Verlust- und Gewinnterm für die Besetzung des Zustands r. Die Mastergleichung bestimmt die zeitliche Entwicklung eines beliebigen Makrozustands $\{P_r\}$. Die Größe

$$S(t) = -k_{\mathrm{B}} \sum_r P_r \,\ln P_r \tag{31.4}$$

wird mit den Wahrscheinlichkeiten (28.1) – (28.3) zu der (Gleichgewichts-)Entropie, wie wir sie bisher betrachtet haben. Damit ist (31.4) die Entropie eines beliebigen Makrozustands. Aus der Mastergleichung folgt

$$\frac{dS(t)}{dt} \ge 0 \tag{31.5}$$

also der 2. Hauptsatz für ein abgeschlossenes System. Historisch wurde die Größe $H = \sum_r P_r \ln P_r$ betrachtet, und die Aussage $dH(t)/dt \leq 0$ wurde H-Theorem genannt. Das Gleichgewicht wird für $S =$ maximal erreicht; denn dann gibt es keine weitere Änderung makroskopischer Größen. Aus $S =$ maximal und (31.4) folgt, dass die P_r's für alle zugänglichen Zustände gleich sind (grundlegendes Postulat). Die Mastergleichung legt eine Zeitrichtung fest; beim Übergang von der von Neumann-Gleichung zur Mastergleichung geht die Zeitumkehrinvarianz verloren (bei der Phasenmittelung).

Im klassischen Grenzfall tritt an die Stelle der P_r die Wahrscheinlichkeitsdichte $\varrho(q_1,..., q_f, p_1,..., p_f, t)$ im Phasenraum. Aus Newtons Axiomen folgt für dieses ϱ die Liouvillegleichung. Die Liouvillegleichung ist das klassische Analogon zur von Neumann-Gleichung.

Der Mikrozustand eines klassischen idealen Gases aus N Teilchen (Atome oder Moleküle) ist durch $r = (\boldsymbol{r}_1, \boldsymbol{v}_1, \boldsymbol{r}_2, \boldsymbol{v}_2, \ldots, \boldsymbol{r}_N, \boldsymbol{v}_N)$ gegeben. Für eine statistische Behandlung von N gleichartigen Teilchen genügt es, die Wahrscheinlichkeitsverteilung $f(\boldsymbol{r}, \boldsymbol{v}, t)$ für ein herausgegriffenes Teilchen anzugeben. Für ein verdünntes Gas können die Verlust- und Gewinnterme durch den Wirkungsquerschnitt für die Streuung zweier Teilchen ausgedrückt werden. In einer einfachen Stoßtermnäherung kann man diese Terme durch $\delta f/\tau$ annähern, wobei $\delta f = f - f_0$ die Differenz zur Gleichgewichtsverteilung ist. Damit ist τ die Relaxationszeit für die Einstellung des Gleichgewichts. Aus $df(\boldsymbol{r}, \boldsymbol{v}, t)/dt = \delta f/\tau$ folgt die vereinfachte Form

$$\left(\boldsymbol{v} \cdot \frac{\partial}{\partial \boldsymbol{r}} + \frac{\boldsymbol{F}}{m} \cdot \frac{\partial}{\partial \boldsymbol{v}} + \frac{\partial}{\partial t}\right) f(\boldsymbol{r}, \boldsymbol{v}, t) = -\frac{\delta f(\boldsymbol{r}, \boldsymbol{v}, t)}{\tau} \tag{31.6}$$

der *Boltzmanngleichung*. Die Boltzmanngleichung kann als klassisches Analogon der Mastergleichung angesehen werden. Aus der Boltzmanngleichung können die verschiedenen Transportkoeffizienten berechnet werden. Die folgende, vereinfachte Berechnung dieser Koeffizienten entspricht der Näherung (31.6), wobei τ als mittlere Stoßzeit zu interpretieren ist.

Kinetisches Gasmodell

In einem elementaren kinetischen Gasmodell bestimmen wir die Transportkoeffizienten für den elektrischen Strom, die Diffusion und die Wärmeleitung. Wir betrachten ein klassisches verdünntes Gas mit der Teilchendichte $n = N/V$. Die Streuung der Teilchen wird durch den Wirkungsquerschnitt σ bestimmt. Auf einem Weg der Länge l streut ein Teilchen an $N_{\text{str}} = n\,\sigma\,l$ anderen Teilchen. Für $N_{\text{str}} = 1$ ergibt sich hieraus die mittlere freie Weglänge λ und die mittlere Stoßzeit τ:

$$\lambda = \frac{1}{\sqrt{2}\,n\sigma} \quad \text{und} \quad \tau = \frac{1}{\sqrt{2}\,n\sigma\,\overline{v}} \tag{31.7}$$

Dabei ist $\overline{v}$ die mittlere Geschwindigkeit der Teilchen; außerdem wurden numerische Faktoren eingesetzt, die sich aus einer genaueren Betrachtung ergeben. Für

Luft unter Normalbedingungen gilt

$$n^{-1/3} \approx 30\,\text{Å}\,, \quad \overline{v} \approx 440\,\frac{\text{m}}{\text{s}}\,, \quad \lambda \approx 1000\,\text{Å}\,, \quad \tau \approx 2 \cdot 10^{-10}\,\text{s} \tag{31.8}$$

Die freie Weglänge λ ist deutlich größer als der mittlere Teilchenabstand $n^{-1/3}$. Der Übergang von einem Nichtgleichgewichtszustand zum Gleichgewicht erfolgt lokal (in einem Bereich von mehreren λ's) durch wenige Stöße; insofern bestimmt die Stoßzeit auch die Einstellung des lokalen Gleichgewichts. Die Einstellung des globalen Gleichgewichts wird durch die zu diskutierenden Transportgleichungen beschrieben.

Elektrische Leitfähigkeit

Das Gas bestehe aus geladenen Teilchen. Ein äußeres elektrisches Feld $\boldsymbol{E}$ beschleunigt ein Teilchen zwischen zwei Stößen in Richtung des Felds. Hieraus ergibt sich eine mittlere *Driftgeschwindigkeit* $\boldsymbol{v}_{\text{drift}} = (q/m)\,\boldsymbol{E}\,\tau$; es wird vorausgesetzt, dass v_{drift} klein gegenüber den Geschwindigkeiten der Gasteilchen ist. Für die Stromdichte erhalten wir $\boldsymbol{j} = \sigma_{\text{el}}\,\boldsymbol{E} = q\,n\,\boldsymbol{v}_{\text{drift}}$ mit der *elektrischen Leitfähigkeit*

$$\sigma_{\text{el}} \approx \frac{n\,q^2\,\tau}{m} \tag{31.9}$$

Die Aussage $\boldsymbol{j} = \sigma_{\text{el}}\,\boldsymbol{E}$ wird *Ohmsches Gesetz* genannt; sie gilt in realen Materialien nur näherungsweise. Ein klassisches Gas wird im Allgemeinen nur teilweise ionisiert sein. Dann ist für n die Dichte der Ionen einzusetzen, während τ sich aus den Stößen an allen Gasteilchen ergibt. Bei der Anwendung auf die beweglichen Elektronen eines Metalls ist die Stoßzeit durch die Stöße der Elektronen am Kristallgitter bestimmt, also durch die Elektron-Phonon-Wechselwirkung.

Reibung

Wenn eine Kraft $\boldsymbol{F}$ auf die Teilchen des Gases wirkt, dann ist die Driftgeschwindigkeit $\boldsymbol{v}_{\text{drift}} = \tau\,\boldsymbol{F}/m$. Mit einem Reibungsterm lautet Newtons Bewegungsgleichung $m\,\dot{\boldsymbol{v}} = \boldsymbol{F} - \gamma\,\boldsymbol{v}$. Für $t \to \infty$ ist die Lösung dieser Bewegungsgleichung $\boldsymbol{v}(\infty) = \boldsymbol{F}/\gamma = \boldsymbol{v}_{\text{drift}}$. Hieraus folgt der *Reibungskoeffizient*

$$\gamma = \frac{m\,\overline{v}}{\lambda} \tag{31.10}$$

Diffusion

Die Stöße zwischen den Gasteilchen führen zum Ausgleich einer inhomogenen Dichte. Dieser Vorgang heißt Diffusion. Die Diffusionskonstante D wird durch $j_z = -D\,\partial n/\partial z$ definiert. Zusammen mit der Kontinuitätsgleichung $\dot{n} + \text{div}\,\boldsymbol{j} = 0$ folgt hieraus die Diffusionsgleichung:

$$\frac{\partial\,n(\boldsymbol{r},t)}{\partial t} = D\,\Delta n(\boldsymbol{r},t) \tag{31.11}$$

Zur Berechnung des Diffusionsstroms betrachten wir die Teilchen bei $z \pm \lambda$. Etwa $1/6$ der Teilchen kommt von $z + \lambda$ ohne Stöße nach z, und in umgekehrter Richtung kommt $1/6$ der Teilchen von $z - \lambda$. Bei konstanter Dichte heben sich diese Beiträge auf. Bei inhomogener Dichte gibt es einen Teilchenüberschuss der Größe $\delta n = \lambda (\partial n / \partial z)$ für die von oben kommenden Teilchen, also einen Beitrag $j_z \approx -\delta n \, \overline{v}$ zur Stromdichte. Inklusive numerischer Faktoren erhalten wir so die *Diffusionskonstante*

$$D \approx \frac{\overline{v}\,\lambda}{3} \tag{31.12}$$

Die oben angegebenen Werte für Luft ergeben dann $D \approx 1.5 \cdot 10^{-5}\,\mathrm{m^2/s}$.

Einstein-Relation

Sowohl die Reibung (allgemeiner *Dissipation*) wie auch die Diffusion (allgemeiner *Fluktuation*) haben ihren Ursprung in den Stößen zwischen den Teilchen. Aus (31.10) und (31.12) folgt $\gamma D \approx m\,\overline{v}^2/3 = \mathcal{O}(1)\,k_\mathrm{B}T$. Eine genauere Betrachtung bestimmt den numerischen Faktor. Damit erhalten wir die *Einstein-Relation*

$$\gamma D = k_\mathrm{B} T \tag{31.13}$$

In allgemeinerem Zusammenhang wird diese Relation auch Fluktuations-Dissipations-Theorem genannt.

Wärmeleitung

Ein Gradient in der Dichte führte zur Diffusionsstromdichte $-D\,\partial n/\partial z$, ein Gradient in der Temperatur führt ganz analog zur Wärmestromdichte $-\kappa\,\partial T/\partial z$. Anstelle der Diffusionsgleichung erhalten wir dann die Wärmeleitungsgleichung

$$\frac{\partial T(\boldsymbol{r},t)}{\partial t} = \frac{\kappa}{n c}\,\Delta T(\boldsymbol{r},t) \tag{31.14}$$

Der zugehörige Transportkoeffizient ist die *Wärmeleitfähigkeit*

$$\kappa \approx \frac{n\,\lambda\,\overline{v}\,c}{3} \tag{31.15}$$

Dabei ist c die spezifische Wärme pro Teilchen. Mit den Werten (31.8) und $c = 7\,k_\mathrm{B}/2$ für Luft ergibt sich

$$\kappa \approx \frac{7}{6}\,n\,\lambda\,\overline{v}\,k_\mathrm{B} \approx 2 \cdot 10^{-2}\,\frac{\mathrm{W}}{\mathrm{Km}} \tag{31.16}$$

Dies gilt für *ruhende* Luft; meistens wird der Wärmetransport allerdings durch die Konvektion dominiert. Ähnlich niedrige Werte wie in (31.16) erreicht man mit Glaswolle oder Styropor ($\kappa \approx 4 \cdot 10^{-2}\,\mathrm{W/(Km)}$).

Aufgaben

31.1 Kontinuitätsgleichung für Teilchendichte

Ein System aus $N \gg 1$ Teilchen hat die klassische Hamiltonfunktion

$$H = \sum_{i=1}^{N} \frac{\boldsymbol{p}_i^2}{2m} + V(\boldsymbol{r}_1, \ldots, \boldsymbol{r}_N, t)$$

Für die Wahrscheinlichkeitsdichte $\varrho(\boldsymbol{r}_1, \ldots, \boldsymbol{r}_N, \boldsymbol{p}_1, \ldots, \boldsymbol{p}_N, t)$ im $6N$-dimensionalen Phasenraum gilt $d\varrho/dt = 0$. Ausgeschrieben ist dies die *Liouvillegleichung*

$$\frac{\partial \varrho}{\partial t} + \sum_{i=1}^{N} \left(\frac{\partial \varrho}{\partial \boldsymbol{r}_i} \cdot \dot{\boldsymbol{r}}_i + \frac{\partial \varrho}{\partial \boldsymbol{p}_i} \cdot \dot{\boldsymbol{p}}_i \right) = 0 \tag{31.17}$$

Dabei sind $\partial/\partial \boldsymbol{r}_i$ und $\partial/\partial \boldsymbol{p}_i$ die Gradienten bezüglich der Koordinaten $\boldsymbol{r}_i$ und der Impulse $\boldsymbol{p}_i$. Leiten Sie aus der Liouvillegleichung eine Kontinuitätsgleichung für die lokale Teilchendichte

$$n(\boldsymbol{r}, t) = \int d^{3N}r \; d^{3N}p \; \varrho(\boldsymbol{r}_1, \ldots, \boldsymbol{r}_N, \boldsymbol{p}_1, \ldots, \boldsymbol{p}_N, t) \sum_{i=1}^{N} \delta(\boldsymbol{r} - \boldsymbol{r}_i) \tag{31.18}$$

ab. Dabei ist $d^{3N}r \; d^{3N}p$ das Volumenelement im $6N$-dimensionalen Phasenraum.

Lösung: Wir multiplizieren die Liouvillegleichung (31.17) mit $\sum_k \delta(\boldsymbol{r} - \boldsymbol{r}_k)$ und integrieren über den gesamten Phasenraum

$$\begin{aligned} &\int d^{3N}r \; d^{3N}p \left[\frac{\partial \varrho}{\partial t} + \sum_{i=1}^{N} \left(\frac{\partial \varrho}{\partial \boldsymbol{r}_i} \cdot \dot{\boldsymbol{r}}_i + \frac{\partial \varrho}{\partial \boldsymbol{p}_i} \cdot \dot{\boldsymbol{p}}_i \right) \right] \sum_{k=1}^{N} \delta(\boldsymbol{r} - \boldsymbol{r}_k) \\ &= \frac{\partial n(\boldsymbol{r}, t)}{\partial t} + \sum_{i=1}^{N} \int d^{3N}r \; d^{3N}p \left(\frac{\partial \varrho}{\partial \boldsymbol{r}_i} \cdot \frac{\boldsymbol{p}_i}{m} + \frac{\partial \varrho}{\partial \boldsymbol{p}_i} \cdot \boldsymbol{F}_i \right) \sum_{k=1}^{N} \delta(\boldsymbol{r} - \boldsymbol{r}_k) = 0 \end{aligned} \tag{31.19}$$

Für $\dot{\boldsymbol{r}}_i$ und $\dot{\boldsymbol{p}}_i$ wurden die Hamiltonschen Gleichungen

$$\dot{\boldsymbol{r}}_i = \frac{\partial H}{\partial \boldsymbol{p}_i} = \frac{\boldsymbol{p}_i}{m}, \qquad \dot{\boldsymbol{p}}_i = -\frac{\partial H}{\partial \boldsymbol{r}_i} = -\frac{\partial V}{\partial \boldsymbol{r}_i} = \boldsymbol{F}_i(\boldsymbol{r}_1, \ldots, \boldsymbol{r}_N, t)$$

verwendet. Im Integral in (31.19) integrieren wir nun partiell. Für eine im Phasenraum lokalisierte Verteilung tragen die Randterme nicht bei. Die Terme mit $\partial/\partial \boldsymbol{p}_i$ fallen ganz weg, weil die Kräfte $\boldsymbol{F}_i$ nur von den Koordinaten, nicht aber von den Impulsen abhängen. In der Ableitung $(\partial/\partial \boldsymbol{r}_i) \sum_k \delta(\boldsymbol{r} - \boldsymbol{r}_k)$ überlebt nur der Term mit $k = i$. Damit erhalten wir

$$\begin{aligned} &\frac{\partial n(\boldsymbol{r}, t)}{\partial t} - \int d^{3N}r \; d^{3N}p \; \varrho(\boldsymbol{r}_1, \ldots, \boldsymbol{r}_N, \boldsymbol{p}_1, \ldots, \boldsymbol{p}_N, t) \sum_{i=1}^{N} \frac{\boldsymbol{p}_i}{m} \cdot \frac{\partial}{\partial \boldsymbol{r}_i} \delta(\boldsymbol{r} - \boldsymbol{r}_i) \\ &= \frac{\partial n(\boldsymbol{r}, t)}{\partial t} + \nabla \cdot \int d^{3N}r \; d^{3N}p \; \varrho(\boldsymbol{r}_1, \ldots, \boldsymbol{r}_N, \boldsymbol{p}_1, \ldots, \boldsymbol{p}_N, t) \sum_{i=1}^{N} \frac{\boldsymbol{p}_i}{m} \delta(\boldsymbol{r} - \boldsymbol{r}_i) = 0 \end{aligned}$$

Im letzten Schritt haben wir $\partial/\partial \boldsymbol{r}_i$ durch $-\partial/\partial \boldsymbol{r} = -\nabla$ ersetzt und vor das Integral gezogen. Damit erhalten wir die Kontinuitätsgleichung

$$\frac{\partial n(\boldsymbol{r},t)}{\partial t} + \nabla\cdot\Big(n(\boldsymbol{r},t)\,\boldsymbol{v}(\boldsymbol{r},t)\Big) = 0 \tag{31.20}$$

mit dem mittleren Geschwindigkeitsfeld

$$\boldsymbol{v}(\boldsymbol{r},t) = \frac{1}{n(\boldsymbol{r},t)} \int d^{3N}r\, d^{3N}p\; \varrho(\boldsymbol{r}_1,\ldots,\boldsymbol{r}_N,\boldsymbol{p}_1,\ldots,\boldsymbol{p}_N,t) \sum_{i=1}^{N} \frac{\boldsymbol{p}_i}{m}\,\delta(\boldsymbol{r}-\boldsymbol{r}_i)$$

Die Liouvillegleichung (31.17) ist Ausgangspunkt zur Herleitung klassischer Transportgleichungen.

31.2 Lösung der Diffusionsgleichung

Führen Sie in der Diffusionsgleichung

$$\frac{\partial n(\boldsymbol{r},t)}{\partial t} = D\,\Delta n(\boldsymbol{r},t)$$

eine Fouriertransformation im Ort durch. Integrieren Sie die noch verbleibende zeitliche Differenzialgleichung. Spezialisieren Sie die Lösung auf die Anfangsbedingung $n(\boldsymbol{r},0) = N\,\delta(\boldsymbol{r})$, und geben Sie hierfür die Lösung $n(\boldsymbol{r},t)$ an.

Lösung: Wir schreiben zunächst die Fouriertransformation der Teilchendichte an:

$$\widetilde{n}(\boldsymbol{q},t) = \int d^3r\; n(\boldsymbol{r},t)\,\exp(-\mathrm{i}\,\boldsymbol{q}\cdot\boldsymbol{r}) \tag{31.21}$$

$$n(\boldsymbol{r},t) = \frac{1}{(2\pi)^3}\int d^3q\; \widetilde{n}(\boldsymbol{q},t)\,\exp(\mathrm{i}\,\boldsymbol{q}\cdot\boldsymbol{r}) \tag{31.22}$$

Die Verteilung der Vorfaktoren ist Konvention. Die Fouriertransformation der Diffusionsgleichung ergibt

$$\frac{\partial\,\widetilde{n}(\boldsymbol{q},t)}{\partial t} = -D\,q^2\,\widetilde{n}(\boldsymbol{q},t)$$

Dies ist eine gewöhnliche Differenzialgleichung in der Zeit, die leicht integriert werden kann:

$$\widetilde{n}(\boldsymbol{q},t) = \widetilde{n}(\boldsymbol{q},0)\,\exp\big(-D\,q^2 t\big)$$

Wir schreiben (31.21) für die gegebene Anfangsbedingung an:

$$\widetilde{n}(\boldsymbol{q},0) = \int d^3r\; n(\boldsymbol{r},0)\,\exp(-\mathrm{i}\,\boldsymbol{q}\cdot\boldsymbol{r}) = N\int d^3r\;\delta(\boldsymbol{r})\,\exp(-\mathrm{i}\,\boldsymbol{q}\cdot\boldsymbol{r}) = N$$

Die Fourierrücktransformation (31.22) mit $\widetilde{n}(\boldsymbol{q},t) = N\exp(-D\,q^2 t)$ ergibt die gesuchte Lösung:

$$n(\boldsymbol{r},t) = \frac{N}{(2\pi)^3}\int d^3q\;\exp\big(-Dq^2t + \mathrm{i}\,\boldsymbol{q}\cdot\boldsymbol{r}\big) = \frac{N}{(4\pi\,D\,t)^{3/2}}\exp\left(-\frac{r^2}{4\,D\,t}\right)$$

Diese Lösung genügt der Normierung $\int d^3r\; n(\boldsymbol{r},t) = N$.

31.3 Temperaturschwankung im Erdboden

An der Erdoberfläche ist die jahreszeitliche Schwankung der Temperatur

$$T(z=0,t) = T_0 + A\,\sin(\omega_0 t)$$

Dabei ist $A = 10\,^{\circ}\mathrm{C}$ und $2\pi/\omega_0 = 1$ Jahr. Es soll die Temperaturverteilung $T(z,t)$ im Erdboden untersucht werden; z bezeichnet die Tiefe. Lösen Sie die Wärmeleitungsgleichung mit einem geeigneten Separationsansatz. In welcher Tiefe muss ein Weinkeller angelegt werden, in dem die Temperaturschwankung kleiner als $1\,^{\circ}\mathrm{C}$ sein soll? In welcher Tiefe ist es im Winter am wärmsten?

Die Erdwärme kann außer Acht gelassen werden, da es hier nur auf einen Bereich von einigen Metern Tiefe ankommt. Die Temperaturleitzahl für den Erdboden liegt bei $\kappa/nc \approx 7\cdot 10^{-7}\,\mathrm{m^2/s}$.

Lösung: Für $T = T(z,t)$ lautet die Wärmeleitungsgleichung

$$\frac{\partial T(z,t)}{\partial t} = \frac{\kappa}{nc}\,\frac{\partial^2 T(z,t)}{\partial z^2}$$

Um die Anfangsbedingung zu erfüllen, muss die Frequenz im Separationsansatz

$$T(z,t) = C\,\exp(\mathrm{i}\omega_0 t)\exp(a z) \tag{31.23}$$

mit ω_0 übereinstimmen. Die physikalische Temperatur ergibt sich durch Realteilbildung; der Einfachheit halber nehmen wir eine reelle Konstante C an. Einsetzen in die Wärmeleitungsgleichung ergibt

$$\mathrm{i}\,\omega_0 = \frac{\kappa}{nc}\,a^2 \qquad \Longrightarrow \qquad a = \pm\sqrt{\frac{\omega_0\,nc}{\kappa}}\,\frac{1+\mathrm{i}}{\sqrt{2}}$$

Da z die Tiefe bezeichnet, kommt nur das Minuszeichen in Frage; für das Pluszeichen würde die Wärmeschwankung für $z \to \infty$ divergieren. Die Anfangsbedingung enthält ein $\sin(\omega_0 t)$. Um dies befriedigen zu können, müssen wir von (31.23) mit einer reellen Konstanten C den Imaginärteil nehmen. Mit dem soeben bestimmten a erhalten wir dann

$$T(z,t) = T_0 + A\,\exp\Big(-\sqrt{\frac{\omega_0\,nc}{2\kappa}}\;z\Big)\,\sin\Big(\omega_0 t - \sqrt{\frac{\omega_0\,nc}{2\kappa}}\;z\Big)$$

Die Konstanten wurden so gewählt, dass die Anfangsbedingung erfüllt ist. In der Tiefe $z = \ell$ mit

$$\ell = \sqrt{\frac{2\kappa}{\omega_0\,nc}} \approx 2.6\,\mathrm{m}$$

ist die Amplitude der Temperaturschwankung auf den e-ten Teil abgefallen; hierbei wurden $\omega_0 = 2\cdot 10^{-7}/\mathrm{s}$ und $\kappa/nc \approx 7\cdot 10^{-7}\,\mathrm{m^2/s}$ eingesetzt. Die beiden gefragten Tiefen sind:

$$\exp(-z_1/\ell) = 1/10 \quad\longrightarrow\quad z_1 \approx 6.1\,\mathrm{m}$$
$$z_2/\ell = \pi \quad\longrightarrow\quad z_2 \approx 8.3\,\mathrm{m}$$

Im Winter ($\omega_0 t \approx 3\pi/2$, $\sin(\omega_0 t)$ minimal) liegt das erste Maximum von $\sin(\omega_0 t - z/\ell)$ bei $\omega_0 t - z/\ell \approx \pi/2$. Die Temperaturleitzahl hängt von der Bodenbeschaffenheit ab; insofern sind die angegebenen Längen nur Richtwerte.

Register

Abkürzungen

BS	Bezugssystem
IS	Inertialsystem
KS	Koordinatensystem
LT	Lorentztransformation
p.I.	partielle Integration
SI	Système International d'Unité (MKSA-System)
SRT	Spezielle Relativitätstheorie
VONS	Vollständiger orthonormierter Satz von Funktionen
q.s.	quasistatisch
rev	reversibel

Einheiten

A	Ampere
Å	Ångström, $1\,\text{Å} = 10^{-10}\,\text{m}$
C	Coulomb, $1\,\text{C} = 1\,\text{A\,s}$
eV	Elektronenvolt, $1\,\text{eV} = 1.6 \cdot 10^{-19}\,\text{J}$
fm	Fermi, $1\,\text{fm} = 10^{-15}\,\text{m}$
GeV	Gigaelektronenvolt, $10^9\,\text{eV}$
J	Joule, $1\,\text{J} = 1\,\text{Nm}$
K	Kelvin, $T_t = 273.16\,\text{K}$
Pa	Pascal, $1\,\text{Pa} = 10^{-5}\,\text{N/m}^2$
N	Newton, $1\,\text{N} = 1\,\text{kg\,m/s}^2$
V	Volt, $1\,\text{V} = 1\,\text{J/C}$
W	Watt, $1\,\text{W} = \text{J/s}$

Symbole

$= \text{const.}$	gleich einer konstanten Größe
$\equiv$	identisch gleich oder definiert durch
$:=$	dargestellt durch, z. B. $\boldsymbol{r} := (x, y, z)$
$\overset{(5.20)}{=}$	ergibt mit Hilfe von Gleichung (5.20)
$\widehat{=}$	entspricht
$\propto$	proportional zu
$\approx$	ungefähr gleich
$\sim$	von der Größenordnung
$= \mathcal{O}(\ldots)$	von der Ordnung oder Größenordnung

A

B

E

F

G

H

I

J

K

L

M

Q

R

S

T

U

V

W

Y

Z